U0238263

北京市南水北调工程重大岩土工程问题及关键技术应用

北京市水利规划设计研究院　编著

中国水利水电出版社
www.waterpub.com.cn
·北京·

内 容 提 要

本书由北京市水利规划设计研究院编写。全书正文分为三篇，共14章，主要从岩土工程地质学角度出发，系统阐述了南水北调中线总干渠（北京段）工程以及北京市南水北调主体配套工程建设中对重大岩土工程问题的发现、研究和认识成果，对工程中采用的关键岩土工程技术及其应用效果进行了全面介绍。本书内容翔实，工程实践性强，具有较强的地域借鉴意义。

本书可供从事水利、市政等工程的地质勘察、设计人员参考，也可供大中专院校岩土工程相关专业的师生参考使用。

图书在版编目（CIP）数据

北京市南水北调工程重大岩土工程问题及关键技术应用 / 北京市水利规划设计研究院编著. -- 北京 : 中国水利水电出版社, 2018.12
ISBN 978-7-5170-7310-9

Ⅰ. ①北… Ⅱ. ①北… Ⅲ. ①南水北调－岩土工程－研究－北京 Ⅳ. ①TV68

中国版本图书馆CIP数据核字(2018)第297880号

书　　名	**北京市南水北调工程重大岩土工程问题及关键技术应用** BEIJING SHI NANSHUIBEIDIAO GONGCHENG ZHONGDA YANTU GONGCHENG WENTI JI GUANJIAN JISHU YINGYONG
作　　者	北京市水利规划设计研究院　编著
出版发行	中国水利水电出版社 （北京市海淀区玉渊潭南路1号D座　100038） 网址：www.waterpub.com.cn E-mail：sales@waterpub.com.cn 电话：（010）68367658（营销中心）
经　　售	北京科水图书销售中心（零售） 电话：（010）88383994、63202643、68545874 全国各地新华书店和相关出版物销售网点
排　　版	中国水利水电出版社微机排版中心
印　　刷	北京印匠彩色印刷有限公司
规　　格	184mm×260mm　16开本　40印张　954千字　1插页
版　　次	2018年12月第1版　2018年12月第1次印刷
定　　价	**298.00**元

凡购买我社图书，如有缺页、倒页、脱页的，本社营销中心负责调换

版权所有·侵权必究

编 写 委 员 会

主　　编： 沈来新

副 主 编： 范子训　石维新　张琦伟　程凌鹏

审稿专家： 司富安　谢宝瑜　武登云

编　　委：（按姓氏笔画排序）

王惠萍　王魏东　叶思源　刘光华　刘爱友

刘　增　孙宇臣　孙洪升　孙雪松　李凤翀

李惊春　杨良权　吴广平　辛小春　汪　琪

汪德云　张如满　张　弢　林万顺　单博阳

赵志江　姜思华　宫晓明　姚旭初　袁鸿鹄

晋凤明　栾明龙　郭铁柱　黄卫红　蒋少熠

魏　红　魏定勇

编 审 人 员 名 单

<table>
<tr><th>章序</th><th>章　　名</th><th>编写人</th><th>审稿人</th><th>统稿人</th></tr>
<tr><td>第 1 章</td><td>南水北调工程基本情况</td><td>程凌鹏　张如满</td><td>谢宝瑜　武登云
张琦伟</td><td rowspan="16">张琦伟
程凌鹏
袁鸿鹄</td></tr>
<tr><td>第 2 章</td><td>岩土工程基础理论探索
及进展</td><td>程凌鹏　袁鸿鹄
汪　琪</td><td>谢宝瑜　张琦伟</td></tr>
<tr><td>第 3 章</td><td>隧洞围岩变形控制及
环境安全</td><td>袁鸿鹄　吴广平</td><td>汪德云　程凌鹏</td></tr>
<tr><td>第 4 章</td><td>工程场地地震安全性评价</td><td>刘光华　程凌鹏</td><td>谢宝瑜　张如满</td></tr>
<tr><td>第 5 章</td><td>工程区地面沉降研究</td><td>程凌鹏　刘光华</td><td>谢宝瑜　张琦伟</td></tr>
<tr><td>第 6 章</td><td>地下水土环境质量评价</td><td>程凌鹏　魏　红</td><td>谢宝瑜　姚旭初</td></tr>
<tr><td>第 7 章</td><td>混凝土骨料碱活性研究</td><td>黄卫红　程凌鹏</td><td>武登云　郭铁柱</td></tr>
<tr><td>第 8 章</td><td>调蓄水库岩土工程问题研究</td><td>张如满　程凌鹏</td><td>谢宝瑜　姚旭初</td></tr>
<tr><td>第 9 章</td><td>岩土工程特性参数研究</td><td>程凌鹏　辛小春</td><td>谢宝瑜　郭铁柱</td></tr>
<tr><td>第 10 章</td><td>总干渠 PCCP 段地质
灾害研究</td><td>叶思源</td><td>张琦伟　黄卫红</td></tr>
<tr><td>第 11 章</td><td>物探关键技术及应用</td><td>林万顺　栾明龙</td><td>谢宝瑜　张琦伟</td></tr>
<tr><td>第 12 章</td><td>数值模拟技术及其应用</td><td>袁鸿鹄　汪　琪</td><td>武登云　张琦伟</td></tr>
<tr><td>第 13 章</td><td>EngeoCAD 制图技术
及其应用</td><td>李惊春　刘　增</td><td>张琦伟　郭铁柱</td></tr>
<tr><td>第 14 章</td><td>遥感与地理信息系统技术</td><td>单博阳　晋凤明</td><td>谢宝瑜　武登云</td></tr>
<tr><td colspan="2">图件编绘</td><td>孙洪升　杨良权　刘　增
孙宇臣　王魏东　单博阳
刘爱友　魏定勇　孙雪松</td><td>张琦伟　郭铁柱
程凌鹏</td></tr>
<tr><td colspan="2">资料整理</td><td colspan="2">孙洪升　刘　增　魏　红
黄卫红　孙宇臣　蒋少熠</td></tr>
</table>

序

“南方水多，北方水少，如有可能，借一点来也是可以的。”——毛泽东于1952年10月30日视察黄河时首次提出了在我国实施南水北调这一伟大战略构想。历经60余载后，2014年12月27日，南水北调中线工程全线通水，取自丹江口水库的汉江水一路征程北上，开启了“千里江水、惠润京城”的新使命，标志着我国跨流域引调水工程的正式运行和服务社会，南水北调由梦想变成现实。

北京市水利规划设计研究院自成立之初（1955年）至今，一直以“立足水利科技，服务首都水务”为宗旨，长期开展北京地区水资源调查与评价、水资源配置规划、水务发展规划以及水利工程勘测设计等方面的生产与科研工作，取得了丰硕的成果，是北京水行政主管部门的重要技术支撑单位。20世纪90年代至21世纪初的10多年间，是南水北调中线总干渠工程在勘测、设计深度方面稳步推进的黄金时期，该期间北京市水利规划设计研究院水工设计、地质勘察、规划、机电等多专业全面配合，保障了总干渠（北京段）设计方案由浅入深、由纸上到地上的步步前进。千里迢迢引来的长江水，如何用好是北京水务工作者首先必须要思考和解决的问题。伴随着中线总干渠设计方案的成熟与落地，北京市水利规划设计研究院的同仁着手开始了北京市内南水北调配套工程的规划、设计与勘测工作，一步一个脚印，至2014年年底东干渠工程全线贯通后，标志着市内主体配套工程全面完工，新的城市供水格局——“26213”系统，即“两大动脉、六大水厂、两个枢纽、一条环路和三大应急水源地”正式构成。

本书由北京市水利规划设计研究院组织编写，主要总结、提炼了他们在南水北调中线总干渠（北京段）和北京市南水北调配套工程地质勘察工作中的所见、所为和所得。该书从岩土工程地质学的角度出发，以岩土工程地质问题和技术方法应用两条主线展开，系统阐述了北京市境内南水北调工程建设中所遇到的重大岩土工程问题类型、对工程设计的影响、工程地质勘察的解决方案和效果、关键技术的工程应用与效果，内容充实，实践经验具有较强的地域借鉴意义。

岩土工程地质学是一门科学性、探索性和实践性很强的学科，工程实践是检验岩土工程理论适用性、促进学科发展的重要手段。从事工程设计、勘测和施工的一线生产单位，注重日常工作中的积累、经验总结和信息反馈，并与同行分享，对专业学科发展和优化工程设计都是利好的事情，应大力鼓励。该书的出版不仅是对北京市南水北调工程几代地质工作者的致敬，更是为后来者留下一笔宝贵的知识财富。

中国工程院院士 王思敬

2018年11月　北京

前言

北京是我国南水北调中线工程的重要受水区。自2014年12月27日通水以来，截至2017年12月29日，北京已累计接收丹江水30.2亿m^3，惠及了千万人民的生产与生活。南水进京改变了北京市供水水资源的基本结构（南水北调水约占年供水总量的21%，当地地下水资源量占比降至46%左右），在提高供水水源保障度的同时，有效地限制了地下水资源的连续超采，对涵养北京地区地下水生态地质环境、控制区域地面沉降持续快速的发展将产生长远而积极的利好作用。

“吃水不忘挖井人”。南水北调中线总干渠（北京段）以及市内各项配套工程的建设与安全运行是首都各行各业工程建设者以及千万首都人民共同支持和努力的结果。北京市水利规划设计研究院作为专业的水利工程勘测设计单位，在20世纪60年代即参与了南水北调中线工程（北京段）的前期规划与方案论证，90年代起承担了几乎全部市内配套工程的规划和勘测设计工作，历经几代人见证了南水北调中线工程由梦想逐步变为现实的全过程。本书为全面梳理和提炼北京市南水北调工程地质勘察及相关专题研究的技术成果而编写，一方面向参与北京市南水北调工程建设的老一辈地质工作者致敬，另一方面为后继者及同行提供借鉴和参考作用。

本书包括序、前言、正文、附录及参考文献共五部分内容，其中正文部分分为三篇，共14章。第一篇为基础篇（第1章、第2章），主要介绍南水北调工程基本情况以及本书所涉及的岩土工程基础理论及其研究进展；第二篇为岩土工程问题篇（第3～10章），着重阐述北京市南水北调工程（总干渠与市内配套工程）重大岩土工程问题的地质环境背景、对工程设计方案的影响以及岩土工程解决方案、勘察与研究成果等；第三篇为技术应用篇（第11～14章），分别介绍了地球物理勘探、数值模拟、CAD以及遥感（RS）与地理信息系统（GIS）技术在北京市南水北调工程中的应用。附录1包括北京市南水北调主要输水工程区地质图、总干渠（北京段）和南干渠、东干渠输水线路工程地质剖面示意图；附录2为北京市南水北调工程地质勘察大事记；附录3为典型地质现象和典型事件照片。

本书由北京市水利规划设计研究院组织编写。编写过程中，谢宝瑜、武登云、李德贤等前辈专家提供了宝贵的信息和资料，并给予认真指导；水利部水利水电规划设计总院司富安对本书编写大纲提出了建议……在此向他们表示诚挚谢意！

限于编者专业技术水平等因素，若发现本书中有不妥和错误之处，欢迎读者批评指正！

编委会

2018年10月　北京

目录

第一篇
基础篇

第1章　南水北调工程基本情况

1.1　我国南水北调工程基本情况

1.1.1　总体规划

南水北调工程是我国一项跨世纪、跨流域的调水工程，即将南方长江流域之水调往北方黄河、淮河、海河流域内的缺水地区，以实现各流域间的水资源优化调度，较大幅度地提高我国各地区的供水保证度。这一战略构想源于1952年10月30日毛泽东主席视察黄河时提出的“南方水多，北方水少，如有可能，借一点来也是可以的”宏伟设想。

1959年，长江流域规划办公室在《长江流域综合利用规划要点报告》中首次提出了分别从长江上游、中游、下游多处取水，调往西北和华北，接济黄河、淮河、海河的南水北调工程方案，奠定了我国南水北调工程总体布局的雏形。之后经过50多年的深入调查研究，水利部和国家发展计划委员会于2002年9月联合向国务院呈报了《南水北调工程总体规划》[1]（以下简称《总体规划》），明确了我国南水北调工程包括东线、中线和西线，它们与长江、黄河、淮河和海河四大江河互相连接，构成“四横三纵”的总体布局。规划到2050年，东线、中线和西线工程的多年平均调水规模分别为148亿m^3、130亿m^3和170亿m^3，合计为448亿m^3，可基本缓解受水区水资源严重短缺的状况，并逐步遏制因严重缺水而引发的生态环境日益恶化的局面。

东线工程主要供水范围是黄淮海平原东部和胶东地区，达18万km^2；主要供水目标是解决津浦铁路沿线和胶东地区的城市缺水以及苏北地区的农业缺水，补充鲁西南、鲁北和河北东南部部分农业用水以及天津市的部分城市用水。东线输水线路布置于我国第三台阶（指大兴安岭—太行山—巫山—雪峰山一线以东的平原、丘陵地区，平均海拔在500m以下）的东部，从长江下游扬州附近抽引长江水，利用京杭大运河及与其平行的河道逐级提水北送，并连通起调蓄作用的洪泽湖、骆马湖、南四湖、东平湖；出东平湖后分两路，一路向北自流到天津，主干线长1156km，另一路向东输水到烟台、威海，长701km。

中线工程供水范围为黄淮海平原的西部地区，受水区15万km^2，重点保障北京、天津和京广铁路沿线大中城市的生活和工业用水。中线工程输水线路布置于我国第三台阶的西侧，近期从长江的支流汉江引水，远景从长江三峡库区补水。近期中线工程的取水口为汉江丹江口水库陶岔渠首闸，沿线开挖渠道，经唐白河流域西部过长江流域与淮河流域的分水岭方城垭口，沿黄淮海平原西部边缘，在郑州以西孤柏嘴处穿过黄河，沿京广铁路西侧北上，基本自流到北京、天津，终点分别为北京的团城湖和天津的外环河。从陶岔渠首闸到北京团城湖，输水总干渠全长1267km（其中黄河以南477km，穿黄段10km，黄河以北780km）；天津干线从河北省徐水县分水向东，长154km。

西线工程规划布设在我国最高一级台阶的青藏高原上，集中于海拔3500m左右，居高临下，主要供水目标是解决涉及青海、甘肃、宁夏、内蒙古、陕西、山西等6省（自治区）黄河上中游地区和渭河关中平原的缺水问题，同时结合兴建黄河干流上的大柳树水利枢纽等工程，还可以向临近黄河流域的甘肃河西走廊地区供水，必要时也可相机向黄河下游补水。西线调水工程共布置三条线路：从大渡河和雅砻江支流调水的达曲—贾曲自流线路（简称达—贾线）、从雅砻江调水的阿达—贾贡自流线路（简称阿—贾线）、从通天河调水的侧坊—雅砻江—贾曲自流线路（简称侧—雅—贾线）。其中达—贾线年调水量40亿m^3，输水线路总长260km；阿—贾线年调水量50亿m^3，输水线路总长304km；侧—雅—贾线年调水量80亿m^3，输水线路总长508km。

为使南水北调工程调水规模与经济社会发展的不同阶段及其经济、环境和水资源承载能力基本适应，总体规划论证并提出了南水北调工程的分期建设方案，即在规划的50年期间内，分三个阶段分别实施以下工程建设目标：

近期阶段（2002—2010年）完成东线第一、第二期工程和中线第一期工程，年总调水规模约200亿m^3，同时力争西线第一期工程项目在2010年左右具备开工条件。

中期阶段（2011—2030年）主要建设东线第三期、中线第二期和西线第一、第二期工程，年调水规模约增加168亿m^3，累计达到368亿m^3，同时积极做好西线的第三期工程以及中线工程后续水源的前期工作。

远期阶段（2031—2050年）实施西线的第三期工程，年总调水规模约增加80亿m^3，累计达到448亿m^3左右，同时做好西线工程后续水源建设的前期工作。

总体规划提出的南水北调工程分期建设计划及投资匡算见表1.1.1，各线工程分期调水规模与建设内容的规划指标见表1.1.2。

表1.1.1　南水北调工程分期建设计划及投资匡算　单位：亿元

规划期	东线	中线	西线	小计
2002—2010年	第一期：320	第一期：920		1450
	第二期：210			
2011—2030年	第三期：120	第二期：250	第一期：470	1480
			第二期：640	
2031—2050年			第三期：约1930	1930
合计	650	1170	3040	4860

表 1.1.2　　南水北调工程分期调水规模与建设内容

分期	东线			中线			西线		
	调水规模	工程内容	规划工期	调水规模	工程内容	规划工期	调水规模	工程内容	规划工期
第一期	抽江规模 500m³/s，多年平均抽江水量 89 亿 m³	以山东、江苏治污项目为主，同时实施河北省工业治理项目，2006—2007 年实现东平湖水体水质稳定达到国家地表水环境质量Ⅲ类水标准目标	5 年	多年平均年调水量为 95 亿 m³，枯水年为 62 亿 m³	丹江口水库大坝按 170m 一次加高，分期分批安置移民；兴建 1267km 输水总干线和 154km 天津干线；建设穿黄工程；兴建汉江中下游兴隆水利枢纽和引江济汉工程，改扩建沿岸部分引水闸站，整治局部航道；改扩建瀑河水库；同时加强汉江上游地区水污染防治和水土保持工作	主体工程工期 8 年	年调水 40 亿 m³	达—贾线	
第二期	扩大抽江规模至 600m³/s，多年平均抽江水量达 106 亿 m³	在一期工程基础上扩建，一方面延长输水线路至河北东南部和天津市，扩建黄河以南部分工程；另一方面以黄河以北的河南、河北、天津治污项目为主，继续完成东线治污工程，同时实施安徽省治污项目		扩大输水能力 35 亿 m³，多年平均年调水规模达到 130 亿 m³	输水工程扩建；根据调水区生态环境实际状况和受水区经济社会发展的需水要求，在汉江中下游兴建必要的水利枢纽或确定从长江补水的方案和时间		增加年调水 50 亿 m³，累计达到 90 亿 m³	阿—贾线	
第三期	扩大抽江规模至 800m³/s，多年平均抽江水量达 148 亿 m³	进一步稳定全线水质达到国家地表水环境质量Ⅲ类水标准外，继续扩大抽江规模和输水规模					增加年调水 80 亿 m³，累计达到 170 亿 m³	侧—雅—贾线	

1.1.2　中线工程规划与建设

南水北调中线工程的前期规划研究进程总体与全国的南水北调规划研究同步，主要经历以下阶段。

1952—1961 年为探索研究阶段。该阶段为我国南水北调系统工程规划的探索起步阶段[2]。当时有关单位在编制黄河流域和长江流域规划时即开始研究跨流域调水问题，从宏观上明确了将长江水北调到黄河、淮河、海河的南水北调总方向，并对各种可能的调水线路进行了较广泛的考察。中线工程规划工作于 1953 年启动，由当时的长江流域规划办公室（以下简称“长办”。1989 年 6 月改名为长江水利委员会，简称“长江委”）组织人员，围绕引汉（江）济黄（河）、济海（河）做了不少工作，于 1957 年完成《汉江流域规划要点报告》，在其中提出了中线工程近期和远景调水方案。1958 年，中央批准兴建丹江口水利枢纽，同年 9 月 1 日开工，1973 年建成初期规模。丹江口水库是 20 世纪 80 年代以前中线工程建设取得的最大成就。

1962 年以后，由于黄淮海平原大面积引黄灌溉和平原蓄水，造成严重的土壤次生盐碱化，以及 1966 年开始的“文化大革命”，南水北调中、东线规划与研究工作一度被搁置。直至 1979 年 12 月，水利部印发了《关于加强南水北调规划工作及成立南水北调规划办公室的通知》（〔79〕水规字第 57 号），通知决定：南水北调规划工作按西线、中线和东线三项工程分别进行，黄河水利委员会负责西线，长办负责中线，水利部天津水利水电勘测设计研究院（以下简称“天津院”）负责东线。此标志着南水北调规划工作重新启动，进入了规划研究阶段。该阶段大致持续到 90 年代中期，完成了《南水北调中线工程规划报告（1991 年 9 月修订）》[3]，成为中线工程后续可行性研究和论证的基础。该报告与 80 年代中线规划的最大区别在于：对中线引水规模、丹江口水库大坝加高提出了明确的推荐方案；对总干渠通航问题进行了充分论证，认为从现实需要和可行性出发，中线工程近期引汉总干渠不考虑全线通航。

1995—1998 年为规划论证阶段。该阶段由水利部成立南水北调论证委员会（委员 41 人），在多年前期工作的基础上开展论证工作，于 1996 年 3 月提交了《南水北调工程论证报告》和东、中、西三线论证报告。《南水北调工程论证报告》建议“实施南水北调的顺序为：中线、东线、西线，将中线工程列入‘九五’计划，早日兴建”。

1999—2002 年为规划修订阶段。1999 年 5 月，水利部成立了南水北调规划设计管理局（以下简称调水局），组织开展了“北方地区水资源总体规划”和“近期解决北方缺水问题专题研究”工作。2000 年 7 月，以北方地区水资源总体规划的初步成果和南水北调前期工作成果为基础，水利部组织编制了《南水北调工程实施意见》，重点分析了北方的缺水形势，提出了南水北调工程总体布局、近期实施方案、投资结构与筹资方式以及生态环境保护等 8 个方面的实施意见；同年 12 月 21 日，在北京召开了南水北调工程前期工作座谈会，要求沿线各城市开展水资源规划工作，认真做好节水、治污、供水、水资源配置和水价调整等专项规划，同时布置南水北调工程总体规划工作。同期，长江委开展了“汉江丹江口水库可调水量研究”“供水调度与调蓄研究”“总干渠工程建设方案研究”“环境与生态影响评价”“综合经济分析”和“水源工程建设方案比选”6 个专题研究，在此基础上于 2001 年完成了《南水北调中线工程规划（2001 年修订）》[4]。此次规划修订结合了各省（直辖市）城市水资源规划的研究成果，在充分考虑节水、治污和生态保护的前提下，考虑近期、兼顾长远，重点研究了工程建设规模、分期方式与运行管理体制等问题。《南水北调中线工程规划（2001 年修订）》成果被《南水北调工程总体规划（2002 年 9 月）》采用，成为了南水北调中线工程建设实施的重要依据。

2002 年 12 月 23 日，国务院以国函〔2002〕117 号文原则同意了《南水北调工程总体规划》，并批复先期实施东线和中线一期工程。2003年12月30日，中线工程（北京段）破土动工，标志着谋划了半个多世纪的南水北调中线工程正式进入建设实施阶段。经过10年建设，2013年12月中线主体工程完工，2014年9月29日工程通过全线通水验收，2014年12月12日正式全线通水，同年12月27日江水到达总干渠终点——北京团城湖调节池，标志着南水北调中线工程由建设转入正式运行阶段。

1.2 北京市南水北调工程基本情况

本书中北京市南水北调工程是指修建于北京市行政区划范围内的，主要用于输送、调蓄和供给南水北调中线进京水源的各项工程，具体包括南水北调中线总干渠北京段（以下简称“总干渠北京段”）和各项市内配套工程。其中，总干渠北京段全长约80km，包括惠南庄泵站、惠南庄—大宁段PCCP管道、西四环暗涵、团城湖明渠等共计10个单项工程；市内配套工程主要包括输水、调蓄和供水三类工程，两者共同构成北京市新的供水系统——“26213”供水系统（图1.2.1）。

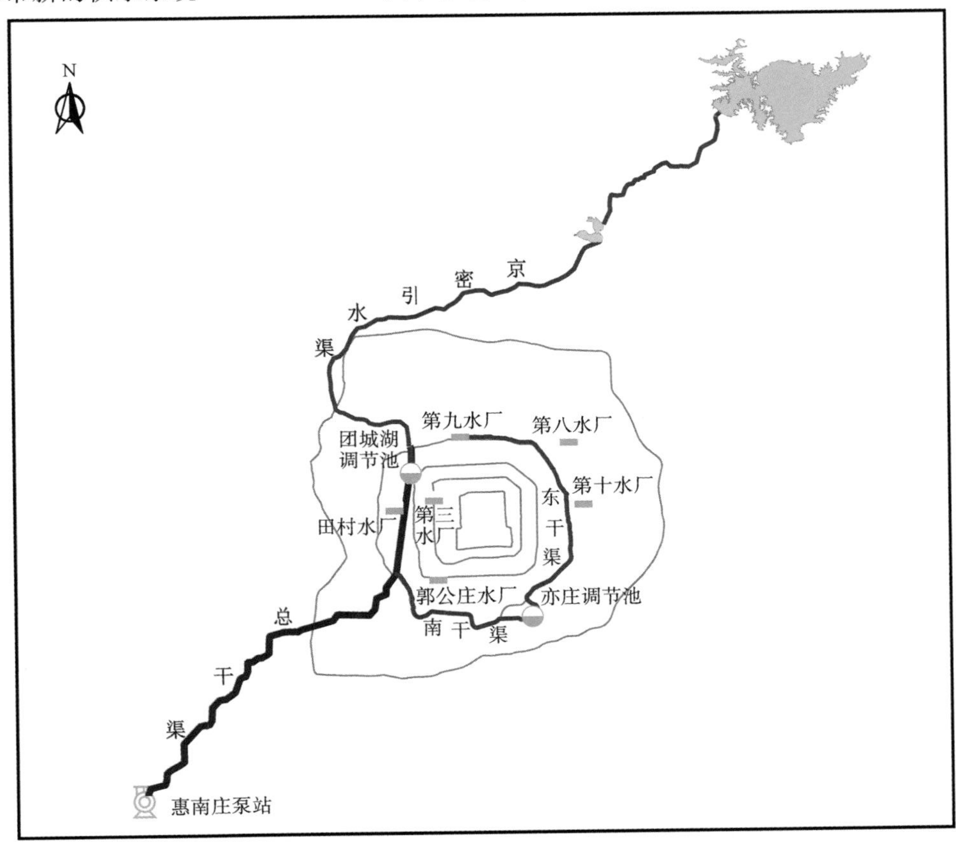

图1.2.1 北京市“26213”供水系统平面示意图

表 1.2.1～表 1.2.3 为“26213”供水系统内各类工程的主要设计特征参数。

表 1.2.1 “26213”供水系统输水工程主要设计特征参数

序号	工程名称	长度/km	总装机容量/MW	主要输水方式	设计流量/加大流量/(m^3/s)	扬程/m	工程状态①
1	总干渠北京段	80.4		小流量自流（20m^3/s），大流量加压（20～60m^3/s）	50/60		运行
2	南干渠	27.188		自流	30/35（上段） 27/32（下段）		运行
3	东干渠	44.7		加压	20.9		在建
4	南水北调来水调入密云水库调蓄工程	103（明渠 81，管涵 22）		明渠段分级提水，管涵段加压	明渠段 20 管涵段 10	132.85	运行
5	团城湖至第九水厂输水工程	12.4（一期 8.4，二期 4）	8（关西庄泵站）	自流	一期：18.23/24.31 二期：18.3/28.3		一期运行；二期在建

注 表中数据来源于相关工程设计报告。

① 指截至 2015 年年底各工程所处状态。

表 1.2.2 “26213”供水系统调蓄工程主要设计特征参数

序号	工程名称	设计调蓄库容/万 m^3	调蓄水位/m			防 渗 方 式	工程状态①
			正常运行	最高	最低		
1	大宁调蓄水库	3753	56.4	58.5	48	垂直防渗墙＋水平复合土工膜	运行
2	团城湖调节池	127	49	49.5	45	HDTE 膜（高密度聚乙烯膜）	运行
3	亦庄调节池	52.5（一期） 207.5（二期）	31.9	32.5	27.3	池底：土工膜＋改性土复合防渗结构； 池坡：钢筋混凝土直墙	一期运行； 二期在建

注 表中数据来源于相关工程设计报告。

① 指截至 2015 年年底各工程所处状态。

表 1.2.3 “26213”供水系统供水工程主要设计特征参数

序号	水厂名称	供水规模/(万 m^3/d)			水 源	工程状态
		现状	远期	近中期		
1	第九水厂	150			南水北调水＋密云水库	运行
2	田村水厂		51		南水北调水	运行
3	第八水厂	48			南水北调水＋地下水	运行
4	第三水厂	40			南水北调水＋地下水	运行
5	规划第十水厂		100	50	南水北调水＋密云水库	规划
6	丰台（郭公庄水厂）		100	50～75	南水北调水	已建

注 表中数据来源于《北京市南水北调配套工程总体规划》[5]。

1.2.1　总干渠北京段方案论证

总干渠北京段实施路由起点为与河北省相接的北拒马河中支南，向北穿山前丘陵区、房山城区西北关，经羊头岗过大石河，从黄管屯南穿京广铁路，向东在长阳化工厂东南侧过小清河主河道，然后在距小清河左堤 150m 处平行小清河左堤向东北方向至高佃村西，折向东穿过高佃村至大宁水库副坝下游斜穿永定河，在丰台区卢沟桥附近出永定河左堤继续向东，在老庄子村东北总干渠拐向西北，在卢沟桥镇的东侧穿京广铁路及京西编组站等铁路线，然后沿京石高速公路南侧往东，在大井村西穿京石公路，在岳各庄环岛拐弯往北进入西四环快速路下，穿过新开渠、五棵松地铁、永定河引水渠，直至终点团城湖，全长约 80km（图 1.2.1）。

总干渠北京段方案论证经历了漫长而复杂的过程。自 20 世纪 50 年代由长办主导进行南水北调工程规划论证开始，北京市政府及各相关部门积极配合，为各阶段南水北调中线工程的规划论证提供了丰富而翔实的基础资料和研究成果。

1980 年 5 月，北京市南水北调规划小组在前期工作的基础上，结合长办提出的规划要求，编制了《南水北调中线方案（北京段）规划的初步意见》（以下简称《意见》）。《意见》围绕当时初步明确的中线工程倾向性方案——“全线明渠自流、通航”指出：赞成长办提出的高线引水方案，不赞成低线引水方案；按 2000 年水量平衡计算，全年总引水量为 25 亿～30 亿 m^3，用水高峰季节引水流量为 $120m^3/s$，一般季节为 $70m^3/s$；规划线路总长近百千米（图 1.2.2），线路在过立垡村后分通航输水线（终点为通州马驹桥）和输水线（终点为玉渊潭）两支。《意见》同时提出，北京段

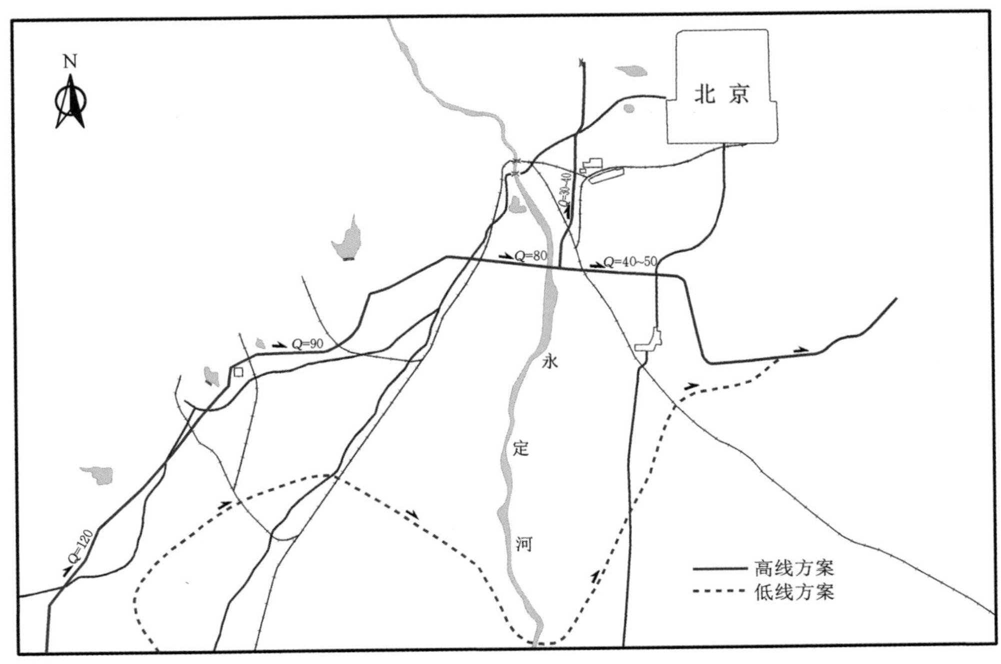

图 1.2.2　1980 年中线总干渠北京段规划线路示意图

若通航存在线路穿越或交叉建筑较多、工程量大、通航与输水在管理上相对矛盾等问题。

1990 年 12 月，北京市南水北调规划小组在《南水北调中线设计任务书北京段初步意见》中进一步分析了当时北京市水资源的状况，提出到 2020 年北京市需调水 16.5 亿 m^3，同时对规划渠线仅保留了输水至玉渊潭的线路，取消了通航至马驹桥的运河线路（图 1.2.3）；还首次提出将修建张坊水库作为北京段的调蓄水库列入中线工程总体设计中。

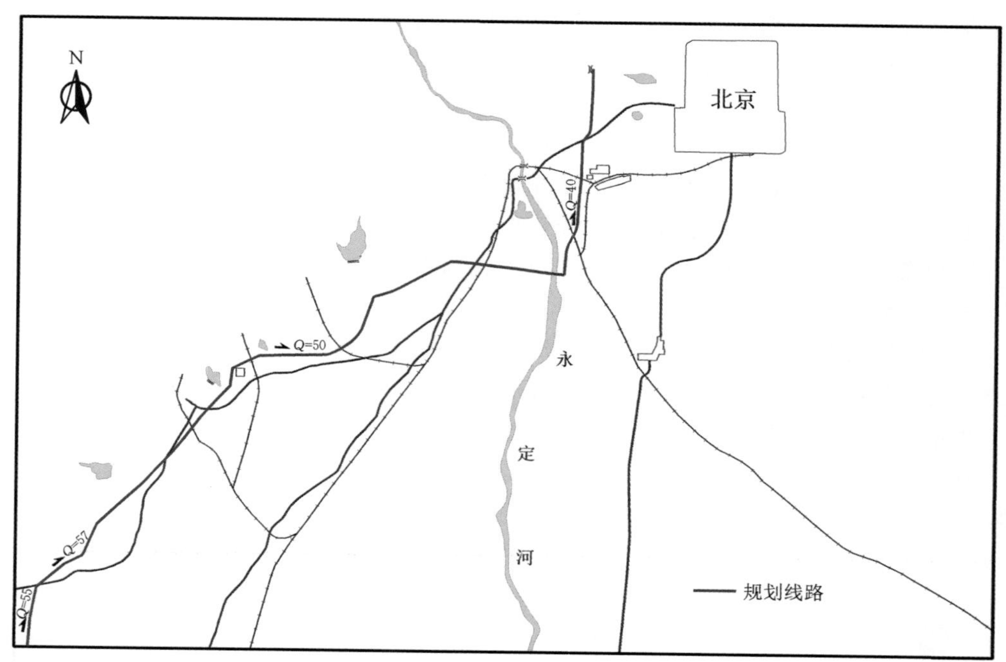

图 1.2.3　1990 年中线总干渠北京段规划线路示意图

1993 年 10 月，《北京市城市总体规划（1991—2010 年）》中明确指出："实现从丹江口水库引水的南水北调中线工程，是解决北京地区水资源短缺问题的根本措施，北京平均每年将可获得 12 亿～13 亿 m^3 水量，可基本适应北京社会经济和城市建设发展的需要。"这标志着从国家层面正式确定了南水北调工程的进京方案，即中线总干渠北京段"不通航、只输水"。

1994 年 3 月 30 日，北京市规划委员会组织有关部门的领导和专家对北京段规划线路进行了审查，基本予以确定，但在输水工程终点位置的选择上同意了市水利局的建议："将南水北调中线总干渠的输水终点由玉渊潭北移至团城湖，形成与丹江口水库首尾相映的跨世纪输水工程效果，而且较好地解决了玉渊潭汛期不能向北京地区供水的矛盾（汛期玉渊潭水位为 48.2m，而设计总干渠输水水位为 49.5m），同时可以把远距离调来的长江清洁水与永定河引水渠官厅下泄的受污染水分隔开来，以保证城区的供水水质。"1995 年 4 月 22 日，北京市规划委员会批准了终点为团城湖的总干渠北京段规划线路；1996 年 4 月 19 日，北京市城市规划管理局批准了南水北调中线总干渠北京段的保护范围，同年 8 月 16 日以“城规发字〔1996〕第（128）号”向有关区县发出了《关于控制南水北调中线工程北京段保护范围的通知》。

1999 年 12 月，南水北调北京办公室编制了《北京市水资源和南水北调工程》，明确了南水北调中线北京段由输水工程、供水工程和调蓄工程三部分组成。其中，输水总干渠自房山南尚乐乡北拒马河中支南至海淀区颐和园团城湖，全长 80km，设计流量 $70m^3/s$，输水方式为明渠与地下输水涵洞暗涵相结合的方式（其中明渠 30km，占全线总长的 37%，其余为地下输水建筑物）；供水工程指市内配套建设的水厂以及由中线总干渠分水向东南郊的南干渠。对于调蓄工程，指除利用密云水库、官厅水库和地下水进行联合调度外，尚需修建一部分调节库，在规划论证的几个方案中，仍推荐最终修建张坊水库进行调蓄的方案。

2001 年，《南水北调工程中线规划（2001 年修订）》中推荐北京段采用管涵输水方案；2002 年 9 月，国务院正式批复了该规划（国函〔2002〕117 号），基本确定了总干渠北京段全线采用管涵而非明渠输水的方案。2003 年，北京市水利规划设计研究院编制了《南水北调中线京石段应急供水工程（北京段）总干渠可行性研究报告》[6]，推荐北京段采用管涵加压方案；同年 12 月，国务院批复了该可行性研究报告；12 月 3 日，国家发展和改革委员会印发了《关于审批南水北调中线京石段应急供水工程可行性研究报告及今年拟开工单项工程有关问题的请示的通知》（发改农经〔2003〕2089 号），标志着南水北调中线总干渠北京段方案论证工作结束，工程进入实施建设阶段。

《南水北调中线京石段应急供水工程（北京段）总干渠可行性研究报告》是该工程后续设计和方案深化的基础和依据。报告对北京市水资源的供需状况重新进行了分析预测，确定北京市多年平均需调入境水量为 12 亿 m^3（基本为 2010 年、2030 年枯水年缺水的均值）；当密云水库来水为枯水年时，则需要调水量达 16 亿 m^3，调水规模按 $50m^3/s$ 设计，$60m^3/s$ 作为加大流量。报告还基本确定了总干渠北京段沿线主要建筑物的类别、规模、结构型式等，见表 1.2.4。

表 1.2.4　总干渠北京段主要建筑物设计特征参数

序号	建筑物名称	长度/m	断面型式及尺寸	设计纵坡	其　他
1	渠首连接段	80	梯形断面		
2	拒马河暗涵	1724	双孔矩形，5.6m×5.0m（净宽×净高）	1/6000	
3	惠南庄泵站	155	—		总装机容量 60MW；扬程 63m
4	西甘池隧洞	1250	2 孔 *DN*4000		
5	PCCP 管道	55474	2 排 *DN*4000		
6	崇青隧洞	380	2 孔 *DN*4000	1/7000	
7	大宁调压池	154	—		总占地面积 $29800m^2$，有效容积 7.7 万 m^3

续表

序号	建筑物名称	长度/m	断面型式及尺寸	设计纵坡	其 他
8	永定河倒虹吸	2586	4 孔方涵，每孔 3.8m×3.8m		
9	卢沟桥暗涵	5181	2 孔一联矩形箱形结构，每孔 3.8m×3.8m		
10	西四环暗涵	12697	明挖方涵：整体双孔，每孔 3.8m×3.8m；暗挖隧洞：双洞分离，DN4000		
11	团城湖明渠	829	半挖半填断面，底宽 12m，$m=2$	1/6108	
合计		80426			

1.2.2 市内配套工程规划

北京市内南水北调配套工程是优化配置当地水源和外调水源，实现南水北调中线工程建设目标的关键环节，制定市内配套工程规划具有十分重要的现实意义。

市内配套工程规划研究起始于 20 世纪 90 年代，历经十几个年头，由最初的水量分配、水厂规模与布局和调蓄工程初步规划、南干渠工程规划，到逐步形成“26213”供水系统新格局，规划研究的每一步都紧密结合了首都经济、人口和用水需求的发展实情，由浅入深，逐步完善，最终绘制而成《北京市南水北调配套工程总体规划》（以下简称《配套工程总体规划》）的宏伟蓝图，指导和引领着各项配套工程的有序建设。配套工程总体规划研究的主要成果包括调蓄工程规划、配套水厂布局规划、南干渠规划及总体规划等。

1. 调蓄工程规划

南水北调中线全长千余千米，输水至北京要求较高的供水保证率和稳定性，修建适当的调蓄工程是解决这一问题的必要措施。自 20 世纪 90 年代开始，相关单位对南水北调中线及北京市内配套调蓄工程进行了持续不断的研究。

20 世纪 90 年代，长江委在《南水北调中线一期工程项目建议书》和《河北省瀑河水库加固工程项目建议书》中均推荐瀑河水库（库容 2.35 亿 m^3）作为南水北调引水调蓄和北京、天津、廊坊等城市的事故备用水库。长江委对瀑河水库调蓄作用开展的专题研究结果认为：瀑河水库在近 42 年（1956—1997 年）的长系列过程中多数时段处于满蓄状态，可以满足事故备用的基本要求，供水保证率高。北京市在综合考虑安全运行和维护、联合调度、水质和水量保障等因素后认为：瀑河水库作为北京段调蓄水库需作进一步研究论证，同时建议考虑在北京境内修建张坊水库作为调蓄水库的可行性。

2002 年 2 月 9 日，北京市人民政府办公厅提出“建议将张坊水库作为总干渠北京段的调蓄水库，列入一期工程，与丹江口水库大坝加高工程同步实施”；2003 年 6 月 5 日，水利部水规总院在《关于印发南水北调中线一期工程总干渠总体设计审查意见的函》中明确表示：“鉴于南水北调中线工程石家庄以北段北京应急工程的迫切性，建议将瀑河水库列为缓建项目，视一期工程运行需要适时建设。”

同时期内，北京市相关单位经过反复研究和论证后认为：张坊水库作为南水北调北京段调蓄水库在近期内建设存在的主要问题是——该水库控制的流域面积主要在河北省境内，20 世纪 50 年代修建的官厅水库、密云水库归北京所用后，河北省水资源已经十分短缺，而张坊水库下游尚有涞水县和涿县工农业用水问题，其作为调蓄水库后这些地区用水更加紧张，近期修建张坊水库不可行。为此，北京市水利局组织相关单位对北京市境内的崇青水库、天开水库和大宁水库开展了调蓄可行性研究，比选论证后认为：大宁水库作为调蓄水库的条件相对较为优越，近期内也可实施，可以满足 2008 年北京应急供水的需求。

2009 年 3 月 31 日，北京市发展和改革委员会下发《关于批准北京市南水北调配套工程大宁调蓄水库工程项目建议书（代可行性研究报告）的函》（京发改〔2009〕573 号），同意实施大宁水库调蓄工程。

2. 配套水厂布局规划

总干渠北京段的规划供水范围包括规划市区和丰台河西地区、大兴地区、通州地区以及房山、门头沟的山前平原地区。早在 1993 年，北京市水利规划设计研究院就进行过南水北调中线北京市配套工程的分水规划方案研究；1996 年和 2002 年，该单位又先后两次对水厂布局规划进行了调整。

根据当时北京市总体规划确定的远期人口规模及相应的供水规划指标，1996 年的配套水厂布局规划中主要考虑了 4 个因素：靠近中线总干渠和市内配套工程南干渠、便于水厂向卫星城供水、区（县）政府意见以及环境保护，具体规划方案见表 1.2.5。

表 1.2.5　　1996 年配套水厂布局规划

序号		水厂名称	规划位置	水厂规模 /($\times10^4m^3/d$)	水厂用地 /($\times10^4m^2$)
1		燕化水厂	燕化动力厂南侧、燕东路以南、南水北调总干渠以北、丁家洼水库以西	50	38.52
2		房山城关水厂	饶乐府北齐家坡处，紧靠中线总干渠南侧隔离带	10	8
3		良乡水厂	北留庄南	30	25（含调节池 70000m^2）
4	①	长辛店一厂	在原长辛店水厂位置扩建	8.5	3
	②	长辛店二厂	云岗新区河西村西南，南水北调总干渠北侧	8.5	6
	③	长辛店三厂	阴山公园南侧	13	10
5	①	城子水厂	在原水厂位置扩建	8.6	5.3
	②	门城镇水厂	规划公路二环西侧，增盛庄南	21.4	15
6		丰台水厂	丰台桥南六圈路南北两侧	100	30
7		黄村水厂	黄村西北角南干渠南侧	50	32（含调节池 120000m^2）
8		亦庄水厂	三海子郊野公园东侧	100	30
9		通州水厂	通马路东侧铺头村北	60	25
10		自来水十厂	定福庄集团北侧，青年路南侧	100	32
11		沙河镇水厂	南沙河北老年湾	8	5

注　本表引自《南水北调北京工程前期工作纪实》[7]。

2002年配套水厂规划是在1996年规划基础上，根据近六年的城市发展和各区（县）总体规划和控制性详细规划，在用地及水厂规模上做了相应调整，并重点研究了与中线工程供水范围有关的各卫星城镇2010年需水量和水厂建设规模后编制而成的。该规划的原则和发展目标主要考虑了2008年第29届奥运会的供水需求、节水和污水资源化、当地水源与外调水源联合调配、地表水与地下水联合调配、蓄养地下水与改善生态环境以及新建水厂规模与建设年限等因素。2002年配套水厂布局规划方案见表1.2.6。

表1.2.6　**2002年配套水厂布局规划方案**

序号	水厂名称		规划位置	2010年需建规模/($\times10^4m^3/d$)	远期规划规模/($\times10^4m^3/d$)	水厂用地/($\times10^4m^2$)
1	燕房卫星城水厂	房山城关	饶乐府北齐家坡处，紧靠中线总干渠南侧隔离带	8	10	12（含调节池40000m^2）
		燕化水厂	燕化动力厂南侧、燕东路以南、南水北调总干渠以北、丁家洼水库以西	24	34	38.52（含取水厂10000m^2）
2	良乡卫星城水厂		良乡镇以北，北留庄南部	15	20	25（含调节池70000m^2）
3	长辛店卫星城水厂	长辛店一厂	现状位置扩建	4	因扩建用地困难，规划该水厂仍保留现状规模	
		长辛店二厂	云岗新区河西村西南，南水北调总干渠北侧	8		6
		长辛店三厂	阴山公园南侧		8	10
4	门城卫星城镇水厂	城子水厂	现状水厂扩建	8.5		
		新建城子水厂	永定河右岸规划地区公路二环西侧、增盛庄东南附近		11.5	12
5	黄村卫星城水厂		黄亦路以南、京沪铁路和京山铁路之间	20	50	32
6	规划市区丰台水厂		丰台桥南六圈路南北两侧，郭公庄路东侧	60～90	100	30
7	亦庄卫星城水厂		三海子公园东侧，亦庄卫星城南部新区的西侧	14	50～100	30
8	通州卫星城水厂		通州城区西南角，通马路东侧铺头村北附近	16	60	25

注　本表根据《南水北调北京工程前期工作纪实》中相关信息编制而成。

3. 南干渠工程规划

南干渠是北京市内配套工程中规划和建设最早的重点工程，其规划研究始于1996年，与水厂布局规划同期进行。该工程规划最初重点研究了规划线路、干渠规模、形式、输配水留口位置及规模等，确定的供水范围包括北京市区南部、东南部及大兴和

通州地区，主要供水目标有丰台水厂、黄村水厂、亦庄水厂、自来水十厂、通州水厂、西南郊热电厂等。

1996年规划确定南干渠输水能力为70m^3/s，占地宽250m（其中干渠占地宽50m，两侧设绿化隔离带各100m），终点设调节池1座，调节池与亦庄水厂周围设100m绿化隔离带。对于南干渠平面线路，该规划提出并保留了两个方案，但倾向于方案一，即以中线总干渠南岗洼附近的拐点为起点，向东经稻田村至永定河右堤，向东南方穿永定河至立垡南、京良公路南侧，沿京良公路往东北方向至狼垡、羊坊南，向东沿黄村北环路北侧，李营、西红门南侧至新三余村向南，沿凤河东侧至济德堂向东，经小白楼、志远庄、瀛海庄北侧，至忠兴庄、三海子南侧，到南干渠终点调节池。

2003年，北京市水利规划设计研究院在上述规划方案基础上制订了新的南干渠工程规划方案，对其平面线路和输水规模进行了调整。该规划确定南干渠工程起点位于中线总干渠北京段永定河倒虹吸南侧两孔箱涵的末端，沿现状大兴灌渠向南，至北天堂村南，后沿五环路西侧绿化带转向东，进入原规划预留位置，再沿五环路南侧向东，到达终点亦庄水厂调节池；规划线路总长度27.35km，输水规模为30～35m^3/s。另外，根据配套水厂的建设安排，规划指出近期（2010年前）建设南干渠上段——永定河分水口—京九铁路段，长11.17km，渠线上按远期（2020年）规划预留郭公庄水厂和黄村水厂分水口；2010—2020年建设南干渠下段——京九铁路—亦庄水厂调节池段，线路长16.18km。

南干渠工程的建设基本按2003年修订的新规划方案进行。

4. 配套工程总体规划

随着中线总干渠北京段工程的开工建设，在十多年专项规划研究成果的基础上，北京市南水北调配套工程总体规划的格局日渐清晰与成熟。2006年4月20日，北京市南水北调工程建设委员会办公室主持召开了北京市南水北调配套工程总体规划专家评审会；2007年4月18日，北京市南水北调工程建设委员会办公室、北京市发展和改革委员会、北京市规划委员会和北京市水务局联合下发了《关于印发〈北京市南水北调配套工程总体规划〉的通知》（京调办〔2007〕92号），标志着北京市内南水北调配套工程建设具有了纲领性的指导文件和依据，是各项配套工程建设必须贯彻执行的第一准则。

《北京市南水北调配套工程总体规划》（以下简称《配套工程总体规划》）的指导思想是：做好“两个战略性调整”，实现“三个提高”。即利用南水北调引水入京的有利形势，做好全市水资源配置的战略性调整；抓住城市空间向郊区拓展的难得机遇，做好全市供水系统空间布局的战略性调整；实现全面提高水资源的承载能力，全面提高外调水与本地水、地表水与地下水、常规水源与应急水源联合调度的能力，全面提高大型自来水厂双水源的供水能力和供水质量。

《配套工程总体规划》的目标是：2008年北京具备接纳年调水3亿m^3的能力，保障奥运安全供水；2010年具备接纳年调水10亿m^3的能力，通过与北京本地水的联合调度，满足北京城市总用水需求，初步改善城市东部、南部地区和重点新城的供水条件，逐步关闭自备井，涵养地下水，提高城市供水水质；2020年具备接纳年调水14亿m^3的能力，形成“两大动脉、六大水厂、两个枢纽、一条环路和三大应急水源地（简称

‘26213’)”的北京市供水系统格局，全面提高供水保证率，实现城市供水安全，达到地下水不超采、生态环境得到改善和恢复的目标。

《配套工程总体规划》明确了“26213”供水系统格局的具体内容如下：

（1）两大动脉：指南水北调中线总干渠北京段和密云水库至第九水厂输水干线。总干渠北京段南段可向房山新城、长辛店地区供水；过永定河后沿西四环北上，可向中心城及门头沟新城、海淀山后地区、首都机场地区和温榆河生态走廊地区供水；向南干渠分水即可为中心城及大兴新城、亦庄经济开发区、通州新城供水。密云水库至第九水厂输水干线在水源上已经与密云水库、怀柔水库、怀柔应急水源地、平谷应急水源地连通，在用户上已经与第九水厂、第八水厂连通，还具备与第十水厂连通的条件。

（2）六大水厂：包括现状第九水厂、田村水厂、第八水厂、第三水厂，规划的第十水厂和郭公庄水厂。

（3）两个枢纽：指团城湖调节池和大宁调压池。团城湖调节池不仅可以接纳密云水库和南水北调来水，还可向八厂供水；第九水厂、田村水厂、燕化引水工程、东水西调工程、玉渊潭、城市河湖水系、清河、高水湖和养水湖均可从此处取水。大宁调压池也是系统枢纽，主要作用是调节供水水位、供水流量并承担进城段和南干渠输水工程的分水任务。

（4）一条环路：指由中线总干渠北京进城段、南干渠、东干渠和团城湖至第九水厂工程共同组成的输水环路。

（5）三大应急水源地：指怀柔地下水应急水源地、平谷地下水应急水源地和张坊应急供水工程。在遇枯水年和突发事件时，可通过供水系统紧急向城市供水 2.7 亿 m^3。

《配套工程总体规划》还进一步明确了各部分工程的近远期建设任务。其中，输水工程规划中增加了团城湖至第九水厂输水工程、南干渠延长线输水工程；调蓄工程规划中明确近期改建大宁水库、远期建张坊水库；2010 年前建设团城湖调节池，2020 年前建设亦庄调节池，其他调节池可结合各水厂具体情况单独进行。水厂工程规划分 2008 年、2010 年和 2020 年三个阶段设置了建设目标：2008 年以前需改建完成第三水厂，改造工程的供水规模为 15 万 m^3/s；2010 年前需新建郭公庄水厂、燕化水厂、房山城关水厂、良乡水厂、长辛店第二水厂和黄村水厂，扩建城子水厂，改造第三水厂；2010—2020 年期间需新建门城镇水厂，扩建郭公庄水厂、房山城关水厂、良乡水厂、长辛店水厂和黄村水厂等，见表 1.2.7。

表 1.2.7　北京市南水北调配套工程水厂工程规划（新建及扩建水厂规划）

序号	水厂名称	地理位置	供水范围	建设规模/（×$10^4 m^3/d$）				备注
				远期	2010—2020 年	2008—2010 年	2008 年以前	
1	郭公庄水厂	丰台桥南六圈路南北两侧，郭公庄路东侧	中心城西南地区	100	75	50（60～90）①		新建
2	燕化水厂（丁家洼水厂）	南水北调中线主干渠西侧；燕化动力厂南侧，燕化供销部仓储处北庄仓库西侧	燕山地区			34（24）		新建

续表

序号	水厂名称	地理位置	供水范围	建设规模/(×10^4m^3/d)				备注
				远期	2010—2020 年	2008—2010 年	2008 年以前	
3	房山城关水厂	饶乐府北、祁家坡处，紧靠南水北调中线主干渠南侧隔离带	房山城关地区		9	5 (8)		新建
4	良乡水厂	南水北调中线主干线以南、崇青干渠以东、良乡机场西北侧	良乡组团		15	8 (15)		新建
5	长辛店第二水厂	王佐地区王庄以西，主干渠北侧	长辛店组团		8.8	4.8 (8)		新建
6	黄村水厂	黄村新城西北部，南干渠南侧	黄村新城		36	18 (20)		新建
7	城子水厂	门头沟城子镇	门头沟新城及石景山广宁、麻峪地区			8.64 (8.5)		扩建
8	燕化田村水厂	石景山区	中心城核心区西部地区、石景山集团	51	34	17		改建
9	第三水厂	海淀区	市区				15②	改造
10	门城镇水厂	规划公路二环西侧，增盛庄南	门城镇		4.4			新建
11	通州水厂	通马路东侧铺头村北	通州新城		40			新建
12	亦庄水厂	三海子郊野公园东侧	亦庄新城		35			新建
13	第八水厂	朝阳区	市区		38②			改建

注　本表根据《北京市南水北调配套工程总体规划》编制。

①　括号内数字为 2002 年市内配套水厂规划时确定的该水厂 2010 年建设规模。

②　表中数据为改造工程的水厂规模，非水厂当期总规模。

《北京市南水北调配套工程总体规划》的制定与贯彻执行是南水进京的必然需求，是保障北京市用好南水、节约水资源、改善生态环境和提高水资源可持续利用能力的重要科学基础。

1.2.3　北京市南水北调工程建设

任何一项伟大的工程由设想变为现实总是需经历漫长的时间和曲折的过程。北京市南水北调工程经历了总干渠方案论证的艰苦历程和配套工程总体规划的反复推敲和精心构思。2003 年 12 月 30 日，中线总干渠北京段永定河倒虹吸工程正式开工建设，由此拉开了北京市建设南水北调工程的序幕。

2009 年 12 月 1 日，大宁调蓄水库工程开工建设，标志着市内配套工程迈出了实施建设的第一步；2010 年 1 月 8 日，南干渠上段破土开工，正式开启了环路供水系统建设的征程；2014 年 10 月 10 日，东干渠输水隧洞工程全线贯通，标志着北京市从此具备了环路供水的基本条件；2014 年 12 月 12 日，丹江口水库正式通过南水北调中线总干渠向北京输水，江水历时 15 天后缓缓流入团城湖调节池，开启了南水润京城的历史征程。这一伟大的历史时刻同时宣告着南水北调中线总干渠工程正式投入了运营使用，与之相适应的北京市内配套工程需依据规划逐步分期、分步落实到位。

截至 2016 年年底，北京市内配套工程的主体工程大部分已建成，部分已投入运营使用，如南干渠、团城湖调节池和亦庄调节池（一期）、大宁调蓄水库等，在新的供水系统中发挥着重要作用。东干渠、密云水库调蓄工程等正在竣工验收阶段，亦庄调节池二期、团城湖至第九水厂输水工程二期工程等处于初步勘察和设计阶段。

1.3　北京市南水北调工程地质勘察工作

地质勘察工作不仅是重大水利水电工程决策的基础，而且贯穿整个工程建设的全过程，为各阶段工程设计提供技术服务与保障。本节在总结回顾总干渠北京段和市内配套工程地质勘察工作的基础上，对北京市南水北调工程（主要为输水和调蓄工程）涉及的重大岩土工程问题进行归纳分类。

1.3.1　总干渠北京段

纵观中线总干渠北京段从规划到实施建设的历程，其地质勘察工作主要经历了 3 个阶段。

1. 20 世纪 90 年代以前

该阶段为中线总干渠的规划研究阶段，其地质工作由长江委统一部署，北京段具体工作由北京市地矿局承担。地质工作在路线查勘和区域基础地质研究成果的基础上，按不同时期方案论证的需求和地质勘察工作要求，主要开展了以中小比例尺的工程地质测绘为主、钻探和坑探为辅的地质勘测工作。由于该时期总干渠北京段的倾向性方案为明渠自流（高线）输水，并满足通航要求，相应地质工作的主要任务是对规划论证的线路沿线基础地质背景、岩土体类型和空间分布及主要工程地质问题等进行初步查勘了解，为估算工程投资、比选规划线路等提供依据。

该期间由于国内缺乏针对如此大规模、长距离引水工程地质勘察工作的相对成熟的技术标准和行业规范，工作中许多原则和技术要求是通过讨论会的形式确定下来，并在实践中不断总结和改进的。具有代表性意义的会议为 1982 年 10 月 4—7 日在北京召开的南水北调中线（黄河北岸—北京段）规划阶段总干渠工程地质勘察工作讨论会。此次讨论会是在同年 9 月由水利电力部和地质矿产部组织实施的中线（黄河北岸—北京段）总干渠线路查勘工作（历时 26 天，近百人参加）结束后随即召开的，最终形成了关于黄河以北段总干渠地质勘察工作的一致性意见，明确了当前阶段地质勘察的工作范围、精度、工作方法、勘探孔布置原则、应重点查明的工程地质问题以及提交成果和时间等要求。

该阶段北京段除完成渠道线路地质勘察工作外，还对地下水调蓄工程进行了针对性的勘察，形成的主要成果见表1.3.1。

表1.3.1　　规划研究阶段总干渠北京段地质勘察主要成果

序号	成　果　名　称	完成单位	完成时间
1	南水北调中线北京段地下水调蓄工程勘察报告	北京市水文地质工程地质大队	—
2	南水北调中线北京段规划阶段工程地质勘察报告	北京市水文地质工程地质大队	—
3	南水北调中线规划阶段工程地质勘察报告（黄河北岸—北京段）	北京市水文地质工程地质大队	1986年
4	南水北调中线工程地质简介（陶岔—北京段）	长江流域规划办公室	1979年11月
5	南水北调工程北京段半壁店—南宫村地质剖面图	北京市南水北调规划小组	1980年5月
6	南水北调工程北京段南宫—马驹桥地质剖面图	北京市南水北调规划小组	1980年5月

2. 1991—1998年

该阶段为总干渠北京段可行性研究至初步设计阶段。

1991—1992年间，长江委在当时国家计委、水利部有关精神的指导下，历经几次补充论证和修改，提交了《南水北调中线工程可行性研究报告》（1992年10月）。1992年10月24—30日，国家计委组织召开南水北调中线工程工作会议，会上审查了修订后的中线工程可行性研究报告，认为其在深度和广度上都达到了可行性研究报告的要求，吸收有关省市和部门合理意见加以修改后，可以作为国家决策的依据。这次会议宣告着南水北调中线工程可研论证工作的结束，地质勘察工作可围绕工程初步设计深入开展。

长江委为统一中线工程勘察工作深度、技术标准和要求，促进勘察技术的发展和提高勘察成果质量，于1993年上半年编制了中线总干渠工程地质勘察大纲及测量、地质勘察、物探和钻探等系列技术要求[8]，成为指导全线地质勘察工作的纲领性文件。其中，《南水北调中线工程总干渠初步设计阶段勘察大纲》明确了勘察目标、任务和工作原则，对渠线和各类建筑物场区勘察范围、精度以及钻探、物探工作布置等给出了一般性规定，对需要进行专门性研究的主要工程地质问题提出了研究方向，同时规定了天然建筑材料的勘察深度。

遵照“谁设计、谁勘察、谁负责”的勘察工作原则，总干渠北京段初步设计阶段地质勘察工作由北京市水利规划设计研究院承担完成。1994年，该院编制了《南水北调中线工程北京段工程地质勘察大纲（初步设计阶段）》，明确了地质勘察工作的主要内容，并提出在北京段开展城市渠道工程地质勘察技术、卫片与彩红外航片的遥感地质应用、西甘池岩溶区浅埋隧洞工程地质以及计算机应用和数据库4个方面的专题研究。

总干渠北京段初步设计阶段的主要地质勘察成果见表1.3.2。

3. 1999—2003年

1999—2002年，由于国家政策方针的调整和中线工程决策尚未落实，该期间中线工程北京段地质勘察工作基本没有更深入的开展。直至2003年4月，国家发展改革委在北京密云召开了京、津、冀三省（直辖市）应急供水工程座谈会，研究解决北京用

表 1.3.2　　总干渠北京段初步设计阶段的主要地质勘察成果

序号	成　果　名　称	完成时间
1	南水北调中线（北京段）工程天然建筑材料勘察报告（含附图）	1993 年
2	南水北调中线北京段（北拒马河—终点）渠线工程地质勘察报告（初设）	1998 年
3	南水北调中线工程总干渠（北拒马河中支南—总干渠终点）工程环境地质评价报告	1998 年
4	南水北调中线工程总干渠（北拒马河中支南—总干渠终点）水文环境地质评价报告	1998 年
5	南水北调中线工程初步设计阶段北京段地球物理勘探报告（黄元井渡槽、岔子沟渡槽、周口河—大宁渠段）	1997 年
6	南水北调中线工程初步设计阶段地球物理勘探报告（北京永定河倒虹吸工程）	1995 年
7	南水北调中线工程总干渠北京段（拒马河—周口河）电测深成果报告	1997 年
8	南水北调中线工程总干渠北京段遥感工程地质应用研究	1998 年
9	南水北调中线工程总干渠初步设计阶段北拒马河—颐和园渠段地球物理勘探报告	1997 年
10	南水北调中线工程总干渠南泉水河渡槽工程地震勘探报告	1997 年
11	南水北调中线工程总干渠周口河倒虹吸工程地震勘探报告	1997 年

水问题，提出南水北调中线工程石家庄至北京段应急工程争取在年内开工、2008 年奥运会时为北京提供备用水源的方案，水利部和北京市、河北省均表示支持该方案。会议要求加速南水北调中线应急供水工程前期工作，要求在当年 6 月底完成京石段应急供水工程的可行性研究报告，9 月完成初步设计，争取 10 月开工。至此，总干渠北京段勘察设计工作重新启动。

重新启动后，因设计输水方案由明渠自流更改为管涵加压方式，地质勘察工作以满足该时期设计方案优化和局部线路调整的要求为总体工作目标，在充分利用前期地质勘察成果的基础上，主要开展了针对交叉建筑物和线路调整段的补充勘察，以及总干渠交叉穿越的铁路、公路、桥梁、市政管线等专项勘察和安全评估。

2003 年以后，随着干线工程的全面开工建设，地质勘察工作逐步与设计和施工阶段相适应，主要开展现场施工地质配合和各单项工程的补充勘察。

1.3.2　市内配套工程

相对于中线总干渠从方案论证到工程实施近 50 年的历程，北京市内配套工程的规划建设进程要快了许多。这一方面归功于首都经济建设的快速发展、用水量的急剧增长和当地水资源不足的严重危机，另一方面得益于配套工程系统的科学规划、管理和稳步落实。相应的，其地质勘察工作根据配套工程的总体规划和分步实施计划，有条不紊地逐一开展。

市内配套工程的主要功能是管好和用好外来水和当地水，并将水安全地输送到千家万户，这决定了配套工程与总干渠工程在空间地理位置和地质条件上的截然不同。总干渠从北京市西南郊、山前丘陵斜坡地带入京，沿途穿山越河，终点进入市区西北郊的团城湖，输水管涵经过基岩裸露的山区和以第四系卵石土层为主的河道冲洪积扇。而市内配套工程分布于人口密集、交通发达、地下空间复杂的城区，场区地质环境条件相对复杂多样化，遭遇的环境工程地质问题与干线也明显不同。如城区东部的区域地面沉降问题、深厚垃圾填埋区的沉陷和地下水环境污染问题、地上及地下的市政轨道交通、桥梁和管线等与输水工程的交叉穿越问题等，这些均是配套工程地质勘察工作中的重点和难点，是影响工程方案设计的关键性岩土工程问题。配套工程的勘测设计人员在工作中充分认识了这一点，并给予了高度重视，克服一切困难攻克了一个个难关，为各项配套工程设计方案的优化和施工安全保驾护航。

北京市内配套工程地质勘察工作最早可追溯至总干渠北京段规划论证阶段。由于最初考虑的北京境内南水北调的主要受水区为城南部，因此总干渠方案论证时即同时考虑了南干渠工程的路由规划和地质条件的适宜性等。促使配套工程地质工作全面开展和深化的重要因素是总干渠北京段的开工建设和 2008 年奥运会即将来临时北京本地水资源的严重告急。2006 年，团城湖至第九水厂输水工程（一期）可研报告获得市发展改革委批复；2007 年，大宁调蓄水库和南干渠工程同步启动了可行性研究，相应阶段的地质勘察工作立即开展。之后，东干渠、亦庄调节池、团城湖调节池等工程逐一提上日程，各阶段地质勘察工作随即跟进。

北京城区地处宽缓的河流冲洪积平原区，第四系覆盖层厚度一般均大于 50m。城区地质勘察的最大困难是地下空间复杂，常规钻探局部难以实施，且潜在的安全风险高，因此勘察中注重了地球物理勘探新技术的引进和应用。在团城湖至第九水厂输水工程、团城湖调节池和亦庄调节池等工程中探索应用了地震影像、高密度电法和多道瞬态面波法等，它们在探明城市地质环境的地下岩土类型及分布、识别地下埋设物和提高勘察工作效率方面发挥了重大作用。

总体认为，市内配套工程地质勘察工作的深入开展时期是首都经济建设快速发展的黄金时期，其基础地质研究工作的相对成熟和丰富成果为城市工程建设地质勘察打下了良好的基础，先进勘察技术和作业方法的推广应用使提高勘察工作效率和降低劳动强度成为可能，计算机和信息技术的飞速发展使勘察成果的可视化、信息化程度大大提高，为设计服务的时效性和针对性更强。表 1.3.3 为市内配套工程地质勘察的代表性成果。

表 1.3.3　　市内配套工程地质勘察的代表性成果

序号	成 果 名 称	完成时间
1	北京市南水北调配套工程团城湖至第九水厂输水工程（一期）水文地质勘察报告	2006 年
2	北京市南水北调配套工程大宁调蓄水库工程建设场地地质灾害危险性评估报告	2008 年
3	北京市南水北调配套工程大宁调蓄水库工程场地地震安全性评价报告	2008 年
4	北京市南水北调配套工程东五环输水管线沿线地震动参数工程应用报告	2009 年
5	北京市南水北调配套工程大宁调蓄水库工程库区防渗工程地质勘察报告	2009 年
6	北京市南水北调配套工程东干渠工程水文地质勘察报告	2010 年
7	北京市南水北调配套工程东干渠工程地质灾害危险性评估报告	2010 年
8	南干渠工程试验段松散土层中水工隧洞支护技术与围岩变形规律研究报告	2010 年
9	团城湖调节池周边地下水污染控制研究	2010 年

续表

序号	成 果 名 称	完成时间
10	东干渠工程竖井施工降水引起地面沉降对五环路的影响评估研究	2011 年
11	地面沉降对东干渠工程影响分析研究	2011 年
12	东干渠沿线土壤有害、危险气体调查分析报告	2011 年
13	团城湖调节池工程场地地震安全性评价报告	2011 年
14	亦庄调节池工程场地地震安全性评价报告	2011 年
15	亦庄调节池周边垃圾填埋坑地下水污染防控研究	2011 年
16	南水北调来水调入密云水库调蓄工程场地地震安全性评价报告	2013 年

表 1.3.4 为北京市南水北调工程在初步设计阶段投入的主要实物勘察工作量统计结果。

1.3.3　重大岩土工程问题

1.3.3.1　地质环境背景

北京市南水北调工程的空间布局呈现自西南向东北、由西向东展布的方式，西南端起点为房山区北拒马河，东北端至密云水库，西部输水至门头沟，东部输水至通州新城，南部输水至大兴和房山区，工程几乎跨越了整个北京市区。

就地形地貌而言，总干渠、京密引水渠（南水北调来水调入密云水库调蓄工程）、河西支线（在建市内配套工程）等工程位于城区西部和北部的山区与平原区接壤地带，工程区地貌类型多样，有低山丘陵区、剥蚀残丘区、山前斜坡地带、山间河谷以及冲洪积平原等，地面高程一般大于 50m，地形起伏明显，相对高差较大。如总干渠穿越西南部的辛庄—天开一带，山顶高程约 100m，相对高差十几米到几十米不等，最大相对高差约 50m；密云水库调蓄工程东北端输水隧洞穿越区，山顶高程 260m，一般相对高差 80～100m，最大相对高差约 160m。市内配套的东干渠、南干渠、团城湖至第九水厂等输水工程以及调蓄工程均位于平原区，地势平坦，地形起伏小，地面高程一般低于 50m，东部通州区一带仅 30m 左右。

大地构造位置上，北京地区地处中朝准地台北部，跨燕山台褶带和华北断坳两个Ⅱ级构造单元：北部和中部处于燕山台褶带中段，东南部则属华北断坳的西北隅，即山区处于燕山台褶带内，平原区则属华北断坳。“26213”供水系统工程主要位于密怀来中隆断（$Ⅲ_2$）、西山迭坳褶（$Ⅲ_5$）、北京迭断陷（$Ⅲ_6$）和大兴迭隆起（$Ⅲ_7$）构造单元内（图 1.3.1）。

受地形地貌和大地构造控制，工程区地层分布呈现西南—东北一线的低山丘陵区出露前第四系地层，而东部平原区覆盖厚厚的第四系河流冲洪积物。前第四系地层由老至新主要有中上元古界蓟县系（Jx）～青白口系（Qb）、古生界寒武系（∈）～奥陶系（O）、中生界侏罗系（J）～白垩系（K）和新生界古近系（原称为第三系 E）～新近系（N）。岩性方面，中上元古界、古生界地层以碳酸盐岩为主，中生界为一套火山熔岩、火山碎屑岩、砂岩及含煤地层，新生界地层岩性以砂砾岩、泥岩碎屑岩为主，成岩性较差。

表 1.3.4　北京市南水北调工程（初步设计阶段）地质勘察主要工作量统计表

序号	工程名称	钻探（或井探）			工程物探								原位测试								室内测试样品				
		孔/个	进尺/m	最大勘探深度/m	电测深/点	多道瞬态面波/点	孔内电视/m	高密度地震映像/点	地震反射/m	高密度电法/点	钻孔剪切波速/孔	钻孔声波测试/m	压水/段次	标贯/次	动力触探/次	砂砾土颗分/组	砂砾土密度试验/组	注水/段次	抽水/孔	水位长观孔/个	岩石/组	黏性土/件	砂（砾）类土/件	黄土/件	水/件
1	总干渠北京段	681	15838.63	57	3102	541		2989	92594				120	446	3197	284		14	6（单孔）		90	1731		8	24
2	大宁调蓄水库工程	162	4469.4	47.5		217	1037	1388		77500	8（240）②	736	367	95	515	22	15	24				18	86		9
3	南干渠	278（3）①	6140（51）①	35		130		3066		15000				230	120		8	23				410	378		
4	东干渠	1321	48273.2	60		752		14975		7500	94（3819）②			9744	1050			1（钻孔回灌）	26（单孔）1（群孔）	26		4604	2040		104
5	团城湖至第九水厂一期	242	4680	50		124				2500	8			337	213	90	90	4	10个台班	10		477	250		30

续表

序号	工程名称	钻探（或井探）			工程物探								原位测试								室内测试样品				
		孔/个	进尺/m	最大勘探深度/m	电测深/点	多道瞬态面波/点	孔内电视/m	高密度地震映像/点	地震反射/m	高密度电法/点	钻孔剪切波速/孔	钻孔声波测试/m	压水/段次	标贯/次	动力触探/次	砂砾土颗分/组	砂砾土密度试验/组	注水/段次	抽水/孔	水位长观孔/个	岩石/组	黏性土/件	砂（砾）类土/件	黄土/件	水/件
6	团城湖调节池	281	3969.2	25						7500				389	837	12						351	935		7
7	亦庄调节池一期	236	3891	40	28	83		1000		7500	4 (90)②			1335	260										
8	亦庄调节池二期	335	6239	30				1100		10000	10 (260)②			2377	1638							741	771		11
9	密云水库调蓄工程	862	14568.3	35	94	134		1456			7 (202)②			1671	2212	193	26	22				2338	1933		28
10	合计	3998	101928.73	—	3224	1981	1037	25974	92594	127500			487	16624	10042	601	139	87		36	90	10670	6393	8	213

① 括号内数字为探井工作量。
② 括号内数字为波速测试的钻孔累计进尺，单位为 m。

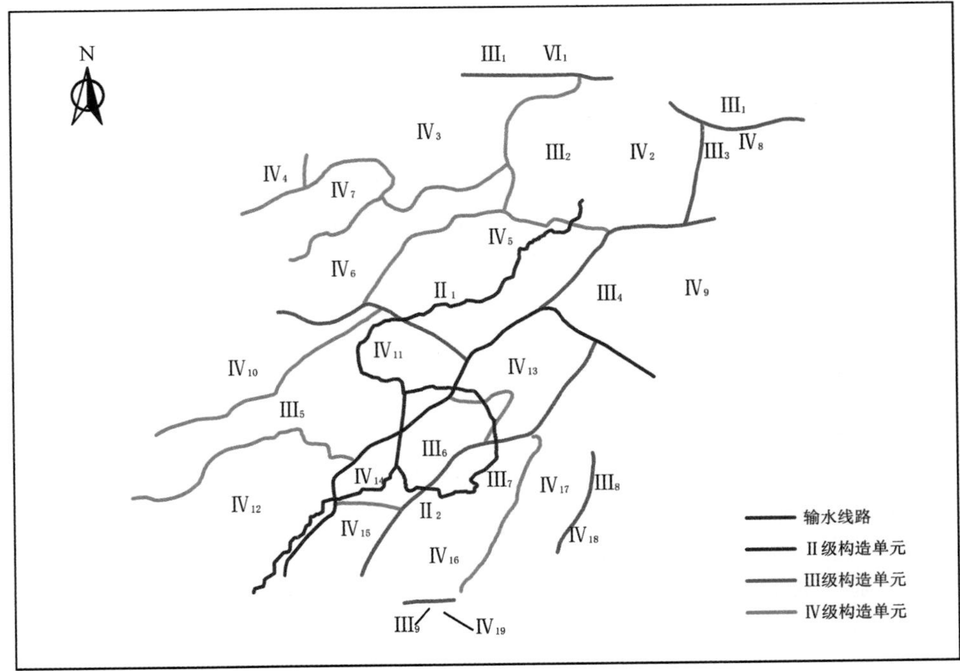

图 1.3.1 北京地区构造单元划分略图

工程区第四系地层主要为永定河、潮白河、温榆河等境内大河水系冲积而成的卵砾石、砂和黏性土，自西向东、由北向南厚度逐渐增大、颗粒由粗变细，地层富水性和透水性由强变弱、阻水性由弱变强。根据文献［9］的最新研究成果，北京平原区第四系下更新统（Q_1）地层底界埋深在城区中西部一般小于100m，而在顺义后沙峪凹陷、昌平马池口凹陷、平谷凹陷以及延庆盆地中心区一般超过500m，最深可达1000m以上。地处平原区的南水北调工程主要位于中心城区，埋深一般小于30m，底部未穿越中更新统地层底界。

1.3.3.2 重大岩土工程问题

任何岩土工程问题都是由工程所处岩土环境与拟建工程相互作用的结果，即分析岩土工程问题，既要分析岩土体自然特性，也要分析拟建工程的功能、结构、施工方法和运行条件等。相同的岩土环境，如果拟建工程的类型、功能、结构和施工方法等不同，可能产生不同类型的岩土工程问题，需要研究和解决问题的方式方法也就不同。

前已述及，北京市南水北调工程按功能可分为输水、供水（水厂）和调蓄三大类。就岩土环境而言，供水水厂因占地面积相对较小，单个工程建设场地岩土类型、地质结构相对单一，所遇的岩土工程问题也相对单一，一般情况下采用常规勘测、设计手段和岩土工程分析方法即可解决，这里则不做累述。本书所总结凝练的岩土工程问题集中于长线路的输水工程和调蓄工程，它们无论在平面，还是垂向上对所处岩土环境的作用与影响都是单个水厂工程所不可比拟的。如：无论总干渠还是市内配套输水工程，最终都采用了以地下隧洞或暗涵为主的建造方式，该类工程建设与运营中必须保护其周边环境安全和城市功能正常运转的要求为查明其岩土环境条件和解决岩土工程问题带来极大的挑战；新建调蓄池工程场址均选在回填多年的砂石坑及其邻近地区，坑内回填物类型、可能含有的污染物对水质的影响是必须要搞清楚的等。

结合工程区地质环境背景，本书将北京市南水北调输水和调蓄工程建设中所遭遇和重点研究的岩土工程问题归纳整理为以下七类，详细的岩土工程问题分析与解决方案将在本书第二篇和第三篇中阐述。

1. 场地构造稳定性

场地构造稳定性是工程选址的重要决策依据，进行场地构造稳定性研究与评价是工程建设可行性研究阶段重要的勘察任务之一。《水利水电工程地质勘察规范》（GB 50487）明确规定："对于50年超越概率10%的地震动峰值加速度大于或等于0.10g地区的引调水工程的重要建筑物，宜进行场地地震安全性评价工作。"1982年10月4—7日在北京召开的"南水北调中线（黄河北岸—北京段）规划阶段总干渠工程地质勘察工作讨论会"上，地质勘察组明确提出："渠线方向基本和太行山山前一些断裂带延展方向一致，某些断裂近期还具活动性迹象，故渠线所经地带的区域稳定性应予以重视。"基于此，北京市南水北调工程建设中对总干渠以及市内重点配套工程建设场地均进行了场地地震安全性评价工作，对工程建设场区有重要影响的区域第四纪活动断裂进行了较深入的研究。

2. 隧洞围岩变形与控制

由总干渠北京段与市内配套工程组成的"26213"环路供水系统工程均为地下隧洞工程，其围岩变形控制与周边环境安全是工程设计、勘察与施工中重点要考虑的问题。针对不同的围岩环境与类型，其勘探方法的适用性、变形控制措施的有效性以及控制标准的经济与合理性等，均是岩土工程研究的重要内容。

3. 水土环境质量

水土环境质量是关系到南水北调工程水质安全与工程使用寿命的重大问题。查明工程建设场区及邻近地区的潜在污染源、污染物类型及分布，研究和评价污染物在水土环境中随时间和空间可能发生的变化、对工程建设材料的不良作用等是工程勘察的重要任务。

4. 人工填土

人工填土因其物质组成与结构的复杂性、不均匀性和湿陷性等，在岩土工程中通常是作为不良工程地质层、不宜作为一般建筑物地基来考虑的。北京市南水北调工程建设中，人们关注更多的是人工填土的空间分布、堆积体量、物质组成、是否含有潜在污染物、对地下水或地表水体的不良影响、透水性或隔水性能等，这些不仅关系到工程建设的投资造价，同时也关系到工程运行安全的问题。

5. 地面沉降

地面沉降不仅是平原区地下水超采地区易发育的一种区域性、缓变型地质灾害，同时也是地下工程建设中常常引发的一种工程性地表破坏现象。北京市东部平原区区域地面沉降已发育半个多世纪，其沉降速率之快和影响范围之广对地区工程建设的影响已不容忽视。东干渠是建于该区域内的重要输水工程，区域地面沉降对输水隧洞的影响以及隧洞开挖引起的工程性地面沉降发展规律是该工程需要解决的重要岩土工程问题之一。

6. 岩土体渗透性

渗漏是水利工程最为敏感和关心的问题，岩土体渗透性常常也是岩土工程研究的重点与难点。这一方面归因于水在岩土体中运动的复杂性以及目前渗流理论发展的局限性；另一方面因为常规水文地质勘探方法如水文地质试验等投入大、周期长、费用高，一般工程难以开展系统的针对性研究。北京市南水北调工程地质勘察中，花大力气在大宁调蓄水库、潮白河地下调蓄水库区开展了多类型的水文地质试验，对岩土体渗透性进行了较深入研究，为工程方案设计提供了可靠的岩土体渗透性参数。

7. 岩土物理力学参数

岩土物理力学参数是岩土工程勘察的重要任务，是进行岩土工程设计的前提条件。岩土试验是获取其物理力学参数的主要手段。分析大量试验样本数据的统计规律，对深入认识岩土物理力学性质的宏观一致性和局部差异性具有重要作用。为工程设计提供科学、合理的岩土物理力学参数建议值，通常还需结合工程经验进行必要的综合分析与判断，避免因试验样本过少、统计方法不同等因素而造成的错误认识。

本书以上述岩土工程问题为线索，逐一叙述北京市南水北调工程建设中为回答和解决其中的关键岩土工程问题而开展的相关工作及获得的主要成果。

第2章　岩土工程基础理论探索及进展

2.1　围岩变形理论现状及探索

2.1.1　理论现状

2.1.1.1　理论计算研究现状

通过理论分析计算隧道围岩压力一直受到国内外的广泛关注。由于岩土复杂的应力应变关系及多样的屈服准则，使得隧道围岩压力的理论计算公式不尽相同。近百年来，国内外学者不断地结合材料的自身特性，从不同角度出发对其进行了研究。从理想弹塑性模型到考虑材料剪胀及软化的弹性-塑性软化-塑性模型、从莫尔-库仑（Mohr-Coulomb）屈服准则到俞茂宏的双剪统一强度理论、从不考虑拉压模量不同到考虑拉压模量不同等，取得了不少有价值的成果[10-36]。

采用不同的破坏准则，塑性区应力状态和半径将会不同，围绕这一问题，国内学者做了大量有意义的工作。如翟所业等[14]考虑到巷道围岩屈服与中间主应力有关，运用德鲁克-普拉格（Drucker-Prager）准则推出了圆形巷道塑性区半径及应力的解析解；张斌伟等[15]采用岩石非线性统一强度理论，利用衬砌与围岩的位移协调条件，对地下圆形硐室进行了弹塑性分析，获得了圆形硐室的应力、变形及塑性区半径的解；曾钱帮、王恩志、王思敬[16]以Hoek-Brown破坏准则为极限平衡条件，推求侧压力系数为1.0时圆形硐室理想弹塑性围岩的弹塑性应力和塑性区半径。

实际岩土材料，特别是软岩或破碎岩体，应力-应变关系曲线有明显的峰值，峰值后应力随变形增大而降低，即出现应变软化，最后达到残余强度。该典型应力-应变关系可简化为如下几种形式：弹脆塑型、弹性-塑性软化-塑性模型、弹性-塑性-脆性-塑性模型。围绕这一问题，国内外学者进行了大量研究，相继出现了一些考虑围岩应变软化的计算方法及考虑材料软化性质的计算模型[17-33]。

考虑拉压模量不同的隧道围岩压力的研究还相对较少。朱珍德、张爱军、徐卫亚[34]采用拉压不同模量弹性理论，探讨水工压力隧道围岩变形规律，推导了圆形隧道弹性抗力系数与拉伸弹性模量、压缩弹性模量的数学表达式；罗战友、杨晓军、龚晓南[35]提出用α及β分别作为拉压模量不同和软化特征的控制参数，运用不同模量弹性

理论及应力跌落软化模型推导了 Tresca 和 Mohr－Coulomb 材料柱形圆孔扩张问题的应力及位移解；罗战友、夏建中、龚晓南[36]在文献［35］的基础上，采用双剪统一强度理论推导了柱形孔扩张问题的应力及位移统一解。

2.1.1.2　围岩抗力系数研究现状

围岩抗力系数是一个综合系数，它与荷载条件、洞室几何尺寸、围岩物理力学指标均有很密切的联系。因此，不少围岩抗力系数的研究者，依据不同的本构模型或者工程实际可能出现的工况，对围岩抗力系数建立了各种形式不同的计算模型。

工程中常用基于弹性理论的 Gallerkin 公式和钱令希公式确定岩石抗力系数 K。岩石抗力系数 K 的计算公式最早是由苏联科学家 Gallerkin 在 20 世纪 20 年代提出，此后钱令希[37]针对岩石情形提出各种类型的计算公式，尽管公式形式不同，但他们得出的各种公式均只适用于弹性理论范畴。蔡晓鸿等[10,38-40]将压力隧洞弹性抗力系数 K 拓展到隧洞围岩弹塑性变形状态，给出了有裂缝区围岩、弹塑性强化围岩和弹塑性软化围岩的抗力系数计算公式，但结果只反映了岩石的塑性性能，没有考虑岩石的中间主应力效应。因而，有学者提出以统一强度理论作为岩石的强度准则，进行考虑中间主应力影响的围岩抗力系数研究，并取得了一些研究成果[41-44]。

2.1.1.3　隧道围岩参数反演研究现状

隧道地层监控量测是隧道开挖后围岩和支护各项动态变化的综合因素最为直观的反映，也是评价衬砌是否安全稳定的重要手段。鉴于隧道围岩地层及注浆加固土层的复杂性和不可见性，有必要根据隧道的现场变形监测数据开展特性参数的反演工作，从而及时掌握开挖土层及注浆加固土层的特性参数，对隧道的初期支护状态进行适时评价，为隧道开挖对既有结构的安全影响评价提供依据和指导。

近年来，国内有关隧道围岩参数反演方面的研究成果已比较多。如郝哲等[45]基于差分法、正交设计和人工神经网络建立了新的隧道围岩物理力学参数反分析方法；叶飞等[46]根据最优化反演分析的开尔文模型，进行隧道岩体力学参数反演；张孟喜等[47]基于神经网络技术，对连拱隧道围岩力学参数进行反演分析；吴昊等[48]利用 APDL 编制用户程序调用现有的有限元优化模块实现对隧道围岩参数的优化反演，利用现有的工具，建立参数化模型来进行优化分析，提高了参数反演的效率，使整个优化过程的实现更加灵活简便；陈敬松等[49]结合怀新高速公路界牌坳隧道的实际情况，利用现场荷载试验的测点位移，通过有限元反演理论的模拟退火法反演计算隧道破碎带围岩基本参数；朱珍德等[50]针对无锡惠山隧道岩体破碎、围岩稳定性差等特点，基于长期现场监测变形位移数据，借助粒子群算法的参数优化功能，利用 Matlab 神经网络工具箱编制了优化 PSO－BP 隧道位移反分析系统，对隧道围岩参数进行了反演分析；马为功等[51]以兰渝铁路线纸坊隧道工程现场监控量测资料为依据，基于 Matlab 中的最小二乘原理预测围岩最终位移值，再分别基于 BP 神经网络和径向基神经网络进行位移反分析，建立了两种基于 Matlab 神经网络工具箱的隧道围岩位移反分析系统，对比分析了径向基神经网络相对于 BP 神经网络的优越性；孙钧等[52]采用位移反分析方法建立了动态反演预测模型，作为比较，还简单介绍了弹塑性反演的一种全局优化方法，根据隧道典型断面实际监控量测的围岩拱顶沉降量和周边收敛位移量，结合先行服务隧道揭露的水文地质情况，进行优化反演分析，得到该类围岩初期支护后的等效弹性模量和等效侧压力系数。

2.1.2 围岩抗力系数反演方法探索

在水工隧洞工程中，岩石弹性抗力系数 K 反映了岩石弹性抗力的大小，是水工隧洞支护设计中需要确定的一个极为重要的基础计算参数。水工隧洞工程中常用水压法试验测定弹性抗力系数，但试验方法耗时、费工，且工艺复杂。基于此，研究者通过对比分析弹性状态下圆形隧洞开挖支护与水压法试验的力学效应关系，探索出一种基于量测隧洞位移的围岩抗力系数反演方法，为确定复杂水工隧洞不同应力状态的围岩抗力系数提供了一条捷径。

2.1.2.1 深埋隧洞开挖支护与水压法试验力学效应关系

深埋隧洞开挖支护与水压法试验的力学效应关系如图 2.1.1 所示，其中图 2.1.1（c）为水压法试验的力学效应。图中，a 为围岩内半径，p_0 为初始地应力，p_s 为围岩内边界压力。

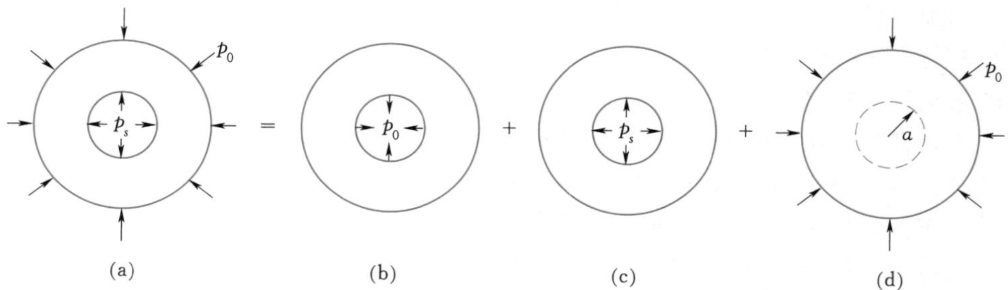

图 2.1.1 深埋隧洞开挖支护与水压法试验的力学效应关系图

在弹性条件下，水压法试验隧洞洞周位移为

$$u_a=\frac{p_s a}{2G}=\frac{(1+\mu)p_s a}{E} \tag{2.1.1}$$

则水压法试验弹性抗力系数（即伽辽金公式）为

$$K=\frac{p_s}{u_a}=\frac{E}{(1+\mu)a} \tag{2.1.2}$$

式中 K、E、μ——围岩弹性抗力系数、弹性模量和泊松比。

由图 2.1.1 可知，因开挖支护隧洞所引起的洞周位移为

$$u_a=-\frac{a}{2G}(p_0-p_s)=-\frac{(1+\mu)a}{E}(p_0-p_s) \tag{2.1.3}$$

由弹性抗力系数概念和式（2.1.3），推导可得隧洞开挖支护条件下的弹性抗力系数：

$$K=-\frac{p_0-p_s}{u_a}=\frac{E}{(1+\mu)a} \tag{2.1.4}$$

利用式（2.1.3）可作出隧洞开挖支护与水压法试验力学效应关系曲线，如图 2.1.2 所示。图中 AB 为 p_s-u_a 线，CBD 为水压法试验路径图。

上述推导结果表明，式（2.1.4）与式（2.1.2）完全等同。这表明通过量测围岩

或支护位移反演的方法完全可以代替水压法试验以求得围岩弹性抗力系数。

2.1.2.2　深埋隧洞围岩抗力系数反演

当隧洞支护后立即设置量测断面时，支护前已经产生的部分位移（图 2.1.2 中的 u_0）不包含在量测位移中。此时，基于图 2.1.2 量测围岩周边位移的弹性抗力系数反演格式为

$$K=-\frac{p_r}{u_b} \tag{2.1.5}$$

式中　p_r、u_b——量测位移测点设置后围岩释放荷载和对应的量测支护外边界（围岩内边界）的位移。

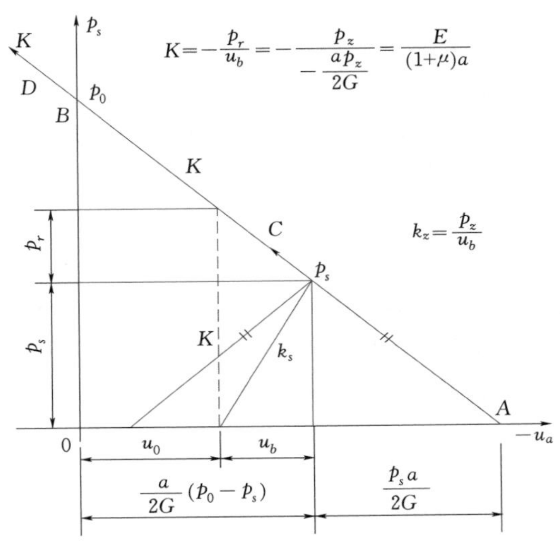

图 2.1.2　隧洞开挖支护与水压法试验力学效应关系曲线

当实际测得 u_0（如浅埋隧洞开挖前就设置测点）时，弹性抗力系数反演格式为

$$K=-\frac{p_0-p_s}{u_0+u_b} \tag{2.1.6}$$

对于工程认为可简化 $u_0\rightarrow 0$ 的情况，隧洞弹性抗力系数反演格式变为

$$K=-\frac{p_0-p_s}{u_b} \tag{2.1.7}$$

若量测到的位移为支护内边界的位移时，需要找出支护内边界和围岩内边界的关系。

对深埋隧洞设支护（喷层）内半径为 a，外半径为 b，则支护结构可视为受内压 q、外压 p_1 的厚壁圆筒。根据弹性力学关于厚壁圆筒平面应变问题的解答可以得出支护径向位移的计算公式：

$$u_r=\frac{1+\mu_c}{E_c(b^2-a^2)r}\{[(1-2\mu_c)r^2+b^2]a^2q-[(1-2\mu_c)r^2+a^2]b^2p_1\} \tag{2.1.8}$$

式中　E_c、μ_c——支护结构的弹性模量和泊松比。

在隧洞建造期支护内边界无压力（$q=0$），设量测支护内边界位移为 u_a，则得到支护外边界（围岩内边界）位移为

$$u_b=\frac{a^2+(1-2\mu_c)b^2}{2ab(1-\mu_c)}u_a \tag{2.1.9}$$

将式（2.1.9）代入式（2.1.6）中，则得到基于量测深埋隧洞支护内边界位移的弹性抗力系数：

$$K=-\frac{2ab(1-\mu_c)(p_0-p_s)}{2ab(1-\mu_c)u_0+[a^2+(1-2\mu_c)b^2]u_a} \tag{2.1.10}$$

将式（2.1.9）代入式（2.1.7）中，得到基于量测深埋隧洞支护位移的弹性抗力系数为

$$K=-\frac{p_0-p_s}{u_b}=-\frac{2ab(1-\mu_c)(p_0-p_s)}{[a^2+(1-2\mu_c)b^2]u_a} \tag{2.1.11}$$

由式（2.1.10）和式（2.1.11）可知，对于 $u_0\to 0$ 的情况，只要量测到支护内边界的位移 u_a 及支护与围岩之间的接触压力 p_s（或由反分析获得 p_s[53-54]），即可由式（2.1.11）得到隧洞围岩的弹性抗力系数。

2.1.2.3　浅埋隧洞围岩抗力系数反演

对于浅埋和受多因素（包括双隧洞施工干扰）影响的隧洞，支护外边界压力不能被简化为均匀径向分布力，式（2.1.10）和式（2.1.11）不再适用，但式（2.1.5）～式（2.1.7）仍然可用。特别是当围岩处于弹塑性状态时，图 2.1.2 中的 p_s-u_a 线不再是直线，围岩抗力系数随支护时间、支护刚度不同而变化，如图 2.1.3 所示。

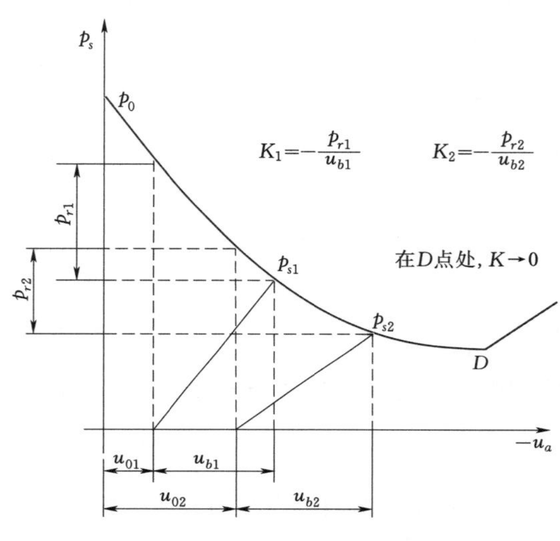

图 2.1.3　隧洞围岩抗力系数图解

图 2.1.3 中，u_{01}、u_{02} 为设置支护时间不同时洞壁已释放的位移或未量测到的位移；u_{b1}、u_{b2} 为对应量测位移值；p_{s1}、p_{s2} 为支护外边界与围岩的稳定接触压力；p_{r1}、p_{r2} 为设置位移测点后洞壁的释放荷载。其中，设置支护时及时设置位移测点（两者可以不同步）。

根据围岩抗力系数的定义，图 2.1.3 所示不同时间支护时围岩抗力系数分别为

$$K_1=-\frac{p_{r1}}{u_{b1}},\qquad K_2=-\frac{p_{r2}}{u_{b2}} \tag{2.1.12}$$

为了获取实测位移期间洞壁的释放荷载和对应位移（如 p_{r1}、p_{r2} 和 u_{b1}、u_{b2}），采用如下计算步骤进行反演计算[53]。

（1）反演支护与围岩接触面力。如果实测支护内边界位移，则接触面力系数反演公式为

$$\{\Delta S_L\}/E_L=([A]_L^{\mathrm{T}}[A]_L)^{-1}[A]_L^{\mathrm{T}}\{\Delta U_L\} \tag{2.1.13}$$

$$\{\Delta S_L\}=\{\Delta S_{1L}\quad \Delta S_{2L}\quad S_{3L}\quad \Delta S_{4L}\quad \Delta S_{5L}\quad \Delta S_{6L}\quad \Delta S_{7L}\quad \Delta S_{8L}\}^{\mathrm{T}}$$

式中　E_L——支护材料的弹性模量；

$\{\Delta S_L\}$——支护外压力分布特征系数增量列阵；

$\{\Delta U_L\}$——量测支护位移增量列阵；

$[A]_L$——支护结构反演分析系数矩阵。

由此可获得接触面力的分布函数为

$$\{P_s\}=[\partial\ell]\{\Delta S_L\} \tag{2.1.14}$$

其中

$$[\partial\ell]=\begin{bmatrix}1 & 0 & 0 & x & 0 & 0 & y & 0\\ 0 & 1 & 0 & 0 & x & 0 & 0 & y\\ 0 & 0 & 1 & -y & 0 & x & 0 & 0\end{bmatrix}$$

(2) 计算实测期间洞壁的释放位移。利用式 (2.1.14) 所得 $\{P_s\}$，对支护结构单独离散化进行有限元分析，即

$$[K]_L\{U\}_L=\{R\}_L \tag{2.1.15}$$

式中　$[K]_L$——支护结构的总刚度矩阵；

$\{U\}_L$——支护结构的节点位移列阵；

$\{R\}_L$——由 $\{P_s\}$ 所形成的支护外边界等效节点力列阵。

(3) 反演实测期间洞壁的释放荷载。根据支护与围岩接触面上的位移连续条件，支护外边界上的位移与围岩周边上对应点的位移相等，以式 (2.1.15) 得到的支护外边界上的位移作为量测隧洞洞壁位移对围岩进行反分析，其反演方程为

$$\{\Delta S_R\}/E_R=([A]_R^{\mathrm{T}}[A]_R)^{-1}[A]_R^{\mathrm{T}}\{U_R\}_L \tag{2.1.16}$$

式中　$[A]_R$——围岩反演分析系数矩阵；

$\{U_R\}_L$——围岩周边位移列阵，可取周边上几个点的位移。在此 $\{U_R\}_L$ 为支护后（实测期间）围岩周边所产生的位移，即为实测期间支护外边界的位移。

由式 (2.1.16) 得到 $\{\Delta S_R\}$ 后，再参照式 (2.1.14) 方法可计算出支护变形稳定后围岩所释放的等效地应力增量值：$\{\Delta p_r\}=\{\Delta p_x \quad \Delta p_y \quad \Delta p_{xy}\}^{\mathrm{T}}$，即

$$\{\Delta p_r\}=[\partial\ell]\{\Delta S_R\} \tag{2.1.17}$$

(4) 计算围岩抗力系数。根据坐标系与隧洞壁面法向和切向的几何关系，由 $\{U_R\}_L$、$\{\Delta p_r\}$ 计算隧洞壁面任意点 i 法向位移和法向释放荷载 u_{bi}、p_{ri}，即

$$\left.\begin{aligned}u_{bi}&=u_{xi}\cos\beta+u_{yi}\sin\beta\\p_{ri}&=\Delta p_{xi}\cos^2\beta+\Delta p_{yi}\sin^2\beta-\Delta p_{xyi}\sin2\beta\end{aligned}\right\} \tag{2.1.18}$$

式中　β——隧洞壁面任意点 i 法向方向与横坐标轴的夹角。

最后，按式 (2.1.5) 计算围岩抗力系数 K_i。

对于具有实测接触压力的情况，可直接从步骤 (2) 开始按上述步骤计算即可。

上述反演方法和思路，可用于不同量测条件、不同隧洞断面形状、弹塑性或更复杂问题的量测位移反分析。数值反演只需要少量位移量测即可进行隧洞复杂问题围岩抗力系数反演。

2.1.3　浅埋水工隧洞围岩抗力系数理论计算探索

浅埋水工隧洞开挖前通常都对围岩进行了超前注浆，注浆后的隧洞围岩力学特性与原岩已大大不同，其抗力系数 K 一般比原始岩土体抗力系数大。2.1.2 节中基于量测浅埋隧洞围岩或支护位移反演弹性抗力系数的方法得到的抗力系数实际是一个综合指标，反映的是注浆加固后复合岩土体的综合抗力系数。

本节将以圆形隧洞弹塑性理论为基础，以德鲁克-普拉格准则 (D-P) 为岩体屈服破坏条件，推导浅埋水工隧洞在施工期、运行期不同工况情形下的围岩抗力系数理论计算公式。

2.1.3.1　围岩抗力系数经典计算方法

常用的圆形隧洞均质围岩抗力系数计算模型可归纳为以下 7 种[10]。

（1）理想弹性模型：

$$K=\frac{E}{(1+\mu)r_1}$$

（2）裂隙弹性模型：

$$K=\frac{E}{r_1(1+\mu)\left[(1-\mu)\ln\frac{r_2}{r_1}+1\right]}$$

（3）理想弹塑性模型：

$$K=\frac{1}{\frac{(1+\mu)r_1\tau_s}{Ep_1}\exp\left(\frac{p_1}{\tau_s}-1\right)}$$

（4）含裂缝区理想弹塑性模型：

$$K=\frac{E}{r_1\left[\frac{(1+\mu)\tau_s r_2}{p_1 r_1}\exp\left(\frac{p_1 r_1}{\tau_s r_2}-1\right)+(1-\mu^2)\ln\frac{r_2}{r_1}\right]}$$

（5）含裂缝区塑性线性强化模型：

$$K=\frac{1}{r_1\left[\frac{1-\mu^2}{E}\ln\frac{r_2}{r_1}+\frac{\sqrt{3}(2-\mu)\sigma_s r_2}{3Ep_1 r_1}\exp\left(\frac{\sqrt{3}p_1 r_1}{\sigma_s r_2}-1\right)-\frac{1-2\mu}{E}\right]}$$

（6）基于莫尔-库仑强度理论含裂缝区弹塑性模型：

$$K=\frac{1}{\frac{1-\mu_0^2}{E_0}r_1\ln\frac{r_2}{r_1}+\frac{r_2}{Ep_1}\left[-(1-2\mu)\frac{p_1r_1}{r_2}+\left(\frac{p_1r_1}{r_2}+c\cot\varphi\right)\left(1-\frac{1}{2}\mu\right)\left[\frac{c\cot\varphi(1+\sin\varphi)}{c\cot\varphi+\frac{p_1r_1}{r_2}}\right]^{-\frac{1}{\sin\varphi}}\frac{2\sin\varphi}{1+\sin\varphi}\right]}$$

（7）基于莫尔-库仑强度理论含裂缝区弹塑性模型（施工期）[43]：

$$K=\frac{1}{\frac{1-\mu_0^2}{E_0}r_1\ln\frac{r_2}{r_1}+\frac{r_2}{Ep_1}\left[-(1-2\mu)\frac{p_1r_1}{r_2}-\left(\frac{p_1r_1}{r_2}+c\cot\varphi\right)\left(1-\frac{1}{2}\mu\right)\left[\frac{c\cot\varphi(1-\sin\varphi)}{c\cot\varphi+\frac{p_1r_1}{r_2}}\right]^{\frac{1}{\sin\varphi}}\frac{2\sin\varphi}{1-\sin\varphi}\right]}$$

式中　K——围岩抗力系数，MPa/m；

E、μ——围岩弹性模量和泊松比；

r_1——隧洞半径；

r_2——裂隙区半径；

p_1、τ_s、σ_s——围岩弹性抗力、纯剪强度和单轴抗压强度；

c、φ——围岩黏结力和内摩擦角；

E_0、μ_0——裂缝区围岩的弹性模量和泊松比。

隧洞围岩分区模型如图 2.1.4 所示。

2.1.3.2　浅埋水工隧洞运行期围岩抗力系数理论计算方法探索

1. 岩体屈服准则及本构方程

假定岩体服从德鲁克-普拉格破坏条件[55]，即

$$\alpha I_1 + \sqrt{J_2} = k \quad (2.1.19)$$

$$\alpha = \frac{\sin\varphi}{\sqrt{3}\sqrt{3+\sin^2\varphi}},\ k = \frac{\sqrt{3}c\cos\varphi}{\sqrt{3+\sin^2\varphi}}$$

$$I_1 = \sigma_1 + \sigma_2 + \sigma_3$$

$$J_2 = \frac{1}{6}[(\sigma_1-\sigma_2)^2 + (\sigma_2-\sigma_3)^2 + (\sigma_3-\sigma_1)^2]$$

式中　I_1——第一应力不变量；

J_2——第二应力偏量不变量。

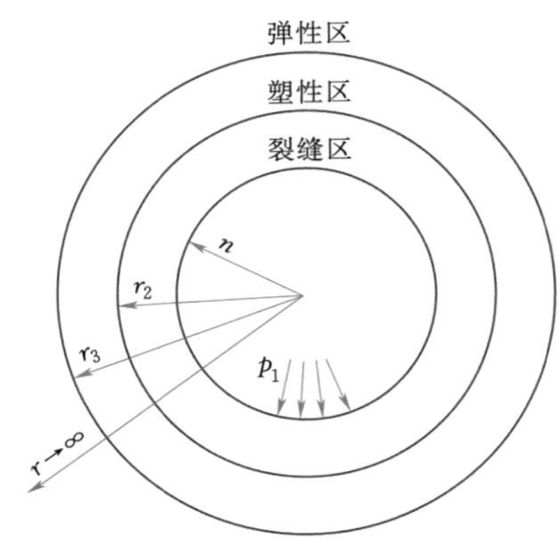

图 2.1.4　含裂缝区弹塑性围岩分区模型

式（2.1.19）即为德鲁克-普拉格破坏条件，c、φ 分别为围岩黏聚力和内摩擦角。

根据弹性力学理论，初始地应力为各向等压状态下，中间主应力、第一应力不变量和第二偏应力不变量为

$$\sigma_2 = \frac{1}{2}(\sigma_1 + \sigma_3)$$

$$I_1 = \frac{3(\sigma_1+\sigma_3)}{2},\ J_2 = \frac{(\sigma_1-\sigma_3)^2}{4} \quad (2.1.20)$$

将式（2.1.20）代入式（2.1.19）得

$$\sigma_1 = \frac{1-3\alpha}{1+3\alpha}\sigma_3 + \frac{2k}{1+3\alpha}$$

水工隧洞在运行期时 σ_r 为小主应力，则岩体的德鲁克-普拉格破坏条件为

$$\sigma_\theta = \frac{1-3\alpha}{1+3\alpha}\sigma_r + \frac{2k}{1+3\alpha} \quad (2.1.21)$$

在弹性阶段，岩体本构方程为

$$\left.\begin{aligned}
\varepsilon_r &= \frac{1}{E_d}[\sigma_r - \mu_d(\sigma_\theta + \sigma_z)] \\
\varepsilon_\theta &= \frac{1}{E_d}[\sigma_\theta - \mu_d(\sigma_z + \sigma_r)] \\
\varepsilon_z &= \frac{1}{E_d}[\sigma_z - \mu_d(\sigma_\theta + \sigma_r)] \\
\gamma_{r\theta} &= \frac{1}{E_d}\tau_{r\theta} \\
\gamma_{\theta z} &= \frac{1}{E_d}\tau_{\theta z} \\
\gamma_{zr} &= \frac{1}{E_d}\tau_{zr}
\end{aligned}\right\} \quad (2.1.22)$$

在塑性阶段，采用全量理论的本构方程为

$$\left.\begin{aligned}
\varepsilon_r^p &= \frac{\psi}{3G_d}\left[\sigma_r - \frac{1}{2}(\sigma_\theta + \sigma_z)\right] \\
\varepsilon_\theta^p &= \frac{\psi}{3G_d}\left[\sigma_\theta - \frac{1}{2}(\sigma_r + \sigma_z)\right] \\
\varepsilon_z^p &= \frac{\psi}{3G_d}\left[\sigma_z - \frac{1}{2}(\sigma_\theta + \sigma_r)\right] \\
\gamma_{r\theta}^p &= \frac{\psi}{G_d}\tau_{r\theta} \\
\gamma_{\theta z}^p &= \frac{\psi}{G_d}\tau_{\theta z} \\
\gamma_{zr}^p &= \frac{\psi}{G_d}\tau_{zr}
\end{aligned}\right\} \tag{2.1.23}$$

式中　ψ——塑性函数，在不考虑塑性变形时 $\psi=0$。

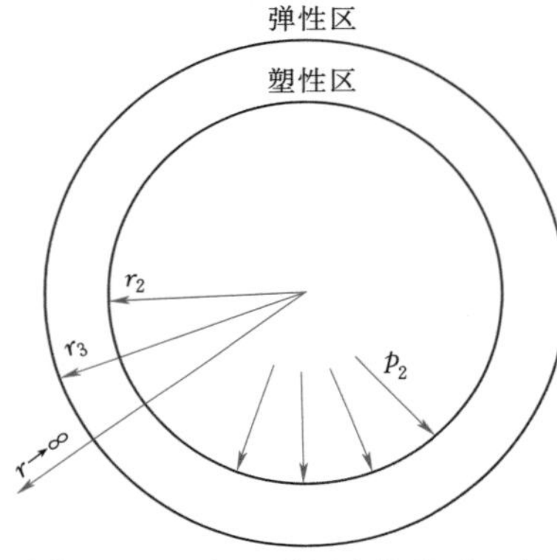

图 2.1.5　水工隧洞岩体的弹塑性计算模型示意图

2. 弹塑性区应力计算

水工隧洞岩体的弹塑性计算模型示意图如图 2.1.5 所示，岩体平衡微分方程为

$$\frac{\mathrm{d}\sigma_r}{\mathrm{d}r} + \frac{\sigma_r - \sigma_\theta}{r} = 0 \tag{2.1.24}$$

将运行期岩体的德鲁克-普拉格破坏条件式（2.1.21）代入式（2.1.24）的平衡微分方程得

$$\frac{\mathrm{d}\sigma_r}{\mathrm{d}r} + \frac{6\alpha}{1+3\alpha}\frac{\sigma_r}{r} = \frac{2k}{1+3\alpha}\frac{1}{r} \tag{2.1.25}$$

将式（2.1.25）分离变量并积分后可得径向应力：

$$\sigma_r = \frac{k}{3\alpha} + Br^{-\frac{6\alpha}{1+3\alpha}} \tag{2.1.26}$$

根据边界条件 $\sigma_{r\,|\,r=r_2} = -p_2$，积分常数 B 为

$$B = \left(-p_2 - \frac{k}{3\alpha}\right) r_2^{\frac{6\alpha}{1+3\alpha}}$$

将常数 B 代入式（2.1.26）可得塑性区的应力：

$$\left.\begin{aligned}
\sigma_r &= \frac{k}{3\alpha} - \left(p_2 + \frac{k}{3\alpha}\right)\left(\frac{r}{r_2}\right)^{-\frac{6\alpha}{1+3\alpha}} \\
\sigma_\theta &= \frac{k}{3\alpha} - \frac{1-3\alpha}{1+3\alpha}\left(p_2 + \frac{k}{3\alpha}\right)\left(\frac{r}{r_2}\right)^{-\frac{6\alpha}{1+3\alpha}}
\end{aligned}\right\} \tag{2.1.27}$$

设塑性区与弹性区交界面的半径为 r_3，界面上的径向应力为 σ_{r_3}，由弹性力学可得弹性区的应力为

$$\left.\begin{aligned}
\sigma_r &= \sigma_{r_3}\frac{r_3^2}{r^2} - \left(1 - \frac{{r_1}^2}{r^2}\right)q \\
\sigma_\theta &= -\sigma_{r_3}\frac{r_3^2}{r^2} - \left(1 + \frac{{r_1}^2}{r^2}\right)q
\end{aligned}\right\} \tag{2.1.28}$$

将塑性区应力式（2.1.27）及弹性区的应力式（2.1.28）代入弹性区与塑性区的接触条件 $(\sigma_r + \sigma_\theta)^p\big|_{r=r_3} = (\sigma_r + \sigma_\theta)^e\big|_{r=r_3}$，可得到塑性区外半径 r_3 的计算式：

$$r_3 = r_2 \left[\frac{\frac{k}{3\alpha} + p_2}{(1+3\alpha)\left(\frac{k}{3\alpha} + q\right)} \right]^{\frac{1+3\alpha}{6\alpha}} \tag{2.1.29}$$

由式（2.1.29）可得塑性区内压力 p_2 计算式：

$$p_2 = -\frac{k}{3\alpha} + \left(\frac{k}{3\alpha} + q\right)(1+3\alpha)\left(\frac{r_3}{r_2}\right)^{\frac{6\alpha}{1+3\alpha}} \tag{2.1.30}$$

3. 塑性区应变与位移计算

对于弹塑性平面应变问题，应力之间的关系式为

$$\sigma_z = \frac{1}{2}(\sigma_r + \sigma_\theta) \tag{2.1.31}$$

将弹性阶段的本构方程式（2.1.22）代入上式，可得塑性区弹性应变为

$$\varepsilon_r^e = \frac{1}{E_d}\left[\left(1 - \frac{1}{2}\mu_d\right)\sigma_\theta - \frac{3}{2}\mu_d \sigma_r\right] \tag{2.1.32}$$

$$\varepsilon_\theta^e = \frac{1}{E_d}\left[\left(1 - \frac{1}{2}\mu_d\right)\sigma_r - \frac{3}{2}\mu_d \sigma_\theta\right] \tag{2.1.33}$$

将塑性阶段的全量理论本构方程式（2.1.23）代入式（2.1.31），则可得塑性区内塑性应变为

$$\left.\begin{aligned} \varepsilon_r^p &= \frac{\psi}{4G_d}(\sigma_r - \sigma_\theta) \\ \varepsilon_\theta^p &= \frac{\psi}{4G_d}(\sigma_\theta - \sigma_r) \end{aligned}\right\} \tag{2.1.34}$$

弹性应变加上塑性应变，得到塑性区内总应变为

$$\left.\begin{aligned} \varepsilon_r &= \varepsilon_r^e + \varepsilon_r^p = \frac{\mathrm{d}u}{\mathrm{d}r} = \frac{1}{E_d}\left[\left(1 - \frac{1}{2}\mu_d\right)\sigma_r - \frac{3}{2}\mu_d\sigma_\theta\right] + \frac{\psi}{4G_d}(\sigma_r - \sigma_\theta) \\ \varepsilon_\theta &= \varepsilon_\theta^e + \varepsilon_\theta^p = \frac{u}{r} = \frac{1}{E_d}\left[\left(1 - \frac{1}{2}\mu_d\right)\sigma_\theta - \frac{3}{2}\mu_d\sigma_r\right] + \frac{\psi}{4G_d}(\sigma_\theta - \sigma_r) \end{aligned}\right\} \tag{2.1.35}$$

将塑性区内总应变式（2.1.35）代入变形协调方程：

$$\frac{\mathrm{d}\varepsilon_\theta}{\mathrm{d}r} + \frac{\varepsilon_\theta - \varepsilon_r}{r} = 0$$

得

$$\frac{1}{E_d}\left[\left(1 - \frac{1}{2}\mu_d\right)\frac{\mathrm{d}\sigma_\theta}{\mathrm{d}r} - \frac{3}{2}\mu_d\frac{\mathrm{d}\sigma_r}{\mathrm{d}r}\right] + \frac{\psi}{4G_d}\left(\frac{\mathrm{d}\sigma_\theta}{\mathrm{d}r} - \frac{\mathrm{d}\sigma_r}{\mathrm{d}r}\right) + \frac{\sigma_\theta - \sigma_r}{4G_d}\frac{\mathrm{d}\psi}{\mathrm{d}r} + \left(\frac{1+\mu_d}{E_d} + \frac{\psi}{2G_d}\right)\frac{\sigma_\theta - \sigma_r}{r} = 0 \tag{2.1.36}$$

将平衡方程式（2.1.24）代入式（2.1.36）得

$$\left(\frac{1 - \frac{1}{2}\mu_d}{E_d} + \frac{\psi}{4G_d}\right)\frac{\mathrm{d}}{\mathrm{d}r}(\sigma_\theta + \sigma_r) + \frac{\sigma_\theta - \sigma_r}{4G_d}\frac{\mathrm{d}\psi}{\mathrm{d}r} = 0 \tag{2.1.37}$$

将塑性区应力式（2.1.27）代入式（2.1.37），可得塑性函数关系式为

$$\frac{\mathrm{d}\psi}{\mathrm{d}r}+\frac{2}{(1+3\alpha)r}\psi+\frac{4G_d(2-\mu_d)}{E_d(1+3\alpha)}\frac{1}{r}=0 \tag{2.1.38}$$

$$\psi=\mathrm{e}^{-\int\frac{2}{(1+3\alpha)}\frac{1}{r}\mathrm{d}r}\left[B-\int\frac{4G_d(2-\mu_d)}{E_d(1+3\alpha)}\frac{1}{r}\mathrm{e}^{\int\frac{2}{1+3\alpha}\frac{1}{r}\mathrm{d}r}\mathrm{d}r\right]=Br^{-\frac{2}{1+3\alpha}}-\frac{2G_d(2-\mu_d)}{E_d} \tag{2.1.39}$$

当 $r=r_3$ 时，$\psi=0$；由上式可得积分常数：

$$B=\frac{2G_d(2-\mu_d)}{E_d}r_3^{\frac{2}{1+3\alpha}}$$

代回式（2.1.39）则得

$$\psi=\frac{2G_d(2-\mu_d)}{E_d}\left[\left(\frac{r_3}{r}\right)^{\frac{2}{1+3\alpha}}-1\right] \tag{2.1.40}$$

将塑性区应力式（2.1.27）和式（2.1.40）代入塑性区内总应变式（2.1.35），则得到塑性区任意一点的位移计算式：

$$u_r=r\varepsilon_\theta=\frac{(1-2\mu_d)r}{E_d}\left[\frac{k}{3\alpha}-\left(p_2+\frac{k}{3\alpha}\right)\left(\frac{r_2}{r}\right)^{\frac{6\alpha}{1+3\alpha}}\right]+\frac{6\alpha\left(1-\frac{1}{2}\mu_d\right)r}{(1+3\alpha)E_d}\left(p_2+\frac{k}{3\alpha}\right)\left(\frac{r_3}{r_2}\right)^{\frac{2}{1+3\alpha}}\left(\frac{r_2}{r}\right)^2 \tag{2.1.41}$$

则塑性区内 r_2 处的位移计算式：

$$u_{r_2}=u_r\big|_{r=r_2}=\frac{r_2}{E_d}\left\{-(1-2\mu_d)p_2+\left(1-\frac{1}{2}\mu_d\right)\left(\frac{2k}{1+3\alpha}+\frac{6\alpha}{1+3\alpha}p_2\right)\left(\frac{r_3}{r_2}\right)^{\frac{2}{1+3\alpha}}\right\} \tag{2.1.42}$$

4. 运行期围岩抗力系数理论计算

由于开挖及爆破等因素，隧洞周围会出现裂缝区，如图 2.1.4 所示。图中，r_1 为裂缝区内半径，r_2-r_1 为裂缝区厚度。裂缝区只传递径向压应力，其岩体平衡方程为

$$\frac{\mathrm{d}\sigma_r}{\mathrm{d}r}+\frac{\sigma_r}{r}=0 \tag{2.1.43}$$

对平衡方程式（2.1.43）积分，并根据裂缝区内壁边界条件 $\sigma_r\big|_{r=r_1}=-p_1$，即可得到裂缝区径向应力：

$$\sigma_r=-\frac{p_1r_1}{r} \tag{2.1.44}$$

根据裂缝区外壁边界条件 $\sigma_r\big|_{r=r_2}=-p_2$，则可得到其外壁压力：

$$p_2=\frac{p_1r_1}{r_2} \tag{2.1.45}$$

依据弹性理论，裂缝区位移计算式为

$$\mathrm{d}u_r=-\frac{1-\mu_0^2}{E_0}p_1r_1\frac{\mathrm{d}r}{r} \tag{2.1.46}$$

式中　E_0、μ_0——裂缝区围岩的弹性模量和泊松比。

对式（2.1.46）积分，根据塑性区内 r_2 处的位移计算式（2.1.42），可得裂缝区位移：

$$u_r = \frac{1-\mu_0^2}{E_0} p_1 r_1 \ln \frac{r_2}{r} + \frac{r_2}{E_d} \left\{ -(1-2\mu_d) p_2 + \left(1 - \frac{1}{2}\mu_d\right) \left[\frac{2k}{1+3\alpha} + \frac{6\alpha}{1+3\alpha} p_2 \right] \left(\frac{r_3}{r_2} \right)^{\frac{2}{1+3\alpha}} \right\} \tag{2.1.47}$$

则裂缝区内半径 r_1 处的位移计算式为

$$u_{r_1} = \frac{1-\mu_0^2}{E_0} p_1 r_1 \ln \frac{r_2}{r_1} + \frac{r_2}{E_d} \left\{ -(1-2\mu_d) p_2 + \left(1 - \frac{1}{2}\mu_d\right) \left[\frac{2k}{1+3\alpha} + \frac{6\alpha}{1+3\alpha} p_2 \right] \left(\frac{r_3}{r_2} \right)^{\frac{2}{1+3\alpha}} \right\} \tag{2.1.48}$$

将裂缝区内半径 r_1 处的位移式（2.1.48）代入式（2.1.45）得

$$\frac{p_1 r_1}{r_2} = -\frac{k}{3\alpha} + \left(\frac{k}{3\alpha} + q \right)(1+3\alpha) \left(\frac{r_3}{r_2} \right)^{\frac{6\alpha}{1+3\alpha}}$$

推导得裂缝区外半径的关系式：

$$\left(\frac{r_3}{r_2} \right)^{\frac{2}{1+3\alpha}} = \left[\frac{\left(\frac{k}{3\alpha} + \frac{p_1 r_1}{r_2} \right)}{\left(\frac{k}{3\alpha} + q \right)(1+3\alpha)} \right]^{\frac{1}{3\alpha}} \tag{2.1.49}$$

将裂缝区外半径的关系式（2.1.49）代入裂缝区内半径 r_1 处的位移式（2.1.48）得

$$u_{r_1} = \frac{1-\mu_0^2}{E_0} p_1 r_1 \ln \frac{r_2}{r_1} + \frac{r_2}{E_d} \left\{ -(1-2\mu_d) \frac{p_1 r_1}{r_2} + \left(1 - \frac{1}{2}\mu_d\right) \left(\frac{2k}{1+3\alpha} + \frac{6\alpha}{1+3\alpha} \frac{p_1 r_1}{r_2} \right) \right.$$
$$\left. \times \left[\frac{\frac{k}{3\alpha} + \frac{p_1 r_1}{r_2}}{\left(\frac{k}{3\alpha} + q \right)(1+3\alpha)} \right]^{\frac{1}{3\alpha}} \right\} \tag{2.1.50}$$

则德鲁克-普拉格准则条件下，水工隧洞围岩抗力系数 K 为

$$K = \frac{1}{\frac{1-\mu_0^2}{E_0} r_1 \ln \frac{r_2}{r_1} + \frac{r_2}{E_d p_1} \left\{ -(1-2\mu_d) \frac{p_1 r_1}{r_2} + \left(1 - \frac{1}{2}\mu_d\right) \left(\frac{2k}{1+3\alpha} + \frac{6\alpha}{1+3\alpha} \frac{p_1 r_1}{r_2} \right) \left[\frac{\frac{k}{3\alpha} + \frac{p_1 r_1}{r_2}}{\left(\frac{k}{3\alpha} + q \right)(1+3\alpha)} \right]^{\frac{1}{3\alpha}} \right\}} \tag{2.1.51}$$

2.1.3.3　浅埋水工隧洞施工期围岩抗力系数理论计算方法探索

1. 德鲁克-普拉格准则下施工期围岩抗力系数计算

运行期时，水工隧洞通常满足 $\sigma_\theta > \sigma_r$ 条件，即围岩内壁压力大于原岩压力；但在施工期，一般满足 $\sigma_\theta < \sigma_r < 0$，此时德鲁克-普拉格准则为

$$\sigma_\theta = \frac{1+3\alpha}{1-3\alpha} \sigma_r - \frac{2k}{1-3\alpha} \tag{2.1.52}$$

将上式代入平衡微分方程式（2.1.24），经推导后可得到塑性区应力计算式：

$$\left.\begin{aligned}\sigma_r&=\frac{k}{3\alpha}-\left(p_2+\frac{k}{3\alpha}\right)\left(\frac{r_2}{r}\right)^{-\frac{6\alpha}{1-3\alpha}}\\ \sigma_\theta&=\frac{k}{3\alpha}-\frac{1+3\alpha}{1-3\alpha}\left(p_2+\frac{k}{3\alpha}\right)\left(\frac{r_2}{r}\right)^{-\frac{6\alpha}{1-3\alpha}}\end{aligned}\right\}\tag{2.1.53}$$

同理，将式（2.1.53）和式（2.1.28）代入弹性区与塑性区的接触条件 $(\sigma_r+\sigma_\theta)^p|_{r=r_3}=(\sigma_r+\sigma_\theta)^e|_{r=r_3}$，得到塑性区外半径 r_3 为

$$r_3=r_2\left[\frac{\dfrac{k}{3\alpha}+p_2}{(1+3\alpha)\left(\dfrac{k}{3\alpha}+q\right)}\right]^{-\frac{1-3\alpha}{6\alpha}}\tag{2.1.54}$$

则塑性区内半径处的压力 p_2 为

$$p_2=-\frac{k}{3\alpha}+\left(\frac{k}{3\alpha}+q\right)(1-3\alpha)\left(\frac{r_3}{r_2}\right)^{-\frac{6\alpha}{1-3\alpha}}\tag{2.1.55}$$

根据弹塑性理论，经过一系列推导和整理后可得

$$\left(\frac{1-\dfrac{1}{2}\mu_d}{E_d}+\frac{\psi}{4G_d}\right)\frac{\mathrm{d}}{\mathrm{d}r}(\sigma_\theta+\sigma_r)+\frac{\sigma_\theta-\sigma_r}{4G_d}\frac{\mathrm{d}\psi}{\mathrm{d}r}=0\tag{2.1.56}$$

将塑性区应力式（2.1.53）代入式（2.1.56）可得塑性函数关系式：

$$\frac{\mathrm{d}\psi}{\mathrm{d}r}+\frac{2}{(1-3\alpha)r}\psi+\frac{4G_d(2-\mu_d)}{E_d(1-3\alpha)}\frac{1}{r}=0\tag{2.1.57}$$

积分后得

$$\psi=\frac{2G_d(2-\mu_d)}{E_d}\left[\left(\frac{r_3}{r}\right)^{\frac{2}{1-3\alpha}}-1\right]\tag{2.1.58}$$

将式（2.1.53）和式（2.1.58）代入塑性区内总应变式（2.1.35），得到塑性区任意一点的位移计算式：

$$\begin{aligned}u_r=r\varepsilon_\theta=&\frac{(1-2\mu_d)r}{E_d}\left[\frac{k}{3\alpha}-\left(p_2+\frac{k}{3\alpha}\right)\left(\frac{r_2}{r}\right)^{-\frac{6\alpha}{1-3\alpha}}\right]\\&-\frac{6\alpha\left(1-\dfrac{1}{2}\mu_d\right)r}{(1-3\alpha)E_d}\left(p_2+\frac{k}{3\alpha}\right)\left(\frac{r_3}{r_2}\right)^{\frac{2}{1-3\alpha}}\left(\frac{r_2}{r}\right)^2\end{aligned}\tag{2.1.59}$$

则塑性区内 r_2 处的位移计算式为

$$u_{r_2}=u_r|_{r=r_2}=\frac{r_2}{E_d}\left\{-(1-2\mu_d)p_2+\left(1-\frac{1}{2}\mu_d\right)\left(-\frac{2k}{1-3\alpha}-\frac{6\alpha}{1-3\alpha}p_2\right)\left(\frac{r_3}{r_2}\right)^{\frac{2}{1-3\alpha}}\right\}\tag{2.1.60}$$

对式（2.1.46）积分，根据塑性区内半径 r_2 处的位移式（2.1.60），可得裂缝区的位移为

$$u_r=\frac{1-\mu_0^2}{E_0}p_1r_1\ln\frac{r_2}{r}+\frac{r_2}{E_d}\left\{-(1-2u_d)p_2+\left(1-\frac{1}{2}\mu_d\right)\left(-\frac{2k}{1-3\alpha}-\frac{6\alpha}{1-3\alpha}p_2\right)\left(\frac{r_3}{r_2}\right)^{\frac{2}{1-3\alpha}}\right\}\tag{2.1.61}$$

则裂缝区内半径 r_1 处的位移计算式为

$$u_{r_1}=\frac{1-\mu_0^2}{E_0}p_1r_1\ln\frac{r_2}{r_1}+\frac{r_2}{E_d}\left\{-(1-2\mu_d)p_2+\left(1-\frac{1}{2}\mu_d\right)\left[-\frac{2k}{1-3\alpha}-\frac{6\alpha}{1-3\alpha}p_2\right]\left(\frac{r_3}{r_2}\right)^{\frac{2}{1-3\alpha}}\right\} \tag{2.1.62}$$

将上式代入裂缝区外壁压力式（2.1.45）得

$$\frac{p_1r_1}{r_2}=-\frac{k}{3\alpha}+\left(\frac{k}{3\alpha}+q\right)(1-3\alpha)\left(\frac{r_3}{r_2}\right)^{-\frac{6\alpha}{1-3\alpha}}$$

则裂缝区外半径的关系式为：

$$\left(\frac{r_3}{r_2}\right)^{\frac{2}{1+3\alpha}}=\left[\frac{\frac{p_1r_1}{r_2}+\frac{k}{3\alpha}}{\left(\frac{k}{3\alpha}+q\right)(1-3\alpha)}\right]^{-\frac{1}{3\alpha}} \tag{2.1.63}$$

将上式代入裂缝区内半径 r_1 处的位移式（2.1.62），可得裂缝区内半径处的位移：

$$u_{r_1}=\frac{1-\mu_0^2}{E_0}p_1r_1\ln\frac{r_2}{r_1}+\frac{r_2}{E_d}\left\{-(1-2\mu_d)p_2+\left(1-\frac{1}{2}\mu_d\right)\left(-\frac{2k}{1-3\alpha}-\frac{6\alpha}{1-3\alpha}p_2\right)\left[\frac{\frac{p_1r_1}{r_2}+\frac{k}{3\alpha}}{\left(\frac{k}{3\alpha}+q\right)(1-3\alpha)}\right]^{-\frac{1}{3\alpha}}\right\} \tag{2.1.64}$$

则德鲁克-普拉格准则条件下，浅埋水工隧洞施工期的围岩抗力系数 K 计算式为

$$K=\frac{1}{\frac{1-\mu_0^2}{E_0}r_1\ln\frac{r_2}{r_1}+\frac{r_2}{E_dp_1}\left\{-(1-2\mu_d)\frac{p_1r_1}{r_2}+\left(1-\frac{1}{2}\mu_d\right)\left(-\frac{2k}{1-3\alpha}-\frac{6\alpha}{1-3\alpha}\frac{p_1r_1}{r_2}\right)\left[\frac{\frac{p_1r_1}{r_2}+\frac{k}{3\alpha}}{\left(\frac{k}{3\alpha}+q\right)(1-3\alpha)}\right]^{-\frac{1}{3\alpha}}\right\}} \tag{2.1.65}$$

2. 施工期围岩与衬砌接触压力理论计算

由式（2.1.51）和式（2.1.65）可以看出，水工隧洞在运行期和施工期内的围岩抗力系数均与隧洞围岩内壁受到的压力 p_1 有关。施工期间，由于隧洞开挖后及时施作衬砌，围岩与衬砌之间的接触压力即为隧洞围岩受到的压力 p_1。p_1 的合理取值，对围岩抗力系数的确定尤为重要。

施工期隧洞围岩受到的压力 p_1 不仅与围岩和衬砌自身的物理特性有关，还与隧洞埋深、开挖尺寸和施工方案等有关，因此 p_1 的确定比较困难。考虑到围岩接触压力与隧洞埋深的关系，将埋深引入围岩接触压力的计算公式为[56]

$$p_1=p_ws(b_1+b_2\sin\beta+b_3\sin^2\beta) \tag{2.1.66}$$

$$\sin\beta=-(z-H)/r,\ \cos\beta=x/r$$

式中　p_1——围岩接触压力；

β——角度；

s——压力系数。

由式（2.1.66）计算各角度对应的围岩接触压力值与实测值比较可知，浅埋水工

隧洞围岩接触压力计算公式能够较好地反映该浅埋水工隧洞围岩接触压力的分布情况。

3．施工期隧洞洞周收敛位移计算

Park[57]考虑了浅埋隧洞内的位移为椭圆形的非均匀分布特征，以此为边界条件得出了浅埋隧洞地层变形的弹性解，得出的结果与实测值吻合较好。与 Loganathan 和 Poulos 相比，该方法的推导更加简便。Park 对隧洞的收敛模式进行总结归纳，定义隧洞洞周位移收敛有 4 种模式，如图 2.1.6 所示。

B. C. －1：$u_r(r=r_1)=-u_{r_1}$

B. C. －2：$u_r(r=r_1)=-u_{r_1}(1+\sin\beta)$

B. C. －3：$u_r(r=r_1)=-u_{r_1}\left(1+\sin\beta-\frac{1}{2}\cos^2\beta\right)$

B. C. －4：$u_r(r=r_1)=-\frac{u_{r_1}}{4}(5+3\sin\beta-3\cos^2\beta)$

式中 u_{r_1} 为水工隧洞围岩内边界洞周收敛位移，可由式（2.1.64）确定，即

$$u_{r_1}=\frac{1-\mu_0^2}{E_0}p_1r_1\ln\frac{r_2}{r_1}+\frac{r_2}{E_d}\left\{-(1-2\mu_d)p_2+\left(1-\frac{1}{2}\mu_d\right)\left(-\frac{2k}{1-3\alpha}-\frac{6\alpha}{1-3\alpha}p_2\right)\times\left[\frac{\frac{p_1r_1}{r_2}+\frac{k}{3\alpha}}{\left(\frac{k}{3\alpha}+q\right)(1-3\alpha)}\right]^{-\frac{1}{3\alpha}}\right\}$$

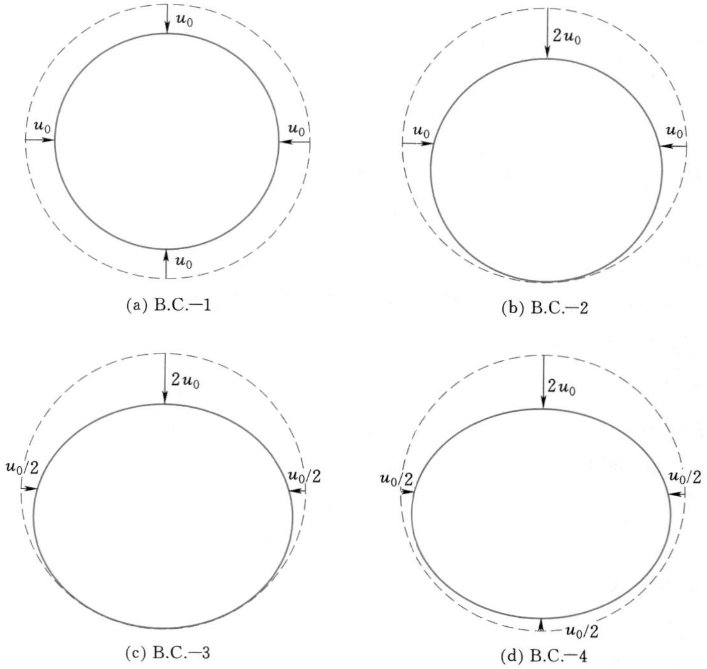

(a) B.C.—1

(b) B.C.—2

(c) B.C.—3

(d) B.C.—4

图 2.1.6　隧洞洞周收敛位移分布模式

借鉴 Park 隧洞的 4 种收敛模式，考虑隧洞埋深及围岩参数的隧洞支护内边界收敛位移计算公式为

$$u_r(r=r_0)=u_{r_0}(a_1+a_2\sin\beta+a_3\sin^2\beta) \tag{2.1.67}$$

由支护内边界收敛位移与支护外边界（围岩内边界）收敛位移的相互关系，可得支护外边界（围岩内边界）的收敛位移为

$$u_r(r=r_1)=u_{r_1}(a_1+a_2\sin\beta+a_3\sin^2\beta) \tag{2.1.68}$$

4. 考虑隧洞埋深及围岩参数的施工期围岩抗力系数理论计算

将考虑隧洞埋深的围岩接触压力计算公式（2.1.66）代入德鲁克-普拉格准则条件下水工隧洞施工期围岩抗力系数计算公式（2.1.65）中，得到考虑隧洞埋深及围岩参数的浅埋水工隧洞施工期围岩抗力系数计算公式：

$$K=\frac{1}{\dfrac{1-\mu_0^2}{E_0}r_1\ln\dfrac{r_2}{r_1}+\dfrac{r_2}{E_d p_w s(b_1+b_2\sin\beta+b_3\sin^2\beta)}\times\left\{\begin{aligned}&-(1-2\mu_d)\frac{p_w s(b_1+b_2\sin\beta+b_3\sin^2\beta)r_1}{r_2}+\\&\left(1-\frac{1}{2}\mu_d\right)\left[-\frac{2k}{1-3\alpha}-\frac{6\alpha}{1-3\alpha}\frac{p_w s(b_1+b_2\sin\beta+b_3\sin^2\beta)r_1}{r_2}\right]\times\\&\left[\frac{\dfrac{p_w s(b_1+b_2\sin\beta+b_3\sin^2\beta)r_1}{r_2}+\dfrac{k}{3\alpha}}{\left(\dfrac{k}{3\alpha}+q\right)(1-3\alpha)}\right]^{-\frac{1}{3\alpha}}\end{aligned}\right\}} \tag{2.1.69}$$

考虑隧洞埋深及围岩参数的浅埋水工隧洞施工期围岩抗力系数计算公式（2.1.69），考虑了隧洞压力的实际分布，较水工隧洞施工期围岩抗力系数计算公式（2.1.65）更加符合实际。但是，由于浅埋隧洞施工期发生不均匀收敛变形，式（2.1.69）未能考虑浅埋隧洞的不均匀变形，需要进一步研究考虑隧洞洞周不均匀收敛变形的围岩抗力系数。

将浅埋隧洞支护外边界（围岩内边界）的收敛位移计算公式（2.1.68）代入浅埋水工隧洞施工期围岩抗力系数计算公式（2.1.69），即得考虑隧洞不均匀收敛变形的浅埋水工隧洞围岩抗力系数计算公式为

$$K=\frac{(a_1+a_2\sin\beta+a_3\sin^2\beta)^{-1}}{\dfrac{1-\mu_0^2}{E_0}r_1\ln\dfrac{r_2}{r_1}+\dfrac{r_2}{E_d p_w s(b_1+b_2\sin\beta+b_3\sin^2\beta)}\times\left\{\begin{aligned}&-(1-2\mu_d)\frac{p_w s(b_1+b_2\sin\beta+b_3\sin^2\beta)r_1}{r_2}+\\&\left(1-\frac{1}{2}\mu_d\right)\left[-\frac{2k}{1-3\alpha}-\frac{6\alpha}{1-3\alpha}\frac{p_w s(b_1+b_2\sin\beta+b_3\sin^2\beta)r_1}{r_2}\right]\times\\&\left[\frac{\dfrac{p_w s(b_1+b_2\sin\beta+b_3\sin^2\beta)r_1}{r_2}+\dfrac{k}{3\alpha}}{\left(\dfrac{k}{3\alpha}+q\right)(1-3\alpha)}\right]^{-\frac{1}{3\alpha}}\end{aligned}\right\}} \tag{2.1.70}$$

2.2 地下水渗流理论基础与研究进展

地下水是岩土体三相介质中的重要组成部分，也是影响岩土体工程性质的重要因素，是岩土工程勘察、设计和施工中关注和研究的重要对象之一。地下水在岩土体中的运动状态、方式等受地质条件、岩土体结构与性质以及人类工程活动方式等的控制和影响，是极其复杂的动力学过程。研究地下水的运动早已发展成为独立的一门学科——地下水动力学［1856 年法国水力工程师达西（H. P. G. Darcy）发现达西定律，标志着地下水动力学作为一门学科诞生］。该学科发展至今已有 160 年的历史，在研究地下水在岩土体空间中的运动规律、运动数学方程及其求解方法、溶质和热量运移机制和理论等方面均取得了长足的进展，为人们科学合理地开发利用地下水资源、解决工程中的渗流、水质污染等问题提供了理论基础，是岩土工程师必须掌握的科学工具之一。

本节结合北京市南水北调工程中涉及的地下水问题，将应用最为广泛的渗流基础理论作简要介绍，以方便读者阅读和理解本书第二篇、第三篇中的相关内容。此外，通过研读相关文献资料，概述有关地下水热点问题的国内外研究进展。

2.2.1 达西定律

众所周知，著名的达西定律描述的是水在饱和、均质砂土中作一维、层状稳定流运动时，其渗流速度 v 与水力坡度 J 成线性反比例关系的规律，故又称其为线性渗流定律。达西定律的一般数学表达式如下：

$$Q=KAJ=KA\frac{H_1-H_2}{L} \tag{2.2.1}$$

$$v=\frac{Q}{A};\ J=\frac{H_1-H_2}{L}$$

式中 Q——渗透流量，亦即通过过水断面的流量，m^3/d；

K——多孔介质的渗透系数，m/d；

A——过水断面面积，m^2；

H_1、H_2——上、下游过水断面的水头，m；

L——渗流途径，m；

J——水力坡度，等于两个计算断面之间的水头差除以渗流途径，亦即渗流路径中单位长度上的水头损失。

达西定律的微分形式：

$$v=KJ=-K\frac{\mathrm{d}H}{\mathrm{d}L} \tag{2.2.2}$$

$$v_x=-K\frac{\partial H}{\partial x};\ v_y=-K\frac{\partial H}{\partial y};\ v_z=-K\frac{\partial H}{\partial z}$$

达西定律的矢量形式：

$$v=v_xi+v_yj+v_zk \tag{2.2.3}$$

达西定律是由砂土质实验得到的，后来通过大量的试验逐步推广到黏土和具有细裂隙的岩石，实际应用中必须注意其适用范围。大量的试验表明，当地下水在岩土体中的渗透速率较小时，渗透的沿程水头损失与流速的一次方成正比，这时才适用于达西定律。工程实践表明，一般情况下，水在均质砂土、黏性土中的渗透速度很小，可以看作是层流运动，符合达西运动定律；在粗颗粒的卵砾石或大裂隙岩体中，当水力梯度较小时，流速小，渗流可以认为是层流，仍适用于达西定律；当水力梯度较大、流速增大时，渗流过渡为紊流状态，此时不再适用于达西定律。

2.2.2　地下水连续性方程

质量守恒是自然界物质运动或反应普遍遵循的基本定律之一，最早由俄罗斯科学家罗蒙诺索夫在化学反应中发现。他通过大量的定量试验发现，化学反应中，反应前各物质总量等于反应后各物质的总质量。在地下水运动中，质量守恒定律表述为：在地下水渗流场中，任一时刻流入系统中的水质量（$Q_入$）与流出系统的水质量（$Q_出$）之差等于该系统内水质量的变化量（ΔQ）。下面简要介绍以渗流场中任意六面体单元为研究对象，推导地下水渗流连续方程的过程。

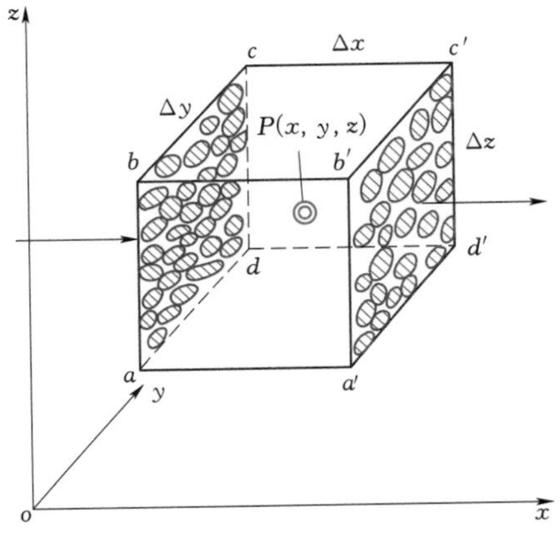

图 2.2.1　渗流场中的特征单元体

如图 2.2.1 所示，以点 $P(x, y, z)$ 为中心的六面体单元体积为 $\Delta x\Delta y\Delta z$，该单元体称为特征单元体，其体积无限小，但足以穿过介质骨架和空隙。

设 v_x，v_y，v_z 分别为该 P 点在 x、y、z 方向上的渗流速度，$p_1\left(x-\frac{\Delta x}{2}, y, z\right)$ 为 $abcd$ 面的中点，则单位时间内、沿 x 轴方向流入 p_1 点单位面积的水流质量 ρv_{x1}，可用 Taylor 级数求得

$$M_{xi}=\rho v_{x1}=\rho v_x\left(x-\frac{\Delta x}{2}, y, z\right)$$
$$=\rho v_x(x, y, z)+\frac{\partial(\rho v_x)}{\partial x}\left(-\frac{\Delta x}{2}\right)+\frac{1}{2!}\frac{\partial^2(\rho v_x)}{\partial x^2}+\cdots$$

略去上式中二阶导数以上的高次项，则 Δt 时间内由左侧 $abcd$ 面流入单元体的水流质量为 $\left[\rho v_x-\frac{1}{2}\frac{\partial(\rho v_x)}{\partial x}\Delta x\right]\Delta y\Delta z\Delta t$。同理，可求出由右侧 $a'b'c'd'$ 面流出的水流质量为 $\left[\rho v_x+\frac{1}{2}\frac{\partial(\rho v_x)}{\partial x}\Delta x\right]\Delta y\Delta z\Delta t$。因此，沿 x 轴方向流入与流出单元体 $\Delta x\Delta y\Delta z$ 的水流质量差为

$$\Delta M_x=\left\{\left[\rho v_x-\frac{1}{2}\frac{\partial(\rho v_x)}{\partial x}\Delta x\right]\Delta y\Delta z-\left[\rho v_x+\frac{1}{2}\frac{\partial(\rho v_x)}{\partial x}\Delta x\right]\Delta y\Delta z\right\}\Delta t$$
$$=-\frac{\partial(\rho v_x)}{\partial x}\Delta x\Delta y\Delta z\Delta t$$

同理，可以写出沿 y 轴、z 轴方向流入与流出的水流质量差，分别为

$$\Delta M_y = -\frac{\partial(\rho v_y)}{\partial y}\Delta x\Delta y\Delta z\Delta t$$

$$\Delta M_z = -\frac{\partial(\rho v_z)}{\partial z}\Delta x\Delta y\Delta z\Delta t$$

因此，在 Δt 时间内，流入与流出该单元体 $\Delta x\Delta y\Delta z$ 的总质量差为

$$\Delta M = \Delta M_x + \Delta M_y + \Delta M_z = -\left[\frac{\partial(\rho v_x)}{\partial x} + \frac{\partial(\rho v_y)}{\partial y} + \frac{\partial(\rho v_z)}{\partial z}\right]\Delta x\Delta y\Delta z\Delta t$$

在均衡单元体内，液体所占的体积为 $n\Delta x\Delta y\Delta z$，其中 n 为孔隙度。相应的，单元体内的液体质量为 $\rho n\Delta x\Delta y\Delta z$。因此，在 Δt 时间内，单元体内液体质量的变化量为 $\frac{\partial}{\partial t}[\rho n\Delta x\Delta y\Delta z]\Delta t$。

单元体内液体质量的变化是由流入与流出这个单元体的液体质量差造成的。根据质量守恒定律，两者应该相等，所以

$$-\left[\frac{\partial(\rho v_x)}{\partial x} + \frac{\partial(\rho v_y)}{\partial y} + \frac{\partial(\rho v_z)}{\partial z}\right]\Delta x\Delta y\Delta z = \frac{\partial}{\partial t}[\rho n\Delta x\Delta y\Delta z] \tag{2.2.4}$$

或写成

$$-\operatorname{div}(\rho v)\Delta x\Delta y\Delta z = \frac{\partial}{\partial t}[\rho n\Delta x\Delta y\Delta z] \tag{2.2.5}$$

式（2.2.4）和式（2.2.5）即为渗流的连续性方程，表明渗流场中任意体积含水层流入、流出该体积含水层中水质量之差永远恒等于该体积中水质量的变化量。它表达了渗流区内任何一个“局部”所必须满足的质量守恒定律。

若把含水层看作刚体（即地下水看成不可压缩的均质液体，ρ 为常量；含水层骨架不被压缩，n 不变），则渗流连续性方程为

$$\operatorname{div}(v) = \frac{\partial v_x}{\partial x} + \frac{\partial v_y}{\partial y} + \frac{\partial v_z}{\partial z} = 0 \tag{2.2.6}$$

式（2.2.6）表明，在同一时间内流入单元体的水体积等于流出的水体积，即体积守恒。

连续性方程是研究地下水运动的基本方程，各种研究地下水运动的微分方程都是在连续性方程和反映动量守恒定律的方程（如达西定律）的基础上建立起来的。

2.2.3　常用地下水运动基本微分方程

渗流连续性方程式（2.2.4）和式（2.2.5）实际反映了一般情况下液体运动中的质量守恒关系，是在三维空间条件下推导出来的。实际的生产实践应用中，常需要根据地下水的储存条件、运动状态、补给与排泄以及水文地质边界条件等对上述连续性方程进行简化或进一步推导，方可解决实际问题。下面介绍常用的几种渗流基本微分方程。

2.2.3.1　承压水运动基本微分方程

《地下水动力学》[58]在推导承压水运动的基本微分方程时，从实际观点出发，主要做了以下假设：

（1）承压水流服从达西定律。

（2）承压含水层渗透系数 K 不因其密度 $\rho=\rho(p)$ 的变化而改变。

（3）承压含水层储水率 μ_s 和 K 也不受其孔隙度 n 变化（由于骨架变形）的影响。

推导过程中，含水层的变形只考虑垂向压缩，水的密度 ρ、含水层孔隙度 n 和单元体高度 Δz 三个变量随压力而变化，并且因水的压缩性很小，忽略了 ρ 的空间变化，由此得出各向同性介质含水层时的承压水运动基本微分方程：

$$\left[\frac{\partial}{\partial x}\left(K\frac{\partial H}{\partial x}\right)+\frac{\partial}{\partial y}\left(K\frac{\partial H}{\partial y}\right)+\frac{\partial}{\partial z}\left(K\frac{\partial H}{\partial z}\right)\right]\Delta x\Delta y\Delta z=\rho g(\alpha+n\beta)\frac{\partial H}{\partial t}\Delta x\Delta y\Delta z$$

$$=\mu_s\frac{\partial H}{\partial t}\Delta x\Delta y\Delta z \tag{2.2.7}$$

式（2.2.7）具有明确的物理意义：等式左端表示单位时间内流入和流出单元体的水量差，右端表示该时间段内单元体的弹性释放（或储存）的水量。因为单元体没有其他流入或流出水的“源”或“汇”项，水量差只可能来自弹性释水（或储存），等式显然成立。约去等式两端的单元体体积 $\Delta x\Delta y\Delta z$ 项，则为

$$\frac{\partial}{\partial x}\left(K\frac{\partial H}{\partial x}\right)+\frac{\partial}{\partial y}\left(K\frac{\partial H}{\partial y}\right)+\frac{\partial}{\partial z}\left(K\frac{\partial H}{\partial z}\right)=\mu_s\frac{\partial H}{\partial t} \tag{2.2.8}$$

约去等式两端的 K（均质各向同性）后，进一步简化为

$$\frac{\partial^2 H}{\partial x^2}+\frac{\partial^2 H}{\partial y^2}+\frac{\partial^2 H}{\partial z^2}=\frac{\mu_s}{K}\frac{\partial H}{\partial t} \tag{2.2.9}$$

对于各向异性的含水层介质来说，如把坐标轴的方向取得和各向异性介质的主方向一致，则其基本微分方程为

$$\frac{\partial}{\partial x}\left(K_{xx}\frac{\partial H}{\partial x}\right)+\frac{\partial}{\partial y}\left(K_{yy}\frac{\partial H}{\partial y}\right)+\frac{\partial}{\partial z}\left(K_{zz}\frac{\partial H}{\partial z}\right)=\mu_s\frac{\partial H}{\partial t} \tag{2.2.10}$$

式（2.2.9）和式（2.2.10）即分别为各向同性和各向异性含水层介质中承压水非稳定流运动的基本微分方程。对于稳定流，则因 $\frac{\partial H}{\partial t}=0$，等式右端改为 0，即可得承压水稳定流运动基本微分方程。

2.2.3.2　潜水运动基本微分方程

与承压水相比，潜水面不是水平的，其含水层中存在着垂向上的流速分量，且潜水面又是渗流区的边界，随着时间的变化，它的位置在问题解出来以前是未知的，因此潜水运动的基本微分方程的推导相比承压水复杂些。

为了较简便地求解潜水运动的基本方程，引入了裘布依（Dupuit）假设。该假设是由法国水力学家 Jules Dupuit 于 1863 年根据潜水面的坡度对大多数地下水流而言是很小的这一事实，在达西定律的基础上推导出来的。Dupuit 假设认为，当潜水面比较平缓（其坡角 θ 很小）时，其等水头面铅直，水流基本水平，此时可忽略渗流速度的垂直分量 v_z，任一点的水头 $H(x,\ y,\ z,\ t)$ 可近似地用 $H(x,\ y,\ t)$ 代替，这样铅直面上各点的水头相等，意即水头不随深度而变化，同一铅直剖面上各点的水力坡度和渗透速度都相等。在二维平面 xz 平面内，渗流速度和水头可分别用下式表示：

$$v_x=-K\frac{\mathrm{d}H}{\mathrm{d}x},\quad v_y=-K\frac{\mathrm{d}H}{\mathrm{d}y},\quad H=H(x,\ y) \tag{2.2.11}$$

根据上述 Dupuit 假设，即可建立潜水含水层中地下水流运动的基本微分方程，即布辛尼斯克（Boussinesq）方程：

$$\left[-\frac{\partial(v_x h)}{\partial x}+W\right]\Delta x\Delta t=\mu\frac{\partial H}{\partial t}\Delta x\Delta t \tag{2.2.12}$$

上式左端为在 Δt 时间内，长度为 Δx（沿水流方向）、一个单位宽度的整个含水层柱体（各向同性）所接收（流入）与排出（流出）的水量差，其中 W 为垂直入渗的补给量（或蒸发量）；等式右端为 Δt 时间内，因潜水面变化而引起该含水层柱体内的水体积变化量。根据连续性原理，该等式成立。式（2.2.12）为有垂向入渗补给时，潜水一维流的基本微分方程。将式（2.2.11）代入式（2.2.12），即得

$$\frac{\partial}{\partial x}\left(h\frac{\partial H}{\partial x}\right)+\frac{W}{K}=\frac{\mu}{K}\frac{\partial H}{\partial t} \tag{2.2.13}$$

同样的，可以推导出潜水二维流运动的基本微分方程：

$$\frac{\partial}{\partial x}\left(h\frac{\partial H}{\partial x}\right)+\frac{\partial}{\partial y}\left(h\frac{\partial H}{\partial y}\right)+\frac{W}{K}=\frac{\mu}{K}\frac{\partial H}{\partial t} \tag{2.2.14}$$

对于非均质含水层，Boussinesq 方程形式如下：

$$\frac{\partial}{\partial x}\left(Kh\frac{\partial H}{\partial x}\right)+\frac{\partial}{\partial y}\left(Kh\frac{\partial H}{\partial y}\right)+W=\mu\frac{\partial H}{\partial t} \tag{2.2.15}$$

Boussinesq 方程是研究潜水运动的基本微分方程，方程中的含水层厚度 h 也是个未知数，因此，它是一个二阶非线性偏微方程。除了某些个别情况能找到其特解外，一般情况下没有解析解。为了求解，往往近似地把它转化为线性方程后，采用数值法求解。

值得提醒的是，潜水运动的微分方程推导中，引用 Dupuit 假设，忽略了弹性储存；取的小土体为包括整个含水层厚度在内的土柱，因此用 Boussinesq 方程求解得到的 $H(x,\ y,\ t)$ 代表该点整个含水层厚度上平均的水头近似值，不能用它来计算同一垂直剖面上的不同点水头变化。对于某些无压渗流问题，如排水沟降低地下水位及土坝渗流等，Boussinesq 方程是不适用的，此时应采用如式（2.2.10）的一般性微分方程。

2.2.3.3 越流含水层中非稳定运动的基本微分方程

自然界中，当承压含水层的上、下岩层为弱透水层时，该承压含水层常常会通过弱透水层与相邻含水层发生水力联系，但此时该含水层仍处于承压状态，可称其为半承压含水层。当该含水层与相邻含水层存在水头差时，地下水会从高水头含水层通过弱透水层向低水头含水层流动，这种现象称为越流。半承压含水层也称为越流含水层。

当弱透水层的渗透系数K_1比主含水层的渗透系数 K 小很多时，可以近似地认为水基本上垂直通过弱透水层，折射 90°后在主含水层中基本上是水平流动的。用有限元法对此进行的研究结果表明，当主含水层的渗透系数比弱透水层的渗透系数高两个数量级时，这个假定所引起的误差一般小于 5%。实际上，主含水层的渗透系数常常比相邻弱透水层的渗透系数高出 3 个数量级，故上述假设是允许的。在这种情况下，主含水层中的水流可近似地作二维流问题处理，将水头看作是整个含水层厚度上水头的平均值，即

$$H=H(x,\ y,\ t)=\frac{1}{M}\int_{0}^{M}H(x,\ y,\ z,\ t)\,\mathrm{d}z$$

在上述假设条件下，同时忽略弱透水层本身释放的水量（该水量与主含水层释放的水量以及相邻含水层的越流量相比足够小），即可根据水均衡原理，推导出非均质各向同性越流含水层中非稳定运动流的基本微分方程：

$$\frac{\partial}{\partial x}\left(T\frac{\partial H}{\partial x}\right)+\frac{\partial}{\partial y}\left(T\frac{\partial H}{\partial y}\right)+K_1\frac{H_1-H}{m_1}+K_2\frac{H_2-H}{m_2}=\mu^*\frac{\partial H}{\partial t}\qquad(2.2.16)$$

式中　T——主含水层的导水系数；

H_1、H_2——位于主含水层上部和下部的弱透水层中的水头；

m_1、m_2——上、下弱透水层的厚度；

μ^*——主含水层的贮水系数，$\mu^*=\mu_s M$。

公式的具体推导过程可参见文献［58］。

对于均质各向同性介质来说，式（2.2.16）可写为如下形式：

$$\frac{\partial^2 H}{\partial x^2}+\frac{\partial^2 H}{\partial y^2}+\frac{H_1-H}{B_1^2}+\frac{H_2-H}{B_2^2}=\frac{\mu^*}{T}\frac{\partial H}{\partial t}\qquad(2.2.17)$$

$$B_1=\sqrt{\frac{Tm_1}{K_1}},\ B_2=\sqrt{\frac{Tm_2}{K_2}}$$

式中　B_1、B_2——上、下弱透水层的越流因素。

越流因素 B 的量纲为［L］。弱透水层的渗透性越小，厚度越大，则 B 越大，越流量越小。在自然界中，越流因素的变化很大，可以从几米至若干千米。对于一个完全隔水的覆盖层来说，B 为无穷大。另一个反应越流能力的参数是越流系数 σ'，其定义为：当主含水层和供给越流的含水层间的水头差为一个长度单位时，通过主含水层和弱透水层间单位面积界面上的水流量。因此

$$\sigma'=\frac{K_1}{m_1}$$

K_1、m_1 分别为弱透水层的渗透系数和厚度。σ' 越大，相同水头差下的越流量越多。

2.2.3.4　非饱和带水运动的基本方程

达西定律描述的是水在各向均质的饱和土层（土、水二相介质）中运动的规律。对于非饱和土体，其孔隙的一部分充填水、一部分充填气体，因此，相比于饱和土体，非饱和土体中水的过水断面减小，渗流途径弯曲程度增加，导致其渗透率或渗透系数相应减小。也就是说，在非饱和带中，水的渗透率 k 和渗透系数 K 不再是常数，而是与土壤含水率 θ 相关的变参数。

1931 年，Richards 提出，可以将达西定律引申应用于非饱和带水的运动，其表达式可写成以下形式：

$$v=K(\theta)J\qquad(2.2.18)$$

$K(\theta)$ 表明渗透系数 K 是含水率 θ 的函数。如果用渗透率 k 来表达，则有

$$v=-\frac{k(S_W)\gamma}{\mu}\nabla\left(\frac{p}{\gamma}+z\right)=-k\frac{k_r(S_W)\gamma}{\mu}\nabla\left(\frac{p}{\gamma}+z\right)\qquad(2.2.19)$$

式中 k——饱和土的渗透率；

$k(S_W)$——非饱和土的渗透率，为饱和度S_W的函数；

$k_r(S_W)$——相对渗透率，$k_r(S_W)=\dfrac{k(S_W)}{k}$；

μ——水的动力黏滞系数。

同样的，式（2.2.4）的渗流连续性方程一样适用于非饱和带中水的单相运动，此时只需把等式右端的孔隙度 n 换成含水率 θ，同时假设单元体体积 $\Delta x\Delta y\Delta z$ 不随时间而变化，水的密度 ρ 变化也很小，可当作常数，则相应的连续性方程表达如下：

$$-\left(\frac{\partial v_x}{\partial x}+\frac{\partial v_y}{\partial y}+\frac{\partial v_z}{\partial z}\right)=\frac{\partial \theta}{\partial t} \tag{2.2.20}$$

将式（2.2.18）的运动方程代入上式中，则得

$$\frac{\partial \theta}{\partial t}=\frac{\partial}{\partial x}\left[K(\theta)\frac{\partial H}{\partial x}\right]+\frac{\partial}{\partial y}\left[K(\theta)\frac{\partial H}{\partial y}\right]+\frac{\partial}{\partial z}\left[K(\theta)\frac{\partial H}{\partial z}\right] \tag{2.2.21}$$

式（2.2.21）即为非饱和土中地下水运动的基本微分方程，也称 Richards 方程。

上述方程均是仅仅考虑土中水的运动时得出的，即是单相流模型。单相流模型的重要前提假设是：认为非饱和带中气体随水的流动自然排出，即气体对水的流动无影响。而事实上，非饱和土中存在水、气二相流物质，气体的存在对水的流动起一定阻碍作用，而描述该类二相流运动过程的方程是相当复杂的。目前已有研究成果[59]表明，有关非饱和带中水-气二相流物质运动的研究正在受到越来越多学者的关注，其研究成果在水利、化工、矿产、灾害等方面应用较广，有兴趣的读者可参考相关文献或著作。

2.2.4 地下水中溶质运移微分方程

多孔介质中观察到的两种成分不同的可混溶液之间过渡带的形成与演化过程，通常称为水动力弥散。水动力弥散是一个不稳定、不可逆转的物质运移过程，是由多孔介质中溶质的机械弥散和分子扩散引起的。机械弥散是由于液体在多孔介质中流动时存在速度不均一而造成的物质运移；分子扩散则是由液体中所含溶质的浓度不均一而引起的物质运移（浓度梯度使得物质从高浓度向低浓度地方运移）。

地下水中溶质的运移包含两个方面：一是因水动力弥散作用引起的运移；二是溶质随水流运动而发生的运移。与 2.2.2 节中研究一般的地下水运动连续性方程相似，仍以多孔介质中任一点处的无限小单元体 $\Delta x\Delta y\Delta z$ 为研究对象，根据质量守恒定律即可建立溶质运移的基本微分方程：

$$-\left[n\left(\frac{\partial I_x}{\partial x}+\frac{\partial I_y}{\partial y}+\frac{\partial I_z}{\partial z}\right)+\frac{\partial (v_x c)}{\partial x}+\frac{\partial (v_y c)}{\partial y}+\frac{\partial (v_z c)}{\partial z}\right]\Delta x\Delta y\Delta z=n\frac{\partial c}{\partial t}\Delta x\Delta y\Delta z \tag{2.2.22}$$

式（2.2.22）的物理意义为：Δt 时间内，流入与流出单元体 $\Delta x\Delta y\Delta z$ 的溶质质量（I）差，等于同等时间内该单元体内溶质浓度（c）变化引起的质量变化量。当坐标轴与水流平均流速方向一致时，式（2.2.22）中：

$$I_x=-D_{xx}\frac{\partial c}{\partial x};\ I_y=-D_{yy}\frac{\partial c}{\partial y};\ I_z=-D_{zz}\frac{\partial c}{\partial z}$$

式中变量 D 表示水动力弥散系数。将上式代入式（2.2.22），约去等式两边的 $\Delta x\Delta y\Delta z$，则溶质运移的基本微分方程简化为下式：

$$\frac{\partial c}{\partial t}=\frac{\partial}{\partial x}\left(D_{xx}\frac{\partial c}{\partial x}\right)+\frac{\partial}{\partial y}\left(D_{yy}\frac{\partial c}{\partial y}\right)+\frac{\partial}{\partial z}\left(D_{zz}\frac{\partial c}{\partial z}\right)-\frac{\partial(u_x c)}{\partial x}-\frac{\partial(u_y c)}{\partial y}-\frac{\partial(u_z c)}{\partial z} \tag{2.2.23}$$

式（2.2.23）即为水动力弥散方程（也称对流-弥散方程）。该式的物理意义易理解：等式左端为溶质浓度的变化，右端前三项为由水动力弥散引起的溶质运移，后三项为水流运动（习惯上称为对流）所造成的溶质运移。式中变量 $u=\frac{v}{n}$，v 为水流的实际流速；n 为多孔介质的空孔隙度。

必须说明的是，上述水动力弥散方程是在不考虑溶质运移过程中的化学变化及其他因素（如抽水、土壤吸附等）时得出的。当地下水中溶质质量的变化不仅仅是由于水动力弥散和水流运动而引起时，其连续性方程中应加入相应的其他原因引起的物质变化量。

溶质运移方程的求解与渗流连续性方程一样，均需要一定的边界条件和初始条件，求解方法包括解析法、模拟法与数值法等，目前应用最为广泛的当属数值法，本书后面的章节中将结合具体的工程地质问题进行介绍。

2.2.5　研究进展

由上可知，达西定律和质量守恒定律是研究地下水运动的根基，它们奠定了地下水动力学科的理论基础，也是目前岩土工程中解决地下水流问题时最常用的理论法典。对于服从达西定律的地下水渗流问题，目前的研究多数集中在渗流方程求解，特别是数值计算方法研究、计算过程和结果的可视化软件开发、水文地质参数获取、数值模型构建、验证与应用等方面，这一点将在后面的第 12 章中谈到。

鉴于达西定律适用条件（层流、均质介质等）的局限性，越来越多的学者开展了有关地下水非线性运动（非达西渗流）方面的理论研究，以求从数学模型、运动机理、判别依据以及模型求解等各方面解决工程实践中确实存在的不符合达西渗流定律（喀斯特岩层中、井壁及泉水出口处的水流等）的地下水运动问题。根据文献［60］的介绍，关于非达西渗流的研究主要分低速和高速两个方面，前者主要研究流体在低渗透速度情况下的渗流特征曲线以及初始阶段启动压力梯度、临界压力梯度、渗流速度的影响因素和产生机理等，后者主要研究当惯性力起主导作用时流体的特殊性质。该文作者从实验研究和运动方程两方面着手，较系统地整理了目前国内外学者在这方面的研究成果，最后得出如下结论：

（1）现有低速非达西渗流的运动方程仅仅是通过实验数据拟合得到的，其产生的机理各个学者都有不同的看法，还没形成统一的意见；对于实验所得曲线（$v-J$ 关系曲线）中的非线性下凹段的存在是有疑问的，因为该曲线是在达西渗流试验仪器上得到的，因此有些学者认为其是由于试验误差所引起的。

（2）高速非达西渗流运动方程大部分是在依靠多孔介质理论的基础上推导得到的，

而对于裂隙网络介质及岩溶介质等的适用性还需进一步研究，因为实际工程中有时不能将该类介质简化为多孔介质。

文献［61］指出，目前关于非达西渗流的公式可以归纳为多项式和幂指数两种形式，其中最具代表性并被一些工程实践验证的有 P. Forchheimer 公式和 Izbash 公式。

P. Forchheimer 公式的一般形式为

$$J=av+bv^2 \tag{2.2.24}$$

式中 a，b 为由实验确定的常数；当 $a=0$ 时，该式变为

$$v=K_cJ^{0.5} \tag{2.2.25}$$

上式也被称为 Chezy 公式。该式表明此时的渗流速度与水力坡率的 0.5 次方成正比，K_c为该情况下的渗透系数。P. Forchheimer 公式中的一次项与液体的黏滞力有关，二次项与惯性力有关，因此适用于低速（黏滞力主导）和高速（惯性力主导）非达西渗流。《地下水动力学》[58]一书中简单讨论了符合 Chezy 公式的地下水向完整井稳定运动时的井流量与水位的计算公式。

Izbash 公式为幂指数形式：

$$J=av^n \quad 1\leqslant n\leqslant 2 \tag{2.2.26}$$

该式适用于高速非达西渗流的情况。由于其形式简单，计算方便，被广泛应用于数学模型的解析求解中。

针对不同介质和渗流条件下的非达西渗流规律与模型公式的研究成果非常多。刘凯[61]以理论推导为主，系统研究了 4 种不同渗流情景下、承压含水层中非完整井附近水流呈非达西渗流时的井水位降深解析公式，其非线性渗流模型采用的是 Izbash 公式。该研究成果虽然缺乏相应工程和实验数据的验证，但不失为地下水非线性运动研究方面的新尝试。邓英尔、黄润秋等[62]以室内试验为基础，在验证了非饱和低渗透黏土中渗流存在起始水力坡度的条件下，推导了 3 种不同情景（定流量单向、定压单向和定流量径向）下的土的渗流固结方程，并联合质量守恒方程求出了各模型的近似解析解。刘建军、刘先贵等[63]通过对近百块低渗透率的人造岩芯和天然岩芯（取自于油田）渗流物理模拟实验的研究，分析了视渗透率的变化规律，从而证明了低渗透率介质中非达西渗流的存在，并推导出了包含启动压力梯度、低速非线性渗流、线性达西流以及高速非线性渗流 4 个分项的渗流公式。黄延章、杨正明等[64]提出了渗流流体（由体相流体和边界流体组成）的概念，通过研究多孔介质对流体通过的选择性及其孔隙结构特征（喉道分布），分析了多孔介质性质与渗流参数的关系，从而提出了含 3 个启动压力梯度参数（最小启动压力梯度、平均启动压力梯度和最大启动压力梯度）的非线性渗流方程。诸如此类的成果均表明目前国内学者对非线性渗流机理、动力学方程研究的热情和关注，同时也表明其研究仍处于探索起步阶段，大多数研究成果推出的渗流动力学方程均具有其特定的条件，其适用性难以与达西定律的普适性相比拟。

在达西流和非达西流的定量判别依据方面，目前业界常用的判别参数为雷诺数$\left(Re=\frac{vd}{\upsilon}\right)$。《地下水动力学》[58]中指出，当$Re$超过 1～10 时，地下水运动即不符合达西定律。近年来也有部分学者针对服从达西定律的渗流上、下限雷诺数进行了相关研究。

如刘建军等[63]对低渗透率的油田岩芯的研究结果表明，非达西渗流的临界雷诺数为 10^{-6}；李中峰等[65]对油田岩石芯样的实验研究得出，从线性渗流向非线性渗流过渡的临界雷诺数为 8.95×10^{-5}；王道成等[66]利用 Forchheimer 公式和黏滞阻力系数与雷诺数的半对数关系图，通过低渗油田岩芯的驱潜实验，研究得出束缚水饱和度下油驱时非达西渗流的临界雷诺数为 5×10^{-4}，残余油饱和度下水驱时的非达西渗流临界雷诺数为 1×10^{-3}。从这些研究结果可以看出，非达西渗流的临界雷诺数不是一个常数，不同的介质和流体可能相差几个数量级，将其作为单一的判别依据有一定的缺陷。因此，也有学者研究将起始水力坡度作为判别依据的，但因目前有关起始水力坡度的机制研究尚不清楚，业界也没有形成统一的看法。另外，文献［67］作者通过分析影响非达西渗流拟启动压力梯度的多个物理量因次，建立了系数矩阵，从而提出了用压力数（λ_n，反映流体通过多孔介质的难易程度的物理量）作为判别依据的方法。

另一个关于渗流理论的研究方向为非饱和带水-气二相渗流的动力学研究。其最基本的理论基础可以说仍是达西定律和质量守恒原理，但在动力学方程的建立过程中引入了水、气两相介质的相对渗透率（由于两相流体同时流动，相互干扰，其有效渗透率总是小于或等于该流体充满整个多孔介质时的绝对渗透率）概念，建立的动力学方程是一复杂的高阶非线性方程组，求解方法常用 IMPES 方法（隐式求解压力，显式求解饱和度的方法）。IMPES 方法的优点是计算简单，工作量少，易理解，但计算结果精度低、解的稳定性差，只适用于简单的模拟计算[68]。随着计算机技术和数值计算方法的迅速发展，全隐式联立求解法已日渐成为模型求解的主要方法。目前关于水-气两相渗流理论的研究与应用成果多见于地下水污染、油气和煤层气开采等方面。如刘昌军[69]研究建立了降雨入渗条件下的饱和-非饱和水-气两相渗流的耦合数学模型，并将其应用于沁水盆地煤层气井的水、气产量预测中；孙冬梅等[70]对基于水-气二相流的稳定饱和-非饱和渗流进行的模拟研究认为，稳定流中的水气相互影响几乎可以忽略，而非稳定流中的影响需要进一步研究等。其他关于水-气二相渗流方面的研究可参见文献［71］～［76］。

2.3　土体固结与地面沉降基础理论与研究进展

根据太沙基（Terzaghi K）的有效应力原理，饱和土体在外荷载作用下所受应力由土骨架颗粒和孔隙流体共同承担，即土骨架上产生有效应力，孔隙流体内产生超静孔隙水压力。随着孔隙水的排水，超静孔隙压力逐渐消散，有效应力逐渐增加，土体的压缩变形逐渐增加，这一过程即为渗流固结。土体的渗流固结伴随着土体的压缩变形，在区域范围内表现为大面积的地面沉降，这是区域地面沉降形成与发展的主要内因。由于饱和土体的渗流固结是一个相对缓慢的过程，一般需经历几年甚至几十年时间，因此土体的固结沉降也是随着时间推移而缓慢、持续积累的过程。研究土体沉降与时间的关系、固结（度）与时间的关系以及孔隙水压力与时间的关系等问题，是岩土工程设计的重要内容之一，解决该问题的核心理论基础即是土体固结理论。

2.3.1 一维渗流固结理论

太沙基于1936年首次用英语论述了有效应力原理，主要内容归纳为以下两点：

（1）饱和土体内任一平面上所受到的总应力可分为由土骨架承受的有效应力和由孔隙水承受的孔隙水压力两部分，二者的关系总是满足式（2.3.1）：

$$\sigma=\sigma'+u \tag{2.3.1}$$

式中 σ——作用在饱和土中任意面上的总应力；

σ'——有效应力，作用于同一平面的土骨架上；

u——孔隙水压力，作用于同一平面的孔隙水上。

（2）土的变形（压缩）与强度的变化都只取决于有效应力的变化。也就是说，引起土的体积压缩和抗剪强度变化的原因，并不取决于作用在土体上的总应力，而是取决于总应力与孔隙水压力的差值——有效应力。孔隙水压力本身并不能使土发生变形和强度的变化。

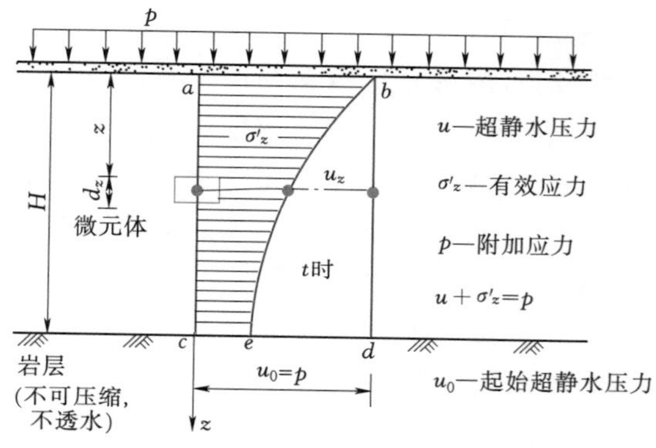

图2.3.1 一维渗流固结过程

太沙基一维渗流固结理论是研究并解决饱和土体在与外荷载作用方向一致的竖直方向上发生渗流和变形时，任意时刻土中有效应力 σ' 与总应力 σ 的比值关系，即固结度（$U=\sigma'/\sigma$）的问题。土体在固结和变形的过程中，任意时刻、不同深度处的固结度是不相同的。图2.3.1为厚度为 H 的饱和土层上方施加均布荷载 p 时，土层在竖直方向发生的一维渗流固结过程。该过程中，土中的附加应力沿深度均匀分布（图中矩形 $abdc$ 面积），附加应力由孔隙水和土骨架共同承担。图中 $abeca$ 阴影部分面积表示由土骨架承担的有效应力 σ' 沿竖向的分布，$bedb$ 非阴影部分面积表示时间为 t 时由孔隙水分担的超静水压力 u 的空间分布。曲线 be 的位置随时间而变化，当 $t=0$ 时，be 与 ac 重合，即全部附加应力由水承担；$t=\infty$ 时，be 与 bd 重合，即全部附加应力由土骨架承担。在整个渗流过程中，土中的超静孔隙水压力 u 与附加有效应力 σ' 是深度 z 与时间 t 的函数。

太沙基建立上述一维渗流固结理论的基本假设如下：

（1）土层是均质的、完全饱和的。

（2）土颗粒和水是不可压缩的。

（3）水的渗出和土层的压缩只沿一个方向（竖向）发生。

（4）水的渗流遵循达西定律，且渗透系数保持不变。

（5）孔隙比的变化与有效应力的变化成正比，即 $-\dfrac{\mathrm{d}e}{\mathrm{d}\sigma'}=\alpha$，且压缩系数 α 保持不变。

（6）外荷载一次瞬时施加并保持不变。

根据一维渗流固结理论推导出的微分方程如式（2.3.2），是描述土中超静孔隙水压 u 的时空分布函数。

$$\frac{\partial u}{\partial t}=C_V\frac{\partial^2 u}{\partial z^2} \tag{2.3.2}$$

$$C_V=\frac{k(1+e_1)}{\alpha\gamma_\omega}$$

式中　C_V——土的固结系数，常用单位为 m^2/a、cm^2/a、cm^2/s 等；

e_1——渗流固结前土的初始孔隙比；

k——土的渗透系数；

γ_ω——水的容重。

根据不同的初始条件和边界条件可以求得上述一维渗流固结微分方程的特解。对图 2.3.1 所示的情况：

当 $t=0$，$0\leqslant z\leqslant H$ 时，$u=u_0=p$；

当 $0<t\leqslant\infty$，$z=0$ 时，$u=0$；

当 $0<t\leqslant\infty$，$z=H$ 时，$\frac{\partial u}{\partial z}=0$；

当 $t=\infty$，$0\leqslant z\leqslant H$ 时，$u=0$。

应用傅里叶级数，可求得满足上述边界条件和初始条件的解析解表达式：

$$u_{zt}=\frac{4p}{\pi}\sum_{m=1}^{\infty}\frac{1}{m}\sin\frac{m\pi z}{2H}\mathrm{e}^{-m^2\left(\frac{\pi^2}{4}\right)T_V} \tag{2.3.3}$$

式中　m——奇数正整数（1，3，5，…）；

e——自然对数底数；

H——排水最长距离，当土层为单面排水时，H 等于土层厚度；当土层上下双面排水时，H 采用土层厚度的一半；

T_V——时间因数（无量纲），按下式计算。

$$T_V=\frac{C_V}{H^2}t \tag{2.3.4}$$

式中　C_V——土层的固结系数；

t——固结历时。

根据式（2.3.3），即可绘制不同 t 时刻土层中超静孔隙水压力的分布曲线（$u-z$ 曲线），如图 2.3.2 所示。从 $u-z$ 曲线随 t（或 T_V）的变化情况可看出渗流固结过程的进展情况，曲线上某点的切线斜率即反映该点处的水力梯度和水流方向。

在上述边界条件下，固结微分方程的解析解式（2.3.3）具有如下特点：

（1）孔压 u 用无穷级数表示。

（2）孔压 u 与 p 成正比。

（3）每一项的正弦函数中仅含变量 z，表示孔压在空间上按三角函数分布。

（4）每一项的指数函数中仅含变量 t 且系数为负，表示孔压在时间上按指数衰减。

（5）随着 m 的增加，以后各项的影响急剧减小。

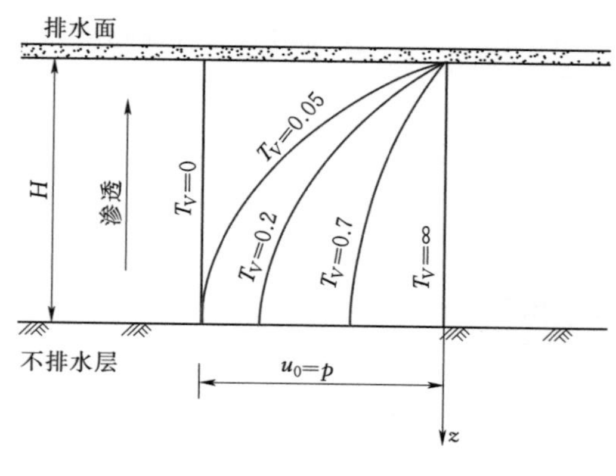

(a) 单面排水

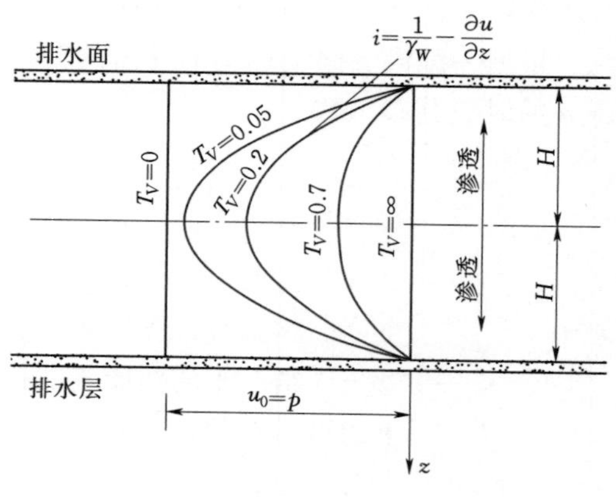

(b) 双面排水

图 2.3.2 土层固结过程中超静孔隙水压力分布（$u-z$ 曲线）

在时间 t 不是很小时，式（2.3.3）取一项即可满足一般工程要求的精度。

在某一深度 z 处，t 时刻的有效应力 σ'_{zt} 与 $t=\infty$ 时有效应力 $\sigma'_{z\infty}$ 的比值，称为该点土的固结度。对图 2.3.1 所示的一维渗流固结情况，土中某一深度 z 处的固结度U_{zt}为

$$U_{zt}=\frac{\sigma'_{zt}}{\sigma'_{z\infty}}=\frac{\sigma'_{zt}}{p}=\frac{u_0-u_{zt}}{u_0} \tag{2.3.5}$$

工程实际中，研究某一厚度土层在任意 t 时刻的平均固结度U_t，即 t 时刻土层中土骨架颗粒承担的平均有效压应力面积对最终平均有效应力面积的比值更具有现实意义。U_t表达式为

$$U_t=\frac{\text{面积}\,abec}{\text{面积}\,abdc}=\frac{\int_0^H u_0\,\mathrm{d}z-\int_0^H u_{zt}\,\mathrm{d}z}{\int_0^H u_0\,\mathrm{d}z}=1-\frac{\int_0^H u_{zt}\,\mathrm{d}z}{\int_0^H u_0\,\mathrm{d}z} \tag{2.3.6}$$

将式（2.3.3）代入式（2.3.6）中，积分化简后得下式：

$$U_t=1-\frac{8}{\pi^2}\left(\mathrm{e}^{-\frac{\pi^2}{4}T_V}+\frac{1}{9}\,\mathrm{e}^{-9\frac{\pi^2}{4}T_V}+\cdots\right) \tag{2.3.7}$$

在 T_V 不是很小时取第一项足以满足工程精度要求，此时U_t简化为按下式计算：

$$U_t=1-\frac{8}{\pi^2}\,\mathrm{e}^{-\frac{\pi^2}{4}T_V} \tag{2.3.8}$$

式（2.3.7）和式（2.3.8）均表明，U_t与T_V是一一对应的递增关系，且T_V是U_t表达式中的唯一变量，即时间因数T_V是反映土层固结度的参数。图 2.3.3 为U_t-T_V的关系曲线：图中曲线①为式（2.3.7）反映的U_t-T_V关系，曲线②、③分别反映了单面排水、起始超静水压力u_0沿土层深度线性递增和递减条件下的U_t-T_V关系，它们对应的解析表达式分别如式（2.3.9）和式（2.3.10）。

$$U_{t2}=1-1.03\left(\mathrm{e}^{-\frac{\pi^2}{4}T_V}-\frac{1}{27}\,\mathrm{e}^{-9\frac{\pi^2}{4}T_V}+\cdots\right) \tag{2.3.9}$$

$$U_{t3}=1-0.59\left(\mathrm{e}^{-\frac{\pi^2}{4}T_V}+0.37\,\mathrm{e}^{-9\frac{\pi^2}{4}T_V}+\cdots\right) \tag{2.3.10}$$

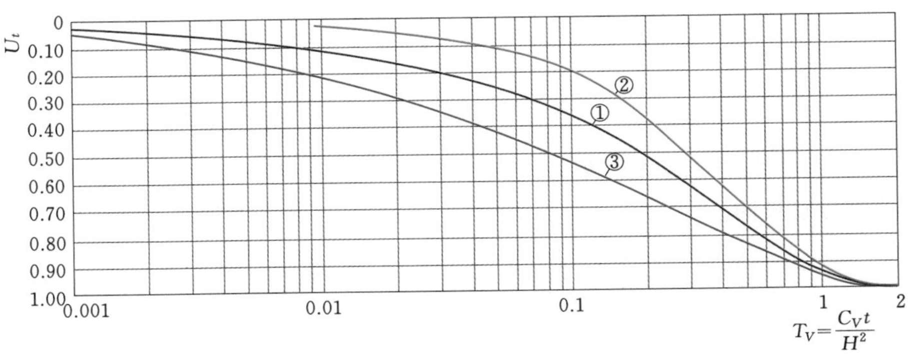

图 2.3.3　U_t-T_V 关系曲线

如果已知某工程地基土层的最终沉降量 s_∞ 和平均固结度 U_t，则可根据式（2.3.11）求得任意时刻 t 的土层沉降量 s_t，也可根据式（2.3.8）进一步推求达到某一沉降量 s_t 所需的时间 t。如果工程中对地基土层的沉降量进行了实时监测，则在计算出其最终沉降量 s_∞ 后，根据式（2.3.11）可求出各监测时刻实测沉降量对应的固结度 U_t，对 U_t-t 曲线进行拟合求参数，在此基础上即可求得任意时刻土层的沉降量与固结度。

$$s_t=U_t s_\infty \tag{2.3.11}$$

由上述的理论推导可以看出，应用饱和土体渗流固结理论解决实际工程问题时，土的固结系数 C_V 是关键参数，它是反映土体渗透性和压缩特性的参数之一，直接影响渗流固结过程中超静孔隙水压力的消散和土体沉降与时间的关系。C_V 值越大，在其他条件相同的情况下，土体完成固结所需的时间越短。C_V 参数的测定，一般根据室内侧限压缩试验（固结试验）的结果，采用半经验方法确定，详细可参见《土力学》[77]教材。

2.3.2　渗流固结理论研究进展

太沙基饱和土体一维渗流固结理论是近代土力学诞生的标志之一。该理论是建立在许多假设和简化基础之上，工程实际中的众多情况很难完全满足其假设条件，如固结过程中土体的总应力常发生变化；外部荷载的加荷不是瞬时施加，往往需要经历一定的时间；渗流和变形并不仅在单方向上发生等。利用一维渗流固结理论解决诸如此类的二维或三维问题与实际存在着差异，建立更切合土体实际固结与变形过程的理论方程是土力学学科发展的重要使命之一。

1935 年，太沙基与伦杜立克（Rendulic）假设固结过程中总应力的正应力之和为常量，考虑三向排水时的压缩，建立了准三维固结方程或扩散方程，如式（2.3.12）；1941 年，毛里斯·安东尼·比奥（Maurice Anthony Biot）从连续介质的基本方程出发，推导出能准确反映孔隙水压力消散与土体骨架变形相互关系的真三维固结方程，如式（2.3.13），由此建立了比奥三维固结理论。

$$C_{V3}\ \nabla^2 u=\frac{\partial u}{\partial t} \tag{2.3.12}$$

$$C_{V3}=\frac{kE'}{3\gamma_w(1-2\nu')}$$

$$\nabla^2=\frac{\partial^2}{\partial x}+\frac{\partial^2}{\partial y}+\frac{\partial^2}{\partial z}$$

式中　C_{V3}——土体三向固结系数；

其他符号意义同前。

$$\frac{k}{\gamma_w}\nabla^2 u=\frac{\partial\varepsilon_v}{\partial t}=\frac{\partial}{\partial t}\left(\frac{1-2\nu'}{E'}\sigma'\right)=\frac{1-2\nu'}{E'}\frac{\partial}{\partial t}(\sigma-3u) \tag{2.3.13}$$

式中　E'——土体弹性模量（排水条件下），MPa；

ν'——土体泊松比（排水条件下），无量纲；

σ——总应力，$\frac{\partial\sigma}{\partial t}=0$ 时，式（2.3.13）即变为式（2.3.12）；

其他符号意义同前。

上述三维固结方程的建立，标志着从数学上比较精确地刻画饱和土体的渗流固结过程是可行的。然而，由于三维微分方程求解需要的参数多，而土体的三向空间参数指标的测定是相对困难的，致使三维固结方程的求解相当不易，至今只有个别情况的解析解，这也是造成比奥三维固结理论创立半个多世纪以来一直难以在工程实践中推广应用的主要原因。李广信等在《土力学》[77]一书中提到："五十多年来，固结理论的发展，主要围绕着假设不同材料的模式，得到不同的物理方程：①土骨架假设为弹性的（各向同性与各向异性的），弹塑性的或黏弹性的（线性与非线性以及它们的各种组合）；②土中流体假设为不可压缩的线性黏滞体或可压缩的；③关于土骨架与流体间的相互作用，有人提出以混合体力学（mechanics of mixture）为基础，利用连续原理、平衡方程与能量守恒定律，建立混合体特性方程，选用适当的边界条件，以获得固结理论解。"

二向、三向渗流固结理论在许多实际情况中比单向固结理论更为合理，但在指标测定和求解方面比较复杂。因此，单向固结理论至今在某些条件下和近似计算中仍被广泛应用。多年来，单向固结理论的研究方向侧重于对太沙基基本假设的修正。例如，考虑土的有关性质指标在固结过程中的变化，压缩土层的厚度随时间的改变，非均质土的固结、固结荷重为时间的函数以及有限应变时的固结等。此修正使得计算模型能更准确地反映土的特性、土层分布和土的加荷过程，但因求解相当复杂，通常需要靠数值法求解，不便于在实际中广泛应用，因此也有学者研究了用简化或半经验法求解的方法。如席夫曼（Shiffman）研究并给出了固结加荷随时间直线增大时的理论解；而太沙基对施工加荷为线性增长和不规则增长两种情况，分别给出了用简化法和曲线叠加法求解的建议和方法。有关单向固结理论的某些复杂情况下的求解过程、方法等建议参阅《高等土力学》[78]等相关文献。

2.3.3　土体沉降计算

上述渗流固结引起的土体压缩沉降只是大多数工程中地基土体发生沉降的原因之

一，并不是全部。除特殊的环境因素引发的沉降外，一般将建筑物地基土体因上部荷重施加而产生的沉降按沉降历时分为 3 个阶段，分别对应 3 个分量：

（1）瞬时沉降S_i。发生在加荷的瞬时，对于饱和土，即为不排水条件下土体形变引起的沉降。

（2）固结沉降S_c。土体在外荷作用下产生的超静水压力迫使土中水外流，土孔隙减小，形成的地面下沉。其中包括部分剪切变形。由于孔隙水排出需要时间，这一分量是时间的函数，是前述渗流固结理论研究的重要内容。

（3）次压缩沉降S_s。土中超静水压力消散以后，在恒定有效应力作用下发生的沉降。

上述 3 个阶段是互相搭接的，无法截然分开，只不过在某时段以一种分量为主。如对于无黏性土，瞬时沉降往往是主要的；对于饱和无机粉土与黏土，通常固结沉降所占比重最大；而对高有机质土、高塑性黏土及泥炭等，其次压缩沉降常常不容忽视。

一般情况下，如不计次压缩沉降，地基沉降量可按下式计算：

$$S = S_i + S_c \tag{2.3.14}$$

当地基为单向压缩时，对于饱和土，因其在加荷瞬时不可能产生不排水形变，式（2.3.14）中的$S_i = 0$。一般情况下，某时刻地基的沉降量可按下式计算：

$$S_t = S_i + U_t S_c \tag{2.3.15}$$

式中　U_t——t 时刻地基的平均固结度，由固结理论算得。

对于瞬时沉降S_i，在某些特殊的荷载和基础边界条件下，采用弹性理论可推导出其计算表达式。如：

（1）地基面有集中荷载 P 作用，半无限弹性地基在地面距荷载作用点距离为 r 处的地面沉降S_i表达式如下：

$$S_i = \frac{P}{\pi E r}(1 - \nu^2) \tag{2.3.16}$$

式中　E、ν——土的弹性模量和泊松比。

（2）均布荷载 q 作用下，柔性基础下的瞬时沉降计算式为

$$S_i = \frac{qB}{E}(1 - \nu^2) I \tag{2.3.17}$$

式中　B——矩形基础的宽度或圆形基础的直径；

I——影响系数，按表 2.3.1 取值。

表 2.3.1　　不同形状基础的影响系数 I

基础形状	计算点位置		
	中心	角点，边界点	平均
方形	1.12	0.56	0.95
矩形，长宽比 $L/B=2$	1.52	0.76	1.30
矩形，长宽比 $L/B=5$	2.10	1.05	1.83
圆形	1.00	0.64	0.85

注　矩形为角点，圆形为边界点。

对于黏性土地基，因其不排水抗剪强度较低，地基土在承受基础荷载的瞬间极易产生局部的塑性剪切区，因此用上述基于弹性理论推导出的公式计算其瞬时沉降不尽合理，需按一定的方法进行修正，可参阅有关土力学教材。

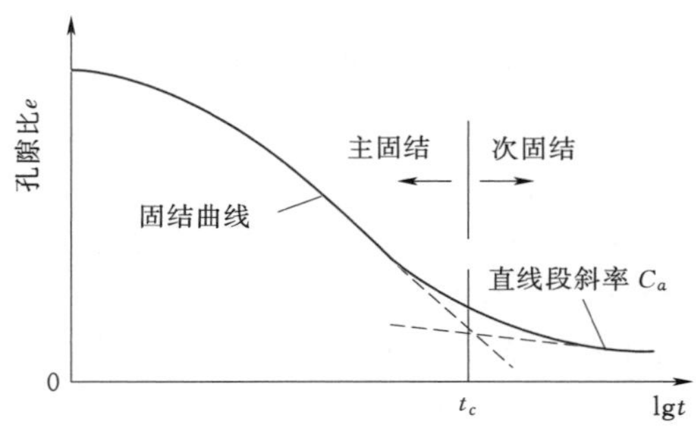

图 2.3.4　次压缩系数 C_a 曲线

土体次压缩沉降是地基土中超静水压力全部消散、土的主固结完成后继续产生的那部分沉降。以孔隙水压力消散为依据的经典太沙基固结理论未考虑次压缩导致的沉降。

大量固结试验结果表明，在一级荷载下的固结曲线如图 2.3.4 所示。该曲线表明，试样完成主固结后的次压缩曲线绘在半对数坐标中基本上为一直线，该直线的斜率称为次压缩系数 C_a，其计算表达式如下：

$$C_a=\frac{-\Delta e}{\lg t-\lg t_c}=\frac{-\Delta e}{\lg(t/t_c)} \tag{2.3.18}$$

式中　t、t_c——从固结开始起算的时间和主固结完成时的时间。

如果压缩土层的厚度为 H，在时间 t 时的地基次压缩沉降可按下式估算：

$$S_s=\frac{C_a}{1+e_0}\lg\left(\frac{t}{t_c}\right)H \tag{2.3.19}$$

式中　e_0——试样的起始孔隙比。

次压缩率与孔隙水的流动和土层厚度无关，故现场次压缩率可由室内试验成果估算。次压缩率和时间有关。

由于土体压缩特性的复杂性以及其变形参数测定的局限性，完全依靠弹性理论建立的沉降计算方法在工程实际中应用较少，只有在某些符合弹性理论基本假设的理想条件下时方可采用。目前应用较多的沉降计算方法有单向压缩沉降法、三向效应法、切线模量法、应力路径法、曲线拟合法等，这类方法的共同点是依靠弹性理论计算土体中的应力，通过试验提供各项变形参数，利用分层叠加原理，可以方便地考虑土层的非均质、应力应变关系的非线性以及地下水位变动等实际存在的复杂因素，计算结果在众多工程实践中得到了可靠的验证。特别是曲线拟合法，利用现场监测到的实际沉降数据，绘制土体沉降历时曲线，可以预估后期沉降量，其计算结果有较高的可信度。单向压缩沉降-分层总和法计算的基本公式为

$$S=\sum_{1}^{n} m_{vi}\Delta p_i H_i \tag{2.3.20}$$

$$S=\sum_{i=1}^{n}\left(\frac{C_{ei}}{1+e_{0i}}\lg\frac{p_{ci}}{p_{1i}}+\frac{C_{ci}}{1+e_{1i}}\lg\frac{p_{2i}}{p_{ci}}\right)H_i \tag{2.3.21}$$

式中　m_{vi}——土层 i 的体积压缩系数，由压缩曲线确定；

Δp_i——土层 i 的压力增量 p_2-p_1；

H_i——土层 i 的分层厚度；

C_{ei}、C_{ci}——土层 i 的再压缩指数和压缩指数，由压缩曲线确定；

p_{1i}——土层 i 的初始压力；

p_{ci}——土层 i 的先期固结压力；

p_{2i}——土层 i 所承受最终压力。

对于饱和土，利用分层总和法计算的结果即为其总沉降，不再考虑瞬时沉降。

我国《建筑地基基础设计规范》（GB 50007—2011）中推荐采用分层总和法，不过规范的公式中引入了修正经验系数 ψ_s（取值范围 0.2～1.4），实际上是在单向压缩沉降计算结果的基础上，适当考虑了土体变形的三向效应。另外，规范公式中应用压缩模量E_{si}，而非压缩指数 C_e 或 C_c，E_{si} 由土体压缩试验的 $e-p$ 曲线确定。

在计算机高速发展的 21 世纪，有限元数值计算方法成为岩土工程领域应用广泛的技术手段，它使得土体沉降计算不仅可以采用线弹性模型，而且可以采用非线性弹性（如邓肯-张模型）、弹塑性（如剑桥模型）等更为复杂的本构模型，可以在一次分析中获得土体应力-应变-孔压发展的全过程，计算效率大大提高。特别是在区域地面沉降的预测中，数值计算方法是最常用和有效的计算方法之一。在研究范围明确的情况下，选择适宜的数学模型、输入准确的岩土参数，则可获得科学合理的沉降预测结果，为防治地面沉降的工程决策提供依据。张云、薛禹群[79]研究分析了近几十年来用于模拟抽取地下水引起地面沉降的数学模型，将其按水流模型和土体变形模型的结合方法归纳为以下 3 类：

（1）两步模型。即首先由水流模型计算各土层的水头变化，再根据水头变化计算各土层有效应力的变化，从而计算各土层的变形量，所有土层变形量之和即为地面沉降量。两步模型仅计算一维垂向变形，而且不考虑抽水过程中土体变形导致土的渗透性和储水性的改变，仅考虑有效应力增减引起的土体压缩和回弹，即认为土体的变形是线性的。

（2）部分耦合模型。仅考虑垂直方向的变形与孔隙水压力变化的相互作用，而水平方向只考虑渗流、不考虑变形的模型。该模型考虑相邻含水层水头下降时，弱透水层中的地下水将产生渗流，弱透水层的变形具有明显的非线性特征。

（3）完全耦合模型。其理论基础是著名的 Biot 固结理论。它考虑土体的变形和地下水运动的相互作用，即孔隙水压力的变化对土体变形的影响以及土体变形对孔隙水压力的影响，将土的变形模型和地下水流动模型统一于相同的物理空间。该模型的地下水流和土体变形可以是一维的，也可以是二维或三维的，不仅反映地面沉降，而且能反映地层的水平位移。

实际工程应用中，两步模型因其计算原理简单明了，所需计算参数少，计算工作量小，工程实践中得到了广泛推广应用。完全耦合模型计算工作量大、需要的参数多，实践中应用少，发展缓慢。

2.3.4　地面沉降研究现状

2.3.4.1　国外研究现状

地面沉降因其发生范围广、造成的危害严重，各国学者对其进行的研究涉及多方面，其中主要有形成机理与诱发原因分析、模拟与预测、监测与预警预报、预防与控制措施、灾害损失评价及管理等。

2010年10月，在墨西哥召开的第八届国际地面沉降学术研讨会上展示的成果表明，国际上关于地面沉降理论的研究更注重模型的深入探索和新技术新方法的广泛实践；对地面沉降引发的灾害类型研究从以往单一的地面沉降灾害扩展到与地面沉降问题密切相关的地裂缝、地面开裂、断层等灾害问题的研究；在灾害发育分布上，由以往的沿江沿海地区扩展到内陆地区；技术方法上，由以往的单一地质方法扩展到地质、地球物理、测量、水力等多种技术方法；监测技术上，由以往较单一的水准测量扩展到InSAR、GPS及多种岩土量测仪器等技术方法上，尤其是InSAR技术在地面沉降监测方面得到了快速发展和应用[80]。此外，还有对地面沉降的社会经济影响和法规对策等方面的研究探索与实际应用。此次会议展示的代表性研究成果如下。

地面沉降模型方面：美国Stanley等在假定土压力和土体单位储水量为定值的MODFLOW含水层系统压缩和沉降模块基础上开发了新的沉降和含水层系统压缩程序包（SUB-WT）；德国I. Martinez等对雨水通过地裂缝快速渗入非饱和土体引发的地面沉降过程进行了模拟研究；伊朗HessamYazdani等采用有限差分法对因地下水位波动引发地面沉降的非线性模型进行了分析；意大利N. Castelletto等提出了深层海水回灌抬升威尼斯城的热-多孔-弹性效应；意大利P. Teatini等对在欧洲和南美洲等地发生的深部季节性气体储存引发的地面位移开展了三维模拟与监测研究；西班牙A. Concha等开展了西班牙Lower Llobregat地下水开采引发的地面沉降二维耦合数值模拟研究，采用数值耦合二维FLAC模型模拟了DInSAR发现的地面变形。

地面沉降诱发原因及机理方面：墨西哥D. Carreon Freyre开展了墨西哥中部地面沉降发展及其相关的地面开裂灾害研究；J. A. Avila-Oliera等开展了墨西哥莫雷利亚地区的地面沉降综合研究；J. Martinaz-Reyes等开展了Aguascalientes和Querétaro流域与地面沉降相关的活动断层的工程地质分析；Leobardo Salazar等综合采用地震折射法和玄武岩层P波垂直反应法等地震技术开展了基于地面沉降的玄武岩层流动的结构主因研究；法国M. Audiguier等开展了矿物成分和微结构作用下膨胀土收缩期间的微裂缝研究。

地层位移与地表变形监测方面：瑞士T. Strozzi等采用SAR数据开展了威尼斯海岸20年来的地表位移先进监测技术研究；墨西哥E. Cabral-Cano等采用PSI和永久GPS网开展了墨西哥城沉降和断层灾害图的研究和绘制；O. Sarychikhina等对Mexicali流域因地热资源开发引发的地面沉降DInSAR分析；P. Lopez-Quiroz等开展了InSAR技术应用于墨西哥城地面沉降分析的研究；美国M. Sneed等采用干涉测量法监测加利福尼亚Coachella流域的地面沉降；英国A. Thomas等采用ALOS PALSAR影像对Lampur Sidoarjo泥火山进行长期差分InSAR监测研究；法国H. F. Kaveh等在巴黎盆地东部地区应用PSI和DInSAR干涉技术进行膨胀土的监测等。

社会经济影响及资源管理对策研究：墨西哥Pedro开展了针对公共设施安全的地面沉降和环境法例的研究；意大利G. Brighenti等对油气田的可持续管理策略进行了研

究；日本K. Furuno等开展了Kanto地下水盆地的环境资源管理研究；墨西哥A. Toscana等对墨西哥城区东南部开展了地下水开采引发的环境和社会效应研究；荷兰Jan Van Herk等提出“有效沉降容量”的概念；美国Susan L. Baird开展了洪水泛滥引发沉降灾害的制度控制研究；波兰Agnieszka Malinowska结合GIS技术开展了基于模糊理论的建筑物损害风险评估新方法的研究。

2.3.4.2　国内研究现状

国内地面沉降的研究起始于20世纪60年代，首先是上海市，然后是天津市的地质矿产部门开展了地面沉降及其防治措施的研究，并取得了显著成效。伴随着国内经济的快速发展和城市化的高速建设，地面沉降在国内多个大、中型城市相继发现，且涉及铁路、公路、水利等各行各业，受到越来越多的学者、政府管理部门的关注，相应的研究热潮高涨，也积累了大量的研究成果，研究内容涉足了地面沉降的机理研究、模型预测、监测体系、预防措施、经济损失和管理法规等各方面，一定程度上促进了国际地面沉降研究的蓬勃发展。

2005年10月，联合国教科文组织在我国上海召开了第七届国际地面沉降学术讨论会，使中国学者与国外同行进行了更加广泛和深入的交流；在第八届国际地面沉降学术研讨会上，多位中国学者参加并展示了他们的最新研究成果。如南京大学叶淑君等以长三角地面沉降区的上海为案例提出了改进的Merchant模型，模拟了黏弹塑性变形特征，并建立了基于改进Merchant模型的仅涉及4个计算参数的区域性地面沉降模型；江苏地调院于军等开展了苏锡常地区地面沉降三维可视化地层模型仿真系统初步研究，该系统可模拟三维地质结构、地下水渗流场、地面沉降动态过程及地面沉降发生的危害后果等；上海工程技术大学李培超等开展了饱和渗流多孔弹性介质中应变固结导致地面沉降的解析法研究，采用傅里叶和拉普拉斯变换推导获得精确方程；上海地调院杨天亮等开展了受地铁盾构施工引发的工程性地面沉降分析研究，探讨了盾构埋深、盾构半径、地层损失率、穿越土层的性质等因素对地面沉降影响的基本规律；南京大学张云等开展了长江三角洲南部地下水开采引发的含水砂层的变形特征研究，认为该地区地面沉降的主要变形土层为含水砂层，而非黏性土和粉质黏土层，通过长期沉降数据分析，重新认识了含水砂层的变形特征。

近期代表性成果还有：中国地质环境监测院自2003年启动了华北平原地面沉降调查与监测，推动了华北平原地区天津、北京及河北平原等地区域监测网的系统建设；同济大学、西南交通大学、北京交通大学等针对地铁工程中盾构施工和降水引起的地面沉降进行了数值模型研究；铁道第三勘察设计院、清华大学的许再良、李国和等研究了区域地面沉降对京津城际轨道交通工程的影响和防治对策；上海地质调查研究院龚士良等于2003年研究了地面沉降的自动化测控与预警预报系统；中国科学院胡波等开展了用PSInSAR技术监测地面沉降的研究，指出GPS与PSInSAR的有效结合将是未来发展的一个方向，可以更有效地对大范围地表形变进行监测；中国石油西南油气田销售分公司朱小华等开展了地面沉降区天然气管线的安全性评估研究等。

上述系列成果表明，我国现阶段地面沉降的研究表现为：从最初的查明原因转向深层次的诱发机理研究；在区域性地面沉降研究基础上加强了具体的工程性沉降研究；在常规水准测量的基础上积极引用 GPS、InSAR 等先进的测量技术服务于地面沉降监测；由单城市化研究趋向于地面沉降集中发育的区域性研究等。2012 年 2 月，国务院审批同意《全国地面沉降防治规划（2011—2020 年）》，要求以长江三角洲地区、华北地区、汾渭盆地为主要目标区，实施地面沉降调查、地面沉降监测、地下水控采与超采区治理、地面沉降防治技术创新四大工程，全面推进重点地区地面沉降防治工作，最大限度地减少地面沉降灾害对经济社会造成的损失。

第二篇
岩土工程问题篇

第3章 隧洞围岩变形控制及环境安全

3.1 引言

围岩变形及其控制是地下工程设计和施工中永恒的研究命题，是决定地下工程成败的关键。隧洞围岩的岩石类型、岩体结构、天然应力场等地质环境因素是控制围岩变形的内在因素，而施工工艺、支护方法和时机、支护结构的强度、材料性质等则是控制其变形和破坏的外在条件。了解围岩所处的地质环境特征、选择并采用适宜的施工技术和支护方法，才能保证地下隧洞工程的安全施工和运营。

北京市南水北调工程“26213”供水系统中，总干渠和南干渠、东干渠、团城湖至第九水厂等市内配套工程，均属浅埋隧洞工程。其中总干渠线路上的西甘池和崇青隧洞为位于北京市西南部低山丘陵区的岩石隧洞，长度分别为2096m和1060m。西甘池隧洞围岩以蓟县系雾迷山组（Jxw^4）第四段大理岩为主，其为细粒变晶结构，中厚～厚层状构造，弱风化，属硬质岩类；大理岩层中局部所夹的薄层或透镜体状滑石片岩，其风化程度高、裂隙发育，常呈碎裂或松散结构，性软，是西甘池隧洞围岩的重要组成部分，也是隧洞围岩变形控制的主要对象。崇青隧洞围岩为白垩系下统坨里组（K_1t）砂岩、砾岩，其间夹有薄层泥岩，砂岩、砾岩互层沉积，胶结较差，局部节理裂隙发育，且岩层为缓倾状，成洞条件较差。按《水利水电地下工程围岩综合分类》标准，西甘池隧洞围岩中大理岩一般属Ⅱ～Ⅲ类，局部断层影响的破碎带和滑石片岩段属Ⅳ～Ⅴ类；崇青隧洞围岩类别一般为Ⅲ～Ⅳ类，受断层影响的破碎带、强风化带为Ⅴ类。这两个隧洞围岩的支护方法均采用了工程中常用的喷锚支护体系，即喷射混凝土+锚杆，锚杆长度2～2.5m，一衬混凝土喷层的厚度依据围岩工程地质类别略有差异，设计范围为100～250mm不等；二衬厚度均为250mm。对Ⅴ类围岩，喷射混凝土中还增加了钢筋拱架，以提高其支护体系的整体强度。西甘池隧洞和崇青隧洞围岩总体以硬质岩石为主，岩体自稳能力相对较好，变形控制的主要范围为构造破碎带、软质岩石分布带及强风化影响带，采用的喷锚支护体系结构简单，技术成熟。

相比于上述岩石隧洞，浅埋于第四系松散土层中的隧洞围岩变形及控制方法更为复杂。第四系土体多为弹塑性体，开挖后不仅易产生较大变形，对支护结构产生较大的形变压力，而且其形变的影响范围往往较大，常常影响到隧洞上方两倍洞深范围内的地表环境。选择合适的开挖方式、掌握好支护的时机、设计科学合理的支护结构支撑体系和施工工艺方法，既可将围岩变形控制在合理的、可接受的范围内，保障隧洞上方地面环境安全，同时又投资小、施工便捷，诸如此类均是松散土层中隧洞工程设计的重点。北京市南水北调市内配套工程的环路输水隧洞全部置于第四系土层中，埋深几米至三十几米不等，围岩地层有卵石层、细砂层和黏性土层，有位于地下水位以上的、也有位于地下水位以下的，且隧洞全部穿越人口密集、地下市政设施纵横交错的市区，隧洞变形控制及支护结构设计中遇到最大的困难即是必须在极其有限的地下空间中既保证输水隧洞安全穿越，又保证已有地下设施的安全运营和地面建筑物的安全。如总干渠穿长安街五棵松地铁站、南干渠穿已有燃气管线、东干渠穿地铁6号线等，这些节点处的围岩变形控制及支护结构设计方案优化是南水北调输水隧洞工程设计和施工中的重点和难点。

本章将在归纳总结目前国内地下隧洞工程围岩变形控制标准及常用支护结构方法的基础上，重点介绍针对浅埋于松散土层中的输水隧洞支护结构设计方案优化所作的专项研究成果和经验，以供同行借鉴。

3.2　松散围岩变形控制标准研究

3.2.1　国内相关规程规范的规定

通过对国内公路、铁路、城市轨道交通以及水利等行业工程建设标准的系统疏理发现，隧洞围岩变形控制的定量化指标通常包含两大类：地面变形（沉降或隆起）和结构变形（拱顶下沉、水平收敛、拱底隆起等)。地面变形通常用累计变形量和变形速率两个指标的绝对值表示，实际中即按双重指标控制，即任何一项指标接近极限控制标准，即按规定要求启动预警；结构变形指标有绝对位移和相对位移两种表示方法。各行业或地方规范从不同的角度出发，在变形指标的控制标准值确定中考虑了不同的因素或条件，有相互借鉴和协调一致的地方，也有相互冲突之处，但均在我国隧洞工程的建设和管理中发挥了重要作用。

《城市轨道交通工程监测技术规范》（GB 50911—2013）由北京城建勘测设计研究院有限责任公司主编，2010年6月至2012年6月编制完成，2013年正式颁布执行。该规范从隧道的主要施工方法入手，分别规定了矿山法和盾构法施工时隧道结构变形及地面变形的定量化控制标准，见表3.2.1～表3.2.4。规范表明，无论采用矿山法，还是盾构法施工，隧道的支护结构变形、净空收敛以及地表沉降等能反映其围岩变形的指标均应根据工程地质条件、设计参数、工程监测等级以及当地工程经验综合确定；无地方经验时可按该规范中的数值确定。

《岩土锚杆与喷射混凝土支护工程技术规范》（GB 50086—2015）于2015年5月11日正式发布实施公告，2016年2月1日正式实施。该规范是原《锚杆喷射混凝土支护技术规范》（GB 50086—2001）的修订版，对隧洞、洞室变形控制指标的规定见表3.2.5。

表 3.2.1　　矿山法隧道支护结构变形监测项目控制值

监测项目及区域		累计值/mm	变化速率/(mm/d)
拱顶沉降	区间	10～20	3
	车站	20～30	
底板竖向位移		10	2
净空收敛		10	2
中柱竖向位移		10～20	2

表 3.2.2　　矿山法隧道地表沉降监测项目控制值

监测等级及区域		累计值/mm	变化速率/(mm/d)
一级	区间	20～30	3
	车站	40～60	4
二级	区间	30～40	3
	车站	50～70	4
三级	区间	30～40	4

注　1. 表中数值适用于土的类型为中软土、中硬土及坚硬土中的密实砂卵石地层。
2. 大断面区间的地表沉降监测控制值可参照车站执行。

表 3.2.3　　盾构法隧道管片结构竖向位移、净空收敛监测项目控制值

监测项目及岩土类型		累计值/mm	变化速率/(mm/d)
管片结构沉降	坚硬～中硬土	10～20	2
	中软～软弱土	20～30	3
管片结构差异沉降		$0.04\%L_s$	—
管片结构净空收敛		$0.2\%D$	3

注　L_s 为沿隧道轴向两监测点间距；D 为隧道开挖直径。

表 3.2.4　　盾构法隧道地表沉降监测项目控制值

监测项目及岩土类型		工程监测等级					
		一级		二级		三级	
		累计值/mm	变化速率/(mm/d)	累计值/mm	变化速率/(mm/d)	累计值/mm	变化速率/(mm/d)
地表沉降	坚硬～中硬土	10～20	3	20～30	4	30～40	4
	中软～软弱土	15～25	3	25～35	4	35～45	5
地表隆起		10	3	10	3	10	3

注　本表主要适用于标准断面的盾构法隧道工程。

2016 年 3 月 1 日，江苏省住房和城乡建设厅颁布实施《江苏省城市轨道交通工程监测规程》（DGJ32/J 195—2015），是目前正式发布实施的轨道交通监测地方性标准。该标准在隧洞围岩变形控制和监测的指标体系上与上述国家标准基本相同，但结合地区岩土环境条件，在累计值指标的规定上全部为定值，而非国家标准中的范围值，更

有利于实践中操作。该规范的变形指标规定详见表 3.2.6～表 3.2.10。

表 3.2.5　　隧洞、洞室周边允许相对收敛值

围岩等级	允许相对收敛值/%		
	埋深＜50m	埋深 50～300m	埋深 300～500m
Ⅲ	0.10～0.30	0.20～0.50	0.40～1.20
Ⅳ	0.15～0.50	0.40～1.20	0.80～2.00
Ⅴ	0.20～0.80	0.60～1.60	1.00～3.00

注　1. 洞周相对收敛值是指两测点间实测位移值与两测点间距离之比，或拱顶位移实测值与隧道宽度之比。
2. 脆性围岩取小值，塑性围岩取大值。
3. 本表适用于高跨比为 0.8～1.2、埋深小于 500m，且其跨度分别不大于 20m（Ⅲ级围岩）、15m（Ⅳ级围岩）和 10m（Ⅴ级围岩）的隧洞洞室工程。否则应根据工程类比，对隧洞、洞室周边允许相对收敛值进行修正。

表 3.2.6　　矿山法隧道支护结构变形监测项目控制值

监测项目及区域			累计值/mm	变化速率/(mm/d)
拱顶沉降	区间	坚硬～中硬土	15	3
		中软～软弱土	20	
	车站	坚硬～中硬土	20	
		中软～软弱土	30	2
底板竖向位移			10	2
净空收敛	坚硬～中硬土		10	2
	中软～软弱土		20	2
中柱竖向位移			10	2

表 3.2.7　　矿山法隧道地表沉降监测项目控制值

监测等级及区域			累计值/mm	变化速率/(mm/d)
一级	区间	坚硬～中硬土	20	3
		中软～软弱土	30	
	车站	坚硬～中硬土	40	4
		中软～软弱土	50	
二级	区间	坚硬～中硬土	30	3
		中软～软弱土	40	
	车站	坚硬～中硬土	50	4
		中软～软弱土	60	
三级	区间	坚硬～中硬土	40	4
		中软～软弱土	50	

注　1. 表中数值适用于土的类型为中软土、中硬土及坚硬土中的密实砂卵石地层。
2. 大断面区间的地表沉降监测控制值可参照车站执行。
3. 地表有建筑物时，沉降监测控制值应以建筑物保护要求为准。

表 3.2.8 盾构法隧道管片结构竖向位移、净空收敛监测项目控制值

监测项目及岩土类型		累计值/mm	变化速率/(mm/d)
管片结构沉降	坚硬～中硬土	20	2
	中软～软弱土	30	3
管片结构差异沉降		0.04%L_s	—
管片结构净空收敛		0.5%D	3

注 L_s 为沿隧道轴向两监测点间距；D 为隧道开挖直径。

表 3.2.9 盾构法隧道联络通道结构变形监测项目控制值

监测项目及岩土类型		累计值/mm	变化速率/(mm/d)
联络通道拱顶沉降	坚硬～中硬土	15	3
	中软～软弱土	20	3
底板竖向位移		10	2
净空收敛	坚硬～中硬土	10	2
	中软～软弱土	20	2

表 3.2.10 盾构法隧道地表沉降监测项目控制值

监测项目及岩土类型		工程监测等级					
		一级		二级		三级	
		累计值/mm	变化速率/(mm/d)	累计值/mm	变化速率/(mm/d)	累计值/mm	变化速率/(mm/d)
地表沉降	坚硬～中硬土	20	2	30	3	40	4
	中软～软弱土	25	2	35	3	45	5
地表隆起		10	2	10	3	10	3

注 1. 本表主要适用于标准断面的盾构法隧道工程。

2. 地表有建筑物时，沉降监测控制值应以建筑物保护要求为准。

另一部地方性相关标准为《地铁工程监控量测技术规程》(DB 11/490—2007)。该规程由北京市轨道交通建设管理有限公司主编，北京市建设委员会、北京市质量技术监督局于2007年7月联合批准实施，同年11月1日正式实施。规程规定，地铁工程监控量测控制标准要根据地铁结构跨度、埋置深度、工程地质及水文地质特点、施工工法等因素综合考虑确定。对于一般情况，北京地铁工程监控量测控制标准可分别采用该规程中表7.2.1～表7.2.3（分别对应浅埋暗挖法、盾构法和明挖法）中的数值。表3.2.11、表3.2.12分别为该规程规定的浅埋暗挖和盾构法施工的控制标准。该标准从变形控制指标上更加注重变形速率的控制，控制指标由2项增加为3项：总允许位移（累计值）、平均速率和最大速率。

现行《铁路隧道监控量测技术规程》(QCR 9218—2015) 是在原《铁路隧道监控量测技术规程》(TB 10121—2007) 的基础上修编而成的，其编制单位为中铁二院工程集团有限责任公司、中国铁路经济规划研究院、西南交通大学和中铁隧道集团有限公

司。与城市轨道交通或地铁相比，铁路隧道的变形控制标准立足于从围岩类型、隧洞埋深（h）、跨度（B）以及距开挖面的距离等方面入手，综合考虑隧洞施工安全性、结构的长期稳定性以及周围建（构）筑物特点及重要性等因素，控制标准多采用相对位移值，详见表 3.2.13～表 3.2.17。

表 3.2.11 地铁浅埋暗挖法施工监控量测值控制标准（引自 DB 11/490—2007）

序号	监测项目及范围		允许位移控制值 U_0/mm	位移平均速率控制值/(mm/d)	位移最大速率控制值/(mm/d)
1	地表沉降	区间	30	2	5
		车站	60		
2	拱顶沉降	区间	30	2	5
		车站	40		
3	水平收敛		20	1	3

注 1. 位移平均速率为任意 7d 的位移平均值；位移最大速率为任意 1d 的最大位移值。
2. 本表中区间隧道跨度为小于 8m；车站跨度大于 16m 和不大于 25m。
3. 本表中拱顶沉降系指拱部开挖以后设置在拱顶的沉降测点所测值。

表 3.1.12 地铁盾构法施工监控量测值控制标准（引自 DB 11/490—2007）

序号	监测项目及范围	允许位移控制值 U_0/mm	位移平均速率控制值/(mm/d)	位移最大速率控制值/(mm/d)
1	地表沉降	30	1	3
2	拱顶沉降	20	1	3
3	地表隆起	10	1	3

注 1. 位移平均速率为任意 7d 的位移平均值；位移最大速率为任意 1d 的最大位移值。
2. 本表中拱顶沉降系指拱部开挖以后设置在拱顶的沉降测点所测值。

表 3.2.13 跨度 $B\leqslant 7$m 隧道初期支护极限相对位移

围岩级别		隧道埋深 h/m		
		$h\leqslant 50$	$50<h\leqslant 300$	$300<h\leqslant 500$
拱脚水平相对净空变化/%	Ⅱ	—	—	0.2～0.60
	Ⅲ	0.10～0.50	0.40～0.70	0.60～1.50
	Ⅳ	0.20～0.70	0.50～2.60	2.40～3.50
	Ⅴ	0.30～1.00	0.80～3.50	3.00～5.00
拱顶相对下沉/%	Ⅱ	—	0.01～0.05	0.04～0.08
	Ⅲ	0.01～0.04	0.03～0.11	0.10～0.25
	Ⅳ	0.03～0.07	0.06～0.15	0.10～0.60
	Ⅴ	0.06～0.12	0.10～0.60	0.50～1.20

注 1. 本表适用于复合式衬砌的初期支护，硬质围岩隧道取表中较小值，软弱围岩隧道取表中较大值。表列数值可以在施工中通过实测资料积累作适当的修正。
2. 拱脚水平相对净空变化指两拱脚测点间净空水平变化值与其距离之比，拱顶相对下沉指拱顶下沉值减去隧道下沉值后与原拱顶至隧底高度之比。
3. 墙腰水平相对净空变化极限值可按拱脚水平相对净空变化极限值乘以 1.2～1.3 后采用。

表 3.2.14　　跨度 7m<B≤12m 隧道初期支护极限相对位移

围岩级别		隧道埋深 h/m		
		h≤50	50<h≤300	300<h≤500
拱脚水平相对净空变化/%	Ⅱ	—	0.01～0.03	0.01～0.08
	Ⅲ	0.03～0.10	0.08～0.40	0.30～0.60
	Ⅳ	0.10～0.30	0.20～0.80	0.70～1.20
	Ⅴ	0.20～0.50	0.40～2.00	1.80～3.00
拱顶相对下沉/%	Ⅱ	—	0.03～0.06	0.05～0.12
	Ⅲ	0.03～0.06	0.04～0.15	0.12～0.30
	Ⅳ	0.06～0.10	0.08～0.40	0.30～0.80
	Ⅴ	0.08～0.16	0.14～1.10	0.80～1.40

注　1. 本表适用于复合式衬砌的初期支护，硬质围岩隧道取表中较小值，软质围岩隧道取表中较大值。表列数值可以在施工中通过实测资料积累作适当的修正。

2. 拱脚水平相对净空变化指拱脚测点间净空水平变化值与其距离之比，拱顶相对下沉指拱顶下沉值减去隧道下沉值后与原拱顶至隧底高度之比。

3. 初期支护墙腰水平相对净空变化极限值可按拱脚水平相对净空变化极限值乘以 1.1～1.2 后采用。

表 3.2.15　　跨度 12m<B≤16m 黄土隧道初期支护极限相对位移

<table>
<tr><th colspan="2">围岩等级</th><th>H_0≤B</th><th>$B < H_0 \leqslant 2(B+H)$</th><th>$2(B+H) < H_0$</th></tr>
<tr><td rowspan="4">拱部相对下沉/%</td><td>Ⅱ</td><td>—</td><td>0.55～0.80</td><td>0.90～1.30</td></tr>
<tr><td>Ⅲ</td><td>—</td><td>0.70～0.95</td><td>1.15～1.55</td></tr>
<tr><td>Ⅳ</td><td>0.40～0.60</td><td>0.80～1.15</td><td rowspan="2">1.35～1.90</td></tr>
<tr><td>Ⅴ</td><td>0.55～0.80</td><td>1.10～1.50</td></tr>
<tr><td rowspan="4">墙腰水平相对净空变化/%</td><td>Ⅱ</td><td>—</td><td rowspan="4">1. 台阶法施工时不作为控制指标。
2. 侧壁导坑法施工时取 η 倍拱部下沉</td><td rowspan="4">η 倍拱部下沉</td></tr>
<tr><td>Ⅲ</td><td>—</td></tr>
<tr><td>Ⅳ</td><td rowspan="2">不作为监控要求</td></tr>
<tr><td>Ⅴ</td></tr>
</table>

注　1. 本表按断面相对值给出，其中拱部下沉为相对于隧底的拱部下沉值与断面开挖高度之比的百分数，适用于开挖面积 100～180m^2、非钻爆开挖、非饱和黄土的大断面黄土隧道，黏质黄土取较小值，砂质黄土取较大值。

2. $\eta = H/B$，隧道宽度比系数。

3. 拱部下沉：台阶法包括拱脚和拱顶下沉，侧壁导坑法为导坑拱顶下沉。

4. 水平净空变化：全断面指标，双侧壁导坑法中可作为两侧导坑指标（中洞未开挖时）。

5. 台阶法施工时，拱脚水平净空变化基准值按表中墙腰水平净空变化的 1/1.3～1/1.8 采用，老黄土取前者，新黄土取后者。

6. 拱脚和拱顶下沉以及拱脚净空变化要求在距上台阶掌子面 1.5m 以内开始初测，三台阶开挖时墙腰净空变化应在中台阶开挖时开始初测。

铁路隧道位移控制基准应根据测点距开挖面的距离，由初期支护极限相对位移按表 3.2.16 要求确定。根据位移控制基准，可按 3.2.17 分为 3 个管理等级。

表 3.2.16 位移控制基准

类　别	距开挖面 $1B(U_{1B})$	距开挖面 $2B(U_{2B})$	距开挖面较远
允许值	$65\%U_0$	$90\%U_0$	$100\%U_0$

注　B 为隧道开挖宽度；U_0 为极限相对位移值。

表 3.2.17 位移管理等级

管理等级	距开挖面 $1B$	距开挖面 $2B$
Ⅲ	$U<U_{1B}/3$	$U<U_{2B}/3$
Ⅱ	$U_{1B}/3\leqslant U\leqslant 2U_{1B}/3$	$U_{2B}/3\leqslant U\leqslant 2U_{2B}/3$
Ⅰ	$U>2U_{1B}/3$	$U>2U_{2B}/3$

注　U 为实测位移值。

《公路隧道监控量测技术规程》（DB42/T 900—2013）为湖北省地方标准，由湖北省交通规划设计院提出并主编，于2013年6月30日颁布实施。该规程同样指出，隧道变形量测的控制基准应根据地质条件、施工安全性、结构稳定性以及周围建（构）筑物特点和重要性等因素综合确定，具体由设计单位根据工程的实际情况或类似工程资料分析确定；但初期支护的极限相对位移在监控量测前可参照该规程选用，详见表3.2.18、表3.2.19。由表可以看出，其允许水平相对收敛值主要考虑了隧道埋深 H 和围岩类别两个因素，位移极限值则主要考虑测点距开挖工作面的距离与隧洞宽度 B 的相对关系。

表 3.2.18 允许水平相对收敛值（引自 DB42/T 900—2013）

围岩等级	允许水平相对收敛值/%		
	$H\leqslant 50$m	50m$<H\leqslant$300m	$H>300$m
Ⅲ	0.10～0.30	0.20～0.50	0.40～1.20
Ⅳ	0.15～0.50	0.40～1.20	0.80～2.00
Ⅴ	0.20～0.80	0.60～1.60	1.00～3.00

注　1. 水平相对收敛值指收敛位移累计值与两测点间距离之比。
2. 硬质围岩隧道取表中较小值，软质围岩隧道取表中较大值。
3. 拱顶沉降允许值一般可按本表数值的0.5～1.0倍采用。
4. 本表所列数值在施工过程中可通过实测和资料积累作适当修正。

表 3.2.19 位移控制基准（引自 DB42/T 900—2013）

类　别	U_{1B}	U_{2B}	距开挖工作面距离大于 $2B$
允许值	$65\%U_0$	$90\%U_0$	$100\%U_0$

注　B 为隧道开挖宽度；U_{1B} 为距开挖工作面 $1B$ 范围内的位移值；U_{2B} 为距开挖工作面 $1B$～$2B$ 范围内的位移值；U_0 为极限相对位移值，U_0＝两测点间距离×允许水平相对收敛值（或拱顶沉降允许值）。

另有文献报导，法国工业部制定了与隧道工程围岩变形相关的定量化控制标准（表3.2.20），其主要考虑了隧洞埋深与围岩条件的影响，未考虑隧洞开挖形状的影响。表3.2.21、表3.2.22为日本有关隧道工程的变形控制标准，主要考虑了围岩类别和隧洞跨度两个主要因素，未考虑埋深的影响。相比国外同类标准，同一控制指标，我国规程规范规定的极限值相对较为严格。

表 3.2.20　不同埋深隧道（隧道断面面积 50～100m²）的位移控制基准值（法国工业部）

隧道埋深/m	洞内拱顶容许下沉/mm		地表容许下沉/mm	
	硬岩	软岩	硬岩	软岩
10～50	10～20	20～50	10～20	20～50
50～100	20～60	100～200	20～60	150～300
100～500	50～100		50～100	200～400
500～750	40～120	200～400	40～120	300～600

表 3.2.21　不同围岩类别的拱顶下沉临界值（日本某公司）

围岩类别	拱顶下沉控制基准值/mm		
	R_C>100	5<R_C≤100	0.5<R_C≤5
Ⅰ	0.3～0.5	0.5～1	1～3
Ⅱ	1～1.5	1.5～4	4～9
Ⅲ	3～4	4～11	11～27

表 3.2.22　净空变化值与围岩类别的关系（日本《NATM 设计施工指南草案》）

围 岩 类 别	净空变化值/mm	
	单线	双线
Ⅰ～Ⅱ	>75	>150
Ⅱ～Ⅲ	25～75	50～150
Ⅲ～Ⅴ	<25	<50

3.2.2　国内重点城市地铁工程围岩变形控制标准研究

由 3.2.1 节的疏理结果可以看出，隧洞围岩变形控制标准具有较强的地域性、行业性，很难统一，这是由复杂的隧洞地质环境、工程建设环境以及施工方法、工程类别等共同决定的。另外，有关隧洞工程监控量测的规程规范，无论是地方性标准，还是行业标准，颁布实施也就是近 3～5 年内的事情，是随着国民经济的发展，各行各业或地方工程建设经验积累到一定程度时方具备制定统一标准的条件，以方便工程管理、保障工程安全。而在此之前，多数工程的实际控制标准常由设计单位详细分析工程各方面内外在环境条件、施工方法等，并结合同类工程或地区经验而确定，因此难免出现设计控制标准与实际变形出入较大的情况。工程实践不仅是检验设计标准适用性的重要尺子，同时也是推动行业进步、促使标准与实际不断协调一致的主动力。

表 3.2.23 为根据 CNKI 公开文献资料整理的我国重点城市部分地铁工程施工引发的围岩变形（主要是“地面累积沉降量”）实测值与设计控制标准的对比性研究案例。研究者从具体的工程实际出发，以隧洞施工期的实际变形监测数据为依据，统计分析了

表 3.2.23 国内重点城市典型地铁工程地面沉降实测与控制标准对比研究案例

序号	工程名称	监测工段	隧洞特征				实测值		设计控制标准/mm	备注
			断面（宽×高或直径）	开挖方法	洞顶埋深/m	上覆岩土类型	最大值/mm	集中分布区间/mm		
1	北京地铁 5 号线	宋家庄—干杨树区间	6m×6m	浅埋暗挖		粉土、砂土和黏性土	77.88	5～40	30	设计标准过于严格
2	北京地铁 6 号线	地下车站	（12～23）m×（10～18）m	浅埋暗挖	7～14	渣土、粉土填土、粉质黏土、粉土和粉细砂，相变明显土、粉细砂等地层	27～120	40～60	60	东四站以东设计标准过于严格
3	北京地铁 4 号线	角门—北京南站区间	6m×6m	盾构	16～23.5	粉细砂、卵石为主	8	—	30	—
4	北京地铁 4 号线	穿万泉河高架桥区	6m×6m	盾构	9	粉土、粉细砂和粉质黏土为主	14	—	30	—
5	北京地铁 10 号线	三元桥—亮马河区间	6m×6m	盾构	16	粉土、粉质黏土为主	14	—	30	—
6	北京机场线	穿三元桥	6m×6m	盾构	—	黏土、粉土为主	5.5	—	30	—
7	北京地铁 14 号线	东风北桥—高家园区间	外径 10m，内径 9m	盾构	11～20	黏性土、粉土	28	<15	30	可适当提高控制要求
8	广州地铁 2 号线	穿以太广场	跨度 9.8m	暗挖法	24～26	—	—	—	30	地表沉降实测值未达到设计控制值，但地面建筑物发生墙体开裂现象
9	成都地铁 1 号线	人民北路—天府广场区间	6m×6m	盾构	15～16	卵石土为主	22	12～22		—

续表

序号	工程名称	监测工段	隧洞特征				实测值		设计控制标准/mm	备　注
			断面（宽×高或直径）	开挖方法	洞顶埋深/m	上覆岩土类型	最大值/mm	集中分布区间/mm		
10	杭州地铁 1 号线	红普路站—九堡站区间	盾构外径 6.34m	盾构	9～16	粉土、砂土和淤泥质软黏土	40	—	—	—
11	南京地铁 1 号线	玄武门—新模范马路区间	内径 5.5m，外径 6.2m	盾构	12～14.5	淤泥质粉质黏土、粉质黏土及粉细砂	23	<15	—	低于设计要求
12	南京地铁 1 号线	玄武门站—许府巷站	内径 5.5m，外径 6.2m	盾构	8～14.5	淤泥质粉质黏土、粉质黏土及粉细砂	71	10～20	13～39（Peck 法计算值）	—
13	深圳地铁	科学馆—华强路区间	马蹄形，净宽 5.1m	浅埋暗挖	9.9～14.3	人工堆积层和海积堆积层	330	24～90	—	—
14	深圳地铁 1 号线	西乡—固戍区间	—	盾构	10～20	淤泥质土、砂和粉质黏土	43	<20	30	—
15	武汉地铁	虎泉站—名都站区间	D 形，6.5m×6.9m	浅埋暗挖	6.2～9.8	杂填土、粉质黏土和黏土	60.4	20～50	30	杂填土厚的地方实测值超过设计控制值
16	上海地铁 16 号线	—	外径 11.36m，内径 10.4m	盾构	平均 11m	淤泥质黏土、黏土、粉质黏土为主	115	<80	30	大部分测点沉降超过设计控制标准值，建议控制值为 72.1mm

注　1. 表中信息数据全部来自于 CNKI 中文期刊数据库公开的文献资料。
2. “—”表示相关文献资料中未涉及此类信息。
3. 数值类信息部分采用了四舍五入法取整数。

监测数据的分布规律，继而结合工程地质条件、施工工艺方法、岩土类型及覆盖层厚度、隧洞结构及断面尺寸等，提出了对工程设计控制标准的看法。

关继发[81]对北京地铁5号线宋家庄—干杨树区间的地表沉降监测数据分析后认为，5号线按30mm作为隧洞施工引起的地表沉降变形控制标准过于严格，实际监测数据中小于30mm的测点数量占不到总监测点数量的一半（约39%），而小于40mm的监测点数量占总测点数量的66%，因此建议5号线地面沉降变形的极限控制标准为40mm更为合适，预警值采用0.6倍的极限值（24mm），报警值采用0.8倍极限值（32mm）。

齐震明等[82]对北京地铁5号线、10号线浅埋暗挖区间隧道的共1497个地表沉降测点数据统计分析后认为，在不考虑周边环境安全（如地面重要建筑物、地下管线等市政设施对沉降控制的要求）时，30mm作为地铁隧道开挖引发的地面沉降控制标准“过于严格”，从而造成了施工成本的无谓增加；从统计概率学角度，70%测点的累计沉降值小于40mm，因此40mm作为沉降极限控制值更为科学和适宜。

代维达[83]研究了北京地铁6号线沿线10座浅埋暗挖车站的地表沉降监测数据，认为以东二环为界，其以西段的车站（含东四站）地面沉降控制标准采用规范规定的60mm是适宜的；而其以东的车站地面沉降实测值大于60mm的测点数量占总测点数的48.5%，其控制标准应适当放宽。

吴锋波等[84]研究了北京、上海、郑州、昆明以及南京等多地的盾构法、矿山法施工隧道的92个案例，按大断面和标准断面分别进行了地表竖向位移监测数据的统计分析，并据分析结果给出如下建议：

（1）盾构法施工的标准断面隧洞（直径6m左右），地表隆起的控制标准宜为10mm；地面沉降的控制标准：坚硬～中硬地区允许值为29～40mm、沉降速率为3～4mm/d，中软～软弱土地区允许值为37.7～48.5mm、沉降速率为4～5mm/d。大断面的盾构施工隧洞，地表变形控制标准应根据当地工程特点适当放宽。如建于淤泥质软土地区的上海地铁16号线（隧洞直径11.36m），其地表竖向位移实测值集中分布在45～80mm，远远超过了设计控制值30mm。

（2）北京地区矿山法施工的地下车站，地表竖向位移量较大，实测值在85～106mm，最大沉降速率多分布在2～4mm/d，且呈现双峰分布的特点，其控制标准应比规范规定值适当放宽；矿山法施工的大断面区间隧道，沉降量超过30mm的测点数量多，应根据工程情况适当调整控制标准；标准断面区间隧洞，建议沉降总量控制标准为40mm，最大沉降速率控制标准为3～5mm/d。

黄展军[85]对南昌轨道交通1号线隧道的697个地表沉降监测点数据统计分析表明，约78%的测点累计沉降值小于30mm，因此将其作为该工程的沉降控制标准是合适的。

纵观表3.2.23的工程案例认为，一般情况下，盾构法施工比浅埋暗挖法引发的地面累计沉降量要小，隧道区间的沉降控制标准（30mm）普遍高于实际监测的数据最大值或集中分布区间，因此盾构法施工时的设计控制标准值可适当降低；对于上覆土层有较厚杂填土、淤泥质软土分布的隧洞区间，或处于大范围地下水超采引发的区域地面沉降发育区，隧洞上方地面沉降的实际累计值超出设计控制标准的情况较为常见，此时的设计控制标准值有适当提高的必要性。

不得不指出，上述研究者对各工程地面变形控制标准的研究结论是在不考虑地铁工程施工引起的周边环境安全，如地面建筑物（包括高层建筑、桥梁）、地下埋设设施（如市政供排水管道、电光缆、构筑井或巷道等）等的安全和环境要求时得出的。倘若地下工程建设或影响区域内的地面或地下空间有密集的建筑、地下设施分布，则围岩变形控制标准的设计值必须考虑不同类建筑物或设施对变形的安全要求，此时的控制指标及其量值常因受影响的建筑物或设施类别的不同而不同，如高层建筑物的整体倾斜、桥梁桩基的沉降差、管道的局部沉降差等，实际工程中则遵守被影响建筑物或设施的设计或权属单位提出的变形控制标准作为拟建地下工程围岩变形监测的控制基准。

另外，表3.2.23中的案例12提到的Peck公式法也是实际工程中常用的预测隧洞围岩沉降变形极值的成熟方法，在无规程规范作为依据、无地方工程经验可借鉴时，许多工程师常用该计算方法预估隧洞上方围岩的沉降变形极值，并将其作为实际工程的变形控制标准。除此之外，随着计算机技术的广泛普及和飞速发展，利用数值法模拟和预测复杂施工和环境条件下的隧洞围岩变形越来越受到青睐。

3.2.3　北京市南水北调输水隧洞围岩变形控制标准

北京市南水北调工程体系中，主要的输水隧洞工程有总干渠西四环暗涵、南干渠和东干渠工程，三者是“环路”输水工程的主要组成部分，全长84km，全部处于第四系松散土层中。就围岩岩性特征而言，三个工程特点鲜明：西四环暗涵以卵砾石粗颗粒类为主，夹砂层；南干渠以圆砾、砂类为主，夹黏性土层；而东干渠以黏性土为主，夹中、厚砂层。就隧洞埋深而言，西四环暗涵一般埋深5～20m，南干渠上段一般埋深5～10m，南干渠下段一般埋深10～20m，东干渠一般埋深6.5～29.5m；施工方法方面：西四环暗涵采用浅埋暗挖法，南干渠上段采用浅埋暗挖法，南干渠下段采用盾构法，东干渠全线采用盾构法施工。

根据北京市南水北调工程设计文件，上述环路输水隧洞的围岩变形控制标准主要参照或借鉴了当时北京地下轨道交通工程建设的成熟经验，同时考虑隧洞上方地面建筑物、地下市政管线设施以及其他建构筑物的设计要求、相关规程规范规定和权属单位提出的安全使用要求等。

《西四环暗涵施工期地面沉降第三方监测设计方案》[86]中规定如下：

(1) 地面沉降及建（构）筑物沉降控制标准：根据业主与建筑物所属单位协商后确定。

(2) 由于监测对象的具体情况各有不同，预警和报警等警戒值参考控制标准值和自身经验依据实际情况自行确定。其中立交桥警戒值确定如下：

当$F>1$时，安全；当$1>F>0.8$时，注意观察，查原因，准备补救措施；当$F<0.8$时，警戒，停工检查，实施补救措施。其中F=容许值/实测值。

《西四环暗涵初步设计报告》[87]中对施工期工程监控量测的要求如下：

(1) 量测的目的是掌握围岩和支护的动态，经对测量数据的分析处理与必要的计算和判断后，进行预测和反馈，以保证施工安全和隧道稳定。

（2）现场量测数据均应绘制成时态曲线，当位移时态曲线趋于平缓时，通过数据回归分析或其他数学方法分析、推算最终位移值。最终位移值均应小于隧洞周边允许相对位移值 0.2%。隧洞周边允许相对位移值执行《锚杆喷射混凝土支护技术规范》（GB 50086—2001）的相关规定。

（3）二衬模筑混凝土应在下述几项变形指标同时达到设计要求时进行：隧洞周边水平收敛速度小于 0.15mm/d；拱顶或底板垂直位移速度小于 0.1mm/d；隧洞周边水平收敛速度、拱顶或底板垂直位移速度已明显下降；隧洞位移相对值已达到总相对位移量 90%以上。

《南干渠试验段隧洞》对隧洞施工期的监控量测值控制标准见表 3.2.24，均为绝对位移量值。南干渠工程设计报告中关于隧洞监控量测的要求与西四环暗涵工程一致。

表 3.2.24　　南干渠工程试验段施工监控量测值控制标准

序号	监测项目及范围	允许位移控制值 U_0/mm	位移平均速率控制值 /(mm/d)	位移最大速率控制值 /(mm/d)
1	地表沉降	30	无	无
2	拱顶沉降	25	无	无
3	水平收敛	20	无	无

《东干渠工程初步设计报告》中对隧洞穿越及影响的地面道路、桥梁以及轨道交通等建（构）筑物的规定如下：

（1）地表沉降及道桥沉降、结构应变控制标准应根据道桥、轨道交通等建（构）筑物的管理部门及所属单位所提供的要求或专家组的意见进行。

（2）由于监测对象的具体情况不同，预警和报警等警戒值各不相同，必须依据管理部门提出的控制标准值确定警戒值。初步设计时根据以往类似工程经验暂定如下：

F=实测值/设计限制值［设计限制值根据有关单位对建（构）筑物现状评估报告确定］

当 $F \leqslant 0.7$ 时，为安全状态，表明结构物能确保正常使用；

当 $0.85 > F > 0.7$ 时，为预警状态，要引起注意，加强观测，查找原因，准备补救措施；

当 $F \geqslant 0.85$ 时，为警戒状态，要立即停工检查，实施补救措施。

东干渠工程设计对隧洞拱顶及其上的地面变形控制标准规定见表 3.2.25。

表 3.2.25　　东干渠隧洞拱顶沉降监控量测值控制标准

监测项目	允许位移控制值 /mm	位移平均速率控制值 /(mm/d)	位移最大速率控制值 /(mm/d)
地表沉降	30	1	3
拱顶沉降	20	1	3
地表隆起	10	1	3

3.3　松散围岩变形控制主要方法

松散围岩变形控制方法一般从 3 个方面考虑：改善围岩物理力学性质，提高其自稳能力；优化施工工艺和方法，尽量减少对围岩结构的扰动和破坏；优化支护结构体系，使其科学受力、有效支撑，安全可靠，经济可行。其中，对围岩进行预加固，改良其物理力学性质，使其与初期支护结构“密贴”，共同承担来自隧洞内外的压力作用，同时将围岩变形、支护结构受力控制在工程可接受的范围之内，是绝大多数地下隧洞工程的必选和首选措施。目前国内地下隧洞工程中常用的围岩预加固方法有注浆法、锚杆法、小导管法、管棚法。

3.3.1　注浆法

注浆法即是自开挖面或地面向围岩预加固范围施打钻孔，通过钻孔将水泥浆液或其他能固化的浆液注入到岩土体的裂隙或孔隙中，从而达到止水和加固岩土体的作用。注浆法按浆液材料可分为化学［有水玻璃类（悬浊型、溶液型）、高分子类（酰胺类、树脂类）以及水泥、黏土和药剂配合液］和非化学（有水泥浆、黏土浆、水泥＋黏土、水泥＋膨润土、砂浆等）两类，对于孔隙率较大的砂层、砂卵石层渗透注浆使用非化学浆液，对于渗透性较小的砂层渗透注浆可使用化学浆液。注浆一般根据注浆压力及作用方式分为静压注浆和高压喷射注浆两大类；根据地质条件、注浆压力、浆液对土体的作用机理、浆液的运动形式和替代方式，静压注浆又可分为充填注浆、渗透注浆、压密注浆、劈裂注浆 4 种。注浆法因其工期短、见效快等特点，特别适用于大面积分布的砂土、卵砾石土层或破碎岩体加固中，地下水流速较大时不宜采用注浆法。

静压注浆法是利用液压、气压和电化学的原理，通过注浆管将能强力固化的浆液注入地层中，浆液以充填、渗透、挤密和劈裂等方式，挤走土颗粒或岩石裂隙中的水分和空气后占据其位置，浆液固结后将原来松散的土粒或裂隙胶结成一个整体，从而改变岩土体的物理力学性质。静压注浆法加固优点是：浆液扩散范围大，对砂砾石、砂卵石地层注浆效果好，注浆固结体强度较高，注浆浆液全部进入地层中，浆液利用率高。静压注浆法加固地层的缺点是：浆液可控性较差，易出现串浆及跑浆现象，浆液易流失到加固区域以外的地方，加固影响区域很难有效控制。为使静压注浆能有效控制加固范围，我国技术人员开发了袖阀管静压注浆法，但深度上的可控性仍没有得到有效解决。在加固处理黏性土和粉细砂层地层时，浆液注入主要是靠挤密和劈裂作用，加固后注浆固结体强度较低且浆液扩散的均匀性较差，不能成桩体状。静压注浆法适用土质范围为中粗砂及砂砾石，破碎岩石与卵砾石，软黏土和湿陷性黄土。

渗透注浆法通常在洞内进行，隧道开挖前在开挖轮廓以外注浆，形成一定厚度的加固带，然后在其保护下开挖隧道；若采用分步开挖隧道，开挖面仍不易稳定，可在开挖面前方注入少量浆液，以稳定开挖面。通常渗透注浆法有良好的防渗性。

压密注浆法是二三十年前美国首先用于隧道工程作为补救措施，解决沉降损失或修正沉降的一种注浆方式。它是在支护完成后通过高压向支护体的上部注入很稠（坍落度小于 5cm）的浆液，以置换和压实松散基土。注浆体是一种均质体，随着注浆的继续，其体积增大，从而逐渐减小地面沉降，将地面沉降控制在容许范围内。压密注浆不适合高压缩性的淤泥质黏土。

劈裂注浆法适用于黏土和密实粉细砂地层，常用于较大范围的地层注浆加固。浆液一般用较稠的水泥浆液（非化学浆液）。对于有些地层通过控制注浆压力可达到劈裂注浆和渗透注浆的目的。

高压喷射注浆法是利用钻机把带有特制喷嘴的注浆管钻进至土层的预定位置后，用高压泵以 20～40MPa 的压力将水泥浆液通过钻杆下端的喷射装置，以高速喷出，冲击切削土层，使喷流射程内土体破坏，钻杆旋转的同时徐徐提升，使水泥浆与土体充分搅拌混合，胶结硬化后即在地基中形成具有一定强度（0.5～8.0MPa）的固结体，从而使地基得到加固。按注浆工艺分类，常用的注浆方法有：高压喷射注浆工法（单管法、双重管法、三重管法）、单层管注浆法（钻杆注浆法、花管注浆法）、双层管双栓塞注浆法（套管护壁注浆法、袖阀管注浆法）、双重钻杆过滤管法（单液、双液）。高压喷射注浆法加固地层的优点是：加固地层时浆液在喷切割土体极限范围之内固结，浆液可控性好，不易流失到远距离的加固区域外；以置换土体方式固结，固结体强度高；能定向定位，形成连续的圆柱状的旋喷桩体，直接承受上部荷载；适用土质范围大，在砂层中注浆效果尤佳。高压喷射注浆法加固地层的缺点是：浆液只能在喷射破坏土体的极限范围之内固结，浆液扩散范围较小；对有结石物或硬物阻碍时无法达到所需加固范围；注浆浆液受喷射流动性的制约，水灰比较大，固结体收缩也较大；对卵砾石地层及含有大纤维质的腐殖土注浆效果较差。高压喷射注浆法适用土质范围为砂类土、黏性土、湿陷性黄土和淤泥。

3.3.2 锚杆法

地面锚杆一般采用全长砂浆锚杆，锚杆与砂浆共同组成锚固体。锚杆锚固作用是通过锚杆与砂浆之间、砂浆与岩土体之间的摩擦阻力来实现的，这可以从加固时的施工过程和施工完成后锚杆与砂浆共同发挥作用两个阶段来认识：前者的主要功能在于提高岩土体的整体强度和刚度值（凝聚力、摩擦角值），后者的主要功能则在于增强岩土体的摩擦阻力和抑制岩土体的沉陷滑移，进而达到减小岩土体压力的效果。锚杆加固特点为柔性较大，整体刚度较小；适用条件为地下水较少的软弱围岩，如砂土质地层、弱膨胀性地层、流变性较小的地层、裂隙发育的岩体、断层破碎带、浅埋无显著偏压隧道；不适用于软弱黏性土、淤泥等软土地层。

在隧道开挖过程中，一方面，由于砂浆对锚杆的握裹力，以及砂浆与周围孔壁的黏结力，使锚杆产生串挂固结作用，形成一个以锚杆为中心的加固区，使得锚杆周围岩土内的抗剪强度大为提高。另一方面，由于锚杆的弹性模量远比岩土体的弹性模量高，因而锚固体还可以约束岩土体内由于剪切引起的剪胀作用，从而使岩土体与锚固体之间的摩擦阻力增大。正是由于地面锚杆群组成的这种整体串挂固结效应，才有效地抑制和阻碍了地层的下沉滑移作用，使地层整体性和稳定性得到加强。

锚杆直径的合理选择是一个重要因素，一般以 $\phi18\sim22$ 为宜。直径过大，浪费材料；直径太小，钢筋柔度大而达不到加固的目的和效果。根据已有工程实践经验，对于软弱松散地层，为保证锚固孔的形成，可利用其孔隙比较大的特性，采用空心钻杆，将钻杆的下半段改成带孔的滤管，施工注浆时加一定的压力，使砂浆在加压的情况下渗入松散地层中，以确保能形成扩散半径，从而提高岩土的自稳程度。由于锚固孔的直径并不大（一般仅为 6～8cm），在锚固孔形成过程中，孔身岩土的一部分已被挤向孔周地层，所以需要排出的岩土并不多。

3.3.3　小导管法

小导管法来源于新奥法地下洞室施工，超前小导管实际上是超前锚杆的发展。超前小导管与超前锚杆所不同的是将钢筋杆体改为空心钢管，通常管径 36～50mm，管壁预留注浆孔，管口止浆封面后，注入水泥浆。压力注浆渗透扩散管周较大的砂土体。管周注浆固结体形成一定厚度的隧道加固圈后，实现超前支护的目的。其布置型式是沿隧道纵轴方向，在拱部开挖轮廓线外一定范围内向前上方倾斜一定角度，管体的外露端能常支撑于开挖面后方的格栅钢架上，而前方要求深入至稳定的土体中，构成预支护加固系统。若间距合适，注浆饱满搭接，则能在隧道轮廓线以外形成一定厚度的结构。小导管即能加固一定范围的围岩，又能支托围岩，其支护刚度和预加固效果均大于超前锚杆。小导管常与格栅钢架共同组成支护系统，小导管起双重作用：一是起超前管棚作用，二是起注浆管的作用，通过注浆，加固软弱围岩。

小导管法特点为：施工简易，应急速度快，比超前锚杆支护能力大；比管棚简单易行、灵活、经济、施工速度快，但支护能力较弱；格栅内空间被喷射混凝土充填，其表面被覆盖，所形成的初期支护具有较强的承载能力，并有一定的防水性能；与围岩紧密黏结，形成一个刚度较接近的共同变形体，易形成有效的压力拱，使隧道结构受力条件趋于合理；特别是砂、土质松软地层中，应用十分广泛。但因其一次施作距离短，预支护刚度小，在地层压力大、位移控制要求严时，应用受限。

3.3.4　管棚法

管棚法又称伞拱法，是利用钢拱架沿开挖轮廓线以较小的外插角、向开挖面前方打入钢管或钢插板，构成棚架来形成对开挖面前方围岩的预支护，防止土层坍塌和地表下沉。

大管棚（一般管径 70～180mm，长度 10～30m）是指开挖掘进前在隧道开挖工作面的上半断面（呈扇形）或全断面周边间隔一定距离用大型水平钻机钻孔，钢管跟入或向孔内压入钢管而形成的钢管群体。为提高钢管刚度常向管内灌注混凝土或钢筋混凝土。由于一次施作距离大，支护刚度大，能有效控制土质围岩的下沉松弛和坍塌，较好地控制地表沉降，在城市地铁施工中广泛应用。

管棚法的特点为刚度大、结构强度高、所形成的拱棚承载能力强；一次支护长度大，可以减少超前支护的次数，缩短施工时间。由工程经验得知，大管棚预注浆支护效果可靠，劳动消耗量相对较少，虽然材料费用要高些，但安全系数也能相对提高，能有效地保持隧道周边围岩的稳定，提高施工安全，主要适用于围岩压力来得快来得大、对围岩变形及地表下沉有较严格要求的软弱破碎围岩隧道工程中。

对于松散地层，钢管间距应适当缩小，考虑钻进等因素，选择间距在0.1～0.2m为宜；一般地层选择间距为0.3～0.4m；土体凝聚力较高的黏性土也可适当加大。管棚支护掘进步距过小，会增加工序转换时间，影响施工效率；管棚支护掘进步距过大，又可能会产生塌帮等安全事故。根据实际地质条件，掘进步距应确定在1.0～2.0m。管棚支护长度越长，越能节省辅助时间，提高施工效率，但是由于受到钻孔机具、钻进技术和钢管柔性弯曲等条件限制，如果管棚支护长度过长，就很难确保管棚的水平角度和排列整齐，从而影响施工质量，一般根据不同地质条件管棚支护长度选择为10～30m。因土层松软及钻杆重力，管棚在钻进过程中要发生向下弯曲，在开孔钻进时要有一定的上仰角度。如果上仰角度过小，管棚会因向下弯曲而进入隧道区域，在隧道掘进时需要将钢管割去，从而严重影响隧道掘进速度和安全；如果上仰角度过大，使管棚远离隧道外径而失去支护作用，而且使管棚有效支护长度缩短。为此需要选择合适的管棚上仰角度（一般1°～5°）。管棚法的缺点是必须有专用钻机，且对施工空间要求高，一次性投入较大，施工时对围岩的扰动也较大。

3.4 松散围岩变形控制综合技术研究——以西四环输水暗涵工程为例

西四环输水暗涵是南水北调中线总干渠（北京段）进入城区后的重要节点工程，线路与北京市西四环中路平行，沿途需穿越23座主要立交桥、4条引水渠、五棵松地铁站、五路居铁路桥等大型建筑物、近百条地下管线重要建筑物，周边环境条件十分复杂（图3.4.1）。工程起点为京石高速路永定路立交桥西南角大井村附近，终点接团城湖明渠，暗涵全长12.6km。本工程为一等工程，洞身段、出口闸和分水口均为主要建筑物，按1级建筑物设计；输水暗涵设计为两孔，断面以圆形（直径4.0m，长10.96km）为主，局部为方涵（断面尺寸为3.8m×3.8m，长约1.6km）；采用复合式衬砌结构，施工方法以浅埋暗挖法为主，局部明挖施工。暗涵设计输水流量为30m^3/s，加大流量为35m^3/s。

西四环暗涵地处北京市平原区西部，工程区自西南向北东依次穿越了永定河故道、古漯水故道、古金沟河故道及古清河故道，属冲洪积扇的上部边缘，暗涵沿线第四系沉积地层以卵砾石为主，厚度较大，下伏第三系基岩埋深较大，五棵松地带埋深约26m，相对较浅。根据该工程地质勘察结果，西四环暗涵工程隧洞埋深一般为5～20m，暗挖隧洞围岩主要为第四系全新统卵砾石，局部地段还夹有中细砂透镜体，围岩卵砾石具有如下特征：磨圆度较好，粒径一般3～6cm，最大35cm以上，卵石含量沿洞线由60%～45%过渡到40%～30%，结构松散，不易成洞型。根据《水利水电工程地质勘察规范》（GB 50487—2008），其围岩分级为Ⅴ类。隧洞顶拱部分受卵砾石含量较高、粒径偏大的影响，超前小导管注浆安设困难，局部砂性土层易坍塌、不稳定。勘察及施工期间场区地下水位埋深大，但局部可能受永定河上游河水补给影响而对工程设计

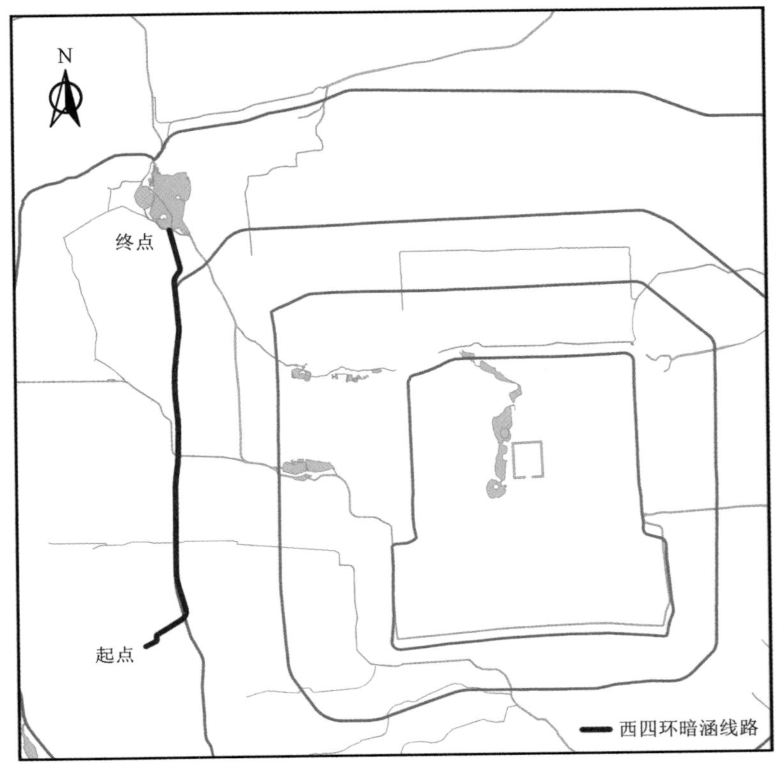

图3.4.1 西四环暗涵地理位置示意图

施工造成影响。

通过分析西四环暗涵隧洞围岩地质环境及其上方地面复杂环境，设计人员认为该工程围岩变形控制必须遵从最严要求，即最大可能地将变形控制在最小范围，保障隧洞穿越区地上、地下的建（构）筑物安全使用和运行。特别是穿五棵松地铁段，地面荷载复杂，上覆土体厚度较小，隧洞施工期间地铁1号线正常运行，不得有丝毫差错影响交通干线的安全。因此，在充分调研、比选论证的基础上基本确定该隧洞工程采用超前小导管+复合衬砌结构的围岩变形控制方案后，设计人员从多方面对方案的设计参数进行了反复计算和优化，并通过现场试验、三维模拟等方法对设计参数进行验证，最终保障该工程的安全施工和其周边环境的安全。

3.4.1 超前小导管围岩预加固技术

最初采用工程类比法，参照北京地区地铁隧道工程的已有案例，确定西四环暗涵隧洞围岩超前小导管预加固的方案为：小导管设计长度为2.25m，管材为外径25mm、壁厚5mm无缝钢管；导管沿隧洞轴线的布置间距设计为1m，环向间距为0.3m，仰角为15°。注浆浆液为改性水玻璃浆。工程施工后即发现存在以下问题，影响预加固的质量和进度：

（1）小导管管径偏小，注浆较为困难。

(2) 小导管外插角控制在15°时，超前小导管与钢格栅主筋相交，影响施工。

(3) 小导管长度偏大，打设困难。

经过现场试验最终将方案优化为：小导管选用外径为35mm、壁厚5mm的无缝钢管，长度更改为1.7m，环向布置间距仍为0.3m，但沿暗涵轴向的布置间距缩小为0.5m；导管外插入围岩的仰角修正为20°～25°。

另外，对于注浆浆液的配合比也进行了多次试验，最终确定各项设计参数如下：

(1) 改性水玻璃浆液pH值控制在4～7，浆液的固结效果最佳。

(2) 水玻璃稀释配比：水玻璃∶水＝1∶3。

(3) 浓硫酸稀释配比：浓硫酸∶水＝1∶6。

(4) 改性水玻璃配比：稀释硫酸∶稀释水玻璃＝1∶3.5。

(5) 浆液扩散半径：≥0.25m。

(6) 灌浆终压：≤0.35MPa。

(7) 浆液胶凝时间：1.5～3min。

3.4.2　复合衬砌支护结构设计与优化

西四环暗涵隧洞采用典型的复合衬砌结构，初期支护按承担全部基本荷载设计，二次模筑衬砌作为安全储备，初期支护和二次衬砌共同承担特殊荷载。初期支护设计采用工程类比法、结构力学法和有限元模拟等综合设计方法，二次衬砌设计采用了结构力学法和有限元法。

首先根据国内浅埋暗挖隧洞工程调研情况进行了工程类比，确定西四环暗涵隧洞初期支护结构厚度为300mm，掘进循环进尺控制在0.5m，以此为基础进行不同隧洞埋深、不同工况条件下的结构受力分析和计算，以确定衬砌结构厚度、配筋、允许裂缝宽度等参数及其合理性。计算程序采用的是SAP84计算程序，计算的5种典型断面分别代表不同的埋深，见表3.4.1。埋深H<8m的按超浅埋隧洞设计，其余的按浅埋隧洞设计。一衬和二衬各计算工况与荷载组合对应情况见表3.4.2和表3.4.3。计算时一衬在施工工况下考虑为单独受力，而在运行期及检修期考虑为一二衬联合受力。隧洞衬砌结构受力情况如图3.4.2所示。

表3.4.1　计算典型断面与相应隧洞埋深

计算典型断面编号	A	B	C	D	E
隧洞埋深H/m	2.5	5.5	10	15	20

表3.4.2　西四环暗涵一衬结构计算工况-荷载组合表

工　况			荷　载						
			1	2	3	4	5	6	7
			衬砌自重	内水压力	外水压力	围岩垂直松动压力	围岩侧向压力	地面荷载	温度荷载
设计工况	工况1	施工完建	√			√	√	√	

表 3.4.3　　西四环暗涵二衬结构计算工况-荷载组合表

工况			荷载						
			1	2	3	4	5	6	7
			衬砌自重	内水压力	外水压力	围岩垂直松动压力	围岩侧向压力	地面荷载	温度荷载
设计工况	工况 1	涵内过设计流量，有外水	√	√	√	√	√	√	√
	工况 2	施工完建	√			√	√	√	
	工况 3	涵内过设计流量，涵外无水	√	√		√	√	√	√
	工况 4	涵内过加大流量，涵外无水	√	√		√	√	√	√
校核工况	工况 5	涵内无水，有外水	√		√	√	√	√	

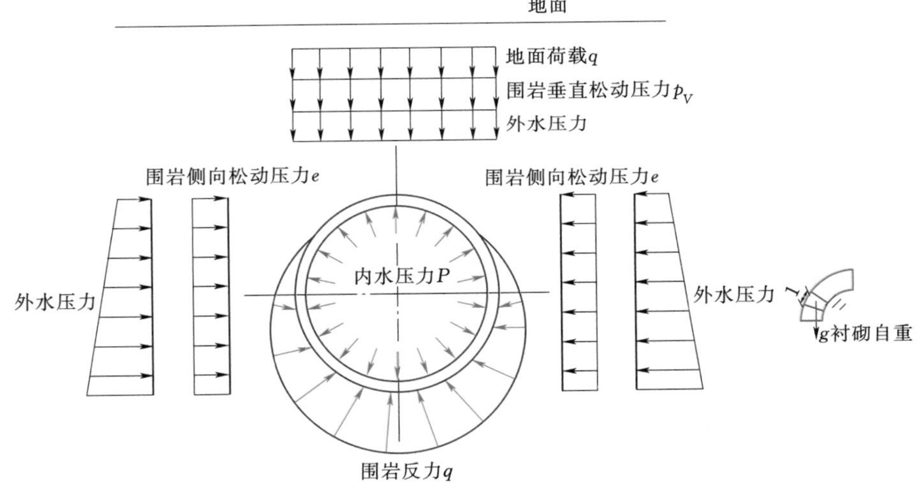

图 3.4.2　西四环暗涵衬砌结构受力简图

结构力学计算时的输入参数有：围岩容重 $\gamma=21\text{kN/m}^3$，围岩侧压力系数 $K=0.4$；温度荷载按内外温差 5℃考虑。每类断面的计算控制截面如图 3.4.3 所示，内力计算结果见表 3.4.4～表 3.4.6。图 3.4.4～图 3.4.9 为内力最大的断面 E 在各计算工况条件下的结构弯矩及轴力图。

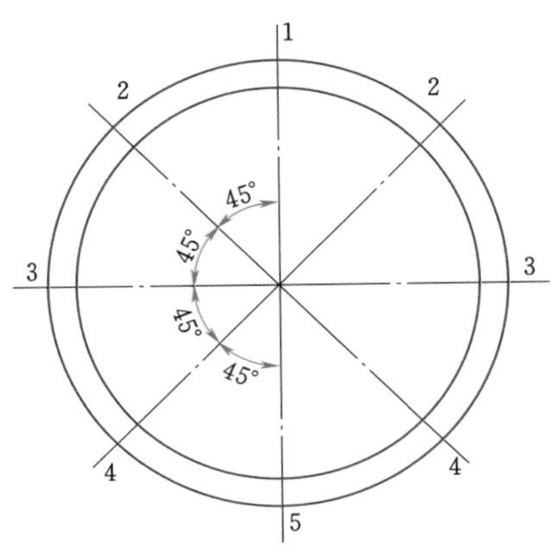

图 3.4.3　结构计算控制截面位置示意图

上述衬砌结构内力的计算结果如下：

(1) 隧洞埋深加大时，结构内力呈增大趋势，这表明土压力是影响结构内力的主要因素。

表 3.4.4 西四环暗涵一衬单独受力时结构内力计算结果汇总表

断面	计算内力	计算控制截面				
		截面 1	截面 2	截面 3	截面 4	截面 5
A	弯矩 $M/(kN \cdot m)$	23	−5.9	−31	13	11
	轴力 N/kN	209	225	246	247	250
B	弯矩 $M/(kN \cdot m)$	35	−8.7	−45	16	15
	轴力 N/kN	283	303	330	325	329
C	弯矩 $M/(kN \cdot m)$	60	−16	−76	26	49
	轴力 N/kN	445	475	514	494	496
D	弯矩 $M/(kN \cdot m)$	84	−24	−102	34	40
	轴力 N/kN	692	733	780	748	748
E	弯矩 $M/(kN \cdot m)$	106	−31	−127	42	50
	轴力 N/kN	854	903	960	916	914

表 3.4.5 西四环暗涵一二衬联合受力时一衬内力计算结果汇总表

断面	计算内力	计算控制截面				
		截面 1	截面 2	截面 3	截面 4	截面 5
A	最大弯矩对应工况	工况 3	工况 2	工况 2	工况 3	工况 3
	弯矩 $M/(kN \cdot m)$	23	−12	−22	11	17
	轴力 N/kN	20	110	130	72	76
B	最大弯矩对应工况	工况 3	工况 2	工况 2	工况 3	工况 3
	弯矩 $M/(kN \cdot m)$	28	−15	−29	13	21
	轴力 N/kN	29	145	166	84	87
C	最大弯矩对应工况	工况 3	工况 2	工况 2	工况 3	工况 3
	弯矩 $M/(kN \cdot m)$	38	−22	−39	16	27
	轴力 N/kN	98	222	243	155	157
D	最大弯矩对应工况	工况 3	工况 2	工况 2	工况 3	工况 3
	弯矩 $M/(kN \cdot m)$	54	−13	−57	21	39
	轴力 N/kN	206	319	357	269	267
E	最大弯矩对应工况	工况 3	工况 2	工况 2	工况 3	工况 3
	弯矩 $M/(kN \cdot m)$	64	−15	−70	24	46
	轴力 N/kN	268	391	434	335	331

注 1. 表中所示内力值为各计算截面在各工况所出现最大弯矩及相应轴力。
2. 表中弯矩值内侧受拉为正，外侧受拉为负。

表 3.4.6　　西四环暗涵一二衬联合受力时二衬内力计算结果汇总表

断面	计算内力	计算控制截面				
		截面 1	截面 2	截面 3	截面 4	截面 5
A	最大弯矩对应工况	工况 4	工况 2	工况 2	工况 4	工况 4
	弯矩 $M/(\mathrm{kN\cdot m})$	32	−15	−30	16	24
	轴力 N/kN	13	148	170	65	66
B	最大弯矩对应工况	工况 4	工况 2	工况 2	工况 4	工况 4
	弯矩 $M/(\mathrm{kN\cdot m})$	39	−19	−38	19	30
	轴力 N/kN	30	194	218	85	84
C	最大弯矩对应工况	工况 4	工况 2	工况 2	工况 4	工况 4
	弯矩 $M/(\mathrm{kN\cdot m})$	52	−27	−52	32	39
	轴力 N/kN	115	294	319	172	170
D	最大弯矩对应工况	工况 4	工况 2	工况 2	工况 4	工况 4
	弯矩 $M/(\mathrm{kN\cdot m})$	75	−40	−77	44	56
	轴力 N/kN	254	290	469	317	312
E	最大弯矩对应工况	工况 4	工况 2	工况 2	工况 4	工况 4
	弯矩 $M/(\mathrm{kN\cdot m})$	90	−49	−94	36	67
	轴力 N/kN	334	532	571	407	393

注　1. 表中所示内力值为各计算截面在各工况所出现最大弯矩及相应轴力。
2. 表中弯矩值内侧受拉为正，外侧受拉为负。

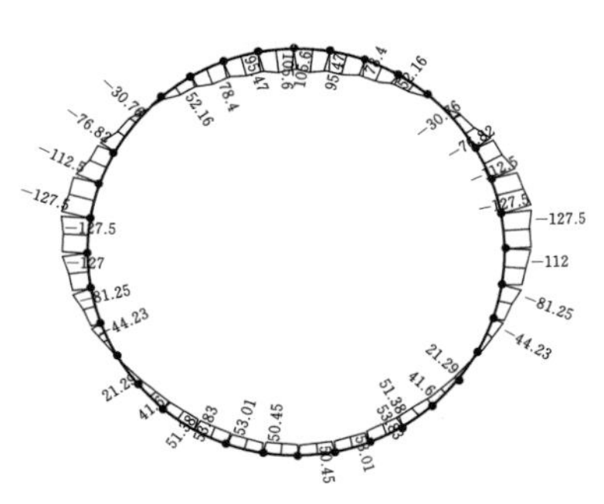

(a) 弯矩

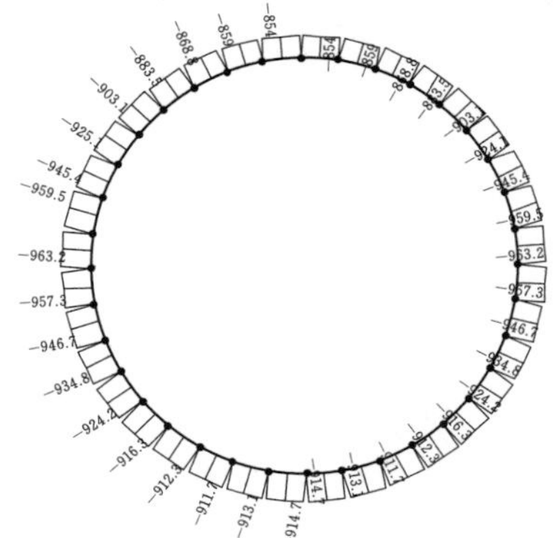

(b) 轴力

图 3.4.4　断面 E 一衬结构内力图

(2) 各断面均显示出截面 1 和截面 5 内侧受拉，而截面 3（拱脚处）轴力最大。这符合一般圆形断面的受力情况，表明计算模型假定的合理性。

(3) 各断面在不同工况下均表现为偏心受压的受力形式，同时随着覆土深度的增加，弯矩增大的程度比轴力增大的程度要小，这对于结构是有利的，表明了结构采用圆形断面的合理性。

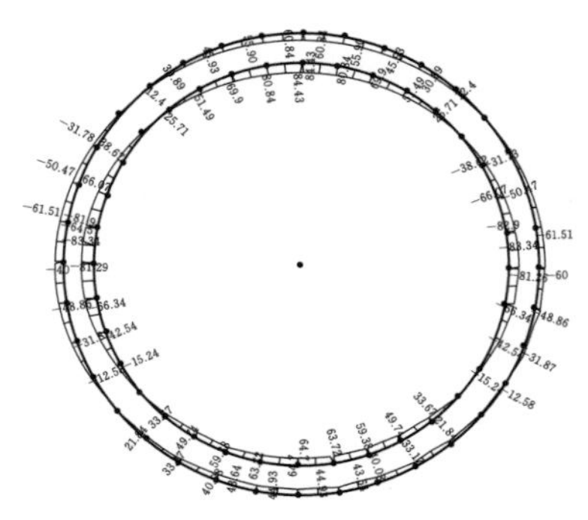

梁柱单元1—2平面内的弯矩，最大值:84.43，最小值:—83.34

(a) 弯矩

梁柱单元轴力，最大值:—71.21，最小值:—456.8

(b) 轴力

图 3.4.5　断面 E 一二衬联合受力结构内力图（工况 1）

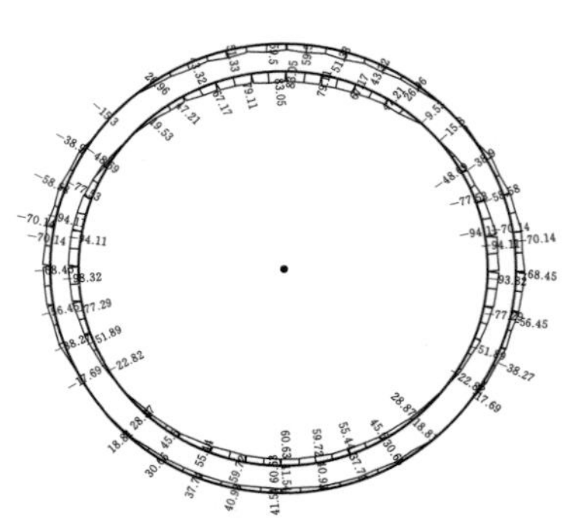

梁柱单元1—2平面内的弯矩，最大值:83.05，最小值:—94.11

(a) 弯矩

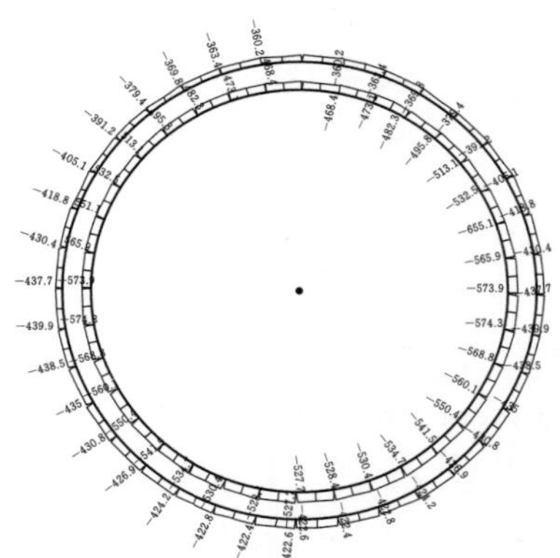

梁柱单元轴力，最大值:—51.88，最小值:—574.3

(b) 轴力

图 3.4.6　断面 E 一二衬联合受力结构内力图（工况 2）

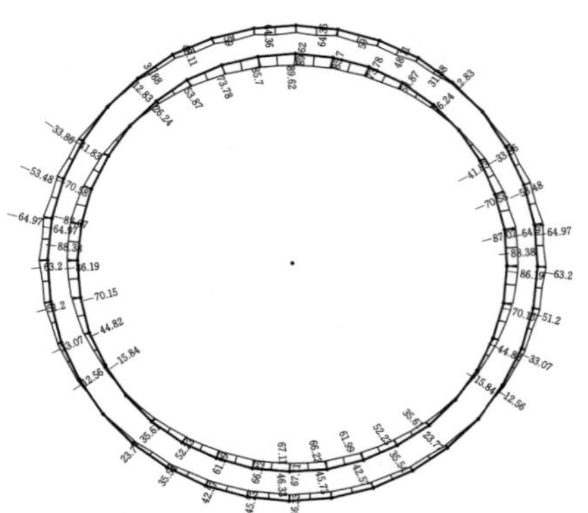

梁柱单元1—2平面内的弯矩，最大值:89.62，最小值:—88.38

(a) 弯矩

梁柱单元轴力，最大值:—67.91，最小值:— 451.9

(b) 轴力

图 3.4.7　断面 E 一二衬联合受力结构内力图（工况 3）

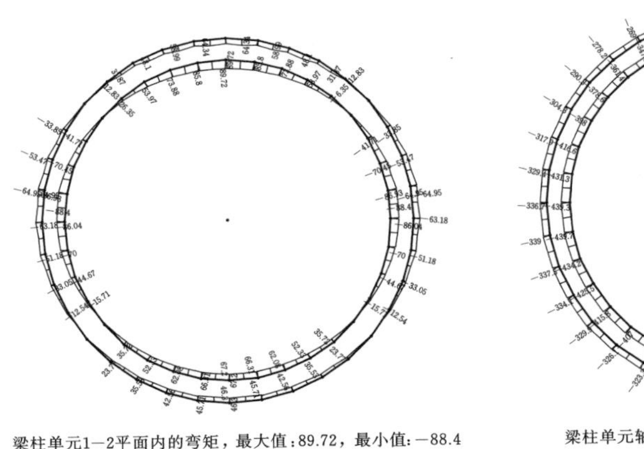

梁柱单元1－2平面内的弯矩，最大值:89.72，最小值:－88.4

(a) 弯矩

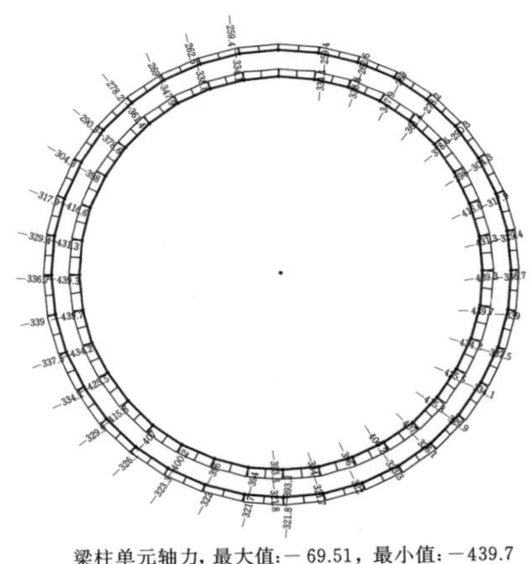

梁柱单元轴力，最大值:－69.51，最小值:－439.7

(b) 轴力

图 3.4.8　断面 E 一二衬联合受力结构内力图（工况 4）

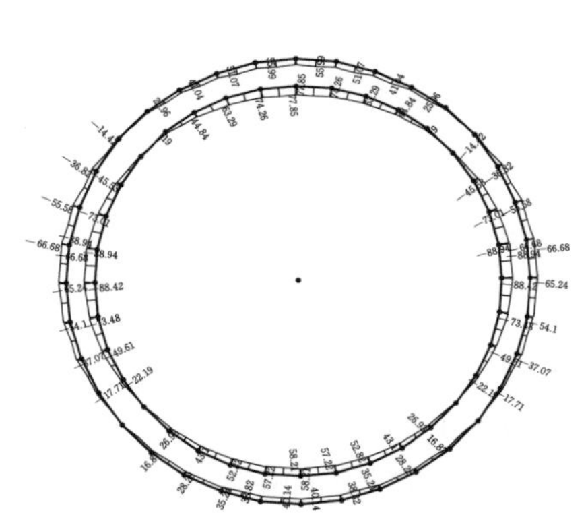

梁柱单元1－2平面内的弯矩，最大值:77.85，最小值:－88.94

(a) 弯矩

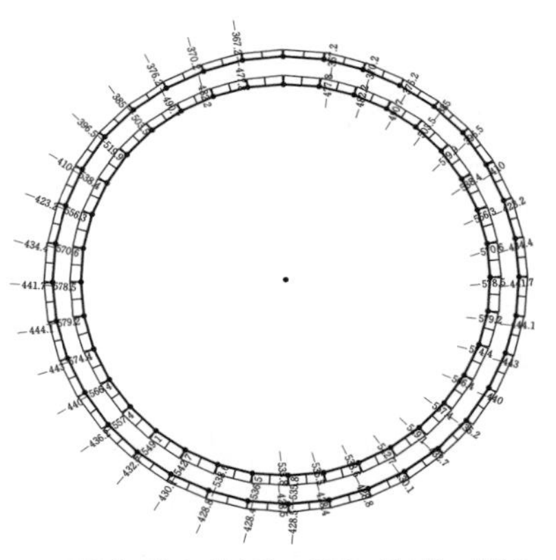

梁柱单元轴力，最大值:－55.18，最小值:－579.2

(b) 轴力

图 3.4.9　断面 E 一二衬联合受力结构内力图（工况 5）

（4）从一衬单独受力及一二衬联合受力两种受力形式的内力分布可以看出，一二衬联合受力时（复合式衬砌结构）比一衬单独受力时各结构的受力条件有所改善，这表明结构采用复合式断面的合理性。

西四环暗涵隧洞衬砌结构配筋及钢筋应力校核均按混凝土出现裂缝时的公式计算。一衬结构的配筋方案是在结构计算的结果基础上，在满足最小配筋率的前提下，对比已有同类工程的钢筋选配经验综合确定的：即一衬网构拱架支撑的选用 20MnSiΦ22 钢筋，每榀最小间距为 500mm。二衬结构的配筋面积计算结果见表 3.4.7。考虑到施工方便和增大截面刚度的因素，各断面均采用了配置 Φ18@200（内外层对称配筋，配筋面积 $f=1272.3145\text{mm}^2$）的方案。经计算，各断面钢筋应力均小于设计或校核工况的钢筋允许应力（设计工况：$[\sigma_g]=200\text{N/mm}^2$；校核工况：$[\sigma_g]=219.4\text{N/mm}^2$），满足设计要求。其中，内力最大断面 E 的钢筋应力计算结果见表 3.4.8～表 3.4.10

所示。

表 3.4.7　　西四环暗涵二衬结构配筋面积计算结果

断　面	配筋面积/mm²	断　面	配筋面积/mm²
A	694.733	D	1069.545
B	811.364	E	1210.455
C	894.318		

表 3.4.8　　西四环暗涵一衬单独受力时内力最大断面 E 钢筋应力汇总表

计 算 截 面	截面 1	截面 2	截面 3	截面 4	截面 5
内圈钢筋应力/(N/mm²)	36.052	受压	受压	受压	受压
外圈钢筋应力/(N/mm²)	受压	受压	63.97287	受压	受压

表 3.4.9　　西四环暗涵一二衬联合受力时内力最大断面 E 一衬钢筋应力汇总表

计 算 截 面	截面 1	截面 2	截面 3	截面 4	截面 5
内圈钢筋应力/(N/mm²)	103.194	受压	受压	受压	28.668
外圈钢筋应力/(N/mm²)	受压	受压	66.544	受压	受压

表 3.4.10　　西四环暗涵一二衬联合受力时内力最大断面 E 钢筋应力汇总表

计 算 截 面	截面 1	截面 2	截面 3	截面 4	截面 5
内圈钢筋应力/(N/mm²)	190.271	受压	受压	受压	84.918
外圈钢筋应力/(N/mm²)	受压	受压	111.4263	受压	受压

西四环暗涵衬砌结构裂缝开展宽度的验算是应用《水工钢筋混凝土结构设计规范》(SDJ 20—78) 推荐的公式进行计算的，其中内力最大断面的验算结果见表 3.4.11 和表 3.4.12。由于一衬单独受力时各计算断面的偏心矩均小于 $0.5h$，故不做该受力条件时的裂缝宽度验算。根据《水工钢筋混凝土结构设计规范》(SDJ 20—78) 规定，当水力梯度 $i>20$ 时，混凝土结构最大允许的裂缝宽度为 0.2mm。西四环输水暗涵各类计算断面的水力梯度均满足 $i>20$，因此取 0.2mm 为隧洞衬砌结构的最大允许裂缝宽度。

表 3.4.11　　内力最大断面一衬裂缝宽度验算结果（一二衬联合受力时）

最大裂缝对应弯矩值 M/(kN·m)	最大裂缝对应轴力值 N/kN	最大裂缝宽度 /mm	最大裂缝宽度允许值 /mm
64	268	0.031	0.200

表 3.4.12　　内力最大断面二衬裂缝宽度验算结果（一二衬联合受力时）

最大裂缝对应弯矩值 M/(kN·m)	最大裂缝对应轴力值 N/kN	最大裂缝宽度 /mm	最大裂缝宽度允许值 /mm
90	334	0.132	0.200

注　表中所示内力值为二衬各计算截面所出现的最大弯矩及对应的最小轴力。

结构设计优化的目的一般有两个：一是在保障施工安全的前提下提高施工效率，缩短工期；二是在保障结构具有足够强度和耐久性的前提下节省用材，降低工程投资。西四环暗涵输水隧洞衬砌结构设计优化在检验设计方案施工可行性和安全性的基础上，对一二衬结构的厚度进行了减薄优化可行性的计算论证。设计优化采取的方法为三维有限元法，其将结构作为空间问题，可以模拟施工步骤及复杂的边界条件，客观地反映出支护结构种类、支护时机、岩压及围岩变形四者的关系及掘进过程中对相邻交叉建筑物的影响。有限元计算程序采用的是 SAGE 三维弹塑性有限元程序。

计算中模拟了隧洞围岩主要地层、材料分区和施工步骤。材料分区包括地表 0.15m 厚的沥青路面、0.35m 厚砂石垫层、填土层及卵砾石原生沉积土层；暗涵结构和施工措施分区包括上下台阶开挖分区、混凝土衬砌、带钢筋拱架和挂网的喷射混凝土支护以及管棚注浆分区等。暗涵开挖上下台阶长度为 3m，日进尺 1.5m，并超前 3m 进行管棚注浆。主要选取了 3 个不同埋深的一般路段进行模拟计算，围岩注浆区的径向作用范围取 1.0m，全部网格共有 10032 个节点和 9056 个八节点六面体单元。计算原理为：在纵向长 42m 的暗涵中模拟开挖和支护过程，忽略离所关注的断面 2 倍洞径外的开挖过程的影响，而取位于纵向中部的横断面作为成果有效断面，给出计算成果。计算输入的主要参数为原生沉积卵砾石层的内摩擦角 φ 取 37°，一次支护的混凝土弹性模量、泊松比及强度等参数考虑了随龄期的变化因素。计算结果见表 3.4.13～表 3.4.15。

表 3.4.13　　关键部位沉降计算结果

隧洞埋深/m	洞底沉降/mm	洞顶沉降/mm	路面最大沉降/mm	路面最小沉降/mm
15.0	−12.47	4.0	1.85	0.61
9.0	−11.13	2.16	1.58	−0.33
3.0	−9.0	0.2	−0.14	−1.59

注　负值表示上抬量。

表 3.4.14　　一次支护最大应力计算结果

隧洞埋深/m	最大拉应力/MPa	最大压应力/MPa	位　　置
15.0	2.03	3.61	拉：洞顶内侧；压：拱座内侧
9.0	1.71	3.01	拉：洞顶内侧；压：拱座内侧
3.0	1.18	2.08	拉：洞顶内侧；压：拱座内侧

表 3.4.15　　沥青路面最大应力计算结果

隧洞埋深/m	垂直应力/MPa		水平应力/MPa	
	最大拉应力	最大压应力	最大拉应力	最大压应力
15.0	0.023	0.081	0.430	0.225
9.0	0.008	0.033	0.226	0.160
3.0	0.009	0.035	0.230	0.143

上述有限元的计算结果表明：

（1）埋深越大，则路面沉降越大；埋深很小时，路面整体上抬，符合一般性规律。总体上路面的沉降控制在 mm 量级。

（2）埋深越大，支护结构受力越大。总体上一次支护的应力水平略高，但相应于 4Φ22 的配筋，仍有一定的强度储备。

（3）埋深越大，沥青路面的应力最大；埋深 9m 和 3m 时沥青路面的应力相差不大。总体上隧洞上方沥青路面的应力水平较低。

（4）不同埋深情况下，隧洞周围土体屈服趋势相同，其下方趋势更明显，但屈服区范围不大。

通过该有限元结构分析与计算，表明西四环暗涵隧洞一衬结构厚度为 300mm 时，不同埋深条件下，采用分层台阶法施工的开挖方法是可行和安全的，其造成的隧洞上方地面沉降量总体较小，四环路沥青路面应力水平低，基本不影响路面交通安全运行。

在模拟施工过程和边界条件相同的情况下，将一衬结构厚度由 300mm 减薄至 250mm，利用有限元方法同样计算了不同埋深条件下的关键部位沉降量、一衬结构最大应力及地表沥青路面结构应力，结果见表 3.4.16～表 3.4.18。

表 3.4.16　　关键部位沉降量（一衬厚度 250mm）

工　况			计算断面位置	洞底上抬/mm	洞顶沉降/mm	路面最大沉降/mm
编号	隧洞埋深/m	填土厚度/m				
1	15	5	复兴路	13.20（12.50）	4.00（4.00）	1.80（1.85）
2	9	5	定慧北桥	11.80（11.10）	2.40（2.50）	1.47（1.58）
3	3	3	岳各庄	11.20（9.00）	0.55（0.20）	2.08（1.59）

注　（）内数值为一衬厚度 300mm 时的计算结果。

表 3.4.17　　一次支护中最大应力（一衬厚度 250mm）

工　况			计算断面位置	最大拉应力/MPa	最大压应力/MPa	备　注
编号	隧洞埋深/m	填土厚度/m				
1	15	5	复兴路	2.09（2.03）	3.74（3.61）	拉：洞顶内侧；压：拱座内侧
2	9	5	定慧北桥	1.76（1.71）	3.11（3.01）	拉：洞顶内侧；压：拱座内侧
3	3	3	岳各庄	1.31（1.18）	2.22（2.08）	拉：洞顶内侧；压：拱座内侧

注　（）内数值为一衬厚度 300mm 时的计算结果。

上述计算结果表明，一衬厚度减薄至 250mm 时，隧洞上方地面沉降增大量小于 1mm；一衬中的拉应力最大增量小于 0.15MPa，最大拉应力发生在埋深最大的复兴路段，最大值为 2.09MPa；沥青路面中产生的最大应力变化甚微。由此说明，西四环暗涵一衬结构厚度优化至 250mm 时结构是安全的，隧洞上方围岩变形也在工程可接受的范围之内，对上方地面建筑物的安全不会产生影响。

表 3.4.18 沥青路面最大应力（一衬厚度 250mm）

工况			计算断面位置	垂直应力/MPa		水平应力/MPa	
编号	隧洞埋深/m	填土厚度/m		最大拉应力	最大压应力	最大拉应力	最大压应力
1	15	5	复兴路	0.023(0.023)	0.081(0.081)	0.430(0.430)	0.225(0.225)
2	9	5	定慧北桥	0.008(0.008)	0.033(0.033)	0.226(0.226)	0.160(0.160)
3	3	3	岳各庄	0.009(0.009)	0.035(0.035)	0.225(0.230)	0.137(0.143)

注 （）内数值为一衬厚度 300mm 时的计算结果。

西四环输水暗涵复合衬砌结构的二衬设计为现浇钢筋混凝土圆环，以一衬钢筋混凝土结构为模，使用 ECB 垫层与一衬分开，以防内水外渗。由于一衬周围的围岩为卵砾石，不具有流变性，且二衬施作是在一次支护完成后进行的，因此二衬所受主要荷载为其自重与内水压力，其结构优化计算可采用二维有限元分析方法，采用的计算软件为 PHASE2 商品软件。计算中假定一次支护已达到 28d 龄期，因此在一衬中求出的是相对于施工期应力的附加应力。此二维有限元结构分析计算的工况共计 12 种，见表 3.4.19。选取的计算断面仍为具有不同埋深的复兴路桥、定慧北桥和岳各庄桥 3 个路段，计算结果见表 3.4.20。

表 3.4.19 西四环输水暗涵二衬结构有限元计算工况

工况	洞段	隧洞埋深/m	喷混凝土（二衬）厚度/cm	衬砌（一衬）厚度/cm
1	复兴路桥	15	30	30
2	复兴路桥	15	30	25
3	复兴路桥	15	25	30
4	复兴路桥	15	25	25
5	定慧北桥	9	30	30
6	定慧北桥	9	30	25
7	定慧北桥	9	25	30
8	定慧北桥	9	25	25
9	岳各庄桥	3	30	30
10	岳各庄桥	3	30	25
11	岳各庄桥	3	25	30
12	岳各庄桥	3	25	25

二维有限元分析的计算结果表明：

（1）衬砌结构厚度相同时，隧洞埋深越大，支护结构中的应力越大；隧洞埋深相同的条件下，衬砌结构厚度越小，结构中应力越大。这一结果是合理的。

（2）所有计算工况条件下，输水暗涵的二次衬砌结构应力最大为 0.51MPa，一次支护结构的附加应力最大值为 0.40MPa，结构是安全的。表明二次衬砌厚度减薄至 25cm 时，结构受力是安全的。

表 3.4.20 西四环输水暗涵复合衬砌结构二维有限元分析计算结果

工况	隧洞埋深/m	喷混凝土（二衬）外侧应力/MPa	喷混凝土（二衬）内侧应力/MPa	衬砌（一衬）外侧应力/MPa	衬砌（一衬）内侧应力/MPa
1	15	－0.3	－0.33	－0.39	－0.44
2	15	－0.33	－0.37	－0.43	－0.48
3	15	－0.33	－0.36	－0.41	－0.47
4	15	－0.37	－0.40	－0.46	－0.51
5	9	－0.27	－0.30	－0.35	－0.41
6	9	－0.30	－0.33	－0.39	－0.44
7	9	－0.29	－0.32	－0.37	－0.43
8	9	－0.33	－0.36	－0.42	－0.47
9	3	－0.25	－0.27	－0.32	－0.37
10	3	－0.28	－0.30	－0.36	－0.40
11	3	－0.28	－0.30	－0.35	－0.39
12	3	－0.31	－0.33	－0.39	－0.43

注 表中“－”负值表示应力为拉应力。

3.4.3 支护配套——回填灌浆技术

1. 初衬背后回填灌浆

松散隧洞开挖后应及时施作一衬。由于开挖扰动和局部超挖，初期支护结构与其后原生土质之间必然存在空隙，空隙大小与围岩性质、扰动程度、施工方法等有关。这些空隙如不及时进行回填密实处理，则受扰动的围岩区域将会产生较大的变形，造成隧洞顶部拱顶下沉和地面沉降，对隧洞支护结构和上部地面环境安全造成不良影响。

回填灌浆孔在暗涵上拱270°范围内布置，环向间距为2m，纵向间距为1m，梅花形分布。孔内预埋内径25mm无缝钢管作为注浆导向管，其管长0.7m，底部伸入围岩地层0.2m，顶部外露一衬0.2m，与初衬钢拱架主筋焊接，灌浆前用棉纱堵塞管头。回填灌浆施工工序为：施工准备→孔位放样→预埋灌浆管→衬砌混凝土达70％设计强度→Ⅰ序孔钻孔→Ⅰ序孔灌浆→待凝48h以上→Ⅱ序孔钻孔→Ⅱ序孔灌浆→质量检查孔。

灌浆施工现场布置如图3.4.10所示。

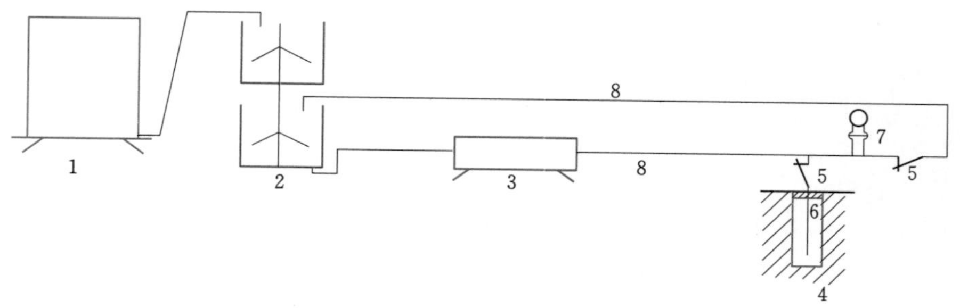

图 3.4.10 回填灌浆施工现场布置示意图

1—高速制浆机；2—低速搅拌缸；3—灌浆泵；4—预埋管（灌浆孔）；5—闸阀；6—止浆塞；7—油钟和压力表；8—输浆管

回填灌浆浆液采用水灰比 0.5∶1 的纯水泥浆，其密度为 1.78～1.83g/cm³，每立方米的浆液中水泥的含量为 1205kg。对于空隙较大的部位则灌注水泥砂浆，掺砂量小于水泥重量的 200%。浆液用水泥采用 P.Ⅰ42.5 新鲜普通硅酸盐水泥，砂子粒径不大于 2.5mm。

回填灌浆方式为孔外循环、孔内填压的方式。孔口设有止浆塞和回浆装置，以保证向围岩内的灌浆压力。回填灌浆压力：Ⅰ序孔采用 0.2MPa，Ⅱ序孔采用 0.3MPa。灌浆压力以预埋管孔口的压力表摆动中值为准（使用压力应为压力表最大标值的 1/4～3/4 之间），压力表与管路间设有隔浆装置。

初衬背后回填灌浆的结束标准为：灌浆压力逐渐上升，流量逐渐减少，当灌浆压力达到Ⅰ序孔 0.2MPa 或Ⅱ序孔 0.3MPa，灌浆孔停止吸浆，延续灌注 5min，即可结束。灌浆结束时，先关闭预埋管孔口闸阀或扎紧管口，后停灌浆泵。灌浆结束且进行了质量检查后，用水泥砂浆将预埋管封填密实，并将伸出一衬外的管头部分割平打磨。

回填灌浆结束 7d 后可对灌浆部位进行压浆检查。检查孔一般布设于拱顶吸浆量较大或灌浆异常部位，数量为灌浆孔总数的 5%。用手风钻成孔，孔径 50mm，孔深 50cm，孔内埋设 38mm 胶管，胶管外露不少于 20cm，其四周用速凝材料封堵密实。检查标准为：在 0.3MPa 压力下，向孔内注入水灰比 2∶1 的浆液，初始 10min 孔内注入量不超过 10L，即为合格。同时，检查灌浆区域是否有湿印和滴水现象。

对回填灌浆的效果还应进行超声波无损探测检查。若发现存在空洞或不密实部位，需重新钻孔进行补灌。

2. 初衬与二衬间回填灌浆

复合衬砌结构分为分离式和联合式两种。二衬是以初期支护为外模进行浇注，使用的混凝土接近自密实。西四环输水暗涵混凝土工程入仓坍落度均不小于 220mm，导致下拱自然密贴，上拱自然脱离。结构力学设计为复合衬砌联合受力，故在涵顶一衬与二衬间设置回填灌浆管如图 3.4.11 所示，以填充二衬与防水板间可能存在的空隙，

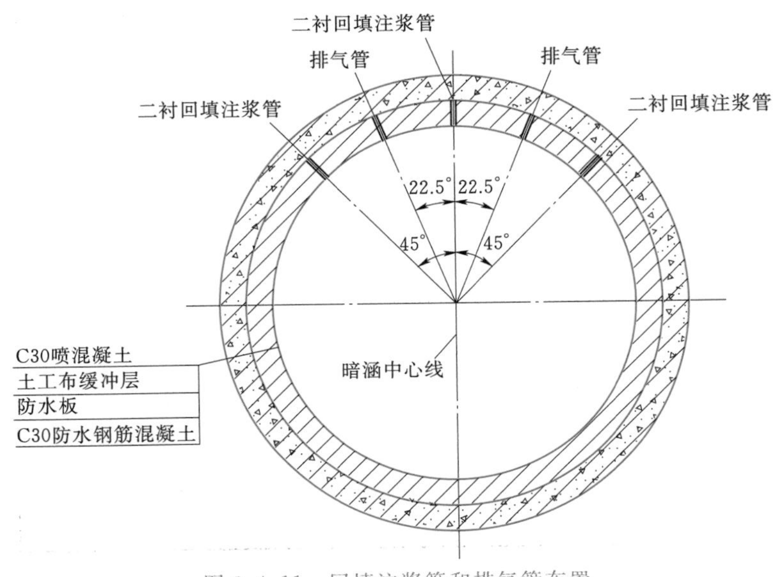

图 3.4.11 回填注浆管和排气管布置

使复合结构能够同步变形传力。原设计考虑防水隔离层与二衬之间有连续的脱空面，浆液可自由扩散，在拱顶设置了三排注浆管，只是存在没有分区会导致浆液流动范围过大的疑虑。经过注浆试验，在不排气时浆液无法注入，说明防水隔离层与二衬之间没有连续的脱离区。在拱顶和两侧的回填注浆管间各增设一条排气管，在朝向防水板一侧钻孔 1 排，孔距 0.5m，排气管孔眼与灌浆管孔眼错开，孔眼尺寸 6～8mm。排气管两端及孔眼采用胶带封堵，进行回填灌浆前，首先用高压气体对排气管充气，以破开封堵，之后对拱顶及两侧的回填注浆管进行注浆。

3.5　不同喷射混凝土结构对围岩变形的影响研究——南干渠输水隧洞试验段

北京市南水北调配套工程——南干渠输水隧洞起点位于丰台区晓月苑小区南端，与总干渠永定河倒虹吸右侧两孔箱涵相接；终点为亦庄调节池入口，全长约 27.2km。输水线路基本与大兴灌渠、西五环和南五环路平行，以京九铁路为分界线，分上、下两段分期建设（图 3.5.1）。其中上段长约 11km，设计为两孔内径 3.4m 的钢筋混凝土圆涵，输水规模为设计流量 $30m^3/s$，加大流量 $35m^3/s$，采用浅埋暗挖方式施工；下段长约 16km，为一孔内径 4.7m 的钢筋混凝土圆涵，输水规模为设计流量 $27m^3/s$，加大

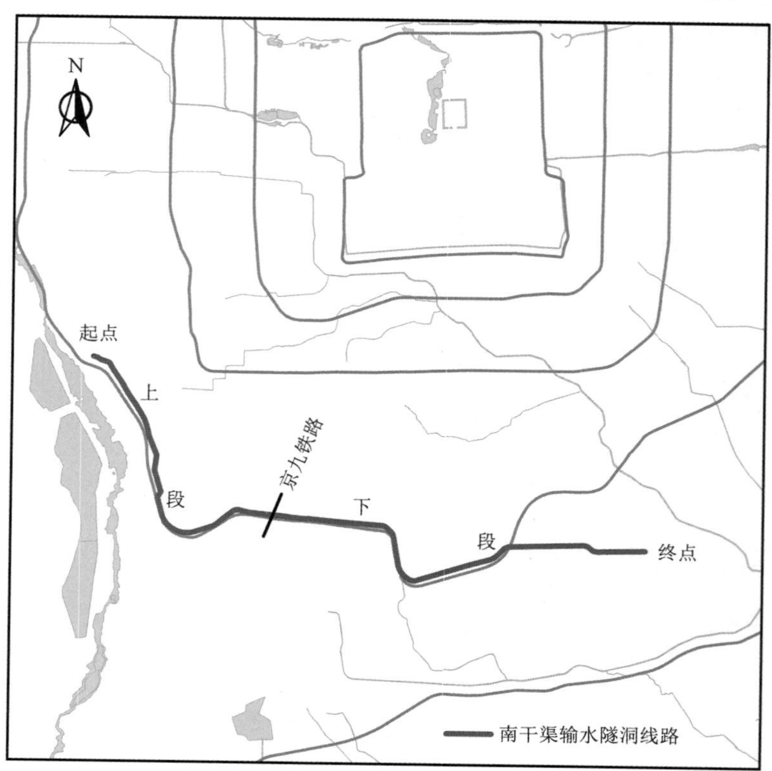

图 3.5.1　南干渠输水隧洞平面示意图

流量 32m³/s，采用盾构开挖方式施工。

南干渠输水隧洞上段洞身围岩以卵砾石、细砂为主，向东部局部为粉质黏土，洞底全部置于卵砾石上。自西向东，隧洞围岩地质结构由砂＋砾（卵）二元结构渐变为砂＋黏＋砾多元结构，围岩工程地质分类属Ⅴ类。隧洞衬砌结构仍为复合衬砌结构，其中一衬喷射 C25 混凝土厚 250mm（起点至 0＋350 段为 300mm），二衬为现浇 C30W10 模筑防水钢筋混凝土，厚度为 350mm（起点至 0＋350 段为 300mm）；一二衬之间采用全断面防水，防水材料为无纺布防水板。南干渠隧洞围岩预加固和超前支护措施设计采用了超前小导管注浆和超前大管棚法，前者应用于自稳能力相对较好的卵砾石、粉土和黏性土层，后者应用于自稳能力相对较差的细砂和粉土地层。

南干渠输水隧洞为北京市建设最早的南水北调配套工程，从优化设计与施工方案、控制围岩变形和地面沉降、保障隧洞结构安全以及积累工程经验等多方面考虑，将南干渠上段起始段长约 30m（桩号 0＋320～0＋350）的隧洞作为试验段，进行了隧洞围岩应力、变形及地面沉降监测、不同喷射混凝土结构支护效果对比试验等，并以此为基础开展了围岩弹性抗力系数反演、支护结构性能研究等。本节介绍不同喷射混凝土结构支护效果的对比试验及研究成果。

3.5.1　试验段隧洞概况

南干渠输水隧洞试验段位于永定河倒虹吸与南干渠相交处，桩号 0＋320～0＋350。隧洞洞顶埋深约 6m，洞身围岩为砂＋砾（卵）二元结构。隧洞开挖直径为 4.6m，为平行独立双洞，两洞轴线间距为 7.6m，如图 3.5.2 所示。该试验段隧洞上方地表东北侧建有一燃气高压站，其距南干渠输水隧洞中心线约 9m，如图 3.5.3 所示。

试验段隧洞设计洞底高程为 44.5m。区域第四系孔隙潜水水位在 1998 年时为 43m 左右，此后连续十多年持续下降，该工程勘察期间（2007 年 7 月）揭露水位高程为 25.7m。隧洞开挖无地下水影响。

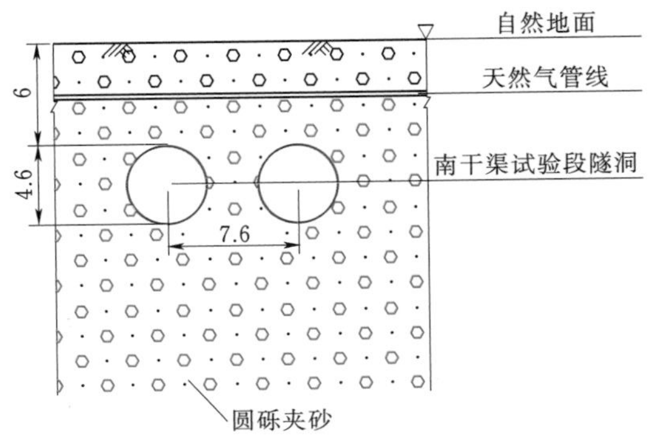

图 3.5.2　试验段隧洞横断面布置图
（单位：m）

隧洞开挖采用正台阶法，施工工序和开挖台阶长度控制分别如图 3.5.4 和图 3.5.5 所示。开挖前先用 ϕ25 超前小导管注浆加固隧洞围岩地层；然后先开挖上台阶并留核心土，核心土正面投影面积不少于上台阶开挖面积的一半，纵向长度约 2m，上台阶每一开挖循环的步长为 0.5m，超前下台阶 4.6m 左右。开挖完成后及时施作一衬。

3.5.2　网喷混凝土与钢纤维喷射混凝土对比试验方案

试验段隧洞一衬设计为网喷混凝土支护结构，厚度为 300mm，其施工工序主要包括：埋设挂网钢筋→铺设第一层钢筋网片→架立钢筋格栅拱架→焊接连接钢筋→打锁脚

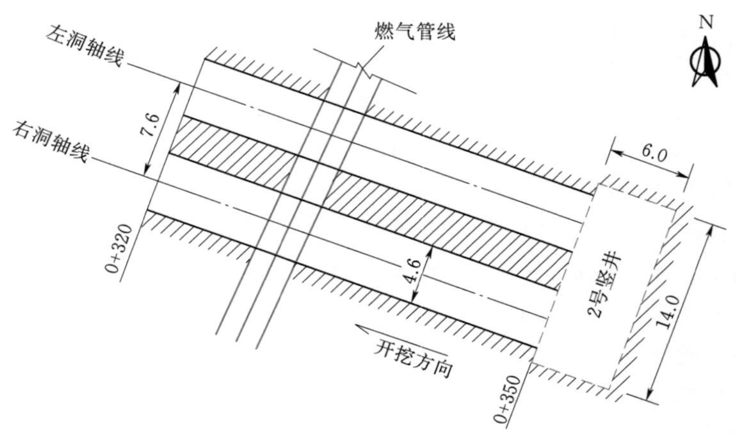

图 3.5.3　试验段平面示意图（单位：m）

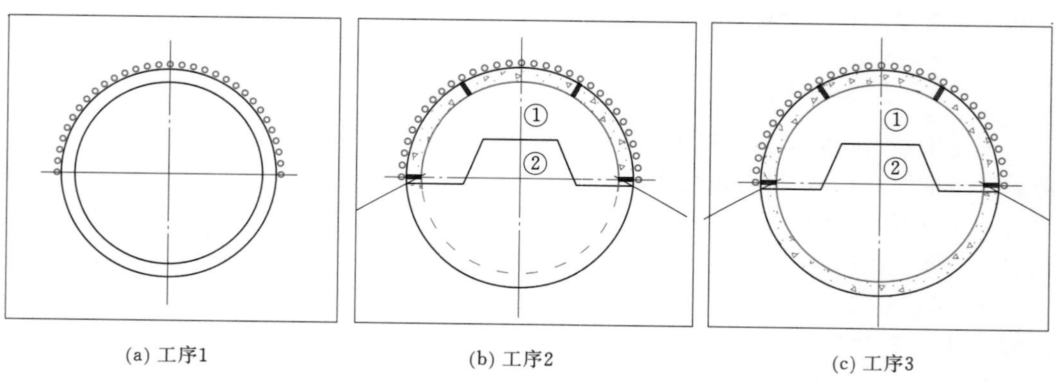

图 3.5.4　正台阶法施工工序示意图

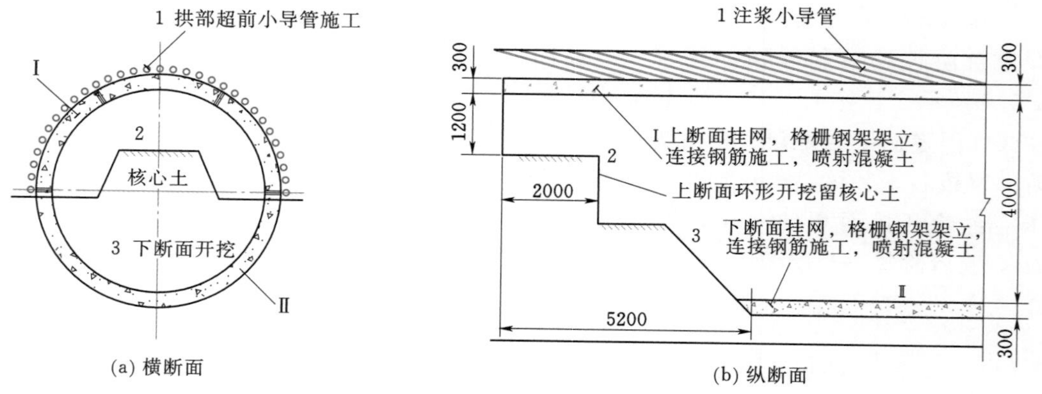

图 3.5.5　正台阶法开挖台阶长度的控制（单位：mm）

锚杆并注浆→铺设第二层钢筋网片→预埋回填注浆管→喷射混凝土。网喷混凝土施工工序相对复杂，施工时间较长，而且由于南干渠隧洞顶部围岩多以细砂、圆砾或卵石为主，隧洞开挖对围岩的扰动使开挖面围岩结构破坏，凹凸不平，这样极易造成喷射混凝土与开挖面岩土的黏结不均匀，混凝土易开裂甚至脱离围岩，影响一衬结构整体的安全度和承载能力，严重的可造成一衬支护结构失效，围岩塌落，引发工程事故。

钢纤维混凝土（简称 SFRC），是在普通混凝土中掺入少量低碳钢、不锈钢和玻璃钢的纤维后形成的一种比较均匀而多向配筋的混凝土。与普通混凝土相比，钢纤维混凝土不仅具有较高的抗拉、抗弯、抗裂以及耐磨、耐冲击、耐疲劳和韧性等优越性能，而且相对网喷混凝土施工工艺来说，其工序少、施工快，与围岩黏结均匀度好。我国于 20 世纪 80 年代以后开始了对该新型材料的研究和广泛应用。

为研究在南干渠输水隧洞一衬结构中用钢纤维混凝土代替网喷混凝土，以取消复杂的铺设钢筋网片的工序、提高施工效率，同时保障隧洞围岩变形控制在工程允许范围内、支护结构整体安全有效的可行性，在试验段左线隧洞一衬支护结构体系中，分段逐步取消钢筋网片并喷射钢纤维混凝土，而右线隧洞全部采用网喷普通混凝土支护结构，二者喷射厚度相同；然后利用预埋在隧洞上方土层中的多点位移监测计，监控量测不同支护结构段的围岩竖向变形，并用三维数值模拟方法计算不同支护结构条件下的隧洞围岩应力，对比分析各段的围岩变形和应力，得出可靠性结论，提供施工和设计参考。

表 3.5.1 为南干渠左线隧洞试验段一衬支护结构钢筋网片的分段设计方案。

表 3.5.1 南干渠左线隧洞试验段一衬支护结构钢筋网片的分段设计方案

序号	桩 号	隧洞长度/m	钢筋网片设计方案	备 注
1	0+350～0+347	3	全断面双层网片	洞门段
2	0+347～0+343	4	下拱外侧取消网片，其余部位保留双层	
3	0+343～0+339	4	上、下拱外侧取消，内侧保留	
4	0+339～0+334	5	下拱内外双侧、上拱外侧取消，上拱内侧保留	
5	0+334～0+326	8	全部保留双层网片	穿燃气管线
6	0+326～0+320	6	全断面取消网片	

图 3.5.6、图 3.5.7 为隧洞上方土层中预先埋设的多点垂直位移监测计的布置示意图。每个监测断面设置了 5 个监测孔，每个监测孔安装一部多点位移监测计，可以同时测量 3 个不同深度土层的竖向位移。围岩竖向位移监测自试验洞开挖前开始即获得初始值，开挖断面距量测断面前后小于 10m 时每天量测 2 次；开挖断面距量测断面前后大于 10m 时，每 2 天量测一次，开挖断面距量测断面前后大于 25m 时，每周量测一次。

试验段一衬支护结构混凝土用原材料见表 3.5.2。钢纤维混凝土中的钢纤维掺入量是通过配合比试验研究确定的，为 20%。该掺入量条件下，钢纤维混凝土的强度满足设计条件，且相对经济。钢纤维混凝土的详细配合比见表 3.5.3。

表 3.5.4 和图 3.5.8 为普通网喷混凝土和钢纤维混凝土的试块抗压强度对比结果。由此知，二者的早期强度（7d）相差不大，但后期钢纤维混凝土强度明显大于普通网喷混凝土。

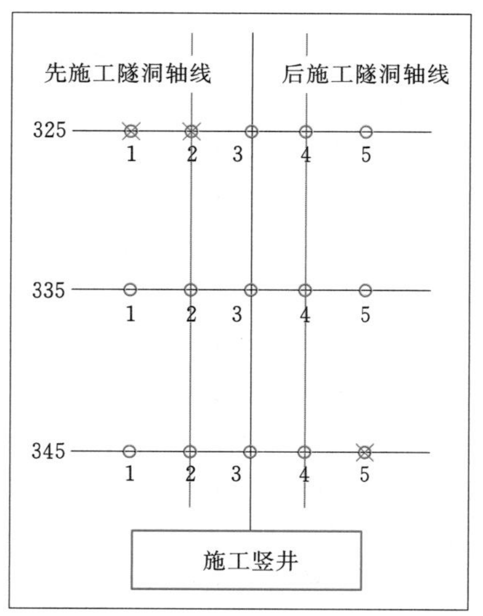

图 3.5.6　垂直位移计平面布置示意图

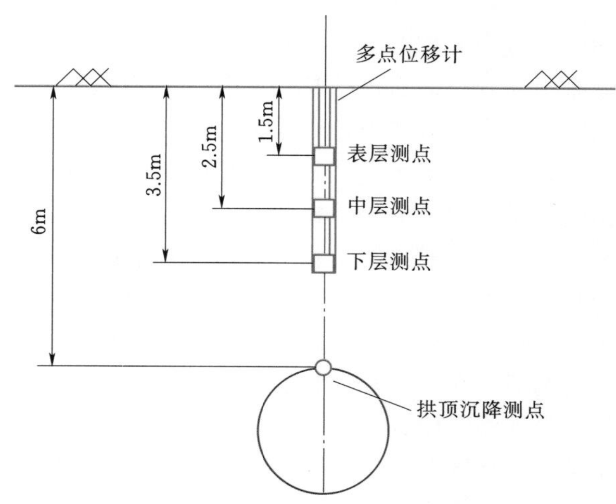

图 3.5.7　垂直位移计剖面布置示意图

表 3.5.2　　试验段一衬支护结构混凝土用原材料

原材种类	厂家及产地	规格	试验结果	备　注
砂	河北涿州	中砂	合格	碱活性合格
碎石	北京新元	5～10mm	合格	碱活性合格
水泥	唐山冀东	P. O42.5	合格	碱含量合格
速凝剂	北京贝思达	液体	合格	碱含量合格
粉煤灰	北京奥星	Ⅰ级	合格	碱含量合格
硅粉	甘肃三远		合格	碱含量合格
钢纤维	上海泽垠	d=1mm，L=30mm	合格	

表 3.5.3　　试验用钢纤维混凝土配合比

材料名称	水泥	水	砂	石	速凝剂	粉煤灰	硅粉	钢纤维
用量/(kg/m^3)	380	230	795	795	33	82	42	20
总碱量/(kg/m^3)	2.48							

表 3.5.4　　钢纤维混凝土与普通网喷混凝土试块抗压强度试验结果

试验材料名称	不同龄期的抗压强度					
	7d		14d		28d	
	抗压强度/MPa	达到设计强度的百分比/%	抗压强度/MPa	达到设计强度的百分比/%	抗压强度/MPa	达到设计强度的百分比/%
钢纤维混凝土	7	28	23.4	94	24.6	98
普通网喷混凝土	7	28	22	88	22.8	91

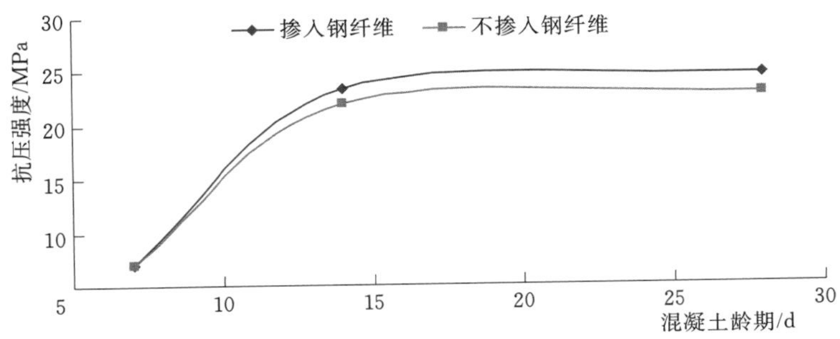

图 3.5.8 钢纤维混凝土与普通网喷混凝土试块抗压强度对比图

3.5.3 不同喷射混凝土结构对围岩变形的影响研究

对网喷混凝土支护及钢纤维喷射混凝土两种初期支护结构进行数值模拟研究，并结合现场监测结果，进行不同喷射混凝土结构对围岩变形的影响研究。

支护结构应力模拟计算的三维数值模型如图 3.5.9 所示。该模型宽 40m，长 60m，沿隧洞轴线方向为 y 轴向，垂直向上方向为 z 轴正方向，共划分四面体单元 132000 个，节点 136299 个；模型侧面和底面为位移边界，其中两侧位移边界仅约束水平移动；底部边界为固定边界，约束水平移动和垂直移动；模型上边界地表为自由边界。

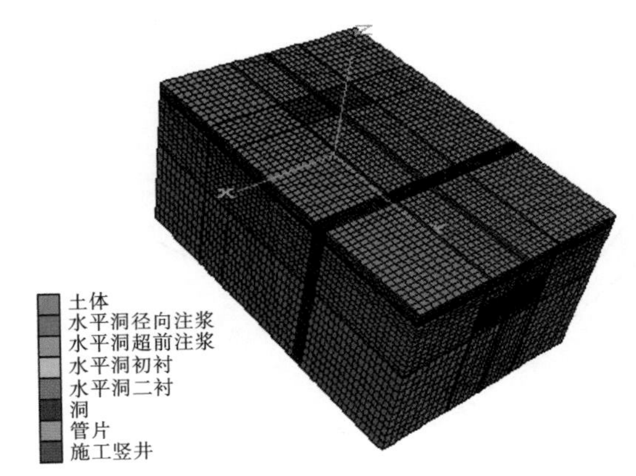

图 3.5.9 南干渠试验段隧洞三维数值模型及计算网格剖分

模型计算的输入参数采用正交试验方法反演得到的最佳参数组合，并结合掺入钢纤维后混凝土抗压强度的试验结果，选用的参数见表 3.5.5。

计算时分两种工况：①右洞及左洞均采用网喷混凝土支护；②右洞采用网喷混凝土支护，左洞采用钢纤维喷射混凝土支护。每种计算工况分为 4 个计算步骤：①土体自重平衡；②管线自重平衡；③清除管线自重平衡产生的变形，进行右隧洞开挖施工模拟；④左隧洞开挖施工模拟，每个步序模拟施工过程中的超前注浆加固、土体开挖及支护。

表 3.5.5 南干渠试验段隧洞围岩应力计算输入参数取值

材料名称	变形模量 E /MPa	泊松比 μ	摩擦角 φ /(°)	凝聚力 c /kPa	密度 ρ /(kg/m³)
围岩	40	0.25	35	1	2000
注浆加固土体	50	0.22	35	300	2100
普通网喷混凝土	26000	0.2	—	—	2500
钢纤维喷射混凝土	29000	0.2	—	—	2500

335 横断面地表沉降曲线如图 3.5.10 所示，335 横断面中层测点竖向位移如图 3.5.11 所示，335 横断面中层测点竖向位移模拟值与实测值对比如图 3.5.12 所示，各阶段关键点竖向位移值汇总见表 3.5.6。

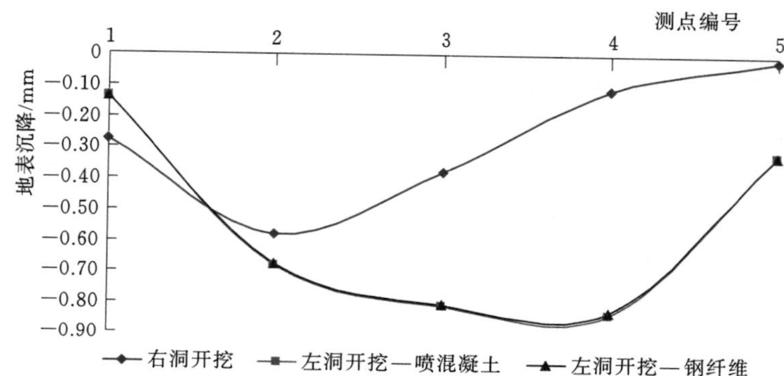

图 3.5.10 335 横断面地表沉降曲线

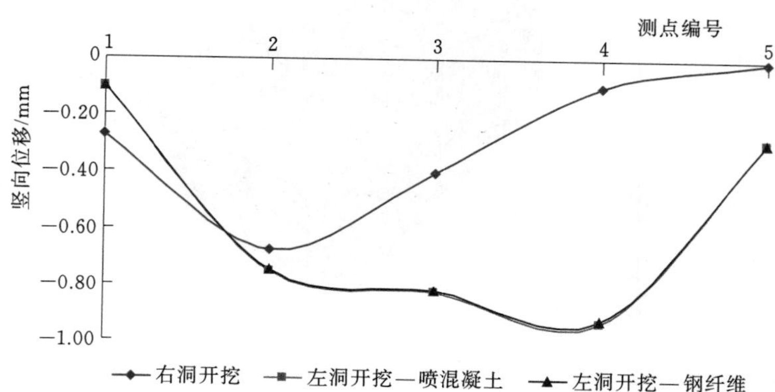

图 3.5.11 335 横断面中层测点竖向位移曲线

表 3.5.6 各阶段关键点竖向位移值汇总表

施工阶段	地表/mm	中层测点/mm	拱顶/mm
右洞开挖	−0.57	−0.67	−1.48
左洞开挖—网喷混凝土	−0.83	−0.93	−1.87
左洞开挖—钢纤维混凝土	−0.82	−0.92	−1.85

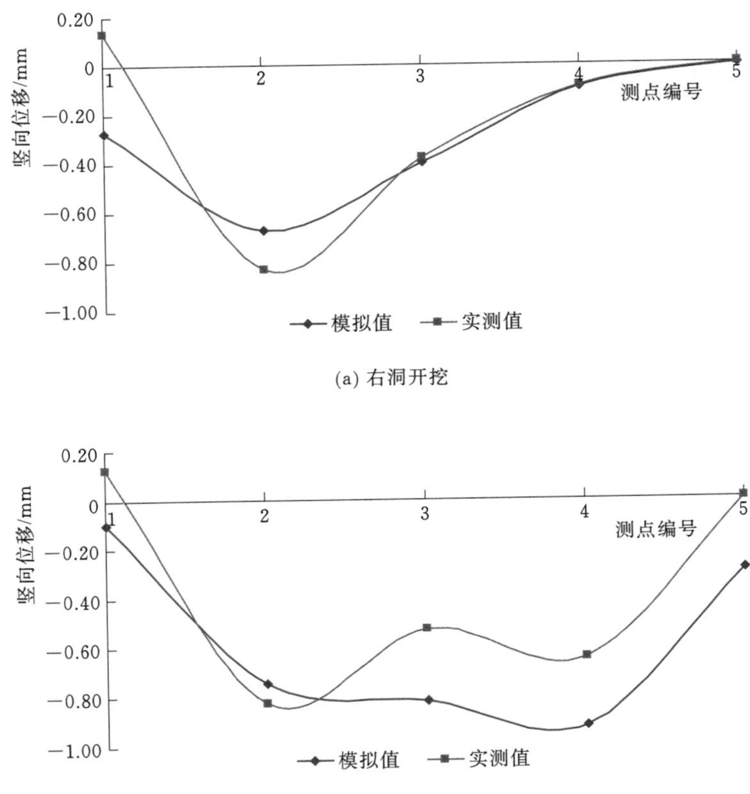

图 3.5.12　355 断面中层测点竖向位移模拟值与实测值对比图

由图 3.5.12 和表 3.5.6 可知，左洞开挖采用钢纤维喷射混凝土支护，与采用网喷混凝土支护相比，335 横断面处的地表最大沉降、中层测点最大沉降及拱顶沉降值均有所减小，分别由 0.83mm、0.93mm 和 1.87mm，减小到 0.82mm、0.92mm 和 1.85mm，依次减小了 0.01mm、0.01mm 和 0.02mm。

现场监控量测数据和数值模拟表明，左洞采用钢纤维喷射混凝土支护时，沉降量比采用网喷混凝土小，能较好地适应洞内的变形，更能保证施工安全。

3.5.4　研究结论

上述围岩变形监测及应力计算分析结果表明，南干渠输水隧洞一衬支护结构采用钢纤维混凝土比采用普通网喷混凝土在围岩变形控制方面有小幅减小，即同等条件下采用钢纤维混凝土支护结构不会增大隧洞施工安全和结构安全的风险，是可行的。

在明确施工和结构安全的前提下，研究者对两种支护结构在施工进度、质量、性能、施工工艺以及工程造价等方面进行了更深入的对比分析，以为设计和施工方案优化提供更全面、有力的证据。对比研究的结论如下：

（1）施工进度：根据现场实际情况，挂设双层钢筋网片每延米需 45min。如全部取消钢筋网片，每延米将节省 45min；若仅保留拱部 45°范围内层钢筋网片，每延米将节省 40min 的挂网时间。钢筋挂网施工工艺复杂，在凹凸不平的岩面难以沿岩石表面布置在拉应力区，喷射混凝土时混凝土容易集结在挂网的表面，挂网的背后可能形成空洞；当围岩条件较差时，不能形成及时支护。钢纤维喷射混凝土可以顺着围岩表面形成快速有效的支护，与岩石有更好的黏结，提高施工安全性的同时可简化施工工序。

（2）施工质量：对于围岩地质条件较差、开挖面起伏度较大的隧洞，如果采用普通挂网喷射混凝土施工方法，喷射混凝土容易集结在钢筋网片的表面，而网片与围岩之间常形成空洞，这样支护结构与围岩不能密贴，受力不均而极易开裂，支护结构整体安全度下降，不能保障隧洞安全。采用钢纤维喷射混凝土可以沿凸凹面均匀喷射，与岩面间黏结良好，支护结构整体受力相对均匀，抗拉裂性能高，隧洞和结构安全保障度高。

（3）支护结构性能：室内强度试验结果表明，钢纤维混凝土相比普通网喷混凝土（不掺入钢筋钎维），其抗压强度、抗拉裂性能及韧性均有明显的优越性，这使其支护结构具有较好的防裂及适应围岩不均匀变形的能力。

（4）造价分析：表 3.5.7 为喷射混凝土厚度均为 300mm 时，每平方米钢纤维混凝土与普通混凝土的工程造价分析计算表。计算结果表明，二者的工程造价基本持平，钢纤维混凝土相对略高，相差幅度小于二者平均值的 3%。

由表 3.5.7 可知，钢纤维喷射混凝土费用与网喷混凝土费用基本持平。

综合现场监控量测数据和数值模拟的结果表明，采用钢纤维喷射混凝土支护与网喷混凝土支护相比，钢纤维喷射混凝土支护更能保证施工安全。钢纤维喷射混凝土费用与网喷混凝土基本持平，但钢纤维喷射混凝土具有支护快速、及时，喷层混凝土力学性能优良和围岩黏结强度高等特点，这对确保施工安全、加快施工进度都有显著的效果；大大避免了钢筋网对施工质量以及岩面存在空洞等不利影响；省去了铺设钢筋网的工序，提高了劳动效率，无论从经济上还是技术上都具有一定的优势。

表 3.5.7 钢纤维混凝土与普通网喷混凝土的单位工程造价对比分析

结构名称	单位工程材料用量				单位工程造价
	钢筋	钢纤维		混凝土	
普通网喷混凝土	8.89kg/m^2	0	0	0.3m^3/m^2	每平方米造价=8.89×4+8.89×0.5+0.3×800 =280（元/m^2）
钢纤维喷射混凝土	0	20kg/m^3	6kg/m^2	0.3m^3/m^2	每平方米造价=6×8+0.3×800 =288（元/m^2）

第 4 章　工程场地地震安全性评价

4.1　区域地震活动性

4.1.1　研究范围与基础

《工程场地地震安全性评价》（GB 17741—2005）规定，工程场地地震安全性研究中的区域范围应不小于工程场地外延 150km。为此，北京市南水北调工程场地地震安全性评价研究的区域范围确定为（E114.3°～118.6°，N38.4°～41.8°），其包含了北京市和天津市的全部及附近地区。本章为北京市境内南水北调主要工程（包括总干渠和市内配套工程）场地地震安全性评价的成果[88-94]集成。

区域地震活动性研究的重要信息为历史地震活动记录。一个地区的地震史料记载越长、完整性越好、信息越全面，在一定程度上决定了对该区域地震活动性分析认识的准确度和深度。北京位于华北地震区，地震史料记载较长，地震资料的完整性相对较好。早在 1984 年，京津地区遥测地震台网监测能力即通过了国家地震局考核验收，表明京津地区自 1984 年起大部分地区即可监测到 $M_L=1.0\sim2.0$ 级的地震，只有个别地区监测能力为 $M_L\geqslant3.0$ 级。黄玮琼、李文香等采用统计分析方法检验后认为，华北地区（除黄海及边远地区外）自 1484 年之后记录的 $Ms\geqslant4.75$ 级地震资料基本完整。随着国家"九五"计划数字化地震台网改造完成，2001 年完成了首都圈防震减灾示范区工程，该工程布设的 107 个数字遥测地震台，大大提高了京津地区地震的监测能力和震中定位的准确性。

北京市南水北调工程场地地震安全性评价研究中，所采用的历史地震目录信息主要来源于以下资料：

（1）国家地震局震害防御司编，《中国历史强震目录》（公元前 23 世纪至 1911 年）（$Ms\geqslant4.75$），1995 年地震出版社出版；

（2）中国地震局震害防御司编，《中国近代地震目录》（1912—1990 年，$Ms\geqslant4.7$），1999 年中国科学技术出版社出版；

（3）国家地震局地球物理研究所编，《中国地震年报》（1991—2000 年，$Ms\geqslant4.7$）；

（4）中国地震局地球物理研究所编，《中国数字地震台网观测报告》（2001 年 1 月至 2004 年 11 月，$Ms \geqslant 4.7$）；

（5）中国地震台网中心汇编，《中国地震详目》（1970 年 1 月至 2012 年 12 月，$M_L \geqslant 1.0$）。

以上地震目录组成了两个不同时间范围和不同震级范围的工作目录，分别是破坏性地震目录和区域性地震台网目录。其中破坏性地震目录包括有史料记载以来至 2012 年 12 月、震级 $Ms \geqslant 4.7$ 级地震；区域性地震台网目录包括 1970 年 1 月至 2012 年 12 月、震级 $1.0 \leqslant Ms \leqslant 4.6$ 级的地震。研究中需将 M_L 震级转换为 Ms 震级，转换公式为 $Ms = 1.13M_L - 1.08$；破坏性地震的震中位置，一般取宏观震中位置。

4.1.2　区域地震时空分布特征

从上述地震目录中检索出研究区域内历史破坏性地震（$Ms \geqslant 4.7$ 级）共有 88 次，见表 4.1.1。其中 8 级地震 1 次；7～7.9 级地震 1 次；6～6.9 级地震 16 次；5～5.9 级地震 39 次；4.7～4.9 级地震 31 次。7 级以上地震分别是 1679 年三河-平谷 8 级地震和 1976 年唐山 7.8 级地震。图 4.1.1 为区域历史破坏性地震震中分布图。

表 4.1.1　区域范围内历史（公元 294 年至 2012 年 12 月）破坏性地震目录（$Ms \geqslant 4.7$）

序号	发震时间			震中位置		震级	深度/km	震中烈度	精度	参考地点
	年	月	日	E/(°)	N/(°)					
1	294	9	*	116	40.5	6	*	Ⅷ	3	北京延庆
2	949	5	9	116	38.5	5.4	*	*	4	河北州东
3	1057	3	30	116.3	39.7	6.75	*	Ⅸ	4	北京南
4	1068	8	20	116.5	38.5	6.5	*	Ⅷ	3	河北河间
5	1076	12	*	116.4	39.9	5	*	Ⅵ	3	北京
6	1138	8	22	115.5	39.3	5.5	*	Ⅶ	3	河北易县
7	1144	8	16	116	38.5	6	*	Ⅷ	3	河北河间
8	1323	1	7	115.1	40.6	5	*	Ⅵ	3	河北宣化
9	1337	1	7	115.1	40.6	6.5	*	Ⅷ	3	河北怀来
10	1338	8	10	115.2	40.4	5	*	Ⅵ	*	河北涿鹿
11	1399	9	*	115	40.4	4.75	*	*	3	河北宣化南
12	1449	2	*	115	40.4	4.75	*	*	3	河北宣化南
13	1456	7	12	115.7	40.4	5	*	Ⅵ	3	河北怀来
14	1483	4	*	115	40.4	4.75	*	*	3	河北宣化南
15	1484	2	7	116.1	40.5	6	*	Ⅸ	2	北京居庸关北
16	1485	6	5	117.9	40.2	5	*	Ⅵ	2	河北遵化
17	1485	7	3	115.8	40.4	4.75	*	*	2	北京居庸关北

续表

序号	发震时间			震中位置		震级	深度/km	震中烈度	精度	参考地点
	年	月	日	E/(°)	N/(°)					
18	1505	3	*	115.9	40.4	4.75	*	*	3	河北宣化南
19	1511	12	11	116.6	39.2	5.5	*	*	3	河北霸县
20	1520	10	*	115	40.4	4.75	*	*	3	河北宣化南
21	1524	5	*	115	40.3	4.75	*	*	3	河北宣化南
22	1527			118.1	39.8	5.5	*	Ⅶ	2	河北丰润
23	1531	7	*	115	40.5	4.75	*	*	3	河北宣化南
24	1533	10	*	115	40.3	4.75	*	*	3	河北宣化南
25	1536	11	1	116.8	39.8	6	*	Ⅶ～Ⅷ	2	北京通县
26	1557	7	*	115	40.3	4.75	*	*	3	河北宣化南
27	1581	5	28	114.5	39.8	5.75	*	Ⅶ	2	河北蔚县
28	1586	5	26	116.3	39.9	5	*	Ⅵ	3	北京
29	1615	12	8	116.8	40.1	4.75	*	*	3	北京密云南
30	1615	12	*	115	40	5	*	*	3	河北宣化西南
31	1616	10	10	116.1	40.7	5	*	Ⅵ	2	河北赤城东南
32	1618	8	15	117.7	40.1	4.75	*	*	3	河北香河北
33	1618	11	16	114.5	39.8	6	*	Ⅷ	2	河北蔚县
34	1621	3	*	116.7	39.5	5	*	Ⅶ	2	河北永清东北
35	1624	2	1	118	38.5	5	*	*	5	渤海
36	1624	4	19	118	38.5	5	*	*	5	渤海
37	1624	7	19	115.5	38.9	5	*	Ⅶ	3	河北保定
38	1626	5	30	117.4	40	5	*	Ⅶ	2	天津蓟县
39	1632	9	4	117	39.7	5	*	*	3	北京通县南
40	1657	10	*	115	40.2	5	*	*	3	河北宣化南
41	1658	2	3	115.7	39.4	6	*	Ⅶ～Ⅷ	2	河北涞水
42	1661	11	19	115	40.5	4.75	*	*	3	河北宣化南
43	1662	4	21	115	40.5	4.75	*	*	3	河北宣化南
44	1664	4	1	116.7	39.9	4.75	*	Ⅵ	2	北京通县
45	1665	4	16	116.6	39.9	6	*	Ⅷ	2	北京通县西
46	1678	夏	*	115.3	40.7	5	*	Ⅵ	2	河北宣化西北
47	1679	9	2	117	40	8	*	Ⅺ	2	三河、平谷
48	1679	9	4	116	39	5	*	*	*	河北雄县
49	1688	10	0	115	40.6	4.75	*	*	3	河北宣化

续表

序号	发震时间			震中位置		震级	深度/km	震中烈度	精度	参考地点
	年	月	日	E/(°)	N/(°)					
50	1720	7	12	115.5	40.6	6	*	Ⅸ	2	河北沙城
51	1724	*	*	115.3	40.5	5	*	Ⅵ	2	河北新保安
52	1730	9	30	116.15	40.02	6	*	Ⅷ	1	北京西北郊
53	1746	7	29	116.2	40.2	5	*	Ⅵ	2	北京昌平
54	1765	7	4	116	40.1	5	*	*	3	北京昌平西南
55	1815	8	5	117.2	39.1	5.75	*	Ⅵ	4	天津
56	1816	8	7	117	38.5	4.75	*	*	4	河北沧州西北
57	1911	1	25	114.5	39.8	5.9	*	Ⅶ	2	河北蔚县
58	1923	9	14	115.8	39.4	5.5	*	Ⅶ	*	河北新城
59	1935	1	19	118.3	39.6	4.75	*	Ⅵ	*	河北唐山
60	1936	2	13	118.3	40.4	4.75	*		*	河北喜峰口
61	1957	1	1	115.5	40.5	5	*	Ⅵ	2	河北涿鹿
62	1967	3	27	116.5	38.5	6.3	*	Ⅶ	*	河间、大城
63	1967	7	28	115.8	40.7	5.4	10	Ⅵ	1	河北怀来
64	1973	12	31	116.8	38.4	5.3	19	Ⅵ	1	河北河间东
65	1976	7	28	118.2	39.6	7.8	22	*	*	河北唐山
66	1976	7	28	117.6	39.3	4.8	33	*	*	天津宁河
67	1976	7	28	117.8	39.8	5	*	*	*	河北玉田
68	1976	7	28	118.2	39.4	4.9	*	*	1	天津宁河
69	1976	7	28	118.01	39.28	4.7		*	1	天津宁河
70	1976	7	28	117.78	39.41	5.2	25	*	*	河北汉沽
71	1976	7	28	117.8	39.2	6.2	19	*	1	河北唐山
72	1976	7	28	117.73	39.26	5.2	12	*	1	河北唐山南
73	1976	7	28	117.9	39	5.5	*	*	*	天津宁河
74	1976	7	28	117.9	39.3	4.8	*	*	2	天津宁河
75	1976	7	29	118.1	39.6	4.7	*	*	*	河北唐山
76	1976	7	29	118.25	39.38	4.7	10	*	1	河北唐山东
77	1976	7	29	118.3	39.7	4.8	*	*	*	河北唐山东
78	1976	8	1	118.03	39.25	4.7	*	*	1	
79	1976	11	15	117.5	39.2	6.9	17	Ⅷ	*	天津宁河西
80	1976	12	2	117.5	39.6	4.7	*	*	*	天津宝坻东南
81	1977	1	30	118.2	39.5	4.7	25	*	*	诏山南

续表

序号	发震时间			震中位置		震级	深度/km	震中烈度	精度	参考地点
	年	月	日	E/(°)	N/(°)					
82	1977	5	12	117.7	39.2	6.2	19	Ⅶ	1	河北汉沽
83	1977	11	27	118	39.4	5.1	16	*	*	河北丰南西南
84	1979	9	2	118.3	39.7	5	*	*	*	河北唐山东
85	1991	5	29	118.3	39.7	4.8	*	*	*	河北唐山东
86	1991	5	30	118.2	39.5	5	*	*	*	河北唐山东
87	1998	4	14	118.3	39.7	4.7	*	*	*	河北唐山东
88	2006	7	4	116.3	38.9	5.1	15	*	1	河北文安

注　1. 表中“*”号表示缺乏资料。

2. 1970 年以后地震精度分类的含义是：1 类震中误差≤5km，2 类震中误差≤10km，3 类震中误差≤30km；1970 年以前地震精度分类的含义是：1 类震中误差≤10km，2 类震中误差≤25km，3 类震中误差≤50km，4 类震中误差≤100km，5 类震中误差>100km。

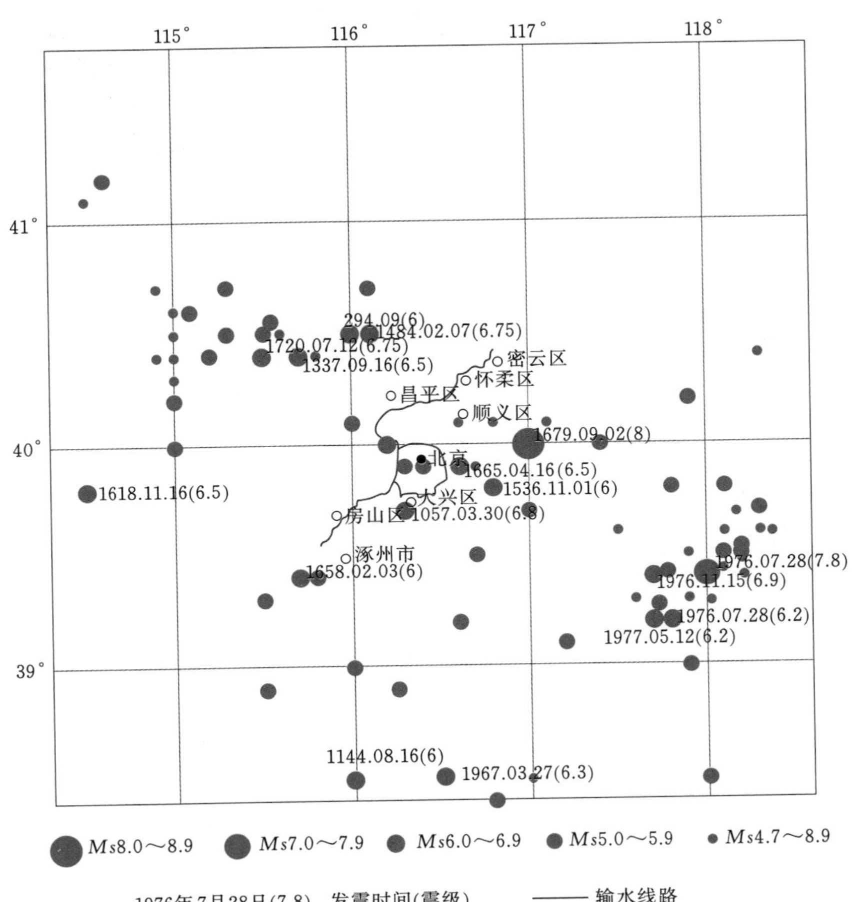

图 4.1.1　区域破坏性地震震中分布图（$Ms\geq4.7$，294 年至 2012 年 12 月）

自1970年有区域性地震台网记录以来，区域内共记录到1.0≤Ms≤4.6级地震7167次，其中4.0～4.6级地震690次；3.0～3.9级地震555次；2.0～2.9级地震3772次；1.0～1.9级地震2150次。图4.1.2为研究区1970年以来小震震中分布图。

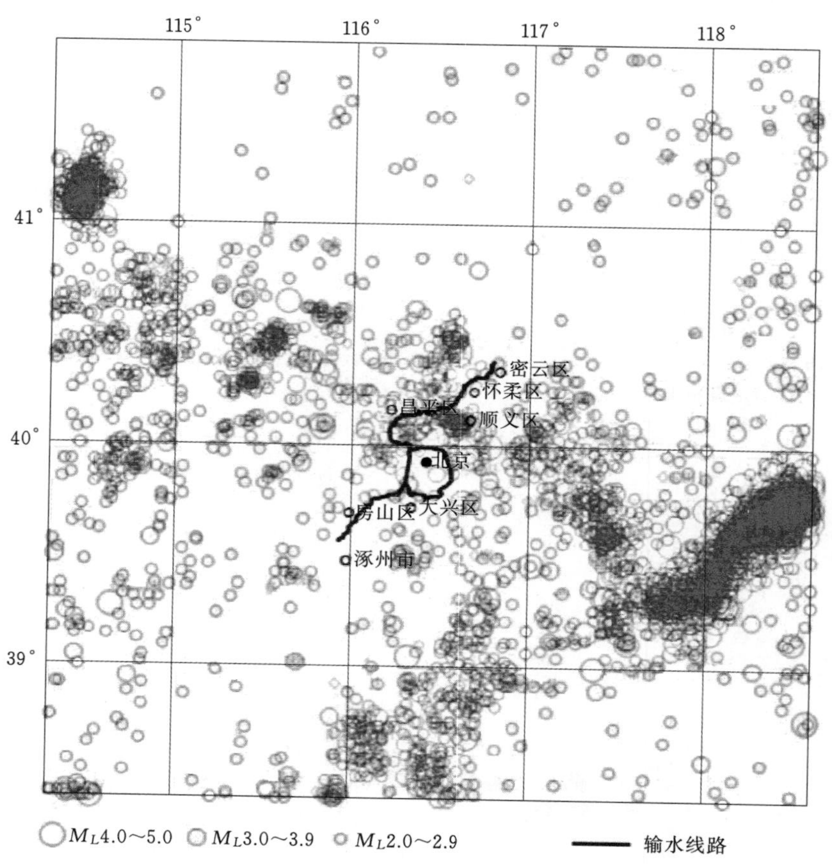

图4.1.2 区域小震震中分布图（2.0≤Ms≤4.6，1970年1月至2012年12月）

从图4.1.1可以看出，研究区位于华北地震区的北部，历史上属破坏性地震活动频发地区。区域内地震活动主要分布在北西西向的张家口—渤海地震带，存在三个相对集中的地震活动区（宣化、怀来一带；北京、三河、平谷一带；唐山、滦县一带），发生的主要强震有1679年三河—平谷8级地震和1976年唐山7.8级地震。此外，有一条北东向地震活动条带从北京、唐山一带向邢台一带排列，构成华北平原地震带的一部分；从张家口、怀来向阳原、繁峙也有一北东向活动条带向南延伸，它实际上是汾渭地震带的组成部分。总体来看，区域内破坏性地震活动呈现出一个北西西向、两个北东向条带分布的特点，北西西向基本沿张家口—渤海地震带活动，北东向沿华北平原地震带和汾渭地震带活动。这一特点在图4.1.2所示的区域近代小震活动格局上也表现明显。

1970年建立区域地震监测台网以来，使研究区域地震震源深度的空间分布规律成为可能。图4.1.3为根据监测台网的地震震源深度记录编制的研究区震源深度等值线图，由图可以看出：区域内绝大多数地区的震源深度小于 40km，大于 40km 的地区主要分布在渤海、赤城及蓟县以东一带。不同震源深度区地震分布情况分段统计见表 4.1.2，由表可知：1970 年以来，区域内监测到的地震震源深度约 83%小于 20km。

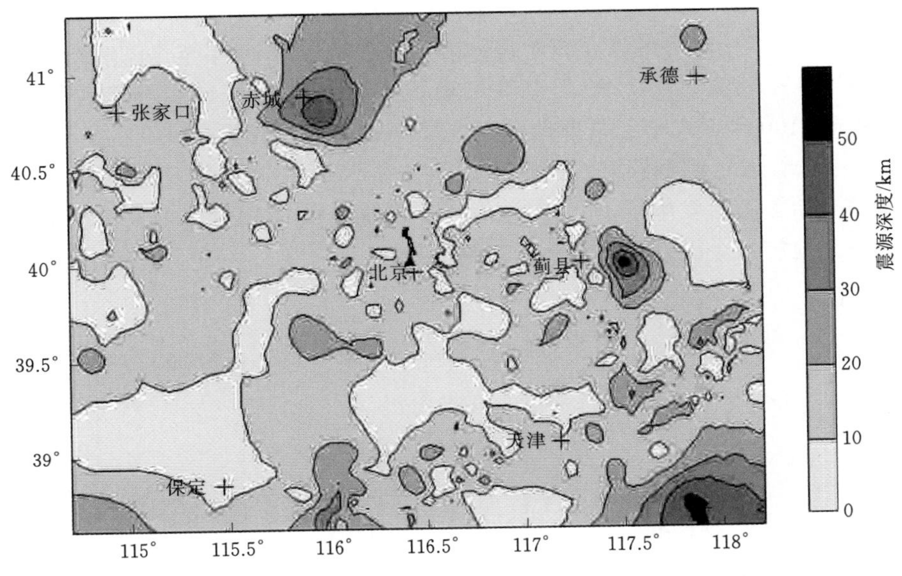

图 4.1.3　区域震源深度等值线图

表 4.1.2　区域地震震源深度分布表

震源深度/km	<10	10～20	20～30	30～40	40～60
地震数量/个	568	740	207	57	4
占总数百分比/%	36.0	47.0	13.1	3.6	0.3

目前，地震学者认为研究地震的时间分布特征和未来活动趋势，以及进行地震危险性概率分析，应从区域地震带的角度出发。根据《中国地震动参数区划图（第五代）》所使用的地震带划分方案，研究区位于华北平原地震带、汾渭地震带、华北平原地震带和张家口—渤海地震带的交汇部位，属我国东部地震活动最强烈的地区。由于张家口—渤海地震带实际由华北平原地震带的北端组成，所以主要研究了华北平原地震带和汾渭地震带不同历史时期的活动特征。

华北平原地震带呈 NNE 向展布。华北平原坳陷内有多组不同方向的断裂存在，其中以 NE—NNE 和 NW—NWW 向两组断裂为主，晚第四纪以来部分断裂仍有较强活动，与地震活动关系密切，强震多发生在两组断裂交汇部位。截至 2010 年 12 月，该区共记录到 $Ms \geqslant 4.7$ 的破坏性地震 240 次，其中 8 级地震 1 次（1679 年 9 月 2 日三河、平谷地震）；7.0～7.9 级地震 5 次；6.0～6.9 级地震 30 次，5.0～5.9 级地震 117 次。该区地震活动有北强南弱的特点，尤其华北平原凹陷北部与燕山南麓边界附近，新构造运动强烈。1679 年三河、平谷 8 级地震和 1976 年唐山 7.8 级地震均发生在该地区。

根据前述区域地震资料的完整性分析结果，绘制了华北平原地震带公元 1400 年以来 $Ms \geqslant 4.0$ 级地震的 $M-T$（震级-时间）图，如图 4.1.4 所示。由图 4.1.4 可以看出，自 1484 年以来华北平原地震带有两个地震活跃期：1484—1830 年和 1880—2004 年。其中，第一活跃期 347 年发生了 1 次 8 级、2 次 7.0～7.9 级、9 次 6.0～6.9 级地震，最大地震是 1679 年三河—平谷 8 级地震；第二活跃期从 1880 年至今已活动 124 年，发生了 4 次 7.0～7.9 级、10 次 6.0～6.9 级地震，最大地震是 1976 年唐山 7.8 级。图 4.1.5 为公元 1400 年以来华北平原地震带应变释放曲线。有关研究认为，1989 年大同 6.1 级地震标志着华北地震带第二活跃期内第八幕（20～30 年为一个地震幕周期）地震活动期的开始，随后发生了 1996 年包头 6.2 级地震和 1998 年张北 6.2 级地震，由此初步认为华北地震带今后百年内仍将处于活跃期。

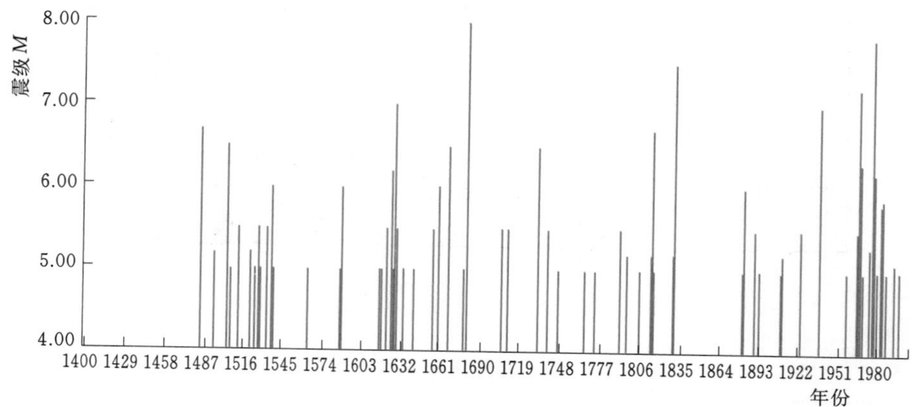

图 4.1.4 公元 1400 年以来华北平原地震带 $M-T$ 图

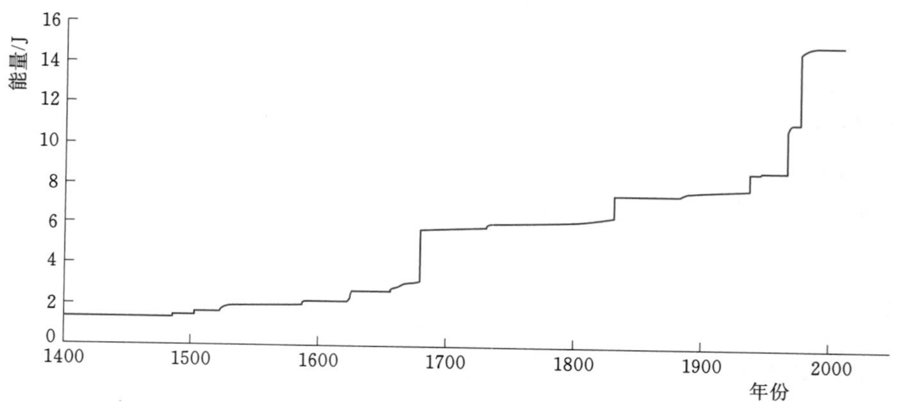

图 4.1.5 公元 1400 年以来华北平原地震带应变释放曲线

汾渭地震带南起渭河盆地，贯穿山西全境，北止于怀来—延庆盆地，是华北地区的一个强震活动区。由延怀、大同、灵丘、忻定、太原、临汾、运城、渭河等一系列活动断裂所控制的断陷盆地组成，强震主要位于山西断陷带的忻定盆地、临汾盆地和渭河断陷带的东部地区。截至2010年12月，该区共记录到$M\geqslant 4.7$级的破坏性地震186次，其中8级地震2次（1556年2月2日华县8.25级地震和1303年9月25日洪洞8级地震）；7.0～7.9级地震7次；6.0～6.9级地震22次；5.0～5.9级地震99次。汾渭地震带南段地震活动最强，中段较强，北段相对较弱。

图4.1.6为汾渭地震带自公元1000年以来的$M-T$图，由图可知，汾渭地震带大致经过了4个地震活跃期：第一个活跃期为1022—1102年；第二个活跃期为1209—1368年，该活跃期内发生了1303年洪洞8级地震；第三个活跃期为1477—1739年，发生了1556年华县8.25级地震；第四个活跃期为（1815至今）。地震活动的时间序列显示了汾渭地震带强震活动存在着300年左右的准周期。图4.1.7为公元1000年以来汾渭地震带应变释放曲线。

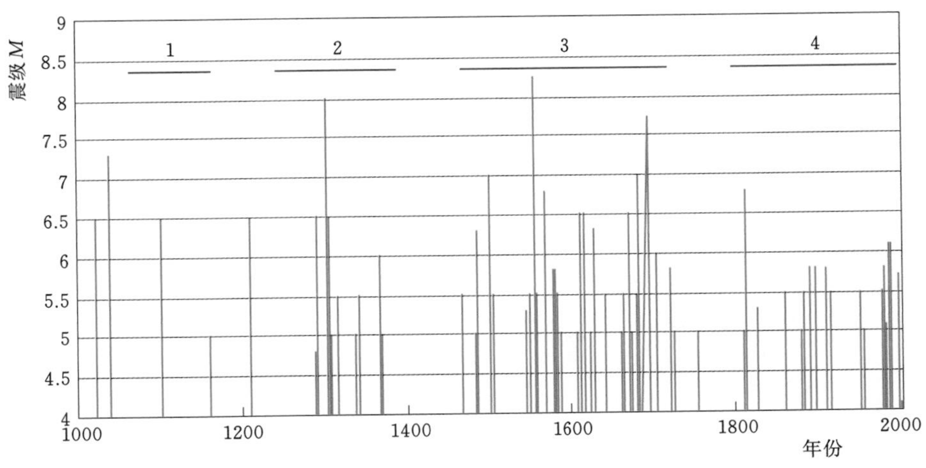

图4.1.6 公元1000年以来汾渭地震带$M-T$图

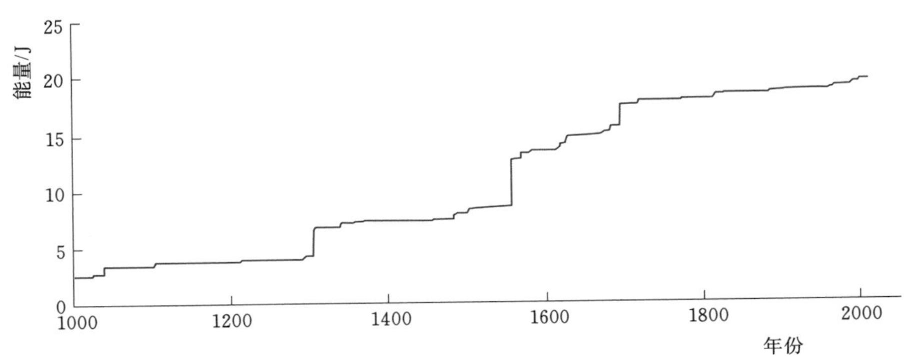

图4.1.7 公元1000年以来汾渭地震带应变释放曲线

1815年平陆6.75级地震标志着汾渭地震带最近活跃期的开始，至今已有190年。该活跃期内地震活动强度明显低于前三个活跃期。1989年大同—阳高6.1级地震后，汾渭地震带相继发生了1991年忻州5.1级、1991年大同—阳高5.8级、1999年大同—

阳高 5.6 级地震，1998 年汾渭地震带北部边缘的张北发生 6.1 级地震；2003 年以来，太原盆地和临汾盆地也发生了 4 级以上地震，并且小震和震群活动十分活跃。由此推断，汾渭地震带目前趋于地震相对活跃的发展态势，今后百年内仍将处于活跃期。

4.1.3 历史地震对工程场址的影响烈度

确定历史地震对拟建工程场址的影响烈度，目前一般采用两种方法：一是根据历史地震等震线记录直接查明；二是应用适宜的地震烈度衰减模型计算而得。本次研究主要考察区域范围内发生的 $Ms \geqslant 4.75$ 级的历史强震，以及区域范围外可能对拟建工程场地产生Ⅵ度以上烈度影响的大地震。

通过查阅我国历史地震目录及相关文献，研究区域及其周边共有 6 次有等震线记录资料的地震对拟建北京市南水北调工程建设场区有Ⅵ度以上的烈度影响，其中最大的影响烈度可达Ⅷ度。这 6 次地震的烈度等值线如图 4.1.8～图 4.1.13 所示。

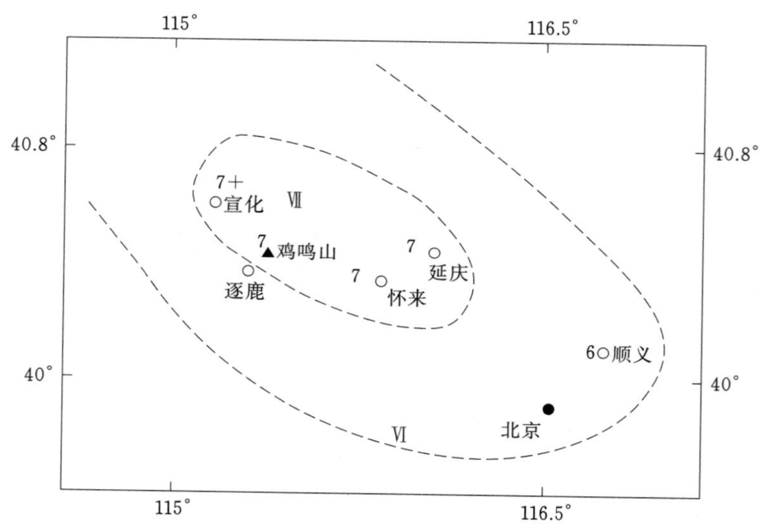

图 4.1.8 1337 年河北怀来一带 6.5 级地震烈度等值线图
[引自《中国历史强震目录（公元前 23 世纪至 1911 年）》，1995 版]

无地震烈度等值线记录的历史地震对工程场址的影响烈度计算式为

$$I = 2.429 + 1.499M - 1.391\ln(R + 11) \quad \text{标准差 } s = 0.377$$

式中 I——地震影响烈度；

M——历史地震震级；

R——场址距震中的距离，km。

上式为汪素云（1993）根据华北平原地区地震烈度资料拟合的烈度平均轴衰减关系式，实际中被广泛应用。由该衰减关系式计算得到的烈度值为统计平均值，常为非整数。为保守起见，工程应用中常将公式的计算结果加上给定的标准差后取整，即得到对场址的影响烈度值。研究区计算结果见表 4.1.3。

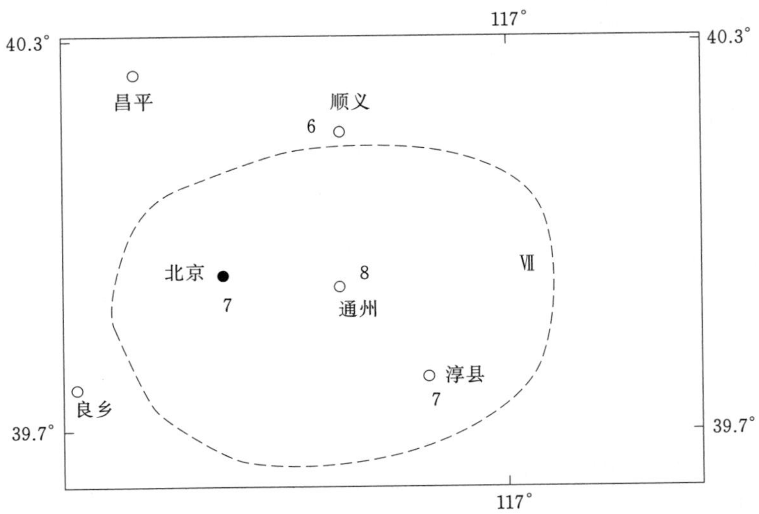

图 4.1.9　1665 年北京通县西 6.5 级地震烈度等值线图
[引自《中国历史强震目录（公元前 23 世纪至 1911 年）》，1995 版]

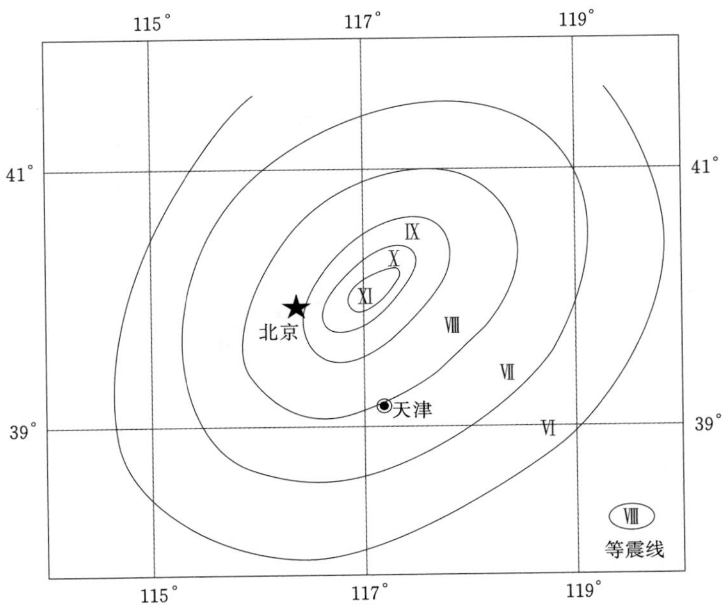

图 4.1.10　1679 年河北三河—平谷 8 级地震等震线图
[引自《中国历史强震目录（公元前 23 世纪至 1911 年）》，1995 版]

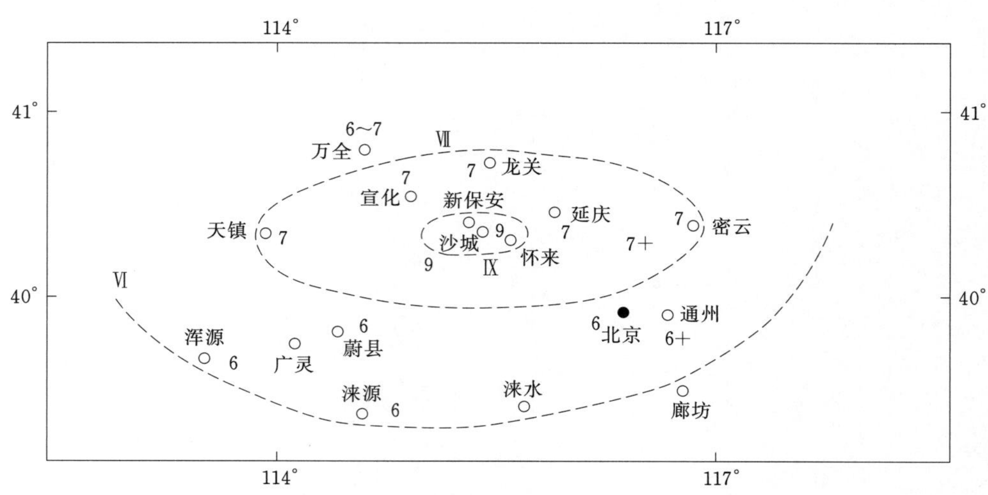

图 4.1.11 1720 年河北沙城 6.75 级地震烈度等值线图

[引自《中国历史强震目录（公元前 23 世纪至 1911 年）》，1995 版]

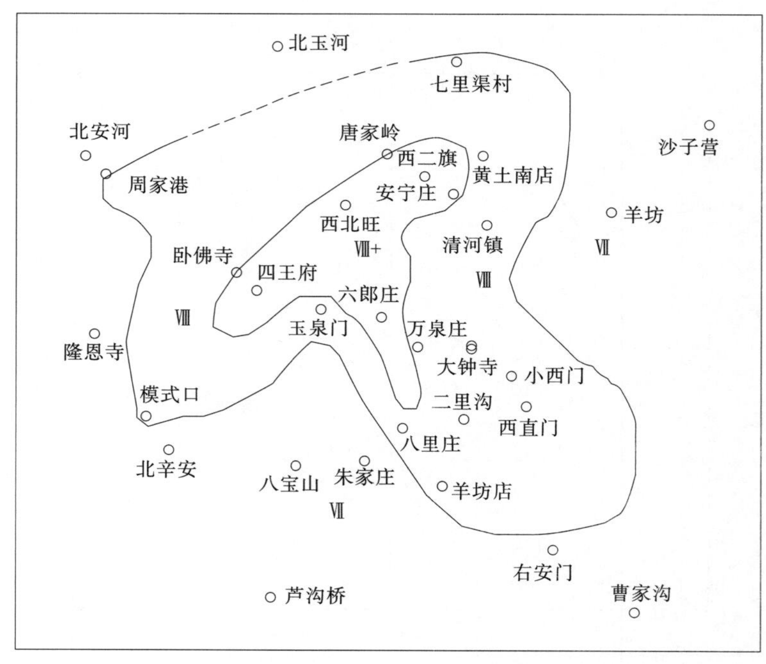

图 4.1.12 1730 年北京西北郊地震极震区等震线图

（时振梁、环文林，1968）

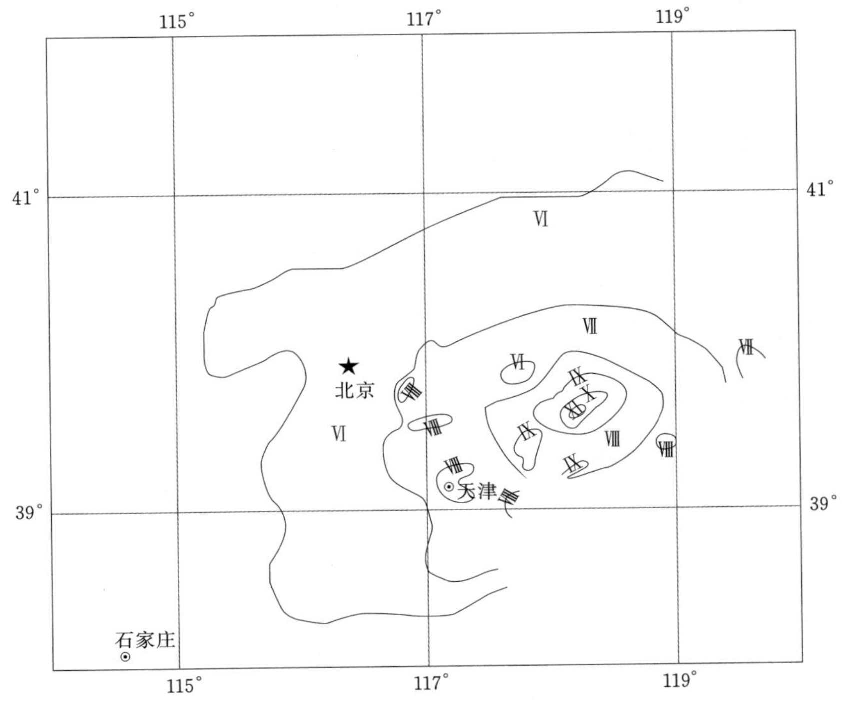

图 4.1.13　1976 年唐山 7.8 级地震烈度等值线图

［引自《中国近代地震目录（1912—1990 年，$Ms \geqslant 4.7$）》，1999 版］

表 4.1.3　　区域历史地震对工程场址区的影响烈度一览表

序号	发震时间			震中位置		震级	震中距/km	计算烈度	宏观烈度	对工程场区的影响烈度	备注
	年	月	日	E/(°)	N/(°)						
1	1057	3	30	116.3	39.7	6.75	15.7	7.6		7	
2	1076	12	*	116.4	39.9	5	18.5	6		6	
3	1337	9	16	115.7	40.4	6.5	78	5.9	Ⅵ	6	等震线
4	1484	2	7	116.1	40.5	6.75	76.3	6.5	Ⅴ	6	
5	1536	11	1	116.8	39.8	6	50	5.9	Ⅵ	6	
6	1665	4	16	116.6	39.9	6.5	33.2	7.3	Ⅶ	7	等震线
7	1679	9	4	116	39	8	70	8.5	Ⅷ	8	等震线
8	1720	7	12	115.5	40.4	6.75	88.5	6.1	Ⅵ	6	等震线
9	1730	9	30	116.2	40	6.5	20.3	7.6	Ⅶ	7	等震线
10	1976	7	28	118.2	39.6	7.8	160	7	Ⅵ	6	
11	1976	7	28	118.5	39.7	7.1	195	5.7	Ⅵ	6	等震线
12	1976	11	15	117.5	39.3	6.9	123	5.9	Ⅵ	6	

注　表中“*”表示缺乏资料。

综上所述，研究区域及其附近共有12次历史地震对北京市南水北调工程建设场址区可产生Ⅵ度以上的地震烈度影响，其中影响烈度为8度的1次，7度的3次。

4.2　区域地震构造背景

研究区域地震的构造地质背景，是在广泛收集区域范围内相关地质、地球物理和断裂构造等资料的基础上，研究区域的地质背景特征、深部及浅部的地质构造特征、区域断裂构造分布及活动性特征及它们与地震活动的相关性。区域地震构造背景是进行地震危险性分析、潜在震源区划分及震源机制研究的基础。

4.2.1　区域大地构造背景

研究区在大地构造上隶属于中朝准地台。中朝准地台是我国最古老的陆台之一，具有典型的双层结构，其构造演化历史可划分为基底形成、盖层发育和地台活化三个阶段。

太古代—早元古代为基底形成阶段。迁西运动形成了初始陆核，阜平运动和五台运动使初始陆核进一步固结、增生、闭合，吕梁运动最终使结晶基底固化。

中元古代—中生代中期的三叠纪为稳定的地台盖层发育阶段。该阶段地壳只有海陆变迁的升降运动，没有强烈的构造变形和火山活动。

晚三叠纪—新生代为地台活化阶段。其中侏罗纪—白垩纪期间的中生代裂陷作用使华北地区地壳开裂解体，形成了一系列的断陷盆地，并伴有大规模的火山活动；至早白垩世末期，燕山运动使盆地封闭，并形成一套北东方向展布的挤压褶皱和断裂构造体系，从而奠定了本区现今构造的基本格局；晚白垩世—第三纪古新世，地壳整体稳定抬升，遭受长期剥蚀、夷平作用，形成了遍及整个华北地区的北台期夷平面；自始新世起，新生代裂陷作用使夷平面开裂解体，其间本区西部与北部为持续上升区，东部和南部则大规模断陷，经历了始新世初始裂陷、渐新世强烈裂陷和晚第三纪整体沉降三个主要阶段，形成了华北断坳；晚第三纪上新世，在山西断隆轴部及与燕山台褶带毗邻的部分，发育了右旋拉张-剪切性质的山西断陷带；第四纪华北断坳除总体上继承晚第三纪的沉积格局外，还在其北部发育了一条北西向的沙河—武清—渤海活动断陷盆地带。

根据中朝地台盖层发育与构造运动的时代、性质和岩浆活动强度等差异，可将其划分为内蒙地轴（$Ⅱ_1$）、燕山台褶带（$Ⅱ_2$）和华北断坳（$Ⅱ_3$）三个二级构造单元，各构造单元的特征分述如下。

内蒙地轴（$Ⅱ_1$）为地台北缘，其南部以尚义—平泉断裂为界与燕山台褶带相邻。内蒙地轴（$Ⅱ_1$）是一个自基底形成后长期相对隆起的近东西向轴状构造单元，其内基底岩系广泛出露；中侏罗世时其内部开始剧烈活动，形成一系列中生代断陷盆地；第三纪时期构造活动仍较强烈，玄武岩成片分布；至第四纪时构造活动基本稳定。

燕山台褶带（$Ⅱ_2$）北部与内蒙地轴相邻，南部以NNE—NEE向、NW向和近

EW 向等多条断裂为界与华北断坳相邻。燕山台褶带（$Ⅱ_2$）大部分地区被中晚元古界—古生界沉积层覆盖，因受燕山运动多次强烈改造，构造变形剧烈，盖层普遍褶皱；晚第三纪以来，该区西部发育了 NE 向的断陷盆地，南部发育多组不同方向的活动断裂，并形成多个第四纪断陷盆地。

华北断坳（$Ⅱ_3$）为新生代强烈断陷区，主要构造线方向为 NNE—NE 向。该区在早第三纪时期地壳强烈拉张，形成了数十个相对集中成带分布的断陷盆地，盆地中下第三系厚 4000～6000m；晚第三纪以来断坳整体下沉，上第三系和第四系一般厚 1200～2000m；第四纪时期在断坳北缘新发育了 NWW 向斜列分布的沙河、顺义等几个断陷盆地。研究区西南部为山西断隆（$Ⅱ_4$）构造单元区，它为中朝准地台内相对稳定区域，区内地层产状平缓，褶皱变形甚弱；晚第三纪以来区内发育了一系列 NNE—NE 向的断陷盆地，与燕山台褶带西部的同褶盆地一起组成山西断陷带。

区域断裂构造十分发育。按断裂空间展布方向可分为 EW 向、NNE—NEE 向和 NW 向三组：

EW 向断裂主要为区域基底断裂，多为形成于早元古代的逆冲断裂，如尚义—平泉断裂、丰宁—隆化断裂和密云—喜峰口断裂等。这些断裂对区域地史早中期演化具有重要的控制作用，但新生代以来活动性明显减弱。

NNE—NEE 向断裂规模大、数量多。其中分布在内蒙地轴和燕山台褶带内的上黄旗—乌龙沟断裂、紫荆关断裂、平坊—桑园断裂和张北—沽源断裂等多为形成于中元古代—古生代的左旋逆平移断裂，新生代以来活动减弱；构成华北断坳与燕山台褶带边界的太行山山前断裂带和宁河—昌黎断裂，以及华北断坳内的沧东断裂等，多为形成于中生代的正断层，是控制区域构造地貌基本格局的主体断裂，且多数在新生代仍强烈活动，与现今地震活动关系密切。

NW 向断裂主要分布在张家口—蓬莱活动构造带内，如蓟运河断裂。

除上述区域大断裂外，区域内还发育一系列规模相对较小的断裂，主要为 NE 向和 NW 向断裂，且多数新生代以来活动较强烈。

研究表明，研究区主要的深部地球物理场异常与地震活动构造带关系密切，区内发生强震的主要深部构造背景为：布格重力异常带边缘、凸起部位或转折地带；航磁梯级带附近或正负异常交界处；不同方向的重、磁异常带交汇处；中下地壳结构横向变化明显的边界地带及莫霍面隆起的边缘地带等部位。研究区具有发生中～强地震的深浅地质构造背景。

4.2.2　区域新构造运动特征

新构造运动主要是指喜马拉雅运动（特别是上新世—更新世喜马拉雅运动的第三幕）中的垂直升降。地质学中一般指新近纪和第四纪（前 23Ma 至现代）时期内发生的构造运动。

研究区新构造运动的方式以断块差异运动和裂陷运动为主，塑造了该区域目前的地貌构造单元，主要有隆起山地、山间断陷盆地和沉积平原。根据区内新构造运动的方式、幅度、规模及地震活动性等特征，在前述区域大地构造分区的基础上，将研究区进一步划分为两个一级构造单元和 11 个二级构造单元，见图 4.2.1。华北平原断坳区（Ⅰ）包括河北平原北部和渤海西部，晚第三纪以来整体下沉；燕山—太行山断块隆起区（Ⅱ）包括燕山和太行山地区。

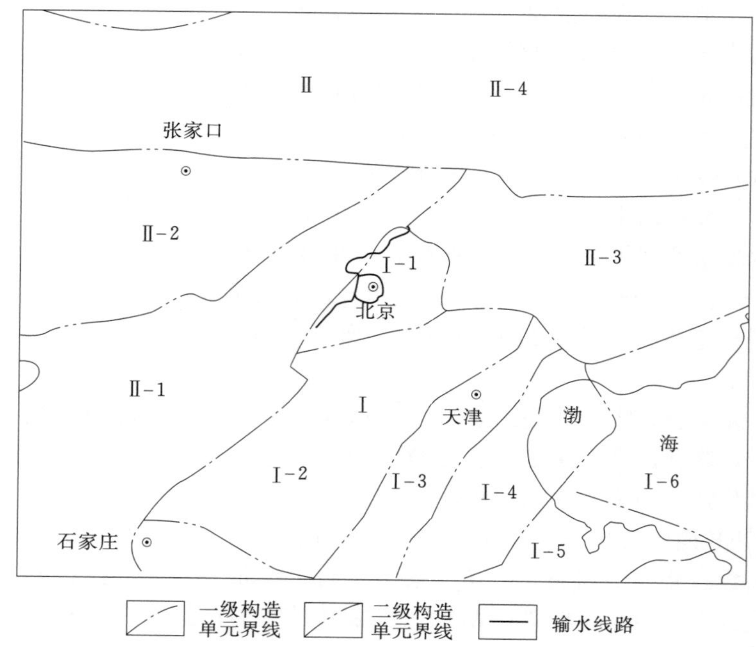

图 4.2.1 研究区新构造单元划分图（据李志义等，1985）

Ⅰ—华北平原断坳区；Ⅰ-1—北京断陷；Ⅰ-2—冀中断陷；Ⅰ-3—沧县断隆；Ⅰ-4—黄骅断陷；Ⅰ-5—埕宁断隆；Ⅰ-6—渤中断陷；Ⅱ—燕山—太行山断块隆起区；Ⅱ-1—太行山—军都山断隆；Ⅱ-2—山西断陷带；Ⅱ-3—燕山南麓断隆；Ⅱ-4—冀北断隆

区域新构造运动的基本特征如下：

（1）以强烈的断块差异升降运动为主，同时伴有水平运动分量。新构造运动时期，华北平原强烈裂陷，形成大型的坳陷，新生代下沉幅度一般为 5000～8000m，而太行山、燕山地区则大规模隆升。以平原裂陷区基岩面（埋藏的北台面）与山区北台面分布高程相比，裂陷区与山区之间总的差异升降幅度一般达 7000～11000m，最大幅度达 14000m。华北平原裂陷区域内部也有明显的差异运动，主要表现为“凹一隆”相间的格局。在不同构造运动时期，盆地下沉速率和山地抬升速率也有显著的差异性。控制断陷盆地的主断裂具有水平剪切的性质及沿断裂线现代水系的水平扭动等资料表明，华北地区第四纪活动伴有明显的水平运动分量。

（2）继承性和新生性。新构造时期，断裂和断块运动不同程度地继承了先存断裂构造的格局及其活动方式；在盆地演化和沉积中心部位上也有明显的继承性，表现为第四纪沉积等厚线与第三纪等厚线形态基本相同。新构造运动的新生性主要表现为在华北平原北部发育形成了北西向的沙河—武清—渤海第四纪活动断陷盆地带。

（3）间歇性。早第三纪～晚第三纪期间的地壳抬升，造成北台面遭受侵蚀，形成

唐县面。第四纪时期，隆起区仍表现为间歇式的抬升，在华北山地的河谷内普遍发育 3～4 级阶地，在山前形成级数不等的台地。

研究区内第四纪活动断裂发育，且其在空间分布、活动时代及活动强度等方面因受区域新构造运动控制而表现为明显的分区性。区内第四纪活动断裂的主要特点如下。

（1）主要发育于山西断陷带和华北平原断坳区及其北部边缘与燕山南麓断隆的结合部位。这些活动断裂分属于北东向的山西活动构造带、华北平原活动构造带和北西向的张家口—蓬莱活动构造带。太行山和燕山的大部分地区，在新构造运动时期以整体缓慢抬升为主，块体内部构造差异运动不明显，仅在局部地段有少数第四纪活动断裂发育。

（2）断裂走向主要为 NE—NNE，其次是 NW 向，近 EW 向的断裂少。不同方向的第四纪活动断裂大多数是先存断裂的继承性活动，它们对区域构造地貌的形成和现今地震活动等有着重要的影响，往往成为划分不同级别活动构造单元的边界断裂。

（3）研究区仅涉及山西断陷带的东北端，即延怀盆地、涿鹿盆地和蔚县盆地等。张家口—蓬莱活动构造带、山西活动构造带西北端和华北平原活动构造带北部在研究区内交汇，构造背景复杂。

研究区主要第四纪活动断裂空间分布如图 4.2.2 所示，活动断裂特征详见表 4.2.1。区内主要发震构造为 NE—NNE 向活动断裂带。

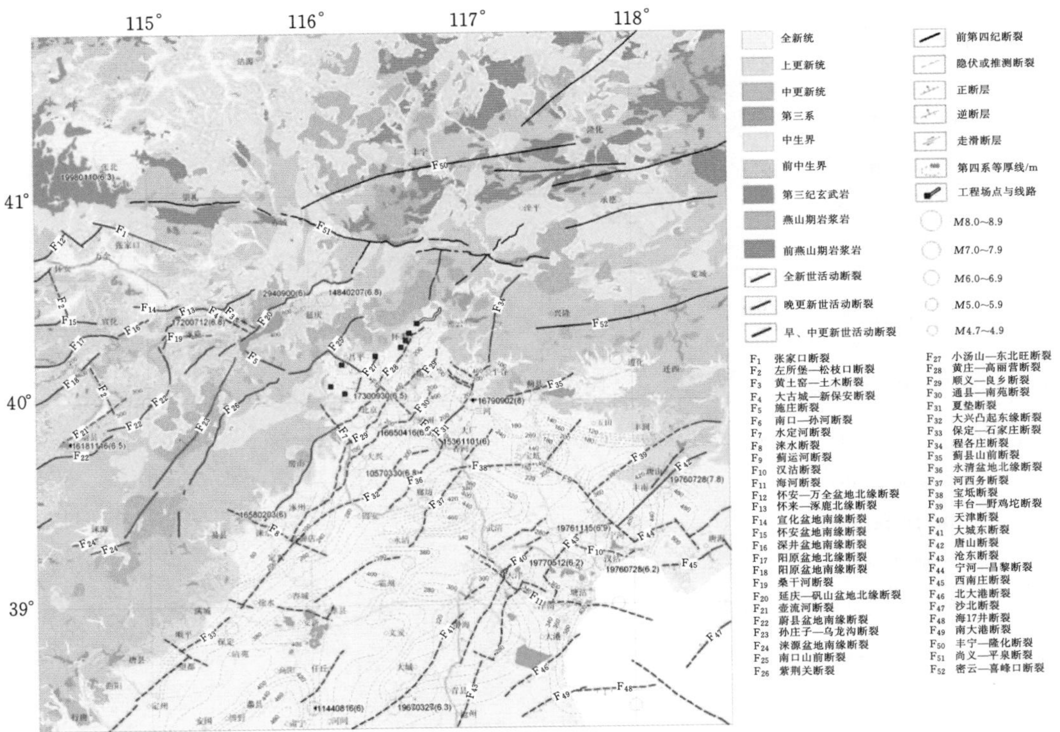

图 4.2.2　第四纪活动断裂空间分布图

表 4.2.1　　研究区主要第四纪活动断裂特征

编号	断层名称	长度/km	走向	倾向	倾角/(°)	断层性质	活动时代	地震活动
F_1	张家口断裂	25	NW	NE	60	正-平移	Q_{3-4}	
F_2	左所堡—松枝口断裂	110	NNW	NE	62	正	Q_2	
F_3	黄土窑—土木断裂	20	NW	SW	60	正	Q_3	
F_4	大古城—新保安断裂	55	NW	SW	60～70	正	Q_4	
F_5	施庄断裂	20	NWW	NE	70～80	正-平移	Q_2	
F_6	南口—孙河断裂	60	NW	SW/NE	70～80	正	Q_{2-4}	1746 年 5 级地震
F_7	永定河断裂	26	NW	SW/NE	35～45	正-平移	Q_2	
F_8	涞水断裂	40	NWW	SW	70	正断	Q_1	
F_9	蓟运河断裂	80	NNW	SW	70	正	Q_4	
F_{10}	汉沽断裂	40	EW	S	60	正断	N—Q_3	
F_{11}	海河断裂	110	NWW	SW	30～60	正	Q_{3-4}	
F_{12}	怀安—万全盆地北缘断裂	50	NNE/NW	SE/SW	50～80	正	Q_4	
F_{13}	怀来—涿鹿北缘断裂	55	NE	SE	50～75	正-平移	Q_4	东北段 1720 年 6.75 级，西南段 2 次 5 级地震
F_{14}	宣化盆地南缘断裂	16	EW	N	55～65	正	Q_4	
F_{15}	怀安盆地南缘断裂	41	EW	N	70～75	正	Q_4	
F_{16}	深井盆地南缘断裂	16	NEE	NNW	60	正	Q_4	
F_{17}	阳原盆地北缘断裂	62	NEE	SE	50～60	正	Q_4	
F_{18}	阳原盆地南缘断裂	42	NEE	NW	60～80	正	Q_4	
F_{19}	桑干河断裂	32	EW	N	70	正	Q_3	
F_{20}	延庆—矾山盆地北缘断裂	105	NE	SE	50～80	正	Q_3	1337 年 6.5 级地震
F_{21}	壶流河断裂	46	NE	SE	65	正	Q_3	
F_{22}	蔚县盆地南缘断裂	110	NE，NEE	NW	70	正	Q_4	1618 年 6.5 级地震
F_{23}	孙庄子—乌龙沟断裂	115	NNE	NW/SE	60～70	正-平移	Q_3	
F_{24}	涞源盆地南缘断裂	15	NEE	NW	60～7	正	Q_3	
F_{25}	南口山前断裂	61	NE	SE	50～80	正	Q_3	
F_{26}	紫荆关断裂	250	NE	SE	50～75	正	Q_{1-2}	
F_{27}	小汤山—东北旺断裂	40	NE	NW/SE	60～70	正	Q_4	1730 年 6.5 级地震
F_{28}	黄庄—高丽营断裂	140	NNE，NE	SE	55～75	正-平移	Q_{2-4}	北段高丽营一带小震密集成带
F_{29}	顺义—良乡断裂	110	NNE	NW SE	60～80	正	Q_{2-3}	北段 1996 年 4 级，晚更新世以来 2 次古地震

续表

编号	断层名称	长度/km	走向	倾向	倾角/(°)	断层性质	活动时代	地震活动
F_{30}	通县—南苑断裂	130	NNE	NW	50～75	正	Q_{1-3}	1665 年 6.5 级地震
F_{31}	夏垫断裂	100	NE	SE	75	正	Q_4	1536 年 6 级地震，1679 年 8 级地震
F_{32}	大兴凸起东缘断裂	85	NEE	SE	60～75	正	Q_{1-2}	
F_{33}	保定—石家庄断裂	200	NNE	E	30	正	Q_2	
F_{34}	程各庄断裂	90	NNE	SEE	80	正-平移	Q_3	
F_{35}	蓟县山前断裂	90	EW	S	较陡	正	Q_{1-2}	
F_{36}	永清盆地北缘断裂	23	NEE	SE		正	Q_2	
F_{37}	河西务断裂	40	NE	SE	45～20	正-走滑	Q_{1-2}	
F_{38}	宝坻断裂	100	EW	S	30～50	正	Q_{1-2}	
F_{39}	丰台—野鸡坨断裂	80	NE	NW	60～80	正	Q_2	
F_{40}	天津断裂	70	NNE	NWW	高角	正	Q_{1-2}	
F_{41}	大城东断裂	100	NE	SE	50	正	Q_{1-2}	1967 年 6.3 级地震
F_{42}	唐山断裂	50	NE	SE	80	正-平移	Q_4	1976 年 7.8 级地震
F_{43}	沧东断裂	350	NE	SE	20～50	正	Q_{1-2}	
F_{44}	宁河—昌黎断裂	180	NE	S	65	正	Q_{1-2}	
F_{45}	西南庄断裂	40	NNE，NE	SE	30～60	正	Q_{1-2}	
F_{46}	北大港断裂	60	NE	SE	40～50	正	Q_{1-2}	
F_{47}	沙北断裂	70	NE，NW	N	70	正	Q_{1-2}	
F_{48}	海 17 井断裂	65	EW	S		正-平移	Q_3	
F_{49}	南大港断裂	50	NE	SE	30～60	正	Q_{1-2}	
F_{50}	丰宁—隆化断裂	145	NEE	S	70～80	正	PreQ	
F_{51}	尚义—平泉断裂	280	EW	N/S	80	逆	PreQ	
F_{52}	密云—喜峰口断裂	135	EW	N	70	逆	PreQ	

4.2.3　现代地壳运动与构造应力场

近年来的区域形变测量资料表明，研究区地壳垂直形变的总貌为：垂直形变速率的零值线大体沿山区与平原的交界处展布（图 4.2.3），其最显著特征是以太行山山前断裂带为界，西部地区交错式隆升，东部地区则大幅度、整体性下沉。西部太行山地区在易县以西上升速率最大，达 10mm/a 左右；东部华北平原的天津地区，特别是天津东南部的塘沽附近下降最强烈，这主要与大量抽取地下水和开采油气所引起的地面沉降有关。区域地壳垂直形变场的变化趋势与新构造运动的格局基本一致，反映出现今地壳运动的继承性活动特点。

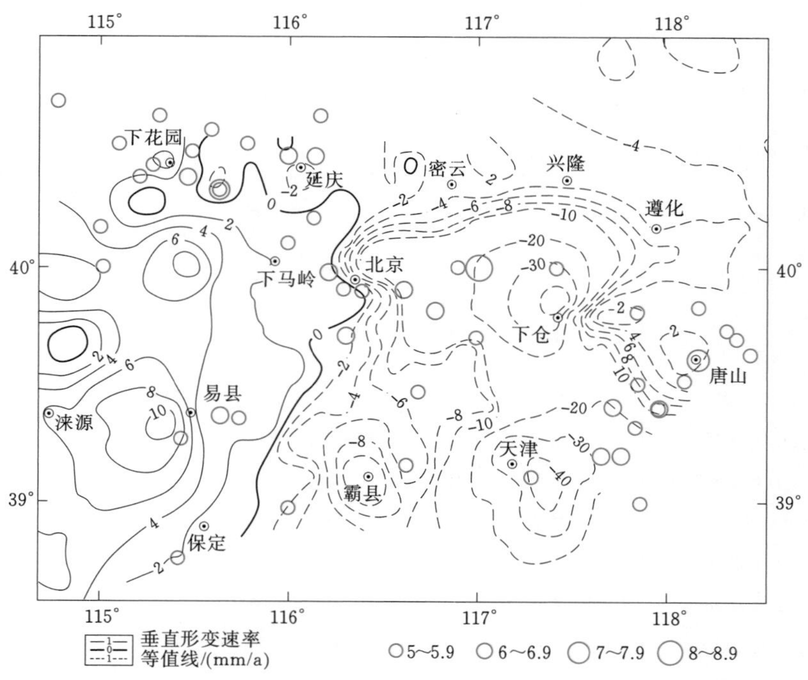

图 4.2.3 区域地壳垂直形变速率图（1998—2000 年）（谢觉民等，2002）

图 4.2.4 是根据华北地区 GPS 位移测点（东胜为基准点）数据绘制的区域地壳水平位移矢量图[95]。由图可见，华北各块体总体上向南东方向位移，且东部位移量大于西部，反映了区域具有 NW—SE 向拉张的趋势。郯庐断裂带和太行山山前断裂带东、西两侧块体上的 GPS 点位移方向有一定的差别，表明这两条北东向的断裂带具有右旋走滑活动性质。位于渤海东西两岸的 GPS 点位移相背离，显示出渤海存在某种扩张的趋势。

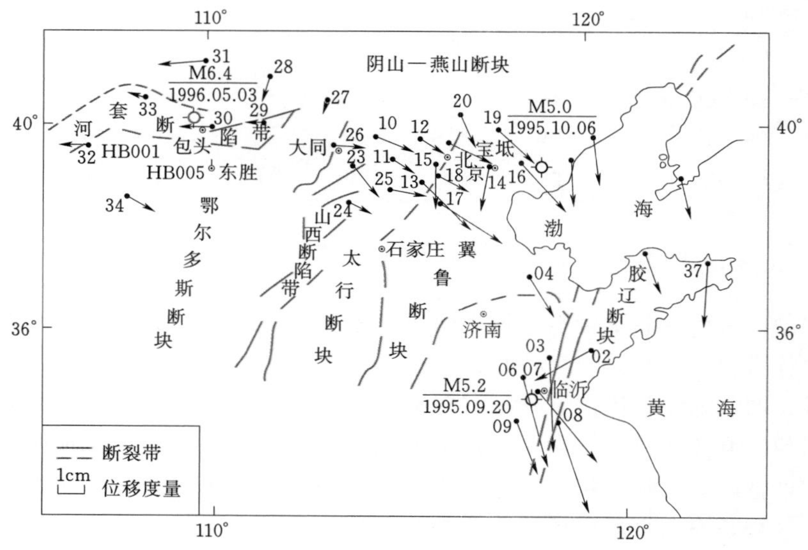

图 4.2.4 华北地区区域地壳水平位移矢量图（1992—1995 年）（李延兴等，1998）

区域内已有跨断层形变监测资料及前人研究成果表明，研究区内大部分活动断裂的垂直运动速率小于 1mm/a，南口—孙河断裂运动速率最大为 3.2mm/a（表 4.2.2）。区域内断裂活动水平总体较低，且水平运动强于垂直运动，表明现代断裂活动以水平运动为主。

表 4.2.2　　研究区主要断裂现代活动速率

断裂名称	测点	观测时间	断裂位移速率/(mm/a)	
			水平	垂直
紫荆关断裂	紫荆关	1976—1981 年		0.19
延庆—矾山盆地北缘断裂	延庆	1969—1975 年		0.20
南口山前断裂	南口	1970—1974 年		1.10（正断）
南口—孙河断裂	南口	1969—1978 年		0.80
	百善	1976—1982 年		1.52（正断）
		1984—1993 年		3.20（正断）
永定河断裂	六里桥—良乡	1966—1978 年		0.19
黄庄—高丽营断裂	上万	1980—1984	0.25 左旋	0.14（正断）
顺义—良乡断裂	六里桥—榆垡	1981—1993 年		0.16
南苑—通县断裂	十里铺	1966—1982 年		0.76
夏垫断裂	夏垫	1973—1977 年	1.00 右旋	0.58（逆冲①）
程各庄断裂	张家台	1972—1984 年	0.68 左旋	0.23（正断）

①　受地下水干扰。

研究区所在华北地区近 30 年的主要强震，如 1966 年邢台 7.2 级地震、1967 年河间 6.3 级地震、1975 年海城 7.3 级地震、1976 年唐山 7.8 级和滦县 7.1 级地震等震中区地裂缝带的展布方向和运动方式均表明，这些强震是在 NE—NEE 向的主压应力作用下发生的。对华北地区强震震源错动性质的研究表明，NE—NNE 向震源断层为右旋错动，而 NW—NNW 向震源断层则为左旋错动，这表明发震的主压应力为 NE—NEE 向。区域 GPS 测量结果也显示，华北地区现今构造应力场主压应力方向为 NEE 向。

另外，对华北地区地震进行震源机制解的研究表明，该地区地震绝大多数为走滑型地震，并有两组优势节面方向，一组为 NNE 方向，另一组为 NWW 方向，而 NNE 向也正是区域内活动断层的优势展布方向，由此反映了区域现代地壳构造活动以水平运动为主的特点。

综上所述，研究区现代构造应力场的主压应力方向为 NEE—SWW 方向，这与本区新构造时期区域构造应力场的方向基本一致，反映了现代地壳构造运动继承性活动的特征。

4.3　典型第四纪活动断裂研究

由前述区域地震构造背景及区域地震活动性可知，区域断裂带的分布及其活动性与地震的分布和活动性密切相关。北京市南水北调工程场区范围分布广、输水线路长，从区域构造地质背景分析，工程场区可能与多条第四纪活动断裂相交。为进行工程场址区地震危险性分析和确定各工程抗震设防参数，需对场址附近或可能与其相交的活动断裂的空间展布方向、活动特征及时代等进行更加深入的研究。

区域地震地质背景的分析结果表明，永定河断裂可能在大宁调蓄水库工程场址区及其附近穿过；黄庄—高丽营断裂北段在南水北调来水调入密云水库调蓄工程沿线局部地段近距离通过，且与东干渠工程场区局部地段相交。因此，在对这些工程场址区进行地震安全性评价时针对上述断裂进行了专门性研究，主要是采用了地球物理勘探方法，如浅层地震反射波法、高密度电法等，对场区附近第四纪活动断裂进行了空间上和活动时代上的准确定位。

4.3.1 永定河断裂

前人对永定河断裂的空间展布特征、性质、活动时代等均已进行过较充分的研究。不仅在区域航磁异常、重力异常及人工浅层地震、化学勘探等探测成果中验证了该断裂的存在及其特征，而且野外实地调查中也发现了多处断裂出露点证据，见图 4.3.1 和图 4.3.2。前人研究成果及野外证据表明，永定河断裂为一条走向 NW（约 330°～335°），倾向 SW 或 NE 的正断层。该断裂北起北京市门头沟区军庄村附近，向南东大致沿永定河河谷展布，至水屯村附近与八宝山断裂和黄庄—高丽营断裂互相切错，并继续向南东方向延伸至立垡村附近，全长 40 余千米。

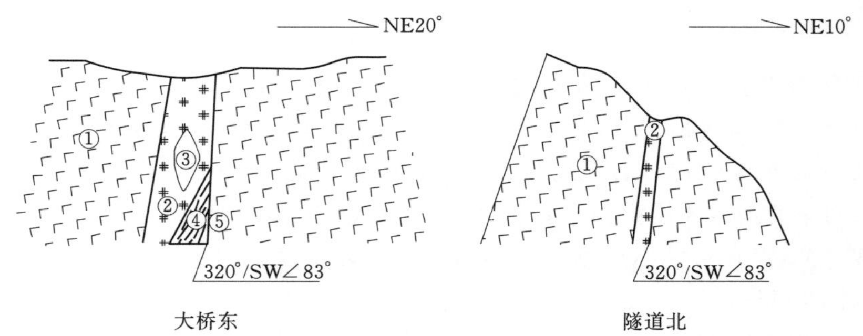

图 4.3.1 三家店北铁路桥附近永定河断裂剖面（国家地震局分析预报中心，1994）
①—玄武岩；②—破碎带；③—透镜体；④—劈理带；⑤—断层泥

以黄庄—高丽营断裂为界，永定河断裂南、北两段特征差异明显。

北段自军庄起，向南绵延约 10km，倾向 SW，倾角较陡。该段断裂位于山区、丘陵与平原的过渡地带，地表表现为河谷地貌。永定河军庄以下河段形态与上游截然不同：上游蜿蜒曲折，下游较为平直，为受该断裂控制的直接证据。另外，该段永定河两侧的九龙山—香峪向斜等北东向构造被永定河断裂大幅度错开，地层与构造在走向上严重不接，水平错动距离大于 1000m。1965 年铁道部第三设计院电探组通过浅层地震和电测深物探工作在三家店地区发现八宝山断裂被永定河断裂左旋错动 600～700m。已发现的野外地质证据表明，永定河断裂北段为左旋走滑正断层；断层泥 ERS 测年结

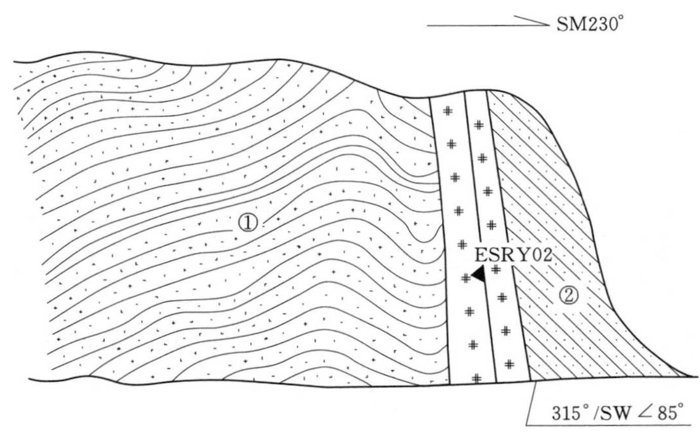

图 4.3.2　龙泉务南大沟永定河断裂剖面

①—J_1 砂泥岩及煤系地层挤压褶皱带；②—J_1 砂岩；▲ESRY02 断层泥取样位置及编号

果表明其最新活动时代为中更新世。

南段由北京市丰台区东沿河村北起，向南经张郭庄、大宁水库、鹅房村，长约 30km，走向 NW（335°），倾向 NE，地表均为第四系地层覆盖。在良乡—长辛店一带，断裂南西侧地表出露白垩纪到早第三纪地层，断裂北东侧钻孔揭露显示第三纪地层顶面埋深 541m，可见断裂两侧下第三系顶面落差达 500m 以上，表明该段断裂为正断层。东沿河一带的钻孔资料显示该处第四系沉积厚度在断裂两侧为 23～25m，大宁附近第四系厚度为 25～30m。国家地震局分析预报中心（1997）在大宁附近进行了化探和浅层人工地震探测（图 4.3.3、图 4.3.4），解译结果表明永定河断裂南段为北倾正断层性质，向上未错断 T_1 反射界面，即第四系底界。上述证据及研究成果均表明，永定河断裂南段在第三纪末期曾产生过强烈的正断活动，但在第四纪活动性不明显。

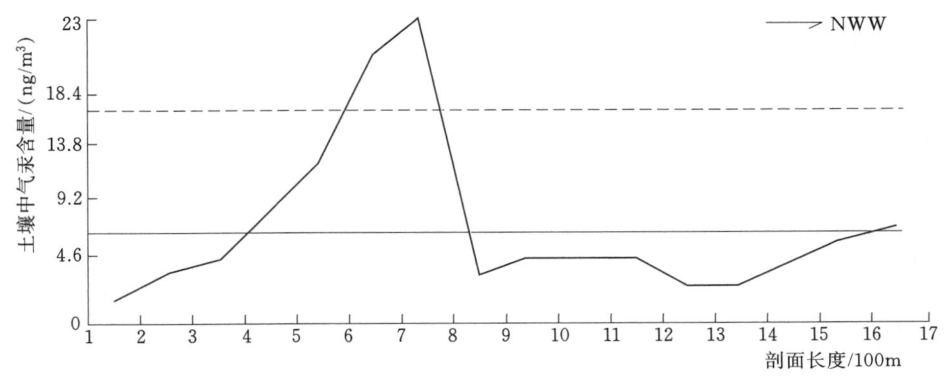

图 4.3.3　永定河断裂大宁化探剖面（国家地震局分析预报中心，1997）

为探明永定河断裂与大宁调蓄水库工程场址区的相关关系及其在该地区的活动性，在场区内实施了人工浅层地震和高密度电法勘探，对该断裂空间位置和性质进行深入分析。根据库区现场条件，在场区布置了两条人工浅层地震勘探测线，总长度 3.2km；

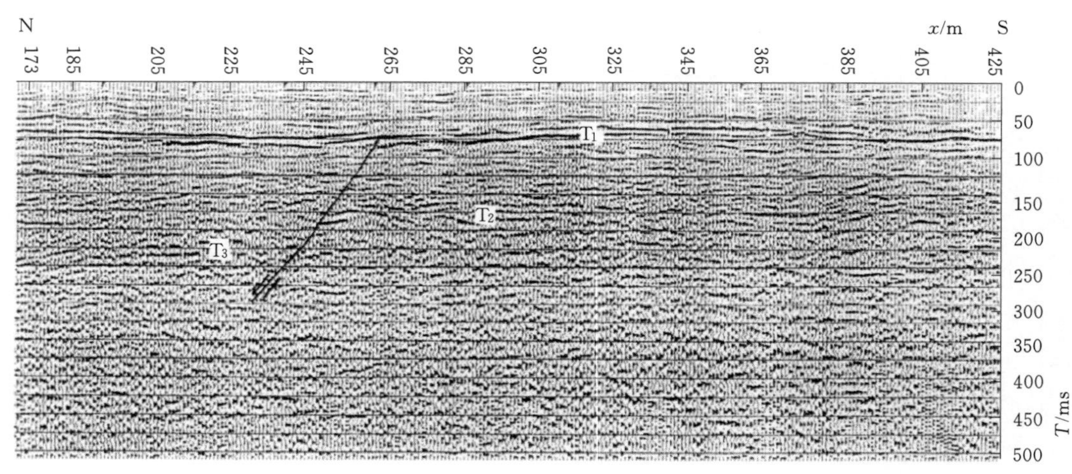

图 4.3.4　大宁永定河断裂浅层人工地震剖面（国家地震局分析预报中心，1997）

一条高密度电法勘探测线，长 1km；勘探测线的平面布置见图 4.3.5。

浅层地震波激发采用抗干扰能力强的美国 IVI 公司生产的 M615/18 型可控震源。该震源激震频率范围为 8～250Hz，线性扫描和非线性扫描可选，最大出力 18000kg。野外数据采集采用了德国 DMT 公司生产的 SUMMIT 遥测数字地震仪，该系统具有高采样率、高宽记录频带、大动态范围和能对可控震源资料进行实时相关处理等功能特点，另外，SUMMIT 遥测数字地震仪灵活多变的排列监视、数据监控和各种测试功能，使得现场可随时监视地震记录质量和设备工作状态，从而也保证了数据采集结果的可靠性。

数据采集时应根据探测深度的大小和地震信号的强弱合理选择既可压制低频干扰、又可拓宽记录高频上限的地震检波器。为了提高地震检波器的灵敏度并尽可能地压制随机干扰噪声，每个接收道使用了频率为 60Hz 的地震检波器串，每串 4 个，并采用点组合方式接收。为保证浅层地震勘探能够获得高质量的探测资料，还对可控震源、地震仪器进行了系统检查及性能调试，同时对仪器系统进行了道一致性试验。另外，在开始施工前还做了扩展排列试验，以便了解场地的施工环境和干扰情况，选取最佳采集参数。浅层地震反射勘探最终选用的观测系统参数为：最小偏移距 15～20m，最大偏移距 174～199m，道间距 1m，炮间距 5m，覆盖次数 16～18 次。可控震源的扫描方式和扫描参数设定为：连续变频扫描，扫描长度 8s，扫描频带 30～200Hz。

对获得的原始地震记录进行数据处理后得到了地震测线的反射波叠加时间剖面图，然后根据地震波平均速度资料对其进行时-深转换，即得到浅层地震测线的深度解译剖面图。图 4.3.6 为场址区杜家坎测线的浅层地震反射时间剖面图和相应的深度解译剖面图。根据该时间剖面图的特征，自上而下识别出 5 组反射波能量较强、在横向上可连续可靠追踪的反射震相，图中分别用 T_Q、T_{E1}～T_{E4} 标示。其中，出现在剖面双程到时 30～50ms 左右的反射波 T_Q 反射能量最强，在整个剖面上可以被连续可靠追踪；在双程到时 100～300ms，出现在剖面上的为几组反射能量比 T_Q 稍弱，但能被识别追踪

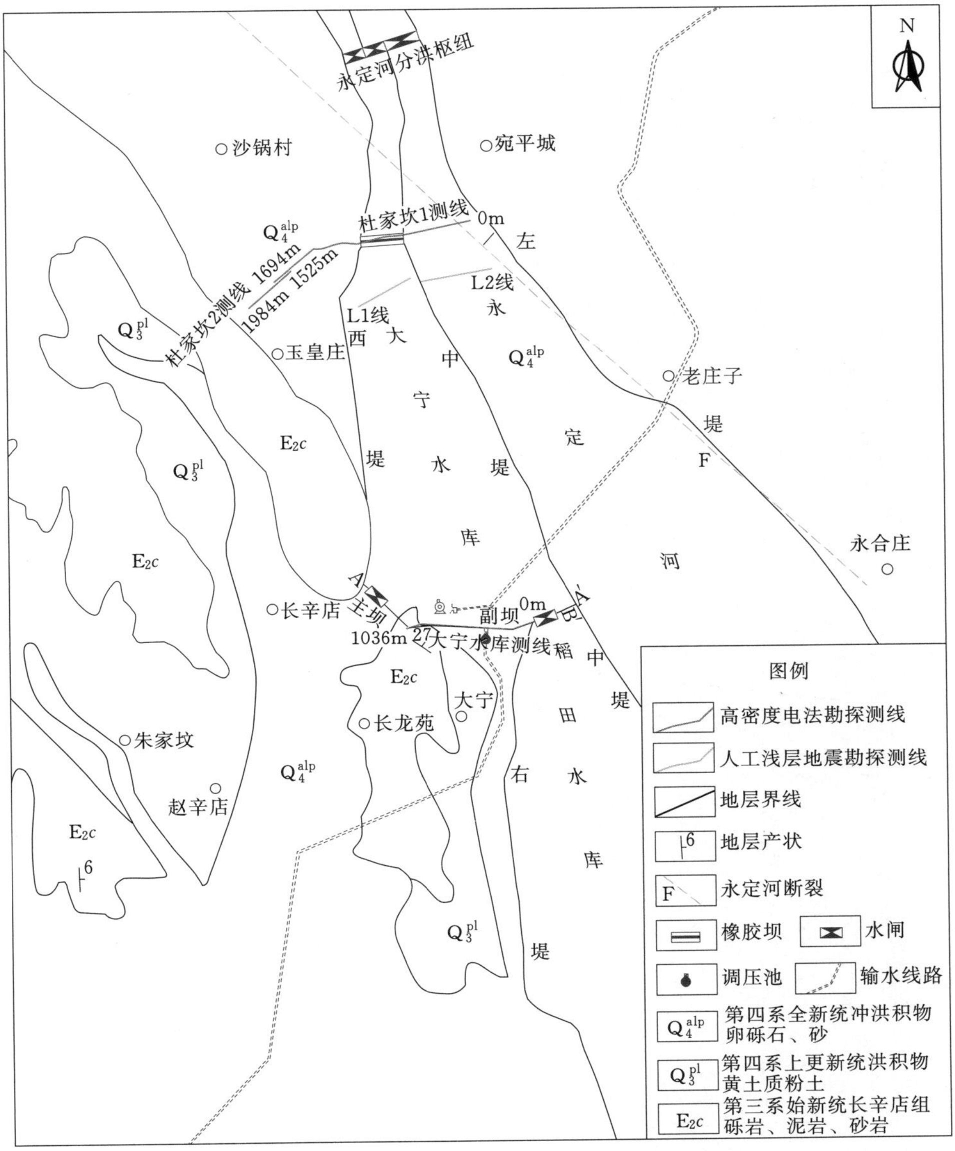

图 4.3.5　大宁水库工程场区综合物探测线布置图

的反射波 $T_{E1}\sim T_{E4}$。

结合场区地质背景资料及测线附近钻孔资料，将图 4.3.6 中的反射波 T_Q 解译为来自第四系底界面的反射，$T_{E1}\sim T_{E4}$ 解译为下第三系内部的具有一定波阻抗差异的物性界面反射。从反射波同相轴的起伏变化形态来看，T_Q 反射波具有明显的起伏变化：沿测线方向 1400m 处以西，T_Q 反射波为近水平展布，埋深约为 10～12m；沿测线方向 800～1400m，T_Q 反射波出现下凹，界面埋藏最深处约 25～27m；剖面东段（沿测线方向 700m 以东），T_Q 反射又近于水平，深度约 18～20m。T_Q 反射波分布形态与现代河床沉积发育规律密切相关。另外，下第三系内部的反射波 $T_{E1}\sim T_{E4}$ 在剖面上向东缓倾

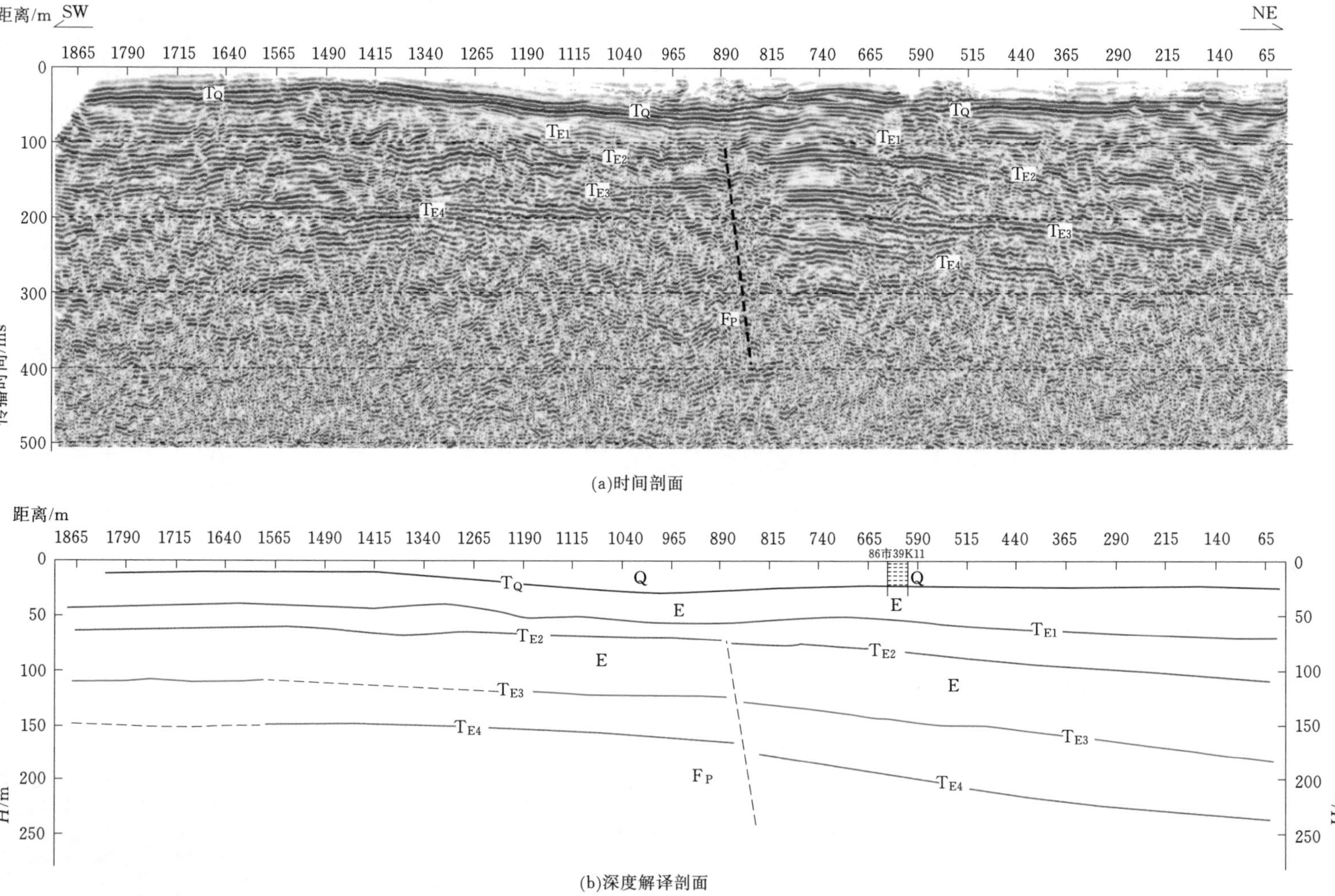

(a)时间剖面

(b)深度解译剖面

图 4.3.6　杜家坎测线浅层地震反射波叠加示意图

伏。从各反射波同相轴的横向连续性来看，T_Q 反射波在整条剖面上连续性都比较好，没有出现反射同相轴的错断、反射能量突变以及同相轴的横向不连续现象，但在沿测线方向约 880m 处，下第三系基岩内部，出现有 T_{E2} 反射同相轴的扭曲、T_{E3} 和 T_{E4} 反射同相轴的错断，并在 T_{E3} 反射波之下出现有弱反射能量区和反射同相轴的横向不连续。根据这些现象分析，在测线方向约 880m 处可能有断层 F_P 存在，为一条断层面倾向北东、断面视倾角约 67°的正断层。为清楚起见，把测线跨 F_P 断点处的波形剖面图局部放大如图 4.3.7 所示，可以看出在疑似断点 F_P 附近，剖面反射波出现的反射能量变化以及 T_{E2} 反射同相轴的扭曲等现象。但由于剖面上 T_{E2} 反射波以浅的下第三系地层界面反射波 T_{E1}（埋深约 56m）和第四系底界面反射波 T_Q 在剖面上均具有较好的横向连续性，没有出现反射同相轴的扭曲和错断现象，即没有出现断层引起的层位错断和地层破碎现象，沿剖面附近的各钻孔揭露的浅层基岩也呈连续分布，由此判断该疑似断层并非真正的断层，可能是岩石相变界线或其他干扰因素所致。

同理，对另一条浅层地震反射波测线——大宁水库测线的勘探数据也进行了整理分析，结果见图 4.3.8。该测线的反射波叠加时间剖面在双程到时 300ms 以上，同样可识别出 5 组反射特征明显的反射波组 T_Q、T_{E1}～T_{E4}。其中，反射能量较强的反射波 T_Q 为来自第四系覆盖层的底界面反射，而下第三系内部的反射波 T_{E1}～T_{E4} 在能量和横向连续性方面均不如 T_Q 反射波好，但均能被追踪和解释。分析认为，大宁水库测线浅层地震反射波揭示的地下界面反射波均为东深西浅的单斜形态，仅在剖面上的局部地段存在小的起伏；剖面东端反射波 T_{E3} 和 T_{E4} 反射能量较弱、横向连续性较差，剖面其他地段上都能较可靠地追踪反射波的行迹，横向连续性较好。由此判断，大宁水库测线所控制的地段内没有断层通过。

综上所述，从浅层地震反射波的勘探成果可以初步判断，永定河断裂未穿越大宁水库调蓄工程场址区。

为验证上述浅层地震勘探和解译结果，在同场区又实施了高密度电法勘探。高密度电法可以探测地下一定深度范围内岩土层电性的横向及垂向变化特征，具有探测效率高、精度高等优势，近年来在工程勘察中应用广泛。大宁水库调蓄工程场址区位于永定河河道内，地势较为平坦，浅表为粉土夹卵砾石覆盖，下伏第三系—侏罗系（E—J）基岩，接地电阻良好，适宜进行高密度电法勘探。

根据场地地形条件及对比研究的需要，在上述杜家坎浅层地震勘探测线的下游不远处布置了与其近似平行、近东西向的高密度电法勘探线，以永定河中堤为界分为东（L2 段）西（L1 段）两段（图 4.3.5）进行，且测线方向与浅层地震法推测的疑似断层方向垂直。探测仪器采用了重庆奔腾数控技术研究所研制的 WDJD-2 型高密度电阻率采集系统，采用温纳测深装置工作方式，最小工作极距为 5m，剖面层数 16 层，最大 AB 供电极距 240m，每次布设 60 根电极。

图 4.3.9、图 4.3.10 分别为 L1、L2 两段测线高密度电法勘探测试的解译成果图，其横坐标为沿测线方向的水平距离，方向自西向东；纵坐标实际为测试深度，地面起算深度为 0m。由两图知，测试深度范围内岩土层电阻率在横向上变化不大，而垂向上均显示高阻—低阻—高阻带交替出现的特征，表明场址区为层状沉积地层，无明显破碎

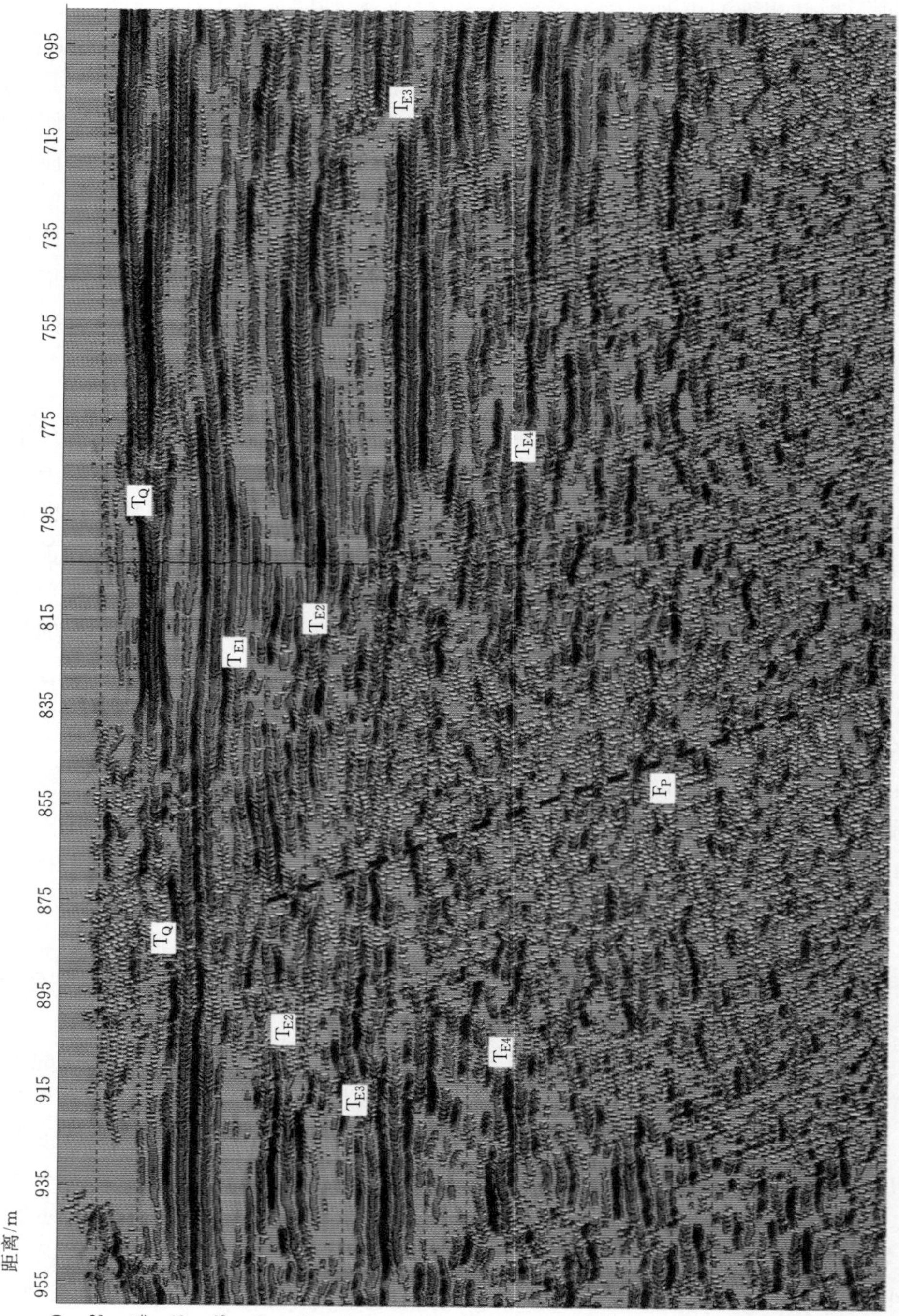

图 4.3.7　杜家坎测线疑似断层 F_P 处浅层地震反射波叠加剖面

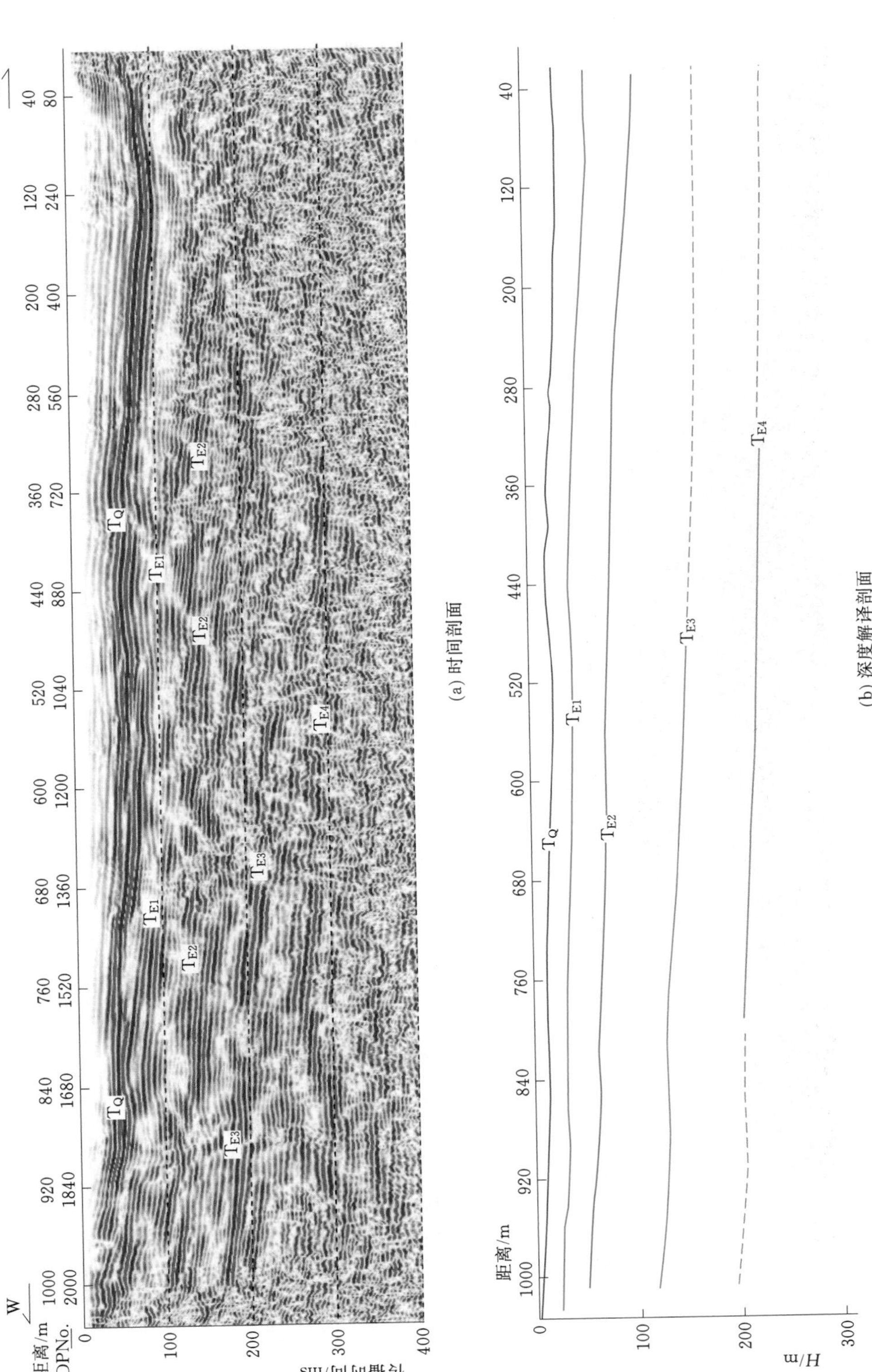

(a) 时间剖面

(b) 深度解译剖面

图 4.3.8　大宁水库测线浅层地震反射波叠加示意图

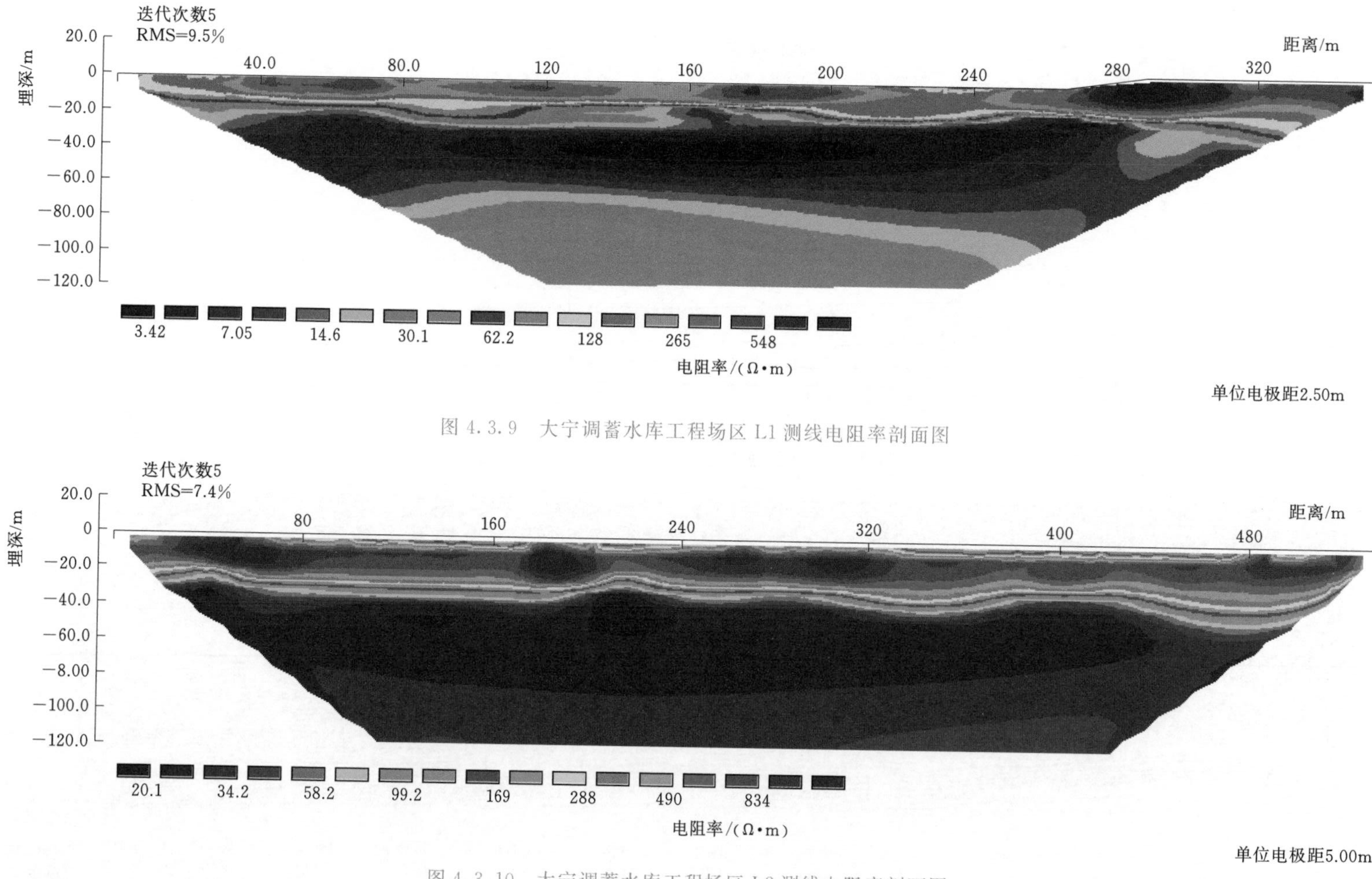

图 4.3.9　大宁调蓄水库工程场区 L1 测线电阻率剖面图

图 4.3.10　大宁调蓄水库工程场区 L2 测线电阻率剖面图

断裂带构造。此外，两段测线解译成果均显示，地下约30m为一个明显的高低阻分界面，结合地质资料推断其应为地下水位面；深80m左右为低高阻分界面，推断其应为一个富水含水层。

总而言之，大宁调蓄水库场区高密度电法的勘探成果表明，该场区地层为层状连续地层，无破碎断裂带，即永定河断裂未穿越该场区，与前述浅层地震勘探成果一致。

上述综合物探解译成果在随后的大宁水库调蓄工程场地地质勘察中也得到了充分验证。工程地质勘察结果为：场区基岩埋深10～25m，均为第三纪泥岩、砾岩或砂岩，未见断裂破碎带。

4.3.2 黄庄—高丽营断裂

黄庄—高丽营断裂是北京平原区重要的活动断裂之一，是京西隆起与北京坳陷的界线。该断裂自中生代晚期以来一直持续活动，展布于八宝山断裂的东侧，两者相伴而行，一般相距1～2km，最远相距4～5km，全长130km。该断裂大致从早白垩世开始发育，明显控制了下白垩统地层的分布，新生代时期构成了北京坳陷的西边界，是一条边断边沉积的同生正断裂。

前人对黄庄—高丽营断裂空间特征及活动性的调查研究已积累了较丰硕的有价值成果，为北京地区工程建设场址进行地震安全性评价打下了坚实的基础。根据该断裂南段的地表露头及前人对物探、钻探等资料的综合解译成果，按其对第四系地层沉积厚度的控制作用及与横向断裂的交切关系、新活动性等，黄庄—高丽营断裂自南向北可分为三段，即永定河以南段、永定河—北七家段和北七家以北段，其中北七家以北段的断裂活动性最新。下面分别简述各段特征。

1. 永定河以南段（南段）

该段包括芦井—晓幼营和房山两个亚段。

芦井—晓幼营亚段走向NEE，倾向SE，长约13km。该段断裂形成于燕山运动晚期或喜马拉雅运动初期，多发育于白垩系砾岩中，控制的最老地层是第三系辛开口组砂砾岩；第四纪期间以正断层活动为主，控制了山前第四纪盆地的中、晚更新世沉积；其最新活动发生在晚更新世晚期，为走滑—正断层性质。

图4.3.11为位于永定河南岸芦井村北、京九铁路北侧的黄庄—高丽营断裂剖面。该剖面显示断层倾向SE，倾角75°，断面两侧中更新统棕黄色亚黏土厚度明显不同。上界面正断约90cm，最大可见断距约4m。断裂向上错断上更新统黄土层，黄土样的TL测年分别为距今6.2万±0.4万年和4.2万±0.5万年。此剖面顶部有厚约2m的细砂层，其TL样的测年为距今1.8万±0.4万年，厚度在断裂两盘也有90～100cm的差异（上盘厚，下盘薄）。另外，在该断面上还可看见一组向西倾伏的擦痕，侧伏角15°～20°，由此可见该处断裂从中更新世至晚更新世晚期有活动，且具右行走滑正断层性质。

芦井—晓幼营亚段在晓幼营村北可见奥陶系灰岩与石炭—二叠系和第四系呈断层接触，石炭—二叠系形成很宽的破碎与断层泥带。图4.3.12为国家地震局分析预报中心于2000年在晓幼营附近发现的断裂剖面。该剖面显示断层西北侧下部为质纯坚硬的

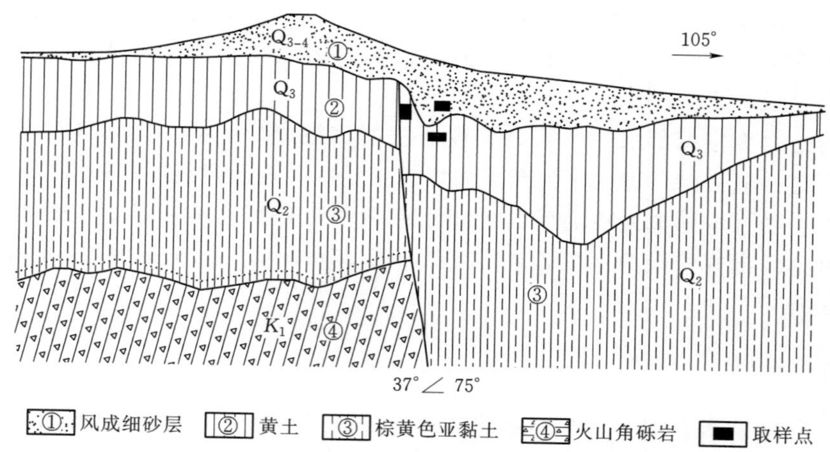

图 4.3.11　芦井村北黄庄—高丽营断裂剖面（国家地震局分析预报中心，1997）

中更新世棕黄色亚黏土，其上覆晚更新世黄土状粉土底部有一砾石碎块薄层；断层东南侧全为黄土状粉土，近断面处强烈片理化，形成很小的反向断层。该断面处主断层走向 55°，倾向 SE，倾角 75°，上盘下降，可见断距大于 1.5m，被错断的黄土层顶部 TL 年代为距今 1.74 万±0.14 万年，由松散碎石、砂土组成的构造楔的 TL 年代为距今 1.30 万±0.09 万年，表明该段断裂最新活动为晚更新世末期。

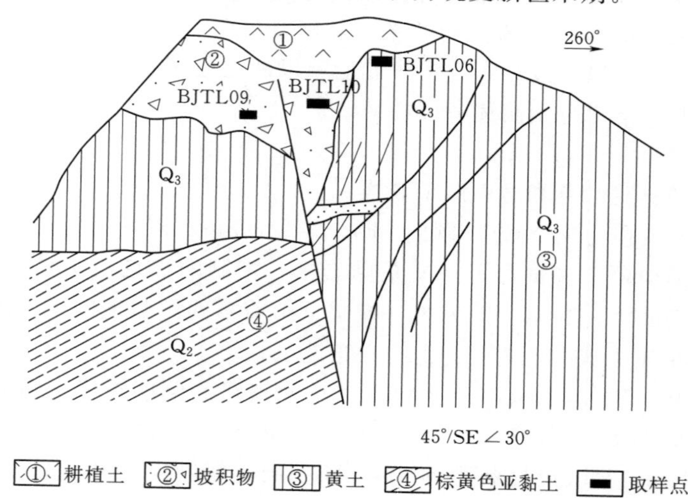

图 4.3.12　晓幼营黄庄—高丽营断裂剖面（国家地震局分析预报中心，2000）

黄庄—高丽营断裂南段房山亚段走向近 SN，倾向 E，长约 13km，为长城系与白垩系地层的分界，对坨里组砾岩的沉积有明显控制作用。前人区测资料表明，该段断裂形成于燕山运动时期，其早期以张性为主，晚期以挤压为主。辛开口北的断裂剖面（图 4.3.13）显示，该段断裂发育于下白垩统砂砾岩（K_1t）与前震旦系长城组（Ch）变质白云岩接触带，其上覆棕黄色亚黏土（Q_3）和含砾亚黏土（Q_2）均未见断错与变形，说明断裂在中更新世晚期以来已不再活动。

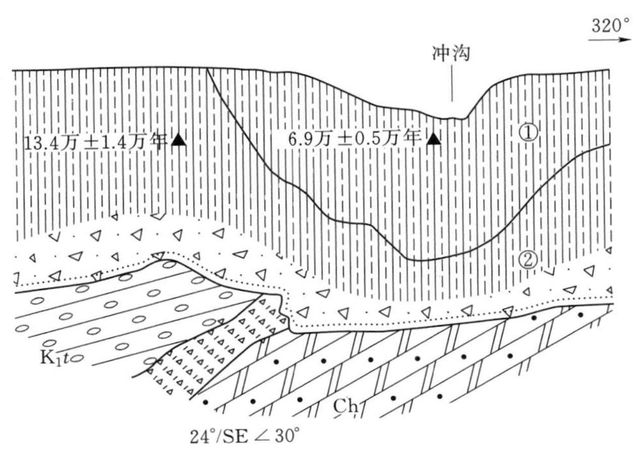

图 4.3.13　辛开口北黄庄—高丽营断裂探槽剖面
（国家地震局分析预报中心，1994）

2. 永定河—北七家段（中段）

该段南端以永定河断裂为界，北端以南口—孙河断裂为界，断裂总体走向为 NNE，倾向 SE，长度约 35km。

黄庄—高丽营断裂中段全部被第四系地层所覆盖，其空间展布特征及活动时代主要是前人根据物探、化探和钻孔资料确定的。如：玉泉路附近 422－83 号钻孔在深 62.7m 处揭露蓟县系地层，而在其东侧 400 多米处的钻孔在深 1140m 处仍未揭穿下白垩统地层；洼里一带，有钻孔资料表明断裂两侧第四系地层底界落差达 50～70m。

北京市地矿局物探队 1990 年在立水桥地区沿该断裂进行了人工地震反射测试，结果表明：黄庄—高丽营断裂中段在该地区未错断中更新世晚期地层（图 4.3.14），说明该段断裂的最新活动时代为中更新世中期。北京市地震局 2003 年在学院南路等处进行的浅层地震反射勘探证实，该段断裂上断点埋深大于 50m（图 4.3.15）；在奥林匹克公园地区的物化探综合探测成果及地层测年结果表明，该段断裂明显错动了中更新世中早期地层（图 4.3.16）。总而言之，目前的研究一致认为，黄庄—高丽营断裂中段的最新活动时代为中更新世中期。

3. 北七家以北段（北段）

黄庄—高丽营北段倾向 SE，全长约 40km，控制了第四纪顺义凹陷盆地的西界。野外调查表明，该断裂两侧微地形特征差异明显：北部高各庄、桃村一带，断裂北西侧为晚更新世台地，而南东侧为全新世平原，两侧高差约 1.5～2.0m；南部也有类似现象，东侧地形较低，西侧为晚更新世高平台，形成明显的坡折带，其走向和位置与断裂一致。北京市地震会战时期的钻孔资料显示，该段断裂两侧第四系地层底界垂直落差约 400m；在怀柔庙城一带，断裂两侧第四系厚度差异约 250m，顺义鲁町附近断裂两侧上第三系底面落差近 800m。

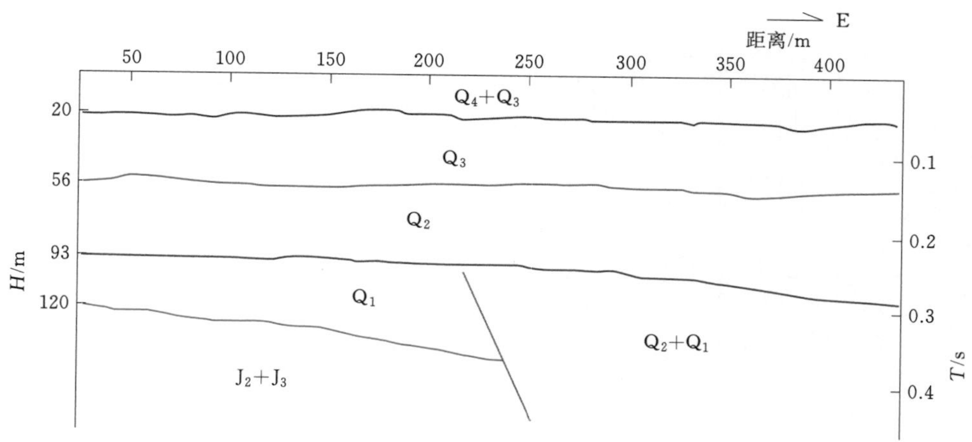

图 4.3.14 立水桥地区黄庄—高丽营断裂人工地震反射解译剖面

（北京地矿局物探队，1990）

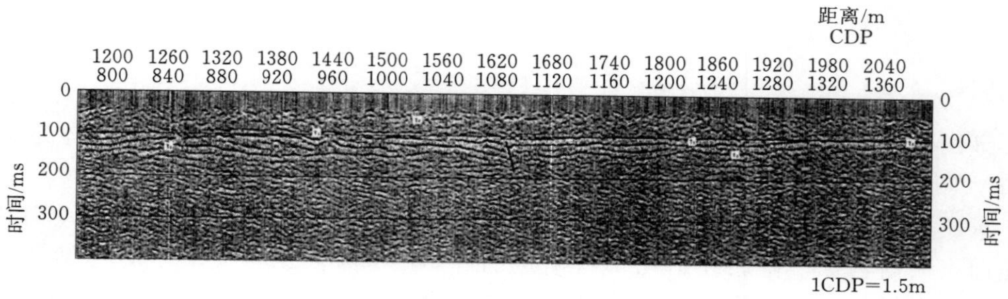

图 4.3.15 学院南路黄庄—高丽营断裂浅层地震反射时间剖面

（北京市地震局，2003）

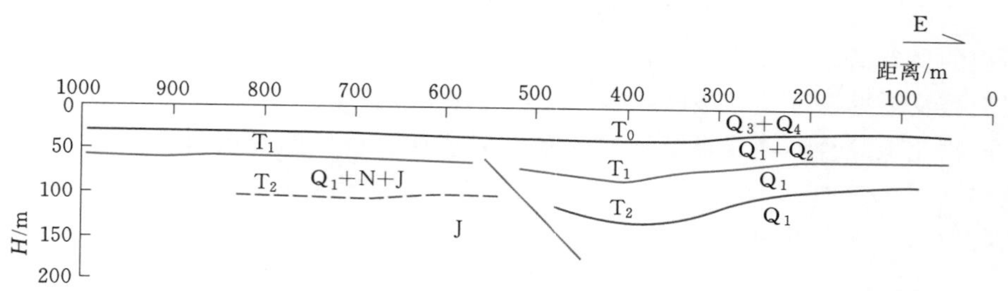

图 4.3.16 奥运公园黄庄—高丽营断裂人工地震反射解译剖面

（北京市地震局，2003）

刘光勋等、向宏发等通过分析断裂两侧微地形地貌特征后认为，该段断裂最新活动时代为晚更新世—全新世。徐锡伟等 2002 年在高各庄地区跨断层陡坎实施了 3 个钻孔，通过对岩芯取样分析，推测距今 2.83 万年以来该段断裂发生过 6 期断层错动事件，其中 2 次发生在全新世期间，最近一次错动年代距今（3.51±0.10）ka，单个事件的垂直错距为1.5～7.0m。

综上所述，黄庄—高丽营断裂是一条走向NE、倾向SE的高角度正走滑断层，其活动性具有明显的分段性：北七家以北（北段）较以南段活动性明显增强，在全新世仍有继承性活动，现代小震密集；永定河—北七家段（中段）隐伏地下，第四纪晚期不再活动；永定河以南段（南段）最新活动时期主要为中更新世，部分地段晚更新世晚期还有活动。

根据前人研究成果，初步判断南水北调来水调入密云水库调蓄工程场址区北段（拟建输水管线场区）可能与黄庄—高丽营断裂北段相交，需进一步查明断裂与场址区的空间关系。经过反复踏勘，选择在北台下、西康各庄附近实施了两条人工浅层地震勘探测线，全长2602m，如图4.3.17所示。其中北台下村测线位于拟建管线场区南侧，与前人推断的黄庄—高丽营断裂空间展布方向近似垂直；西康各庄测线位于拟建管线场址区北侧。正式勘探测试前首先进行了扩展排列试验和对试验记录的简单处理，

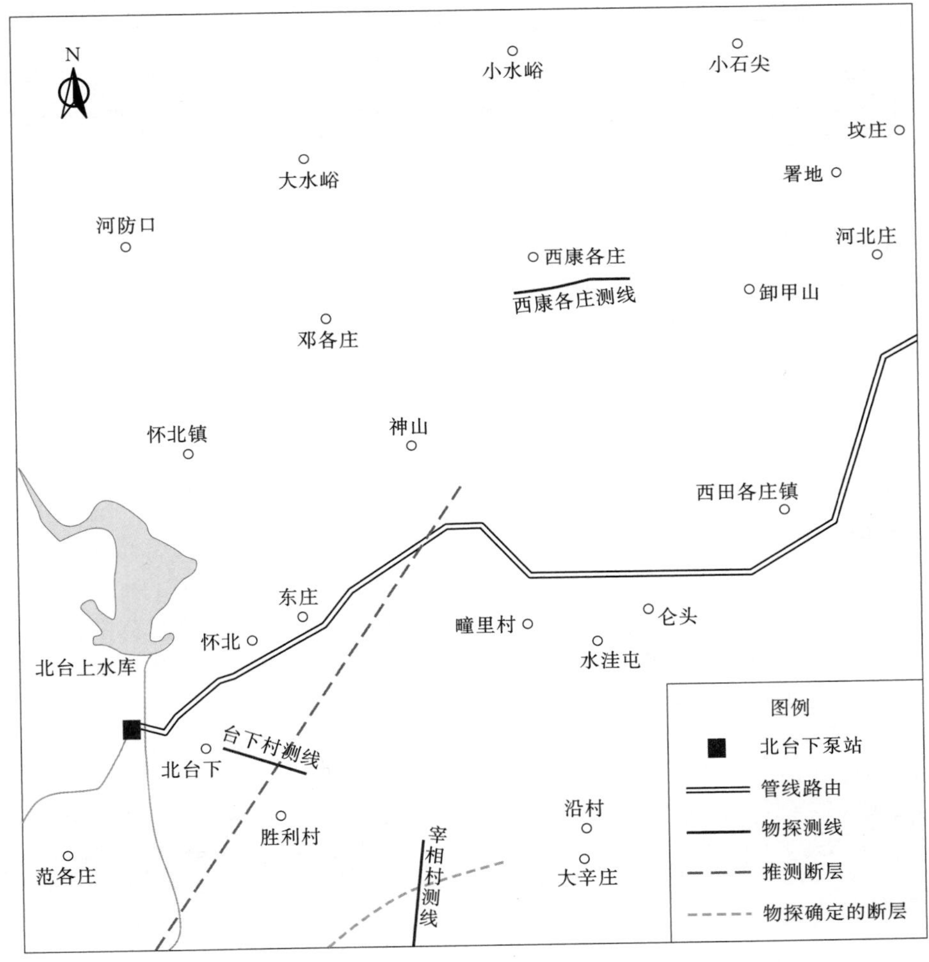

图4.3.17 南水北调来水调入密云水库调蓄工程拟建管线场址区黄庄—高丽营断裂推测北延段浅层人工地震勘探测线布置示意图

最终确定了系统观测参数为：最小偏移距 40～60m，最大偏移距 360m；接收道数 150～160 道，道间距为 2m，覆盖次数为 15～16 次。可控震源扫描方式采用连续变频式，扫描长度为 8s，扫描频带 30～180Hz。

图 4.3.18 为北台下村测线的反射波叠加时间剖面。该剖面仅可识别出一组反射能量较强、能可靠追踪的反射震相，图中以 T_Q 标出。根据剖面显示的波组特征，推测 T_Q 可能是来自第四系下伏基岩顶面的反射波。T_Q 反射同相轴在整条剖面上的连续性很好，且反射能量均衡，由此判断，北台下村测线所控制的范围内不存在向上穿透第四系底界的断层。另据其时-深转换结果（图 4.3.19）可以看出，该测线剖面东段与西段 T_Q 反射界面埋深略有差异：东段埋深平均约 80m，最东端埋深 80～90m；西段埋深相对较浅，一般约 70m，最西端埋深为 60～65m。

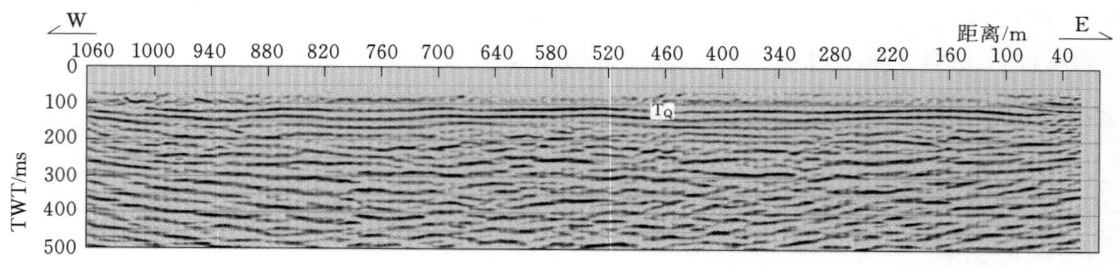

图 4.3.18　北台下村测线浅层地震反射波时间剖面图

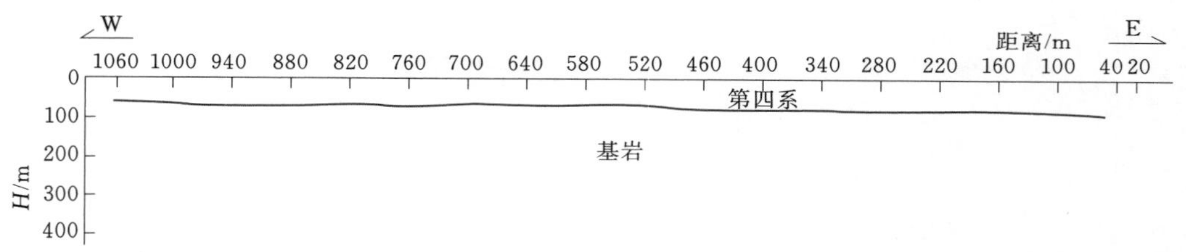

图 4.3.19　北台下村测线浅层地震探测深度解译剖面

西康各庄测线中段（300～1330m 区段）沿西康各庄村南的乡间公路布设，测线的东、西两端均延伸至农田，测线全长 1500m。根据其反射波叠加时间剖面及对应的时—深转换解译结果（图 4.3.20、图 4.3.21），同样判断该测线控制范围内不存在向上穿透第四系底界的断层；T_Q 反射界面基本呈近水平状态展布，平均埋深约 40m；其中东端略浅，约 35m；西端相对较深，约 50m。

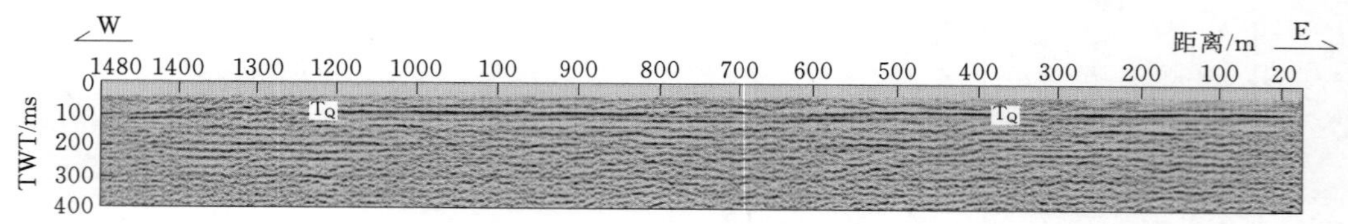

图 4.3.20　西康各庄测线浅层地震反射波时间剖面

上述浅层地震的探测结果表明，南水北调来水调入密云水库调蓄工程拟建输水管线场区未与黄庄—高丽营断裂北段相交。另外，也有资料显示，在本次北台下村测线

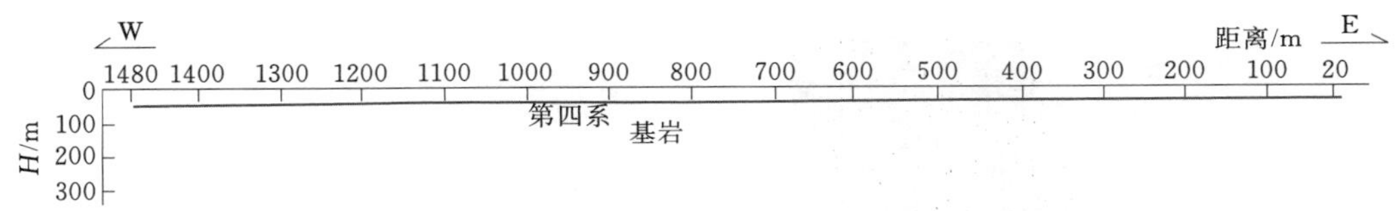

图 4.3.21　西康各庄测线浅层地震探测深度解译剖面

东南约 3.6km 处实施的近南北向宰相庄测线（图 4.3.17），其解译结果揭露了黄庄—高丽营断裂的断点位置，表明此处断裂向北东方向尖灭于怀柔第四纪盆地的北缘。

另外，根据已有断裂研究成果判断，北京市南水北调配套工程东干渠输水线路北段可能与黄庄—高丽营断裂中段相交。为进一步确定该段断裂第四纪以来的活动性，中国地震局地球物理勘探中心于 2006 年 5 月沿洼里—安立路口的北五环北侧辅路也开展了浅层地震反射波探测工作，测线长 1.294km，测线两端点坐标分别为（N40°01′16.8″，E116°24′07.4″）和（N40°01′17.5″，E116°23′13.0″）。此次探测的解译结果（图 4.3.22）表明，与东干渠相交段的黄庄—高丽营断裂带不是晚第四纪活动断裂。

4.3.3　南口—孙河断裂研究

南口—孙河断裂是区域一条重要的活动断裂，晚更新世晚期～全新世期间发生过地表错动，其东部段落控制着顺义凹陷的形成与演化。断裂西起南口关沟附近，向南东方向经昌平旧县、百泉庄，过百善、东三旗，延至区内的孙河附近，与顺义—良乡断裂相交，后斜列延伸到通州西北，止于南苑—通县断裂，总体走向 310°，长达 58km（若把通州东南的北西向断裂作为南口—孙河断裂的延伸段，则全长为 83～88km）。该断裂由一系列不同级序的北西西向断层右阶斜列组成，阶区宽数百米至 2～3km 不等，形成了复杂的几何结构。整条断裂表现出枢纽运动的四象限活动特征，是一条以正断为主要表现的左旋正走滑活动断裂。

南口—孙河断裂形成于前中生代。燕山运动后期，断裂活动使中侏罗统的沉积边界右旋位错 3km。第四纪以来，断裂再度明显活动，表现为对两侧第四纪断陷活动的控制，其垂直差异活动在地层分布、地貌表现、水系布局及第四系厚度变化上均有反映，具有明显的分段特征。断裂主体在沙河水库大坝附近与小汤山断裂、在孙河附近与顺义—良乡断裂交汇，据此可划分为三段，其中北西段倾向 SW，中段、南东段倾向 NE。

1. 北西段

倾向 SSW。第四纪期间上盘强烈持续下降，形成一个长轴 NWW 向、沉降中心靠近南口—孙河断裂的单断型盆地（沙河凹陷），地势低平，河沼发育，沉积厚度达 600m 以上；下盘则相对抬升，中上元古界残丘出露，第四系极薄，仅有 30～100m 厚，两侧落差约 500m。

在百泉庄村西，浅层地震、地质雷达、钻孔和探槽一致地发现了近地表断裂的存在（图 4.3.23）。断层高角度南倾，上断点埋深约 3m，揭露断距 0.6～0.8m，被断地层顶部 C^{14} 年龄为距今 1.21 万年，未断地层底部 C^{14} 年龄为距今 1.17 万年，表明该处断裂晚更新世末、全新世初发生过一次断错地表的活动。

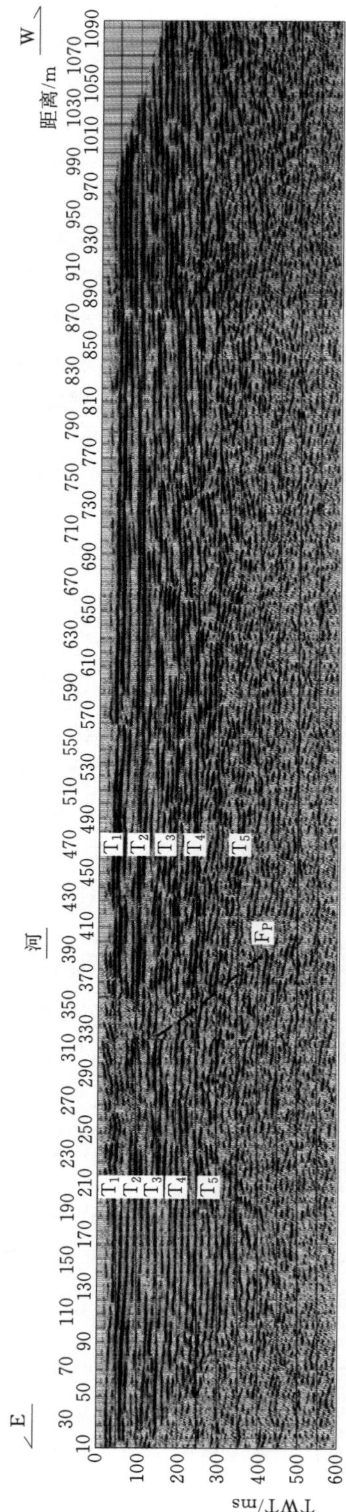

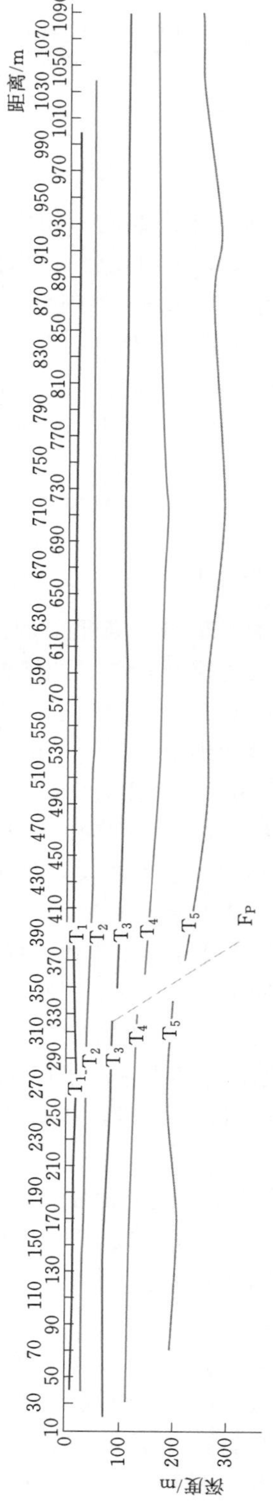

图 4.3.22　北五环洼里—安立路口测线浅层地震反射波叠加时间剖面和解译剖面

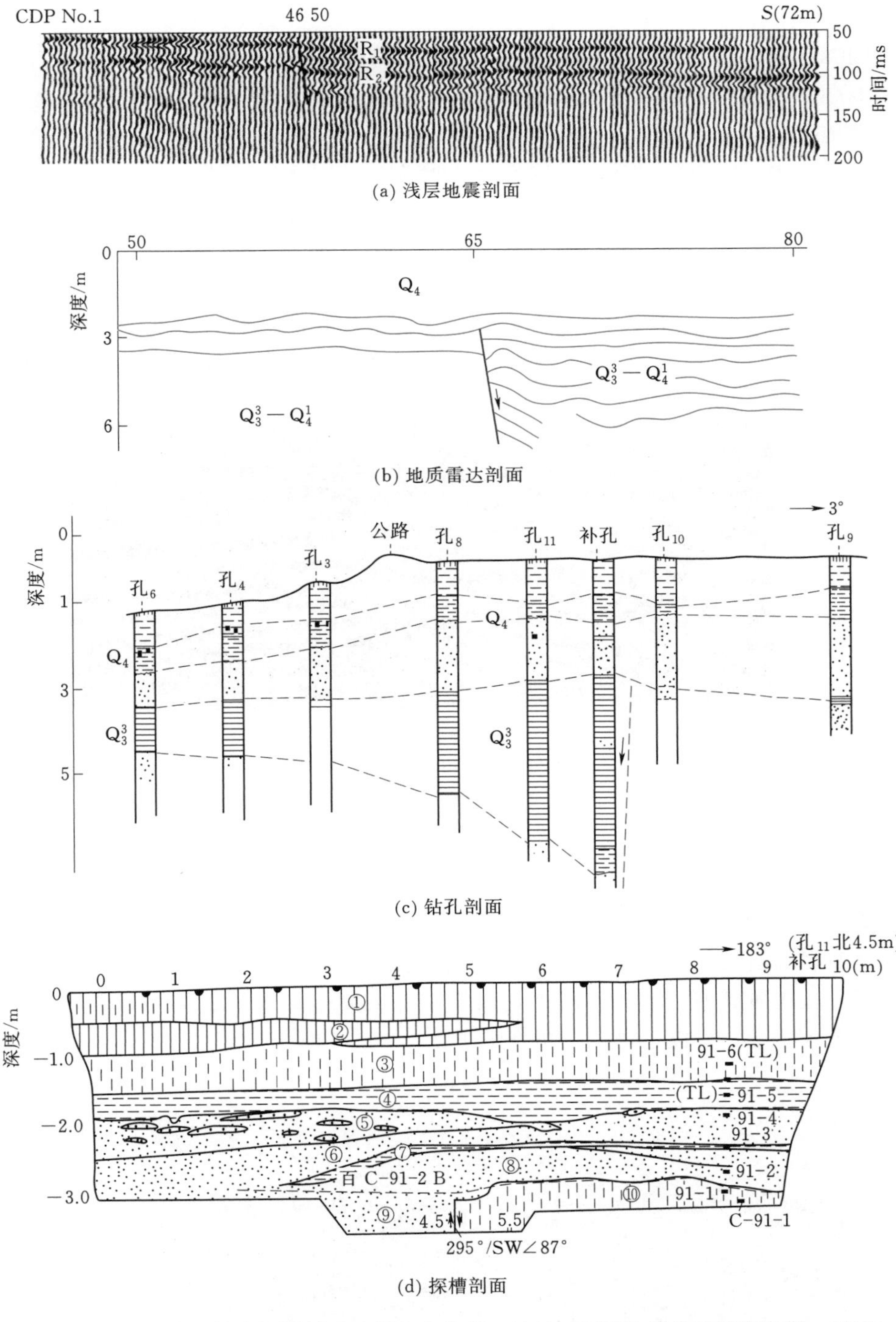

(a) 浅层地震剖面

(b) 地质雷达剖面

(c) 钻孔剖面

(d) 探槽剖面

图 4.3.23 百泉庄综合探测剖面（据向宏发等，1994；国家地震局地质研究所，1992）

①—褐灰色亚黏土，耕作层；②—深灰色亚黏土；③—棕黄色亚黏土，顶部有钙结核；④—浅灰色亚砂土、亚黏土，含少量砾石；⑤—浅灰黄色中砂层，含透镜状砂砾层；⑥—浅灰白色中细砂，具交错层理；⑦—深灰色亚黏土；⑧—浅灰、灰白色细砂层；⑨—浅灰白、灰黄色中细砂；⑩—黑灰色亚黏土、黏泥，顶部有 3～5cm 厚的炭末腐殖质土层

2. 中段

走向NWW，倾向N，与黄庄—高丽营断裂北段和顺义—良乡断裂北段一起控制着其北侧的顺义凹陷鲁町第四纪次级沉降中心（最大沉积厚度达800余米）。该段在第四纪地层和地貌分异上不甚明显。根据第四系厚度分布及钻探资料综合分析，该段断裂已影响到早、中、晚更新世地层，晚更新世晚期以来活动不明显。第四系厚度在断裂两侧落差150～200m左右。根据东三旗西、白房等地进行的化探和浅层物探研究结果（北京市地震局震害防御与工程地震研究所，2001），化探剖面异常显示较为明显，但异常峰值显示的活动性较上段弱；白房浅层人工物探剖面所反映的地层层面清晰，其中 T_1 和 T_2 界面未见错动现象，而 T_3 界面有明显的断错，如图4.3.24所示。根据附近地层资料，T_3 界面属晚更新世中早期地层。因此，认为该段属晚更新世活动断裂。

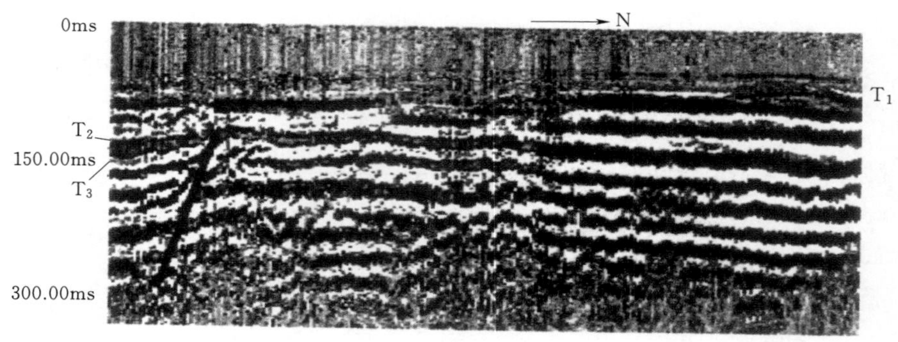

图4.3.24 白房南口—孙河断裂浅层物探剖面
（北京市地震局，2001）

3. 南东段

走向NWW，倾向NE，长约16km，明显控制顺义凹陷东坝第四纪次级沉降中心，地表迹象不甚清楚。从它是中段的自然延伸、控制的沉降中心性质与演化及沉降中心其他控制断裂的活动性等分析，该段应为晚更新世以来活动断裂。北京市地震局震害防御与工程地震研究所（2003）所做的浅层物探剖面（图4.3.25）中，清晰可见该断裂向上断至100ms，可能已进入上更新统下部。

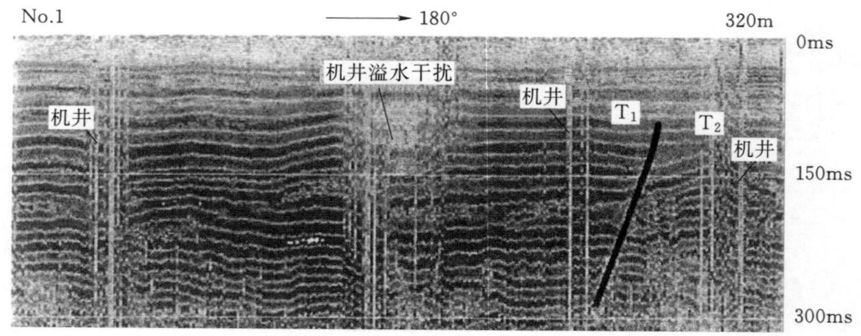

图4.3.25 南口—孙河断裂东段浅层地震剖面
（北京市地震局震害防御工程地震研究所，2003）

有研究人员将通州东南隐伏的北西向断裂称为南口—孙河断裂的延伸段，其走向305°，长约27km。已有资料表明，该段断裂对第四系有一定的控制作用，其西部第四系地层厚度南深北浅，显示西段倾向西南，东部第四系厚度北深南浅，表明东段倾向东北。目前关于该延伸段断裂活动性的深入研究相对较少，但总体认为其为早、中更新世活动断裂，晚更新世无明显活动迹象。

综上所述，南口—孙河断裂是一条分段明显、西段变形强烈、向东活动性减弱的第四纪不同时期的活动断层。其走向NWW，为枢纽正走滑断层；北西段全新世发生过古地震活动；中段、南东段控制着第四纪凹陷的发育，分别为晚更新世和全新世活动断裂，但表现不很清楚；延伸段推测为早、中更新世活动断裂。

4.3.4 八宝山断裂

八宝山断裂位于北京西山山麓与山前平原的接触地带，为一条NE—SW走向的压扭性逆断层。该断裂南起河北省涞水县，向北经南尚乐、岳各庄、北京市房山区牛口峪、南观、北车营，至磁家务拐一大弯经晓幼营、羊圈头、后卜营、石门口、化工七场、梨园、回民公墓北，过永定河到八宝山进入北京平原区，在海淀区中关村一带于钻孔中仍见其踪迹，推测往东北可能继续延伸至东三旗一带，全长100余千米。

八宝山断裂于中侏罗世晚期开始发育，晚侏罗世～早白垩世发生拉张活动，控制着北京中生代盆地的西界。根据断裂的几何展布、地貌表现、地质构造和活动特征等，将北京境内的八宝山断裂由南向北分为以下三段。

1. 房山—北车营段

该段断裂走向NNE转近SN，倾向E。据南观火车站剖面等显示，该段最新活动时代为上新世末～早更新世，中更新世以来没有明显活动，断层泥热释光年代＞100万年（据国家地震局分析预报中心，1997）。

2. 北车营—永定河段

该段断裂破碎带多处裸露地表，倾向SE。如图4.3.26所示，该段断裂在梨园村东垭口东侧出露，可见蓟县系白云质灰岩逆冲于石炭—二叠系变质页岩、千枚岩和砂岩之上，断裂破碎带宽约40～50cm，由杂色含炭泥岩、砂岩、页岩、白云岩块的黏土岩组成，并有花岗岩侵入体。该处基岩地层和断裂破碎带之上覆有晚更新统马兰黄土（Q_3），未见其变形（国家地震局地质研究所，1988）；断层泥的TL年代为距今19.1万±1.39万年，由此判断其最新活动时代为中更新世。

另外，地震活动监测表明，沿该段断裂附近，现代小震活动稀疏。

3. 永定河以北段

该段断裂在八宝山南麓出露，其余地区均被第四系地层覆盖。已有钻孔和物探资料显示，该段断裂过衙门口以北，在八宝山南麓转为走向20°～30°，继续向北东经过海淀镇、清华园东至太平庄一带，全长30余千米。

图4.3.27为该断裂在八宝山南麓东侧的出露剖面，从中可见东侧蓟县系雾迷山组（J*xw*）硅质条带白云岩逆冲到西侧下侏罗统（J_3）含砾粉砂岩之上，断层走向NE75°，倾向SE，倾角30°。国家地震局分析预报中心（1997）对此露头处断层泥进行了热释

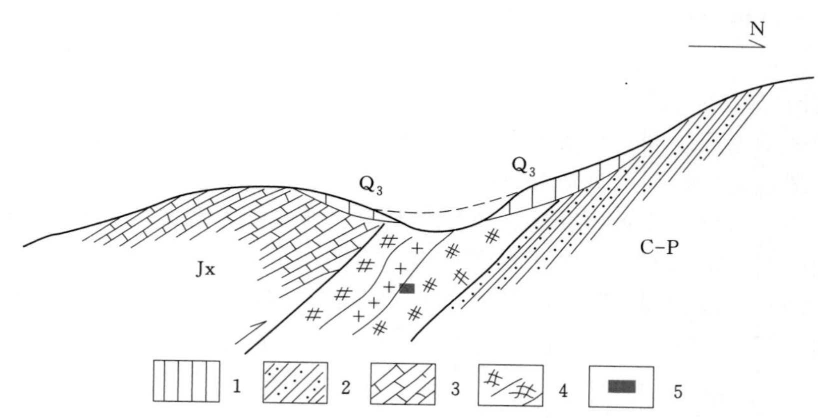

图 4.3.26 梨园村东八宝山断裂剖面（据国家地震局地质研究所，1988）
1—黄土；2—砂岩、千枚岩、页岩；3—白云质灰岩；4—破碎带；5—TL 采样点

光测龄，测试结果为距今 13.97 万±1.13 万年，即该段八宝山断裂最新活动时代为中更新世。

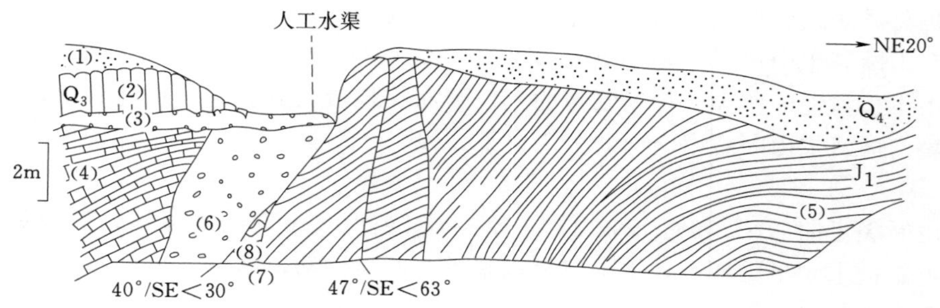

图 4.3.27 八宝山东侧八宝山断裂剖面（据国家地震局分析预报中心，1997）
(1)—坡积物；(2)—棕黄色亚黏土；(3)—基岩风化壳；(4)—雾迷山组白云岩；(5)—下侏罗统粉砂岩；(6)—破碎带；(7)—含煤断层角砾岩；(8)—▲取样点

图 4.3.28 为北京市地矿局物化探队（1990）在北沙滩—清华一带进行的浅层地震勘探解译成果，揭示该处八宝山断裂错断了早～中更新世地层，但晚更新世以来未有活动迹象。

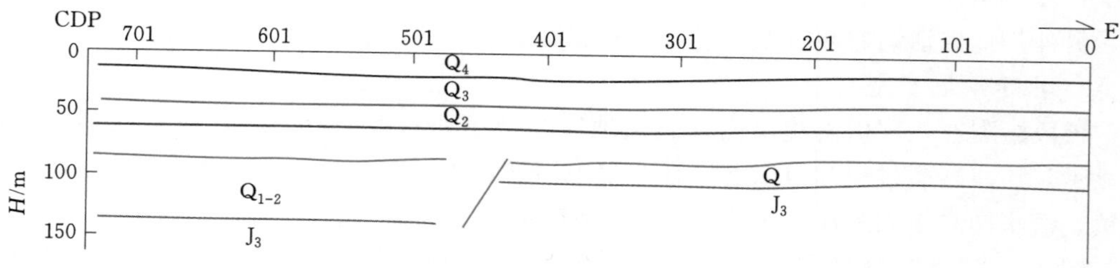

图 4.3.28 清华园附近八宝山断裂浅层地震勘探解译剖面
（据北京市地矿局物探队，1990）

另外，在《南水北调中线工程北拒马河枢纽渠段地震安全性评价报告》（中国地震局分析预报中心，1997）中，以北西向的拒马河断裂、周口店断裂和永定河断裂为界，将近场区的八宝山断裂自北向南分为四段：东三旗—北车营段，最新活动时间为中更新世晚期；北车营—房山段，最新活动时间为早更新世；房山—北拒马河段，最新活动时间为中更新世；北拒马河—涞水段，最新活动时间为晚更新世。该报告还指出，在涞水东车亭、郭家村、杜家庄等地均发现有该断裂露头，露头处断裂剖面如图4.3.29所示。

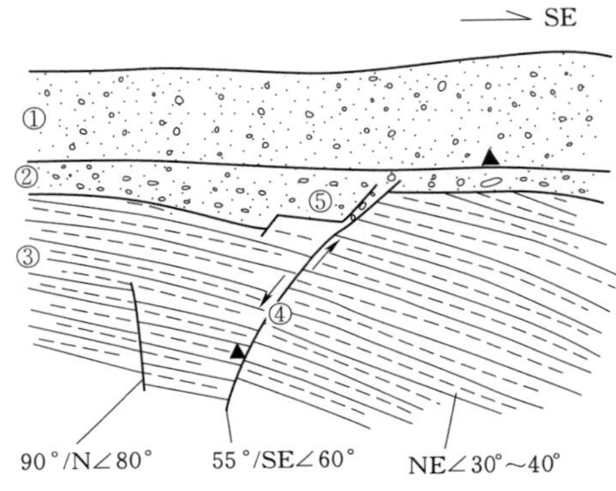

①—坡积含碎石砂土层(Q_4)；②—坡积含碎石砂土层(Q_3)；③—寒武—奥陶系页岩；④—断层泥；⑤—砾石定向排列

(a) 涞水东车亭断层剖面

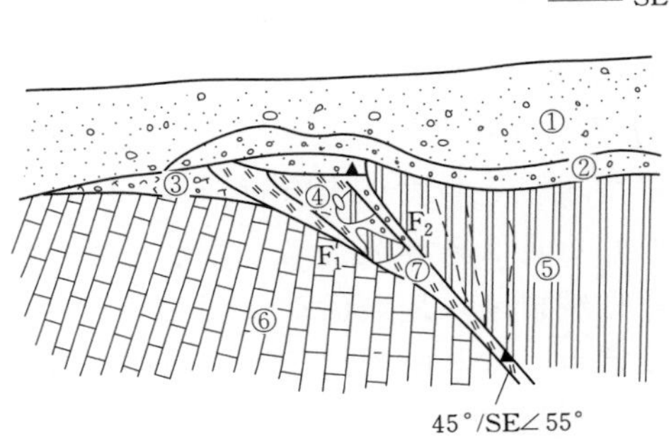

①—耕植土；②—坡积碎石层(Q_4)；③—风化碎石土；④—黏土质的砂砾石(Q_1)；⑤—棕红色亚黏土(Q_2)；⑥—硅质灰岩(Ch)；⑦—断层泥带

(b) 涞水郭家村断层剖面

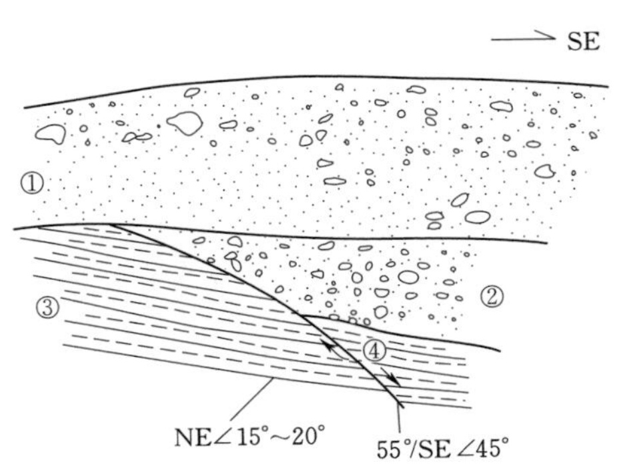

①—坡积碎石土(Q_4)；②—碎石层(Q_3)；③—页岩(0)；④—破碎页岩

(c) 东车亭北东向断层剖面(沟东壁)

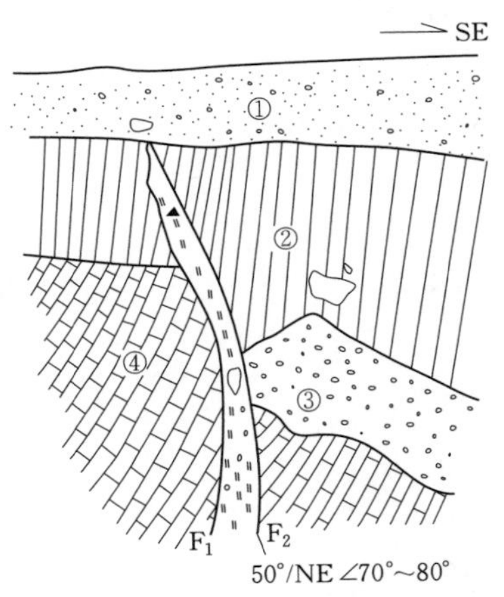

①—耕作土(Q_4)；②—棕褐色亚黏土(Q_2-Q_3)；③—坡积碎石土层(Q_2)；④—硅质灰岩(Ch)

(d) 杜家庄北东向断层剖面(沟东壁)

图4.3.29　河北省涞水境内八宝山断裂露头剖面
（据中国地震局分析预报中心，1997）

根据上述研究成果及断裂证据，认为八宝山断裂北拒马河以北段（北京境内段）最新活动时代目前可确定为早更新世～中更新世，而北拒马河以南段（河北境内段）

最新活动时代可确定为晚更新世。

4.3.5 活动断裂对工程建设场地的影响评价

通过综合对比分析近场区的构造活动特点与历史地震、现代小震活动性的关系，北京市南水北调工程建设场地地震安全性评价系列成果中，对研究区内近场区地震构造的认识如下。

（1）研究区新构造运动有由南向北逐渐增强的特点，这与华北断坳的新构造演化格局是一致的。

（2）近场区主要发育 NE—NNE 向和 NW 向两组断裂，其中前者占主导地位。断裂的活动时代一般在早、中更新世，其中黄庄—高丽营断裂北段、黄庄—高丽营断裂南段的芦井—晓幼营亚段、顺义—良乡断裂北段、南口—孙河断裂和八宝山断裂北拒马河以南段晚更新世以来有过活动。空间上，断裂活动性由南向北逐渐增强。

（3）近场区内地震活动，特别是微震活动在空间上具有明显的不均匀分布的特点。自历史记载以来，地震活动主要集中于中北部，现代微震活动具有更明显的北强南弱的活动特点，这与断裂活动性由南向北逐渐增强的趋势密切相关。

（4）近场区强震的发生往往与晚更新世和全新世活动断裂有关，现代微震分布也多与这些活动断裂分布密切相关。综合分析近场区历史地震活动水平，并参考河北平原地震带未来百年地震活动水平，认为近场区未来百年仍有发生 6～7 级地震的可能。

基于对研究区近场区地震构造的认识和典型活动断裂的研究结果，为评价区内第四纪活动断裂对北京市南水北调各工程建设场地的影响，将研究区内与南水北调工程建设场地关系密切的第四纪活动断裂的活动特征进行汇总，见表 4.3.1。

表 4.3.1 研究区第四纪活动断裂活动特征汇总表

序号	断裂名称	分段名称		最新活动时代	现代活动速率/(mm/a)
1	永定河断裂	南段	黄庄—高丽营断裂以南段	第三纪末期	0.19
		北段	黄庄—高丽营断裂以北段	中更新世	
2	黄庄—高丽营断裂	南段	永定河以南段	晚更新世晚期	
		中段	永定河—北七家段	中更新世中期	
		北段	北七家以北段	全新世	0.14～0.25
3	南口—孙河断裂	北西段	小汤山断裂以北段	晚更新世末～全新世初	0.8～3.2
		中段	小汤山断裂～顺义—良乡断裂段	晚更新世	
		南东段	顺义—良乡断裂～南苑—通县断裂段	全新世	
		延伸段	南苑—通县断裂以南段	早更新世～中更新世	
4	八宝山断裂	南段	北拒马河以南	晚更新世	
		北段	北拒马河以北	早更新世～中更新世	

注 断裂活动速率的数据来源于表 4.2.2。

根据《建筑抗震设计规范》(GB 50011—2010)第4.1.7条及其条文解释，对于一般建筑工程，只考虑1.0万年(全新世)以来活动过的断裂对工程的影响，而在此地质时期以前的活动断裂可不予考虑；对于核电、水电等工程则应考虑10万年以来(晚更新世)活动过的断裂，晚更新世以前活动的断裂亦可不予考虑。为此，对表4.3.1中所列的晚更新世以来的活动断裂(八宝山断裂南段除外)对南水北调工程建设场地的影响给予以下评价。

1. 黄庄—高丽营断裂南段

该段断裂(永定河以南段)的芦井—晓幼营亚段走向NEE，自大宁调蓄水库、总干渠(北京段)崇青—永定河段场区西北侧约5～7km通过，距离工程场区较远；房山亚段走向近SN向，沿大石河西岸的口头—八十亩地—羊头岗展布，南端直抵大件路，该处为总干渠穿大石河处。

根据《南水北调中线工程永定河枢纽渠段地震安全性评价报告》(中国地震局分析预报中心，1997)，黄庄—高丽营断裂南段不是区域NEE和NWW两条强震带的交汇段，沿该段断裂带历史上无强震记录，微震仅零星分布。由此认为，黄庄—高丽营断裂南段对大宁调蓄水库和总干渠工程建设场地稳定性影响小。

2. 黄庄—高丽营断裂北段

该段断裂为北京地区活动性较强的全新世活动断裂，为现代微震密集分布的断裂带。根据该段断裂的空间展布特征，距离其最近的工程场区当属南水北调来水调入密云水库调蓄工程(简称“密云水库调蓄工程”)建设场址。

4.3.2节中已阐明，根据工程场区及邻近地区的综合物探成果，可以确定该段断裂东北端未向拟建工程场区延伸，而是向东尖灭于怀柔盆地，推测断裂线距场区最近距离>1km。其次，该工程沿京密引水渠布置的9级梯级泵站(图4.4.1)中，兴寿—雁栖段的泵站场地总体展布方向也为NE向，与该段断裂走向大致一致，但断裂位于京密引水渠的东南侧，距离泵站场地最远约9km(兴寿站)，北台上、郭家坞、西台上和李史山4个泵站场地距黄庄—高丽营断裂北段的距离分别为3.8km、1.8km、2.0km和2.6km。由此认为，黄庄—高丽营断裂北段对各梯级泵站场地稳定性的影响小。

3. 南口—孙河断裂

该断裂为区内唯一一条北西向的活动断裂，其活动性由北西向南东减弱。根据其空间展布状况，断裂北西段与京密引水渠相交于昌平马池口—百泉庄一带，密云水库调蓄工程拟建埝头泵站场地位于该交汇部位。

根据表4.1.1，昌平区历史强震记录有两次，最大震级为5级，最大震中烈度为Ⅵ度。另外有研究表明，与南口—孙河断裂北西段相交的小汤山—东北旺断裂为全新世正断层，其为马池口—沙河断陷的东侧边界和小汤山东侧第四纪沉陷的西边界，1730年颐和园6.5级地震可能与此断层活动有关。图4.1.2表明，昌平地区现代微震活动相对较为频繁。

综上所述，认为南口—孙河断裂北西段对密云水库调蓄工程拟建埝头泵站场地稳定性有一定影响，应给予重视。南口—孙河断裂中段及南东段与拟建北京市南水北调其他工程(主要指“26213”供水系统工程)场址区均较远，也无相交地段，对场地稳定性影响小。

4.4　场地地震动条件及其反应分析

从场地地震安全性评价的角度出发，进行工程场地地震动条件及其反应研究的目的是为了确定场地设计地震动参数，为工程抗震设计提供基本的地震动参数。场地地震动条件包括地形地貌条件、岩土体结构及类型、岩土空间分布及其工程地质与水文地质性质等，场地地震反应的强烈程度主要取决于其地震动条件的优劣性。《建筑抗震设计规范》（GB 50011—2010）中根据地质、地形和地貌条件将建筑场地分为有利、一般、不利和危险四个不同类型的抗震地段，实质上是对具有不同地震动条件的场地地震反应的定性化评价和描述。为确定场地设计地震动参数，必须对其地震动条件及地震反应进行定量化分析和计算。

北京市南水北调工程建设场地涉及范围大、地质条件复杂，不仅不同工程场地的地震动条件有差异，而且对于长线路输水工程而言，其工程场地往往穿越多个地质地貌单元，地形起伏大，不同地段的地震动条件也有差异，必须分段评价。本节将介绍北京市南水北调工程场地地震安全性评价中开展的典型工程场地岩土体动力特性及参数、场地地震反应等方面的研究成果，可供同地区同类工程抗震设计参考使用。

4.4.1　工程场地类别

工程场地类别是指依据场地岩土体剪切波速和覆盖层厚度两项指标综合确定的场地分类。场地类别反映了场地地震动的基本岩土条件，是确定建筑物结构地震影响系数的必要参数之一。判别场地类别是岩土工程师的必要任务，判别方法依据工程类别、设计要求等可遵循《建筑抗震设计规范》（GB 50011）、行业规范或地方性规范的具体规定。

表 4.4.1 为《建筑抗震设计规范》（GB 50011—2010）的场地类别分类标准，表 4.4.2 为《水工建筑物抗震设计规范》（SL 203—97）的分类规定。两者的最大区别在于对于剪切波速指标的采用：前者采用计算深度（覆盖层厚度和 20m 两者的小值）范围内土层的等效剪切波速，而后者采用土层平均剪切波速（即建基面以下 15m 且不深于场地覆盖层厚度的各土层剪切波速，按土层厚度加权的平均值）。此外，两者在不同场地类别对应的波速和覆盖层厚度指标分界值上也不尽相同。

表 4.4.1　建筑场地类别判别标准（GB 50011—2010）

岩石的剪切波速或土的等效剪切波速/(m/s)	覆盖层厚度/m				
	I_0	I_1	Ⅱ	Ⅲ	Ⅳ
$v_s>800$	0				
$800\geqslant v_s>500$		0			
$500\geqslant v_{se}>250$		<5	$\geqslant5$		
$250\geqslant v_{se}>150$		<3	3～50	>50	
$v_{se}\leqslant150$		<3	3～15	15～80	>80

注　表中 v_s 为岩石的剪切波速。

表 4.4.2　　场地类别的划分（SL 203—97）

场地土类型	场地覆盖层厚度 d_{ov}/m				
	0	$0<d_{ov}\leqslant 3$	$3<d_{ov}\leqslant 9$	$9<d_{ov}\leqslant 80$	$d_{ov}>80$
坚硬场地土	Ⅰ	—			
中硬场地土	—	Ⅰ		Ⅱ	
中软场地土		Ⅰ	Ⅱ		Ⅲ
软弱场地土		Ⅰ	Ⅱ	Ⅲ	Ⅳ

表 4.4.3 为《北京地区建筑地基基础勘察设计规范》（DBJ 11—501—2009）对建筑场地类别的划分标准。其剪切波速采用等效剪切波速指标，计算深度以及覆盖层厚度的确定规则均延承了 GB 50011 的体系，只不过 2008 年汶川地震后，GB 50011 进行了两次修订，现行 2010 版中有意识地适当扩大了Ⅱ类场地范围、缩小了Ⅰ类场地范围，而 DBJ 11—501—2009 引用了其 2008 年局部修订版的相应条款，与 2010 版不完全一致。

表 4.4.3　　建筑场地类别判别标准（DBJ 11—501—2009）

岩石的剪切波速或土的等效剪切波速 v_{se}/(m/s)	覆盖层厚度/m			
	Ⅰ	Ⅱ	Ⅲ	Ⅳ
$v_{se}>500$	0			
$250<v_{se}\leqslant 500$	<5	⩾5		
$140<v_{se}\leqslant 250$	<3	3～50	>50	
$v_{se}\leqslant 140$	<3	3～15	>15～80	>80

北京市南水北调工程建设场地类别分别采用了《建筑抗震设计规范》（GB 50011）和《水工建筑物抗震设计规范》（SL 203—97）进行判别。表 4.4.4 归纳整理了北京市南水北调配套工程主要建设场地类别的判定结果。结果表明，同一场地采用两种规范的判别结果在大的类别上保持一致，但因平均剪切波速的起算面为建基面（一般为地面以下一定深度），而非自然地面（等效剪切波速的起算面一般为自然地面），同一场地、同样计算深度时，平均剪切波速值一般大于等效剪切波速值。由表 4.4.4 可知，绝大部分场地第四系土层厚度大，场地类别为Ⅱ类或Ⅲ类，且北部和西部场地以Ⅱ类为主，东部和南部场地以Ⅲ类为主，这与北京地区基础地质背景以及第四系土层沉积规律相符。

总干渠北京段勘察工作开展较早，经历时期长，当时的技术和资金投入条件有限，针对场地类别判定开展的勘测工作较少，仅在跨永定河、拒马河两大河流局部场区实施了钻孔剪切波速测试工作。测试结果表明，计算深度范围内的土层（以卵石为主）平均剪切波速为 280～340m/s，覆盖层厚度一般大于 5m，故场地类别也判定为Ⅱ类。

4.4.2　场地土动力特性研究

土的动力特性是指土体在动荷载（诸如地震、机械振动、波浪、冲击等）作用下所表现的强度、变形等方面的性质，与土体在静荷载作用下的响应有较大区别。土的动

表 4.4.4　北京市南水北调工程建设场地类别判定结果

序号	工程名称	钻孔揭露的最大土层厚度/m	地层结构及岩性简述	平均剪切波速/(m/s)	等效剪切波速/(m/s)	剪切波速测试最大深度/m	场地类别	场地土类别
1	东干渠	60	黏性土、砂土和圆砾互层的多层结构		191～271（228）	60	Ⅲ	中软土
2	南干渠	40	由砂砾、黏砂砾二元或多元结构逐渐过渡为黏性土单一结构				Ⅲ	中软土
3	团城湖至第九水厂输水管道（龙背村至关西庄泵站）	＞50	砂砾或黏砾多元结构		213～247		Ⅲ	中软土
4	大宁水库	8～33	第四系土层以卵石为主，下伏第三系始新统长辛店组（E_2c）紫红色、褐红色泥岩、砾岩和砂岩	235～348（288）		40	Ⅱ	中硬土
5	屯佃泵站	100	以粉质黏土和黏质粉土为主，局部夹砂质粉土层	233～248（240）	194～215（204）	100	Ⅲ	中软土
6	前柳林泵站	90	以黏质粉土和粉质黏土为主，表层有薄层淤泥质土	193～228（211）	196～198（197）	90	Ⅲ	中软土
7	埝头泵站	100	以粉质黏土、黏质粉土为主，局部夹砂层	224～237（235）	189～190（190）	100	Ⅱ	中硬土
8	兴寿泵站	80	上部以中粗砂和黄土质黏质粉土互层为主，底部以卵石为主	295～327（334）	265～269（267）	85	Ⅱ	中硬土
9	李史山泵站	90	以黄土质粉质黏土和黄土质黏质粉土为主，底部以中砂、卵石为主	297～309	240～259	93	Ⅱ	中软土～中硬土

续表

序号	工程名称	钻孔揭露的最大土层厚度/m	地层结构及岩性简述	平均剪切波速/(m/s)	等效剪切波速/(m/s)	剪切波速测试最大深度/m	场地类别	场地土类别
10	西台上泵站	60	以黄土质粉质黏土和黄土质黏质粉土为主，底部以黄土质重粉质黏土为主	271.94	235	62.5	Ⅱ	中硬土
11	郭家坞泵站	35	上部以黄土质粉土和黄土质粉质黏土互层为主，底部以卵石层为主	327～385（356）	262	40	Ⅱ	中硬土
12	雁栖泵站	10～20	上部以卵石为主，局部夹砂和黄土质黏质粉土；下部为白垩系安山岩	467	282	35	Ⅱ	中硬土
13	溪翁庄泵站	40	卵石为主	479～481	355～357	30	Ⅱ	中硬土
14	密云水库调蓄输水管道		第四系地层以卵石为主，局部夹黄土质粉质黏土、黄土质黏质粉土等，其下局部见侏罗系九龙山组凝灰质砂岩、蓟县系铁岭组白云岩				Ⅱ	中硬土
15	亦庄调节池	50	以黏性土、细砂土为主，局部夹圆砾；局部场地为深厚垃圾填埋土		197～255（225）	30	Ⅲ	中软土
16	团城湖调节池	50	上部为粉土、粉质黏土层（夹淤泥质土）、中部为粉细砂层（局部缺失）、下部为圆砾、卵石层，层间夹黏性土层、砂层		258～312（290）	52	Ⅱ	中硬土

注 表中括号外数值为场地波速测试结果的范围值，括号内数值为所有测试孔计算结果的平均值。

强度除了与土的类型、物理性质和初始应力状态有关外，还与动荷载的幅值和循环期次等有关。地震中常遇到的饱和砂土液化现象即为土体动强度的具体表现。

目前关于土动力特性参数的研究常用方法为室内动三轴试验，即将现场采集的圆柱体土试样放在动三轴试验仪的压力室内，首先施加一定的围压（σ_3）和轴向压力（$\sigma_1=K_c\sigma_3$）使其固结，然后通过动力加载系统施加简单的周期应力，常用的是简谐应力 $\sigma_d=\sigma_{d0}\sin\omega t$。在施加动力的试验过程中，用传感器测出试样的动应力、动应变和孔隙水压力的时程曲线。根据记录曲线和破坏标准，即可确定土体在一定动应力幅值（σ_{d0}）下的破坏震次 N_f。改变动应力幅值（σ_{d0}），则可得到不同的破坏震次 N_f。以 $\lg N_f$ 为横坐标，以试样 45°面上动剪应力 τ_d（即动应力幅值 σ_{d0} 的一半）或动应力比 $\sigma_{d0}/2\sigma_3$ 为纵坐标绘制的曲线即为土的动强度曲线。以土体动三轴试验为基础可以进行土的动强度参数（c_d、φ_d）和动本构关系的研究。进行场地地震动反应分析及稳定性计算，必须首先确定场地各类土层的动力特性参数。

北京市南水北调工程建设场地地震安全性评价过程中，根据工程设计的需要和场地地震动的基本条件，重点对团城湖调节池、亦庄调节池及沿京密引水渠拟修建的 9 座梯级提水泵站场地进行了土的动力特性试验研究。其中团城湖调节池、亦庄调节池根据场地地震安评的需要，各采取了 5 个试样进行黏性土动剪切模量（G_d）、阻尼比（λ_d）与动剪应变（γ_d）相关关系的研究；而京密引水渠梯级泵站场地，共对 38 个样品进行了动力变形特性的测试和研究，除此之外对 6 个泵站场地的浅层（5～20m，为泵站基础的主要影响深度范围）黏性土进行了不同围压（σ_3）和动应力水平（σ_{d0}）组合工况下的动强度参数（动黏聚力 c_d，动内摩擦角 φ_d、动弹性模量 E_d）测试和研究，为泵站基础和结构设计提供了可靠的土动强度参数指标。本节将对京密引水渠梯级泵站场地土的动力特性试验和研究成果进行介绍。

1. 土动力变形特性研究

京密引水渠拟建的 9 座梯级提水泵站平面位置如图 4.4.1 所示。进行土的动力变形特性研究的 38 件试样来自于 8 个泵站场地，取样深度最浅的仅为 2m，最深的 96m，样品土质以粉质黏土为主，少量重粉质黏土，见表 4.4.5。动三轴试验仪为北京工业大学建筑工程学院土力学实验室的 DDS－70 型微机控制电磁式振动三轴试验系统，由主机、电控系统、静压控制系统和微机系统等组成，其通过气体压力对放置于三轴室内的土样施加轴向和侧向静压力，激振器和功率放大器将微机系统提供的一定频率、幅值的电信号转换为轴向激振力，经活塞施加至土试样上；测量系统将振动过程中的力、位移和孔隙水压力值记录下来，微机系统可以对试验过程进行控制，并对试验数据进行处理和输出。试验样品为圆柱形，直径为 39.1mm，高度 80mm，采用削土器进行制备。

图 4.4.2（a）～（h）为根据试验记录的动剪应力（τ_d）－动剪应变（γ_d）数据整理后绘制的各泵站场区土的动剪切模量比（G_d/G_{max}）－γ_d、阻尼比 λ_d－γ_d 曲线，是进行场地土地震动反应分析的基础性资料。图 4.4.2 的曲线表明，各场地黏性土的动剪切模量随动剪应变的增大而减小，阻尼比随动剪应变的增加而增加。

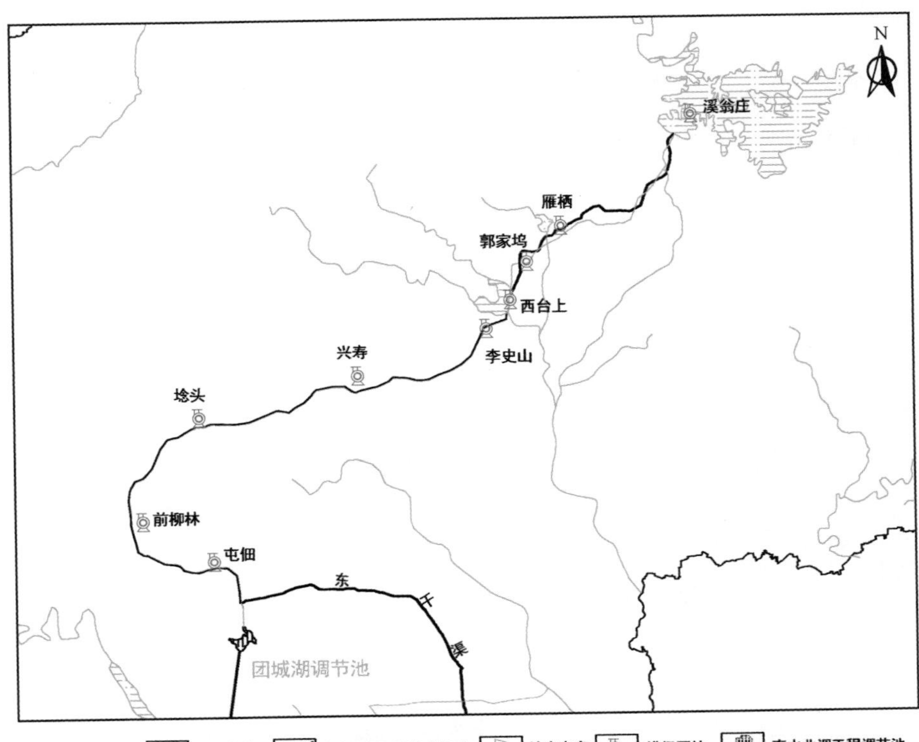

图 4.4.1 沿京密引水渠拟建的9座梯级提水泵站平面位置示意图

表 4.4.5 京密引水渠梯级泵站场地土动力变形试验样品信息

序号	试样编号	岩土类型	取样底深度/m	序号	试样编号	岩土类型	取样底深度/m
1	柳林2-4	粉质黏土	13.2	15	屯佃1-16	粉质黏土	83.2
2	柳林2-8	粉质黏土	36.2	16	柳林2-3	粉质黏土	8.7
3	柳林2-13	粉质黏土	74.2	17	柳林2-10	粉质黏土	50.2
4	柳林2-15	粉质黏土	82.3	18	埝头3-1	重粉质黏土	4.7
5	埝头3-3	粉质黏土	12.2	19	埝头3-6	粉质黏土	30.2
6	埝头3-5	粉质黏土	26.2	20	埝头3-10	粉质黏土	57.2
7	李史山5-8	重粉质黏土	43.2	21	埝头3-11	粉质黏土	60.7
8	李史山5-9	重粉质黏土	50.2	22	西台上6-1	粉质黏土	2.2
9	李史山5-10	粉质黏土	55.2	23	西台上6-5	粉质黏土	14.2
10	李史山5-13	粉质黏土	83.2	24	西台上6-10	粉质黏土	50.2
11	西台上6-7	粉质黏土	24.2	25	雁栖8-1	砂质黏土	8.4
12	西台上6-9	重粉质黏土	39.2	26	屯佃1-4	粉质黏土	9.2
13	屯佃1-11	粉质黏土	44.2	27	屯佃1-8	粉质黏土	24.2
14	屯佃1-15	粉质黏土	77.2	28	屯佃1-17	粉质黏土	91.2

续表

序号	试样编号	岩土类型	取样底深度/m	序号	试样编号	岩土类型	取样底深度/m
29	屯佃 1－18	粉质黏土	96.2	34	兴寿 4－7	粉质黏土	65.2
30	埝头 3－13	粉质黏土	88.2	35	李史山 5－2	粉质黏土	8.2
31	兴寿 4－1	粉质黏土	12.7	36	李史山 5－12	粉质黏土	73.2
32	兴寿 4－4	粉质黏土	18.7	37	郭家坞 7－2	粉质黏土	4.2
33	兴寿 4－5	粉质黏土	34.2	38	郭家坞 7－5	粉质黏土	11.2

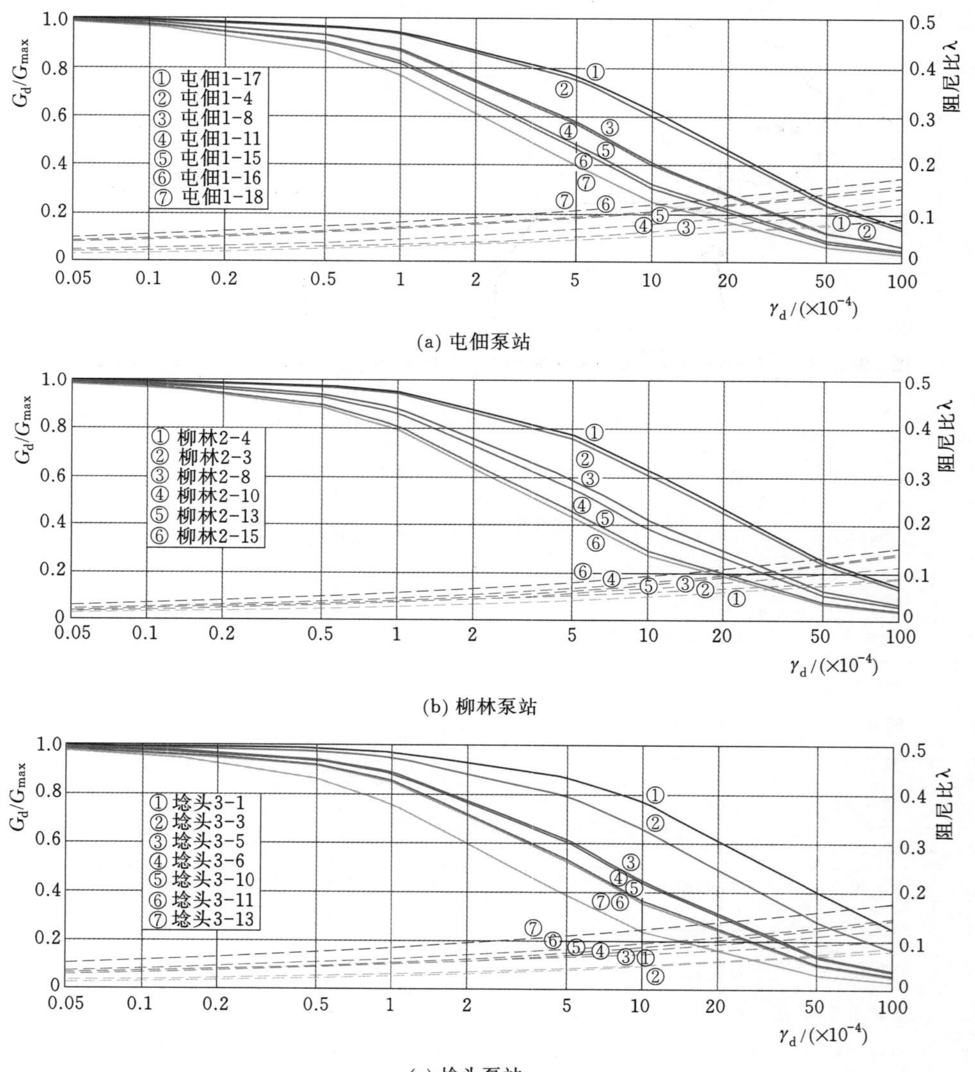

图 4.4.2（一）　京密引水渠梯级泵站场区黏性土动力变形特性曲线

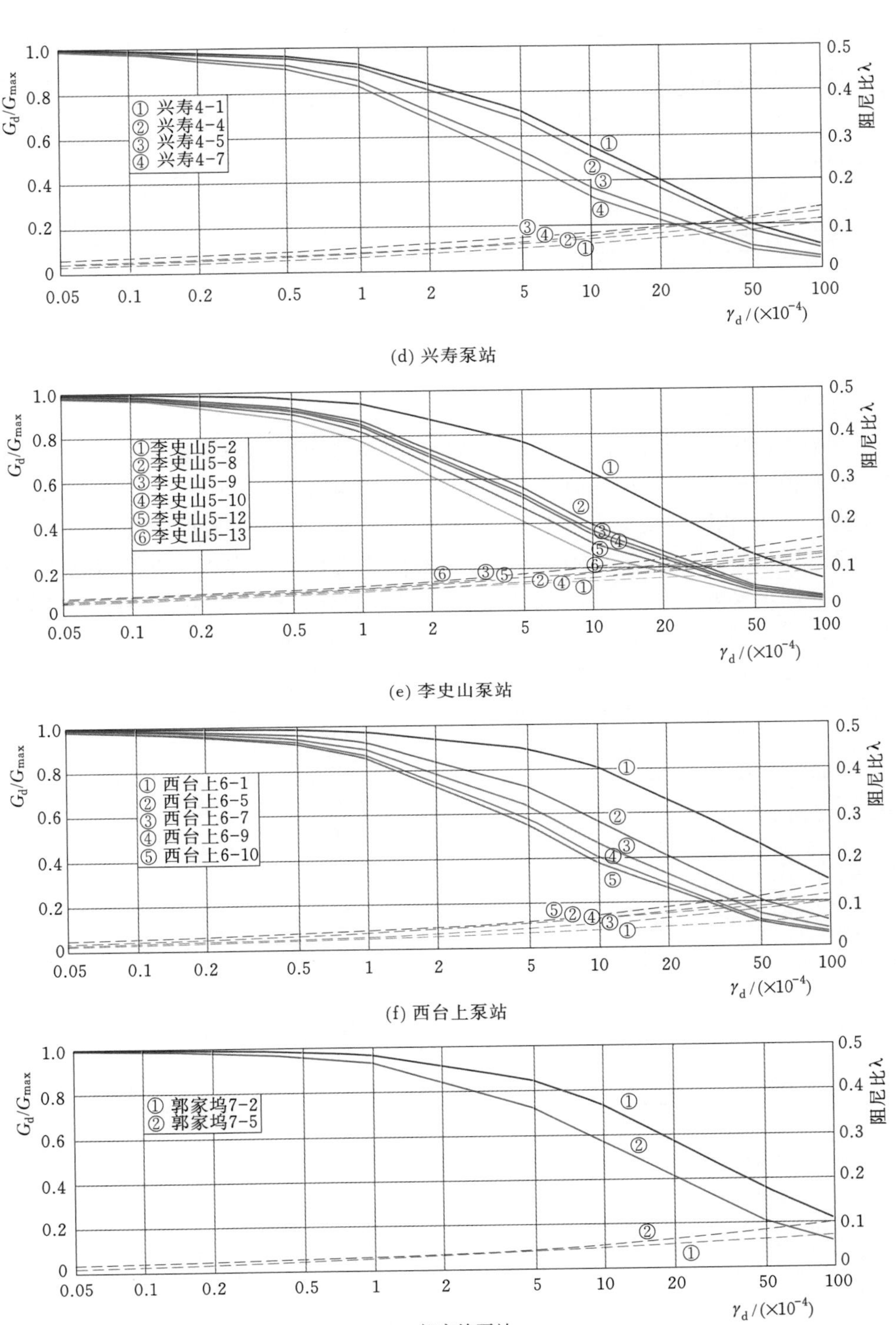

(d) 兴寿泵站

(e) 李史山泵站

(f) 西台上泵站

(g) 郭家坞泵站

图 4.4.2（二）　京密引水渠梯级泵站场区黏性土动力变形特性曲线

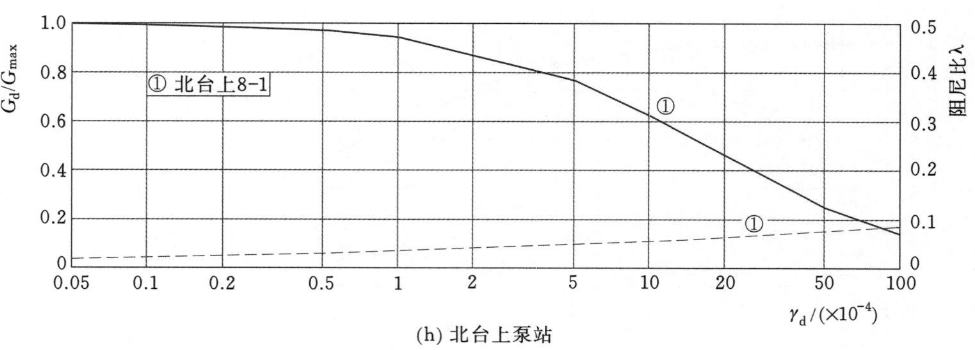

(h) 北台上泵站

图 4.4.2（三）　京密引水渠梯级泵站场区黏性土动力变形特性曲线

2. 土的动强度参数试验

在 6 个泵站场区共采取了 12 组土样品进行动强度参数的测试试验，每组 6 件样品分别对应两种围压（σ_3）、6 个动应力水平（σ_{d0}）的试验工况组合，见表 4.4.6。围压 σ_3 范围为 50～150kPa，动应力水平 σ_{d0} 范围为 50～280kPa。试验时首先根据样品采取深度计算其固结压力，在相应的固结压力下对试样进行固结排水，以模拟其现场应力状态；试样固结完成后即逐级施加循环动力荷载（正弦荷载，频率为 1Hz），并记录相应数据。试样的固结应力比（K_c）均为 1.0。粉质黏土固结 8h 以上，砂质粉土固结 6h 以上，然后进行动剪切，破坏标准按动剪应变为 5%控制。整个试验过程按照《土工试验规程》（SL 237—1999）的相关要求控制。

表 4.4.6　　　　京密引水渠梯级泵站场地土动强度试验结果

序号	试样组别	岩土名称	取样深度/m	围压 σ_3/kPa	动应力水平 σ_{d0}/kPa	破坏周次 N_f/次
1	屯佃 1	砂质粉土	5～8	70	80	456
					130	90
					180	30
				120	130	420
					230	64
					280	2
2	屯佃 2	粉质黏土	10～12	100	70	359
					120	120
					170	4
				150	150	225
					175	95
					200	45
3	屯佃 3	粉质黏土	11～15	100	100	75
					150	25
					200	3

续表

序号	试样组别	岩土名称	取样深度 /m	围压 σ_3 /kPa	动应力水平 σ_{d0}/kPa	破坏周次 N_f/次
3	屯佃 3	粉质黏土	11～15	150	50	130
					100	89
					150	69
4	前柳林 1	粉质黏土	3～9	100	100	747
					150	293
					200	32
				150	50	654
					100	227
					150	33
5	前柳林 2	粉质黏土	7～12	100	75	439
					125	220
					150	43
					175	10
				150	150	132
					180	40
					210	16
6	兴寿 1	粉质黏土	7～12	100	100	239
					125	90
					150	31
				150	150	198
					175	53
					225	7
7	兴寿 2	粉质黏土	14～16	100	100	353
					125	155
					175	6
				150	175	229
					200	75
					225	8
8	郭家坞 1	砂质粉土	6～14	50	50	238
					75	69
					100	6
				100	75	346
					125	80
					200	11

续表

序号	试样组别	岩土名称	取样深度/m	围压 σ_3/kPa	动应力水平 σ_{d0}/kPa	破坏周次 N_f/次
9	郭家坞 2	粉质黏土	14～20	60	60	398
					115	79
					140	12
				100	150	323
					175	63
					200	20
10	李史山 1	砂质粉土	2～8	50	70	403
					100	130
					150	14
				100	150	457
					225	92
					275	23
11	李史山 2	粉质黏土	10～15	50	75	370
					110	97
					150	20
				100	100	465
					150	132
					200	13
12	西台上	粉质黏土	6～13	50	70	398
					125	45
					150	11
				100	100	370
					150	120
					200	15

对试验数据进行整理后，绘制了各组试样相应工况条件下的动强度曲线，如图 4.4.3 所示，各试验工况对应的破坏震次（N_f）见表 4.4.6。由动强度曲线可以看出，围压 σ_3 一定的情况下，动应力水平 σ_{d0} 越低（动应力比 τ_d/σ_3 越小，$\tau_d=\sigma_{d0}/2$），场地土达到剪切破坏的震次越高；换言之，地震动应力水平（强度）越高，土体破坏所需的时间越短。

根据各组试样破坏时的莫尔应力圆及动强度曲线，计算确定了各组样品在不同的等效循环振动次数 N（相当于不同震级作用）时的动强度参数（c_d、φ_d），见表 4.4.7、表 4.4.8 和图 4.4.4。等效循环振动周次与地震震级的对应关系见表 4.4.9。

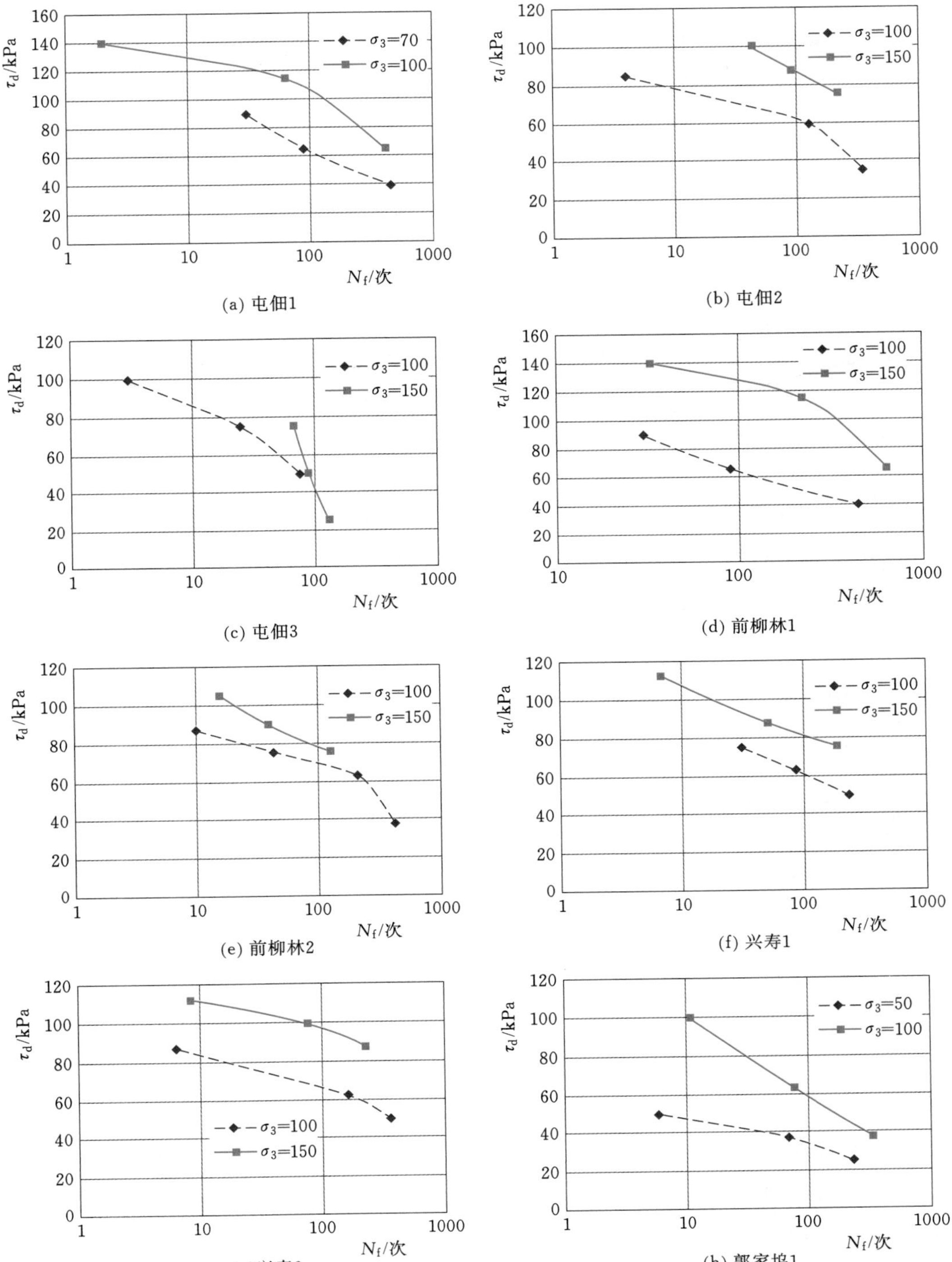

(a) 屯佃1

(b) 屯佃2

(c) 屯佃3

(d) 前柳林1

(e) 前柳林2

(f) 兴寿1

(g)兴寿2

(h) 郭家坞1

图 4.4.3（一）　京密引水渠梯级泵站场区黏性土动强度曲线

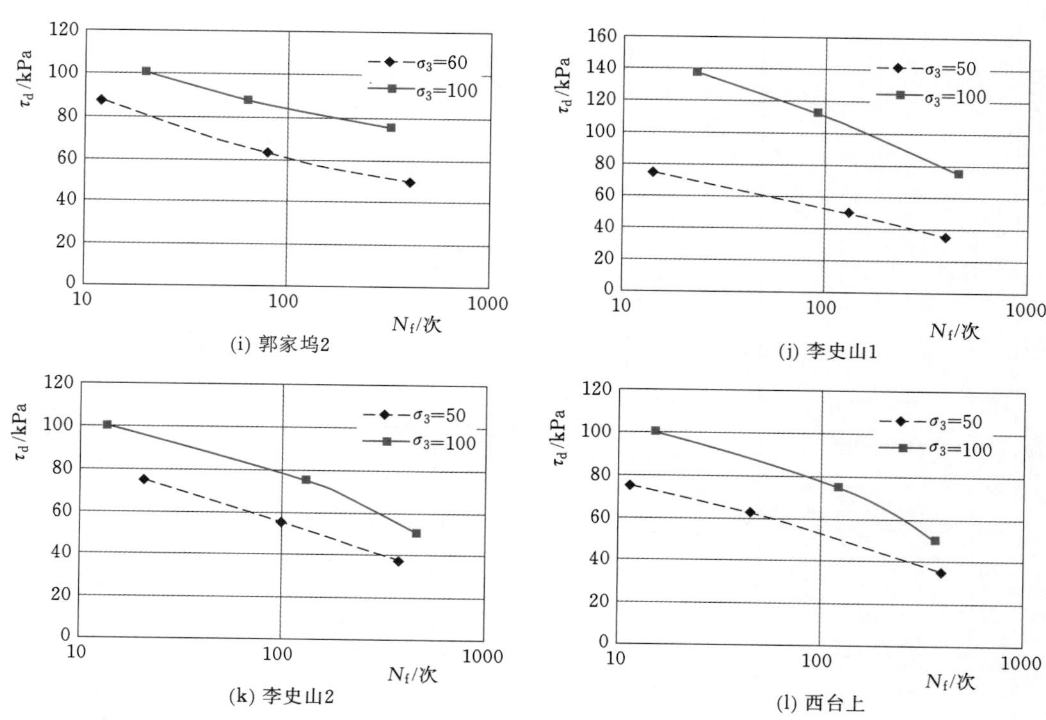

图 4.4.3（二）　京密引水渠梯级泵站场区黏性土动强度曲线

表 4.4.7　　京密引水渠梯级泵站场地土动强度参数 c_d 计算结果

c_d/kPa　等效循环振动次数 N/次 试样组别	5	8	12	20	30
屯佃 1	8.81	8.81	8.79	8.81	8.79
屯佃 2	27.82	27.5	27.06	26.2	25.12
屯佃 3	27.43	26.63	25.6	19.74	19.03
前柳林 1	13.19	13.21	13.24	13.29	13.36
前柳林 2	33.52	34.05	35.18	36.08	37.9
兴寿 1	10.58	10.6	10.62	10.67	10.73
兴寿 2	17.40	17.19	16.91	16.36	15.66
郭家坞 1	2.40	2.34	2.26	2.10	1.90
郭家坞 2	16.03	15.73	15.36	14.61	13.68
李史山 1	4.04	3.95	3.83	3.59	3.28
李史山 2	31.91	31.1	30.05	27.99	25.5
西台上	31.89	31.82	31.72	31.53	31.28

表 4.4.8　　京密引水渠梯级泵站场地土动强度参数 φ_d 计算结果

试样组别 \ φ_d/(°) \ 等效循环振动次数 N/次	5	8	12	20	30
屯佃 1	29.67	29.6	29.51	29.33	29.1
屯佃 2	17.54	17.55	17.57	17.59	17.62
屯佃 3	20.71	20.53	20.27	19.74	19.03
前柳林 1	20.2	20.16	20.1	19.99	19.84
前柳林 2	16.33	16.08	16.01	16.09	14.2
兴寿 1	21.98	21.9	21.79	21.57	21.29
兴寿 2	21.24	21.24	21.23	21.23	21.22
郭家坞 1	27.74	27.66	27.57	27.37	27.12
郭家坞 2	24.68	24.73	24.79	24.9	25.05
李史山 1	33.74	33.72	33.68	33.6	33.5
李史山 2	19.76	20.08	20.49	21.3	22.27
西台上	19.84	19.78	19.69	19.52	19.3

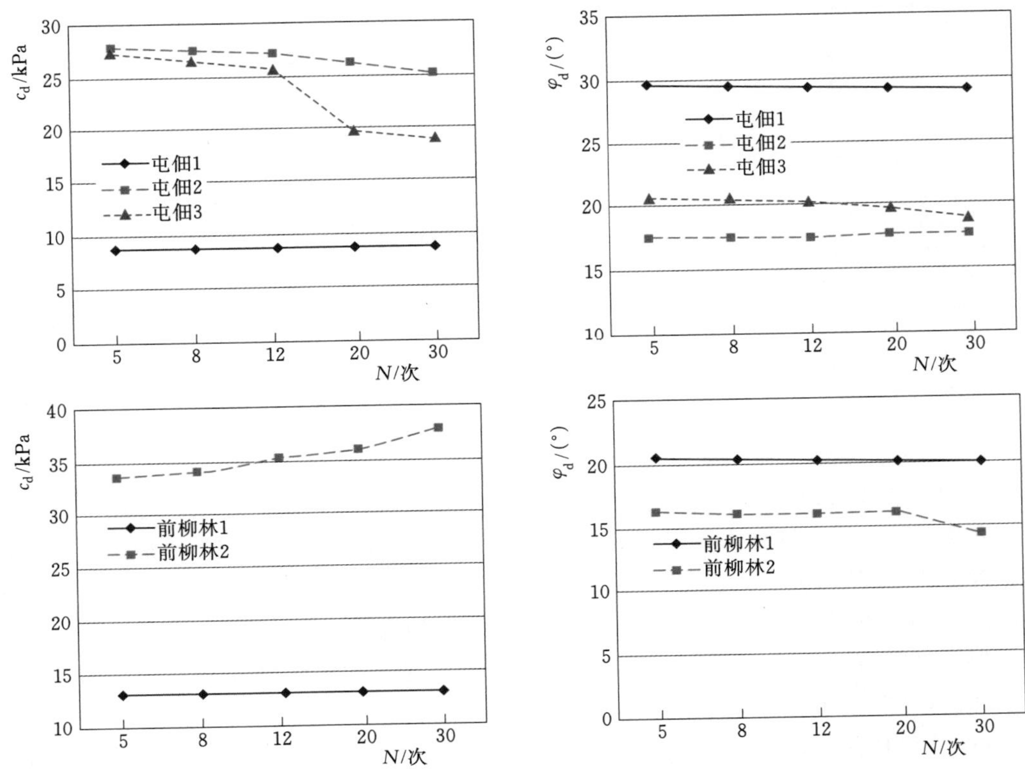

图 4.4.4（一）　京密引水渠梯级泵站场区黏性土动强度参数（c_d、φ_d）-等效循环振动次数（N）关系曲线

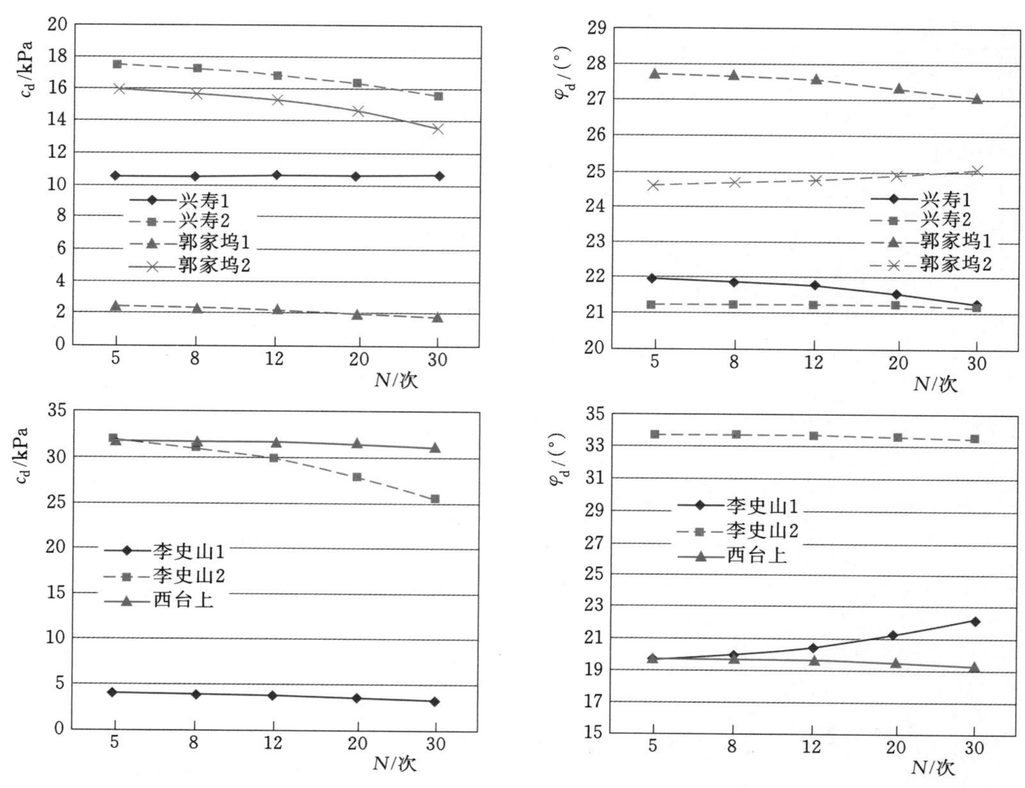

图 4.4.4（二） 京密引水渠梯级泵站场区黏性土动强度参数（c_d、φ_d）-等效循环振动次数（N）关系曲线

表 4.4.9 等效循环振动周次 N 与地震震级 M 的对应关系

地震震级 M	等效循环振动周次 N	持续时间 /s	地震震级 M	等效循环振动周次 N	持续时间 /s
5.5～6.0	5	8	7.5	20	40
6.5	8	14	8.0	30	60
7.0	12	20			

由图 4.4.4 可以看出，总体上，随着等效循环振动次数 N 的增加，各场地土的动强度参数（c_d、φ_d）值总体呈现略微降低趋势；同一场地，一般随深度增加降幅略有增大；$N>12$（震级 $M>7$）时的动强度参数降幅明显增大。试验结果还表明，砂质粉土（屯佃 1、郭家坞 1、李史山 1）的 c_d 值明显低于粉质黏土，而 φ_d 则高于粉质黏土；同一场地，循环振动次数 N 一定时，埋深较浅的粉质黏土动黏聚力 c_d 值较小，但动摩擦角 φ_d 值相对较深部土层要大。

将 12 组样品的动强度参数进行横向对比（图 4.4.5）可以看出：c_d 值基本可以分为低、中、高三档，而 φ_d 大致可分为两档。李史山、郭家坞、屯佃三场地砂质粉土的 c_d 值最低，介于 2～9kPa；李史山、屯佃和西台上三场地粉质黏土的 c_d 值相对最高，相应于地震震级 $M>7$ 时的 c_d 在 25～32kPa，其余场地粉质黏土 c_d 值在 10～16kPa。砂质粉土的内摩擦角 φ_d 值最高，为 27°～33°，而粉质黏土 φ_d 值除郭家坞 2（取样深度为 14～20m）一组相对较高为 25°外，其余组数值相差不大，集中分布在 15°～22°。

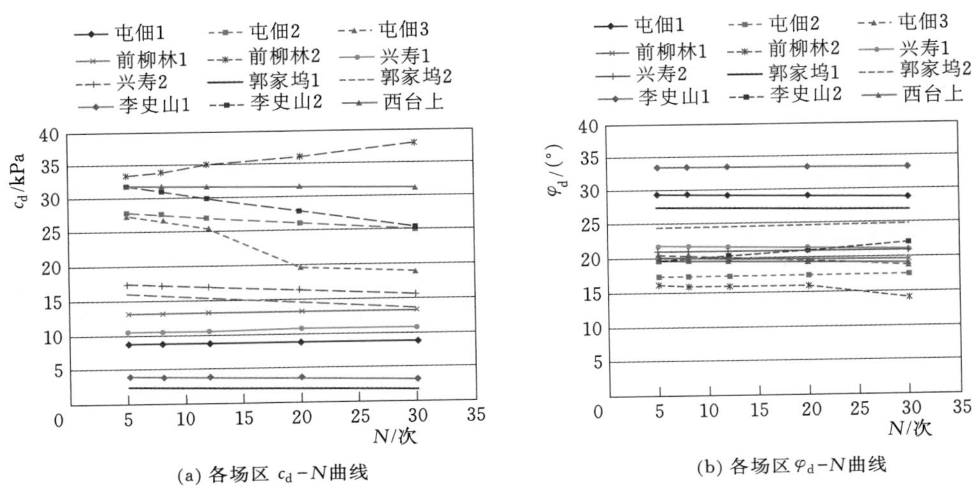

(a) 各场区 c_d-N曲线　　(b) 各场区 φ_d-N曲线

图 4.4.5　京密引水渠梯级泵站场区黏性土动强度参数对比图

根据动强度试验数据还可求得土在不同围压和动荷载作用下的动弹性模量 E_d。表 4.4.10 为上述梯级泵站场地土的动弹性模量结果，图 4.4.6 为据此绘制的动应力比（τ_d/σ_3）-动弹性模量 E_d 散点图。由图知，τ_d/σ_3 为 0.5～1.0 时，E_d 集中分布于 40～100MPa。

表 4.4.10　京密引水渠梯级泵站场地土动弹性模量试验结果

试验组别	动应力比 /(τ_d/σ_3)	动弹性模量 E_d /MPa	试验组别	动应力比 /(τ_d/σ_3)	动弹性模量 E_d /MPa
屯佃 1	0.57	123.50	屯佃 3	0.50	72.73
	0.93	120.31		0.75	69.45
	1.29	123.31		1.00	68.17
	0.54	135.98		0.17	93.25
	0.96	137.29		0.33	98.20
	1.17	130.74		0.50	97.34
屯佃 2	0.35	80.70	前柳林 1	0.38	56.80
	0.60	77.18		0.50	50.96
	0.85	76.47		0.75	54.48
	0.50	92.13		0.33	98.90
	0.58	106.04		0.50	94.19
	0.67	98.70		0.67	96.90

续表

试验组别	动应力比 /(τ_d/σ_3)	动弹性模量 E_d /MPa
前柳林 2	0.38	91.62
	0.63	89.94
	0.75	85.33
	0.88	87.79
	0.50	114.67
	0.60	112.77
	0.70	113.83
兴寿 1	0.50	60.90
	0.63	58.34
	0.75	56.28
	0.50	89.13
	0.58	88.53
	0.75	87.65
兴寿 2	0.50	83.40
	0.63	84.56
	0.88	84.56
	0.58	99.56
	0.67	99.00
	0.75	98.16
郭家坞 1	0.50	69.87
	0.75	68.04
	1.00	70.65
	0.38	85.40
	0.63	84.97
	1.00	82.24
郭家坞 2	0.50	45.00
	0.96	47.70
	1.17	44.96
	0.75	60.78
	0.88	58.20
	1.00	62.40
李史山 1	0.70	45.32
	1.00	50.67
	1.50	47.80
	0.75	76.07
	1.13	80.26
	1.38	89.95
李史山 2	0.75	38.59
	1.10	32.03
	1.50	40.74
	0.50	91.60
	0.75	91.53
	1.00	94.61
西台上	0.70	32.82
	1.25	41.67
	1.50	46.03
	0.50	76.24
	0.75	83.16
	1.00	75.41

4.4.3 场地土地震动反应分析

进行工程场地地震反应分析即研究场地土在特定地震动作用下的响应，是确定工程场地设计地震动参数的必要条件。首先需要按《工程场地地震安全性评价技术规范》(GB 17741—2005) 所推荐的方法人工合成基岩地震动时程，作为场地土层地震动力反应分析的输入值；然后根据场地工程地震条件，选择适宜的场地地震反应分析模型(一维、二维或三维)，以场地典型勘探钻孔为计算样本，输入各土层厚度、密度、剪切波速及各项动强度参数值，即可计算得出与输入地震波相对应的场地水平向地震动加速度及反应谱曲线。下面仅以京密引水渠雁栖泵站的一个计算样本（bts1 号钻孔）

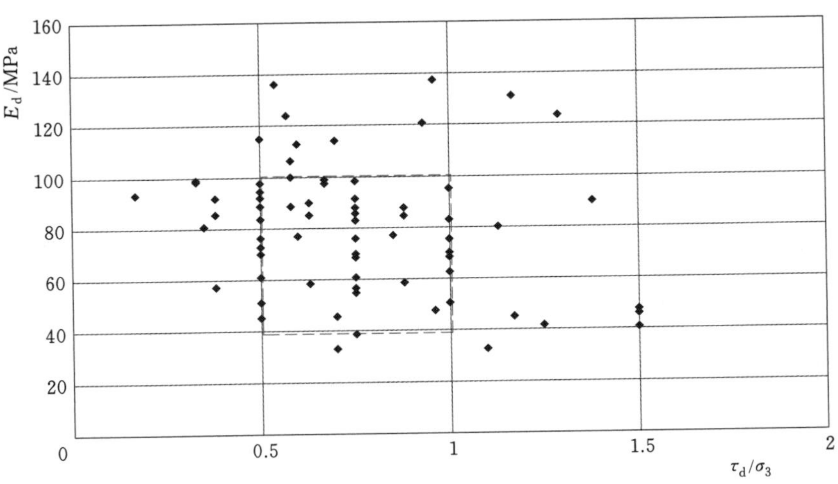

图 4.4.6　京密引水渠梯级泵站场地土动应力比（τ_d/σ_3）-动弹性模量（E_d）散点图

为例加以说明。

对雁栖泵站场地地震动条件的分析认为，该场地内岩土介质特性及地形沿水平方向的变化不十分显著，因此可以基于一维场地模型来考虑场地条件对地震地面运动的影响。一维场地模型地震地面运动影响的分析方法，采用 GB 17741—2005 所推荐的一维土层剪切动力反应分析的等效线性化方法，其基本原理为：假设剪切波从黏弹性半无限基岩空间垂直入射到水平成层（N 层）非线性土体中，并向上传播。这一计算模型根据波传播理论，利用时频变换技术（即傅氏变换法），结合土体非线性特性的复阻尼模拟及等效线性化处理方法即可计算出场地介质的动力反应值。具体计算公式、求解方法等可参考胡聿贤主编的《地震安全性评价技术教程》一书。由于土体的非线性特性，各土层的等效动剪切模量（G_d）、阻尼比（λ_d）是等效剪应变的函数，因此实际计算时，首先假定每一土层层内介质反应的初始等效动力剪切应变，利用上述方法进行反应计算，并计算出相应的各土层内中点处介质的剪应变反应的最大值，而后取每一土层内层中点处介质反应的最大剪应变值乘以折减系数（这里取 0.65）的值作为该土层中介质的等效剪应变的计算值。比较计算所用等效剪切应变及计算所得等效剪切应变相对应的等效动力剪切模量和滞回阻尼比值，如果它们的相对误差都小于给定的允许误差（本工程取 0.05），则认为土体的非线性特性的考虑满足了要求，否则，以最新计算所得等效剪切应变值取代初始等效剪切应变值，并重复上述计算过程，直到相对误差小于允许误差为止。

bts1 号钻孔的计算参数见表 4.4.11。其中卵石、中砂层的动力参数采用中国地震局行业标准的推荐值，见表 4.4.12；粉质黏土层的动力参数则采用 4.4.2 节中所述的室内动三轴试验结果。根据工程结构抗震设计要求，每个钻孔样本均计算了 6 个概率水准的基岩地震动加速度时程（按幅值缩小一半确定一维土层反应分析模型的计算基底入射波输入量），即得出相应 6 个概率水准的场地地震动反应结果。表 4.4.13 为 bts1 号钻孔样本的水平向地震动峰值加速度计算结果，水平向地震动加速度反应谱曲线（5%阻尼比）的计算结果在这里从略。

表 4.4.11 bts1 号钻孔地震反应分析模型输入参数

序号	岩土名称	土层厚度/m	v_s/(m/s)	密度/(kg/m^3)
1	卵石	1.0	168	2100
2	卵石	4.9	297	2100
3	中砂	0.9	286	1960
4	粉质黏土	2.7	268	1920

表 4.4.12 地震反应分析中土体动力非线性特性等效曲线参数推荐值（中国地震局行业标准）

土类编号	岩土类别	动力特性参数	剪应变 γ_d/(×10^{-4})							
			0.05	0.1	0.5	1	5	10	50	100
39	填土	G_d/G_{dmax}	0.96	0.95	0.80	0.70	0.30	0.25	0.15	0.105
		λ	0.025	0.028	0.03	0.035	0.08	0.1	0.11	0.12
40	砂类	G_d/G_{dmax}	0.98	0.965	0.885	0.805	0.56	0.448	0.22	0.174
		λ	0.005	0.007	0.02	0.035	0.08	0.1	0.12	0.124
41	圆砾、卵石类	G_d/G_{dmax}	0.99	0.97	0.90	0.85	0.70	0.55	0.32	0.20
		λ	0.004	0.006	0.019	0.03	0.075	0.09	0.11	0.12
42	基岩	G_d/G_{dmax}	1	1	1	1	1	1	1	1
		λ	0	0	0	0	0	0	0	0

表 4.4.13 bts1 号钻孔地震动水平向峰值加速度模型计算结果

50 年地震概率水平	超越概率/%	63			10			2		
	水平向峰值加速度/gal	55.3	57.4	59.9	215.6	224.4	223.2	379.2	362.2	377.7
100 年地震概率水平	超越概率/%	63			10			3		
	水平向峰值加速度/gal	95.8	100	102.9	304.4	265	285.9	379.8	364.6	445.9

注 每一个概率水准的基岩地震动加速度时程计算样本为 3 个。

除溪翁庄泵站外，京密引水渠 8 个梯级泵站均选择了 2 个钻孔进行地震动反应计算，最终取各场地所有样本计算结果的平均值作为该场地的地面地震动反应结果。表 4.4.14 为各场地地表水平向地震动峰值加速度的计算结果，并据此绘制了如图 4.4.7 所示的不同概率水平的地震下，沿渠线自上游向下游方向泵站场区地表水平向地震动峰值加速度的变化曲线。由图 4.4.7 可以看出，同一概率水准下，沿京密引水渠自然水流方向（NE 向 SW），水平向地震动峰值加速度总体呈下降趋势，即下游屯佃、前柳林泵站场区地震动水平加速度峰值最低，上游近山段的雁栖、郭家坞、西台上和李史山相对较高，而其余场地居中。这一点与工程区第四系土层沉积厚度（自 NE 向 SW 由薄变厚）、地形（由山区过渡到平原区）等的总体变化趋势相同，而且符合一般地震动衰减与岩土层结构和厚度、地形地貌等场地地质条件的相关关系，表明该计算结果可靠。

表 4.4.14　京密引水渠梯级泵站场地地表水平向地震动峰值加速度计算值　单位：gal

场地名称	50 年			100 年		
	63%	10%	2%	63%	10%	3%
雁栖	57.8	219.7	374.9	99.3	286.2	398.9
郭家坞	65.3	239.5	414.6	114.3	303.4	422.8
西台上	65.3	232.1	370.9	109.5	309	395.6
李史山	61.2	216.2	391.8	105.3	284.3	405
兴寿	61.9	201.3	355.7	102.7	271.6	389.5
埝头	63.5	217.8	354	106	282.1	381.5
前柳林	48.8	195.3	293.7	87.9	248	342.5
屯佃	51.5	184.5	242.8	81.1	229.6	276.5

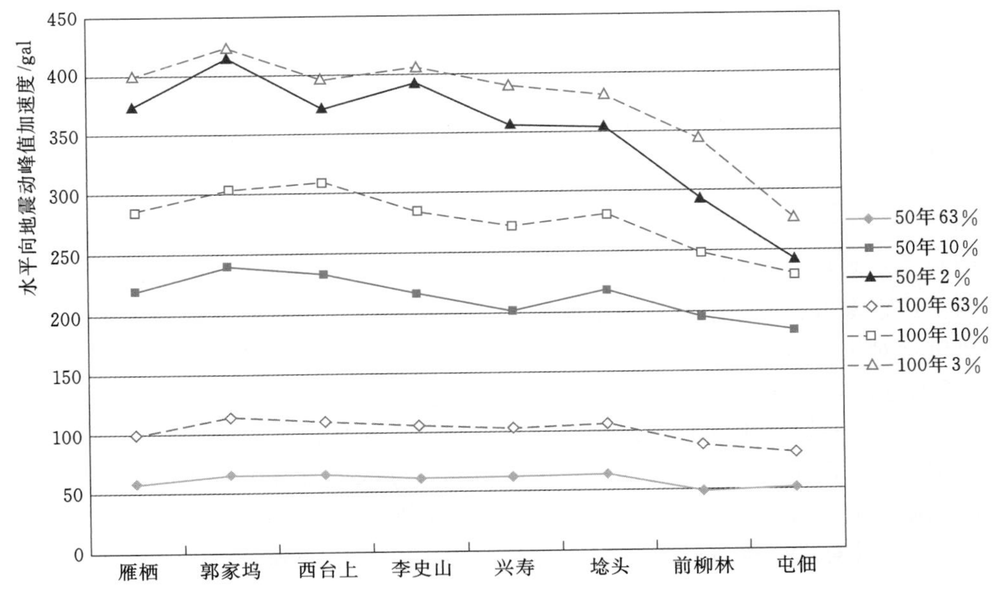

图 4.4.7　不同概率水准下水平向地震动峰值加速度变化曲线
（沿京密引水渠水流方向）

除上述京密引水渠梯级泵站外，北京市南水北调系统工程中，还有部分工程建设场地也进行了场地土地震动反应分析计算，结果汇总见表 4.4.15。

对表 4.4.15 有以下三点需要说明：

表 4.4.15 北京市南水北调工程场地地震动反应参数计算结果汇总表

工程场地	参 数	计算地震动周期					
		50 年			100 年		
团城湖调节池	超越概率水平/%	63	10	2	63	10	3
	水平向地震动峰值加速度/gal	53.2	224.9	380.6	91.9	291.9	409.6
大宁调蓄水库	超越概率水平/%	63	10	2		5	2
	水平向地震动峰值加速度/gal	59.6	222.1	428.9		376.9	482.2
亦庄调节池	超越概率水平/%	63	10	2	63	10	3
	水平向地震动峰值加速度/gal	54.5	226.9	384.2	86.9	288.2	400.5
东干渠输水工程	超越概率水平/%		10				
	水平向地震动峰值加速度/gal		210～242				
永定河枢纽	超越概率水平/%	63	10	3			
	水平向地震动峰值加速度/gal	25.0	164.2	345.4			
拒马河枢纽	超越概率水平/%	63	10	3			
	水平向地震动峰值加速度/gal	22.5	131.6	267.2			

(1) 大宁调蓄水库、团城湖调节池及亦庄调节池三个场地的地震动反应分析计算方法与上述京密引水渠梯级泵站场地的方法完全相同，它们在同一概率水平下的计算结果可进行对比；不同之处在于大宁调蓄水库场地计算的 100 年地震动超越概率为 5% 和 2%两种情况，而非 63%、10%和 3%三种工况。

(2) 东干渠输水隧洞工程场地地震动反应分析方法选用了霍俊荣博士给出的适合我国东部地区土层场地上的地震动加速度峰值和速度峰值衰减关系式，通过转换计算等最终编制了隧洞沿线平均场地条件下地震动峰值加速度、峰值速度分布图，如图 4.4.8 所示，其对应地震动水平为 50 年超越概率 10%。由此确定的东干渠工程场地基本峰值速度设计值为 25cm/s，基本峰值加速度设计值为 0.23g。

(3) 在总干渠永定河枢纽和拒马河枢纽场地地震动反应分析中，也采用了类似京密引水渠梯级泵站场地的模型计算方法，但基于当时（1997 年）的计算水平和抗震规范要求，其计算了三种地震概率水平，计算结果为场地地面和地下 10m 处的土层地震反应峰值（水平地震影响系数 K）和反应谱，最后按抗震设计规范要求对计算结果进行标定后得出工程场地设计地震动参数，见表 4.4.16。

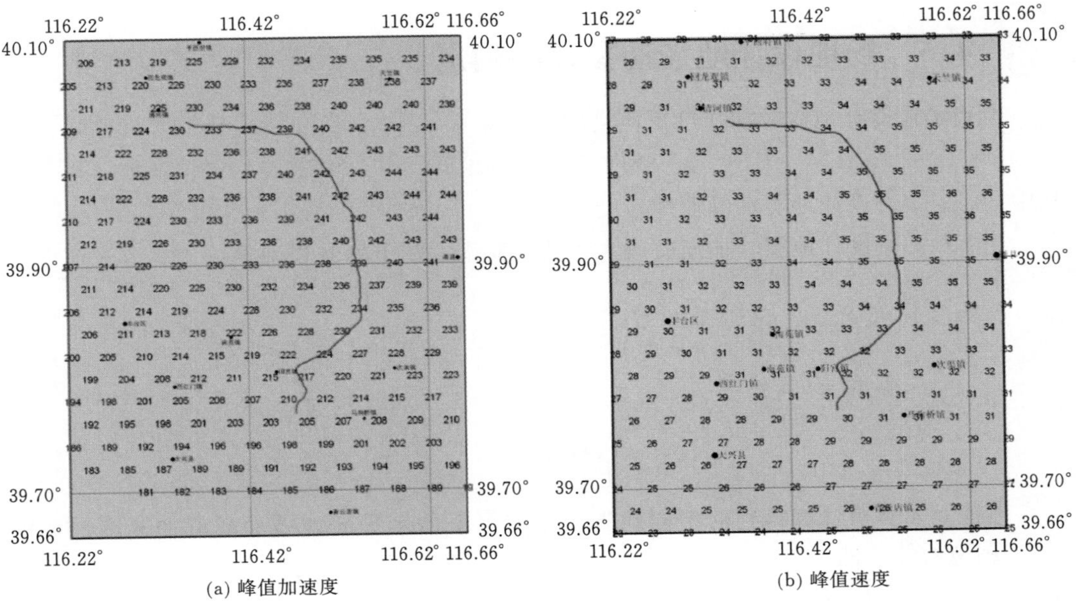

(a) 峰值加速度　　(b) 峰值速度

图 4.4.8　东干渠工程建设场地平均场地条件下
地震动峰值加速度和速度分布图（50 年超越概率 10%水平）

表 4.4.16　　总干渠跨河枢纽渠段场地土层设计地震动参数

渠段位置	设计面	设防标准（地震概率水平）	地震系数 K	地震影响系数	特征周期 T_g/s
北拒马河	地面	50 年 63%	0.046	0.110	0.32
		50 年 10%	0.114	0.273	0.35
		50 年 3%	0.196	0.470	0.45
	地下 10m	50 年 63%	0.031	0.080	0.55
		50 年 10%	0.076	0.191	0.65
		50 年 3%	0.140	0.336	0.90
永定河	地面	50 年 63%	0.074	0.190	0.32
		50 年 10%	0.205	0.530	0.40
		50 年 3%	0.440	1.190	0.50
	地下 10m	50 年 63%	0.046	0.110	0.50
		50 年 10%	0.148	0.340	0.50
		50 年 3%	0.340	0.830	0.60

4.5　场地设计地震动参数的确定

工程场地设计地震动加速度反应谱取值为

$$S_a(T)=A_{\max}\beta(T)$$

式中　$A_{\max}$——设计地震动峰值加速度，gal；

$\beta(T)$——设计地震动加速度放大系数反应谱，按下列方程确定：

$$\beta(T)=\begin{cases}1 & T\leqslant 0.04\mathrm{s}\\ 1+(\beta_{\mathrm{m}}-1)\dfrac{T-0.04}{T_1-0.04} & 0.04\mathrm{s}<T\leqslant T_1\\ \beta_{\mathrm{m}} & T_1<T\leqslant T_2\\ \beta_{\mathrm{m}}\left(\dfrac{T_2}{T}\right)^{\gamma} & T_2<T\leqslant 6\mathrm{s}\end{cases}$$

根据4.4.3节计算得到的不同地震概率水平下的水平向地震动峰值加速度，采用$\beta(T)$函数对计算曲线进行拟合，则得到场地地表面相应于阻尼比5%时的水平向设计地震动加速度反应谱曲线和相应的设计地震动参数。图4.5.1为京密引水渠梯级泵站之一的雁栖泵站场地地表水平向设计地震动反应谱（阻尼比5%）曲线，场地水平向设计地震动参数则见表4.5.1。为简便起见，下面仅列出其他梯级泵站场地的设计地震动参数取值表（表4.5.2～表4.5.8），相应的反应谱曲线图从略。

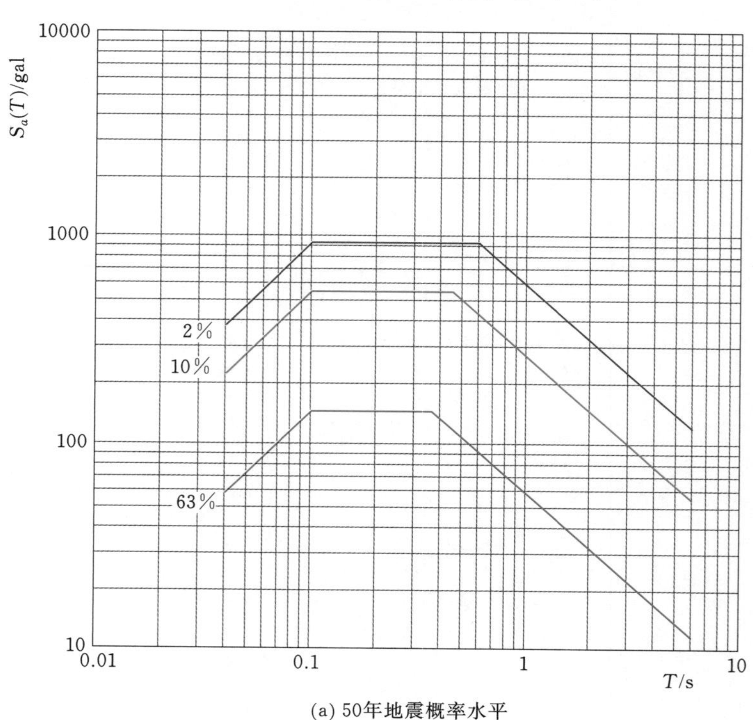

图4.5.1（一）　雁栖泵站场地地表水平向设计地震动反应谱（阻尼比5%）

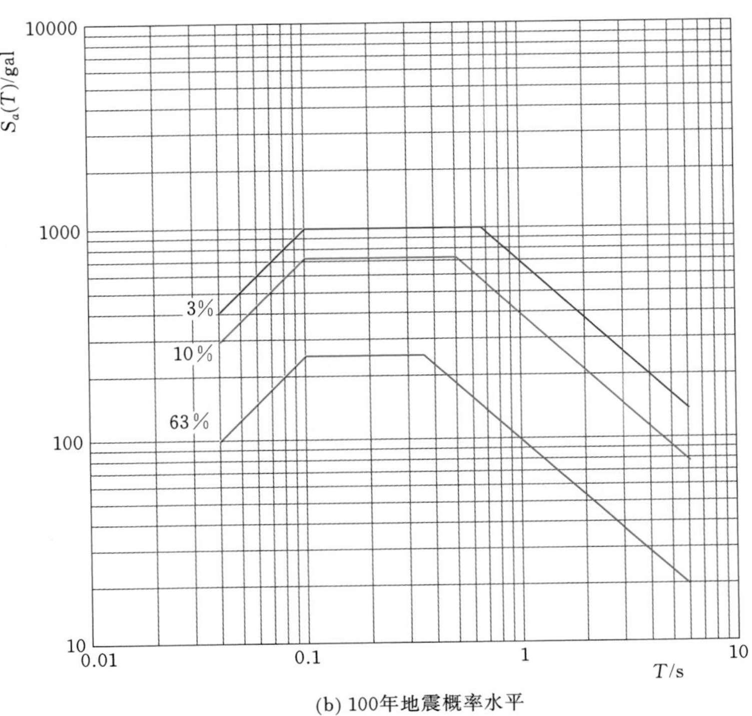

(b) 100年地震概率水平

图 4.5.1（二）　雁栖泵站场地地表水平向设计地震动反应谱（阻尼比 5%）

表 4.5.1　　雁栖泵站场地地表水平向地震动参数设计值（阻尼比 5%）

超越概率	A_{max}/gal	β_m	α_m	T_1/s	T_2/s	γ
50 年 63%	50	2.5	0.127	0.10	0.35	0.9
50 年 10%	185	2.5	0.471	0.10	0.45	0.9
50 年 2%	304	2.5	0.770	0.10	0.70	0.9
100 年 63%	85	2.5	0.216	0.10	0.35	0.9
100 年 10%	260	2.5	0.663	0.10	0.50	0.9
100 年 3%	371	2.5	0.946	0.10	0.80	0.9

表 4.5.2　　前柳林泵站场地地表水平向地震动参数设计值（阻尼比 5%）

超越概率	A_{max}/gal	β_m	α_m	T_1/s	T_2/s	γ
50 年 63%	55	2.5	0.140	0.10	0.50	0.9
50 年 10%	208	2.5	0.530	0.10	0.85	0.9
50 年 2%	302	2.5	0.770	0.10	1.40	0.9
100 年 63%	94	2.5	0.239	0.10	0.55	0.9
100 年 10%	261	2.5	0.665	0.10	1.00	0.9
100 年 3%	352	2.5	0.897	0.10	1.60	0.9

表 4.5.3 屯佃泵站场地地表水平向地震动参数设计值（阻尼比 5%）

超越概率	A_{max}/gal	β_m	α_m	T_1/s	T_2/s	γ
50 年 63%	53	2.5	0.135	0.10	0.50	0.9
50 年 10%	221	2.5	0.563	0.10	0.80	0.9
50 年 2%	299	2.5	0.762	0.10	1.40	0.9
100 年 63%	96	2.5	0.244	0.10	0.55	0.9
100 年 10%	268	2.5	0.683	0.10	1.00	0.9
100 年 3%	311	2.5	0.793	0.10	1.60	0.9

表 4.5.4 李史山泵站场地地表水平向地震动参数设计值（阻尼比 5%）

超越概率	A_{max}/gal	β_m	α_m	T_1/s	T_2/s	γ
50 年 63%	60	2.5	0.153	0.10	0.55	0.9
50 年 10%	233	2.5	0.594	0.10	0.90	0.9
50 年 2%	330	2.5	0.841	0.10	1.50	0.9
100 年 63%	102	2.5	0.260	0.10	0.60	0.9
100 年 10%	274	2.5	0.698	0.10	1.40	0.9
100 年 3%	383	2.5	0.977	0.10	1.60	0.9

表 4.5.5 兴寿泵站场地地表水平向地震动参数设计值（阻尼比 5%）

超越概率	A_{max}/gal	β_m	α_m	T_1/s	T_2/s	γ
50 年 63%	54	2.5	0.137	0.10	0.50	0.9
50 年 10%	234	2.5	0.596	0.10	0.85	0.9
50 年 2%	322	2.5	0.821	0.10	1.50	0.9
100 年 63%	96	2.5	0.244	0.10	0.55	0.9
100 年 10%	287	2.5	0.732	0.10	1.10	0.9
100 年 3%	364	2.5	0.928	0.10	1.50	0.9

表 4.5.6 埝头泵站场地地表水平向地震动参数设计值（阻尼比 5%）

超越概率	A_{max}/gal	β_m	α_m	T_1/s	T_2/s	γ
50 年 63%	54	2.5	0.137	0.10	0.55	0.9
50 年 10%	205	2.5	0.522	0.10	0.85	0.9
50 年 2%	310	2.5	0.790	0.10	1.50	0.9
100 年 63%	92	2.5	0.234	0.10	0.65	0.9
100 年 10%	274	2.5	0.698	0.10	1.00	0.9
100 年 3%	345	2.5	0.880	0.10	1.50	0.9

表 4.5.7　郭家坞泵站场地地表水平向地震动参数设计值（阻尼比 5%）

超越概率	A_{max}/gal	β_m	α_m	T_1/s	T_2/s	γ
50 年 63%	52	2.6	0.137	0.10	0.45	0.9
50 年 10%	220	2.6	0.583	0.10	0.55	0.9
50 年 2%	385	2.6	1.021	0.10	0.75	0.9
100 年 63%	90	2.6	0.238	0.10	0.50	0.9
100 年 10%	291	2.6	0.772	0.10	0.65	0.9
100 年 3%	440	2.6	1.167	0.10	0.85	0.9

表 4.5.8　西台上泵站场地地表水平向地震动参数设计值（阻尼比 5%）

超越概率	A_{max}/gal	β_m	α_m	T_1/s	T_2/s	γ
50 年 63%	54	2.5	0.137	0.10	0.55	0.9
50 年 10%	195	2.5	0.497	0.10	0.95	0.9
50 年 2%	301	2.5	0.767	0.10	1.50	0.9
100 年 63%	85	2.5	0.216	0.10	0.65	0.9
100 年 10%	254	2.5	0.647	0.10	1.10	0.9
100 年 3%	371	2.5	0.946	0.10	1.60	0.9

采用上述方法获得的大宁调蓄水库、团城湖调节池和亦庄调节池工程场地设计地震动参数见表 4.5.9～表 4.5.11。图 4.5.2～图 4.5.4 分别为该三个工程场地地表水平向设计地震动反应谱曲线。

表 4.5.9　大宁调蓄水库工程场地地表水平向地震动参数设计值（阻尼比 5%）

超越概率	A_{max}/gal	β_m	α_m	T_1/s	T_2/s	γ
50 年 63%	75	2.5	0.188	0.10	0.35	1.1
50 年 10%	223	2.5	0.558	0.10	0.55	1.1
50 年 2%	429	2.5	1.073	0.10	0.70	1.1
100 年 5%	377	2.5	0.943	0.10	0.68	1.1
100 年 2%	483	2.5	1.208	0.10	0.80	1.1

表 4.5.10　团城湖调节池工程场地地表水平向地震动参数设计值（阻尼比 5%）

超越概率	A_{max}/gal	β_m	α_m	T_1/s	T_2/s	γ
50 年 63%	70	2.5	0.175	0.10	0.40	1.0
50 年 10%	225	2.5	0.563	0.10	0.50	1.0
50 年 2%	381	2.5	0.953	0.10	0.68	1.0
100 年 63%	97	2.5	0.243	0.10	0.40	1.1
100 年 10%	292	2.5	0.730	0.10	0.58	1.0
100 年 3%	410	2.5	1.025	0.10	0.70	0.9

表 4.5.11 亦庄调节池工程场地地表水平向地震动参数设计值（阻尼比 5%）

超越概率	A_{max}/gal	β_m	α_m	T_1/s	T_2/s	γ
50 年 63%	70	2.5	0.175	0.10	0.42	1.0
50 年 10%	227	2.5	0.568	0.10	0.68	1.0
50 年 2%	384	2.5	0.960	0.10	1.00	0.9
100 年 63%	90	2.5	0.225	0.10	0.48	1.0
100 年 10%	288	2.5	0.720	0.10	0.82	1.0
100 年 3%	401	2.5	1.003	0.10	1.10	1.0

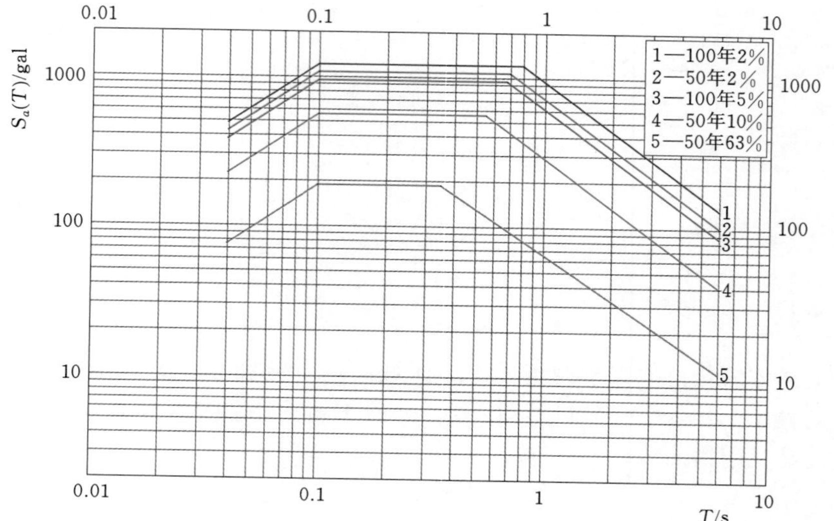

图 4.5.2 大宁调蓄水库工程场地地表水平向设计地震动反应谱（阻尼比 5%）

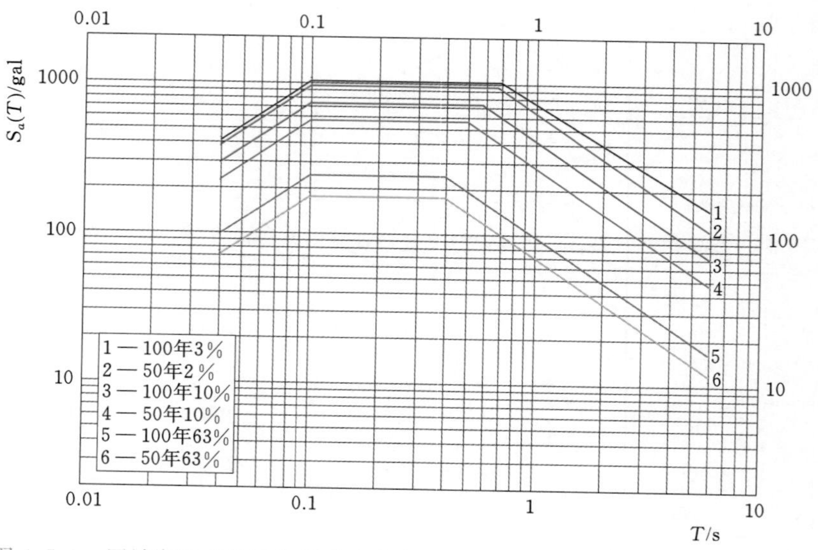

图 4.5.3 团城湖调节池工程场地地表水平向设计地震动反应谱（阻尼比 5%）

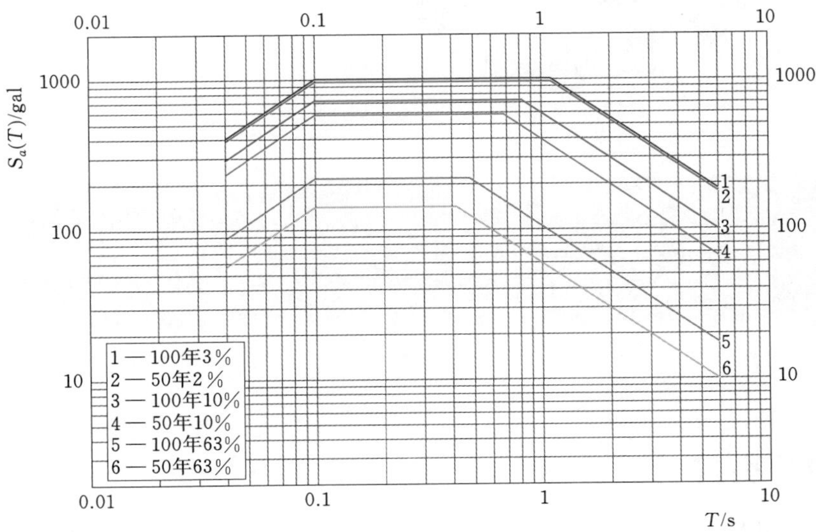

图 4.5.4　亦庄调节池工程场地地表水平向设计地震动反应谱（阻尼比 5%）

上述各工程建设场地竖向地震动设计参数，均建议取为对应概率水准的水平向地震动设计参数值的 2/3。

第 5 章　工程区地面沉降研究

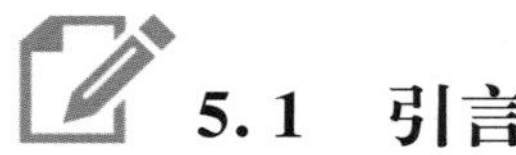

5.1　引言

北京地区最早于 1935 年在西单至东单一带局部地区发现有地面沉降，1952 年局部地区累积最大沉降量为 58mm。中华人民共和国成立后，随着北京城市建设和工农业发展，地面沉降的范围在平原地区逐步扩大，沉降速率呈快速增长趋势，局部地区地面沉降已引发建筑物基础倾斜、地面水准点失准、地下水井设施破坏等工程危害，地面沉降引起各有关部门重视，逐步建立并开展系统的地面沉降监测和相关研究。

根据北京市区域地面沉降已有研究成果，该地区地面沉降自 20 世纪 70 年代以后进入了相对较快的时空发展期。70 年代初期，沉降中心位于城区东郊东八里庄—大郊亭和东北郊来广营—酒仙桥一带，沉降区面积达 400km^2，最大累积沉降量分别达 230mm 和 126mm；1973—1983 年 10 年间，地面沉降自两中心向南北两端扩展，沉降区域面积达 600km^2，北起昌平区东三旗、顺义区古城，南至左安门、十八里店，西起西四、大钟寺，东至双桥一带，最大累积沉降量达 590mm；20 世纪末，全市累积沉降量大于 50mm 的区域面积达 2815km^2，新形成了昌平沙河—八仙庄、大兴榆垡—礼贤、顺义平各庄三个沉降中心，累积最大沉降量达 722mm；到 2009 年，累积地面沉降量大于 50mm 的区域面积达到 4184.94km^2，累积地面沉降量大于 100mm 的区域面积为 3384.95km^2，平原区形成五个集中沉降区域：东郊八里庄—大郊亭沉降区、东北郊朝阳区来广营沉降区、北郊昌平区沙河—八仙庄沉降区、东北郊顺义平各庄沉降区和南郊大兴区榆垡—礼贤沉降区；至 2013 年，累积沉降量大于 1000mm 的区域面积为 197km^2，主要分布在昌平区八仙庄，朝阳区来广营、金盏、三间房，通州区管庄—黑庄户以及大兴区赵村、小马坊和礼贤地区；累积沉降量在 500～1000mm 的区域面积为 1151km^2，主要分布在大于 1000mm 的沉降区域外围，包括北部三大沉降区沉降中心附近地区及南部大兴区北臧村—半壁店—安定一带以南地区；累积沉降量 50～500mm 的区域面积约 3009km^2，约占平原区面积的一半，涉及昌平、顺义、平谷、朝阳、海淀、通州和大兴等部分区县。

北京地区地面沉降的年平均速率在 60 年代中期时为 5mm/a，1999 年各沉降中心的年平均沉降率在 20～35mm/a 之间；1999—2007 年的 8 年间，各沉降中心的年平均沉降速率在 28mm/a 以上，昌平沙河—八仙庄一带沉降发展最快，沉降速率最大达

66mm/a；2013 年，区域地面沉降的平均速率为 21.7mm/a，最大沉降速率为 143.3mm/a（通州台湖—黑庄户地区）；沉降速率大于 50mm/a 的区域主要集中在朝阳区金盏乡—管庄—黑庄户一线。

北京市南水北调配套工程东干渠输水线路总体沿北京市北五环、东五环高速公路线路布置，如图 5.1.1 所示。输水线路起点为关西庄泵站，终点为亦庄调节池，分别与团城湖至第九水厂输水工程和南干渠输水隧洞相连，全长 44.68km。东干渠输水线路穿越地区为北京市平原区地面沉降的易发区域，北部来广营、东南部的三间房—王四营一带均是沉降中心区。2010 年监测数据表明，东干渠沿线来广营—王四营段的地面沉降累积总量达 600～900mm，相应的广泽路（东干渠桩号 10＋403）—亦庄桥（桩号 38＋700）区间段的年沉降速率为 30～80mm/a，近 10 年内沉降快速发展（图 5.1.2）。

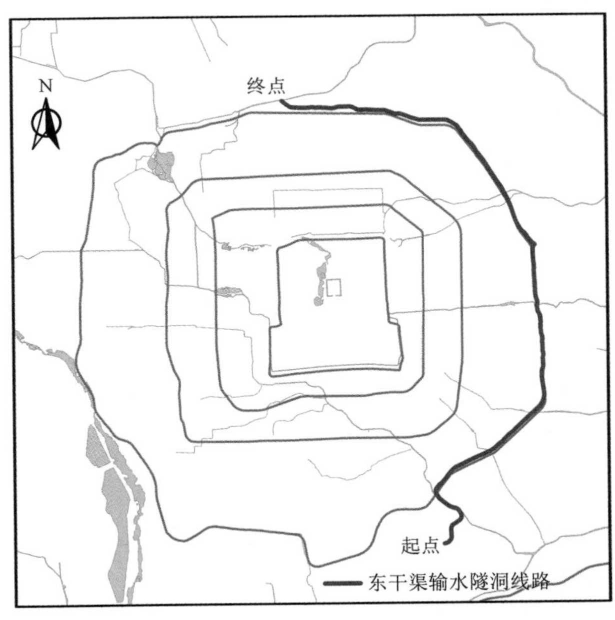

图 5.1.1　东干渠工程平面示意图

2009 年，东干渠工程开始了前期方案论证和可行性研究工作，区域地面沉降对该工程线路的影响究竟如何，设计中是否要考虑该不利因素，施工降水是否会引发其短期内大面积快速扩张，施工期内地面沉降如何控制等诸多问题是工程各方关注的焦点之一，也是工程设计人员必须要采取措施回答和解决的。2009—2011 年的两年时间里，北京市水利规划设计研究院联合北京市勘察设计研究院有限公司、北京市水文地质工程地质大队等相关单位，对东干渠工程沿线区域地面沉降的时空发展规律进行了深入研究，并以此为基础结合当时的北京地下水开采现状，模拟预测了未来 5 年内工程沿线地面沉降的发展趋势，分析评价了近期、中远期区域地面沉降对东干渠输水管涵差异沉降的影响；对典型的工程竖井，模拟预测了管井降水条件下竖井周边地面沉降的发展态势，进而论证了施工降水方案的可行性[96-97]。此外，东干渠工程施工期间，选择了区域地面沉降发育的典型地段开展了实时地面监测，分析研究了盾构

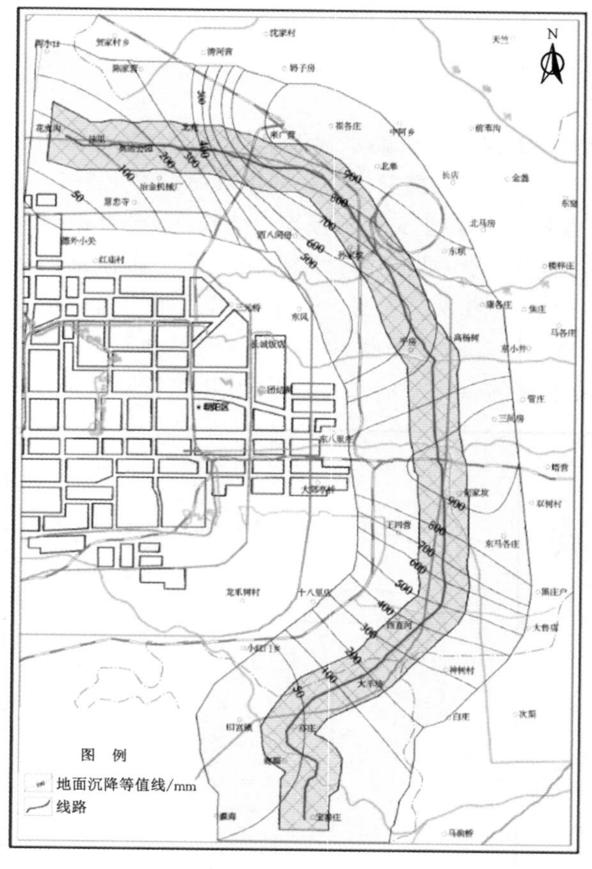

图 5.1.2　1955—2010 年东干渠沿线区域地面沉降累积量等值线图

机掘挖进程与隧洞上方地面沉降发展在时空上的相关关系，为施工预报提供了动态信息，并积累了工程经验。

5.2　区域地面沉降时空发展规律

限于历史监测资料的局限性，本项研究收集整理了 1966—2009 年期间北京地区区域地面沉降的监测信息，沿东干渠工程设计路由分析了不同历史阶段地面沉降在空间上的发展变化规律及沉降速率的历史变化情况。

图 5.2.1 为东干渠工程沿线 1966—2009 年间不同时期的累积地面沉降量曲线。图 5.2.1 表明，东干渠工程沿线自 20 世纪 60 年代中期即发育两个明显的沉降带：北部广泽路桥（沉降中心桩号 10＋000）一带和南部白家楼桥一带（沉降中心桩号 22＋500）。80 年代末，广泽路桥一带地面沉降在空间上向东西两侧发展，中心带影响范围约 10km（对应东干渠桩号 5＋000～15＋000），即西至北苑桥，东至环铁桥一带，最大累积沉降量约 400mm；南部白家楼桥一带沉降在空间上发展相对缓慢，中心带影响范围不足 5km，最大累积沉降值约 200mm。截至 90 年代末期，北部广泽路桥一带沉降范围向东

南部扩张，与白家楼桥沉降带衔接，沉降中心最大沉降量约 450mm，南部白家楼桥沉降中心最大沉降约 250mm，东干渠沿线累积沉降量大于 200mm 的区段长约 25km（桩号 5+000～30+000 范围）。21 世纪前 5 年是北京地区地面沉降快速发展的时期，东干渠沿线两个沉降带在空间上均得到发展，但总体向南、向东扩展趋势明显强于向西向北方向，广泽路桥沉降中心最大沉降量达 800mm 左右，白家楼桥沉降中心最大沉降量近 500mm。2005—2009 年，北部沉降中心最大沉降量达 1000mm 左右，南部沉降中心最大沉降量超过 600mm，桩号（5+000～30+000）范围内累积沉降量均超过 400mm。

总体而言，东干渠沿线地面沉降基本围绕两个沉降中心区域向周边扩展，且以北部来广营一带沉降中心向东、向南扩展为主要的空间发展趋势。图 5.2.2～图 5.2.6 为东干渠沿线不同历史阶段地面沉降的发育程度，更清晰地表明了不同时期沉降在不同空间地域上的发展变化，为了解工程区历史地面沉降的空间发展规律提供了更直接的信息。可以看出，20 世纪 90 年代以前，东干渠沿线地面沉降以北部来广营一带为中心，周边区域发展缓慢；90 年代至 21 世纪初，全线大部分区域沉降明显，北部和南部均发展迅速；2005 年以后，沿线地面沉降呈现多个沉降中心的特点，区域差异性沉降明显。

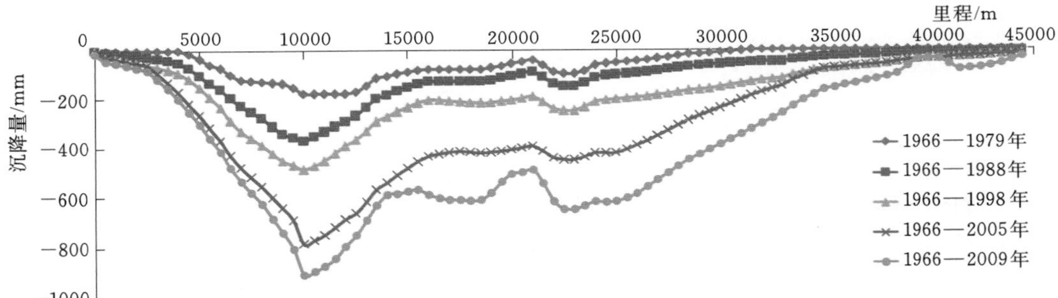

图 5.2.1　不同历史时期东干渠沿线累积地面沉降量

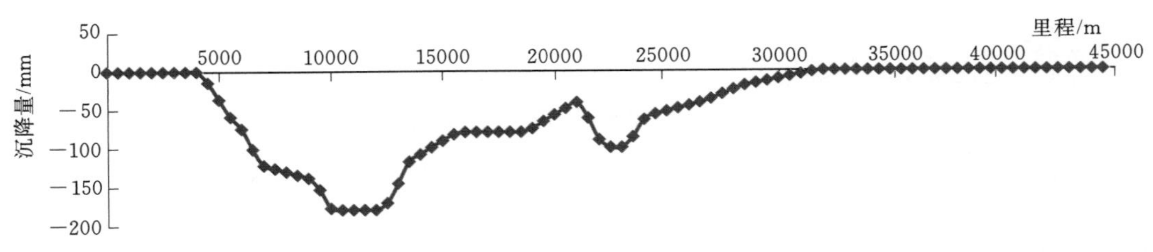

图 5.2.2　1966—1978 年间东干渠沿线地面沉降量曲线图

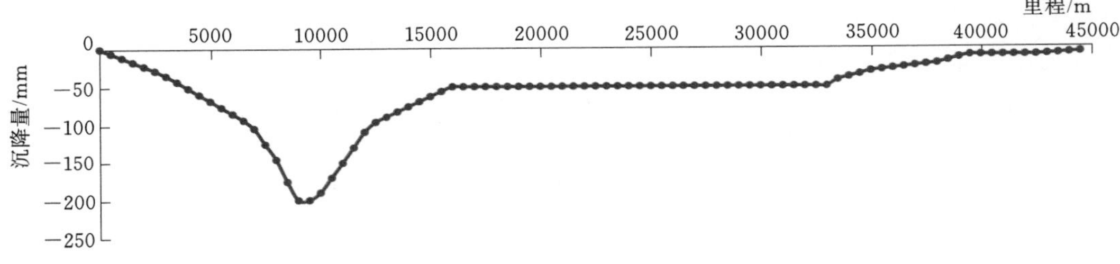

图 5.2.3　1979—1988 年间东干渠沿线地面沉降量曲线图

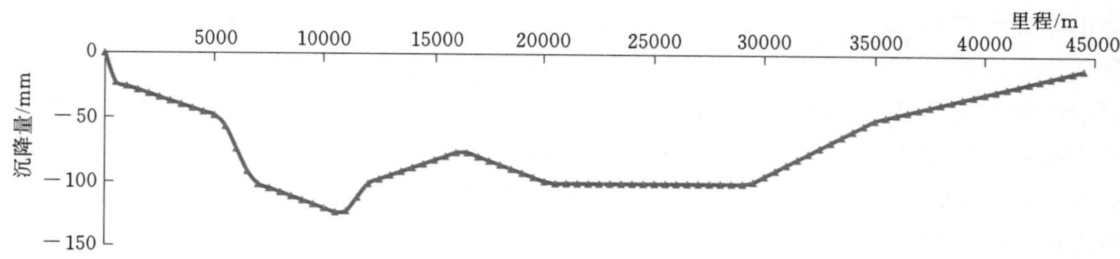

图 5.2.4 1989—1997 年间东干渠沿线地面沉降量曲线图

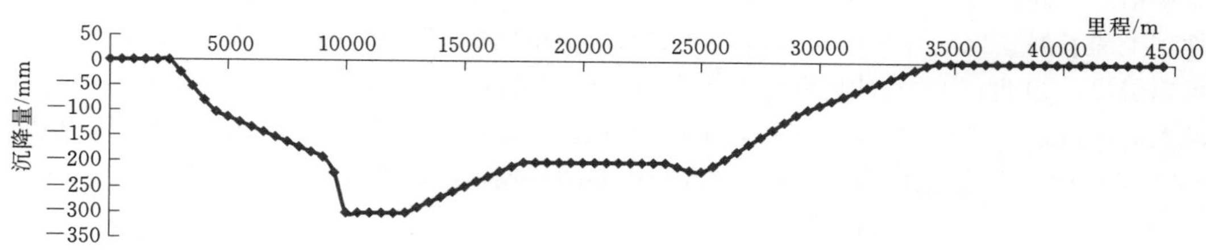

图 5.2.5 1998—2004 年间东干渠沿线地面沉降量曲线图

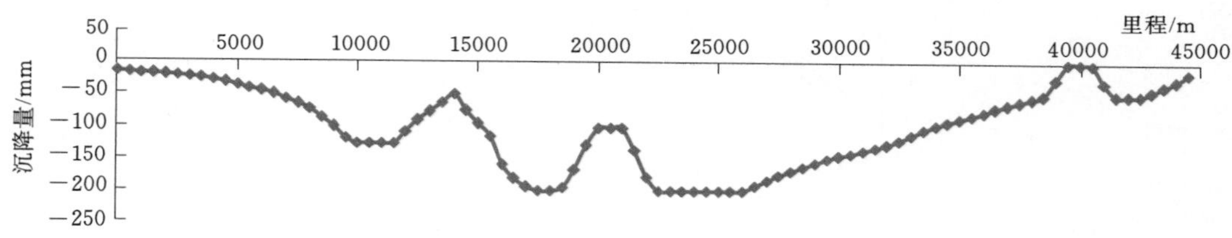

图 5.2.6 2005—2009 年间东干渠沿线地面沉降量曲线图

1966—2009 年东干渠沿线地面沉降发展速率在不同时期也表现出了明显的空间差异性，见图 5.2.7～图 5.2.11，由这些图知，20 世纪 80 年代之前，东干渠沿线沉降速率差异较大，来广营一带沉降中心年沉降速率约 15mm/a，南部白家楼一带沉降中心速率 8mm/a 左右，两带之间沉降速率约 5～10mm/a。1979—1988 年沉降速率的差异更加明显，来广营中心沉降速率最大达 20mm/a，而环铁桥（桩号 16＋000）向南的沉降速率平均约 5mm/a；1989—1997 年间，沿线沉降速率的差异性变小，主沉降带（桩号 6＋000～30＋000）的平均沉降速率在 10mm/a 左右，来广营中心最大沉降速率不足 13mm/a；1999—2005 年间，主沉降区（桩号 5＋000～30＋000）沉降速率均在 20mm/a 以上，来广营中心最大沉降速率达 50mm/a，差异性大。2005—2009 年，沿线出现多个沉降中心，速率差异性也比较大：环铁北桥（桩号 14＋000 左右）一带沉降速率最小，约 13mm/a；坝河—亮马河（桩号 16＋000～18＋000）及白家楼桥—观音堂桥（桩号 22＋000～27＋000）区间沉降最快，沉降速率约 50mm/a。

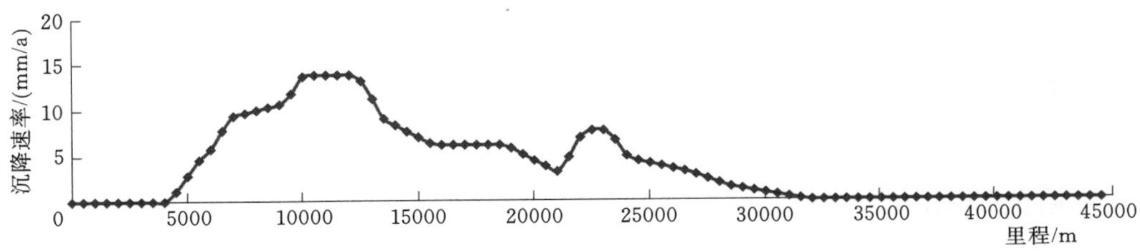

图 5.2.7　1966—1978 年间东干渠沿线地面沉降速率曲线图

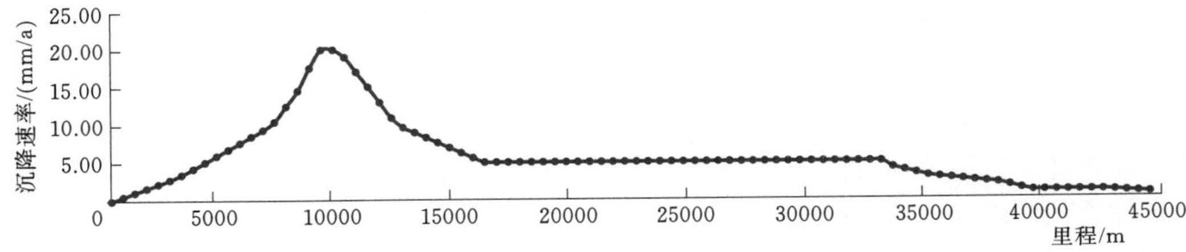

图 5.2.8　1979—1988 年间东干渠沿线地面沉降速率曲线图

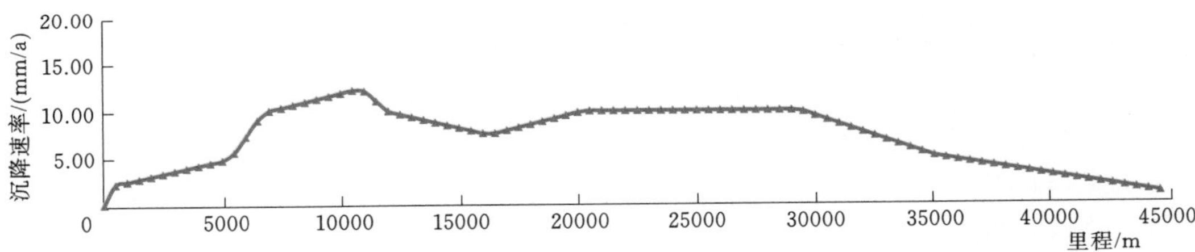

图 5.2.9　1989—1997 年间东干渠沿线地面沉降速率曲线图

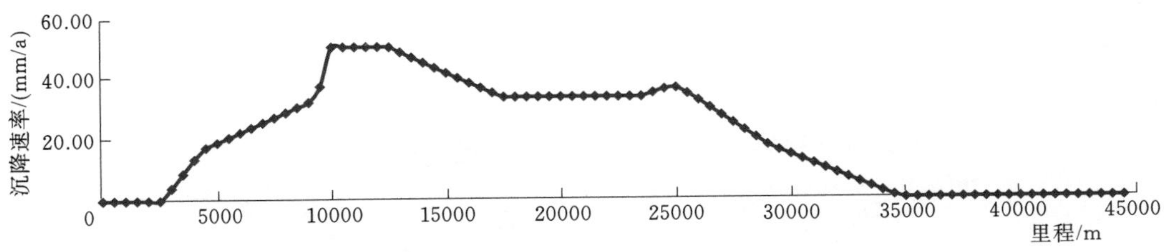

图 5.2.10　1998—2004 年间东干渠沿线地面沉降速率曲线图

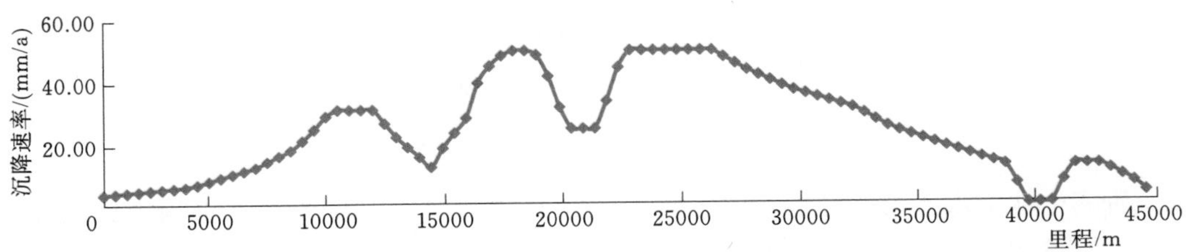

图 5.2.11　2005—2009 年间东干渠沿线地面沉降速率曲线图

5.3 区域地面沉降趋势预测

区域性地面沉降是由区域基础地质环境和人类工程活动（常常是区域性地下水超采）共同作用的结果，是一种缓变式的、潜在危险性高、大面积发育的地质灾害，探究其诱发因素、形成机理及发展趋势等是岩土工程学研究的重要内容之一。由于沉降趋势的预测结果直接关乎工程设计方案的优化，进而影响工程建设投资，成为工程建设的决策者和设计者最为关注的问题。目前，区域性地面沉降趋势的预测多采用数值计算方法，因其计算效率高、适用范围广而发展迅速。

北京地区区域性地面沉降的主要诱发因素是平原区大范围的地下水超采。东干渠工程穿越的北部海淀区、东部朝阳区及南部大兴区均属地下水超采严重区，近年来沉降发展迅速。区域地面沉降趋势预测研究的目标主要有两个：一是研究未来一定时期内区域地面沉降在工程建设区平面空间上的发展趋势，以此评价区域地面沉降的差异性对输水隧洞纵向变形的影响；二是通过分层预测明确工程区内对区域地面沉降的主要贡献土层，为保障工程安全、优化调整地下水开采方式指明方向。

该项研究中地面沉降预测模型采用两步模型法，即首先由水流模型计算各土层的水头变化，再根据水头变化计算各土层的压缩变形量。模型研究的空间范围：平面上为东干渠工程所属的一级水文地质单元（北部及东部、东南部平原区）区，其边界通常视为流量边界，地表水体视为一类边界；模型底界确定为第四系地层底界及地下水主要开采层位下部相对连续的黏土层，视为隔水边界。研究范围自地表向下分为五层，包含三个含水岩组（图 5.3.1）：第一层为潜水含水层，包括了上层滞水、层间水、潜水—浅层承压水层，为模型研究域的第一含水岩组，厚度 20～80m；第二层为弱透水层，厚度 10～40m；第三层为中深层承压含水层，为模型研究域的第二含水岩组，厚度 40～80m；第四层为弱透水层，厚度 30～70m；第五层为深层承压水含水层，为模型研究域的第三含水岩组，同时也为地下水的主要开采层位，厚度 60～150m。

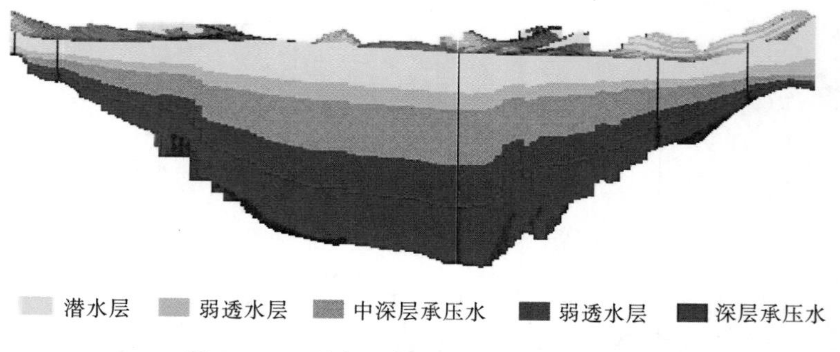

图 5.3.1 研究区水文地质模型空间结构

研究中地下水流动按三维渗流处理，即含水层和弱透水层中地下水均考虑其作水平和垂向渗流运动，而土层变形则仅考虑由于有效应力增减引起的垂向一维空间的压缩变形。地下水数值模拟计算采用美国地质调查局开发的 Processing - Modflow 软件，其子程序包 IBS 可用来计算由地下水位下降引发的土层压缩量。地下水流模型的识别与验证采用 2005—2008 年研究区内地下水位长观孔系列观测数据，模拟计算与实测水位误差为 1～3m（图 5.3.2）。地面沉降模型采用 2007—2008 年实际监测点沉降值进行验证，误差为 2～27mm（表 5.3.1）。

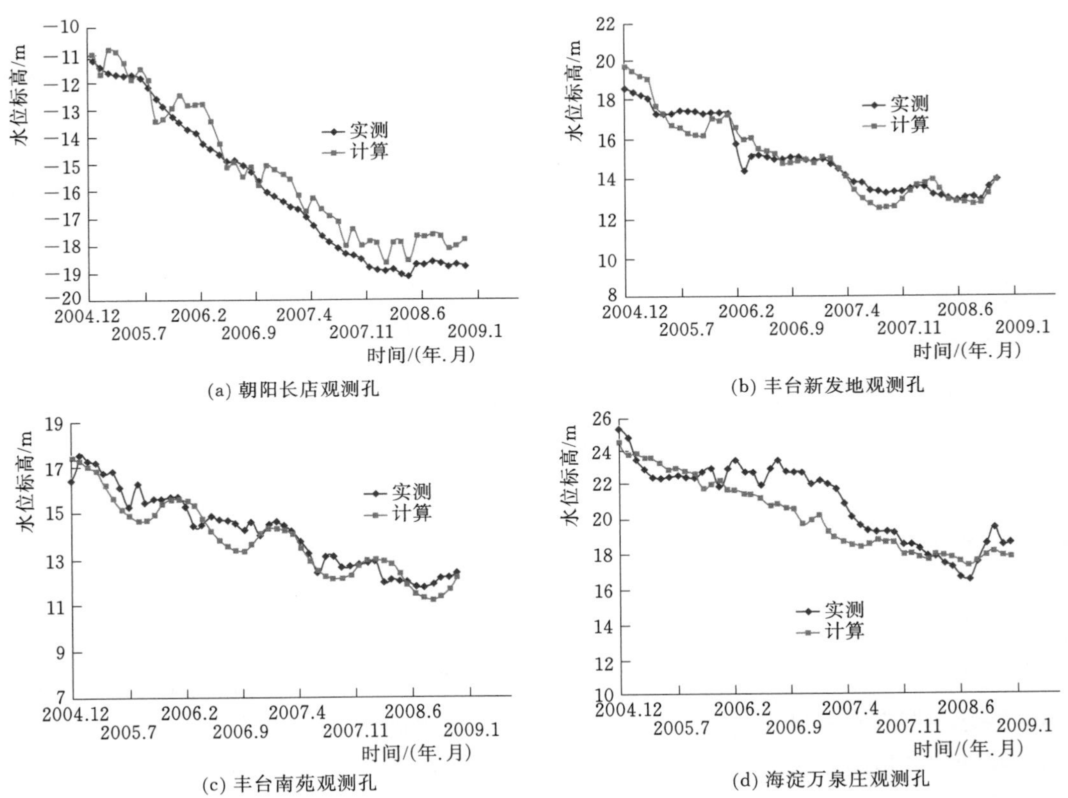

图 5.3.2　模型计算与实测地下水位结果对比图

表 5.3.1　　2007—2008 年研究区地面沉降实测值与模型计算值对比

观测点	计算值/mm	实测值/mm	计算值－实测值/mm	观测点	计算值/mm	实测值/mm	计算值－实测值/mm
姚东	78	105	－27	京通	57	53	4
单店	67	65	2	通马路	47	32	15

因南水北调进京后，北京市地下水的开采将重新规划部署，局部地区进行限采和压采，以涵养地下水生态环境，控制地面沉降的快速发展。为此，本项研究确定的预测期为 2010—2015 年，含东干渠工程的主要建设期。图 5.3.3 为模型预测的 2010—2015 年东干渠工程沿线地面沉降等值线图，图 5.3.4 为东干渠输水隧洞轴线上方区域地面沉降预测值。该结果表明，在 2009 年地下水开采条件下，未来 5 年内东干渠沿线区域地面沉降累积增加值最大约 330mm（五元桥附近），最小约 90mm（线路终端亦庄调节池附近）；区域地面沉降发展较快的区段为来广营桥至平房桥一线，即北五环东部

与东五环北部相接地段，5 年内累积沉降量可增 200mm 以上。

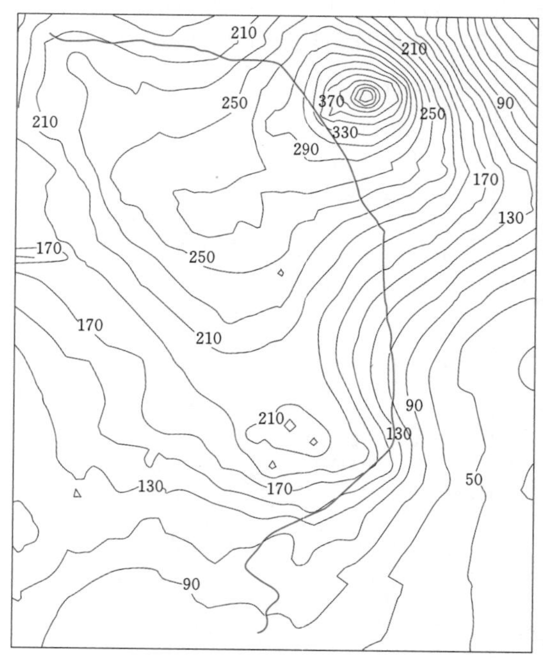

图 5.3.3　预测 2010—2015 年东干渠工程沿线地面沉降等值线图（单位：mm）

图 5.3.5～图 5.3.7 为模型计算的工程区主要压缩土层的垂向变形量，由图可知，对区域地面沉降贡献最大的为第二、第三压缩层，由此认为：控制东干渠工程沿线地面沉降的主要措施应从控制深层地下水的超采入手，尤其应严格限制或禁止开采来广营至平房桥一带地下水，减小输水线路沿线的差异性地面沉降。

根据上述区域地面沉降趋势预测结果，初步计算东干渠输水隧洞轴线上的最大差异沉降率为 0.045‰（平房桥一带），其他部位基本均在 0.03‰以内（图 5.3.8）。参照目前国内高速铁路、轨道交通等工程设计规范或技术标准中对隧洞结构的沉降差异要求，认为区域地面沉降的差异性对东干渠输水隧洞结构的差异沉降影响小，设计中可不考虑其不利影响。

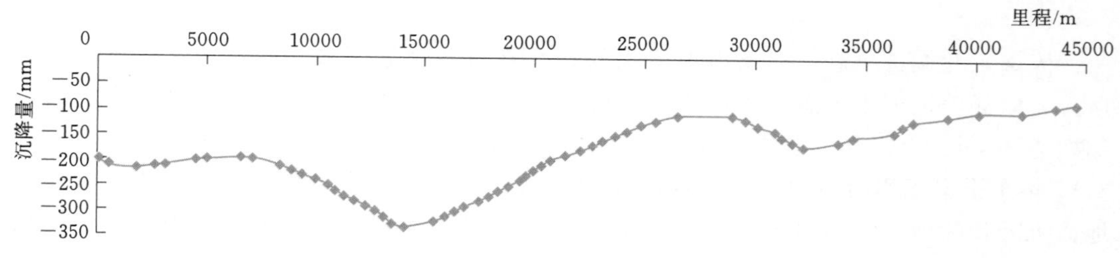

图 5.3.4　预测 2010—2015 年东干渠输水隧洞轴线上方区域地面沉降量

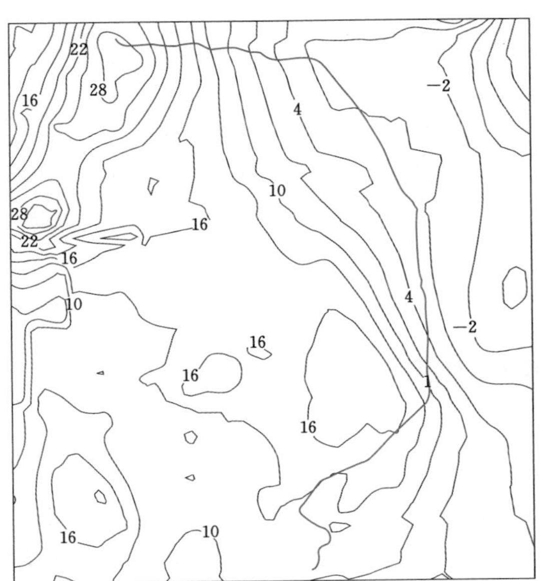

图 5.3.5 预测 2010—2015 年第一压缩层垂向变形量等值线图（单位：mm）

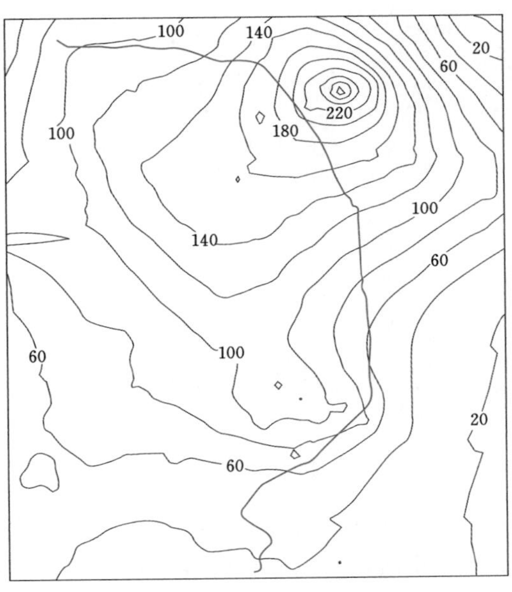

图 5.3.6 预测 2010—2015 年第二压缩层垂向变形量等值线图（单位：mm）

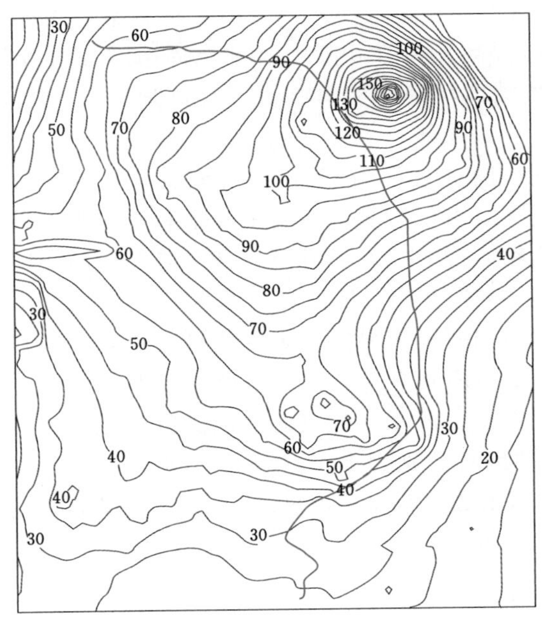

图 5.3.7 预测 2010—2015 年第三压缩层垂向变形量等值线图（单位：mm）

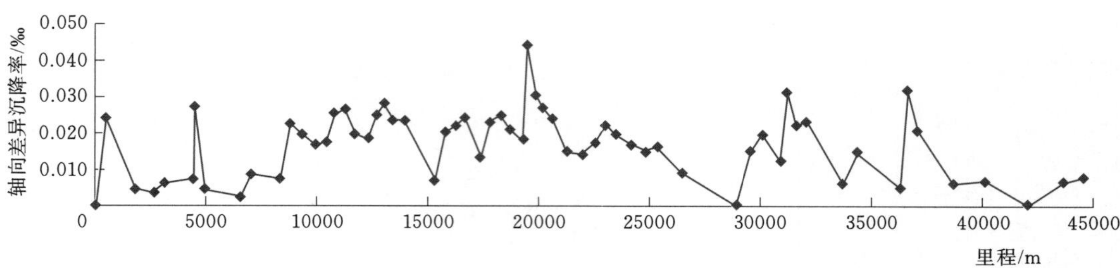

图 5.3.8 2010—2015 年东干渠输水隧洞轴线区域地面差异沉降率

5.4 基坑降水引发的地面沉降预测

5.4.1 研究目标及基本条件

东干渠工程全线长约 45km，输水隧洞洞顶埋深一般为 15～20m，最大埋深约 25m，全线约 34km 长的输水隧洞洞身全部置于地下水位以下。设计输水隧洞的施工方式为盾构机掘进，全线共布置盾构始发井 18 座，接收井 2 座，另外设 39 座二衬施工竖井。其中盾构井设计平面开挖尺寸为 50m×11m，开挖深度 20～30m；施工竖井设计平面开挖尺寸为 10m×8m，开挖深度一般 20～30m，最大开挖深度 37.23m。为比选论证盾构井和施工竖井的基坑支护方案，需要对基坑降水引发的地面沉降进行研究，模拟预测采用管井降水时基坑周边地面沉降的影响范围和沉降幅度，并评价降水引发的地面沉降可能对临近五环高速公路及其他重要建筑物产生的不良影响。

根据东干渠工程地质勘察成果，隧洞沿线自地表向下 40m 深度范围内土层中赋存有多层地下水，埋藏类型有滞水、潜水～弱承压水和承压水三种，含水层岩性自上而下由粉土、粉砂渐变为细砂-细中砂-卵砾石，含水层在局部空间分布不连续。线路沿线地下水总体流向为自西北向东南，地下水位埋深最浅的仅 2m 左右，最深的约 24m。考虑到工程设计的紧迫性和研究成果的代表性与可类比性，确定选择在地层结构、水文地质条件和降水幅度等方面具有代表性、地理位置重要且周边环境较为复杂的 6 个盾构井参与研究，如图 5.4.1 所示，自北向南依次为 1 号、3 号、7 号、10 号、14 号和 15 号盾构井，它们的编号分别为 DG1、DG3、DG7、DG10、DG14 和 DG15。这 6 个盾构井代表的地层特征和设计降水幅度见表 5.4.1。各盾构井与五环高速公路的平面相对位置关系如图 5.4.2 所示。

5.4.2 模型结构设计及参数设置

研究中设计的降水方案为：沿矩形基坑四周布置降水井，其直径设计为 ϕ600mm，距基坑边缘为 2m，井间距为 6～8m，每个盾构井基坑周边需布置 22 口降水井，降水控制水位为基坑底部以下 3m。

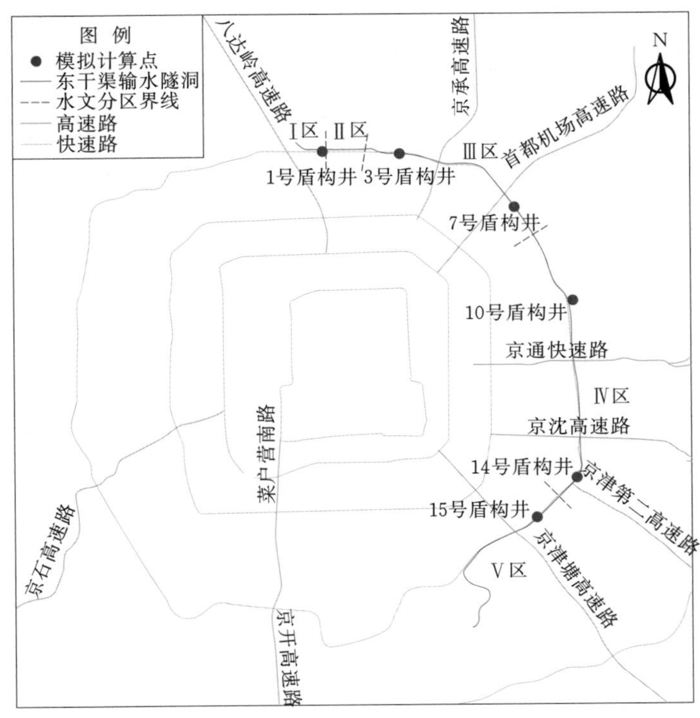

图 5.4.1　参与计算的盾构井平面位置示意图

表 5.4.1　　参与计算的盾构井地层特征一览表

序号	盾构井编号	地理位置	地层岩性简述	降水深度范围内土层厚度之比（砂土∶黏性土）	降水控制水位/m
1	DG1	奥园高尔夫球场	砂层 2.0m，黏性土 18m，其下 7.0m 卵砾石	1∶9	17.96
2	DG3	北京会议中心	粉细砂 4m，黏性土层 17m	1∶4	18.83
3	DG7	五环路南皋出口	砂层 4m，黏性土 21m，再其下 7m 厚砂层	1∶2	7.21
4	DG10	平房桥东北角	砂层 4m，黏性土 15m，其下为圆砾	1∶4	9.51
5	DG14	化工桥	粉细砂 7m，黏性土 14m	1∶2	7.87
6	DG15	大羊坊北桥加油站	粉细砂层 12m，黏性土层 10m	1.2∶1	7.41

该研究中地面沉降模拟计算仍采用前述的两步数值模型法。模型研究的平面范围以拟计算的盾构井基坑为中心，向四周各扩展 500m 为边界；计算底界为盾构井场区地面以下 60m。模型计算中平面边界按定水头边界处理，垂向上需对计算深度内的地层进行概化，划分为压缩层（粉土、黏性土）和含水层（砂土、卵砾石）。根据各盾构井场区地层勘探成果，其地层概化结果见表 5.4.2，概化后的地层结构模型如图 5.4.3 所示。

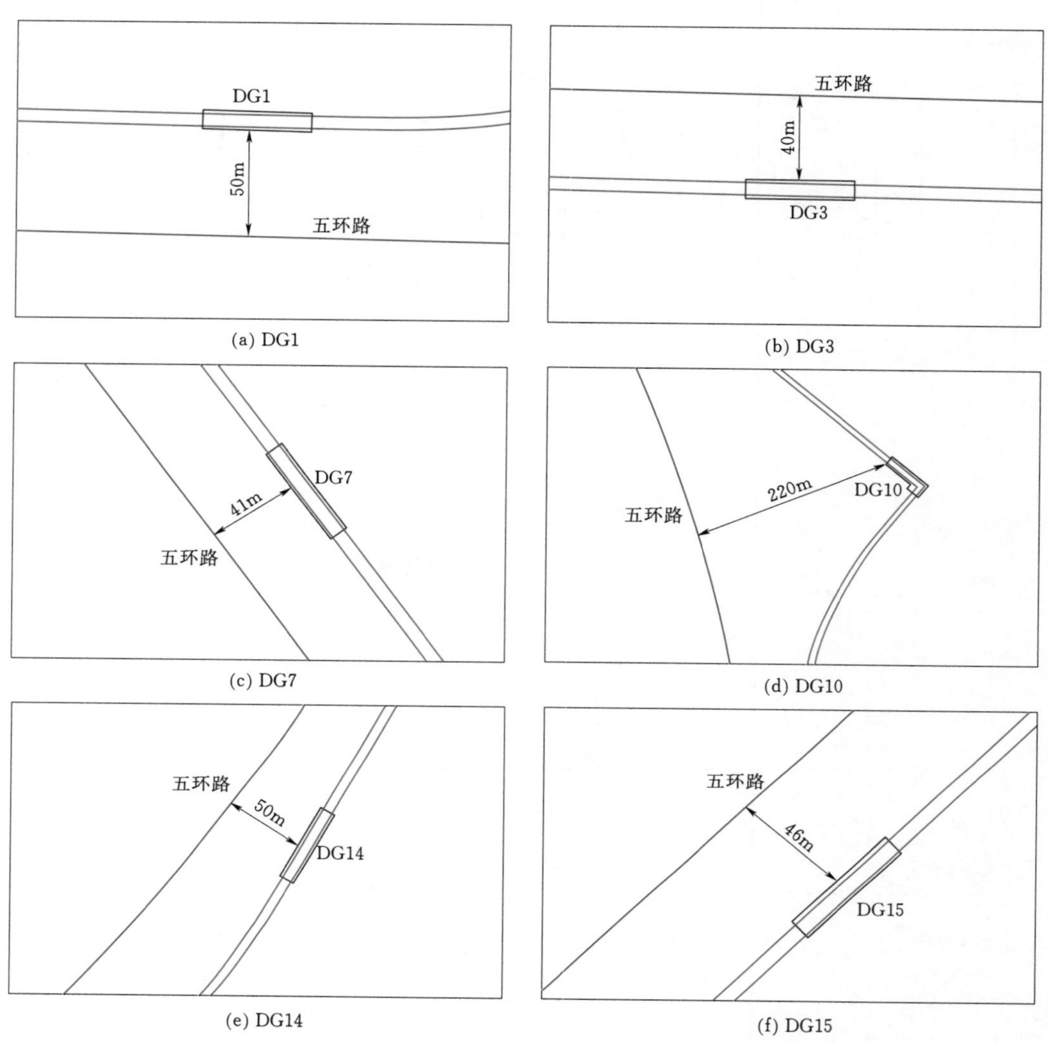

(a) DG1　(b) DG3　(c) DG7　(d) DG10　(e) DG14　(f) DG15

图 5.4.2　参与计算的盾构井与五环路的相对位置关系

表 5.4.2　计算基坑（盾构井）地层结构概化层数

计算基坑（盾构井）编号	DG1	DG3	DG7	DG10	DG14	DG15
压缩层（粉土、黏性土）	3	3	3	5	4	4
含水层（砂土、卵砾石）	3	3	3	4	3	4

模型计算中需要输入的水文地质参数包括渗透系数 k、给水度 μ、弹性储水系数 μ^*、非弹性储水系数以及孔隙比 e、初始水头 H_0 等。其中土层孔隙比 e、初始水头 H_0 以及渗透系数 k 均根据工程勘察时原位和室内试验成果获得，给水度 μ、弹性储水系数 μ^* 和非弹性储水系数则在参照相关水文地质手册建议值的基础上，结合地区工程经验和已有同类工程计算验证结果综合考虑后确定。本研究中各盾构井基坑地面沉降模型计算参数输入值见表 5.4.3～表 5.4.8。

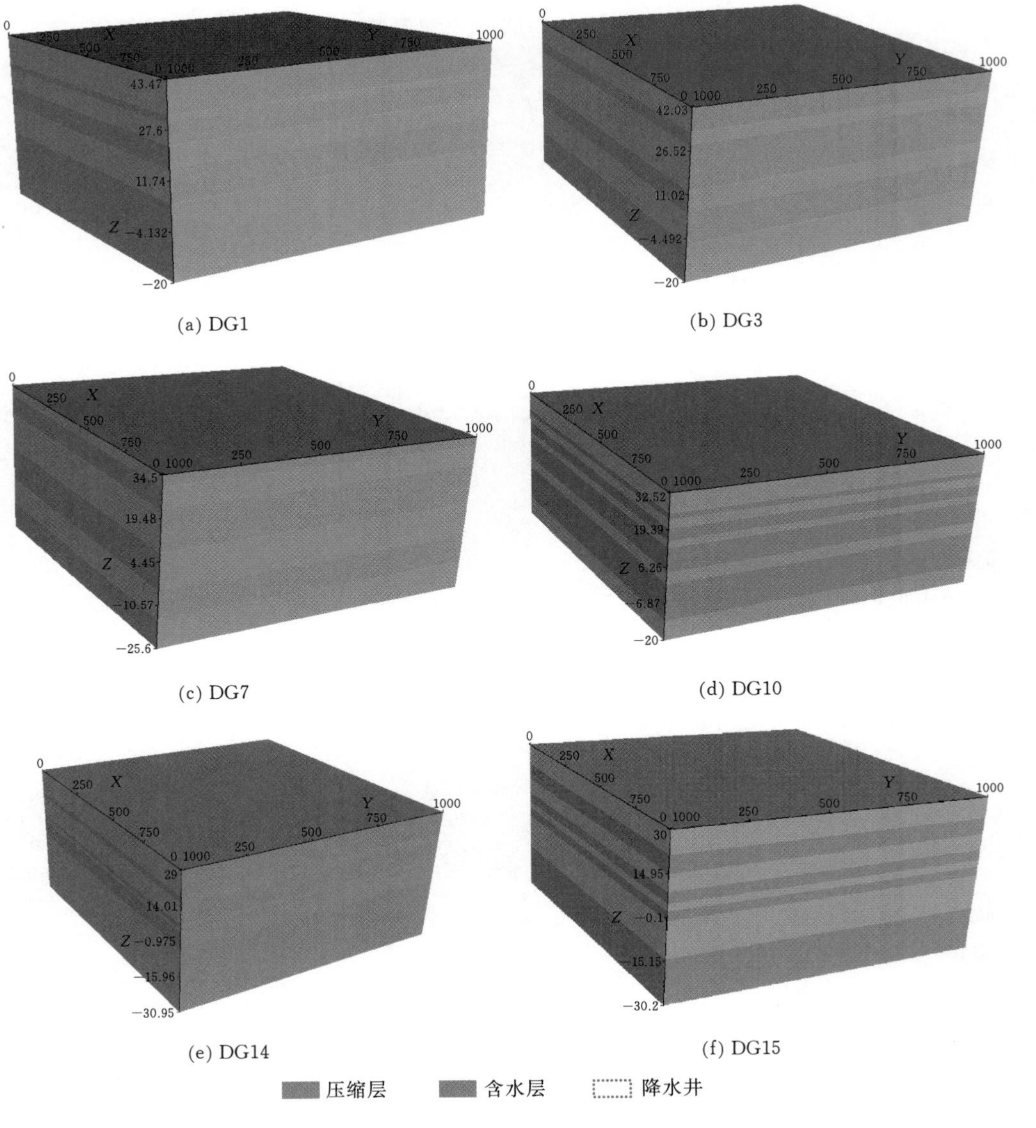

(a) DG1

(b) DG3

(c) DG7

(d) DG10

(e) DG14

(f) DG15

压缩层　含水层　降水井

图 5.4.3　各盾构井场区概化地层结构模型

表 5.4.3　DG1 基坑地面沉降模型计算输入参数表

输入参数	第一压缩层	第一含水层	第二压缩层	第二含水层	第三压缩层	第三含水层
初始水头 H_0/m	36	34	25	23	23	14
渗透系数 k/(m/d)	1	10	0.6	35	0.5	60
给水度 μ	0.001	0.25	0.001	0.01	0.001	0.01
孔隙比 e	0.72	1	0.7	1	0.7	1
弹性储水系数 μ^*	7.56×10^{-4}	4.60×10^{-4}	1.30×10^{-3}	1.00×10^{-4}	1.00×10^{-3}	6.40×10^{-4}
非弹性储水系数	3.78×10^{-4}	2.30×10^{-3}	5.70×10^{-3}	2.00×10^{-4}	8.00×10^{-3}	1.70×10^{-3}

表 5.4.4　　DG3 基坑地面沉降模型计算输入参数表

输入参数	第一压缩层	第一含水层	第二压缩层	第二含水层	第三压缩层	第三含水层
初始水头 H_0/m	36	34	25	23	23	14
渗透系数 k/(m/d)	1	10	0.6	35	0.5	60
给水度 μ	0.001	0.25	0.001	0.01	0.001	0.01
孔隙比 e	0.7	1	0.72	1	0.8	1
弹性储水系数 μ^*	7.56×10^{-4}	4.50×10^{-4}	5.50×10^{-4}	3.40×10^{-4}	5.50×10^{-4}	3.40×10^{-4}
非弹性储水系数	3.78×10^{-3}	2.27×10^{-3}	2.76×10^{-3}	1.70×10^{-3}	2.76×10^{-3}	1.70×10^{-3}

表 5.4.5　　DG7 基坑地面沉降模型计算输入参数表

输入参数	第一压缩层	第一含水层	第二压缩层	第二含水层	第三压缩层	第三含水层
初始水头 H_0/m	33	22	16	10.3	−6	−18
渗透系数 k/(m/d)	1	10	0.6	35	0.5	40
给水度 μ	0.001	0.25	0.001	0.01	0.001	0.01
孔隙比 e	0.65	1	0.75	1	0.65	1
弹性储水系数 μ^*	7.56×10^{-4}	7.00×10^{-3}	1.10×10^{-3}	3.00×10^{-4}	5.50×10^{-4}	3.40×10^{-4}
非弹性储水系数	3.78×10^{-4}	1.70×10^{-3}	3.00×10^{-3}	3.00×10^{-4}	2.00×10^{-3}	1.70×10^{-3}

表 5.4.6　　DG10 基坑地面沉降模型计算输入参数表

输入参数	第一压缩层	第一含水层	第二压缩层	第二含水层	第三压缩层	第三含水层	第四压缩层	第四含水层	第五压缩层
初始水头 H_0/m	30	30	20.6	20.6	14.6	14.6	4	0	−12
渗透系数 k/(m/d)	1	10	0.6	35	0.5	40	0.3	30	0.1
给水度 μ	0.001	0.25	0.001	0.01	0.001	0.01	0.001	0.01	0.001
孔隙比 e	0.65	1	0.72	1	0.65	1	0.7	1	0.7
弹性储水系数 μ^*	6.21×10^{-4}	2.30×10^{-4}	2.50×10^{-3}	2.30×10^{-4}	8.00×10^{-4}	3.00×10^{-4}	2.88×10^{-4}	1.10×10^{-4}	1.90×10^{-4}
非弹性储水系数	3.00×10^{-3}	1.15×10^{-3}	3.00×10^{-3}	1.15×10^{-3}	3.00×10^{-3}	2.00×10^{-4}	1.44×10^{-3}	5.70×10^{-4}	9.60×10^{-4}

表 5.4.7　　DG14 基坑地面沉降模型计算输入参数表

输入参数	第一压缩层	第一含水层	第二压缩层	第二含水层	第三压缩层	第三含水层	第四压缩层
初始水头 H_0/m	25	14.56	14.76	12	8.36	5.26	−12
渗透系数 k/(m/d)	1	10	0.6	35	0.5	40	0.3
给水度 μ	0.001	0.25	0.001	0.01	0.001	0.01	0.001

续表

输入参数	第一压缩层	第一含水层	第二压缩层	第二含水层	第三压缩层	第三含水层	第四压缩层
孔隙比 e	0.65	1	0.68	1	0.66	1	0.78
弹性储水系数 μ^*	7.56×10^{-4}	2.00×10^{-4}	3.00×10^{-4}	2.00×10^{-4}	2.00×10^{-4}	1.90×10^{-4}	4.50×10^{-4}
非弹性储水系数	3.78×10^{-3}	8.00×10^{-4}	1.00×10^{-3}	4.00×10^{-4}	1.00×10^{-3}	9.60×10^{-4}	2.27×10^{-3}

表 5.4.8　DG15 基坑地面沉降模型计算输入参数表

输入参数	第一压缩层	第一含水层	第二压缩层	第二含水层	第三压缩层	第三含水层	第四压缩层	第四含水层
初始水头 H_0/m	28.5	26	23	21	12	8.7	−6	−17
渗透系数 k/(m/d)	1	10	0.6	35	0.5	40	0.3	30
给水度 μ	0.001	0.25	0.001	0.01	0.001	0.01	0.001	0.01
孔隙比 e	0.68	1	0.66	1	0.66	1	0.78	1
弹性储水系数 μ^*	5.24×10^{-4}	2.30×10^{-4}	5.76×10^{-4}	2.30×10^{-4}	4.80×10^{-4}	1.90×10^{-4}	5.50×10^{-4}	1.15×10^{-4}
非弹性储水系数	2.62×10^{-3}	1.15×10^{-3}	2.88×10^{-3}	1.20×10^{-3}	2.40×10^{-3}	9.60×10^{-4}	2.78×10^{-3}	5.76×10^{-4}

东干渠工程设计方案要求盾构井基坑地下水位降至设计基坑底面以下 3m 才可保证施工和结构安全。场区地层结构一定的情况下，基坑降水引发地面沉降的影响范围和幅度主要与降水控制水位和初始水位有关。表 5.4.9 是参与研究的 6 个盾构井基坑设计最终控制水位和各场区初始水位，由此可以看出各场区主要应降低的地下水目标层位及对场区地面沉降起主导作用的压缩土层。

表 5.4.9　计算盾构井的地下水位及主要压缩层位

基坑（盾构井）编号	DG1	DG3	DG7	DG10	DG14	DG15
降水控制水位/m	17.96	18.83	7.21	9.51	7.87	7.41
第 1 层地下水水位/m	29.21	37.22	26.7	29.61	17.56	8.77
第 2 层地下水水位/m	24.11	32.82	15.45	20.61	14.76	4.67
第 3 层地下水水位/m	13.71	22.32	6.95	14.31	8.36	—
主要压缩层位	2	1、2	2	1、2、3	2	3

5.4.3　模型计算结果及可靠性评估

图 5.4.4 为模型计算的各盾构井基坑降水引发的地面沉降量及其平面分布，计算结果与各盾构井的主要特征参数见表 5.4.10。

(a) DG1

(b) DG3

(c) DG7

(d) DG10

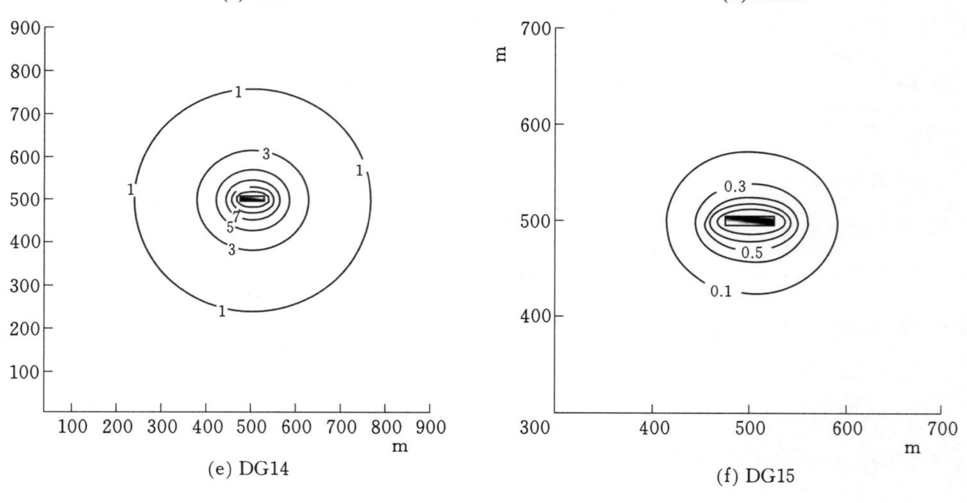

(e) DG14

(f) DG15

图 5.4.4　盾构井基坑降水引发的地面沉降模拟预测结果

表 5.4.10　　基坑主要参数及降水引发地面沉降的计算结果

序号	基坑编号	基坑深度 H/m	砂土与黏性土总厚度比	地下水类型	水位降深 ΔS/m	最大沉降 S_{max}/mm	沉降影响半径 R_{max}/m
1	DG1	22.51	1∶9	潜水、承压水	5.50	13.0	400
2	DG3	20.31	1∶4	潜水、承压水	9.80	11.5	250
3	DG7	24.18	1∶2	潜水、承压水	12.63	23.0	350
4	DG10	20.02	1∶4	潜水、承压水	18.10	19.6	400
5	DG14	18.19	1∶2	潜水、承压水	6.59	11.0	250
6	DG15	19.46	1.2∶1	潜水、承压水	1.36	1.10	10

该结果表明，6 个盾构井在设定的管井降水方案下，将地下水位降低到其基坑设计底面以下 3m 时，基坑周边产生的地面沉降量最大为 23mm(DG7)，最小仅 1.1mm (DG15)；沉降影响的平面范围最大为基坑周边约 400m(DG1、DG10)，最小只有 10m 左右（DG15)。模型预测结果总体反映了水位降深越大、压缩层越厚，引发的地面沉降越强烈、空间影响范围也越广的基本规律。

数值模型计算结果的可靠度需要通过实测数据的检验，但目前对于由基坑降水引发的地面沉降的针对性监测较少，大部分基坑周边地面沉降变形是由基坑开挖、地面荷载、抽水甚至叠加区域地面沉降等多种因素作用后的综合表现，从监测数据很难区分其中某单一因素的影响程度。即便如此，搜集同类工程实测数据进行工程类比仍不失为当前模型验证和可靠度评估的有效手段。本研究工作中搜集整理了国内 7 个典型基坑施工降水对地面沉降影响的工程案例（见表 5.4.11)，并重点分析了其中北京地区的基坑工程，通过类比分析评价了东干渠盾构井基坑降水引发地面沉降模型计算结果的可靠性和适用性。

表 5.4.11　　国内典型基坑施工降水对地面沉降的影响情况

序号	工程名称	基坑深度/m	基坑尺寸/(m×m)	地层岩性特征	地下水类型	水位降深/m	最大沉降/mm	备　注
1	北京地铁 10 号线劲松站	26	—	粉质黏土，砂卵石层厚度 6m	潜水	13.73	32（110 楼沉降）	110 楼距基坑大约 18m，分段施工降水
2	北京饭店二期	21.4	314×(105～112)	黏质粉土，砂卵石层厚度 8～9m	潜水、承压水	7.6	2.64	邻近建筑物沉降（20m 以外，含开挖 19.4m）
3	北京地铁 5 号线（蒲黄榆站—天坛东门站）	18.6	—	黏性土，砂层厚度 4m 砂	潜水、承压水	7	8～9	监测点距隧道 10.5m，辐射井降水

续表

序号	工程名称	基坑深度/m	基坑尺寸/(m×m)	地层岩性特征	地下水类型	水位降深/m	最大沉降/mm	备注
4	上海浦东某基坑	20	—	淤泥质黏土、粉砂	承压水	2～4	5.1（抽水区中心监测点）	地表沉降（抽水试验）
5	上海轨道M6、M8线车站（浦东济阳路）	23.36	42×150	滨海平原地层沉积组合	承压水	9～11（M8线）；20.5（M6线）	M8：176(坑内)、144（坑外）；M6：193(坑内)、126（坑外）	地表沉降
6	湖南某小区高层基坑	10	—	粉质黏土	潜水	10	11	距基坑23m地表沉降
7	沈阳地铁1号线青年大街站	26.4	140×21.8	砾砂、圆砾	潜水	22	13.75	距基坑中心41～160m

由于地层结构、基坑规模、降水方案及工程类别等的不同，搜集整理的案例中基坑周边地面沉降数值离散性较大，最小的只有2.64mm（北京饭店二期），最大的193mm（上海轨道交通M6线浦东济阳路车站）。7个案例中北京地铁10号线劲松站、5号线（蒲黄榆站—天坛东门站）区间线路在地理位置、基坑开挖深度、地层结构和降水幅度方面与东干渠工程具有同类可比性。

北京地铁十号线劲松站基坑开挖深度26m，开挖范围较大；地层岩性以粉质黏土为主，开挖深度范围内有约6m厚的砂卵石层。该场区对基坑开挖有影响的主要有三层地下水：上层滞水，层间水及潜水，设计地下水位降幅为13.7m。根据离基坑较近的监测点监测结果，基坑附近最大地面沉降为32mm。该沉降的主要诱发原因除施工降水外，应该也包含因基坑开挖引起土体应力释放而产生的变形量。

北京地铁5号线（蒲黄榆站—天坛东门站）区间的暗挖隧道底部埋深约18.6m，地层岩性主要以黏性土为主，含有约4m厚的砂层。基坑开挖同样涉及三层地下水：上层滞水，层间水及承压水。该基坑工程采用辐射井降水技术，设计水位降幅为7m，距基坑10.5m的地面沉降实测值小于10mm。

综合分析已有基坑工程地面沉降监测结果，认为东干渠工程盾构井基坑降水引发的地面沉降模型计算结果具有一定的可靠度。6个盾构井基坑的预测沉降量在10～23mm，DG15盾构井的沉降值仅有1mm左右，分析认为其主要原因是该场区现有地下水埋深较大，设计降水幅度较小（约1.5m）造成的。

5.4.4 基坑降水对五环高速路的影响评估

北京五环路全长98.58km，设计行车速度为100km/h，双向6车道加连续停车带，是北京市第一条环城高速公路，是首都重要的城市基础设施之一。路面的平整度、纵横向坡度及工后总沉降量或差异沉降率等是目前常用的控制或评价各等级公路行车安全或舒适度的工程技术指标，现行国家和行业标准中对各指标的规定不尽相同，有的未明确规定，也有部分学者专家针对不同的工程情况进行了专门性研究，研究结果也不尽相同。为尽可能地选择适宜的标准评价东干渠工程施工降水引发的地面沉降对五环高速路的影响，除了解现行公路规程规范对高速公路沉降控制指标的要求外，还搜集整理了近年来国内关于高速公路沉降控制标准的研究成果，进行了对比分析研究，最后通过工程类比并结合当地工程经验，确定了本次评价采用的指标及标准。

《公路工程质量检验评定标准》(JTG F801—2012) 中规定，土方路基的高速公路、一级公路平整度 (3m 直尺测量) 为 15mm。《公路工程技术标准》(JTG B01—2014) 规定了不同设计速度下公路最大纵坡的限值，见表 5.4.12。《公路路基设计规范》(JTG D30—2015) 中对软土地区路基允许工后沉降的规定见表 5.4.13。此外该规范还规定：软土地区“路基拼接时，应控制新老路基之间的差异沉降，既有路基与拓宽路基的路拱横坡度的工后增大值不应大于 0.5%”。

表 5.4.12　公路最大纵坡限值［引自《公路工程技术标准》(JTG B01—2014)］

设计速度 /(km/h)	120	100	80	60	40	30	20
最大纵坡/%	3	4	5	6	7	8	9

表 5.4.13　容许工后沉降［引自《公路路基设计规范》(JTG D30—2015)］

公路等级	工程位置		
	桥台与路堤相邻处	涵洞、箱涵、通道处	一般路段
高速公路、一级公路	≤0.10m	≤0.20m	≤0.30m
作为干线公路的二级公路	≤0.20m	≤0.30m	≤0.50m

表 5.4.14 是搜集整理的目前国内部分学者关于高速公路沉降控制标准的研究成果。研究结果表明，无论是公路拓宽还是隧洞下穿高速公路，基于车辆行驶安全度和舒适性考虑的允许横向变坡率（即差异沉降率）限值集中在 0.2%～0.5%。唯有北京地铁机场线下穿机场高速路的设计要求控制值为 0.15%，其实测值为 0.11%，相对较严。

根据目前关于高速公路沉降控制标准的规定及相关研究成果，结合北京地区已建高速公路沉降监测结果，本次评估确定东干渠工程施工引起临近五环高速路的差异沉降控制标准为差异沉降率不大于 0.15%。由前述东干渠盾构井基坑降水引发地面沉降的模型预测结果，可初步计算单一盾构井场区抽取地下水时引发的五环高速路区地面沉降及差异沉降值，见表 5.4.15。由表 5.4.15 可知，东干渠 DG7 盾构井采取基坑降水方案时对五环路区域引发的地面沉降最为显著，致使五环路两侧最大差异沉降量增加约 4mm，道路横向变坡率增加约 0.01%，最大沉降量增加 13.2mm。该差异沉降率远小于控制标准。由此可以认为，东干渠盾构井施工采取降水方案时，其引发的地面沉降对五环高速路的平整度和安全度影响较小。

表 5.4.14 国内高速公路差异沉降控制标准研究成果

序号	文献名称	研究结果			研究者（单位）	时间
		工后允许沉降量（新路）	工后允许沉降量（旧路中心）	允许横向变坡率		
1	京石高速公路拓宽沉降控制标准	10cm	3cm	0.45%	赵全胜等（河北科技大学）	2012年
2	佛开高速公路单侧拓宽工程差异沉降控制标准研究			0.55%	叶永诚等（广东省高速公路有限公司）	2013年
3	佛开高速公路软基路堤拓宽沉降控制标准研究	10cm		0.45%	鄂海清等（河海大学）	2012年
4	高速公路路基差异沉降标准（内蒙古阿荣旗—博克图高速公路某段）			0.6%（纵向0.1%）	闫强等（长安大学）	2013年
5	高速公路拼接拓宽工程沉降控制标准研究			0.50%	王晓华等（天津市政工程设计研究院）	2014年
6	公路双侧拓宽差异沉降控制标准研究			0.28%（马鞍型曲线）；0.45%（倒钟型曲线）	杨涛等（上海理工大学）	2014年
7	基于高速公路舒适性的不均匀沉降标准研究			0.47%（不均匀沉降产生的坡度）	赵岩（长安大学）	2011年
8	基于路面应力分析高速公路拓宽工程差异沉降控制标准			0.35%～0.5%	曾庆军（华南理工大学）	2006年
9	基于路面破坏响应的差异沉降控制标准			0.23%～0.58%（分别考虑路面结构材料抗弯拉强度和结构层抗疲劳破坏性能）	程兴新等（长安大学）	2010年
10	隧道下穿既有结构物引起的地表沉降控制标准研究	隧道下穿重要的高速公路，地表沉降最大控制标准建议为20～40mm			程星欣等（北京交通大学）	2011年
11	北京地铁机场线下穿机场高速公路	设计路面沉降≤20mm，横断面差异沉降≤0.15%；实测最大沉降18mm，差异沉降率0.11%			程星欣等（北京交通大学）	2011年
12	高速公路拓宽路基差异沉降有限元模拟及控制指标分析（合宁高速公路）			0.254%～0.4%	宋辞等（沪宁高速公路股份有限公司）	2012年

表 5.4.15　东干渠盾构井降水施工可能引发的地面沉降对五环路的影响

盾构井编号	DG1	DG3	DG7	DG10	DG14	DG15
盾构井与五环路最近距离/m	50	40	41	220	50	46
五环路两侧差异沉降量/mm	1.6	2.8	3.8	1.0	2.2	0.1
五环路差异沉降率/%	0.005	0.008	0.01	0.003	0.006	0
五环路最大沉降/mm	8.7	6.8	13.2	5.2	5.6	0.2

5.5　施工期地面沉降研究

隧洞开挖引发地面沉降是地下工程施工中最为关注的岩土工程问题之一。施工期间对隧洞上方地面和地表重要建筑物、基础设施等的变形状况开展实时监测，不仅是保障施工安全的重要措施，也是实施施工地质预报的重要手段之一。东干渠工程线路长，输水隧洞主体工程施工期近两年，且处于区域地面沉降地质灾害的易发区，沿线穿越几十座公路、铁路桥梁，与多条城市轨道交通线路立体交叉，其施工期间地面沉降的监测显得尤为重要，对控制盾构机掘进速度、择机衬砌以及保障施工期地面建筑物的安全使用具有重要意义。

东干渠工程初步设计方案中明确，隧洞全线每隔 50m 布置一个地面沉降监测横断面（垂直于隧洞轴线），每个横断面布置 7～11 个沉降监测点。沉降观测的频次设计为：掘进面距监测断面距离≤20m 时，2 次/d；20m＜掘进面距监测断面距离≤50m 时，1 次/2d；掘进面距监测断面距离＞50m 时，1 次/周；根据数据分析确定沉降基本稳定后，1 次/月。

根据前述东干渠沿线区域地面沉降时空发展规律及趋势预测研究成果，来广营地区历史及近期地面沉降发展较快，其地层结构为黏性土＋砂土互层的多层结构，浅层地下水位相对较高。从沉降发生的机理初步分析，在仅考虑盾构机施工工艺的条件下，该地区因地下岩土体开挖引发地面的沉降变形应比其他地区较大。因此，选择来广营地区为代表性地段，研究东干渠施工期间隧洞上方地面沉降的发展变化以及盾构开挖进度与沉降发展的时空关系。下面以数据系列齐全、监测时期长的 10＋080 监测断面为例，简要说明研究所得。

10＋080 沉降监测断面布置于广顺桥和广泽路桥之间，断面对应的东干渠设计轴线桩号为 10＋080。全断面共布置监测点 11 个，均匀分布于东干渠输水隧洞轴线上方两侧各 25m 的地面范围，监测点编号自隧洞轴线左侧最外侧起依次为 1、2、3、4、…、11，6 号点为隧洞轴线正上方的测点，如图 5.5.1 所示。该断面监测点埋设时间为 2013 年 3 月初，同年 3 月中旬开始按设计监测频率监测，持续监测至 2015 年 7 月（输水隧洞全线贯通时）。

图 5.5.2、图 5.5.3 分别反映了监测期内 10＋080 断面各监测点累积沉降量（S）和沉降速率（ΔS）随时间的变化情况。监测数据表明，该断面在盾构机开挖施工期间，隧洞顶部地面最大累积沉降量为 20mm，最大沉降速率为 0.7mm/d，均未超过工程设

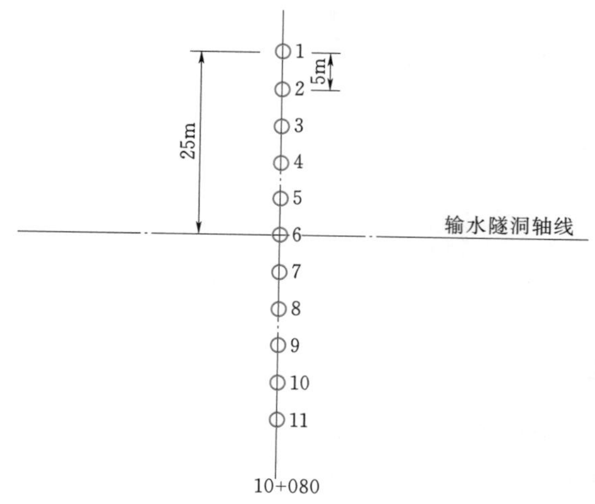

图 5.5.1　东干渠工程施工期地面沉降监测点平面分布图

计要求的沉降变形控制值：累积沉降量控制值为 30mm，沉降速率的控制值为 3mm/d。

另外，结合不同时期盾构机开挖面（掌子面）与监测断面的相对位置关系，研究总结了 10+080 监测断面处，地面沉降变形的时空变化规律：

（1）2013 年 4 月 9 日之前，隧洞盾构机开挖的掌子面距离监测断面的距离最近为 38.68m，所有监测点地面总体均表现为上升，各监测点变形差异小，变形曲线基本为一水平线，如图 5.5.4（a）所示。4 月 9—17 日，随着盾构机开挖面向监测断面的逐步靠近（4 月 17 日的距离为 2.665m），地面开始呈现下降趋势，变形曲线表现为典型的“倒钟形”，如图 5.5.4（b）～（d）所示，各测点累积沉降均逐渐增大，测点间的变形差异逐渐显现。由变形曲线的历时变化也可看出，隧洞轴线正上方（监测断面中心）地面对开挖响应最快、两侧渐次响应。

（2）2013 年 4 月 17 日以后，盾构机开挖掌子面距离监测断面由近及远，此时监测断面的地面变形曲线仍为“倒钟形”，如图 5.5.4（e）～（f）所示，但表现为中间沉降谷由窄变宽，即沉降影响范围由隧洞中线向左右两侧明显扩展。

总体上，4 月 9—24 日为该断面地面沉降发展最为快速、累积沉降量明显增长的时期。此期间，断面监测点日沉降速率最大为 2.6mm（6 号测点），最小为 0.1mm（11 号测点），大部分监测点的沉降速率在 0.3～1.5mm/d。该期间盾构机先由远及近、后由近及远远离监测断面，最远距离为 108.3m；监测点累积最大沉降量约 9mm（5 号、7 号测点），累积最小沉降量不足 1mm（2 号测点）。

（3）2013 年 4 月 24 日至 6 月 20 日，为监测断面地面沉降发展速率相对变缓、累积沉降量仍增幅明显的时期。此期间，盾构机开挖掌子面距离监测断面最远为 867.7m，各监测点日沉降量一般小于 0.3mm，最大日沉降量一般小于 0.5mm；大部分监测点的累积沉降总量超过 10mm，如图 5.5.5（a）、（b）所示。

截至 2013 年 8 月 11 日，各监测点的累积沉降量第一次达到了峰值，整个监测断面的总累积沉降量在 5～18mm，如图 5.5.5（c）、（d）所示。此时，所有监测点的沉降速率均趋于相对稳定，日沉降量不足 0.05mm。

图 5.5.6 清晰地展现了 2013 年 3—7 月间 10+080 监测断面处地面沉降变形的速率变化历时趋势，该期间为隧洞开挖掌子面距监测断面相对较近的时期，即对地面沉降影响最为明显的时期。

（4）2013 年 8 月至 2014 年 5 月初的相当长时期内，该断面地面沉降变形总体保持稳定，但有小幅度的回弹上升。监测数据表明，2013 年年底各监测点的累积沉降量第

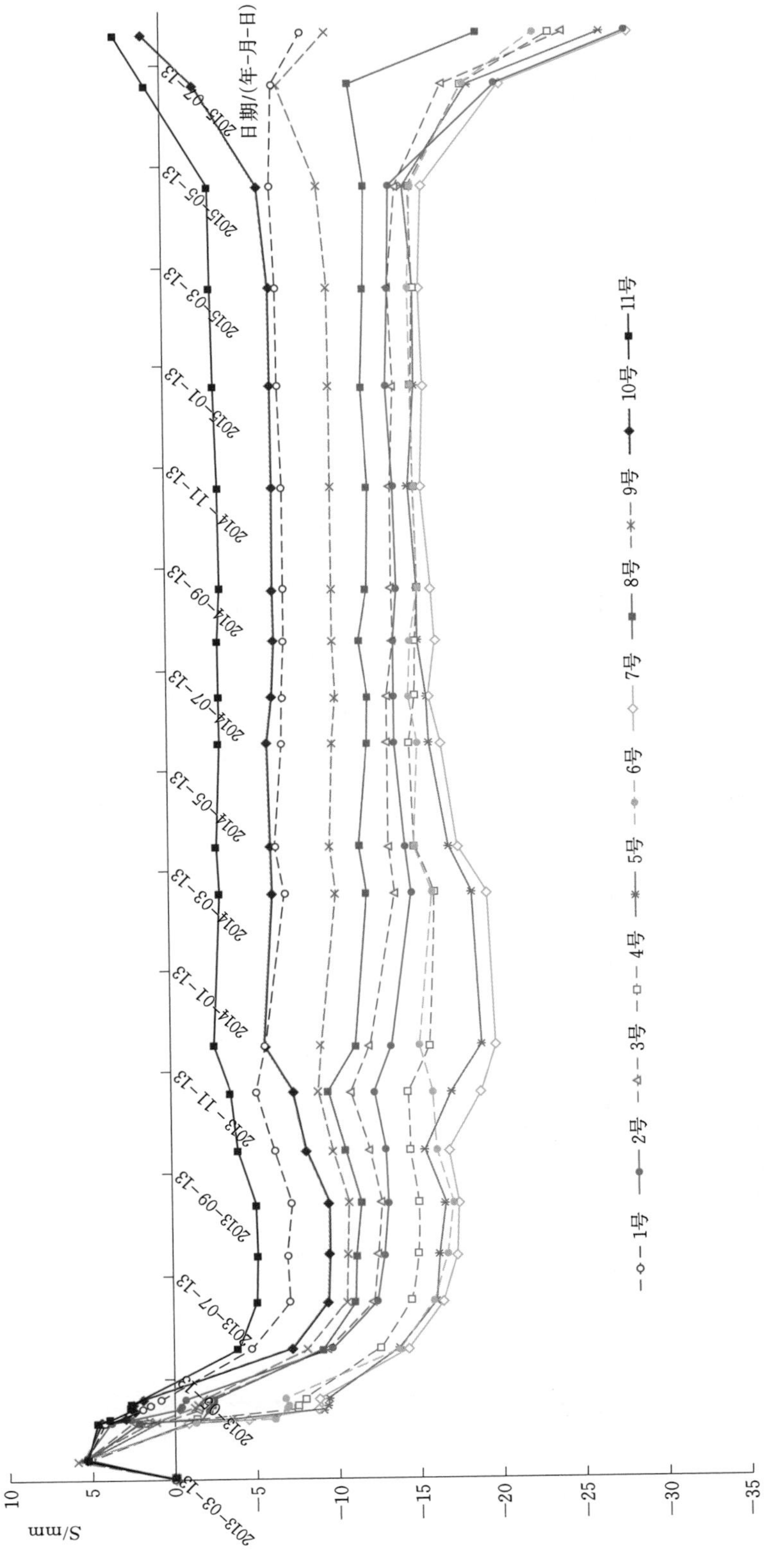

图 5.5.2　10+080 断面各监测点累积沉降量 S 变化曲线

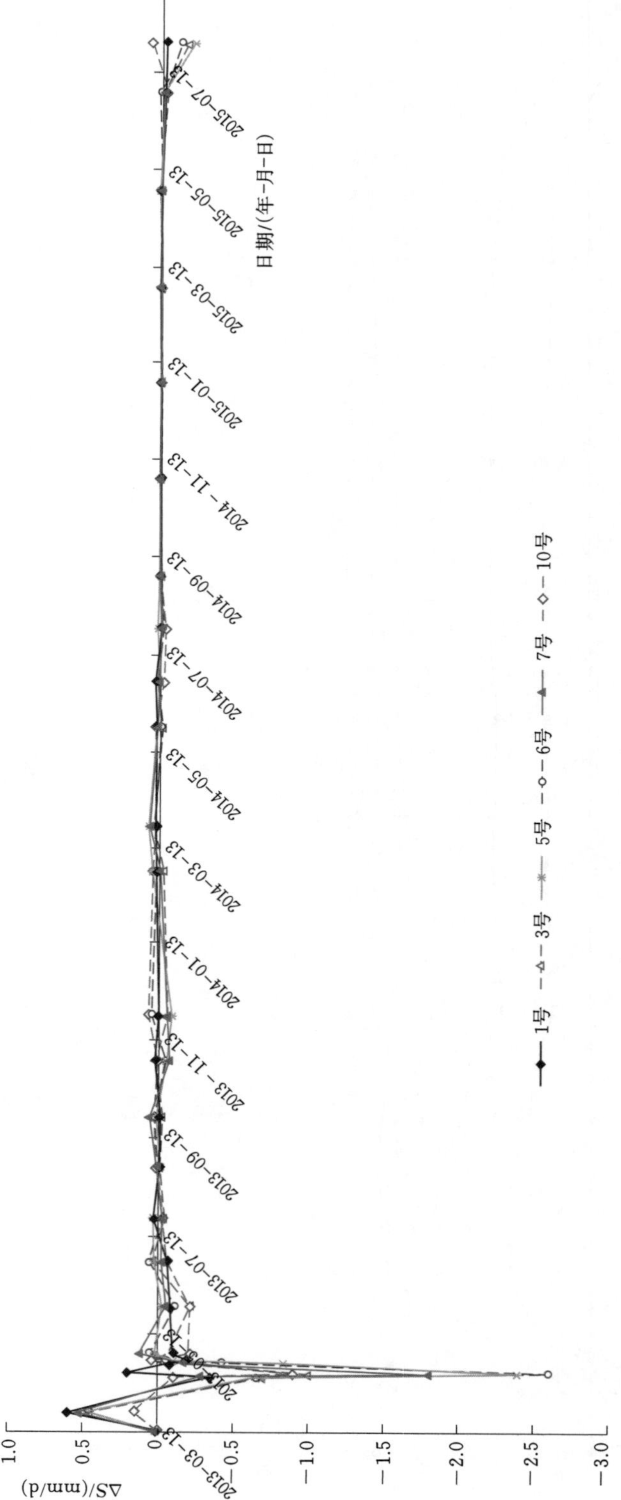

图 5.5.3　10+080 断面监测点沉降速率 ΔS 历时曲线图（2013—2015 年）

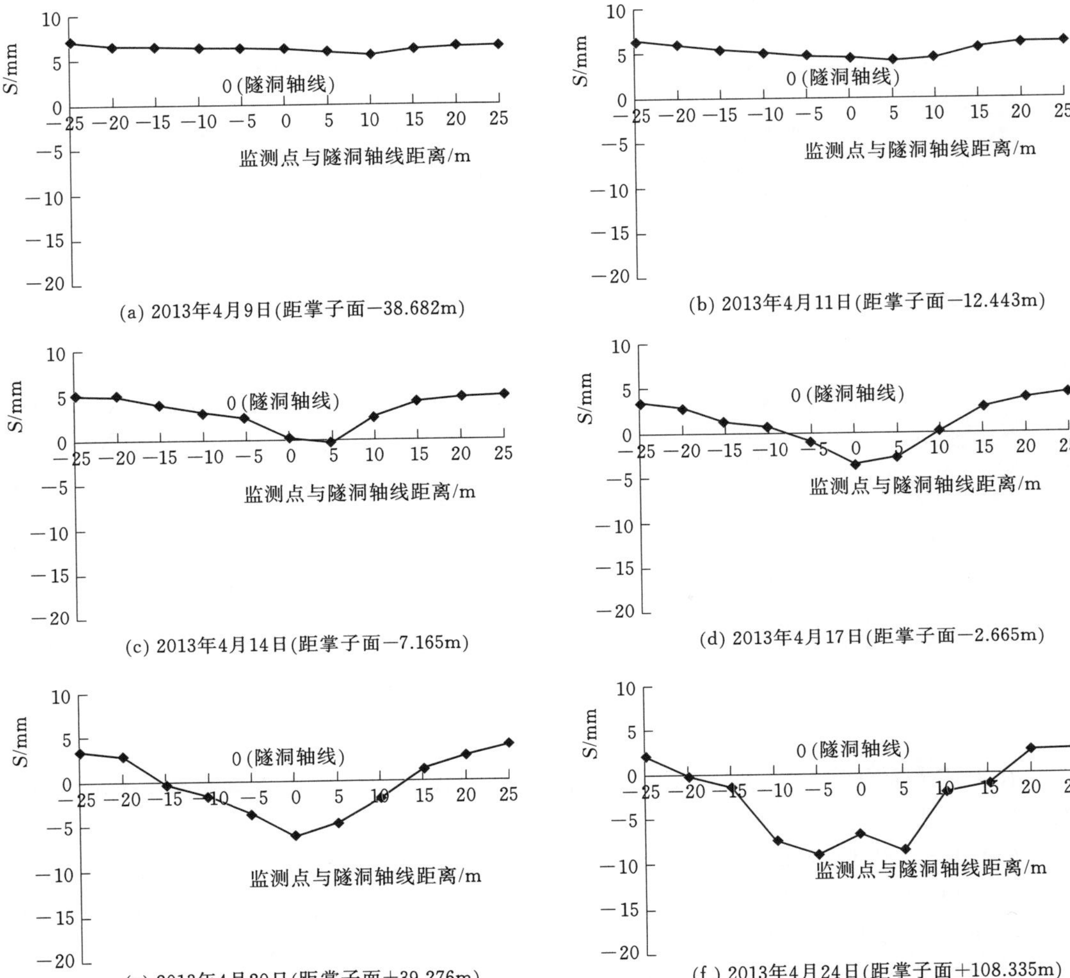

(a) 2013年4月9日(距掌子面−38.682m)

(b) 2013年4月11日(距掌子面−12.443m)

(c) 2013年4月14日(距掌子面−7.165m)

(d) 2013年4月17日(距掌子面−2.665m)

(e) 2013年4月20日(距掌子面+39.276m)

(f) 2013年4月24日(距掌子面+108.335m)

图 5.5.4　10+080 断面监测点累积沉降量历时曲线
（初始阶段，开挖面距监测面较近）

二次达到峰值，之后总体小幅度回弹，变形速率曲线表现为振荡型（地面隆起与沉降交替进行），但变化幅度在±0.1mm/d 以内。该期间，隧洞轴线上方及中间区域的地面沉降总量一般超过 10mm，最大值为 19.69mm（7 号测点），而边缘测点的累积沉降量最小，仅有 3mm（1 号、10 号、11 号测点）。

2014 年 5 月至 2015 年 5 月，所有监测点的沉降变形基本稳定，日变化幅度保持在±0.03mm 以内。

2015 年 5—7 月间，所有监测点变形较为异常：右侧外缘 10 号、11 号测点地面隆起，高于原地面；其余测点累积沉降增幅明显，其中轴线中部 3 号、4 号、5 号和 6 号测点的累积沉降均超过 20mm，最大达 28.34mm。该期间测点的最大沉降速率为 0.3mm/d。

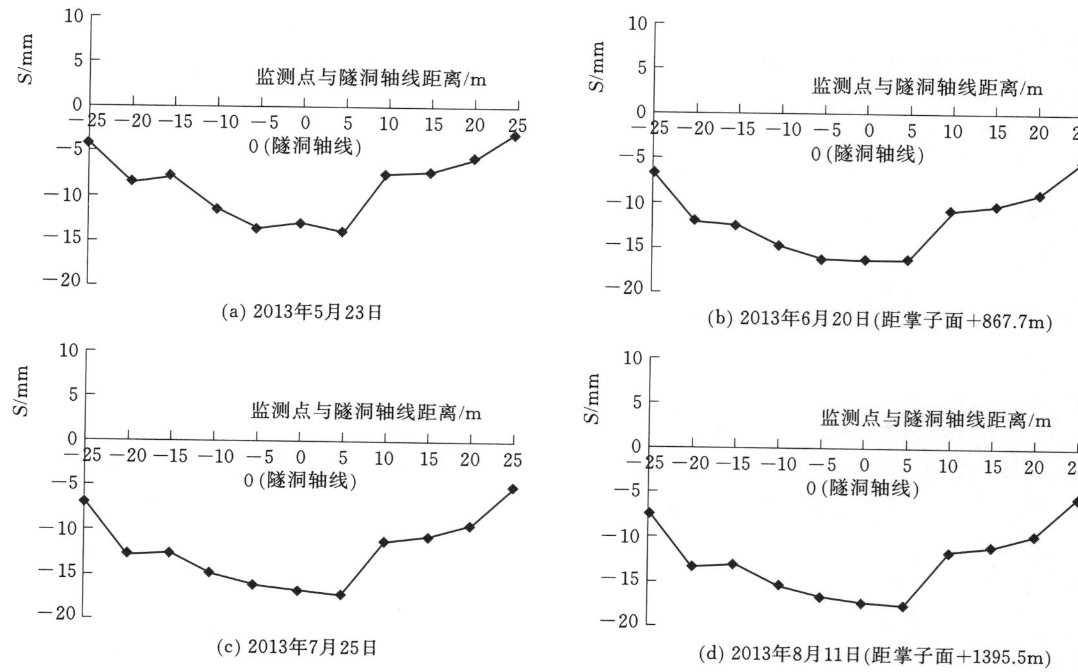

图 5.5.5 10+080 断面监测点累积沉降量历时曲线图
（沉降变缓阶段，开挖面距监测面渐远）

在上述地面沉降时空分布规律的基础上，结合东干渠工程施工动态和工程设计方案，研究得出以下几点认识供同类工程借鉴：

（1）10+080 监测断面处，地面变形对地下隧洞开挖在空间上的响应极限距离为 −50～+1400m。即开挖掌子面在监测断面后方（掘进方向为向着监测断面方向前进）约 50m 处时，隧洞轴线正上方的监测点即开始响应，发生明显沉降变形；当掌子面开挖至监测断面前方约 1400m 处时，监测断面各测点沉降变形基本稳定，沉降速率明显减小，累积沉降量增幅不明显，可以认为盾构施工开挖对地面变形的影响达至了极限影响距离。这一点对于施工中根据开挖进度适时调整监测频次、掌握最佳监测时机、获取最有效的监测数据具有重要意义。

（2）东干渠输水隧洞开挖断面为直径 6m 的圆形断面，地面沉降的监测范围为隧洞轴线两侧各 25m。这一监测范围最大限度地控制了隧洞开挖的平面影响宽度，进一步验证了“地面沉降监测宽度范围最小不应小于一倍隧洞埋深”这一规范条文的工程适用性。

（3）隧洞一二衬施作期间，地面变形表现为时而隆起、时而沉降，反映了围岩地层应力自动调整的过程。

综上所述，10+080 断面地表沉降监测成果反映了隧洞开挖期间地表岩土体竖向变形的一般性规律：隧洞上方地面沉降速率随掌子面与监测断面的距离减小而增大，超过一定距离后沉降速率和幅度均基本保持稳定，变化极小；隧洞轴线附近上方的地面沉降变形响应最早，远离轴线的地面响应相对滞后，且影响范围有限。

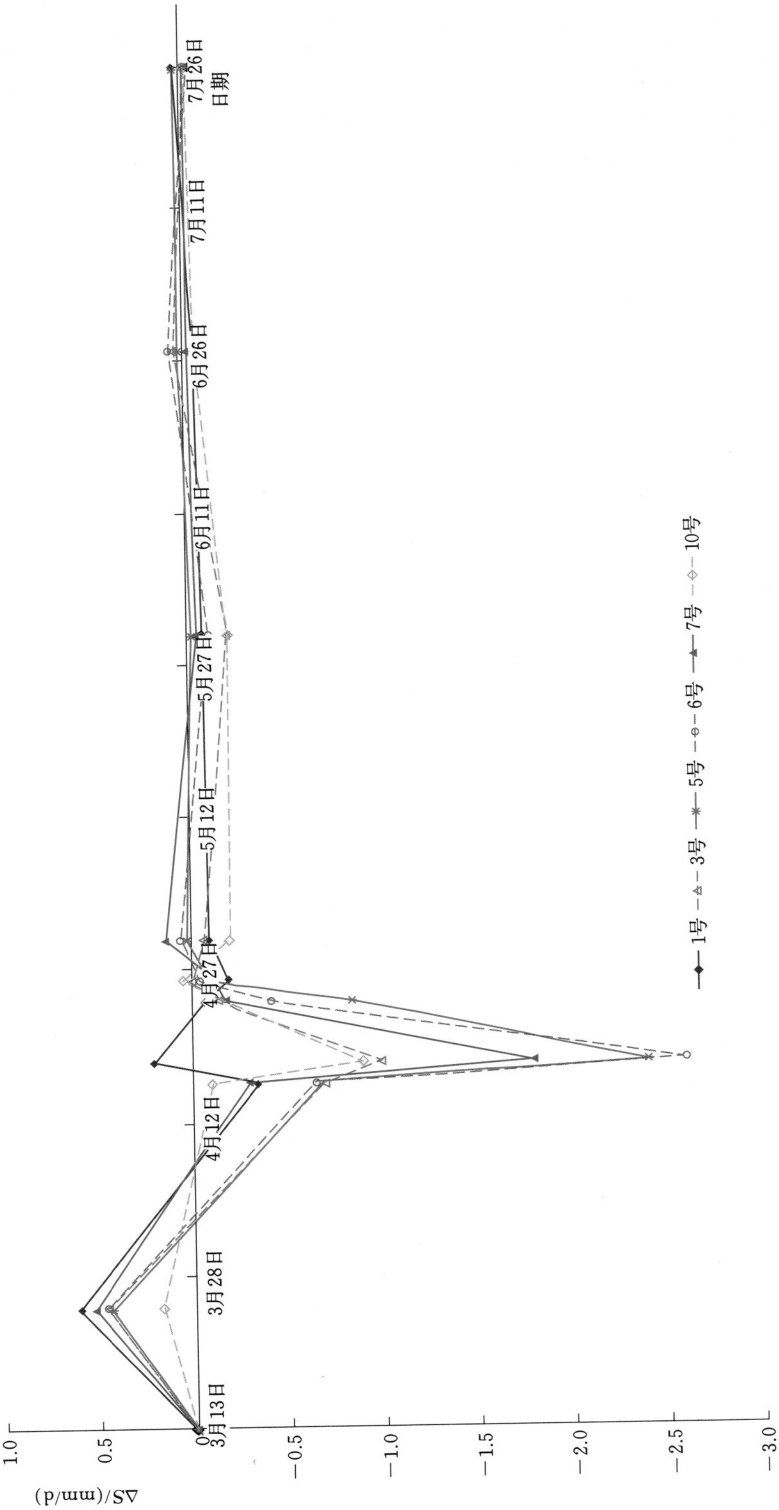

图 5.5.6　10+080 断面监测点沉降速率（ΔS）历时曲线图（2013 年 3—7 月）

另外，针对监测断面地面变形在监测初期（2013 年 3 月中旬至 4 月初）表现为总体上升回弹，在监测末期（2015 年 5—7 月）表现为上升与沉降交替的异常情况，经现场调查后认为：前者可能是因监测标志点埋设初期，当地气温较低、地表土体局部冻胀引起的；后者可能与当时处于雨季，测点周边地面低洼积水，加上时有人为原因扰动所致。

第6章 地下水土环境质量评价

6.1 概述

6.1.1 工程环境背景

北京市南水北调工程“26213”供水体系中，总干渠为位于北京西南地区的南水进京第一重要工程，其起始端为惠南庄泵站，而后经北拒马河暗涵、大宁调压池、永定河倒虹吸、卢沟桥暗涵、西四环暗涵和团城湖明渠，终端为团城湖调节池；团城湖调节池、亦庄调节池分别为位于北京城区北部和南部的重要调蓄工程，设计调蓄库容分别为127万m^3和260万m^3；东干渠为分布于北京城区北部、东部的主体输水工程，北部的起始端为北京市第九水厂，南部的终端为亦庄调节池。

就工程环境而言，总干渠沿线与多条河流交叉，如拒马河、周口店河、大石河、永定河等，这些河流局部河段接受上游工业或生活污水的排放，加上工程沿线第四系土层以渗透性大的砂砾石为主，而20世纪90年代，总干渠沿线地下水埋深较浅，因此河水渗透污染地下水土的可能性大，埋置于其中的总干渠输水管涵等可能承受较大的水土环境质量风险；团城湖调节池与亦庄调节池规划用地范围内及其邻近区域分布有非正规垃圾填埋场、油库等污染源（图6.1.1），其垃圾填埋物以混杂的建筑垃圾、生活垃圾为主，厚度达10m以上，规模巨大，垃圾淋滤液、油均可随地下水迁移，一旦进入调节池则造成饮用水源污染事件；东干渠沿北京市北部、东部重要的交通干线五环路布置，沿线除分布有多处加油站（来广营加油站、高碑店加油站、平房桥加油站、大羊坊加油站等）和20多处市政燃气管线密集点外，还穿越了重要的工业厂区——北京炼焦化工厂（图6.1.2），其水土环境中的污染物对工程可能存在的影响也不容忽视。

水土环境质量问题是关系南水北调工程成败的关键之一。总干渠作为接收江水的首要工程，其输水管涵的防腐（水土腐蚀）、防漏工作必须高要求；团城湖调节池和亦庄调节池建成后将成为北京市重要的地表饮用水调蓄水池，其场区的地下水土环境质量对保障工程的安全运行具有特别重要的意义；东干渠输水工程全线拟采取地下盾构施工方式，隧洞围岩水土环境的安全是保障工程安全施工的必要条件。基于南水北调工

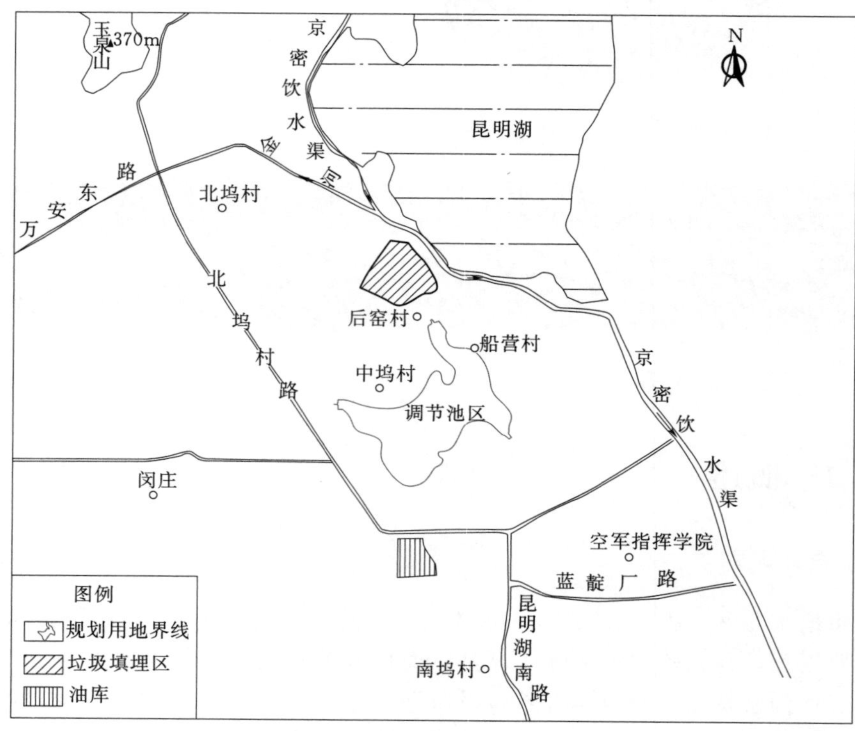

(a) 团城湖调节池

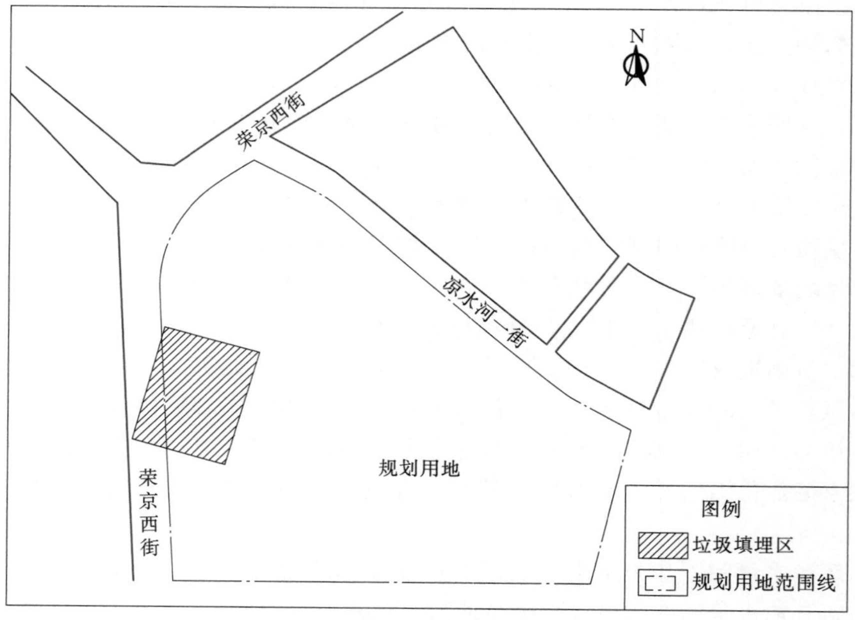

(b) 亦庄调节池

图 6.1.1　调节池场区潜在污染源分布示意图

程安全施工、运营的考虑，北京市南水北调工程设计和勘察单位在项目可行性论证阶段即联合国内多家科研单位，对具有潜在污染源的上述工程建设场区开展了有关地下水土环境质量调查与评价的专项研究，形成了专题研究成果报告，为工程决策和方案优化提供了有力的技术支撑。

为叙述方便，下面首先对国内开展地下水土环境质量评价工作的现状和技术路线进行简要介绍。

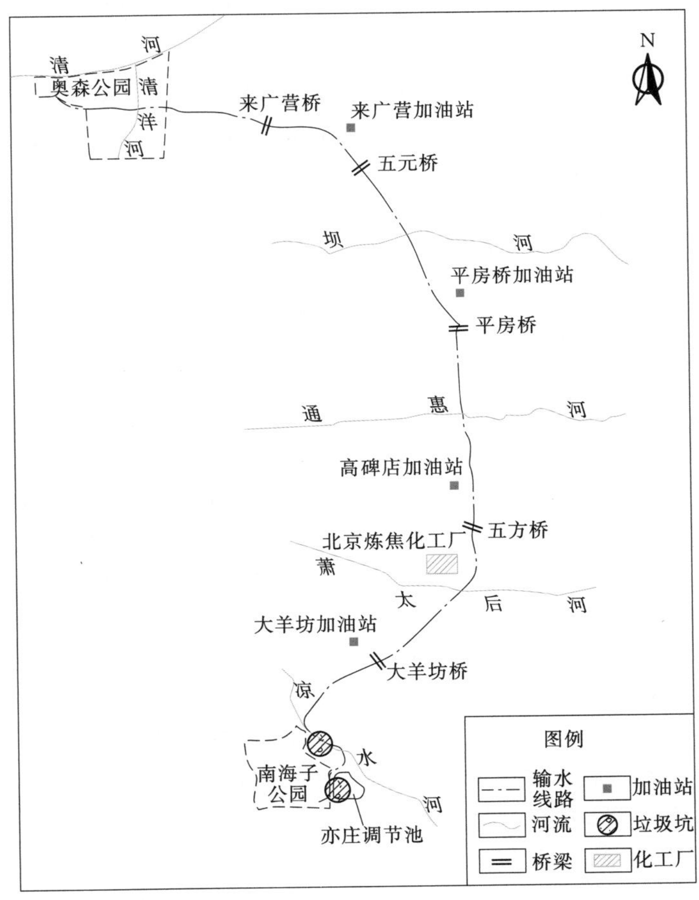

图 6.1.2　东干渠沿线潜在污染源分布示意图

6.1.2　环境质量评价现状

环境质量评价（environmental quality assessment）即按照一定的评价标准和评价方法对一定区域范围内的环境质量进行说明、评定和预测。20 世纪 60 年代中期，工业污染造成的环境污染严重，环境质量评价开始在国外出现。1964 年，加拿大召开了“国际环境质量评价”会议，首次提出了“环境质量评价”的说法；美国于 1969 年制定了国家环保政策，要求大型工程建设前必须编制环境影响报告书，并且最早提出了大气和水体的质量指数评价方法；日本 1972 年把环境质量评价作为一项重要的政策来实施，并在1974—1975年间先后提出了《关于环境影响评价的运用指南》和《关于环境影响评价的方法》，要求环境评价不仅应包括对自然环境的影响评价，还应包括对社会和经济发展带来的影响[98]。

我国环境质量评价研究起步于20世纪70年代初。北京西郊的环境质量研究及官厅流域水源保护研究开创了国内环境质量研究的先河。1979年我国颁布了《中华人民共和国环境保护法》，确定了环境影响评价制度，此后有关环境质量评价的科学研究蓬勃发展，取得的成果在指导国民生产建设、污染环境治理和防控等方面发挥了巨大作用。

评价因子（或指标）、方法和标准是环境质量评价的三要素。评价因子（或指标）即污染物的特征指标，由污染源的种类、赋存和运移环境、时空演变方式和规律等决定。理论上讲，各因子的评价标准应是原生环境的背景值，但由于开展环境质量评价的地区往往是已遭受污染的区域，其背景值无法获取，因此实际中则根据被污染环境的功能特点、自然或社会属性等人为建立一套评价标准体系，或参考相似条件下的未污染区域背景值作为衡量其受污染程度的评价标准。显然，评价标准不同，同一污染环境即使采用同样的评价方法其所得的评价结果也会有差异。另外，评价标准体系的完整性、适宜性是需要随着社会经济发展和生产力水平的不断提高而持续完善和改进的过程，标准过高或过低均不利于人类对资源环境的科学开发和利用，不利于社会进步。目前，我国已颁布实施的地下水土环境质量标准见表6.1.1。

从表6.1.1所列标准发布实施时间看，截至2017年，《生活饮用水卫生标准》（GB 5749—2006）已执行11年，其在水质评价指标方面规定：以地表水为饮用水源时应符合《地表水环境质量标准》（GB 3838—2002），以地下水为水源时应符合《地下水质量标准》（GB/T 14848—93），这两个标准的实施年限分别为14年和23年。《土壤环境质量标准》（GB 15618—1995）已实施20余年，评价指标仅有10项（不含土壤pH值），包含8项重金属元素和2项农药（六六六和滴滴涕），适用范围明确为农、林、牧、园及自然保护区。2006—2007年国家环境保护总局相继发布实施的针对展览会用地、食用农产品及温室蔬菜产地等的环境质量标准，在评价指标或项目上较《土壤环境质量标准》（GB 15618—1995）有明显进步，特别是《展览会用地土壤环境质量评价标准（暂行）》（HJ 350—2007），其有机污染物检测项目已达71项。从中不难看出，对诸如居住用地、工业或商业用地以及其他各类工程的建设用地土壤环境质量评价目前并无标准可依。

整体而言，进入21世纪后，由于国民经济的快速发展和水土环境质量的快速变化，当时实施的部分水土环境质量标准在实践中不能满足现实需求，即存在评价项目少、操作性欠佳等问题，越来越多的专家学者积极倡导和建议对部分滞后于国民经济发展的标准进行适时修订，以适应经济建设快速发展条件下引发的水土环境质量急剧恶化、资源紧缺和生态环境恢复和再利用等各方面的迫切需求。如华东师范大学袁建新、王云[99]早在2000年即指出，《土壤环境质量标准》（GB 15618—1995）的一级标准过分强调统一，二级标准难以操作，实际评价中可能会导致对某些地区环境质量的评价与现实情况不符；标准中铅（Pb）含量限值过高，超出目前科学研究关于土铅（Pb）

表 6.1.1 我国已颁布实施的地下水土环境质量标准（截至 2017 年年底）

序号	标准名称	评价指标	标准类别	发布时间/（年-月-日）	实施时间/（年-月-日）	发部部门	备注
1	地下水质量标准（GB/T 14848—93）	常规指标 39 项	推荐性国家标准	1993-12-03	1994-10-01	地质矿产部和国家技术监督局	水环境保护标准
2	地表水环境质量标准（GB 3838—2002）	基本项目 29 项 特定项目 80 项	强制性国家标准	2002-04-28	2002-06-01	国家环保总局、 国家质量监督检验检疫总局	水环境保护标准
3	生活饮用水卫生标准（GB 5749—2006）	同 GB 3838—2002 CJ 3020—93	强制性国家标准	2006-12-29	2007-07-01	国家标准委、卫生部	水环境保护标准
4	土壤环境质量标准（GB 15618—1995）	11 项（含 pH 值）	强制性国家标准	1995-07-13	1996-03-01	国家环境保护局、 国家技术监督局	适用于农田、蔬菜地、茶园、果园、牧场、林地、自然保护区等
5	生活垃圾填埋场污染控制标准（GB 16889—2008）		强制性国家标准	2008-04-02	2008-07-01	环保部、 国家质量监督检验检疫总局	固体废弃物污染控制标准
6	生活垃圾卫生填埋处理技术规范（GB 50869—2013）		强制性国家标准	2013-08-08	2014-03-01	住房城乡建设部、 国家质量监督检验检疫总局	垃圾填埋场选址、设计、施工、管理
7	地下水水质标准（DZ/T 0290—2015）	常规指标 39 项， 非常规指标 54 项	行业标准	2015-10-25	2016-01-01	国土资源部	水环境保护标准
8	生活饮用水水源水质标准（CJ 3020—93）	34 项	行业标准	1993-08-02	1994-01-01	建设部	水环境保护标准
9	城市供水水质标准（CJ/T 206—2005）	同 GB 3838—2002 CJ 3020—93	行业标准	2005-02-05	2005-06-01	建设部	水环境保护标准
10	展览会用地土壤环境质量评价标准（暂行）（HJ 350—2007）	92 项（无机 14 项、有机 71 项、其他 7 项）	行业标准	2007-06-15	2007-08-01	国家环境保护总局、 国家质量监督检验检疫总局	土壤环境保护标准

续表

序号	标准名称	评价指标	标准类别	发布时间/(年-月-日)	实施时间/(年-月-日)	发部部门	备注
11	食用农产品产地环境质量评价标准（HJ 332—2006）	水（基本项目6项，选择项目18项）；土（基本项目8项，选择项目4项）	行业标准	2006-11-17	2007-02-01	国家环境保护总局	水、土壤环境保护标准
12	温室蔬菜产地环境质量评价标准（HJ 333—2006）	水（基本项目9项，选择项目15项）；土（基本项目8项，选择项目3项）	行业标准	2006-11-17	2007-02-01	国家环境保护总局	水、土壤环境保护标准
13	场地环境监测技术导则（HJ 25.2—2014）		行业标准	2014-02-19	2014-07-01	环境保护部	环境监测
14	场地环境调查技术导则（HJ 25.1—2014）		行业标准	2014-02-19	2017-07-01	环境保护部	场地调查
15	污染场地风险评估技术导则（HJ 25.3—2014）		行业标准	2014-02-19	2014-07-01	环境保护部	风险评估
16	污染场地土壤修复技术导则（HJ 25.4—2014）		行业标准	2014-02-19	2014-07-01	环境保护部	土壤修复
17	污染场地勘察规范（DB11/T 1311—2015）		北京市地方标准	2015-12-30	2016-07-01	北京市规划委员会、北京市质量技术监督局	污染场地勘察技术标准

对儿童身体健康产生不良效应的限值（100mg/kg）；有机污染物指标过少以及重金属形态选用单一等。中国地质调查局林良俊、文冬光等[100]于 2009 年指出：目前实施的《地下水质量标准》（GB/T 14848—93）中有机污染物指标缺乏，不仅难以反映当前我国地下水的实际污染物状况，而且影响对地下水环境质量的科学评价，无法满足当前地下水污染防治管理工作的需要；存在部分指标限值不合理，与新的《生活饮用水卫生标准》（GB 5749—2006）不协调，难以进行系统的评价。

据报道，国家环境保护部于 2006 年立项启动了《土壤环境质量标准》（GB 15618—1995）的修订工作，国土资源部 2014 年 7 月全面启动《地下水质量标准》（GB/T 14848—93）修订工作。2014 年 6—11 月，环境保护部组织召开标准修订专题会议，最终确定修订后的土壤环境质量标准继续以农用地土壤环境质量评价为主，建设用地土壤环境评价适用 HJ 25 系列标准；《污染场地风险评估技术导则》（HJ 25.3—2014）和《建设用地土壤污染风险筛选指导值》（补充 HJ 25.3—2014），两者共同构成我国土壤环境质量评价标准体系。新的土壤环境质量标准体系将使我国建设用地土壤环境质量评价摆脱无标准可依的尴尬局面。国土资源部于 2016 年 10 月发布了《地下水水质标准》（DZ/T 0290—2015），与实施 20 多年的推荐性国家标准——《地下水质量标准》（GB/T 14848—93）相比，该标准扩展了重金属和有机污染物方面的非常规评价项目 54 项，总评价项目达 93 项，弥补了 GB/T 14848—93 标准中有机污染物指标缺乏的不足。

相对而言，在评价因子和标准确定的情况下，评价方法的科学性、适用性对获得真实、准确的评价结果具有重要意义，对制定污染物治理和防控方案具有直接的指导意义。目前，在计算机技术的大力支持下，环境质量评价方法已从简单实用的单因子指数法、综合指数法发展到计算复杂、考虑因素全面的层次分析法、模糊数学法、灰色聚类法、人工神经网络法、物元可拓法等。由于各种评价方法的理论基础、输入条件等的不同，以及实际中多种不确定因素的客观存在，导致同一地区应用不同方法的评价结果有时相去甚远，因此，为了能够最大限度地获得科学、客观、准确的评价结果，实践中需要通过不断探索和尝试，找到有效的评价方法。《地下水质量标准》（GB/T 14848—93）中规定的综合评价法为内梅罗指数法，其简单实用，但研究表明其存在过分突出最大污染因子、单组分评价分值不合理等缺陷。

综上所述，经过近 50 多年的发展，我国水土环境质量评价工作在标准制定、方法研究与内容完善方面均取得了长足的进步，为经济社会的发展和资源环境的保护与利用提供了科学支撑。社会生产实践活动一方面检验环境质量评价结果正确与否，另一方面又促进评价标准体系向科学、真实的方向不断发展和完善。

6.1.3　技术工作路线

环境质量评价是建立在调查和检测基础之上的。进行定性或定量评价前，必须首先收集评价区基础环境背景资料、调查现场环境状况，初步判断污染物的来源、类型、空间分布等；在此基础上制定科学、可行的采样和检测方案并逐项落实，获取真实可靠的污染物检测数据；最后选择适宜的评价方法进行单因子评价或多因子综合评价。环境质量评价的一般技术工作路线如图 6.1.3 所示。

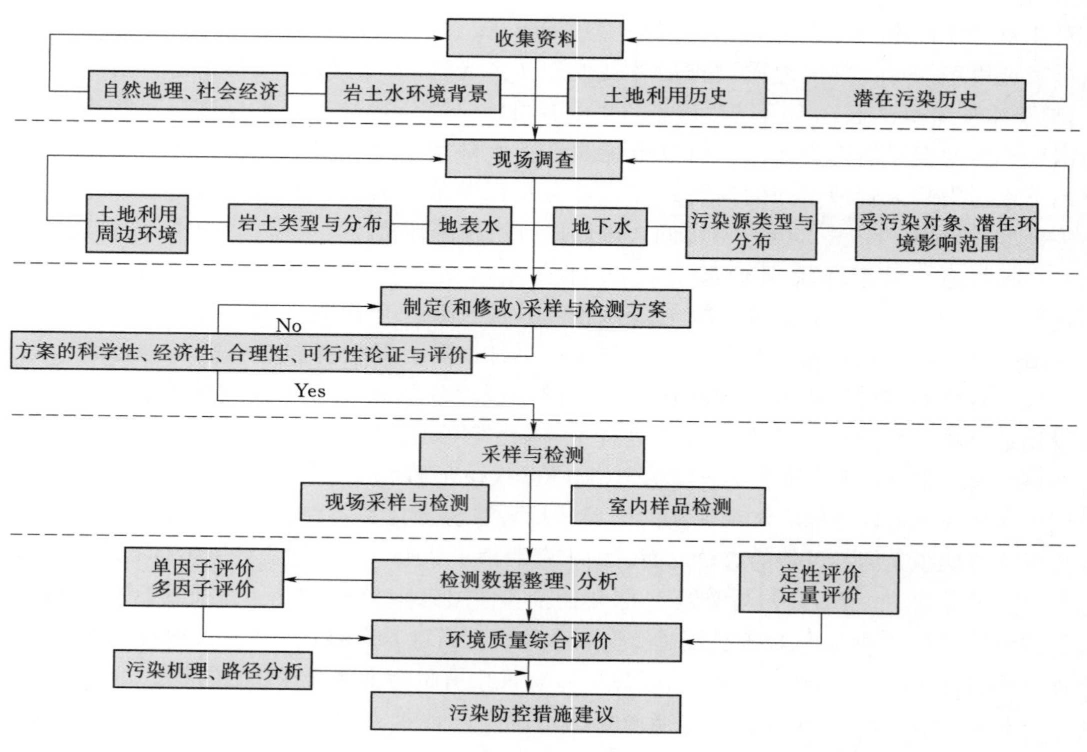

图 6.1.3 环境质量评价技术工作路线图

6.2 污染物采样与检测

现场采集一定量的被污染的水土样品进行室内或现场的测试分析，以查明水土中污染因子的种类、含量，进而分析其空间分布和运移规律，是进行环境质量评价的重要过程。

实施水土样品采集前，首先应根据污染源的空间分布和场区工程地质和水文地质条件等，综合确定采样点的平面布置。由于浅层土壤气体的采样和检测需要在现场同步完成，研究者一般会先根据污染源的空间分布大致按网格状布置浅层土壤气体的采样点，采样点纵横间距通常设置为30m。遇场地客观条件限制不宜布置浅孔时，则对孔间距适当扩大或缩小；若快速检测过程中发现污染物高度集中的异常区，则将浅孔采样监测点间距加密至5～10m。

深部土壤样品的采集需要通过实施垂向钻孔实现。通过浅层土壤气体的快速测量能够较快确定污染物平面空间分布的大致规律，在此基础上选择污染物相对集中的区域实施深层钻孔。钻孔数量的多少应综合考虑场区岩土类型、空间分布特征、污染物扩散和迁移规律以及各种测试指标对样品数量的要求、经济条件等；钻孔深度则应揭穿固体污染物的填埋厚度及污染气体、淋滤液等可能的最大影响深度，控制性钻孔应穿过拟建工程基底以下一定深度。

地下水样品的采集必须在全面了解工程区水文地质条件的基础上进行。水样采集点的平面分布既要考虑污染源的空间分布，又要考虑到地下水的径流条件，在污染源的上游、污染区及其下游均应采集水样。场区地下水为多层时，每层均应有水样供测试。钻孔尽量做到一孔多用。

下面结合北京市南水北调配套工程团城湖调节池、亦庄调节池和东干渠工程，就地下水土样品采集点的空间分布、采样方式、仪器设备以及检测等方面情况进行叙述。

6.2.1　浅层土壤气体快速采样与检测

浅层土壤气体的现场快速采样与检测是帮助研究者快速、全面了解污染物空间分布基本规律，借以制定科学合理的钻孔采样点布置方案的有效手段。它的优点是操作简便、检测快速、检测点可疏可密、检测费用低。

浅层土壤气体的检测深度为 60～100cm。首先采用钢钎和锥形麻花钻成孔，然后将连接多功能气体检测仪的导气管插进浅孔底部，待仪器各项测试数据稳定后即可开始读数并记录（图 6.2.1），记录的土壤气体类型主要有 VOCs、O_2、CO_2、H_2S 和 CH_4。仪器精度包括 ppm 级和 ppb 级，一般黄色 ppm 级仪器用于测量土壤中 VOCs、O_2、CO_2、H_2S 和 CH_4 浓度；黑色 ppb 级仪器用于测量土壤中 VOCs 峰值和平均值浓度。当土壤中 VOCs 浓度低，用 ppm 级仪器难以检出时，则用 ppb 级仪器测量。

(a) 团城湖调节池现场

(b) 东干渠凉水河现场

图 6.2.1　浅层土壤气体快速检测

对于污染源种类多、分布面积较大的研究区，通常都会采用浅层土壤气体快速检测方式进行全区网格式扫描。东干渠工程和团城湖调节池工程场区均采用了此方法。其中团城湖调节池周边垃圾填埋区及油库区共布置了 416 个探测点，点距一般 30m（图 6.2.2）；东干渠沿线共布置了 1035 个探测点，其中以凉水河沿线、通惠河段和亦庄三海子东路段的垃圾填埋区和北京炼焦化工厂区域为重点扫描区，探测点按 20m×25m 的网格布置，如图 6.2.3 所示。

根据浅层土壤气体的检测结果即可绘制污染物空间分布等值线图，进而分析其空间分布规律和运移特征，为制定防治工程措施提供科学依据。图 6.2.4 和图 6.2.5 分别为团城湖调节池场区垃圾填埋场和油库周边主要的有害和危险性物质等值线图。检测

图 6.2.2　团城湖调节池场区浅层土壤气体探测点分布图

结果表明，团城湖调节池垃圾填埋区西南部、中东部近地表土层中 H_2S 和 VOCs 值较高，且自垃圾场中部向西南形成一个 VOCs 浓度高值带；西南部和北部 CO_2 值较高；O_2 的分布则与 VOCs、CO_2 分布相反，西南部低，其他区域相对较高；垃圾填埋区未检出 CH_4。油库周边区域 VOCs 浓度较高（3000～5500ppb）区域集中在其北边小路中部至树林区，航空港建设总公司东部围墙至团城湖管理设施用地一带为 H_2S 高值带；CH_4 高值区则为航空港建设总公司东边围墙北侧的小树林至南水北调引水干渠一线，团城湖管理设施用地区域 CH_4 浓度也较高；航空港建设总公司与油库相交的围墙一带 CO_2 浓度最高；O_2 的低值区基本对应 VOCs、H_2S、CH_4 和 CO_2 的高值区域。

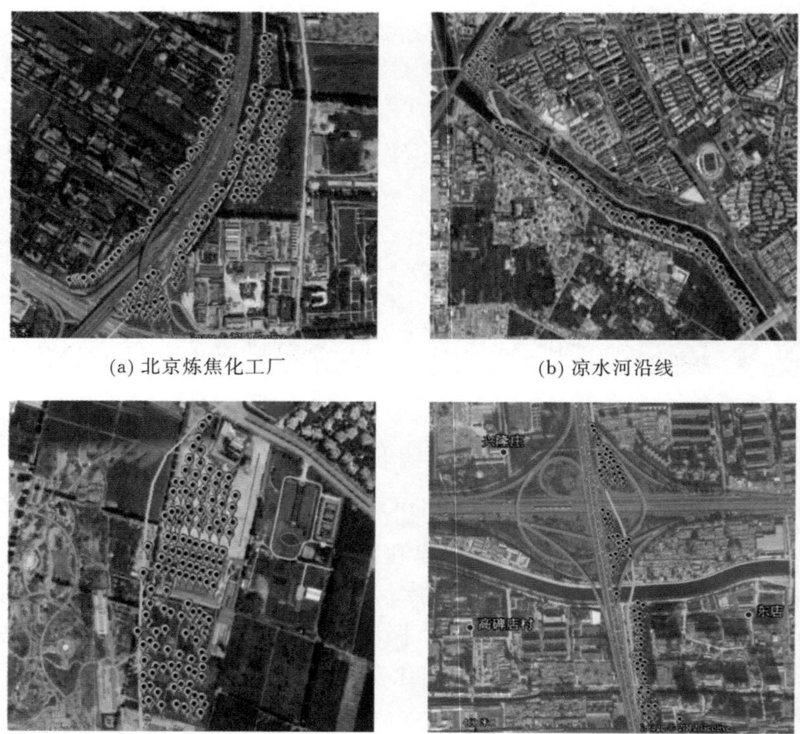

(a) 北京炼焦化工厂　(b) 凉水河沿线

(c) 亦庄南海子公园东环路段　(d) 通惠河段

图 6.2.3　东干渠工程沿线重点区域浅层土壤气体探测点分布图

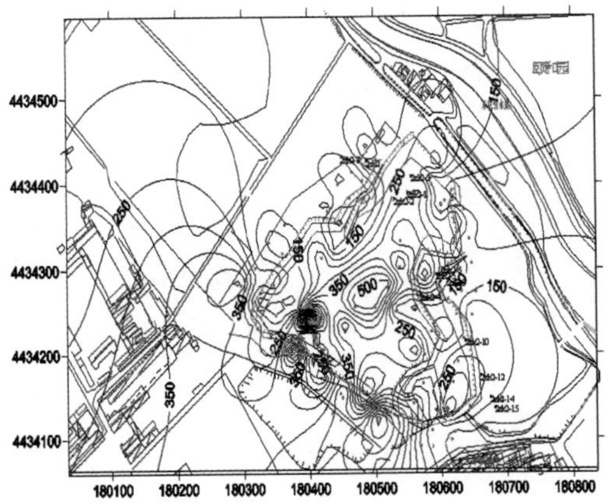

(a) VOCs

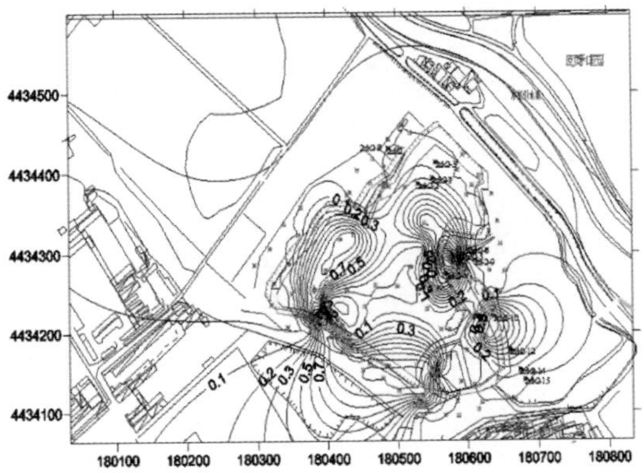

(b) H_2S

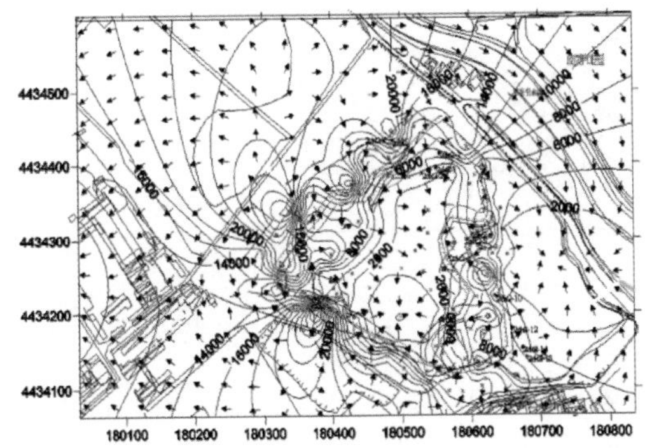

(c) CO_2

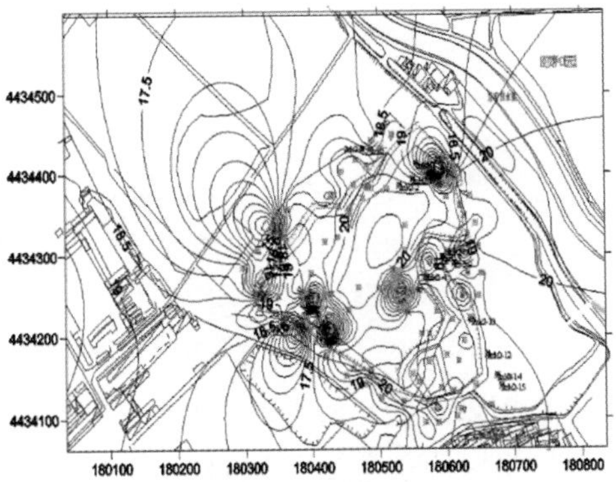

(d) O_2

图 6.2.4　团城湖调节池场区垃圾填埋区浅层土壤气体浓度等值线图

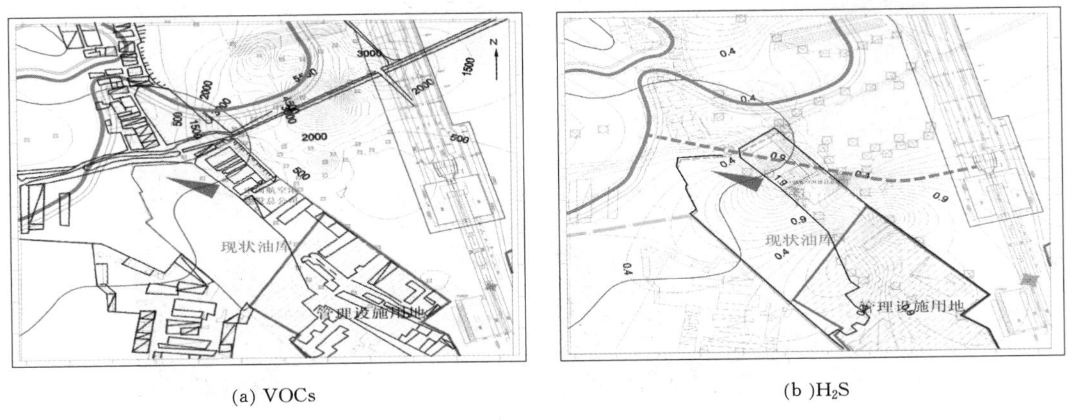

(a) VOCs

(b) H_2S

图 6.2.5（一）　团城湖调节池场区油库周边浅层土壤气体浓度等值线图

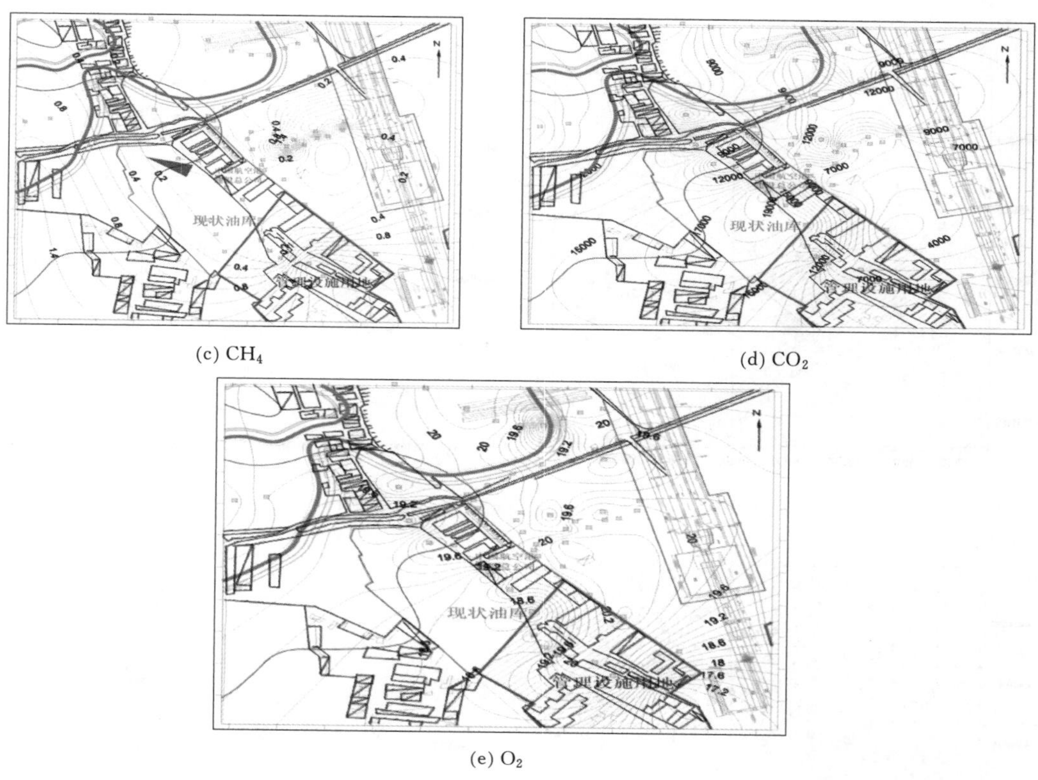

(c) CH_4　　(d) CO_2

(e) O_2

图 6.2.5（二） 团城湖调节池场区油库周边浅层土壤气体浓度等值线图

图 6.2.6～图 6.2.10 为东干渠沿线重点污染源区（南海子公园东环路段、凉水河沿线、北京炼焦化工厂区域、通惠河段、大羊坊等加油站区域）浅层土壤气体中主要的有害和危险性物质等值线图，图中黄色等值线为我国作业环境中该种气体的最高浓度限值。高于黄色等值线包围的区域即为超出限值的区域，意即为对工程施工安全有影响的危险区域，见表 6.2.1。

(a) O_2　　(b) CO_2

图 6.2.6（一） 南海子公园东环路段浅层土壤气体浓度等值线图

(c) H_2S

图 6.2.6（二）　南海子公园东环路段浅层土壤气体浓度等值线图

(a) O_2

(b) CO_2

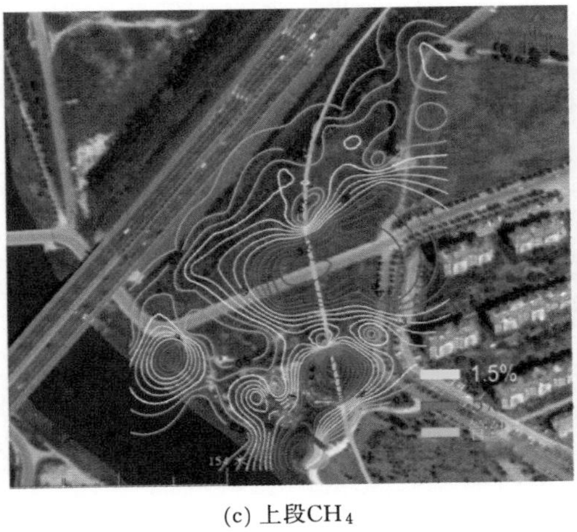

(c) 上段CH_4

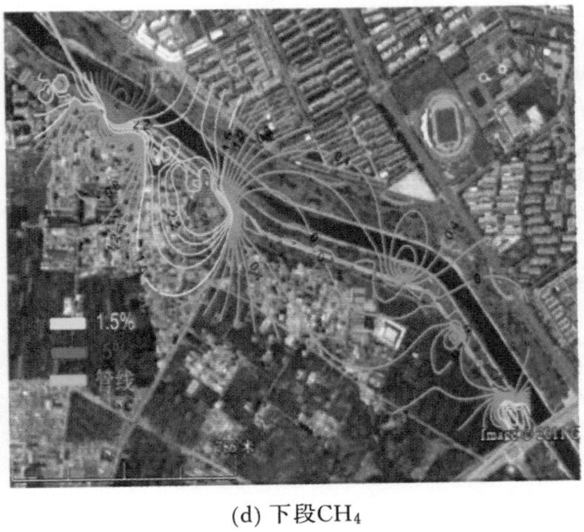

(d) 下段CH_4

图 6.2.7（一）　凉水河沿线浅层土壤气体浓度等值线图

(e) 上段VOCs

(f) 下段VOCs

图 6.2.7（二）　凉水河沿线浅层土壤气体浓度等值线图

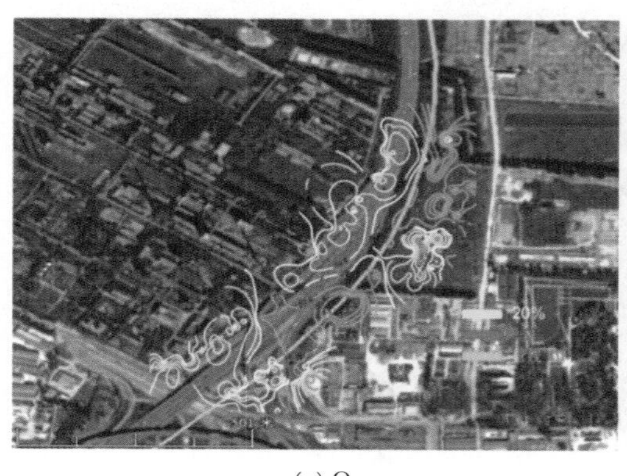

(a) O_2

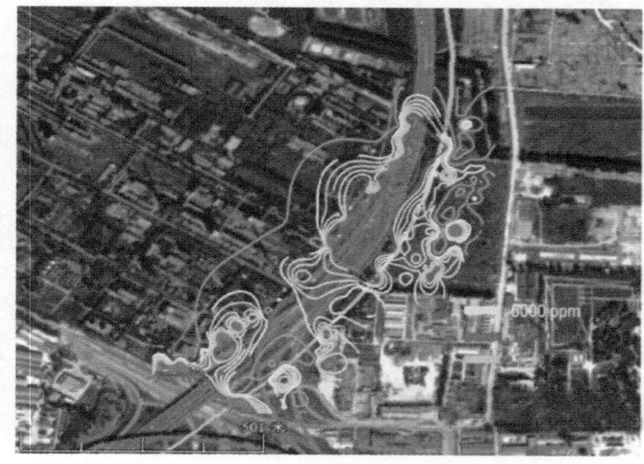

(b) CO_2

(c) CH_4

(d) VOCs

图 6.2.8　北京炼焦化工厂区域浅层土壤气体浓度等值线图

(a) CH_4

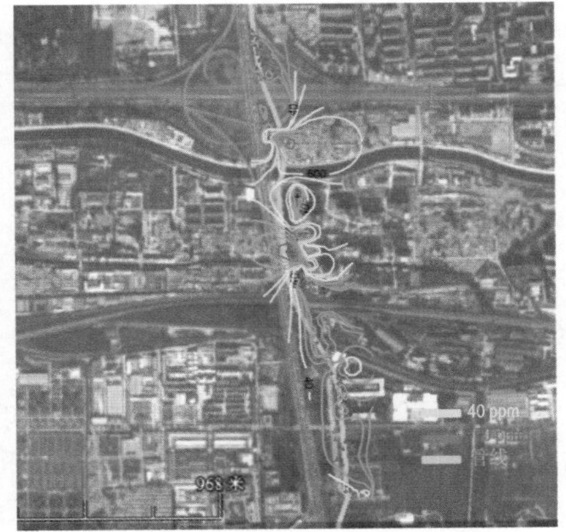

(b) VOCs

图 6.2.9　通惠河段浅层土壤气体浓度等值线图

(a) 高碑店加油站CH_4

(b) 高碑店加油站VOCs

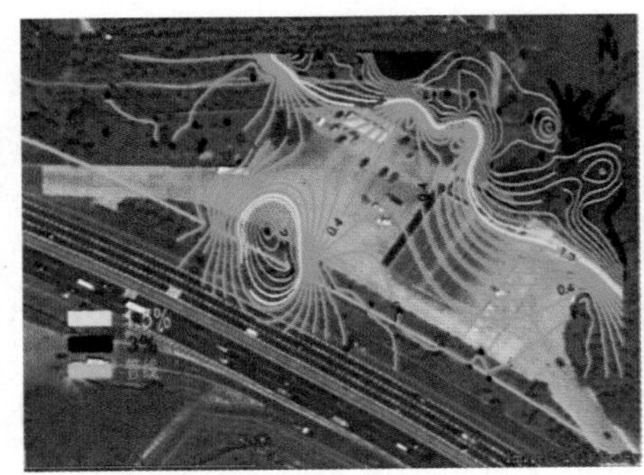

(c) 来广营加油站CH_4

(d) 大羊坊加油站CH_4

图 6.2.10　加油站区域浅层土壤气体浓度等值线图

表 6.2.1 我国作业环境中各种有害物质浓度限制值

气体种类	预计的影响	法规上的限制值	ACGIH 的限制值	我国作业环境最高容许浓度
H_2S	中毒、爆炸	10ppm	10ppm	10mg/m³ (6.59ppm)
VOCs	中毒	—	—	100mg/m³ (40ppm)
CO_2	缺氧	1.5%	5000ppm	18000mg/m³ (10000ppm)
CH_4	爆炸	1.5%	—	—
O_2	缺氧	20%	—	—

总体而言，东干渠沿线浅层土壤气体的检测结果表明，南海子公园东环路段垃圾填埋场区 O_2、CO_2 超标区域较大，且空间分布连续，H_2S、CH_4、VOCs 均有检出；凉水河沿线垃圾场区 O_2、CO_2、CH_4 超标范围均较大，且高值区范围大，VOCs 超标区集中在凉水河沿线（下段）的排水沟区域，H_2S 在该区段未检出；北京炼焦化工厂区域未检出 H_2S 气体，CH_4、CO_2 及 VOCs 均有检出，超标区域呈不连续分布，且 O_2 浓度低值区及 CO_2 浓度高值区分布范围较大；通惠河段主要检出 CH_4、VOCs 和 CO_2，未检出 H_2S，CO_2 浓度高值区基本覆盖了整个检测区，CH_4 和 VOCs 超标区域零星分布。东干渠沿线的加油站及油库区重点关注的是 CH_4、VOCs，现场检出 CH_4、VOCs 和 CO_2，未检出 H_2S 气体，CH_4 在来广营、高碑店及大羊坊加油站储油罐周边区域浓度较高。

6.2.2 深层土壤气体被动采样与连续监测

将现场采集的土样带回试验室进行分析检测，对于土壤中污染物浓度不随时间而变化的稳定态物质而言是适用的，但对于挥发性大、浓度或状态随时间而变化的非稳定性物质而言，主动采样进行室内测试所得数据则不能真实客观地反映土壤环境的污染物浓度和状态。被动采样是基于分子在两种不同相中的化学势不同而必将发生扩散并最终达到平衡的原理来实现对污染物的现场采样和监测的技术，目前在大气环境、水环境和土壤环境监测中被广泛应用。被动采用具有不改变母体环境、无需能源、在线采集等优点。

为了解东干渠、亦庄调节池等场地土壤环境中有害或危险气体沿深度的分布状况，采用被动采样技术对重点垃圾填埋区、化工厂周边的深层土壤气体实施了现场检测或连续监测。所采用的仪器设备有两种：一种如图 6.2.11 所示，贯入式探测管下端连接可抛弃式 PE 钻头，上部设有气体出口，连接快速测试仪，采样时先将探测管压至预定采样深度，然后将其向上提 3～5cm，使其与抛弃钻头脱离，探测管下方开口外露，深部土壤气体则可引至地表，完成检测；另一种如图 6.2.12 所示，将直径 1mm 的导管连接到气体检测仪上，启动仪器，然后将导管伸入采集土壤样品的深孔孔口以下 10m 左右，待仪器读数稳定后记录检测数据。前一种设备可以定点检测一定深度处的土壤气体浓度，后一种设备则是对检测钻孔处深层土壤气体连续释放和持续危害性进行评估而实施的连续监测。

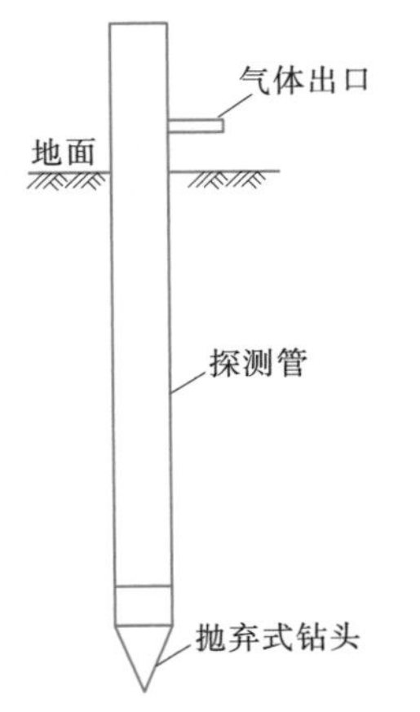

图 6.2.11 深层土壤气体被动式采样器

图 6.2.12 深层土壤气体连续监测仪器设备

6.2.3 地下水样和土样采集

团城湖调节池、亦庄调节池以及东干渠工程建设场区，在开展地下水土环境质量评价工作前，首先对各场区进行了充分的潜在污染源调查，并收集了各工程建设场区前期工程地质和水文地质勘察成果，为制定科学合理、经济有效的污染物采样和检测方案奠定了基础。

团城湖调节池、亦庄调节池场区附近的主要污染源为固体垃圾填埋物，其填埋时间均有 10 年以上。根据地面调查及场区地质勘察结果，团城湖调节池场区西北部的垃圾填埋坑面积约 340m×340m，填埋物以建筑垃圾为主，厚度一般约 6～8m，最大厚度为 12m，填埋坑底部为富水性、透水性良好的卵砾石层，其厚度超过 10m，为场区潜水含水层；场区潜水埋深在 2004—2011 年间为 8～15m，水位总体呈逐年下降趋势，年下降幅度约 3～4m。团城湖地区区域地下水流向由西向东，但场区受昆明湖水体入渗的影响，地下水流向自东北向西南，其年动态变幅受昆明湖水和降水的影响均较大。团城湖调节池场区东南部有一个油库，为影响场区水土环境质量的另一潜在污染源。

综合考虑近场区污染源的空间位置、场区工程地质和水文地质条件、浅层土壤气体测量结果以及现场地形地物条件后，制定了如图 6.2.13 所示的团城湖调节池周边污染物采样点分布方案。方案中，水样采集点除在污染源区（地下水流方向自垃圾填埋场向下游油库方向）布置外，还在场区西侧外围布置了采样钻孔，以了解污染物向两侧的扩散范围；土样采集点在尽可能覆盖两个污染源区的基础上，对垃圾填埋区东南部近中坞村（填埋物中生活垃圾含量较高）区域加密布置了土样采集钻孔。团城湖调节池周边共布置采样钻孔 17 个，采集水样 17 件，土样 75 件。

亦庄调节池垃圾填埋坑位于该工程规划建设用地西侧边界中部，面积约 300m×250m，填埋厚度最大约 16m，成分以建筑垃圾为主。该场区勘察期间（2011 年）地下潜水水位埋深约 25m，含水层为粉细砂层，总体流向为自 NE 向 SW。场区污染源单一，平面分布范围较小且相对规则，地下水位埋深较大，垃圾填埋物厚度也较大，

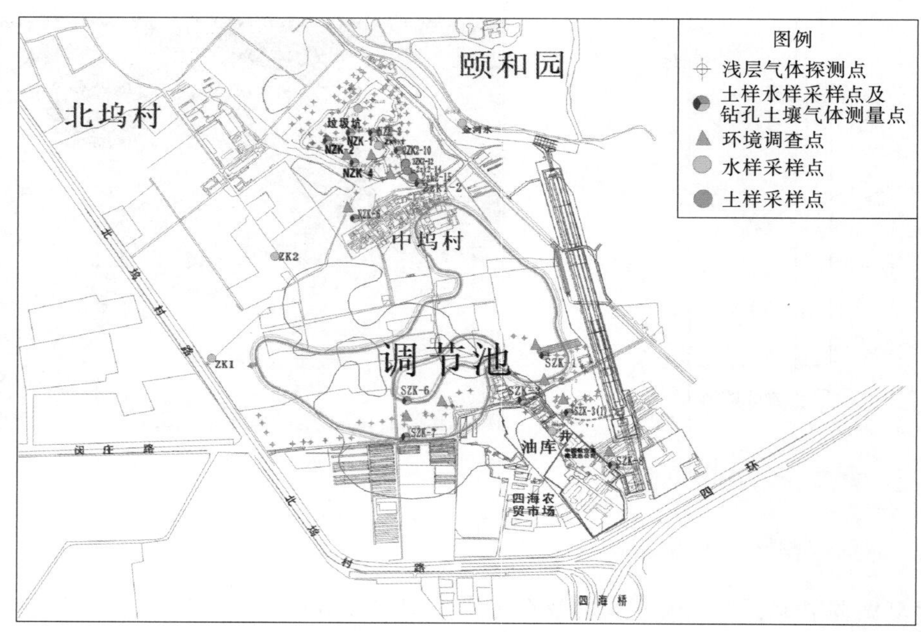

图 6.2.13　团城湖调节池场区污染物采样点分布图

其污染物采样点集中布置于垃圾填埋区域，且水、土以及浅层气体的采样点平面上大致相间分布，以控制整体污染源区，如图 6.2.14 所示。该场区共计布置了 14 个采样点。

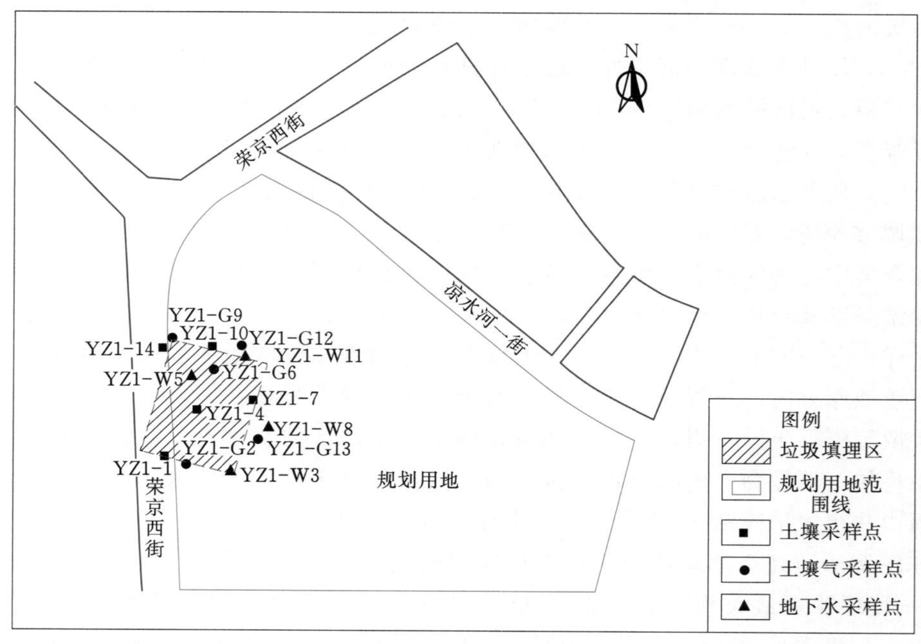

图 6.2.14　亦庄调节池场区水土采样点分布图

环境质量评价中，地下水土样品的采集均应分层采集。团城湖调节池和亦庄调节池场区评价深度范围内均仅赋存一层地下潜水，因此每个钻孔只需采集 1 件水样。土壤样品的分层采集则需根据污染土层的分布厚度、岩性等综合确定。对于固体垃圾填埋物，每个采样点均应采集到填埋物及其底部的非填埋土层样品。填埋物土层中应在其上部、中部及下部均采集土样，垂向采样间距可结合浅层土壤气体的探测结果灵活掌握，污染物浓度高的区域采样间距相对较小；反之则加大间距。团城湖调节池场区钻孔内采样时，遵循变层取样的原则，即在垂向岩性变化时和污染气体浓度突变时均进行了采样；亦庄调节池则根据垃圾填埋物的厚度在每个钻孔内垂向采集了 4 个土壤样品，即：浅层（0～1m）、中层（1～10m）、深层（10～25m）和底层（垃圾体下部 1～2m 范围内的原沉积土层）。

在明确了采样点的空间分布后，如何采集和现场保存样品是关系到样品质量和检测数据真实有效的关键环节。现行的《生活饮用水标准检验方法水样的采集与保存》（GB/T 5750.2—2006）表 1、表 2 规定了饮用水常规检验指标的取样容器、取样体积、样品保存方法及时间等，严格执行该规定是保障地下水样品质量的首要措施。北京市南水北调工程环境质量评价中水土样品的保存均照此规定执行。如亦庄调节池采样时正值夏季高温季节，室外气温高于 20℃。为此，提前冰冻干冰 24h，水土样品采集后立即放到装有干冰的保温箱中，随时更换干冰，保证保温箱内温度不超过 4℃。

6.2.4　水土样品室内检测

水土样品的室内检测是环境质量定量评价的主要信息来源。根据污染源种类、评价目的及测试方法、仪器设备等的不同，检测项目常有所不同，但一般包括重金属类、有机化合物类、无机化合物类和微生物菌群等。

表 6.2.2 为团城湖调节池、亦庄调节池以及东干渠工程场区环境质量评价中对采取的地下水土样品进行室内测试的项目，其中重金属类最多有 10 项，有机物最多为 92 项。团城湖调节池、亦庄调节池工程区的垃圾填埋坑，因在历史土地利用变迁中多被改造为农田、林地或苗圃等，农药、化肥等经土壤淋滤后进入地下水中的可能性大，因此在该类场区地下水土检测中无机化合物，如氨氮、硝酸盐、硫酸盐等指标的测试是必需的。东干渠工程场区只进行了水土中有机化合物（污染气体）的检测，主要因为其当时评价的目的是为了确定污染源区（垃圾场、加油站、化工厂等）地下水土中的有害或危险气体浓度是否在安全作业环境允许范围内。

表 6.2.3 为团城湖调节池、亦庄调节池及东干渠工程所涉及主要污染物检测依据的标准方法、所用仪器设备及型号，可供同类研究参考。由表可以看出，由于当时国内水土环境质量标准中对于有机污染物检测项目和标准的缺失，工程实践中均参照执行了美国等发达国家颁布实施的标准，它们在我国的适用性还值得继续研究和深入探讨。此外，值得一提的是，室内水土样品检测中我们应用最多的仪器设备为 Agilent 系列的气相色谱-质谱仪（GC/MS）和电感耦合等离子体质谱仪（ICP/MS），它们也是目前国内在水土中微量物质分析测试方面应用最多的仪器设备，由美国 Agilent（安捷伦）公司研制，其灵敏度高、选择性好，对许多挥发性组分或某些非挥发性组分经转化

表 6.2.2　地下水土样品室内检测项目一览表

污染物类别	团城湖调节池		亦庄调节池		东干渠	
	水	土	水	土（含固体垃圾填埋物）	水	土
重金属	铁、铜、砷、镉、铬、铅、汞、硒、锌和锰（10项）	铁、铜、砷、镉、铬、铅、汞、硒、锌和锰（10项）	砷、汞、六价铬、铅、镉、铁、锰、铜、锌（9项）	铜、铅、锌、镉（4项）	—	—
有机化合物	挥发性有机物（VOCs）55项（检出16项），多环芳烃及农药37种（检出12种）	挥发性有机物（VOCs）55项（检出12项）	挥发性酚类	挥发性有机物（VOCs）	三氯甲烷、二氯甲烷、四氯化碳、1,1,1-三氯乙烷、三氯乙烯、四氯乙烯、1,2-二氯乙烷、1,1,2-三氯乙烷、1,2-二氯丙烷、三溴甲烷（溴仿）、氯乙烯、1,1-二氯乙烯、1,2-二氯乙烯、氯苯、邻二氯苯、对二氯苯、三氯苯（总量）、苯、甲苯、乙苯、二甲苯、苯乙烯、萘（23项）	三氯甲烷、二氯甲烷、四氯化碳、1,1,1-三氯乙烷、三氯乙烯、四氯乙烯、1,2-二氯乙烷、1,1,2-三氯乙烷、1,2-二氯丙烷、三溴甲烷（溴仿）、氯乙烯、1,1-二氯乙烯、1,2-二氯乙烯、氯苯、邻二氯苯、对二氯苯、三氯苯（总量）、苯、甲苯、乙苯、二甲苯、苯乙烯、萘（23项）
无机化合物	常规离子15种（pH值、硝酸盐氮、亚硝酸盐氮、氨氮、高锰酸钾指数等）	—	pH值、总硬度、溶解性总固体、高锰酸盐指数、氨氮、硝酸盐、亚硝酸盐、硫酸盐、氯化物、氰化物、氟	氨氮、硝酸盐氮、亚硝酸盐氮、硫酸盐	—	—
微生物	—	—	粪大肠菌群	—	—	—
其他	—	—		物理性质指标（含水率、密度、渗透系数等）	—	—

生成的衍生物均能进行检测，检测质量有保证。如亦庄调节池垃圾填埋场水土污染物室内测试过程中，大部分样品分析测试参照了美国国家环保局（U.S EPA）推荐的方法，分析过程中加入标准参比物质进行质量控制，保证各种元素测定值均在国家标准参比物质的允许误差范围内。

表 6.2.3　　　　　　地下水土样品室内检测依据标准、仪器设备表

<table>
<tr><th>检测项目</th><th>检测依据标准</th><th>仪器设备类型</th><th>仪器设备型号</th><th>备　注</th></tr>
<tr><td rowspan="3">重金属</td><td>U.S EPA200.8</td><td>ICP/MS</td><td>Agilent 7500Ce</td><td></td></tr>
<tr><td rowspan="2">U.S EPA7473</td><td>ICP/MS</td><td>Agilent 7500Ce</td><td>汞</td></tr>
<tr><td>充氦型矿石分析仪</td><td>XL3t-900s-HeGLOOD</td><td></td></tr>
<tr><td>单环芳烃类</td><td>U.S EPA8260C</td><td>GC/MS</td><td>Agilent 6890/5973
Agilent 5975</td><td>挥发性有机物</td></tr>
<tr><td>酞酸酯类</td><td>U.S EPA8270D</td><td>GC/MS</td><td>Agilent 5975</td><td>半挥发性有机物</td></tr>
<tr><td>总硬度（以 $CaCO_3$ 计）</td><td>APHA2340C</td><td>ICP/MS</td><td>Agilent 7500Ce</td><td>无机物</td></tr>
<tr><td>总氰化物</td><td>HJ 484—2009</td><td>ICP/MS</td><td>Agilent 7500Ce</td><td></td></tr>
<tr><td>氯化物</td><td>APHA4110B</td><td>ICP/MS</td><td>Agilent 7500Ce</td><td></td></tr>
<tr><td>亚硝酸盐氮</td><td>APHA4110B</td><td>ICP/MS</td><td>Agilent 7500Ce</td><td></td></tr>
<tr><td>硝酸盐氮</td><td>APHA4110B</td><td>ICP/MS</td><td>Agilent 7500Ce</td><td></td></tr>
<tr><td>硫酸盐</td><td>APHA4110B</td><td>ICP/MS</td><td>Agilent 7500Ce</td><td></td></tr>
<tr><td rowspan="2">高锰酸盐指数</td><td>GB/T 5750.7—2006</td><td>ICP/MS</td><td>Agilent 7500Ce</td><td></td></tr>
<tr><td>GB/T 5750.7—2006</td><td>快速消解仪和
分光光度计</td><td></td><td></td></tr>
<tr><td rowspan="2">氨氮</td><td rowspan="2">HJ 535—2009</td><td>ICP/MS</td><td>Agilent 7500Ce</td><td></td></tr>
<tr><td>分光光度计</td><td></td><td></td></tr>
<tr><td>挥发酚</td><td rowspan="3">GB/T 5750.4—2006</td><td>ICP/MS</td><td>Agilent 7500Ce</td><td></td></tr>
<tr><td>常规离子</td><td>离子色谱仪</td><td>DX-120</td><td></td></tr>
<tr><td>pH 值</td><td>pH 计</td><td></td><td></td></tr>
</table>

室内测试时，每 20 个样品提供一组方法空白，样品平行，样品加标。同时，对于有机物物质还提供代用品（surrogate）作为回收率示踪物。其中，方法空白的加标回收率范围满足回收控制限 40%～150%的质控要求；平行样品测试结果相对比差范围满足 0～20%的质控要求；基体加标的回收率满足 40%～150%的质控要求，代用品的回收率满足 80%～120%的质控要求，重金属回收率在 80%～120%质控范围内。

鉴于工程类型、功能、场区地质条件以及设计者所关注的地下水土环境质量问题的不同，团城湖调节池、亦庄调节池和东干渠工程场区地下水土污染物的室内检测中采用了不尽相同的标准和方法，污染物指标限值也有所不同。团城湖调节池场区地下水土的检出限值主要参照执行了我国《生活饮用水卫生标准》（GB 5749—2006）。亦庄调节池场区水土污染物检测全部由上海通标公司（SGS）完成，主要执行了美国国家环保局的相关规定，表 6.2.4、表 6.2.5 为其各项检测指标的报告限值。东

干渠工程场区室内检测的重点是不同深度的土壤样品中有害或危险气体，其方法检测限值见表6.2.6，而评价标准主要参照了《马里兰州土壤地下水修复标准》《加拿大土壤修复标准》和我国《作业环境空气中有害物质容许浓度标准》《大气污染物综合排放标准》等。

表6.2.4 亦庄调节池垃圾填埋区土壤样品室内检测报告限值

污染物类别	分析测试指标	分析方法	报告限值/(mg/kg)
金属类	砷(As)	U.S EPA200.8	0.5
	银(Ag)	U.S EPA200.8	0.1
	锑(Sb)	U.S EPA200.8	0.1
	硒(Se)	U.S EPA200.8	0.5
	铊(Tl)	U.S EPA200.8	0.1
	镉(Cd)	U.S EPA200.8	0.01
	铬(Cr)	U.S EPA200.8	0.1
	铜(Cu)	U.S EPA200.8	0.1
	铅(Pb)	U.S EPA200.8	0.1
	锌(Zn)	U.S EPA200.8	0.5
	汞(Hg)	U.S EPA7473	0.01
	镍(Ni)	U.S EPA200.8	0.1
	铍(Be)	U.S EPA200.8	0.1
挥发性有机物	单环芳烃类	U.S EPA8260C	0.05
	熏蒸剂类	U.S EPA8260C	0.05
	卤代芳烃类	U.S EPA8260C	0.05
	三卤甲烷类	U.S EPA8260C	0.05
	卤代脂肪烃类	U.S EPA8260C	二氯二氟甲烷、氯甲烷、氯乙烯、溴甲烷、氯乙烷、三氯氟甲烷、1，1-二氯乙烯、二氯甲烷为0.5；其他为0.05
	萘	U.S EPA8260C	0.05
半挥发性有机物	酞酸酯类	U.S EPA8270D	邻苯二甲酸二（2-乙基己酯）为0.5；其他为0.1

表6.2.5 亦庄调节池垃圾填埋区地下水样品室内检测报告限值

污染物类别	分析指标	分析方法	报告限值
金属/(μg/L)	银（Ag）	U.S EPA200.8	1
	砷（As）	U.S EPA200.8	5
	铍（Be）	U.S EPA200.8	1
	镉（Cd）	U.S EPA200.8	0.1
	铬（Cr）	U.S EPA200.8	1
	铜（Cu）	U.S EPA200.8	1
	镍（Ni）	U.S EPA7473	1

续表

污染物类别	分析指标	分析方法	报告限值
金属/(μg/L)	铅（Pb）	U. S EPA200. 8	1
	锑（Sb）	U. S EPA200. 8	1
	硒（Se）	U. S EPA200. 8	5
	铊（Tl）	U. S EPA200. 8	1
	锌（Zn）	U. S EPA200. 8	5
	汞（Hg）	U. S EPA200. 8	0. 1
湿化学/(mg/L)	总硬度（以 $CaCO_3$ 计）	APHA 2340C	5
	总溶解固体	《水和废水监测分析方法（第四版）》国家环保总局（2002 年）	5
	总氰化物	HJ 484—2009	0. 004
	氯化物	APHA4110B	0. 02
	亚硝酸盐氮	APHA4110B	0. 05
	硝酸盐氮	APHA4110B	0. 05
	硫酸盐	APHA4110B	0. 1
	高锰酸盐指数	GB/T 5750. 7—2006	0. 05
	氨氮	HJ 535—2009	0. 05
	挥发酚	GB/T 5750. 4—2006	0. 002
挥发性有机物 Rec/%	甲苯-d8	U. S EPA8260C	—
	4-溴氟苯	U. S EPA8260C	—
	二溴一氟甲烷	U. S EPA8260C	—
单环芳烃/(μg/L)	苯	U. S EPA8260C	0. 5
	甲苯	U. S EPA8260C	0. 5
	乙苯	U. S EPA8260C	0. 5
	间 & 对-二甲苯	U. S EPA8260C	0. 5
	苯乙烯	U. S EPA8260C	0. 5
	邻-二甲苯	U. S EPA8260C	0. 5
	异丙基苯	U. S EPA8260C	0. 5
	正-丙苯	U. S EPA8260C	0. 5
	1,3,5-三甲基苯	U. S EPA8260C	0. 5
	叔丁基苯	U. S EPA8260C	0. 5
	1,2,4-三甲基苯	U. S EPA8260C	0. 5
	异丁基苯	U. S EPA8260C	0. 5
	对-异丙基甲苯	U. S EPA8260C	0. 5
	正-丁苯	U. S EPA8260C	0. 5

续表

污染物类别	分析指标	分析方法	报告限值
熏蒸剂/(μg/L)	2,2-二氯丙烷	U.S EPA8260C	0.5
	1,2-二氯丙烷	U.S EPA8260C	0.5
	顺-1,3-二氯丙烯	U.S EPA8260C	0.5
	反-1,3-二氯丙烯	U.S EPA8260C	0.5
	1,2-二溴乙烷	U.S EPA8260C	0.5
卤代脂肪烃/(μg/L)	1,1-二氯乙烯	U.S EPA8260C	0.5
	二氯甲烷	U.S EPA8260C	5
	反-1,2-二氯乙烯	U.S EPA8260C	0.5
	1,1-二氯乙烷	U.S EPA8260C	0.5
	顺-1,2-二氯乙烯	U.S EPA8260C	0.5
	溴氯甲烷	U.S EPA8260C	0.5
	1,1,1-三氯乙烷	U.S EPA8260C	0.5
	1,1-二氯丙烯	U.S EPA8260C	0.5
	四氯化碳	U.S EPA8260C	0.5
	1,2-二氯乙烷	U.S EPA8260C	0.5
	三氯乙烯	U.S EPA8260C	0.5
	二溴甲烷	U.S EPA8260C	0.5
	1,1,2-三氯乙烷	U.S EPA8260C	0.5
	1,3-二氯丙烷	U.S EPA8260C	0.5
	四氯乙烯	U.S EPA8260C	0.5
	1,1,1,2-四氯乙烷	U.S EPA8260C	0.5
	1,1,2,2-四氯乙烷	U.S EPA8260C	0.5
	1,2,3-三氯丙烷	U.S EPA8260C	0.5
	1,2-二溴-3-氯丙烷	U.S EPA8260C	0.5
	六氯丁二烯	U.S EPA8260C	0.5
卤代芳烃/(μg/L)	氯苯	U.S EPA8260C	0.5
	溴苯	U.S EPA8260C	0.5
	2-氯甲苯	U.S EPA8260C	0.5
	4-氯甲苯	U.S EPA8260C	0.5
	1,3-二氯苯	U.S EPA8260C	0.5
	1,4-二氯苯	U.S EPA8260C	0.5
	1,2-二氯苯	U.S EPA8260C	0.5
	1,2,4-三氯苯	U.S EPA8260C	0.5
	1,2,3-三氯苯	U.S EPA8260C	0.5

续表

污染物类别	分析指标	分析方法	报告限值
三卤甲烷/(μg/L)	氯仿	U. S EPA8260C	0.5
	溴二氯甲烷	U. S EPA8260C	0.5
	二溴氯甲烷	U. S EPA8260C	0.5
	三溴甲烷	U. S EPA8260C	0.5
萘/(μg/L)	萘	U. S EPA8260C	0.5

表 6.2.6　东干渠沿线污染场区土壤样品室内检测限值

土样测试指标	方法检出限值 /(ug/L)	马里兰州土壤修复标准 /(mg/kg)	加拿大土壤修复标准 /(mg/kg)	检出最高浓度 /(mg/kg)
三氯甲烷	0.03	1.00×10^2	—	0.715
四氯化碳	0.05	4.9	—	0.114
1,1,1-三氯乙烷	0.03	2.20×10^3	0.0029	1.148
三氯乙烯	0.02	5.80×10	0.054	2.99
四氯乙烯	0.03	1.20×10	0.69	8.879
二氯甲烷	0.27	8.50×10	—	46.054
1,2-二氯乙烷	0.08	7	0.0062	0.647
1,1,2-三氯乙烷	0.14	1.10×10	—	<0.14
1,2-二氯丙烷	0.05	7.00×10	—	<0.05
三溴甲烷（溴仿）	0.11	—	—	<0.11
氯乙烯	0.06	9.00×10^{-2}	0.0083	<0.06
1,1-二氯乙烯	0.07	1.10	0.15	<0.07
1,2-二氯乙烯	0.02	7.00×10	—	<0.02
氯苯	0.03	1.60×10^2	0.39	<0.03
邻二氯苯	0.07	7.00×10^2	0.095	<0.07
对二氯苯	0.02	2.30×10^2	0.051	<0.02
三氯苯	0.08	7.80×10	0.26	0.506
苯	0.03	1.20×10	0.046	8.675
甲苯	0.02	1.60×10^3	0.52	0.33
乙苯	0.03	7.80×10^2	0.11	0.318
二甲苯	0.03	1.60×10^4	15	<0.03
苯乙烯	0.04	1.60×10^3	0.68	0.334
萘	0.1	1.60×10^2	0.016	8.675

6.3 地下水土环境质量评价

6.3.1 环境质量评价标准

北京市南水北调工程地下水土环境质量评价中有的指标参考执行了我国现行水土环境质量标准，有的则借鉴引用了国外先进国家颁布的相关标准，最终的目的是为污染场地环境中的工程设计提供一个相对明确的环境质量状况的报告，使设计者在考虑工程安全施工和运营时能兼顾到环境因素的不良影响而有针对性地采取必要的防范措施。

表 6.3.1 列出了北京市南水北调工程水土环境质量评价中参考和引用的国内外相关标准。在标准的执行和应用中，一方面体会到国内环境质量标准体系不健全而带来的制约性，另一方面也认识到借鉴和引用国外标准时对其适用性研究的必要性和重要性。

6.3.2 评价方法

环境质量评价方法是国内学者深入研究的热点之一，这一点有人认为是我国学者与国外同行的关键区别所在。国外学者的研究相对而言更加专注于污染机理和污染物迁移转化规律、污染环境与人体健康的关系等基础性工作，以制定污染物环境质量标准为终极目标。

最简单和常用的环境质量评价方法当属指数法，包括单因子指数法和综合指数法。单因子指数法简单易懂，推广适用性强，但仅能反映一种污染物相对背景值或标准值的超标程度，多种污染物的综合污染程度以及环境质量的总体状况无法直观体现，评价结果的实用性较差。单因子指数计算公式如下：

$$I_i = \frac{C_i}{S_i} \tag{6.3.1}$$

式中 I_i——第 i 个污染因子的质量评价指数；

C_i——第 i 个污染因子指标的实测值；

S_i——第 i 个污染因子指标的标准值或环境背景值。

综合指数法克服了单因子指数的明显缺陷，评价结果是对多种污染物共同存在的环境质量表现的综合反映，具有明显的现实意义。根据不同污染物因子对环境质量综合影响的程度不同，以统计学理论为基础建立不同的数学模型，由此衍生了多种综合指数法，如算术叠加法、加权均值法、混合加权法、均方根法及著名的内梅罗指数法等。表 6.3.2 为常用的几种综合指数法的数学模型及各自的应用特点。

此外，随着计算机技术的高速发展，我国学者逐步探索了将灰色系统论、控制论以及模糊数学理论等应用于环境质量的定量评价方面，如灰色聚类法、神经网络法、模糊加权法等。这些先进的信息化方法在促进评价结果的客观性、评价方法的多样化和评价工作的高效性等方面突显其优势，但总体上这些方法的理论性强、推广适用有一定难度，对污染应急事件的响应速度和敏感程度不如指数法简便有效。

表 6.3.1　北京市南水北调工程水土环境质量评价参考和引用标准一览表

序号	标 准 名 称	标准编号	发布单位	发布时间	备　注
1	生活饮用水卫生标准	GB 5749—2006	中华人民共和国卫生部	2006 年 12 月 29 日	
2	地下水质量标准	GB/T 14848—93	国家技术监督局	1993 年 12 月 30 日	
3	土壤环境质量标准	GB 15618—1995	国家环境保护总局	1995 年 7 月 13 日	
4	固体废物 浸出毒性浸出方法 硫酸硝酸法	HJ/T 299—2007	国家环境保护总局	2007 年 4 月 13 日	
5	土壤环境监测技术规范	HJ/T 166—2004	国家环境保护总局	2004 年 12 月 9 日	
6	地下水环境监测技术规范	HJ/T 164—2004	国家环境保护总局	2004 年 12 月 9 日	
7	场地环境监测技术导则	HJ 25.2—2014	环境保护部	2014 年 2 月 19 日	
8	地下水质检验方法	DZ/T 0064—93	中华人民共和国地质矿产部	1993 年 2 月 27 日	
9	土壤检测　第 18 部分：土壤硫酸根离子含量的测定	NY/T 1121.18—2006	中华人民共和国农业部	2006 年 7 月 10 日	
10	场地土壤环境风险评价筛选值	DB11/T 811—2011	北京市环保局	2011 年 8 月 9 日	
11	*Guidance for Developing Ecological Soil Screening Levels*（*Eco-SSLs*）	OSWER 9285.7—55	U.S EPA	2003 年 11 月	
12	*Supplement Guidance for Developing Soil Screening Levels for superfund sites*	OSWER 9355.4—24	U.S EPA	2002 年 12 月	
13	*Guidance for Determination of Appropriate Methods for the Detection of Section* 313 *Water Priority Chemicals*	EPA 4203	U.S EPA	1994 年 4 月	
14	2004 *Edition of the Drinking Water Standards and Health Advisories*	EPA 822—R—04—005	U.S EPA	2004 年冬天	

续表

序号	标准名称	标准编号	发布单位	发布时间	备注
15	*Handbook of Suggested Practices for the Design and Installation of Ground - Water Monitoring Wells*	EPA 160014—891034	U. S EPA	1991 年 3 月	
16	*Standard Methods for the Examination of Water and Wastewater 21st Edition - Ion Chromatography with Chemical Suppression of Eluent Conductivity*	APHA 4110. B	APHA，AWWA & WEF	2005 年 1 月	已经有第 22 版
17	*Standard Guide for Soil Sampling From the Vadose Zone*	ASTM D4700—91	ASTM	2006 年	已被 ASTM D4700—15 取代
18	*Standard Practice for Design and Installation of Ground Water Monitoring Wells in Aquifers*	ASTM D5092—04	ASTM	2010 年	
19	*Standard Guide for Sampling Ground - Water Monitoring Wells*	ASTM D4448—2001 R07 Edition	ASTM	2007 年 10 月 1 日	最新版本为 ASTM D4448—2001 R13 Edition，批准日期为 2013 年 5 月 1 日

注 1. U. S EPA 全称为 United States Environmental Protection Agency，即：美国环境保护总署。
2. OSWER 全称为 EPA's Office of Solid Waste and Emergency Response，即：美国环保局下属的固废和应急响应办公室。
3. APHA 全称为 American Public Health Association，即：美国公共卫生协会。
4. AWWA 全称为 American Water Works Association，即：美国给水工程协会。
5. WEF 全称为 Water Environment Federation，即：美国水环境联合会。
6. ASTM 全称为 American Society for Testing and Materials，即：美国材料与试验协会。

表 6.3.2　　常用综合指数法的数学模型及应用特点

方　法	数 学 模 型	应　用　特　点
简单叠加法	$PI=\sum\frac{C_i}{S_i}$	污染物单因子指数的简单叠加。评价结果不具可比性，只在评价因子数目较少时使用。评价因子较多时，超标因子和最大污染因子的作用被掩盖
算术平均法	$PI=\frac{1}{n}\sum\frac{C_i}{S_i}$	各单因子指数的平均值。评价结果具有较好的可比性，参与评价的因子数目不受限制，但单一污染因子的污染状况不能被该指数有效识别
加权平均法	$PI=\sum W_i\left(\frac{C_i}{S_i}\right)$	引入权重以反映不同污染因子对环境质量影响的区别，但权重的确定主观性强，评价结果受人为因素影响明显，而且超标因子数目较多或超标倍数较大时，评价结果可能失真。建议评价指标不多时采用
均方根法	$PI=\sqrt{\frac{1}{n}\sum\left(\frac{C_i}{S_i}\right)}$	与算术平均法基本相同
平方和的 平方根法	$PI=\sqrt{\sum\left(\frac{C_i}{S_i}\right)^2}$	重视高污染因子和超标因子指数，同时考虑了其他污染因子的影响，充分利用了所有污染因子的信息；但超标因子较多或超标倍数较大时，综合指数值明显大于最高单因子指数，且与参与评价的指标数目相关，评价结果可比性较差
最大值法 （内梅罗指数法）	$PI=\sqrt{\frac{\left(\frac{C_i}{S_i}\right)^2_{\max}+\left(\frac{C_i}{S_i}\right)^2_{\text{ave}}}{2}}$	兼顾了最高污染因子指数和所有污染因子指数平均值的影响，但过分强调了最高污染因子的影响。指数形式简单，适应污染物个数的增减，适应性良好，应用广泛。评价指标数量越多，评价结果与最高污染因子相关性越强，其他因子的影响程度越弱
混合加权法	$PI=\sum_1 W_{i1}I_i+\sum_2 W_{i2}I_i$	基于客观赋权法的原理，根据单因子指数的相对数值大小赋以不同的权值，具一定的合理性。当有超标项时，综合指数值一定超标，且综合指数大于单因子指数最大值；但当某一项超标因子分指数较大，而其余各项分指数较小时，综合指数将接近或等于两倍最大分指数，且随着超标项的增多，综合指数值会明显高于最高分指数值。其所依赖的客观赋权法不具有生物学的意义

注　PI 为污染物综合评价指数；C_i 为第 i 个单因子指标实测值；S_i 为第 i 个单因子指标标准值；n 为污染因子的总个数；$\frac{C_i}{S_i}$ 为第 i 个单因子的评价指数；max 为最大值；ave 为平均值；$\sum_1 I_i$ 为对所有超标的单因子指数（$I_i>1$）求和；$\sum_2 I_i$ 为对所有单因子指数 I_i 求和；$W_{i1}=\frac{I_i}{\sum_1 I_i}$（$I_i>1$）；$W_{i2}=\frac{I_i}{\sum_2 I_i}$；$I_i=\frac{C_i}{S_i}$ 为单因子指数。

我国《地下水质量标准》（GB/T 14848—93）推荐的地下水质量综合评价方法为内梅罗指数法，计算时以单因子指数评分值 F_i 代替了原公式中的单因子指数值 I_i，以综合评价分值 F 代替了综合评价指数 PI。其单因子评分值 F_i 规定按表 6.3.3 进行，地下水质量分级按表 6.3.4 执行，并应将细菌学指标评价类别注在级别定名之后，如优良（Ⅱ类）、较好（Ⅲ类）。

表 6.3.3 《地下水质量标准》（GB/T 14848—93）规定的单项组分评价分值 F_i

地下水单组分分类	Ⅰ	Ⅱ	Ⅲ	Ⅳ	Ⅴ
分类评分 F_i	0	1	3	6	10

表 6.3.4 《地下水质量标准》（GB/T 14848—93）规定地下水质量级别划分标准

地下水质量级别	优良	良好	较好	较差	极差
综合评分 F	$F<0.80$	$0.80\leqslant F<2.50$	$2.50\leqslant F<4.25$	$4.25\leqslant F<7.20$	$F>7.20$

《生活饮用水卫生标准》（GB 5749—2006）以人体健康为基本出发点，标准中仅规定各单项检测因子的检出限值，并不对各因子及饮用水质量进行分级分类。

总干渠（北京段）地下水环境质量评价工作开始于 20 世纪 90 年代，其主要执行了《地下水质量标准》（GB/T 14848—93），评价时以该标准的Ⅲ类水指标标准为参照计算各水样品的单因子指数 I_i，采用简单叠加法计算出综合指数 PI 后将其分为 5 级，见表 6.3.5，据此评价地下水的不同污染程度。

表 6.3.5 总干渠（北京段）地下水污染程度与质量分级表

指数分级	$PI<2$	$2\leqslant PI<3$	$3\leqslant PI<5$	$5\leqslant PI<10$	$PI\geqslant 10$
质量分级	良好	较好	一般	较差	差
污染程度分级	痕迹污染	轻度污染	中度污染	重度污染	严重污染

团城湖调节池工程场区地下水环境质量评价执行了我国《生活饮用水卫生标准》（GB 5749—2006）。为定量评价的需要，根据当时国内水质定量综合评价的研究成果及本工程的实际需求，制定了如表 6.3.6 所列的单因子指数评分标准及地下水质量综合评价分级标准。

表 6.3.6 团城湖调节池场区地下水质量综合评价标准

地下水质量分类分级	合格	轻度不合格	不合格	很不合格	极不合格
	Ⅰ级	Ⅱ级	Ⅲ级	Ⅳ级	Ⅴ级
单因子指数 I_i	$I_i\leqslant 1$	$1<I_i\leqslant 5$	$5<I_i\leqslant 10$	$10<I_i\leqslant 50$	$I_i>50$
单因子评分 F_i	0.1	1	10	100	1000
综合评价得分 PI	$0.1<PI\leqslant 1$	$1<PI\leqslant 10$	$10<PI\leqslant 100$	$100<PI\leqslant 1000$	$PI>1000$

6.3.3 工程场区环境质量综合评价

1. 团城湖调节池场区地下水环境质量综合评价

根据室内试验检测结果，对团城湖调节池工程场区地下水环境质量进行了定量综合评价，评价方法采用了综合指数法中的简单叠加法。为避免参与评价的因子过多而掩盖超标污染物因子对综合环境质量的贡献，对超标污染因子进行了分类评价，即有机污染物、无机污染物（含常规离子和重金属类）分别进行评价，每类的评价因子不超过 10 个。

依据《生活饮用水卫生标准》(GB 5749—2006)，在所有 92 项有机物检测项目中，选了标准中有规定限值的 16 种有机污染物因子进行了单因子指数计算，在此基础上选择了检出率较高的 8 种参与综合评分计算。表 6.3.7 为所有 17 个样品中参与评价的污染单因子指数 I_i 计算结果。该结果清晰地表明，团城湖调节池场区地下水中的超标有机污染物因子为苯并（a）芘，17 个采样点中有 4 个点其含量超出标准限值，且最高的为标准限值的 123 倍，为位于场区南侧油库东南方的 SZK－8－18.3 号采样点，其地下水中的苯并（a）芘含量大于 1000ng/L，地下水质量极不合格，见图 6.3.1 所示。

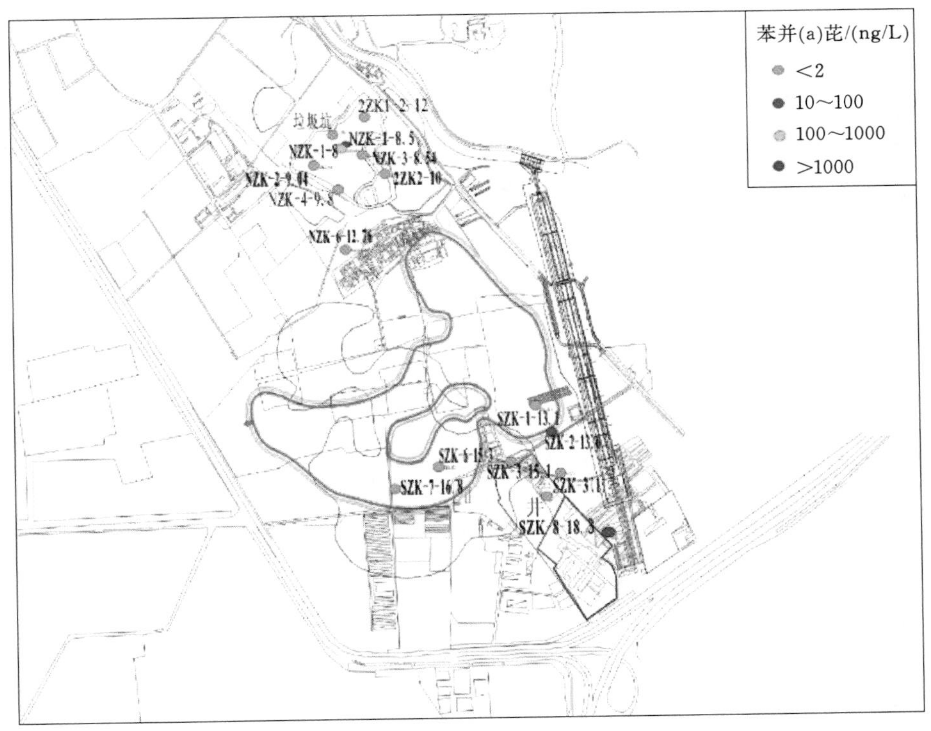

图 6.3.1 场区地下水采样点中苯并（a）芘含量分布图

根据前述表 6.3.6 规定的综合评价标准，对该场区地下水中 8 种有机污染物因子进行了单因子评分，对各采样点有机物污染程度进行了综合评价，结果见表 6.3.8。

与上述有机污染物综合评价相似，对团城湖调节池场区所有地下水样品中的无机污染物也进行了上述的定量分析评价，结果见表 6.3.9～表 6.3.11。因无机污染物种类较多，评价时将常规离子和重金属元素分类分别评价，最后与有机污染物中的超标类因子再次进行综合评价，最终得出场区地下水环境质量的综合评价结果，见表 6.3.12。无机物选择参与评价的因子包括常规离子 7 种、溶解性总固体（TDS）、总硬度以及重金属元素 9 种。

表 6.3.7 团城湖调节池场区地下水中 16 种有机污染物单因子指数 I_i 计算值

采样点编号 \ I_i 因子	二氯甲烷	1,2-二氯乙烷	甲苯	苯并（a）芘	六氯苯	总六六六	七氯	邻苯二甲酸二乙酯	三氯甲烷	1,2-二氯丙烷	四氯乙烯	六氯丁二烯	苯	乙苯	1,2,4-三氯苯	总 DDT
2ZK2-10	—	—	—	—	—	—	—	—	—	—	—	—	—	—	—	—
2ZK1-2-12	0.715	—	—	—	—	—	—	—	—	—	—	—	—	—	—	—
NZK-1-8	—	0.0207	—	24.2		0.0003			—	—	—	—	0.031	—	—	—
NZK-1-8.5	—	—	—	1.34	0.0015	0.0013	0.0083	0.0002	—	—	—	—	—	—	—	—
NZK-2-9.04	—	0.0127	—	—	0.0035	0.0044	0.0072	0.0002	—	—	—	—	—	—	—	—
NZK-3-8.54	—	—	—	—	0.0023	0.0047	0.0079	0.0003	—	—	—	—	—	—	—	—
NZK-4-9.8	0.029	0.1083	—	—	0.004	0.0018		0.0004	—	0.2	—	—	—	—	—	—
NZK-6-12.76	0.042	—	—	—	0.0096		0.0088	0.0005	0.0048	—	—	—	—	—	—	—
SZK-1-13.1	0.0385	—	—	—	0.0062	0.0003	0.0103	0.0003	—	—	—	—	—	—	—	—
SZK-2-13.6	—	—	—	2.6	0.0039	—	0.005	0.0003	—	—	—	—	—	—	—	0.0013
SZK-3-15.1	—	—	0.0011	—	—	—	—	0.0002	—	—	—	—	0.085	0.0014	—	—
SZK-7-16.8	0.925	—	0.0005	—	0.002	—	—	0.0006	—	—	—	—	—	—	—	—
SZK-6-15.3	0.041	—	0.0005	—	—	—	—	0.0002	—	—	0.0098	—	0.032	—	—	—
SZK-3（1）-18.35		—	—	—	—	—	—	0.0002	—	—	—	—	—	—	—	—
SZK-8-18.3	0.179	—	0.0005	123	0.0064	0.0004	0.0127	—	—	—	—	0.2333	—		0.0033	—
井	0.0455	—	—	—	0.0012	—	—	—	0.0038	—	—	—	—	—	—	—
垃圾坑	0.64	0.034	—	—	0.0016	0.0016	—	—	—	—	—	—	—	—	—	—
《生活饮用水卫生标准》（GB 5749—2006）限值/（mg/L）	0.02	0.03	0.7	0.00001	0.001	0.005	0.0004	0.3	0.06	0.005	0.04	0.0006	0.01	0.3	0.07（EPA）	0.001

注 表中“—”表示此物质含量低于检出限值；前 8 列为参与综合评价的因子。

表 6.3.8　　团城湖调节池场区地下水中有机污染物综合评价结果

F_i 因子 / 采样点编号	二氯甲烷	1,2-二氯乙烷	甲苯	苯并(a)芘	六氯苯	总六六六	七氯	邻苯二甲酸二乙酯	综合评价得分 PI	质量分级
2ZK2-10	0.1	0.1	0.1	0.1	0.1	0.1	0.1	0.1	0.8	合格
2ZK1-2-12	0.1	0.1	0.1	0.1	0.1	0.1	0.1	0.1	0.8	合格
NZK-1-8	0.1	0.1	0.1	100	0.1	0.1	0.1	0.1	100.7	很不合格
NZK-1-8.5	0.1	0.1	0.1	1	0.1	0.1	0.1	0.1	1.7	轻度不合格
NZK-2-9.04	0.1	0.1	0.1	0.1	0.1	0.1	0.1	0.1	0.8	合格
NZK-3-8.54	0.1	0.1	0.1	0.1	0.1	0.1	0.1	0.1	0.8	合格
NZK-4-9.8	0.1	0.1	0.1	0.1	0.1	0.1	0.1	0.1	0.8	合格
NZK-6-12.76	0.1	0.1	0.1	0.1	0.1	0.1	0.1	0.1	0.8	合格
SZK-1-13.1	0.1	0.1	0.1	0.1	0.1	0.1	0.1	0.1	0.8	合格
SZK-2-13.6	0.1	0.1	0.1	1	0.1	0.1	0.1	0.1	1.7	轻度不合格
SZK-3-15.1	0.1	0.1	0.1	0.1	0.1	0.1	0.1	0.1	0.8	合格
SZK-7-16.8	0.1	0.1	0.1	0.1	0.1	0.1	0.1	0.1	0.8	合格
SZK-6-15.3	0.1	0.1	0.1	0.1	0.1	0.1	0.1	0.1	0.8	合格
SZK-3（1）-18.35	0.1	0.1	0.1	0.1	0.1	0.1	0.1	0.1	0.8	合格
SZK-8-18.3	0.1	0.1	0.1	1000	0.1	0.1	0.1	0.1	1000.7	极不合格
井	0.1	0.1	0.1	0.1	0.1	0.1	0.1	0.1	0.8	合格
垃圾坑	0.1	0.1	0.1	0.1	0.1	0.1	0.1	0.1	0.9	合格

表 6.3.9　　团城湖调节池场区地下水中无机常规离子单因子指数 I_i 计算值

I_i 因子 / 采样点编号	Na^+	F^-	Cl^-	SO_4^{2-}	NH_4-N	NO_2^-	$NO_3^- -N$	TDS	总硬度（以 $CaCO_3$ 计）
SZK-8-18.3	0.156	0.44	0.102	0.5	10.09	0	0.154	0.472	0.797
SZK-2-13.6	0.138	0.55	0.091	0.415	1.35	0	0.154	0.478	0.848
SZK-1-13.1	0.145	0.53	0.091	0.429	0.59	0	0.136	0.489	0.864
SZK-3-15.1	0.189	0.51	0.099	0.399	1.43	0	0.12	0.52	0.857
SZK-7-16.8	0.271	0.58	0.098	0.437	1.71	0	0.199	0.638	1.206
SZK-3（1）-18.35	0.14	0.07	0.074	0.431	1.93	0	0.185	0.452	0.821
SZK-6-15.3	0.244	0.04	0.152	0.425	3.64	0	0.412	0.481	0.99
NZK-1-8.5	0.168	0.84	0.113	0.632	1.87	0	0.027	0.47	0.758
NZK-1-8	0.541	0.14	0.272	1.87	6.9	0	0	0.882	0.714
NZK-3-8.54	0.117	0.61	0.093	0.436	0.91	0	0	0.414	0.727
NZK-4-9.8	0.473	0.24	0.275	0.492	2.67	0	0.761	0.755	1.868

续表

采样点编号 \ I_i 因子	Na^+	F^-	Cl^-	SO_4^{2-}	NH_4-N	NO_2^-	$NO_3^- - N$	TDS	总硬度（以 $CaCO_3$ 计）
NZK－6－12.76	0.218	0.33	0.191	0.425	0.37	0	0.575	0.541	0.864
NZK－2－9.04	0.152	0.61	0.113	0.58	2.09	0	0	0.472	0.771
井	0.126	0.33	0.084	0.206	3.18	0	0.221	0.322	0.552
垃圾坑（水）	0.159	0.67	0.086	0.824	3.28	0	0.008	0.505	0.798
金河水	—	0.44	0.37	0.84	2.56	—	0	0.67	0.9
砂石坑	—	0.56	0.17	0.36	0.78	—	0	0.3	0.35
ZK补1－潜水	—	0.61	0.15	0.7	0.22	—	0.26	0.48	0.64
ZK补1－承压水	—	1.24	0.15	0.74	0.26	—	0.26	0.52	0.67
ZK2－潜水	—	0.44	0.17	0.62	3.18	—	0.06	0.71	1.11
《生活饮用水卫生标准》（GB 5749—2006）限值/(mg/L)	200	1.0	250	250	0.5	—	20	1000	450

注　“—”表示该样品没有检测此项。

表 6.3.10　团城湖调节池场区地下水中重金属元素单因子指数 I_i 计算值

采样点编号 \ I_i 因子	Cr	Mn	Fe	Cu	Zn	As	Se	Cd	Pb
SZK－8－18.3	0.314	6.966	0.179	0.002	0.018	4.3	0.169	0.003	0.005
SZK－2－13.6	0.37	4.244	0.175	0.001	0	0	0.201	0.004	0
SZK－1－13.1	0.396	12.94	0.249	0.002	0.004	0.1	0.32	0.013	0
SZK－3－15.1	0.393	16.99	0.17	0.002	0.003	0	0.191	0.005	0
SZK－7－16.8	0.562	14.92	0.253	0.002	0.011	0	0.334	0.006	0
SZK－3（1）－18.35	0.328	11.38	0.151	0.001	0.003	0	0.205	0.001	0
SZK－6－15.3	0.455	51.11	0.152	0.002	0.001	0	0.121	0.005	0
NZK－1－8.5	0.251	0.486	0.11	0.001	0.002	0.1	0.146	0.003	0
NZK－1－8	0.029	0.001	0.11	0.005	0	0.8	0.649	0.014	0
NZK－3－8.54	0.279	2.271	0.126	0.002	0.001	0.1	0	0.003	0
NZK－4－9.8	0.279	11.04	0.321	0.004	0.018	0.1	0.33	0.017	0
NZK－6－12.76	0.357	1.998	0.169	0.001	0	0	0.216	0	0
NZK－2－9.04	0.274	3.41	0.133	0.001	0	0	0.114	0	0
井	0.251	0.044	0.11	0.001	0.027	5.7	0.049	0.007	0.013
垃圾坑（水）	0.220	0.02	0.16	0.002	0.016	10	0.005	0.003	0.016
金河水	0	0.22	0	0.001	0	0	—	0.024	0.34

续表

I_i 因子 / 采样点编号	Cr	Mn	Fe	Cu	Zn	As	Se	Cd	Pb
砂石坑	0	0.05	0	0	0	0.2	—	0.034	0
ZK 补 1 -潜水	0	4.1	0.43	0	0	0	0	0	0
ZK 补 1 -承压水	0.004	6	0.45	0	0	0	0	0	0
ZK2 -潜水	0	14.6	0.2	0	0	0	0	0	0
《生活饮用水卫生标准》（GB 5749—2006）限值/(mg/L)	0.05	0.1	0.3	1.0	1.0	0.01	0.01	0.005	0.01

注　“—”表示该样品没有检测此项。

表 6.3.11　　团城湖调节池场区地下水中无机污染物综合评价结果

F_i 因子 / 采样点编号	SO_4^{2-}	NH_4-N	Cr	Mn	As	F^-	Cd	TDS	总硬度	PI	评价结果
SZK－8－18.3	0.1	100	0.1	10	1	0.1	0.1	0.1	0.1	111.6	很不合格
SZK－2－13.6	0.1	1	0.1	1	0.1	0.1	0.1	0.1	0.1	2.7	轻度不合格
SZK－1－13.1	0.1	0.1	0.1	100	0.1	0.1	0.1	0.1	0.1	100.8	很不合格
SZK－3－15.1	0.1	1	0.1	100	0.1	0.1	0.1	0.1	0.1	101.7	很不合格
SZK－7－16.8	0.1	1	0.1	100	0.1	0.1	0.1	0.1	1	102.6	很不合格
SZK－3（1）－18.35	0.1	1	0.1	100	0.1	0.1	0.1	0.1	0.1	101.7	很不合格
SZK－6－15.3	0.1	1	0.1	1000	0.1	0.1	0.1	0.1	0.1	1001.7	极不合格
NZK－1－8.5	0.1	1	0.1	0.1	0.1	0.1	0.1	0.1	0.1	1.8	轻度不合格
NZK－1－8	1	10	0.1	0.1	0.1	0.1	0.1	0.1	0.1	11.7	不合格
NZK－3－8.54	0.1	0.1	0.1	1	0.1	0.1	0.1	0.1	0.1	1.8	轻度不合格
NZK－4－9.8	0.1	1	0.1	100	0.1	0.1	0.1	0.1	1	102.7	很不合格
NZK－6－12.76	0.1	0.1	0.1	1	0.1	0.1	0.1	0.1	0.1	1.8	轻度不合格
NZK－2－9.04	0.1	1	0.1	1	0.1	0.1	0.1	0.1	0.1	2.7	轻度不合格
井	0.1	1	0.1	0.1	10	0.1	0.1	0.1	0.1	11.7	不合格
垃圾坑（水）	0.1	1	0.1	0.1	10	0.1	0.1	0.1	0.1	11.7	不合格
金河水	0.1	1	0.1	0.1	0.1	0.1	0.1	0.1	0.1	1.8	轻度不合格
砂石坑	0.1	0.1	0.1	0.1	0.1	0.1	0.1	0.1	0.1	0.9	合格
ZK 补 1 -潜水	0.1	0.1	0.1	1	0.1	0.1	0.1	0.1	0.1	1.8	轻度不合格
ZK 补 1 -承压水	0.1	0.1	0.1	10	0.1	1	0.1	0.1	0.1	11.7	不合格
ZK2 -潜水	0.1	1	0.1	100	0.1	0.1	0.1	0.1	1	102.6	很不合格

表 6.3.12　　团城湖调节池场区地下水环境质量综合评价结果表

采样点编号 \ F_i 因子	苯并(a)芘	Mn	As	SO_4^{2-}	NH_4-N	总硬度	pH	F^-	Cr	*PI*	综合评价
NZK-1-8	100	0.1	0.1	1	10	0.1	1	0.1	0.1	112.5	很不合格
NZK-1-8.5	1	0.1	0.1	0.1	1	0.1	0.1	0.1	0.1	2.7	轻度不合格
NZK-2-9.04	0.1	1	0.1	0.1	1	0.1	0.1	0.1	0.1	2.7	轻度不合格
NZK-3-8.54	0.1	1	0.1	0.1	0.1	0.1	0.1	0.1	0.1	1.8	轻度不合格
NZK-4-9.8	0.1	100	0.1	0.1	1	1	0.1	0.1	0.1	102.6	很不合格
NZK-6-12.76	0.1	1	0.1	0.1	0.1	0.1	0.1	0.1	0.1	1.8	轻度不合格
SZK-1-13.1	0.1	100	0.1	0.1	0.1	0.1	0.1	0.1	0.1	100.8	很不合格
SZK-2-13.6	1	1	0.1	0.1	1	0.1	0.1	0.1	0.1	3.6	轻度不合格
SZK-3-15.1	0.1	100	0.1	0.1	1	0.1	0.1	0.1	0.1	101.7	很不合格
SZK-7-16.8	0.1	100	0.1	0.1	1	1	0.1	0.1	0.1	102.6	很不合格
SZK-6-15.3	0.1	1000	0.1	0.1	1	0.1	0.1	0.1	0.1	1001.7	极不合格
SZK-3（1）-18.35	0.1	100	0.1	0.1	1	0.1	0.1	0.1	0.1	101.7	很不合格
SZK-8-18.3	1000	10	1	0.1	100	0.1	0.1	0.1	0.1	1111.5	极不合格
井	0.1	0.1	10	0.1	1	0.1	0.1	0.1	0.1	11.7	不合格
垃圾坑（水）	0.1	0.1	10	0.1	1	0.1	0.1	0.1	0.1	11.7	不合格
金河水	0.1	0.1	0.1	0.1	1	0.1	0.1	0.1	0.1	1.8	轻度不合格
ZK 补 1 孔潜水	0.1	1	0.1	0.1	0.1	0.1	0.1	0.1	0.1	1.8	轻度不合格
ZK 补 1 承压水	0.1	10	0.1	0.1	0.1	0.1	0.1	1	0.1	11.7	不合格
ZK2 孔潜水	0.1	100	0.1	0.1	1	1	0.1	0.1	0.1	102.6	很不合格
2ZK1-2-12	0.1	0.1	0.1	0.1	0.1	0.1	0.1	0.1	10	10.8	不合格
2ZK2-10	0.1	0.1	0.1	0.1	0.1	0.1	0.1	0.1	0.1	0.9	合格

从无机污染物的单因子和多因子综合评价结果可以看出，团城湖调节池场区地下水中主要无机污染物为硫酸盐、氨氮以及重金属元素 Mn。图 6.3.2 为团城湖调节池场区各水质采样点的 Mn 元素含量评价情况，由该图知，调节池南北侧的垃圾填埋区、油库周边地下水中 Mn 元素含量绝大部分均超标，最高浓度出现在油库西侧的池区采样点 SZK-6-15.3 号。NH_4-N 超标的地下水样品共有 14 个，表明该场区地下水已普遍遭受污染。

综合评价结果表明，绝大多数采样点的地下水样品中均出现了超标物质，其中：属于轻度不合格的有 7 个，占总样本数的 35%；不合格的 4 个，占总样本数的 20%；很不合格的 7 个；极不合格的 1 个；合格的仅有 1 个。图 6.3.3 为根据综合评价结果绘制的调节池场区地下水质量综合评价结果示意图。由图可以看出，总体上调节池场区北侧垃圾填埋区周边地下水质量为“轻度不合格～不合格”，而其南侧油库区地下水质量以“很不合格～极不合格”为主，北侧污染程度相比南侧略轻。

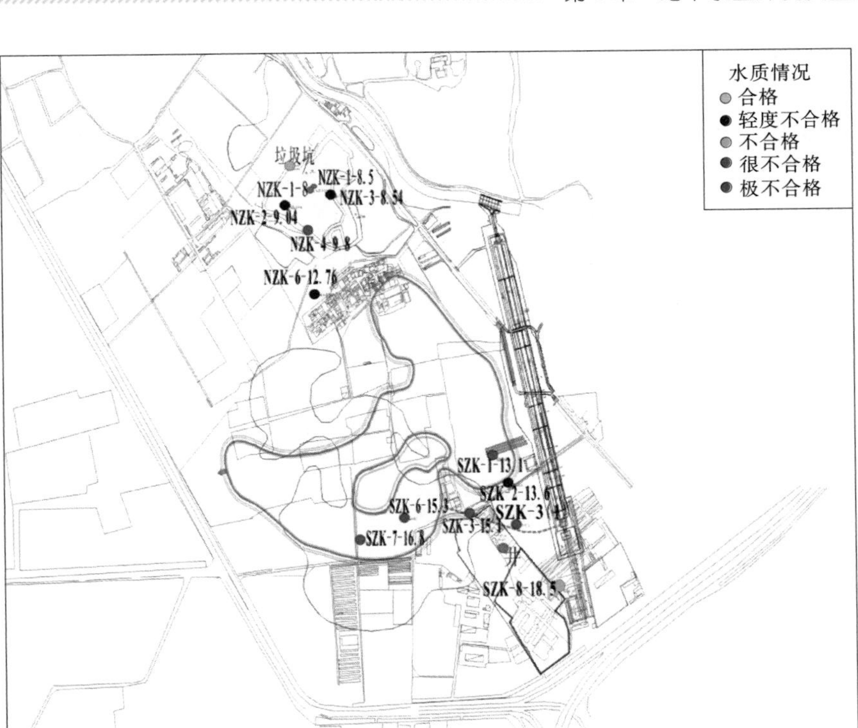

图 6.3.2 团城湖调节池场区地下水中 Mn 含量评价示意图

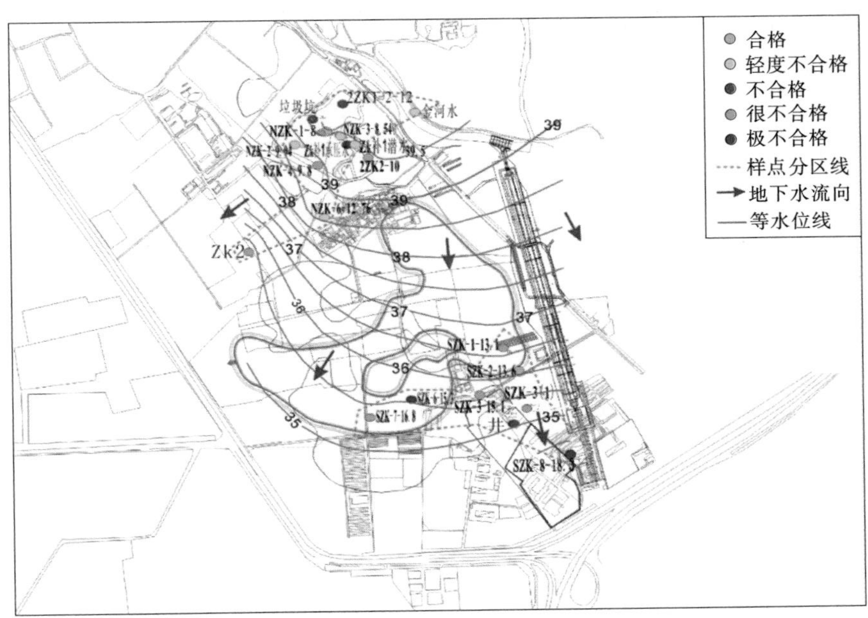

图 6.3.3 团城湖调节池场区周边地下水环境质量综合评价结果示意图

根据上述定量评价结果认为，团城湖调节池场区地下水已经受到较为普遍的污染，且垃圾填埋坑及坑内地下水无疑是一个重要的污染源。分析不同类污染物的空间分布和检出情况发现，场区地下水中有机污染物的检出率较高，但超标率较低。在检测的55种VOCs中共有16种有机物被检出，其中检出率超过50%的物质有二氯甲烷、甲基叔丁基醚，其含量均超出检测限较高；在所检测的37种多环芳烃及农药中，检出率为100%的物质有菲、蒽、荧蒽3种，检出率为50%～100%的有二氢苊、芴、苊烯、芘、六氯苯、总六六六、艾氏剂、邻苯二甲酸二乙酯8种；有机物中的超标物质只有苯并（a）芘。无机污染物方面，场区地下水中的Mn元素和氨氮（NH_4-N）普遍超标，除此之外超标的还有SO_4^{2-}、As、Al、F^-、总硬度、细菌学类指标等。表6.3.13为所有检测样本中超标污染物的实测值。由表可以看出，位于油库最南端的采样点SZK-8号孔的水质样本中污染物种类较多，含量也较高，应给予足够的重视。

表6.3.13 团城湖调节池场区地下水中超标污染物实测值

采样点编号 \ 实测值 \ 污染物	苯并(a)芘/(ng/L)	Mn/(ug/L)	As/(mg/L)	SO_4^{2-}/(mg/L)	NH_4-N/(mg/L)	总硬度/(mg/L)	pH值	F^-/(mg/L)
NZK-1-8	242	0.147	0.008	467.62	3.45	321.14	9.93	0.14
NZK-1-8.5	13.4	48.6	0.001	158	0.94	341.1	7.75	0.84
NZK-2-9.04	<2.0	341	0	144.96	1.05	346.89	7.72	0.61
NZK-3-8.54	<2.0	227.1	0.001	108.94	0.45	327.25	7.84	0.61
NZK-4-9.8	<2.0	1104	0.001	122.9	1.34	840.81	7.33	0.24
NZK-6-12.76	<2.0	199.8	0	106.36	0.18	388.86	7.52	0.33
SZK-1-13.1	<2.0	1294	0.001	107.24	0.3	388.92	7.47	0.53
SZK-2-13.6	26	424.4	0	103.63	0.67	381.41	7.5	0.55
SZK-3-15.1	<2.0	1699	0	99.69	0.72	385.56	7.29	0.51
SZK-7-16.8	<2.0	1492	0	109.26	0.85	542.76	7.14	0.58
SZK-6-15.3	<2.0	5111	0	106.36	1.82	445.43	7.36	0.04
SZK-3（1）-18.35	<2.0	1138	0	107.84	0.97	369.55	7.37	0.07
SZK-8-18.3	1230	696.6	0.043	125.08	5.05	358.53	7.53	0.44
井	<2.0	4.402	0.057	51.59	1.59	248.27	7.88	0.33
垃圾坑	<2.0	1.996	0.1	205.98	1.64	359.2	7.94	0.67
金河水	—	0.022	<0.001	210	1.28	406	7.37	0.44
砂石坑	—	0.005	0.002	88.8	0.39	157	8.48	0.56
ZK补1-潜水	—	0.41	<0.001	176	0.11	288	7.71	0.61
ZK补1-承压水	—	0.6	<0.001	185	0.13	302	7.74	1.24
ZK2-潜水	—	1.46	<0.001	154	1.59	498	7.3	0.44
《生活饮用水卫生标准》(GB 749—2006)限值	10	100	0.01	250	0.5	450	6.5≤pH值≤8.5	1

2. 总干渠沿线地下水环境质量综合评价

总干渠（北京段）勘察期间共采集水样 58 件，其中地下水样 52 件（5 件为基岩地下水，其余为第四系与基岩地下水的混合样品），地表水样品 6 件，采样点沿线分布如图 6.3.4 所示。根据总干渠北京段《水文环境地质评价报告》[101]，参与场区地下水环境质量评价的水样品共计为 20 件，主要采集于工程场区沿线的民用水井、河流和部分勘探钻孔。

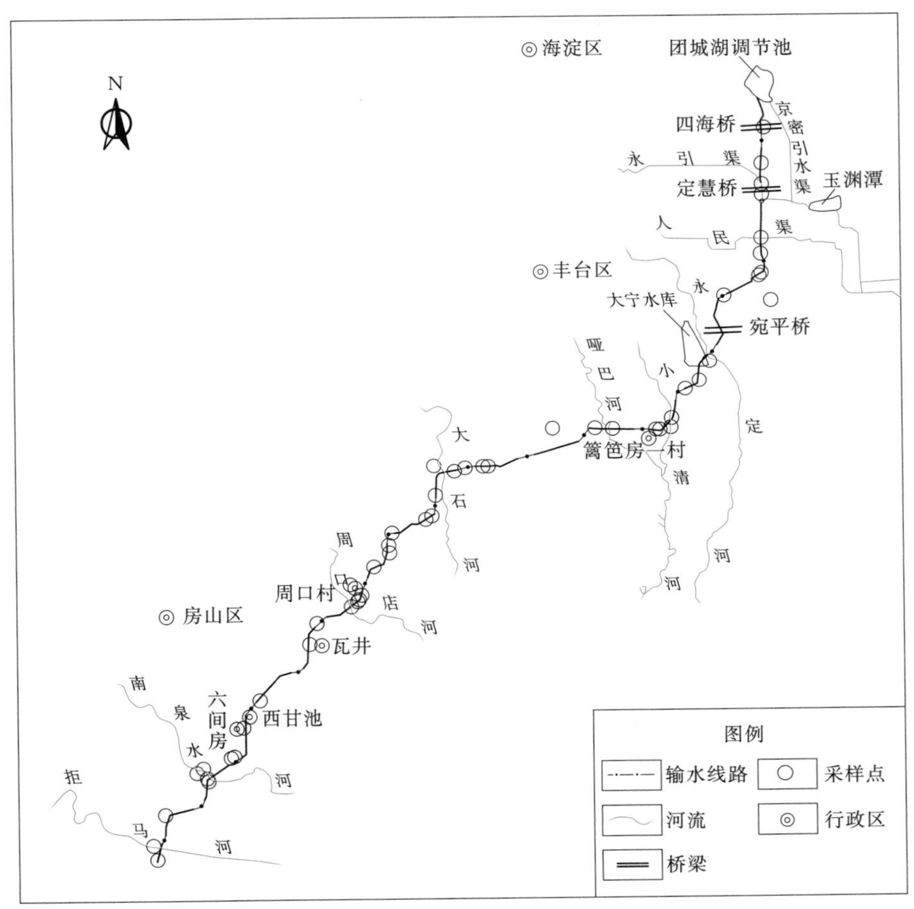

图 6.3.4　总干渠沿线水样采集点分布图

总干渠水样品的室内检测指标包括 TDS（总硬度）、Cl^-、SO_4^{2-}、NO_3^- -N（硝酸盐氮）、NO_2^- -N（亚硝酸盐氮）、NH_4 -N（氨氮）、COD_{Cr}（化学需氧量）、COD（溶解性总固体）、F^-（氟化物）、酚、CN（氰化物）、As（砷）、Hg（汞）、Cr^{6+}（铬六价）等，对 8 个可能有重金属污染物质的水样还进行了 Cu（铜）、Pb（铅）、Fe（铁）的检测，以便准确评价工程区环境水的质量及污染程度。

表 6.3.14 为总干渠（北京段）所采集水样品的单因子指数 I_i、综合评价指数 PI 计算结果及水质量综合评价结果。由该表可以看出，总干渠沿线水质最好的为西甘池

表 6.3.14　总干渠（北京段）环境水质量综合评价结果表

序号	I_i 参评因子 / 样品采集地	NO_3^- - N	Cl^-	SO_4^{2-}	TDS	NH_4 - N	NO_2^- - N	COD	酚	CN	As	Cr^{6+}	Hg	COD_{Cr}	F^-	PI	综合评价分级
1	拒马河 JKI-1 孔	0.171	0.039	0.121	0.576	0	0.4	0.304	0	0	0	0	0	0.37	0.4	2.381	轻度污染
2	拒马河 D1-288 孔	0.173	0.036	0.099	0.300	0.7	0	0.280	0	0	0	0	0.2	0.17	0.1	2.058	轻度污染
3	南泉水河 NKI-1 孔	0.197	0.084	0.077	0.660	1.95	17.6	0.322	1	0.08	0.14		0.1	0.93	0.2	23.34	严重污染
4	南泉水河 NKI-8 孔	0.089	0.084	0.077	0.329	1.95	2.35	0.322	7	—	0	0.1		1.47	0.3	14.071	严重污染
5	* 六间房村边	0.018	0.017	0.122	0.716	0	0	0.689	0	0	0	0	0	0.47	0.5	2.532	轻度污染
6	* 西甘池泉水	0.121	0.021	0.064	0.351	0	0	0.270	0	0	0	0	0	0.17	0.4	1.397	痕迹污染
7	* 瓦井村山坡	0.150	0.060	0.063	0.582	0	0	0.35	0	0	0	0	0	0.27	0.1	1.575	痕迹污染
8	马钢厂内	0.324	0.884	0.720	0.902	12.3	3.2	0.769	2	0	0	0	0	0.733	0.2	21.532	严重污染
9	周口村西铁路南	0.427	0.357	0.688	0.893	0.6	0.15	0.868	0	0	0	0	0.05	0.367	0.2	4.600	中度污染
10	* 马刨泉	0.168	0.228	0.436	0.718	0.1	0.05	0.535	1	0	—	0	0.4	0.47	0.4	4.505	重度污染
11	* 房山县城西街大队部	0.710	0.231	0.360	0.578	1.9	3.7	0.647	0	0	0	0	0	0.8	0.5	9.426	重度污染
12	羊头岗 SK2-1 孔	0.141	0.062	223	0.136	2.25	1.4	0.400	0	0	0	0.12	—	0.37	0.6	5.602	重度污染
13	大石河/八十亩地 DSK2-26 孔	0.242	0.07	0.806	0.696	0	0.1	0.398	0	0	0	0	0	0.33	0.1	2.242	轻度污染
14	芦上坟村	0.369	0.84	0.78	0.238	0	0.1	0.428	0	0	0	0	0	0.233	0.1	3.088	中度污染
15	贺照云 HK2-10 孔	0.105	0.239	0.283	0.580	0.65	0	0.572	0	0	0.14	0	0	0.2	0.5	3.269	中度污染
16	篱笆房 HK2-31 孔	0.232	0.106	0.224	1.147	0	0.1	1.259	0	0	0	0	0	0.333	0.1	3.501	中度污染
17	岳各庄马路西边	0.660	0.066	0.624	1.156	0	0.1	0.899	0	0	0	0	0	0.27	0.4	4.175	中度污染
18	棉纺厂内	0.520	0.235	0.48	1.040	0	0	0.82	0	0	0	0	0	0.2	0.3	3.595	中度污染
19	火器营木材厂东	0.182	0.054	0.135	1.190	0	0.1	0.771	0	0	0	0	0	0.17	0.4	3.002	中度污染
20	永定河 ZYD-12 孔	0.515	0.212	0.524	0.730	0	0	0.685	0	0	0	0	0.2	0.2	0.5	3.566	中度污染
21	评价标准（GB/T 14848—93 Ⅲ类水）/(mg/L)	20	250	250	450	0.2	0.02	1000	0.002	0.05	0.05	0.05	0.001	3	1		

注　1. * 代表基岩水。

2. 马刨泉水 $PI<5$，综合评价为“重度污染”，主要考虑当时有该泉水样品化验结果显示其含有芳烃、石油和丙酮等有机污染物。

泉水，其综合评价指数 PI 仅为 1.40；水质最差的为南泉水河 NKI－1 号孔，综合评价指数 PI 为 23.34，其次为马钢厂，综合评价指数 PI 为 21.53。

总体看来，总干渠（北京段）沿线环境水在 20 世纪 90 年代已遭受了不同程度的污染，其中污染程度达中度和重度以上的水样占所采集水样总数的 70%，主要分布区域为周口店—房山一带及长沟、南泉水河等地。评价结果表明，基岩水的受污染程度总体轻于第四系孔隙水。其中，六间房、瓦井和西甘池一带的基岩泉水水质良好，污染轻微；马刨泉、房山县城一带的基岩水受附近牛口峪水库及东西沙河地表污染水体的影响，其水质差，污染严重，水中 NH_4－N、NO_2^-－N 和酚的含量超标。第四系松散层孔隙水除干渠渠首段拒马河流域的大部分地区水质污染轻微外，沿线其他地区都受到不同程度的污染，其污染物及污染程度与沿线人类活动密切相关。如南泉水河沿线乡镇企业污水直排严重，水中酚、NH_4－N 和 NO_2^-－N 普遍超标；周口店、房山至羊头岗村一带，其主要污染源为燕山石油化学总公司，主要超标物质也为酚、NH_4－N 和 NO_2^-－N，在卫星航片上可以清晰地识别出该地区地下水受污染的范围。自大石河向北至渠线终点颐和园的区域，地下水主要超标指标为总硬度，主要是城区范围内超采地下水引起的。

分析所有样品指标检测结果不难看出，干渠沿线环境水中的主要污染物因子为酚、氨氮（NH_4－N）、亚硝酸盐氮（NO_2^-－N）等，其中南泉水河工程区段地下水中亚硝酸盐氮（NO_2^-－N）的超标倍数高达 17.6 倍。表 6.3.15 为所有含单项指标超标的水样汇总表。

表 6.3.15　　总干渠（北京段）环境水样品单项指标超标程度汇总表

超标倍数 I_i ／超标物质 样品编号及采集地	NH_4－N	NO_2^-－N	酚	COD_{Cr}	TDS	Fe
4 南泉水河 NKI－8 孔	1.95	2.36	7	1.47		4.3
3 南泉水河 NKI－1 孔	1.95	17.60	1			
*10 马刨泉			1			
*11 房山县城西街大队部	1.90	3.70				
8 马钢厂内	1.23	3.20	2			
16 篱笆房 HK2－31 孔					1.15	
17 岳各庄马路西边					1.16	
18 棉纺厂内					1.04	
19 火器营木材厂东					1.19	
评价标准/(mg/L)	≤0.2	≤0.02	≤0.002	≤3.0	≤450	≤0.3

注　*代表基岩水。

3. 亦庄调节池场区地下水环境质量综合评价

亦庄调节池场区采集的地下水样品为 4 件，数量相对较少。以国内《地下水质量标准》（GB 14848—93）和《生活饮用水卫生标准》（GB 5749—2006）为标准，对其检测结果分析后发现，其超标项主要为金属类和湿化学类，且超标项目相对较少；有机类污染物检测结果全部低于报告检出限值，因此未对其进行综合质量指数的计算和评价，而是对每个样品按标准进行了评价和质量分类，在此基础上对场区环境水质量进行分析评价。

表 6.3.16 为亦庄调节池场区 4 个地下水样品中超标项目的检测和评价结果。评价

表 6.3.16　亦庄调节池场区地下水检测及质量评价结果

物质类别		评价标准（GB 14848—93）					检测样品及质量评价分类							
		Ⅰ类	Ⅱ类	Ⅲ类	Ⅳ类	Ⅴ类	YZ1-W3		YZ1-W5		YZ1-W8		YZ1-W11	
							检测值	质量评价	检测值	质量评价	检测值	质量评价	检测值	质量评价
金属类	Cu/(μg/L)	≤10	≤50	≤1000	≤1500	>1500	<1	Ⅰ类	<1	Ⅰ类	2	Ⅰ类	3	Ⅰ类
	Ni/(μg/L)	≤5	≤50	≤50	≤100	>100	11	Ⅱ类	9	Ⅱ类	12	Ⅱ类	10	Ⅱ类
	Se/(μg/L)	≤10	≤10	≤10	≤100	>100	<5	Ⅰ类	<5	Ⅰ类	12	Ⅳ类	<5	Ⅰ类
	Zn/(μg/L)	≤50	≤500	≤1000	≤5000	>5000	<5	Ⅰ类	6	Ⅰ类	10	Ⅰ类	15	Ⅰ类
湿化学类	TDS（以 $CaCO_3$ 计）/(mg/L)	≤150	≤300	≤450	≤550	>550	956	Ⅴ类	737	Ⅴ类	1140	Ⅴ类	482	Ⅳ类
	COD/(mg/L)	≤300	≤500	≤1000	≤2000	>2000	1420	Ⅳ类	1260	Ⅳ类	1590	Ⅳ类	1260	Ⅳ类
	CN/(mg/L)	≤0.001	≤0.01	≤0.05	≤0.1	>0.1	<0.004	Ⅱ类	<0.004	Ⅱ类	0.006	Ⅱ类	<0.004	Ⅱ类
	Cl/(mg/L)	≤50	≤150	≤250	≤350	>350	134	Ⅱ类	152	Ⅲ类	134	Ⅱ类	129	Ⅱ类
	NO_2^--N/(mg/L)	≤0.001	≤0.01	≤0.02	≤0.1	>0.1	3.85	Ⅴ类	2.1	Ⅴ类	6.25	Ⅴ类	2.48	Ⅴ类
	NO_3^--N/(mg/L)	≤2.0	≤5.0	≤20	≤30	>30	11.2	Ⅲ类	29.8	Ⅳ类	37	Ⅴ类	20.1	Ⅳ类
	SO_4^{2-}/(mg/L)	≤50	≤150	≤250	≤350	>350	385	Ⅴ类	242	Ⅲ类	493	Ⅴ类	285	Ⅳ类
	高锰酸盐/(mg/L)	≤1.0	≤2.0	≤3.0	≤10	>10	3.32	Ⅳ类	1.31	Ⅱ类	2.86	Ⅲ类	2.26	Ⅲ类
	NH_4-N/(mg/L)	≤0.02	≤0.02	≤0.2	≤0.5	>0.5	0.17	Ⅲ类	0.2	Ⅲ类	0.32	Ⅳ类	0.37	Ⅳ类
	酚/(mg/L)	≤0.001	≤0.001	≤0.002	≤0.01	>0.01	<0.002	Ⅲ类	<0.002	Ⅲ类	<0.002	Ⅲ类	<0.002	Ⅲ类

结果表明，亦庄调节池场区地下水中 Cu、Zn 元素含量符合我国地下水Ⅰ类标准；Ni 元素含量整体略高于Ⅰ类标准限值，符合Ⅱ类标准；而 Se 元素含量局部超出Ⅱ类标准限值，符合Ⅲ类标准。该场区地下水中的亚硝酸盐（NO_2^- −N）远远超出了Ⅴ类地下水质量标准，总硬度（TDS）大部分超出了Ⅴ类标准；而硝酸盐（NO_3^- −N）和硫酸盐（SO_4^{2-}）含量最高也超出了Ⅴ类地下水质量标准；总溶解性固体（COD）的含量均大于 1000mg/L，超出了Ⅳ类地下水质量标准；高锰酸盐和 NH_4 −N 的含量介于Ⅱ～Ⅳ类地下水质量标准之间；挥发酚的含量低于Ⅲ类标准，氯化物（Cl）和氰化物（CN）含量介于Ⅱ～Ⅲ类标准之间。

总体上，亦庄调节池场区地下水已遭受严重污染，污染物以无机污染物为主。图 6.3.5 为场区 4 个采集点处地下水质按单种污染物指标进行评价分类的结果。

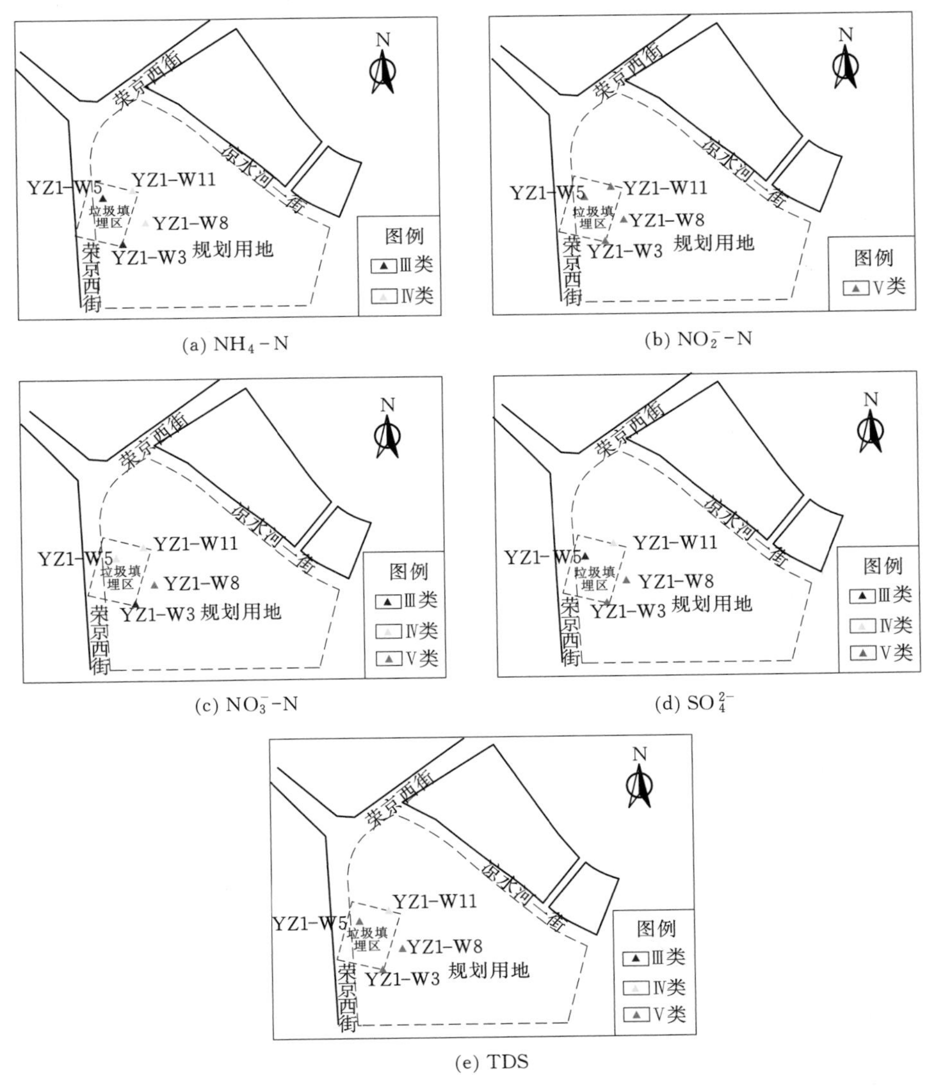

(a) NH_4 −N　(b) NO_2^- −N　(c) NO_3^- −N　(d) SO_4^{2-}　(e) TDS

图 6.3.5 亦庄调节池场区采集点处地下水质量评价（按单种污染物）结果图

为进一步分析亦庄调节池场区地下水中主要污染物的来源，对比分析了该场区土壤样品中的三氮（NO_2^-－N、NO_3^-－N 和 NH_4－N）和硫酸盐（SO_4^{2-}）检测结果（表 6.3.17）。首先对场区内土壤样品的检测结果分析后发现，相对于参照样品 YZ1－G6－1 号、YZ1－G13－2 号（样品中不含垃圾填埋物）而言，垃圾填埋物土壤样品中三氮和硫酸盐的含量明显相对较高。其中具有典型代表性的样品为 YZ1－G6－2 号，其硝酸盐浓度为 173mg/kg，为其他样品中同类物质浓度的 10 倍以上，为最小检出值（YZ1－W3－3 号 2.4mg/kg）的 72 倍。

表 6.3.17 亦庄调节池场区水土样品中主要污染物检测结果

序号	样品介质	样品编号	NO_2^-－N	NO_3^-－N	SO_4^{2-}	NH_4－N	备 注
1	地下水	YZ1－W3－W3/(mg/L)	3.85	11.2	385	0.17	
2	地下水	YZ1－W5－W3/(mg/L)	2.1	29.8	242	0.2	
3	地下水	YZ1－W8－W3/(mg/L)	6.25	37	493	2.86	
4	地下水	YZ1－W11－W3/(mg/L)	2.48	20.1	285	2.26	
5	土壤	YZ1－W3－1/(mg/kg)	N.D①	136	812	1.53	
6	土壤	YZ1－W3－2/(mg/kg)	N.D	19.2	278	6.92	
7	土壤	YZ1－W3－3/(mg/kg)	2.15	2.4	433	0.79	
8	土壤	YZ1－W3－4/(mg/kg)	N.D	13.1	121	N.D	
9	土壤	YZ1－W5－1/(mg/kg)	0.96	15.7	386	N.D	
10	土壤	YZ1－W5－2/(mg/kg)	2.4	136	1750	8.99	
11	土壤	YZ1－W5－3/(mg/kg)	N.D	32.6	346	1.01	
12	土壤	YZ1－W5－4/(mg/kg)	N.D	22.3	74.5	N.D	
13	土壤	YZ1－G6－1/(mg/kg)	N.D	37.2	297	N.D	非填埋物参照样品
14	土壤	YZ1－G6－2/(mg/kg)	4.21	173	876	10.1	典型垃圾填埋物样品
15	土壤	YZ1－G6－3/(mg/kg)	0.9	48.2	451	0.82	
16	土壤	YZ1－W8－1/(mg/kg)	N.D	10.8	145	N.D	
17	土壤	YZ1－W8－2/(mg/kg)	N.D	6.64	29.5	N.D	
18	土壤	YZ1－W8－3/(mg/kg)	N.D	18.6	169	N.D	
19	土壤	YZ1－W8－4/(mg/kg)	N.D	14.8	155	N.D	
20	土壤	YZ1－W11－1/(mg/kg)	N.D	4.31	120	N.D	
21	土壤	YZ1－W11－2/(mg/kg)	N.D	12.6	132	N.D	
22	土壤	YZ1－W11－3/(mg/kg)	N.D	29	405	N.D	
23	土壤	YZ1－G13－2/(mg/kg)	N.D	16.8	56.2	N.D	非填埋物参照样品

① N.D 表示未检出该项。

分析上述四类污染物浓度随土层深度的分布变化规律（图 6.3.6）可知，位于垃圾填埋场外或北侧边缘的参照点（YZ1－W11 号和 YZ1－W8 号），土壤中污染物浓度自地表向下变化较小，总体处于相对较低的水平；位于填埋区域内及南侧边缘的样品（YZ1－W5 号和 YZ1－W3 号），表层（深度小于 10m）土壤中污染物浓度相对较大，但随深度增加其浓度总体有降低的趋势，至垃圾填埋坑底部（约 15m）以下，其污染物浓度已降至与参照点基本相当的水平。由此认为，亦庄调节池场区垃圾填埋物内的污染物已迁移至周边土壤环境，但随着平面或深度上距离垃圾填埋物的距离增大，污染物逐步被吸附和降解。

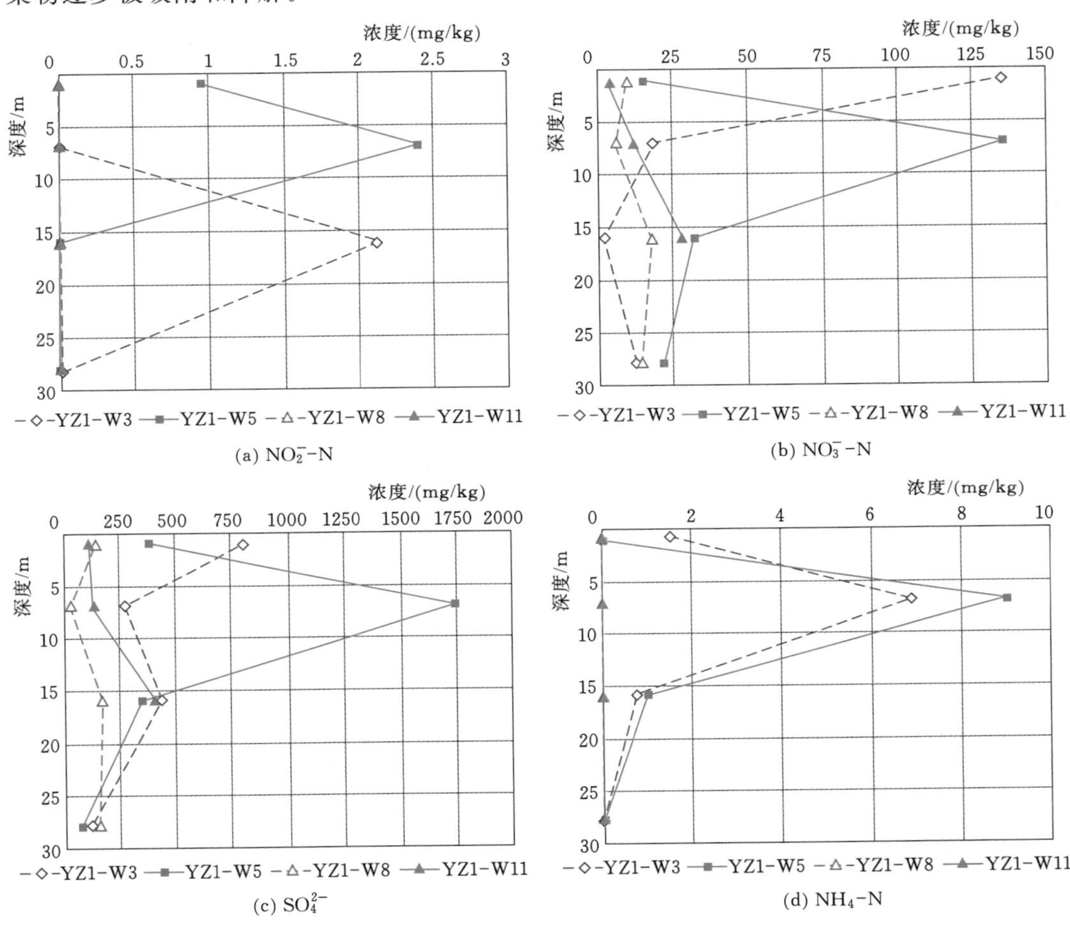

图 6.3.6　亦庄调节池场区土壤中主要污染物浓度-深度曲线

上述分析表明，场区表层土壤中氨氮、硝酸盐氮和硫酸盐的浓度相对较高，但在垃圾填埋体下方，即深度约 15m 以下的土壤中其浓度已衰减至周边环境土壤的正常水平，但场区浅层地下水（埋深 25m 以下）中的同类污染物浓度却相对较高，基本上超过了地下水Ⅲ类质量标准，其中亚硝酸盐浓度均超过了Ⅴ类标准。由此认为，场区地下水中污染物与垃圾填埋场土壤中污染物的直接相关性较小。根据场区地下水样品的检测结果还可看出，处于场区地下水流下游方向上的 YZ1－W8 号采样点水质污染最为严重，而位于垃圾填埋场内的采样点水质污染程度相对较轻，由此可以认为垃圾体中污染物对水流下游方向的地下水中污染物增加有一定的贡献。

区域地下水长期监测数据及相关文献研究[102]表明，亦庄调节池所在地区浅层地下水水质较差，主要遭受来自地表排污河水、农业灌溉用水等的入渗补给污染。综上所述，该场区垃圾填埋物对地下水环境质量有一定影响，但并不是其地下水中污染物的主要来源。

6.3.4 小结

上述3个工程场区水土环境质量评价的出发点和目的是满足工程设计的基本需求，其评价目标明确，方法简单，结果直接，实用性较强。为此，对基于工程设计需求的场区水土环境质量评价工作有以下几点认识：

（1）限于工程场区、周边环境及资金等条件的限制，场区环境质量评价中采集的水土样品数量总体较少，检测数据难以支撑从定量的统计学角度对整个场区环境质量进行较深入的分析评价，致使评价结果常常只能对单个采集点处的污染程度进行分级分类，难以从宏观角度对场区环境质量进行客观、准确的评价。从污染防控的角度出发，这样的评价结果在广度和深度方面均显不足。

（2）北京市南水北调工程场区环境质量评价中，更着重于对地下水环境质量的评价，而针对场区土壤环境质量评价开展的工作相对较少。一方面因为水是污染物赋存和运移的主要介质，另一方面对于固体垃圾污染物（团城湖调节池和亦庄调节池场区），工程设计方案中均考虑对其进行全部异地安置或隔离的方法处理，这样进行土壤环境质量评价的必要性大大减弱。但从环境保护和防止二次污染的角度出发，场区环境质量评价时应对固体废弃物进行土壤环境质量评价。

（3）由于评价标准、方法的不同，甚至是承担环评工作的主体不同，导致环境质量评价的成果可对比性差。如：团城湖调节池与亦庄调节池场区，主体污染源均为垃圾填埋物，定量化评价时，前者采用了《生活饮用水卫生标准》（GB 5749—2006），后者采用了《地下水质量标准》（GB 14848—93）；前者自制了依据综合指数进行分类分级的标准，而后者根据标准仅对单因子进行了分类，未进行综合分级。

总干渠与团城湖调节池相比，均采用指数叠加法进行多因子综合定量评价，但前者依据综合指数进行分级，后者对单因子指数进行评分后，按综合评分进行分级（自制分级标准）。另外，总干渠评价标准也采用了《地下水质量标准》（GB 14848—93）。

上述情况反映了环境质量评价中存在的人为主观性，这样容易导致实际中相同污染水平的水土环境，由于评价方法与分级结果的不同，可能采取不同等水平的防治措施。

（4）场区环境质量评价工作与勘察工作的相互协调与兼顾，一定程度上有利于环评工作在质量、进度与费用等方面的控制。环境质量定量评价的基础是样品采集与测试，工程场区环境条件常常比较复杂，水土样品的现场采集需要解决如场地勘察时遇到的临时占地、青苗补偿、钻探、取样与样品保存、运输等问题。如果环评工作能与勘察工作相互协调适应，共性的问题则可一次性解决，而且也可以一孔多用（兼顾环评与勘察对样品质量与数量的要求），通过合理安排作业工序，科学控制工期，可以实现环评与勘察工作齐头并进、互惠互利。

6.4　污染物运移模拟预测

随着环境的变化和时间的推移，污染场区地下水土中的污染物种类、空间分布等随之发生变化。进行污染物运移模拟预测研究，是为了预先了解既定环境变化条件下污染物的时空变化规律，以制定有效的预防措施，抑制污染物对拟建工程的危害，保障工程合理的使用寿命。

团城湖调节池场区地处北京市平原区西北端，北侧临近著名的颐和园昆明湖，西侧的玉泉山曾是地下水的天然出露点。该工程建设场区砂卵石层厚度大，为拟建调节池基底持力层和池周主要的围岩土体，渗透性强。总之，天然条件下团城湖调节池场区的地下潜水环境开放性极好，对来自大气降水、上游山区和周边人工水体等的补给反应灵敏，场区周边的污染物也极易随水流动而扩散。拟建团城湖调节池要保证按设计水位正常运行，且水质不受周边岩土环境中污染物的影响，必须采取一定的防渗措施。为进行不同防渗材料和方案的可行性、经济性和生态环保性能的对比论证需要，在查明该场地地下水土中污染物的种类和空间分布的基础上，结合场区水文地质条件及工程设计条件，对场区周边垃圾填埋场、油库产生的污染物运移规律进行了时空模拟预测研究，为设计方案比选提供了科学支撑。

6.4.1　地下水流场数值模拟

地下水流场数值模拟是污染物（溶质）运移模拟预测的基础和先决条件。根据团城湖调节池场区地质勘察成果及模拟研究的需要，确定模型研究的空间深度限于场区潜水系统（下边界高程为28.94m，上边界为潜水面），含水层为单层均质各向同性的砂卵石土层。研究区平面边界的水文地质条件概化处理为：西北部、东部定义为定流量（$10^{-6}m^3/d$）边界，垂直于区内地下水等水位线，东北部、西部和南部选取两条等水位线作通用水头边界处理，见图6.4.1（黄色为定流量边界，红色为通用水头边界）。根据2010年11月场区钻孔内实测地下水位画出其潜水等水位线，见图6.4.2。

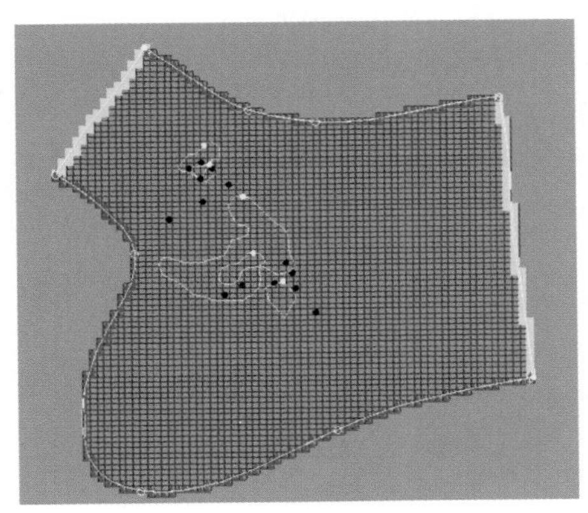

图6.4.1　团城湖调节池研究区水文地质概化模型

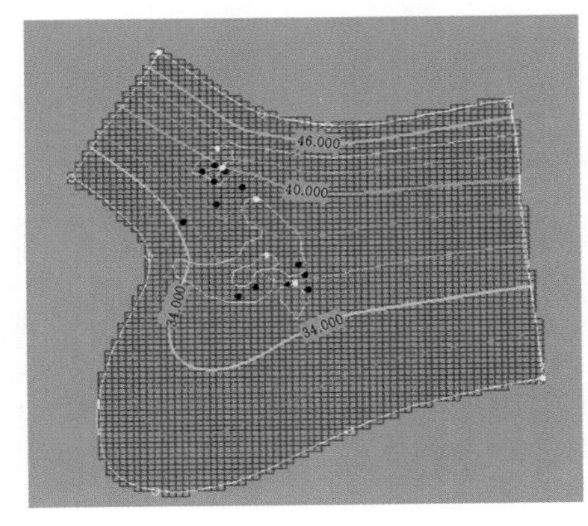

图6.4.2　团城湖调节池研究区实测潜水等水位线图（2010年11月）

地下水流场的数值模拟采用GMS软件，计算的数学模型为潜水含水层稳定流计算模型。由于周边地表水体和地下水的侧向补给量很少，计算时源汇项仅考虑降雨入渗补给，其补给强度由多年平均降雨量和地表入渗系数计算取得。研究时场区地下水潜水位埋深大于8m，因此蒸发强度按0考虑。模型计算需要输入的参数见表6.4.1。

表6.4.1 研究区地下水流模型计算输入参数表

模型计算输入参数	含水层水平渗透系数/(m/d)	降雨入渗补给强度/(m/d)	蒸发强度/(m/d)	降雨入渗系数	多年平均降雨量/mm
赋值	180	0.00024	0	0.15	595

研究区网格剖分范围：X方向5000.0m，Y方向4000.0m；单元格大小为50m×40m，见图6.4.3（红色为非活动单元格，灰色为活动单元格）。图6.4.4为模型计算水位与实测水位的拟合效果图。该图中黑点是水位观测孔的位置，点旁是水位拟合误差箱形图。如果箱柱位于点上方，表示计算水位高于实测水位，反之则低于实测水位；计算水位误差小于1m用绿色充填，误差1～2m用黄色充填，误差大于2m用红色充填。

表6.4.2为15个观测孔的实测水位与模拟水位比较结果。由表知，偏差小于0.5m的观测孔有6个，占总数的40%；偏差小于1.0m的有12个，占总数的80%。由此可以认为，拟合效果较好，模型可信度较高。

上述地下水流模型也进行了水均衡检验，检验结果表明模型拟合效果非常好。采用MODFLOW提供的记录计算过程的输出文件知：本次模拟的大气降水入渗补给量为1847.52m^3/d，通用水头总流入量为24716.7m^3/d，总流出量为26575.93m^3/d，误差为−14.08m^3/d，百分比误差仅为0.053%。

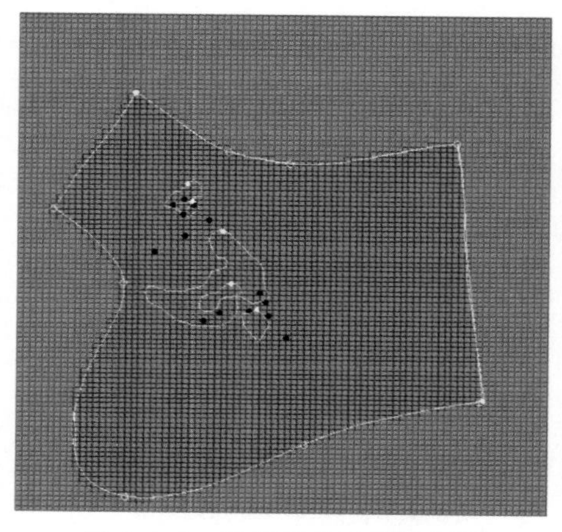

图6.4.3 研究区单元格剖分图

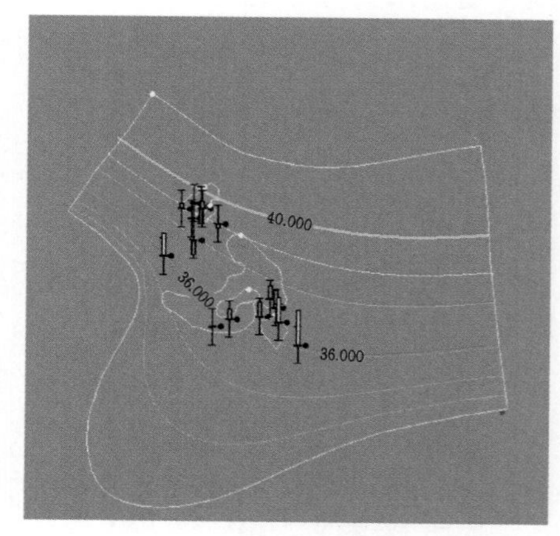

图6.4.4 研究区模拟水位与实测水位拟合效果图

表 6.4.2　　研究区地下潜水位实测值与模拟计算值比较表

观测孔编号	观测孔坐标/m		实测值/m	计算值/m	计算值－实测值/m
	E（东）	N（北）			
2ZK1－2	492426.62	312672.94	39.40999985	39.18841	－0.221589847
NZK－1	492239.646	312838.14	39.65200043	39.55398	－0.098020427
NZK－2	492147.611	312790.87	38.74700165	39.06151	0.314508352
NZK－3	492297.029	312820.338	40.60100174	39.60989	－0.99111174
NZK－4	492225.389	312715.788	38.91899872	38.89184	－0.027158718
NZK－6	492242.187	312545.702	38.84899902	38.0717	－0.777299023
SZK－1	492828.52	312092.59	36.78499985	37.50924	0.724240153
SZK－2	492873.513	312018.344	36.29000092	37.276	0.985999084
SZK－3	492751.77	311945.91	35.90999985	36.7503	0.840300153
SZK－3（1）	492897.54	311903.97	35.45000076	36.82582	1.375819237
SZK－6	492520.78	311925.65	35.58000183	36.12418	0.544178169
SZK－7	492392.597	311863.945	35.44300079	35.49732	0.054319207
SZK－8	493043.94	311725.6	34.33000183	36.21227	1.882268169
ZK2	492007.488	312417.708	35.08800125	36.35013	1.262128749
ZK 补 1	492308.448	312793.796	39.11100006	39.50751	0.396509939

6.4.2　现状水流条件下的污染晕模拟

此模拟假设模拟期内团城湖调节池场区地下水流场稳定不变，研究在对流和弥散作用下研究区北部的垃圾填埋场和南部的油库两个污染源周边污染物的分布特征。在前述研究区地下水流场数值模拟的基础上，采用 GMS 中的 MT3DMS 软件包来进行模拟。限于研究区资料的有限性，此模拟只选择无机污染物中的一种来进行模拟。由于 Cl^- 属于稳定离子，选择其作为代表性离子具有很好的示踪效果，因此污染晕模拟中常被选为研究对象。

团城湖调节池场区现状条件下的污染晕模拟初始时间为 2010 年 8 月 10 日，总的模拟期为 10 年，即至 2020 年 8 月 9 日。每个应力期为 1 年，总共 10 个应力期。模拟时将场区北部的垃圾填埋场视为定浓度的面状污染源，Cl^- 浓度为 68.65mg/L；南部的油库则视为定浓度的点状污染源，Cl^- 浓度为 24.84mg/L。研究区纵向弥散度根据经验取值为 120m。另外，因研究区潜水含水层介质以砂卵石为主，颗粒间空隙非常大，因此模拟时不考虑吸附作用。同时因 Cl^- 性质稳定，模拟时忽略其衰减性能。

图 6.4.5 为模拟期开始后 27d、100d 和 3650d 时研究区北部垃圾填埋场周边污染物的分布状况，由图知，27d 时北部垃圾填埋场最外围的污染物距离调节池边界还有一定距离，对池区地下水或池水没有构成明显威胁；100d 时污染晕最外围污染物已扩散至调节池边缘，污染威胁明显；3650d 时，污染晕形状基本上趋于稳定，此时的污染晕形状可以看做是现状流场条件下垃圾填埋场污染羽的分布状况，即此时垃圾

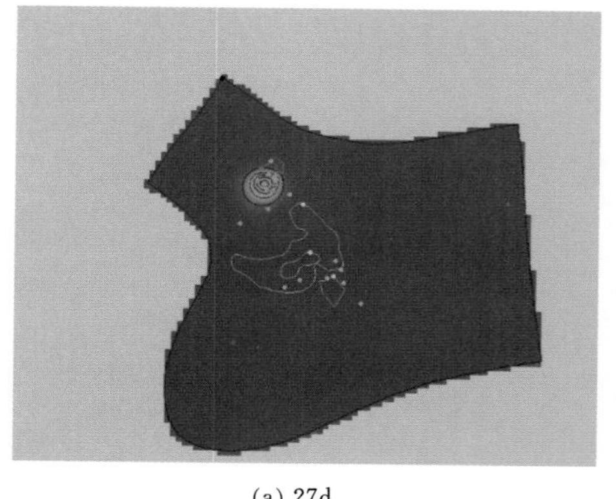

(a) 27d

(b) 100d

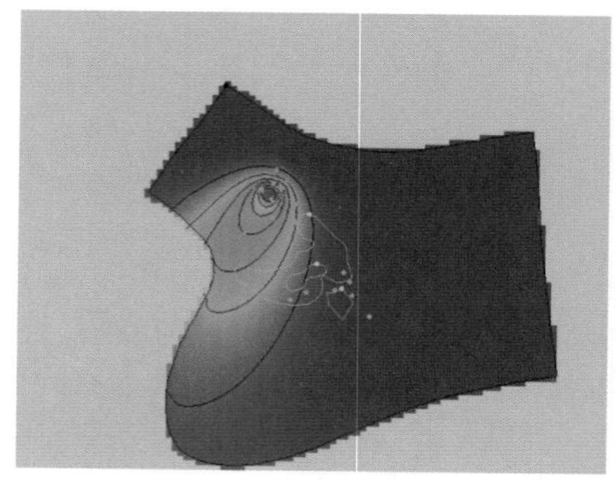

(c) 3650d

图 6.4.5　研究区北部垃圾填埋场周边污染晕模拟结果

填埋场污染物的淋滤液可能已对调节池附近地下水或池水造成一定的污染，威胁严重。

图 6.4.6 为模拟期开始后 10d、860d 和 3650d 时研究区南部油库污染物污染晕的模拟结果。模拟结果表明，模拟期开始 10d 后，油库处污染晕已经到达了团城湖调节池的边缘；860d 时，油库污染物对调节池的影响范围基本上达到最大。

综上所述，现状流场条件下的污染晕模拟结果表明，团城湖调节池场区北部的垃圾填埋场和南部的油库污染物随时间推移，其影响范围均可以扩展至拟建调节池场区；污染物的污染晕扩散方向总体为自东北向西南，与地下水流向总体一致。长远来看，北部垃圾填埋场污染物扩散范围持续扩大并向调节池方向靠近，而南部的油库污染物则在约 860d 后影响范围达到最大，其对调节池的污染影响相对较小。

6.4.3　池水补给条件下的污染物运移模拟

团城湖调节池工程建设前场区东北部、东部地下水位相对较高，水位高程 38～43m；西部、南部地下水位相对较低，水位高程 32～35m。调节池设计池底高程约 44m，设计最低运行水位 48.5m，正常运行水位 49.0m，最高运行水位 49.5m，可调蓄水位 45～49m。由此看来，调节池按设计水位蓄水后，池水对地下水的补给是必然

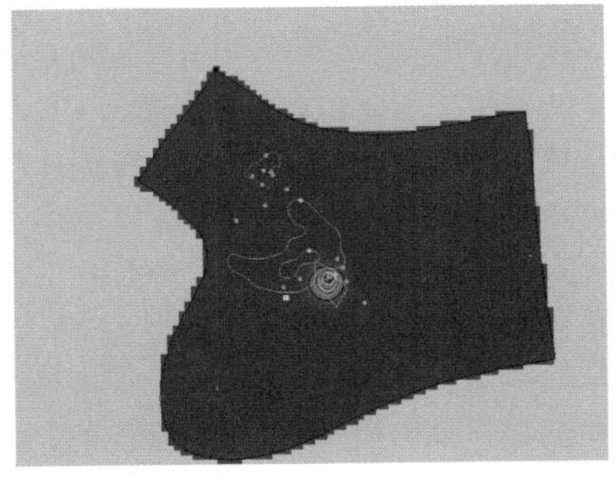
(a) 10d

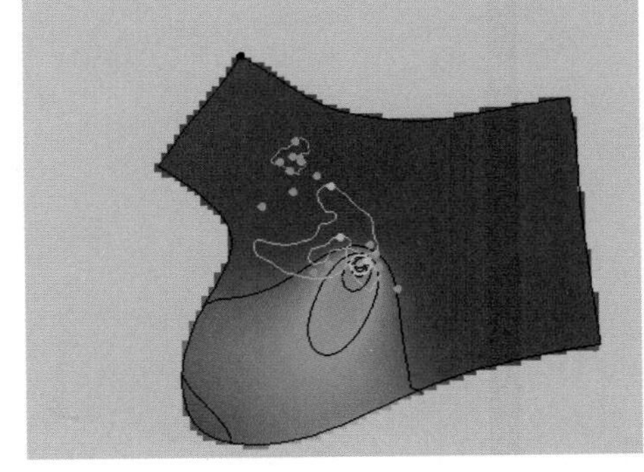
(b) 860d

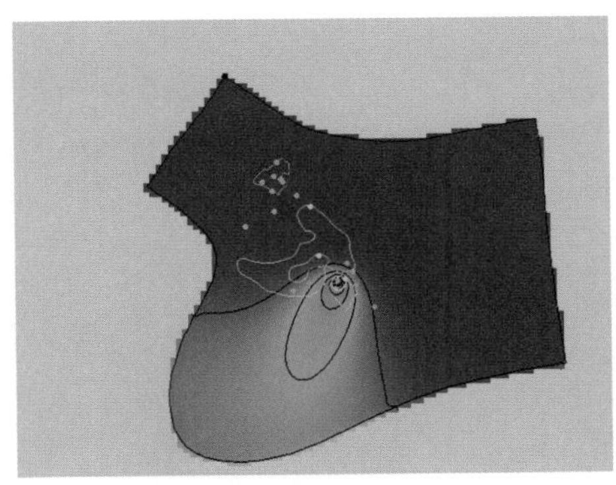
(c) 3650d

图 6.4.6　研究区南部油库污染物污染晕模拟结果

的，而补给强度的大小决定其对现状地下水流场的影响大小。换言之，如若池水对地下水的补给强度足够大，则可能改变场区及周边现状地下水流场，继而改变场区周边垃圾填埋场及油库污染物的运移方向和空间分布规律，池周地下水土的环境质量与现状将有大的区别。此外，因池区北侧紧临北京著名的颐和园昆明湖，因地下水流场的改变可能将污染物带入昆明湖。需要寻找一个既能保护池水和昆明湖水质不受污染，又能保证池水对地下水适宜的补给量、改善地下水生态环境的两全之策，为此研究了不同的池水补给情景下的污染物运移规律。

此模拟研究仍用 Cl^- 作为代表性污染物，设定 0.04～0.1m/d 多种补给速率输入 GMS 中，分别观察不同情景下研究区地下水流场的变化及相应的污染晕变化情况。下面就具有代表性意义的补给速率情景模拟结果作简要介绍。

1. 补给速率为 0.1m/d

图 6.4.7 为该情景下的地下水流场模拟结果。与现状流场（图 6.4.4）相比知，此时团城湖调节池北部区域地下水流场变化较大，流向为近南北向，等水位线明显向南弯曲；池区地下水位已上升至 44m，与设计池底高程持平；北部垃圾填埋场大部分区域内地下水位高程超过 40m，高于垃圾填埋物底界高程（约 39m），即大部分垃圾填埋

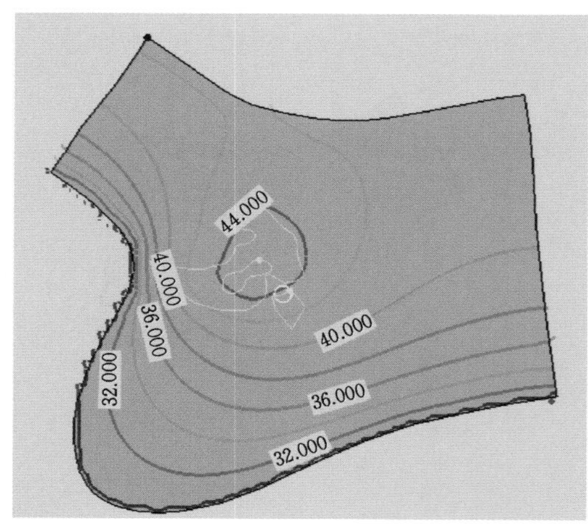

图 6.4.7 补给速率为 0.1m/d 时的地下水流场图

物处于浸泡状态。

图 6.4.8、图 6.4.9 分别为该情景下研究区北部垃圾填埋场和南部油库区 Cl^- 的污染晕模拟结果。与前述现状流场条件下的污染晕模拟结果相比，北部垃圾填埋场区污染物的扩散方向总体向北偏移，由原来的自 NE 向 SW 方向转为近自 E 向 W 方向，污染物向着远离调节池区的方向运移，即对池水和临近的颐和园水体水质不会构成威胁；而南部油库区污染物的运移方向总体为自 NW 向 SE 方向，与现状水流条件下的运移方向（自 NE 向 SW）完全不同，污染物也向着远离池区的方向扩散，对池水水质不会构成威胁，但对其东南方向的团城湖明渠区域会有一定影响。

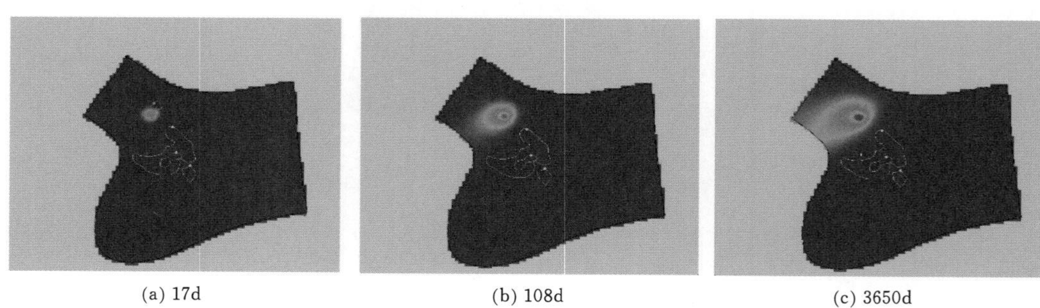

(a) 17d (b) 108d (c) 3650d

图 6.4.8 补给速率 0.1m/d 时北部垃圾填埋场区污染晕模拟结果

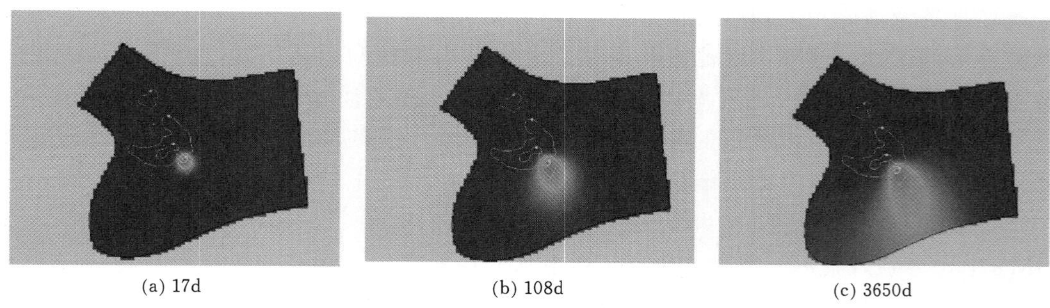

(a) 17d (b) 108d (c) 3650d

图 6.4.9 补给速率 0.1m/d 时南部油库区污染晕模拟结果

2. 补给速率为 0.08m/d

图 6.4.10 为该情景下研究区地下水流场模拟结果，图 6.4.11 为相应的北部垃圾填埋场区污染物的运移模拟结果。通过对比分析可知，该情景下的地下水流场及污染晕变化与补给速率为 0.1m/d 时基本相似，只是污染晕向北偏移的幅度相对较小。意即

池水补给速率减小时，污染物运移方向向着池区方向靠近。

3. 补给速率为 0.04m/d

图 6.4.12～图 6.4.14 为该情景下的地下水流场和污染物运移模拟结果图。不难看出，该情景下的地下水流场发生了轻微变化，地下水流向在北部区域由北向南，在调节池南部渐转为向西南方向流出，与现状流场大体相似；但池区及北部垃圾填埋场区地下水位升高至 40～42m，比现状 38～40m 总体高约 2m，垃圾填埋场底部遭受浸泡。

图 6.4.10　补给速率为 0.08m/d 时的地下水流场图

就污染晕的空间分布变化而言，此情景下北部垃圾填埋区污染物总体扩散方向仍为自 NE 向 SW 方向，与现状流场条件下运移方向相同，但与图 6.4.5 相比，其影响范围减小，10 年模拟期内污染晕最外缘边界未到达调节池边界，即污染物不会影响池水水质，也不会影响北侧昆明湖水质。南部油库区污染物运移方向与现状流场条件下大不相同，而与补给速率为 0.1m/d 时基本相似，污染物总体向远离池区的东南方向扩散，对池水水质影响小，对东南侧明渠区水质构成威胁。

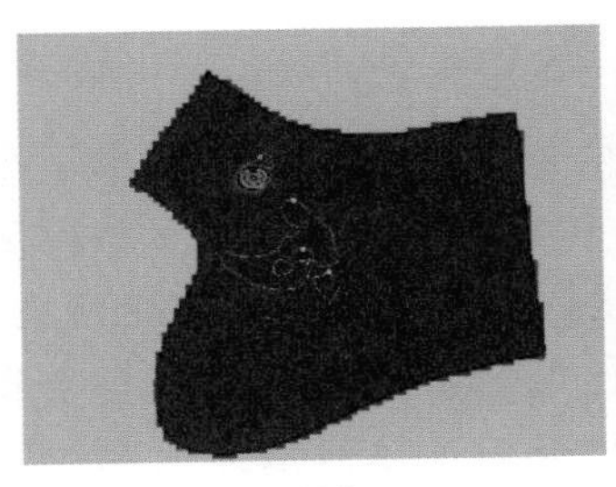
(a) 19d

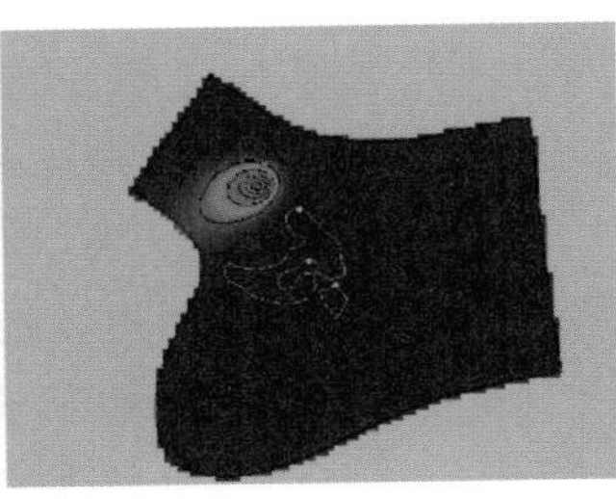
(b) 128d

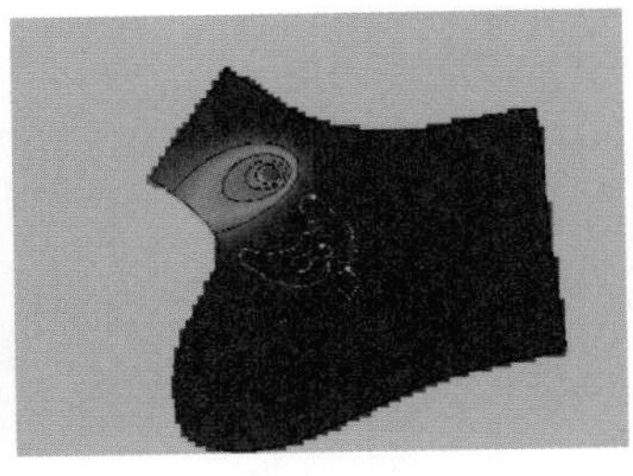
(c) 3650d

图 6.4.11　补给速率 0.08m/d 时北部垃圾填埋场区污染晕模拟结果

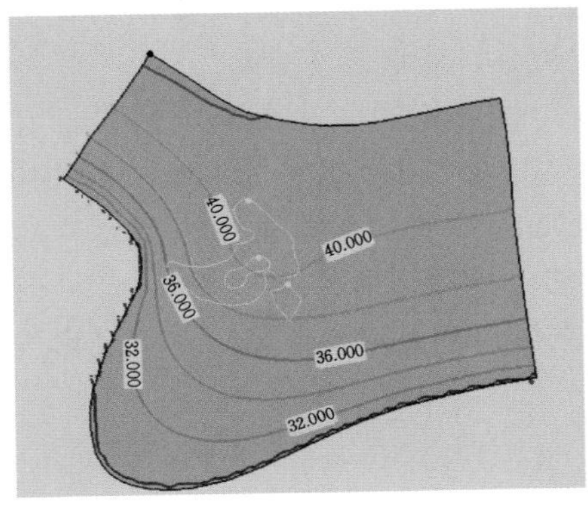

图 6.4.12　补给速率为 0.04m/d 时的地下水流场图

4. 补给速率为 0.03m/d

此情景的模拟结果（仅模拟了北部垃圾填埋区）如图 6.4.15、图 6.4.16 所示。由图可看出，其地下水流场变化较小，与现状流场基本相似，地下水流向总体自 NE 向 SW 方向；北部垃圾填埋场污染物运移扩散方向总体自 NE 向 SW 方向，与现状流场条件下的运移扩散方向相同。不同的是，在此补给强度下，垃圾填埋场污染物的污染晕边缘在模拟终期已经到达调节池边缘，即可能对池水水质造成污染。

通过上述情景模拟可以得出这样的结论：即团

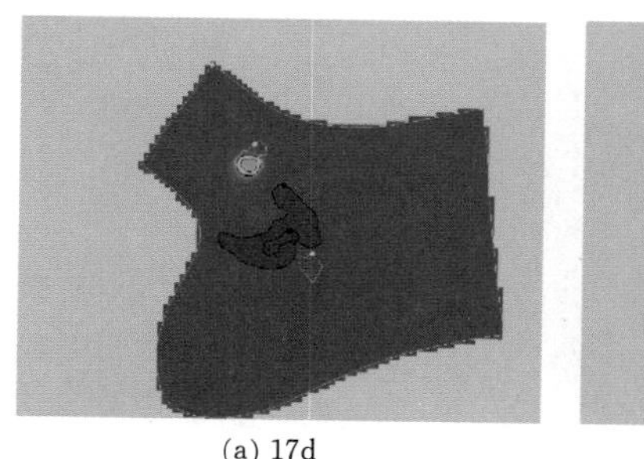
(a) 17d

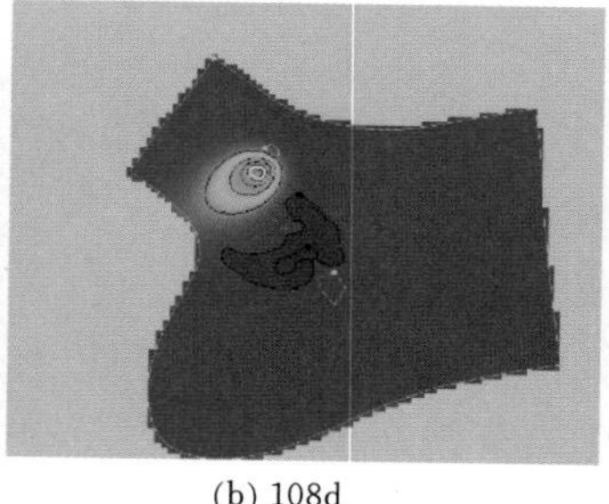
(b) 108d

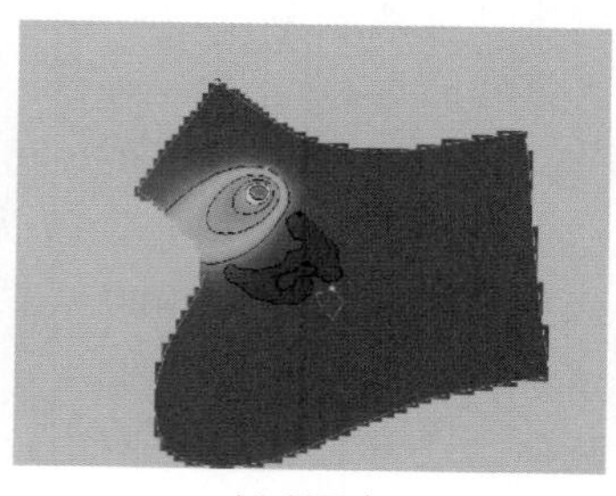
(c) 3650d

图 6.4.13　补给速率 0.04m/d 时北部垃圾填埋场区污染晕模拟结果

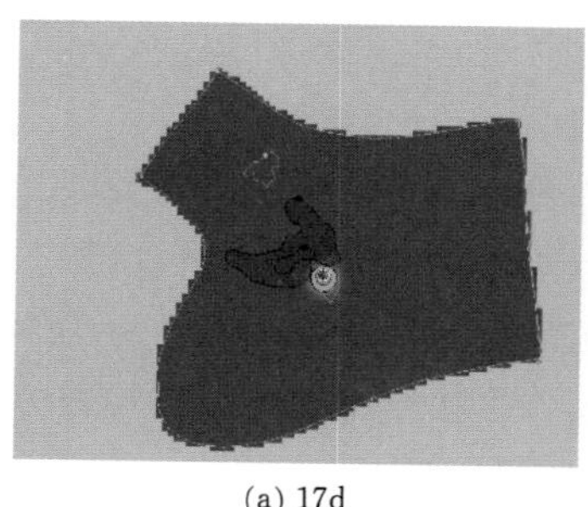
(a) 17d

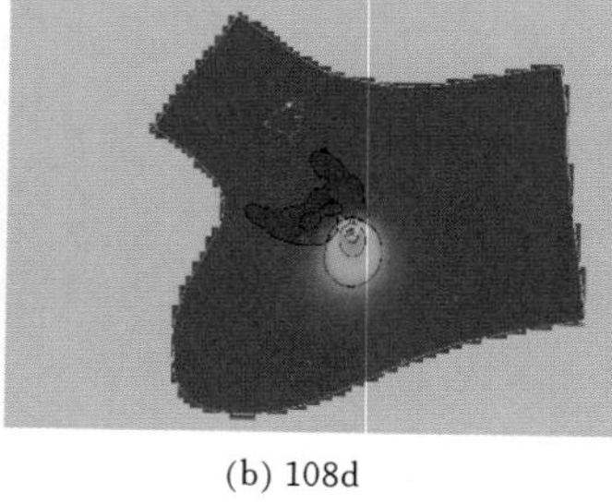
(b) 108d

(c) 3650d

图 6.4.14　补给速率 0.04m/d 时南部油库区污染晕模拟结果

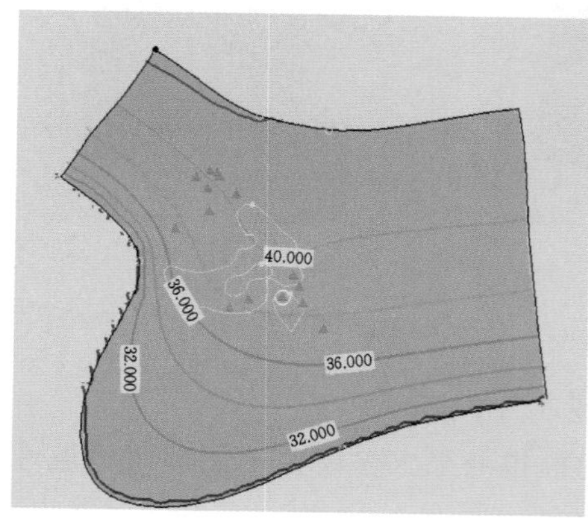

图 6.4.15　补给速率为 0.03m/d 时的地下水流场图

城湖调节池池水向地下水的渗漏补给速率不小于 0.04m/d 时，基本可以保证场区南、北两侧的污染物不进入池区，池水水质不会遭受污染，池区北部的颐和园昆明湖水体水质也不会受到污染；但池区北部垃圾填埋场西南或西部的部分区域、池区东南方向的团城湖明渠区域等目前未遭受污染的地区，可能因地下水位升高、垃圾填埋物遭受浸泡、污染物随水流动而使其地下水土遭受污染，环境质量变差。

表 6.4.3 为根据不同的池水补给情景计算的池水渗漏量结果：补给速率为 0.04m/d 时，通过调节池池底和池周的渗漏总量占调蓄库容（127 万 m^3）的 1.04%；补给速率为 0.1m/d 时的渗漏总量占调蓄库容的 2.59%。设计人员据此可优化调节池防渗方案，在水量损失和水质污染之间寻求最佳平衡。

6.4.4　小结

采用数值方法进行污染物运移模拟预测是工程实践中常用的方法，其对宏观了解场区污染物的时空变化规律和趋势十分有效，模拟预测的结果对制定场地污染防治方

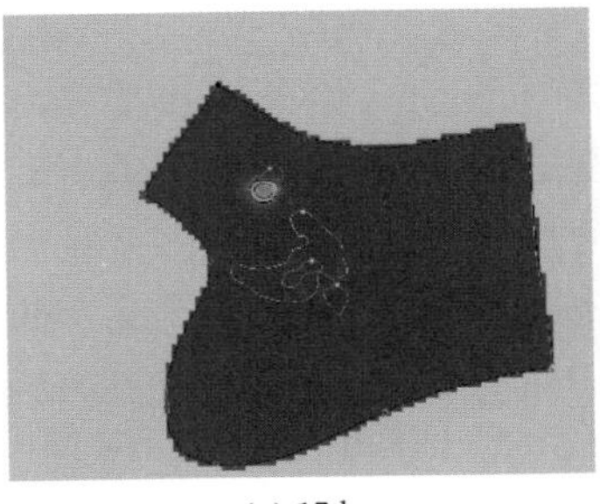
(a) 17d

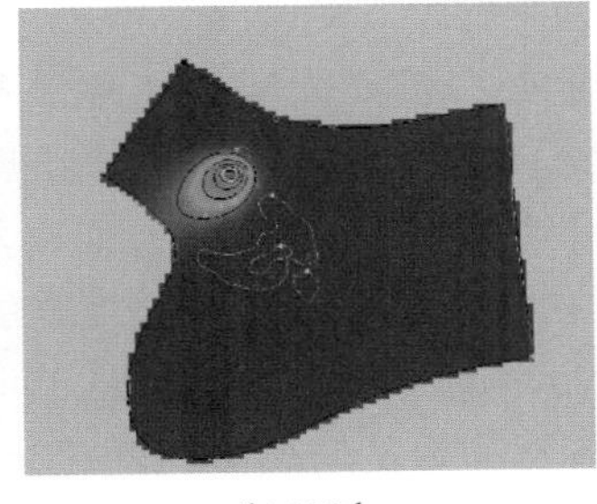
(b) 108d

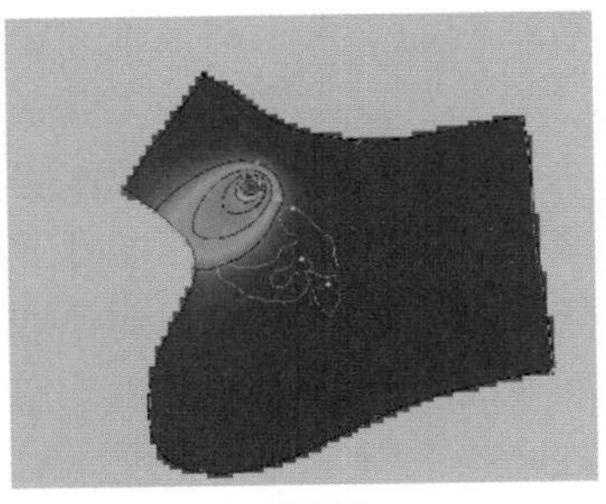
(c) 3650d

图 6.4.16　补给速率 0.03m/d 时北部垃圾填埋场区污染晕模拟结果

案和工程设计方案具有非常重要的实用价值。团城湖调节池场区污染物运移模拟预测的结果为工程设计方案的比选指明了方向，设计人员据此反复核算比选了工程拟采用的防渗膜材料性能、评估了池水渗漏可能引起的工程安全风险等，从而进一步优化了工程设计方案，确保调节池池水水质、水量等各项指标在工程安全可控的范围内。

表 6.4.3　　不同补给情景下团城湖调节池渗漏水量计算表

计算指标	补给速率 K			
	0.1m/d	0.08m/d	0.04m/d	0.03m/d
池底渗漏量 Q_1/(m^3/d)	30000	24000	12000	9000
渗漏量占设计蓄水量的百分比（$Q_1/Q_{设计}$）/%	2.36	1.89	0.94	0.71
池周渗漏量 Q_2/(m^3/d)	2880	2304	1152	864
渗漏量占设计蓄水量的百分比（$Q_2/Q_{设计}$）/%	0.23	0.18	0.09	0.07
总渗漏量（$Q=Q_1+Q_2$）/(m^3/d)	32880	26304	13152	9864
渗漏量占设计蓄水量的百分比（$Q/Q_{设计}$）/%	2.59	2.07	1.04	0.78

注　计算参数：计算池水位 $H=49$m，池底面积 $S_1=300000m^2$，池周长 $L=3200$m，池周边坡坡率 48m 水位以下为 1∶1，48m 水位以上为 1∶5～1∶10，设计蓄水量 $Q_{设计}=127$ 万 m^3。

同时也必须认识到，任何模拟预测的结果均是与一定的限定条件（如边界条件、参数条件等）相对应的，若条件改变，则应重新进行模拟。上述模拟过程中的主要限定条件有两个：

（1）地下水流场模拟中，蒸发强度按 0 考虑，这一点与工程实际是不相符的。

（2）污染物运移模拟时，选定了无机 Cl^- 作为污染物，计算中不考虑污染物迁移过程中的吸附与衰减性能，这一点也不符合地下水中大多数溶质物质迁移的一般规律。

基于上述限定条件下的模拟预测结果，对防污工程安全来说是有利的，因为据此制定的工程设计方案常常是趋于保守和安全型的。

6.5　水土对建筑材料的腐蚀性评价

判定地下水和土对建筑材料的腐蚀性是岩土工程勘察的一项基本任务，其判别评价结果是工程设计采取防腐措施的重要依据。我国现行国家和行业岩土勘察标准中一般都有关于水土腐蚀性评价的判别标准，是岩土工程勘察工作的重要依据。

北京市南水北调工程的总干渠和重要配套工程地质勘察中，无一例外地按国家和水利行业规程规范以及工程设计要求开展了相应的水土腐蚀性评价工作。为使读者对北京市南水北调工程的地下水土腐蚀性环境有一个相对全面的认识和了解，在系统整理分析现行国家和行业标准中关于水土腐蚀性评价规定的基础上，全面梳理了北京市南水北调工程的地下水土腐蚀性评价结果，重点对总干渠 PCCP 管道工程的水土腐蚀性环境进行了深入研究，对其工程采取的防腐措施进行简要介绍，以便同类工程借鉴。

6.5.1 评价标准对比研究

我国水利水电、铁路、公路、港口以及城市轨道等行业现行勘察标准中均有对水土腐蚀性评价的相关规定，它们与国家标准《岩土工程勘察规范》（GB 50021—2001）的相关规定有相同之处，局部也有针对行业的特殊规定，下面逐一说明。表 6.5.1 为参与本次研究的规范中有关水土腐蚀性评价条文的索引表。

表 6.5.1 我国现行规范中有关“水土腐蚀性评价”的条文索引表

序号	规范名称	规范编号	条文索引
1	岩土工程勘察规范	GB 50021—2001	第 12 章 水和土腐蚀性的评价
2	水利水电工程地质勘察规范	GB 50487—2008	附录 L 环境水腐蚀性评价
3	公路工程地质勘察规范	JTG C20—2011	附录 K 水和土的腐蚀性评价
4	铁路工程地质勘察规范	TB 10012—2007 J 124—2007	附录 F 环境水、土对混凝土侵蚀性的判定标准
5	港口岩土工程勘察规范	JTS 133-1—2010	11.4 水、土腐蚀性试验
6	城市轨道交通 岩土工程勘察规范	GB 50307—2012	10.4.4 地下水、土对建筑材料的腐蚀性评价应符合现行国家标准《岩土工程勘察规范》（GB 50021—2001）的有关规定

《岩土工程勘察规范》（GB 50021—2001）第 12 章包含两节，分别规定了水土取样测试的要求以及腐蚀性评价的方法和标准。其中，对于“取样和测试”的规定如下：

（1）当有足够经验或充分资料，认定工程场地及其附近的土或水（地下水或地表水）对建筑材料为微腐蚀时，可不取样试验进行腐蚀性评价。土对钢结构腐蚀性评价可根据任务要求进行。

（2）混凝土结构处于地下水位以上时，应取土试样做土的腐蚀性测试；混凝土结构处于地下水和地表水中时，应取水试样做水的腐蚀性测试；混凝土结构部分处于地下水位以上、部分处于地下水位以下时，应分别取水试样和土试样做腐蚀性测试；水试样和土试样应在混凝土结构所在深度采取，每个场地不应少于 2 件；当土中盐类成分和浓度分布不均匀时，应分区、分层取样，每区、每层应不少于 2 件。

（3）水对混凝土腐蚀性的测试项目包括 pH 值、Ca^{2+}、Mg^{2+}、Cl^-、SO_4^{2-}、HCO_3^-、CO_3^{2-}、侵蚀性 CO_2、游离 CO_2、NH_4^+、OH^-、总矿化度；土对混凝土腐蚀性的测试项目包括 pH 值、Ca^{2+}、Mg^{2+}、Cl^-、SO_4^{2-}、HCO_3^-、CO_3^{2-} 的易溶盐（土

水比 1∶5）分析；土对钢结构的腐蚀性的测试项目包括 pH 值、氧化还原电位、极化电流密度、电阻率、质量损失；腐蚀性测试的试验方法应符合 GB 50021—2001 中表 12.1.3 的规定（表 6.5.2）。

表 6.5.2　　腐蚀性试验方法（GB 50021—2001 表 12.1.3）

序号	试验项目	试验方法	序号	试验项目	试验方法
1	pH 值	电位法或锥形玻璃电极法	9	游离 CO_2	碱滴定法
2	Ca^{2+}	EDTA 容量法	10	侵蚀性 CO_2	盖耶尔法
3	Mg^{2+}	EDTA 容量法	11	OH^-	酸滴定法
4	Cl^-	摩尔法	12	总矿化度	计算法
5	SO_4^{2-}	EDTA 容量法或质量法	13	氧化还原电位	铂电极法
6	HCO_3^-	酸滴定法	14	极化电流密度	原位极化法
7	CO_3^{2-}	酸滴定法	15	电阻率	四级法
8	NH_4^+	纳氏试剂比色法	16	质量损失	管罐法

（4）水和土对建筑材料的腐蚀性，可分为微、弱、中、强 4 个等级，并可按 GB 50021—2001 第 12.2 节进行评价。

对于“腐蚀性评价”规定为：受环境类型影响时，水和土对混凝土结构的腐蚀性应符合表 6.5.3 的规定，环境类型的划分按表 6.5.4 执行。受地层渗透性影响时，水和土对混凝土结构的腐蚀性评价应符合表 6.5.5 的规定。当按表 6.5.3 和表 6.5.5 评价的腐蚀性等级不同时，应进行综合评定，即腐蚀等级中只出现弱腐蚀，无中等腐蚀或强腐蚀时，综合评价为弱腐蚀；腐蚀等级中无强腐蚀，最高为中等腐蚀时，综合评价为中等腐蚀；腐蚀等级中有一个或一个以上为强腐蚀，应综合评价为强腐蚀。水和土对钢筋混凝土结构中钢筋的腐蚀性评价，应符合表 6.5.6 的规定。土对钢结构的腐蚀性评价应符合表 6.5.7 的规定。水土对建筑材料腐蚀的防护，应符合现行国家标准《工业建筑防腐蚀设计规范》（GB 50046）的规定。

表 6.5.3　　按环境类型水和土对混凝土结构的腐蚀性评价（GB 50021—2001 表 12.2.1）

腐蚀等级	腐蚀介质	环境类型		
		Ⅰ	Ⅱ	Ⅲ
微	硫酸盐含量 SO_4^{2-}/(mg/L)	<200	<300	<500
弱		200～500	300～1500	500～3000
中		500～1500	1500～3000	3000～6000
强		>1500	>3000	>6000
微	镁盐含量 Mg^{2+}/(mg/L)	<1000	<2000	<3000
弱		1000～2000	2000～3000	3000～4000
中		2000～3000	3000～4000	4000～5000
强		>3000	>4000	>5000

续表

腐蚀等级	腐蚀介质	环境类型		
		Ⅰ	Ⅱ	Ⅲ
微	铵盐含量 NH_4^+/(mg/L)	<100	<500	<800
弱		100～500	500～800	800～1000
中		500～800	800～1000	1000～1500
强		>800	>1000	>1500
微	苛性碱含量 OH^-/(mg/L)	<35000	<43000	<57000
弱		35000～43000	43000～57000	57000～70000
中		43000～57000	57000～70000	70000～100000
强		>57000	>70000	>100000
微	总矿化度 /(mg/L)	<10000	<20000	<50000
弱		10000～20000	20000～50000	50000～60000
中		20000～50000	50000～60000	60000～70000
强		>50000	>60000	>70000

注　1. 表中数值适用于有干湿交替作用的情况，Ⅰ类、Ⅱ类腐蚀环境无干湿交替作用时，表中硫酸盐含量数值应乘以1.3的系数。
2. 此注取消。
3. 表中数值适用于水的腐蚀性评价，对于土的腐蚀性评价，应乘以1.5的系数，单位以mg/kg表示。
4. 表中苛性碱 OH^- 含量应为NaOH和KOH中的 OH^- 含量。

表6.5.4　　场地环境类型分类（GB 50021—2001表G.0.1）

环境类型	场地环境地质条件
Ⅰ	高寒区、干旱区直接临水；高寒区、干旱区含水量 $\omega \geqslant 10\%$ 的强透水土层或含水量 $\omega \geqslant 20\%$ 的弱透水土层
Ⅱ	湿润区直接临水；湿润区含水量 $\omega \geqslant 20\%$ 的强透水土层或含水量 $\omega \geqslant 30\%$ 的弱透水土层
Ⅲ	高寒区、干旱区含水量 $\omega < 20\%$ 的弱透水土层或含水量 $\omega < 10\%$ 的强透水土层；湿润区含水量 $\omega \leqslant 30\%$ 的弱透水土层或含水量 $\omega < 20\%$ 的强透水土层

注　1. 高寒区是指海拔高度不小于3000m的地区；干旱区是指海拔高度小于3000m，干燥度指数 K 值不小于1.5的地区；湿润区是指干燥度指数 K 值小于1.5的地区。我国干燥度指数大于1.5的地区有新疆（除局部）、西藏（除东部）、甘肃（除局部）、宁夏、内蒙古（除局部）、陕西北部、山西北部、河北北部、辽宁西部、吉林西部，其他地区干燥度指数基本上小于1.5。不能确认或需干燥度的具体数据时，可向各地气象部门查询。
2. 强透水层是指碎石土、砾砂、粗砂和细砂，弱透水层指粉砂、粉土和黏性土。
3. 含水量 $\omega < 3\%$ 的土层可视为干燥土层，不具有腐蚀环境条件。
3A. 当混凝土结构一边接触地面水或地下水，一边暴露在大气中，水可以通过渗透或毛细作用在暴露大气中一边蒸发时，应定为Ⅰ类。
4. 当有地区经验时，环境类型可根据地区经验划分；当同一场地出现两种环境类型时，应根据具体情况选定。

根据《岩土工程勘察规范》（GB 50021—2001）的条文说明，该规范主要评价标准是依据《环境水对混凝土侵蚀性判定方法和标准》专题研究成果并借鉴国外相关规范的基础上编制的。如水土对钢筋混凝土结构中钢筋的腐蚀性判定标准引自苏联《建筑

物防腐蚀设计规范》(СНиП2-03-11—85),水和土对钢结构的腐蚀性评价标准是参考了德国 DIN 50929(1985)、苏联 ГОСТ9.015—74(1984 版本)和美国 ANSI/AWWAC105/A21.5—82 相关标准,并结合我国实际情况编制的。

表 6.5.5　按地层渗透性水和土对混凝土结构的腐蚀性评价(GB 50021—2001 表 12.2.2)

腐蚀等级	pH 值		侵蚀性 CO_2/(mg/L)		HCO_3^-/(mmol/L)
	A	B	A	B	A
微	>6.5	>5.0	<15	<30	>1.0
弱	6.5~5.0	5.0~4.0	15~30	30~60	1.0~0.5
中	5.0~4.0	4.0~3.5	30~60	60~100	<0.5
强	< 4.0	<3.5	>60	—	—

注　1. A 是指直接临水或者强透水含水层中的地下水;B 是指弱透水层中的地下水。
2. 表中 HCO_3^- 是指水的矿化度低于 0.1g/L 的软水时,该类水质 HCO_3^- 的腐蚀性。
3. 土的腐蚀性评价只考虑 pH 值指标;评价腐蚀性时,A 是指强透水土层,B 是指弱透水土层。

表 6.5.6　对钢筋混凝土中钢筋的腐蚀性评价(GB 50021—2001 表 12.2.4)

腐蚀等级	水中 Cl^- 含量/(mg/L)		土中 Cl^- 含量/(mg/kg)	
	长期浸水	干湿交替	A	B
微	<10000	<100	<400	<250
弱	10000~20000	100~500	400~750	250~500
中	—	500~5000	750~7500	500~5000
强	—	>5000	>7500	>5000

注　1. A 是指地下水位以上的碎石土、砂土,稍湿的粉土,坚硬、硬塑的黏性土;B 是指湿、很湿的粉土,可塑、软塑、流塑的黏性土。
2. 当水和土中同时存在氯化物和硫酸盐时,表中 Cl^- 含量是指氯化物中 Cl^- 和硫酸盐折算后 Cl^- 之和,即 Cl^- 含量 $=Cl^-+SO_4^{2-}\times0.25$,单位分别是 mg/L 和 mg/kg。

表 6.5.7　土对钢结构的腐蚀性评价(GB 50021—2001 表 12.2.5)

腐蚀等级	pH 值	氧化还原电位/mV	视电阻率/(Ω·m)	极化电流密度/(mA/cm²)	质量损失/g
微	>5.5	>400	>100	<0.02	<1
弱	5.5~4.5	400~200	100~50	0.02~0.05	1~2
中	4.5~3.5	200~100	50~20	0.05~0.20	2~3
强	<3.5	<100	<20	>0.2	>3

注　土对钢结构的腐蚀性,取各指标中腐蚀等级最高者。

现行《公路工程地质勘察规范》(JTG C20—2011)附录 K 完全引用 GB 50021—2001 第 12 章条文作为行业标准使用。

《港口岩土工程勘察规范》(JTS 133-1—2010)中的 11.4 在采取水土试样数量

（每个场地不少于 3 件，分层取样时每层不少于 3 件）的规定上不同于 GB 50021—2001，且规定"地下水位以下土层为渗透系数小于 1.1×10^{-6}cm/s 的黏性土时加取土试样"。此外，该规范总体与 GB 50021—2001 协调一致，规定：试验报告应按现行国家标准《岩土工程勘察规范》（GB 50021）的有关规定评定场地内水和土对建筑材料的腐蚀性。

《水利水电工程地质勘察规范》（GB 50487—2008）附录 L 仅规定了环境水对建筑材料的腐蚀性评价标准，与 GB 50021—2001 相关规定的差异表现在以下几个方面：

（1）腐蚀性等级分级不同。水利水电规范对混凝土的腐蚀性等级分为无、弱、中、强四级，而对钢筋混凝土结构中的钢筋和钢结构的腐蚀性分为弱、中、强三级。GB 50021—2011 全部分为微、弱、中和强四级。

（2）对混凝土的腐蚀性判别标准中，没有对不同环境场地类型制定不同的标准。

（3）环境水对混凝土结构的腐蚀性判别指标有 pH 值、侵蚀性 CO_2、HCO_3^-、Mg^{2+} 和 SO_4^{2-} 5 种，没有将 NH_4^+、OH^- 和总矿化度作为判别指标。对钢筋混凝土结构中钢筋的腐蚀性判别指标与 GB 50021—2001 相同，均仅有 Cl^-；对钢结构的评价指标为 pH 值和 $Cl^-+SO_4^{2-}$ 含量，与 GB 50021—2001 也有所差异。

（4）评价指标界线：对比同类指标的判别标准，总体认为水利水电规范对中、强腐蚀性的判别标准严于 GB 50021—2001。

《铁路工程地质勘察规范》（TB 10012—2007/J 124—2007）附录 F 规定环境水、土对混凝土侵蚀性的判定标准为：" 环境水、土对混凝土侵蚀类型和侵蚀程度的判定标准应符合表 F.0.1 的规定"，表 F.0.1 详见表 6.5.8。

表 6.5.8　　环境水、土对混凝土侵蚀类型和侵蚀程度的判定

（TB 10012—2007 表 F.0.1）

化学侵蚀类型		环境作用等级			
		H1	H2	H3	H4
硫酸盐侵蚀	环境水中 SO_4^{2-} 含量/(mg/L)	$200\leqslant SO_4^{2-}\leqslant600$	$600<SO_4^{2-}\leqslant3000$	$3000<SO_4^{2-}\leqslant6000$	$SO_4^{2-}>6000$
	强透水性环境土中 SO_4^{2-} 含量/(mg/kg)	$2000\leqslant SO_4^{2-}\leqslant3000$	$3000<SO_4^{2-}\leqslant12000$	$12000<SO_4^{2-}\leqslant24000$	$SO_4^{2-}>24000$
	弱透水性环境土中 SO_4^{2-} 含量/(mg/kg)	$3000\leqslant SO_4^{2-}\leqslant12000$	$12000<SO_4^{2-}\leqslant24000$	$SO_4^{2-}>24000$	
盐类结晶侵蚀	环境土中 SO_4^{2-} 含量/(mg/kg)	—	$2000\leqslant SO_4^{2-}\leqslant3000$	$3000<SO_4^{2-}\leqslant12000$	$SO_4^{2-}>12000$
酸性侵蚀	环境水中 pH 值	$5.5\leqslant pH\leqslant6.5$	$4.5\leqslant pH<5.5$	$4.0\leqslant pH<4.5$	—
二氧化碳侵蚀	环境水中侵蚀性 CO_2 含量/(mg/L)	$15\leqslant CO_2\leqslant40$	$40<CO_2\leqslant100$	$CO_2>100$	—

续表

化学侵蚀类型		环境作用等级			
		H1	H2	H3	H4
镁盐侵蚀	环境水中 Mg^{2+} 含量/(mg/L)	300≤Mg^{2+}≤1000	1000<Mg^{2+}≤3000	Mg^{2+}>3000	

注 1. 对于盐渍土地区的混凝土结构，埋入土中的混凝土结构遭受化学侵蚀；当环境多风干燥时，露出地表的毛细吸附区的混凝土遭受盐类结晶侵蚀。
2. 对于一面接触含盐环境水（或土），而另一面临空且处于干燥或多风环境中的薄壁混凝土，接触含盐环境水（或土）的混凝土遭受化学侵蚀，临空面的混凝土遭受盐类结晶侵蚀。
3. 当环境中存在酸雨时，按酸性环境考虑，但相应作用等级可降低一级。

南水北调中线总干渠工程勘察工作主要开展于 20 世纪 90 年代，判别其沿线水土环境对建筑材料的腐蚀性主要参照执行了当时颁布实施的《岩土工程勘察规范》（GB 50021—94）和《水利水电工程地质勘察规范》（GB 50287—99）的相关规定。在对 PCCP 管道沿线土壤环境的腐蚀性评价中，还参照执行了《石油化工设备和管道涂料防腐蚀技术规范》（SH 3022—1999）的相关规定。

《岩土工程勘察规范》（GB 50021—94）与《岩土工程勘察规范》（GB 50021—2001）关于水土腐蚀性评价标准的最大区别为：前者将腐蚀性等级划分为强、中、弱三级，认为弱腐蚀以下即为无腐蚀；而后者认为“无腐蚀”的提法不确切，在长期化学、物理作用下，水土对建筑材料的腐蚀性总是有的，因此增加了“微腐蚀”等级，实际上是对应原规范中的“无腐蚀”。在腐蚀性评价等级分界指标方面，两者区别较大的是关于“土对钢结构的腐蚀性评价”标准。

表 6.5.9 为《岩土工程勘察规范》(GB 50021—94）的相关规定，其中电阻率和质量损失两指标的分级界线值与 GB 50021—2001 的规定明显不同。特别是电阻率，原规范的强腐蚀性级别为 $\rho<50\Omega\cdot m$，相对新规范的同级界线 $\rho<20\Omega\cdot m$ 要宽一些。

表 6.5.9　　土对钢结构腐蚀性评价（GB 50021—94 表 13.3.3-2）

土壤腐蚀性等级	pH 值	氧化还原电位 /mV	电阻率 /(Ω·m)	极化电流密度 /(mA/cm²)	质量损失 /g
弱	5.5～4.5	>200	>100	<0.05	<1
中	4.5～3.5	200～100	100～50	0.05～0.2	1～2
强	<3.5	<100	<50	>0.2	>2

《水利水电工程地质勘察规范》(GB 50287—99）附录 G 仅规定环境水对混凝土的腐蚀性评价标准，与现行《水利水电工程地质勘察规范》(GB 50487—2008）附录 L 相比，除内容相对单一外，主要区别在于前者对腐蚀性类型的分类既考虑了腐蚀机理（分解型、结晶型、复合型等），又考虑了腐蚀介质的类型，而新规范仅考虑腐蚀介质的不同类型，与 GB 50021—2001 保持了协调一致。新旧《水利水电工程地质勘察规范》在环境水腐蚀性评价因子及分级指标界线上并无大的区别，只是现行标准的硫酸盐型腐蚀评价中不再区别对待普通水泥和抗硫酸盐水泥，而统一采用原标准中的普通

水泥界线指标。

表 6.5.10 为《石油化工设备和管道涂料防腐蚀技术规范》(SH 3022—1999) 关于土壤腐蚀性等级的判别指标、分级标准及防腐蚀性等级的规定。对同一判别指标电阻率、pH 值而言，该规定与《岩土工程勘察规范》(GB 50021—94) 相同，而对电流密度的分级界线两者不同。

表 6.5.10　　土壤腐蚀性等级及防腐蚀等级 (SH 3022—1999 表 3.4.2)

土壤腐蚀性等级	土壤腐蚀性质					防腐蚀等级
	电阻率/(Ω·m)	含盐量/%	含水量/%	电流密度/(mA/cm²)	pH 值	
强	<50	>0.75	>12	>0.3	<3.5	特加强级
中	50～100	0.75～0.05	5～12	0.3～0.025	3.5～4.5	加强级
弱	>100	<0.05	<5	<0.025	4.5～5.5	普通级

注　其中任何一项超过表列指标者，防腐蚀等级应提高一级。

6.5.2　总干渠沿线水土腐蚀性分析评价

6.5.2.1　水对建筑材料的腐蚀性评价

总干渠（北京段）水样品的采集和分析检测时间为 1994—1996 年，参与对建筑材料的腐蚀性评价的水样品共计为 38 件，其中包含地表水样品 6 件，其余为钻孔内采取的地下水样品。采样点分布见图 6.3.4，样品的水质分析结果见表 6.5.11。

由表 6.5.11 可知，总干渠（北京段）沿线地下水化学类型以 HCO_3－Ca－Mg、HCO_3－SO_4－Ca－Mg 和 SO_4－HCO_3－Ca－Na 型为主，河水化学类型多样：周口河为 HCO_3－SO_4－Na－Ca－Mg 型，哑叭河为 HCO_3－Ca－(Na＋K) 型，小清河为 HCO_3－Cl－Ca 型；沿线地表水和地下水的 pH 值为 7.3～8.3，属中性或弱碱性水；水的矿化度值总体较低，一般低于 600mg/L，最高值为 991mg/L，符合《地下水质量标准》(GB/T 14848—93) 中Ⅲ类水标准；水的总硬度一般低于 400mg/L，符合《地下水质量标准》(GB/T 14848—93) 中Ⅲ类水标准，其最高值为 812.6mg/L，符合Ⅴ类地下水质量标准。按地下水硬度分类标准（表 6.5.12），总干渠沿线地表与地下水以硬水～极硬水为主，其次为微硬水；仅有两个采样点处（惠南庄、羊头岗村东南）的水硬度低于 8.0H°，为软水。

图 6.5.1 为所分析水样品的总硬度和矿化度两项指标沿总干渠设计线路的变化曲线。由图可见，总硬度与矿化度的沿线变化规律总体一致，两者的相对高值分布区间有三段，分别为房山区周口河—西沙河一带、丰台区篱笆房—小清河段及丰台区大瓦窑村以北—云会寺的城区段，均为人口相对密集、地表水与地下水水力联系较密切的地带。

同理，绘制了所分析水样中主要离子沿总干渠线路的变化曲线，如图 6.5.2、图 6.5.3 所示。由图 6.5.2 可见，水中 Mg^{2+}、Cl^-、SO_4^{2-} 和 (Na^+＋K^+) 4 种离子成分的浓度沿线路的变化趋势基本相同，浓度相对较高的区域为周口河—西沙河、篱笆房村—小清河及大瓦窑以北—莲花河一带，与上述总硬度、矿化度的分布规律总体一致。

表 6.5.11　　总干渠（北京段）水质分析结果

样品编号	取样地点	阳离子含量							阴离子含量							硬度				气体含量		矿化度	pH 值
		Ca^{2+}		Mg^{2+}		$Na^{+}+K^{+}$		小计	HCO_3^-		Cl^-		SO_4^{2-}		小计	总硬度		暂时	永久	游离 CO_2	侵蚀性 CO_2		
		mg/L	mmol/L	mg/L	mmol/L	mg/L	mmol/L	mg/L	mg/L	mmol/L	mg/L	mmol/L	mg/L	mmol/L	mg/L	H°	mg/L	H°	H°	mg/L	mg/L	mg/L	
21	北拒马河	60.70	3.04	20.40	1.70	9.40	0.41	90.50	253.80	4.16	10.60	0.30	31.70	0.66	296.10	13.20	235.75	11.70	1.50	4.40	0.00	260	7.6
22	惠南庄	28.20	1.41	15.00	1.25	8.08	0.35	51.28	220.00	3.61	8.89	0.25	24.70	0.51	253.59	7.60	135.74	—	—	—	—	280	7.8
23	南泉水河	61.70	3.09	25.20	2.10	15.20	0.66	102.10	287.30	4.71	19.50	0.55	33.60	0.70	331.40	14.44	257.88	12.78	1.65	4.40	0.00	434	7.7
24	南泉水河	20.40	1.02	26.40	2.20	13.30	0.58	60.10	175.10	2.87	16.00	0.45	21.10	0.44	212.80	8.90	158.95	8.10	0.80	2.20	7.90	273	7.9
25	黄元井村南	60.92	3.05	22.37	1.86	2.25	0.10	85.54	271.49	4.45	11.06	0.31	9.61	0.20	292.16	13.68	244.32	12.51	1.17	6.15	0.00	242	8.0
26	黄元井村南	68.10	3.41	30.40	2.53	5.30	0.23	103.80	329.50	5.40	9.90	0.28	21.60	0.45	361.00	16.50	294.69	15.10	1.40	6.60		300	7.8
27	黄元井村南	71.34	3.57	31.13	2.59	6.50	0.28	108.97	302.18	4.95	17.97	0.51	44.19	0.92	364.34	17.14	306.12	13.83	3.19	4.10	0.00	322	8.0
28	黄元井村南	40.30	2.02	38.90	3.24	11.50	0.50	90.70	307.50	5.04	9.20	0.26	19.70	0.41	336.40	14.60	260.76	14.10	0.50	2.20	0.00	273	8.0
29	周口河	53.10	2.66	29.20	2.43	81.70	3.55	164.00	231.90	3.80	74.40	2.10	129.70	2.70	436.00	14.20	253.61	10.70	3.50	15.40	0.00	484	7.4
30	周口河	105.40	5.27	23.60	1.97	58.60	2.55	187.60	244.10	4.00	63.10	1.78	190.70	3.97	497.90	20.20	360.77	11.20	9.00	6.20	0.00	563	7.6
31	周口河北东	96.20	4.81	28.00	2.33	70.20	3.05	194.40	170.90	2.80	97.50	2.75	220.90	4.60	489.30	19.90	355.41	7.80	12.10	8.80	0.00	598	7.7
32	周口河北东	87.60	4.38	26.60	2.22	52.90	2.30	167.10	185.50	3.04	90.80	2.56	156.60	3.26	432.90	18.40	328.62	8.50	9.90	5.70	0.00	507	7.6
33	周口河北东	106.00	5.30	26.60	2.22	73.40	3.19	206.00	238.00	3.90	89.00	2.51	204.60	4.26	531.60	20.90	373.27	10.90	10.00	4.40	0.00	619	7.8
34	西沙河东	94.20	4.71	30.80	2.57	41.90	1.82	166.90	268.50	4.40	74.40	2.10	122.50	2.55	465.40	20.26	361.84	12.33	7.93	6.60	0.00	498	7.3
35	东沙河岸	84.80	4.24	22.60	1.88	42.10	1.83	149.50	158.70	2.60	146.40	4.12	57.20	1.19	362.30	17.06	304.69	7.29	9.78	7.90	11.00	432	7.2
36	丁家洼河	72.40	3.62	19.50	1.63	47.60	2.07	139.50	207.50	3.40	80.60	2.27	71.40	1.49	365.90	14.60	260.76	9.50	5.10	6.60	0.00	402	7.5
37	羊头岗村东南	36.90	1.85	7.00	0.58	47.50	2.07	91.40	181.30	2.97	18.00	0.51	40.30	0.84	239.60	6.70	119.66	8.30	1.5（负硬度）	8.72	0.00	270	8.3
38	大石河岸	82.50	4.13	23.70	1.98	19.80	0.86	126.00	262.50	4.30	30.40	0.86	81.80	1.70	374.70	16.80	300.05	11.90	4.90	25.90	4.42	380	8.2
39	大石河岸	81.00	4.05	19.80	1.65	37.80	1.64	138.60	255.10	4.18	38.90	1.10	92.40	1.93	386.40	15.70	280.40	11.60	4.10	14.20	5.31	367	8.0

续表

样品编号	取样地点	阳离子含量							阴离子含量							硬度				气体含量		矿化度	pH值
		Ca^{2+}		Mg^{2+}		$Na^{+}+K^{+}$		小计	HCO_3^-		Cl^-		SO_4^{2-}		小计	总硬度		暂时	永久	游离 CO_2	侵蚀性 CO_2		
		mg/L	mmol/L	mg/L	mmol/L	mg/L	mmol/L	mg/L	mg/L	mmol/L	mg/L	mmol/L	mg/L	mmol/L	mg/L	H°	mg/L	H°	H°	mg/L	mg/L	mg/L	
40	京良铁路	106.20	5.31	28.00	2.33	13.10	0.57	147.30	301.40	4.94	40.10	1.13	100.90	2.10	442.40	21.30	380.42	13.80	7.50	14.50	0.00	439	7.4
41	大苑村东南	95.20	4.76	16.00	1.33	38.30	1.67	149.50	304.20	4.99	50.70	1.43	56.80	1.18	411.70	16.80	300.05	13.80	3.00	26.70	0.90	375	7.6
42	大苑村东南	93.30	4.67	16.00	1.33	23.50	1.02	132.80	262.50	4.30	42.30	1.19	55.30	1.15	360.10	15.80	282.19	11.90	3.90	30.60	10.60	374	8.2
43	铁匠营西	82.50	4.13	20.30	1.69	39.90	1.73	142.70	289.50	4.75	40.60	1.14	71.50	1.49	401.60	16.00	285.76	13.10	2.90	28.90	1.77	383	8.3
44	铁匠营东	115.00	5.75	32.90	2.74	68.00	2.96	215.90	461.20	7.56	76.10	2.14	70.00	1.46	607.30	23.40	417.92	21.00	2.40	51.70	1.77	578	8.2
45	篱笆房村	223.10	11.16	45.50	3.79	66.50	2.89	335.10	417.00	6.84	231.70	6.53	197.70	4.12	846.40	45.50	812.63	19.00	26.50	44.80	0.00	991	7.7
46	哑叭河	110.80	5.54	31.00	2.58	84.70	3.68	226.50	418.60	6.86	95.10	2.68	109.20	2.28	649.40	22.60	403.64	19.20	3.40	8.80	4.40	673	7.5
47	哑叭河左岸	132.10	6.61	35.50	2.96	69.00	3.00	236.60	417.40	6.84	102.80	2.90	120.60	2.51	640.80	26.70	476.86	19.20	7.50	13.20	0.00	685	7.3
48	小清河	109.20	5.46	26.80	2.23	57.60	2.50	193.60	299.00	4.90	108.10	3.05	117.90	2.46	525.00	21.40	382.20	13.70	7.70	6.60	0.90	589	7.5
49	大宁村南	37.70	1.89	15.60	1.30	29.70	1.29	83.00	87.90	1.44	26.60	0.75	108.50	2.26	223.00	8.90	158.95	4.10	4.80	4.40	3.50	262	7.8
50	永定河左堤	103.80	5.19	53.70	4.48	38.30	1.67	195.80	393.30	6.45	94.70	2.67	96.50	2.01	584.50	26.90	480.43	22.60	4.30	0.00			8.2
51	永定河左堤	96.60	4.83	35.80	2.98	68.25	2.97	200.65	326.20	5.35	84.55	2.38	132.70	2.76	543.45	25.10	448.29	15.00	10.10	16.80	—		8.1
52	大瓦窑村南	103.20	5.16	35.30	2.94	88.60	3.85	227.10	347.80	5.70	92.20	2.60	172.90	3.60	612.90	22.60	403.64	16.00	6.60	6.60	0.00	670	7.7
53	大井	171.30	8.57	64.80	5.40	27.10	1.18	263.10	339.30	5.56	167.30	4.71	229.60	4.78	736.20	38.9	694.6	15.6	23.3	8.80	0.00	830	7.3
54	莲花河	115.20	5.76	53.10	4.43	101.20	4.40	269.50	357.60	5.86	152.10	4.28	209.90	4.37	719.60	28.4	506.4	16.4	11.9	6.60	0.00	810	7.7
55	302医院	150.90	7.55	56.40	4.70	80.70	3.51	288.00	424.70	6.96	182.60	5.14	171.50	3.57	778.80	34.1	609.0	19.5	14.6	17.60	0.00	850	7.3
56	云会寺	128.30	6.42	67.50	5.63	38.20	1.66	233.80	350.30	5.74	161.30	4.54	159.50	3.32	671.10	33.5	598.0	16.1	17.4	6.60	0.00	730	7.6
57	定慧桥	134.30	6.72	60.80	5.07	72.90	3.17	268.00	518.70	8.50	76.20	2.15	202.70	4.22	797.60	32.8	585.5	23.8	9.0	26.40	0.00	810	7.4
58	五孔桥	77.80	3.89	37.50	3.13	62.10	2.70	177.40	292.90	4.80	78.00	2.20	127.80	2.66	498.70	19.5	348.3	13.4	6.1	4.40	0.00	530	77.6

而图 6.5.3 表明，大部分水样品中侵蚀性 CO_2 含量为 0，个别点如南泉水河、丁家洼河和大石河南岸采样点处其含量相对较高，但均小于 12mg/L；全线 HCO_3^- 含量的分布范围在 2.5～8.5mmol/L，总体表现为以大石河为界，其以南段浓度总体略低于以北段的变化规律。

表 6.5.12　　地下水硬度分类标准（引自《工程地质手册》第四版）

水的分类	极软水	软水	微硬水	硬水	极硬水
德国度/H°	＜4.2	4.2～8.4	8.4～16.8	16.8～25.2	＞25.2
毫克当量/升/(me/L)	＜1.5	1.5～3.0	3.0～6.0	6.0～9.0	＞9.0
毫克/升/(mg/L)	＜42	42～84	84～168	168～252	＞252

注　mg/L 是以 CaO 计，1H°＝0.35663me/L 或 1me/L＝2.804H°。

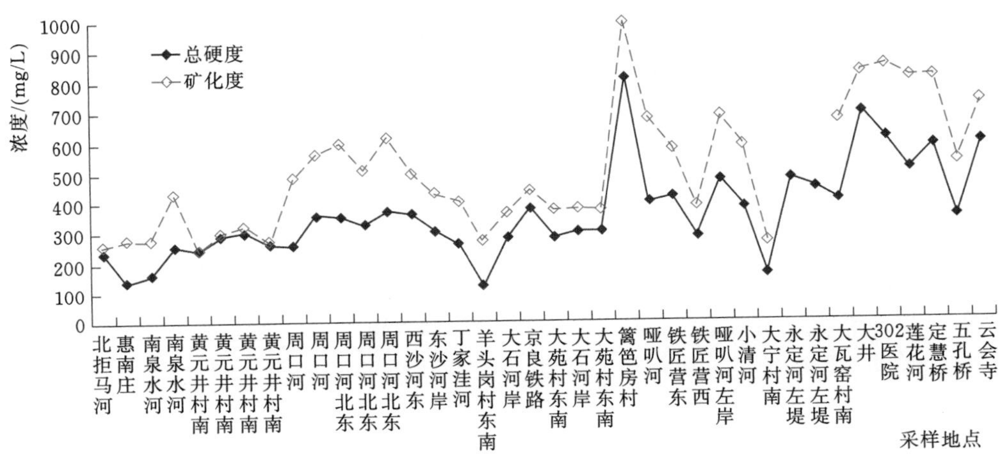

图 6.5.1　水的总硬度、矿化度沿总干渠线路的变化曲线

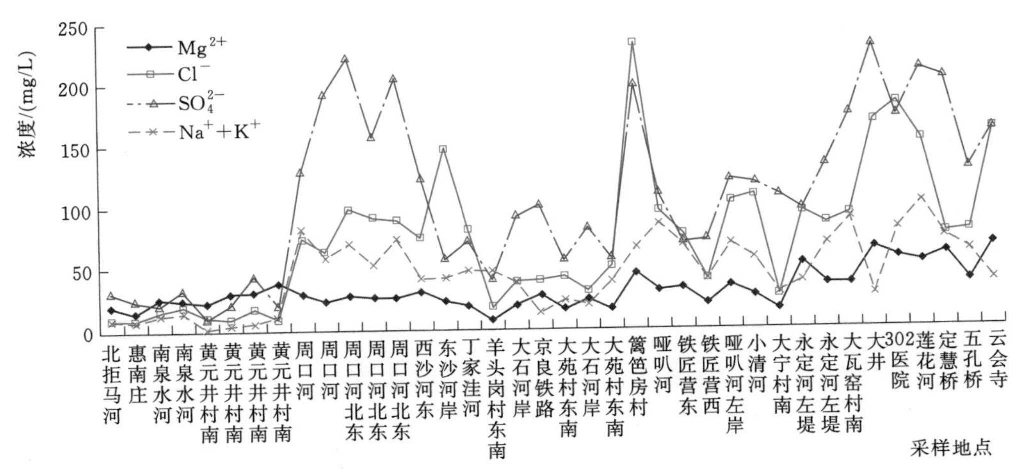

图 6.5.2　水中 Mg^{2+}、Cl^-、SO_4^{2-} 和（Na^+＋K^+）沿总干渠线路的变化曲线

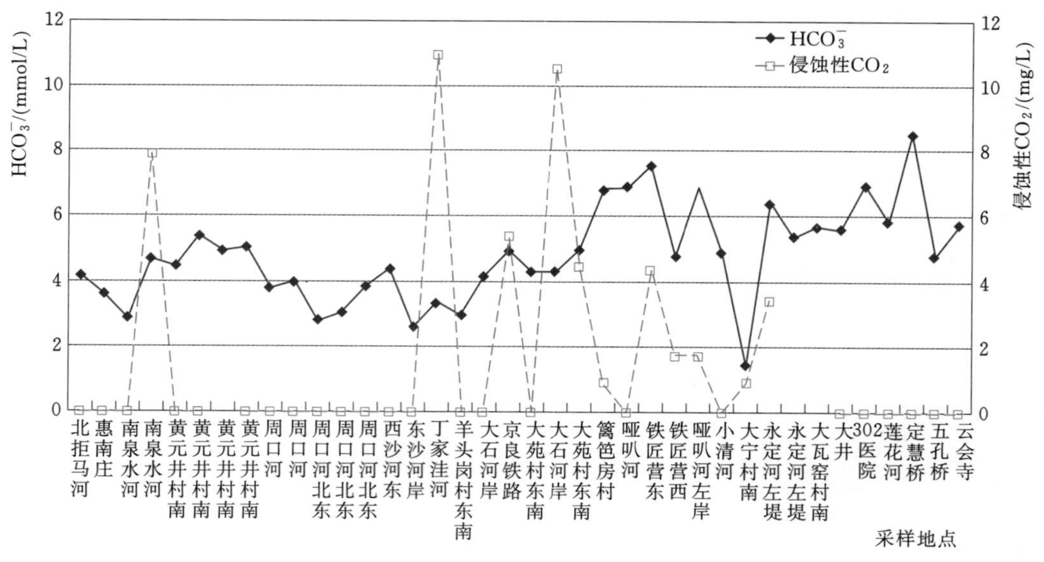

图 6.5.3 水中 HCO_3^- 和侵蚀性 CO_2 含量沿总干渠线路的变化曲线

通过上述分析，根据《岩土工程勘察规范》（GB 50021—94）第十三章相关规定，总干渠（北京段）环境水按受气候影响和受地层渗透性影响分别评价，其对混凝土均无腐蚀性；对混凝土结构中的钢筋具有弱腐蚀性，对钢结构具有弱腐蚀性。结合场区环境水中各离子浓度的空间分布规律认为，工程结构采取防腐措施的地段应为周口河—西沙河段、篱笆房—小清河段及大瓦窑—五孔桥的城区段，即氯盐 Cl^- 和硫酸盐 SO_4^{2-} 浓度相对较高的地区。

6.5.2.2 岩土对建筑材料的腐蚀性评价

为全面评价土对建筑材料的腐蚀性，对总干渠（北京段）PCCP 管道（全长约 56km）沿线土壤进行了多项物理、化学特性指标的测试，包括 pH 值、氧化还原电位、极化电流密度、电阻率以及易溶盐分析等。土壤测试点共计 96 个，其中 11 个测试点处实施了钻孔，进行了钻孔内取样、原位测试和室内易溶盐分析等，其余 85 个测试点均为原位电阻率测试点，沿 PCCP 管道顶部、底部成对布置，如图 6.5.4 所示。土壤原位电阻率测试均采用交流四极法。

11 个钻孔测试点处的土壤均为黄土和砂壤土，取样深度一般在地面以下 2～8m 范围内，相对较浅。测试结果表明，PCCP 工程沿线分布的黄土、砂壤土 pH 值为 8.27～8.83，属弱碱性土；土中的硫酸盐 SO_4^{2-} 含量为 54～481mg/kg，镁盐 Mg^{2+} 含量为 6～63mg/kg，Cl^-（$Cl^- + SO_4^{2-} \times 0.25$）含量为 22～272mg/kg；黄土、砂壤土的电阻率为 13～50Ω・m，氧化还原电位为 101～213mA，极化电流密度为 0.02～0.05mA/cm²。按《岩土工程勘察规范》（GB 50021—94）的土壤腐蚀性标准判别，总干渠（北京段）PCCP 工程场区的黄土、砂壤土对混凝土无腐蚀性，对钢结构具有强腐蚀性，评价结果详见表 6.5.13。

除黄土、砂壤土外，总干渠（北京段）PCCP 输水管道工程沿线还分布有碎石土、

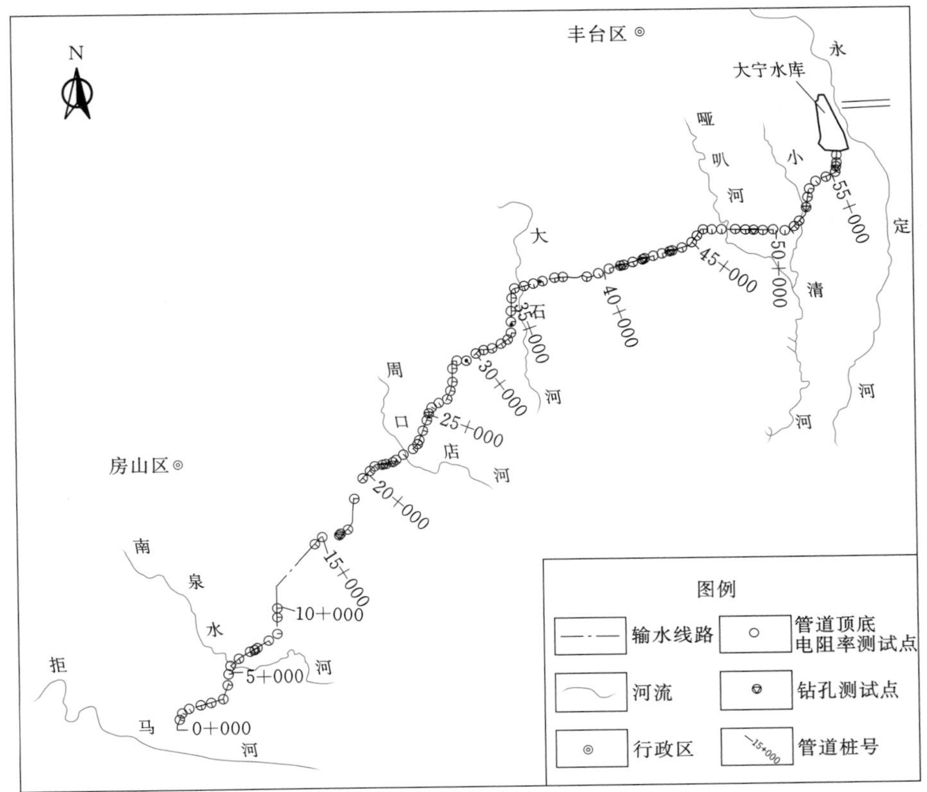

图 6.5.4　总干渠 PCCP 管道沿线土壤电阻率测试点分布图

黏性土、卵石以及大理岩、灰岩等多种岩土类型，它们的物理、化学性质不同，对建筑材料的腐蚀性也不同。图 6.5.5 为沿线 85 个测点的电阻率测试结果，由图可见，PCCP 管道穿大石河段（桩号 33＋620～37＋210）岩土电阻率最高，一般大于 700Ω·m，最高为 2177Ω·m，岩性以碎屑岩（砂、砾岩）和卵石为主；其次为管道起点—南泉水河（0＋000～5＋320）段和穿小清河段（桩号 49＋600～54＋400）的岩土电阻率也较高，一般为 100～500Ω·m，两段的岩性以卵石为主，其次为黏性土和碎屑岩；南泉水河—大石河（5＋320～33＋620）段场区岩性变化较大，含碎石土、卵石以及大理岩、灰岩和角闪岩等，岩土电阻率变异性也相对较大，以 30～100Ω·m 者居多，总体小于 300Ω·m；而大石河—哑叭河（37＋210～49＋600）段、小清河—大宁水库（54＋400～56＋400）段绝大部分测点电阻率在 15～50Ω·m，相对较低，岩性主要为碎屑岩、黄土和黏性土与卵石层，仅有个别测点电阻率值较高，在 50～200Ω·m。

岩土电阻率的差异性是由其类型、含水量、结构等物理化学性质决定的。上述管道沿线岩土电阻率的空间分布总体反映了穿南泉水河、大石河和小清河河道段（以粗颗粒卵石为主）较高，而穿周口河、哑叭河河道段及其他河间地块段岩土电阻率相对较低的趋势。为进一步了解电阻率测试结果反映的岩土物化性质的差异性，将上述测试结果按不同岩土类型分别进行电阻率值分段统计，结果见表 6.5.14，并将同类岩土

表 6.5.13　总干渠 PCCP 管道沿线浅层（地下 2～8m 深）土壤对建筑材料的腐蚀性评价结果

取样钻孔		fs1	fs2	fs3	fs4	fs5	fs7	fs8	fs9	fs10	fs11	DGK2	备注
试验值	硫酸盐含量 SO_4^{2-} /(mg/kg)	54.72	56.64	434.28	124.32	480.96	107.04	149.28	72	279.84	119.52	72.96	阴影数值为该指标测试结果的最大值和最小值
	镁盐含量 Mg^{2+} /(mg/kg)	21	18	63	15	40	6	62	15	41	31	38	
	pH 值	8.63	8.83	8.27	8.76	8.35	8.76	8.42	8.68	8.56	8.56	8.75	
	氧化还原电位/mV	198	213	137	159	121	158	152	218	145	167	101	
	电阻率/(Ω·m)	33	44	13	24	36	34	27	32	42	21	50	
	极化电流密度 /(mA/cm^2)	0.03	0.02	0.05	0.03	0.03	0.03	0.03	0.03	0.02	0.04	0.02	
腐蚀性评价结果	硫酸盐含量 SO_4^{2-}	无	无	无	无	无	无	无	无	无	无	无	对混凝土结构
	镁盐含量 Mg^{2+}	无	无	无	无	无	无	无	无	无	无	无	对混凝土结构
	pH 值	无	无	无	无	无	无	无	无	无	无	无	对混凝土、钢结构
	氧化还原电位	中	弱	中	中	中	中	中	弱	中	中	中	对钢结构
	电阻率	强	强	强	强	强	强	强	强	强	强	强	对钢结构
	极化电流密度	弱	弱	中	弱	弱	弱	弱	弱	弱	弱	弱	对钢结构

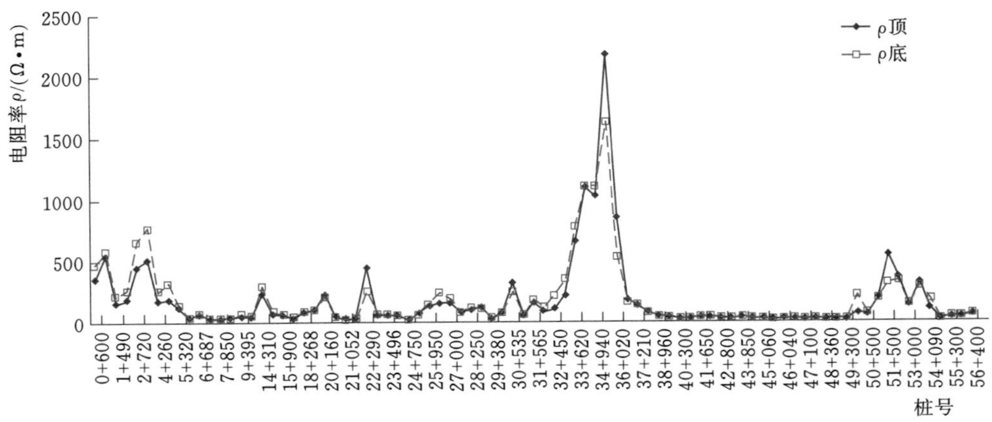

图 6.5.5　总干渠 PCCP 管道沿线岩土电阻率变化曲线

的测试结果按从小到大顺序排列后绘制了如图 6.5.6 所示的曲线图。

由表 6.5.14 和图 6.5.6 可以看出，黄土、黏性土、碎石土和碎屑岩的电阻率低值～高值之间呈突变状，且分布在低值（$\rho<50$）区段的测点数量占绝对优势，约占总测试点数量的 70%～80%；而灰岩、角闪二长岩和卵石土的电阻率低值～高值的变化呈缓慢上升的直线形状，分布在低值区间（$\rho<50$）的测点数量不足总测点数的 30%，分布在高值区间（$\rho\geqslant100$）的测点数量在 47%～66%。由此可以认为，总干渠 PCCP 管道沿线黄土、黏性土、碎石土和碎屑岩的电阻率总体较低，而灰岩、角闪二长岩和卵石的电阻率相对较高。大理岩电阻率值在 30～300Ω·m 之间，且各统计区间段的测试样本数量占总样本数的比率相差不大，表明该场区大理岩物化性质差异性较大的特点。片麻岩测试点仅有两个，电阻率值在 150～200Ω·m，难以由此判断其物化性质特点。

表 6.5.14　　总干渠 PCCP 管道沿线岩土电阻率分类分段统计结果

岩　性	黄土	黏性土	碎石土	碎屑岩	大理岩	灰岩	角闪二长岩	卵石	片麻岩
测点总数 n/个	10	16	7	34	10	15	14	64	2
n_1（$\rho<50$ 的测点个数）/个	8	12	5	23	4	4	3	10	0
（n_1/n）/%	80	75	71	68	40	27	21	16	0
n_2（$50\leqslant\rho<100$ 的测点个数）/个	1	1	2	2	3	4	6	12	0
（n_2/n）/%	10	6	29	6	30	27	43	19	0
n_3（$\rho\geqslant100$ 的测点个数）/个	1	3	0	9	3	7	7	42	2
（n_3/n）/%	10	19	0	26	30	47	50	66	100

根据上述管道顶、底土层电阻率测试结果，依据 GB 50021—94 和 SH 3022—1999 的判别标准对各测点处岩土对建筑材料（钢结构）的腐蚀性进行了判别分级，结果见

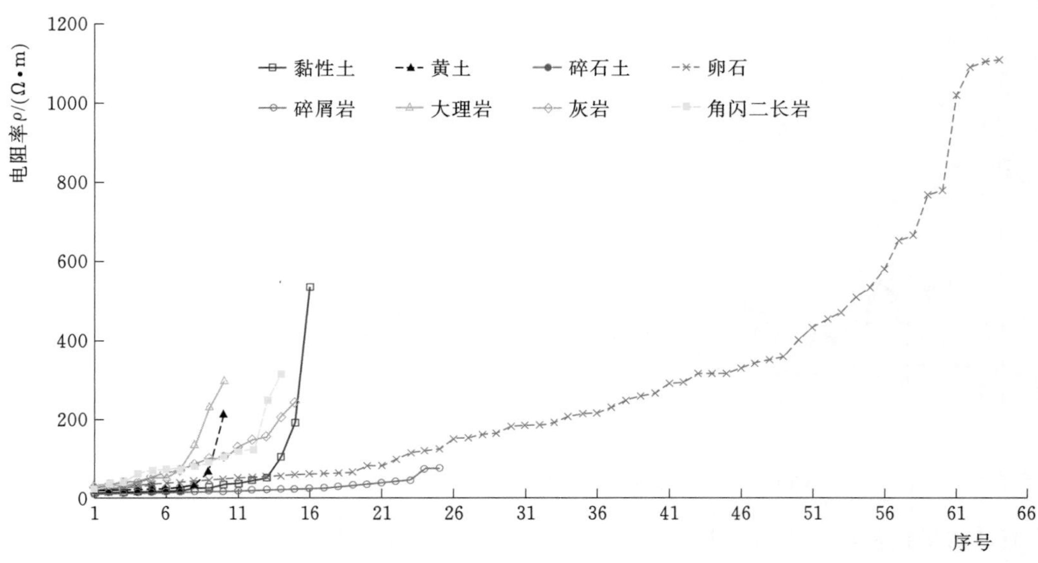

图 6.5.6　总干渠 PCCP 管道沿线不同类型岩土的电阻率分布曲线

表 6.5.15。为了对比因判别标准的变化而引起相应判别结果的差异性，将根据 GB 50021—2001 标准进行判别的结果也列入该表中。由表可见，相比 GB 50021—94，依据 GB 50021—2001 判别的结果中，“强腐蚀性”等级的测点少了很多，而“中等腐蚀性”等级的测点增加最多。

表 6.5.15　　总干渠 PCCP 管道沿线岩土对钢结构的腐蚀性判别结果

测点序号	测点处桩号	管顶、管底岩性	腐蚀性等级判别 GB 50021—94 SH 3022—99		腐蚀性等级判别 GB 50021—2001	
			管顶	管底	管顶	管底
1	0+600	卵石、卵石	弱	弱	微	微
2	0+966	卵石、卵石	弱	弱	微	微
3	1+490	卵石、卵石	弱	弱	微	微
4	2+146	卵石、卵石	弱	弱	微	微
5	2+720	卵石、卵石	弱	弱	微	微
6	3+425	卵石、卵石	弱	弱	微	微
7	4+260	卵石、卵石	弱	弱	微	微
8	4+860	卵石、卵石	弱	弱	微	微
9	5+320	卵石、大理岩	弱	弱	微	微
10	5+930	碎石土、碎石土	强	强	中	中
11	6+687	碎石土、碎石土	中	中	弱	弱
12	7+090	碎石土、碎石土	强	强	中	中
13	7+850	碎石土、大理岩	强	强	中	中

续表

测点序号	测点处桩号	管顶、管底岩性	腐蚀性等级判别		腐蚀性等级判别	
			GB 50021—94 SH 3022—99		GB 50021—2001	
			管顶	管底	管顶	管底
14	8+450	大理岩、大理岩	强	强	中	中
15	9+395	大理岩、大理岩	中	中	弱	弱
16	9+930	大理岩、大理岩	强	中	中	弱
17	14+310	大理岩、大理岩	弱	弱	微	微
18	14+914	卵石、卵石	中	中	弱	弱
19	15+900	卵石、卵石	中	中	弱	弱
20	16+430	卵石、卵石	强	强	中	中
21	18+268	灰岩、灰岩	中	中	弱	弱
22	19+600	灰岩、灰岩	弱	弱	微	微
23	20+160	卵石、灰岩	弱	弱	微	微
24	20+555	灰岩、灰岩	强	强	中	中
25	21+052	灰岩、灰岩	强	强	中	中
26	21+750	黄土、碎屑岩	强	强	中	中
27	22+290	卵石、卵石	弱	弱	微	微
28	22+920	卵石、卵石	强	中	中	弱
29	23+496	卵石、卵石	强	中	中	弱
30	24+080	卵石、卵石	中	中	弱	弱
31	24+750	碎屑岩、碎屑岩	强	强	强	强
32	25+500	灰岩、灰岩	中	中	弱	弱
33	25+950	灰岩、灰岩	弱	弱	微	微
34	26+500	灰岩、灰岩	弱	弱	微	微
35	27+000	片麻岩、片麻岩	弱	弱	微	微
36	27+490	角闪二长岩、角闪二长岩	中	中	弱	弱
37	28+250	角闪二长岩、角闪二长岩	中	弱	弱	微
38	28+830	角闪二长岩、角闪二长岩	弱	弱	微	微
39	29+380	角闪二长岩、角闪二长岩	强	强	中	中
40	30+030	角闪二长岩、角闪二长岩	中	中	弱	弱
41	30+535	角闪二长岩、角闪二长岩	弱	弱	微	微
42	31+000	角闪二长岩、角闪二长岩	强	中	中	弱
43	31+565	卵石、卵石	弱	弱	微	微
44	32+000	卵石、卵石	中	弱	弱	微
45	32+450	卵石、卵石	中	弱	弱	微
46	33+050	卵石、卵石	弱	弱	微	微

续表

测点序号	测点处桩号	管顶、管底岩性	腐蚀性等级判别		腐蚀性等级判别	
			GB 50021—94 SH 3022—99		GB 50021—2001	
			管顶	管底	管顶	管底
47	33+620	卵石、卵石	弱	弱	微	微
48	34+340	卵石、卵石	弱	弱	微	微
49	34+940	卵石、卵石	弱	弱	微	微
50	35+460	碎屑岩、碎屑岩	弱	弱	微	微
51	36+020	碎屑岩、碎屑岩	弱	弱	微	微
52	36+500	碎屑岩、碎屑岩	弱	弱	微	微
53	37+210	碎屑岩、碎屑岩	弱	弱	微	微
54	37+620	碎屑岩、碎屑岩	中	中	弱	弱
55	38+960	碎屑岩、碎屑岩	强	强	中	中
56	39+660	碎屑岩、碎屑岩	强	强	中	中
57	40+300	碎屑岩、碎屑岩	强	强	中	强
58	41+100	黄土、卵石	强	强	中	中
59	41+650	卵石、卵石	强	强	中	中
60	42+300	黏性土、卵石	强	强	中	中
61	42+800	黄土、黄土	强	强	中	中
62	43+300	黄土、黄土	强	强	强	中
63	43+850	黄土、碎屑岩	强	强	中	中
64	44+420	黄土、碎屑岩	强	强	中	中
65	45+060	碎屑岩、碎屑岩	强	强	强	中
66	45+520	碎屑岩、碎屑岩	强	强	强	强
67	46+040	碎屑岩、碎屑岩	强	强	中	中
68	46+500	碎屑岩、碎屑岩	强	强	强	中
69	47+100	碎屑岩、碎屑岩	强	强	强	强
70	47+840	黏性土、黏性土	强	强	强	强
71	48+360	黏性土、黏性土	强	强	强	强
72	48+730	黏性土、黏性土	中	强	中	强
73	49+300	黏性土、黏性土	强	强	强	强
74	49+880	黄土、黄土	中	弱	弱	微
75	50+500	黏性土、卵石	中	中	弱	弱
76	51+160	黏性土、卵石	弱	弱	微	微
77	51+500	黏性土、卵石	弱	弱	微	微
78	52+400	卵石、卵石	弱	弱	微	微
79	53+000	卵石、卵石	弱	弱	微	微

续表

测点序号	测点处桩号	管顶、管底岩性	腐蚀性等级判别		腐蚀性等级判别	
			GB 50021—94 SH 3022—99		GB 50021—2001	
			管顶	管底	管顶	管底
80	53＋460	卵石、卵石	弱	弱	微	微
81	54＋090	黏性土、碎屑岩	弱	弱	微	微
82	54＋700	碎屑岩、碎屑岩	强	强	强	强
83	55＋300	黏性土、卵石	强	强	中	中
84	55＋800	黏性土、卵石	强	强	中	中
85	56＋400	黏性土、卵石	强	中	中	弱

为直观地表达 PCCP 管道沿线岩土对钢结构的腐蚀性，根据表 6.5.15 中 GB 50021—94 的判别结果，在综合考虑管顶、管底岩土腐蚀性差异的基础上，采取“就高不就低”的原则，对 PCCP 管道全线进行了岩土腐蚀性分段评价，并编制了如图 6.5.7 所示的分区图。图 6.5.7 表明，PCCP 管道全线岩土对钢结构的腐蚀性以“强”级为主，“弱”级次之，且弱腐蚀性区段主要为南泉水河以南段、穿大石河段和穿小清河段。经统计，“强”腐蚀性线路段总长 28.2km，占线路全长的 50%；“弱”腐蚀性的线路段总长 17.4km，占线路总长的 31%；而“中等”腐蚀性的线路段长 10.8km，占线路总长的 19%。

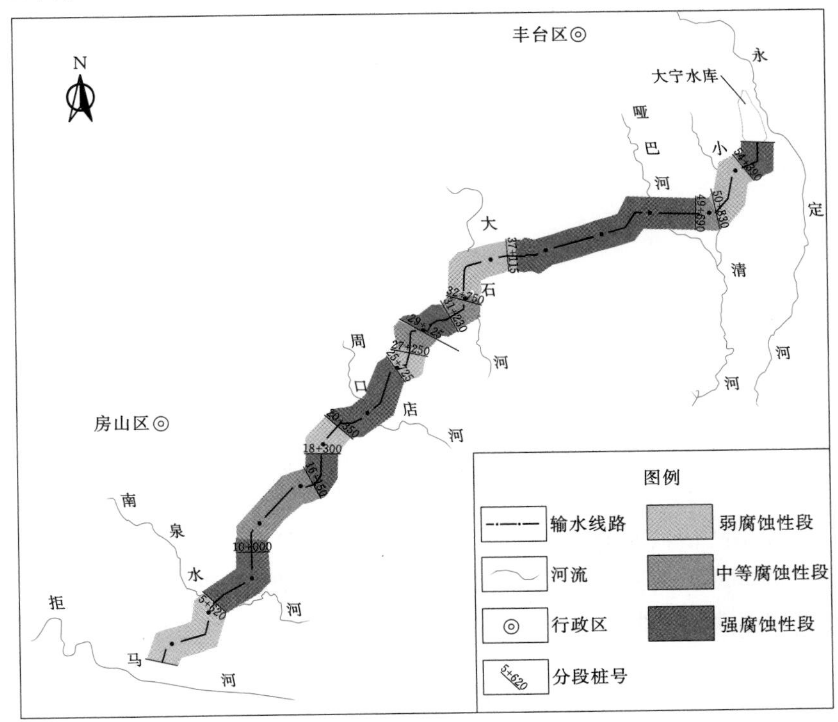

图 6.5.7　总干渠 PCCP 管道沿线岩土对钢结构的腐蚀性等级分区图

PCCP管道工程防腐设计时，综合各方面因素后，最终全线采取最高级别的防腐措施，即全线统一按“强腐蚀性”等级采取防腐措施，详见6.5.4节。

6.5.3 东干渠工程场区水土腐蚀性分析评价

6.5.3.1 水的腐蚀性评价

东干渠工程勘察期间共采取了62件地下水样品进行了室内水质简分析，取样深度最浅的为2m，最深的约32m，采样点（钻孔）的平面分布见图6.5.8。

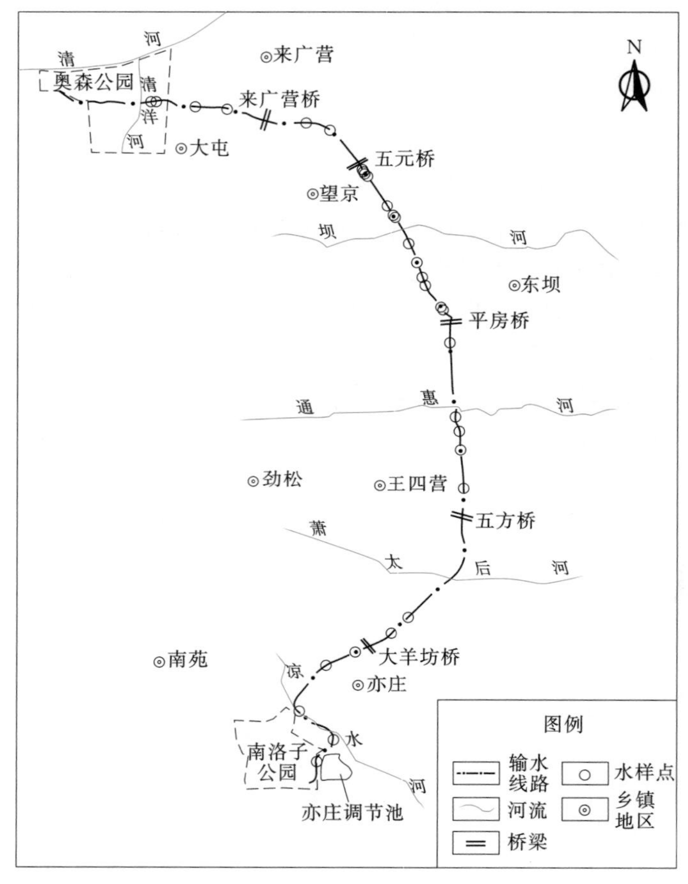

图6.5.8 东干渠沿线水样采集点分布图

所有样品均采自于勘探钻孔内。因钻探时未进行严格的分层封堵措施，因此采取的水样品为浅层滞水与潜水的混合水。水质简分析的项目包括常规阴、阳离子浓度共11项，矿化度，pH值以及游离CO_2、侵蚀性CO_2含量。

水质分析测试的结果表明，东干渠沿线浅层地下水的pH值为7.06～8.27，属中性～弱碱性水；水中主要化学组分的浓度范围值如下：总矿化度为106～2224mg/L，Ca^{2+}为8～192mg/L，Mg^{2+}为4～138mg/L，NH_4^+为0～3mg/L，Cl^-为12～489mg/L，SO_4^{2-}为0～578mg/L，NO_3^-为0～78mg/L，HCO_3^-为1.4～15.0mmol/L，侵蚀性CO_2为0～12.57mg/L。

图 6.5.9 为水中各主要化学组分的浓度-深度关系曲线。由图可以看出，除侵蚀性 CO_2 和 NO_3^- 以外，其他单组分的浓度-深度关系曲线总体为“锯齿形”，即大部分样品的单组分浓度测试值沿深度在一定范围内呈“震荡型”分布，震荡幅度总体较小；仅有极个别样品的浓度测试值相对多数样本表现为异常高或异常低值。如，取样深度最小（2.1m）的样品，其 $K^+ + Na^+$、Mg^{2+}、Cl^-、SO_4^{2-} 浓度和总矿化度为所有测试样品中的最高值；而深度 7.1m 处的水样品，其各化学组分的浓度值为所有样品中的最低值，而 pH 值为最高（8.27）。

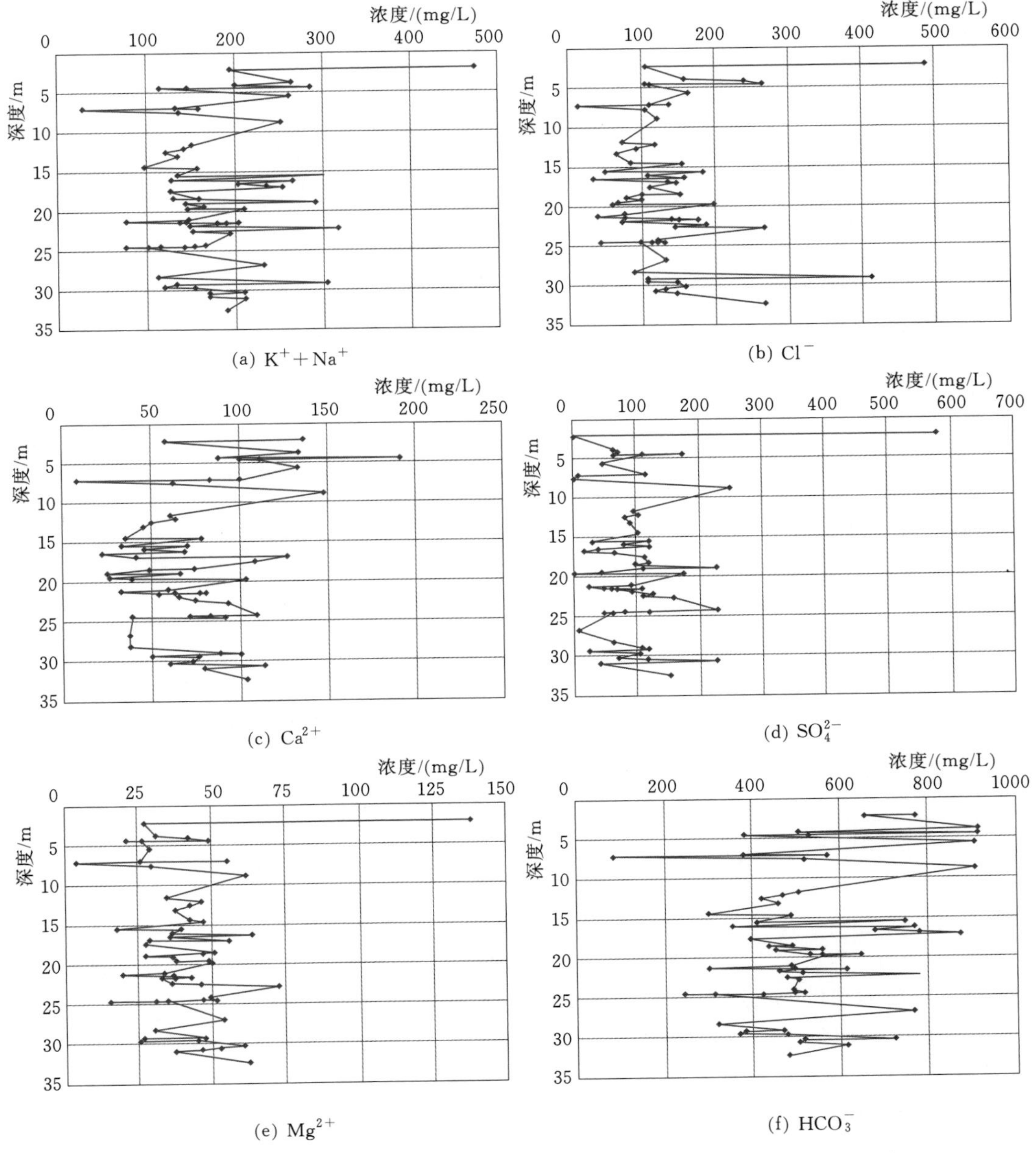

图 6.5.9（一）　东干渠沿线地下水中主要化学组分浓度-深度关系曲线图

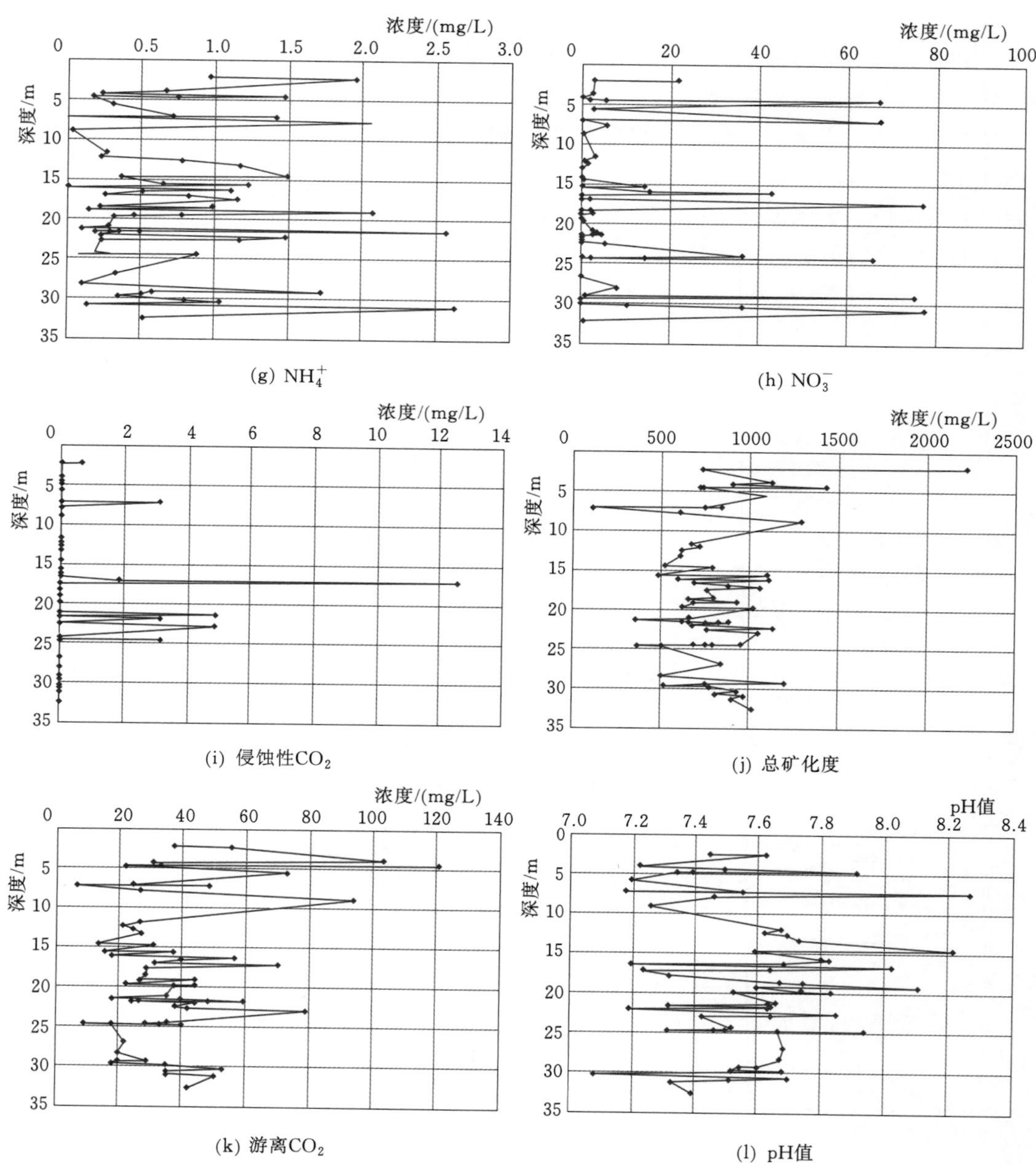

图 6.5.9（二） 东干渠沿线地下水中主要化学组分浓度-深度关系曲线图

表 6.5.16 为对东干渠沿线所有水样品测试结果的常规统计结果。由表可以看出，各组分浓度的统计变异系数均较大，反映其浓度的均匀性较差。

按水中各单类化学组分对建筑材料的腐蚀性评价标准（GB 50021—2001），东干渠沿线地下水中，SO_4^{2-} 对混凝土结构具有“弱”腐蚀性，Cl^- 在干湿交替条件下对混凝土结构中钢筋具有“弱”腐蚀性，其余组分对建筑材料（混凝土及其中钢筋）的腐蚀性均为“微”。

表 6.5.16　东干渠工程场区地下水主要化学组分常规统计结果表

统计指标	阳离子/(mg/L)					阴离子/(mg/L)					阴阳离子总计/(mg/L)	侵蚀性 CO_2/(mg/L)	游离 CO_2/(mg/L)	总矿化度/(mg/L)	pH 值
	$K^+ + Na^+$	Ca^{2+}	Mg^{2+}	NH_4^+	阳离子总计	Cl^-	SO_4^{2-}	HCO_3^-	NO_3^-	阴离子总计					
平均值	177.60	74.10	40.83	0.71	293.24	133.21	100.53	535.98	11.16	780.88	1074.13	0.60	37.42	806.14	7.58
最大值	473.18	192.14	138.02	2.64	749.43	488.98	578.36	914.63	77.65	1860.37	2609.80	12.57	121.00	2223.92	8.27
最小值	28.03	8.34	4.21	0.01	40.58	12.24	0.00	87.11	0.00	109.32	149.90	0.00	6.60	106.35	7.08
标准差	71.98	34.70	17.97	0.64	105.66	79.35	82.95	174.01	21.87	260.09	365.10	1.93	21.56	297.56	0.25
变异系数	0.41	0.47	0.44	0.89	0.36	0.60	0.83	0.32	1.96	0.33	0.34	3.19	0.58	0.37	0.03
组数	62	62	62	62	62	62	62	62	62	62	62	62	62	62	62

表 6.5.17　东干渠工程场区 SJ6 号孔内地下水样品测试结果

钻孔编号	地理位置	取样深度/m	阳离子/(mg/L)					阴离子/(mg/L)					阴阳离子总量/(mg/L)	侵蚀性 CO_2/(mg/L)	游离 CO_2/(mg/L)	总矿化度/(mg/L)	pH 值
			$K^+ + Na^+$	Ca^{2+}	Mg^{2+}	NH_4^+	阳离子总量	Cl^-	SO_4^{2-}	HCO_3^-	NO_3^-	阴离子总量					
SJ6	国家会议中心东	2.10	473.18	137.27	138.02	0.97	749.43	488.98	578.36	771.78	21.26	1860.37	2609.80	0.63	36.96	2223.92	7.44

分析 SO_4^{2-} 和 Cl^- 浓度的空间分布发现，其最高值均属于同一样品，即为取自于国家会议中心东 SJ6 号钻孔内的水样（表 6.5.17）。该样品采取深度最浅，仅有 2.1m，属浅层滞水；此处东干渠输水管道埋深约 17m，管顶与该含水层之间有约厚 4m 的黏性土层，因此认为该处浅层滞水对东干渠输水管道混凝土结构无腐蚀性影响，但垂直穿越该含水层的竖井或盾构井结构则应适当考虑防腐措施。

6.5.3.2　土的腐蚀性评价与分析

东干渠工程场区共采取了 25 件土壤样品进行室内易溶盐组分测试。样品采取深度集中在 13～27m，为位于地下水位以上的输水管道主要穿越土层的分布深度范围，其土质以⑤层黏性土为主。样品测试项目包括 pH 值、Mg^{2+}、Ca^{2+}、SO_4^{2-}、Cl^-、CO_3^{2-} 和 HCO_3^- 共 7 项。

表 6.5.18 为所有土壤样品易溶盐组分的测试及统计结果。测试及统计结果表明，所有样品均未检出 CO_3^{2-}；除 Mg^{2+} 和 SO_4^{2-} 外，其余组分的含量相对均匀，变异系数相对较小；土壤样品的平均 pH 值为 8.94，呈弱碱性，明显高于同场区地下水的 pH 值；样品的易溶盐总含量为 0.03%～0.1%，总体较低。

表 6.5.18　　东干渠工程场区土壤样品易溶盐组分测试及统计结果

取样钻孔编号	取样深度/m	Ca^{2+}/(mg/kg)	Mg^{2+}/(mg/kg)	SO_4^{2-}/(mg/kg)	HCO_3^-/(mg/kg)	Cl^-/(mg/kg)	CO_3^{2-}/(mg/kg)	pH 值	易溶盐总含量/%
DG16-1	8.00	27.82	12.52	16.69	256.58	43.58	0.00	9.13	0.035
EZK50	13.50	42.52	12.76	85.03	385.28	79.97	0.00	8.99	0.059
DG16-1	14.00	41.60	12.48	66.55	255.72	43.43	0.00	9.05	0.039
FZK2	14.00	34.51	12.42	66.26	318.24	43.24	0.00	8.99	0.049
FZK09	14.00	55.35	16.60	132.83	319.00	50.57	0.00	8.82	0.056
DG17	14.50	57.23	8.59	17.17	329.88	52.29	0.00	8.80	0.043
DG15-2	15.00	21.12	12.67	67.57	324.55	58.79	0.00	9.22	0.052
FZK4	15.00	48.80	29.28	117.11	321.41	72.78	0.00	8.81	0.058
FZK12	15.00	69.31	41.58*	282.77	255.65	50.65	0.00	8.72	0.070
FZK19	15.00	42.15	12.65	118.02	190.98	86.50	0.00	9.05	0.047
DG17	16.00	41.62	12.49	16.65	255.87	43.46	0.00	8.96	0.033
DG15-2	16.50	34.71	8.33	49.99	256.10	50.74	0.00	9.18	0.042
DG16-1	16.50	50.11	12.89	103.09	396.11*	67.27	0.00	8.74	0.064
FZK2	17.00	34.36	16.49	32.99	253.49	50.23	0.00	9.02	0.039
EZK50	17.50	34.84	16.72	33.45	315.74	64.35	0.00	9.06	0.046
FZK19*	17.70	88.60*	35.44	301.22*	334.52	128.78*	0.00	8.80	0.100*
FZK4	18.00	41.27	20.64	66.04	253.74	64.64	0.00	8.68	0.042

续表

取样钻孔编号	取样深度/m	Ca^{2+}/(mg/kg)	Mg^{2+}/(mg/kg)	SO_4^{2-}/(mg/kg)	HCO_3^-/(mg/kg)	Cl^-/(mg/kg)	CO_3^{2-}/(mg/kg)	pH 值	易溶盐总含量/%
FZK12	18.00	83.04	33.21	232.50	255.25	65.03	0.00	8.73	0.068
DG15-2	18.50	20.78	16.62	49.86	255.45	43.38	0.00	9.43*	0.043
FZK2	22.50	49.21	21.09	118.11	389.00	58.73	0.00	8.69	0.066
FZK4	23.50	42.21	21.10	33.77	389.23	44.07	0.00	8.75	0.052
DG17	24.00	42.15	12.65	33.72	259.14	44.01	0.00	8.90	0.039
DG15-2	25.00	42.11	12.63	33.69	258.88	43.97	0.00	8.97	0.041
DG15-2	26.50	28.06	12.63	16.84	258.78	36.63	0.00	9.13	0.034
DG17	26.50	42.35	16.94	50.83	325.49	44.22	0.00	8.86	0.044
平均值		44.63	17.66	85.71	296.56	57.25	0.00	8.94	0.05
最大值		88.60	41.58	301.22	396.11	128.78	0.00	9.43	0.10
最小值		20.78	8.33	16.65	190.98	36.63	0.00	8.68	0.03
标准差		16.46	8.54	79.13	54.68	19.66	0.00	0.19	0.01
变异系数		0.37	0.48	0.92	0.18	0.34		0.02	0.30
组数		25	25	25	25	25	25	25	25

* 为该组分的最大值。

图 6.5.10 为土壤样品中各测试组分的浓度-深度关系曲线，由图可知，土中主要阴、阳离子组分的含量随深度变化的趋势基本相同，即总体上同增同减；深度 17.7m 处的土壤样品（钻孔 FZK19 号）中 Ca^{2+}、SO_4^{2-}、Cl^- 含量及易溶盐总量为所有测试样本的最高值，取自钻孔 FZK12 号的土壤样品中 Mg^{2+} 含量为所有测试样本中的最高值；一般土壤样本中 SO_4^{2-} 含量为 15～85mg/kg，FZK19 号和 FZK12 号样本中 SO_4^{2-} 含量为 280～300mg/kg，明显高于其他样本。经核实，FZK19 号和 FZK12 号两钻孔均位于凉水河右岸的垃圾填埋区，填埋物厚度达 10m 左右，推测这可能是造成其下方土壤中硫酸盐浓度较高的原因之一。

依据上述土壤样品的测试结果，按《岩土工程勘察规范》（GB 50021—2001）标准判别，东干渠输水管道穿越的黏性土层对混凝土结构、混凝土结构中的钢筋以及钢结构的腐蚀性均为“微”级。

上述水土腐蚀性分析评价结果表明，东干渠工程场区地下水对建筑材料的腐蚀性等级最高为“弱”，管道穿越的黏性土层对建筑材料的腐蚀性均为“微”，因此该工程混凝土结构防腐设计主要应考虑的腐蚀介质为地下水。由于地下水中主要的腐蚀性成分为 Cl^- 和 SO_4^{2-}，且其浓度在浅层滞水中较高，因此进行防腐保护的工程对象应重点为竖向分布的井式结构工程或浅埋的涉水建构筑物，而非埋置较深的输水管道。

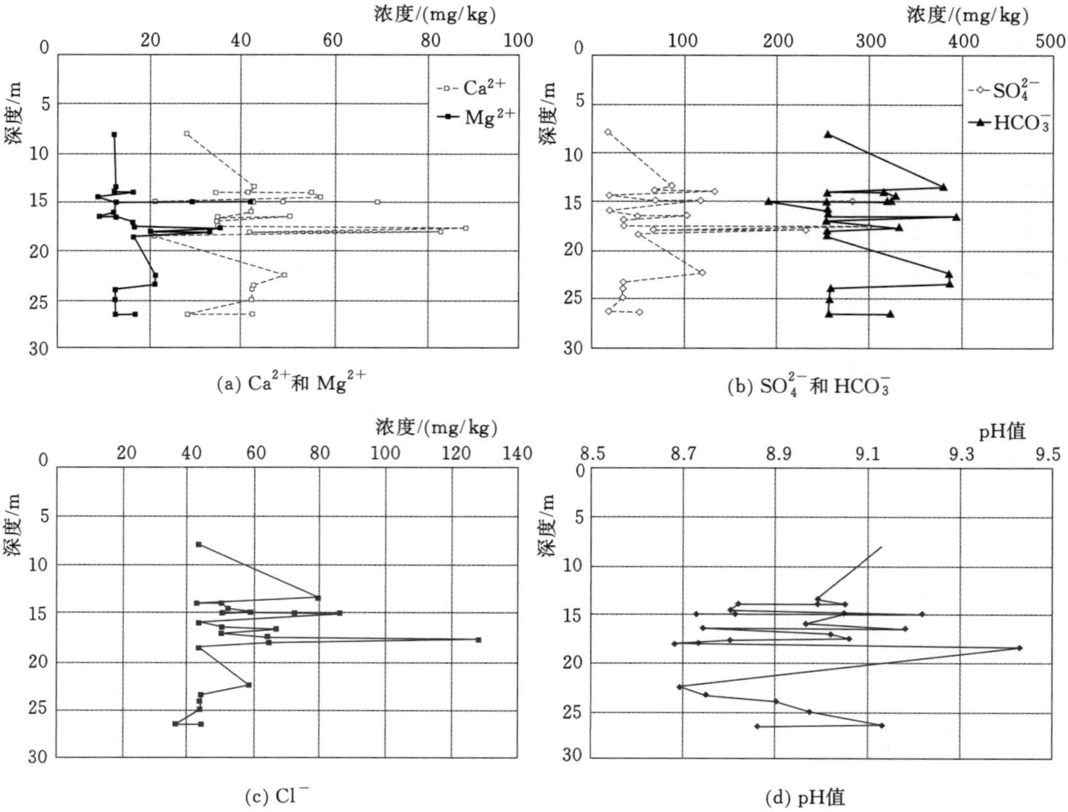

浓度/(mg/kg)
深度/m
Ca2+
Mg2+
(a) Ca2+和 Mg2+
SO42−
HCO3−
(b) SO42−和 HCO3−
(c) Cl−
pH值
(d) pH值

图 6.5.10 东干渠工程场区土壤样品各测试组分的浓度-深度关系曲线

6.5.4 PCCP 管道防腐措施及效果

预应力钢筒混凝土管（prestressed concrete cylinder pipe，PCCP）系采用薄钢板及钢质承、插口环卷制并焊接成筒体，然后在筒体内外浇灌混凝土成为管芯，在管芯外圆上缠绕预应力钢丝，再喷砂浆保护层的复合型管材（图 6.5.11）。PCCP 管集合了普通预应力钢筋混凝土管和钢管的优点，具有高强度、高抗渗性、耐磨性和耐腐蚀性等特点，且成本比钢管低，耗钢量是钢管的 30%，使用寿命比钢管高一倍以上，特别适用于高压力、大口径和长距离的管道工程。

水泥砂浆保护层
预应力钢丝
钢筒
混凝土

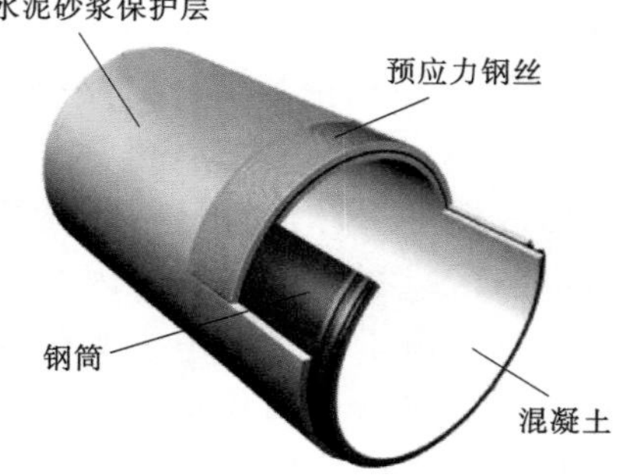

图 6.5.11 PCCP 管标准图

在充分调研国内外跨流域调水、长距离输水工程的基础上，综合考虑投资、效益、安全、寿命等多方面因素后，设计者、投资者及业内专家同意南水北调中线总干渠（北京段）惠南庄泵站—大宁调压池段采用大口径 PCCP 管材。该工程 PCCP 管的钢筒外径为 4183mm，厚度为 2mm，PCCP 中缠绕的预应力钢筋直径为 7mm（图 6.5.12）。总干渠

（北京段）PCCP 管道输水工程为平行双管，线路全长 56.359km；每根输水管设有 27 个人工排气阀井，71 个排气阀井和 19 个排空井，管道末端设有 1 处控制蝶阀。

图 6.5.12　总干渠（北京段）PCCP 管材

总干渠（北京段）PCCP 输水管道全线采用双重防腐措施，既涂抹环氧煤沥青防腐保护层（被动防腐），又实施牺牲阳极的阴极保护措施（主动防腐），以达到最佳的防腐保护效果。阴极保护可防止防腐涂层破损处产生点蚀，防腐涂层可大大降低阴极保护所需的极化电流，并使结构物表面的保护电位分布更均匀，两者相互补充，可以延长管道使用寿命。

环氧煤沥青防腐保护层是金属结构和混凝土最常用的防腐蚀手段，它是通过将金属和混凝土表面与腐蚀介质隔离而达到防腐蚀的目的。总干渠（北京段）PCCP 管外壁防腐涂料的选用参考了国内外相关工程应用实例，并根据《海港工程混凝土结构防腐蚀技术规范》（JTJ 275—2000）、《埋地钢质管道环氧煤沥青防腐层技术标准》（SY/T 0447—96）的相关技术要求和南水北调（北京段）引水工程的特点，采用了 725 - H53 - 102 无溶剂环氧煤焦油重防腐蚀涂料，干膜厚度为（900±100）μm。该防腐涂料体系具有涂层坚硬耐磨、物理机械性能优良，适应大口径 PCCP 管运输和铺设，高绝缘特性和高防渗功能以及优异性价比的特点。

阴极保护技术是通过向被保护的预应力钢筋通以阴极极化电流，使其电位稳定而免于周围岩土环境腐蚀的技术。总干渠（北京段）PCCP 管道沿线岩土类型多样，对钢结构的腐蚀性也有差异，但因南水北调工程是世纪引水工程，其重要性非同寻常，同时借鉴国内外 PCCP 管因腐蚀爆管的事故经验教训，北京段 PCCP 管道阴极保护全线采取了“特加强防腐等级”，阳极设计寿命不少于 25 年。具体方案为：干线主体管道采用 6 条与 PCCP 管道平行敷设的带状锌阳极保护，排气阀井和水平弯头的钢质构件采用竖井式棒状镁阳极保护；带状锌阳极的规格为当岩土电阻率小于 100Ω·m 时，6 条全部为 15.8mm×22.2mm；岩土电阻率不小于 100Ω·m 时，管底 3 条锌阳极的规格为 15.8mm×22.2mm，管顶 3 条锌阳极的规格为 12.7mm×14.28mm。

需要说明的是，南水北调工程设计初期国内并没有关于 PCCP 管道阴极保护设计的相关技术标准，实际工程设计时主要执行了美国腐蚀工程师协会（national advisory committee on electronics，NACE）系列标准，见表 6.5.19。根据 NACE 标准要求，在南水北调总干渠（北京段）PCCP管道保护段，每20节PCCP管（约100m）作为一个保护单元进行了电连续性跨接，而每个保护单元之间未进行电连续性跨接；对排气阀井、排空阀井、连通设施和弯头等钢制管件和PCCP管中的预应力钢筋也进行了电连续性跨接；保护管道的首末端、分支处以及与外部管道的连接处安装了绝缘设施，以防止杂散电流的干扰和PCCP管道保护电流的流失。PCCP管阴极保护的准则为：工程正式投入运行后，管道的极化电位差不应小于100mV，最低负电位不应负于－1000mV（去IR降）。

表6.5.19　　PCCP管道阴极保护设计执行标准一览表

序号	标准编号	标　准　名　称
1	NACE RP 0100—2004	*Cathodic Protection of Prestressed Concrete Cylinder Pipelines*
2	NACE RP 0169—2002	*Control of External Corrosion on Underground or Submerged Metallic Piping Systems*
3	NACE TM 0294—94	*Testing of Embeddable Anodes for Use in Cathodic Protection of Atmospherically Exposed Steel -Reinforced Concrete*
4	NACE RP 0104—2004	*The Use of Coupons for Cathodic Protection Monitoring Applications*
5	ACPPA	不利环境下钢筒混凝土压力管道保护指南

为了监测工程运行时PCCP管道腐蚀状况及防腐蚀措施的有效性，总干渠（北京段）PCCP管道阴极保护系统还设计安装了检测系统：在管道沿线每间隔约1km的排气阀井处安装测试探头和测试盒，每个测试点沿管道圆周安装6支测试探头。为保证合理检测两条PCCP管道的腐蚀情况，测试探头在两条平行管线上交替设置，全线共设置了56个测试点。采用断电电位法测量PCCP管的保护电位，并利用探头上的自腐蚀试片测量该处的自然电位。

南水北调总干渠（北京段）于2008年9月开始自河北向北京应急输水，至今已运行约9年。截至2017年3月，已累计向北京输水20多亿m^3。2014年3—7月间，为迎接丹江水入京，北京市南水北调工程管理单位对惠南庄泵站—大宁调压池段的PCCP管道实施了停水检修和维护工作。通过检测发现，PCCP输水管道全线有疑似断丝的管节共88节，其中左线32节，右线56节；全线2处疑似断丝范围较大的区域为左线桩号HD52＋855处和右线桩号HD47＋425处。结合6.5.2节沿线土壤腐蚀性的测试和评价结果认为，桩号HD52＋855处管道顶底岩土类型为电阻率高、腐蚀性弱的卵石类土，而桩号HD47＋425处为电阻率低、腐蚀性强的黄土，由此难以判断PCCP管道断丝与岩土环境腐蚀性的直接相关关系。因为除环境因素以外，诸如管材制作、施工安装、运行工况等也可能造成PCCP管材的质量缺陷，从而引发断丝。南水北调（北京段）PCCP管道断丝的原因还需开展深入研究。

总体上，经工程运行的实践检验表明，总干渠（北京段）PCCP管道工程总体质量完好，其采取的双重防腐措施是十分有效和必要的。

第 7 章　混凝土骨料碱活性研究

7.1　研究背景

混凝土骨料碱活性是指用以配制混凝土的砾石类、砂类粗细骨料，在一定条件下具有与混凝土中水泥、外加剂或掺合剂中的碱物质发生化学反应，从而导致混凝土膨胀、开裂而破坏的性质。具有这种性质的混凝土骨料称之为碱活性骨料（alkaline reaction aggregate），骨料与碱发生化学反应，导致混凝土膨胀、开裂破坏的现象称为碱-骨料反应。碱-骨料反应是影响混凝土耐久性的主要因素。

根据化学反应机理和混凝土破坏机制的不同，混凝土碱-骨料反应主要分为以下两类：

（1）碱-硅酸反应（alkali - silica reaction，ASR），指混凝土中的碱组分（Na^+、K^+、OH^-）与骨料中的活性氧化硅成分发生反应，产生碱-硅酸盐凝胶或称碱硅凝胶。碱硅凝胶固体体积大于反应前的体积，而且具有强烈的吸水性，吸水后可进一步促进碱骨料反应，使混凝土内部膨胀，导致开裂破坏。碱-硅酸反应的化学式可表达为

$$Na^+ (K^+) + SiO_2 + OH^- \longrightarrow Na(K) - Si - Hgel \qquad (7.1.1)$$

混凝土中参与碱-硅酸反应的骨料成分一般有蛋白石、黑硅石、燧石、鳞石英、方石英、玻璃质火山岩、玉髓及微晶或变质石英等。

（2）碱-碳酸盐反应（alkali - carbonate reaction，ACR），由混凝土中的碱与骨料中的活性碳酸盐矿物发生反应。研究表明，一般的碳酸盐如石灰石、白云石是非活性的，只有泥质石灰质白云石才发生碱-碳酸盐反应，反应式如下：

$$CaMg(CO_3)_2 + 2MOH = CaCO_3 + Mg(OH)_2 + M_2CO_2 \qquad (7.1.2)$$

式（7.1.2）中，M 代表 K^+、Na^+ 或 Li^+。由于在该反应过程中，白云石 $Mg(CO_3)_2$转化成为水镁石 $Mg(OH)_2$，因此该式也称为去白云石化反应，也有人将碱-碳酸盐反应称为去白云石反应。加拿大学者 Gillott J. E. 通过研究认为，碱-碳酸盐反应中，反应物的固相体积大于反应产物的固体体积，故其不是引起混凝土膨胀开裂的

主要原因；膨胀是由包裹在白云石晶体中的干燥黏土吸水肿胀引起的[103]。但也有学者研究表明，混凝土膨胀与白云石中黏土矿物的吸水无关；也有人认为，膨胀是由离子和水分子向受限空间迁移以及水镁石 $Mg(OH)_2$ 在由反应生成的方解石 $CaCO_3$ 和岩石基质构成的受限空间中生长引起的，黏土矿物仅提供碱溶液进入岩石的通道[104]。因此，目前关于碱-碳酸盐反应引起混凝土膨胀开裂的机理和原因，还没有统一的看法，关于这方面的试验研究仍在继续。

无论是哪一类的碱-骨料反应，其发生都必须具备 3 个基本条件：①混凝土中含有相当数量的碱组分，即溶于水中能离解出 K^+、Na^+ 等碱金属离子的物质；②骨料中含有一定数量的能与碱反应、反应产物吸水膨胀的碱活性岩石或矿物；③能提供水分的潮湿环境。三者缺一不可。抵制混凝土碱骨料反应的措施也须从这 3 个基本条件入手。无论哪一类碱-骨料反应，对混凝土结构带来的危害都是不可逆的，即一旦发生，不可能完全消除，危害严重时只有将建筑物拆除重建。正因为如此，工程建设前对采用的混凝土骨料开展碱活性研究就显得尤为重要，防患于未然比亡羊补牢更为有效。工程中碱-硅酸反应比碱-碳酸盐反应更为常见。

资料[105]显示，我国在 20 世纪 80 年代以前的建筑、市政、铁道、交通、冶金以及水利等建设工程中，因当时的混凝土强度等级低，单方水泥用量较少，又很少使用外加剂，未发现有碱-骨料反应危害的工程报道。1984 年，我国制定了不掺混合材的硅酸盐水泥标准，因其早期强度发展快，在重点工程及冬期施工中应用较多，产量逐年增加，加上随着混凝土技术的发展，单方水泥用量增多，而华北、西北地区生产的水泥含碱量偏高，又使用含碱外加剂，这种情况下只要骨料中含有一定量的碱活性成分，就会发生碱-骨料反应病害，因此自 20 世纪 90 年代初开始，我国陆续出现碱-骨料反应危害工程的相关报道。建成于 1984 年的北京三元立交桥即为典型案例之一：1989 年发现少量处于潮湿部位的混凝土柱、梁端发生膨胀性开裂，以后逐年扩展，1993 年盖梁全部顺筋开裂，取样做成试体后测试表明，在温度 38～40℃、湿度大于 90%条件下养护，其混凝土半年残余膨胀率仍高达 0.1%～0.2%。后了解到，该桥采用了具有潜在碱活性的永定河碎卵石，由于冬期赶工，在混凝土中又掺用了水泥重 5%的 $NaNO_2$，造成混凝土发生碱-骨料反应而破坏。1997 年，该桥盖梁挑出部分全部用混凝土柱支撑加固。2015 年 10 月，根据国家行业标准《城市桥梁养护技术规范》（CJJ 99—2003），经检测评定，三元桥为 D 级（不合格状态）；同年 11 月，有关单位对该桥实施了“钢结构整体置换”技术，以消除其安全隐患。

傅沛兴[106]于 20 世纪 90 年代中期对北京地区混凝土骨料碱活性问题进行了研究。他从永定河、温榆河和潮白河 3 个水系砂石场分别采取了卵石、河砂样品，采用岩相法、化学试验法和砂浆棒长度法分析了不同产地的砂石料碱活性，得出的主要结论如下。

（1）按岩石类别划分，分析的 8 类岩石中有 5 类为对工程可能有害的碱-硅酸反应活性岩石；碳酸盐岩石中发现有泥质细晶白云石，是否存在碱碳酸盐反应值得重视和研究。8 类岩石碱活性试验的综合结果见表 7.1.1。

表 7.1.1　　北京产卵石所含岩石碱活性试验综合结果

岩石类别	岩石名称	岩相观察	化学法试验	砂浆棒长度法（6 个月膨胀率/%）
Ⅰ	长英质沉积岩	见有波状消光石英、玉髓、微晶石英	可能有干扰	0.218
Ⅱ	长英质火成岩	未见碱活性矿物	无害	0.042
Ⅲ	条带状硅质岩	见有玉髓、微晶石英	潜在有害	0.254
Ⅳ	致密块状硅质岩	见有玉髓、微晶石英	潜在有害	0.236
Ⅴ	中酸性火山岩	未见碱活性矿物	无害	0.078
Ⅵ	中基性火山岩	未见碱活性矿物	无害	0.071
Ⅶ	碳酸盐岩	见有玉髓、泥质细晶白云岩		0.152
Ⅷ	高硅型碳酸盐岩	见有玉髓、微晶石英		0.207

（2）北京郊区三大水系所产卵石碱活性评估如下：

永定河水系（含永定河故道）河卵石中含 5 类碱活性岩石较多，占 51%～55%；所含活性成分为玉髓、微晶石英、波状消光石英等，具有碱硅酸反应活性。永定河水系石料应视为对工程有害或潜在可能有害的碱活性骨料。

北郊温榆河水系石料含五类碱活性岩石的大致含量为 30%左右，砂浆棒 6 个月膨胀量为 0.043%～0.044%；东郊潮白河水系石料含五类碱活性岩石的含量为 28%～34%，砂浆棒 6 个月膨胀量为 0.04%～0.052%；属于对工程无害的非碱活性骨料。但由于其中还混有接近 1/3 的硅酸质碱活性矿物，在混凝土含碱量很高时，也有可能使工程产生有害膨胀，因此不宜用于配制含碱量高的混凝土。

表 7.1.2 为傅沛兴[106]对取自于 3 个河系的 16 个岩石样品分别采用 ASTM C9P214 和南非法进行碱活性检验的试验结果，由此也可以看出永定河水系产岩石的碱活性相对要高。

表 7.1.2　　北京地区永定河、温榆河和潮白河水系产岩石样品碱活性检验结果综合表

序号	石样来源及编号			含五类活性岩石百分率/%	砂浆棒膨胀量/%	
					ASTM	南非法
1	永定河	卢沟桥南	1	53	0.082	0.131
2			2	53	0.074	0.104
3			3	53	0.096	0.112
4		卢沟桥北	1	55	0.107	0.136
5			2	54	0.114	0.099
6		八宝山	1	53	0.119	0.127
7			2	51	0.09	0.105
8	温榆河	龙凤山	1	30	0.043	0.113
9			2	31	0.044	0.098

续表

序号	石样来源及编号			含五类活性岩石百分率/%	砂浆棒膨胀量/%	
					ASTM	南非法
10	潮白河	怀柔	1	32	0.04	0.09
11			2	34	0.051	0.073
12		密云	1	28	0.05	0.086
13			2	30	0.05	0.066
14		顺义	1	30	0.47	0.087
15			2	32	0.052	0.07
16	昌平南口采石场		1	100	0.147	0.132

(3) 用与检验石料完全相同的砂浆长度法检验3个水系河砂样的碱活性结果为：永定河和潮白河下游所产粒径小于5mm的混合砂属碱-硅酸反应活性砂，温榆河水系龙凤山所产砂为非碱活性砂。

田桂茹[107]对北京地区三大水系产石子的碱活性膨胀试验结果也表明，永定河水域产石子的碱活性较高，温榆河和潮白河水域石子碱活性较低；北京硅质岩（环状、纹层状）的活性极高，与南京雨花石（蛋白石）相当。

前人研究结果及已有工程案例均表明，北京地区永定河水系所产混凝土砂石骨料具有潜在碱活性反应危害，且总干渠（北京段）工程预选料场中有位于永定河主河道区域内的料场，工程建设中应给予足够的重视。为有效预防南水北调中线干线工程混凝土中发生碱骨料反应，保障混凝土工程的安全和正常运行寿命，南水北调中线干线工程建设管理局于2005年2月发布了《预防混凝土工程碱骨料反应技术条例（试行）》的通知，要求全线有关单位遵照执行。

本章将在介绍总干渠（北京段）天然建筑材料勘察成果的基础上，对有关混凝土骨料碱活性的专门性试验和研究结果进行详述。

7.2 总干渠混凝土骨料勘察

7.2.1 料场位置及储量要求

南水北调中线总干渠（北京段）天然建筑材料混凝土用粗、细骨料料源产地为四处，分布于北京西南部房山区北拒马河、大石河和永定河的河床与漫滩地带，距离总干渠线路较近，运输条件方便，如图7.2.1所示。

根据长江水利委员会《关于南水北调中线建筑工程天然建筑材料勘察技术要求》，北京段四处料场均为重点料场，要求勘察的粗、细骨料储量见表7.2.1。

7.2.2 勘察工作情况

料场勘察于1993年9月开始，10月即提交勘察成果。勘察精度按可行性研究阶段

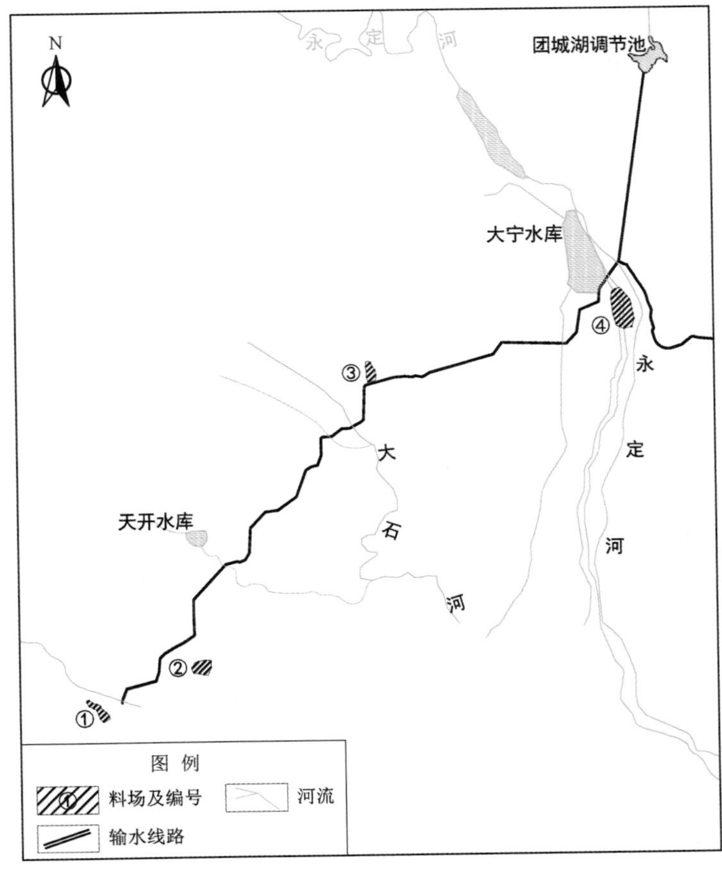

图 7.2.1　总干渠（北京段）天然建筑材料勘察料场地理位置示意图

进行，采用 1∶10000 地形图作为勘测底图，首先圈定了勘测范围，然后采用常规坑、槽和井探以及试验方法等进行了砂砾石料成因、空间分布、颗粒和岩石矿物组成、天然物性指标等的勘探和测试，采用平均厚度法进行了储量计算，最终对各料场料源质量分别进行了评价。

北京段料场勘察实施的实物工作量见表 7.2.2。

表 7.2.1　　总干渠（北京段）混凝土用骨料勘察储量要求

料场编号	料场名称	地　理　位　置	要求勘察储量/万 m^3	
			砂料	砾石料
①	拒马河料场	南拒马河高河漫滩，南河村村西约 700m	131	228
②	西甘池双磨料场	北拒马河北岸，长沟镇双磨村南约 250m	138	240
③	大石河八十亩地料场	八十亩地村西 200m，大石河暗涵上游约 500m	112	194
④	永定河稻田料场	永定河右岸稻田村、高佃村以西，永定河倒虹吸上游约 500m	130	230
合　计			511	892

表 7.2.2 总干渠（北京段）料场勘察实施工作量统计表

料场名称	测绘面积/km^2	坑探/个	竖井/个	总进尺/m	取样/组	备 注
拒马河料场	2.6	5		34.2	6	土方 205m^3
西甘池双磨料场	1.0	5		33	6	土方 198m^3
大石河八十亩地料场	3.0	4		22.9	6	土方 137m^3
永定河稻田料场	5.4		4	66.4	6	
合 计	12	14	4	156.5	24	

此次勘察初步查明了各料场砂砾石料的成因、地质时代、有用层厚度和空间分布、料场开采条件等，总体情况分别简述如下。

（1）拒马河料场料源为第四系全新统冲积砂卵砾石层（Q_4^{al}），砾石主要成分为花岗岩等火成岩，含少量碳酸盐岩类，磨圆度好，分选一般，呈微～弱风化状态；砂矿物成分主要为长石、石英，含少量暗色矿物和云母，砂含量占30%左右。料场有用层厚度大于25m，空间分布稳定、范围广。料场一带一般洪水不能淹没（近期拒马河仅有1963年的一次9900m^3/s的洪水淹没了料场区），勘察时地下水位埋深在15m以下。料场范围内无上覆无用层分布，开采区内不占用农田及林地，表层0.3m以上含草根，开采时宜剥掉。

（2）西甘池双磨料场地形平坦，均为农田所占，表层被0.6～2.2m厚的砂壤土覆盖，地下水位埋深在15m以下。料源为第四系全新统冲积砂卵砾石层（Q_4^{al}），砾石主要成分为花岗岩等火成岩，含少量碳酸盐岩，磨圆度好，分选一般，呈微～弱风化状态；砂成分以长石、石英为主，含少量暗色矿物和云母，含量约40%。料场有用层厚度约25m，分布稳定，开采条件好，但开采范围受北京市与河北省行政区划限制，储量有限。

（3）大石河八十亩地料场地形开阔，表层无覆盖，也无农田及林地分布，顶部0.3m以上含草根，开采时宜剥掉。料源同为第四系全新统冲积砂卵砾石层（Q_4^{al}），砾石主要成分为火成岩，含少量泥岩，磨圆度一般，分选差，呈微～弱风化状态；砂成分以暗色矿物为主，含极少量石英、长石，暗色矿物用手即可搓碎，强度极低。料场有用层厚度大于10m，地下水埋深大于15m，开采条件良好。

根据该料场已开采经验和部分用料单位的试验结果，大石河料场的砂料不能用作混凝土细骨料。

（4）永定河稻田料场地形开阔，表层无覆盖，无农田及林地分布。表层0.3m厚砂层含草根，开采时需剥掉。料源也为第四系全新统冲积层（Q_4^{al}），根据岩性可分为上、下两层：上部为中砂层，层厚9m，矿物成分以长石、石英为主，含少量暗色矿物和云母，砂层中夹有薄层砾石；下部砾石层厚度大于7m，成分以火成岩为主，含少量灰岩及泥岩，磨圆度较好，分选性一般。该料场分布范围广、储量大，地下水位埋深大于17m，开采条件良好，12个开采料场，开采量约为6300m^3/d。勘察时已有较大规模开采。

各料场勘察深度范围内岩土的空间分布如图7.2.2～图7.2.5所示。

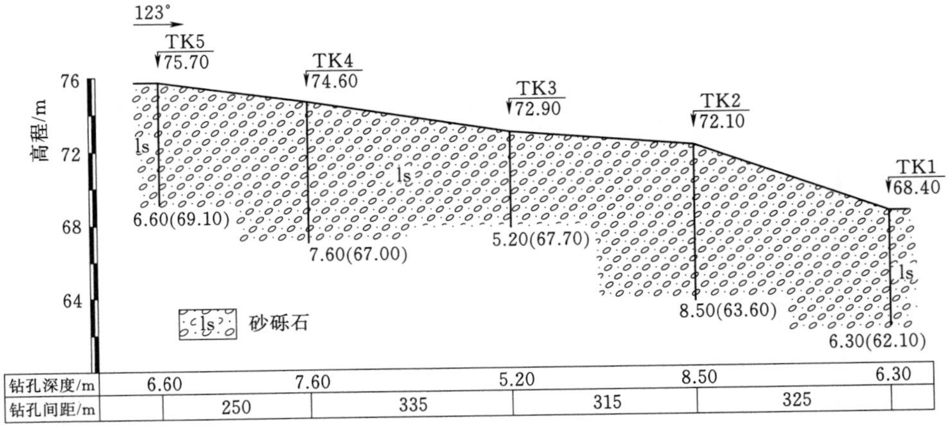

图 7.2.2 拒马河料场土层剖面图

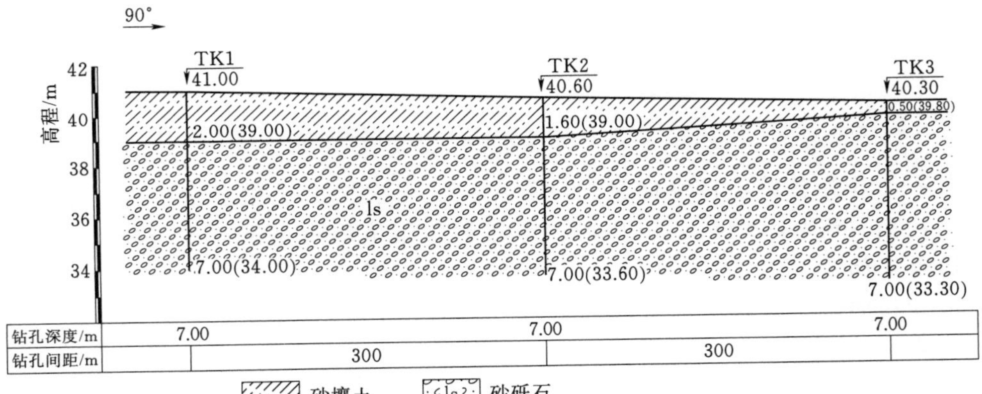

图 7.2.3 西甘池双磨料场土层剖面图

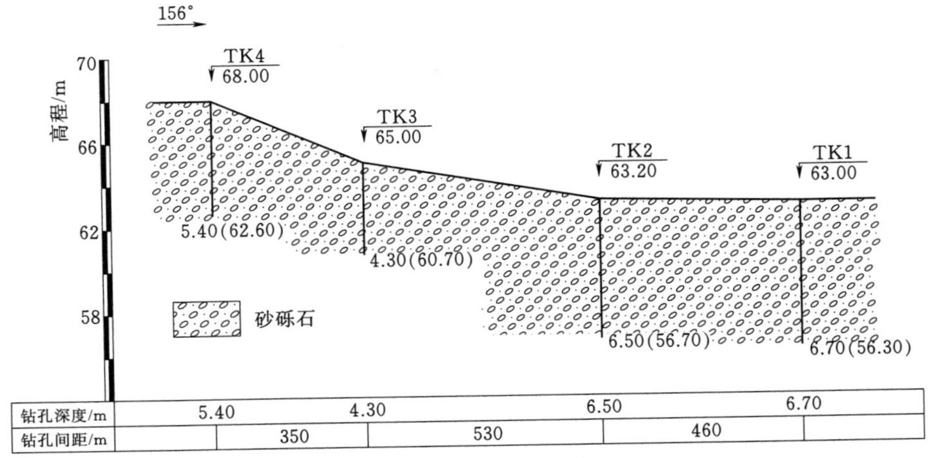

图 7.2.4 大石河八十亩地料场土层剖面图

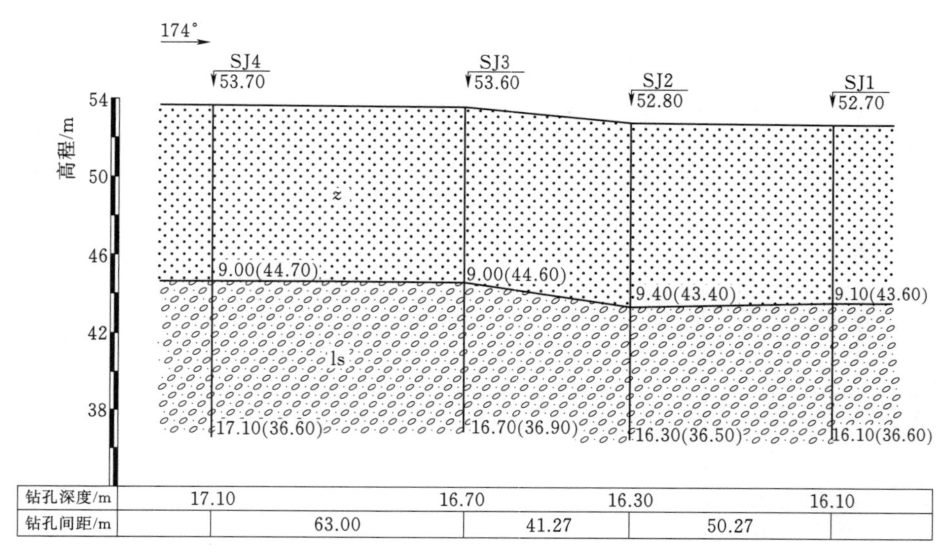

图 7.2.5　永定河稻田料场土层剖面图

表 7.2.3 为各料场料源储量的计算结果。与表 7.2.1 中要求探明的储量相比较可知，拒马河和永定河稻田料场砂砾石料的储量均满足设计初步要求，且永定河稻田料场储量最为丰富；西甘池料场的砾料查明储量与要求探明的储量大致相当，而砂料储量略有不足；大石河料场的砂不能作为混凝土用细骨料，砾料储量比较充裕。

表 7.2.3　总干渠（北京段）料场储量计算（平均厚度法）结果表

料场名称	勘探点深度/m	上覆无用层厚度/m	有用层厚度/m		产地面积/($\times 10^4 m^2$)	上覆无用层体积/m^3	净砂储量/($\times 10^4 m^3$)	净砾储量/($\times 10^4 m^3$)
			砂	砾				
拒马河料场	5.2～8.5	0.3		7	75	22.5	173.04	496.85
西甘池双磨料场	6.0～7.0	0.6～2.2		7	42	63	100.67	282.47
大石河八十亩地料场	4.3～6.7	0.3		5.4	150	45	0	486.21
永定河稻田料场	16.1～17.1	0.3	9.1	7.5	75	22.5	690	466.58
合计		1.5～3.1	9.1	26.9	342	153	963.71	1732.11

7.2.3　骨料物性指标测试结果

各料场砂砾料样品进行了密度、含泥量、粒径、有机质含量、硫酸盐及硫化物含量以及针片状颗粒、软弱颗粒含量等多项指标的测试，结果见表 7.2.4～表 7.2.7。

表 7.2.4 拒马河料场砂砾石试验成果汇总统计表

取样深度/m	取样编号	试验编号	密度 ρ /($\times10^3$kg/m^3)			比重 G_s		含泥量/%		软弱颗粒含量/%	针片状颗料含量/%	粒度(或细度)模数	平均粒径/mm	粒度模数	云母含量/%	膨胀率/%	硫酸盐及硫化物含量(换算成 SO_3)/%		有机质含量/%
			天然	砾石干松	砂干松	砾石	砂	砾	砂	砾	砾	砾	砂	砂	砂	砂	砾石	砂	砾、砂
0.0～6.3	TK1	1	2.27	1.64	1.48	2.65	2.71	0.14	1.0	5.33	1.47	8.11	0.31	1.77	0.021	+4	<0.5	<0.5	浅于标准色
0.0～8.5	TK2	2	2.11	1.75	1.53	2.66	2.71	0.15	0.7	1.47	1.44	7.97	0.32	1.89	0.062	−6	<0.5	<0.5	浅于标准色
0.0～5.2	TK3	3	1.96	1.65	1.47	2.68	2.72	0.16	3.5	1.7	1.02	7.62	0.35	2.25	0.026	−6	<0.5	<0.5	浅于标准色
组数			3	3	3	3	3	3	3	3	3	3	3	3	3	3	3	3	
合计			6.34	5.04	4.48	7.99	8.14	0.35	5.2	8.51	3.60	23.70	0.98	5.91	0.109	−8	<1.5	<1.5	
平均值			2.11	1.68	1.49	2.66	2.71	0.17	1.73	2.84	1.20	7.90	0.33	1.97	0.0363	−2.67	<0.5	<0.5	浅于标准色

表 7.2.5 西甘池双磨料场砂砾石试验成果汇总统计表

取样深度/m	取样编号	试验编号	密度 ρ /($\times10^3$kg/m^3)			比重 G_s		含泥量/%		软弱颗粒含量/%	针片状颗料含量/%	粒度(或细度)模数	平均粒径/mm	粒度模数	云母含量/%	膨胀率/%	硫酸盐及硫化物含量(换算成 SO_3)/%		有机质含量/%
			天然	砾石干松	砂干松	砾石	砂	砾	砂	砾	砾	砾	砂	砂	砂	砂	砾石	砂	砾、砂
0.0～7.0	TK1	1	2.24	1.71	1.47	2.70	2.72	0.21	5.7	2.22	1.51	7.71	0.28	1.55	0.178	−5.0	<0.5	<0.5	浅于标准色
0.0～7.0	TK2	2	2	1.67	1.42	2.67	2.69	0.21	1.5	2.27	3.81	8.01	0.27	1.43	0.032	+1.0	<0.5	<0.5	浅于标准色
0.0～7.0	TK3	3	2.24	1.66	1.42	2.71	2.72	0.16	0.2	4.86	0	7.67	0.26	1.52	0.063	−3.0	<0.5	<0.5	浅于标准色
组数			3	3	3	3	3	3	3	3	3	3	3	3	3	3	3	3	
合计			6.48	5.04	4.31	8.08	8.13	0.58	7.35	9.35	5.32	23.39	0.81	4.50	0.173	−1	<1.5	<1.5	
平均值			2.16	1.68	1.44	2.69	2.71	0.19	2.45	3.12	1.77	7.80	0.27	1.5	0.0577	−0.33	<0.5	<0.5	浅于标准色

表 7.2.6　大石河八十亩地料场砂砾石试验成果汇总统计表

取样深度/m	取样编号	试验编号	密度 ρ /(×10^3kg/m^3)		比重 G_s	含泥量/%	软弱颗粒含量/%	针片状颗料含量/%	粒度（或细度）模数	硫酸盐及硫化物含量（换算成 SO_3）/%	有机质含量/%
			天然	砾石干松	砾石	砾	砾			砾石	砾石
0.0～6.7	TK1	1	2.26	1.65	2.70	0.14	1.83	4.63	7.84	<0.5	浅于标准色
0.0～6.5	TK2	2	2.25	1.69	2.74	0.52	2.66	3.94	8.04	<0.5	浅于标准色
0.0～4.3	TK3	3	2.27	1.71	2.69	0.15	7.3	7.55	7.35	<0.5	浅于标准色
组数			3	3	3	3	3	3	3	3	
合计			6.78	5.05	8.13	0.81	17.79	16.12	23.23	<1.5	
平均值			2.26	1.68	2.71	0.27	5.93	5.37	7.74	<0.5	浅于标准色

表 7.2.7　永定河稻田料场砂砾石试验成果汇总统计表

取样深度/m	取样编号	试验编号	密度 ρ /(×10^3kg/m^3)			比重 G_s		含泥量/%		软弱颗粒含量/%	针片状颗料含量/%	粒度（或细度）模数	平均粒径/mm	粒度模数	云母含量/%	膨胀率/%	硫酸盐及硫化物含量（换算成 SO_3）/%		有机质含量/%	备注
			天然	砾石干松	砂干松	砾石	砂	砾	砂	砾			砂				砾石	砂	砾石、砂	
0.0～9.1	SJ1	1	1.76		1.47		2.70		3.0				0.26	1.23	0.05	+4		<0.5	浅于标准色	
0.0～9.4	SJ2	2	1.64		1.50		2.72		4.2				0.28	1.47	0.08	+6		<0.5	浅于标准色	
0.0～9.0	SJ3	3	1.97		1.49		2.71		0.3				0.32	2.02	0.05	+3		<0.5	浅于标准色	
9.0～16.0	SJ4	4	2.08	1.74		2.69		0.30		2.21	4.57	6.91			0.03	0	<0.5		浅于标准色	
9.0～16.0	SJ5	5	2.31	1.69		2.70		0.33		1.88	2.87	6.92			0.01	−9	<0.5		浅于标准色	
9.0～16.0	SJ6	6	2.3	1.7		2.70		0.18		1.84	2.36	7.00			0.01	−5	<0.5		浅于标准色	
组数			3(砂)/3(砾)	3	3	3	3	3	3	3	3	3	3	3	3(砂)/3(砾)	3(砂)/3(砾)				
合计			5.57/6.69	5.13	4.46	8.09	8.13	0.83	7.5	5.93	9.80	20.83	0.86	4.72	0.18/0.05	13/−15				砂/砾
平均值			1.86/2.23	1.71	1.49	2.69	2.71	0.28	2.5	1.98	3.27	6.94	0.29	1.57	0.06/0.016	1.33/−5.0	<0.5	<0.5	浅于标准色	砂/砾

7.2.4　骨料质量评价

勘察时依据当时实施的有效标准《水利水电工程天然建筑材料勘察规程》（SDJ 17—78），对各料场区粗细骨料主要技术指标与标准规定值进行了一一对比，结果见表 7.2.8 和表 7.2.9。结果表明，大石河八十亩地料场的粗骨料中，软弱颗粒的含量大于5%，不符合质量要求；三个料场细骨料的干松密度、细度模数和平均粒径指标均小于标准值，不符合质量技术要求。

表 7.2.8　　总干渠各料场区粗骨料质量技术指标评定

料场名称	质量技术指标							
	比重	干松密度/(kg/m³)	软弱颗粒含量/%	针片状颗粒含量/%	含泥量/%	粒度模数	有机质含量/%	硫酸盐及硫化物含量（换算成 SO_3）/%
拒马河料场	2.66	1.68	2.84	1.2	0.17	7.90	浅于标准色	<0.5
西甘池双磨料场	2.69	1.68	3.12	1.77	0.19	7.80	浅于标准色	<0.5
大石河八十亩地料场	2.71	1.68	5.93*	5.37	0.27	7.74	浅于标准色	<0.5
永定河稻田料场	2.69	1.71	1.98	3.27	0.28	6.64	浅于标准色	<0.5
评定标准（SDJ 17—78）	2.60	>1.60	<5	<15	<1	6.25～8.30	浅于标准色	<0.5

注　*为不合格项。

表 7.2.9　　总干渠各料场区细骨料质量技术指标评定

料场名称	质量技术指标								
	比重	干松密度/(kg/m³)	云母含量/%	含泥量/%	膨胀率/%	细度模数	平均粒径/mm	有机质含量/%	硫酸盐及硫化物含量（换算成 SO_3）/%
拒马河料场	2.71	1.49*	0.04	1.73	2.67	1.97	0.33*	浅于标准色	<0.5
西甘池双磨料场	2.71	1.44*	0.06	2.45	<0.5	1.50	0.27*	浅于标准色	<0.5
永定河稻田料场	2.71	1.49*	0.06	2.50	4.33	1.57	0.29*	浅于标准色	<0.5
评定标准（SDJ 17—78）	2.55	>1.50	<1	<3	<5	2.5～3.5	0.36～0.50	浅于标准色	<1.0

注　*为不合格项。

7.3　总干渠混凝土骨料碱活性专门研究

7.3.1　骨料碱活性检验方法与评定标准

检验方法与评定标准是骨料碱活性研究中的重要内容之一。早期遭受AAR危害较严重的国家都制定了相应的标准和规范，如美国的ASTM标准、加拿大的CSA标准等。目前在国际上最具影响力的当属国际材料与结构研究实验联合会（International Union of Laboratories and Experts in Construction Materials，Systems and Structures，RILEM）制定的标准[108]。该标准中推荐骨料碱活性的检测方法有岩相法（AAR－1）、快速砂浆棒法（AAR－2）、混凝土棱柱体法（AAR－3）、快速混凝土柱法（AAR－4）和碳酸盐骨料快速初选法（AAR－5）等，对于可能存在严重缺陷的，并在实际工程中造成误判的化学法和砂浆棒法，该标准中不再使用。

我国颁布实施的《建设用砂》（GB/T 14684）、《建筑用卵石和碎石》（GB/T 14685）、《普通混凝土用砂、石质量及检验方法标准》（JGJ 52）、《水工混凝土砂石骨料试验规程》（DL/T 5151）、《水利水电工程天然建筑材料勘察规程》（SL 251）等国家或行业标准中均涉及骨料碱活性检验与评定的相关规定，并且随着国民经济建设、社会发展与科学技术进步，这些标准在更新时对相关内容进行了必要的更新与完善，使其与工程实践、科学技术相适应。现行《水利水电工程天然建筑材料勘察规程》（SL 251—2015）之“附录A 混凝土骨料碱活性判定”比较全面地列举了目前国内常用的骨料碱活性检验方法，至于与各种检验方法相对应的评定标准，该规程与国家标准或其他行业相关标准的规定并不完全一致。这里仅将SL 251—2015附录A（表7.3.1、表7.3.2）的有关内容引用如下，想要了解其他规程标准的具体规定可查阅其公开出版物。

表7.3.1　常见含碱活性成分的岩石（SL 251—2015 表A.0.1）

岩石类别	岩石名称	碱活性成分
岩浆岩	安山岩、英安岩、流纹岩、粗面岩、松脂岩、珍珠岩、黑曜岩、玄武岩	酸性-中性火山玻璃、隐晶-微晶石英、鳞石英、方石英
	花岗岩、花岗闪长岩	应变石英、微晶-隐晶质石英
	火山熔岩、火山角砾岩、凝灰岩	火山玻璃
沉积岩	硅质岩	蛋白石、微晶-隐晶质石英、玉髓
	石英砂岩、硬砂岩	微晶-隐晶质石英、应变石英
	碳酸盐岩	含5%～25%黏土质矿物的灰质白云岩或白云质灰岩（白云石和方解石含量几乎各占1/2），硅质白云岩或硅质灰岩
变质岩	板岩、千枚岩	玉髓、微晶石英
	片岩、片麻岩	微晶石英、应变石英
	石英岩	应变石英

表 7.3.2 骨料碱活性试验方法的适用范围与判定标准

试验方法	适用范围	判定标准
岩相法	适用于初步确定含碱活性成分的岩石种类；室内镜鉴岩石是否含有碱活性成分	无碱活性矿物成分时判定为非碱活性骨料，有碱活性矿物成分时可判定为可能具有潜在碱活性危害反应，应进行其他试验进一步鉴定
化学法	适用于含有不定形活性二氧化硅成分的骨料；不适用于含碳酸盐的骨料，也不能鉴定由于微晶石英或变形石英所导致的缓慢膨胀的骨料	当 $R_c>70$ 并 $S_c>R_c$，或者 $R_c<70$ 并 $S_c>(35+R_c/2)$ 时，可判定为可能具有潜在碱活性危害反应，应进行其他试验进一步鉴定
砂浆棒快速法	适用于潜在有害的碱-硅酸反应，尤其适用于检验反应缓慢或只有后期才产生膨胀的骨料	当 14d 膨胀率小于 0.1%，判定为非碱活性骨料；当 14d 膨胀率大于 0.2%，判定为具有潜在危害性反应的碱活性骨料；当 14d 膨胀率在 0.1%～0.2%，应延长观测时间到 28d，如膨胀率小于 0.2%，判定为不具有潜在危害性反应的碱活性骨料；如 28d 膨胀率大于 0.2%，应进行其他试验进一步鉴定
砂浆长度法	适用于碱骨料反应较快的碱-硅酸反应，不适用于碱-碳酸盐反应	当 180d 膨胀率大于 0.1%或 90d 膨胀率大于 0.05%（无 180d 膨胀资料时使用），判定为具有潜在危害性反应的碱活性骨料
岩石圆柱体法	适用于碱-碳酸盐岩反应	当试件浸泡 84d 膨胀率大于 0.1%时，判定为具有潜在危害性反应的碱活性骨料，不宜作为混凝土骨料。必要时应以混凝土试验作最后评定
混凝土棱柱体法	适用于碱-硅酸反应和碱-碳酸盐反应	当试件 360d 的膨胀率大于等于 0.04%时，判定为具有潜在危害性反应的碱活性骨料；膨胀率小于 0.04%时，判定为非碱活性骨料

注 R_c 为溶液的碱度降低值，mmol/L；S_c 为滤液中的二氧化硅浓度，mmol/L。

在各种检验方法中，岩相法是最基础、最常用的方法，通常是判定骨料碱活性的第一步，这一点在 RILEM 提出的骨料碱活性鉴定流程[108]（图 7.3.1）中有明确体现。岩相法即通过肉眼和显微镜观察识别骨料中的岩石类别、矿物成分以及碱活性骨料含量等，据此判定骨料是否含有碱活性成分和可能的碱活性反应类型。在岩相法判定结果的基础上确定是否进行进一步的试验。

砂浆棒快速法是指根据标准规定的方法制定由水泥、骨料和水组成的砂浆试件，先后在自来水和一定浓度的 NaOH 溶液中浸泡养护（最长养护时间为 14d），通过测量不同养护条件和龄期的试件长度计算相应的膨胀率 ε_t，根据 14d 时的膨胀率大小按评定标准判定骨料碱活性的方法。试件膨胀率的计算方法如下：

$$\varepsilon_t=\frac{L_t-L_0}{L_0-2\Delta}\times 100\% \tag{7.3.1}$$

式中 ε_t——试件在 t 天龄期的膨胀率，%；

L_t——试件在 t 天龄期的长度，指试件在 NaOH 溶液中浸泡养护 t 天后的长度，mm；

L_0——试件的基准长度，指试件在自来水中浸泡养护后的初始长度，mm；

Δ——测头（即埋钉）的长度，mm。

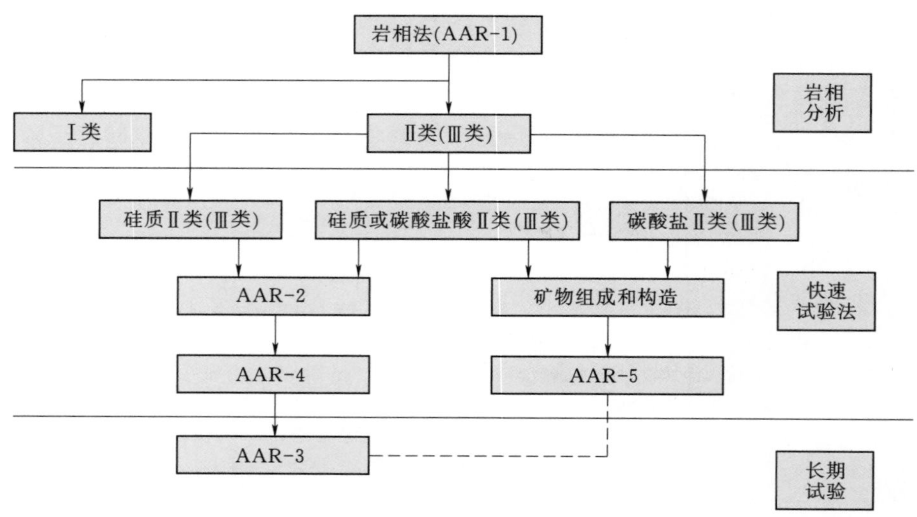

图 7.3.1　骨料碱活性鉴定流程图

砂浆棒快速法也称南非法（NBRI 法），仅适用于具有碱-硅酸反应的活性骨料。我国相关国家标准及行业标准中关于该方法的具体试验方法（试件制作、材料要求及配合比、养护条件等）和评定标准的规定不尽相同，工程应用中应注意其区别。砂浆棒快速法被认为是最精确、可靠的骨料碱活性检验方法，在国内外的工程实践中广泛被采用，1994 年被美国和加拿大采用并制定成其国家标准[109]。

砂浆长度法与砂浆棒快速法的基本原理是相同的，即也是采用规定的试验方法制作和养护标准砂浆试件，通过测量不同龄期的试件长度和计算其膨胀率来评定骨料碱活性；根本的区别在于试件的养护条件：快速法是高温（一般 80℃±2℃）短时（一般不超过 14d）快速养护，而长度法是低温（一般不超过 50℃）长时（一般 6 个月或更长）缓慢养护。养护条件不同，据其试验结果制定的评定标准就不一样，则同样的骨料其判别结果可能不一致，这关系到评定的可靠性问题。现行《水工混凝土砂石骨料试验规程》（DL/T 5151—2014）和《水工混凝土试验规程》（SL 352—2006）关于砂浆棒长度法的试验方法基本一致，但评定标准的表述略有差异。前者规定："当试件半年膨胀率不低于（≥）0.1%，或 3 个月膨胀率不低于（≥）0.05%（只适用于缺少半年膨胀率资料时），即评定为具有潜在危害性的活性骨料；反之，则评定为非活性骨料。"后者规定："对于砂料，当砂浆半年膨胀率超过（>）0.1%，或 3 个月膨胀率超过（>）0.05%（只有在缺少半年膨胀率资料时才有效）时，即评定为具有危害性的活性骨料；反之，如低于上述数值，则评为非活性骨料。对于石料，当砂浆半年膨胀率低于（<）0.1%，或 3 个月膨胀率低于（<）0.05%（只有在缺少半年膨胀率资料时才有效）时，即评定为非活性骨料；反之，如超过上述数值时，则判为具有潜在危害性的活性骨料。"《建筑用砂》（GB/T 14684—2011）的"碱-硅酸反应法"大致相当于此

处的“砂浆棒长度法”，除试验方法与前述两个规程有细微区别外，其评定标准也不同，具体表述为：“当半年膨胀率小于（<）0.1%时，判定为无潜在碱-硅酸反应危害；否则，则判定为有潜在碱-硅酸反应危害，采用修约值比较法进行评定。”

鉴于砂浆长度法因试验条件、评定标准等的不同而易引起评定结果的不确定性，以及实际中有采用此法判定为非碱活性骨料，但工程运行多年后出现混凝土碱-骨料反应破坏的案例，我国在许多重要或大型混凝土结构工程中多采用多种方法进行综合评定，或采用改变试验条件（提高试件养护温度、延长养护时间或加大水泥碱含量或NaOH碱溶液浓度等）的方法深入研究骨料在不同条件下的碱反应程度，以求最大限度地预防和控制重点工程混凝土碱-骨料反应[110-111]。

化学法是将一定量的骨料破碎后过规定的标准筛，并按规定的试验方法使其与经标定的NaOH溶液发生反应，然后测定反应过滤液中SiO_2的含量和碱度降低值，并以此判断在使用高碱水泥的混凝土中是否产生危害性的碱-骨料反应。《水工混凝土试验规程》（SL 352—2006）规定此方法的评定标准基本与SL 251—2015附录A的规定（表7.3.2）相同，现行GB/T 14684—2011、JGJ 52—2006、DL/T 5151—2014中均没有化学法的规定。工程实践中，化学法因试验仪器设备要求较高，试验方法相对复杂，且评定结果需进一步试验，因此推广应用程度也相对较低，常和砂浆棒长度法配合使用。文献［109、112］指出，化学法的最大缺点是：骨料中非二氧化硅物质的存在对测试结果有较大影响，如水化硅酸镁、碳酸盐（碳酸铁、方解石、碳酸镁）、铁的氧化物和铝酸盐、沸石、黏土矿物质、石膏和有机物等，常常造成判定结果错误。

岩石圆柱体法是将一定尺寸的岩石试样持续地浸泡在NaOH溶液中，定期测定每个圆柱体的长度变化，依据圆柱体的膨胀率评定所代表的骨料的碱活性。该方法是适用于判定碳酸盐类骨料发生碱-碳酸盐反应的危害性，而不适用于硅质类骨料。岩石试件的膨胀率 ε_t 为其某龄期长度和基准长度的差值 ΔL 与基准长度 L_0 之比，如式（7.3.2）所示：

$$\varepsilon_t = \frac{L_t - L_0}{L_0} \times 100\% \tag{7.3.2}$$

式中　ε_t——试件在 t 天龄期的膨胀率，%；

L_t——试件在 t 天龄期的长度，指试件在NaOH溶液中浸泡养护 t 天后的长度，mm；

L_0——试件的基准长度，指试件在自来水中浸泡养护后的初始长度，mm。

采用岩石圆柱体法的试验结果进行碱-碳酸盐反应危害的评定，我国现行相关规程中的评定标准是一致的，即均以试件在碱溶液中浸泡84d时的膨胀率超过0.1%作为具有潜在碱活性危害的判据；必要时以混凝土试验结果作最终评定。同块岩石所取的多个试样进行试验时，以膨胀率最大的一个测值作为分析该岩石碱活性的依据。

混凝土棱柱法即以混凝土试件为试验样品，在一定的温度（38℃±2℃）和湿度条件下进行养护，测定不同龄期试件长度的变化，计算其膨胀率作为评定骨料碱活性的依据。混凝土棱柱法试件的膨胀率计算方法与砂浆棒法相同，评定标准为：1年（360d）期的膨胀率不小于0.04%，则判为具有潜在危害性反应的活性骨料；否则判定为非碱活性骨料。混凝土棱柱法既可用于检验碳酸盐类骨料，也可用于检验硅质骨料。

由于工程实践中，潜在的碱-硅酸反应要比碱-碳酸盐反应常见的多，因此就定量的检测方法而言，砂浆棒快速法、砂浆长度法的应用要比岩石圆柱法、混凝土棱柱法更为广泛，而且其试验成本、周期及方便性等对一般工程而言也容易满足。

表 7.3.3 为文献［109］作者梳理的目前国内外有关骨料碱活性反应的实施标准及相应的评定方法，将其引用在这里供读者参考。

表 7.3.3 碱骨料反应评价方法

<table>
<tr><th>方法名称</th><th>标准依据</th><th colspan="2">评 价 方 法</th></tr>
<tr><td>岩相法</td><td>ASTM C295、GB/T 14684—2011、GB/T1 4685—2011、JGJ 52—2006、TB/T 2922.1—1998、JTG E42—2005、DL/T 5151—2014、SL 352—2006</td><td colspan="2">经岩相分析不含有碱活性矿物，则将骨料评为非碱活性骨料；如果含有碱活性矿物，则将该骨料评定为具有可疑碱活性骨料，并应进一步采用其他方法进行检验，从而最终评定骨料的碱活性。TB/T 2922.1—1998 提出，如果所有或部分样品中含有碱活性矿物，则将该骨料评定为具有可疑碱活性骨料，此条对工程应用性具有直接的指导价值</td></tr>
<tr><td>化学法</td><td>ASTM C289、TB/T 2922.2—1998、SL 352—2006</td><td colspan="2">骨料活性的评定：当试验结果出现 $R_c>70$ 而 $S_c>R_c$ 或 $R_c<70$ 而 $S_c>35+R_c/2$ 中的任何一种，该试样就被评为具有潜在有害反应，但不能作为最后结论，还需其他方法的检测。如果不出现上述情况，则评定为非碱活性骨料</td></tr>
<tr><td rowspan="5">砂浆棒快速法</td><td>ASTM C1260</td><td rowspan="5">当 14d 膨胀率小于 0.1%时，可判定为无潜在危害；当 14d 膨胀率大于 0.20%时，可判定为有潜在危害</td><td>14d 膨胀率大于 0.10%时，按照 ASTM C1293 检测（混凝土棱柱体法）</td></tr>
<tr><td>GB/T 14684—2011、GB/T 14685—2011</td><td rowspan="2">14d 膨胀率在 0.1%～0.20%时，不能判定有潜在碱-硅酸反应危害，可以按照碱活性（砂浆长度法）进行试验来判定</td></tr>
<tr><td>JGJ 52—2006</td></tr>
<tr><td>TB/T 2922.5</td><td rowspan="2">若试件 14d 的膨胀率为 0.1%～0.20%，对这种骨料应结合现场使用历史、岩相分析、试件观测时间延至 28d 后的测试结果，或混凝土棱柱体法试验结果等进行综合评定</td></tr>
<tr><td>SL 352—2006、DL/T 5151—2014</td></tr>
<tr><td rowspan="2">砂浆长度法</td><td>ASTM C227、JGJ 52—2006、TB/T 2922.3—1998、SL 352—2006、DL/T 5151—2014、JTG E42—2005</td><td colspan="2">当砂浆 6 个月膨胀率小于 0.1%或 3 个月膨胀率小于 0.05%（只有在缺少 6 个月膨胀率资料时才有效），则判定为无潜在危害。否则，应判定为有潜在危害</td></tr>
<tr><td>GB/T 14684—2011、GB/T 14685—2011</td><td colspan="2">当半年膨胀率小于 0.10%时，判定为无潜在碱-硅酸反应危害。否则，则判定为有潜在碱-硅酸反应危害，采用修约值比较法进行判定</td></tr>
</table>

续表

方法名称	标准依据	评　价　方　法
岩石柱体法	ASTM C586	当膨胀率（1 周、4 周、8 周、16 周或更长龄期，最后膨胀率变化不超过 0.01%）超过 0.10%时，按照 ASTM C1105 进一步检测（混凝土棱柱体法）
	GB/T 14685—2011、JGJ 52—2006 TB/T 2922.4—1998	当 84d 龄期的膨胀率小于 0.10%时，判定为无潜在碱-碳酸盐反应危害。否则，则判定为有潜在碱-碳酸盐反应危害
混凝土 棱柱体法	ASTM 1293	1 年膨胀率大于等于 0.04%，认为具有潜在危害性反应；当判定掺有火山灰或者矿渣粉的水硬水泥时，龄期为 2 年。此方法为 ASTM 中判定集料的碱-硅酸盐反应最为可靠
	DL/T 5151—2014、SL 352—2006	当试件一年的膨胀率不小于 0.04%时，则判定为具有潜在危害性反应的活性骨料；膨胀率小于 0.04%时则判定为非活性骨料

7.3.2　总干渠混凝土骨料碱活性检测与评定

总干渠（北京段）混凝土骨料碱活性检测与评定是在前述料场勘察成果和前人相关研究基础上，结合工程实际情况和当时的经济技术条件而开展的。料场勘察基本于 20 世纪 90 年代初期完成，而骨料碱活性的检测与评定工作主要在 2003—2005 年进行。从研究对象而言，除西甘池双磨料场外，对其余 3 个料场的骨料均采样进行了检测与评定，此外还对丰台区大灰厂采石厂的人工碎石骨料进行了采样检测；从研究深度而言，重点对北拒马河料场的砂石料进行了研究，不仅采用多种方法进行检测与评定，而且先后进行了两次抑制碱骨料反应的试验，并采用不同的评定依据进行评判。检测方法方面，主要应用了岩相法和砂浆棒快速法，在永定河砂石料碱活性检测中还采用了化学法，在检测大灰厂碎石骨料的碱-碳酸盐反应活性中应用了“超快小混凝土柱法”[113]。评定标准主要依据了当时实施有效的行业规程——《水工混凝土砂石骨料试验规程》（DL/T 5151—2001）、《普通混凝土用砂质量标准及检验方法》（JGJ 52—92）、《普通混凝土用碎石或卵石质量标准及检验方法》（JGJ 53—92）。永定河砂石料评定中应用了《骨料潜在碱活性反应标准试验方法（砂浆棒检测法）》（ASTM C1260—94）标准。

为便于理解总干渠混凝土骨料碱活性检测的试验结果及评定结论，这里简要交待“超快小混凝土柱法”的试验方法与评定标准。根据文献［113－114］，“超快小混凝土柱法”又称集料的“碱碳酸盐反应活性快速检测方法”，是南京化工大学兰祥辉、邓敏、唐明述等人完成的“九五”科技攻关成果之一，其具有快速、简便和与岩相法等检验结果比较吻合等特点，并已被 RILEM（国际材料与建筑构造试验联合会）列为标准 AAR5：The Ultra－accelerated Concrete Microbar Test[108]。该方法与砂浆棒快速法的最大不同是加大了试验骨料的粒径，一般控制在 5～10mm，此外其水泥与骨料质量比设为 1∶1，水灰比为 0.3∶1.0，通过 KOH 成型溶液将水泥的碱质量分数调整为 1.5%（等当量 Na_2O）；混凝土试件的最小断面尺寸控制为 25～40mm；成型的试件在标准条件下养护 24h，脱模后测试件的原始长度，然后将全部试件放入 80℃的 1mol/L 的 NaOH 溶液中周期养护，每周定时取出冷却至室温测试试件的长度变化并计算其膨胀率。“超快小混凝土柱法”与目前国内一般标准规程中的“混凝土棱柱体法”最大区别在于其试件养护温度高（80℃），时间短（一般为 14d）。

“超快小混凝土柱法”提出的评定标准为：14d 小混凝土柱的膨胀率大于 0.1%，且在低碱条件下没有或仅产生极小的膨胀（小于 0.03%）时，则判定骨料具有碳酸盐碱活性；反之，则没有碱活性。对一些重要工程，可以将试验周期延长至 28d 再测试判定，判定标准仍以膨胀率大于 0.1%作为具有碱活性的阀值。

1. 岩相法

采用岩相法进行总干渠（北京段）混凝土骨料碱活性鉴定的样品分别来自于大石河八十亩地料场、北拒马河料场和大灰厂采石厂的人工碎石料，鉴定结果见表 7.3.4～表 7.3.6。从岩相法的鉴定结果初步判断，大石河八十亩地砂石料的岩石成分以辉绿岩为主，其次为石灰岩、白云岩、凝灰岩及花岗岩等，含有少量的安山岩、泥质灰岩等碱活性成分；北拒马河砂石料岩石以长英质细粒变质岩、白云岩为主，主要矿物成分为石英、长石、白云石，含有少量绿泥石、玻璃质和变质石英、硅质灰岩等碱活性成分；大灰厂人工碎石料主要为白云质灰岩，含少量变质岩，可能具有碱-碳酸盐和碱-硅酸反应活性。

表 7.3.4　　大石河八十亩地料场砂石料岩相法鉴定结果

料场	样品编号	样品种类	主要岩性及相对含量/%							
			石灰岩*	白云岩	辉绿岩等**	闪长岩及闪长斑岩	花岗岩类***	凝灰岩及流纹岩	石英岩****及粉砂岩	总计
大石河八十亩地	DSHS	砂	17	10	55	5	5	5	3	100
	DSHL1	小石	15	5	60	5	5	7	3	100
	DSHL2	中石	25	15	35	8	5	10	2	100

*　石灰岩中包括少量泥灰岩。

**　辉绿岩中包括少量安山岩。

***　花岗岩类中包括少量花岗斑岩。

****　石英岩实际上是结晶较好的石英脉碎片。

表 7.3.5　　北拒马河砂砾石料样品电子探针分析结果

样品种类	样品编号	化学成分/%											矿物种类
		Na_2O	MgO	Al_2O_3	SiO_2	K_2O	CaO	TiO_2	Cr_2O_3	MnO	Fe_2O_3	总计	
砂	1	0.00	0.00	0.00	99.23	0.00	0.00	0.00	0.00	0.00	0.00	99.23	石英
	2	0.99	0.00	17.62	64.18	16.11	0.00	0.06	0.00	0.02	0.17	99.15	钾长石
	3	0.00	0.31	0.03	0.31	0.07	53.50	0.00	0.00	0.47	1.22	55.91	方解石
	4	0.06	0.00	21.32	34.93	0.09	27.58	0.31	0.10	0.28	13.35	98.02	石榴石
	5	0.00	15.85	15.15	27.62	0.00	0.22	0.02	0.00	0.60	27.95	87.41	绿泥石
	砂主要矿物：石英（占 35%），长石（占 45%），方解石（占 8%），少量绿泥石、变质石英和其他矿物												

续表

样品种类	样品编号	化学成分/%										矿物种类
		Na_2O	MgO	Al_2O_3	SiO_2	K_2O	CaO	TiO_2	Cr_2O_3	MnO	Fe_2O_3	总计	
小石	1	0.00	16.41	0.45	0.66	0.12	34.31	0.00	0.00	0.00	0.64	52.59	白云石
	2	0.22	0.00	16.82	64.76	16.33	0.65	0.14	0.17	0.00	0.20	99.29	钾长石
	3	10.72	0.10	18.60	68.58	0.18	0.69	0.15	0.11	0.04	0.00	99.17	钠长石
	4	10.86	0.00	18.41	68.30	0.03	1.02	0.00	0.00	0.00	0.13	98.75	玻璃态变质岩
	5	0.08	0.19	0.00	98.14	0.00	0.00	0.66	0.00	0.00	0.63	99.70	石英
	小石主要矿物：白云岩（占60%以上，氧化镁含量较高），另有少量长英质细粒变质岩，主要矿物为石英、钾长石、钠长石，含有少量玻璃质和变质石英												
中石	1	10.86	0.00	18.41	68.30	0.03	1.02	0.00	0.00	0.00	0.13	98.75	玻璃态
	2	0.62	0.00	16.31	61.68	17.63	0.03	0.31	0.11	0.00	0.11	96.80	钾长石
	3	0.00	0.29	0.00	99.25	0.00	0.00	0.00	0.11	0.00	0.00	99.65	石英
	4	10.43	0.19	18.23	67.03	0.03	1.82	0.04	0.00	0.13	0.26	98.16	钠长石
	中石主要矿物：长英质细粒变质岩（占90%以上），另有少量硅质灰岩等其他砾石。长英质细粒变质岩主要由石英、钾长石、钠长石等组成，含有玻璃质和变质石英（应力石英）等碱活性物质，且总含量较高（为10%以上）。硅质灰岩中 SiO_2 颗粒较细小，可能有一定碱活性												

表 7.3.6　　丰台大灰厂人工碎石岩相法鉴定结果

岩石名称	化学成分/%										
	Na_2O	MgO	Al_2O_3	SiO_2	P_2O_5	K_2O	CaO	Ti_2O	Cr_2O_3	MnO	FeO	总计
变质岩	0	8.09	8.77	38.32	0.13	4.06	26.58	0.43	0.4	0	2.16	88.94
白云质灰岩	0.19	3.34	0.29	5.59	0.04	0.16	47.04	0.07	0.37	0.06	0.11	57.26

注　碎石中主要为白云质灰岩，约为80%，其余少量为变质岩（碳酸盐加钾长石）；但灰岩中含有一定量的白云石。

2. 砂浆棒快速法

采用砂浆棒快速法进行碱活性检测的骨料有大石河砂石料、拒马河砂石料、大灰厂人工碎石料以及永定河砂石料，根据检测目的与当时的社会经济技术条件，选择了适宜的试验方法和评定标准，其结果汇总见表 7.3.7 和表 7.3.8。

砂浆棒快速法的检测结果总体表明，大石河、拒马河和永定河料场砂石料均为具有或可能具有潜在碱-硅酸反应危害的活性骨料，有必要进行进一步的试验研究与论证；大灰厂碎石料为无碱-硅酸反应，不具有潜在碱-碳酸盐反应的非活性骨料。

对比相同龄期（14d）的大石河和北拒马河砂石料样品检测结果发现，大石河砂石样品的膨胀率平均值（0.20%）略大于北拒马河样品的膨胀率平均值（0.17%）。与永定河砂石样品 16d（自试件成型后起算，相当于养护 14d 龄期）的试验结果（0.20%）相比，大石河料场与永定河料场的骨料碱活性大致相当，拒马河则相对略低一些。

表 7.3.7 总干渠（北京段）混凝土骨料碱活性检测（砂浆棒快速法）及评定结果汇总表

样品	膨胀率/%					检测时间	检验方法	判定结果	资料来源
	3d	7d	14d	21d	28d				
大石河砂	0.018	0.095	0.235	0.33	0.416	2005 年 3 月	DL/T 5151—2001，砂浆棒快速法	具有潜在危害性反应的活性骨料	《南水北调中线工程（北京段）骨料的碱活性试验报告》中国水利水电科学研究院结构材料所，水利部工程建设与安全重点实验室，2005 年 3 月
大石河小砾石	0.011	0.065	0.185	0.271	0.337				
大石河中砾石	0.009	0.075	0.188	0.271	0.338				
大灰厂小碎石	0.001	0.003	0.009	0.019	0.026	2005 年 3 月	唐述明等提出的“碱-碳酸盐反应活性快速检测方法”	不具有潜在碱-碳酸盐反应的非活性骨料	
大灰厂中碎石	−0.002	−0.002	−0.001	0.009	0.009				
大灰厂人工碎石	0.003	0.003	0.011			2004 年 11 月	DL/T 5151—2001，砂浆棒快速法	无碱-硅酸反应的非活性骨料	《南水北调中线京石段应急供水工程（北京段）骨料碱活性试验报告》，中国水利水电科学研究院结构材料所，2004 年 11 月
北拒马河砂	0.021	0.063	0.159	0.231	0.28	2005 年 12 月	DL/T 5151—2001，砂浆棒快速法	具有潜在危害性反应的碱-硅酸反应活性骨料	《南水北调中线京石段应急供水工程（北京段）惠南庄泵站工程北拒马河砂砾石骨料碱活性检测及抑制试验报告》，中国水利水电科学研究院，水利部水工程建设与安全重点试验室，2005 年 12 月
北拒马河小石	0.018	0.045	0.115	0.159	0.204				
北拒马河中石	0.011	0.045	0.125	0.176	0.227				
北拒马河砂			0.14			2003 年 8 月	DL/T 5151—2001，砂浆棒快速法	具有潜在碱活性危害	《南水北调中线京石段应急供水工程（北京段）骨料碱活性碎（卵石）试验报告》，北京市水利科学研究所，2004 年 7 月
北拒马河石子			0.07			2003 年 8 月		非活性骨料	
北拒马河碎石			0.25			2004 年 6 月	DL/T 5151—2001，砂浆棒快速法	具有潜在危害性反应的活性骨料	
北拒马河碎石			0.18			2004 年 6 月		可能具有潜在危害性反应	
北拒马河细砂			0.21			2004 年 6 月		具有潜在危害性反应的活性骨料	
北拒马河中砂			0.21			2004 年 6 月		具有潜在危害性反应的活性骨料	
北拒马河中砂			0.21			2004 年 6 月		具有潜在危害性反应的活性骨料	

表 7.3.8　　永定河砂石料碱活性检测（砂浆棒快速法）及评定结果

编号	样品种类	膨胀率/%		检测时间	评定结论	试验方法及评定依据	备注
		9d	16d				
1	原状样砂	0.14	0.26	1999 年 9 月	具有潜在碱活性危害	ASTM C1260—94《骨料潜在碱活性反应标准试验方法（砂浆棒检测法）》	试件无变形、无裂缝、表面无胶体物质
2	砂	0.11	0.24		具有潜在碱活性危害		
3	石子	0.12	0.17		可能具有潜在碱活性危害		
4	砂	0.11	0.18		可能具有潜在碱活性危害		
5	细石子	0.08	0.14		可能具有潜在碱活性危害		
6	砂	0.19	0.24		具有潜在碱活性危害		
7	粗石子	0.07	0.16		可能具有潜在碱活性危害		

3. 化学法

化学法的重点是测定碱溶液和骨料反应溶出的 SiO_2 浓度 C_{SiO_2} 及碱度降低值 δ_R。永定河滞洪水库砂石料试验中采用重量法测定 C_{SiO_2}，其计算式如下：

$$C_{SiO_2}=(m_2-m_1)\times 3.33 \tag{7.3.3}$$

式中　C_{SiO_2}——滤液中的 SiO_2 浓度，mol/L；
m_2——100mL 稀释液中的 SiO_2 含量，g；
m_1——100mL 空白试验的稀释液中 SiO_2 含量，g。

碱度降低值 δ_R 采用单终点法测定，计算公式如下：

$$\delta_R=(20C_{HCl}/V_1)(V_3-V_2) \tag{7.3.4}$$

式中　δ_R——碱度降低值，mol/L；
C_{HCl}——盐酸标准溶液的浓度，mol/L；
V_1——吸取稀释液的数量，mL；
V_2——滴定试样的稀释液消耗盐酸标准溶液量，mL；
V_3——滴定空白稀释液消耗盐酸标准溶液量，mL。

因采取的浓度计量单位为 mol/L，其试验结果的评定标准相应为：当出现碱度降低值 $\delta_R>0.070$ 而滤液中的二氧化硅浓度 $C_{SiO_2}>\delta_R$ 或 $\delta_R<0.070$ 而 $C_{SiO_2}>0.035+\delta_R/2$ 情况之一时，还应进行砂浆长度法试验；否则，可判定为无潜在危害。

永定河砂石料的化学法试验及评定结果见表 7.3.9。7 个被检测样品中，仅有 1 个被评定为“可能存在碱活性反应”，需进行砂浆棒试验。

7.3.3　拒马河砂石骨料抑制碱活性试验及评定

为了有效预防南水北调中线干线工程混凝土中发生碱骨料反应，保障混凝土工程的安全和正常运行寿命，南水北调中线干线工程建设管理局于 2005 年 2 月发布了“关于印发《预防混凝土工程碱骨料反应技术条例（试行）的通知》”，要求自 2005 年 3 月 1 日起试行该条例。该条例[115]4.1.2 条规定，碱-硅酸反应活性抑制试验方法采用《水工混凝土砂石骨料试验规程》（DL/T 5151—2001）规定的“抑制骨料碱活性效能试验”和“砂浆棒快速法”，也可参考其他有关国家标准及行业标准执行。采用“砂浆棒快速法”进行抑制试验时，硅酸盐水泥与矿物掺合料之和与骨料的质量比为1∶2.25，矿物掺合料按实际工程混凝土配合比中采用的掺量等量替代水泥。评判标准为：若28d龄期试件长度膨胀率小于0.10%，则将该掺量下掺合料抑制混凝土碱-硅酸反应评定为有效。

表7.3.9　　永定河砂石料碱活性检测（化学法）试验与评定结果

编号	产地	样品种类	可溶性 SiO_2 含量 C_{SiO_2} /(mol/L)	碱度降低值 δ_R /(mol/L)	评定结论	试验方法及评定标准依据
1	农东砂石料厂	原状样砂	0.053	0.052	无潜在危害	1. 普通混凝土用砂质量标准及检验方法（JGJ 52—92）；2. 普通混凝土用碎石或卵石质量标准及检验方法（JGJ 53—92）
2	农东砂石料厂	砂	0.067	0.058	可能存在碱活性反应，须进行砂浆棒法试验	
3	窑上第三砂石料厂	石子	0.036	0.106	无潜在危害	
4	窑上第三砂石料厂	砂	0.027	0.054	无潜在危害	
5	长利砂石料厂	细石子	0.032	0.112	无潜在危害	
6	长利砂石料厂	砂	0.031	0.067	无潜在危害	
7	长利砂石料厂	粗石子	0.036	0.106	无潜在危害	

根据总干渠（北京段）工程建设的实际需求，2005年3月和8月，中国水利水电科学研究院分别接受北京市水利规划设计研究院和中国水利水电第二工程局惠南庄泵站项目部的委托，对取自北拒马河料场的砂石骨料样品先后进行了两次碱活性抑制试验。第一次试验（2005年3月）的样品组数共计有16组（每组3个试件），骨料种类分为天然河砂、小石和中石三类，共进行了20%、25%、22%和23%四种不同比例的粉煤灰掺量试验，其中20%和25%两种掺比的样品分别采用《水工混凝土砂石骨料试验规程》（DL/T 5151—2001）和《青藏铁路梁体混凝土掺合料抑制碱-骨料反应有效性试验操作规程》规定的方法进行了试验，22%和23%掺比的样品仅按《水工混凝土砂石骨料试验规程》（DL/T 5151—2001），也即《预防混凝土工程碱骨料反应技术条例》（试行）的规定进行试验。第二次试验（2005年8月）的样品仅有3组，粉煤灰的掺比为25%，试验方法依据了《水工混凝土砂石骨料试验规程》（DL/T 5151—2001）和《预防混凝土工程碱骨料反应技术条例》（试行）。两次试验采用的水泥、粉煤灰来自于不同的厂商，化学成分和品质略有差异：第一次试验用水泥含碱量为0.51%，粉煤灰为石热Ⅰ级灰；第二次试验用水泥为北京太行前景水泥有限公司生产的P.O42.5水泥，含碱量为0.57%，粉煤灰为元宝山Ⅰ级灰。表7.3.10为两次试验用材的主要检验结果。

表 7.3.10　　北拒马河骨料碱活性抑制试验用材化学成分或品质检验结果

试验时间	材料	化学成分检验结果/%									
		SiO_2	Al_2O_3	Fe_2O_3	CaO	MgO	SO_3	K_2O	Na_2O	LOSS	碱含量
2005 年 8 月	太行前景 P.O42.5 水泥	22.33	6.06	3.06	58.3	3.65	2.63	0.72	0.1	2.86	0.57
	元宝山 Ⅰ级粉煤灰	62.12	21.64	6.33	3.43	1.13	0.29	1.36	0.46	0.47	1.35
2005 年 3 月	石热Ⅰ级灰	品质检验结果/%									
		细度（45）		烧失量		需水量比		SO_3 含量		含水率	
		3.7		0.69		93		0.28		0.15	

根据《南水北调中线京石段应急供水工程（北京段）骨料的碱活性试验报告》（2005 年 3 月）[116]，《水工混凝土砂石骨料试验规程》（DL/T 5151—2001）中第 5.7 条和铁道科学研究院编制的《青藏铁路梁体混凝土掺合料抑制碱-骨料反应有效性试验操作规程》两种“抑制骨料碱活性效能试验方法”在调整水泥含碱量、粉煤灰掺量、养护温度和测试方法方面略有不同，主要内容如下。

（1）《水工混凝土砂石料试验规程》（DL/T 5151—2001）第 5.7 条规定，抑制骨料碱活性效能试验方法如下。

水泥压蒸膨胀率应小于 0.20%，含碱量宜为 0.90%±0.10%（总干渠骨料试验时将实际用水泥含碱量通过换算外加 KOH 调到 1.0%）；若工程实际用水泥含碱量高于该值，则直接用工程用实际水泥。

砂浆配合比：水泥与砂的质量比为 1∶2.25。一组 3 个试件需 300g 水泥，掺合料掺量按实际工程要求确定，等质量代替水泥；砂为 900g。

水灰比为 0.47。

砂浆用水量按砂浆流动度选定，跳桌跳动次数 10 次/6s，以流动度在 105～120mm 为准。

试件尺寸：25.4mm×25.4mm×285mm。

养护温度：38℃±2℃。在测长前一天，把养护筒从 38℃±2℃养护室中取出，放入 20℃±2℃的恒温室，测量完毕后再放回 38℃±2℃养护室养护到下一次测试龄期。

评定标准：对掺用掺合料或外加剂的对比试件，若 14d 龄期砂浆膨胀率降低率 R_e 不小于 75%，并且 56d 的膨胀率小于 0.05%，则认为所掺的掺合料或外加剂及其相应的掺量具有抑制碱骨料反应的效能。

（2）按《青藏铁路梁体混凝土掺合料抑制碱-骨料反应有效性试验操作规程》规定，试验方法如下。

将试验用水泥含碱量通过换算外加 KOH 调到 0.8%。

试验材料配比、用水量和试件尺寸等同《水工混凝土砂石料试验规程》。

表 7.3.11 总干渠混凝土骨料碱活性抑制试验结果汇总

试验时间	试验组序号	样品名称	粉煤灰掺比/%	膨胀率/%							试验方法
				3d	7d	14d	21d	28d	42d	56d	
2005年3月	1	北拒马河天然砂	20	0.0170	0.0130	0.0090	0.0290	0.0360	0.0370	0.0500	参见《水工混凝土砂石骨料试验规程》(DL 5151—2001)
	2		25	−0.0060	−0.0150	−0.0190	−0.0020	0.0030	0.0040	0.0160	
	3	北拒马河小砾石	20	−0.0007	−0.0042	−0.0094	0.0080	0.0150	0.0230	0.0400	
	4		25	−0.0140	−0.0180	−0.0210	−0.0100	−0.0010	−0.0020	0.0140	
	5	北拒马河中砾石	20	0.0110	0.0070	0.0090	0.0250	0.0320	0.0410	0.0590	
	6		25	−0.0090	−0.0230	−0.0270	−0.0110	−0.0070	−0.0010	0.0250	
	7	北拒马河天然砂	20	0.0021	−0.0035	−0.0035	0.0040	0.0050	0.0060	0.0140	参见《青藏铁路梁体混凝土掺合料抑制碱一骨料反应有效性试验操作规程》
	8		25	0.0000	−0.0042	−0.0028	0.0040	0.0060	0.0080	0.0170	
	9	北拒马河小砾石	20	−0.0035	−0.0049	−0.0028	0.0020	0.0040	0.0060	0.0200	
	10		25	0.0000	−0.0049	−0.0007	0.0020	0.0020	−0.0020	−0.0020	
	11	北拒马河中砾石	20	−0.0014	−0.0062	−0.0021	0.0007	0.0040	0.0060	0.0160	
	12		25	−0.0283	−0.0325	−0.0283	−0.0270	−0.0260	0.0020	0.0080	
	13	北拒马河天然砂	22	−0.010	−0.006	−0.006	0.001	0.009			参见《预防混凝土工程碱骨料反应技术条例》
	14		23	−0.009	−0.006	−0.009	−0.001	0.004			
	15	北拒马河小砾石	22	−0.008	−0.004	−0.006	0.001	0.009			
	16		23	−0.010	−0.006	−0.010	−0.003	0.005			
2005年12月	17	北拒马河砂	25	0.004	−0.003	0.010	0.012	0.020			参见《预防混凝土工程碱骨料反应技术条例》
	18	北拒马河小石	25	−0.002	−0.009	0.006	0.008	0.020			
	19	北拒马河中石	25	−0.002	−0.007	0.008	0.010	0.020			

养护温度：80℃±2℃。试件从水中到试件测完所经历的时间应控制在 15s 以内。

评定标准：当工程中粗、细骨料均具有碱-硅酸反应活性时，若分别取粗、细骨料按本规程试验的 28d 龄期试件膨胀率均小于 0.10%，则将矿物掺合料和专用复合外加剂抑制混凝土碱-硅酸反应评定为有效。

表 7.3.11 为总干渠（北京段）北拒马河混凝土骨料两次碱活性抑制试验结果的汇总情况。依据《水工混凝土砂石料试验规程》（DL/T 5151—2001），应按式（7.3.5）计算试件的膨胀率降低率 R_e 后再进行抑制试验的有效性评定：

$$R_e=\frac{E_S-E_1}{E_S}\times 100\% \tag{7.3.5}$$

式中　R_e——膨胀率降低率，%；

E_S——标准试件（不加掺合料）14d 龄期膨胀率，%；

E_1——对比试件（加掺合料）14d 龄期膨胀率，%。

《南水北调中线京石段应急供水工程（北京段）骨料的碱活性试验报告》（2005 年 3 月）对表 7.3.11 中的第 1～6 组试件按膨胀率降低率进行了评定，结果见表 7.3.12。由表 7.3.12 可知，对于粉煤灰掺比为 25%的砂、小石和中石试件，其碱活性抑制试验的结果符合《水工混凝土砂石料试验规程》（DL/T 5151—2001）的有效性评定标准；对于掺比为 20%的小砾石试件，其试验结果也符合同一评定标准；而掺比为 20%的砂和中砾石试件，其膨胀率降低率大于 75%，但 56d 龄期膨胀率大于 0.05%，因此不能判定为有效。

由上述知，《青藏铁路梁体混凝土掺合料抑制碱-骨料反应有效性试验操作规程》和《预防混凝土工程碱骨料反应技术条例》（试行）对于骨料碱活性抑制试验的有效性评定标准是一致的，即均以 28d 龄期掺合料试件膨胀率小于 0.1%作为有效试验的判定依据。据此标准对表 7.3.11 中所有试件的试验结果进行评定，结果均为有效，见表 7.3.13。

表 7.3.12　拒马河砂石骨料抑制碱活性试验有效性评定

试验组序号	样品名称	粉煤灰掺比/%	14d 龄期膨胀率降低率/%	56d 龄期膨胀率/%	评定标准	评定结果
1	北拒马河天然砂	20	96	0.0500	对掺用掺合料或外加剂的对比试件，若 14d 龄期砂浆膨胀率降低率 R_e 不小于 75%，并且 56d 的膨胀率小于 0.05%，则认为所掺的掺合料或外加剂及其相应的掺量具有抑制碱骨料反应的效能	不能判定
2		25	108	0.0160		有效
3	北拒马河小砾石	20	105	0.0400		有效
4		25	111	0.0140		有效
5	北拒马河中砾石	20	95	0.0590		不能判定
6		25	144	0.0250		有效

注　评定依据《水工混凝土砂石料试验规程》（DL/T 5151—2001）。

表 7.3.13　　拒马河砂石骨料碱活性抑制试验有效性评定

试验时间	试验组序号	样品名称	粉煤灰掺比/%	28d 龄期膨胀率/%	评定标准	评定结果
2005 年 3 月	1	北拒马河天然砂	20	0.0360	掺合料试件 28d 龄期膨胀率小于 0.1%，即判为有效	有效
	2		25	0.0030		有效
	3	北拒马河小砾石	20	0.0150		有效
	4		25	−0.0010		有效
	5	北拒马河中砾石	20	0.0320		有效
	6		25	−0.0070		有效
	7	北拒马河天然砂	20	0.0050		有效
	8		25	0.0060		有效
	9	北拒马河小砾石	20	0.0040		有效
	10		25	0.0020		有效
	11	北拒马河中砾石	20	0.0040		有效
	12		25	−0.0260		有效
	13	北拒马河天然砂	22	0.009		有效
	14		23	0.004		有效
	15	北拒马河小砾石	22	0.009		有效
	16		23	0.005		有效
2005 年 12 月	17	北拒马河砂	25	0.020		有效
	18	北拒马河小石	25	0.020		有效
	19	北拒马河中石	25	0.020		有效

注　评定依据为《青藏铁路梁体混凝土掺合料抑制碱-骨料反应有效性试验操作规程》和《预防混凝土工程碱骨料反应技术条例》(试行)。

由上述两次抑制碱活性的试验结果可以看出，在试验用水泥含碱量小于 0.6%、Ⅰ级粉煤灰掺量比为 25%时，采用不同标准的判定结果均为有效，表明骨料碱活性反应可以得到有效抑制；同等条件下降低粉煤灰的掺比至 20%时，试件 14d 膨胀率降低值超过 90%，但随着龄期增长，其膨胀率也随之增长，抑制碱活性的效果随之降低。

7.4　预防和抑制骨料碱活性措施

前已述及，预防混凝土骨料碱活性的措施必须从抑制促使骨料发生碱活性反应的 3 个基本条件入手：碱含量、含有碱活性组分的骨料以及潮湿环境。控制拌和混凝土所用各种材料的含碱量是预防其骨料发生碱活性反应的首要措施。

混凝土中的碱含量主要来自于水泥，其掺合料、外加剂、水以及由外部环境带入的碱含量较低。大量的研究表明，当水泥含碱（Na_2O、K_2O）量大于 0.6%时，才会与活性骨料发性碱活性反应产生膨胀，而且碱含量越大，反应越充分，膨胀量就越大。我国现行《混凝土质量控制标准》（GB 50164—2011）中规定："有预防混凝土碱-骨料反应要求的混凝土工程宜采用碱含量低于 0.6%的水泥"；《预防混凝土碱骨料反应技术规范》（GB/T 50733—2011）中也规定："宜采用碱含量不大于 0.6%的通用硅酸盐水泥；应采用 F 类的Ⅰ级或Ⅱ级粉煤灰，碱含量不宜大于 2.5%；宜采用碱含量不大于 1.0%的粒化高炉矿渣粉；宜采用二氧化硅含量不小于 90%、碱含量不大于 1.5%的硅灰；宜采用低碱含量的外加剂；宜采用碱含量不大于 1500mg/L 的拌合用水……混凝土碱含量不应大于 3.0kg/m³。"

南水北调中线干线工程建设管理局分布的《预防混凝土工程碱骨料反应技术条例》（试行）中规定："水泥应采用低碱水泥，碱含量不大于 0.6%；采用低碱含量的外加剂，外加剂中的碱含量宜不大于 10%；单掺低钙粉煤灰进行骨料碱活性抑制时，粉煤灰掺量一般不少于 20%，等级不低于Ⅱ级灰，粉煤灰中的碱含量应不大于 1.5%。"该条例还规定了不同结构类型和环境条件下预防碱骨料反应的具体技术措施和要求，见表 7.4.1。

表 7.4.1　　预防混凝土碱骨料反应的技术措施和要求

骨料类型	具有碱-硅酸反应活性骨料或具有碱-碳酸盐反应疑似活性骨料		
结构类型	Ⅰ　类	Ⅱ　类	Ⅲ　类
干燥环境	混凝土中总碱量不大于 3.0kg/m³	1. 混凝土中总碱量不大于 3.0kg/m³； 2. 须采取由通过相关机构（省级以上）资质认证的单位试验确认的有效抑制措施	1. 混凝土中总碱量不大于 3.0kg/m³； 2. 须采取由通过相关机构（省级以上）资质认证的单位试验确认的有效抑制措施； 3. 不宜使用具有碱-硅酸反应活性骨料
潮湿环境	混凝土中总碱量不大于 3.0kg/m³	1. 混凝土中总碱量不大于 2.5kg/m³； 2. 须采取由通过相关机构（省级以上）资质认证的单位试验确认的有效抑制措施	1. 混凝土中总碱量不大于 2.5kg/m³； 2. 须采取由通过相关机构（省级以上）资质认证的单位试验确认的有效抑制措施； 3. 不宜使用具有碱-硅酸反应活性骨料
含碱环境	严禁使用碱活性或疑似碱活性骨料		

注　Ⅰ类工程指普通永久地面建筑物，如厂房、仓库、辅助建筑等；
Ⅱ类工程指地面输水工程，如输水明渠、桥墩、导墙等工程；
Ⅲ类工程指不允许发生开裂破坏的工程部位及重要的预制构件，如渡槽槽身、闸室、PCCP 管、预应力混凝土梁等，以及开裂后难以进行修复的暗渠渠身、倒虹吸管身、隧洞、灌注桩、基础等地下工程部位。

《预防混凝土工程碱骨料反应技术条例》（试行）中还规定："Ⅱ、Ⅲ类工程不得使用具有碱-碳酸盐反应活性的骨料……抑制措施的最终确定应结合工程混凝土配合比试验进行。应优化混凝土施工配合比，在满足混凝土各项设计指标及和易性的条件下，尽量降低胶凝材料用量，以降低混凝土中的总碱量，达到保证工程安全的目标。"

在混凝土中掺入一定比例的矿物混合材料，是抑制其发生碱-骨料反应的有效办法，这已在广泛的工程实践中得以证实。用于混凝土中的矿物混合材料包括粉煤灰、粒化高炉矿渣粉、硅灰、沸石粉、钢渣粉、磷渣粉，可采用两种或两种以上的矿物混合料按一定比例混合使用。《预防混凝土碱骨料反应技术规范》(GB/T 50733—2011) 6.3 规定，当采用硅酸盐水泥和普通硅酸盐水泥时，混凝土中矿物掺合料掺量宜符合下列规定。

(1) 对于砂浆棒快速法检验结果膨胀率大于 0.20%的骨料，混凝土中粉煤灰掺量不宜小于 30%；当复合掺用粉煤灰和粒化高炉矿渣粉时，粉煤灰掺量不宜小于 25%，粒化高炉矿渣粉掺量不宜小于 10%。

(2) 对于砂浆棒快速法检验结果膨胀率为 0.10%～0.20%范围的骨料，宜采用不小于 25%的粉煤灰掺量。

(3) 当本条第 (1)、(2) 款规定均不能满足抑制碱-硅酸反应活性的有效性要求时，可再增加掺用硅灰或用硅灰取代相应掺量的粉煤灰或粒化高炉矿渣粉，硅灰掺量不宜小于 5%。

对于不得不使用具有碱活性成分骨料的混凝土工程，目前均通过抑制骨料碱活性反应试验最终确定其掺量和类型。对于有预防混凝土碱-骨料反应要求的工程，不宜采用有碱活性的砂骨料。

研究表明，当环境湿度低于 75%时，一般不会产生碱骨料反应。所以从预防和抑制混凝土骨料碱活性的角度出发，应尽量避免混凝土工程处于潮湿环境或与水直接接触，这一点在实际工程中是最难以做到的，也就是说，实际中很难通过控制环境湿度的方法达到预防和抑制混凝土骨料碱活性的目的。因此，《预防混凝土碱骨料反应技术规范》(GB/T 50733—2011) 6.4 明确规定："对于采用砂浆棒快速法检验结果不小于 0.10%膨胀率的骨料，当其配制的混凝土用于盐渍土、海水或受除冰盐作用等含碱环境中非重要结构时，除应采取抑制骨料碱活性措施和控制混凝土含碱量之外，还应在混凝土表面采用防碱涂层等隔离措施。"《预防混凝土工程碱骨料反应技术条例》(试行) 中规定："严禁在含碱环境中使用碱活性或疑似碱活性骨料。"另外，文献 [117] 中提到，美国标准 (ASTM C33) 和英国的有关资料中也规定，对于受水湿影响的混凝土工程不允许使用碱活性骨料，或只允许在采取相应措施下使用。

总体而言，预防和抑制混凝土骨料碱活性反应的最常用、最有效的措施即选择适宜的配制材料，主要为水泥，控制混凝土中的总含碱量；采用碱活性骨料时必须进行抑制有效性试验研究，确定合适的混合材料掺比和混凝土配合比，以保障工程用混凝土耐久性符合设计和使用要求。

7.5 小结

整体而言，总干渠（北京段）混凝土骨料碱活性问题在该工程建设中得到了足够的重视，并投入了较大的精力去研究和解决。骨料碱活性检测中，采用了岩相法、化学法和砂浆棒快速法；评定标准不仅采用了当时实施的行业规程和南水北调中线工程建设管理局颁发的专门性条例，而且借鉴采用了当时国家相关重大科技攻关课题和重要工程（青藏铁路）的科研实践成果，对试验成果进行了多方评定和对比研究，最终为工程设计提供了有价值的参考依据。

此次全面梳理总干渠（北京段）混凝土骨料碱活性研究成果，结合前人有关北京地区骨料碱活性的已有成果，归纳总结出以下几点认识，供后人参考和对比研究之用。

（1）总干渠（北京段）所选料场分属永定河、大石河和北拒马河水系，均为北京平原区西南部的大河水系，而文献［99］作者研究的对象为永定河、温榆河和潮白河水系所产砂砾石料，将两者岩相法的评定结果汇总于表7.5.1。此表可以作为了解北京地区五大河系所产砂砾石料碱活性基本情况的基础。

表7.5.1　北京地区五大河系所产砂砾石料碱活性（岩相法）检验结果汇总表

序号	河系名称	岩石类型	潜在碱活性成分
1	永定河	中酸性或中基性火山岩、高硅型碳酸盐岩、碳酸盐岩、长英质沉积岩、泥岩等	玉髓、微晶石英、泥质细晶白云岩
2	潮白河	中酸性或中基性火山岩、长英质沉积岩、长英质火成岩、碳酸盐岩和高硅型碳酸盐岩	玉髓、微晶石英、波光石英
3	温榆河	中酸性或中基性火山岩、长英质沉积岩、长英质火成岩、碳酸盐岩和高硅型碳酸盐岩	玉髓、微晶石英、波光石英
4	大石河	辉绿岩、石灰岩、白云岩、凝灰岩、花岗岩、闪长岩及闪长斑岩等	火山玻璃、微晶石英、泥质灰岩
5	北拒马河	花岗岩、碳酸盐岩、长英质细粒变质岩、硅质灰岩等	硅质灰岩、玻璃质和变质石英

（2）砂浆棒快速法是目前混凝土骨料碱活性检验中最常用、简便和有效的方法。对比分析总干渠（北京段）骨料碱活性检验试验结果和文献［99］同种方法的试验结果，可以初步判定：北京平原区五大河系中，大石河系产砂石骨料碱活性为最强，14d龄期的砂浆棒试件膨胀率平均值大于0.20%，为具有潜在碱-骨料反应危害的活性骨料；其次为北拒马河、永定河和温榆河，三者的砂浆棒试件膨胀率（14d）平均值均介于0.10%～0.20%；潮白河系所产骨料碱活性最低，砂浆棒试件膨胀率（14d）平均值小于0.1%。按现行《水利水电工程天然建筑材料勘察规程》（SL 251—2015）和《水工混凝土试验规程》（SL 352—2006）的评定标准，五大河系所产砂砾石料碱活性可评定为如表7.5.2所示。

表7.5.2　北京地区五大河系所产砂砾石料碱活性（砂浆棒快速法）检验结果综合评定表

序号	河系名称	14d龄期砂浆棒试件膨胀率平均值/%	综合评定结果	综合评定标准
1	永定河	0.157①	需进一步试验鉴定	SL 251—2015 SL 352—2006
2	潮白河	0.086	非碱活性骨料	
3	温榆河	0.106	需进一步试验鉴定	
4	大石河	0.203	具有潜在危害性反应	
5	北拒马河	0.167	需进一步试验鉴定	

① 总干渠（北京段）永定河所测试件与文献［99］所测试件结果均参与平均值计算。

（3）总干渠（北京段）料场勘察结果显示，永定河、大石河和北拒马河料场所产砂的干松密度（1.44～1.49）、细度模数（1.50～1.97）和平均粒径（0.27～0.33）指标均较标准SDJ 17—78要求的混凝土细骨料质量技术指标值低，表明砂质颗粒偏小。现行《混凝土质量控制标准》（GB 50164—2011）规定："对配制高强混凝土，砂的细度模数宜控制在2.6～3.0之间"，则这些料场砂应进行级配改良。以后的工程建设中应注意这一点。

第8章 调蓄水库岩土工程问题研究

8.1 调蓄系统总体布局及特征指标

《北京市南水北调配套工程总体规划》中明确指出，调蓄工程是供水系统的重要组成部分，是充分、可靠地利用南水北调来水向城市供水的关键工程，其主要任务是调节来水过程、应对断水事件、减小供水风险和提高供水保证率，确保供水对象用水安全。调蓄工程的调节原则为：充分利用密云水库的调节能力，在南水北调来水多时利用南水北调水养蓄密云水库，在南水北调来水少时由密云水库补充供水，利用地表水厂与地下水厂、自备井进行地表水与地下水的联调；然后再考虑在南水北调沿线建设调蓄水库。

"配套工程总体规划"确定调蓄水库规模为：初步计算2010年水平年南干渠和河西水厂年缺水3000万m^3需调蓄，2020年水平年缺水1.6亿m^3需调蓄，供水保证率才能达到95%。调蓄系统的布局根据调节工程的地形条件、规模和功能分两个层次：库容规模在1000万m^3以上的为调节库，可调节10d以上供水；库容规模在1000万m^3以下的为调节池，仅可进行日调节。调蓄系统建设的目标为：确保调水水量和过程满足城市生活和工业用水的需要；正常调度期供水保证率95%以内的供水满足率为100%，供水保证率95%～100%范围内的供水满足率为70%。

调蓄系统主要由以下部分组成：

(1) 地表调蓄水库。存蓄水量，具备年际及年内调节功能，适应南水北调来水量年际变化大、年内分配不均匀、事故及检修期停水情况。现有补偿调蓄水库主要包括密云水库、官厅水库、怀柔水库及白河堡水库，为间接补偿调节库；规划建设（或改建）的调蓄水库主要包括大宁调蓄水库、张坊水库等，为在线水库。

(2) 地下水源地。充分发挥地下水的多年调节作用，保证部分水厂在南水北调事故及检修期停水时的供水安全。地下水源地主要包括城市地下水自来水厂，城市自备井和怀柔、平谷应急水源地。当南水北调干线水源有富余量时，北京段可加大流量调水，回灌补充地下水源地，实现地表水与地下水联合调蓄的目标。

(3) 调节池。具备日调节功能，满足自来水厂12～24h供水变化及双水源切换要求。规划建设调节池主要包括团城湖调节池和亦庄调节池。

图 8.1.1 为北京市南水北调配套工程调蓄系统总体布局示意图。

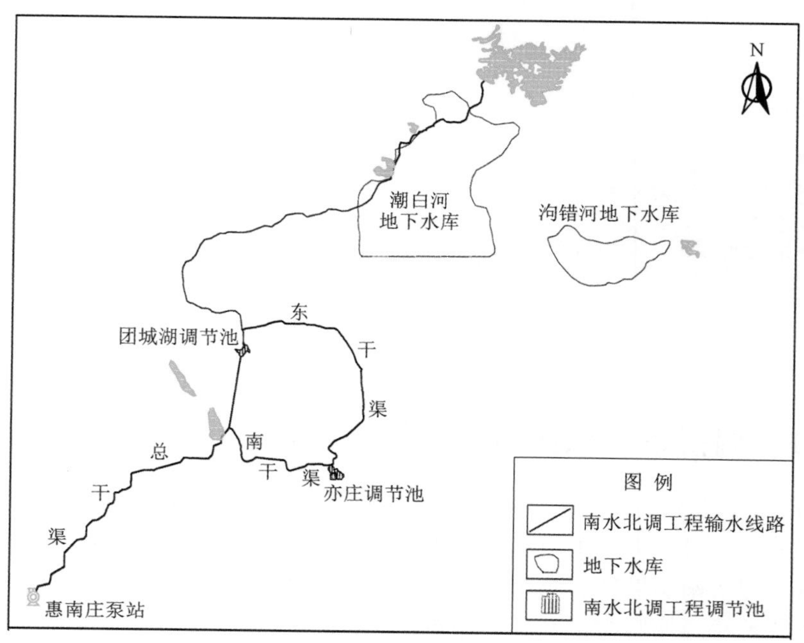

图 8.1.1 北京市南水北调配套工程调蓄系统总体布局示意图

截至 2015 年年底，大宁调蓄水库、团城调节池及亦庄调节池（一期）调蓄工程基本按总体规划的建设目标实施，表 8.1.1 为该三项工程的规划和建设特征指标。规划张坊水库因移民、拆迁及水量分配等多种因素一直处于规划论证阶段；密云水库由于连续十多年的干旱，可利用水量不足 10 亿 m^3，2014 年南水进京后其短期内无法发挥规划调节功能。为此，2011 年 7 月，北京市规划委批复了《南水北调来水调入密云水库规划方案》[118]，同意将密云水库、潮白河地下水库纳入北京市南水北调调蓄系统，规划调蓄目标库容为 18 亿 m^3，以达到南水北调来水年际调蓄的目标。该工程于 2013 年开始实施，2016 年投入使用。

表 8.1.1 北京市南水北调配套工程调蓄工程主要设计特征指标一览表

序号	工程名称	主要设计特征					
		调蓄库容/($\times 10^4 m^3$)	调蓄水位/m			防渗方式	目前状态
			正常运行	最高	最低		
1	大宁调蓄水库	3753	56.4	58.5	48	垂直防渗墙＋水平复合土工膜	运行
2	团城湖调节池	127	49	49.5	45	HDTE 膜（高密度聚乙烯膜）	运行
3	亦庄调节池	260（一期 52.5；二期 207.5）	31.9	32.5	27.3	土工膜＋改性土复合防渗结构	一期建成 二期在建

8.2　调蓄水库岩土工程问题分析

北京市南水北调调蓄工程分布于北京市西、北、南不同地区，因各地区岩土地质环境条件的不同，各调蓄工程在建设中遭遇和关注的岩土工程问题也不尽相同。

团城湖调节池和亦庄调节池，分别处于市区西北部和东南地区，原生地质环境条件差异较大。两工程的规划建设用地范围或其周边附近区域均为废弃的砂、石料采坑区，闭坑后均以建筑垃圾、生活垃圾为主要填料进行了非正规回填，经历了同样的现代人类工程活动的改造。因此，这两个调节池工程在建设前期，设计者重点关注场区的岩土环境质量演变及潜在的污染问题；勘察和岩土研究的焦点是工程场区及周边地下水、土环境的污染程度，污染物种类及其可能的运移变化方式，对未来南水北调工程来水水质的影响如何，以及外来水与工程场区地下岩土环境的相互作用和影响如何等。本书第 6 章较详细地阐述了针对调节池工程场区岩土环境开展的相关工作及有关研究成果，为调节池工程的设计方案优化提供了科学依据。

本章将着重分析大宁调蓄水库和潮白河地下调蓄水库的岩土工程问题，并对就此开展的相关岩土体工程特性研究进行归纳提炼，以供同行参考。

8.2.1　大宁调蓄水库岩土工程问题

大宁水库位于北京城区西南部，地处京西低山区与东部平原区的过渡地带，属永定河平原区段河谷地貌类型；库区自然地面高程为 48～53m，其西部的浅山区高程为 70～105m，山体总体沿张郭庄—长辛店—南岗洼村一线呈 NW—SE 向展布；水库左岸为永定河中堤，右岸为大宁水库西堤（图 8.2.1）。

该水库始建于 1959 年，当时的功能定位为蓄滞洪水和灌溉，设计总库容为 330 万 m^3，设计坝顶高程 55.2m，东侧即永定河中堤，西侧为自然地形、局部建有围堤，主要修建的水工建筑物包括主坝、泄洪闸等。1988 年对大宁水库进行了扩建，坝顶和围堤加高至 62m，总库容增至 3611 万 m^3，水库功能定位为防洪（蓄滞洪水）。进入 20 世纪 90 年代后，北京地区遭遇连续多年干旱，大宁水库蓄水量并未能达到设计库容，库区大范围出现长年干涸无水状况，导致其一度成为北京地区最为活跃、规模较大的砂石料开采场（图 8.2.2），水库实际库容增至 4611 万 m^3。1996 年永定河上游官厅水库放水，地表水经大宁水库东侧的永定河主河槽渗到库区低洼的采砂坑，最大蓄水量约为 1200 万 m^3。2000 年，永定河滞洪水库开工建设，其场址位于大宁水库下游（南侧），该工程在大宁水库副坝左侧新建一座 6 孔进水闸（闸室总宽 85m），将其与下游的稻田水库相连；2003 年南水北调总干渠北京段开工建设，其永定河倒虹吸子工程自大宁水库东南侧下穿其副坝后向北东方向延伸、穿其中堤后进入永定河主河道，同时在其副坝南侧修建了配套的调压池，调压池与大宁水库之间修建了退水方涵。总体而言，大宁水库自 20 世纪 60 年代初建成至 21 世纪初的 40 年间，因地区自然、经济和社会环境的改变，库区地质环境、工程环境以及生态环境等相应的发生了巨大变化，特

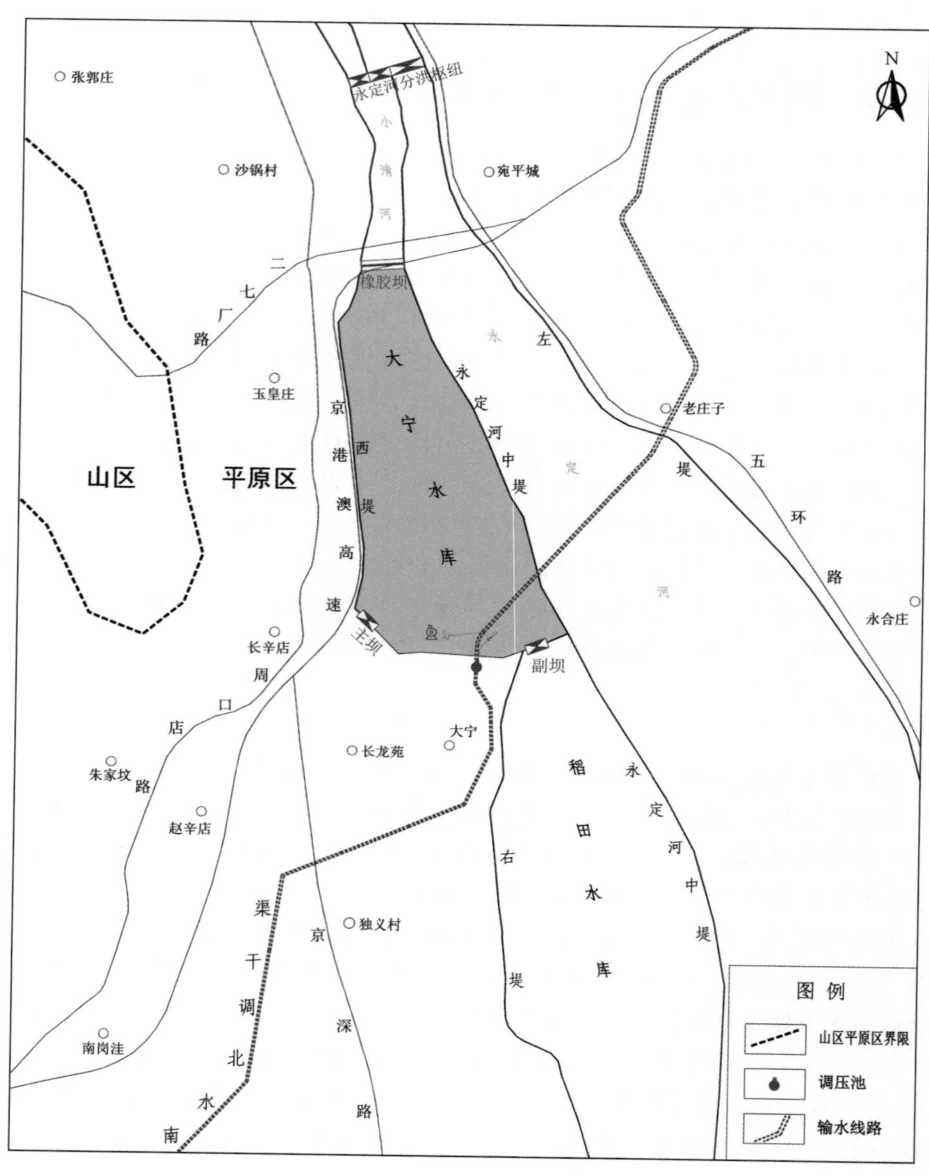

图 8.2.1　大宁水库地理位置示意图

别是经历了近 10 年大规模的库区采砂石活动以及后来陆陆续续的局部砂石坑环境治理（2000 年起北京市开始逐步实施“全面关停矿山开采”条例，河道采砂石活动被强行制止）等，库区不仅微地形地貌变得复杂（大小砂坑深浅不一），而且回填了大量的建筑废弃渣土，使库区岩土体工程性质也变得相对复杂。

2004 年，南水北调中线工程北京段开始其调蓄工程的选址调研，初期考虑了天开水库（位于房山区）、大宁水库以及与大宁水库紧邻的稻田水库。2007 年 7 月，设计、地质、施组以及投资等专业技术人员初步比选后认为：天开水库地处岩溶发育区，库

图 8.2.2　大宁水库库区采砂坑（2008 年 2 月）

区岩溶渗漏地质条件复杂且难以查清查明，防渗工程的经济性、安全性难以保障；稻田水库库区范围广、地形平坦、基岩埋深大，防渗工程投资大；大宁水库属于在线水库，库水与总干渠的连通互调条件已比较成熟，从地质条件而言，大宁水库库区基岩埋深总体浅于稻田水库区，且其西侧近山地带应更浅一些，因而其防渗工程的总投资和实施难度相对稻田水库均较小。三者相比，各方人员一致认为大宁水库适宜作为调蓄水库，此后针对大宁调蓄水库工程的勘察设计工作按设计阶段逐步深入。

根据工程设计方案，大宁调蓄水库设计调蓄库容为 3753 万 m^3，比 1988 年改建后的总库容略大，属中型水库。由于水库功能定位的根本性改变，库区防渗工程变得至关重要。大宁调蓄水库工程的首要目标是保障南水进库后"存得住"，这决定了其岩土勘察工作的重点是查清库区岩土体的渗透性、地下水的渗流途径等，为防渗工程的布置与设计提供地质依据。

经过对库区的多次踏勘调查，并结合已有的地质工作成果，初步了解大宁水库库区岩土体的基本情况如下。

（1）人工回填的建筑渣土，主要分布区域为库区北部，其分布厚度及工程地质性质极不均匀。

（2）库区地表普遍分布的第四系（Q）地层为永定河、小清河冲洪积成因的砂卵石层，其空间分布厚度总体由北西向东南增大，总厚度约为 10～40m。该地层的渗透性较大，但工程地质性质相对均匀。

（3）下伏于第四系地层之下的第三系长辛店组（E_2c）为一套单斜地层，倾向 NE—E，倾角在 6°～30°之间，总厚度约为 50～300m，层顶面埋深在库区有差异。该地层在库区西侧的浅山区及水库主坝右坝肩区均有出露（图 8.3.1），岩性为砾岩、砂岩、泥岩或它们的互层，成岩胶结度较差，在工程界常被称为“半岩半土”，工程地质性质较为复杂。

结合大宁调蓄水库工程拟采取的防渗工程方案（垂直防渗墙为主、水平土工膜为辅），分析认为该工程涉及的以下岩土工程问题。

（1）人工填土的空间分布、物质组成及工程地质性质。这一问题主要关系到库区水平防渗工程方案的可行性、经济性及安全性论证，是项目可研阶段必须回答和解决的。

（2）第四系（Q）砂卵石层的颗粒级配和渗透性。库区地表广泛分布的砂卵石层的特征粒径、不均匀系数、渗透系数等定量化参数是设计进行库区水文地质计算、防渗墙设计及施工工艺优化等所必需的岩土特性参数。

（3）第三系长辛店组（E_2c）地层的风化程度、透水性等的差异性。这一问题主要关系到调蓄水库四周拟设置的垂直防渗墙墙体的入岩深度、墙体稳定性、墙基渗流稳定等设计参数的确定和方案优化的需要。

为回答和解决上述岩土工程问题，勘测人员对勘察工作的各环节进行了深入细致的研究：一方面采取措施以最大限度地保障试验方法、岩土样品采取和试验数据的有效性；另一方面对各类勘测数据进行多方面的分析和纵横向对比研究，以保证对岩土工程特性分析的客观性、科学性和全面性。如对于人工填土，在充分调查、查阅历史资料和坑探工作的基础上，绘制了填土厚度等值线图，可以直观地分析填土不均匀性的空间特征，为库底采取水平土工膜防渗方案的论证提供了可靠依据；为了解场区卵砾石颗粒组成的整体状况并确定其级配特征参数，对大量现场颗分试验的数据采取绘制一张颗分曲线图、求取所有样本曲线包络线的方法；为在钻孔中采取第三系“半岩半土”状的岩土样品，采用了以 SM 植物胶为冲洗液的钻进技术，成功采得质量等级为Ⅱ级的原状样品；为查明第三系基岩地层透水性的差异性，将浅层压水试验段次的长度由规范规定的 5m 缩短为 2.5m，提高了分析判断的精度等。此外，在探查基岩地层的风化程度和透水性时，充分利用了多种物探方法，如孔内电视、声波和剪切波测试等，将物探成果与钻探试验成果进行了综合分析研究，最终对库区基岩地层的风化程度和渗透性特征有了整体规律性和垂向差异性的明确认识。

本章 8.3 节将重点介绍围绕大宁调蓄水库工程场区岩土体工程特性所开展的研究工作及其成果，可供类似工程经验借鉴。

8.2.2　潮白河地下调蓄水库岩土工程问题

潮白河地下水库是指位于北京市平原区东北部、潮白河冲洪积扇中上部地区的第四系储水地层，包括密云区和怀柔区南部、顺义区东北部的平原区松散地层，习惯上也常称之为密怀顺地下水库。该地下水库所在区域第四系沉积地层厚度由北向南渐变厚，岩性以单一的卵砾石层为主，北补南阻，形成天然的地下水储蓄构造，水文地质条件优越，历来是北京地区重要的地下水源开采区。

2014 年（南水北调进京前）的调查统计表明，潮白河地下水库区内约有 4290 眼供水井，地下水年开采量达 5.3 亿～6.2 亿 m^3，北京市水源八厂、怀柔应急水源地、顺义水源地、华能电厂水源地等均位于该区。自 1999 年北京地区遭遇连续多年干旱以来，地下水的超量开采造成该区域地下水位持续下降，如图 8.2.3 所示。至 2009 年，密怀顺潮白河冲洪积扇中上部形成了以水源八厂、怀柔应急水源地为中心的地下水降落漏斗区，漏斗中心区地下水位平均下降幅度为 3m/a，最大降深超过 40m。

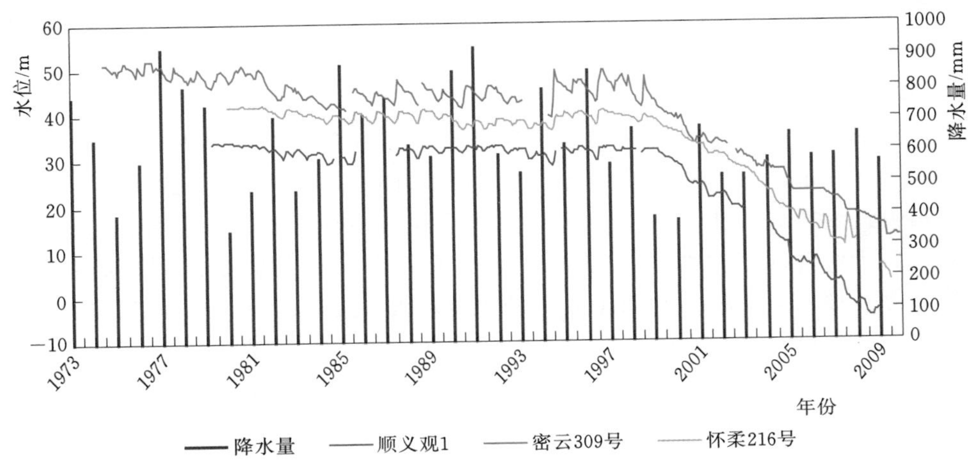

图 8.2.3 密怀顺平原区（1973—2009 年）地下水位动态变化曲线

2014 年，由北京市水利规划设计研究院牵头，中国水利水电科学研究院、北京市南水北调工程建设管理中心、北京市水科学技术研究院等多家科研生产单位参加，共同开展了“密怀顺地下水库库容及调蓄能力研究”专项课题。该课题研究结果表明，以密怀顺地区 1996 年 6 月的地下水位作为地下水库的正常调蓄（上限）水位，2012 年 12 月地下水位作为调蓄的下限水位（死水位），基岩或厚层黏性土隔水层作为库底，库区面积按 621km^2 计算，潮白河地下水库的总库容为 40.44 亿 m^3，死库容为 24.38 亿 m^3，最大可调蓄水库容为 16.06 亿 m^3。

天然形成的优良储水构造和地下水的多年开采为密怀顺地区潮白河冲洪积扇成为北京地区优选的地下水库奠定了基础，而南水北调工程则为其实现真正意义上的调蓄功能提供了有利条件。2014 年，因南水北调中线沿线河南、河北等省（直辖市）内配套工程的总体建设进度相对落后，致使中线工程通水初期北京市可引进水量比其原计划分配量较多，即 2015—2019 年北京市平均每年可引南水约为 14 亿 m^3，按当地地表、地下水和外调水联合调配使用原则，通水初期预将部分外调水通过人工回灌、河道自然入渗等方式存储入潮白河地下水库，一方面回补多年地下水超采引起的亏欠；另一方面实施调蓄功能，储备战略水资源，以备枯水年南水来水少时满足市内供水需求，提高供水保障率。

按照当时的南水北调中线水资源配置方案，江水进京按照“喝、存、补”原则优先保障居民生活用水，最大限度利用江水，减少本地水的利用。多调南水将通过南水北调来水调入密云水库调蓄工程，从团城湖沿京密引水渠多级泵提反向输水，至怀柔

水库后按 $10m^3/s$ 的设计流量输出至潮白河地下水库区储蓄，设计 5 年内回灌地下水库的总水量约为 5.5 亿 m^3，达到“补”的目标。如何将千里迢迢引入的江水“补得进、存得住、取得出、用得好”，是当时北京市水资源管理者提出的战略规划目标，同时也是摆在工程设计人员面前的技术难题。虽然密怀顺地区潮白河地下水库库容足够大，库区地质研究程度相对较高，基础资料丰富，但从规划目标到工程实践需要提高该区域岩土勘察的精度和深度，为工程设计提供更加精确的岩土参数，方可为工程规模确定和设计方案优化奠定坚实基础。

“补得进”是实现潮白河地下水库调蓄功能的基础。在初步分析了库区地质条件和已有研究成果后，设计者首先确定了回补地下水的目标范围：即地下水位下降严重的漏斗区——水源八厂和怀柔应急水源地集中开采区域。回补方式考虑了潮白河、怀河河道自然入渗、人工大口井回灌、深井回灌等多种方案，并进行比选论证，择优选取。由于回补区潮白河、怀河河道已干涸多年，又经历采砂、局部河段治理、沿岸排污等多种人类工程活动改造，河道微地形地貌已相当复杂，河底表面岩土类型多样化，有卵砾石、砂土裸露区，粉土、黏性土覆盖区（图 8.2.4），岩土渗透性差异大。将水放入河道使其自然入渗的时间和空间效应如何；入渗速率和设计回补速率是否相适应；将水通过大口井或深井直接送入浅层包气带或深部透水层，地下水位恢复的时间和空间效应是什么样的；回补井平面如何布置、结构如何设计才能达到投资效益比最优化等，这些都是工程设计者最为关心的问题，而核心的问题是需要查明回补区岩土体的渗透条件及入渗能力，据此来计算或分析不同回补方式和

图 8.2.4　回补区潮白河河道（牛栏山橡胶坝—大秦铁路段）状况（2010 年 4 月）

回补规模下可能产生的时间、空间效应及环境响应。

本章 8.4 节将详细介绍为查明潮白河地下调蓄水库区岩土体的渗透性和入渗能力而开展的系列试验研究及成果，供地区同类工程借鉴。

8.3　大宁调蓄水库区岩土体工程特性研究

8.3.1　库区地质概况

如图 8.2.1 所示，大宁调蓄水库位于北京市丰台区大宁村以北，库区东西宽约 400～1300m，南北长约 2900～3200m，由东侧的永定河中堤、西侧的大宁水库西堤、南侧的主副坝以及北侧的库尾橡胶坝围成的调蓄库区面积为 310 万 m^2。水库左库岸（永定河中堤）长 3300m，堤高 8～10m，堤顶宽约 25m，堤顶高程为 62～63m；右岸西堤与现状京石高速公路路基重合，长约 2700m，堤身高约 6～10m，堤顶高程为 62～63m；主坝长约 495m、最大坝高为 13m，副坝长约 1350m、最大坝高为 10m，两坝坝顶宽 6～7m，坝顶高程在 63m 左右。永定河中堤、大宁水库西堤以及主副坝为该调蓄水库的主要挡水建筑物，均在修建调蓄水库时实施了垂直防渗工程（地下防渗连续墙）措施，保障其蓄水少漏的设计要求。

库区地处山区与平原区的过渡地带，地势总体西北部高、东南部较低，自然地面高程在 50～105m 之间。就大地构造位置而言，大宁调蓄水库所在地区属北京迭断陷（$Ⅲ_6$）之坨里—丰台迭凹陷（$Ⅳ_{14}$）四级构造单元的中西部，近场区最新活动断裂为永定河断裂。该断裂走向 NW—SE、倾向 NE、倾角 70°～80°，在场区附近全部隐伏于第四系松散地层之下，其最新活动时代为第四纪早中更新世，属非工程活动断裂。

如图 8.3.1 所示，库区西侧玉皇庄—长辛店一线以及主坝东南端的长龙苑一带为剥蚀残丘区，出露第三系始新统长辛店组（E_2c）沉积岩；其余地区均被第四系冲洪积地层所覆盖。由图 8.3.1 可以看出，第四系上更新统地层（Q_3^{pl}）一般分布于残丘区与平原区之间的缓坡地带，分布范围相对较小；而全新统地层（Q_4^{alp}）则分布于宽阔的平原区，是库区的主要地层。已有区域地质及深部钻孔资料揭示，大宁调蓄水库区第三系地层总厚度约为 170m，岩性以紫红色泥岩、砾岩为主，砂岩次之；地层总体走向为 NW—SE 或近 N—S 向，倾向 NE 或 E，层顶埋深自北西向南东增大；库区第四系地层沉积厚度受地形地貌控制，总体自北西向南东方向增大，主坝区厚一般仅约 10m，副坝区厚约 20～30m，岩性以卵砾石为主，副坝区局部分布有黏质粉土，中堤区局部分布有中砂层。

20 世纪 90 年代至 21 世纪初的十年间，大宁调蓄库区遭受严重的采砂采石活动影响，库区微地形地貌变得相对复杂，如图 8.3.2 和图 8.3.3 所示。结合库区地面调查发现，采砂石遗留的废弃坑主要分布于库区南部，总面积约 116 万 m^2，砂坑大小不一，最大的面积达 4000m^2，坑底高程仅 35m，远低于调蓄水库设计库底高程 48m；库区中堤、西堤以及副坝临近区域分布条带状平台，顶面高程一般为 53～

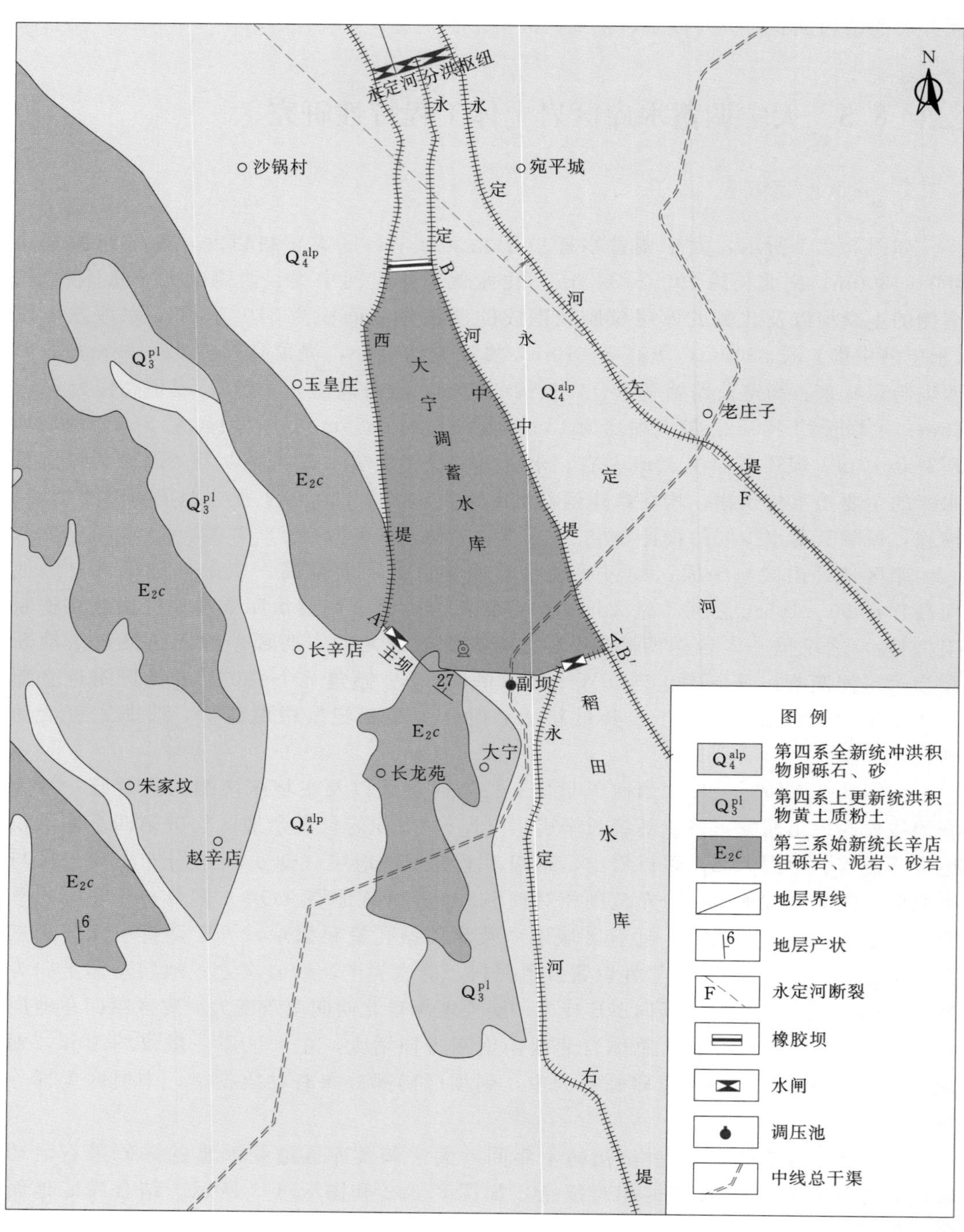

图 8.3.1 大宁调蓄水库库区地质图

55m，与库底相对高差为 6～18m；库区北部主要为回填砂坑区，地面高程为 46～48m，总面积约为 60 万 m^2，回填土厚度为 1～6m，成分主要为建筑渣土。

图 8.3.2　大宁水库航拍图（2006 年 5 月）

库区地下水埋藏类型为第四系孔隙潜水，主要接受大气降水和侧向径流补给，排泄方式为向下游径流及人工开采为主，含水层为单一卵砾石层；地下水总体流向自北西向南东，水力坡降为 0.5%，年变幅一般为 2～4m，多年变幅受大气降水控制。库区多年地下水位观测资料（图 8.3.4）显示，20 世纪 60—90 年代中期以前，库区地下水位总体缓慢下降，平均降幅为 0.4～0.6m/a；1996—1998 年，受永定河上游官厅水库放水影响，大宁水库区地下水位升幅明显，相比 1995 年地下水位上升约 12m；之后库区地下水位整体仍为缓慢持续下降趋势，2007 年库区东南侧地下水位约 33m，2014 年该区地下水位约 30m。总体上库区第四系地下水位受下伏基岩地层（E_2c）顶面起伏控制，西北与东南侧地下水位相对高差平均约为 10m。

(a) 西堤(镜头NW)　(b) 主坝(镜头SW)　(c) 中堤(镜头E)　(d) 砂石坑(镜头NW)

图 8.3.3　大宁调蓄水库区微地形地貌（2007 年 3—7 月）

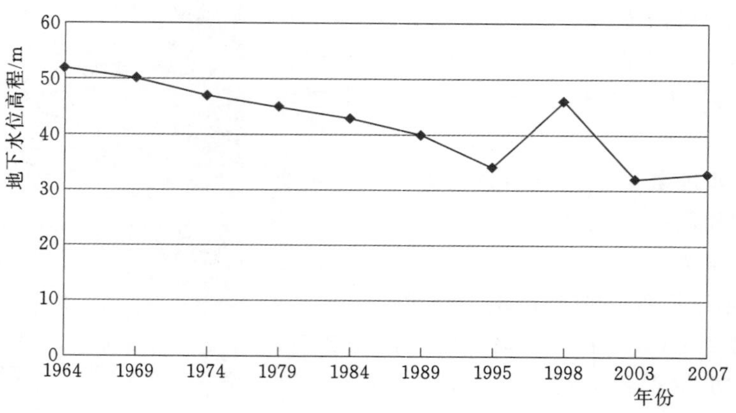

图 8.3.4 大宁调蓄水库区域第四系地下水位多年动态变化曲线（观测孔位置：副坝附近）

8.3.2 岩土体空间分布及岩性特征

了解库区岩土体的空间分布及岩性特征对防渗工程的空间布置、施工方案制订具有重要意义。采用常规的物探、钻探、岩芯观察与编录等方法，结合区域地层的空间分布趋势进行分析，即可达到此目标。

图 8.3.5 为在大宁调蓄水库库尾区自西向东布置的可控源浅层地震物探剖面的解译成果。由图 8.3.5 可知，探测区内长辛店组（E_2c）基岩地层分布稳定且连续，顶面平缓向东倾斜，埋深自西向东增大，最小埋深 0m，最大埋深约 50m。物探解译成果为钻探工作的布置和方案深化奠定了基础。

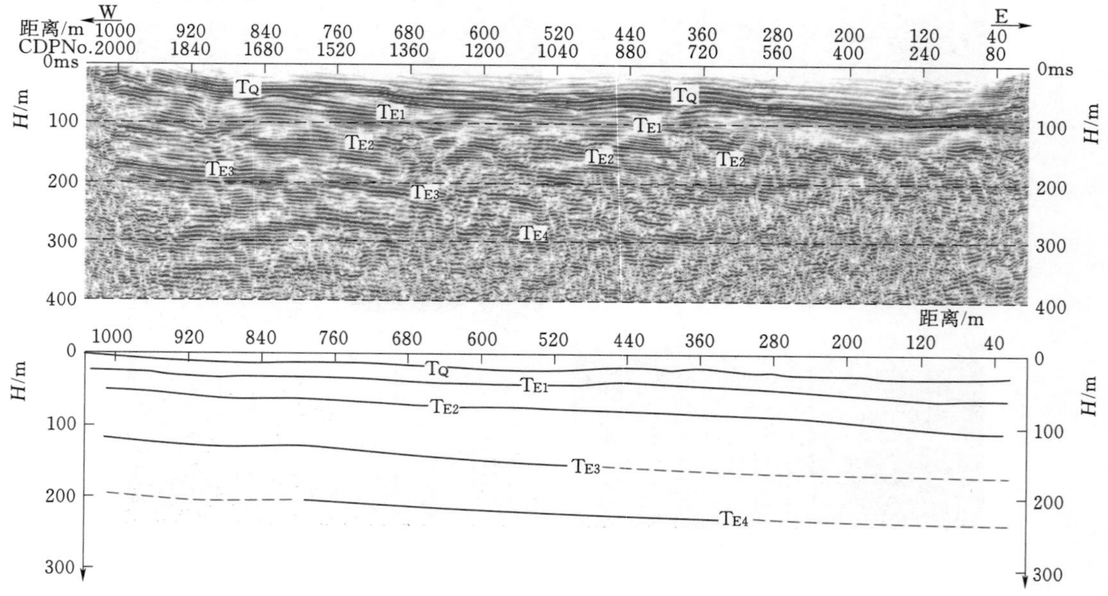

图 8.3.5 大宁调蓄水库区可控源浅层地震解译图

库区钻探工作主要沿库周，即永定河中堤、水库西堤、主副坝和库尾布置，钻孔间距 50～100m。133 个钻孔的钻探结果表明，库区第三系始新统长辛店组（E_2c）基岩地层的空间分布规律为：基岩顶面总体自库区西北向东南方向倾斜，即基岩埋深自西北向东南方向增大，钻孔揭露的最大基岩顶面埋深为 40m（自堤顶面起算）；沿防渗墙轴线，南北方向的基岩顶面起伏相对较小，而东西方向（主副坝一线）起伏相对较大，如图 8.3.6 和图 8.3.7 所示。其中，东侧永定河中堤基岩顶面高程为 26～39m，相应埋深为 24～40m；西侧大宁水库西堤基岩顶面高程为 36～45m，相应埋深为 9～19m；南侧主副坝区基岩顶面高程为 25～45m，相应埋深为 7～30m，埋深最浅的部位位于主、副坝之间；库尾区基岩顶面高程为 37～40m，相应埋深为 8～19m。

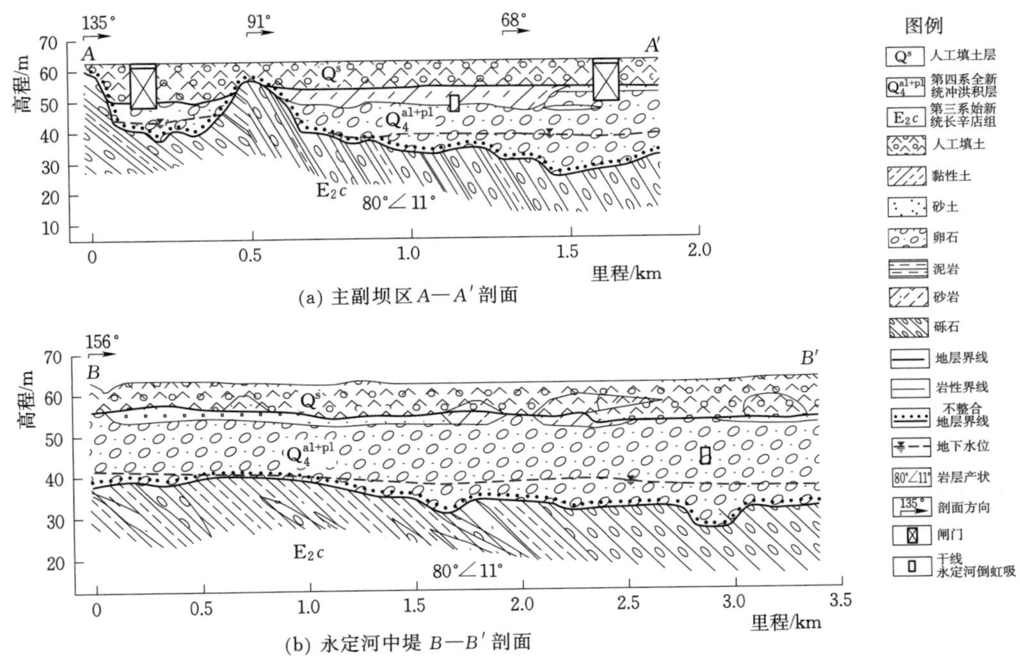

(a) 主副坝区 $A—A'$ 剖面

(b) 永定河中堤 $B—B'$ 剖面

图 8.3.6　大宁调蓄水库区典型工程地质剖面图

区域地质调查和工程地质勘察的结果均表明，大宁调蓄水库区分布的长辛店组（E_2c）地层岩性主要特征有两个：一是结构为半胶结状态，工程界常称之为“半岩半土”，意即其工程特性界于致密胶结的岩石和呈松散结构的土体之间；二是其岩性变化较为频繁，砾岩、泥岩和砂岩交错互层，厚度不一，力学性质也有差异。采用清水钻进时，这种半胶结结构的岩石取芯率难以保证。本工程在钻探时发现，清水钻进时，该地层中的泥岩、砂岩岩芯多呈柱状，取芯率可达到 95%以上，而砾岩岩芯多松散、结构破坏，须采用 SM 植物胶作为钻进冲洗液，方可将取芯率提高到 85%以上。图 8.3.8 为大宁调蓄水库区 E_2c 地层典型钻探岩芯。另外，钻探结果还表明，从岩层沉积结构上看，E_2c 地层中的砂岩、砾岩互层特征明显，岩性交错频繁，一般难以划分两者之间的界线；相对而言，泥层与砂、砾岩的分层沉积特征明显，界线较为清晰。

库区地表广泛分布着第四系冲洪积成因地层（Q_4^{alp}），岩性单一，以卵砾石为主；其厚度受下伏 E_2c 地层顶面起伏的控制，自库区西北向东南增大，钻探揭露的最大层厚为30m。图 8.3.7 也可以看作是库区 Q_4^{alp} 地层的等厚度线图，E_2c 埋深小，Q_4^{alp} 地层厚度相应小；E_2c 埋深大，则 Q_4^{alp} 地层厚度大。

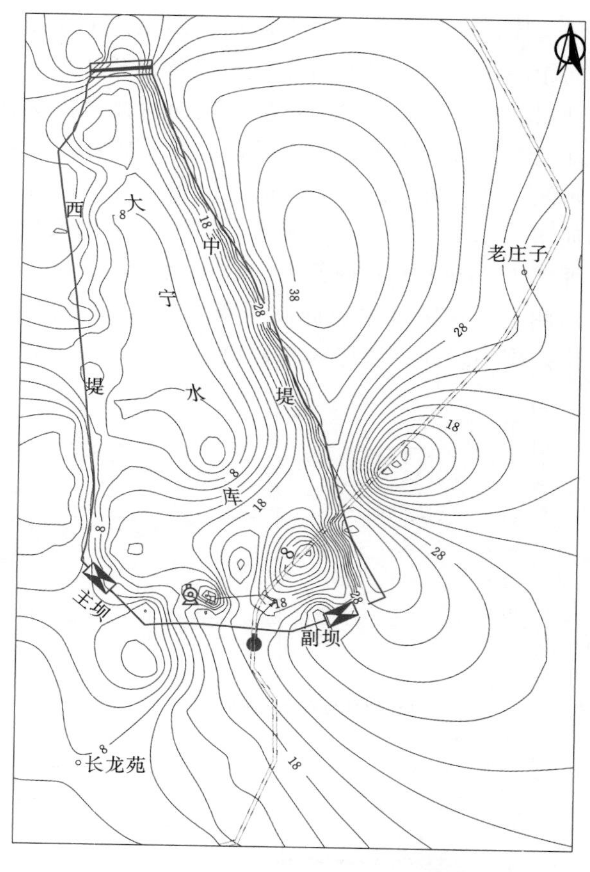

图 8.3.7 大宁调蓄水库区 E_2c 顶面埋深等值线图

对大量卵砾石样本的观察和颗分试验结果表明，库区 Q_4^{alp} 地层中卵砾石粒径一般为 4～8cm，大者为 12～15cm，含量一般为 30%～60%，密实度中等以上；含漂石，可见最大粒径达 50cm，一般为 25～30cm；卵砾石母岩成分以辉长岩、闪长岩、安山岩和灰岩为主，磨圆度较好，级配良好，分选性较差。图 8.3.9 为库区探坑内采集的卵砾石样品的颗分曲线，曲线表明的卵砾石特征粒径平均值 $d_{50}=20.9$mm、$d_{10}=0.5$mm、$d_{30}=6.3$mm、$d_{60}=35.9$mm。

8.3.3 E_2c 岩体透水性研究

区域资料分析，长辛店组（E_2c）地层为一套在山麓地带由间歇性水流所形成的洪积相砂、砾石沉积夹黏土沉积，岩石呈半胶结（泥质和钙质胶结为主）状态，具塑性；受外动力影响产生裂隙时，在后期的胶结过程中可自行充填闭合，隔水性能相对较好。从钻孔岩芯的切面结构、区域构造运动和成岩环境综合分析，库区长辛店组（E_2c）岩体中构造节理裂隙不发育，不存在大的、贯通性渗漏通道。因此，岩体透水性的差异主要表现在岩性及其裂隙发育程度的差异方面。

获取岩体透水性特征参数最直接有效的方法是实施钻孔压水试验。《水利水电工程钻孔压水试验规程》（SL 31—2003）规定的试验方法为吕荣法，俗称“五点法”，是由法国地质学家吕荣（M. Lugeon）创立的。该方法分“三个压力、五个阶段”［即 $P_1-P_2-P_3-P_4$（$=P_2$）$-P_5$（$=P_1$）］进行，P_1、P_2、P_3 三级压力一般为 0.3MPa、0.6MPa、1.0MPa。该压水试验方法的优点是可以根据试验曲线形态判断岩体裂隙内水的渗流流态，从而进一步分析岩体渗流机理、裂隙状态等。

图 8.3.10 为大宁调蓄水库工程勘察中实施压水试验的钻孔平面分布示意图，共 96

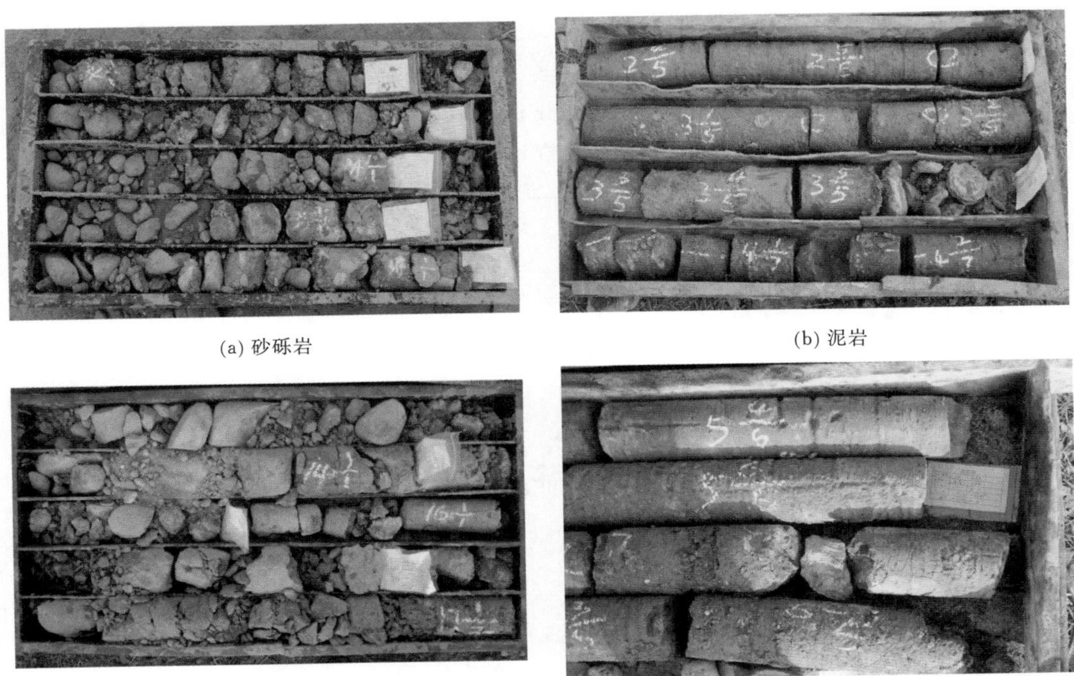

(a) 砂砾岩　(b) 泥岩

(c) 卵石与岩石接触面　(d) 泥质砂岩

图 8.3.8　大宁调蓄水库区 E_2c 地层典型钻探岩芯

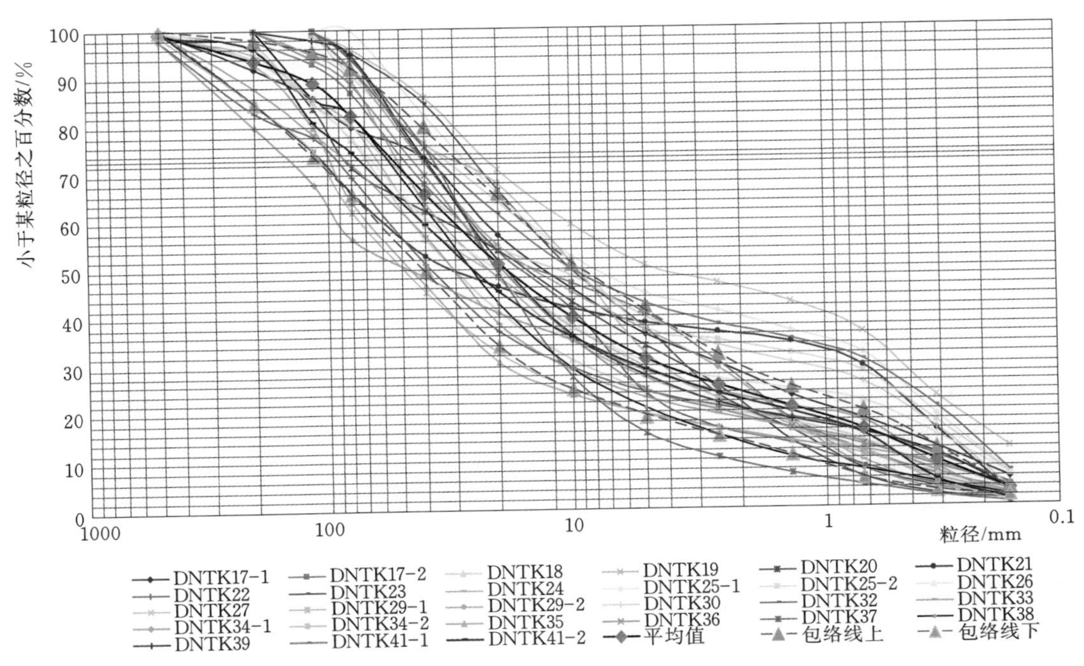

图 8.3.9　库区第四系卵砾石层颗分曲线

个钻孔。共实施压水试验 263 段次，单孔试验段最大长度为 20m，即进行了 5 段次试验；大部分钻孔进行了至少 3 段次压水试验。为详细划分上部基岩的渗透性级别，试验时将大部分钻孔内第一段、第二段压水试验的长度修正为 2.5m（规程规定为 5m），基岩透水率的计算方法仍按 SL 31—2003 规定的公式计算。

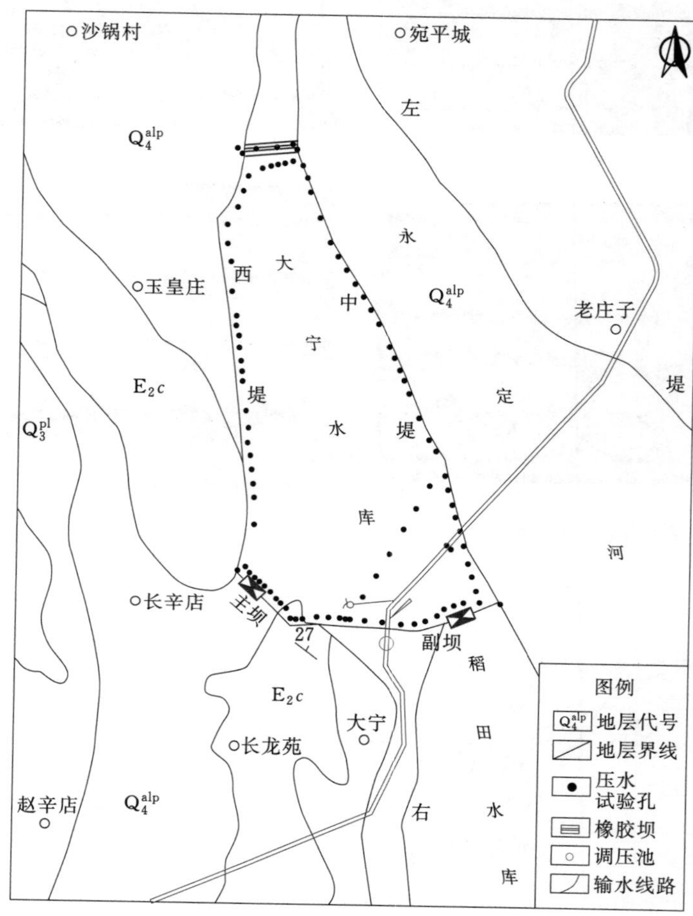

图 8.3.10 压水试验钻孔平面分布示意图

为全面了解岩体的透水性能及其差异性，同时为调蓄水库防渗墙设计提供科学建议，从不同角度对压水试验数据进行了分析研究。首先需要说明的是，因基岩顶部岩石一般风化严重，难以稳固安装压水试验设备，因此压水试验段的起算点并非基岩顶面，而是位于顶面以下一定深度，这一点在阅读本节时应注意。另外，从统计学角度出发，下面参与统计分析的样本数据仅取了第一段、第二段和第三段压水试验的数据，共计 234 组；而第四段、第五段试验数据因样本数量少，这里不做分析。

图 8.3.11 为根据所有试验数据样本绘制的透水率 q 值散点分布图和分段直方图。由图 8.3.11 可以看出，绝大部分试验结果反映的岩体透水率 $q<10$Lu，$q>10$Lu 的样本只有 5 个，其中有 4 个为第一段次，即试验深度 2.5m 范围内；q 最大值为 17.7Lu，

最小值为 0.03Lu。按照《水利水电工程地质勘察规范》（GB 50487—2008）附录 F 的岩体渗透性分级标准，该压水试验范围内 E_2c 岩体渗透性总体为弱～极微级别。图 8.3.11（b）表明，试验段岩体透水率 q 值的集中分布区间为［0.1，5），该区间的试验样本数量占总样本数量的 85%，表明岩体渗透性以弱～微级为主。

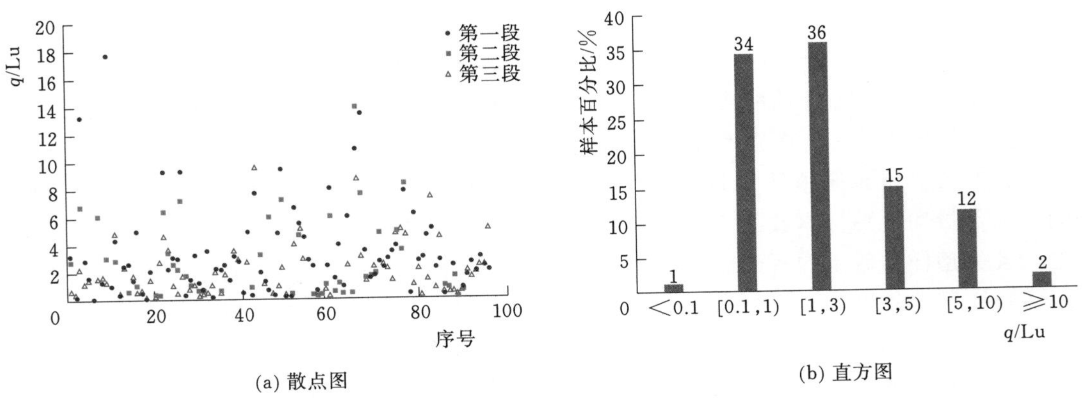

图 8.3.11　E_2c 岩体透水率 q 值分布图

为了解不同岩性的透水率差异性，将所有压水试验数据按不同岩性进行了分类和对比分析。鉴于 E_2c 地层中砂岩与砾岩互层频繁、岩性界线不清，故将它们作为一类，称为砂砾岩；另一类为泥岩。图 8.3.12 表明，两类岩性的 q 值样本分布趋势均近似为正态曲线分布；其中，砂砾岩 q 值的集中分布区间为［0.1，10），该区间的样本数量占总样本数量的 97%；泥岩 q 值的集中分布区间为［0.1，3），该区间的样本数占总样本数的 84%。两类岩石 q 值集中分布区间内的样本常规统计结果（表 8.3.1）表明，砂砾岩 q 平均值为 2.83Lu，泥岩 q 平均值为 1.12Lu，即砂砾岩石的透水率平均略高于泥岩。这一点从泥岩与砂砾岩的颗粒组成及空隙结构可以得到解释：E_2c 泥岩的颗粒细，结构致密均匀，裂隙小且易被自身泥质颗粒充填，透水率即小；砂砾岩颗粒较粗，结构相对松散不均匀，裂隙大，透水率相对较大。

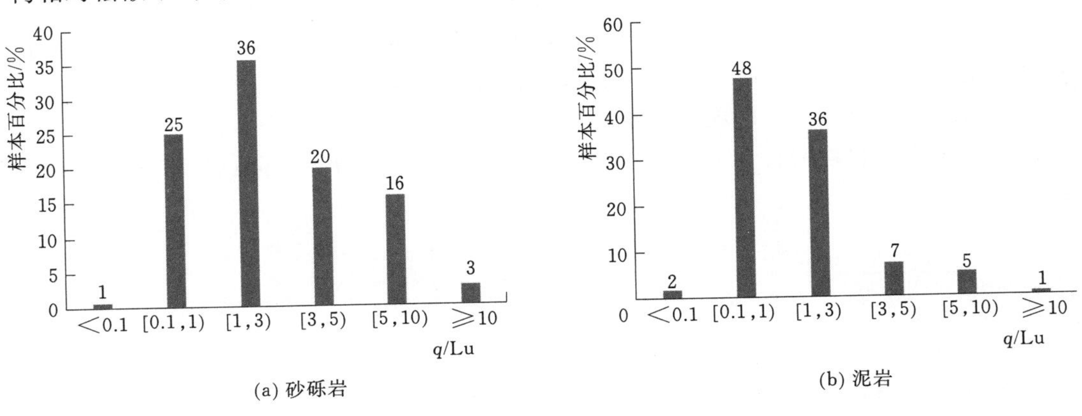

图 8.3.12　不同岩性透水率 q 值分布图

表 8.3.1　　集中分布区间内 q 值统计结果

q 值统计指标	砂砾岩	泥岩	q 值统计指标	砂砾岩	泥岩
平均值/Lu	2.83	1.12	标准差	2.33	0.85
最大值/Lu	9.5	2.9	变异系数	0.82	0.76
最小值/Lu	0.1	0.1	组数	135	79

压水试验的 $P-Q$ 曲线类型反映了岩体的裂隙结构性质与状态。对上述压水试验的 $P-Q$ 曲线类型进行全样本和不同岩性的分类统计，结果（图 8.3.13）表明，B 紊流型、C 扩张型和 E 充填型为 E_2c 岩体压水试验的主要 $P-Q$ 曲线类型，这三种曲线类型的样本数量和占总样本数的 86%；砂砾岩中 E 充填型为最多，B 紊流型和 C 扩张型次之，各类型样本数量的百分比依次为 31.3%、29.2%和 25.0%，而泥岩中以 C 扩张型最多，B 紊流型和 E 充填型次之，三个类型的样本数量百分比依次为 33.2%、26.7%和 26.7%。B 紊流型反映了试验中岩体裂隙状态不发生变化、透水性不变的性质；C 扩张型反映了试验期间岩体裂隙先扩张、透水率增大，后裂隙恢复至初始状态、透水率相应减小，即岩体具有弹性扩张的性质；E 充填型表明试验中岩体裂隙被水土充填或堵塞、透水率在压力降低后减小的性质。由此表明，大宁调蓄水库防渗墙布置区域，E_2c 泥岩具有弹性扩张性质，砂砾岩裂隙则不具备此性质。从防渗墙工程安全角度分析，这三种类型的压水试验曲线均反映了试验段岩体透水率在压力变化过程中呈现非增大的性质，这对于水库防渗墙安全是有利的。

为了解 E_2c 岩体透水性在垂向上的差异性，对压水试验的结果按不同试验段（自上而下分别为第一段、第二段、第三段）进行了透水率 q 值在不同数值区间的样本数量统计分析，如图 8.3.14 所示。由图 8.3.14 可知，试验第一段岩石透水率 q 值的集中分布区间为 [0.1，10)，该区间累积样本数量占总样本数的 94%，且 $q \geqslant 3$ 的样本数量占比为 36%；第二段 q 值的集中分布区间也为 [0.1，10)，样本分段分布规律基本与第一段相同，$q \geqslant 3$ 的样本占比为 36%；第三段（试验深度为 5～10m 范围）q 值的集中分布区间为 [0.1，3)，该区间的累积样本占比为 82%，$q \geqslant 3$ 的样本占比仅为 18%。由此可以看出，相比第一段、第二段而言，第三段岩体透水率 q 值的分布范围小，且低值占绝对优势，这表明第三段岩体透水率相对第一段、第二段是相对减弱的。这一点符合岩体结构的自然变化规律：随着深度增大，岩体裂隙发育变弱且更加趋于闭合状态，透水性能自然降低。表 8.3.2 为各试验段 q 值集中分布区间内的样本数值统计结果。

表 8.3.2　　不同试验段 q 值集中分布区间内样本统计结果

统计指标	第一段	第二段	第三段	统计指标	第一段	第二段	第三段
平均值/Lu	2.69	2.60	1.14	标准差	2.24	2.45	0.87
最大值/Lu	9.40	8.32	2.92	变异系数	0.83	0.94	0.76
最小值/Lu	0.10	0.10	0.03	组数	90	48	76

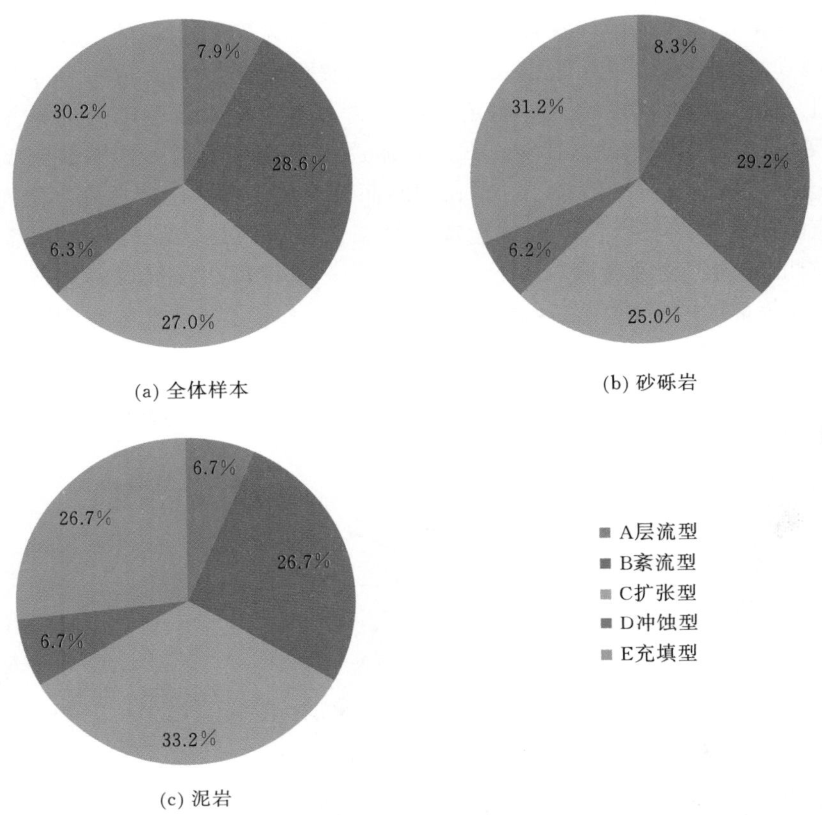

图 8.3.13 压水试验 $P-Q$ 曲线类型分类统计结果

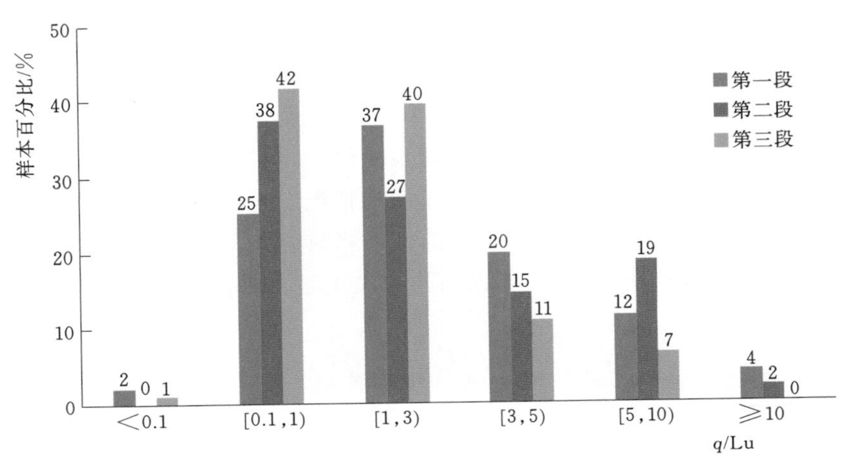

图 8.3.14 不同试验段透水率 q 值分布直方图

图 8.3.15 为根据压水试验结果绘制的各试验段透水率 q 的平面等值线图。由此图可以清晰地看出，在各试验段深度范围内，位于库区永定河中堤的南北两端、大宁调蓄水库主副坝之间的基岩隆起区以及大宁水库西堤的中部区域为透水率 q 相对较大的区域；由上而下，即随深度增大，永定河中堤、大宁水库西堤范围内的 q 等值线明显由密逐渐变稀，表明该区域范围内的 E_2c 岩体透水率随深度增大而明显降低，在第三试验段内这些区域的 q 值一般小于 5Lu；相对而言，位于库区南侧主副坝之间的基岩隆起区，q 值随深度降低较慢，第一试验段、第二试验段内该区域岩体透水率最大值达 14Lu，对应的岩体深度为自地面向下 4～9m，第三试验段内该区域岩体透水率最大值大于 5Lu。q 等值线的平面分布规律也反映了岩体透水率随深度增加、裂隙发育程度减弱而减小的总体趋势。

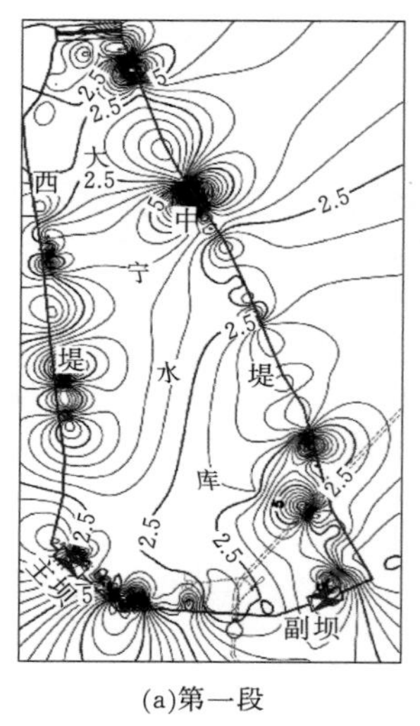

(a)第一段

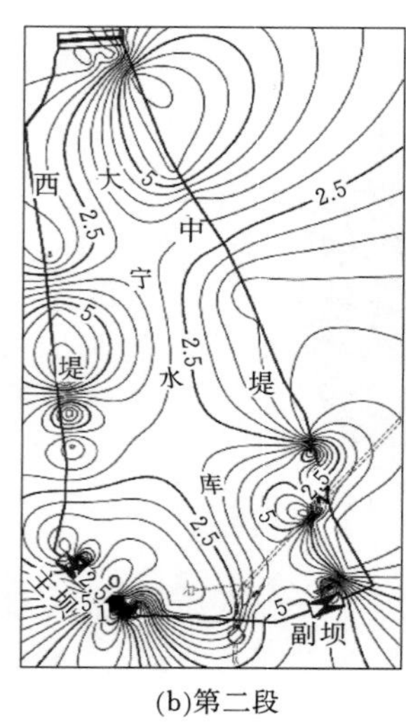

(b)第二段

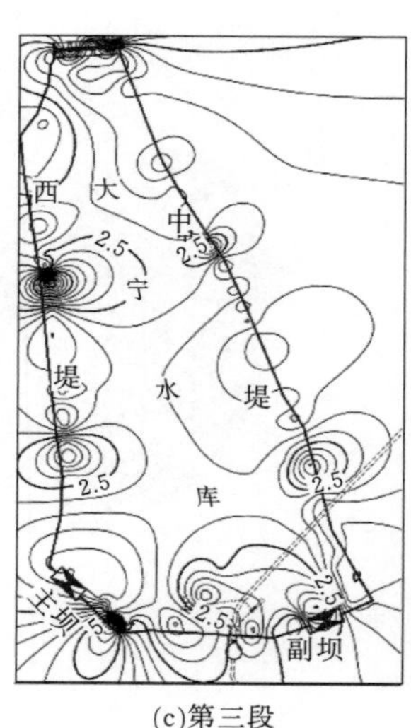

(c)第三段

图 8.3.15　透水率 q 平面等值线图

8.3.4　E_2c 岩体风化带探测与划分

岩石风化程度的判定方法包括定性法和定量法。定性法是指通过观察岩石的结构特征、矿化成分的变化、节理裂隙发育与充填物情况、可开挖性与可钻性等而进行的主观判断；定量法则通过测量或计算岩石的性质指标，按一定的标准进行风化程度划分。表 8.3.3 为《工程地质手册》（第四版）中关于岩石风化程度分类判定的定性和定量化标准。

表 8.3.3　岩石风化程度分类

风化程度	野外判别特征	风化程度参数指标	
		波速比 K_v	风化系数 K_f
未风化	岩质新鲜，偶见风化痕迹	0.9～1.0	0.9～1.0
微风化	结构基本未变，仅节理面有渲染或略有变色，有少量风化裂隙	0.8～0.9	0.8～0.9

续表

风化程度	野外判别特征	风化程度参数指标	
		波速比 K_v	风化系数 K_f
中等风化	结构部分破坏，沿节理面有次生矿物、风化裂隙发育，岩体被切割成岩块。用镐难挖，岩芯钻方可钻进	0.6～0.8	0.4～0.8
强风化	结构大部分破坏，矿物成分显著变化，风化裂隙发育，岩体破碎，用镐可挖，干钻不易钻进	0.4～0.6	<0.4
全风化	结构基本破坏，但可辨认，有残余结构强度，可用镐挖，干钻可钻进	0.2～0.4	—
残积土	组织结构全部破坏，已风化成土状，锹镐易挖掘，干钻易钻进，具可塑性	<0.2	—

注 1. 波速比 K_v 为风化岩石与新鲜岩石压缩波速度之比。
2. 风化系数 K_f 为风化岩石与新鲜岩石饱和单轴抗压强度之比。
3. 岩石风化程度，除按表列野外特征和定量指标划分外，也可根据当地经验划分。
4. 花岗岩类岩石可采用标准贯入试验划分，$N \geqslant 50$ 为强风化；$50 > N \geqslant 30$ 为全风化；$N < 30$ 残积土。
5. 泥岩和半成岩可不进行风化程度划分。

判别库区 E_2c 岩石的风化程度对防渗工程的设计至关重要。防渗墙体的嵌岩深度一方面对工程造价影响较大，另一方面也决定着库区防渗工程的成败。为最大限度地查明调蓄库区防渗墙布置区域内 E_2c 岩体的风化程度及深度，为设计提供墙体嵌岩深度建议值，采用了定性与定量相结合、多种方法相互对比验证的综合判定方法。

首先，在野外地质测绘中，通过对库区周边 E_2c 地层自然出露区或人工开挖断面的岩石进行仔细观察，做出经验判断。野外直接观察发现，自然出露区 E_2c 岩石全、强风化带厚度较大，约 6m，其中全风化带厚度约 4m，其以下岩石风化程度分带性不明显；砾岩风化面呈灰白色，泥质或钙质胶结，局部砾石脱落后留有明显凹痕；泥岩为浅紫红色，风化失水后崩解掉块严重，沿其走向分布有明显的凹槽，如图 8.3.16 所示。在水库主副坝之间实施的探坑（坑深 2m，上部覆盖层厚 0.5m）揭露断面也显示了与自然露头基本相同的岩石风化特征，但从机械开挖的难易程度、岩石软硬表现等初步判定此处泥岩全风化带厚度约为 0.2m，砾岩全风化带厚度约为 0.5m；坑底以下岩石相对较硬，结构完好，机械开挖困难，判定为强风化下限。

钻探岩芯也是定性判定岩石风化程度的直接物证。大宁调蓄库区 E_2c 地层钻进中采用了 SM 植物胶作为冲洗液，保证了一定的岩芯采取率，但取自岩层上部（风化程度相对最为严重）的砾岩岩芯结构仍受到破坏，据此难以判别其风化程度；泥岩岩芯受冲洗液影响相对较小，取芯多为“半岩半土”柱状，但肉眼也难以对其风化程度差异性做出判别（图 8.3.8）。

岩石风化程度不同，其在钻进或孔内试验过程中的某些反应存在差异，通过观察和分析钻进或试验过程中的某些现象变化，可以判断岩石的风化程度或深度。大量工程钻探经验表明，E_2c 基岩顶部的全强风化带岩石结构破碎，强度低，难以稳固压水试

(a) 砂砾岩/泥岩全强风化

(b) 泥岩全强风化

(c) 泥岩风化面

(d) 砾岩风化面凹痕

图 8.3.16　E_2c 全强风化带岩石特征

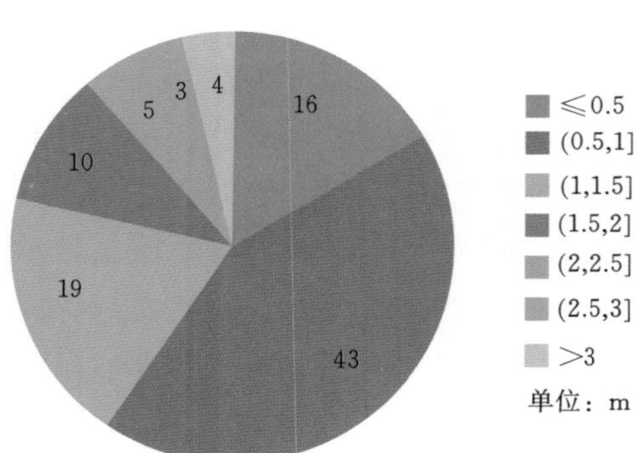

图 8.3.17　钻孔压水试验段初始卡塞深度样本分段统计结果

验装置，即不能成功卡塞，由此将钻孔内压水试验装置初始成功卡塞的深度判定为 E_2c 基岩全～强风化带的下限深度是基本适宜的。大宁调蓄水库区压水试验钻孔初始卡塞深度的样本分段统计结果（图 8.3.17）表明，初始卡塞深度主要集中分布在（0, 1.5］m 数值区间，区间累计样本数量百分比为 78%；小于等于 2.0m 的样本数量百分比达 88%，占绝对优势。基于此统计结果，地质人员建议大宁调蓄水库防渗墙的设计嵌岩深度按 1.5～2.0m 考虑，且对泥岩取小值，砂砾岩取大值，可以保证大部分防渗墙基底穿透岩体全～强风化带，墙体稳定和防渗功能具有足够保障。

岩石声波波速的变化一定程度上反映了其结构、矿物成分和风化程度的差异性。图 8.3.18 为大宁调蓄水库区钻孔声波波速测试的代表性曲线，自上而下按波速和岩性变化可将该曲线分为多段，各段特征见表 8.3.4。

表 8.3.4　　大宁调蓄水库区 E_2c 岩体声波波速分段及其特征

序号	深度范围/m	波速范围/(m/s)	岩性	备注
1	0～5.4	无测试数据	填土	坝身段
2	5.4～7.9	无测试数据	砾岩	全风化段
3	7.90～9.50	1010～1299	砾岩	
4	9.50～11.50	1953～2551	砾岩	
5	11.50～15.70	1938～2475	泥岩	
6	15.70～21.9	2941～3906	砾岩	
7	21.9～22.9	2212～2747	砂岩	
8	23.10～24.50	3012～3571	砾岩	
9	24.50～26.3	2315～2632	砂岩	

由图 8.3.18 和表 8.3.4 可以看出，在测试深度范围内，7.9～11.5m 范围内岩石（砾岩）波速自上而下呈明显的非线性增大趋势，且整体明显小于深部同类岩石的波速值；11.5m 深度以下的同类岩石波速变化不大，不同类岩石的波速差异性明显，即泥岩（$V_{平均}=2091$m/s）＜砂岩（$V_{平均}=2475$m/s）＜砾岩（$V_{平均}=3313$m/s），这一点符合库区第三系基岩岩石波速的总体规律。结合库区岩石风化程度及结构完整性随埋深变化的一般性规律分析认为，7.90～11.50m 深度范围内的岩石波速变化规律恰好反映了该范围内砾岩岩石完整性和风化程度的分段差异性：小于 9.5m 的深度范围内，砾岩声波波速的平均值为 1122m/s，与深部同类岩石的平均波速比值介于 0.30～0.39 之间，平均波速比值为 0.34；9.5～11.5m 范围内的砾岩平均波速为 2286m/s，与深部同类岩石的平均波速比介于 0.59～0.72 之间，平均波速比值为 0.68。综合库区所有钻孔声波波速的测试结果及钻孔岩芯、压水试验分析结果后认为，该测试孔深度 9.5m 以上的岩石风化程度为全～强风化，9.5～11.5m 范围内岩石风化程度为弱风化，即此处岩体的全～强风化带厚度约为 4m（5.4～9.5m）。

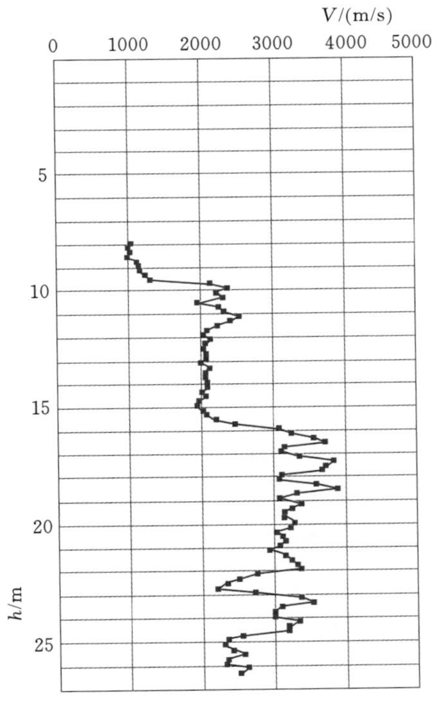

图 8.3.18　岩石声波波速测试代表性曲线（钻孔位置：主坝右坝肩；钻孔编号：NSDK15）

总体而言，详细判断和划分基岩岩体的风化带厚度和风化程度，需用多种定性、定量方法进行综合分析、判别及相互验证，依靠单一方法或少数点的探测结果而做出的判断有时可能是不全面或偏差较大的，在需要为工程设计提供定量化的岩土参数时必须注意判别结果的代表性。

8.3.5 小结

通过大宁调蓄水库工程地质勘察实践和对岩土体特性的研究，主要获得如下认识：

(1) 库区第四系卵砾石地层厚度受下伏 E_2c 基岩面控制，总体自北西向东南增大；库区 E_2c 基岩顶面埋深最大约为 40m。

(2) 库区第四系卵砾石磨圆度好，级配良好，分选性差，特征粒径平均值 $d_{50}=20.9$mm、$d_{10}=0.5$mm、$d_{30}=6.3$mm、$d_{60}=35.9$mm。E_2c 地层岩性主要为泥岩和砂砾岩，全～强风化带岩石为“半岩半土”结构，清水钻进时取芯率低，采用 SM 植物胶作钻进冲洗液可提高砂砾岩的岩芯采取率。

(3) E_2c 砂砾岩透水率平均值为 2.83Lu，E_2c 泥岩透水率平均值为 1.12Lu。E_2c 泥岩一般具有吸水微膨胀、失水崩解的特性，裂隙弹性扩张，透水性弱于砂砾岩。岩体透水性的差异主要与岩性和裂隙发育程度密切相关。

(4) E_2c 地层风化带厚度与其埋深、岩性相关：自然出露区全～强风化带厚度约为 6m，防渗墙分布区全～强风化带厚度一般小于 2m。泥岩全～强风化带厚度略小于砂砾岩。

8.4 潮白河地下调蓄水库区岩土体工程特性研究

8.4.1 库区地质概况

从区域地下水系统划分[119]及水文地质条件出发，潮白河地下水库区通常指潮白河冲洪积扇的中上部地区，属潮白河—蓟运河—温榆河地下水系统的次级子系统；其含水层结构为单一卵砾石和多层砂卵石，厚度由北向南渐增厚，赋水性好，降深 5m 时的单井出水量一般大于 5000m^3/d。水库西北、北和东北部边界被认为与平原、山区的地貌分界线基本重合，是水库的进水补给边界；其南部边界为含水层结构、沉积特征以及赋水性等的突变界面，是地下水的自然流出边界；而其东、西分别与蓟运河冲洪积扇地下水子系统、温榆河冲洪积扇地下水子系统相邻，具体边界确定需综合考虑地形地貌、含水层特征、地表水系及水力联系等因素。目前的研究中，因对水库四周边界，特别是平原区东、西边界界定的差异性，致使水库库区面积、库容等并没有统一的说法。在一般的研究与工程应用中，将该地下水库的库区面积按 620～670km^2 计是无关大碍的。

库区地势总体北高南低，由北部山前向南部平原区倾斜。北部大水峪—小水峪—黄驼子村一线的山前地带，自然地面高程一般为 89m；南部马坡—向阳闸一线的平原区自然地面高程一般在 20m 左右。库区主要地表河流有怀河、潮白河、小东河，总体流向自北向南；地表河流将库区由西向东分成河间地块与河谷相间的多个地貌单元，河间地块一般发育有一级、二级河流阶地。

区域地质构造上，潮白河地下水库区跨越燕山台褶带（II_1）—密（云）怀（来）中隆断（III_2）之昌（平）怀（柔）中穹断（IV_5）、蓟县中坳褶（III_4）之平谷中穹断（IV_9）以及华北断坳（II_2）—北京迭断陷（III_6）之顺义迭凹陷（IV_{13}）三个四级构造

单元。库区隐伏的主要断裂有NE向黄庄—高丽营断裂北段和顺义断裂，NW向发育的杨镇断裂、二十里长山断裂等在库区牛栏山—小罗山一线有出露，如图8.4.1所示。该地区历史强震活动记录少，现代微地震活动频率低，地壳稳定性好。

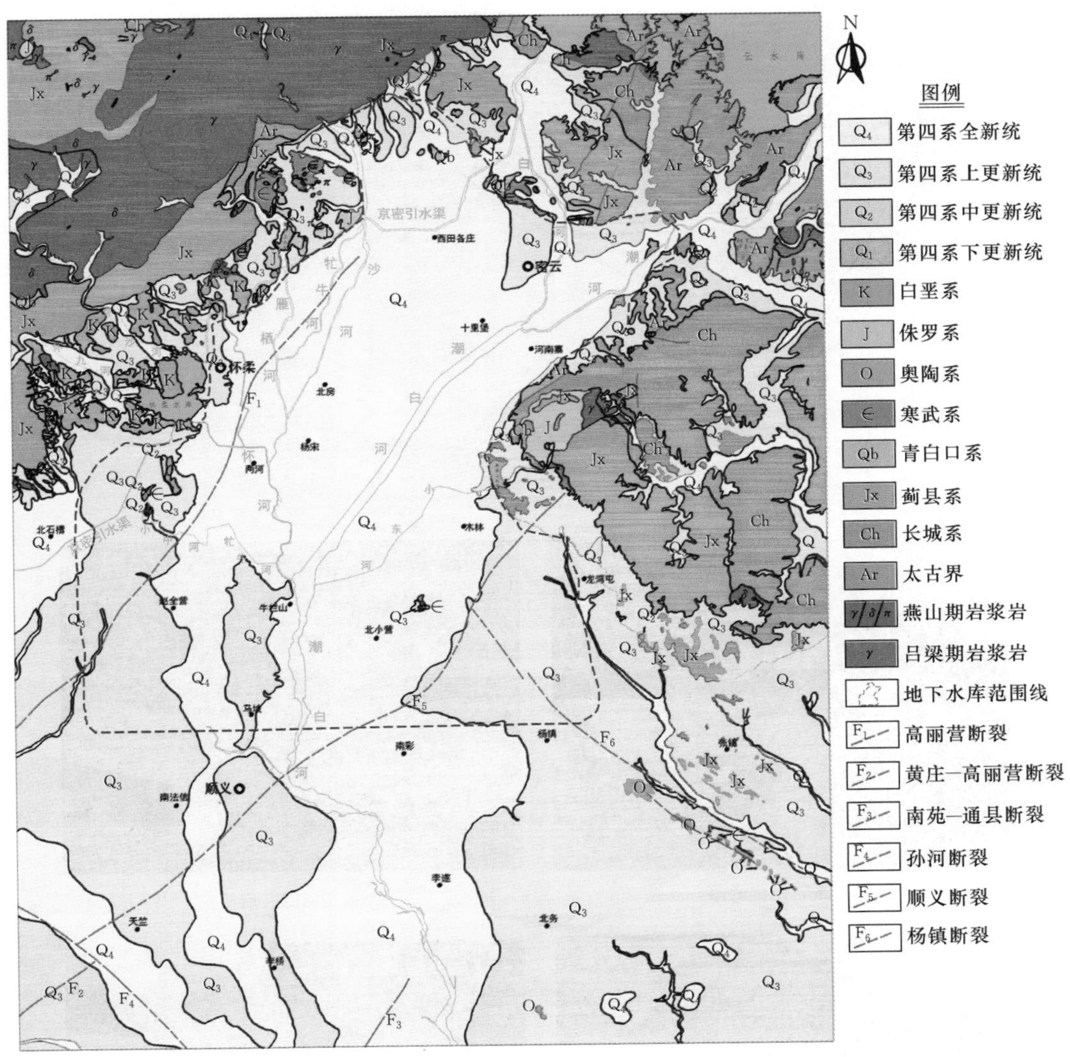

图8.4.1 潮白河地下水库区地质图

潮白河地下水库储水构造主要为第四系砂、卵砾石层，该地层在库区地表广泛分布，厚度由北部密云区溪翁庄、河南寨一带的20～50m，至南部顺义区北年丰、大胡营地区增厚到200m，库区南侧边界的马坡—向阳闸一线及西部赵全营地区第四系厚度达300m左右。自北向南，含水层由单一卵砾石层逐渐过渡为多层的砂、卵砾石层，如图8.4.2所示。图8.4.3为库区开挖的第四系地层典型断面。

与大宁水库所在的永定河相同，自20世纪90年代起，潮白河地下水库所在的怀河、潮白河以及小东河等河道区域先后经历了断流干涸、采砂挖石、局部回填整治或

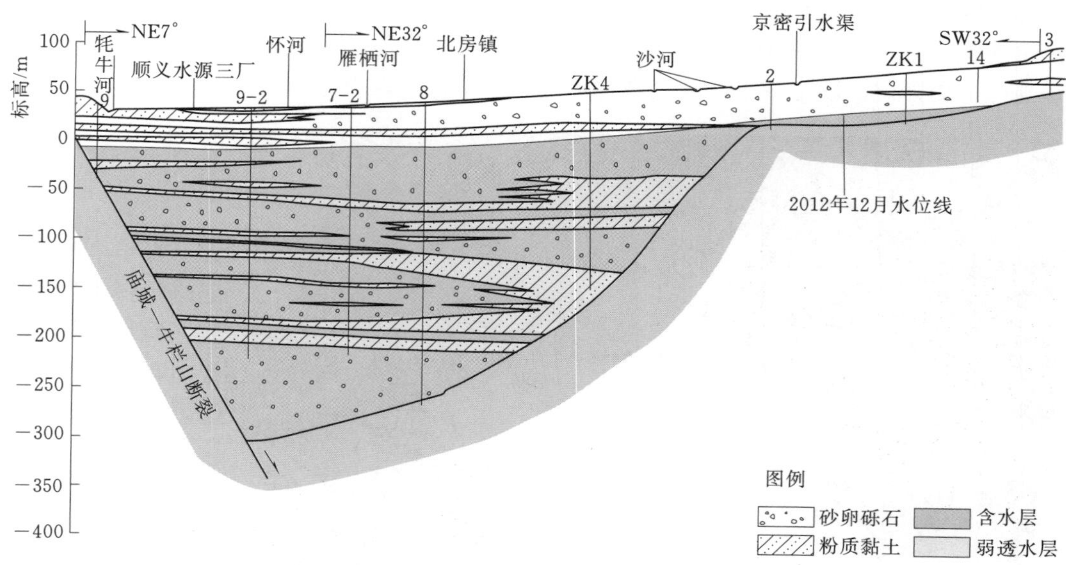

图 8.4.2 潮白河地下水库含水层空间结构剖面图（SN 向）

(a) 单一卵砾石层

(b) 单一卵砾石层

(c) 多层砂卵砾石层

(d) 单一细砂层

图 8.4.3 潮白河地下水库区第四系地层结构典型断面

堤岸再建等一系列人类工程活动（图 8.4.4）的改造，库区不仅微地形地貌与之前相比大相径庭，而且区内密集建设的供水水源井成为库区地下水的主要排泄方式，多年连续超采造成地下水位持续下降，形成以水源八厂、怀柔应急水源地为中心的降落漏斗，漏斗中心区累积水位下降幅度超 40m。图 8.4.5 为根据库区水位观测孔数据绘制的潜水等水位线图。

(a) 河床内裸露卵砾石

(b) 干涸的河床

(c) 遗留的砂石坑

(d) 整治后的砂石坑

(e) 应急供水水源井

(f) 汇合口橡胶坝

图 8.4.4　潮白河地下水库区人类工程活动影响状况

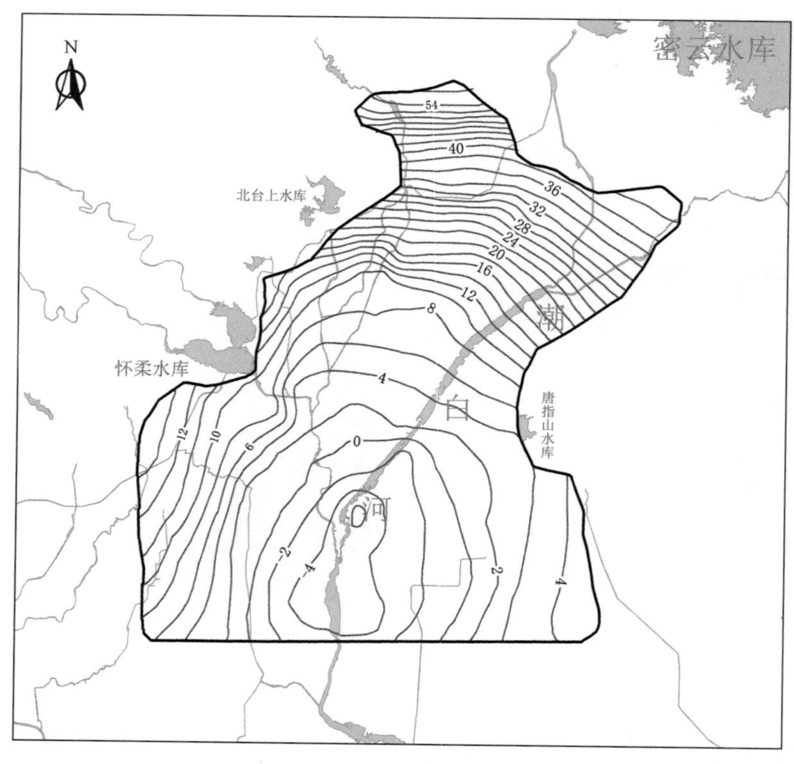

图 8.4.5　潮白河地下水库区潜水等水位线图（2009 年 11 月）

图 8.4.6 为根据开采模数划分的密怀顺平原区潜水地下水开采强度分区图，划分标准见表 8.4.1。由图 8.4.6 可以看出，潮白河地下水库区大部分区域为强开采区。资料显示，南水北调进京前，该区域第四系地下水的最大开采深度约 120m，即主要开采的为潜水与浅层承压水，深层承压水还未开采。

表 8.4.1　密怀顺平原地下水开采强度分区表

开采强度	开采模数/[$\times 10^4 m^3/(km^2 \cdot a)$]
中等	10～15
较强	15～20
强	＞20

8.4.2　浅层包气带岩土渗透性试验研究

浅层包气带岩土体渗透性的研究是基于对目标回补区——顺义区牛栏山橡胶坝以上潮白河主河道的地面地质调查。2009 年，北京市水利规划设计研究院对京承高速公路跨潮白河大桥—牛栏山橡胶坝之间长约 8km 的潮白河主河道区进行了地面地质调查，认为河道经多年自然和人类工程活动改造，河床表面的岩土类型并非单一纯净且渗透性强的卵砾石，有相当部分区域表层覆盖了厚度不等的细粒粉土、黏性土或耕植土，春夏季节河床内一片青绿色，这些区域应是影响或制约河床自然入渗能力的因素之一。因目标回补区地下水位的持续下降，包气带土层厚度最大已达 40m，而包气带土层的主体仍为卵砾石，因此弄清在河道内蓄水时包气带的渗透能力仍是回答是否能“补得进”问题的关键所在。为此，勘测设计人员于 2010 年 8 月在

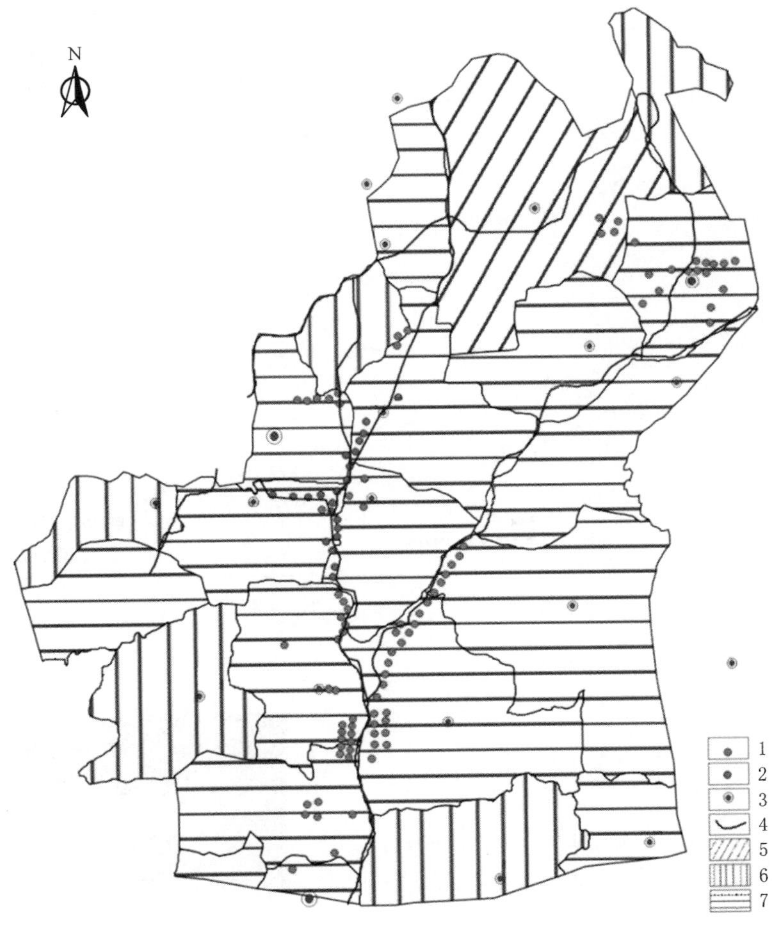

图 8.4.6 密怀顺平原区潜水地下水开采强度分区图
1—水源井；2—应急水源井；3—乡镇；4—河流；5—中等开采区；
6—较强开采区；7—强开采区

牛栏山橡胶坝以上的潮白河主河道内实施了表层岩土体单（双）环小型渗坑注水试验，以了解表层岩土渗透性的差异；2013年年底，又择机在牛栏山橡胶坝北侧河道内进行了大型渗坑（长×宽×深＝10m×4m×6m）注水试验。根据不同的试验结果，分别分析和估算了不同条件下的河道自然入渗回补能力，为工程设计提供了科学试验数据。

河床表层岩土单（双）环渗坑试验共计布置了28个试验点，如图8.4.7所示。每个试验点的渗坑深1～1.5m，沿渗坑垂直剖面分层（岩土类型变化处）进行试验，共计进行了70组注水试验。单（双）环渗坑注水试验的具体操作和试验资料整理参照《工程地质手册》（第四版）[120]和相关技术规程进行，试验装置及安装实况如图8.4.8所示。图8.4.9为部分试验点渗坑土层柱状图及典型 $Q-t$ 曲线。

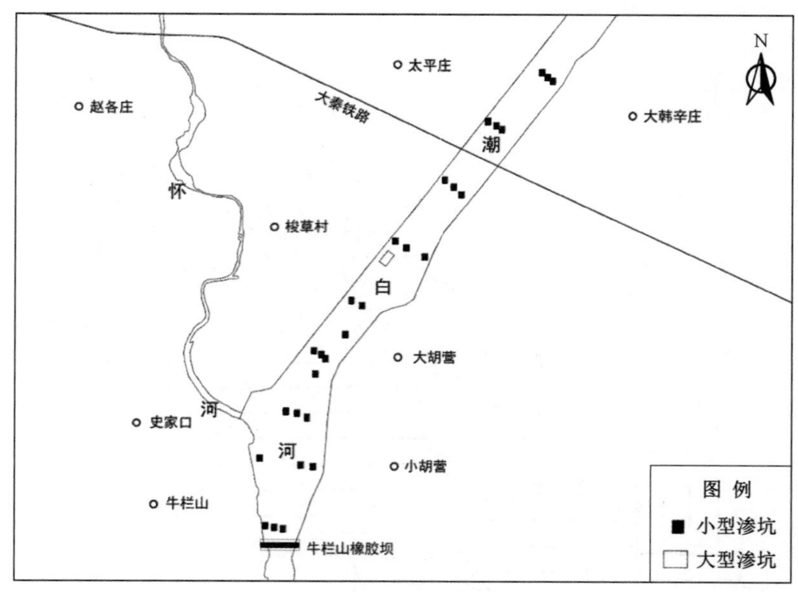

图 8.4.7 包气带岩土渗透性试验点平面布置示意图

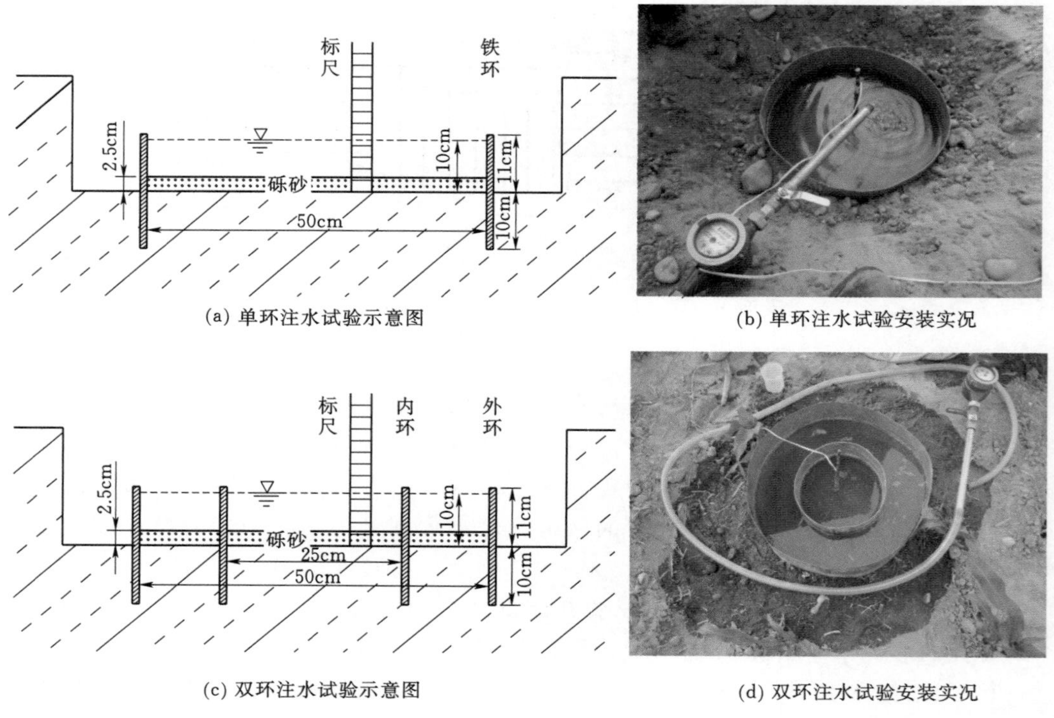

(a) 单环注水试验示意图

(b) 单环注水试验安装实况

(c) 双环注水试验示意图

(d) 双环注水试验安装实况

图 8.4.8 浅层包气带小型渗坑注水试验装置图

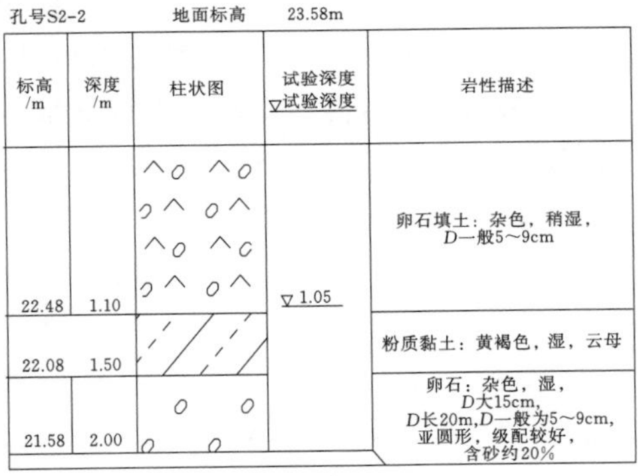

孔号S2-2　　地面标高　23.58m

标高/m	深度/m	柱状图	试验深度 ▽试验深度	岩性描述
22.48	1.10		▽1.05	卵石填土：杂色，稍湿，D一般5～9cm
22.08	1.50			粉质黏土：黄褐色，湿，云母
21.58	2.00			卵石：杂色，湿，D大15cm，D长20m，D一般为5～9cm，亚圆形，级配较好，含砂约20%

(a) S2-2渗坑柱状图

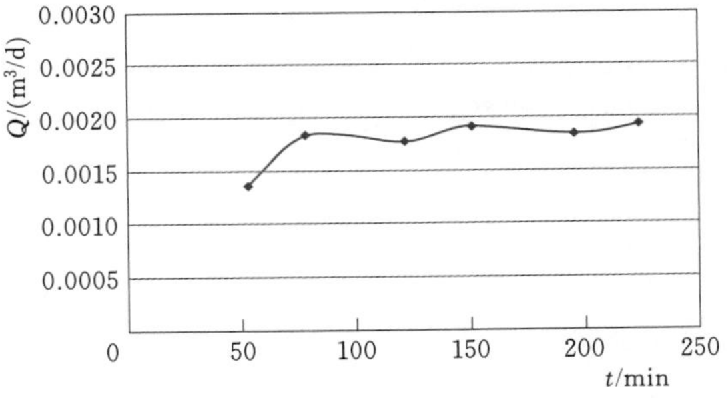

(b) S2-2渗坑中层粉质黏土试验曲线

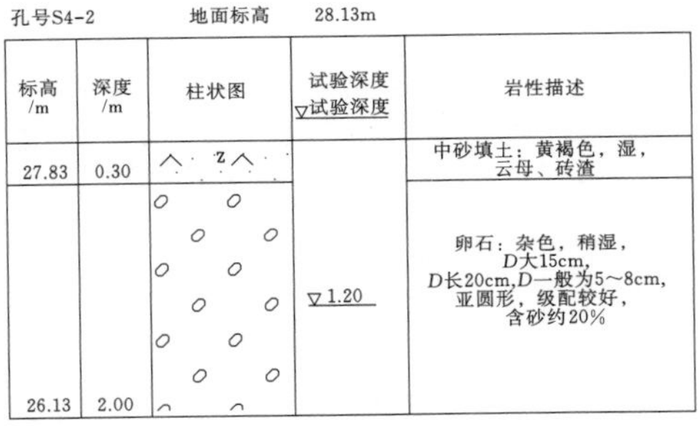

孔号S4-2　　地面标高　28.13m

标高/m	深度/m	柱状图	试验深度 ▽试验深度	岩性描述
27.83	0.30			中砂填土：黄褐色，湿，云母、砖渣
26.13	2.00		▽1.20	卵石：杂色，稍湿，D大15cm，D长20cm，D一般为5～8cm，亚圆形，级配较好，含砂约20%

(c) S4-2渗坑柱状图

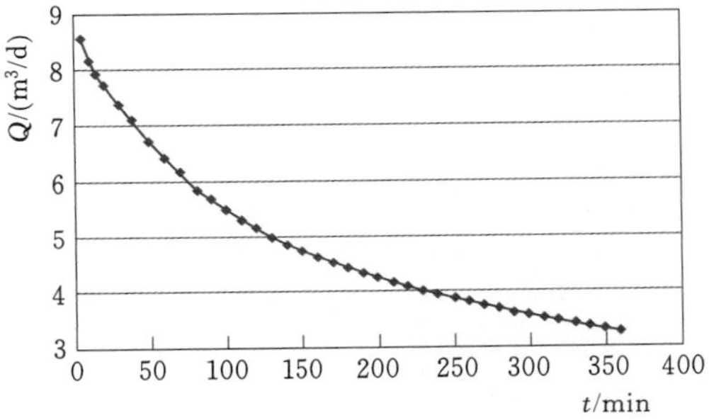

(d) S4-2渗坑中层卵石土试验曲线

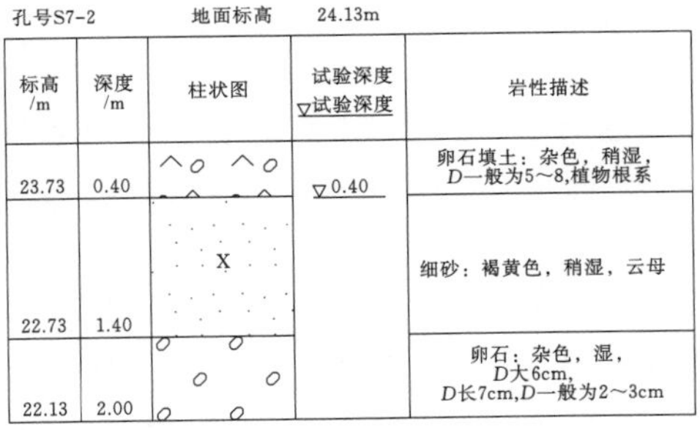

孔号S7-2　　地面标高　24.13m

标高/m	深度/m	柱状图	试验深度 ▽试验深度	岩性描述
23.73	0.40		▽0.40	卵石填土：杂色，稍湿，D一般为5～8，植物根系
22.73	1.40			细砂：褐黄色，稍湿，云母
22.13	2.00			卵石：杂色，湿，D大6cm，D长7cm，D一般为2～3cm

(e) S7-2渗坑柱状图

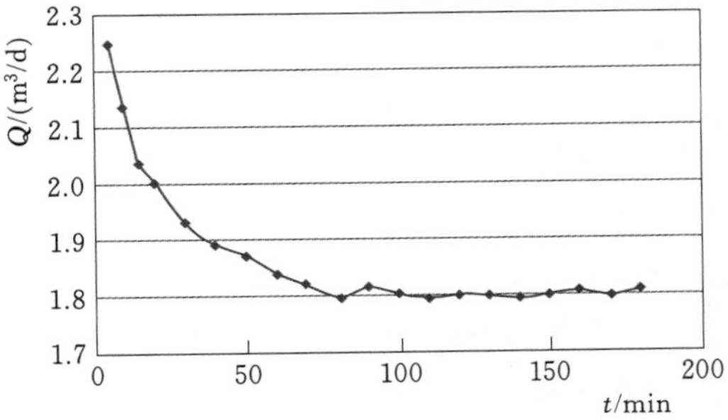

(f) S7-2渗坑中层细砂土试验曲线

图 8.4.9　小型渗坑土层柱状图及注水试验典型 $Q-t$ 曲线

对全部小型渗坑注水试验结果的初步整理发现，70 组试验结果中，有 3 组试验的渗透系数计算结果是其他同类型岩土计算结果的约 10～100 倍以上，为统计分析试验区浅层包气带岩土渗透性的一般规律，统计时对该 3 组试验结果进行了剔除。图 8.4.10 为剩余 67 组试验结果按不同岩土类型分类绘制的渗透系数分布图。由图可知，试验段河床表层覆盖的细粒黏性土（包含粉土、耕植土和黏土）渗透性极弱，渗透系数绝大部分小于 0.1m/d；砂土渗透系数集中分布在 5～23m/d 区间，最大值为 52m/d；原生沉积的卵石层渗透系数分布区间较大，相对集中分布的区间为 8～40m/d，最大值为

67m/d；而卵石填土的渗透系数集中在 8～15m/d 之间，最大值为 77m/d。该试验结果大致表明，试验段潮白河河床表层分布的细粒黏性土、卵石填土（通常被细粒土填充）的渗透性相对于自然沉积的均质砂土、卵砾石较小，采取河道自然入渗回补地下水库的方式时，表层黏性土、卵石填土区域应是容易引起淤积或堵塞的重点区域。

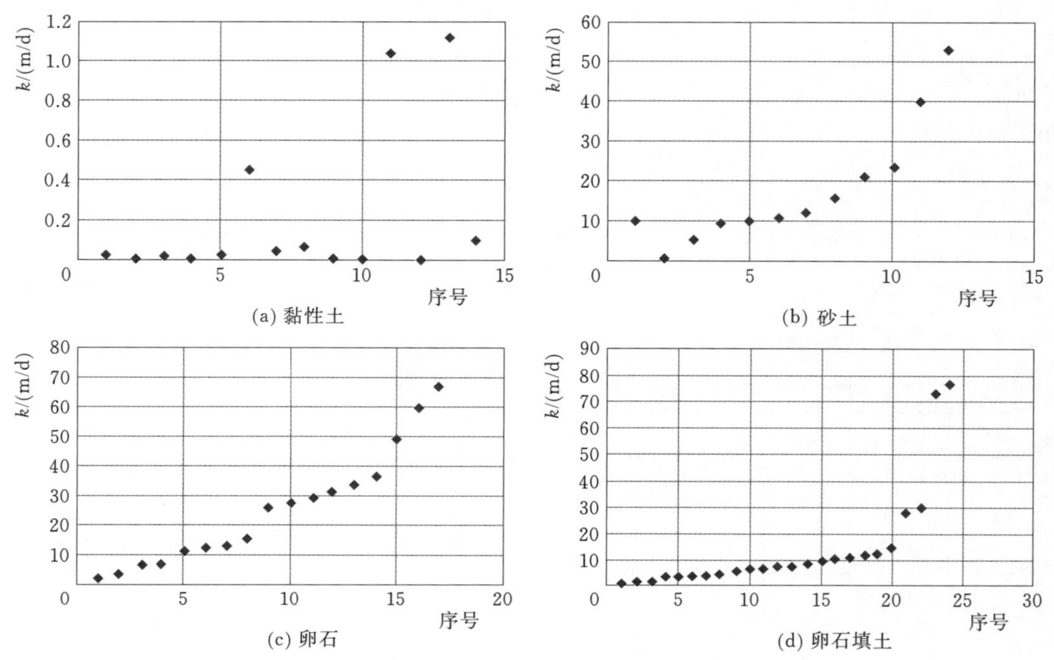

图 8.4.10　不同岩土类别渗透系数 k［单（双）环渗坑注水试验］分布散点图

包气带岩土大型渗坑试验区位于潮白河牛栏山橡胶坝上游约 4km 的右岸，试验区内除开挖大型渗坑外，还在其周边布置了 8 个水位观测井，如图 8.4.11 所示。其中 G04－1、G07－1、G09－1 三个观测井为浅孔，孔深 12～13m、孔径为 75mm；Z 观测井为深孔，深为 80m，孔径为 800mm（成井井径为 426mm），该井孔实际为实施井灌试验的主井。根据观测井地层结构绘制的试验区垂直于潮白河主河向的地层剖面如图 8.4.12 所示。由该图知，试验区渗坑底部以下约 6m 分布有一相对连续的粉质黏土层，厚约 1.5～2.0m，由于它的隔水作用，使本次试验主要影响的包气带为浅层约 6m 厚的卵砾石层，而非潜水面以上约 40m 厚的包气带疏干透水层。图 8.4.13 为大型渗坑试验区现场实况。

大型渗坑注水试验的目标土层为河床内自然沉积的厚层卵砾石层，试验方法为：在基本保持渗坑内水位稳定（高于渗坑底 1m）的条件下，通过观测向渗坑内注水水量 Q 和观测井水位恢复 Δh 情况来分析评价包气带卵砾石层的回灌入渗能力，了解河道回灌入渗条件下的库区地下水位变化规律等。试验持续时间共计 138h，期间共向渗坑内注水 4263m^3，渗坑周边 3 个观测浅孔内地下水位上升明显，最大上升幅度为 1.3～2.0m；深孔观测井未能观测到水位恢复（图 8.4.14）。图 8.4.15、图 8.4.16 分别为大型渗坑注水试验的 $Q-t$ 和 $\Delta h-t$ 关系曲线。

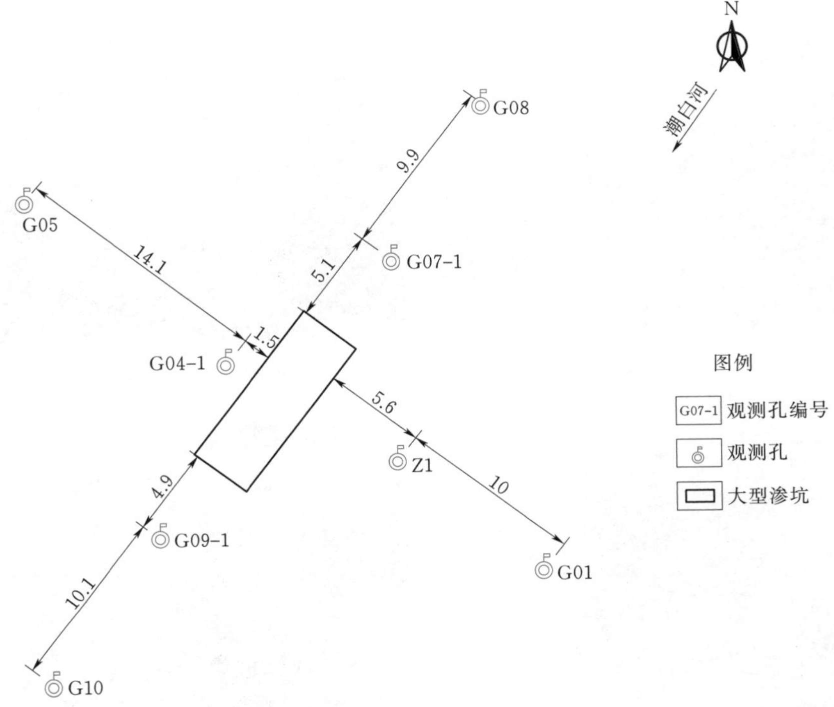

图 8.4.11 大型渗坑试验场区平面示意图（单位：m）

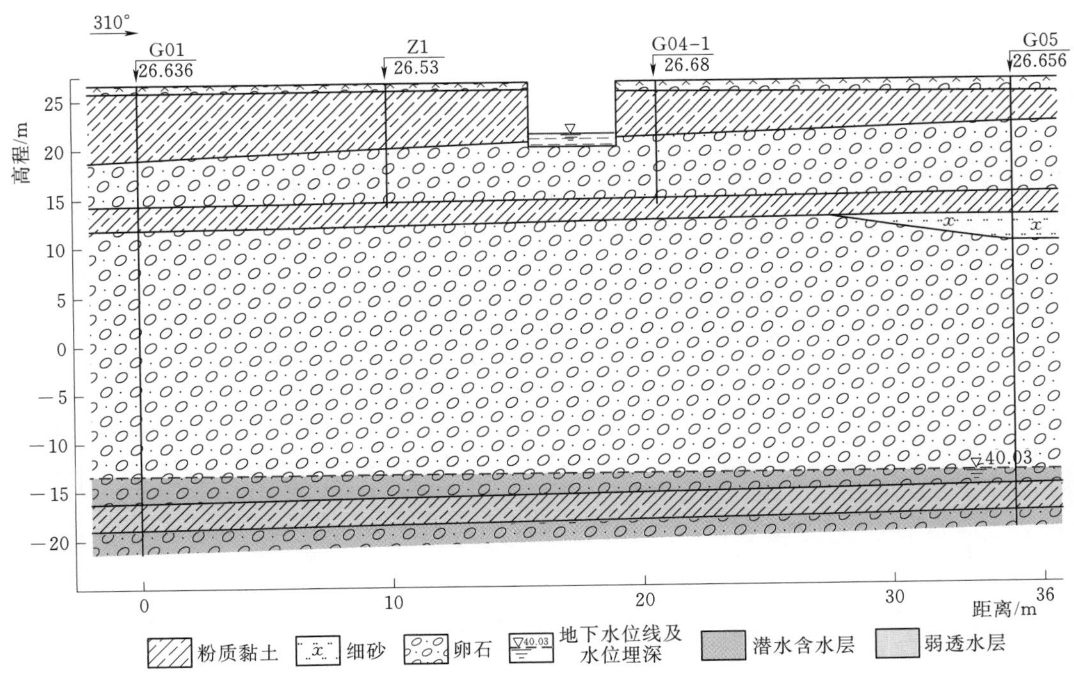

图 8.4.12 大型渗坑试验场区水文地质剖面图

(a) 场区全景
(b) 坑底铺设卵石、埋设水位标尺
(c) 注水至设计常水位
(d) 试验中水位测读

图 8.4.13　大型渗坑试验现场实况

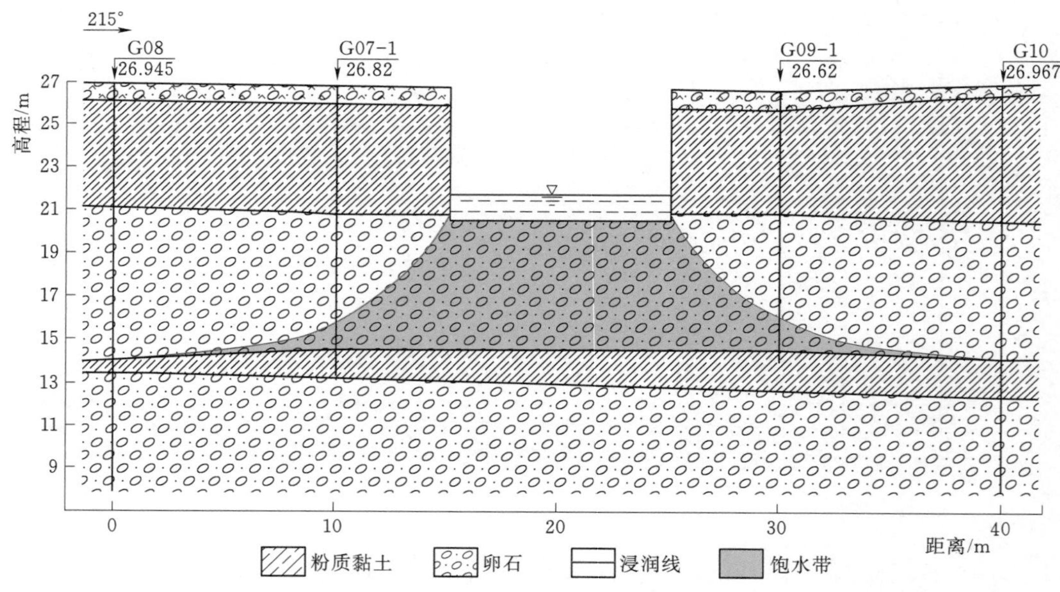

图 8.4.14　大型渗坑试验结束时包气带地下水浸润线（顺河向）

图 8.4.15 的曲线表明，试验初期，维持渗坑内常水位（1m）的注水量约为 $38m^3/h$；约 20h 后，注水量略有下降，一般在 $28\sim32m^3/h$ 之间波动；约 60h 后，注水量总体略有上升，最大达 $40m^3/h$，一般在 $32\sim36m^3/h$ 之间波动。这一特征反映了渗坑底部包气带卵砾石层渗透量经历由大变小、之后又由小变大的变化规律。

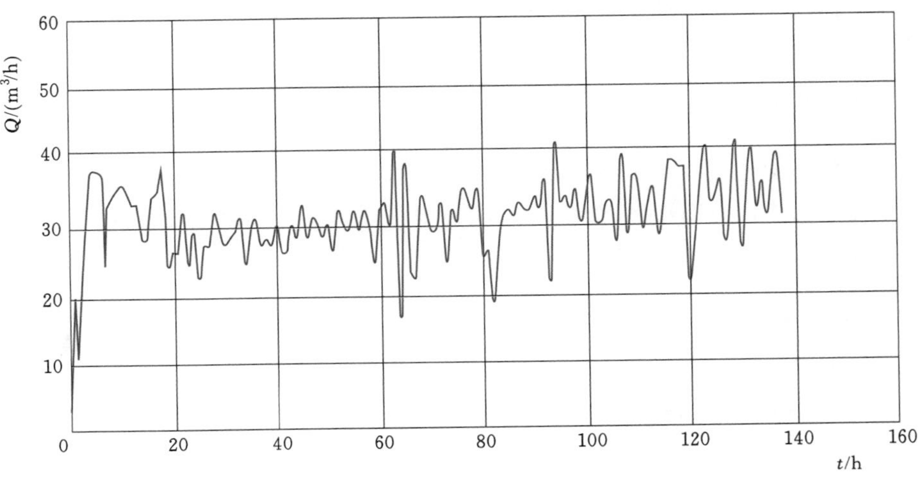

图 8.4.15 大型渗坑注水试验 $Q-t$ 曲线

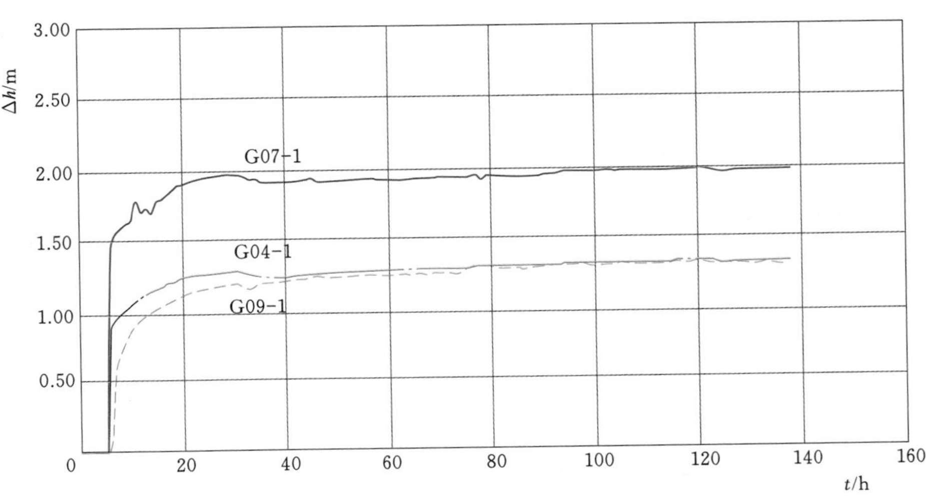

图 8.4.16 大型渗坑注水试验观测井 $\Delta h-t$ 曲线

由图 8.4.16 可以看出，渗坑注水初期（约 6h 内），周边观测井内基本未测得地下水位，表明注水初期的水量主要用于渗坑底部包气带土由湿润至饱和，渗流还不能形成水丘；6h 后距渗坑较近的观测浅孔内地下水位迅速上升，并且在不到 1h 的时间内（约 6.7h 时）水位上升 $0.6\sim1.5m$，之后上升速率明显变缓；试验进行至约 30h 时，三个观测浅孔（G04－1、G07－1、G09－1）地下水水位上升至最大幅度，分别为 1.3m、1.95m 和 1.2m，平均水位上升速率为 0.017m/h；30h 以后直至试验结束，观测井地下水位相对保持恒定，最大升幅在±0.1m范围内波动。

根据上述大型渗坑试验结果，假设潮白河河道表层细粒土被剥离处理后，河床全部裸露均质卵砾石（同渗坑底卵砾石层），在不考虑时间效应引发的入渗能力衰减的情况下初步推算，回灌补给流量为0.01m^3/s（相当于864m^3/d）时，潮白河主河道浅层包气带的入渗能力约为104m^3/(s·km)（河道宽度按500m计），换算为每天的入渗量为1080×10^4 m^3/km。

8.4.3 深层土体井灌试验研究

井灌试验场地也选择在上述大型渗坑试验场区，试验设计了一个主回灌井和10个观测井，它们的平面分布如图8.4.17所示，试验井（孔）的设计特征参数见表8.4.2。

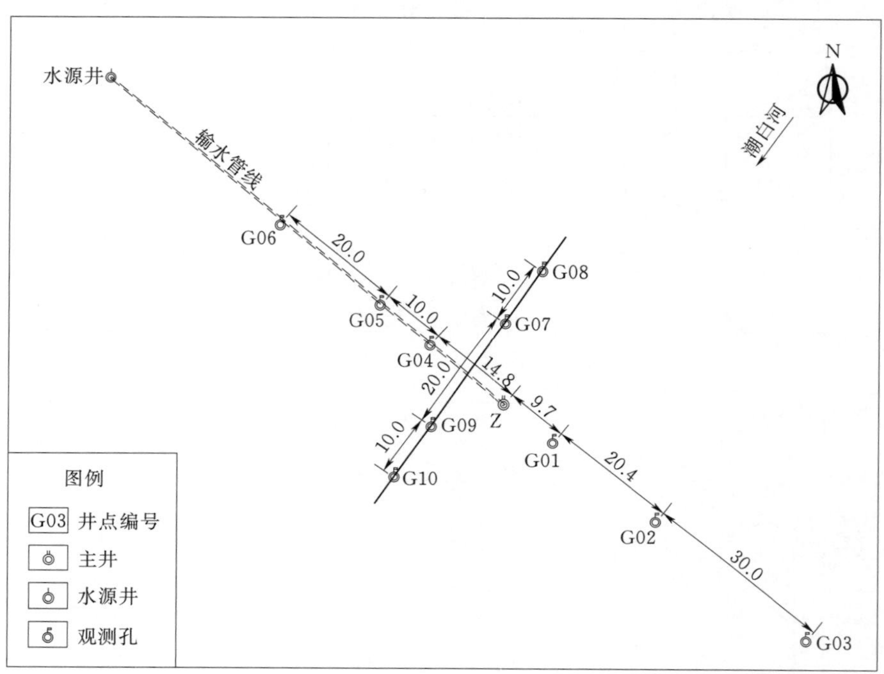

图8.4.17 井灌试验场区试验井（孔）平面布置示意图（单位：m）

表8.4.2 深层土体井灌试验井（孔）设计参数一览表

类型	主回灌井	观测井									
编号	Z	G01	G02	G03	G04	G05	G06	G07	G08	G09	G10
井径/mm	426	75	75	75	75	75	75	75	75	75	75
井深/m	80	48	80	80	80	46	80	46	46.2	49	47.5
与主井距离 r/m	0	9.7	31.1	60.1	−14.8	−24.8	−44.8	−13.0	−23.0	11.7	21.7

注 正值表示观测井位于主井的左侧和下游方向，负值表示观测井位于主井的右侧及上游方向。

根据场区钻孔揭露地层情况，其地下 80m 深度范围内以卵石层为主，单层厚度较大；中间夹有黏性土层，厚度相对较薄。场区第四系潜水静水位埋深平均约为 40m（相应水位高程为－14m）。以潜水面为界，其上的包气带中分布有两层黏性土弱透水层，埋藏深度分别为 1～5m 和 12～14m；其下的饱水带中也分布有两层粉质黏土弱透水层，自地面算起的埋深分别为 42～44m 和 62～67m。井灌试验深度范围内的场区水文地质结构如图 8.4.18 所示，其含水层总厚度累计为 29m。回灌试验的主井 Z 结构设计如图 8.4.19 所示，其滤水管长度为 39m，埋置深度为 38～77m。

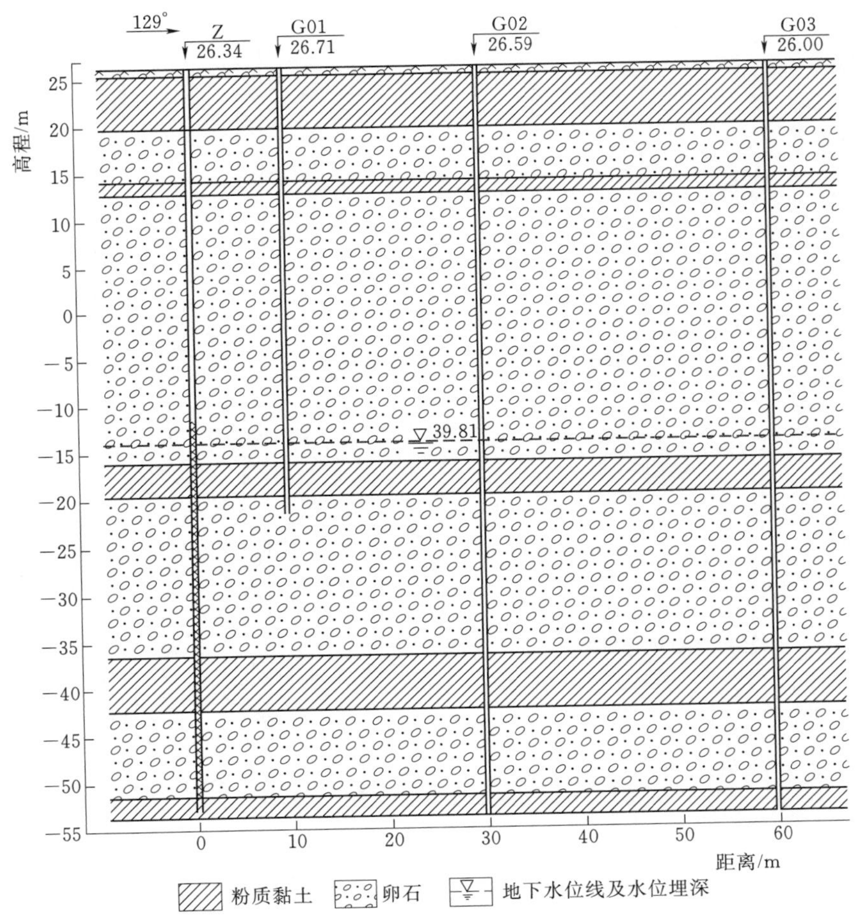

图 8.4.18　井灌试验场区水文地质结构剖面图（垂直于河向）

回灌试验水源来自于试验场区西北侧的供水水源井，其取水层位为深部岩溶水，供水水源井和回灌主井之间铺设输水管道相连，出水口位于回灌井潜水面以下约 2m 处。试验设计了 3 种不同的回灌情景，每个情景的回灌输入水量、持续回灌时间、水位恢复时间等试验条件不同，见表 8.4.3。

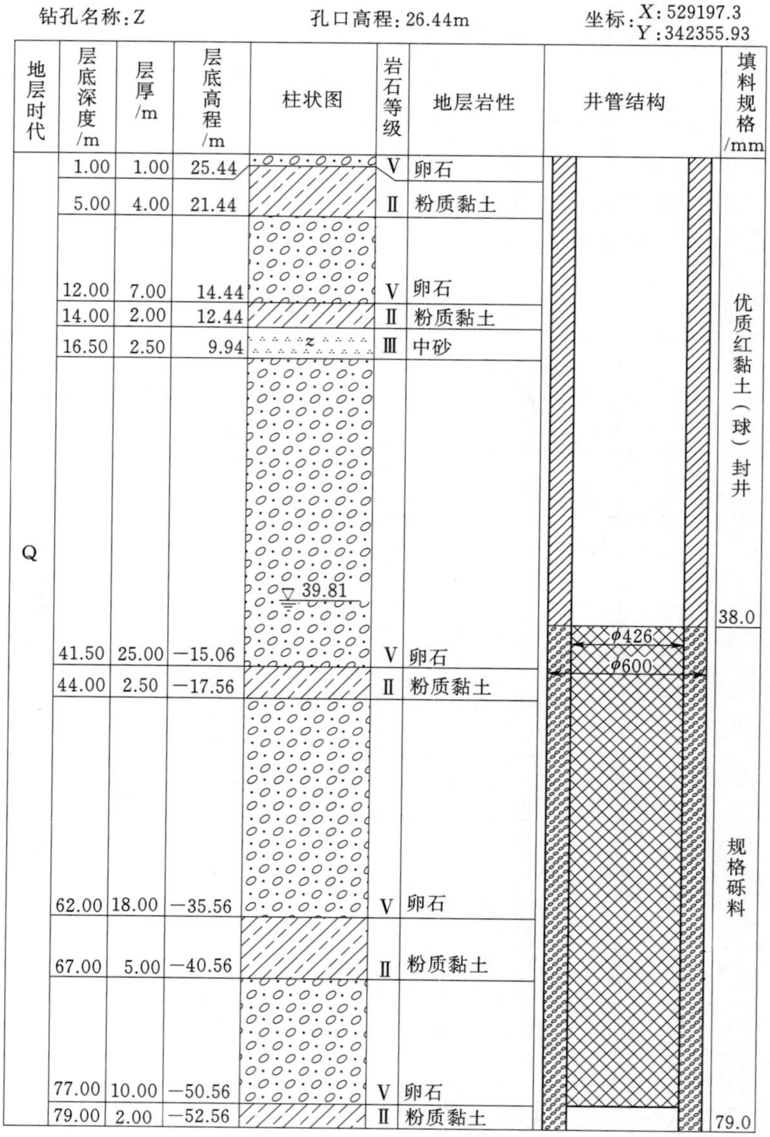

钻孔名称：Z　　　　孔口高程：26.44m　　　　坐标：X：529197.3　Y：342355.93

地层时代	层底深度/m	层厚/m	层底高程/m	柱状图	岩石等级	地层岩性	井管结构	填料规格/mm
Q	1.00	1.00	25.44		V	卵石		优质红黏土（球）封井
	5.00	4.00	21.44		Ⅱ	粉质黏土		
	12.00	7.00	14.44		V	卵石		
	14.00	2.00	12.44		Ⅱ	粉质黏土		
	16.50	2.50	9.94		Ⅲ	中砂		
	41.50	25.00	−15.06	39.81	V	卵石		38.0
	44.00	2.50	−17.56		Ⅱ	粉质黏土	φ426　φ600	规格砾料
	62.00	18.00	−35.56		V	卵石		
	67.00	5.00	−40.56		Ⅱ	粉质黏土		
	77.00	10.00	−50.56		V	卵石		
	79.00	2.00	−52.56		Ⅱ	粉质黏土		79.0

图 8.4.19　回灌主井 Z 结构柱状图

表 8.4.3　　井灌试验情景设计参数

编号	试验参数				
	回灌流量 $Q/(m^3/h)$	回灌开始	回灌结束	试验结束	观测时间
情景一	100	2014－01－27	2014－02－11	2014－02－12	回灌 15d，恢复 2d
情景二	200	2014－02－13	2014－02－18	2014－02－20	回灌 5d，恢复 2d
情景三	300	2014－02－20	2014－03－03	2014－03－08	回灌 11d，恢复 5d

图 8.4.20 为情景一时主井 Z 与各观测井水位升幅历时变化曲线。图 8.4.20 表明，回灌开始后的约 2.5～3h 内：主井与观测井水位迅速上升，其中主井升幅约为 1.5m，平均上升速率为 0.5m/h；观测井水位升幅随着其距离主井的距离增大而相应减小，其中距离较近的 G01、G09 孔水位升幅约为 0.9m，平均上升速率为 0.3m/h；距离较远的 G02、G03、G06、G07 孔水位升幅在 0.2～0.4m 之间，平均上升速率约 0.1m/h。3h 之后直至回灌停止（360h）的很长时间内：主井与各观测井水位升幅随时间缓慢增长，其历时曲线整体趋势为一缓倾斜的直线，用该直线斜率表示相应井孔水位上升的平均速率为：主井 1mm/h，观测井为 1.6mm/h，二者均较小。回灌停止时，主井水位最大上升幅度为 1.95m，观测井最大水位升幅约 1.5m（G01、G09），最小升幅约 0.8m（G03、G06），详见表 8.4.4。

表 8.4.4　井灌（情景一）结束时各井孔特征水位表

特征水位	主井 Z	观测井					
		G01	G02	G03	G06	G07	G09
初始水位 H_0/m	−13.153	−13.164	−13.39	−13.41	−13.198	−13.146	−13.174
停止回灌时水位 H/m	−11.205	−11.694	−12.473	−12.652	−12.426	−12.182	−11.685
水位升幅 s/m	−1.948	−1.47	−0.917	−0.758	−0.772	−0.964	−1.489
与主井距离 r/m	0	9.7	31.1	60.1	−44.8	−13.0	11.7

分析停止回灌后各井孔的水位升幅历时曲线（图 8.4.20 曲线尾段）可以看出，回灌停止后，主井与观测井水位在约 2h 的时间内迅速下降回落，其中主井降约 1.4m，观测井下降幅度随 r 不同而有所不同：r 越小，降幅越大；2～22h，主井和观测井的水位下降速率明显变缓，且相对稳定，主井平均下降速率约 15mm/h，观测井下降速率在 11～14mm/h 之间，略小于主井；22h 之后，水位升幅的历时曲线尾端上翘，表明主井与观测井水位相比之前呈现略微上升趋势，但涨幅较小，均在 0.1m 以内。

图 8.4.21 为情景一井灌试验开始、停止回灌以及试验结束时三个典型时刻主井 Z 及各观测井的水位连线图。由图可以看出，在停止回灌 24h 后，试验区因单井回灌引起的地下水丘已基本消散，主井 Z 和各观测井水位基本持平，且总体比回灌前的场区初始水位高约 0.36m。据此也可以认为，此试验情景下，单井回灌的最远影响距离应大于 60m。

同理，对试验情景二、情景三的试验结果分别分析如下。

（1）情景二（回灌流量 $Q=200\text{m}^3/\text{h}$）。图 8.4.22 的水位升幅历时曲线表明，回灌开始后约 5min 内，主井 Z 及各观测井水位均迅速上升，其中主井上升幅度最大，为 3.3m；其次为距其最近的 G01、G09 孔，上升幅度为 2.6～2.8m；再次为 G02、G07 孔，升幅约为 1.15～1.2m；G03、G04、G05 和 G06 四个孔水位升幅相差不大，均在 0.5～0.8m 之间，升幅最小的为顺河向距主井相对较远的 G08、G10 两个观测井，其短时水位升幅仅为 0.2～0.3m。在第 5min～5h 时间段内，主井 Z 和大部分观测井

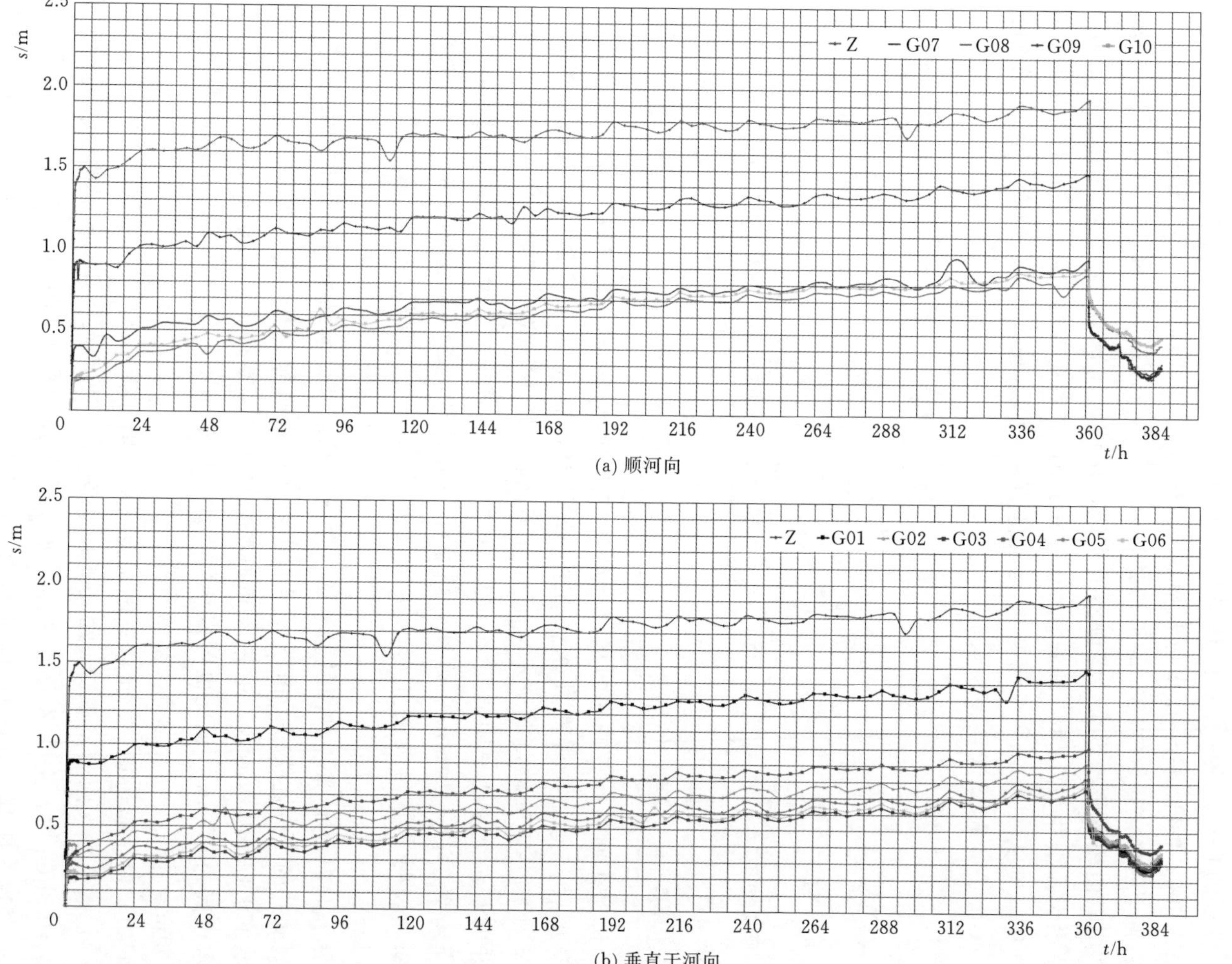

(a) 顺河向

(b) 垂直于河向

图 8.4.20　主井 Z 与观测井水位升幅 s-时间 t 曲线（情景一：$Q=100\text{m}^3/\text{h}$）

（G04、G08、G10 除外）水位明显下降，其中主井 Z 和 G01、G09 观测井水位降幅约在 1m 左右，平均下降速率约为 0.2m/h，G02、G03、G05、G06 和 G07 观测井水位降幅相对较小，为 0.2～0.4m，平均下降速率约 0.05m/h；而 G04、G08、G10 观测井水位在此阶段仍保持小幅度上升，平均升幅约为 0.1m。5h 之后至回灌停止阶段，主井水位升幅总体呈减小趋势，但呈现周期性的短时水位上升现象，水位平均下降速率为 6～7mm/h；观测井水位总体呈现先升后降的趋势，与主井水位波动规律相似，也呈现短时的跳跃似上升现象，水位动态变幅为 0.2～0.4m，平均上升速率约 3mm/h，而下降速率与主井基本相同。回灌停止后的几分钟时间内，主井 Z 及各观测井水位迅速回落，其中 G04、G08、G10 三个观测井水位相比初始水位高约 0.2～0.3m，主井 Z 和其余观测孔均仅比初始水位高约 0.1m；此后在 2d 恢复期内，所有井孔水位基本趋于稳定，在初始水位以上 0.1～0.2m 范围内波动。

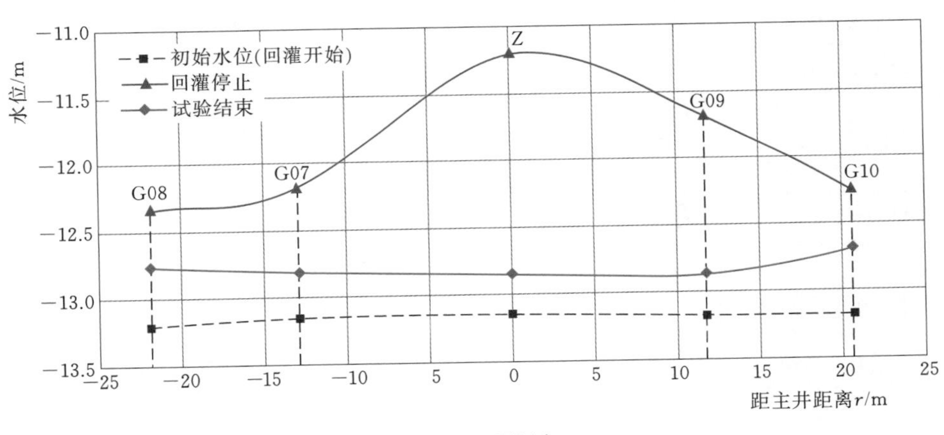

(a)顺河向

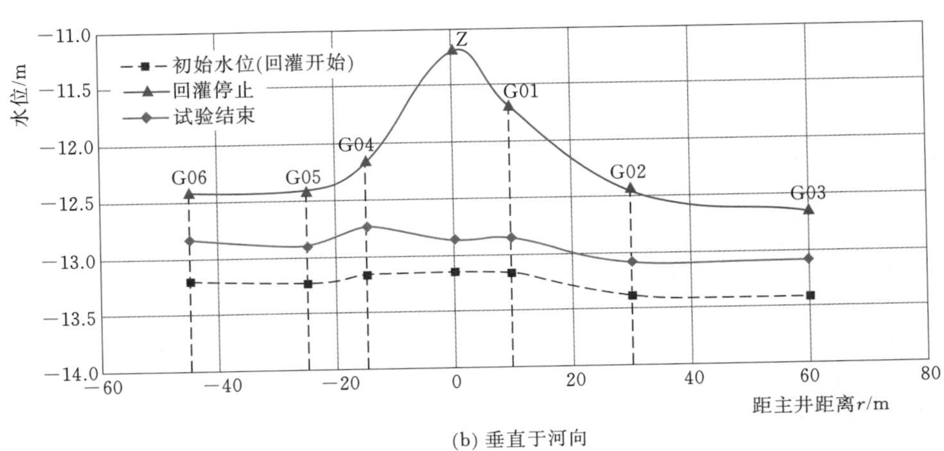

(b) 垂直于河向

图 8.4.21　井灌试验（情景一）典型时刻井水位线图

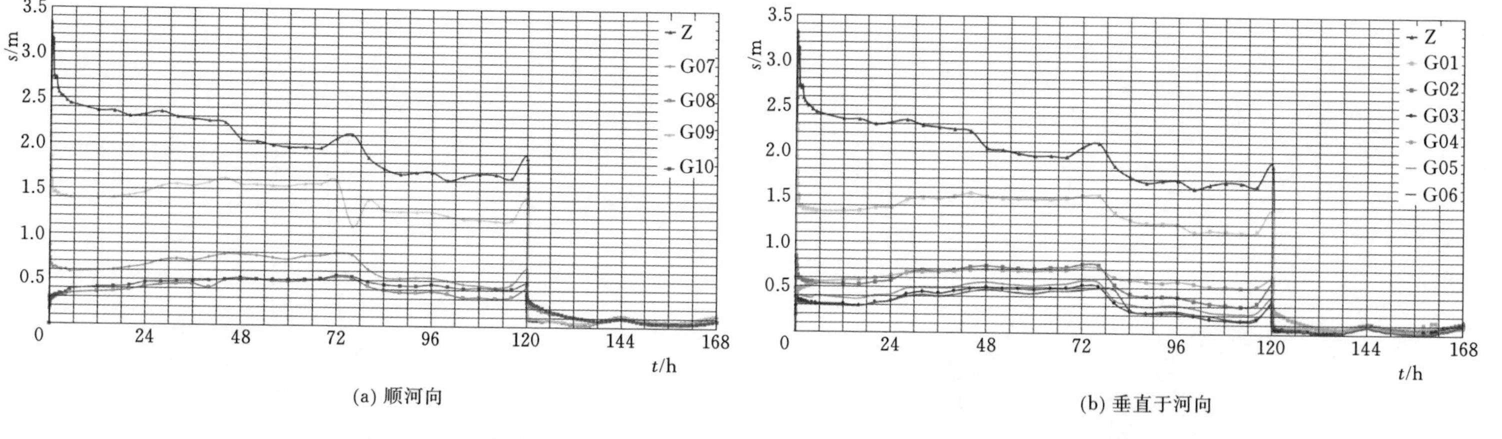

(a) 顺河向

(b) 垂直于河向

图 8.4.22　主井 Z 与观测井水位升幅 s 历时曲线（情景二：$Q=200m^3/h$）

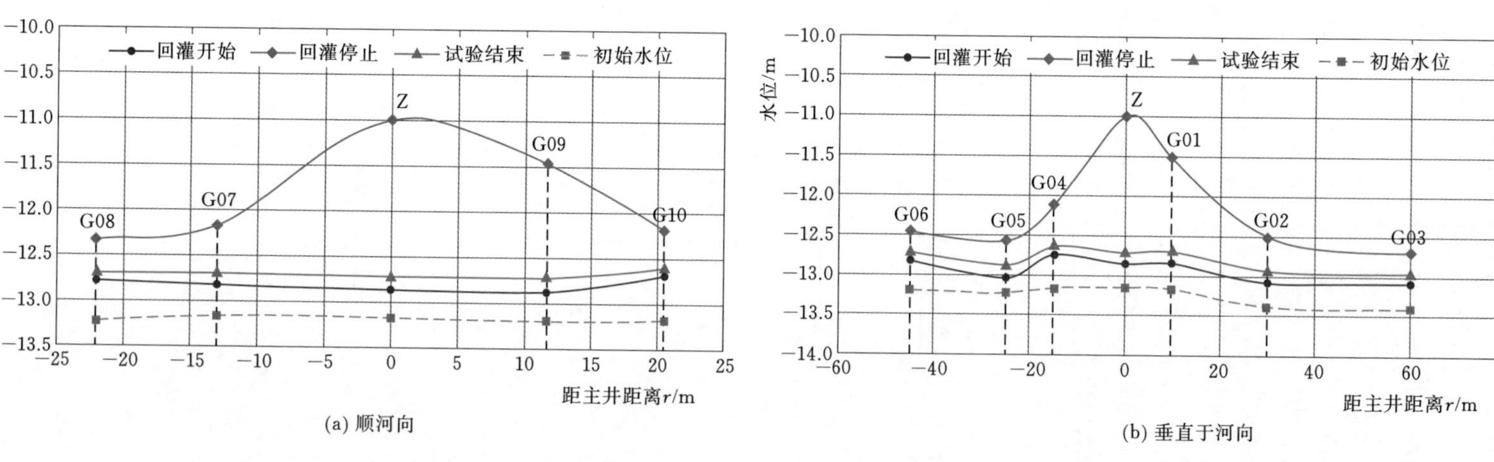

(a) 顺河向

(b) 垂直于河向

图 8.4.23　井灌试验（情景二）典型时刻地下水位线

图 8.4.23 为该情景典型时刻试验区主井 Z 与观测井地下水位连线。由图 8.4.23 可以看出，停止回灌 2d 后，即试验结束时，主井 Z 及各观测孔水位连线与此次回灌试验开始时的水位线相平行，且比试验开始时水位高约 0.1～0.17m，表明此次回灌引起的水丘也基本消散，其引起的地下水位升幅相比情景一要小些；此时试验区各井观测地下水位相比场区初始水位，总上升幅度为 0.4～0.6m，表明回灌引起的水力传递还未结束。

(2) 情景三（回灌流量 $Q=300m^3/h$）。由图 8.4.24 的水位升幅历时曲线知，在回灌开始时的几分钟时间内，主井 Z 及各观测井水位迅速上升，其中主井升幅最大达约 7m，其次为位于其下游方向较近的 G09 观测井，水位升幅约为 5.6m，G08、G10 观测井水位升幅最小，约为 0.3～0.5m，其余观测井水位升幅在 1～3m 不等；此后至约 1h 时段内，除主井水位呈下降趋势、降幅约为 2.6m 外，所有观测孔水位时升时降，极不稳定，至回灌持续 1h 时才达到一个相对稳定的水位；1h 以后至回灌停止时，主井与观测井水位进入一个相对稳定的周期性动态调整阶段，变幅在 0.1～0.4m 不等，且主井与距其较近的观测孔动态变幅相对较距其较远的观测井稍大，但所有井的水位总体均呈下降趋势，表明回灌输入的水流向更远处传播，而非在回灌井周边壅高水丘。回灌停止后的几分钟时间内，各井孔水位快速回落至初始水位上下约 0.4m 范围内，之后则进入相对稳定的缓慢回落过程，水位下降速率平均约为 5mm/h。

图 8.4.25 的水位连线表明，情景三的试验结束时，主井 Z 及各观测井的水位相比此次回灌试验开始时的水位均低，二者相差约 0.20～0.45m；但与场区初始水位相比，此次试验结束时的主井与距其较近的 G01、G07、G09 以及 G02 观测井水位基本恢复至与初始水位相平，二者相差约 0.1m，其余观测井水位略高于初始水位，相差在 0.2～0.4m 之间。同样的，这表明情景三停止回灌后第 5d，单井回灌引起的水丘已基本消失，但水力传递还未结束，试验区地下水位虽还未达到初始稳定水位，但振幅已较小。

综合对比上述三个不同情景下的井灌试验结果发现，在回灌开始和停止的短时间（几分钟或三五小时）内，所有情景下的井水位均表现为迅速上涨和迅速回落，水位变幅相对较大，主井与距离其较近的观测井水位变化幅度大于距离其相对较远的观测井；但在相当长的持续回灌过程中，情景一主井与观测井水位表现为缓慢的直线上升，而情景二和情景三的地下水位表现为在周期性的振荡中缓慢下降趋势，主井与观测井的振荡基本同步，但振幅相对较大，观测井距离主井越远、振幅也越小。三次试验的结果还表明，停止回灌后的 2～5d 内，单井回灌引起的水丘基本消散，但试验区地下水位并未完全恢复到场区初始水位。

此外，分析井灌试验过程中观测井水位的响应程度和其与回灌主井的空间关系后发现，三种不同试验情景下，同一时刻，顺河向水位响应幅度最小的总是 G08、G10 观测井，垂直于河向响应幅度较小的总是 G03、G05 和 G06 观测孔，而距离主井较近的 G01、G04、G07、G09 以及 G02 响应幅度总是相对较大。

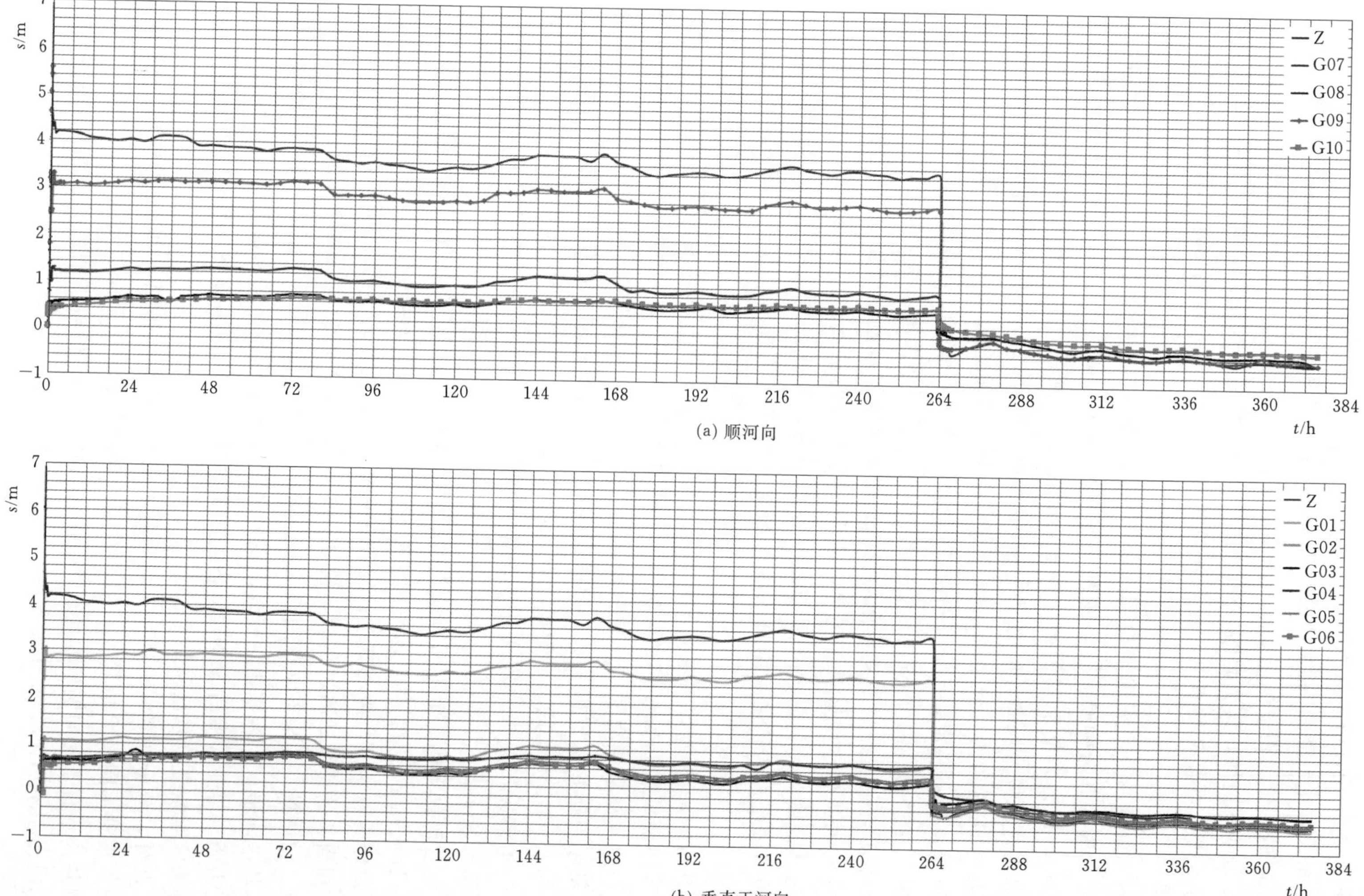

(a) 顺河向

(b) 垂直于河向

图 8.4.24 主井 Z 与观测井水位升幅 s-时间 t 曲线（情景三：$Q=300m^3/h$）

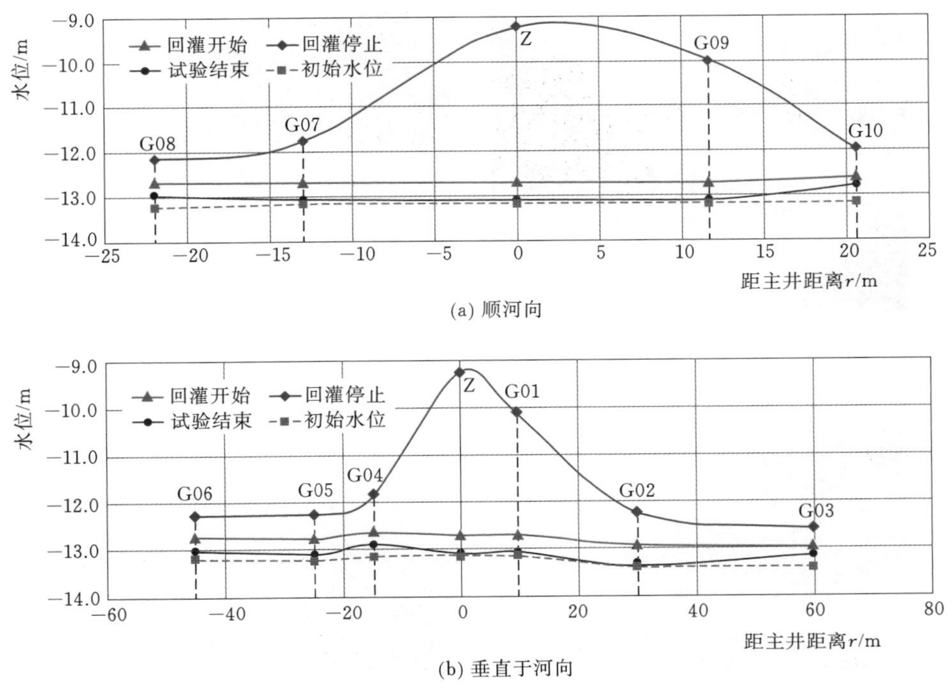

(a) 顺河向

(b) 垂直于河向

图 8.4.25　井灌试验（情景三）典型时刻井水位线图

8.4.4　河道回灌入渗监测结果分析

2014 年 11 月，南水北调中线工程全线贯通，汉江水正式输送入京；2015 年 7 月，南水北调来水调入密云水库调蓄工程（简称“密云水库调蓄工程”）建设完工投入运营，使利用南水回灌补给潮白河地下水库以及发挥潮白河地下水库调蓄功能的设想具备了实现的条件。2015 年 8 月 21 日，千里迢迢入京的南水随着李史山闸的开启，沿引水回灌渠向东南方向流入怀河后进入潮白河，然后在地下水库南部的牛栏山橡胶坝前蓄滞停留，开始了为期 73d 的自河道自然入渗回补地下水库的试验过程。图 8.4.26 为试验期现场典型实景照。回灌期间相关部门进行了库区地下水位、水质以及河道断面流量等水文特征的动态监测，为科学研究及后续南水北调工程规划设计、水资源调配等积累了第一手数据。

此次引水回灌流量为 5～9m^3/s，除 9 月 22—28 日停止引水外，其余时间持续引水。平均每日引水量为 45.6 万 m^3，日引水量最大约 100 万 m^3，累计引水回灌总量为 3328 万 m^3，日引水量及累计引水量历时曲线如图 8.4.27 所示。根据现场调查与水量观测数据，引水回灌期间（8 月 21 日—11 月 1 日），牛栏山橡胶坝上游潮白河、怀河主河道蓄滞水范围顺河长约 1100m、水面平均宽约 400m，蓄滞水面高程最高达 26m 左右（坝前蓄水深约 4m），蓄水量累计约 317 万 m^3；扣除总水面蒸发量（26 万 m^3）外，累计入渗补给潮白河地下水库的总水量为 2985 万 m^3。若回灌期按 73d 计（忽略中间的 7d 停止引水时间），则此次试验结果表明，每天自河道自然入渗补给潮白河地下水库的

(a) 引水渠首

(b) 引水渠中段

(c) 入怀河河口

(d) 潮白河河道(镜头面向下游)

(e) 地下水监测井

(f) 河心岛蓄滞水痕迹线(2015-09-30)

(g) 潮白河河道滞水区(镜头面向上游2015-09-30)

(h) 牛栏山橡胶坝(2015-09-30)

图 8.4.26　引南水回灌潮白河地下水库试验现场典型实景

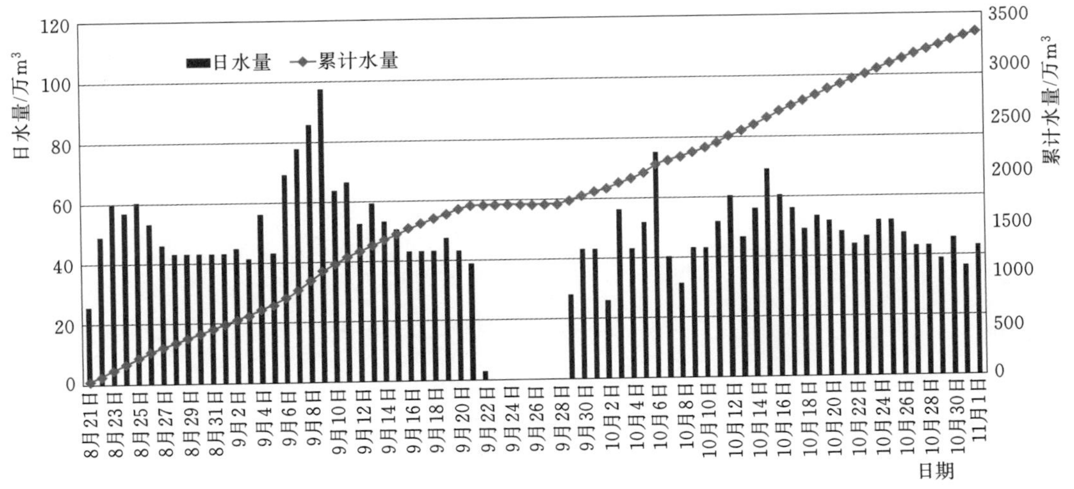

图 8.4.27　南水北调来水入潮白河地下水库回灌试验期内日引水量及累计引水量历时曲线图

水量为 41 万 m^3，日入渗量为平均日引水量的 90%，试验区潮白河河道的自然入渗能力较强，回灌效率较高。

图 8.4.28 为在引水回灌试验区内布置的地下水位监测点分布图，共计有 15 个监测井。引水回灌期间，对库区地下水位的监测数据表明，距离潮白河河道较近的 9 眼监测井地下水位上升明显。与引水回灌前的初始地下水位相比，试验区地下水位最大升幅为 13.71m，最大上升速率为 0.19m/d；最小升幅为 3.1m，最小上升速率为 0.04m/d。

图 8.4.29 为沿潮白河河道自南向北分布的 6 个监测井的水位变化曲线图。由图可以看出，位于回补区中部的 DXW－7 监测井水位上升幅度最大，自其向南、北两侧的监测井水位升幅依次降低。由前述库区地下水现状情况可知，DXW－7 监测井位于水源八厂的开采中心区，为库区地下水的漏斗中心区，初始水位相对较低，因此升幅最大。

图 8.4.30 为根据水位监测数据绘制的引水回灌期内三个典型时间点的试验区地下水影响范围图。由图可知，回灌实验结束时（2015 年 11 月 1 日），地下水的最大平面影响范围：南至牛栏山橡胶坝以南约 1.5km，东北沿潮白河主河道向上游延伸约 7km（至大秦铁路跨河桥），向北沿怀河河道延伸约 3.5km；总体上顺河向的影响长度约 8km，垂直于河向的影响宽度约为 2.5～4km，最大影响面积约为 23km^2。

8.4.5　小结

上述不同类型的水文地质试验结果反映了不同条件下潮白河地下水库区岩土体的水文地质特性，由此不难看出岩土体工程水文特性的复杂性与定量测试的困难性。工程实践中受客观条件的限制，多数情况下现场试验的实施极其困难，且由于试验条件的差异性与岩土体性质的空间不均匀性，常常使试验结果的分析与应用变得较为困难。

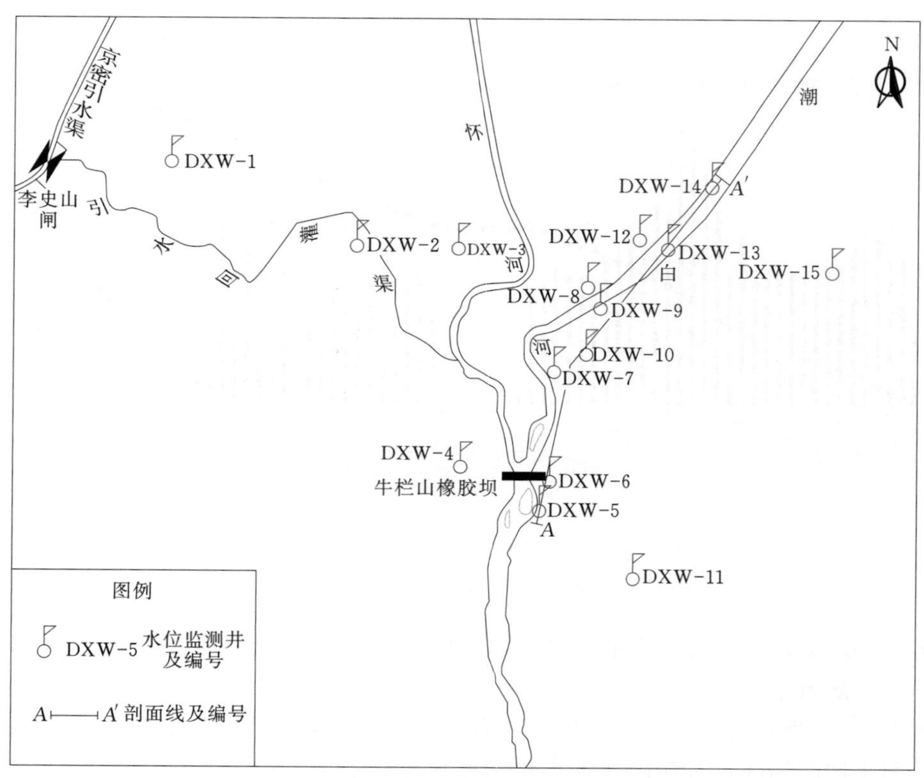

图 8.4.28　南水北调来水入潮白河地下水库回灌试验区地下水位监测井分布示意图

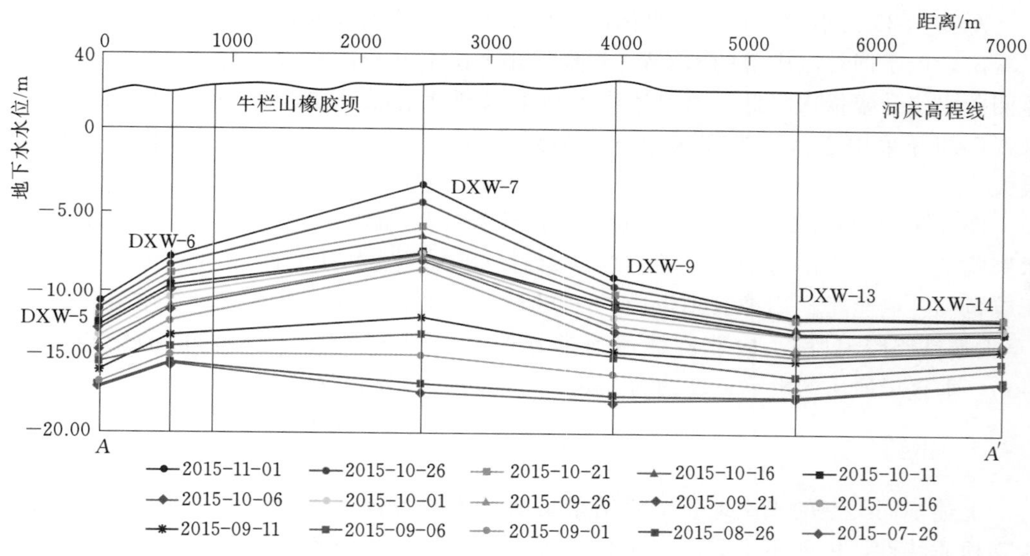

图 8.4.29　A—A′剖面监测井地下水位变化曲线

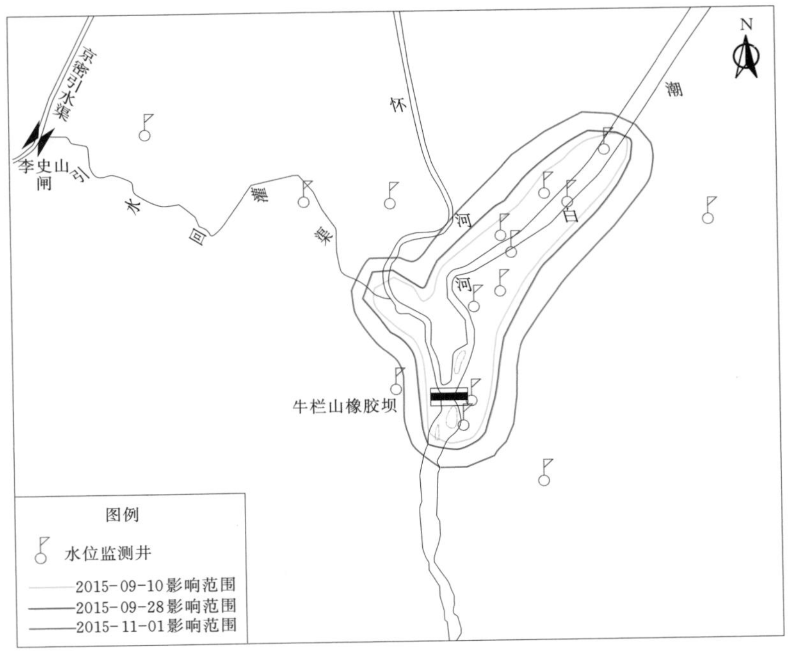

图 8.4.30　南水北调来水入潮白河地下水库试验期引水回灌影响范围

为此，岩土工程师在为具体的工程设计提供岩土参数建议时，通常仍以同类工程或地区工作经验为主，完全依赖局部点状试验的结果是不可取的。

本次潮白河地下水库岩土体工程特性试验研究，是南水北调工程建设期间针对地下水库开展的专门性水文地质试验，试验类型多，相对全面，试验成果丰富，为该地区后续研究奠定了坚实的基础。在此将各类试验成果及其应用时应注意的问题总结如下，供后人参考借鉴。

(1) 库区浅层包气带岩土体的渗透性差异较大，单（双）环渗透试验的结果充分证明了这一点。对于砂卵砾石，小型渗坑的试验结果离散性较大，必须结合实地调查综合判断库区表层岩土的渗透性。

(2) 本次井灌试验设计为定流量、变水头试验条件，其结果揭示了不同情景下对潮白河库区含水层实施单井回灌时，回灌井及其邻近区域地下水位的动态变化规律，即回灌或停止回灌的短时间内（几分钟或三五小时）水位快速上升或下降，而其余相当长的时间内水位上升或下降速率均极为缓慢，在 2～15mm/h 之间，相比于库区地下水开采（抽水）引起的平均水位下降速率（0.3～0.4m/h）要小，充分验证了“抽出来易、灌进去难”。

根据此次回灌试验中各观测孔的水位响应程度，可以初步确定单井回灌的明显影响范围：顺河向约 15m，垂直于河向约 15～30m（顺水流方向取大值）。进行井灌工程方案设计时可参考使用。

(3) 对比由大型渗坑试验结果推算的潮白河河道入渗能力［1080 万 $m^3/(d \cdot km)$］

和引水回灌试验的监测结果［37.2 万 $m^3/(d \cdot km)$］。两者相差较大，前者是后者的 29 倍。分析认为，按大型渗坑试验结果进行推算的过程中，是将推算范围内的河道表层岩土统一按与试验条件相同的卵砾石（土质纯净、均匀）考虑的；而实际河道表层岩土包含砂土、粉土和卵砾石多种类型，且表面多有植物根系交织固土，相比渗坑试验条件下的纯净卵砾石，实际河道表层岩土的入渗能力较弱是合情合理的。这一结果提醒我们，不同试验条件下得出的岩土参数存在必然的差异性，在实际工程应用中应深入分析差异产生的原因和机理，切不可盲目应用。

（4）天然河道的回灌入渗能力受多种因素的影响，如地形、岩土类型、河床表层细粒土的淤积情况以及回灌流量规模、回灌方式、气候条件等。早在 20 世纪七八十年代，已有相关单位进行过潮白河地下水库区天然河道入渗能力的试验研究，将其主要研究结果引用如下，以便对比研究与积累。

20 世纪 80 年代中期以前，潮白河长年过水，河水长年补给地下水。地质部门根据 1974 年 4—6 月、1979 年 4—6 月和 1980 年 4—6 月三个时间段内密云水库向潮白河的弃水量、出境水量以及沿途用水量、蒸发量等计算了密云水库—苏庄测站之间河道（长约 65km）的入渗率 α（α＝入渗水量/弃水量），其值为 0.27～0.30，计算用数据见表 8.4.5。

表 8.4.5　　1974—1980 年间密云水库三次弃水相关数据

时间	弃水量/亿 m^3	河水入渗量/亿 m^3	入渗率 α
1974 年 4—6 月	6.9419	1.8822	0.2711
1979 年 4—6 月	4.8542	1.4716	0.3032
1980 年 4—6 月	6.1613	1.6735	0.2716

80 年代中期以后，密怀顺地区潮白河基本断流，河床大面积裸露，地下水位埋深逐渐大，包气带土层随之增厚。1986 年 8—9 月间，相关部门在潮白河密云区坝头村至顺义区牛栏山大桥段的河道（长 26.67km）每隔 2～6km 设立了流量监测断面，按上下游断面的流量差分段计算了不同河段的河道入渗率（上下游断面流量差/上游断面流量）、单位长度河道的入渗能力（上下游断面流量差/断面之间的河道长度），结果表明：大致以密云区宁村为界，其上游段的潮白河河道入渗率相对较小，数值在 0.20～0.59 之间，单位长度河道的入渗能力为 0.126～0.227$m^3/(s \cdot km)$，约合 1 万～2 万 $m^3/(d \cdot km)$；宁村以下至牛栏山段的河道入渗率相对较高，一般数值在 0.5～0.97 之间，单位长度河道的最大入渗能力可达 8.6 万 $m^3/(d \cdot km)$，其中韩辛庄—大胡营段（约为大秦铁路跨河桥—牛栏山橡胶坝段）的河道入渗率为 0.235～0.859，河道单位长度的入渗能力为 1.09 万～6.57 万 $m^3/(d \cdot km)$。

1995 年 4 月底—6 月底，密云水库再次开闸放水，累计弃水量为 4 亿 m^3。根据监测数据，此次弃水沿河道入渗补给地下水的总量为 1.0324 亿 m^3，河道入渗率为 0.26，入渗能力达 63m^3/s（入渗时间按集中弃水的 19d 计算）；含水层储存量增加 8824 万 m^3，占入渗补给量的 85%；向阳闸上游库区地下水位平均上升 1.3m，最大升幅达 6m 左右。

2015年8—11月间，引南水北调来水沿怀河河道弃水，在牛栏山橡胶坝前入潮白河且集中回灌入渗地下。此次引水总量为3328万m^3，累计入渗补给潮白河地下水库的总水量为2985万m^3，河道入渗率为0.9，单位长度河道入渗能力为37.2万m^3/(d·km)，回灌影响区内地下水位最小升幅为3.1m，最大升幅为13.71m。与前述潮白河河道历次过流时的监测和计算结果相比，此次引水回灌的河道入渗率、单位长度河道入渗能力以及地下水位升幅值明显较大。造成该差异的主要原因是：由于牛栏山橡胶坝（该坝建于2003年）的挡水作用，使得此次来水在坝前1.1km长的潮白河河道范围内集聚而呈相对静水流入渗回补状态，入渗时间长、补给率高；而前述20世纪时潮白河的历次过流均为天然河道自然过流，河床纵坡大、河水流速快，下泄量大，河水入渗补给地下水的量自然减少，补给率低。

第 9 章　岩土工程特性参数研究

9.1　岩土参数代表值（标准值）常规确定方法

岩土体因其形成环境、成因类型、矿物成分、结构构造等的不同而具有特殊的材料性质，如非均质性、各向异性等。工程设计中所采用的岩土体工程特性参数，通常由勘察工程师通过对有限量原位测试和室内试验数据的科学筛选，按相关规程规范的规定进行统计分析后，结合岩土工程经验提出可供参考的基本代表值。由于不同行业工程设计关注的岩土工程特性和设计计算方法不同，其采用的参数代表值也不尽相同。目前常用的常规岩土参数代表值的取值方法依据的规程规范主要有：《岩土工程勘察规范》（GB 50021）、《建筑地基基础设计规范》（GB 50007）、《水利水电工程地质勘察规范》（GB 50487）、《公路工程地质勘察规范》（JTG C20）以及《铁路工程地质勘察规范》（TB 10012）等。北京地区还参考执行其地方性标准《北京地区建筑地基基础勘察设计规范》（DBJ 11—501）的相关规定。本节将对这些规范在岩土参数统计分析和确定标准值方面的有关规定进行梳理和分析。

现行《岩土工程勘察规范》（GB 50021—2001）（以下简称“岩土国标”）规定，岩土参数的统计应按场地的工程地质单元和层位分别统计，且应分析数据的空间分布情况并说明筛选取舍的标准。该规范将岩土参数的标准值作为其基本代表值，要求岩土勘察的成果报告中应提供承载能力极限状态计算所需要的岩土参数标准值，并给出了岩土参数标准值的确定方法：

$$\phi_k = \gamma_s \phi_m \tag{9.1.1}$$

$$\gamma_s = 1 \pm \left\{ \frac{1.704}{\sqrt{n}} + \frac{4.678}{n^2} \right\} \delta \tag{9.1.2}$$

式中　γ_s——统计修正系数（也可按岩土工程的类型和重要性、参数的变异性和统计数据的个数，根据经验选用）；

ϕ_m——岩土参数平均值，按式（9.1.3）计算获得；

ϕ_k——岩土参数标准值；

n——统计样本数量；

δ——岩土参数变异系数，按式（9.1.4）计算获取。

式（9.1.2）中的正负号按不利组合考虑，如抗剪强度指标的修正系数应取负值。

$$\phi_{m}=\sum_{i=1}^{n}\frac{\varphi_{i}}{n} \tag{9.1.3}$$

$$\delta=\frac{\sigma_{f}}{\phi_{m}} \tag{9.1.4}$$

$$\sigma_{f}=\sqrt{\frac{1}{n-1}\left[\sum_{i=1}^{n}\varphi_{i}^{2}-\frac{\left(\sum_{i=1}^{n}\varphi_{i}\right)^{2}}{n}\right]} \tag{9.1.5}$$

以上式中　ϕ_m——岩土参数的平均值；

σ_f——岩土参数的标准差；

δ——岩土参数的变异系数。

对于相关型参数宜结合岩土参数与深度的经验关系，按式（9.1.6）和式（9.1.7）分别确定剩余标准差和变异系数后，再计算其标准值。

$$\sigma_{r}=\sigma_{f}\sqrt{1-r^{2}} \tag{9.1.6}$$

$$\delta=\frac{\sigma_{r}}{\varphi_{m}} \tag{9.1.7}$$

式中　σ_r——剩余标准差；

r——相关系数，对非相关型，$r=0$。

《公路工程地质勘察规范》（JTG C20—2011）以及《铁路工程地质勘察规范》（TB 10012—2007）关于岩土参数数理统计分析方法的规定与岩土国标完全相同。《公路工程地质勘察规范》（JTG C20—2011）明确了参与统计的测试数据不应少于 6 个。

现行《建筑地基基础设计规范》（GB 50007—2011）（以下简称“地基国标”）从设计者的角度出发，认为地基岩土工程特性指标的代表值应分别为标准值、平均值和特征值，其中抗剪强度指标应取标准值，压缩性指标应取平均值，载荷试验承载力应取特征值。该规范还明确规定了各类代表值的选取原则：标准值取其概率分布的 0.05 分位数；地基承载力特征值是指由载荷试验地基土压力变形曲线线性变形段内规定的变形对应的压力值，实际即为地基承载力的允许值。“地基国标”中对地基土抗剪强度指标的测试方法及标准值确定有较详细的规定：

（1）对于抗剪强度指标，可采用原状土室内剪切试验、无侧限抗压强度试验、现场剪切试验、十字板剪切试验等方法测定。

（2）当采用室内剪切试验确定时，宜选择三轴压缩试验的自重压力下预固结的不固结不排水试验。经过预压固结的地基可采用固结不排水试验。每层土的试验数量不得少于 6 组。

（3）在计算坡体的稳定性时，对于已有剪切破裂面或其他软弱结构面的抗剪强度，应进行野外大型剪切试验。

（4）岩土抗剪强度参数 c、φ 标准值（c_k、φ_k）采用该参数统计修正系数（ψ_c、ψ_φ）与其室内三轴试验结果的平均值（c_m、φ_m）之乘积。

"地基国标"附录E有关试验参数的平均值、标准差、变异系数和统计修正系数的计算方法与岩土国标相同，抗剪强度指标（c、φ）的统计修正系数也建议取小于1的不利组合。

相比"岩土国标"及"地基国标"，《水利水电工程地质勘察规范》（GB 50487—2008）（以下简称"水电国标"）对岩土参数试验数据的数理统计方法和标准值取值的规定更为细致、全面和具体。如对于岩土物理力学参数的取值规定如下：

（1）岩土物理力学参数应根据有关的试验方法标准，通过原位测试、室内试验等直接或间接的方法确定，并应考虑室内、外试验条件与实际工程岩土体的差别等因素的影响。

（2）应进行工程地质单元划分和工程岩体分级，在此基础上根据工程问题进行岩土力学试验设计，确定试验方法、试验数量以及试验布置。

（3）试验成果整理可按相关岩土试验规程进行。抗剪强度参数可采用最小二乘法、优定斜率法或小值平均法，分别按峰值、屈服值、比例极限值、残余强度值、长期强度等进行整理。

（4）按岩土体类别、岩体质量级别、工程地质单元、区段或层位，可采用数理统计法整理试验成果，在充分论证的基础上舍去不合理的离散值。可按极限误差法（样本容量大于10）或格拉布斯法（样本容量不大于10）舍去不合理的离散值。

（5）岩土物理力学参数应以试验成果为依据，以整理后的试验值作为标准值。根据岩土体岩性、岩相变化、试样代表性、实际工作条件与试验条件的差别，对标准值进行调整，提出地质建议值。

（6）设计采用值应由设计、地质、试验三方共同研究确定。对于重要工程以及对参数敏感的工程应专门研究。

"水电国标"对土的物理力学参数标准值的统计确定方法规定如下：

（1）各参数的统计宜包括统计组数、最大值、最小值、平均值、大值平均值、小值平均值、标准差、变异系数。当同一土层的参数变异系数较大时，应分析土层水平与垂直方向上的变异性。当土层在水平方向上变异性大时，宜分析参数在水平方向上的变化规律，或进行分区（段）；当土层在垂直方向上的变异性大时，宜分析参数随深度的变化规律，或进行垂直分带。

（2）土的物理性质参数应以试验算术平均值为标准值。

（3）地基土的允许承载力可根据载荷试验（或其他原位试验）、公式计算确定标准值。

（4）地基土渗透系数标准值应根据抽水试验、注（渗）水试验或室内试验确定，并应符合下列规定：用于人工降低地下水位及排水计算时，应采用抽水试验的小值平均值；水库（渠道）渗漏量、地下洞室涌水量及基坑涌水量计算的渗透系数应采用抽水试验的大值平均值；用于浸没区预测的渗透系数，应采用试验的平均值；用于供水工程计算时，应采用抽水试验的小值平均值。其他情况下，可根据其用途综合确定。

（5）土的压缩模量可从压力-变形曲线上，以建筑物最大荷载下相应的变形关系选取，或按压缩试验的性能，根据其固结程度选定标准值。对于高压缩性软土，宜以试验压缩模量的小值平均值作为标准值。

（6）土的抗剪强度标准值可采用直剪试验峰值强度的小值平均值。

当采用有效应力进行稳定分析时，地基土的抗剪强度标准值应符合下列规定：

（1）对三轴试验测定的抗剪强度，宜采用试验平均值。

（2）对黏性土地基，应测定或估算孔隙水压力，以取得有效应力强度。

当采用总应力进行稳定分析时，地基土抗剪强度的标准值应符合下列规定：

（1）对排水条件差的黏性土地基，宜采用饱和快剪强度或三轴压缩试验不固结不排水剪切强度；对软土可采用原位十字板剪切强度。

（2）对上、下土层透水性较好或采取了排水措施的薄层黏性土地基，宜采用饱和固结快剪强度或三轴压缩试验固结不排水剪切强度。

（3）对透水性良好、不易产生孔隙水压力或能自由排水的地基土层，宜采用慢剪强度或三轴压缩试验固结排水剪切强度。

当需要进行动力分析时，地基土抗剪强度标准值应符合下列规定：

（1）对地基土进行总应力动力分析时，宜采用动三轴压缩试验测定的动强度作为标准值。

（2）对于无动力试验的黏性土和砂砾等非地震液化性土，宜采用三轴压缩试验饱和固结不排水剪测定的总强度和有效应力强度中的最小值作为标准值。

（3）当需要进行有效应力动力分析时，应测定饱和砂土的地震附加孔隙水压力、地震有效应力强度，可采用静力有效应力强度作为标准值。

《水利水电工程地质勘察规范》（GB 50487—2008）对岩体（石）物理力学参数取值的规定如下：

（1）岩体的密度、单轴抗压强度、抗拉强度、点荷载强度、波速等物理力学参数可采用试验成果的算术平均值作为标准值。

（2）岩体的变形参数取原位试验成果的算术平均值作为标准值。

（3）软岩的允许承载力采用载荷试验极限承载力的 1/3 与比例极限二者的小值作为标准值；无载荷试验成果时，可通过三轴压缩试验确定或按岩石单轴饱和抗压强度的 1/10～1/5 取值。坚硬、半坚硬岩可按岩石单轴饱和抗压强度折减后取值：坚硬岩取岩石单轴饱和抗压强度的 1/25～1/20，中硬岩取岩石单轴饱和抗压强度的 1/20～1/10。

（4）混凝土坝基础与基岩间抗剪断强度参数按峰值强度参数的平均值取值，抗剪强度参数按残余强度参数与比例极限强度参数二者的小值作为标准值。

（5）岩体抗剪断强度参数按峰值强度平均值取值。抗剪强度参数对于脆性破坏岩体按残余强度与比例极限强度二者的小值作为标准值，对于塑性破坏岩体取屈服强度作为标准值。

此外，《水利水电工程地质勘察规范》（GB 50487—2008）对于混凝土坝、闸基础与地基土间的抗剪强度标准值、岩体结构面的抗剪断强度参数标准值取值也做了较为详细的规定，这里不再赘述。总之，由于水工建筑物的涉水特性，岩土体在遇水条件下一般力学强度会降低，因此在数理统计的基础上，各参数的标准值倾向于取小值。

相比于岩土国标和上述各行业国标，《北京地区建筑地基基础勘察设计规范》(DBJ 11－501—2009)（以下简称“北京地标”）在岩土参数数理统计方面的规定基本与岩土国标相同，但基于对地区岩土体性质的了解和已有工作基础，该规范对岩土参数统计的变异系数 δ 规定了如表 9.1.1 所列的限值，即超过该限值时应分析原因，重新统计。

表 9.1.1　北京地区岩土参数统计变异系数限值

岩土参数	统计变异系数 δ 限值	备　注
压缩模量 E_s	0.35	—
孔隙比 e	0.10	—
内摩擦角 φ	0.25	—
黏聚力 c	0.30	不排水
轻型圆锥动力触探锤击数 N_{10}	0.35	—
标准贯入锤击数 N	0.30	—

另外值得一提的是，在 20 世纪 90 年代的勘测设计阶段，考虑到南水北调中线工程的复杂性、重要性以及当时规程规范的交叉等因素使其岩土参数确定相当困难的情况，参与该工程勘测设计的各单位于 1997 年 5 月 27—29 日在武汉召开了专题讨论会，在听取了各单位对岩土参数选择和工程地质分段实施的具体情况和建议后，形成了统一意见，会后以“会议纪要”的形式发布了中线工程岩土物理力学参数选择与工程地质分段的具体要求，其中对参数取得及其地质建议值的规定如下：

(1) 岩土物理力学参数的取得。

1) 渠线和大型河渠交叉建筑物内的工程地质段，按时代、岩性（根据试验定名）划分工程地质单元，对每一单元试验数据进行统计。各工程地质段每层的试验组数：渠线不少于 10 组，建筑物不少于 7 组。

2) 按有关“规程”对试验数据进行统计整理，并舍去不合理的离散值，分别计算得出范围值、平均值，并标出试验组数。数据的取舍要慎重，要进行相关分析，以防去掉有代表性的离散值。根据有关规程，结合试验组数，原则上可舍去大于和小于平均值 1.5～3.0 倍均方差的数据后，作为范围值。

3) 砂性土，取原状样困难，可采用标贯、静探、动力触探和旁压等原位测试成果，取得相关的指标。

(2) 选取地质建议值。

1) 地质建议值宜按“规程”规定，将整理后的试验值结合建筑物地基的工程地质条件进行调整，然后提出。可采用以下方法：

建议值可在平均值减（或加）均方差的范围中选取。从工程安全角度考虑，有些参数可取 [平均值，平均值＋均方差]，有些参数可取 [平均值－均方差，平均值]。

建议值可在 [小值平均值，大值平均值] 范围内选取。当试验组数足够多时，也可取平均值。

采用参数的可靠性估值（保证率平均值），即平均值加（或减）一个按要求的风险概率所确定的保证值。

2）对试验组数不足统计要求的，可选取平均值（当数值较接近时）或采用工程地质类比提出建议值。

3）膨胀土宜按强、中、弱选取不同的强度参数建议值。弱膨胀土一般可按黏性土取值，中等膨胀土可采用峰值平均值经折减后取值，强膨胀土宜取残余强度作为地质建议值（膨胀岩强度可参照膨胀土选取）。

4）承载力标准值：通过室内试验和原位测试分别得出 f_k 统计值，但不同方法，不同土、岩体的适应性和参数有别。对黏性土、粉细砂、黏土岩等，室内试验、静探和标贯试验的参数较接近，其建议值可综合分析试验结果选取；砂砾石、砂岩、砂砾岩可采用重型动力触探成果根据有关规定选取。

综上所述，数理统计是建立在一定的样本数量基础之上的。工程实践中，对于土体，特别是黏性土，采取原状土样进行室内试验相对容易，获取的物理力学参数在样本数量足够的情况下，统计结果足以较真实地反映岩土体的宏观工程地质性质，而且试验成本也相对较低，在工程勘察中普遍应用。对于砂砾类土，一般工程勘察难以获取其原状结构的样品，因此室内难以进行其天然含水率、天然密度、压缩性、抗剪强度等试验，现场的原位试验则相对成本较高，条件有限，试验数量也有限，因此多数工程中砂土、砾类土的物理力学参数代表值均采用工程类比法、手册法、经验法或综合分析法等提出。对于岩体物理力学参数，由于其不仅与岩石性质有关，而且很大程度上取决于岩体中结构面的性状、岩石风化程度等，获取岩体物理力学参数的重要手段是野外原位试验，但其试验需要投入的时间、人力物力以及经济成本是比较大的，一般的小工程难以承受。

北京市南水北调工程勘察中，根据设计和施工任务的需求，依据国家标准、行业标准、北京地标以及针对各工程的具体技术要求等，开展了工程区岩土体原位测试和室内试验，积累了大量的试验数据，可供分析研究。如东干渠工程，全线长约 44km，累计测试的黏性土样品达 4600 余件，原位动力触探试验 1000 余次；总干渠北京段，室内测试黏性土样品 1700 多件，岩石样品 68 组，进行钻孔压水试验 120 段次；更为重要的是在总干渠西甘池隧洞段，花大力气开展了试验洞岩体平板载荷试验、隧洞收敛变形量测试验等，并以此为基础进行了隧洞围岩弹性力学参数的反分析研究，获得了非常有意义的成果，为验证和优化设计方案提供了科学支撑。

本章将介绍北京市南水北调工程中有关岩土参数方面的代表性研究成果供同行借鉴和指正。

9.2 岩土参数试验成果分析研究

9.2.1 总干渠岩石室内试验结果统计分析

北京市南水北调总干渠在拒马河以北—永定河以南的地段穿越低山丘陵区，沿线局部地段岩石山体裸露地表，局部地区第四系松散层厚度较小，输水工程全部或部分置于岩石中（附图 1.1 北京市南水北调主要输水工程区地质图）。通过各种手段获取可靠的岩石物理力学参数是该段输水工程前期勘察工作的重点和难点。

根据当时设计方案的需求，在全面了解该区段基础地质条件的基础上，岩土工程师对不同类型的岩石采集了样品进行室内物理力学试验，共获得了68组有效试验数据（表9.2.1）。本节将对试验数量不小于3组的测试结果进行统计分析，从而获得对总干渠穿岩段岩石基本物理力学参数的总体认识。

表9.2.1　　　　总干渠岩石室内试验分类统计表

岩石类别	大理岩	砂岩	砾岩	泥岩	灰岩	千枚岩	闪长岩	角岩	蚀变岩	合计
试验数量/组	20	17	6	7	10	4	1	2	1	68

表9.2.2为南泉水河、西甘池一带的大理岩（Jxw^4）岩石样品常规物理力学指标室内试验的测试及统计结果，统计指标参照“水电国标”和总干渠技术要求进行。由表可以看出：

（1）该地区大理岩岩石天然密度ρ为2.76～2.87g/cm^3，饱和密度ρ_{sat}为2.75～2.88g/cm^3，岩石相对比重G_s为2.78～2.83。这三项物理指标的均匀性好，变异系数δ仅为0.01。

（2）大理岩岩石的干抗压强度R_c为133.3～227.5MPa，饱和抗压强度R_c'为93.9～179.6MPa，后者相对前者的平均降低比率在20%～30%之间；干燥状态下的静弹性模量E为3.3×10^4～7.0×10^4MPa，饱和状态时的静弹性模量E'为3.0×10^4～5.9×10^4MPa，后者相对前者的平均降低比率在10%～15%之间。抗压强度和静弹性模量两个指标的变异系数δ也相对较小，在0.15～0.25之间。

（3）大理岩石干燥和饱和状态下的泊松比ν范围值分别为0.10～0.47和0.13～0.45，试验结果的变异系数δ相对较大。这主要与岩石样品内部微裂隙的发育有关，裂隙越发育，泊松比越大。表9.2.2中统计结果为去掉有裂隙试件的试验结果后其余样本的统计值，其变异系数为0.34～0.38，相比其他物理力学指标而言也较大。

表9.2.3为崇青隧洞地区砂岩（K_1t）岩石样品室内试验及其统计结果。该结果表明：

（1）砂岩岩石的纵波波速v_p在2900～5409m/s之间，其平均值为3701m/s；天然密度ρ范围值为2.46～2.55g/cm^3，干密度ρ_d范围值为2.40～2.52g/cm^3，饱和密度ρ_{sat}范围值为2.42～2.59g/cm^3，密度指标的变异系数均为0.01，表明岩石密度的差异性小。

（2）砂岩天然孔隙率n在4%～9%之间，饱和吸水率（天然和真空抽气）为1.43%～4.70%。这两个指标密切相关，即天然孔隙率越大，相应的岩石饱和吸水率也越大；二者的变异系数δ在0.20～0.35之间，反映了岩石样本的孔隙率具有一定的差异性。

（3）砂岩干燥状态时的各项力学指标具有一定的差异性。如干抗压强度R_c分布范围约为90～158MPa，统计变异系数为0.24；静弹性模量E分布范围为0.95×10^4～2.84×10^4MPa，变异系数为0.35；泊松比ν分布在0.10～0.14之间，变异系数为0.14。

（4）饱和状态时的砂岩岩石力学指标差异性相对干燥时更大，测试结果的分布范围也大。如饱和抗压强度R_c'分布区间为15～130MPa，统计变异系数δ为0.90；饱和静

表 9.2.2 南泉水河、西甘池白云质大理岩（Jxw^4）物理力学指标室内试验结果及统计

序号	测试指标										
	物理性质				力学性质						
					干燥状态			饱和状态			软化系数 K_R
	天然密度 ρ /(g/cm³)	饱和密度 ρ_{sat} /(g/cm³)	饱和吸水率（真空抽气）/%	相对比重 G_s	抗压强度 R_c /MPa	静弹性模量 E /(×10⁴MPa)	泊松比 ν	抗压强度 R_c' /MPa	静弹性模量 E' /(×10⁴MPa)	泊松比 ν'	
1		2.81						129.8	3.9	0.21	
2		2.79						159.1	4.7	0.13	
3		2.85						179.6	4.8	0.21	
4		2.82						139.4	3.6	0.21	
5		2.80						166.5	5.9	☆0.35	
6		2.82						156.8	3.3	0.19	
7	2.79	2.80	0.37		193.9	3.3	0.10				0.83
8	2.76	2.77	0.40	2.79	184.0	4.5	0.18				
9	2.80	2.81	0.21		189.2	4.9	0.17				
10	2.80	2.81	0.46	2.82	199.1	5.7	☆0.38				
11	2.76	2.77	0.41		227.5	6.1	0.24				
12	2.84	2.85	0.26		133.3	7.0	0.26				
13		2.79						93.9	3.0	0.29	
14		2.75		2.78				154.9	4.4	0.25	
15		2.84		2.83				124.6	5.3	0.36	
16		2.85						162.7	4.8	0.45	
17	2.87	2.88	0.37		156.3	4.8	☆0.47				0.67
18	2.77	2.79	0.52		213.3	4.6	0.22				
19	2.76	2.78	0.64		152.8	3.5	0.35				0.83
20	2.82	2.83	0.40		194.2	5.7	0.19				
平均值	2.80	2.81	0.40	2.81	184.4	5.0	0.21	146.7	4.4	0.26	0.78
最大值	2.87	2.88	0.64	2.83	227.5	7.0	0.35	179.6	5.9	0.45	0.83
最小值	2.76	2.75	0.21	2.78	133.3	3.3	0.10	93.9	3.0	0.13	0.67
标准差	0.04	0.03	0.12	0.02	28.90	1.14	0.07	25.10	0.91	0.10	0.09
均方差	0.04	0.03	0.12	0.02	27.42	1.09	0.07	23.81	0.87	0.09	0.08
变异系数	0.01	0.01	0.30	0.01	0.16	0.23	0.34	0.17	0.21	0.38	0.12
大均值	2.83	2.84	0.51	2.83	202.87	6.13	0.27	163.27	4.98	0.37	0.83
小均值	2.77	2.79	0.34	2.79	156.60	4.27	0.16	121.93	3.45	0.20	0.67
组数	10	20	10	4	10	10	8	10	10	9	3

注　☆表示试件有裂隙而导致泊松比较大，其值未参与统计。

表 9.2.3 崇青隧洞砂岩（K_1t）岩石样品室内试验及其统计结果

序号	测试指标														
	物理性质								力学性质						
									干燥状态			饱和状态			
	纵波速度 v_p /(m/s)	天然密度 ρ /(g/cm³)	干密度 ρ_d /(g/cm³)	饱和密度 ρ_{sat} /(g/cm³)	孔隙率 n /%	饱和吸水率 真空抽气 /%	饱和吸水率 自然状态 /%	相对比重 G_s	抗压强度 R_c /MPa	静弹性模量 E /(×10⁴MPa)	泊松比 ν	抗压强度 R_c' /MPa	静弹性模量 E' /(×10⁴MPa)	泊松比 ν'	软化系数 K_R
1	3300		2.43						92.93	1.92	0.10				
2	3600		2.47						96.29	2.84	0.13				
3	3700		2.46						156.8	1.95	0.14				
4	4000		2.49						103.04	2.56	0.11				
5	4000		2.48						158.00	2.22	0.13				
6	3200		2.4						121.10	1.28	0.10				
7	3100		2.42						89.93	1.24	0.10				0.28
8	3800		2.44						143.96	1.55	0.13				
9	2900		2.43						92.93	0.95	0.13				
10		2.50	2.44	2.54	7.92	3.93	3.4	2.65				40.33	0.62	0.22	0.74
11		2.53	2.52	2.56	4.18	1.80	1.43	2.63				130.21	2.27	0.19	0.74
12		2.46	2.40	2.57	8.74	4.61	4.38	2.63				20.06	0.66	0.22	0.28
13		2.48	2.42	2.52	8.33	4.13	3.44	2.64				51.63	1.08	0.18	
14		2.47	2.41	2.52	8.71	4.61	4.30	2.64				14.89	0.68	0.43	
15	5409	2.55		2.59		1.50						26.60			
16		2.48	2.42	2.52	8.33	4.35	4.12	2.64				20.65	0.29	0.14	
17		2.46	2.40	2.52	9.09	4.70	4.45	2.64				31.07	0.45	0.15	
平均值	3701	2.49	2.44	2.54	7.90	3.70	3.65	2.64	117.22	1.83	0.12	41.93	0.86	0.22	0.51
最大值	5409	2.55	2.52	2.59	9.09	4.70	4.45	2.65	158.00	2.84	0.14	130.21	2.27	0.43	0.74
最小值	2900	2.46	2.40	2.52	4.18	1.50	1.43	2.63	89.93	0.95	0.10	14.89	0.29	0.14	0.28
标准差	710	0.03	0.04	0.03	1.68	1.30	1.07	0.01	28.56	0.64	0.02	37.62	0.67	0.10	0.27
均方差	673	0.03	0.03	0.03	1.56	1.21	0.99	0.01	26.92	0.60	0.02	35.19	0.62	0.09	0.23
变异系数	0.19	0.01	0.01	0.01	0.21	0.35	0.29	0.00	0.24	0.35	0.14	0.90	0.77	0.45	0.52
大均值	4302	2.53	2.47	2.57	8.52	4.39	4.31	2.64	144.97	2.30	0.13	90.92	1.68	0.29	0.74
小均值	3300	2.47	2.41	2.52	4.18	1.65	2.76	2.63	95.02	1.26	0.10	25.60	0.54	0.17	0.28
组数	10	8	16	8	7	8	7	7	9	9	9	8	7	7	4

弹性模量 E' 分布范围为 $0.29\times10^4\sim2.27\times10^4$ MPa，变异系数 δ 为 0.77；泊松比 ν' 分布在 0.14～0.43 之间，变异系数 δ 为 0.45。如果将饱和抗压强度最大的样品的测试结果不计入数理统计，则饱和时的三个力学指标变异系数均降低至 0.40～0.50，相比干燥状态时的差异性仍较大，由此说明该地区砂岩浸水饱和时的力学强度差异性较大。

对比分析上述砂岩岩石饱和、干燥两种不同状态时的力学强度指标统计结果，其中抗压强度平均值之比 $R'_{cm}/R_m=36\%$，静弹性模量平均值之比 $E'_m/E_m=47\%$，泊松比平均值之比 $\nu'/\nu=1.83$。该结果表明，砂岩吸水饱和后力学强度急剧降低，抗压强度平均值不足干燥时的 40%，弹性模量平均值降低至不足干燥时的 50%，而饱和时的侧向变形约为干燥时的 2 倍，这对工程安全是极为不利的。因此，对崇青隧洞工程而言，疏排隧洞围岩中的地下水和防止地表水入渗是保障围岩稳定和控制其变形的关键因素。

总干渠沿线灰岩岩石样品采集于两个地方，一个是牛口峪地区的奥陶系马家沟组（Om）灰岩地层，另一个是天开水库地区的蓟县系铁岭组（Jxt）灰岩地层。表 9.2.4 和表 9.2.5 分别为两个地区的灰岩样品室内试验结果。由于两地区采集的样品数量总体均较少，且各取一半分别进行干燥和饱和状态下的力学强度试验，试验数据的统计结果反映其力学参数的变异性相对较大，且部分统计结果异常。如开天水库地区岩石静弹性模量 E，饱和状态时的平均值大于其干燥状态时的平均值，这与岩石强度指标的一般性规律不符。因此，综合分析认为，总干渠沿线灰岩岩石的室内试验结果总体代表性差，特别是岩石力学参数的可信度较低，由此难以得出对该类岩石物理力学参数的可靠性认识。为工程设计提供灰岩岩石参数指标，应结合工程类比和地区经验后提出建议值。即便如此，对比分析表 9.2.4 和表 9.2.5 的试验结果，仍可得出对总干渠工程区灰岩岩石物理力学性质的有益认识：

（1）对比分析牛口峪地区和天开水库地区的灰岩试验结果发现，两者最明显的区别在于牛口峪地区灰岩的岩石饱和吸水率远大于后者，前者 3 个样本的范围值为 1.06%～1.27%，而后者 2 个样本的范围值为 0.21%～0.34%；相应的前者的饱和抗压强度明显低于后者。这一结果提醒设计者应特别注重对牛口峪地区灰岩岩石进行封闭隔水的保护性处理。

（2）牛口峪地区灰岩岩石的纵波波速测试样本共 6 个，试验值范围为 2441～6443m/s，变异系数为 0.38，反映了试验样本的岩石结构与风化程度的差异性。风化程度越轻微，微裂隙越不发育，岩石结构致密完整，则纵波波速就高，反之则低。

（3）牛口峪与天开水库地区的灰岩岩石样本饱和状态时的泊松比值均较低，在 0.12～0.27 之间，反映了灰岩吸水后侧向变形能力低，即隧洞开挖后灰岩类围岩侧向收敛变形较小的特点。

表 9.2.6 为崇青隧洞砾岩（K_1t）岩石样品的测试和统计结果。该测试样本的总量为 6，但除干密度 ρ_d 外，其余指标的样本数量均不大于 3。与上述灰岩相比，砾岩样品各项测试指标的变异系数普遍要小得多，说明其试件的均匀性较好。由统计结果可知，砾岩干燥时的静弹性模量 E 和泊松比 ν 变异系数较大，分别为 0.36 和 0.60，而其余指标的变异系数一般小于 0.20。同样的，该试验结果因样品数量较少，其代表性及可靠性值得进一步研究。

表 9.2.4 牛口峪灰岩（Om）物理力学指标室内试验结果及统计

序号	测试指标											
	物理性质					力学性质						软化系数 K_R
						干燥状态			饱和状态			
	纵波速度 v_p /(m/s)	天然密度 ρ /(g/cm³)	饱和密度 ρ_{sat} /(g/cm³)	饱和吸水率（真空抽气）/%	相对比重 G_s	抗压强度 R_c /MPa	静弹性模量 E /(×10⁴MPa)	泊松比 ν	抗压强度 R_c' /MPa	静弹性模量 E' /(×10⁴MPa)	泊松比 ν'	
1	3306	2.80				78.1	4.24				0.12	0.52
2	2441	2.77				75.4	2.35				0.21	
3	3206	2.70			2.80	62.6	4.69				0.13	
4	5765	2.75	2.78	1.27					36.5	1.92	0.26	
5	6160	2.77	2.80	1.06					36.4	4.22	0.18	
6	6343	2.75	2.78	1.08					40.1	3.90	0.15	
平均值	4537	2.76	2.79	1.14	2.80	72.0	3.76		37.7	3.35	0.18	0.52
最大值	6343	2.80	2.80	1.27	2.80	78.1	4.69		40.1	4.22	0.26	0.52
最小值	2441	2.70	2.78	1.06	2.80	62.6	2.35		36.4	1.92	0.12	0.52
标准差	1737	0.03	0.01	0.12		8.28	1.24		2.11	1.25	0.05	
均方差	1586	0.03	0.01	0.09	0.00	6.76	1.01		1.72	1.02	0.05	0.00
变异系数	0.38	0.01	0.00	0.10	0.00	0.11	0.33		0.06	0.37	0.30	0.00
大均值	6089	2.78	2.80	1.27	2.80	76.75	4.47		40.10	4.06	0.22	0.52
小均值	2984	2.73	2.78	1.07		62.60	2.35		36.45	1.92	0.13	
组数	6	6	3	3	1	3	3		3	3	6	1

表 9.2.5 天开隧洞灰岩（Jxt）物理力学指标室内试验结果及统计

序号	测试指标									
	物理性质				力学性质					
					干燥状态			饱和状态		
	天然密度 ρ /(g/cm³)	饱和密度 ρ_{sat} /(g/cm³)	饱和吸水率（真空抽气）/%	相对比重 G_s	抗压强度 R_c /MPa	静弹性模量 E /(×10⁴MPa)	泊松比 ν	抗压强度 R_c' /MPa	静弹性模量 E' /(×10⁴MPa)	泊松比 ν'
1	2.72	2.73	0.34		69.4	6.1	0.22			
2	2.73	2.74	0.21	2.74	213.8					
3		2.85						144.2	7.9	0.20
4		2.85						131.0	8.4	0.27
平均值	2.73	2.79	0.28	2.74	141.6	6.1	0.22	137.6	8.2	0.24
最大值	2.73	2.85	0.34	2.74	213.8	6.1	0.22	144.2	8.4	0.27
最小值	2.72	2.73	0.21	2.74	69.4	6.1	0.22	131.0	7.9	0.20
标准差	0.01	0.07	0.09		102.11			9.33	0.35	0.05
均方差	0.01	0.06	0.06	0.00	72.20		0.00	6.60	0.25	0.04
变异系数	0.00	0.02	0.33	0.00	0.72		0.00	0.07	0.04	0.21
大均值	2.73	2.85	0.34	2.74	213.80	6.10	0.22	144.20	8.40	0.27
小均值	2.72	2.74	0.21		69.40			131.00	7.90	0.20
组数	2	4	2	1	2	1	1	2	2	2

表 9.2.6　崇青隧洞砾岩（K_1t）物理力学指标室内试验结果及统计

序号	测试指标														
	物理性质								力学性质						
									干燥状态			饱和状态			
	纵波速度 v_p /(m/s)	天然密度 ρ /(g/cm³)	干密度 ρ_d /(g/cm³)	饱和密度 ρ_{sat} /(g/cm³)	孔隙率 n /%	饱和吸水率 真空抽气 /%	饱和吸水率 自然状态 /%	相对比重 G_s	抗压强度 R_c /MPa	静弹性模量 E /(×10⁴MPa)	泊松比 ν	抗压强度 R_c' /MPa	静弹性模量 E' /(×10⁴MPa)	泊松比 ν'	软化系数 K_R
1	4500		2.48						93.26	3.62	0.16				0.37
2	3900		2.44						71.79	1.67	0.4				
3	3400		2.52						93.51	2.86	0.15				
4		2.51	2.48	2.54	6.06	2.48	2.05	2.64				24.72	1.53	—	
5		2.51	2.47	2.54	5.73	2.89	2.62	2.62				30.14	1.29	0.18	
6		2.52	2.49	2.56	4.96	2.73	2.33	2.62				40.75	1.85	0.14	
平均值	3933	2.51	2.48		5.58	2.70	2.33	2.63	86.19	2.72	0.24	31.87	1.56	0.16	0.37
最大值	4500	2.52	2.52		6.06	2.89	2.62	2.64	93.51	3.62	0.40	40.75	1.85	0.18	0.37
最小值	3400	2.51	2.44		4.96	2.48	2.05	2.62	71.79	1.67	0.15	24.72	1.29	0.14	0.37
标准差	551	0.01	0.03		0.56	0.21	0.29	0.01	12.47	0.98	0.14	8.15	0.28	0.03	
均方差	450	0.00	0.02		0.46	0.17	0.23	0.01	10.18	0.80	0.12	6.66	0.23	0.02	0.00
变异系数	0.14	0.00	0.01		0.10	0.08	0.12	0.00	0.14	0.36	0.60	0.26	0.18	0.18	0.00
大均值	4500	2.52	2.49		5.90	2.81	2.62	2.64	93.39	3.24	0.40	40.75	1.85	0.18	0.37
小均值	3650	2.51	2.46		4.96	2.48	2.19	2.62	71.79	1.67	0.16	27.43	1.41	0.14	
组数	3	3	6		3	3	3	3	3	3	3	3	3	2	1

综上所述，总干渠沿线岩石样品的室内试验结果表明，大理岩、砂岩的样本数量较多，其试验统计结果的可靠性相对较高；灰岩、砾岩的样本数量少，试验统计结果的可靠性相对较低。尽管如此，在试验方法和操作本身可靠的基础上，工程师努力想通过各种方法从有限的试验结果获取更多的信息，以帮助其判断试验结果的可靠度和适用性。为此，本次将上述四类岩石主要物理力学指标的统计平均值列入表 9.2.7 中，从对比分析不同类岩石的成因、结构及物质组成角度入手，进一步分析了各指标统计结果的可靠性。

表 9.2.7　　总干渠岩石室内试验指标统计平均值汇总表

岩石类型	地层代号	天然密度 /(g/cm³)	饱和吸水率 /%	抗压强度 /MPa		静弹性模量 /(×10⁴MPa)		泊松比		软化系数（计算值）
		$\bar{\rho}$	$\overline{\omega_2}$（真空抽气）	干燥 $\overline{R_c}$	饱和 $\overline{R_c'}$	干燥 $\overline{E}$	饱和 $\overline{E'}$	干燥 $\bar{\nu}$	饱和 $\bar{\nu'}$	K_R ($\overline{R_c'}/\overline{R_c}$)
大理岩	Jxw^4	2.80	0.40	184.4	146.7	5.00	4.40	0.21	0.26	0.80
天开水库灰岩	Jxt	2.73	0.28	141.6	137.6	6.10	8.20	0.22	0.24	0.97
牛口峪灰岩	Om	2.76	1.14	72	37.7	3.76	3.35		0.18	0.52
砂岩	K_1t	2.49	3.70	117.22	41.93	1.83	0.86	0.12	0.22	0.36
砾岩	K_1t	2.51	2.70	86.19	31.87	2.72	1.56	0.24	0.16	0.37

由表 9.2.7 可以看出，上述四类岩石中，大理岩的天然密度 ρ 最大，灰岩次之，砂岩最小，砾岩略大于砂岩；砂岩的饱和吸水率 ω_2 最大，砾岩次之，大理岩最小，而灰岩略大于大理岩，这一规律基本是合理的。大理岩变质成因，结构致密，孔隙率低，密度大，吸水能力低；砂岩和砾岩为沉积成因，粒状结构，孔隙率相对较高，则密度小，吸水能力强；灰岩的物性指标与其裂隙发育程度密切相关，不均匀性较强。

就抗压强度而言，表 9.2.7 的统计平均值反映了干燥状态下，大理岩、灰岩、砂岩和砾岩强度均较高的特点，R_c 平均值均大于 60MPa，即属于较硬和坚硬类岩石；而饱和状态下，大理岩和灰岩的强度降低幅度较低，砂岩、砾岩的强度降低幅度较大（超过了 50%），这一点从岩石成因与结构上解释也是基本合理的。然而，因灰岩强度指标的测试样本总量不大于 3，且不均匀性强，其统计平均值的代表性较差，可靠度需进一步验证。同样的，砾岩的测试样本数量也只有 3 个，虽然其均匀性好，但其平均值的代表性和可靠性也需继续验证。

分析表 9.2.7 中的静弹性模量 E 值发现，大理岩的统计平均值偏高［《工程地质手册》（第四版）[120] 推荐的该指标经验数值为 1.0～3.4］，其他岩石的统计平均值在经验值范围内；天开水库灰岩的饱和静弹性模量值高于其干燥状态时，这一点不合常理。因此，该试验结果中大理岩、灰岩的静弹性模量指标可靠度值得推敲。

四类岩石的泊松比 ν 统计平均值中，砾岩饱和状态时的泊松比小于其干燥状态时，其代表性和可靠度较差；其余类岩石该指标在经验数值范围内，但总体较小（0.12～0.26），表明总干渠穿岩段各类岩石在弹性范围内的侧向变形总体较小。

表 9.2.7 中软化系数 K_R 一列数值为该表中饱和抗压强度统计平均值与干抗压强度统计平均值的比值，而非该指标的试验数据统计平均值。该计算结果反映了大理岩、灰岩软化系数大于砾岩、砂岩的基本规律，但白垩系砂岩、砾岩的软化系数相比于《工程地质手册》（第四版）中的推荐值（0.50）相对较低，值得进一步积累数据深入研究。

除上述四类岩石外，总干渠在永定河谷段穿越的岩石地层为第三系始新统长辛店组（E_2c），岩性为砂质泥岩或含砾泥岩（统称“第三系泥岩”），其间一般夹有含砾砂岩、泥质砂岩薄层。北京地区第三系泥岩一般呈紫红色或褐红色，产状水平，岩性、岩相变化较大，且成岩作用差，岩质较软，手捏有黏滞感，习惯上也称其为“黏土岩”，工程上一般视其为坚硬或硬塑状黏性土（含砾或碎石）。因此，其室内试验测试的指标不同于前述的四类硬质岩石，而是与一般黏性土相同，见表 9.2.8。结合各指标试验条件和样品质量要求后分析认为：

（1）统计结果中，天然含水率 ω 的变异系数（$\delta=0.36$）最大。这一方面与测试样品的数量较少有关，另一方面也可能由样品的保存质量较差引起。因含水率 ω 是一个受外界气温、湿度等条件变化而相对敏感的岩土物理指标，在取样条件和地点相同的情况下，样品的密封、运输及保存条件等会影响其含水率的变化，因此其试验结果的差异性是否真实地反映样品含水率的差异性需进一步分析。

（2）岩石饱和度 S_r、压缩系数 $\alpha_{0.1\sim0.2}$ 和压缩模量 E_s 三个指标与天然含水率息息相关，它们的试验值统计结果变异系数也相对较大，因此这三项指标的统计值代表性应综合考虑。

（3）液性指数、塑性指数以及膨胀率指标，试验结果主要由试验条件控制，对样品质量、数量的依赖性小，因此其试验结果的可靠度相对较高。表 9.2.8 的试验结果反映了永定河谷第三系黏土岩的高液限（$\omega_L\geqslant40\%$）、弱膨胀性（δ_{ef} 平均值 $>40\%$）。黏土岩的这一性质在野外调查和测绘中也得到了证实，工程设计中给予了高度重视。

（4）黏土岩抗剪强度指标（c、φ）仅有两个样品测试结果，这两个指标与天然含水率也有相关关系，试验结果的可靠度较低。

9.2.2　西甘池试验洞岩体静载荷试验结果分析

北京市南水北调总干渠西甘池隧洞试验洞位于主洞进口附近，其洞轴线走向、开挖高程均与主洞相同，长 50m，洞宽 5m，拱顶高 2m。1996 年 6 月，相关单位在试验洞内进行了岩体静载荷承压板试验，其布置了 6 个试验点，如图 9.2.1 所示。其中 J－2# 试验点进行了水平静载荷试验，其余 5 个试验点实施了垂直静载荷试验。试验的主要目的是了解隧洞围岩的应力-变形特征，同时获取大理岩岩体的静弹性模量 E 和变形模量 E_0 参数的取值范围，为设计提供可参考的指标建议值。

表 9.2.8　总干渠永定河河谷段第三系泥岩（E_2c）物理力学指标室内试验结果及统计

序号	测试指标															
	物理性质												力学性质			
	含水率 ω /%	天然密度 ρ /(g/cm³)	干密度 ρ_d /(g/cm³)	孔隙比 e	相对比重 G_s	饱和度 S_r /%	液限 ω_L /%	塑限 ω_p /%	塑性指数 I_p	液性指数 I_L	自由膨胀率 δ_{ef} /%	有荷载膨胀率（50kPa）δ_{ep} /%	黏聚力 c /kPa	内摩擦角 φ /(°)	压缩系数 $\alpha_{0.1\sim0.2}$ /MPa^{-1}	压缩模量 E_s /MPa
1	32.2	1.85		0.86	2.60	97.4	42.8	29.2	13.6	0.22	67	0.60	22	25.0	0.22	7.94
2					2.60		51.5	34.4	17.1		80					
3					2.60		47.2	29.5	17.7		50					
4					2.60		45.5	30.0	15.5							
5	23.0	1.98	1.61	0.61	2.60	97.9	45.6	32.7	12.9	−0.75	47				0.39	4.01
6	15.9	1.89	1.63	0.60	2.60	69.0	50.0	35.4	14.6	−1.33	38	0.49	17	23.6		
7	15.4	1.95	1.69	0.57	2.66	72.0	40.0	26.4	13.6	−0.81		0.78			0.26	6.15
平均值	21.6	1.92	1.64	0.66	2.61	84.1	46.1	31.1	15.0	−0.67	56	0.62	20	24.3	0.29	6.03
最大值	32.2	1.98	1.69	0.86	2.66	97.9	51.5	35.4	17.7	0.22	80	0.78	22	25.0	0.39	7.94
最小值	15.4	1.85	1.61	0.57	2.60	69.0	40.0	26.4	12.9	−1.33	38	0.49	17	23.6	0.22	4.01
标准差	7.85	0.06	0.04	0.13	0.02	15.72	3.96	3.20	1.85	0.65	16.86	0.15	3.54	0.99	0.08	1.97
均方差	6.80	0.05	0.03	0.12	0.02	13.62	3.67	2.96	1.71	0.56	15.08	0.12	2.50	0.70	0.07	1.61
变异系数	0.36	0.03	0.03	0.20	0.01	0.19	0.09	0.10	0.12	−0.97	0.30	0.23	0.18	0.04	0.29	0.33
大均值	27.60	1.97	1.69	0.86	2.66	97.65	49.57	34.17	16.77	0.22	73.50	0.78	22.00	25.00	0.39	7.05
小均值	15.68	1.87	1.62	0.59	2.60	70.50	43.48	28.78	13.68	−0.96	45.00	0.55	17.00	23.60	0.24	4.01
组数	4	4	3	4	7	4	7	7	7	4	5	3	2	2	3	3

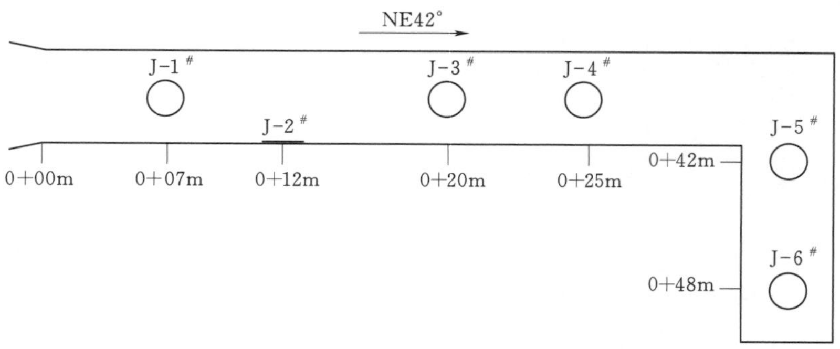

图 9.2.1 西甘池试验洞岩体静载荷试验点平面分布示意图

试验采用刚性承压板法进行，由人工手动液压泵加压，机械式千分表量测位移。承压板面积为 2000cm²，试验最大压力 P 为 1.0MPa，共分五级，采用逐级一次循环法加压。图 9.2.2 为现场试验装置。试验中记录各级应力作用下的岩体全变形 S 和弹性变形 S_e，见表 9.2.9；并绘制了应力 P-变形 S 曲线，如图 9.2.3 所示。该试验遵照《水利水电工程岩石试验规程》相关规定，变形（或弹性）模量按式（9.2.1）计算：

$$E_0 = \frac{\pi(1-\mu^2)PD}{4w_0} \tag{9.2.1}$$

式中 E_0——岩体变形（弹性）模量，当 w_0 以全变形 S 带入式中时计算的为变形模量 E_0，当 w_0 以弹性变形 S_e 带入式中计算时为弹性模量 E，MPa；

w_0——岩体变形，cm；

P——按承压板单位面积计算的压力，MPa；

D——承压板直径，cm；

μ——泊松比（J-2#、J-5# 点采用 0.4，其余试验点采用 0.25）。

(a) 水平

(b) 垂直

图 9.2.2 西甘池试验洞岩体静载荷试验设备安装图

表 9.2.9　西甘池试验洞岩体应力-变形试验记录

试点编号	变形 /($\times 10^{-3}$mm)	应力 P/MPa				
		0.2	0.4	0.6	0.8	1.0
J-1#	全变形 S	6.25	11.75	21.75	31.75	39.25
	弹性变形 S_e	3.75	5.5	11.25	17.75	21.75
	S_e/S/%	60	47	52	56	55
J-2#	全变形 S	13.75	27	45.5	63.75	82
	弹性变形 S_e	8	9	18.75	30	34
	S_e/S/%	58	33	41	47	41
J-3#	全变形 S	6.25	13.25	21.5	34.25	39.5
	弹性变形 S_e	2	4.25	8.5	10.75	11.5
	S_e/S/%	32	32	40	31	29
J-4#	全变形 S	9	22	34.75	49.5	66.5
	弹性变形 S_e	1	11.75	20.25	32.5	39.25
	S_e/S/%	11	53	58	66	59
J-5#	全变形 S	29.25	100.5	185.25	259.5	319
	弹性变形 S_e	13.75	57	120	152.25	193.75
	S_e/S/%	47	57	65	59	61
J-6#	全变形 S	5.75	16.75	26.75	42.75	49.25
	弹性变形 S_e	3.25	8.25	12	22	25.25
	S_e/S/%	57	49	45	51	51

由图 9.2.3 知，所有试点岩体应力 P-变形 S 曲线均呈直线型，每级荷载退压后岩体变形部分恢复，有明显的不可恢复的滞回圈，表明各试点大理岩体为非完全弹性材料。试点处岩体结构、裂隙的发育程度是影响和控制其变形的主要因素，相应地反映了该处岩体的力学性质与强度参数。图 9.2.4 为各试验点处的岩面特征实拍图。下面结合各试验点处岩体的结构特征分析此次试验结果的合理性与可靠性。

(1) J-1#、J-3# 试点处岩体结构相对完整，节理裂隙不发育，两点处岩体的最大变形 S 仅有 0.039mm，其变形模量 E_0 和弹性模量 E 为所有试点中最大，相应于最大变形的模量 E_0 值为 $0.94\times 10^4 \sim 0.95\times 10^4$MPa。

(2) J-2#、J-4#、J-5# 试点处于不同方向的挤压破碎带上，试点处岩体结构较破碎，裂隙相对发育，则岩体变形较大，模量较小。其中：

J-2# 试点处上部分岩体结构较完整，右下部片理发育，岩性主要为绢云母化滑石片岩，试验中呈现较明显的不均匀变形，其变形模量 E_0 仅大于 J-5# 点。

J-4# 试点位于 NE 向（140°∠58°）发育的挤压破碎带上，岩体裂隙特别发育，可见 10 条之多，排列较密，一般长 20～50cm，宽 1～10mm，裂面充满泥锈、方解石和黏土；另一组裂隙为 240°∠72°，共四条，长 10～20mm。该试点的弹性模量和变形模量与 J-2# 点相近，在所有试点中居中等水平。

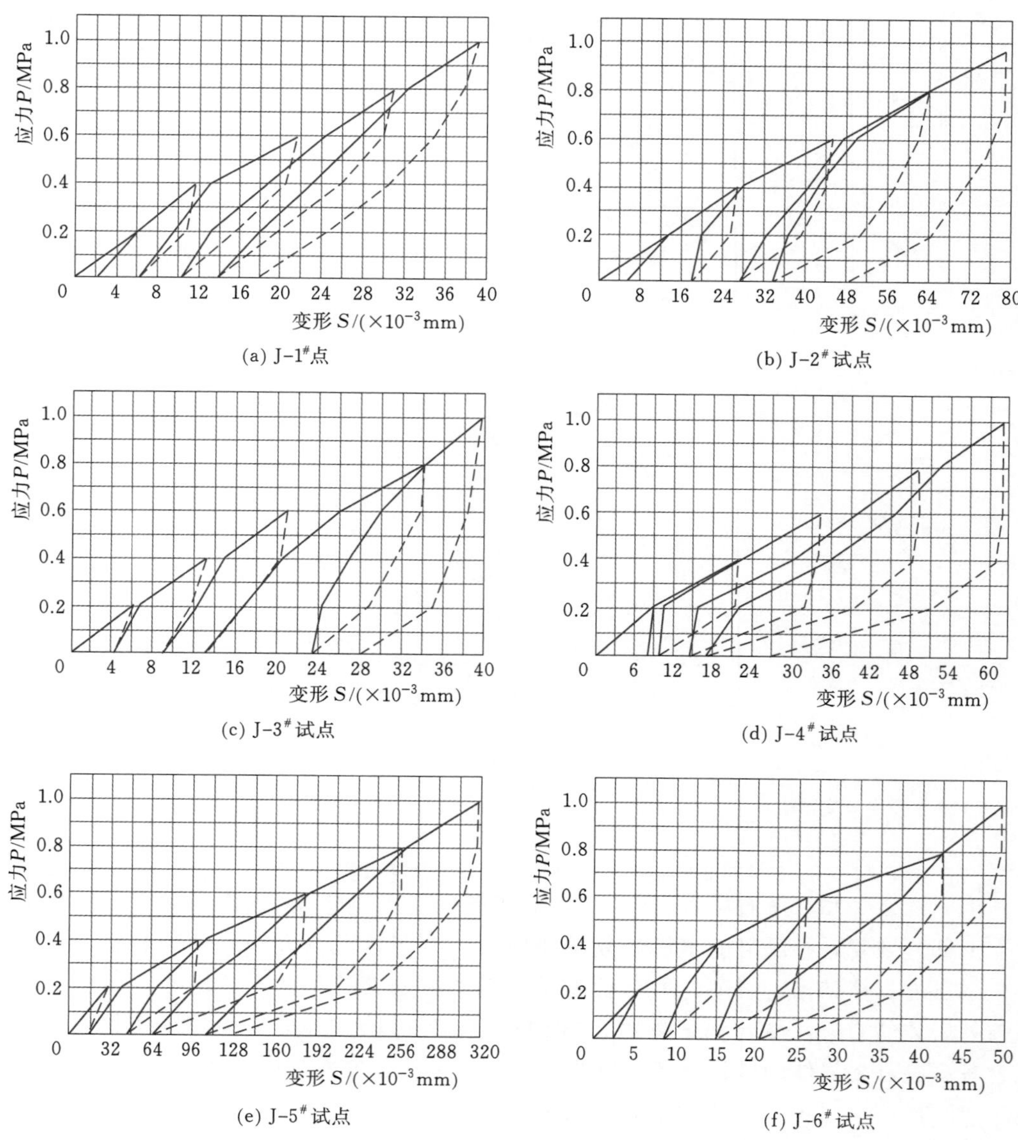

图 9.2.3　西甘池试验洞岩体承压板试验应力 P-变形 S 曲线

J－5#试点处岩石表面可见一条夹泥裂隙，宽度约 20～50mm，局部不连续，且岩石受两组交叉裂隙切割，同级压力下该试点处岩体变形最大，其最大变形（$P=1.0$MPa 时）为 0.319mm，可恢复的最大弹性变形量约 0.194mm，变形模量 E_0 和弹性模量 E 为所有试点中最小，分别为 0.1×10^4MPa 和 0.17×10^4MPa。

（3）J－6#点处岩体结构相对完整，发育有两条大裂隙，贯穿整个试面，裂隙宽 5～15mm，局部可达 20mm，裂隙呈张开状态，并充填黄褐色泥质，倾角 85°左右，试点最大变形约 0.05mm，变形（弹性）模量仅次于 J－1#点、J－3#点，可见其裂隙对岩体变形的影响较小。

(a) J-1#

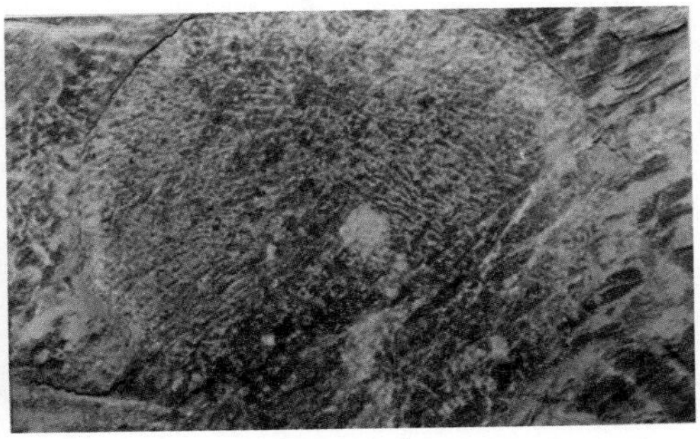

(b) J-2#

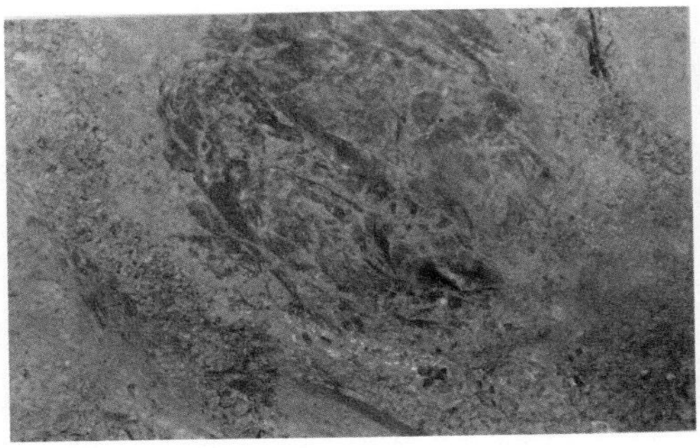

(c) J-3#

(d) J-4#

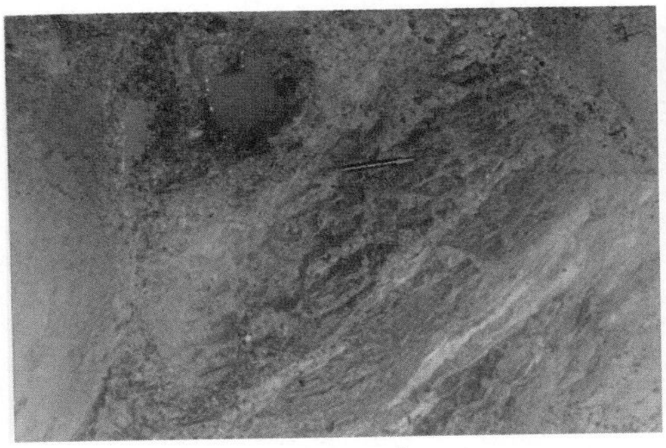

(e) J-5#

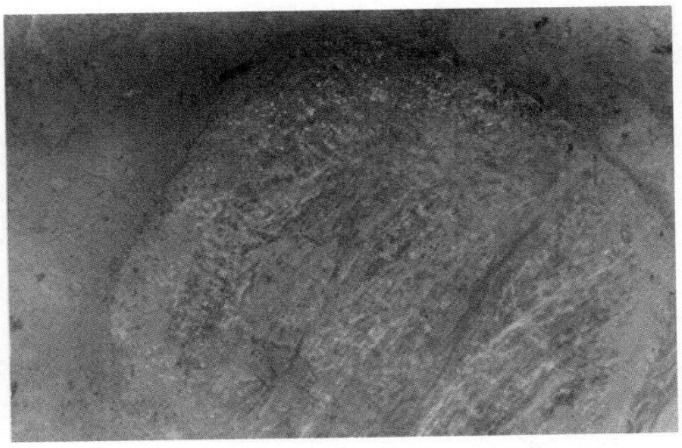

(f) J-6#

图 9.2.4　西甘池试验洞岩体静载荷试验各试点岩面结构特征图

(4) 表 9.2.10 和表 9.2.11 分别为根据式 (9.2.1) 计算所得的各试点处岩体在不同压力下对应的变形模量 E_0 和弹性模量值 E，据此绘制的各试点 E_0-P、$E-P$ 曲线如图 9.2.5 所示。

由 E_0-P、$E-P$ 曲线图可以看出，压力较小 ($P<0.4$MPa) 时，各试点岩体变形或弹性模量的变化曲线有的升（模量随压力增大而增大）、有的降（模量随压力增大而减小），这主要是由于试验初期，在压力作用下岩体中结构裂隙有的张开、有的压密，岩体处于应力调整期而引起的；$P>0.4$MPa 以后，各试点的变形模量和弹性模量 (E_0 和 E) 逐渐趋于稳定。

试验最大压力 ($P=1.0$MPa) 下，J-1#、J-3# 变形模量 E_0 最大，接近于 1×

10^4MPa，而 J－5# 变形模量最小，仅有 0.1×10^4MPa，两者相差约 9 倍；此时弹性模量 E 最大的为 J－3# 试点，为 3.23×10^4MPa，最小的为 J－5#，不足 0.2×10^4MPa，两者相差约 15 倍之多；其余试点弹性模量值相差不大，均在 $1\times10^4\sim2\times10^4$MPa 之间。

表 9.2.10　西甘池试验洞各试点岩体变形模量 E_0 计算结果　单位：$\times10^4$MPa

试点编号	试验应力 P/MPa				
	0.2	0.4	0.6	0.8	1.0
J－1#	1.19	1.25	1.02	0.95	0.95
J－2#	0.48	0.49	0.44	0.42	0.41
J－3#	1.19	1.12	1.04	0.87	0.94
J－4#	0.83	0.68	0.64	0.60	0.56
J－5#	0.23	0.13	0.11	0.10	0.10
J－6#	1.29	0.89	0.83	0.70	0.75

表 9.2.11　西甘池试验洞各试点岩体弹性模量 E 计算结果　单位：$\times10^4$MPa

试点编号	试验应力 P/MPa				
	0.2	0.4	0.6	0.8	1.0
J－1#	1.98	2.70	1.98	1.67	1.71
J－2#	0.83	1.48	1.07	0.89	0.98
J－3#	3.72	3.50	2.62	2.76	3.23
J－4#	7.43	1.26	1.10	0.91	0.95
J－5#	0.48	0.23	0.17	0.17	0.17
J－6#	2.29	1.80	1.86	1.35	1.40

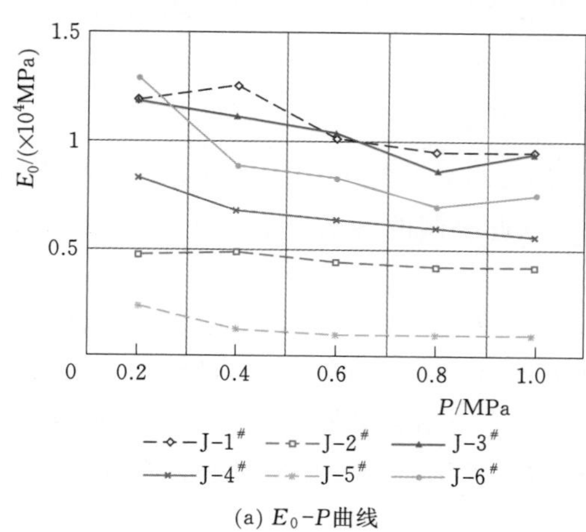

(a) E_0－P曲线

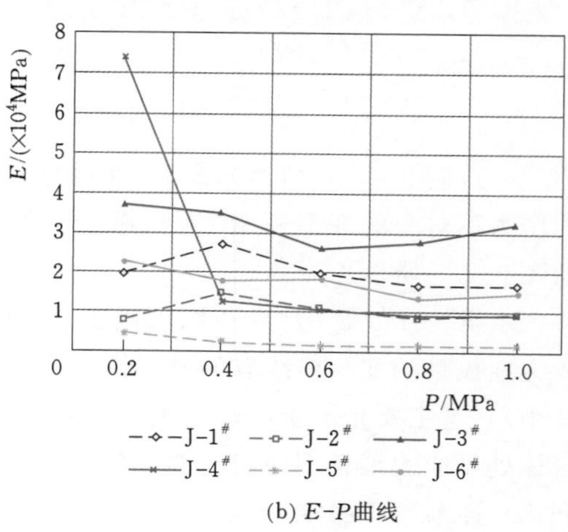

(b) E－P曲线

图 9.2.5　西甘池试验洞岩体静载荷试验 E_0（E）－P 曲线图

通过实施试验洞岩体原位载荷试验及对试验数据的分析，进一步了解了西甘池隧洞岩体的结构特征及其对岩体力学性质的影响，据此提出：西甘池隧洞围岩变形控制及支护结构设计时，应将各段围岩的岩性（大理岩、滑石片岩）、结构完整性、节理裂隙的空间展布方式以及发育充填情况等综合考虑，结合工程类比和地质经验最终确定岩体弹性参数的基本代表值。表 9.2.12 为以上述西甘池试验洞岩体静载荷试验结果为基础，研究者结合自己经验提出的大理岩体弹性模量参数建议值，供同行借鉴和参考，并希望在以后的工程实践中持续积累同类试验数据并加强研究，不断提高对地区岩体物理力学性质的认识，提出更适宜的岩体力学参数。

表 9.2.12　西甘池隧洞大理岩变形（或弹性）模量建议值

序号	隧洞围岩特征	变形模量 E_0 /(×10⁴MPa)	弹性模量 E /(×10⁴MPa)
1	结构完整，节理裂隙不发育	0.95	1.70～3.20
2	发育两组及两组以上裂隙，裂隙张开，宽而长，且充泥，裂隙面与围岩变形或应力释放方向垂直	0.40～0.55	0.95～1.00
3	发育两组以下裂隙，裂隙面闭合，窄而短，钙质物充填，裂隙面与变形或应力方向交角小或平行	0.70	1.50～1.70
4	裂隙内充填软弱滑石片岩	0.10	0.15

9.2.3　东干渠隧洞围岩（黏性土）物理力学参数研究

东干渠输水隧洞全线长约 44km，全部位于北京市东部平原区。隧洞埋深为 10～30m，洞身全部置于第四系冲洪积成因的砂卵砾石和黏性土（粉质黏土为主）中。自输水线路起点（关西庄泵站）至终点（亦庄调节池），沿线地形缓慢降低，自然地面高程自 45m 降至约 30m；地下水流向总体也自 NW 向 SE，输水隧洞洞身在萧太后河以北段全部或大部分置于地下水位以下，萧太后河以南段则置于地下水位以上。隧洞沿线地层结构为黏性土＋砂土＋圆砾或卵石的多层结构，在一般勘探深度（地面以下 40m）范围内总体上呈现两个相对完整的沉积韵律，根据土层岩性的不同自上而下可划分为 7 个主层，见表 9.2.13。图 9.2.6 为根据勘探结果概化的东干渠输水隧洞沿线标准地层结构柱状图。

表 9.2.13　东干渠隧洞沿线 40m 深度范围内第四系土层特征

土层序号	土质定名	物理特征	空间分布特征
①	素填土	以黏质粉土为主，局部为垃圾杂填土	全线连续分布，一般地区厚约 1m；通惠河、凉水河两岸厚度大（9～15m），且以杂填土为主
②	细砂	褐黄色，湿～饱和，底部含圆砾	主要分布在清河、凉水河穿越地带。其中，清河段分布厚度为 2～4m，凉水河段厚度平均约为 8m

续表

土层序号	土质定名	物理特征	空间分布特征
③	粉质黏土	褐黄～黄灰色，湿～饱和，可塑，含云母、有机质、铁锰氧化物和姜石等	分布基本连续，厚度由北向南变薄，南海子公园附近该层尖灭。亦庄桥以北一般厚4～6m，以南一般厚2～4m
④	细砂、圆砾	浅灰色～褐黄色，饱和，中密～密实，含云母、石英、长石	沿线基本连续分布，一般厚4～8m；通惠河北岸约3km范围内厚度较大，平均约15m
⑤	粉质黏土、黏质粉土	褐黄～灰色，湿～饱和，可塑～硬塑，含云母，有机质，夹细砂透镜体	全线连续分布，且厚度较大。一般厚5～10m，局部厚达15m
⑥	细砂、卵石	褐黄色，饱和，密实，含云母、石英、长石，夹有粉质黏土透镜体	全线连续分布，沿线路由西向东颗粒由粗变细。一般厚5～10m，林萃路以西沉积颗粒较粗，达到卵砾石，厚度为4～5m
⑦	粉质黏土	褐黄色，可塑～硬塑，含云母、姜石	全线连续分布，钻孔最大揭露厚度超过10m，未揭露底界

东干渠输水隧洞围岩主要包括第④层细砂及其圆砾夹层，第⑤层粉质黏土（夹粉土、重粉质黏土和黏土层）和第⑥层卵砾石层。室内岩土试验分析的主要对象为第⑤层粉质黏土及其夹层（以下统称第⑤层黏性土），该层也为隧洞围岩的主要组成土层。经统计，东干渠工程各阶段勘察中，共在钻孔内采取了第⑤层黏性土原状样品2500件左右，室内试验测试的物理力学指标有天然密度ρ、天然含水率ω、液限ω_L、塑限ω_p、压缩模量E_s（自重压力$P_0 \sim P_0+0.1$MPa和$P_0 \sim P_0+0.2$MPa两个压力段）黏聚力c以及内摩擦角φ（直剪）共7项，共获得有效试验数据1360组。

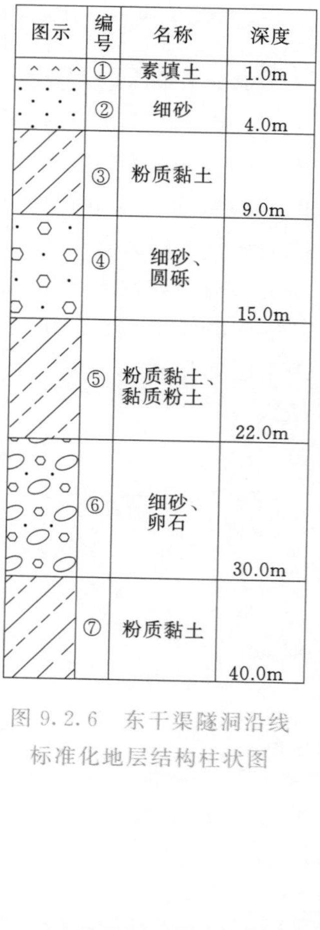

图示	编号	名称	深度
	①	素填土	1.0m
	②	细砂	4.0m
	③	粉质黏土	9.0m
	④	细砂、圆砾	15.0m
	⑤	粉质黏土、黏质粉土	22.0m
	⑥	细砂、卵石	30.0m
	⑦	粉质黏土	40.0m

图9.2.6　东干渠隧洞沿线标准化地层结构柱状图

考虑到岩土参数统计分析的一般性原则，即同一地质单元、同类和分层等，本次研究的东干渠工程场区第⑤层黏性土限于东风北路以北约500m处的9号盾构井—亦庄调节池区间段（图9.2.7），且分南北两段进行对比分析。一方面，根据北京平原区第四纪地质及地层研究成果[9,121]，该区间段内勘探揭露的第四系地层以古永定河（自西向东流）冲洪积堆积物为主，其沉积年代为中、上更新世（Q_2、Q_3），局部现代河谷以及低洼地带沉积全新世（Q_4）河流冲积或湖积相堆积物，因此从区域地质角度，该范围内的浅层第四系土层属同一工程地质单元，其岩土性质具有宏观尺度上的均一性。另一方面，据东干渠工程地质勘察成果，该区间段内以萧太后河为分界线，北段地下水位相对较高，第⑤层黏性土处于地下水位以下；南段因多年地下水的持续超采，地下水位已降低至设计隧洞底板以下，第⑤层黏性土处于地下水位以上，因此南北两段的同一土层，其物理力学性质具有一定的差异性，应分别进行统计分析，以为工程设计提供更精确化的岩土参数。

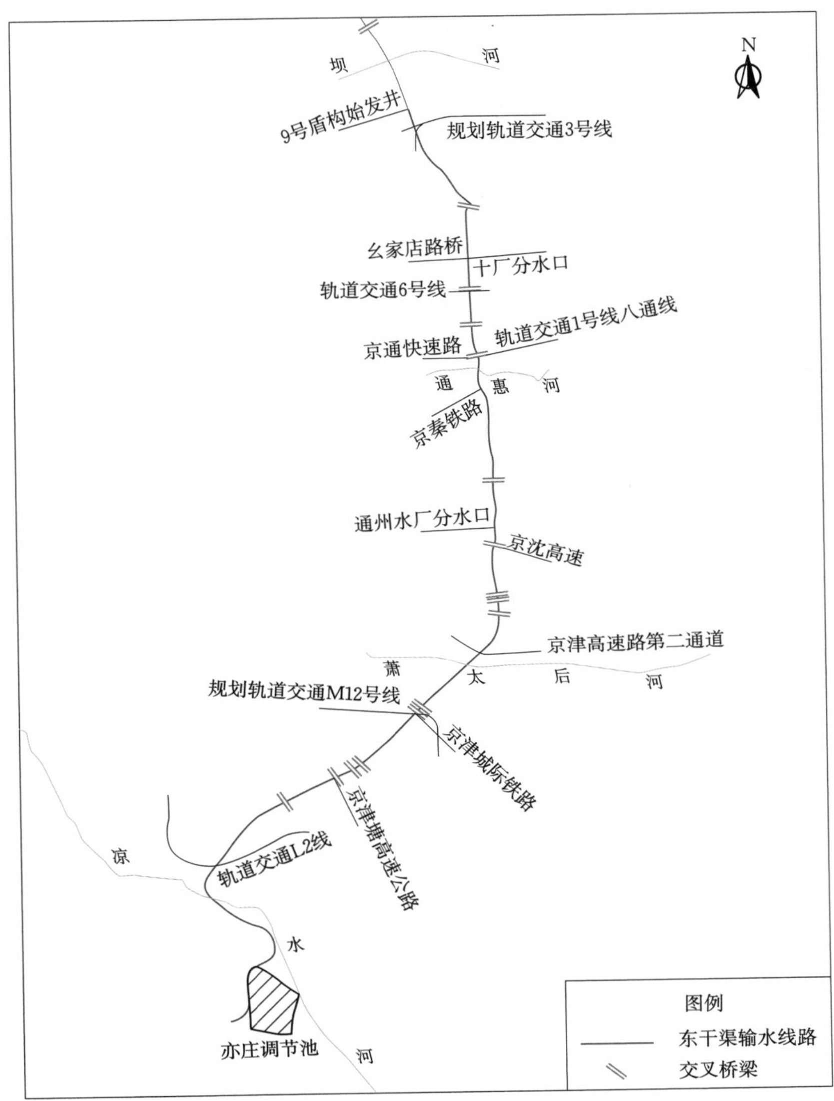

图 9.2.7　东干渠 9 号盾构井—亦庄调节池区间段平面示意图

由于东干渠第⑤层黏性土的试验样本数量足够多，因此本次研究立足于统计分析，继而进行了主要参数的可靠取值范围研究和参数相关性分析。

1. 样本筛选与常规统计

统计分析的第一步是进行试验数据样本的筛选。长期的岩土勘察工作经验告诉我们，对室内试验数据的科学筛选是获得真实、合理的岩土参数代表值的基础，至关重要；但鉴于试验数据受样品质量、岩土类型、试验人员操作方法、测试仪器精度以及试验环境等多种因素影响，筛选并不具有统一的标准。现行规程规范中规定了基本的剔除筛选原则，实际工程中工程师多根据自己的专业经验和知识水平，对地区岩土性质、勘察和测试过程的了解等而自行掌控。在对东干渠第⑤层黏性土试验数据样本的剔除筛选中，主要考虑了以下四个因素：

（1）样品质量。根据对该工程勘察过程的了解，认为部分样品存在现场密封不及时或不严密，或室内试验与取样的时间间隔相对过长，导致样品水分丧失过多，试验结果失真。

（2）岩性岩相的局部差异性。第⑤层黏性土在研究范围内连续广泛分布，沉积深度一般为15～30m，其岩性岩相的空间变化相对频繁。通过对整个工程区钻探现场记录资料和室内试验数据的初步整理分析认为，第⑤层黏性土岩性以粉质黏土为主，其间夹杂有砂质粉土、黏土、重粉质黏土以及黏质粉土，局部也有细砂透镜体，其岩性岩相的空间变化较大，多是交互沉积，由此造成部分样品与大多数样品的参数测试结果差异性明显也是必然的，这在旨在反映群体样本的宏观一致性统计分析时是必然要考虑的因素。

（3）样本数量的群体代表性。如果一类样本的数量在总样本数量中所占比例过小（一般认为小于10%），则认为其群体代表性较差，对整体的统计性结果影响不大，可以剔除。

（4）试验结果与地区岩土工程的经验认识相差甚远。

另外，由于在室内试验测试的7个参数中，天然含水率ω是反映样品质量，直接影响土的力学参数（E_s，c，φ）测试结果的重要指标，因此在进行统计分析前，首先对ω的测试结果进行了初步分析，以帮助确定参与统计分析的样本群体。通过对所有数据样本按ω从小到大的顺序依次排列发现：在萧太后河以北段，第⑤层黏性土中所夹的砂质粉土质样品有5件（该段总样本数为407），其含水率ω范围在19%～27%之间，内摩擦角φ的测试值范围在30°～40°之间，远高于经验认识值［《工程地质手册》（第四版）中，一般黏性土φ的经验推荐值为15°～22°，Q_2晚期黏性土φ值推荐为22°～30°］；而在萧太后河以南段，砂质粉土质样品数量为25个（该段总样本数为247），含水率ω在10%～15%之间，φ的测试值范围为29°～40°。综合考虑，此次统计分析时，对萧太后河以北段剔除了其中的砂质粉土样本，而以南段未剔除。

表9.2.14、表9.2.15分别为南、北两段试验数据经上述样本筛选后的统计结果。

表9.2.14 萧太后河以北段第⑤层黏性土物理力学参数室内试验结果统计

统计指标	测试参数							
	天然含水率 ω /%	天然密度 ρ /(g/cm³)	液限 ω_L /%	塑限 ω_P /%	压缩模量/MPa E_s (P_0～P_0+0.1)	压缩模量/MPa E_s (P_0～P_0+0.2)	黏聚力 c /kPa	内摩擦角 φ /(°)
平均值	23.6	2.00	32.9	20.0	15.2	16.4	48	17
最大值	37.2	2.16	62.7	35.0	50.8	59.3	122	39
最小值	13.9	1.78	20.8	11.7	5.7	6.3	12	5
标准差	5.18	0.08	8.01	3.98	6.80	7.43	20.50	8.47
均方差	5.07	0.08	7.76	3.86	6.81	7.44	20.50	8.44
变异系数	0.22	0.04	0.24	0.20	0.45	0.45	0.42	0.50
组数	402	402	402	402	312	312	212	212

表 9.2.15　萧太后河以南段第⑤层黏性土物理力学参数室内试验结果统计

统计指标	测试参数							
	天然含水率 ω /%	天然密度 ρ /(g/cm³)	液限 ω_L /%	塑限 ω_p /%	压缩模量/MPa		黏聚力 c /kPa	内摩擦角 φ /(°)
					E_s ($P_0\sim P_0+0.1$)	E_s ($P_0\sim P_0+0.2$)		
平均值	20.9	1.99	29.2	18.4	17.9	19.1	44	21
最大值	35.1	2.19	52.0	28.3	47.5	49.2	92	43
最小值	11.8	1.78	18.1	10.3	6.2	6.9	17	4
标准差	4.78	0.08	6.46	3.13	7.58	8.12	18.89	9.09
均方差	4.77	0.08	6.45	3.13	7.57	8.10	18.82	9.05
变异系数	0.23	0.04	0.22	0.17	0.42	0.43	0.43	0.43
组数	247	247	247	247	216	216	133	133

从表 9.2.14 和表 9.2.15 的统计结果可以看出，第⑤层黏性土的物理性质参数（ω、ρ 以及 ω_L、ω_p）的差异性较小，变异系数均小于 0.25，其中天然密度的差异性最小，变异系数小于 0.05；而力学参数（E_s，c，φ）的差异性较大，变异系数均在 0.40～0.50 之间。根据《北京地区建筑地基基础勘察设计规范》(DBJ 11－501—2009）对于室内试验岩土参数统计变异系数限值的规定（表 9.1.1)，力学参数的变异系数较大，应对第⑤层黏性土重新进行分层统计。

仍然从含水率 ω 指标入手，排序结果表明：南、北两段的样本中，黏土、重粉质黏土质样品的含水率总体较大，而且该类样本的数量可观（北段：约占 30%；南段：约 11%），具有数理统计意义。另外，根据地区岩土工程经验，黏土、重粉质黏土的物理力学性质与一般黏性土（如粉质黏土、黏质粉土）有较明显的差别，且钻探揭露表明东干渠第⑤层黏性土中的黏土、重粉质黏土空间分布相对连续，成层性较好，可以划分为单独的工程亚层以区别对待。为此，在前述样本筛选的基础上，将含水率较高的黏土、重粉质黏土类样本分离出来重新进行了分类统计，结果见表 9.2.16～表 9.2.19。

表 9.2.16　萧太后河以北段第⑤层黏土、重粉质黏土物理力学参数室内试验结果统计

统计指标	测试参数							
	天然含水率 ω /%	天然密度 ρ /(g/cm³)	液限 ω_L /%	塑限 ω_p /%	压缩模量/MPa		黏聚力 c /kPa	内摩擦角 φ /(°)
					E_s ($P_0\sim P_0+0.1$)	E_s ($P_0\sim P_0+0.2$)		
平均值	30.1	1.91	42.4	24.3	11.5	12.3	54	12
最大值	38.0	2.03	62.7	35.0	26.0	27.8	90	34
最小值	25.4	1.78	29.3	17.3	7.0	7.9	20	5
标准差	3.15	0.05	6.32	3.30	2.85	2.86	17.22	4.74
均方差	3.14	0.05	6.29	3.29	2.84	2.85	17.09	4.71
变异系数	0.10	0.03	0.15	0.14	0.25	0.23	0.32	0.40
组数	128	128	128	128	97	97	68	68

表 9.2.17　萧太后河以南段第⑤层黏土、重粉质黏土物理力学参数室内试验结果统计

统计指标	测试参数							
	天然含水率 ω /%	天然密度 ρ /(g/cm³)	液限 ω_L /%	塑限 ω_p /%	压缩模量/MPa E_s ($P_0\sim P_0+0.1$)	压缩模量/MPa E_s ($P_0\sim P_0+0.2$)	黏聚力 c /kPa	内摩擦角 φ /(°)
平均值	30.7	1.87	43.1	24.2	12.5	13.2	67	13
最大值	35.1	1.93	52.0	28.3	17.4	18.7	90	22
最小值	28.0	1.79	32.1	20.0	6.8	7.5	37	10
标准差	1.92	0.04	4.82	2.36	2.55	2.73	18.05	3.11
均方差	1.89	0.04	4.73	2.32	2.50	2.68	17.28	2.97
变异系数	0.06	0.02	0.11	0.10	0.20	0.21	0.27	0.24
组数	27	27	27	27	24	24	12	12

表 9.2.18　萧太后河以北段第⑤层一般性黏土物理力学参数室内试验结果统计

统计指标	测试参数							
	天然含水率 ω /%	天然密度 ρ /(g/cm³)	液限 ω_L /%	塑限 ω_p /%	压缩模量/MPa E_s ($P_0\sim P_0+0.1$)	压缩模量/MPa E_s ($P_0\sim P_0+0.2$)	黏聚力 c /kPa	内摩擦角 φ /(°)
平均值	20.6	2.04	28.5	17.9	16.9	18.2	45	19
最大值	25.4	2.16	40.0	24.4	50.8	59.3	122	39
最小值	13.9	1.88	20.8	11.7	5.7	6.3	12	5
标准差	2.56	0.05	3.87	2.30	7.40	8.10	20.50	8.92
均方差	2.56	0.05	3.87	2.29	7.38	8.08	20.43	8.89
变异系数	0.12	0.02	0.14	0.13	0.44	0.44	0.46	0.46
组数	276	276	276	276	215	215	143	143

表 9.2.19　萧太后河以南段第⑤层一般性黏土物理力学参数室内试验结果统计

统计指标	测试参数							
	天然含水率 ω /%	天然密度 ρ /(g/cm³)	液限 ω_L /%	塑限 ω_p /%	压缩模量/MPa E_s ($P_0\sim P_0+0.1$)	压缩模量/MPa E_s ($P_0\sim P_0+0.2$)	黏聚力 c /kPa	内摩擦角 φ /(°)
平均值	19.7	2.01	27.5	17.7	18.5	19.8	42	22
最大值	27.5	2.19	44.5	24.4	47.5	49.2	92	43
最小值	11.8	1.78	18.1	10.3	6.2	6.9	17	4
标准差	3.42	0.07	4.14	2.38	7.74	8.27	17.46	9.08
均方差	3.41	0.07	4.13	2.38	7.72	8.25	17.39	9.05
变异系数	0.17	0.04	0.15	0.13	0.42	0.42	0.41	0.41
组数	220	220	220	220	192	192	121	121

表 9.2.16 和表 9.2.17 的结果表明，相比于表 9.2.14 和表 9.2.15 的统计结果，第⑤层黏性土中黏土、重粉质黏土的各项测试参数的统计变异系数明显减小，总体上仍是力学参数的变异性大于其物理参数的变异性。其中北段含水率（包含天然含水率和界限含水率，下同）的变异系数减小至 0.10～0.15，南段相应指标减小至 0.06～0.11；力学参数的变异系数大部分在 0.20～0.35 之间；北段的内摩擦角 φ 值变异系数最大，为 0.39。总体上北段黏土、重粉质黏土的力学性质差异性大于南段。

表 9.2.18、表 9.2.19（去除黏土、重粉质黏土类样本后的剩余样本测试结果统计）的结果表明，相对于黏土、重粉质黏土而言，一般性黏土（指非黏土、重粉质黏土类）的物理力学性质差异性仍相对明显。如含水率，萧太后河以北段的变异系数为 0.12～0.14，南段为 0.13～0.17；力学参数的变异系数在 0.40～0.46 之间，仍较大，但较未分离黏土、重粉质黏土样本时的统计结果要小些。这一结果充分表明了进行上述样本分离和分类统计的必要性。

按北京地标，上述统计结果中力学参数的变异系数未能满足规范要求，仍需重新进行分层分类统计。但东干渠钻探岩芯表明，第⑤层中的一般性黏土由粉质黏土、黏质粉土或砂质粉土组成，其在空间上多交互沉积，岩性交替变化频繁，难以再划分为单独的工程亚层以区别对待。因此，研究者认为，表 9.2.18、表 9.2.19 的统计结果恰好客观、真实地反映了该层土因岩性多变而引起的力学性质的差异性，不应为追求统计结果的均一性而继续对样本进行分类统计，岩土工程师在为设计提供可靠的岩土参数时应充分认识到这种差异性。

2. 试验参数的可靠取值范围研究

上述统计分析结果是确定东干渠隧洞第⑤层黏性土围岩物理力学参数设计值的重要参考依据。为确定该层土各项参数，特别是其力学参数的可靠性取值，研究者通过分析天然含水率 ω 的区间分布概率，首先确定了 ω 的可靠取值范围，然后以此为基础，研究了各项力学参数与 ω 的数值分布关系，从而提出了第⑤层黏性土常规力学参数的取值范围建议值，可供同行参考借鉴。

图 9.2.8 和图 9.2.9 分别为上述 4 类样本的 ω 数值分布特征曲线。由图可以看出，4 类样本的 ω 数值分布概率曲线总体均呈正态型，即分布于左右两侧极端数值区间范围内的样本数量（或概率）远小于分布于中间段数值区间范围的样本数量，因此将 ω 数值集中分布的区间范围确定为其可靠取值范围，见表 9.2.20。可靠取值范围内的样本累积数量不小于该类样本总数量的 80%，其样本累积分布概率大于 80%。

表 9.2.20　研究范围内第⑤层黏性土 ω 可靠取值范围

土质分类	北　段		南　段	
	一般黏性土	黏土、重粉质黏土	一般黏性土	黏土、重粉质黏土
ω 可靠取值范围/%	$16<\omega\leqslant 26$	$26<\omega\leqslant 34$	$14<\omega\leqslant 24$	$28<\omega\leqslant 34$

图 9.2.10 为根据试验数据绘制的萧太河以北段第⑤层一般性黏土的力学参数（E_s，c，φ）－ω 分布散点图，由此可以清晰地看出图中相应两个参数试验值的集中分布范围及相关关系，即不难根据 ω 的可靠分布范围依次确定与其相关的力学参数的可

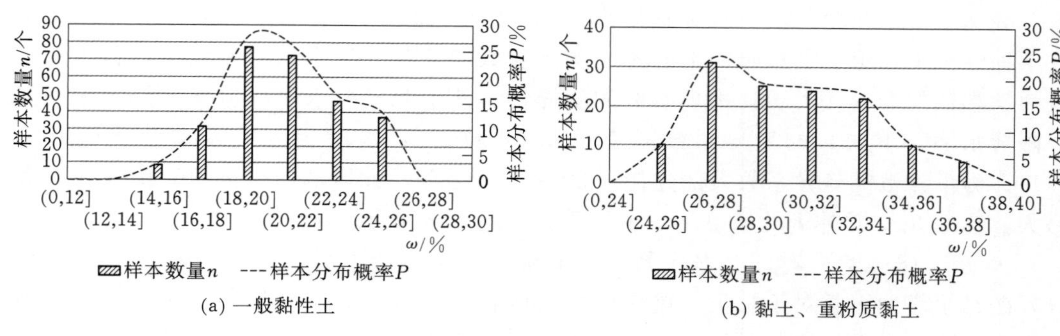

图 9.2.8　萧太后河以北段第⑤层黏性土 ω 数值分布特征

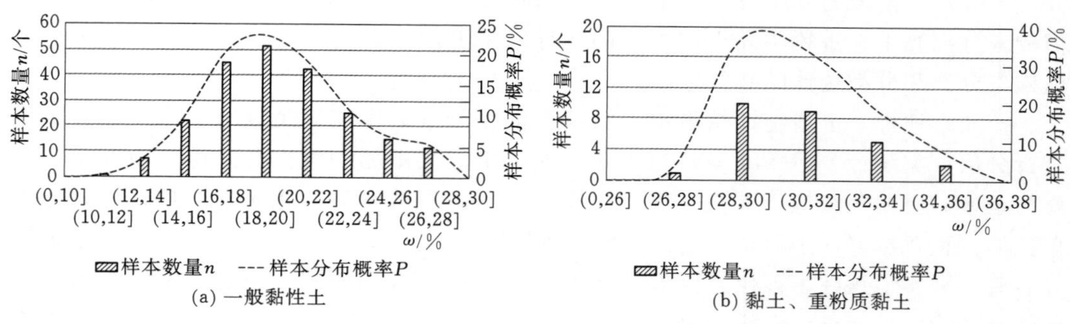

图 9.2.9　萧太后河以南段第⑤层黏性土 ω 数值分布特征

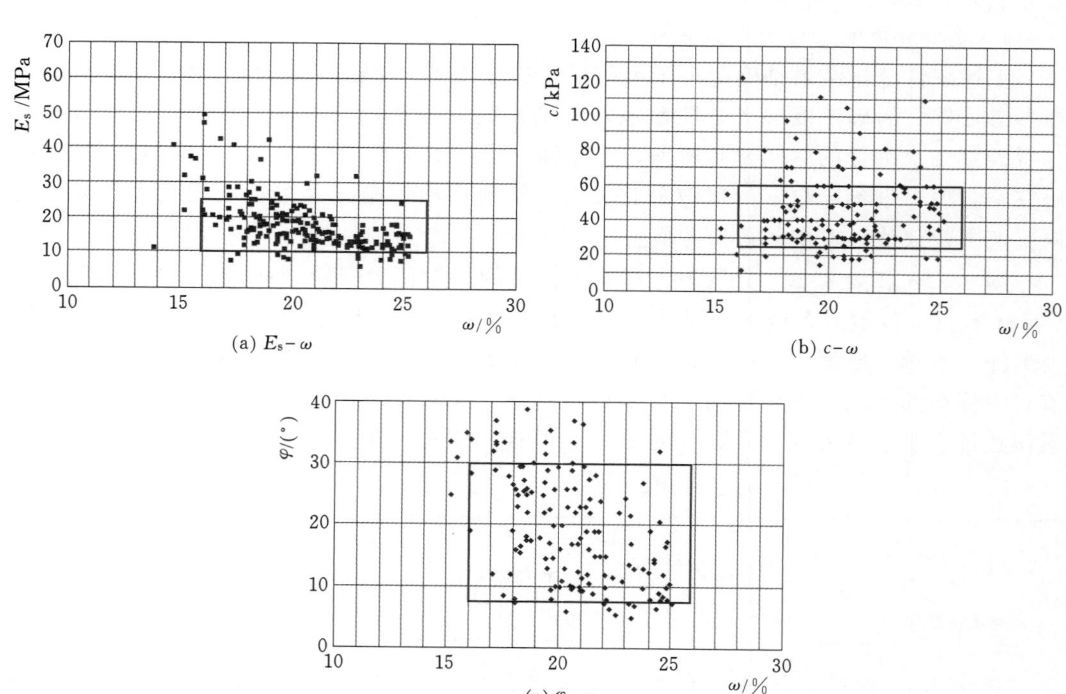

图 9.2.10　萧太后河以北段第⑤层一般黏性土力学参数（E_s，c，φ）－ω 分布散点图

靠取值范围：在各散点图中，找出横坐标 ω 可靠取值范围内散点集中分布区域所对应的纵坐标数值区间，即为该纵坐标代表的力学参数的可靠取值区间。如图 9.2.10（a）中矩形框所围区域即为 $E_s-\omega$ 的可靠取值范围。这一方法过程具有一定的主观因素，但对有经验的工程师来说，其判断的结果差别不会很大。

同理，依据上述方法依次确定了其余三类试验样本所代表的黏性土力学参数的可靠取值范围，如图 9.2.11～图 9.2.13 所示，其结果汇总列入表 9.2.21 中。需要说明的是，两个压力段（$P_0\sim P_0+0.1$、$P_0\sim P_0+0.2$）下试验所得压缩模量 E_s 与 ω 的相关性基本一致，它们的 $E_s-\omega$ 散点图重合区域大，为简便起见，这里仅选用 $P_0\sim P_0+0.2$ 压力下的 E_s 试验数值来说明问题。

由表 9.2.20 和表 9.2.21 也可以看出，南、北两段的同类土，其含水率及与之相关的力学参数的可靠取值范围相差不大，表明从区域宏观角度，近年来地下水超采引发的持续水位下降，对第⑤层黏性土的物理力学参数影响较小。表 9.2.20 和表 9.2.21 的分析结果已在东干渠工程设计中推荐采用，也有待在其他工程实践中得以检验和修正。

表 9.2.21　研究范围内第⑤层黏性土力学参数可靠取值范围

力学参数	北　段		南　段	
	一般黏性土	黏土、重粉质黏土	一般黏性土	黏土、重粉质黏土
E_s/MPa	10～25	9～14	10～30	11～14
c/kPa	25～60	30～80	20～50	50～85
φ/(°)	8～30	8～18	10～35	10～14

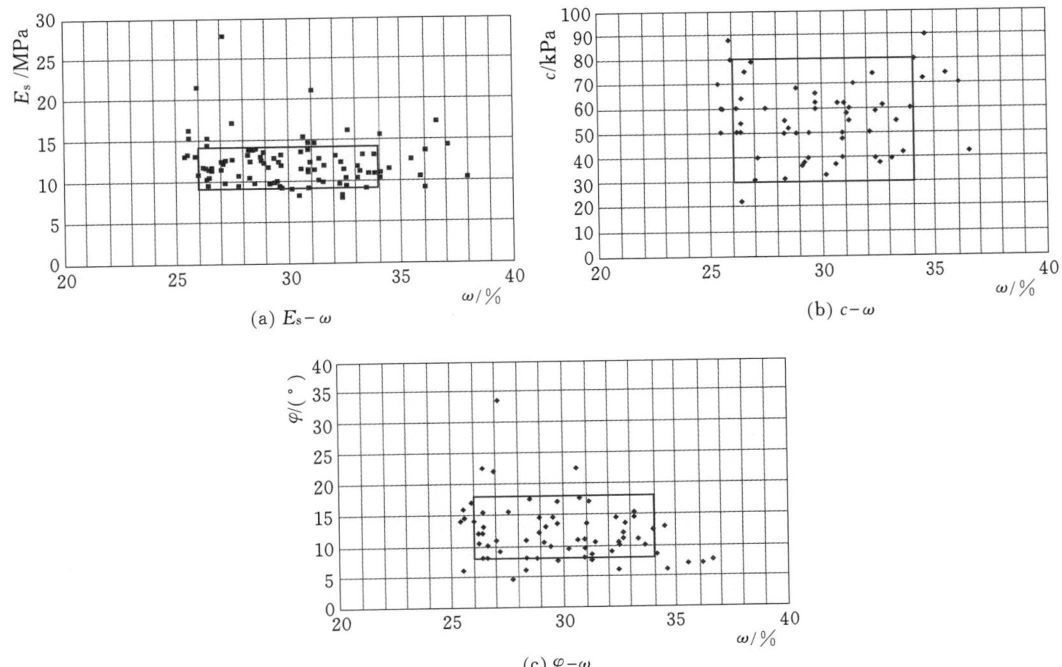

图 9.2.11　萧太后河以北段第⑤层黏土、重粉质黏土力学参数（E_s，c，φ）$-\omega$ 分布散点图

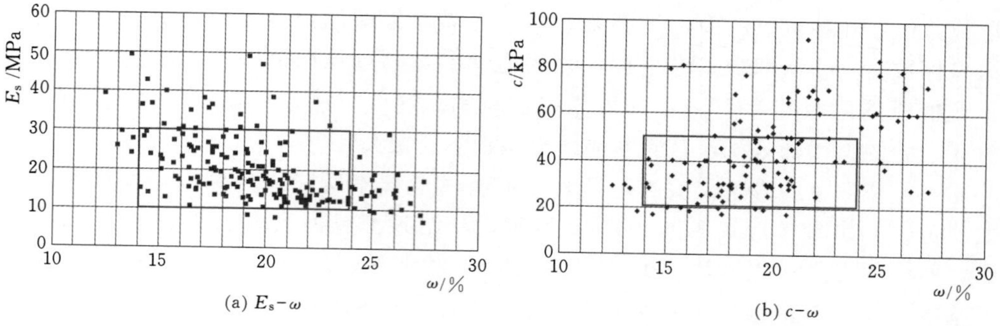

(a) $E_s-\omega$ (b) $c-\omega$

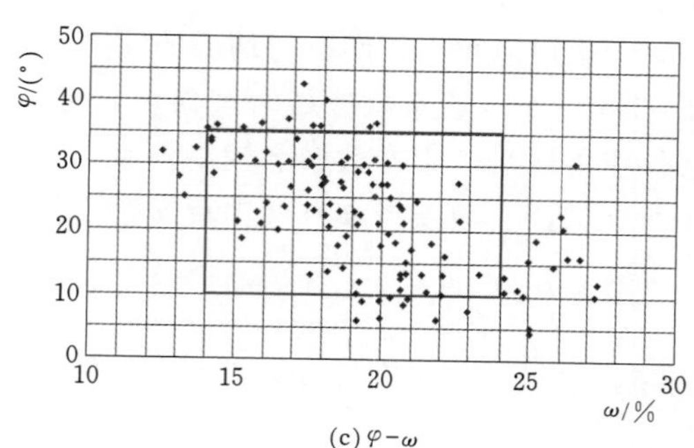

(c) $\varphi-\omega$

图 9.2.12 萧太后河以南段第⑤层一般黏性土力学参数（E_s，c，φ）-ω 分布散点图

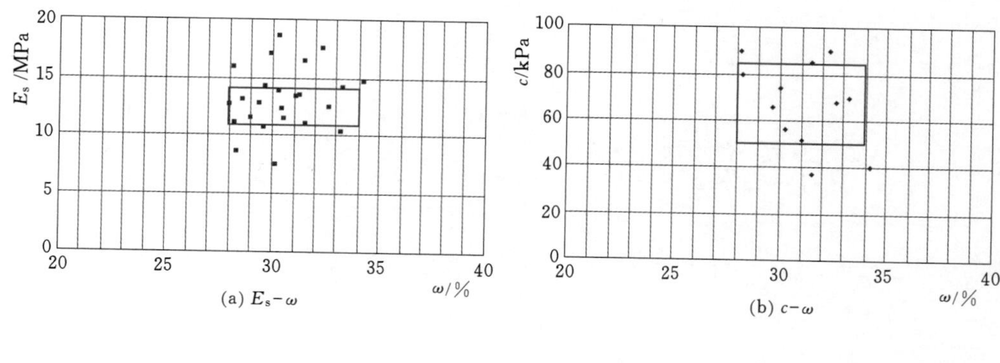

(a) $E_s-\omega$ (b) $c-\omega$

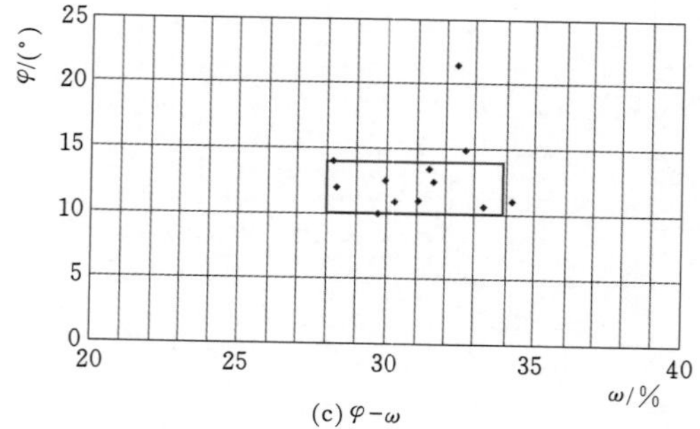

(c) $\varphi-\omega$

图 9.2.13 萧太后河以南段第⑤层黏土、重粉质黏土力学参数（E_s，c，φ）-ω 分布散点图

3. 参数相关性分析

在获得土层物理力学参数可靠性取值范围的基础上，为进一步探索研究区内第⑤层黏性土物理力学参数之间的定量相关关系，在散点图基础上进行了两变量的线性相关性研究。

首先，通过分析各散点图的包络线不难看出，对于黏土、重粉质黏土来说，其力学参数（E_s，c，φ）-ω 散点图形包络线呈圆形或轴线接近于平行坐标轴的椭圆形状，如图 9.2.14～图 9.2.16 中曲线所示，这表明其横、纵坐标所代表的两变量非线性相关。换言之，第⑤层黏性土中的黏土、重粉质黏土的 E_s，c，φ 三个力学参数与含水率 ω 为非线性相关。

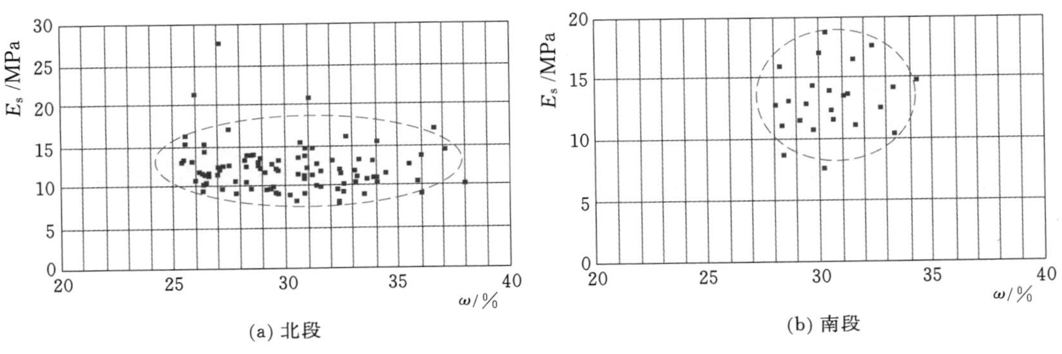

图 9.2.14 黏土、重粉质黏土 E_s-ω 散点图

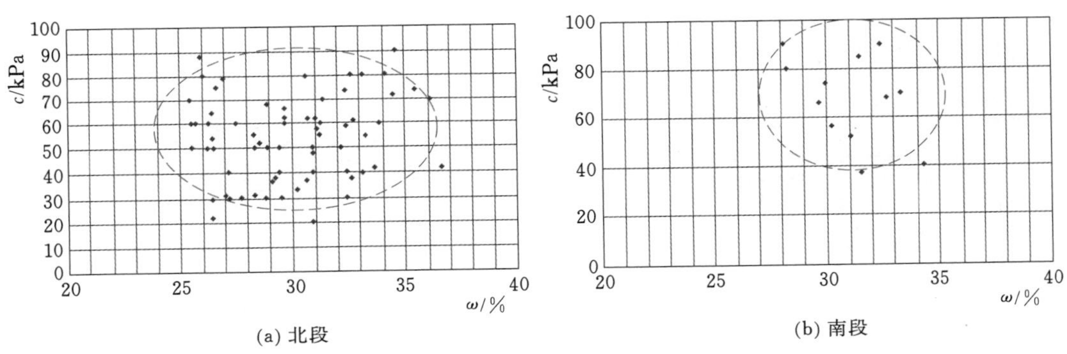

图 9.2.15 黏土、重粉质黏土 c-ω 散点图

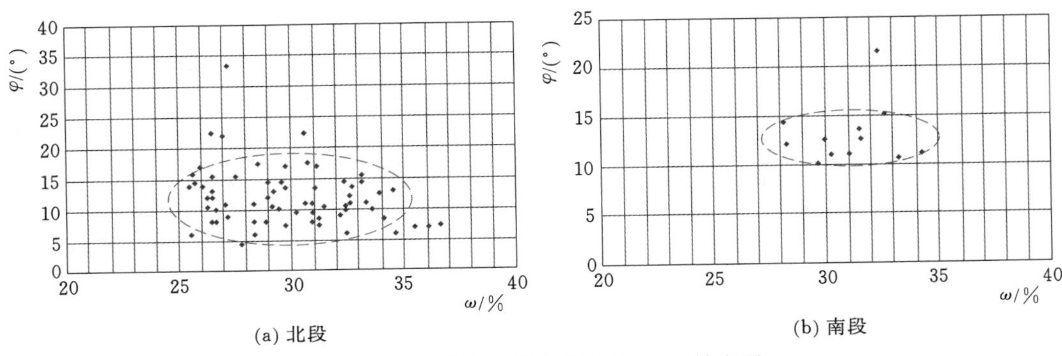

图 9.2.16 黏土、重粉质黏土 φ-ω 散点图

相比较而言，第⑤层中一般黏性土（E_s，c，φ）$-\omega$ 的散点图形包络线为轴线倾斜的椭圆形状，如图 9.2.17～图 9.2.19 所示，图中直线为横、纵坐标所代表的两参数线性相关的趋势线。由趋势线可以看出，E_s、φ 与 ω 线性负相关，即随着 ω 增大，（E_s、φ）值相应为减小的趋势；而 c 值与 ω 线性正相关，即随 ω 增大，c 值相应也增大，这一点从黏性土富含亲水性矿物的角度解释也是基本合理的。分析图 9.2.17～图 9.2.19 中各趋势线变量间的相关系数 R 可知，北段黏性土 $c-\omega$ 值的线性相关性最低，相关系数 R 仅为 0.05；其余各趋势线反映的两变量线性相关系数在 0.46～0.57 之间，两参数线性相关性中等。

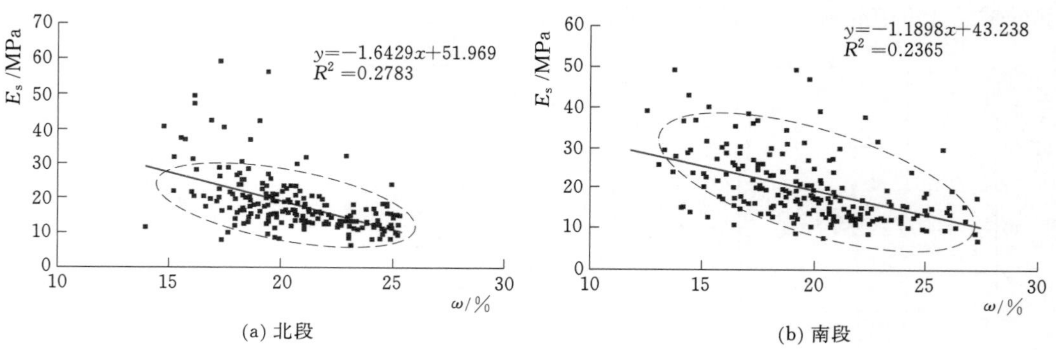

(a) 北段　　(b) 南段

图 9.2.17　一般性黏土 $E_s-\omega$ 线性关系趋势线图

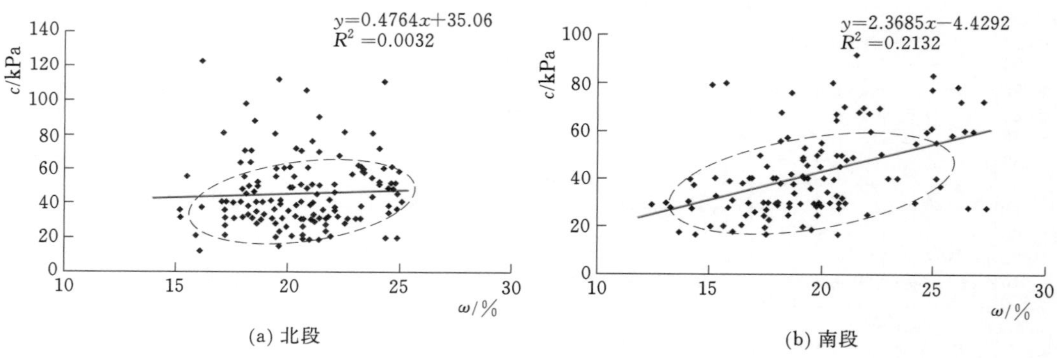

(a) 北段　　(b) 南段

图 9.2.18　一般性黏土 $c-\omega$ 线性关系趋势线图

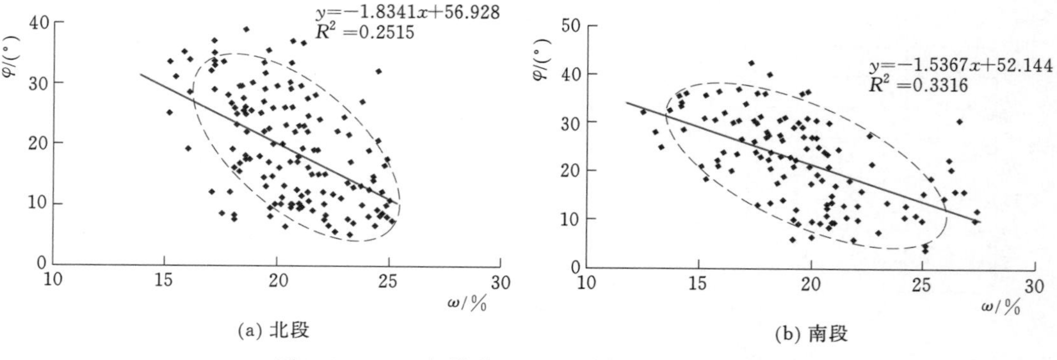

(a) 北段　　(b) 南段

图 9.2.19　一般性黏土 $\varphi-\omega$ 线性关系趋势线图

9.3　隧洞围岩力学参数的反分析研究

相对于岩土物理性质参数（如重度 γ、含水率 ω、饱和吸水率 ω_2 等），其力学参数的室内试验测试结果常因样本数量、样品质量、试验条件等多方面原因而使测试数据的可靠性、适宜性及使用价值大大降低。由 9.2 节的统计分析结果也可以看出，大部分岩石物理性质指标的测试结果变异性小，均匀性好，试验结果相对可靠，可以作为提供岩石物性参数的科学依据；而力学参数的测试结果相对离散性较大，试验数据结果不能真实反映岩石的力学性质，不可盲目地直接采用。

获取岩土力学参数最直接、有效和可靠的方法是原位测试法，但要想完全模拟各种工程设计条件，或如室内试验那样，进行众多数量的原位岩土力学参数试验，在工程实践中是不现实的，有时也是不必要的。在经济投入和工期允许的情况下，利用有限量的原位试验，结合工程师的科学分析与计算，从而获取适宜而可靠的岩土力学参数指标是最理想的状况。

岩土参数反分析即通过量测岩土体在一定条件下的位移、应力或应变等，依据一定的本构关系和计算方法，从而获得与被量测指标相关的各项岩土体物理力学参数的方法。目前应用最广的当属位移反分析法，这得益于岩土体位移量测技术的简便和可靠。北京市南水北调工程大部分为地下隧洞工程，对原位和室内试验均难以获取的围岩抗力系数采用了位移反分析（又称“反演分析”）法，为工程设计提供了可靠的力学参数。下面分别介绍西甘池隧洞试验洞大理岩围岩和南干渠隧洞试验段松散卵砾石围岩的弹性力学参数位移反分析计算方法与结果，并对结果的合理性、可靠性进行了剖析和评价。

9.3.1　西甘池试验洞岩体力学参数的位移反分析

前已述及，西甘池试验洞位于主洞进口附近，洞轴线走向、开挖高程与主洞相同，长 50m，断面尺寸如图 9.3.1 所示。开挖揭露试验洞岩性以大理岩化白云岩为主，局部有软弱夹层存在，开挖范围内未见地下水。该试验洞为综合研究之用，在洞内进行了原位岩体载荷试验、围岩收敛变形量测等，通过对试验成果的整理、分析和深入研究，设计人员获得了对隧洞围岩——大理岩体工程特性的较深入认识，并依此得以对隧洞设计方案的逐步优化和修正，保障了工程的整体安全和经济。

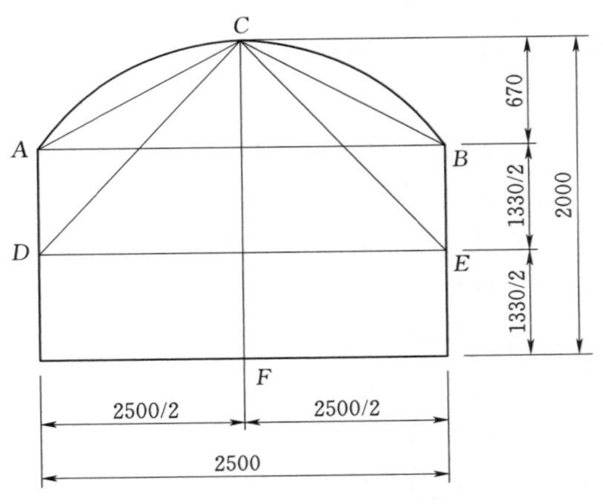

图 9.3.1　西甘池试验洞横断面示意图（单位：mm）

$A\sim F$—测点编号

沿试验洞轴线共布置了 10 个围岩收敛监测断面，平均间距为 5m；每个断面安装了 6 个测点标志，构成两横一竖共三条收敛监测测线（AB、DE 和 CF）（图 9.3.1）。量测使用的收敛计为总参工程兵第三研究所研制的 GY－85 型收敛计，其在当时国内调研的同类仪器中测量精度相对较高（误差值小于 0.05mm），且体积小，使用方便。监测工作于 1996 年 5 月下旬开始实施，持续至 1996 年年底现场量测工作基本结束，1997 年对试验结果进行了全面整理、分析和研究。

通过整理，共获得了 7 个断面，共 119 组围岩收敛变形的有效数据可供反分析研究用。基于当时工程设计的需要，反分析研究的主要目标参数是围岩侧压力系数 λ 和弹性模量 E（以下称等效弹模 E，以区别于前述由岩体原位载荷试验所得的弹性模量 E）。由于当时位移反分析的方法已经较多，但各有特点与不足，研究人员经过调研对比，结合西甘池隧洞工程的具体情况和当时的设计条件，决定采用总参工程第四设计研究院李世辉高级工程师编制的《典型类比分析法 BMP 系统程序》进行位移反分析计算。

典型类比分析法相当于一个具有典型工程分析设计与监控量测经验的专家咨询系统，它以工程地质力学岩体结构理论指导下的围岩分类建立经验分析模型，以各类围岩中代表性好的典型隧道工程原位测试资料加以量化，对岩石力学线弹性边界元程序进行反馈和综合性修正。20 世纪 90 年代该类方法在二滩电站、引大入秦等重要工程的反分析中取得了可信的结果，在水利水电工程行业具有良好信誉和口碑。

李世辉等开发的 BMP90 反分析系统程序的主要技术性能如下：

（1）可用于各类围岩隧道工程整体稳定性分析，如锚喷支护设计、计算和施工监控，特别适用于软弱破碎围岩。

（2）可模拟专家智能，实现自动试凑完成位移反分析。

（3）输入数据少，计算速度快。

（4）分析结果比较接近实际。与符合锚喷支护规范要求的洞周收敛值相比，比值 ±3 倍以内的可靠度一般不小于 90%，分析所得的破坏类型、部位与概略值也有一定的参考价值。

（5）位移反分析输出结果为地应力场侧压力系数 λ 和等效弹模 E。

BMP 程序当时的局限性表现如下：

（1）仅能用于岩石隧道，不能用于土质隧道和膨胀岩等特殊岩石。

（2）仅用于平面应变问题，不能用于三维问题。

（3）应用于洞室围岩整体稳定分析，但不能用于局部稳定性分析。

表 9.3.1～表 9.3.7 为西甘池试验洞围岩收敛变形的量测结果及位移反分析的计算结果。该位移反分析计算时，假定铅垂方向的地应力等于上覆岩层重量 γH。侧压力系数 λ 的位移反分析针对每一观测时段的实测收敛位移累计值逐一进行了计算，并统计每一收敛面（AB—CF，DE—CF）所有时段计算结果的平均值，列入表中；另外，对监测数据系列相对完整的 2、3、7 监测断面，在对其实测收敛位移数据进行双曲线函数回归分析的基础上，利用回归方程预测了围岩稳定收敛变形值，以此回归计算值为已知量也进行了侧压力系数 λ 的反分析计算，结果一同列入成果表中，以与实测位移值的计算结果进行对比分析。

等效弹模 E 的位移反分析仅对各监测断面的实测收敛位移终值和 2、3、7 断面的稳定位移回归值进行了计算。

表 9.3.1　　西甘池试验洞位移反分析结果　　观测断面编号：2

观测时间/d	水平收敛值/mm		铅垂收敛值/mm	侧压力系数 λ		等效弹模 E/MPa
	AB	DE	CF	AB—CF	DE—CF	
2	1.58	0.99	2.15	1.19	0.73	
4	1.35	0.96	1.85	1.18	0.79	
5	1.41	1.33	2.14	1.12	0.88	
6	1.66	1.57	2.16	1.22	0.98	
9	1.40	1.93	2.12	1.12	1.16	
10	1.36	1.96	2.30	1.04	1.09	
11	1.39	1.93	2.41	1.02	1.03	
16	1.35	2.18	2.56	1.00	1.09	
20	1.48	2.31	2.68	1.00	1.09	
24	1.66	2.03	2.37	1.17	1.09	
30	2.01	2.33	2.90	1.17	1.02	
38	2.03	2.35	2.93	1.17	1.02	582
平均值				1.12	1.00	
回归分析结果	2.53	2.56	3.29	1.22	1.01	519

表 9.3.2　　西甘池试验洞位移反分析结果　　观测断面编号：3

观测时间/d	水平收敛值/mm		铅垂收敛值/mm	侧压力系数 λ		等效弹模 E/MPa
	AB	DE	CF	AB—CF	DE—CF	
20	0.87	1.16	1.30	1.12	1.17	
21	0.82	1.75	1.83	0.91	1.20	
22	0.78	2.36	2.36	0.77	1.23	
23	0.96	2.44	2.32	0.86	1.26	
24	1.03	2.60	2.49	0.86	1.26	
25	1.11	2.76	2.67	0.86	1.25	
30	1.06	2.59	2.54	0.87	1.23	
33	1.06	2.66	2.54	0.86	1.26	690
平均值				0.89	1.20	
回归分析结果	1.53	2.96	2.62	1.04	1.36	684

表 9.3.3 西甘池试验洞位移反分析结果 观测断面编号：5

观测时间/d	水平收敛值/mm		铅垂收敛值/mm	侧压力系数 λ		等效弹模 E/MPa
	AB	DE	CF	AB—CF	DE—CF	
4	0.17	0.35	0.21	1.18	1.75	
5	0.19	0.39	0.38	0.88	1.34	
6	0.08	0.30	0.72	0.50	0.83	
7	0.26	0.43	0.45	0.98	1.28	
8	0.31	0.48	0.50	1.00	1.28	
9	0.36	0.53	0.55	1.10	1.29	
11	0.41	0.53	0.55	1.12	1.29	
30	0.67	1.37	0.64	1.41	2.03	2049①
平均值				0.98	1.23	

① 本断面从第 3 天开始有效观测，等效弹模 E 值仅供参考。

表 9.3.4 西甘池试验洞位移反分析结果 观测断面编号：6

观测时间/d	水平收敛值/mm		铅垂收敛值/mm	侧压力系数 λ		等效弹模 E/MPa
	AB	DE	CF	AB—CF	DE—CF	
4	0.03		1.17	0.71		
5	0.37		1.56	0.71		
6	0.46		1.95	0.71		
8	0.66		2.34	0.77		
11	0.52		1.22	0.95		
12	0.70		0.74	1.16		
17	1.33		1.88	1.24		
20	0.98		1.33	1.26		
21	1.02		1.43	1.24		
23	0.87		1.60	1.09		
25	0.97		1.57	1.14		
30	1.06		1.53	1.22		
33	0.70		1.01	1.22		1936①
平均值				1.10		

① 本断面从第 3 天开始有效观测，等效弹模 E 值仅供参考。

表 9.3.5 西甘池试验洞位移反分析结果 观测断面编号：7

观测时间/d	水平收敛值/mm		铅垂收敛值/mm	侧压力系数 λ		等效弹模 E/MPa
	AB	DE	CF	AB—CF	DE—CF	
2	0.58	0.70	0.75	1.19	1.27	
3	1.17	1.25	1.04	1.53	1.52	
4	1.21	1.68	1.12	1.50	1.74	
7	1.45	1.92	1.42	1.45	1.63	

续表

观测时间/d	水平收敛值/mm		铅垂收敛值/mm	侧压力系数 λ		等效弹模 E /MPa
	AB	DE	CF	AB—CF	DE—CF	
10	1.55	2.04	1.51	1.46	1.63	
15	2.28	2.67	2.02	1.54	1.61	
19	2.13	2.76	2.09	1.45	1.61	
26	2.09	2.50	1.65	1.65	1.75	
28	1.99	2.28	2.10	1.37	1.39	
124	2.04	2.63	2.93	1.13	1.24	567
平均值				1.40	1.50	
回归分析结果	2.24	2.80	2.26	1.48	1.55	523

表 9.3.6　西甘池试验洞位移反分析结果　观测断面编号：9

观测时间 /d	水平收敛值/mm		铅垂收敛值/mm	侧压力系数 λ		等效弹模 E /MPa
	AB	DE	CF	AB—CF	DE—CF	
10	0.51	0.71	0.51	1.54	1.60	
12	0.14	0.16	0.26	1.10	1.19	
13	0.36	0.23	0.28	1.77	1.18	
14	0.46	0.41	0.56	1.32	1.12	
15	0.55	0.44	0.63	1.43	1.07	
16	0.60	0.38	0.62	1.51	1.18	
20	0.18	0.39	0.63	0.82	1.19	
23	0.50	0.47	0.66	1.32	1.09	
26	0.50	0.41	0.46	1.65	1.24	
28	0.90	0.37	0.79	1.65	0.87	1592①
平均值				1.40	1.12	

① 本断面从第 9 天开始有效观测，等效弹模 E 值仅供参考。

表 9.3.7　西甘池试验洞位移反分析结果　观测断面编号：10

观测时间 /d	水平收敛值/mm		铅垂收敛值/mm	侧压力系数 λ		等效弹模 E /MPa
	AB	DE	CF	AB—CF	DE—CF	
5	0.04	0.10	0.09	0.95	1.39	
7	0.59	0.18	0.44	1.68	0.82	
13	0.16	0.18	0.40	0.90	0.85	
17	0.41	0.23	0.52	1.26	0.85	
23	0.41	0.28	0.40	1.45	1.07	1567
平均值				1.25	1.00	

表 9.3.8 为西甘池试验洞围岩力学参数的位移反分析计算结果汇总及其数理统计结果，其中只有实测位移反分析的计算结果参与了数理统计。

表 9.3.8　　西甘池试验洞位移反分析计算结果汇总

断面编号	埋深/m	侧压力系数 λ		等效弹模 E /MPa
		AB—CF	DE—CF	
2	13.5	1.12 (1.22)[①]	1.00	582 (519)
3	14.0	0.89 (1.04)	1.20	690 (684)
5	14.0	0.98	1.23	2049
6	15.0	1.10		1936
7	15.0	1.40 (1.48)	1.50	567 (523)
9	15.0	1.40	1.12	1592
10	15.0	1.25	1.00	1567
数理统计	平均值	1.16	1.18	1283
	最大值	1.40	1.50	2049
	最小值	0.89	1.00	567
	标准差 Δ	0.20	0.19	651
	均方差 σ_{n-1}	0.18	0.17	603
	变异系数 δ	0.17	0.16	0.51
	组数 n/个	7	6	7

①　括号内数值为根据位移回归值进行反分析计算的结果，不参与数理统计分析。

数理统计的结果表明，实测位移反分析所得侧压力系数 λ 的分布范围介于 0.89～1.50 之间，但集中分布范围为 0.80～1.25；其平均值 $\lambda_m=1.16$，统计变异系数 $\delta_\lambda=0.17$，相对较小；$\lambda_m\pm2\sigma_{n-1}=0.80\sim1.52$，$\lambda_m\pm\sigma_{n-1}=0.98\sim1.34$，该反分析计算的数值结果全部分布于其平均值左右 2 倍均方差的范围内。从数理统计分析的结果可以认为，侧压力系数 λ 的反分析计算结果可靠度较高，西甘池隧洞大理岩围岩的侧压力系数 λ 取值范围可以确定为 0.80～1.25。

等效弹模 E 的反分析计算结果表明，在重力场条件下，试验洞大理岩围岩的等效弹性模量 E 计算值范围为 500～2000MPa，分布区间大，统计变异系数大（$\delta_E=0.51$）。这一计算结果不仅与岩石专家的经验认识有大的出入（隧洞开挖过程中，邀请了围岩分类知名专家邢含信、赵玉绂高工等亲临现场，对揭露的围岩进行鉴别，专家们一致认为西甘池试验洞大理岩的等效弹模一般应不低于 5000MPa），而且与当时在试验洞内同步开展的岩体原位载荷试验的测试成果相差也较大（原位测试结果表明，大理岩体的静弹性模量 E 为 4000～10000MPa），因此该岩体弹性模量 E 的反分析计算结果可靠度相对较低，值得进一步研究和验证。

总体来说，弹性模量 E 的反分析计算值远远低于专家经验值和原位试验的测试值。从分析反分析计算方法入手，研究者认为此次反分析计算采用的典型类比分析法从本构关系上仅适用于平面应变问题，但实际反演时输入的实测位移不仅包含了隧洞开挖后围岩发生的弹性位移，而且包含了由于应力松弛、空间效应以及蠕变等多因素引起的非弹性位移，由此输入的位移值较大，反演的弹性模量相对要小。另外，也有研究者认为，造成西甘池试验洞围岩等效弹性模量反分析计算值较低的原因可能与假定为重力应力场有关，这一点也需要进一步深入研究。

9.3.2　南干渠试验洞围岩弹性参数最优组合的正交试验反分析

与西甘池的岩石隧洞不同，南干渠输水隧洞围岩为Ⅴ类松散土体，地质结构多为砂、卵砾石二元结构，围岩自稳定性能差，开展洞内原位试验以获取其力学参数的难度大。21 世纪以来在岩土工程设计中蓬勃发展和广泛应用的三维数值计算，使得首先通过简便量测，然后进行反分析计算获取试验难以确定的土体力学参数成为可能。

南干渠试验洞长 30m，开挖直径为 4.6m，平行独立双洞，两洞轴线间距为 7.6m。根据隧洞施工过程的实际情况，将松散土层、注浆加固土层和初期支护的弹性模量作为待反演参数，其他材料力学参数作为已知值。利用隧洞施工过程中沉降监测值，基于正交试验设计方法构建的隧洞数值反演分析模型，来反推影响隧洞围岩变形的力学参数。

基于右隧洞（先施工）上台阶开挖 10m、下台阶开挖 5m 时各测点的竖向位移监测数据，进行参数反演分析。测点实测竖向位移值见表 9.3.9；图 9.3.2 为典型横断面（345）和典型测点（2 号）所在纵断面的实测位移曲线图。正交设计数值反演分析位移测点布置如图 9.3.3 所示。

表 9.3.9　　正交设计数值反演分析监测点实测竖向位移　　单位：mm

测点编号	测点位置	测量值		
		325 断面	335 断面	345 断面
1 号	下层	0.00	−0.25	0.68
	中层	0.00	−0.01	0.31
	表层	0.00	−0.09	0.14
2 号	下层	0.00	0.19	−1.69
	中层	0.00	−0.08	−1.16
	表层	0.00	−0.19	−0.54
3 号	下层	0.19	0.17	0.44
	中层	0.31	0.01	0.27
	表层	0.29	−0.05	0.04
4 号	下层	0.28	−0.30	0.24
	中层	0.22	−0.36	0.32
	表层	0.22	−0.46	0.33
5 号	下层	0.22	0.01	0.00
	中层	0.61	0.03	0.00
	表层	0.21	0.01	0.00

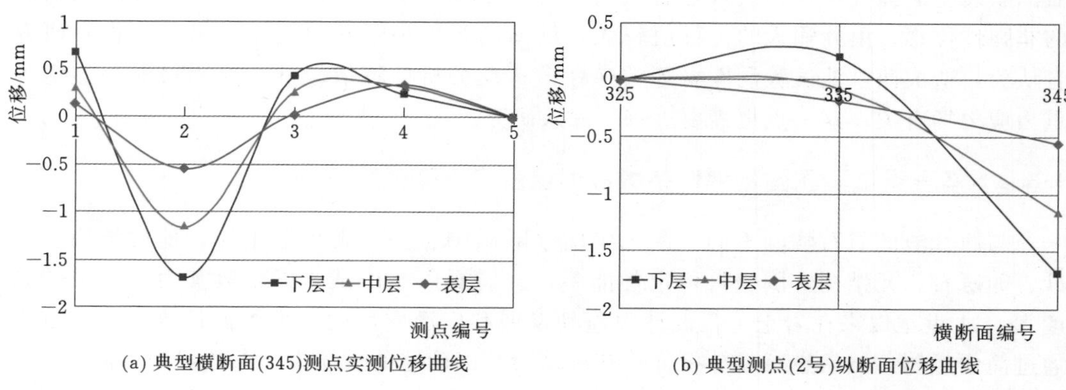

(a) 典型横断面(345)测点实测位移曲线　(b) 典型测点(2号)纵断面位移曲线

图 9.3.2 监测点实测位移曲线图

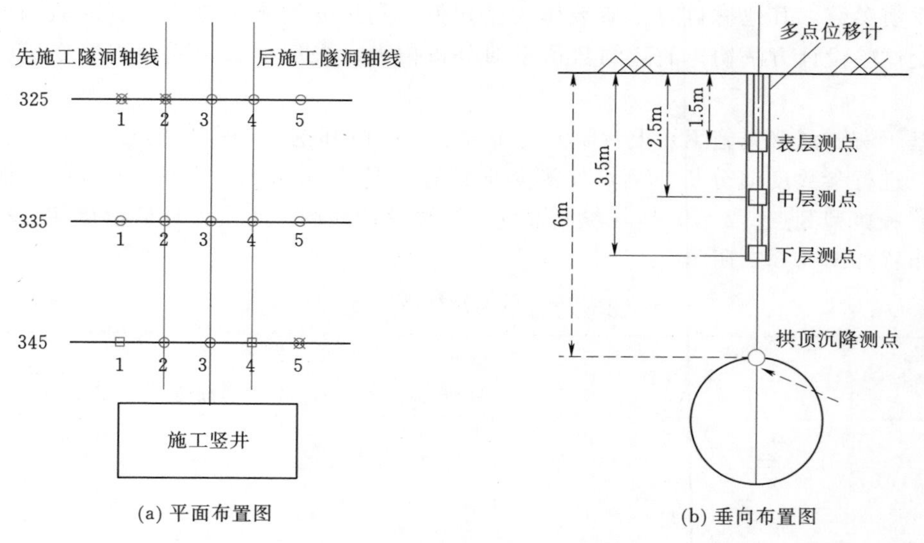

(a) 平面布置图　(b) 垂向布置图

图 9.3.3 监测点布置示意图

待反演的弹性参数包括试验洞砂卵砾石围岩、注浆加固后的围岩土体以及初期支护结构材料的弹性模量 E。反演分析的数学模型为

$$F(E_j)=\min\sum_{i=1}^{n}(u_i-u_{mi})^2 \quad j=1,\ 2,\ 3,\ \cdots,\ N \tag{9.3.1}$$

式中 u_i、u_{mi}——监测点 i 处围岩竖向位移的计算值和监测值；

n——测点个数；

N——待反演参数的个数；

E_j——待确定的材料等效弹性模量。

该反演分析计算的实质是通过求解目标函数 $F(E_j)$ 的最小值，以获得材料等效弹模 E 的最优解。

与前述西甘池隧洞围岩弹性参数反演分析（二维平面应变本构模型）不同，南干渠试验洞采用三维数值模型进行反分析计算，模型结构如图9.3.4所示。该三维模型宽40m，长60m，隧洞轴线方向为y轴，垂直向上方向为z轴正方向，共划分四面体单元132000个，节点136299个；模型的侧面和底面为位移边界，其中两侧的位移边界约束水平移动，底部边界为固定边界，约束水平移动和垂直移动；模型上边界为地表，定义为自由边界。

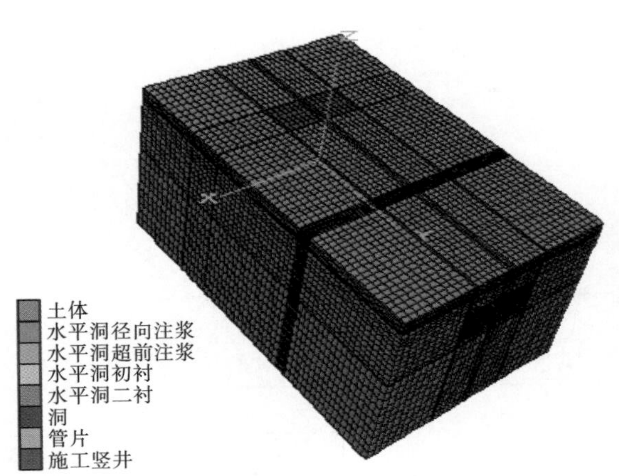

图9.3.4 南干渠试验洞三维模型及计算网格剖分示意图

模型计算需输入的材料已知参数见表9.3.10。模型计算分三步：①土体自重平衡；②管线自重平衡；③清除管线自重平衡产生的变形，进行右隧洞开挖施工模拟，每个步序模拟施工过程中的超前注浆加固、土体开挖及支护。

表9.3.10 南干渠试验洞围岩弹性参数反分析模型输入参数值

材料名称	密度ρ/(kg/m^3)	泊松比ν	摩擦角φ/(°)	黏聚力c/kPa
围岩（砂卵砾石）	2000	0.25	35	0
注浆加固后的围岩土体	2100	0.22	35	0
初期支护（混凝土）	2500	0.20	—	—

采用正交试验法设计和优化反分析过程。设计因素为初期支护、注浆加固土体和围岩三种材料的等效弹模E，设计的因素水平见表9.3.11。以计算位移和实测位移差的平方和$F(E_j)$为试验评价指标，试验指标值越小，表明计算值越接近实测值。由此构造的反分析数值试验方案共9种，见表9.3.12，试验过程如图9.3.5所示，试验指标的计算结果列入表9.3.12最后一列。

表9.3.11 正交试验因素水平表

因素水平	因素		
	初期支护（因素1）	注浆加固土体（因素2）	围岩（因素3）
1	20000	50	20
2	23000	60	30
3	26000	70	40

表9.3.12 正交设计试验方案及试验指标计算结果

正交试验方案	因素1/MPa	因素2/MPa	因素3/MPa	$F(E_j)$ /mm^2
1	20000	50	20	27.490
2	20000	60	30	27.720

续表

正交试验方案	因素 1/MPa	因素 2/MPa	因素 3/MPa	$F(E_j)$ /mm^2
3	20000	70	40	28.210
4	23000	50	30	27.960
5	23000	60	40	27.970
6	23000	70	20	27.920
7	26000	50	40	27.310
8	26000	60	20	28.260
9	26000	70	30	27.950

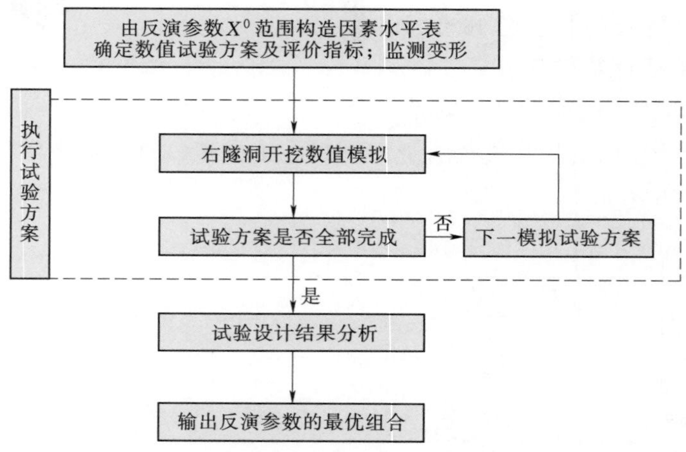

图 9.3.5 正交设计反演分析试验过程

通过对正交试验指标计算结果的直观分析才可确定各因素的重要性顺序和最优组合方案。直观分析首要任务是计算各因素不同水平的试验指标和 B_i^j（即水平和）、指标均值 k_i^j（即因素水平均值）以及各因素水平均值的极差 R^j，计算公式如下：

$$B_i^j = \sum_{k=1}^{n} \delta_{iA_j(k)} y_k \tag{9.3.2}$$

$$k_i^j = B_i^j / l \tag{9.3.3}$$

$$R^j = \max(k_i^j) - \min(k_i^j) \tag{9.3.4}$$

$$l = n/S$$

式中 n——试验次数（方案数）；

i——水平数，$i=\{1, S\}$；

j——实际因素数，$j=1, r$（实际因素数）；

$A_j(k)$——第 j 个因素中第 k 试验号所对应的水平号；

y_k——第 k 试验号所对应的试验指标值；

$\delta_{iA_j(k)}$——克罗内克符号。

各因素水平均值的极差 R^j 越大，该因素越重要；因素试验指标的均值 k_i^j 越小，该水平即为因素最优水平；将各因素最优水平组合起来，则为对应于该试验指标的最优因素组合方案。表 9.3.13 为南干渠试验洞围岩弹性参数反分析正交设计方案的直观分析结果。由表可知，试验洞围岩弹性模量 E 的最佳组合方案为：初期支护（混凝土）的等效弹模 E=26000MPa，注浆加固土体 E=50MPa，砂卵砾石围岩 E=40MPa。

表 9.3.13　南干渠试验洞围岩弹性参数反分析正交设计方案直观分析结果

因素号	k_i^j /mm²			R^j/mm²	重要性排序	最佳水平	最佳参数值 /MPa
1	27.842	27.949	27.839	0.110	1	3	26000
2	27.619	27.985	28.027	0.408	2	1	50
3	27.922	27.879	27.831	0.091	3	3	40

第 10 章　总干渠 PCCP 段地质灾害研究

10.1　地质灾害分布特征及危害

10.1.1　地质灾害发育及分布特征

总干渠 PCCP 段周口店以南段，地貌为溶蚀堆积丘陵区，高程为 100～300m，谷底高程为 60～100m；山势较缓，多呈岗岭及圆丘状，表面常为残坡积黏土碎石所覆盖，大多被开垦为梯田。线路沿线因地质环境条件的不同，地质灾害发育的类型不尽相同。

半壁店—周口河段为岩溶发育区，地层岩性主要为蓟县系白云质灰岩，岩溶形态以溶沟、溶槽、溶隙为主，局部发育较小的溶洞，主要发育岩溶崩塌地质灾害。新街—瓦井一线岩性为页岩与灰岩互层，边坡岩体易产生顺层滑动。瓦井—周口店为寒武—奥陶系地层分布区，南段岩性为千枚岩、板岩夹灰岩，北段岩性为鲕状灰岩、泥质条带状灰岩和白云质灰岩，岩溶发育，除地表岩溶外地下发育有较大的洞穴，充填情况各异，易发生岩溶塌陷地质灾害，北京猿人周口店遗址即位于该区段内。

天开—瓦井一带岩性以青白口系千枚岩及板岩为主。周各庄—瓦井段处于低山前缘的斜坡地带，基岩多被黄土覆盖，局部形成厚十余米的黄土台地，台面平缓，微向山前倾斜，发育有较深的冲沟，深度可达十余米。该区域是泥石流灾害的易发区，同时存在黄土湿陷性工程地质问题。

牛口峪—羊头岗段大部分在周口店花岗岩体的边缘地带，主要为低矮的丘陵与残丘。丘陵区具明显的花岗岩地貌，管道所经地区基本位于丘陵前缘，以残丘为主，多被风化砂及第四系松散层所覆盖。该区段为边坡崩塌的易发区。

房山县城一带主要岩性为角闪二长岩与花岗片麻岩，角闪二长岩在遇水情况下极易产生风化，造成边坡塌陷。

在大苑上—贺照云一带主要为白垩系地层，岩性为泥岩、砾岩、砂岩，由于泥岩、砂岩、砾岩受水、风、温度等自然因素的风化作用影响，形成边坡崩塌、滑坡、掉块，甚至发生砸坏管道的事故。其主要破坏机理是泥岩变形、不均匀收缩、裂隙发育、水作用下岩石软化、砂岩崩解等多种作用造成灾害的发生。长辛店一线分布长辛店砾岩、泥岩、砂岩，泥岩遇水膨胀崩解。

八宝山断裂与管道桩号 26+600 处交叉，造成该地带岩体极为破碎，施工开挖后边坡岩体发生滑塌现象较多。

总干渠 PCCP 段沿线地质灾害的发育类型、空间分布受区域地层岩性、地质构造、地貌条件以及工程作业方式等因素的共同控制。总体上，低山丘陵区段岩体发生崩塌、顺层滑动的现象较多，特别是线路受八宝山断裂影响的地段，开挖后多处基槽边坡发生滑坡、崩塌；沟谷段遭受泥石流的威胁大；平原区地质灾害发生的概率要小得多。

就地质灾害发育的时间规律而言，主要与气温变化、降雨以及地下水动态变化有关。初春冰雪融化、大地回暖之时，冻结在地表层的冰开始融化，造成边坡岩土体的酥软，容易发生崩塌［图 10.1.1（a）］；每年雨季（6—9 月）期间，降雨量增加，岩土体中含水量增加，易沿边坡发生滑动，是崩塌、滑坡和泥石流等突发性地质灾害的高发期。图 10.1.1（b）为雨季施工的总干渠 PCCP 段基槽。虽然一般来说，降雨期与地质灾害高发期基本同步，但对单体地质灾害而言，其发生的具体时间具有不确定性，受岩体结构、岩性等内在因素影响，有的在持续小雨期内发生，有的则在暴雨过程中或雨后发生，这一点是地质灾害预测的难点所在。

(a) 冻融引发边坡坍塌

(b)降雨引发的边坡坍塌

图 10.1.1　总干渠 PCCP 管道沟槽边坡破坏图

10.1.2　典型地质灾害特征

总干渠 PCCP 沿线典型地质灾害类型有崩塌、滑坡、岩溶和泥石流四种，它们的主要特征分述如下。

10.1.2.1　崩塌

根据边坡岩体发生崩塌破坏的力学机制，PCCP 管道沿线的崩塌大致可分为滑塌-坍塌式、倾倒-坠落式、拉裂-坠落式和土崩四种形式。

滑塌-坍塌式，指岩土体沿结构面或软弱夹层发生滑落和坍塌的方式。在重力作用下，沿结构面的分力大于软弱夹层的峰值强度后，产生崩塌式的滑移。这种灾害一般发生在岩土体结构面或软弱夹层与边坡倾向一致时，边坡开挖破坏了岩土体的稳定状态，在重力、雨水软化结构面等情况下发生滑移［图 10.1.2 (a)］。上部为土层、下部为岩体的土岩组合边坡也容易发生这种类型的破坏［图 10.1.2 (b)］。

(a) 沿结构面滑塌

(b) 土岩组合边坡滑塌

图 10.1.2　滑塌-坍塌式崩塌

倾倒-坠落式常发生于岩体地段。独立的岩块与整体岩块有裂隙或节理分开，横向稳定性差，当岩体基座被自然应力掏空成为悬岩时，在长期重力及风化作用下，发生倾覆坠落（图 10.1.3）。

图 10.1.3　倾倒-坠落式崩塌

当岩体被多组节理切割成矩形、楔形时，节理面在雨水等外力作用下，逐渐张开形成裂缝，随裂缝的不断扩大，破碎产生的岩块沿斜坡坠落，形成拉裂-坠落式崩塌。此类崩塌岩体边界不规则，产生的落石体积较大（图 10.1.4）。

土崩指当斜坡的组成物质为黏性土或一定厚度的坡积物等松散土类时，由于斜坡坡度较大，在雨水冲刷下土体发生滑塌或坍塌的现象（图 10.1.5）。

图 10.1.4　拉裂-坠落式崩塌

图 10.1.5　土崩

实际工程中，经常遇到的是不同崩塌类型的组合型，其力学机制复杂，需具体分析对待。

10.1.2.2　滑坡

总干渠 PCCP 段滑坡按其物质组成可分为松散堆积层滑坡和岩质滑坡两大类。

松散堆积层滑坡物质由均质或非均质的黏性土、砂性土、黄土或风化严重的岩石破碎物和断裂构造破碎带组成；其滑面多为土岩接触面［图 10.1.6（a）］。工程区段内松散堆积层滑坡数量多，规模以小型为主。

岩质滑坡指在前第四纪地层岩体中发生的滑坡，滑体物质以第三系泥岩、砂砾岩为主，也有软弱片岩、角闪二长岩、板岩等，滑面多为岩体中的软弱结构面、顺坡层面等；滑坡壁多上陡下缓，可见粗糙擦痕［图 10.1.6（b）］。

10.1.2.3　岩溶

岩溶发育与它赋存的地质环境、地质构造有密切的关系，它们不仅控制着岩溶发育的方向，而且还影响着岩溶发育的规模、形态等。一般在断裂带、褶皱带、构造节

(a) 堆积层滑坡

(b) 岩质滑坡

图 10.1.6 滑坡

理和裂隙发育处岩溶较强烈。

总干渠 PCCP 工程区域内碳酸盐岩分布范围占基岩段的一半以上，各种岩溶现象均有不同程度的发育。由于水岩交替作用相对较南方弱，大规模的溶洞和地下暗河系统较少见，多以石牙、岩锥、岩坎、岩角、小型洞穴、溶槽、溶坑、溶蚀裂隙为主(图 10.1.7)。不同形态的岩溶特征分述如下。

图 10.1.7 PCCP 管道基槽发育的岩溶

PCCP 管道沿线奥陶系灰岩中发育有周口店猿人洞，蓟县系雾迷山组灰岩中发育有上方山云水洞（洞径可达十余米，长百余米），均是规模相对较大的溶洞，已开发成旅游胜地。管道沿线的石窝、西甘池、瓦井、牛口峪等地发现多处规模较小的溶洞，一般高 0.5～3m，埋深在地表以下 5～20m，大多被红色黏土所充填，也有半充填或无充填的空洞，此类溶洞多顺地层发育，洞宽大于洞高 2～3 倍，呈扁平状。

管道沿线的灰岩分布地区普遍发育有不同规模的溶蚀沟、槽，一般宽度为数厘米至数米，深度也为数十厘米至数米。沟槽主要由暂时性水流沿节理或层面裂隙刻切而成，地表形成线状凹槽，下部则为黏土碎石所充填。石窝—西甘池一带溶蚀沟、槽发育规模相对较大，宽度可达1～3m，深7～8m，长数米至十余米，似垂直发育的落水洞，但其底部未发现与其连通的溶洞，多被红黏土所充填与掩埋。

溶隙、溶孔多沿层面、节理、断层等裂隙发育，是北京地区岩溶地下水的主要通道。其大小不一，一般从数毫米至十余厘米不等，有时串珠状的溶孔与溶隙联合形成网状的岩溶地下水体，在断层破碎带则形成线状或带状富集地下水径流通道。

10.1.2.4　泥石流

泥石流是山区常见的一种地质灾害，它是由特定的地形地质环境和强降雨过程共同形成的一种含有大量泥沙、石块和水的固液两相重力流体，主要形成于沟谷和坡地。泥石流具有突然暴发、历时短暂和破坏力强大的特点，降雨量、暴雨强度和暴雨发生的时间是控制泥石流活动的主要因素。

PCCP管道沿线泥石流灾害一般发育于跨沟谷地段。图10.1.8为工程施工期间局部地段遭遇泥石流灾害后的场景。

图10.1.8　泥石流淹没沟槽

10.1.3　地质灾害对工程的危害

PCCP管道施工沿线地质灾害以崩塌、滑坡、泥石流、岩溶塌陷等为主，对工程造成的危害主要表现在以下三方面。

（1）直接危害。在工程施工阶段，由于PCCP管道施工是按顺序把每节管道进行套装，一旦基础受损或边坡塌陷砸坏管道，甚至一节管道受损，将使每段几十吨的管道几节甚至几十节拆卸重装，损失很大，危害严重。滑坡、崩塌、泥石流可引起岩石挤压管道，造成管道出现拉伸、弯曲、扭曲等变形或断裂，以及毁坏管道构建筑物，如排气井、排空井、阀井等工程设施。泥石流引发洪水可冲刷管道甚至造成管道被填埋，使管道在重力或浮力作用下产生垂向位移。当发生地面坍塌和地面沉降时，可诱发工程灾害和人员伤亡。图10.1.9为工程遭受直接危害的场景。

图 10.1.9　PCCP 管道遭受滑坡、泥石流直接危害

（2）间接危害。指由于地质灾害的联锁反应所造成的对工程的危害。如在施工期地质灾害发生，将破坏正常的施工条件和工程运营管理，不仅可能影响施工进度、威胁施工人员生命安全，而且可能增加工程维护费用，使工程不能充分发挥预期的经济效益、社会效益和环境效益。在工程施工局部区域，由于部分区域地下水位高于基槽开挖面，将不可避免地进行疏排地下水，引起地下水渗流场和补排关系的明显变化，进而导致地表井泉干涸，影响当地居民的生活和工农业生产。另外，地下水在隧洞施工中，可引起突水、崩塌等地质灾害。在运营期当地质灾害造成引水管道破坏，则造成供水能力下降，市民生产、生活将受到影响。图 10.1.10 为工程施工期间因降雨引发的基槽被淹、地面塌陷等致使 PCCP 管道工程受影响的场景。

图 10.1.10　地质灾害对 PCCP 管道工程的间接危害

（3）衍生危害。指地质灾害发生后一段时间内才出现的次生灾害或因间接危害造成的延伸危害。

10.2　地质灾害致灾机制与边坡稳定性分析

很多地质灾害，如滑坡、崩塌、泥石流、岩溶塌陷、水库诱发地震、地面沉降等，本质上都是水量、流速、水力坡度、水化学成分等的变化引发的水岩相互作用类型、速度或规模的改变，导致岩土体失去与其周围环境的平衡，发生灾变。在水利水电工程建设，特别是大型水利设施的建设和营运过程中，这类由水岩相互作用导致的灾变地质作用，有时不仅强度高，而且时空尺度较大。

自然界中，水岩作用贯穿于地质灾害形成和发展的全过程。由于降水量的增加，冲刷边坡，雨水下渗，土体重度大幅度增加，降低岩体和土体的强度，软化结构面，同时使地下水位抬高，岩土体与水作用，物理状态发生变化，风化作用加剧；其次，在强烈潜蚀作用下，随着地层中黏粒等细颗粒在潜蚀作用下被带走，岩土体结构破坏，裂隙随潜蚀的作用快速贯通，这些无疑加速了崩塌、滑坡等地质灾害的制动。

10.2.1　施工沿线不同灾害体致灾机制

地质灾害的形成、发育与诱发，与内外地质动力及人类活动有密切关系。不同类型的地质灾害，有不同的致灾机理与机制。下面分析 PCCP 管道沿线主要地质灾害的致灾机制。

（1）断裂。断裂是地球内动力地质作用的一种反映。断裂周围岩体会产生不断变化的位移场和形变场。由于地质环境变迁，断裂位移场和形变场将不断变化与积累，无疑对断裂周围地质体的变形破坏产生一定影响。断裂活动对岸坡变形破坏的影响是多方位的，并且具有一定的距离效应，距离越近，边坡岩土体受断裂的影响越明显。

（2）滑坡与崩塌。滑坡是滑移面上岩土体剪应力超过了其抗剪强度所致；崩塌是指斜坡上的岩土体由于种种原因在重力作用下部分崩落塌陷的现象。滑坡和崩塌有着无法分割的联系，常常相伴而生，产生于相同的地质构造环境中和相同的地层岩性构造条件下，且有着相同的触发因素，容易产生滑坡的地带也是崩塌的易发区。

（3）地面塌陷。地面塌陷是指地表岩、土体在自然或人为因素作用下向下陷落，并在地面形成塌陷坑的现象。地面塌陷可由黄土湿陷、降雨、干旱、洪水、冻融等自然作用引起，也可由抽水、蓄水、坑道排水、灌溉、振动、加载等工程活动引起。地面塌陷对输水管道造成的破坏主要是在塌陷地面向下的重力作用下，管道随塌陷岩土向下运动、管道恒压状态被破坏，进而偏离原有平衡位置，产生变形接口破裂，甚至折断。

（4）岩溶塌陷。在石灰岩、白云岩等碳酸盐岩地段，地下埋藏有大量隐伏溶洞、溶隙等，当溶洞或溶隙足够大时，作用于其上的岩土体在地震、自重、地下水变化或人为活动等因素作用下发生竖直向下运动而形成岩溶塌陷。岩溶塌陷有多种形态，主要取决于地表覆盖层的性质。黏土覆盖层下的塌陷多呈井状或坛状，砂土覆盖下的塌陷多呈漏斗形状，松散土层下的塌陷多呈碟形状。

（5）泥石流。泥石流是由岩屑、泥土、砂石等松散固体物质和水组成的混合体，在重力作用下沿着坡面或沟床向下运动形成的。泥石流的暴发总是带有突然性，来势凶猛，并且可以携带石块高速前进，强大的能量会造成很大的破坏性。它具有高流速，通常为 5～7m/s，极快可达 70～80m/s，含有的固体物质含量不一。因此，它不但具有极强的搬运能力，而且它的侵蚀、沉积能力也极为惊人。泥石流暴发历时短暂，破坏力大，经常冲毁耕地、破坏交通，堵塞河道、摧毁城镇和乡村，给社会经济和人民生命财产造成巨大损失。

10.2.2 边坡稳定性数值模拟计算

工程设计中，进行边坡稳定性计算、分析评价边坡稳定性是方案设计的重要内容。PCCP 管道线路长，全部采用明挖作业方式，其边坡结构类型、岩土类型、水文条件等均是多样的。选择典型类型边坡进行数值模拟计算，进而分析全线边坡的稳定性，为设计方案提供依据是十分必要的。该数值模拟计算采用的软件平台为 FLAC，有关该软件的详细介绍可参见本书第 12 章。

根据 PCCP 管道沿线岩土边坡状况，分别选择代表性的均匀土质边坡和均匀岩质边坡进行模拟计算。两种边坡均为临时、无水边坡状态。边坡形态及岩土体计算参数如下。

土质边坡：边坡坡率 1∶1（坡度 45°）；土质为砂壤土：重度 $\gamma=19.5\text{kN/m}^3$，泊松比 $\mu=0.25$，黏聚力 $c=20\text{kPa}$，内摩擦角 $\varphi=20°$，压缩模量 $E_s=6\text{MPa}$。

岩质边坡：边坡坡率 1∶0.3；岩性为灰岩：重度 $\gamma=26\text{kN/m}^3$，静弹模量 $E=7\times10^4\text{MPa}$，泊松比 $\mu=0.2$，黏聚力 $c=2.5\text{MPa}$，内摩擦角 $\varphi=33°$，湿抗压强度 130MPa。

图 10.2.1 为天然状态（无人类工程活动影响）下边坡应力与位移的数值模拟计算结果。该结果表明，边坡最大剪应力位置为坡脚处，最大位移出现在坡肩处；天然状态下，均质土坡的安全系数 $fos=1.71$，均质岩质边坡的安全系数 $fos=13.7$，表明原始应力状态下两类边坡均是安全的。

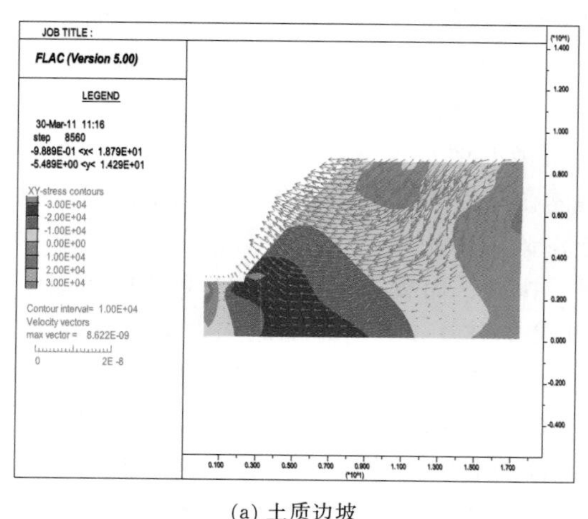

(a) 土质边坡

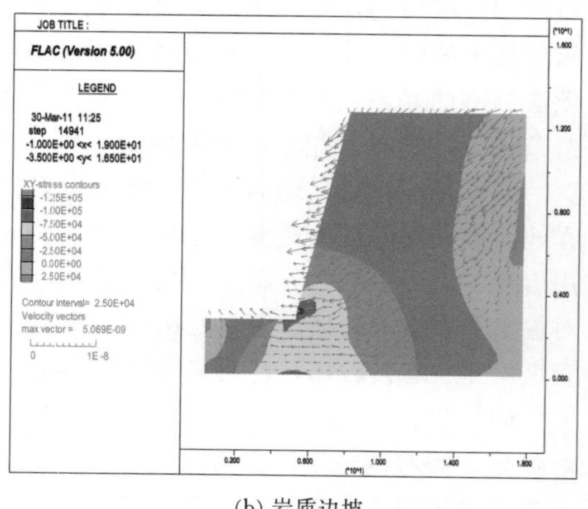

(b) 岩质边坡

图 10.2.1 边坡开挖原始应力及位移分布图

图 10.2.2 为模拟边坡顶部作用 PCCP 管道运输车荷载（最大荷载 800kPa）时的计算结果。结果表明，两种类型的边坡在加载条件下变形较为明显，坡脚应力集中区扩

大，坡体内存在潜在滑面；土质边坡安全系数 $fos=1.45$，岩质边坡安全系数 $fos=8.02$，这表明在不考虑其余致稳因素的影响下，均质土坡和岩坡在 PCCP 管道运输车辆静荷载作用下是稳定安全的。

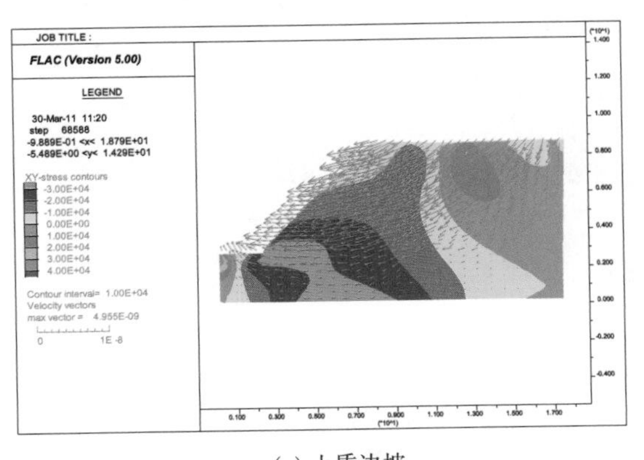

(a) 土质边坡

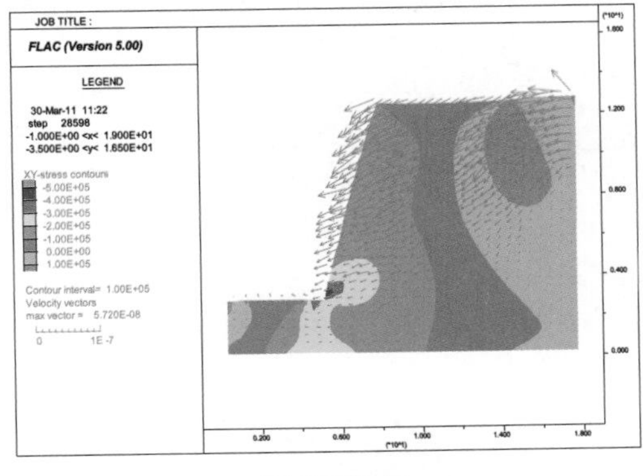

(b) 岩质边坡

图 10.2.2　边坡加载作用下的应力及位移分布图

为了解水对边坡稳定性的不利影响，PCCP 管道边坡工程设计中还采用 Geostudio—SEEP/W 软件对均质土坡进行了渗流稳定性数值模拟计算。模拟条件为：2d、100mm 强降雨；边坡参数同上，土体饱和渗透系数取 2.4×10^{-6} m/s。图 10.2.3 为天然状态下均质土坡地下水渗流场及水头压力分布，图中箭头是指地下水速度矢量，蓝色虚线为地水位线，表面的蓝色线为边坡边界条件，不同的颜色是指不同区域的水头压力不同，两个区域之间的分界线是等水头压力线。

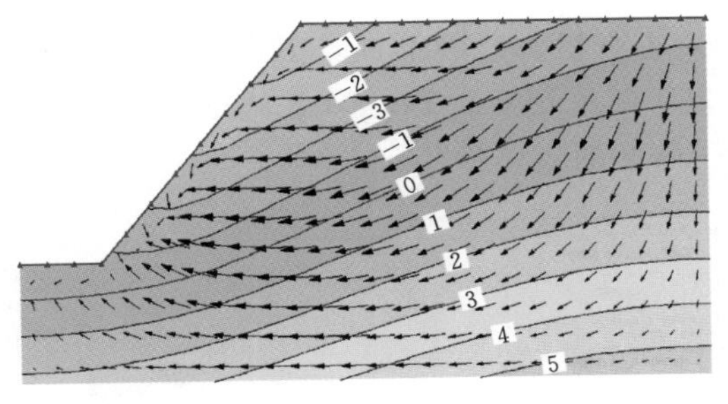

(a) 地下水速度矢量

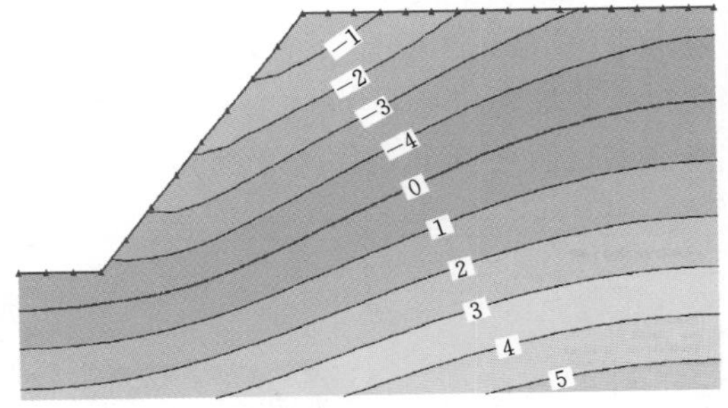

(b) 水头压力分布

图 10.2.3　天然状态下均质土坡地下水渗流场及水头压力分布图

图 10.2.4 为降雨 1d 后坡体地下水渗流场及应力数值模拟结果。由图可以看出，经过 1d 的暴雨，坡体地下水位上升，坡体内产生向下的动水压力，增大了边坡的下滑力；坡体土体有效应力降低。因此，降暴雨 1d 后，边坡的稳定性降低。

图 10.2.5 为降雨 2d 后坡体地下水渗流场及应力数值模拟结果。由图可知，暴雨 2d 后坡体地下水位继续上升，坡体内向下的动水压力增大，边坡下滑力继续增大，而坡体土体的有效应力进一步降低，边坡稳定性继续降低。

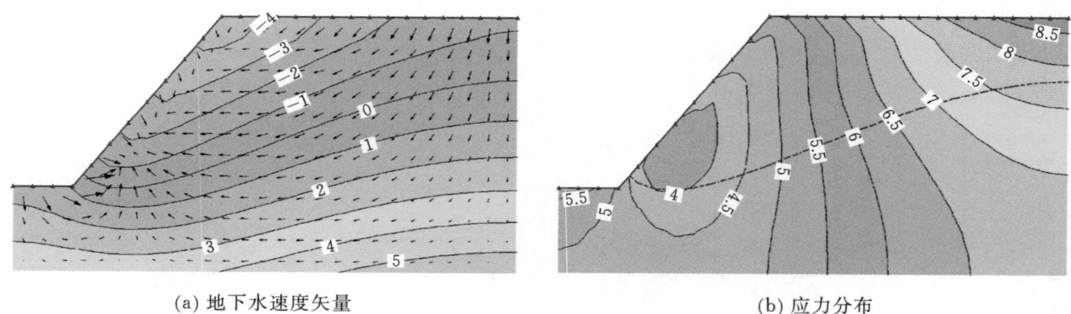

(a) 地下水速度矢量　　　(b) 应力分布

图 10.2.4 降雨 1d 后坡体地下水渗流场及应力分布

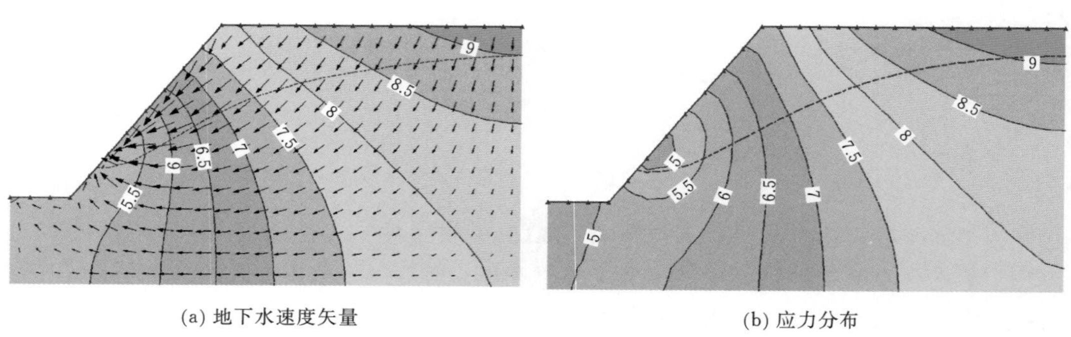

(a) 地下水速度矢量　　　(b) 应力分布

图 10.2.5 降雨 2d 后坡体地下水渗流场及应力分布

将上述地下水渗流的模拟结果导入到 FLAC 软件中，耦合后即可得到有地下水及特定降雨条件下的边坡应力与位移模拟结果，如图 10.2.6 所示。由该图可以看出，1d 强降雨（50mm）条件下，均质土坡明显变形，潜在滑面已经形成，但还未完全贯通，此时的边坡稳定系数 $fos=1.12$，表明边坡已处于临界稳定状态；2d 强降雨（100mm）条件下，边坡稳定系数已降至 $fos=1.04$，处于破坏的临界状态。

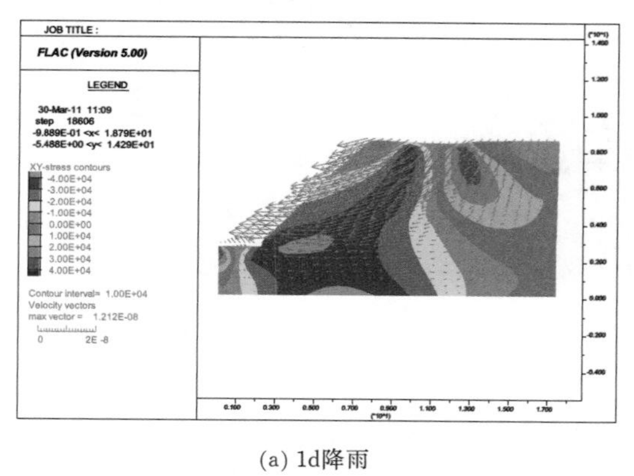

(a) 1d降雨

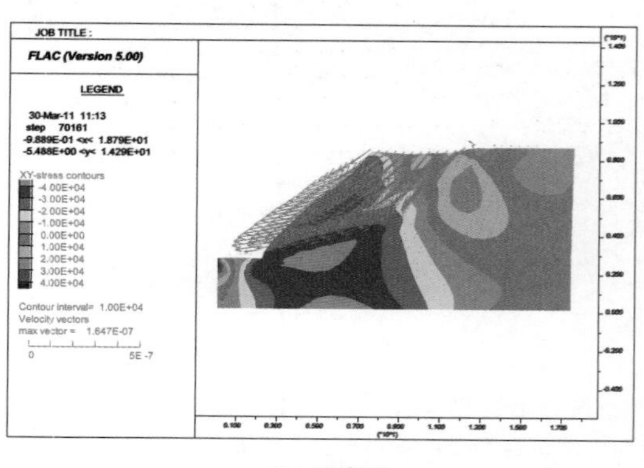

(b) 2d降雨

图 10.2.6 降雨条件下均质土坡应力分布及变形图

上述模拟结果，与实际状态基本相符。2007 年 8 月上旬，由于两天的连续降雨，PCCP 管道沿线多处土质边坡发生崩塌破坏。

10.3　PCCP 段典型地质灾害防治措施

地质灾害的形成必须具备致灾体和承灾体，这两方面决定了成灾的程度。因此，防治地质灾害的基本途径主要有两方面：一方面就是限制灾害源，消除或削弱灾害体滑动能量，解除或缓解灾害的活动威胁；另一方面就是对承灾体采取防避保护措施，使其免受灾害破坏或增强承灾体对灾害的抵御能力。虽然各种地质灾害的防治途径基本相同，但具体的防治措施还是有所区别。无论哪种地质灾害，都要进行深入细致的勘察工作，以查清灾害体的范围、性质、活动条件和承灾体的类型、分布情况等，在勘察的基础上选择防治措施，并合理地设计工程规模、取得充分的减灾效果。

10.3.1　边坡滑塌防治

PCCP 管道沟槽开挖经常遇到沟槽边坡发生滑坡、崩塌、掉块的现象，主要采取的防治措施如下。

（1）划分区域单元，分区分段评价，工程处理与监测、巡查相结合，最大限度地排查险情。根据地形地貌及岩性等地质条件，划分不同的潜在灾害易发性地质单元，对每一单元灾害发生的特点、规律进行总结分析，研究评价危害性，提出相应的对策。对高危区域地段采取工程处理措施，重点地段加强观测监护，一般地段巡查，全线加强安全监测，最大限度排除险情。

（2）放缓边坡，提高坡体稳定性。边坡坡比设计与边坡高度、岩性、地下水息息相关，PCCP 管道沿线一般土质和全风化基岩地段设计边坡比为 1∶1，石料地区设计为 1∶(0.3～0.75)，基本都可以保证边坡稳定而不滑塌。但对于基槽岸边有地面设施，如高压塔、变压器房等，则需视情况采取进一步放坡边坡。如对于岩层倾向与沟槽边坡基本平行，且岩层间存有软弱结构面或节理较发育时，坡体易发生滑塌现象，有条件时尽量采取了放缓边坡处理；对于开挖后潜在不稳定的土岩组合边坡，一般也采取削坡措施，清除斜坡表面较松弛的岩体，使坡体达到较理想的稳定坡度。

（3）边坡加固。对于因场地条件限制不宜采取放缓坡体而处理的边坡，则采用挂网喷混凝土、喷素混凝土表面防护、打锚杆、人工清挖等多种加固措施，确保边坡稳定。喷射混凝土主要是对坡面进行封闭，隔绝了地表水下渗，提高了边坡稳定性；它常与锚杆、钢筋网或钢丝格栅结合使用。如在崇青隧洞出口段，由于边坡陡且高，节理发育，边坡开挖后掉块、滑塌不断，对边坡进行喷锚支护后，有效地防止了边坡滑塌。图 10.3.1 为边坡加固实图。

图 10.3.1　边坡加固

（4）排水措施。排水的目的是提高边坡的稳定性，特别是对侵蚀作用比较敏感的边坡。在边坡上部设置截水沟，边坡底部开挖排水沟，引水渠道内铺设防渗塑料，加强施工降水，使地下水位低于开挖基建面，避免水流润湿坡脚和扰动冲刷边坡。

（5）加强爆破施工监控。使用爆破震动数据采集仪，对爆破震动效应进行检测，控制爆破最大单响药量，将爆破震动速度控制在国家《爆破安全规程》（GB 6722）规定的数值以内。对于管道石方开挖，遵循先中间后两边的V形起爆方式起爆。尽量减轻爆破时振动，减少对边坡围岩稳定和对临近已浇混凝土的影响。通过控制爆破来最大限度地实现岩体原有平衡结构及整体强度，减少震动破坏。

（6）注浆法治理塌陷。注浆法实质是利用液压、气压或电化学原理，通过注浆管把一些能固化地基土的浆液均匀注入地基土裂隙或孔隙中，浆液以充填、渗透和挤密等方式，将土颗粒或岩石裂隙中的水分或空气排除后占据其位置，经过一定时间后，浆液将原来松散的土粒或裂隙胶结成一个整体，形成一个结构新，强度大，防水性能强和化学稳定性良好的整体。

（7）其他措施。如尽量减少工程机械碾压坡顶，防止加载于边坡坡道上的动荷载促使坡体坍塌滑动；坡脚设置挡土墙以防止坡脚塌落，选择合理的开挖程序和方法，优化施工方案，加强安全监测等。

10.3.2　岩溶塌陷防治

首先，PCCP管道施工时，针对岩溶地层分布段进行了专门的施工地质勘察，较准确地了解了管道地基下伏地层是否出现孔洞、溶隙等不良地质体（图10.3.2）。

图10.3.2　岩溶段地球物理勘探

其次，在工程运行期内，加强管道沿线地面变形监测。若发现地面出现鼓胀、裂缝、局部沉陷等现象，即采取必要的工程措施进行处理，如拦截地面水路、堵填塌陷坑、钻孔注浆填塞溶洞等。

10.3.3　泥石流防治

泥石流的防治主要有两类措施，即工程措施和环境保护措施。PCCP管道沿线的泥石流物源主要来源于房山区域内大量的石灰岩、板岩、大理岩和花岗岩采石厂，对沿线采石厂的陆续强制性关闭对防治泥石流灾害发挥了关键性的决定作用。

第三篇
技术应用篇

第 11 章　物探关键技术及应用

11.1　引言

应用地球物理勘探（简称物探）是指以地下岩土体的物理性质差异为基础，通过探测地表或地下地球物理场，分析其变化规律，来确定被探测地质体在地下赋存的空间范围（大小、形状、埋深等）和物理性质，达到寻找矿产资源或以解决水文、工程、环境问题为目的的一类探测方法。地球物理勘探可按探测方法或探测体物理性质以及应用领域、工作环境等的不同进行分类，比较常用的是根据所探测对象（如岩溶、构造、矿体等各类目的体以及地层等）物理性质的不同分为重力勘探、磁法勘探、电法勘探、地震勘探等，见表 11.1.1[122]。表 11.1.2 为常用物探方法与其可解决的水文工程地质问题的适宜性对应表。

表 11.1.1　　地球物理勘探分类简表

<table>
<tr><th>分类方法</th><th colspan="2">分　类</th></tr>
<tr><td rowspan="13">按探测方法或探测物理性质</td><td colspan="2">重力勘探</td></tr>
<tr><td colspan="2">磁法勘探</td></tr>
<tr><td rowspan="2">电法勘探</td><td>（直流）电法勘探</td></tr>
<tr><td>电磁法勘探</td></tr>
<tr><td rowspan="4">地震勘探</td><td>折射波法</td></tr>
<tr><td>反射波法</td></tr>
<tr><td>透射波法（直达波法）</td></tr>
<tr><td>瑞雷波法</td></tr>
<tr><td colspan="2">放射性勘探</td></tr>
<tr><td colspan="2">地热勘探</td></tr>
<tr><td colspan="2">地球物理测井</td></tr>
<tr><td rowspan="2">弹性波测试</td><td>地震波法</td></tr>
<tr><td>声波法</td></tr>
<tr><th>分类方法</th><th colspan="2">分　类</th></tr>
<tr><td rowspan="5">按探测对象、应用领域</td><td rowspan="4">资源类物探</td><td>石油物探</td></tr>
<tr><td>煤田物探</td></tr>
<tr><td>金属非金属物探</td></tr>
<tr><td>放射性物探</td></tr>
<tr><td>水工环物探</td><td>水文物探
工程物探
环境物探</td></tr>
<tr><td rowspan="4">按工作环境</td><td colspan="2">地面物探</td></tr>
<tr><td colspan="2">航空物探</td></tr>
<tr><td colspan="2">海洋物探</td></tr>
<tr><td colspan="2">地下物探</td></tr>
</table>

表 11.1.2　　工程物探方法与勘探应用一览表

物探方法	应用项目	覆盖层探测	隐伏构造探测	软弱夹层探测	风化卸荷带探测	滑坡体探测	喀斯特探测	地下水探测	防渗线探测	堤坝隐患探测	隧道施工超前预报	洞室松动圈探测	水下覆盖层厚度探测	渗漏探测
电法勘探	电测深法	●	●		●	●	●	●	●				●	△
	电剖面法	△	●				●	△	△				△	△
	高密度电法	●	●		●	●	●	●	●				△	△
	自然电场法		●				△	●	△					●
	充电法		●				●	●	△					●
	激发极化法	△	●			●	△	●	●					△
电磁法勘探	音频大地电磁测深法	●	●		△	●	●	●	●	△				
	可控源音频大地电磁测深法	●	●		△	●	●	●	●	△				
	瞬变电磁法	●	●		△	●	●	△	●	●			△	△
探地雷达	探地雷达法	△	△		●	△	●	△	△	●	●	●		
地震勘探	折射波法	●	●		●	●	△	△	△	△		△	●	
	反射波法	●	●		△	●	●	△	●	●	●		●	
	瑞雷波法	●	△		●	△	△		●	●				
弹性波测试	声波法	△	△	●	●		△					●		
	地震法	●	△		●	△						△		
CT	地震波 CT	●	●		●	●	●		△	△			●	
	声波 CT			△	△		△		△			△		
	电磁波 CT	△	△		△	△	●		●					
水声勘探	水声勘探									●			●	
放射性测量	γ 测量		△					△						
	α 测量		△					●						
	同位素示踪						△	△	△	●				●
地球物理测井	电测井	△	●	●	●	△		△	△	△				
	电磁波测井	●	●		△	△	●	△	△	△				
	声波测井	△	△	●	●		△					●		
	放射性测井	△	●	●	●	●	△	△	△	△				
	井径测量		●	●	△	●	●		△	△				
	井温测量						△	●						
	井中流体测量		●			●	△		●	●				
	磁化率测井		△			△	△							
	钻孔全孔壁成像		△	●	●	△	●		△	△		●		△
	钻孔电视		△	●	△	△	●	△	●	△		△		●
	超声成像测井		△	△	△				△	△				

注　●为主要方法，△为辅助方法。

我国开展工程物探是中华人民共和国成立以后的事情。水电系统于 1954 年 10 月在北京东郊定福庄原燃料工业部水电总局勘测总队地质大队成立了第一支物探队，并于当年年底在官厅水库坝区开展了用磁法探测断层的试验；1955 年夏天，在北京西郊石景山模式口水电站用电测深法探测覆盖层厚度，从而拉开了水电系统工程物探工作的序幕。1958 年前后，各大区、流域委勘测设计院相继成立了物探队（组），铁道、城市工民建、公路交通等许多行业也陆续成立相应的工程物探机构，开展相应业务。目前，物探技术已广泛应用于铁路、公路、水利电力、军工及工民建各行业，相应的探测仪器设备、数据采集和处理系统、探测精度等方面的软硬件技术均有长足的进步和发展，应用范围也从大区域矿产资源勘探、水工环物探逐步发展到工程质量检测评价、岩土体动态监测等微观领域，在各类工程建设中发挥着越来越大的作用。

北京市南水北调工程由西南部低山丘陵区向东部、北部平原区展布，城区、山区地质条件与场地环境的差异性决定了各工程勘探手段与方法的不同。与传统钻探方法相比，物探的无损性、高效性使其在某些复杂环境条件下具有明显的优越性，如隧洞地质超前预报、城市高干扰区（交通繁忙、地下管线纵横交错等）勘探等，常常需采用多种物探方法并辅以有限的钻探成果方可获得对地下岩土体的清晰认识，为工程设计服务。本章即介绍北京市南水北调工程中应用的主要物探技术方法、解决的主要岩土工程问题以及对各方法应用效果的评价与认识，以供同类工程借鉴。

11.2　主要物探方法简介

北京市南水北调工程建设中，采用的物探方法主要有电法和地震法。其中电法中应用较多的有四极电测深法、高密度电法；地震法中应用较多的为浅层反射波法、高密度地震映像法和面波法（多道瞬态面波法）。

11.2.1　电法勘探

电法勘探是以岩石、矿物等介质的电学性质为基础，研究天然的或人工形成的电场、磁场的分布规律，用以进行矿产勘探、划分地层、研究地质构造和解决水文工程地质问题的一类物探方法。按电场性质的不同可分为直流电法和交流电法（通常称为电磁法）两类。这里主要介绍直流电法的电阻率法。

直流电法主要包括电剖面法、电测深法、充电法、激发极化法及自然电场法等。其中电剖面法、电测深法是以研究岩石电阻率为基础的，统称为电阻率法；充电法、激发极化法以及自然电场法是以研究电位为基础的。电剖面法主要用于探测地层、岩性在水平方向的电性变化，解决与平面位置有关的地质问题，如断层、破碎带、岩层接触界面、喀斯特洞穴位置等，测量时电极之间的距离保持不变、电极装置沿测线的不同测点进行观测。电测深法主要用于解决与深度有关的地质问题，包括分层探测如基岩面、地层层面、地下水位、风化层面等的埋藏深度以及电性异常体探测如构造破碎带、喀斯特、洞穴等，探测时通过改变电极距的方法观测测点在不同深度视电阻率的变化。应用电阻率法一般要求作业场区或被探测目的体满足以下条件：

（1）被探测目的层的空间分布相对于装置长度和埋深近水平无限，被探测目的体相对于装置长度和埋深有一定的规模。被探测目的层与相邻地层或目的体与周边介质有电性差异，电性界面与地质界面对应。

（2）地形起伏不大。采用电极接地测量方式时要求被探测目的层或目的体上方没有极高电阻屏蔽层，采用线框或天线测量方式时要求被探测目的层或目的体上方没有极低电阻屏蔽层。

（3）各地层及目的体电性稳定，异常范围和幅值等特征可以被测量和追踪。

（4）测区内没有较强的工业游散电流、大地电流或电磁干扰。

（5）水上作业时，水流速度较缓。

（6）电测深法要求地下电性层次不多，被探测各层与供电极距相比水平无限，且具有一定厚度，电性标志层稳定。电测深法适用于层状和似层状介质的勘探，下伏基岩面或被探测目的层层面与地面交角应小于20°，且应有一定数量的中间层电阻率资料。

（7）电剖面法探测的地质界面或构造线与地面交角应大于30°。

近十几年发展的高密度电阻率法具有电剖面和电测深的双重特点，其探测密度高、信息量大、工作效率高，在工程实践中得到广泛应用。高密度电阻率法引进了地震勘探的数据采集办法，测量时可将全部电极（几十根至上百根）置于测点上，然后利用程控电极转换开关和电测仪来实现数据的快速、自动采集，测量结果可实时处理并显示地电断面或剖面图。高密度电法大幅度提高了地电信息的采集量，使传统的一维勘探技术向二维发展迈出了一大步，它既能揭示某一深度水平岩性的变化，又能提供岩性沿纵向的变化情况。

高密度电法的布极方式有两种：一次式和覆盖式。一次式布极通常采用点距等于极距（a）的温纳装置；覆盖式以二极电位装置和三极电阻率装置为主，采用单向覆盖测量方式。高密度电法一般应根据探测装置的形式、电极排列数量、探测深度、探测精度等综合确定点距和测线长度。高密度电法的装置选择、点距和电极距确定以及现场作业、资料检查与评价等应遵行以下基本原则：

（1）装置选择分层探测时一般选择对称四极、三极装置，非水平构造带、岩性分界探测一般选择双向三极、微分、三极或二极装置，探测浅层目的体时一般应选择偶极装置。

（2）点距一般选择1～10m，基本电极距一般选择等于点距。设计观测的最底层对应的供电电极距必须大于要求探测深度的3倍。

（3）电极布置必须使测线端点处位于选用装置的有效探测范围之内；同一排列的电极必须呈直线布置；观测前应检查确认电极的连接顺序是否正确。

（4）一般应选择两层或两列进行重复观测；检查观测一般采用相邻排列重合部分电极方式检查，异常观测点可以采用散点检查。

（5）现场操作人员应对全部原始记录进行自检；专业技术负责人应组织人员对原始记录进行检查和评价，抽查率应大于30%。单个排列的资料出现相邻5个测点的$\delta>2.5\%$、$\delta>3.5\%$的测点数超过检查点数的30%，$\delta>7\%$的测点数超过检查点数的5%，

δ>10.5%的测点数超过检查点总数的 1%，M>3.5%等情况之一者，该排列资料不合格。一条测线或测区的 M>3.5%，该测线或测区的资料不合格。

11.2.2　浅层地震勘探

地震勘探是一种使用人工方法激发地震波，观测其在岩体内的传播情况，以研究、探测岩体地质结构和分布的物探方法。地震波自震源向各方传播，在存在波速或波阻抗差异的岩层、各类目的体分界面上会发生反射和折射，然后返回地面，引起地面振动。通过仪器设备（地震仪、检波器等）记录振动（地震记录），通过分析解释地震记录的特性（传播时间、振幅、相位及频率等），就能确定分界面的埋藏深度、推断岩石类型等。

根据地震波的传播方式不同，地震勘探可分为折射波法、反射波法、面波法、透射波法（直达波法）和地震多波法。这里主要介绍浅层反射波法、高密度地震映像法和面波法，这三种方法是在北京市南水北调工程中应用最多、最有效的方法。

1. 反射波法

浅层地震反射波法适用于层状和似层状介质勘探，不受地层速度逆转限制，可以探测高速地层下部的地质情况。

（1）反射波法应用范围。

1）探测第四纪覆盖层厚度及其分层或探测基岩面的埋藏深度及其起伏形态。

2）划分沉积地层层次。

3）探测风化带厚度（全风化、强风化）。

4）探测有明显断距的隐伏断层构造。

5）探测滑坡体厚度。

6）探测喀斯特溶洞。

7）探测松散层中的地下水位和确定含水层厚度。

8）岩土体纵横波波速测试。

9）防渗墙质量检测（采用垂直反射法）。

（2）反射波法的应用条件。

1）被追踪地层应是层状或似层状。

2）被追踪地层与其相邻层之间应存在明显的波阻抗差异。

3）被追踪地层应具有一定的厚度，且应大于有效波长的 1/4。

4）地层界面较平坦，入射波能在界面上产生较规则的反射波。

5）被探测的断层应有明显的断距。

（3）反射波法的优点。

1）不受地层速度的逆转限制，可探测高速地层下部的地质情况。在软基勘探中横波反射法有较强的分层能力。

2）水平叠加时间剖面图、等偏移时间剖面图、地震映像波形图、地震深度剖面图能较直观地反映地层的起伏形态和地层的尖灭点及断层的位置、断距。

3）所需震源能量较小，在勘探深度小于四五十米时，一般可使用锤击震源。

4）所需勘探场地较小，可在较狭窄的河谷、山谷开展工作。

（4）反射波法的缺点。

1）反射波法所受干扰波多，数据采集和资料处理复杂，工作效率低。尤其探测深度小于 20m 时工作效率更低。

2）探测基岩面埋藏深度时，不能较准确求得基岩波速，有时识别基岩顶板反射波同相轴较困难。

3）横波反射法激发工作效率较低，勘探深度较小（一般小于四五十米）。

2. 高密度地震映像法

该法是基于反射波法中的最佳偏移距技术发展起来的。它是利用多种波作为有效波来进行探测，除常见的折射波、反射波、绕射波外，还可以利用有一定规律的面波、横波和转换波。对于陆域高密度地震映像，重点是利用记录中被常规地震勘探当成干扰波的面波，不仅利用面波的反射，还利用其在地层界面或不连续地质界面发生的分解与合成。

高密度地震映像采集的多种地震波，在不均匀地质体存在的复杂边界条件下，进行全波列相分析是困难的。目前，仅能对复杂边界条件下的某些特解进行研究，但可以根据波场分布的形态特征与已知地质体形态特征的对应关系，进而推断未知地质体形态。

高密度地震映像探测中，每一测点的波形记录都采用相同的偏移距激发和接收，与共偏移距的单点反射波法类似，其资料剖面类似于共偏移距剖面，但由于其采用小偏移距采集，且利用的波型是瑞雷面波，因此接收到的有效波具有较好的信噪比和分辨率，能够直观反映出地质体沿垂直方向和水平方向的变化。野外勘察过程中，为了解决岩溶分布的不确定性（即相距较近的二条测线，岩溶分布可能不一样），在同一测点位置可采用二道进行接收，道间横向间距约为 1m，这样就可以利用同一测点两个不同地震映像记录资料来分析异常体的分布范围。

高密度地震映像法的优点在于资料处理和显示。它把野外采集的地震波在计算机上进行压密，对反射能量以不同的、可变换的颜色表示，直观地反映地质体的变化和形态。当然，在数据处理时，常规地震所用的滤波、褶积、反滤波消除干扰波等方法均可采用，以达到最佳处理效果，获得异常体的形状和分布范围，来实现勘察目的。该方法的主要缺点是探测深度较浅，一般小于 20m。

3. 面波法

面波是人工激发的弹性波沿着界面附近传播的波，水平偏振的面波为勒夫波，垂直偏振的面波为瑞雷波。目前面波勘探主要是瞬态激发、多道接收、利用基阶瑞雷波进行探测，本文以下所述的面波均指瑞雷面波。

瑞雷面波在地下岩层中传播时，其振幅随深度衰减，而能量基本限制在一个波长范围内，因此同一波长的面波传播特性反映了地质条件在水平方向的变化情况，而不同波长的面波传播特性反映了不同深度的地质情况。对均一地层表面激发的面波，不同波长组分涉及的深度内介质弹性参数相同，从而具有相同的传播速度；而弹性分层的地层，不同深度的介质弹性参数有差别，相应的面波不同波长组分的传播速度也不同。研究水平地层面波的频散（不同频率或波长的相速度差异）特征，即可获得地层内部不同深度的弹性参数，这就是面波探测方法依据的基本原理。

在地面通过锤击、落重或炸药震源，产生一定频率范围的瑞雷面波，再通过振幅谱分析和相位谱分析，把记录中不同频率的瑞雷面波分离开来，从而得到 V_R-f 曲线或 $V_R-\lambda$ 曲线，通过解释处理，即可获得对地层结构、分布和物性等的认识。

（1）面波法的应用条件。

1）探测场地地表不宜起伏太大，并避开沟、坎等复杂地形的影响，相邻检波器之间的高差应控制在 1/2 道距长度范围之内，且被探测地层应是层状和似层状介质。

2）被探测地层与其相邻层之间应存在大于 10%的面波波速差异。

3）被探测异常体（透镜体、洞穴、岩溶、垃圾坑等）在水平方向的分布范围应不小于整个瑞雷面波排列长度的 1/4。

4）单点勘探时地层界面应较平坦，否则将增大探测误差。

5）被探测的断层应有明显的断距。

（2）瑞雷面波法的主要优点。

1）瑞雷面波具有较大的勘察深度。基本上测点排列长度与探测深度相当，且不受地层速度逆转限制，可探测高速地层下部的地质情况，尤其在软基勘探中有较强的分层能力。

2）瑞雷面波具有较高的地质薄层分辨率（分辨能力可以达到 0.1～0.5m）。在进行连续瑞雷面波勘探时（瑞雷面波勘探点间隔小于 30m），瑞雷面波等速度彩色剖面图能较直观反映地层的起伏形态和地质异常体分布情况及滑动面附近软弱层分布特征。

3）所需震源能量较小。在勘探深度小于 50m 时，一般可使用锤击震源或落重，从而免除使用爆炸震源时购买、运输、保管、使用雷管炸药的诸多麻烦，确保生产安全，并可在居民区、农田、果园等不允许进行爆破作业的测区开展多道瞬态瑞雷面波法勘探。

4）所需勘探场地较小，可在较狭窄的河谷、山谷开展工作。

5）瑞雷面波法所使用的仪器设备较轻便，具有采集与处理一体化功能，采集完毕即可得到初步勘察结果。

6）测点瑞雷面波资料经过反演处理可以得到岩土介质的剪切波速度，进一步推算纵波速度和泊松比参数，以及介质的其他动参数。

（3）瑞雷面波法的局限性（缺点）。

1）因瑞雷面波勘探是对整个瑞雷面波排列长度范围内地层的综合反映，对于地表或地层界面起伏较大或水平方向地层变化较大的情况，单点瑞雷面波探测误差较大；若采用连续剖面探测，则工作量大，费用高。

2）在进行瑞雷面波波速反演计算时，需借助测区钻孔资料或孔内波速检层（横波波速）资料才能进行定量分析。

根据震源形式不同，可将瑞雷面波法分为稳态法和瞬态法两大类。早期的瑞雷面波勘探以稳态为主，即利用谐波电流推动振动器对地面产生稳态瑞雷面波，由相隔一定距离的拾振器接收并进行相关计算，得出频散曲线。稳态瑞雷面波激发接收方式为一点激发、两点接收，激发频率一般采用降频扫描方式，激发震源主要有电磁式和机械偏心式激振器。

瞬态瑞雷面波法包括表面瑞雷波谱分析法、微动瑞雷波和多道瞬态瑞雷波法等，其中多道瞬态瑞雷波法（也称多道瞬态面波法）在工程中应用较为广泛。多道瞬态瑞雷面波法采用一发多收（6 道、12 道、24 道）的激发接收方式，通过对多个检波器信号进行逐道频谱分析和相关计算，并进行叠加，从而消除大量随机干扰、强化瑞雷面波、压制纵横波。

11.3　隧洞施工地质超前预报中的物探技术应用

由于客观地质条件的复杂性和多变性、地质勘察工作投入时间、经费的有限性以及地质工作者认知能力的局限性等，通过施工前的地质勘察工作一般只能对地下工程所处地质环境有一般规律性或定性的认识，完全查明地下岩体的空间状态、结构特征以及不良地质体的类型、分布、规模、性状等几乎是不可能的。国内外发生的诸多因未查明地下工程所处地质环境条件、误判或漏判工程地质问题、低估其可能造成的危害等，从而导致盲目施工或施工方法不当造成的地下工程施工事故屡见不鲜。例如日本越新干线中山隧洞施工中遭遇涌水，导致竖井两次被淹；意大利和奥地利边境的格林萨斯隧洞在施工中遇到岩溶坍塌，被迫停工达两个月之久；苏联贝加尔-阿穆尔干线上的北穆隧洞，因挖开含水层曾发生 25000m^3/h 的水沙泥浆喷出。我国大瑶山隧洞的班古坳竖井，因掘开含水构造致使掌子面涌出水和泥沙，使竖井被淹；南岭隧洞、军都山隧洞都曾因地下水作用形成泥石流，给隧洞施工和治理工作带来了许多麻烦；成昆铁路、大秦铁路和衡广铁路复线工程的建设过程中，因水文地质问题造成隧洞施工停工的时间约占施工总工期的 1/3～1/4。因此，在地下工程施工前，若能准确预报掌子面前方的工程地质条件、水文地质条件、围岩稳定性及其变形破坏模式、不良地质体的性状等，使采取的工程措施针对性强、安全保障系数高，则可大大减少地下工程事故，保障工程安全顺利进行。

隧洞是地下工程的典型代表，隧洞施工地质超前预报是其工程建设中的重要环节。我国于 20 世纪 70 年代，以谷德振等根据矿巷施工进度和掌子面地质性状做出的矿巷前方将遇到断层并将引发塌方的成功预报为序，开始了我国地下工程施工期地质超前预报的研究和应用。此后，交通行业隧道工程中广泛重视并积极开展了地质超前预报工作；水利水电行业地下工程施工中，设计单位常有地质技术人员常驻现场，参与施工地质超前预报工作，解决工程施工中的各种地质问题。

隧洞施工地质超前预报，即利用一定的技术和手段收集隧洞所在岩（土）体的有关信息，运用相应的理论和规律对这些资料和信息进行分析、研究，对施工掌子面前方岩（土）体情况、不良地质体的工程部位及成灾可能性做出解释、预测和预报，从而有针对性地进行隧洞工程施工。根据预报资料的获取方法不同，地质超前预报的常用方法有地质法和物探法。地质法又称为直接法、破坏法，物探法又称为间接法和非破坏法。地质法包括地面地质调查法、地面钻孔法、断层参数法、掌子面地质编录法、隧道钻孔法、超前平行导洞法，其优点是直接开挖或钻取岩（土），揭露其断面，通过观察、量测、原位或室内试验获取岩土信息，获得的信息准确度高；缺点是除地面地质调查外，其他方法常因投入大、用时长、适用条件有限等因素限制，往往只能在局部实施，致使获得的信息量小、覆盖范围有限，在地质条件复杂、岩土性状多变的地区，由此做出的预报范围小、可靠性较低，对工程施工起到的指导意义有限。

相对于地质法，物探法的优点是显著的。物探法对隧道岩（土）环境的探测是无破坏的，且探测范围大、用时短、获取的信息量大，可预报的范围大。物探法的缺点也是显而易见的，即它是通过获取和分析岩（土）的物理场信息进行判断和预报的，相对地质法的直观可靠，物探法的预报成果需要适量钻孔验证和施工开挖验证。

西甘池隧洞是南水北调中线总干渠北京段线路上的重要节点工程。施工前的地质勘察资料成果表明，隧洞所在山区以大理岩为主，但局部夹滑石片岩，其工程地质性质较差；且受临近八宝山断裂带构造活动影响，隧洞所在山区局部可能发育岩石破碎带，局部地段可能发育岩溶地下水。这些地质环境条件均是影响隧洞安全施工的关键因素，是施工地质超前预报关注的重点。工程实施中，北京市水利规划设计研究院物探技术人员通过分析隧洞山区地球物理环境及现场条件，选用了高密度电法和高密度地震映像两种物探方法，成功地进行了施工期地质超前预报，为指导隧洞安全施工提供了科学支撑。

11.3.1　西甘池隧洞简介

西甘池隧洞位于北京市房山区岳各庄乡西甘池村与皇后台村之间，全长 1800m。隧洞轴线走向 NE42°，设计进口（对应总干渠桩号 12＋300）洞底高程为 48.256m，出口（对应总干渠桩号 14＋100）洞底高程为 48.173m，属浅埋隧洞。工程设计为分离式、圆形双洞，洞径约为 4m，双洞中心距为 20m。

隧洞所在区为荞麦山的东南翼，属低山丘陵地貌，最大高程为 96.45m，相对高差约为 25m。隧洞轴线穿越两个岗岭，岭脊线近南北向延伸，与洞轴线呈 43°斜交，山顶较为平缓；岗岭之间发育有近南北向的沟谷，其宽约为 60m。隧洞穿越区地表大部分为第三系上新统残积土层（N_2^{el}）所覆盖，岗岭之间的沟谷内有第四系上更新统冲洪积层（Q_4^{alp}），隧洞进口位置的山岗出露蓟县系雾迷山组（Jx*w*）大理岩，如图 11.3.1 所示。野外调查与测绘表明，该地区蓟县系雾迷山组（Jx*w*）地层为单斜地层，倾向 NE 转 SE（70°～102°），倾角为 25°～30°，岩性以灰白色大理岩为主，中厚～厚层层状构造，细粒变晶结构，致密坚硬。其中，隧洞进口段的大理石岩层中夹有滑石片岩透镜体，厚度为 2～4m，延伸长度为 10～30m；隧洞中部的垭口及隧洞出口段滑石片岩分布明显减少，厚度也变薄很多（图 11.3.2）。滑石片岩矿物成分以鳞片状滑石为主，含有少量碳酸盐颗粒和绢云母，性软，风化后为片状，用镐头可刨动，工程地质性质较差，是影响隧洞围岩稳定性的不良地质体。

另外，八宝山断裂带在西甘池隧洞东侧约6km处通过，其最晚活动时代为中更新世中期；西甘池隧洞进口南侧约600m处原为西甘池泉的地表出露点，高程为49～50m，高于隧洞设计底高程1～2m。新构造运动和区域岩溶地下水对西甘池隧洞围岩地质环境的不利影响是该工程施工地质超前预报重点研究的内容。

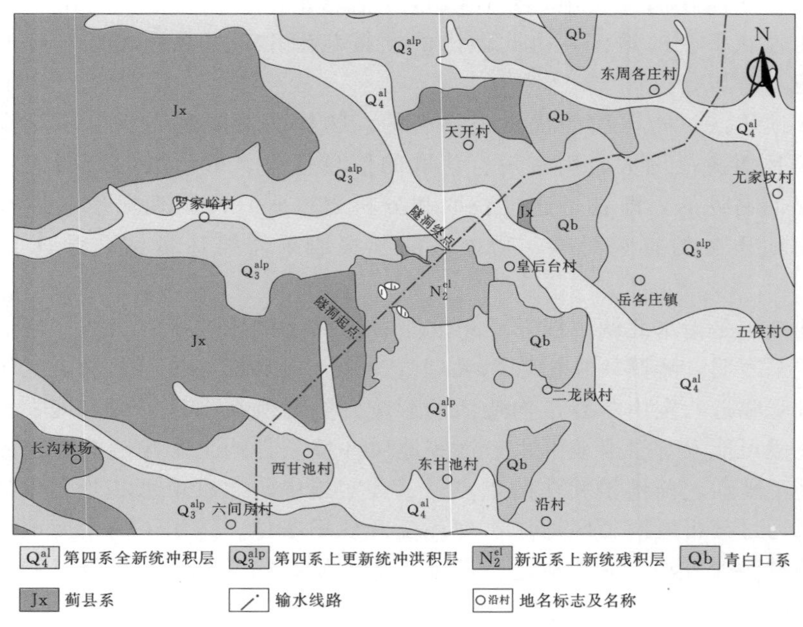

图 11.3.1 西甘池隧洞地区地质构造简图

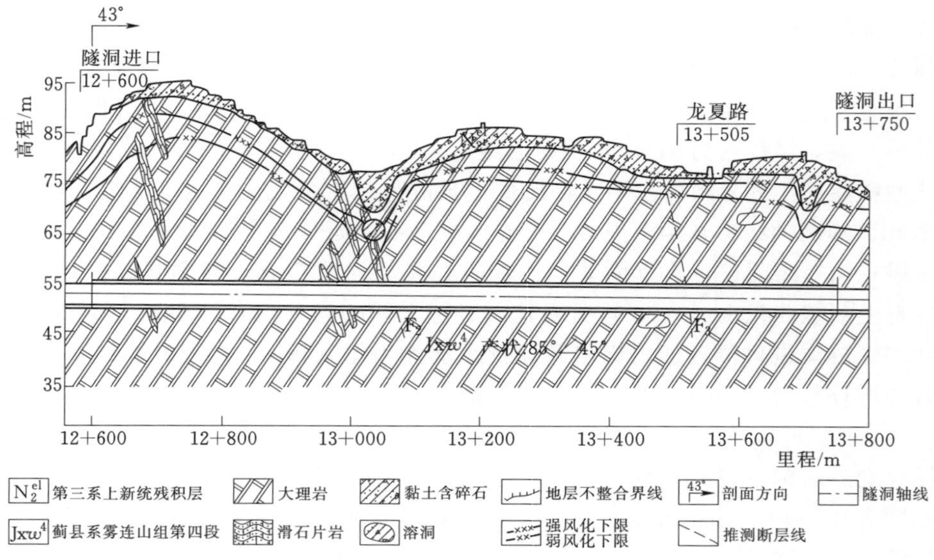

图 11.3.2 西甘池隧洞轴线地质剖面图

11.3.2 地球物理勘探条件分析

为选择适宜的地质超前预报物探方法，必须对工程场区地球物理场条件进行分析。既要考虑物探方法现场探测的可行性，又要考虑信息的可解译程度。西甘池隧洞地质超前预报的主要对象是滑石片岩分布带、断层破碎带及岩溶发育带。

根据各种物探方法的适用条件，最先采用了地震反射波法。通过对采集信息的初步分析后认为，由于西甘池隧洞埋深较浅（小于 40m），在已开挖的隧洞内施作探测（观测）的空间有限，加上隧洞围岩中可能存在的不良地质体（滑石片岩、构造破碎带、溶蚀带等）的界面种类多，空间形态多样化，对它们进行分类判断和解译的参数不易确定，因此用其进行地质预报的准确性和可靠性较差，不能满足优化工程施工方案、有效指导安全施工的要求，必须另觅他法。

接下来技术人员根据现场地面地质条件和已有物探工作经验，进行了高密度地震映像和高密度电法的试验性探测，并结合地质钻探和已开挖隧洞的地质编录，对两种方法的数据分别进行了认真分析和地质验证，从而建立了解译指标，明确了采用综合物探方法进行西甘池隧洞施工地质超前预报的可行性和实施方案。通过试验性探测和数据分析认为，西甘池隧洞地区不同类型的岩土体或地质体在弹性波（横波）波速和电阻率方面具有明显的物性差异，具备实施高密度地震映像和高密度电法的地球物理条件，具体如下：

（1）第四系覆盖层与全风化岩体的横波波速 V_s 为 160～300m/s，强风化与破碎岩体 V_s 为 300～600m/s，弱风化～微风化岩体 V_s＞600m/s。该横波波速的差异性是采用高密度地震映像法的物理前提。

（2）滑石片岩电阻率一般小于 200Ω·m；大理岩电阻率一般大于 800Ω·m，且随其破碎及溶蚀程度的增强，电阻率一般呈下降趋势并具有明显的差异性。第四系覆盖土层因成分、湿度、密实度等的不同，其电阻率变化范围较大，一般上部黏性土电阻率较低，有利于电流下供，这是确定下伏基岩中异常地质体的有利物理条件。

11.3.3 物探工作布置与实施

在明确了超前预报方法的前提下，综合已有地质勘测成果，确定了物探探测的主要目标区域为左洞桩号 Z12＋(331～935)、Z13＋(176～243) 和 Z13＋320～Z14＋065 段；右洞桩号 Y12＋(331～912)、Y13＋(155～266) 和 Y13＋348～Y14＋065 段。测线除沿左、右隧洞轴线地表布置外，在异常区地面加密布置了垂直隧洞轴线的横向测线。高密度地震映像的激震方式采用 20 磅大铁锤作震源，接收道数 2 道，采样间隔 0.25ms，采样点 1024，测点间距 1m，偏移距 15m，检波器固有频率为 4Hz 和 10Hz；高密度电法采用 120 道，极距一般采用 3m，隧洞埋深较浅处为 2m，观测层数为 30 层，目标探测深度大于 40m。

为保证野外作业获得较为满意的原始信息数据，针对探测区地表土质松软、植被相对发育以及其他可能影响采集信号质量的不利因素，采取了以下应对措施：

（1）地表岩土松软或植被发育时，挖浅坑埋置检波器和电极，保证检波器牢固安装，电极与地面耦合好。

(2) 地面潮湿时，将电缆线接口（裸露部位）用干布擦拭干净并支起，防止短路。

(3) 在通视条件较差的地区，探测前每隔一定距离进行现场测量定桩，保证测线不偏离。

(4) 探测过程中加强数据监控，发现数据出现异常变化时立即停止观测，查找原因并排除故障后重新观测。

(5) 重复观测的数据总均方相对误差严格按规范要求控制。

本次综合物探野外探测工作持续了近一个月，共完成高密度地震映像 2992 点，探测剖面长度约为 2989m；高密度电法 22 个排列，详细工作量详见表 11.3.1。

表 11.3.1 西甘池隧洞施工地质超前预报物探工作量表

探测区域	物探方法	排列数或测点数/个	新增激发点数/个	采集道数/道	剖面长度/m
左洞	高密度地震映像	1389	1389	2	1388
	高密度电法	8	960	120	2617
右洞	高密度地震映像	1389	1389	2	1388
	高密度电法	10	1200	120	3094
横向测线	高密度地震映像	214	214	2	213
	高密度电法	4	480	120	1428

西甘池隧洞施工地质超前预报综合物探采用的主要探测仪器设备见表 11.3.2。

表 11.3.2 主要探测仪器特征表

仪器名称	规格或型号	主要功能特点	生产厂家
多波列数字图像工程勘探与检测仪（高密度地震映像仪）	SWS－3C 型	具有面波采集和常规地震采集等功能，瞬时浮点放大，A/D 转换为 20bit，信号叠加增强为 32bit、具有全通、高通、低通模拟滤波功能、仪器通频带为 0.5～4000Hz	北京市水电物探研究所
高密度电法仪	DZD－6A 型	集发射、接收于一体，采用多级滤波及信号增强技术，抗干扰能力强，测量精度高	重庆地质仪器厂
GPS 测量仪	Legacy－H1 型 Hiper 型	为双频单显系统，具有 40 个通道，最多可跟踪 20 颗 GPS/GLONASS 卫星，其动态实时差分定位（RTK）平面定位误差 10mm＋1.5ppm，高程误差为 15mm＋1.5ppm	南方测绘公司

11.3.4 成果解译与施工验证

在对综合物探成果进行地质解释之前，必须对各种方法采集的原始信息数据记录进行专业化处理，绘制沿测线的物性探测剖面图；对比研究已知地质体的地质特征及其物性参数的对应关系，建立解译标志，从而进行未知地质体的识别和地质解释，以达到地质超前预报的最终目的。

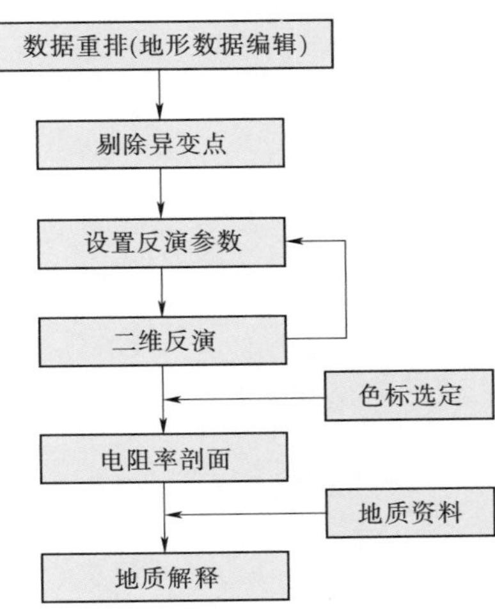

图 11.3.3　高密度电法数据处理流程图

高密度地震映像资料的处理重点是进行同相轴对比分析，确定异常体的同相轴分布特征。高密度电法数据需采用专业电法反演软件系统进行处理，其一般处理流程如图 11.3.3 所示。

根据西甘池隧洞前期钻孔勘察资料、隧洞已开挖段的地质编录和围岩稳定性、初期支护方法等，对照分析了相应的物探探测资料，总体上明确了不同地质体的地质特征与其地球物理特征的基本对应关系，见表 11.3.3，即以此为基础进行未开挖隧洞段物探资料的地质解译，实现由已知到未知的超前预报。下面以隧洞左洞典型地段——进口段、洞身段和出口段为例，首先分别介绍高密度地震映像和高密度电法物探资料的解译成果，然后介绍将两种解译成果进行综合分析后，结合正洞地质编录和已知勘探成果对隧洞各段进行的综合地质解译和地质超前预报成果；最后结合施工地质编录和现场实照，分析总结了此次利用两种物探技术方法进行隧洞施工地质超前预报的有效性和不足之处，为同类工程借鉴和进一步探索研究积累经验。

表 11.3.3　西甘池隧洞开挖段（或勘探钻孔）地质特征与地球物理特征对照表

序号	开挖段（或钻孔）位置	地质编录和钻孔揭露特征			地球物理特征	
		地层	岩性	地质描述	高密度地震映像图特征	电阻率/(Ω·m)
1	左洞 Z12＋（375～385）	Jxw^4	大理岩	细粒变晶结构，中层状构造。强风化，岩体较破碎；节理裂隙发育，且大部分为张开裂隙，裂隙中夹泥，局部溶蚀严重	多组同相轴发育，且同相轴变化规律性差，频率、振幅变化大	500～800
2	右洞 Y12＋（436～445）	Jxw^4	大理岩	大理岩层中夹滑石片岩，其矿物成分以鳞片状滑石为主，可见少量碳酸盐颗粒与绢云母。大理岩为弱～微风化，岩体完整，局部有节理裂隙发育，绝大部分为张开裂隙，裂隙中夹泥；滑石片岩为强风化，质软	未测	500～1200
3	左洞 Z12＋（435～445）	Jxw^4	大理岩	大理岩为弱～微风化，岩体完整，局部有节理裂隙发育，绝大部分为闭合或微张裂隙	发育二组同相轴，同相轴振幅能量弱	2000～8000

续表

序号	开挖段（或钻孔）位置	地质编录和钻孔揭露特征			地球物理特征	
		地层	岩性	地质描述	高密度地震映像图特征	电阻率/(Ω·m)
4	钻孔 BSK2－4#（12＋692）	Q_3^{el}/Jxw^4	上部黏性土下伏大理岩石	表层为红褐色残积黏性土，厚度约为3m，其下为白色大理岩和浅灰色滑石片岩互层，其中大理岩为弱风化，岩芯较完整，节理裂隙较发育，为中厚层，大部分张开裂隙中夹泥；滑石片岩为强风化，质软，岩芯呈灰色粉末，主要成分为绢云母	多组同相轴发育，且同相轴波组延续时间长，频率低、振幅能量强	＜500
5	右洞 Y13＋（866～880）	Jxw^4	大理岩	弱风化，岩体较完整，局部有节理裂隙发育，部分为微张或闭合裂隙，部分为张开裂隙，裂隙中夹泥	有三组同相轴发育，同相轴连续性较差，振幅能量弱	1200～2000
6	右洞 Y13＋（880～890）	Jxw^4	大理岩	大理岩为弱～微风化，岩体较完整，局部有节理裂隙发育，大部分为微张或闭合裂隙，少部分为张开裂隙，裂隙中夹泥	有三组同相轴发育，同相轴连续性较差，振幅能量弱	1500～3000

图 11.3.4 为西甘池隧洞左洞进口段高密度地震映像成果剖面图，图中横坐标为隧洞轴线桩号，纵坐标为地震波传播时间（单位为 ms；图中红色为波峰，蓝色为波谷）；表 11.3.4 为沿隧洞轴线分段进行的地震映像特征分析及对应地质解译成果。

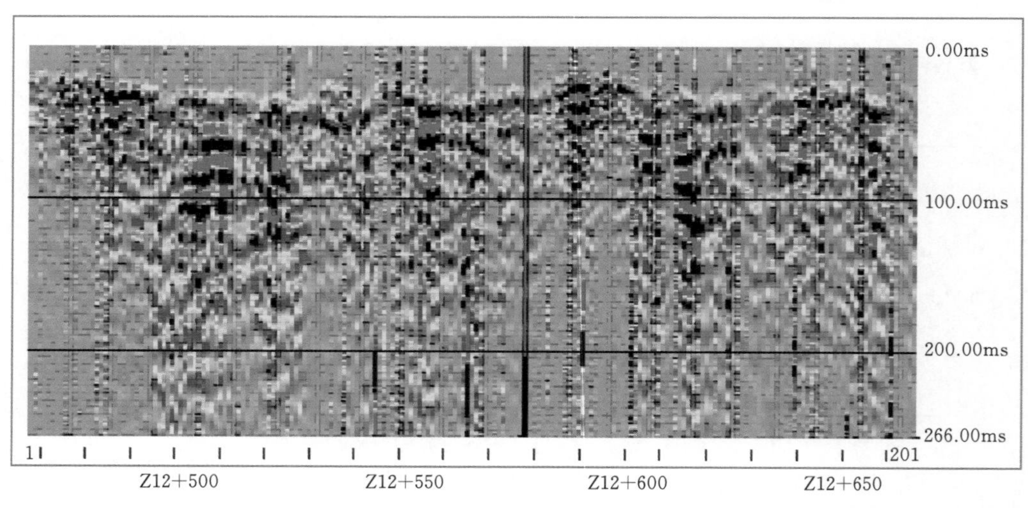

图 11.3.4　西甘池隧洞左洞进口段高密度地震映像剖面图

表 11.3.4　　西甘池隧洞左洞进口段高密度地震映像特征及其地质解译

分段桩号	地震映像特征	地质解译（推断）
Z12＋（483～530）、Z12＋（565～595）、Z12＋（602～656）	同相轴延续时间较长。上部同相轴频率较低，振幅能量较强；下部同相轴连续性较差，波组延续时间短，振幅能量弱	地表发育有规模不一的溶沟、溶槽，埋深不大，离洞顶有一定距离。大理岩岩体结构较完整，节理裂隙发育较弱，局部位置有滑石片岩夹层
Z12＋（530～565）	同相轴连续性较差，波组分布规律性差，延续时间长，振幅能量较强，局部有绕射弧发育	大理岩岩体较破碎，节理裂隙发育，溶蚀严重或滑石片岩夹层多
Z12＋（595～602）	同相轴较单一，初至时间短，振幅能量衰减快	大理岩岩体结构完整，节理裂隙不发育

图 11.3.5 为隧洞进口段的高密度电法探测成果剖面图，图中横坐标为隧洞轴线桩号，纵坐标为高程（单位为 m；由蓝色～紫色代表电阻率逐渐增大）。表 11.3.5 为沿隧洞轴线分段进行的电阻率空间分布特征分析及其对应的地质解译成果。由图 11.3.5 可以看出，进口段地表为一低阻异常体（＜100Ω・m），厚度为 2～6m，界面起伏较大；而隧洞所在深度范围内电阻率一般大于 800Ω・m，空间分布不均，呈团块状。根据已建解译标志和经验，推断表层低阻体是由溶沟、溶槽引起的，其底界面距隧洞顶板距离一般大于 10m；隧洞所在深度范围内的高电阻率空间分布特征与滑石片岩夹层的空间不均匀有关。

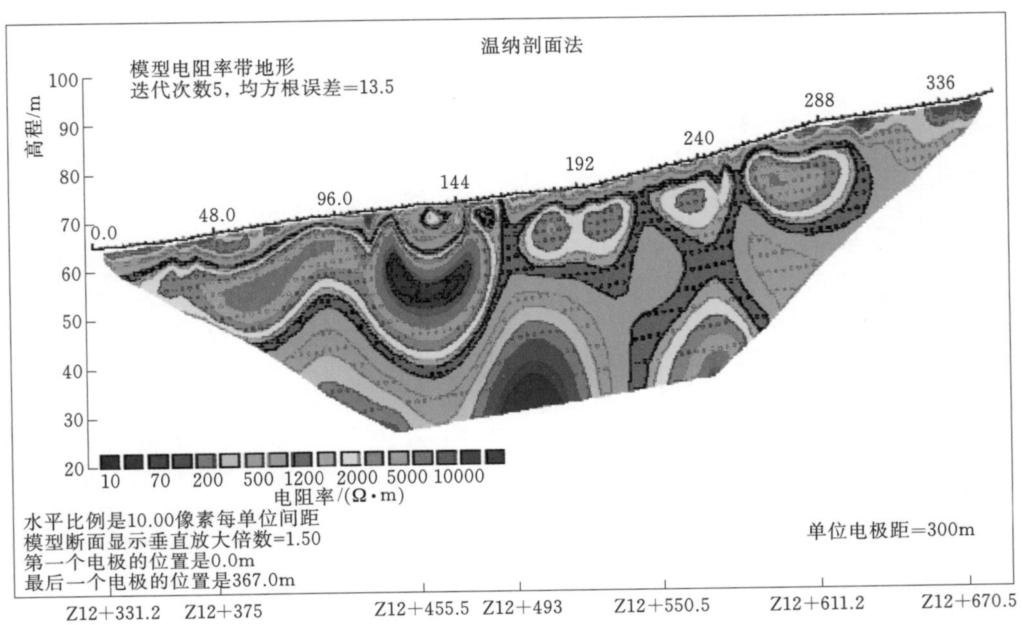

图 11.3.5　西甘池隧洞左洞进口段高密度电法成果剖面图

表 11.3.5　　西甘池隧洞左洞进口段高密度电法探测结果及地质解译

分段桩号	电阻率/(Ω·m)	地质解译（推断）
Z12+（331.2～483）	洞身处大于 3000；洞室下部小于 500	高阻异常是由已开挖隧洞洞室引起；低阻异常是受洞室影响而引起的假异常
Z12+（483～530）	800～1200	隧洞围岩弱风化，节理裂隙发育较弱，局部位置有强风化滑石片岩夹层
Z12+（530～565）	500～800	隧洞围岩强风化，节理裂隙发育或为岩溶发育带（溶蚀带）
Z12+（565～581）	800～1200	隧洞围岩弱风化，节理裂隙发育较弱，局部位置有强风化滑石片岩夹层

综合分析上述两种物探解译成果，结合进口段前期勘探成果和已开挖段地质编录信息，最终认为：左洞进口段 Z12+（530～565）处，围岩节理裂隙发育或为溶蚀带，电阻率相对较低（500～800Ω·m），按《水利水电工程地质勘察规范》（GB 50487—2008）附录 N 的分类标准可判别为Ⅴ类围岩；其余探测段围岩结构较完整，裂隙不发育，电阻率相对较高（大于 800Ω·m），综合判定为Ⅱ～Ⅳ类围岩，见表 11.3.6。该解译成果在随后的隧洞施工中得以验证：隧洞开挖至 Z12+532 时，洞顶局部出现了坍塌（图 11.3.6）；隧洞施工地质编录时发现的围岩破碎带（Ⅴ类）实际范围也与综合物探解译成果基本一致（图 11.3.7）。

图 11.3.6　左洞进口段桩号 Z12+532 处洞顶裂隙与滑石片岩

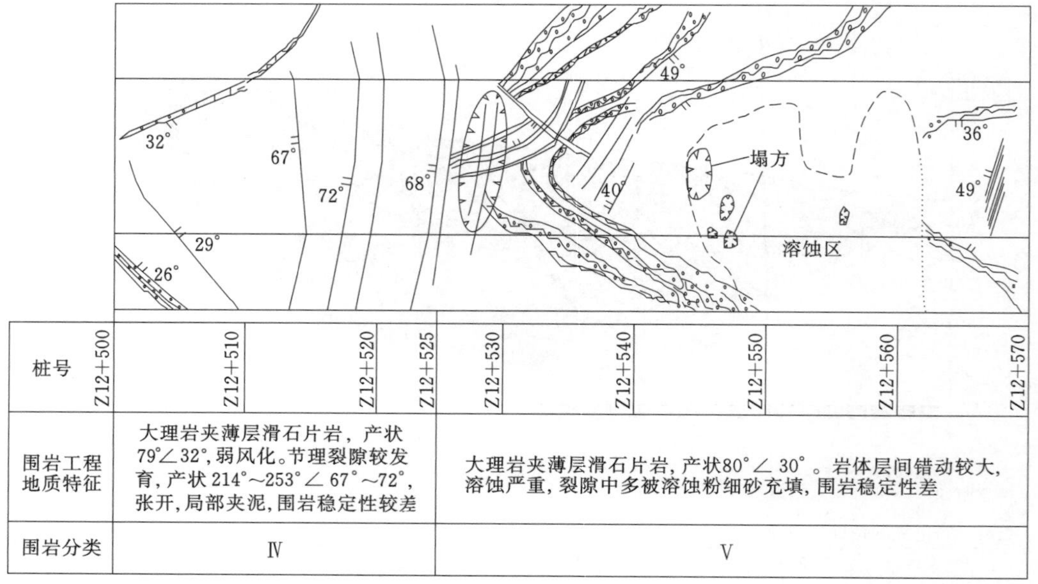

图 11.3.7　西甘池隧洞左洞进口段 Z12+（500～570）段施工地质编录展示图
（图中"围岩分类"为地质编录人员的分类结果，下同）

表 11.3.6 西甘池隧洞左洞进口段物探综合解译成果汇总表

分段桩号	物性特征		围岩类别	岩体结构特征
	高密度地震映像	电阻率/(Ω·m)		
除 Z12＋（530～565）以外的探测段	同相轴单一，振幅能量衰减快；或同相轴连续性差，但波组延续时间短，振幅能量弱	800～1200	Ⅱ～Ⅳ	岩体结构较完整，节理裂隙不发育，局部有滑石片岩夹层
Z12＋（530～565）	同相轴连续性差，波组分布规律性差，延续时间长，振幅能量较强，局部有绕射弧发育	500～800	Ⅴ	岩体结构较破碎，强风化，节理裂隙发育，溶蚀严重，滑石片岩夹层多

图 11.3.8 为西甘池隧洞左洞进口段超前预报-地质解译综合成果图。由图可知，在开展施工地质超前预报前，地质人员根据前期工程地质勘探资料，将左洞进口段 Z12＋（300～600）约 300m 长范围的内围岩类别统一判定为Ⅴ类，即认为其岩体破碎、节理裂隙或溶蚀带发育。相比物探解译成果，地质判断的Ⅴ类围岩范围较大，依此制定的隧洞围岩支护方案可能费用较高、工期较长。

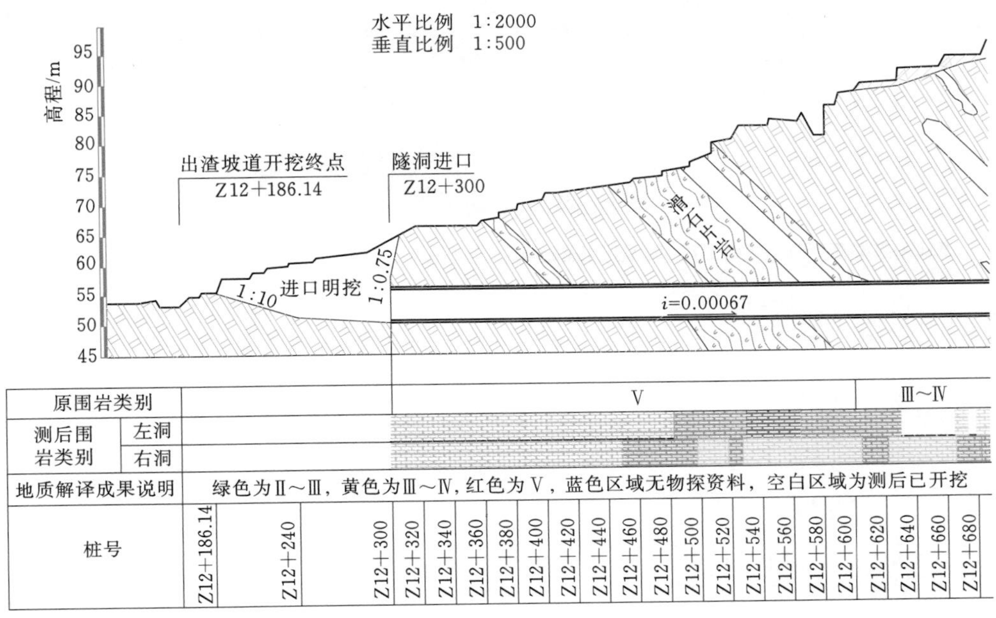

图 11.3.8 西甘池隧洞左洞进口段超前预报-地质解译综合成果图

同理，图 11.3.9 和图 11.3.10 分别为西甘池隧洞洞身段的高密度地震映像和高密度电法探测成果剖面图，对各成果展示的地球物理信息特征的分析及解译结果分别列于表 11.3.7 和表 11.3.8 中。

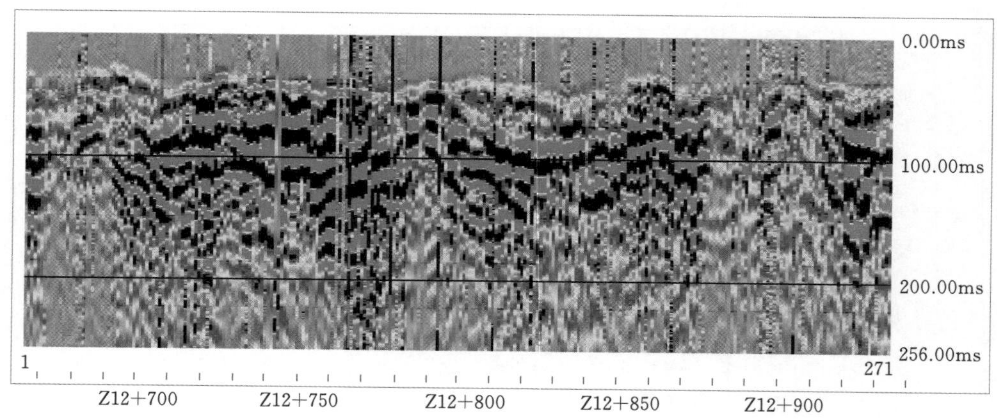

图 11.3.9 西甘池隧洞左洞洞身段 Z12+（656～930）高密度地震映像剖面图

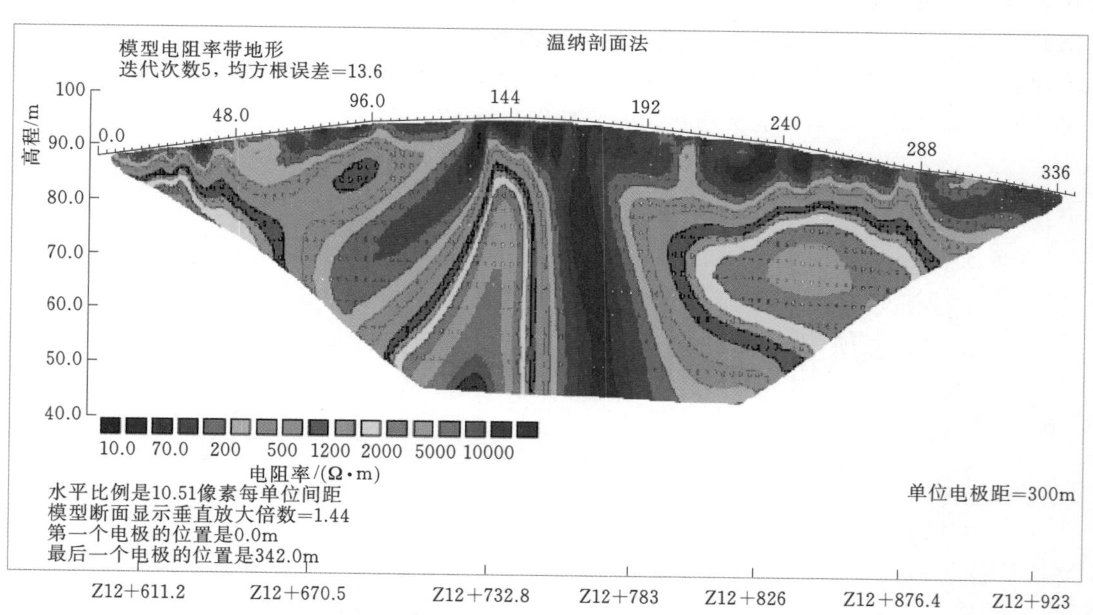

图 11.3.10 西甘池隧洞左洞洞身段 Z12+（602～855）段高密度电法剖面图

表 11.3.7 西甘池隧洞左洞洞身段高密度地震映像特征及其地质解译

分段桩号	地震映像特征	地质解译（推断）
Z12+（656～665） Z12+（673～679） Z12+（723～733） Z12+（756～790） Z12+（877～892）	同相轴连续性较差，波组延续时间短，振幅能量弱	隧洞围岩体较完整，节理裂隙发育较弱，局部位置有滑石片岩夹层，但规模较小

续表

分段桩号	地震映像特征	地质解译（推断）
Z12+（665～673） Z12+（679～692） Z12+（811～826） Z12+（855～877）	同相轴较连续，局部波组延续时间长，频率较高，振幅能量较强	隧洞围岩岩体较完整，节理裂隙较发育，部分裂隙夹泥，局部溶蚀严重
Z12+（692～723） Z12+（790～811） Z12+（913～935）	上部同相轴连续，频率低，振幅能量强；其下有多组斜向同相轴，其延续时间长［其中 Z12+（692～723）处波组延续时间至 240ms，Z12+（790～811）处波组延续时间大于 256ms，Z12+（913～935）处波组延续时间至 190ms］，振幅能量强，局部位置有绕射弧	隧洞围岩较破碎，节理裂隙发育，溶蚀严重并形成岩溶漏斗或有大规模滑石片岩夹层
Z12+（733～756） Z12+（826～855）	上部映像同相轴连续，频率低，振幅能量强，其下仅有一组斜向同相轴	推测上部为厚层松散覆盖层；下伏大理岩结构较完整，节理裂隙不发育，局部位置有滑石片岩小夹层
Z12+（892～930）	同相轴连续性较差，波组分布规律性差，延续时间长，振幅能量较强	隧洞围岩结构较完整，节理裂隙较发育，局部溶蚀严重或滑石片岩夹层多

表 11.3.8　西甘池隧洞左洞洞身段高密度电法探测结果及地质解译

分段桩号	电阻率/(Ω·m)	地质解译（推断）
Z12+（602～656）	800～1500	围岩弱风化，节理裂隙发育较弱，局部位置有强风化滑石片岩夹层
Z12+（656～690）	120～800	围岩弱风化，节理裂隙发育较弱，局部位置有较大规模强风化滑石片岩夹层
Z12+（690～723）	70～120	围岩为强风化大理岩和强风化滑石片岩互层。其中大理岩节理裂隙较为发育，滑石片岩质软，从地表一直发育至洞室位置。该异常也可由充填黏性土的岩溶裂隙引起
Z12+（723～733）	120～800	围岩为弱风化大理岩，节理裂隙发育较弱，局部位置有较大规模强风化滑石片岩夹层
Z12+（733～756）	800～8000	围岩为强风化至微风化大理岩，局部洞底可能存在溶洞
Z12+（756～790）	120～800	弱风化大理岩，节理裂隙发育较弱，局部位置有较大规模强风化滑石片岩夹层
Z12+（790～811）	70～120	围岩强风化大理岩和强风化滑石片岩互层。大理岩节理裂隙发育，滑石片岩质软，从地表一直发育至洞室位置。该异常也可由充填黏性土的岩溶裂隙引起
Z12+（811～826）	800～1500	大理岩为弱风化，节理裂隙发育较弱，局部位置有强风化滑石片岩夹层
Z12+（826～855）	1500～3000	弱风化大理岩，局部位置有强风化滑石片岩小夹层

图 11.3.11 为左洞洞身段超前预报-地质解译综合成果。由该图可知，预报前的围岩分类结果（Ⅲ～Ⅳ类）未识判出工程地质性质不良的Ⅴ类围岩分布区域。所幸的是，该段隧洞施工时，现场地质人员根据综合物探解译成果，要求掌子面接近Ⅴ类围岩分布区段时减缓开挖进度、实施超前管棚支护并短进尺掘进，开挖后立即采取钢架支护，有塌方迹象时采用二次支撑，待封闭后对超挖区进行灌浆处理，有效地预防了围岩塌方事故的发生。图 11.3.12 为左洞洞身段施工时记录的围岩及支护结构实体状况，图 11.3.13～图 11.3.15 为洞身段Ⅴ类（物探解译分类）围岩区的实际地质编录图，总体反映了此次利用物探方法进行地质超前预报的准确性。

左洞洞身段的物探综合解译成果汇总于表 11.3.9 中。

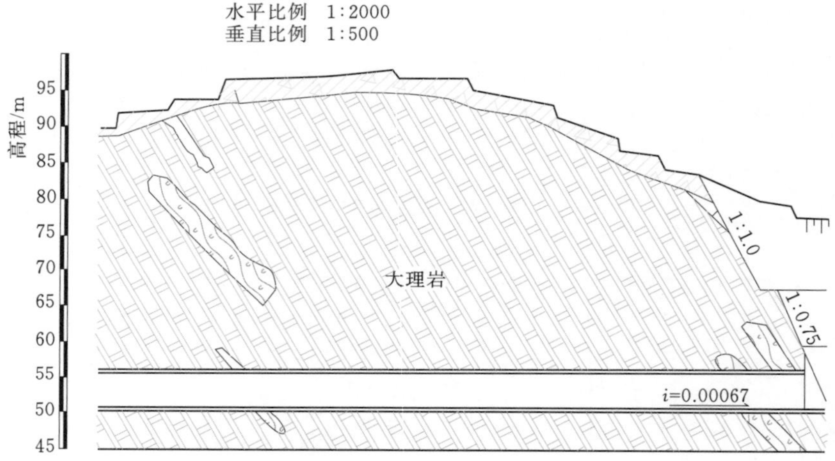

原围岩类别		Ⅲ～Ⅳ
测后围岩类别	左洞	
	右洞	
地质解译成果说明		绿色为Ⅱ～Ⅲ，黄色为Ⅲ～Ⅳ，红色为Ⅴ，蓝色区域无物探资料，空白区域为测后已开挖
桩号		Z12+620　Z12+640　Z12+660　Z12+680　Z12+700　Z12+720　Z12+740　Z12+760　Z12+780　Z12+800　Z12+820　Z12+840　Z12+860　Z12+880　Z12+900　Z12+920　Z12+940　Z12+960　Z12+980　Z13+000

图 11.3.11　西甘池隧洞左洞洞身段超前预报-地质解译综合成果图

(a) Z12+675完整岩体

(b) Z12+820完整岩体

图 11.3.12（一）　西甘池隧洞左洞洞身段典型施工实照

(c) Z12+700强风化岩体(Ⅴ类)

(d) Z12+920裂隙发育岩体(Ⅴ类)

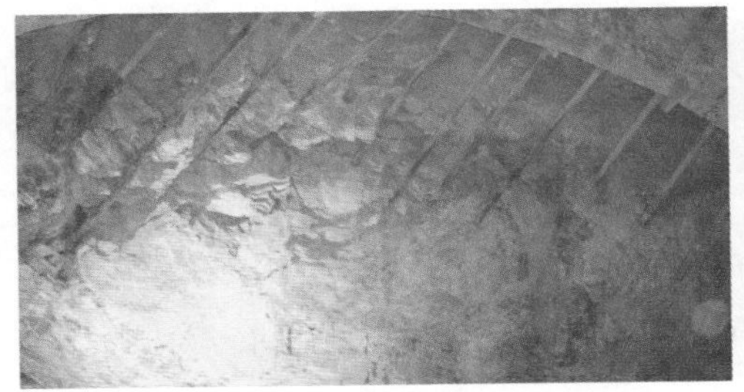

(e) Z12+695破碎岩体(超前支护)

(f) Z12+700处支护结构变形

图 11.3.12（二） 西甘池隧洞左洞洞身段典型施工实照

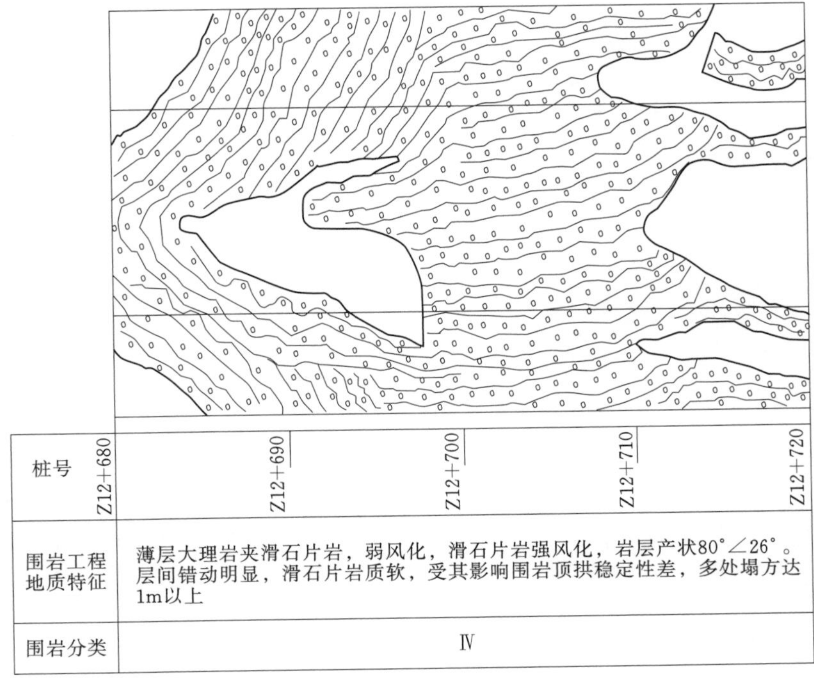

桩号	Z12+680	Z12+690	Z12+700	Z12+710	Z12+720
围岩工程地质特征	薄层大理岩夹滑石片岩，弱风化，滑石片岩强风化，岩层产状80°∠26°。层间错动明显，滑石片岩质软，受其影响围岩顶拱稳定性差，多处塌方达1m以上				
围岩分类	Ⅳ				

图 11.3.13 西甘池隧洞左洞洞身段 Z12+（690～720）段施工地质编录展示图

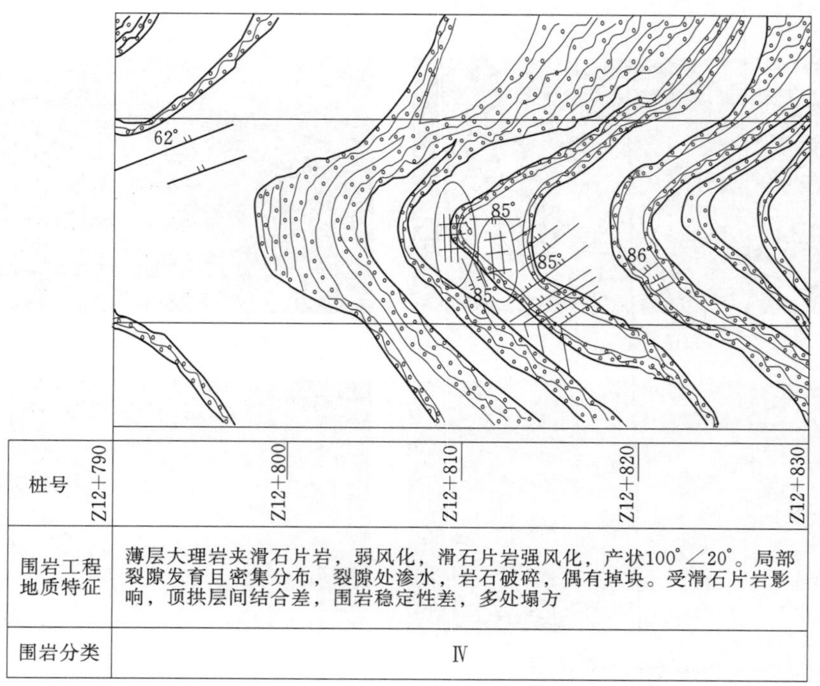

桩号	Z12+790 Z12+800 Z12+810 Z12+820 Z12+830
围岩工程地质特征	薄层大理岩夹滑石片岩，弱风化，滑石片岩强风化，产状100°∠20°。局部裂隙发育且密集分布，裂隙处渗水，岩石破碎，偶有掉块。受滑石片岩影响，顶拱层间结合差，围岩稳定性差，多处塌方
围岩分类	Ⅳ

图 11.3.14　西甘池隧洞左洞洞身段 Z12＋（790～820）段施工地质编录展示图

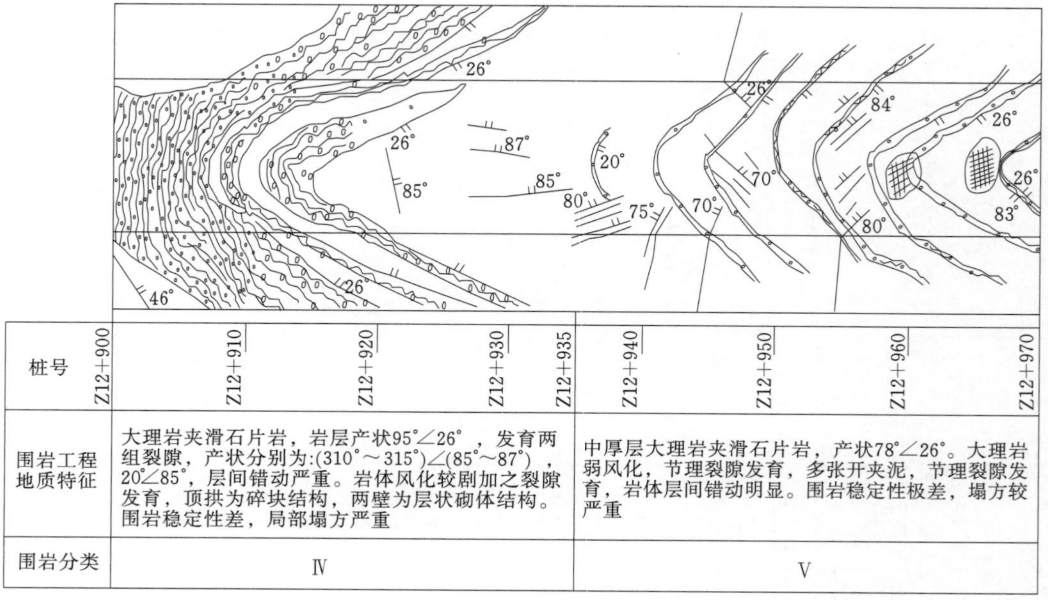

桩号	Z12+900 Z12+910 Z12+920 Z12+930 Z12+935	Z12+940 Z12+950 Z12+960 Z12+970
围岩工程地质特征	大理岩夹滑石片岩，岩层产状95°∠26°，发育两组裂隙，产状分别为:(310°～315°)∠(85°～87°)，20°∠85°，层间错动严重。岩体风化较剧加之裂隙发育，顶拱为碎块结构，两壁为层状砌体结构。围岩稳定性差，局部塌方严重	中厚层大理岩夹滑石片岩，产状78°∠26°。大理岩弱风化，节理裂隙发育，多张开夹泥，节理裂隙发育，岩体层间错动明显。围岩稳定性极差，塌方较严重
围岩分类	Ⅳ	Ⅴ

图 11.3.15　西甘池隧洞左洞洞身段 Z12＋（910～940）段施工地质编录展示图

表 11.3.9　西甘池隧洞左洞洞身段综合物探解译成果汇总

围岩类别	分段桩号	物性特征		岩体结构特征
		高密度地震映像	电阻率/(Ω·m)	
Ⅱ～Ⅲ	Z12＋（656～665） Z12＋（673～679） Z12＋（723～733） Z12＋（756～790） Z12＋（826～855） Z12＋（877～892）	同相轴连续性较差或仅有一组斜向同向轴，波组延续时间短，振幅能量弱	120～3000	岩体结构完整，弱风化，节理裂隙不发育，局部夹有滑石片岩夹层
Ⅲ～Ⅳ	Z12＋（665～673） Z12＋（679～692） Z12＋（733～756） Z12＋（811～826） Z12＋（855～877）	同相轴较连续，局部波组延续时间长，频率较高，振幅能量较强	120～1500	岩体结构较完整，节理裂隙较发育，部分裂隙夹泥或溶蚀严重，局部夹有滑石片岩
Ⅴ	Z12＋（692～723） Z12＋（790～811） Z12＋（913～930）	有多组斜向同相轴，延续时间长，振幅能量强，局部位置有绕射弧	70～120	岩体结构破碎，强风化，溶蚀严重；裂隙多张开且充黏土

同样的，图 11.3.16 和图 11.3.17 为西甘池隧洞左洞出口段高密度地震映像与高密度电法的测试成果图，表 11.3.10 和表 11.3.11 为根据两种方法分别做出的初步地质解译。表 11.3.12 为综合两种物探方法成果和地质经验提出的超前预报结果，隧洞施工开挖时的隧洞观察与地质编录（图 11.3.18～图 11.3.20）总体反映了物探综合解译成果的准确性，特别是其对Ⅴ类围岩的判断，与实际吻合度高。

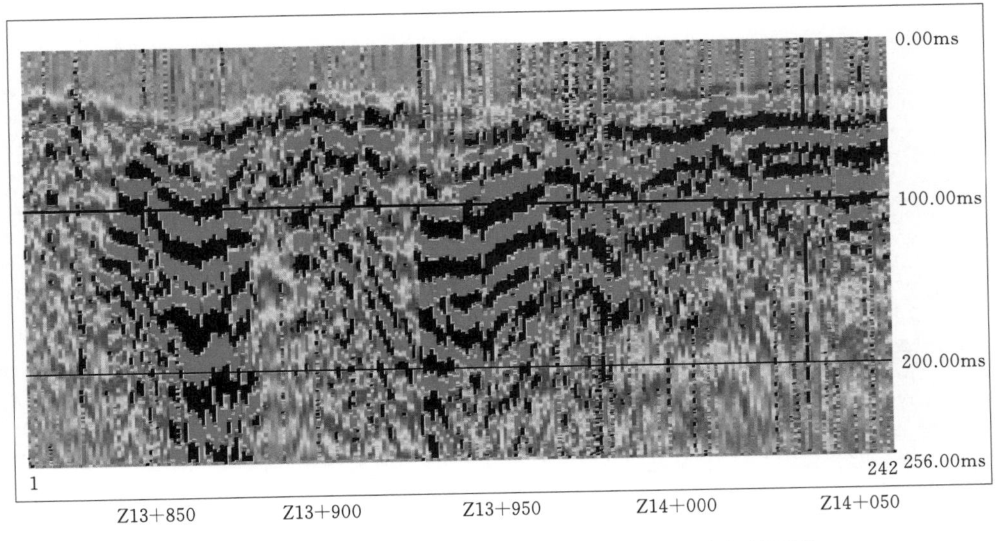

图 11.3.16　西甘池隧洞左洞出口段高密度地震映像剖面图

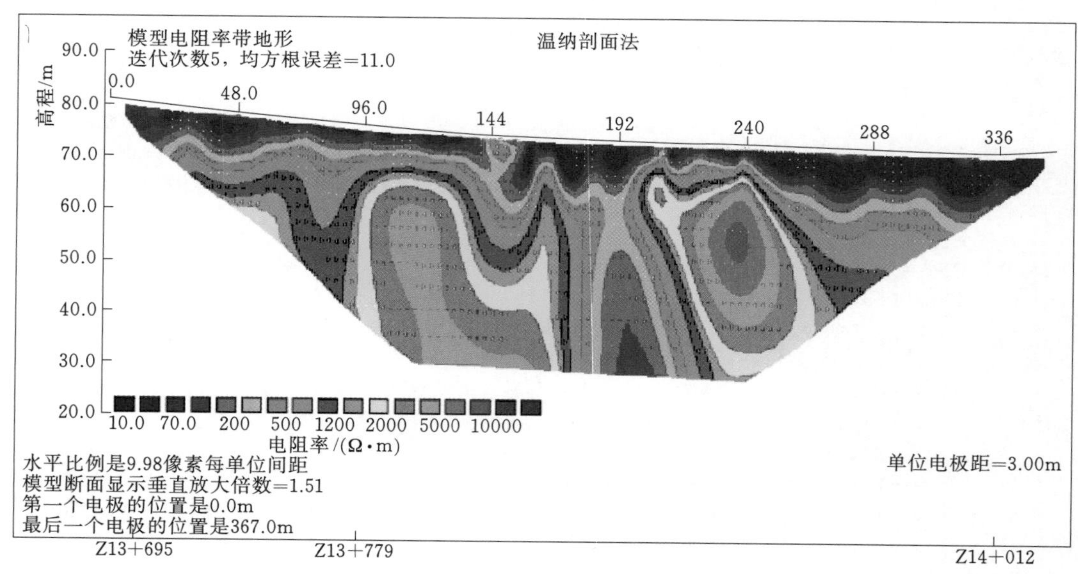

图 11.3.17　西甘池隧洞左洞出口段高密度电法剖面图

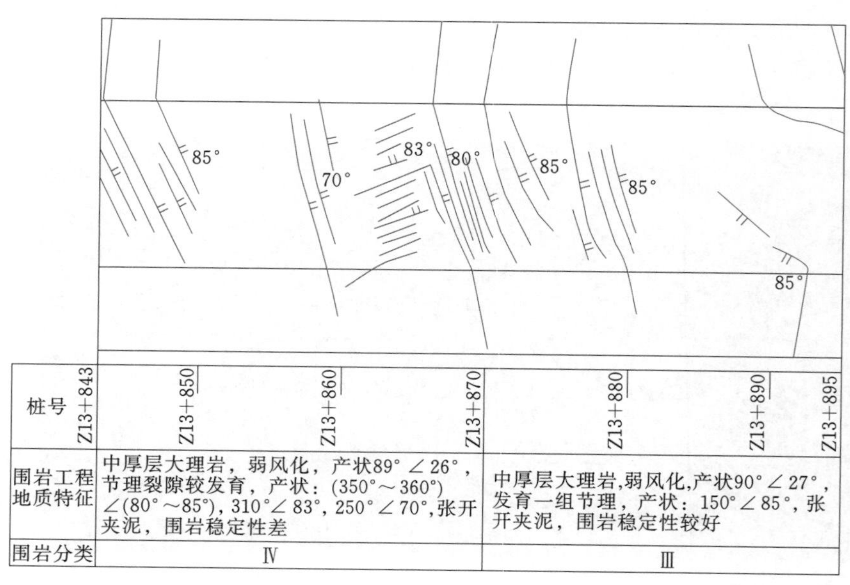

桩号	Z13+843	Z13+850	Z13+860	Z13+870	Z13+880	Z13+890	Z13+895
围岩工程地质特征	中厚层大理岩，弱风化，产状89°∠26°，节理裂隙较发育，产状：(350°～360°)∠(80°～85°)，310°∠83°，250°∠70°，张开夹泥，围岩稳定性差			中厚层大理岩,弱风化,产状90°∠27°，发育一组节理，产状：150°∠85°，张开夹泥，围岩稳定性较好			
围岩分类	Ⅳ			Ⅲ			

图 11.3.18　西甘池隧洞左洞出口段 Z13+（843～895）段地质编录展示图

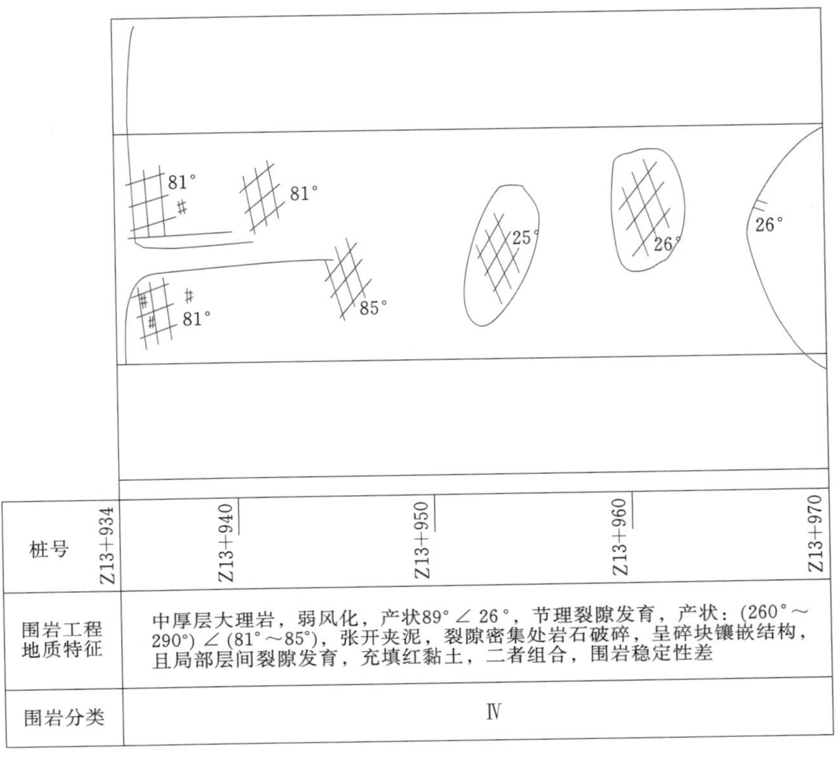

图 11.3.19　西甘池隧洞左洞出口段 Z13＋（934～970）段地质编录展示图

(a) Z13+850处强风化岩体(裂隙充泥)

(b) Z13+960处强风化岩体(裂隙充泥)

图 11.3.20　西甘池隧洞左洞出口段Ⅴ类围岩

表 11.3.10　　西甘池隧洞左洞出口段高密度地震映像特征及其地质解译

分段桩号	地震映像特征	地质解译（推断）
Z13＋（820～841） Z13＋（882～890）	同相轴连续性较差，波组频率高，振幅能量弱，记录下方偶尔有斜向高频的同相轴发育	岩体较完整，局部有节理裂隙发育，大部分裂隙张开并充填黏性土
Z13＋（841～882） Z13＋（931～966）	同相轴连续，频率低，振幅能量强，波组延续时间长	岩体较破碎，节理裂隙较发育，且大部分裂隙被黏性土充填

续表

分段桩号	地震映像特征	地质解译（推断）
Z13＋（890～915）	上部映像同相轴较连续，频率较低，振幅能量强；下方同相轴连续性较差，波组频率高，振幅能量弱，偶尔有斜向高频的同相轴发育	上部覆盖层较厚；下部大理岩岩体较完整，局部有节理裂隙发育，大部分裂隙微张并夹泥
Z13＋（915～931） Z13＋（966～995）	上部映像同相轴较连续，频率低，振幅能量强；下方出现多组斜向同相轴，频率高，能量较强	上部覆盖层较厚；下部大理岩岩体较完整，局部节理裂隙发育，大部分裂隙微张，局部裂隙夹泥
Z13＋995～Z14＋040	同相轴连续，频率低，振幅能量强；其下有一组绕射弧，波组同相轴连续性较差，散度大，振幅能量一般	岩体破碎，岩溶发育
Z14＋（040～065）	上部映像同相轴连续，频率低，振幅能量强，下部无同相轴分布	由洞室（已开挖）引起的异常

表 11.3.11　西甘池隧洞左洞出口段高密度电法探测结果地质解译

分段桩号	电阻率/(Ω·m)	地质解译（推断）
Z13＋（736～750）	1200～2000	围岩弱风化，节理裂隙较发育，大部分裂隙中充填黏性土
Z13＋（750～812）	2000～5000	围岩弱风化～微风化，局部节理裂隙发育，部分裂隙中有黏性土充填
Z13＋（812～822）	1200～2000	围岩弱风化，节理裂隙较发育，大部分裂隙中充填黏性土
Z13＋（822～845）	200～800	围岩强风化，岩体破碎，裂隙发育，且充填黏性土
Z13＋（845～866）	800～1500	围岩弱风化，节理裂隙较发育，且裂隙中充填黏性土
Z13＋（866～880）	200～800	围岩强风化，岩体破碎，裂隙发育，且裂隙中充填黏性土
Z13＋（880～935）	高阻大于 3000 低阻小于 500	高阻异常是由已开挖隧洞引起的，低阻是受洞室开挖影响而引起的低阻假异常

表 11.3.12　西甘池隧洞左洞出口段（Ⅴ类围岩）综合物探解译成果与地质验证对照表

综合物探解译成果			施工地质编验证特征
分段桩号	围岩类别	地质特征	
Z13＋（840～885）	Ⅴ	岩体较破碎，节理裂隙较发育，且大部分裂隙被黏性土充填	中厚层大理岩，灰色，弱风化，岩层产状 89°∠26°；围岩节理裂隙较发育，张开状，夹泥，一组产状为（350°～360°）∠（80°～85°），一组为 310°∠83°，另一组为 250°∠70°；围岩稳定性差
Z13＋（930～970）	Ⅴ	大理岩岩体破碎，岩溶发育	中厚层大理岩，灰色，弱风化，岩层产状 89°∠26°。节理裂隙发育，产状：（260°～290°）∠（81°～85°），张开夹泥，裂隙密集处岩石破碎，呈碎块镶嵌结构，且局部层间裂隙发育，充填红黏土，两者组合。围岩稳定性差

总体而言，采用高密度地震映像和高密度电法两种方法的综合探测成果进行西甘池隧洞超前地质预报的结果是令人满意的，物探解译识别的围岩破碎带、岩溶溶蚀带、滑石片岩夹层等不良地质体的空间分布和地质特征等在随后的施工地质中得到了验证。西甘池隧洞工程施工地质超前预报的成功案例，使广大技术和施工人员进一步认识到：尊重和重视超前预报成果、科学有序地开展隧洞施工是减少或避免地下工程事故、降低工程投资和保证合理工期的有效方法。

11.3.5　小结

从西甘池隧洞施工地质预报中物探技术的应用效果来看，其主要是解决了对隧洞围岩的工程地质分类和岩体结构软弱带（包括破碎带、岩溶发育带和软岩夹层带）的预判预报问题，预报内容相对单一，采用的方法针对性较强，效果较为显著。结合目前隧洞施工地质预报中物探技术的应用现状与本次工作的实施体会，总结以下几点供同行借鉴或进一步深入探讨。

（1）与传统的在隧洞内掌子面实施探测相比，西甘池隧洞采用的是地面物探方法，即在隧洞上方地表实施地球物理探测，其对围岩预报的准确性很大程度上取决于有效探测信息的可解译深度。特别是高密度地震映像法，其探测深度一般小于 20m，因此，对于深埋隧洞或地形起伏较大时，高密度地震映像法的适用性和效果还有待探索。

（2）就高密度地震映像特征来看，风化严重、结构破碎或含软弱夹层带的Ⅴ类围岩（大理岩）与其他非Ⅴ类围岩的区别主要在于：前者一般发育多组斜向同向轴，波组延续时间长、振幅能量强，且多发育有绕射弧；而后者多为单一同向轴或无同相轴、波组延时相对较短、振幅能量较弱，没有绕射弧。

（3）西甘池隧洞围岩电阻率的探测结果总体反映了岩体结构完整、风化程度低、节理裂隙不发育时电阻率高，反之则相对较低的一般性规律，但同样划分为Ⅴ类的围岩区段，其岩体电阻率差异性较大。如进口段夹滑石片岩的Ⅴ类围岩，电阻率最低值为 500Ω·m，出口段的裂隙夹泥Ⅴ类围岩，电阻率低限为 200Ω·m 左右，而洞身段（同为裂隙夹泥Ⅴ类围岩）的电阻率值仅为 70～120Ω·m。由于围岩工程地质分类是在综合考虑物探探测结果、地质证据以及工程安全等因素后做出的主观定性判断，因此判断为同类别的围岩，其在地球物理性质、结构、岩石矿物成分等方面存在差异性是不难理解的，有时是必然的。而通过这种地球物理性质的差异表现探究岩体结构、构造、矿物成分等方面的内在区别是帮助工程设计者优化围岩支护方案的关键所在。

西甘池隧洞Ⅴ类大理岩围岩的电阻率差异性主要是由裂隙发育程度、充填物成分、裂隙宽度、岩溶发育程度等因素引起的。进口段裂隙带以滑石片岩为主，虽然其为软岩类，但相对洞身段和出口段裂隙内充填的黏性土来说，其电阻率值较高符合常理。另外，从隧洞地质编录看，相对进口段而言，洞身段和出口段围岩裂隙更发育、纵横交错，岩体为碎裂镶嵌式结构，且裂隙带发育宽度较大，其内几乎充满黏性土。

（4）高密度电法属于体积勘探，是利用岩土体本身的电性差异圈定异常体；而高密度地震映像法是从波动学特性来判断异常体，即利用多波在岩土体中的传播特征，如体波的反射、折射、绕射和面波的偏折等在地震记录中的形态，以及波在不同介质中传播时的频率、振幅衰减程度等特征。两种方法中介质的电性、波阻抗差异对不良地质体均有异常反映，通常情况下，综合运用这两种物探方法的解译成果能够更为准确地判断异常体的性质，而非仅仅采用其中某一种。

（5）西甘池隧洞物探超前预报仅在地面开展物探工作，无法判断异常体（如岩溶体）的含水状态。因此，若在富水的岩溶地区隧洞工程中进行物探地质超前预报，地面物探方法的适用性差些，应在隧洞内开展红外线探测超前预报工作，以探明地质体的富水状态，进而科学指导施工。

表 11.3.13 为综合本次隧洞地质超前预报的物探成果，研究者结合个人经验提炼的北京西甘池地区大理岩工程地质分类的主要地球物理特征标志，以供从事相关专业人员参考和借鉴之用。

表 11.3.13　北京西甘池地区大理岩工程地质分类主要地球物理特征标志

围岩工程地质类别	分类标志				支护措施建议
	风化程度	结构完整性	高密度地震映像特征	电阻率/(Ω·m)	
Ⅰ	未～微	完整	无同相轴	>5000	无需支护
Ⅱ	微～弱	较完整，裂隙闭合	斜向毛刺状映像同相轴	>3000	一般无需支护，局部可采用锚喷支护
Ⅲ	弱	较完整，裂隙张开	多组斜向同相轴	800～3000	围岩应喷混凝土、系统锚杆加钢筋网
Ⅳ	强风化	较破碎，裂隙夹泥或溶蚀发育	同相轴的振幅能量强，波形频率较低，局部有绕射弧	500～1500	应及时喷混凝土、系统锚杆加钢筋网
Ⅴ	强风化	破碎，节理裂隙极发育，裂隙中充泥	映像同相轴的振幅能量很强，波形频率低，波组延续时间长	<500	在开挖前应进行超前支护，开挖后应及时应喷混凝土、系统锚杆加钢筋网

11.4　总干渠非城区段地质勘察中的物探技术应用

11.4.1　非城区段地质勘察工作背景

非城区段是指自南水北调中线入北京的起始点——北拒马河北支起，至永定河倒虹吸之间的输水线路，全长约 62km，涉及的行政区为房山区和丰台区，穿越区主要为山前的低缓丘陵地带，地质条件相对复杂，基岩埋深浅，岩性岩相变化较为频繁，第四系覆盖层厚度较小，钻探施工难度较大。

1993 年 4 月，长江水利委员会编制并发布了《南水北调中线工程总干渠初步设计阶段勘察大纲和技术要求（包括物探技术要求）》，要求沿线各勘察单位按此要求开展中线工程初步设计阶段的勘察工作（含物探工作）。按该勘察大纲要求，总干渠北京段

（非城区段）沿线每 1km 布置 1 个勘探孔，每 2km 布置一个垂直于线路轴线的横向勘探线（含 3 个勘探孔）；同时，因仅靠钻探手段难以控制地质条件复杂多变的山区段，要求输水线路全线及沿线单体建筑物场区均应根据实际情况开展地球物理勘探工作，并结合钻探成果解释验证，最终提交满足初设要求的勘察成果。

1996 年春，北京市水利规划设计研究院结合北京地区实际情况及前期勘察工作成果，明确了北京段物探工作的主要目的如下：

（1）查明地表至设计渠（当时设计为明渠输水方案）底板以下 20m 范围内地层结构、岩性及其分布。

（2）查明地表以下 50m 范围内基岩的埋藏深度，岩性及其起伏变化。

（3）了解渠底板以下 20m 范围内基岩的风化分带。

（4）可能的条件下了解地下水的分布。

基于当时勘察工期的迫切要求，北京市水利规划设计研究院最终与中国地质大学（北京）、河北省水利勘测设计院（天津）分工合作，共同承担完成总干渠北京段的物探工作。其中对于非城区段，在充分分析渠线地质条件及当时物探技术应用条件的情况下，选择了以电测深法和地震反射波法为主的物探方法，取得了令人满意的勘察成果。电测深法主要用来识别基岩与上覆土层的分界面，确定地层结构；地震反射波法主要用于探测基岩面的起伏形态、断裂构造带等。

11.4.2　物探方法的选择与工作布置

通过对非城区段地质条件的初步了解，认为线路勘探范围内的地层自上而下大致分为三层，即表层细粒土（黏土、粉土等）、中间卵砾石，下部为第三纪基岩地层，三层岩土的地球物理特性，如波速、波阻抗或电阻率均有较明显的差异（表 11.4.1），且基岩埋深相对较浅，是应用物探技术的有利基础条件。物探作业的不利因素则为局部山前丘陵地段地形起伏较大，作业时期为春、秋农作物生长茂盛期，野外测线布置和实施较为困难。

表 11.4.1　　不同岩土层地球物理特性参数表

岩土名称	电阻率 /(Ω·m)	纵波波速 /(m/s)	横波波速 /(m/s)	备　注
壤土	20～50		150～200	
砂壤土	30～100	250～450	150～200	与岩性的含水情况有关
中细砂	100～400		210～330	
卵（砾）石	500～1500	350～1700	250～600	
黏土	10～100		150～200	
闪长岩	40～300			
砂砾岩	15～80	2800～3500		
砂岩	50～100			

续表

岩土名称	电阻率 /(Ω·m)	纵波波速 /(m/s)	横波波速 /(m/s)	备　注
泥岩	15～60			与风化程度有关
页岩	＞500			
千枚岩	＞500			
石灰岩	＞1000	＞3500		
白云岩	＞3000			
大理岩	3000～2000			

前已述及，电测深法适用于探测层状或似层状地质体，且要求被探测介质电性稳定，且有一定厚度。总干渠非城区渠线段穿越拒马河、大石河、永定河等冲洪积扇的上游，第四系卵砾石层空间分布稳定连续，成层性好，非常适合电测深法勘探。另外，对于当时设计的渠线单体建筑物，如南泉水河渡槽、周口河倒虹吸和永定河倒虹吸，综合考虑了场区地质条件和建筑物型式，增加了地震勘探作业。

以总干渠勘察大纲为作业纲领，物探工作的平面测网布置为：以1∶2000地形图（北京坐标系，北京高程）为作业底图，沿设计渠轴线布置一条纵向电测深测线，垂直于渠轴线每1km布置一条横向测线，横向测线长度为300m，纵、横测线上的测点间距均为50m；与渠线交叉的单体建筑物场区测线垂直于建筑物轴线布置，间距加密至200～300m，测点间距也为50m。实施地震勘探的单体建筑物场区，每个场区布置三条平行的纵向测线，中心一条沿建筑物轴线布置，另两条分布其左右，测线间距约80m；每隔300m加一条横向连络线（横剖面）。初步统计，总干渠非城区段共实施电测深测点2028个，测线长度总计101.4km；地震勘探测线长度共计22.82km，测点计2215个。

上述物探工作投入的仪器设备见表11.4.2。其中，Strataview R48型高分辨率地震仪是当时国际上最先进的工程地震仪，其接收检波器频率为60Hz，信号为全频道接收，现场不进行滤波；采样间隔125～250μs，记录长度为256ms；采样点范围为1024～2048，每炮字节数192～384kB；外业采集数据的观测系统采用展开排列，中间放炮连续观测的方法，两侧各24道，道间距为2m，炮点距4次覆盖为12m，8次覆盖为6m，CDP点距1m，偏移距为2m。

表11.4.2　总干渠北京段渠线物探作业采用的仪器设备一览表

序号	仪器名称或型号	厂　家	数量/台	备　注
1	DWJ-1A微机激电仪	北京地质仪器厂	2	供电电源为45V乙电池，供电电极为钢电极，测量电极为铜电极
2	DWJ-2A微机电测仪	北京地质仪器厂	2	
3	JJ-2型积分式激发电位仪	山西平遥卜宜仪器厂	2	
4	DDC-2B电子自动补偿仪	重庆地质仪器厂	2	
5	Strataview R48型高分辨率地震仪	美国乔美特利公司	1	—

本次电法勘探时，观测系统在丘陵、沟谷地区布级方向尽量平行于地形等高线，平原区则与渠轴线一致，极距系列采用了如图 11.4.1 所示的两种方式。野外工作中各测点最大 $AB/2$ 根据实际情况确定，最大为 200m。电法勘探的结果分段进行了抽检，抽检率平均在 10%以上，检查结果的均方差小于±2%，符合规程要求；全线共布了 197 个系统检查点，占全部工作量的 10.84%，检查结果均方根误差 $M<\pm 2\%$，符合规程要求。

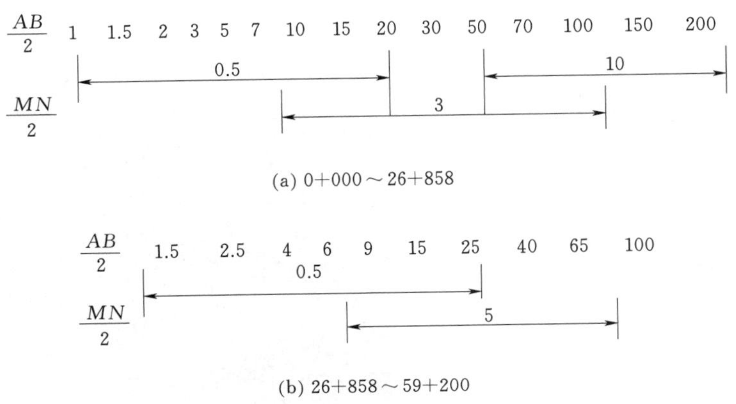

图 11.4.1　总干渠非城区段电法勘探极距布置方式

地震勘探作业中，考虑到测区基岩面横向变化较大的特点，采用了浅层反射波多次覆盖技术，宽频接收，以在进行反射法分析的同时可提取折射波信息进行对比分析。其中，周口河倒虹吸场区轴线测线为 8 次覆盖，其余测线均为 4 次覆盖。震源为 20 磅大锤多次激发，叠加次数大于 10 次。每炮记录现场屏幕监视，对不合格炮重新激发直到满意后存盘，室内整理时，未出现丢失记录的现象，观测质量是可靠的。

11.4.3　电测深数据分析与解释

总干渠非城区段电法勘探采用的是四极对称电测深法，其对测试数据的分析包括定性分析和定量解释两大部分。所谓"定性分析"，即通过对电测深曲线类型和视电阻率拟断面等值线分布规律的定性分析，大致了解测区地下岩土的电性层结构、空间分布的均匀性与连续性等，从而初步判断地下岩土层的岩性、结构及空间总体分布规律。定量解释即是在定性分析的基础上，通过计算机模拟正反演法、量板法或特征点法以及切线法、微分法等计算方法，获取地下岩土层或被探测异常体的空间位置、规模、埋深或产状等的定量化信息数据的过程。定量计算一般采用电算法或量板法。对于复杂的探测曲线类型，则需根据实际地形地质情况选择如切线法、数学解析法、微分法、绝对电阻率反斜率法、曲线后支渐进法、电反射系数 K 法、累计电阻率法、典型孔旁测深曲线对比法以及经验法等。

定性分析的主要工作内容是划分探测曲线类型和绘制等视电阻率（ρ_s）断面图，从而确定电性层与地层的相互对应关系、地层埋深及空间分布变化等。总干渠非城区段电测深曲线的主要类型有以下 7 种：

（1）A 型。如图 11.4.2（a）所示，图中 bsx698 为电测深点号，A 型表示电测深曲线类型（下同），该类曲线的特征为电阻率随着 $AB/2$ 的增大而增大；曲线前段电阻率值低，尾段电阻率值高，中段为中低阻。A 型曲线多对应二元或三元地层结构。总干渠桩号 3＋000～23＋815 段的电测深曲线基本为 A 型。图 11.4.2（b）为该渠段施工时开挖揭露的典型三元地层结构：表层为黄色或褐黄色的砂壤土；中间层为红色风化壳层，为硬塑质壤土；底部为灰白色白云质灰岩，三者电性差异明显。

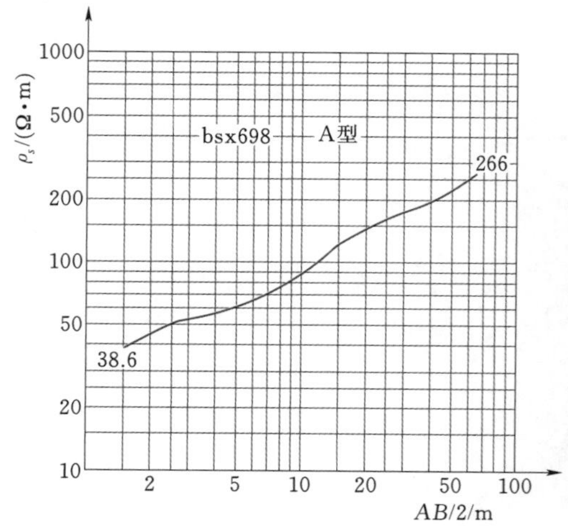

(a) A型电测深曲线

(b) 三元地层结构[桩号6+(000～100)渠段]

图 11.4.2　A 型电测深曲线及其对应的典型地层结构

（2）H 型。如图 11.4.3（a）所示，该类曲线的特征为曲线两端向上抬起，中间平缓，前端低于尾端。H 型曲线表明测点处地表和底部为高电阻地层，而中间段可能为含水的低电阻地层。图 11.4.3（b）为 H 型曲线的某测点处实际地层开挖情况，其底部未揭露高电阻的基岩地层。

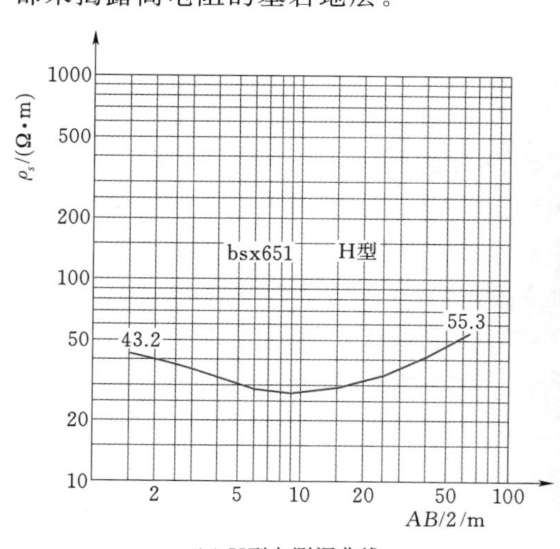

(a) H型电测深曲线

(b) 桩号21+950测点处含水砂卵石层

图 11.4.3　H 型电测深曲线及其对应的典型地层结构

总干渠桩号为 3＋300～23＋815 的沟谷地段，26＋858～27＋155、31＋300～32＋670 和 39＋170～50＋750 渠段以及岔子沟、黄元井渡槽段的电测深曲线均为 H 型，地层结构与图 11.4.3（b）相似，充分表明了 H 型电测深曲线中部的低阻段是由含水地层引起的。

（3）K 型。如图 11.4.4（a）所示，曲线两端向下降低，中间平缓，前端视电阻率低于尾端。该类曲线与 H 型曲线相反，反映测点处地表、底部地层为低电阻，而中间层为高电阻。根据总干渠沿线地层岩性，判断 K 型曲线对应的地层结构其中间的高电阻可能由非含水的砂卵石层引起，而底部可能为含水地层或低电阻基岩。图 11.4.4（b）为施工开挖揭露的 K 型曲线某测点处的地层结构：表层黄褐色砂壤土，中部为干燥砂卵石，底部为为全风化基岩。

总干渠桩号为 0＋000～3＋000、23＋815～25＋015、32＋720～33＋350 和 38＋720～39＋120 等渠段的电测深曲线均为 K 型，其中 0＋000～3＋000、23＋815～25＋015 两渠段底部为含水砂卵石低阻层，32＋720～33＋350 和 38＋720～39＋120 两渠段底部为砾岩和泥岩低阻层。

(a) K型电测深曲线　　(b) 典型地层结构(桩号1＋610～2＋000渠段)

图 11.4.4　K 型电测深曲线及其对应的典型地层结构

（4）Q 型。如图 11.4.5（a）所示，曲线总体反映了随着横坐标 $AB/2$ 的增大，纵坐标电阻率 ρ_s 值逐渐降低。该类型曲线表明测点处地表岩土层电阻率最高，向下随深度增大，地层电阻逐渐降低，意即地层含水量由地表向下依次增大。图 11.4.5（b）为该类曲线某测点处基槽开挖情况，清晰地反映了土层自地表向下含水量的变化，但该测点未揭露深底的基岩低电阻层。

总干渠桩号为 53＋000～56＋500 渠段的电测深结果均为 Q 型曲线类型。

（5）HK 组合型。如图 11.4.6（a）所示，曲线前部为两端上翘、中间平缓下凹的 H 型，后部为两端下降、中间平缓上凸的 K 型，且首端电阻率高于尾端。该类曲线反映测点处可能为多层地层结构，中部地层相对表层含水量增大，电阻率由低再增高也

(a) Q型电测深曲线　　(b) 桩号55+(260～910)渠段开挖断面

图 11.4.5　Q 型电测深曲线及其对应的典型地层结构

可能反映岩性的变化。图 11.4.6（b）为该类曲线某测点处的地层结构：地表为干燥砂壤土、中砂和细砂，电阻率较高；其下为含水砂壤土，电阻率最低；再其下岩性为卵石，也为含水层；底部应为基岩，开挖未揭露。

(a) HK型电测深曲线　　(b) 典型地层结构[桩号41+(630～680)渠段]

图 11.4.6　HK 型电测深曲线及其对应的典型地层结构

（6）KQ 组合型。如图 11.4.7（a）所示，曲线前部呈 K 型（两端下降、中间凸起），后部呈 Q 型（单调下降）。该类曲线表明测点处浅部有高电阻的干燥砂卵石，底部为低电阻基岩地层，图 11.4.7（b）某测点处的开挖结果证实了这一点：表层为砂壤土，其下为砂卵石，底部为泥岩、砂砾岩互层。

总干渠桩号为 35＋370～38＋670、58＋300～59＋200 渠段的探测结果均为 KQ 组合型。

(7) 十字电测深曲线。为了解地层在水平方向的稳定性，一般需采用十字电测深法，以推断在测点附近是否有直立或切斜的岩层分界面，并了解岩层的各向异性程度，图 11.4.8 分别为电测深点 bsx595、bsx906 对应的十字电测深曲线，从图中可以看出，上述每个电测深点的十字测深曲线均吻合较好，说明测深点处地层在水平方向变化不大。

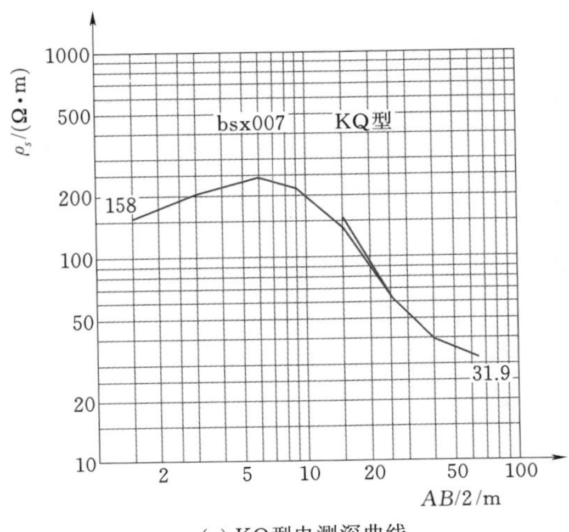

(a) KQ型电测深曲线

(b) 典型地层结构(桩号36+800～37+150渠段)

图 11.4.7　KQ 型电测深曲线及其对应的典型地层结构

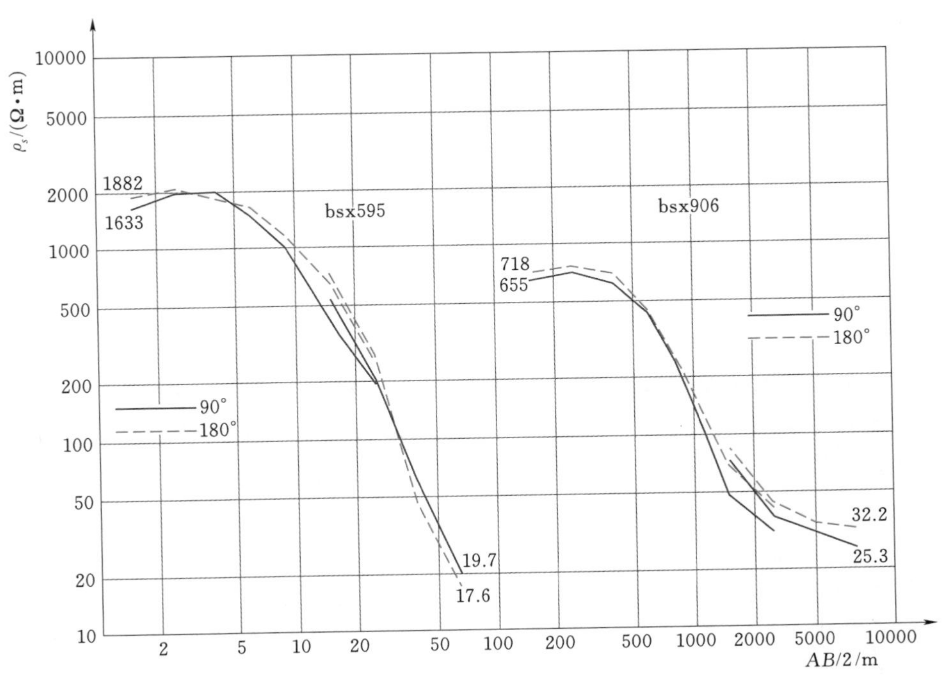

图 11.4.8　十字电测深代表性曲线

绘制视电阻率断面图和等视电阻率图是定性分析的另一重要内容。视电阻率断面图是根据电测深曲线按测线排序作出的虚构的地-电断面，它是解释电测深剖面的最基本的定性图件；而等视电阻率图是根据多个测点的电测深曲线数据绘制的视电阻率等值线平面图，可以用来分析测区内地层结构的变化等。

视电阻率断面图和等视电阻率图绘制之前，必须分析确定测深范围内中间层的视电阻率值，为此采用了孔旁测深曲线反求法、二层量板法以及邻近钻孔资料对比法等综合确定总干渠沿线中间层，主要是卵砾石地层的视电阻率。图 11.4.9 中 bsx627 曲线即为一钻孔旁的电测深曲线，与钻孔揭露的地层深度对应，反求得出该处砂卵石地层的电阻率为 250Ω·m；用二层量板法在钻孔 bsx587 电测深曲线上量得该处干燥卵砾石的电阻率为 2300Ω·m。

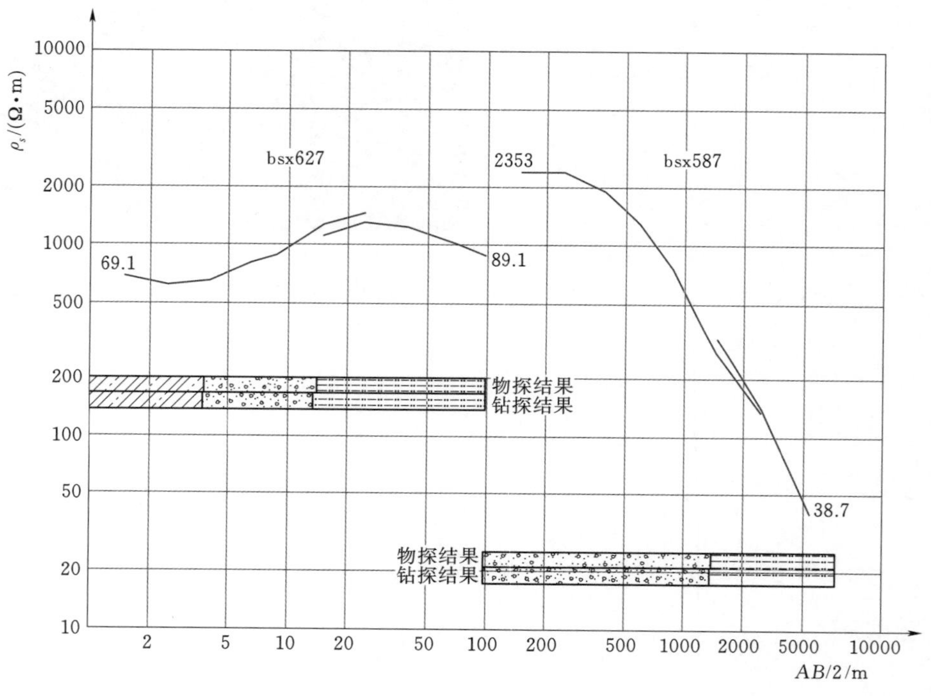

图 11.4.9　孔旁电测深曲线

分析总干渠非城区典型地段的视电阻率断面图（图略）认为，视电阻率（ρ_s）断面图上部出现的高阻闭合圈为砂卵石的反映，低阻闭合圈为壤土或砂壤土的反映；下部等值线呈波状起伏，则大致反映基岩面的高低变化；横向 ρ_s 等值线密集且呈高阻，为砂卵石层的反映，ρ_s 等值线稀疏并呈低阻，则为壤土或砂壤土的反映；在不同岩性的分界面部位，ρ_s 等值线疏密明显不同。

在前述定性分析的基础上，基本掌握了总干渠非城区段沿线不同地层的电性规律，大致明确了电性层与地质层对应关系，且确定了进行定量计算所必需的电参数，至此即可进行定量计算，获取测区地层空间分布的量化信息。总干渠电测深数据的定量计算采用电算法，具体步骤如下：

（1）据野外观测的视电阻率值确定转换电阻率。

（2）利用转换电阻率的曲线前段确定第一层、第二层的电阻率与厚度。

（3）用 Pekeris 转换电阻率公式，将转换曲线降低到下一个界面。

（4）重复上述步骤（1）、（2），确定下一层电阻率与厚度。如此反复进行解释，直到降低后的转换曲线为二层曲线为止，最后输出各层电阻率值与厚度值。

为保证定量解释的精度，对上述反演结果进行了检验。即根据反演的地电模型进行正演计算，如果正演结果与实测数据拟合好，则表明反演的地电模型符合客观实际；否则应分析其不吻合原因并修改地电模型，然后再作正演，直至所得理论曲线与实测曲线吻合或基本吻合为止。

为了保证解释的可靠性，将孔旁测深资料和邻近的钻孔资料进行了充分的对比分析，同时保持定量解释的独立性。此外，我们还对 52 个测点的电测深数据同时采用量板法和电算法进行定量解释，对其成果进行了比较，见表 11.4.3。对比分析结果表明，采用电算法的电阻率均方相对误差为 9.2%，厚度均方相对误差为 5.5%，均满足相关规程要求，定量结果可靠。

表 11.4.3　电算法与量板法解释成果对比表

测点编号	方法	第一层		第二层		第三层		第四层	
		ρ/(Ω·m)	h/m	ρ/(Ω·m)	h/m	ρ/(Ω·m)	h/m	ρ/(Ω·m)	h/m
bsx607	电算法	133	1.0	330	4.8	33			
	量板法	130	1.1	390	4.0	31			
bsx615	电算法	68	1.1	350	6.7	70			
	量板法	75	1.2	300	6.6	84			
bsx616	电算法	50	0.3	350	4.3	72	30.0	200	
	量板法	54	0.4	810	4.1	62	29.7	280	
bsx629	电算法	48	1.0	28	2.4	100	10.0	60	
	量板法	48	1.0	32	2.5	105	10.3	64	
bsx651	电算法	46.3	1.4	22.6	11.0	72			
	量板法	48	1.3	24	11.2	69			
bsx669	电算法	33	1.6	22	15.0	47.6			
	量板法	34	1.7	23	15.3	48			
bsx719	电算法	20.5	1.8	32	4.5	15	8.0	65	
	量板法	22	1.9	33	4.6	16.5	7.5	60	
bsx908	电算法	450	1.2	1200	1.8	40	22.0	20	
	量板法	450	1.2	950	2.2	46	21.8	18	
bsx976	电算法	61	1.4	28	6.0	126	11.0	9	
	量板法	62	1.4	31	6.2	85	12.0	15	
bsx981	电算法	90	1.2	32	7.0	130	14.0	16.5	
	量板法	105	1.1	35	7.3	100	15.6	25	

注　1. 电阻率均方相对误差 m=9.2%。
2. 厚度均方相对误差 m=5.5%。

表11.4.4为根据本次电测深数据分析结果对总干渠非城区段地层进行的定量解释。

表11.4.4　　总干渠非城区段电测深探测的定量解释结果

序号	探测区段桩号	渠线长/m	地理位置	解译结果
1	9+281～9+901	620	房山黄元井村	二元地层结构：上部为壤土、壤土夹碎石层，厚度为3～9.5m；下部为大理岩，顶面高程为45～55m。渠轴线两侧地层基本对称分布
2	11+300～12+073	773	房山岔子沟村	二元地层结构：上部为黏土层，表层含水碎石土，厚度为1～8m；下部为大理岩，顶面高程为49～60m。渠轴线两侧地层基本对称分布
3	26+858～27+205	347	房山牛口峪村	二元地层结构：上部为黄土状壤土，厚度为2～8m；下部为砂砾岩层，基岩顶面高程为48～58m
4	31+300～33+000	1700	房山丁家洼村至大石河	二元地层结构：上部为松散砂壤土，厚度为1～4m；下部为基岩，岩性为闪长岩，顶面高程为38～64m。局部地区基岩出露地表
5	33+000～39+320	6320	大石河西至岗上村东南	二元地层结构：上部松散层岩性以卵石为主，下部为基岩。其中桩号33+000～37+180段为泥岩夹砂砾岩，桩号37+180～39+320段为泥质粉砂岩夹砂砾岩。基岩顶面高程多为34～50m，桩号37+180～39+320渠段基岩面升高，高程为50～60m，局部达60～70m
6	39+320～46+420	7100	果各庄村西北至牤牛河西	桩号39+700～40+000渠段基岩出露。非基岩出露段为二元地层结构：上部岩性主要为壤土、砂壤土，极少含砾砂壤土和卵石；下部为基岩，岩性为砂岩、泥岩，埋深一般为5～10m，局部深达20m。其中桩号39+320～39+700段岩面高程为64～68m，桩号40+000～46+420段多为44～50m，局部较低
7	46+420～49+150	2730	牤牛河西至京周路东	二元地层结构：上部为砂壤土，厚度为1～2m，基岩埋深浅；下部为基岩，岩性为砂岩、泥岩
8	49+150～52+370	3220	京周路东至小青河倒虹吸	二元地层结构：上部为砂壤土、壤土，下部为基岩，岩性为泥岩、砂砾岩，埋深多为10～20m，局部较深达20～30m；基岩面高程随桩号增加逐步降低（桩号49+150～50+650段为30～40m，50+650～52+370段为20～30m）

续表

序号	探测区段桩号	渠线长/m	地理位置	解 译 结 果
9	52＋370～56＋927	4557	京周路东至小青河倒虹吸	二元地层结构：上部为砂壤土、细砂和卵石，厚度变化较大，桩号 52＋370～56＋350 渠段厚度相对较大，一般为 20～28m，多为 25m，局部厚达 30m，桩号 56＋350～56＋927 渠段厚度变薄，一般为 1～6m；下部为基岩，岩性为砂砾岩，顶面高程沿线略有变化，桩号 52＋370～55＋980 段为 6～25m，55＋980～56＋927 段为 25～56m
10	56＋927～59＋200	2273	小青河倒虹吸至永定河东	二元地层结构：上部为砂壤土、细砂、卵石，厚度多为 15～25m，局部达 30m 以上，其中桩号 56＋927～57＋600 渠段较浅，为 1～9m；下部为基岩，岩性为泥岩、砂砾岩，基岩面高程随桩号增加而降低，桩号 56＋927～57＋500 渠段为 45～64m，桩号 57＋500～59＋200 渠段为 25～45m

11.4.4　地震勘探资料处理与解译

总干渠非城区段地震勘探方法采用的是四次覆盖浅层反射波法，其资料处理内容包括：波的对比，层速度、平均速度和有效速度的取值，反射波数据处理以及绘制地震地质剖面图。

（1）波的对比。波的对比指根据反射波的运动学和动力学特征在共激发点地震记录上和水平叠加时间剖面图上识别和追踪有效波的同相轴的过程。多次覆盖的共激发点地震记录波的对比应在收集、分析测区地质钻孔资料基础上，与展开排列记录相结合，并利用反射波的运动学和动力学特征识别有效波和干扰波。如图 11.4.10 所示，反射波同相轴呈双曲线形状，有别于各种直线状的干扰波。水平叠加时间剖面图中波的对比又称为波的相位对比或同相轴对比，即在水平叠加时间剖面图上，根据反射波的运动学和动力学特性来识别和追踪同一地层界面反射波的过程。识别共激发点记录上同一反射波的三个标志，即波形“相似性、同相性以及强振幅性”同样适用于波的同相轴对比。图 11.4.11 中红线下方为目的层的同相轴，该图中反射波的三个特性标志极易识别。

（2）速度取值。浅层反射波资料的动校正精度和水平叠加剖面质量，主要取决于叠加速度的准确程度；水平叠加剖面的时深转换精度主要取决于层速度或平均速度（或有效速度）。这几种速度的取值可依据共激发点的反射波记录、CDP 道集、折射波记录和地震测井资料求取。图 11.4.12 右下方波型时距窗口中显示的波型速度为反射波数据处理系统根据地震记录自动计算的结果。

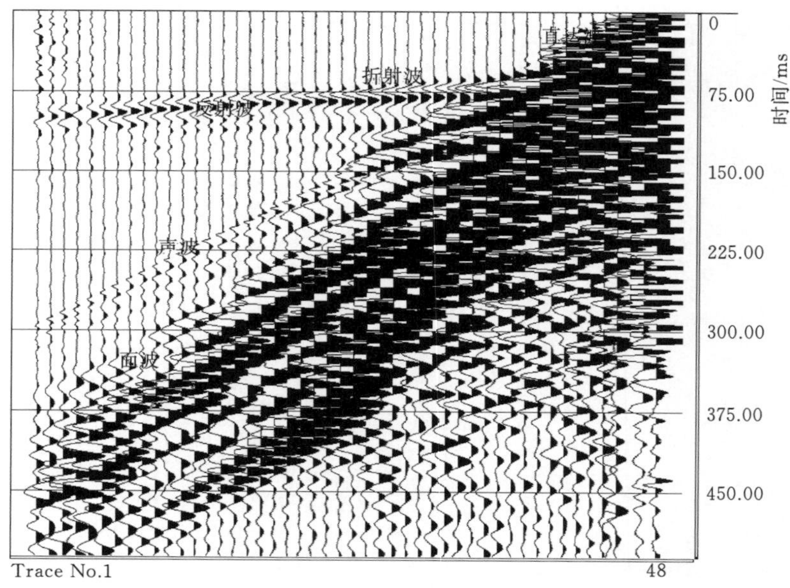

图 11.4.10 共激发点地震记录多波波型图

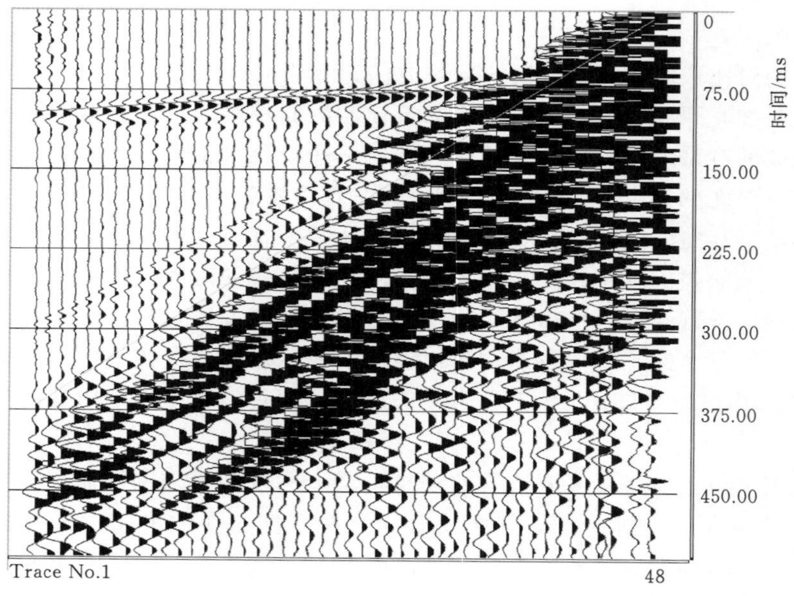

图 11.4.11 反射波同相轴示图

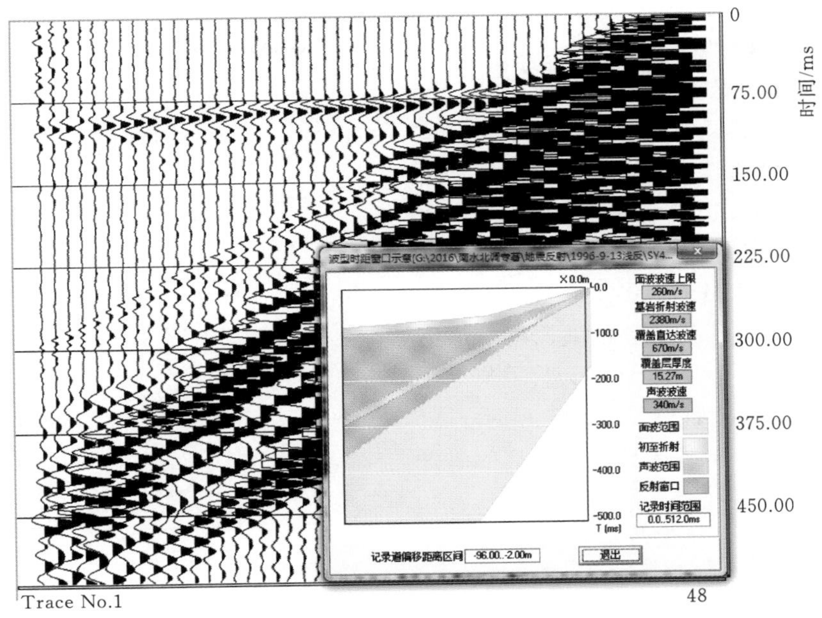

图 11.4.12　反射波数据处理系统自动计算的波型速度

（3）反射波数据处理。国内浅层反射波数据处理系统的主要处理内容与流程如图 11.4.13 所示。总干渠地震勘探资料处理采用了当时非常先进的 Sun－4/20SPACR 工作站为主、586 微机为辅的处理系统，野外数据采集以 486 便携机为主。数据处理流程各部分的主要功能和基本原理简介如下：

1）原始数据输入（格式转换）和显示。野外采集的共激发点记录数据存储在地震仪的硬盘中，在处理资料时，首先必须将整个剖面的地震记录依次逐个输入计算机，并将数据的格式和顺序转换成与处理系统要求的格式相一致，才能进行其他各项处理。另外，在输入地震记录后，还应在计算机屏幕上将其波形显示出来，以检查记录质量，并为处理方法选择提供依据。

2）非正常道处理。非正常道包括工作不正常道、死道和反道。工作不正常道可能是受外界严重干扰造成记录道波形畸变或振幅过大过小，需将它们充零。死道可能是检波器接触不良或连接线折断所致，也应充零。反道可能是由于检波器正负极性接反，可将该道数据乘以－1。非正常道处理可以减小干扰，提高资料处理质量。

3）静校正。静校正一般分为现场（一次）静校正和剩余静校正。浅层反射波法勘探在沿测线地形起伏时通常都要进行现场静校正。总干渠地震反射波资料现场静校正处理应用了相对静校正量分离技术，使反射波资料在 CDP 道集中校正的最为接近双曲线，去除了由局部地形变化引起的双曲线畸变，提高了动校正的精度和水平叠加成像效果。

4）振幅均衡。共激发点记录近道振幅较强，远道振幅较弱。同一道记录小时间段（浅层反射波）振幅强，大时间段（深层反射波）振幅弱。为了使参与叠加的记录道有相同的灵敏度，需要叠前对地震记录做道间平衡；为了同时显示浅、中、深层反射波，要求进行叠后道内均衡。图 11.4.14 为振幅均衡前后的地震波记录。由图 11.4.14 可以看出，经幅度补偿均衡处理后，大时间段的反射波振幅明显增强。

5）抽道集。现场采集的资料是共激发点的地震记录，而共反射点的各道记录是分散在各个不同的地震记录中的，这样不便于进行速度分析、动校正和水平叠加处理，如图 11.4.15 所示。为此，必须首先将各共反射点的记录道从共激发点的地震记录中逐一地抽出来，并按一定顺序构成新的共反射点道集（又称 CDP 道集），这种处理称为抽道集（或共中心点选排），如图 11.4.16 所示。图 11.4.17 为图 11.4.16 各道 CDP 叠加后的地震记录。

6）频谱分析。频谱分析是指用快速傅氏变换（FFT）的数学方法，将时间域的地震记录（随时间变化的振幅序列），转换为频率域的振幅和相位随频率变化的函数，称为频谱函数。其中振幅随频率而变化的函数称为振幅谱，相位随频率变化的函数称为相位谱。该变换过程称为频谱分析。通过频谱分析可以获得有效波和干扰波的主频和频带范围，为频率滤波的参数选择提供依据。图 11.4.18右下方的显示窗为各道所采集波形的频谱分析图，从图中可以

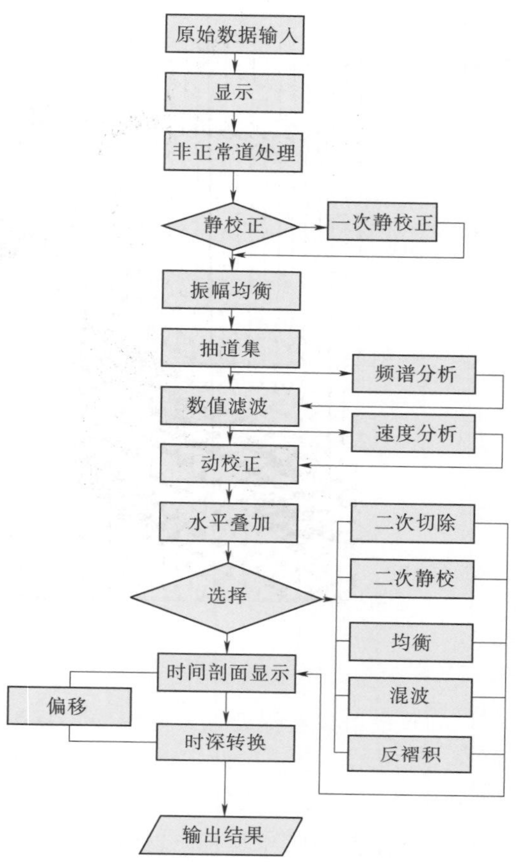

图 11.4.13 浅层反射波资料处理一般流程框图

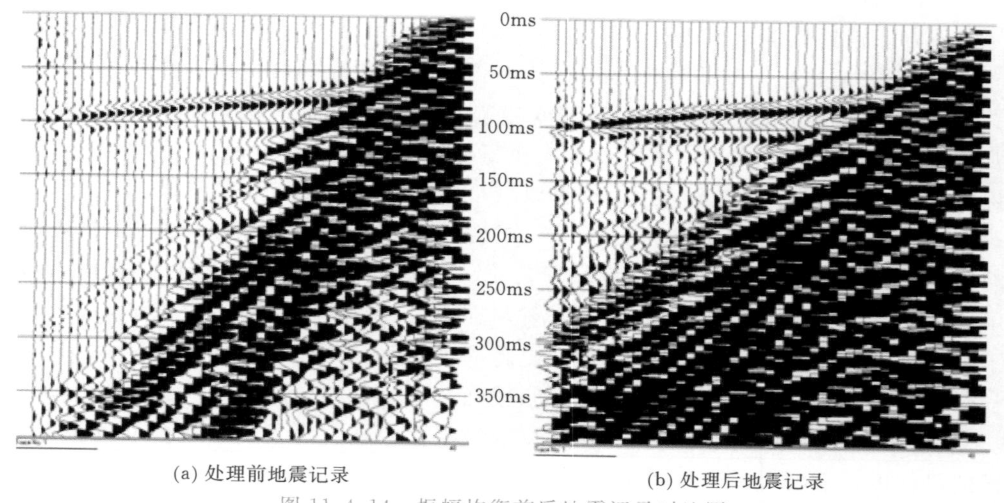

(a) 处理前地震记录 (b) 处理后地震记录

图 11.4.14 振幅均衡前后地震记录对比图

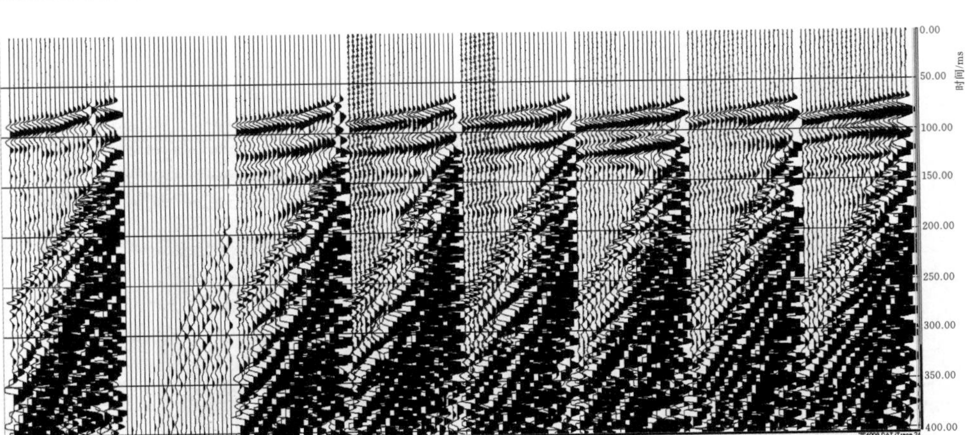

图 11.4.15　共激发点地震记录排列图

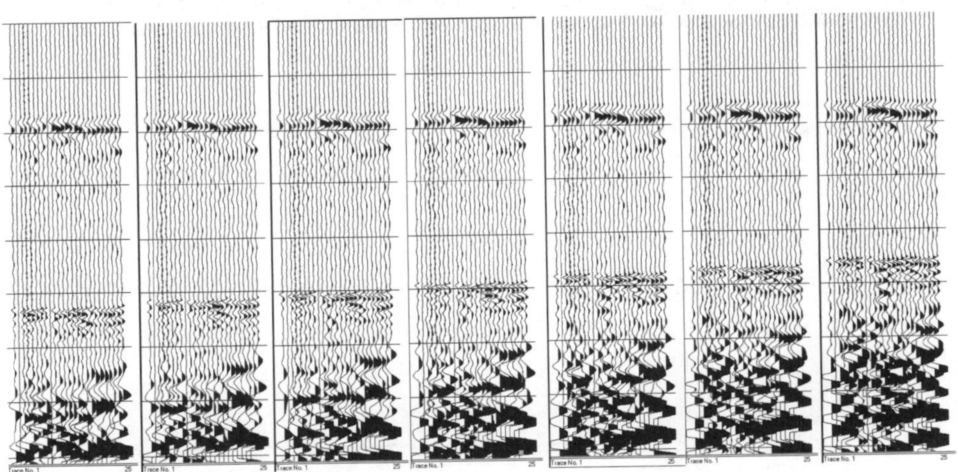

(a) 第1道道集 (b) 第2道道集 (c) 第3道道集 (d) 第4道道集 (e) 第5道道集 (f) 第6道道集 (g) 第7道道集

图 11.4.16　共反射点道集（CDP 道集）图

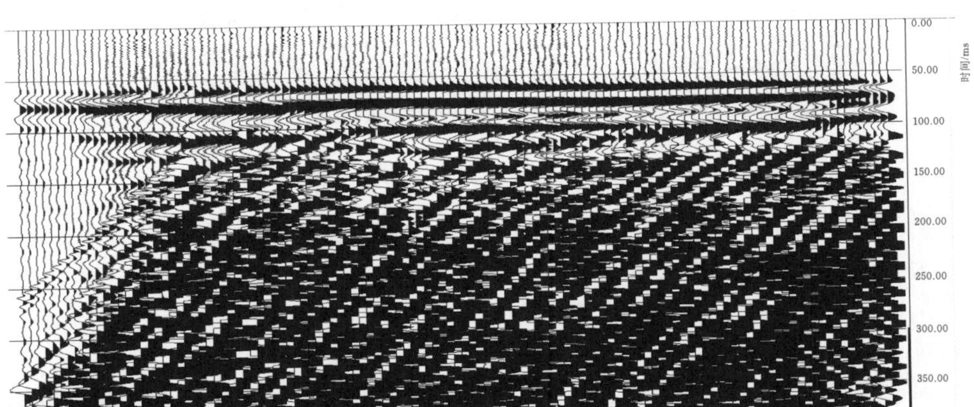

图 11.4.17　共反射点 CDP 叠加剖面图

看出，主频主要集中在 50Hz 左右。

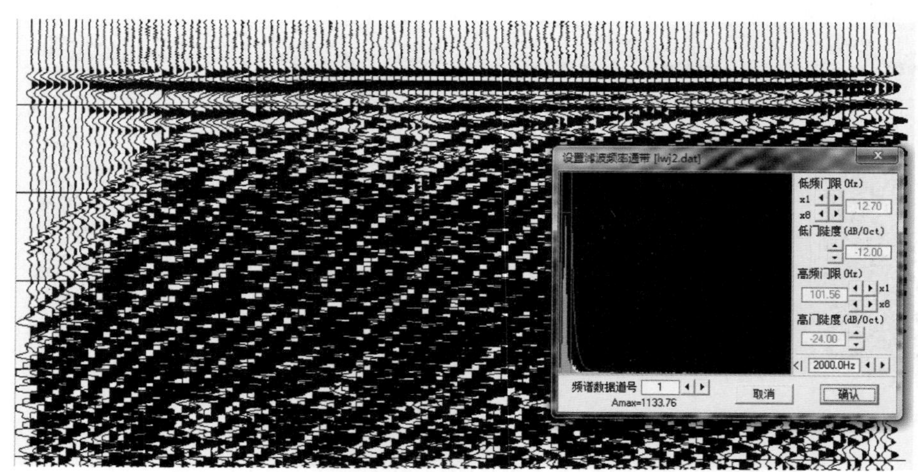

图 11.4.18　频谱分析图

7）数字滤波。数字滤波是突出有效波压制干扰波的重要手段之一。地震记录上的有效波和干扰波往往存在频率、波数或视速度方面的差异，数字滤波就是利用这些差异来提高记录信噪比的数字处理方法。

利用有效波和干扰波的频率差异进行的滤波称为频率滤波。频率滤波只需对单道地震信号进行运算，所以又称为一维频率滤波。利用有效波和干扰波的视速度差异进行的滤波称为视速度滤波。视速度滤波需同时对多道地震记录进行运算才能得到输出，所以又称为二维滤波。图 11.4.19 为滤波后的 CDP 叠加剖面图。

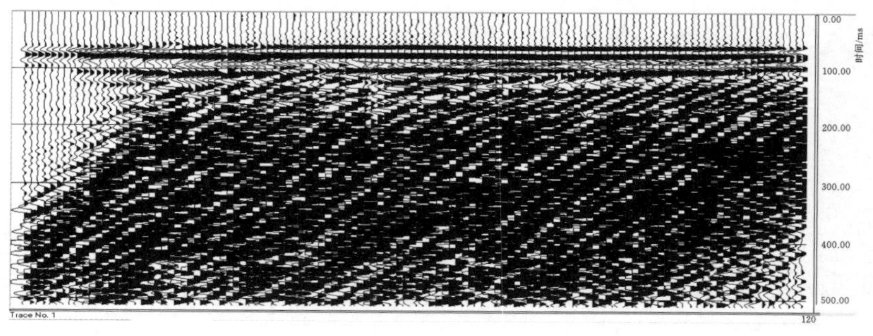

图 11.4.19　滤波后 CDP 叠加剖面图

8）速度分析。利用地震记录求取叠加速度（又称为动校正速度）的方法称为速度分析。为了保证准确的动校正结果和最佳的叠加效果，在速度谱速度扫描叠加分析过程中，采用交互速度分析的方法，有利于对全区速度分布进行控制。图 11.4.20 为拾取反射波速度的示意图。

层速度参数通过两种方法取得。一种是利用迪克斯公式把叠加速度换算成层速度，另一种则是利用采集的数据提取折射波初至信息或在孔旁利用折射波法确定各层的速度参数。

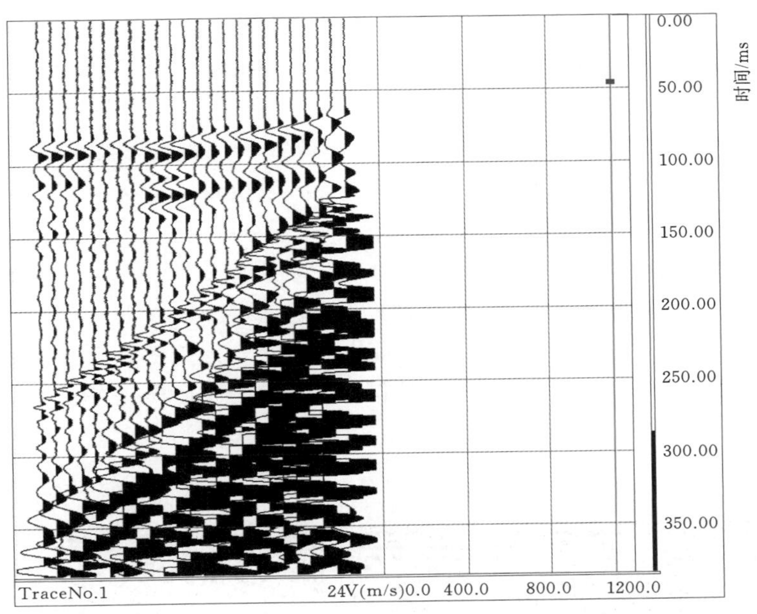

图 11.4.20　拾取反射波速度示意图

9）动校正。动校正又称正常时差校正，是将共中心点道集中源检距不同的记录道减去正常时差变换成零偏移距记录道（即将来自同一界面同一点的反射波到达时校正为共中心点处双程垂直时间）的一种处理方法。动校正的目的是使各道反射波的到达时间相同，在叠加时可以同相位叠加，得到振幅最强的反射波。图 11.4.21 右侧窗口

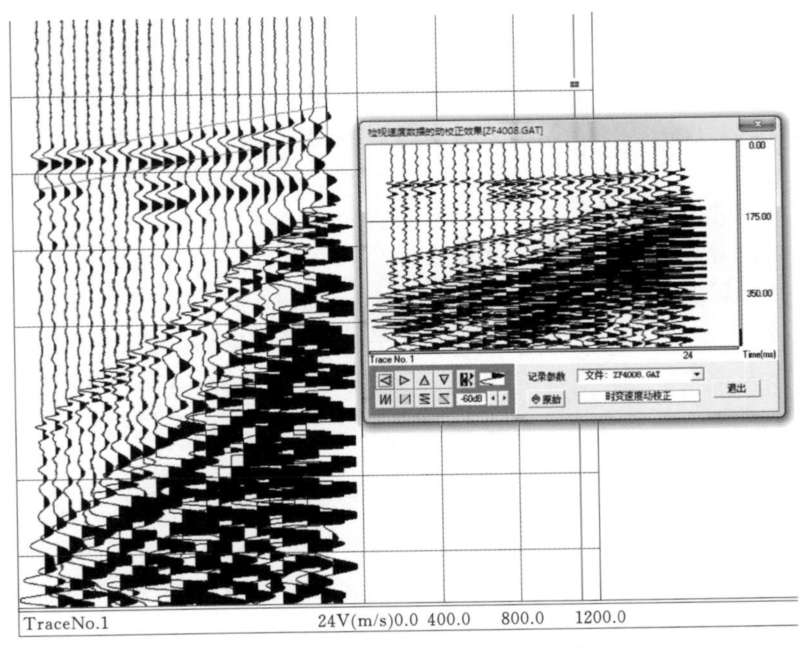

图 11.4.21　动校正后地震记录图

中的地震记录即为经动校正处理后的结果，其反射波同相轴基本上在同一时间轴上。

10）水平叠加。将经过静校正和动校正后的共中心点道集内各记录道进行同一时刻的振幅相加，称为水平叠加。

11）剩余静校正（二次静校）。由于表层参数如表层低速带速度及厚度等测量不准，经过野外（一次）静校正后还有剩余值且分布较凌乱，为进一步提高叠加剖面的质量，还需做剩余静校正。

12）反褶积（反滤波）。由于大地的滤波作用，震源处的尖脉冲地震波在接收点退化为有一定时间延续的短脉冲地震波，导致反射波分辨率的普遍降低。反褶积是为了把反射波恢复到震源处的形状，以提高时间分辨率的一种数学处理方法。较常用的反褶积有最小平方反滤波（反褶积）、同态反褶积等。图 11.4.22 是图 11.4.19 经过筛除面波和反褶积处理后的结果。

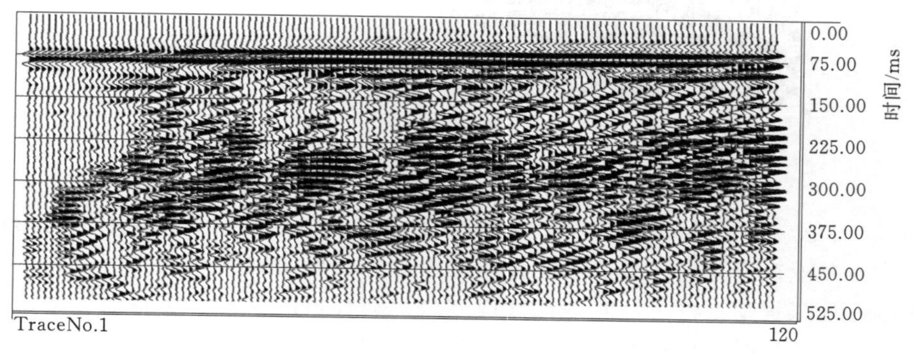

图 11.4.22 反褶积后 CDP 叠加剖面图

13）时间剖面显示。经过动校正、共深度点叠加（或再经偏移）处理之后，得到的时间剖面如图 11.4.22 所示。由于反射界面总有一定的稳定延伸范围，所以在时间剖面上形成一定长度的清晰同相轴。因为地震波的双程垂直旅行时间大致和界面的法线深度成正比，所以可以根据同相轴的变化定性了解岩层起伏及地质构造情况，是进行地质解释的基础资料。

14）偏移。常规的水平叠加处理是以水平层状介质为基础的，当反射界面产状变化较大（如倾斜界面、凹形界面及断层等）时，这时按水平界面原理得出的 CDP 道集就不是真正意义上的共反射点道集，致使水平叠加剖面中的反射界面形态失真。偏移处理就是要把失真的反射界面归位到真实的位置，所以又称为偏移归位。

偏移处理可以在水平叠加之前进行，称为叠前偏移；也可以在叠加之后进行，称为叠后偏移。

15）时深转换。由于通过水平叠加或偏移等处理所得出的地震剖面，其纵坐标是以时间来表示，所以称之为时间剖面。在时间剖面中，和反射信息对应的纵坐标是其零偏移距的走时 t_0，它虽然可以定性地反映出反射界面的轮廓，但界面的确切深度和产状还与速度参数密切相关。为此，必须输入相应的速度参数，并逐次计算出反射界面的深度，将时间剖面转换为深度剖面，以便更好地进行地质解释。图 11.4.23 是利用各层不同的速度参数，确定各层层面在地下的埋置深度（图 11.4.23 中左侧纵坐标为经过时深转换后的深度，右侧纵坐标为地震波传播时间）。

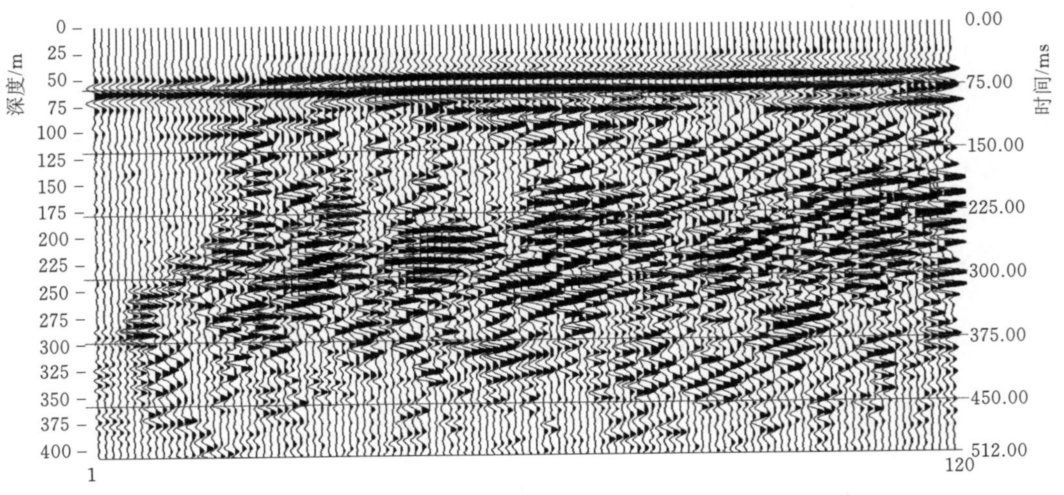

图 11.4.23　时深转换后 CDP 叠加剖面图

（4）地震-地质剖面图及解译。首先，通过对每个地震记录目的层反射界面的拾取，获得目的层界面速度和目的层上覆岩层的平均波速；结合测区已知勘探孔资料，建立相应层位地质-波速相关关系，据此确定测区不同地质单元各地层的速度参数；然后利用 CDP 叠加剖面上各同相轴的时间，即可计算其对应目的层的埋深；最后利用已知勘探孔的地质资料，对测区各目的层进行地质推断。

下面就总干渠南泉水河渡槽、周口店倒虹吸和永定河倒虹吸场区的地震勘探成果进行地质解释。

图 11.4.24 为南泉水河渡槽场区的典型地震-地质剖面，剖面走向为 SW—NE 向。由图 11.4.24 可以看出，在地震记录时间 0～400ms 内，存在多组较强的反射波组，自地表向下大致可分为三组，且各组反射波界面沿剖面方向有明显的起伏变化。结合场区地质条件，判断第 1 组反射波为残积层的底界面，第 2 组为砂砾石层的底界面，第 3 组为蓟县系（Jx）基岩地层的顶界面。反射波组沿剖面方向的上下波动反映了各地质

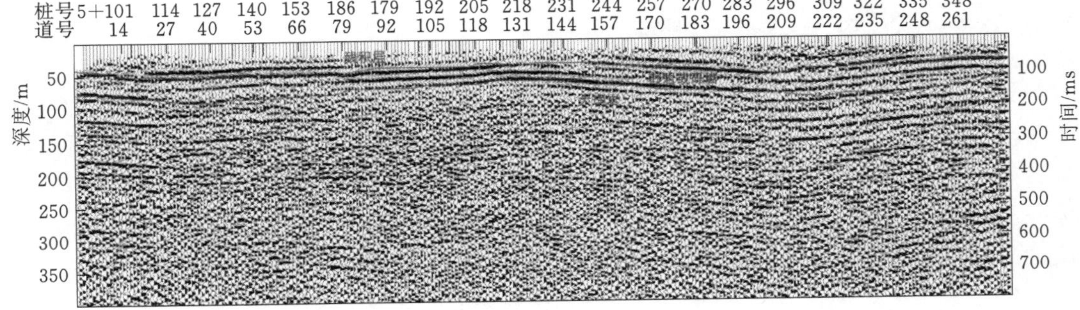

图 11.4.24　南泉水河渡槽场区地震-地质解释剖面图

界面沿剖面方向的起伏（或埋深）变化。图 11.4.24 中明显的分界点有两处，分别对应桩号 5＋166 和 5＋240，表明分界点两侧各地质层面埋深有变化。该地震-地质剖面解释的基岩顶面埋深总体在 20～75m 范围内，其中最浅部位为桩号 5＋225 处，最深部位大致对应桩号 5＋300 处，该场区表层的反射波平均波速为 2000m/s。

图 11.4.25 为周口河倒虹吸场区的典型地震-地质解释剖面，其走向近 S—N 向。与南泉水河场区地震勘探剖面结果相比，该剖面自地表向下同样存在三组较强的反射波组，结合地质条件第 1 组仍可判断为第四系松散覆盖层底界，第 2 组为砂砾石层底界，第 3 组为蓟县系（Jx）基岩地层的顶界面；不同的是该剖面第 3 组反射波同相轴发生错断，错断位置在平面上对应桩号 22＋442 处，垂向断距约 3m。结合该区域地质构造认为，该错断可能为南倾的牛口峪—长沟断裂，其为八宝山断裂的延伸部分，属逆断层性质，这一点在后来的施工开挖中得到验证，如图 11.4.26 所示。

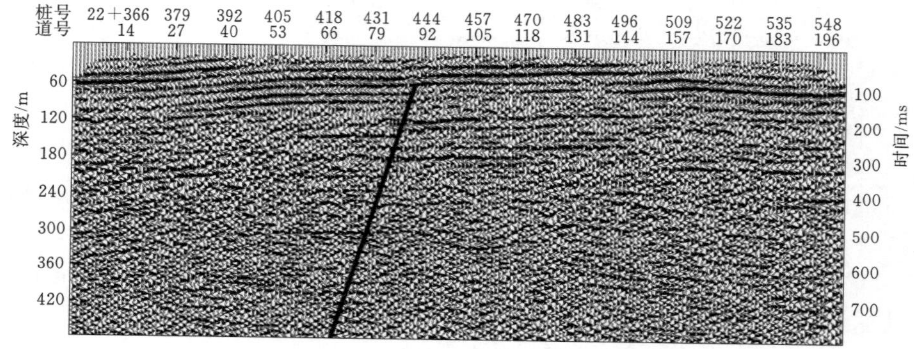

图 11.4.25　周口河倒虹吸场区地震-地质解释剖面图

图 11.4.26　周口河施工开挖揭露的断层

周口河倒虹吸场区地震勘探解译的基岩面埋深为 15～55m，最浅部位大致为测线中部桩号 22＋500 处，最深为桩号 22＋560 处，该场区表层反射波平均波速为 2200m/s。

图 11.4.27 为永定河地震-地质解释剖面。该剖面 SW—NE 走向。由图 11.4.27 分析可知，地震记录时间 0～300ms 内可见连续反射波组，平均波速约为 2000m/s，推断为第四系覆盖层与基岩的分界面；桩号 61＋775～62＋014 处存在多组反射波组，第 1 组能量强且同相轴连续，推断也为第四系覆盖层与基岩分界面，而其下断续存在的反射波组推断为基岩内部的分层界面。该剖面上解释基岩面深度为 20～60m，总体上南部深于北部。

综观总干渠非城区段地震勘探及其解译结果可知，三个测区内基岩面均有起伏，其中南泉水河渡槽测区内基岩面起伏相对最大，埋深为 20～75m；周口店倒虹吸测区

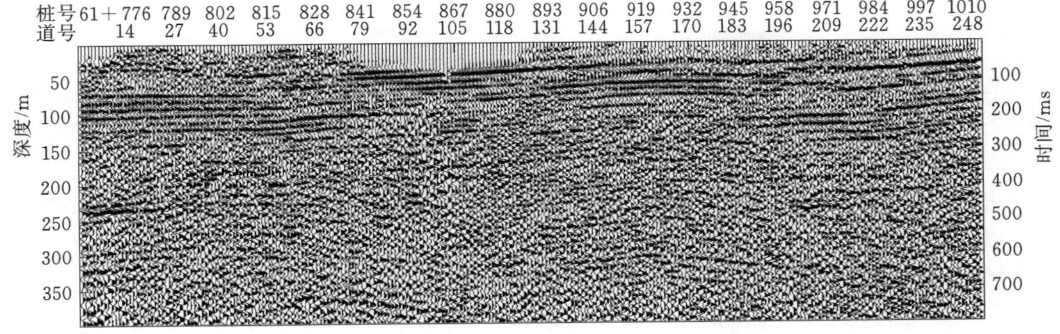

图 11.4.27 永定河地震-地质解释剖面图

相对南泉水河渡槽测区地质条件较为复杂，基岩上覆松散层为砂土＋黏性土、下砂砾石的多层结构，其基岩岩性与南泉水河地区相同，均为蓟县系雾迷山组大理岩，但基岩面起伏小，埋深为 15～55m，仅局部地段受牛口峪—长沟断裂影响起伏相对较大；永定河倒虹吸测区基岩岩性为砂泥岩或砂砾岩，在地震反射记录中呈多组同相轴，其顶面有一定起伏，埋深一般为 20～60m。

11.4.5 小结

综上所述，在总干渠非城区段采用电测深法和地震反射波法达到了预期的效果，总体上探明了渠线地下一定深度范围内的岩土分界线、地层结构与含水性、基岩面沿线变化以及断裂构造等。在当时工程资金短缺、线路长、工期短的情况下，利用综合物探方法不仅提高了勘察工作效率，而且有效地弥补了钻探、测绘等勘察手段的局限性，对宏观了解测区地质条件、掌握关键岩土工程地质问题起到了不可替代的作用。通过本次工作，获得了对电测深法和浅层地震反射波法两种物探方法在具体工程应用中的一些经验，现总结分享如下。

（1）电测深法适用于探测电阻率差异明显（不小于 5 倍）的层状地层分界面。从本次总干渠非城区段渠线探测的结果看，壤土与卵砾石层、卵砾石与硬质灰岩、砂砾岩等的电阻率差异明显，电测深曲线中易于识别其分界面；而黏土与砂壤土、细砂与粉砂以及卵砾石与强风化基岩的电阻率差异较小，一般小于 5 倍，此时仅用电测深法难以判别地层岩性的分界面。

（2）电测深法对目的层的可识别度一定程度上与目的层的规模（或厚度）、埋深有关。即若要探测埋深较大的目的层，则其厚度越大，用电测深法越易识别。

（3）当目的层上方广泛分布有电阻率极高或极低的“屏蔽层”时，对电测深法的探测极为不利。这是因为“屏蔽层”电阻率极高或极低，均会造成电测深曲线的急剧下降或急剧上升，从而引起误判。

（4）浅层地震反射波法的探测深度、数据质量等与震源有关。对于不允许使用能量较高的炸药震源、仅能采用锤击震源时，其适宜的目的层埋深为 20～80m。目的层埋深较浅（小于 20m）或过深（大于 80m）时，建议采用可控变频震源。

11.5 城市高干扰区多道瞬态面波技术的应用

11.5.1 城市高干扰区勘探条件分析与物探方法筛选

总干渠（北京段）穿城段指南自永定河倒虹吸，北至工程终点团城湖调节池的输水线路，全长约21km。在20世纪90年代初期工程方案论证阶段，按明渠设计方案开展了相应的地面地质调查工作。由于当时西四环路还未修建，设计输水管线路由方案在经过多方面比选论证后选定了西四环路由方案，而后因南水北调中线工程一度推进缓慢。1998年西四环路建成通车，致使该段输水工程在保持路由不变的情况下由明渠改为暗涵方案，由此不仅增加了对地层勘察的深度，难度增加也是前所未有的。一方面，经过几年时间，北京城市建设的快速发展使其地面建筑由中心城快速向四周扩展，西四环路的修建更是带动沿线房屋建筑鳞次栉比，大小立交桥纵横交错；另一方面，地下空间也相应被开发利用，除地铁1号线沿长安街穿四环路向西绵延外，地下浅层空间密布着供水、排水、电信、电力等各种市政管线，在这样的空间实施常规地面勘探不仅存在征地协调难、扰民等问题，而且一旦对地下建（构）筑物设施造成破坏，由此带来的经济、社会和环境影响代价是不可估计的。

在上述地上、地下建（构）筑物密集的城市闹区，能用物探方法获得对测区地层结构、岩土类型及其相关工程性质的准确认识，无疑是岩土勘察工程师所期望的。由于城区基础设施、车辆、人群等分布密集且活动频繁，探测区及周边环境中存在多种干扰源（电场、磁场、噪声、振动以及重力场等），故采用何种适宜的物探方法是关系成败的关键，必须通过试验和验证才可确定。在初步了解了测区地层岩性和地球物理条件后，探测人员在总干渠城区段（重点是西四环暗涵）先后开展了高密度电法、地质雷达、浅层地震和多道瞬态面波地球物理探测方法的试验，结果表明：

（1）若想达到探测深度不小于20m，高密度电法的剖面排列长度应大于300m；而若想准确探测地下异常地质体，其电极距应控制在2m以内，由此一条高密度电法的排列，其电极总数大于150根。总干渠城区段地面大部分为城市交通要道，路面为柏油沥青质，必须断路清除路面后，方可布设电极，而这一作业条件无论如何是不可能得到满足的，因此，高密度电法在该测区不可采用。

（2）地质雷达（以探测不同介质的介电常数差异为基本原理）探测具有设备轻便、自动化程度高、信号稳定、检测速度快等优点，但依试验结果判断其在该测区内的有效探测深度仅有5m（图11.5.1），不能满足工程要求，因此也不宜采用。

本次地质雷达探测试验时采用了16MHz和100MHz两种频率的天线进行数据采集，其中16MHz的电磁波反射信号受周边电磁波干扰严重，数据质量差，难以进行深入分析；100MHz的电磁波反射信号在地表以下约5m范围内分布有几组平行且较连续的同相轴，能量较强（推断为地表回填碾压土层），但该同相轴下方则波形杂乱，如图11.5.1所示，无法判断深部地质体。

（3）浅层地震勘探的探测精度受环境噪声影响明显。总干渠城区段的地面交通线

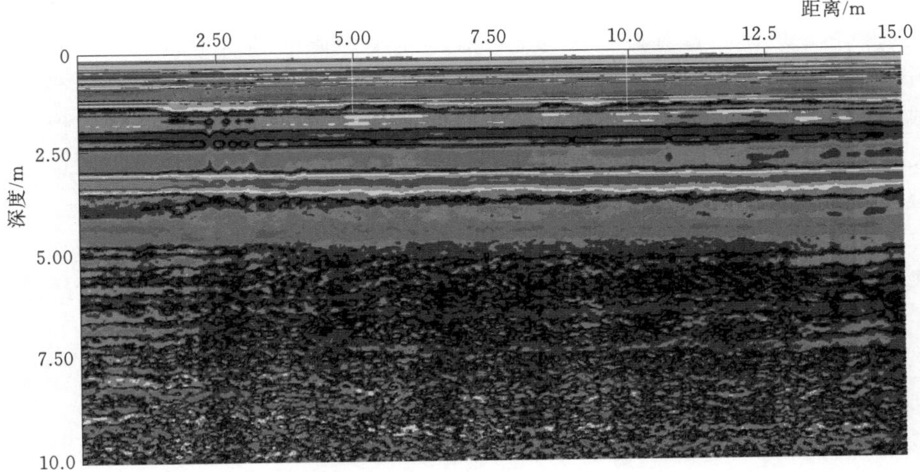

图 11.5.1　五棵松地铁站雷达数据剖面图（100MHz）

路，即使在每天的深夜时分，也是车来车往，由此使地震勘探获得的记录信噪比极低，无法识别初至波和反射波的同相轴，从而难以判别地下岩土体状态，因此该方法也不可行。

（4）当时（20 世纪 90 年代中期）新兴的多道瞬态面波勘探技术的测试结果令人满意，其不仅抗干扰能力强，且采用 24 磅锤击震源探测深度即可达 30m，可以满足一般城市工程勘察工作的要求。另外，通过多个孔旁试验的对比分析，发现其探测成果可以对测区内的砂卵石地层进行细分，探测精度也是其他试验的物探方法难以比拟的。由此认为，多道瞬态面波法在城市高干扰区勘探中可以作为钻探方法的有效补充。

至此，确定了在总干渠城市高干扰区利用多道瞬态面波法进行地下岩土类型和地层结构的探查识别。根据当时该技术在实际工程中的推广应用效果，总干渠北京段选择采用了刘云祯等自行研发的 SWS 瞬态面波数据采集处理系统。该系统于 1996 年由开发者公开发布，其最大优点是在数据处理时可通过设置最佳窗口达到消除干扰波、提取面波的目的，方便高效。

11.5.2　工作布置及采集数据质量控制

总干渠城区段面波勘探的测线与钻探测线一致，即与输水线路中轴线平行，但一般偏离轴线 6～7m。面波测点间距为 50m，钻孔间距为 100m，全部测区共布置了 400 多个面波测点。考虑当时多道瞬态面波技术刚刚推出，还处于不断完善和积累经验阶段，因此在具备实施钻探的测点，优先考虑使面波排列的中点通过钻孔（面波排列的中点为面波勘探点），以便进行对比性分析和验证。

面波排列长度的选择主要考虑探测目的层的最大深度，一般要求其达到探测深度所需波长的 1/2；探测深度较大时，排列与探测深度相当。排列中检波器为等间距、直线布置。一般在地形平坦的地区，或者地下界面相对平缓的地区，排列与测线重合；如果沿测线地形起伏较大，则面波排列可以沿地表等高线方向布置（排列内地形起伏大会影响面波频散曲线的质量），排列中点与测线相交。在沿着斜坡布置面波排列时，激发点选择在下坡端布置有益；在场地存在固定噪声源的环境中工作，应使面波排列线的方向指向噪音源，并将激振点与固定噪声源布置在面波排列的同侧；在有地下障碍物或楼群中布置面波排列，需要在采集的面波记录上识别出由地下障碍物或楼群造成的反射波和绕射波，并且分析反射波和绕射波的位置，及时调整测线布置，规避干扰。遵循上述测线排列与测点的布置原则，有利于保证面波采集数据的质量。

总干渠城区段面波勘探的激发震源采用的是50kg组合大铁球，它可产生丰富的低频波成分。结合现场地形地质和地球物理场条件，经过多次试验后确定了最佳的数据采集系统参数：接收道24道，采样间隔为0.5ms或者1.0ms，采样点为1024，道间距为2m，偏移距为5m和－51m（偏移距太大，会损失地震记录中高频信号，无法探测到浅部地质信息；偏移距太小，近炮点地震波会产生削波，影响解释精度。采用两种偏移距，解决排列范围内地层不均匀问题）。检波器的固有频率为4Hz。数据采集采用全通滤波档，即采集时不进行滤波处理。

为全面控制面波采集数据的质量，采集中考虑到测区地层以冲洪积成因为主、横向变化大的特点，激发震源方式采用双端激振法为主。当双端激振条件下获得采集数据资料不同时，分析其原因，必要时重新布置测线进行采集。当遇到面波波速较低时，根据现场地震记录中面波的发育情况和面波走时是否在采样总长度范围内，确定是否增大采样间隔，确保采集到完整的面波波形，即面波记录长度满足最大源检距基阶面波的采集需要（一般面波记录长度为最大源检距基阶面波初动时间的2倍左右为好）。另外，检波器的安置条件也是影响面波采集记录质量的重要环节。一般条件下检波器的尾锥能与地表牢固连接，但对地表土质松散的区域，则需要使用长尾锥来保证检波器与地表牢固插接；对坚硬的地表面，如水泥、沥青路面等，需要用托盘或采用单向磁座技术使检波器与介质表面牢固相接；遭遇雨雪天气时，需把接头位置用塑料袋包裹起来防止漏电；风力较大作业时，则铲除检波器周围的杂草或挖坑埋置检波器以利于其接收信号。

当采集完一张面波记录后，在采集记录存储之前要通过仪器的显示功能检查记录质量。当检查发现有如下记录时视为不合格记录，应及时重新采集。

（1）相邻两道为坏道视为不合格记录。采集记录中的削波和通常地震勘查中的坏道，在多道瞬态面波勘察中均视为坏道。

（2）基阶波和高阶波在调整偏移距离能够分离时，视为不合格记录，应改变偏移距离重新采集。采集记录中基阶波应为强势波。

（3）采集记录的长度不满足最大源检距基阶面波利用的目的。

采集工作结束后，要及时从仪器外传数据做好备份，以防数据丢失，同时做好现场采集班报表记录。

11.5.3　数据处理与解译

多道瞬态面波数据处理可分为两个阶段：第一阶段即为野外采集数据后对面波记录的预处理，以检查记录是否为合格记录并达至预定勘测深度，否则立即进行补测，重新拾取数据；第二阶段即为室内对数据记录的全面处理和分析解释，内容包括数据整理和

预处理、时间-空间域提取瑞雷面波、频散曲线计算和解释以及绘制成果图件等。

面波数据的室内处理主要步骤如下：

（1）资料预处理。对外业采集的原始资料进行整理、核对、编录，并结合测区地质单元的划分对面波探测资料进行分类。

（2）成批调入与显示采集地震记录或打印各工区所采集的地震记录，检查现场采集参数的输入是否正确，对错误的输入应予以改正；检查记录中面波多振型的发育情况，分析体波与面波以及基、高阶面波的时间-空间域分布特征，尤其观察基阶波组分和干扰波的发育情况；检查采集记录的质量，根据基阶面波在时间-空间域中的分布特征提取面波。

（3）对面波信号进行一、二维傅里叶变换，建立频率（F）-波数（K）域振幅谱等值线图，在频率-波数（$F-K$）域的谱图上圈定基阶面波的能量峰脊（极大值），计算出频散数据，组成面波频散曲线。正常频散曲线应遵循收敛的原则，若频散点点距过大则不收敛；变化的起点处一般可解释为地质界线，不收敛的频散曲线段不能用于地层速度的计算。

（4）利用频散曲线进行分层。应根据曲线的曲率和频散点的疏密变化综合分析，而后反演计算剪切波层速度和层厚。反演过程遵循由浅及深逐层调试，使正、反演结果相接近，完成剪切波层速度和层厚的反演处理。

多道瞬态面波数据处理系统的详细流程如图 11.5.2 所示。

下面结合总干渠城区段部分面波测点的数据处理情况，介绍面波数据处理流程中最重要的面波提取、面波频散曲线获取以及按频散曲线特征解译地层结构的相关内容。

（1）时间-空间域提取面波。面波沿地表传播的速度与波传播深度范围内介质的弹性参数有关，包括介质的密度、压缩模量和剪切模量等。换言之，介质弹性参数的变化在地震记录中体现为波在传播时间、频率及振幅方面的变化，因此可在地震记录的空间（X）-时间（T）域里了解面波及干扰波的宏观特征，并根据面波呈扫帚状的形态对其进行识别和提取。面波的多通道采集数据，在空间-时间（$X-T$）域一般表示为二维坐标中的图形，其横坐标为各检波通道至震源的距离（记录图形中用道号标示），纵坐标为震源激发后的传播时间 t（向下为时间增大）；各通道接收的地震波振幅数据，在相应距离的横坐标上，按到达时间表示为沿纵坐标的图形。

地震原始数据中，除面波外，还含有纵波、横波和其他转换波，其中有和面波在时间上不重合的部分，可以在 $X-T$ 域加适当的窗口来排除。层状地层上的面波是由不同视速度和能量分布的多个模态合成的，其中以基阶模态面波的频散规律最能直观地反映地层的波速变化，也最易于作出地层的分层反演。图 11.5.3 为永定河倒虹吸场区的地震原始记录，其包含多种波信息，而只有基阶面波是有效波，体波、高阶面波、反射波等均为干扰波。根据干扰波与基阶面波的视速度差异，利用窗口提取基阶面波，可以消除体波等干扰波，如图 11.5.3 中两直线所夹范围；但这样处理后的面波窗口中，还存在一些与基阶面波重叠在一起的高阶面波等干扰波，无法用窗口消除，需要在频率域中进一步处理。

总干渠城区段地震原始记录中，面波的发育特征在时间-空间域内可分为三类：

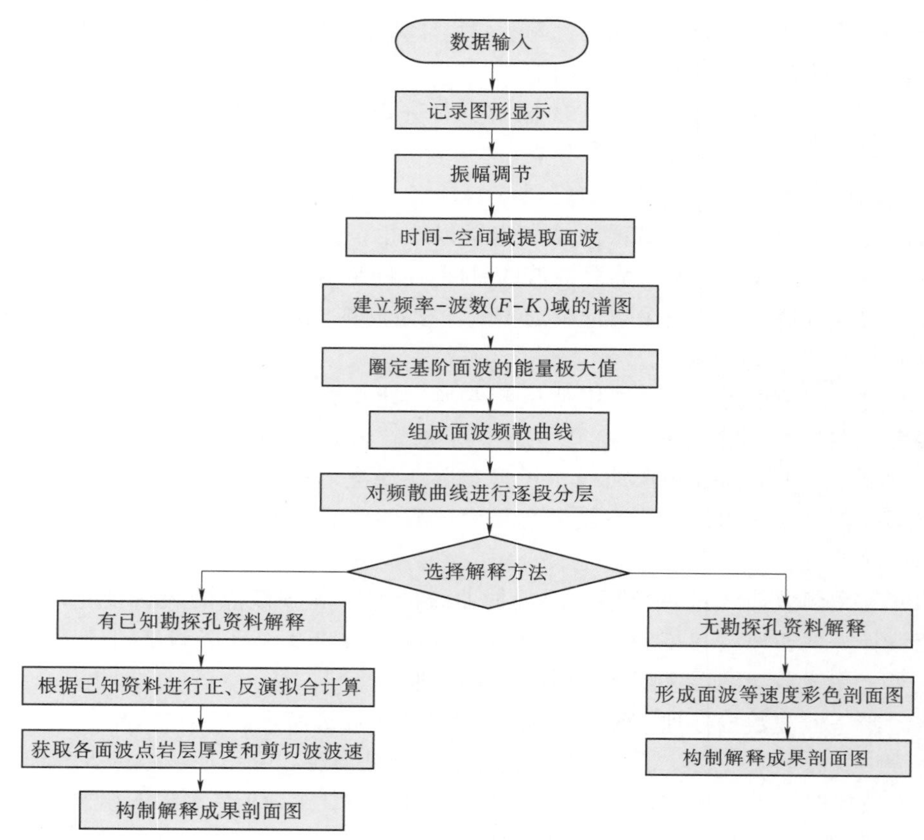

图 11.5.2　多道瞬态面波数据处理系统流程图

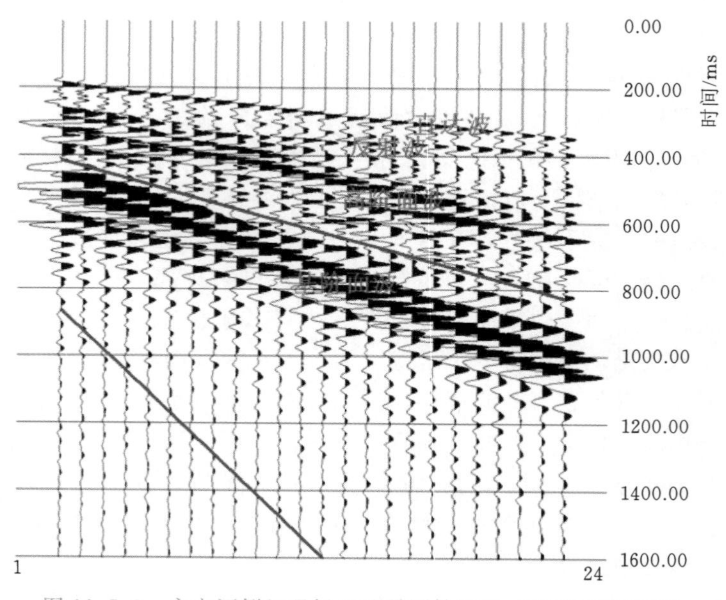

图 11.5.3　永定河倒虹吸场区地震原始记录（基阶面波提取）

1）同相轴清晰，相位少。该类面波群仅由 1 个或 2 个周期的波组成，波形规则易识别，同相轴可以延长至原点，面波窗口容易划分，如图 11.5.4 所示。该类波形记录，反映测点处覆盖层岩性主要为细颗粒的砂土或黏土，层厚在 5～15m 之间。图 11.5.4 为总干渠岳各庄桥附近 8 号测点的地震原始记录，其单一同相轴清晰可见；钻探揭露该测点处浅层黏土、粉细砂层厚 9.5m，其下的砂卵石层厚大于该处的面波探测深度，在地震记录上没有相应面波信号。

2）同相轴清晰，相位多。该类面波记录中，因频散及含有多阶模态特征，面波群的相位数随距离增大逐渐增加，如图 11.5.5 所示，该面波记录的相位数从 3 个增加至 5 个或 6 个（图 11.5.5 中两直线所夹范围）。具有该特征的地震记录中，面波与其他类型的波干涉叠加严重，在窗口中提取有效基阶面波更加困难，此时只能通过扫帚状窗口先剔除折射波、反射波、声波和转换波等干扰波，在窗口中尽可能地保留全部面波信号，留待在频率域中进一步处理。

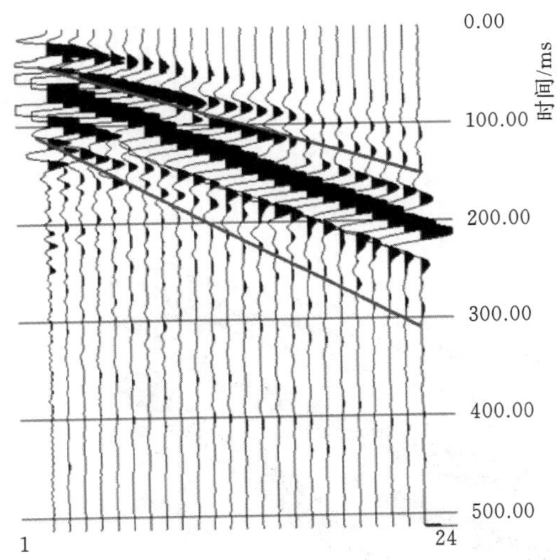

图 11.5.4 岳各庄桥附近 8 号测点地震原始记录（单一同相轴面波）

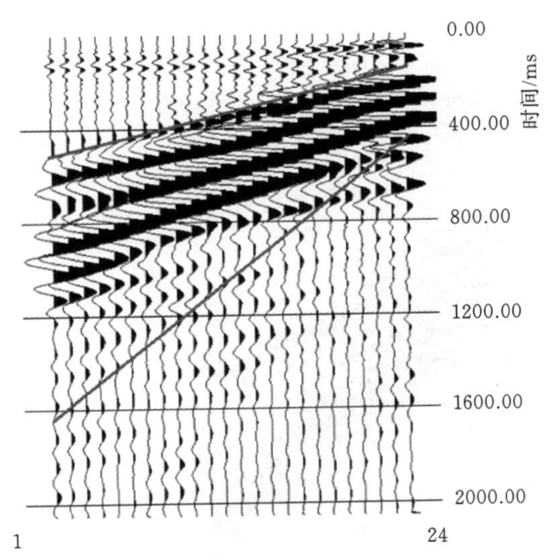

图 11.5.5 团城湖调节池 23 号测点地震原始记录（多相位同相轴面波）

该类多相位面波地震记录，反映了测点处覆盖层厚度大于 20m，岩性以细砂、粉细砂和土为主，层数大于 3 的地层特征。图 11.5.5 为团城湖调节池场区 23 号测点的面波地震记录，其对应的地层为表层（埋深小于 6m）黏土，其下为粉细砂与黏土互层（埋深小于 20m）。

3）同相轴清晰，相位多，且斜率变化。引起面波地震记录同相轴斜率变化的原因较多，但最主要的有三种：存在高阶面波、面波视速度骤增和地下介质中有局部地质体或岩性突变面存在。

存在高阶面波的该类地震记录，高阶面波与基阶面波在近道距上黏合在一起，难以从 $X-T$ 域窗口中将二者区分，但在远道距上可以明显分开，如图 11.5.6 所示。由图 11.5.6 可以看出，面波群在第 7 道附近分成两支，其同相轴斜率明显不同，其中振幅能量最强的波形为基阶面波，振幅能量次之的为高阶面波。该类面波在时空域窗口中提取时应尽量取基阶面波部分（图 11.5.6 中直线所夹范围），高阶干扰部分留在频率域中处理。

图 11.5.6 为卢沟桥暗涵工程区内京石高速路 6 号测点的地震原始记录，探测偏移距为 5m，道间距 1m；测点处地形起伏不大，覆盖层厚度大于 150m。

图 11.5.7 为因面波视速度骤增引起的同相轴斜率改变的地震记录示例。由图 11.5.7 不难看出，波的同相轴在近道距处呈直线分布，而在远道距处发生偏折，类似于折射波。根据面波传播原理分析，其在岩层分界处不发生反射和折射，同相轴发生偏折的原因是由于在基岩中传播的那部分面波，其相速度明显高于在上覆土层中传播的面波相速度，从而在远道处地震记录中产生了“折射”假象；发生偏折的位置与上覆土层的厚度相关。该类面波在时空域中的提取窗口应尽量选取远道距面波的起跳位置（图 11.5.7 中两直线所夹范围），而近道距的干扰波（主要为体波）将在频率域中进行处理。

图 11.5.7 所示地震记录反映的测点处地层为上部第四系松散土层，土层厚度为 5～15m，岩性以细砂为主，下伏弱风化基岩地层。

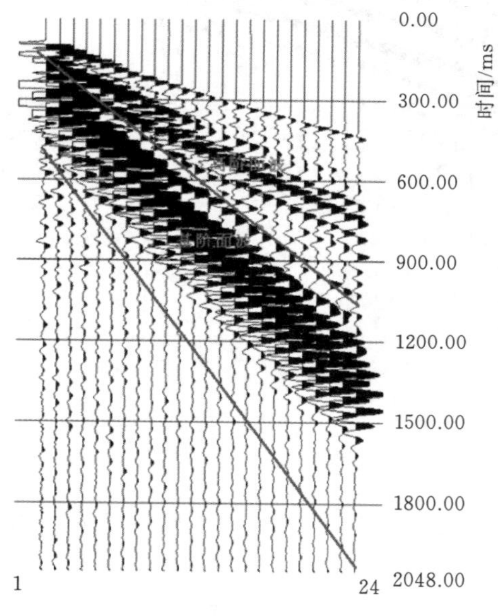

图 11.5.6　京石高速公路 6 号测点的地震原始记录（基、高阶面波近道距黏合、远道距分离）

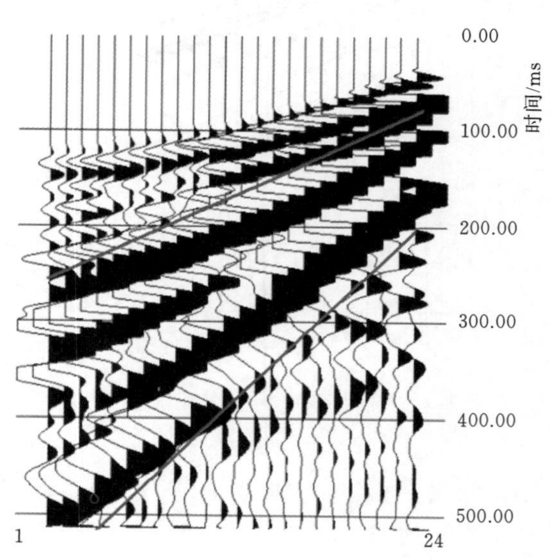

图 11.5.7　永定河河床 10 号测点地震原始记录（同相轴偏折）

总干渠城区段西四环路四海桥附近 37 号测点处地下存在桥墩障碍物，其面波地震记录如图 11.5.8 所示。该地震记录中面波同相轴清晰、相位多，但在障碍物界面上产生类似于体波的反射，波形图中存在明显的镜像波。对于该类地震记录，当障碍物或异常体位于面波排列之外时，可采用窗口消除干扰波、提取面波；当障碍物或异常体位于面波排列之内时，时空域中提取面波的窗口应该选取障碍物影响之前的记录部分，而非全部记录进行分析解译。此种情况表明，当地下介质非水平分布（存在异常体或有竖向展布的岩性界面）时，面波传播路径受到影响，其地震原始记录复杂化，时空域中面波提取难度增加，此时应改变探测排列的方向，以获取高质量的面波记录。

（2）面波频散曲线的获取。频散曲线的计算方法一般为傅里叶变换法。在频率-波数域中，可以清楚地区分开面波不同模态的波动能量，从而能够单一地提取出基阶模态的频散数据。

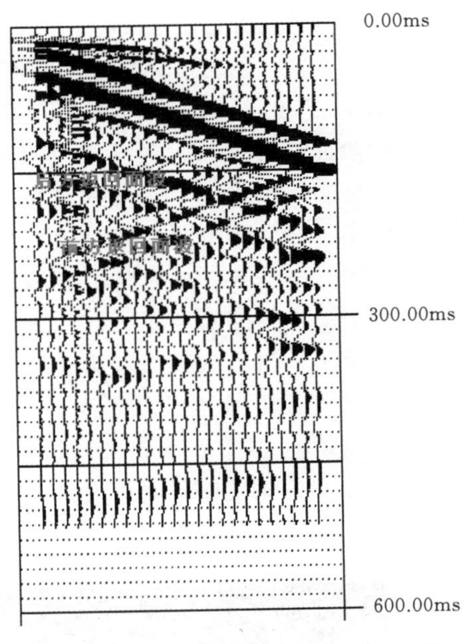

图 11.5.8　四海桥附近 37 号测点地震原始记录（地下有障碍物）

以前述岳各庄桥附近 8 号测点的面波记录（图 11.5.4）为例，图 11.5.4 中直线所夹范围（以下称窗口）内的波形为基阶面波，通过拾取窗口内的面波信号进行二维傅里叶变换，则得到如图 11.5.9（a）所示的频率-波数域面波谱图。该图中，纵坐标为频率，横坐标为波数，不同的颜色代表波的振幅谱（也称为能量谱）。根据波数和频率的关系 $k=f/V_R$，即可计算面

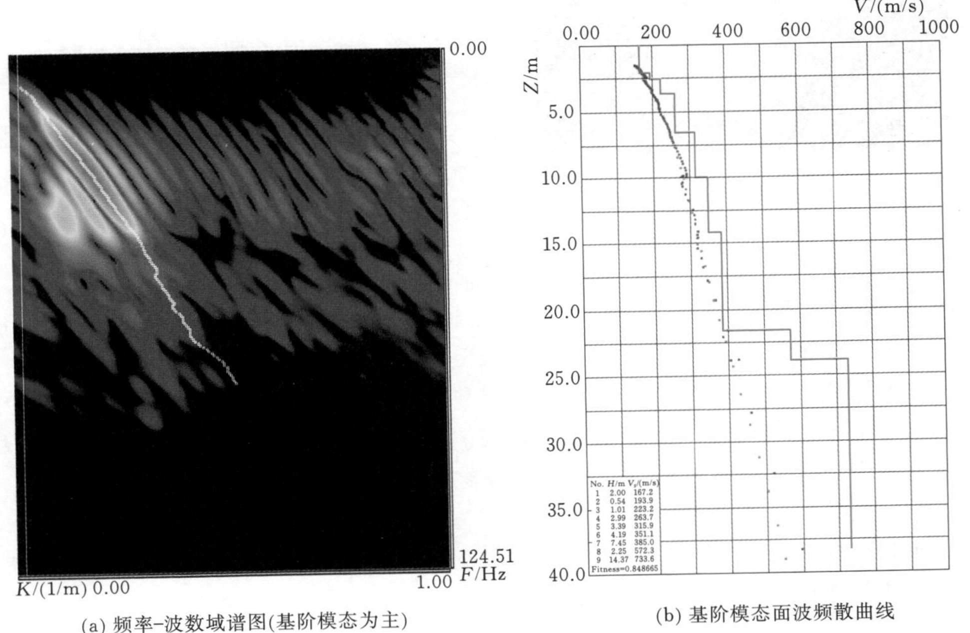

(a) 频率-波数域谱图(基阶模态为主)　　(b) 基阶模态面波频散曲线

图 11.5.9　岳各庄桥附近 8 号测点频率-波数域谱图与频散曲线

波的相速度；换算出波长 $\lambda=V_R/f$，乘以深度系数 0.5，即得到此深度的面波速度。依次求出每一个频率的面波相速度和深度，即可绘制面波频散曲线，如图 11.5.9（b）所示。

图 11.5.9（a）中的面波以基阶成分为主，其频率-波数域中的能量团只有一个。当有高阶面波存在时，频率-波数域的信号特征会发生变化。从面波的基本理论可知，层状介质上的面波可分为不同视速度和不同能量分布的基阶面波和高阶面波，在时间-空间域中不能完全分离高阶面波，如图 11.5.5 所示。因各模态面波的能量分布与频率有关，因此在频率-波数域中，不同模态的面波显示出各自的能量团，如图 11.5.10（a）所示。该图即是由图 11.5.5 窗口内的面波信号进行二维傅里叶变换后得到的频率-波数域谱图。与以基阶面波为主（岳各庄桥 8 号测点）的地震记录对比可以看出，图 11.5.5 的地震原始记录（时间-空间域）中，波形图并未表现出明显的基阶或高阶面波，但在频率-波数域中，各阶模态的面波有各自独立的能量中心，由此基阶面波与高阶面波得以明显区分。这一点充分表明，时空域中无法分离的高阶模态面波，在频率-波数域中可进一步得到分离。

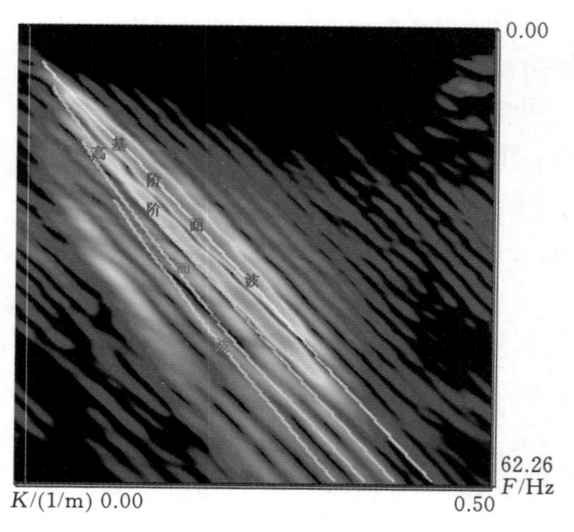

(a) 频率-波数域(多阶模态)

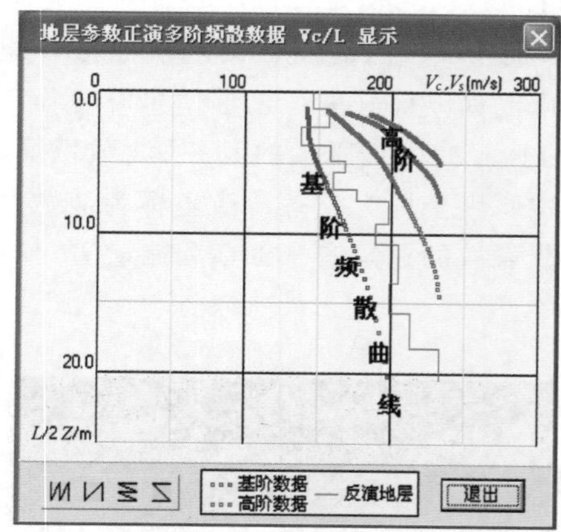

(b) 半波长-相速度域

图 11.5.10　团城湖调节池 23 号测点面波频散曲线

图 11.5.11 是图 11.5.10（a）的放大图形。由该图可以看出，在同一频率的横线上，基阶模态和高阶模态能量轴上的三个波动组分，它们具有不同的波数值。不同的波数代表不同的波长，从而表明相速度的差别。相速度的差别，也可以从它们和坐标原点的连线斜率差别判断：基阶模态的连线斜率缓，相速度小；高阶模态的连线斜率陡，相速度大，且模态阶数越高，连线斜率越陡，相速度也越大。这一现象表明，同一频率的面波波动，会出现两种以上不同相速度（不同波长）的波动组分，这是层状地层中面波具有多种传播方式（模态）造成的。特别当地层中具有明显的软弱夹层时，构成的波动会导致出现强的高阶模态能量轴。在对面波资料处理解译过程中，不同模态的面波速度差异明显，高阶面波和基阶面波的频散规律相差较大，如果用高阶面波进行资料解释，可能得出错误的结论。

（3）按频散曲线特征解译地层结构。面波的频散现象反映了地层沿深度弹性波速的差异。在横向稳定分布的弹性地层上，面波的频散包含可以区分的多个模态，表现出各自的特征，反映在以下三个方面：①各模态面波的相速度随频率的变化规律；②各模态面波所传播弹性能量的相对比重；③各模态面波的振幅沿地表传播的变化规律。

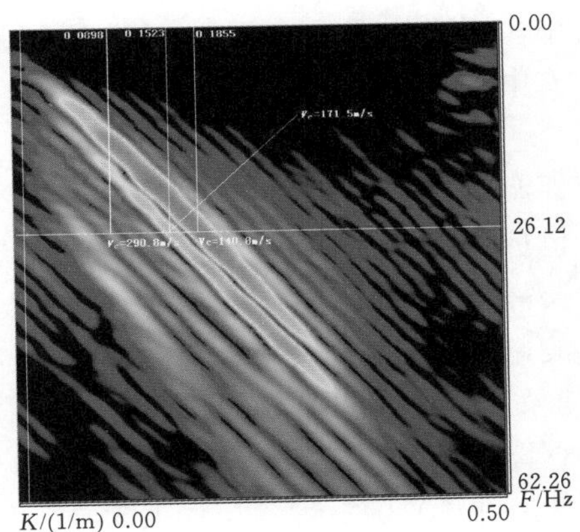

图 11.5.11　同一频率多阶模态面波频散曲线对比

对总干渠城区段面波探测数据的处理结果表明，按频散模态特征的不同，测区内地层分层结构可划分为以下两种类型：

1）A 型：频散曲线单调变化，波速随深度增加而增加，探测深度范围内无软弱夹层。

2）B 型：频散曲线呈“之”字形变化，底层波速最高，中间存在低速夹层，探测深度范围内地层中有软弱夹层。

对 A 型，面波的大部分能量分布在基阶模态中，在时间-空间域内各道面波波形随距离增大而平缓衰减，无明显的高阶模态面波（高视速度）干涉现象；在频率-波数谱中，能量主要集中于基阶面波；随离震源的距离增大，该面波能量中长波长（反映更大深度）的比重也增大。该类地层分层结构下，时间-空间域窗口的设置和基阶模态数据的提取都比较容易，并可以得到稳定的结果。将这种地层上取得的面波地震记录，在频率-波数域提取基阶频散数据，经过反演后即可得到地层断面。

总干渠城区段沿线大部分测区的地层分层结构属于 A 型，其面波地震记录的时间-空间域波形图如图 11.5.12（a）所示，该图中显著的几条不同视速度波形同相轴逐渐展开，没有明显的互相干涉消长现象。11.5.12（b）为该面波地震记录的频率-波数谱图，该图中白色的粗线表示正演的基阶频散曲线，其通过了谱图中最强而连续的能量峰脊，而高阶频散曲线经过的谱区显示的谱能量均很弱。这充分表明，A 型地层结构

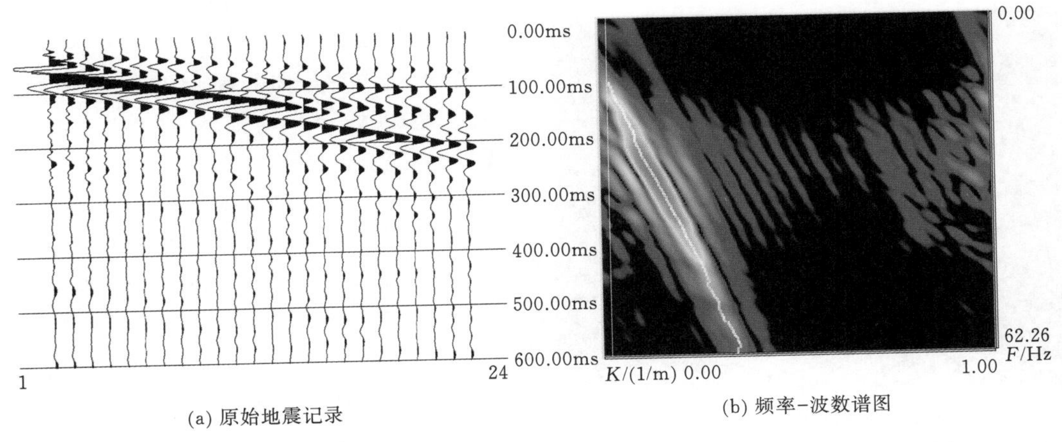

(a) 原始地震记录　　(b) 频率-波数谱图

图 11.5.12　A 型地层结构的面波地震记录及频率-波数谱图（桩号 62+022 处测点）

中，面波传播的能量基本包含在基阶模态中。

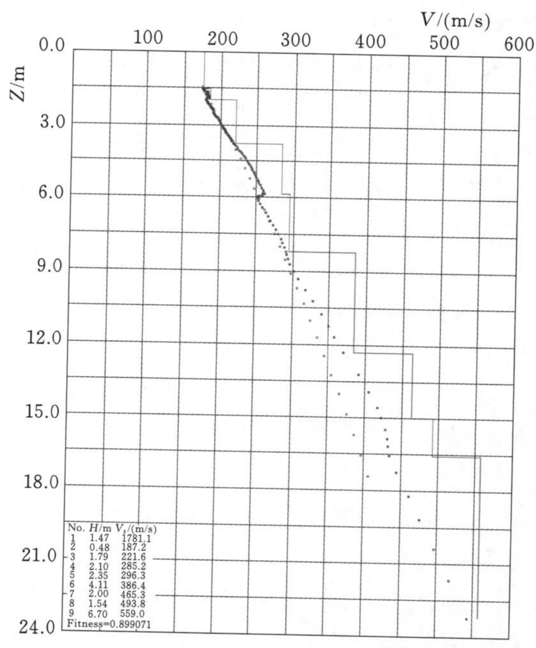

图 11.5.13　桩号 62＋022 测点处地震记录频散曲线

图 11.5.13 为图 11.5.12（a）所示面波地震记录的反演处理结果。该图中红色折线表示用基阶频散数据（蓝色点）反演得到的地层波速，反映了该处地层剪切波速（因同类介质中，剪切波速与面波速度的最大误差小于 5%，因此工程应用中直接用面波速度代替剪切波速度，以便于场地评价）随深度逐层增大的趋势。结合测区地层结构和岩性，在分析其频散曲线特征的基础上对该测点处地层详细解译如下：

地面下 0～1.5m，频散曲线杂乱无章，推测为杂填土。

地面下 1.5～2.0m，频散点密集，曲线呈直线状，拟合后的面波波速为 187m/s，推测为细砂或砂壤土。

地面下 2.0～5.8m，频散点较密集，分布均匀且有规律，曲线也为直线状，波速随深度增大而呈直线增大。其中 2.0～3.8m 段拟合后的波速为 222m/s，推测为含卵石细砂；3.8～5.8m 段拟合后波速为 285m/s，推测为砂卵石，含砂量较高。

地面下 5.8～8.2m，频散点相对较稀，分布较均匀，曲线略向右侧弯曲，拟合波速为 296m/s，推断为砂卵石夹薄层砂。该层为总干渠西四环暗涵所在层位，施工开挖后显示其实际地层岩性如图 11.5.14 所示，验证了面波解译的准确性。

地面下 8.2～15.0m，频散点较稀，分布较均匀，曲线近似直线状，拟合后波速为 385～465m/s，推断为卵石，含砂量较少。

图 11.5.14　桩号 62＋022 处实际地层岩性（卵石夹砂层）

地面下 15.0～16.5m，频散点相对较密，分布较均匀，曲线略向左侧弯曲，拟合后波速为 495m/s，推断其岩性为卵石，细颗粒含量较多，密实度高。

地面下 16.5～23.5m，频散点稀，分布较均匀，曲线呈直线状，拟合后波速为 560m/s，推断岩性为含砂量较少的卵石层。

对 B 型地层分层结构，其面波能量不再集中分布于基阶模态，而是分布于各阶模态中，且随频率而变化；在时间-空间域内各道面波波形随距离增大出现明显的高阶模态面波（高视速度）干涉现象，频率-波数谱中则出现两个或多个很强的高阶模态面波能量峰；离震源的距离增大，长波长（反映更大深度）面波的能量比重也增大，时间-空间域中高阶面波和基阶面波逐渐分离。在这种地层结构条件下，数据处理中更多地考虑减少高阶面波能量对提取基阶频散数据的影响，通常采用两种方法：一种是在时间-空间域内采用更适应于突出基阶模态面波的时距窗口，另一种是在采集时使用更多的记录道，提高频率-波数谱的分辨能力。

图 11.5.15（a）为西四环暗涵五棵松地铁站附近某测点面波地震记录的时间-空间域波形图，其上显著分布着两组不同视速度的同相轴。上部视速度较高、较强的一组应该是高阶的面波，下部低速且较弱的一组应属于基阶面波，两者之间出现明显的干涉消长现象。图 11.5.15（b）为该地震记录经过频率-波数变换，圈出的基阶能量峰作反变换，得到仅含基阶面波的时间-空间域波形图。与原始记录的波形图相比，变换处理后的波形图仅剩下方一组较低视速度的同相轴。

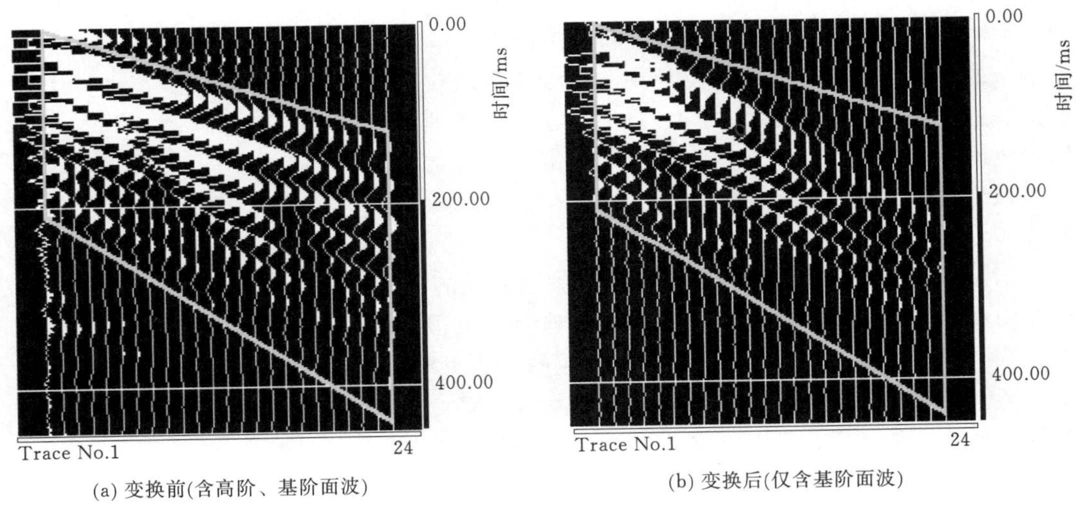

(a) 变换前(含高阶、基阶面波)　　(b) 变换后(仅含基阶面波)

图 11.5.15　频率-波数变换前后的面波记录波形图

图 11.5.16 为上述测点处面波地震记录的频率-波数谱图。该图中仍以白色粗线表示正演的基阶频散曲线，灰色粗线表示三组正演的高阶频散曲线。由图 11.5.16 可知，基阶频散曲线通过谱图中强弱起伏但基本连续的能量峰脊，而高阶频散曲线经过的谱区显示的谱能量并不都很弱，局部甚至有很强的能量峰。这一点是 B 型地层结构的特点所在，即面波传播的能量在某个频率段，明显出现在高阶模态中，而不是集中在基阶模态中。造成这一现象的原因即为其低速夹层在一定频率段形成高速波导。

图 11.5.17 为图 11.5.15（a）原始地震记录的反演处理结果。与前述相同，图 11.5.17 中红色折线为用基阶频散数据（蓝色点）反演得到的地层波速曲线，据该曲线可将此处地层分为高波速的顶、底层和低波速的中间层三层。结合已知地层推断：顶部波速较高层为防爆层，中间低速层为人工回填土层（成分为砂卵石土），底部的波速较高层为未受扰动的卵石层，其波速随着深度增大而增大。图 11.5.17 中的绿色系列曲线为按此地层波速正演得到的各个模态的面波频散数据，由基阶向高阶其色调逐阶增亮。

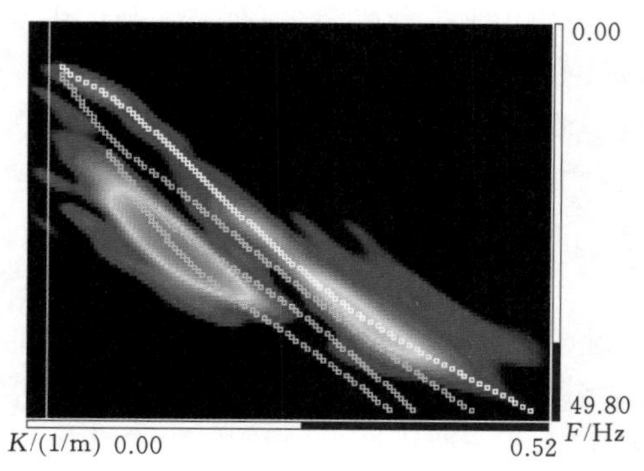

图 11.5.16 频率-波数谱图

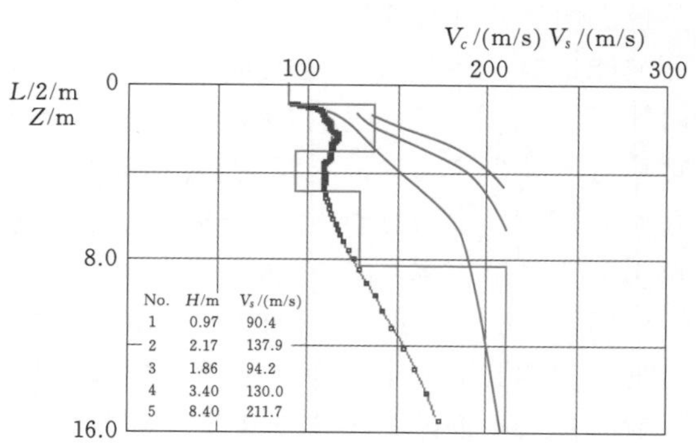

图 11.5.17 反演处理结果
（半波长-相速度频散曲线）

为了对比全模态的面波数据和基阶模态面波数据所得频散曲线的不同，将图 11.5.15 中的原始地震记录（含高阶和基阶面波）进行处理，得到图 11.5.18（a）所示频散曲线；将原始地震记录经频率波数变换后（仅含基阶面波）用邻道互相关联相位谱法进行处理，得到图 11.5.18（b）所示的频散曲线，图中不同色调显示距震源不同距离的各相邻道间的频散数据曲线。为减少曲线的重合，将相速度（V_c）刻度轴的零点逐个右移，以相应的色调显示在图框的上方，曲线代表的面波传播距离（X）区间数值显示在其右侧。

图 11.5.18（a）中，几乎每个距离的频散曲线的相速度，都出现剧烈的起伏跳跃，曲线中看不出频散数据随传播距离变化的趋势，也很难找出它们和地层波速断面之间的关联。而反观图 11.5.18（b），频散数据随传播距离变化的趋势明显：随传播距离增加，频散曲线有反映更大波长（对应于更大的深度）的趋势。这一点和 A 型地层结构的数据处理结果一样，但它不像 A 型地层结构的曲线那样简单线性。

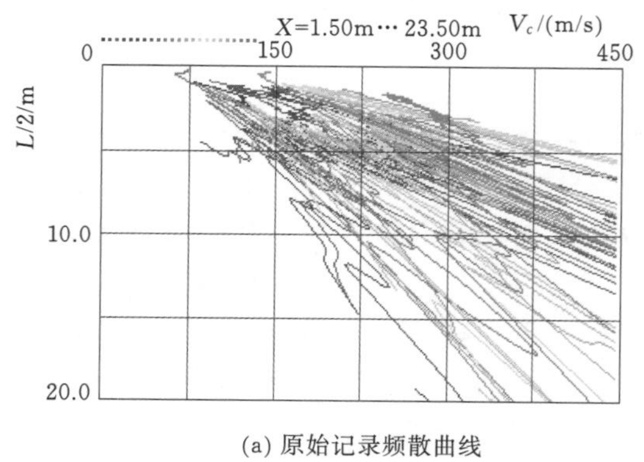

(a) 原始记录频散曲线

(b) 频率－波数变换后的频散曲线

图 11.5.18 邻道互相关相位频散曲线对比图

实际工作中，对于具有 B 型结构的地层类型，只有中间低速层的厚度足够大时，才能获得类似于如图 11.5.18 所示的频散曲线。如果低速层很薄，高阶模态的面波在某频率范围内的能量高于基阶模态面波，此时根据最高能量提取的频散曲线就不可能是纯粹的基阶面波，曲线呈现“之”字形异常，无法用基阶模态面波理论进行解释。即便如此，实践证明，频散曲线的“之”字形异常部位一般大致对应地层中的软弱薄夹层位置。图 11.5.19 为总干渠朱各庄暗渠五路居附近 167 号测点的面波频散曲线。分析该曲线特征，判断测点处地下 1.5～2.0m、3.0～4.0m 以及 6.0～7.0m 处存在软弱夹层，后经施工竖井开挖验证，吻合很好。从图 11.5.20 可以看出，频散曲线判断为软弱夹层，对应的地层岩性以粉细砂和黏质粉土为主。

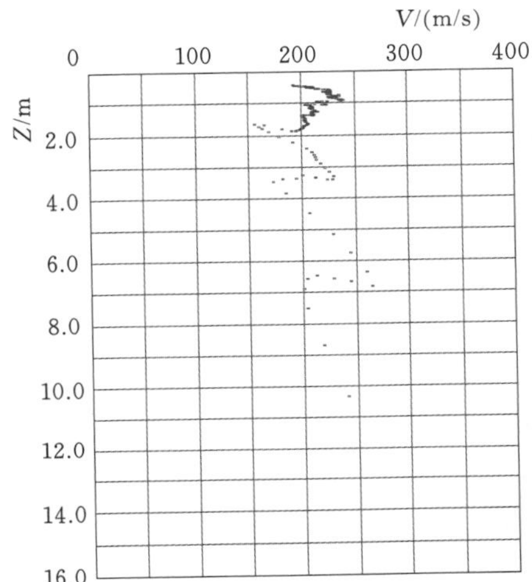

图 11.5.19　含有软弱夹层的“之”字形频散曲线（五路居附近 167 号测点）

图 11.5.20　面波 167 号测点附近竖井施工开挖地层断面

11.5.4　小结

在总干渠城市段勘探中大胆尝试应用多道瞬态面波技术后得出以下几点体会：

(1) 城市高干扰区（人口、建筑物、市政设施、交通线路等密集区）岩土勘察工作可能遭遇的困难与风险是不言而喻的。相对钻探而言，物探方法具有无损、宏观等优越性，但方法的有效性、解译结果的可靠性与准确性等必须在多次试验、多种方法的对比研究、验证后方可确定。

(2) 本次探测采用了 50kg 组合大铁锤作为激发震源，最大探测深度达到了 40m，比一般的锤击震源最大探测深度（30m）稍大，这一点值得借鉴。一般城市高干扰区均限制或禁止采用炸药、重型落锤等激发方式作为物探作业的震源。

(3) 多道瞬态面波法在识别水平地层的分层（岩石与土层分界线、砂土与卵石层分界线），异常体垂直界面（地下障碍物、异常地质体等）、软弱夹层等方面效果显著，适合在平原地区冲洪积扇中上部（以砂卵砾石水平沉积为主）地区推广应用。

(4) 多道瞬态面波数据分析与处理的关键有三点。首先是要从地震记录中识别面波的发育规律（呈扫帚状）。这一点要求在设置窗口时既不能把体波取进来，也不能把基阶面波漏掉，否则就会影响频散曲线的准确性。其次，在频率-波数图中要分辨基阶和高阶面波能量最大峰值。若把高阶峰值当成基阶峰值拾取，地层的波速会产生极大的偏差（基阶面波峰值的斜率延长线比较接近原点）。最后，在进行频散曲线计算反演时，要根据频散曲线的拐点、斜率、频散点的疏密确定地层层位的界线；确定地层速度时，一定要参考已知勘探孔资料建立各地层对应的横波波速，这样才能准确反演计算地层的横波波速，为后续利用横波波速计算各种参数提供可靠数据。

第 12 章　数值模拟技术及其应用

12.1　概况

数值模拟技术也称为计算机模拟技术，是指依靠电子计算机，结合有限元或有限容积的概念，通过数值计算和图像显示方法，达到对工程问题、物理问题乃至自然界其他各类问题研究和探索的目的。

数值模拟一般包括建立反映问题本质的数学模型，寻求解决问题的高效率、高准确度的计算方法，编制计算机程序进行计算以及计算结果的图像或图形显示 4 部分内容。数学模型是数值模拟的基本出发点，没有数学模型，数值模拟就无从谈起；数值计算是数值模拟的核心工作内容，针对不同的问题，需要确定不同的定解条件，选择适宜的计算方法，并通过数值模拟试验验证确定与实际最接近的数值模型；模拟结果的图像或图形显示是其成果的直观表现，也是数值模拟技术得以在各领域推广应用的主要原因。

数值模拟技术诞生于 20 世纪 50 年代。1953 年，Bruce G. H 和 Peaceman D. W 模拟了一维气相不稳定径向和线形流，首次将计算机模拟技术应用于解决一维一相问题，标志着数值模拟技术的诞生。1954 年，West W. J 和 Garvin W. W 模拟了油藏不稳定两相流，标志着两相流数值模拟技术的诞生。1955 年，Peaceman 与 Rachford 研发的交替隐式解法（ADI）是数值模拟技术的一个重大突破，该解法非常稳定且计算速度快，迅速在石油、核物理、热传导等领域得到了广泛应用。1958 年，Douglas Jim 和 Blair P. M 第一次进行了考虑毛管压力效果的水驱数值模拟。1959 年，Douglas Jim 和 Peaceman D. W 第一次进行了两维两相数值模拟技术的研究，在他们的模拟器里全面考虑了相对渗透率、黏度、密度、重力以及毛管压力的影响，这标志着现代数值模拟技术的开始。

20 世纪 60 年代，数值模拟技术的发展主要表现在数值解法方面。第一个有效的数值解法器是 1968 年由 Stone 推出的 SIP（strong implicit procedure），其可以很好地用来模拟非均质油藏和形状规则油藏。另一个突破是时间隐式法，其可以用来有效地解决高流速问题。另外，Coats K. H 和 Nielsen R. L、Breitenbach E. A 等人在 60 年代中后期开始涉足三维两相、三维三相数值模拟技术的研究与应用。70 年代，数值解法方面的主要贡献是发展了正交加速的近似分解法；其他方面的发展表现在各类具体模型的研究上，如：Stone 发表了三相相对渗透率模型，由油水、油气两相相对渗透率计算油、气、水三相流动时的相对渗透率，该技术现在还广为应用；Peaceman 提出了从网格压力来确定井底流压的校正方法，并建立了通用的 Peaceman 方程；Nolen J. S 描述了考虑油气中间组分分布的组分模拟；Cook 提出变黑油模拟来进行组分模拟；Shutler 发表了对两维三相模型的蒸汽注入模拟等。

20 世纪 80 年代，数值模拟技术的最大成就当属 Appleyyard J. R 和 Cheshire I. M 发表的嵌套因式分解法。嵌套因式分解法非常稳定而且速度快，是目前最为广泛应用的解法。正是基于该解法，Cheshire I. M 于 1981 年同 John Appleyard 和 John Holmes 成立 ECL 公司，开始研发后来主导数值模拟软件市场的 ECLIPSE 软件。80 年代数值模拟技术的另一主要发展是利用体积平衡和 Yong－Stephenson 方程解决了组分模型的稳定性问题。90 年代，数值模拟技术的发展主要集中在网格粗化、并行计算和 PEBI 网格等方面，如 Zoltan E. Heinemann 提出的 PEBI 网格结合了正交网格和角点网格的优点，现在正逐渐成为主流数值模拟网格体系；CLIPSE 公司和 CMG 公司分别于 1996 年和 2001 年推出了并行数值算法。

进入 21 世纪后，数值模拟技术的发展一方面体现在一体化模拟技术方面，如在油藏数值模拟方面，可以对油藏、井筒、地面设备、管网及油气处理厂等进行一体化模拟，从而可以实现对油田的最优化管理；另一方面体现在定量分析属性的不确性对计算结果的影响上。此外，21 世纪也是数值模拟技术广泛应用于各行业（如建筑、水工、交通、航空、矿产资源、防灾减灾等），各学科（如结构学、岩土力学、流体力学、气象学、温度场、磁场等）领域的快速发展时期，数值模拟已经成为目前高速信息化、大数据化以及智能化时代不可或缺的重要科学技术手段。

12.2　岩土工程中数值模拟技术研究应用现状

数值模拟技术应用于岩土工程领域基于岩土力学、地下水动力学等与数值计算方法的有机结合。

20 世纪 60 年代，美国 Clough 首先在土坝应力变形分析中应用有限单元法[123]；1975 年，英国科学家 Zienkiewicz 提出在有限元中采用增加荷载或降低岩土强度的方法来计算岩土工程的极限荷载和安全系数[124]；1977 年，我国南京水利科学研究所软土地基组沈珠江等用有限单元法计算软土地基的固结变形，并编制了计算程序，是国内在该领域最早研究数值计算的[125]。一直到 20 世纪 90 年代末以前，数值分析在岩土工程中的应用还多局限于岩土边坡和地基的稳定性计算方面，由于当时缺少严格可靠、功能强大的大型有限元计算程序及强度准则以及具体操作技术掌握不够，导致数值分析的计算结果精度不足，难以得到岩土工程界的广泛认可和接纳。

20 世纪末前后，国际上公开发表的文献表明，用有限元强度折减法求解均质土坡稳定安全系数的计算结果与传统求解结果比较接近，自此学术界逐渐开始认可数值分析方法在解决复杂岩土工程问题中的作用。1997 年，清华大学宋二祥[126]介绍了他对有限元强度折减法在土坡结构稳定性分析计算中的应用研究成果。1999年，美国科罗拉多矿业学院的D. V. Griffith等人自编有限元程序对均质土坡进行稳定分析，该程序不仅能够模拟水位和孔隙水压力的影响，而且可进行库水位下降情况下边坡稳定分析的数值模拟，由此被国外学者认为边坡稳定性分析进入了一个新的数值时代[123]。

进入21世纪后，一方面，由于计算机软硬件技术的高速发展，传统的有限元、有限差分数值模拟方法的应用更加广泛和趋于成熟。如郑颖人、赵尚毅等[127-128]比较系统地研究了有限元法在岩土质边坡稳定性分析中的应用；王浩然、朱国荣等[129-130]专注于研究基于区域分解法的地下水有限元数值模拟；周斌、孙峰等[131]建立了龙滩水库的三维有限元模型，基于孔隙弹性理论计算了水库蓄水过程中库底断层和围岩孔隙压力、有效附加正应力、剪应力等的动态变化，从而结合库区地震活动的时空分布特征，分析了水库诱发地震与库水加卸荷及渗透过程的动态响应关系及其可能的成因机制；李艳祥等[132]基于岩土塑性极限分析理论，在分析下限有限元方法中引入非线性Power－Law破坏准则，建立了平面应变条件下软土隧道开挖面支护压力计算的有限元线性规划模型，并编制了相应的Matlab有限元计算程序，从而对隧道支护压力与稳定性进行了定量分析。有限差分法的数值模拟应用与研究成果多见于基于波动理论的地球物理学方面。

另一方面，计算机运算速度的高速提升和可视化的普及，推动了数值模拟技术研究向更深、更复杂方向的不断探索，如在分析方法、计算精度、本构模型、多相耦合模型、多维数值模拟以及集成化软件平台的开发与应用等方面均有新的成果涌现，介绍如下。

数值分析方法方面，除了以有限元（FEM）、有限差分（FDM）和边界元法（BEM）为代表的连续变形分析方法和以界面单元法、离散单元法（DEM）为代表的非连续变形分析方法外，也有学者致力于研究探索连续变形与非连续变形分析方法的耦合或其他新方法，如数值流形法（MM）和无网格法。数值流形法最早由石根华[133]于20世纪90年代初提出，该方法基于有限覆盖技术，融合了有限元法（FEM）与非连续变形分析（DDA）方法，可以在统一的理论框架下处理连续与非连续变形问题，是目前岩土力学研究的热门课题，多用于具有非连续性界面（如裂隙、断裂、介质材料突变等）岩土体的应力应变数值模拟[134-138]。无网格法是相对于需要进行网格剖分的数值法（有限单元、边界单元等）而言的，它只需要节点信息，不需要将节点连成单元，可以克服因网格畸形而引起的模拟困难，适用于处理高速碰撞、动态断裂、塑性流动、流固耦合等涉及大变形和需要动态调整节点位置（网格）的各类应用问题[139-142]。目前无网络伽辽金法（也称无单元伽辽金法，简称EFGM）因其数值稳定、计算精度高而在岩土力学领域得到广泛关注。但总体而言，目前对于无网格数值模拟方法的研究多集中于对其形状函数构造、离散方法等的理论研究和探索方面，且至今仍没有大型的、市场化的无网格法数值模拟计算软件，致使无网格法的计算效率低，实际应用受到限制。表12.2.1列出了目前岩土工程领域最常用的数值模拟方法及它们的基本原理与适用条件。

表 12.2.1　　岩土工程中常用数值模拟方法基本原理与适用条件

方法名称	基本原理	求解方法	离散方式	适用条件
有限单元法	最小势能原理	解方程组	全区域划分单元	岩石中硬以上，小变形，岩体不会发生非连续性破坏如滑动、转动、分离等
边界单元法	Betti 互等定理	解方程组	边界上划分单元	同上
离散单元法	牛顿运动定律	显式差分	按结构弱面分布特征划分单元	岩石中硬以上，低应力水平，大变形，岩体沿软弱面发生非连续性破坏
非连续变形法	最小势能原理	解方程组	按主要结构弱面实际情况划分单元	大变形，岩体发生非连续性破坏
数值流形法	最小势能原理	解方程组	全区域划分单元	中硬以上岩体的连续或非连续变形
拉格朗日差分法	牛顿运动定律	显式差分	全区域划分单元	岩石软弱，大变形

多相耦合的数值模拟也是目前岩土工程数值模拟研究的新兴方向之一。由于不同相态（固、液和气）的物质，其动力学原理具有本质的区别，因此数值模拟技术发展的初期均是仅考虑单相物质的变化过程的，如岩土工程中分析边坡稳定时，通常要么从岩土力学角度分析固体物质的运动，要么从流体力学角度分析地下水的渗流稳定，可以分别建立数值模型，对模拟的结果从不同的学科角度分析评价其适用性。事实上，作为多孔介质的岩土体，其固、液、气三相物质的相互影响有时是不可忽略的，由此催生了人们研究多相物质耦合的数值模型的兴趣，并且也已取得一些有益的探索成果。如杨天鸿、唐春安等[143]基于岩石应力应变-渗透率全过程试验结果，研究建立了脆性岩石渗流-应力-损伤耦合模型，可用于渗流-损伤耦合机制的分析和岩石破裂过程中渗流过程的演化；马攀[144]基于多孔介质流体动力学、质量守恒定律和渗流侵蚀方程，建立了考虑固、液两相介质的管涌控制方程，并进行了有限元数值模拟的尝试；丁继辉等[145]将多相介质抽象为叠合连续体，考虑了固相骨架的有限变形、液相及气相之间的相互作用，从而建立了固-液-气三相介质相互耦合变形的力学基本理论与数学模型；蔚立元等[146]以青岛胶州湾海底隧道工程为背景，开展了流固耦合的物理模型试验，并用 FLAC^{3D}进行了与物理试验相似的数值模拟，两者进行了对比验证等。多相耦合的数值模拟也多见于含油气、煤层气等岩土体以及地下水中溶质运移等方面，更多的研究成果可查阅相关文献。

在数值模拟软件平台开发与应用方面，ANSYS、ADINA、FLAC、MODFOLW 等已经成为目前国际上通用的标准化数值模拟软件平台。其中，ANSYS 是融结构、流体、电场、磁场和声场分析于一体的大型通用有限元分析软件，能与多数计算机辅助工程设计软件实现数据共享与交换，目前我国已有 100 多所理工院校采用 ANSYS 软件进行有限元分析或者作为标准教学软件，其最新版本为 ANSYS 18.0。ADINA 是一款基于力学的计算软件，它以有限元理论为基础，通过求解力学线性、非线性方程组获得固体、结构和流体力学以及温度场等问题的数值解，是全球最重要的非线性求解软件，被广泛应用于各个行业的工程仿真分析，包括机械制造、材料加工、航空航天、汽车、土木建筑、电子电器、国防军工、船舶、铁道、石化、能源、科学研究及大专院校等各个领域。

FLAC 软件设计的基本算法是拉格朗日差分法（Lagrangian difference methods），推出的计算程序有二维（FLAC）和三维（$FLAC^{3D}$）两种，目前的最新版本分别为 FLAC 8.0 和 $FLAC^{3D}$ 6.0。FLAC 是目前国内外广泛应用于地质工程、岩土力学以及地质学等领域的主流数值模拟软件。Visual MODFLOW 是由美国地质调查局针对多孔介质开发的三维地下水流数值模拟软件，也是采用有限差分数值法的代表性软件之一，是目前国际上最盛行且被各国同行一致认可的三维地下水流和溶质运移模拟评价的软件。其他还有 UDEC（离散元程序）、ABAQUS（有限元程序）、GeoStudio 等大型数值模拟软件，相比而言在国内岩土工程领域推广应用的较少，这里不一一介绍。

综上所述，数值模拟已然成为现今岩土工程领域重要的技术手段。小到单体边坡的稳定性计算、基坑支护结构设计以及均质坝体渗流分析等，大到区域地下水流场分析、流域地下水污染物运移和分布规律、区域地面沉降发展趋势等复杂问题，目前工程师与研究人员通常都会将数值模拟作为高效的辅助分析手段，有时也难免会进入为模拟而模拟的误区。为此，也有业内学者对国内岩土工程数值分析研究与应用中存在的问题进行了深入思考，并从不同的角度为其发展方向提出了良好的建议。介绍如下。

浙江大学龚晓南教授曾根据 2010 年召开的我国“第 10 届岩土力学数值与解析方法讨论会”对国内岩土数值分析的调查反馈情况，从分析岩土本构理论入手，提出：①岩土工程设计要重视概念设计，重视岩土工程师的综合判断。岩土工程数值分析结果是岩土工程师在岩土工程分析过程中进行综合判断的重要依据之一。②自 Roscoe 和他的学生建立剑桥模型至今的近半个世纪，虽然各国学者已提出数百个岩土本构方程，但得到工程应用中普遍认可的极少，或者说还没有，因此从这个角度讲采用连续介质力学模型求解岩土工程问题的关键是如何建立岩土的工程实用本构方程。③本构模型及参数测定是岩土工程分析中的关键问题，避不开又难解决。因此建立考虑工程类别、岩土类别和区域性特性影响的工程实用本构模型是岩土工程数值分析发展的方向，这样才能促进数值分析在岩土工程分析中的应用，才能将其由用于定性分析逐步发展到可用于定量分析。④岩土工程师应在充分掌握分析工程地质资料、了解岩土工程性质的基础上，采用合理的物理数学模型，通过多种方法进行计算分析，然后结合工程经验进行综合判断，提出设计依据。在岩土工程计算分析中应坚持因地制宜、抓主要矛盾、宜粗不宜细、宜简不宜繁的原则[147]。

刘相纯[148]也指出，岩土工程数值分析的关键问题是本构模型的选择和岩土材料力学参数的测定；建立工程实用的本构模型和研发可靠性高、方便运用的参数测量工具是解决问题的关键。

在地下水数值模拟分析方面，中国科学院院士薛禹群[149]指出，我国地下水数值模拟目前存在的问题可归纳为以下 5 个方面：

（1）对基础理论的实验研究和具体地质条件的研究重视不够，有过多依赖模拟技术的倾向。他强调，地下水数值模型建立中地质是基础、数学只是解决问题的手段，呼吁大家重视建立模型前的地质工作，以便概化出正确反映客观地质体的概念模型；只有概念模型正确了，才有可能建立正确的数学模型，数值模拟才有意义。

（2）目前国际上通用的 MODFLOW、PLASM、AQUIFEM－1 和 MT3DMS 等先进软件在国内广为应用，表明中国有关生产实际问题的地下水模拟已开始向标准化、规范化发展，但也要避免对商业软件的过度依赖，不能盲目追求软件新版本、过分追求模拟结果的可视化，而忽略了软件本身所采用数值分析方法的局限性，轻视实际的地质与水文地质条件等。他建议一般生产问题可考虑采用商业软件，搞科研要有创新则应自己动手研究数值方法、编写软件为好。

（3）30 多年来国内在数值模拟的应用上取得很多成果，但理论研究成果少，原始创新更少，多数是跟踪性的；新技术、新方法的开发主要由欧美国家主导，软件开发也相对落后。

（4）模型建立很多，效果如何却很少有人问津。如管理模型被决策者采用多少，采用的效果如何，预报模型与实际结果有多大误差等，这方面的公开报道少。

（5）对当前国际上的热点或前沿课题的动态关心不够，也很少关心当前面临的实际问题，而专注于某些数学模型边界条件的拾遗补漏，更改一种边界条件求一个解，发表一篇文章，下次再改动一下边界条件再求一个解。这种倾向值得注意，对提高我国科研水平和解决实际问题意义不大，不宜鼓励。

薛禹群[149]还提出了我国在地下水数值模拟方面应优先研究的领域有以下几方面：

（1）区域尺度不同地域单元地下水循环过程及其深化趋势的数值模拟。

（2）地下水污染的形成机理，各类污染物在地下水中的运移行为模拟。

（3）水文地质参数非平稳场的时空变异性和尺度效应。

（4）含水层非均质对地下水流动和污染物运移的影响，随机理论的研究与应用。

（5）地下水开发利用所引起的各类环境问题（地面沉降、地裂缝、海水入侵）的模拟与预测。

（6）地下水可持续利用、科学管理与决策模型。

（7）随着石油制品的渗漏，引起人们关注的非饱和带多相流问题和介质非均质性。

（8）地下水模拟中的逆问题研究。

中国工程院院士王浩等[150]对地下水数值模拟技术的发展趋势提出了自己的看法：①地下水数值计算与 3S 信息技术联系越来越密切，系统论、信息论在地下水研究中越来越重要；②对地下水更复杂规律和机制的研究更深入，未来有可能将多种复杂问题在同一地下水系统模型中进行统一；③与其他学科，如土壤、植被、土地利用、气候等学科的交叉综合研究得到深化。

12.3　岩土工程领域常用数值模拟软件平台简介

随着计算机技术的飞速发展，数值模拟软件越来越趋于可视化、多功能集成化与简便化。下面介绍目前在国内岩土工程领域中应用较为广泛的几款可视化通用数值模拟软件平台，它们在北京市南水北调工程建设中或多或少地发挥了应有的作用：一方面提高了工程设计者的工作效率；另一方面提升了设计产品的质量，为解决工程复杂问题指明了方向。

12.3.1　FLAC^{3D}

FLAC^{3D}是由美国 ITASCA 公司研发的数值计算软件，它是该公司已有数值分析产品 FLAC^{2D}的扩展产品。FLAC^{3D}是基于有限差分理论开发的，主要用于土质、岩石及其他材料的三维结构受力特性模拟和塑性流动分析计算。该软件早期开发时主要应用于岩土工程和采矿工程的力学分析，但基于其强大的解决复杂力学问题的功能，目前已拓展应用到土木建筑、地质、交通、水利等工程领域，成为这些领域中进行工程设计和专业分析不可缺少的计算工具。利用 FLAC^{3D}可进行数值模拟计算的岩土力学范围主要包括以下几方面：

（1）岩、土体渐近破坏和崩塌现象模拟。

（2）岩体中断层结构的影响和加固系统的模拟。

（3）岩、土体材料固结过程模拟研究。

（4）岩、土体材料流变现象模拟研究。

（5）高放射性废料的地下储存效果模拟分析。

（6）岩、土体材料变形的局部化剪切带演化模拟研究。

（7）岩、土体动力稳定性分析，土与结构的相互作用以及液化现象等的模拟研究。

FLAC^{3D}是采用 ANSI C++语言编写的，采用的是命令驱动方式。2012 年 ITASCA 公司推出了 FLAC^{3D} v5.0 版本，该版本主要有以下功能特点：

（1）改进、优化了并行计算内核，使得程序分析效率得到较大幅度提升。该版本并行分析支持流体和单元结构计算，进一步满足了大规模工程分析对计算效率的苛刻要求。

（2）FLAC^{3D} v5.0 建模引擎植入了 CAD 辅助建模技术及其模型接口平台 KUBRIX，嵌入了随机裂隙网络技术以强化地质结构面的模拟能力。

（3）改进、扩展了多种后处理方式的功能，如新增 PostSript、VRML、SVG、Excel 格式输出接口，强化鼠标控制操作等。

（4）强化了 CAD 处理能力。新增 Geometry 命令用于模型形态轮廓的创建，如断层、界面地质单元和隧洞、厂房结构等。此处模型创建与数值单元无直接关联，即模型结果仅为 CAD 对象而非数值网格模型。该功能可以作为其他功能应用的基础，如 CAD 辅助建模、分析结果后处理等。

（5）新增 UNDO 用于操作撤销，方便模型调试等。

目前 FLAC^{3D}的最新版本为 v6.0。

FLAC^{3D}作为目前国际上通用的岩土工程数值模拟软件平台，包含了 12 种基本的材料本构模型，分别为空单元模型（开挖模型），3 种弹性模型（各向同性、正交各向异性和横向各向同性）和 7 种塑性模型（Drucker－Prager 模型、莫尔-库仑模型、应变硬化/软化模型、多节理模型、双线性应变硬化/软化多节理模型、D－Y 模型和修正的

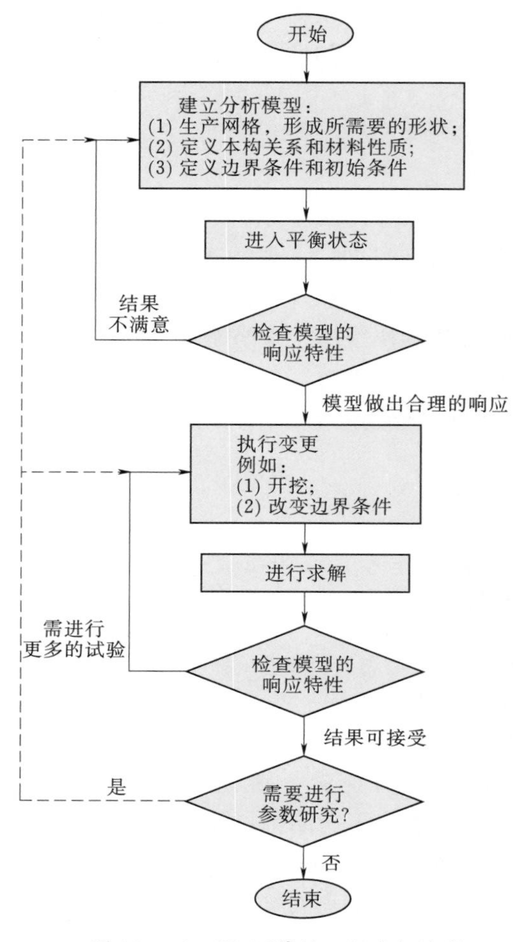

图 12.3.1 FLAC^{3D}的一般求解流程

剑桥模型）。

FLAC^{3D}的一般求解流程如图 12.3.1 所示。由图 12.3.1 可知，采用 FLAC^{3D}进行数值模拟时，首先必须确定有限差分网格形状、本构关系和材料性质以及边界条件和初始条件。网格是用来定义分析模型的几何形状的；本构关系和与之对应的材料性质用来表征模型在外力作用下的力学响应特性；边界条件和初始条件用来定义模型的初始状态。定义完这些条件之后，即可进行求解，以获得模型的初始状态；接着，执行开挖或变更其他模拟条件，进而求解获得模型对模拟条件变更后做出的响应。对于多单元模型复杂问题，如动力分析、多场耦合分析等的模拟，可以按这一求解流程，先采用简单模型（单元数较少的模型）观察类似模拟条件下的响应，接着再进行复杂问题的模拟以使之更有效率。

FLAC^{3D}的优点如下：

（1）对模拟塑性破坏和塑性流动采用的是“混合离散法”。该方法相比于有限元法中采用的“离散集成法”更为准确、合理。

（2）即使模拟的系统是静态的，仍然采用动态运动方程，这使得 FLAC^{3D}在模拟物理上的不稳定过程时不存在数值上的障碍。

（3）采用了一个“显式解”方案。显式解方案对非线性应力-应变关系的求解所花费的时间几乎与线性本构关系相同，而隐式求解方案将花费较长的时间求解非线性问题。尤其是它不需储存较大的刚度矩阵，这就意味着采用中等容量的内存就可以求解多单元结构；模拟大变形问题几乎并不比小变形问题花费的计算时间多，因为没有任何刚度矩阵需要修改。

FLAC^{3D}的缺点如下：

(1) FLAC^{3D}求解工程问题受划分的网格密度的影响很大。对于一般的弹性问题，它比一般的有限元程序运行得要慢，其求解时间与网格单元的 4/3 次方成正比。由此可见，FLAC^{3D}对网格的多少十分敏感。对于同一个模型，不同密度的网格单元可能导致求解时间相差数倍。

(2) FLAC^{3D}在某些模式下的计算求解时间很长。由于很多物理过程如固结过程、长期动力影响、材料流变等都与时间密不可分，不得不考虑时间的影响。对于这一问题，FLAC^{3D}采用的是真实时间，因而造成求解时间很长。

(3) $FLAC^{3D}$的前处理功能相对不够完善，对于复杂三维模型的建立仍然非常困难。尽管$FLAC^{3D}$软件提供了12种初始单元模型，通过对这些单元进行组合可以方便快捷地建立规则的三维工程地质模型；也可以通过内置的FISH语言编写命令来调整、完善特殊的计算模型，使之更加符合工程实际。但是由于$FLAC^{3D}$运用的是命令流的形式进行人机交互，加上FISH语言需要一定的编程能力，对操作人员来说是一项重大的挑战。即使是有经验的分析人员，复杂模型的建立也是一项费时费力的苦差，这一点是严重制约$FLAC^{3D}$进一步推广的主要原因。

12.3.2 MIDAS/GTS

MIDAS（迈达斯）是一款有关结构设计的有限元分析软件，由建筑、桥梁、岩土、机械等领域的10种软件组成，目前在造船、航空、电子、环境及医疗等尖端科学及未来产业领域被全世界的工程技术人员所使用。从1989年开始，韩国POSCO集团致力于开发MIDAS软件。

GTS（geotechnical and tunnel analysis system）是包含施工阶段的应力分析和渗透分析等岩土和隧道所需的几乎所有分析功能的通用分析软件。

GTS将通用分析程序MIDAS/Civil的结构分析功能和前后处理程序MIDAS/FX+的几何建模和网格划分功能结合后，加入了适合于岩土和隧道领域的专用分析功能。GTS的特点如下：①经过验证的各种分析功能；②快速准确的有限元求解器；③CAD水准的三维几何建模功能；④自动划分网格、映射网格等高级网格划分功能；⑤方便快速的隧道建模助手；⑥大模型的快速显示和最优的图形处理功能；⑦适合于Windows操作环境的最新的用户界面系统；⑧使用最新图形技术表现分析结果；⑨计算书输出功能。

GTS的适用领域包括以下几个：

(1) 隧道（城市隧道、公路隧道、地铁隧道、铁路隧道等）：各种隧道壁加固形式（rock bolt & shocrete）的稳定性分析；软弱层的稳定分析；动力抗震分析；混凝土衬砌结构分析；隧道入口的稳定分析；分析隧道开挖引起的地下水影响作用；应力-渗流耦合分析；施工阶段分析；逃生通道的连接部分和中间区段的稳定分析。

(2) 大坝、防波堤：应力-应变分析；渗流和管道稳定分析；应力-渗流耦合分析；动力抗震分析；地基分析。

(3) 地下连续墙（临时设施）：开挖稳定分析；周边地基沉降分析；分析地下水影响。

(4) 地下结构：开挖稳定分析；结构-地基相互作用分析。

(5) 回填土：稳定性和变形分析；原地基和填土地基的压实沉降分析。

(6) 桩基：单桩和群桩分析；大直径桩的支承力分析。

(7) 桥台、桥墩：桥台侧向推移分析；桥台桩基稳定性分析；桥墩应力分析；桥墩桩基稳定性分析。

作为岩土工程界的一款优秀的设计、分析软件，MIDAS/GTS由操作界面、几何建模、网格生成、隧道建模助手以及岩土分析功能和后处理功能几部分组成，见表12.3.1。MIDAS/GTS可以使用户方便地调出操作所需的各种功能，并且在此过程中尽可能缩短鼠标的移动范围，以提高工作效率。图 12.3.2 为该软件的界面构成及菜单系统。

表 12.3.1 MIDAS 主要组成部分及功能

组成部分	特征与功能
操作界面	基于 Windows 的便利的操作环境； 显示所选对象的各种属性信息； 几何体和网格的丰富的显示功能； 高效且多样的选择方法
几何建模	具有中级 CAD 水平的建模功能； 导入 CAD 数据生成几何模型功能； 特有的电子地图（DXF 格式）生成复杂地形图的功能
网格生成	最优且多样的网格生成方法； 通过指定网格大小对复杂模型生成有效的高质量单元； 提供了多种网格扩展功能以方便用户人工生成单元； 多种网格操作和检查功能
隧道建模助手	建立简单的具有锚杆和衬砌的三维隧道模型功能； 定义锚杆和衬砌功能； 定义开挖和施工阶段功能； 自动提取结果数据输出计算书功能
岩土分析功能	内置多种单元类型库和本构模型； 高效、快速、精准的求解器； 施工阶段分析（排水/非排水）； 固结分析； 边坡稳定分析； 时程分析（线性/非线性）； 渗流分析； 反应谱分析； 应力渗流耦合分析； 特征值分析； 等效线性地基反应分析（1/2 维）； 静力分析（线性/非线性）
后处理	使用了最优显示技术的多样后处理显示功能； 便于工程师分析确认结果的结果整理和图表输出功能

12.3.3 GMS 地下水数值模拟软件

GMS（groundwater modeling system，地下水模拟系统）是由美国 Brigham Young University 环境模型研究实验室和美国军工部排水工程试验工作站在综合 MODFLOW、FEMWATER、MT3DMS、RT3D、SEAM3D、MODPATH、SEEP2D、NUFT、UTCHEM 等已有地下水模型基础上开发的一个综合性的、用于地下水模拟的图形界面软件。GMS 图形界面由下拉菜单、编辑条、常用模块、工具栏、快捷键和帮助条 6 部分组成，使用起来非常便捷，是目前国际上最受欢迎的地下水模拟软件。

GMS 软件包含多个计算模块与辅助模块，功能十分齐全，几乎可以用来模拟与地下水相关的所有水流和溶质运移问题。主要的计算模块中，MODFLOW 是一套专门用

图 12.3.2 GTS 界面构成及菜单系统

于孔隙介质中地下水流动的三维有限差分数值模拟软件，可用于模拟井流、河流、排泄、蒸发和补给对非均质和复杂边界条件的水流系统的影响；FEMWATER 是用来模拟饱和流和非饱和流环境下的水流和溶质运移的三维有限元耦合模型，还可用于模拟咸水入侵等密度变化的水流和运移问题；MT3DMS 是模拟地下水系统中对流、弥散和化学反应的三维溶质运移模型，模拟计算时，MT3DMS 需和 MODFLOW 一起使用；RT3D 是处理多组分反应的三维运移模型，适合于模拟自然衰减和生物恢复；SEAM3D 是用于模拟复杂生物降解问题（包括多酶，多电子接收器）的模型；MODPATH 是确定给定时间内稳定或非稳定流中质点运移路径的三维示踪模型，它和 MODFLOW 一起使用，根据 MODFLOW 计算出来的流场，MODPATH 可以追踪一系列虚拟的粒子来模拟从用户指定地点溢出污染物的运动；SEEP2D 是用来计算坝堤剖面渗漏的二维有限元稳定流模型；NUFT 是三维多相不等温水流和运移模型，非常适合用来解决包气带中的一些问题；UTCHEM 是模拟多相流和运移的模型，对抽水和恢复的模拟很理想。辅助模块中，PEST 和 UCODE 是用于自动调参的两个模块；MAP 可使用户快速地建立概念模型（在 MAP 模块下，以 TIFF、JEPG 等图件为底图，在图上确定表示源汇项、边界、含水层不同参数区域的点、曲线、多边形的空间位置，即可快速建立起概念模型）；Borehole Data（钻孔数据）用来管理样品和地层这两种格式的钻孔数据（样品数据用来作等值面和等值线，地层数据用来建立 TIN、实体和三维有限元网格）；TINs（三角形不规则网络）通常用来表示相邻地层的界面，多个 TINs 就可以被用来建立实体（Solid）模型或三维网格等。

相比于同类型的 MODFLOW、Visual MODFLOW 等软件平台，GMS 除了具有模块多、功能强大的优势外，更突出的优越性在于[151]以下几点：

（1）GMS 采用概念化的方式建立水文地质模型。即先采用特征体（包括点、曲线和多边形）来表示模型的边界、不同的参数区域及源汇项等，然后生成网格，再通过模型转换就可以将特征体上的所有数据一次性转换到网格相应的单元和结点上。用这种方式建立的水文地质概念模型在随后的参数拟合过程中，可直接对实体进行编辑，无需对每一个网格都重复进行操作。

（2）前、后处理功能更强。前处理过程中，GMS 可以采用 MODFLOW 等模块的输入数据并自动保存为一系列文件，以便在 GMS 菜单中使用这些模块时可方便而直接地调用，且实现了可视化输入。同时，MODFLOW 等模块的计算结果也可以直接导入到 GMS 中进行后处理，实现计算结果的可视化。GMS 软件除了可直接绘制水位等值线图外，还可以浏览观测孔的计算值与观测值对比曲线以及动态演示不同应力期、不同时段水位等值线等效果视图。

（3）GMS 版本不断更新，功能不断完善。GMS 软件自开发后一直在快速地动态完善着，通过版本升级来不断补充新的应用程序、不断完善各模块的功能，因此建议用户持续关注并使用其最新版本。2017 年 5 月，GMS 发行了 v. 10. 2 版本，其新增功能包括：支持单核以及多核的 PEST 和并行 PEST 的 MODFOLW - USG 模块的参数估计、根据需要选择和删除单个或多个 UGrid 点、UGrid 数据转换为 CAD 文件、根据 Contours 状况进行颜色标识等。

GMS 软件也有自身的弱点，主要表现在网格不能自由加密、三维空间结构模型的导入还比较困难以及在大尺度模型的运算中费时较长、调参困难和精度较差等方面。

MODFOLW 模块是 GMS 的核心模块，专门应用于孔隙介质中地下水流场的数值模拟运算。其采用的数值算法有强隐式法（SIP）、逐次超松弛迭代法（SOR）、预调共轭梯度法（PCG）以及直接算法（DE4）等。MODFOLW 的求解流程如图 12. 3. 3 所示。

GMS 软件于 20 世纪 90 年代末开始在我国应用。较早应用该软件的学者为江苏省地质调查研究院陈锁忠等人[152]，他们以苏锡常地区的 GIS 为主控模块，尝试研究了 GIS 与 GMS、Compac（地面沉降模型）集成的系统分析与设计；2004 年以后，国内越来越多的学者将其应用于我国地下水资源管理与评价、污染物运移、矿坑涌水量预测等方面[153-156]。随着该软件功能的不断扩展与完善，其应用范围也越来越广。

12. 3. 4 FEFLOW 有限元地下水流系统

有限元地下水流系统（finite element subsurface FLOW system，FEFLOW）是由德国 WASY 公司于 1979 年开发的有限元地下水流数值模拟软件。该系统最初用 FORTRAN 4. 0 编写而成，此后不断得到改进。20 世纪 90 年代初期，FEFLOW4. 0 版本已扩展为 3D 并应用于水流溶质运移模拟；1996—1998 年间 FEFLOW 的数值性能和数据界面得到扩展，模型后处理器功能大大增强；21 世纪以来它的版本已经升级到 5. 2，具备良好的 GIS 数据接口和优化的剖分网格技术，模型可视化效果得到加强。

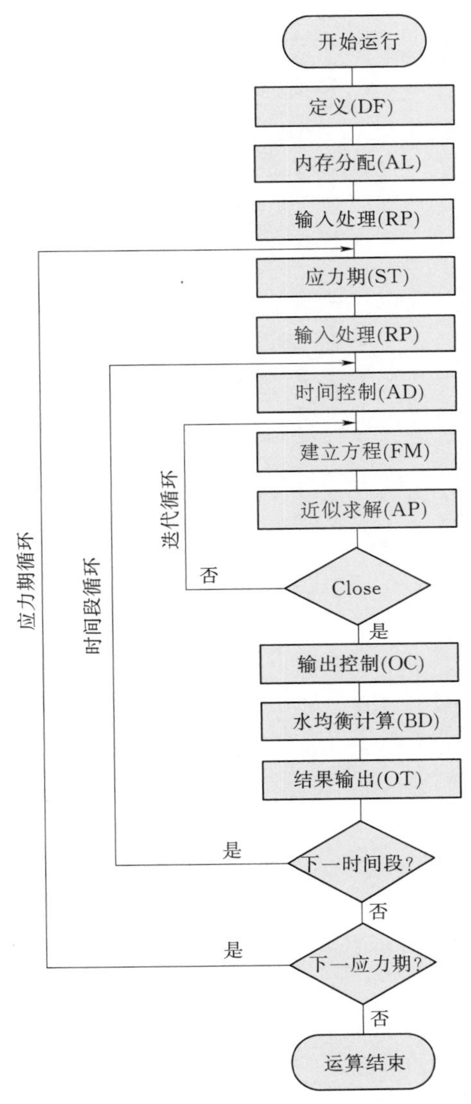

图12.3.3 MODFOLW求解流程图

FEFLOW系统具有地理信息系统（GIS）数据接口，能自动产生空间多种有限单元网格，实现网格局部加密或稀疏和空间参数区域化。在建立地下水流场和溶质迁移模型时，用户不仅可以视具体情况定义各类边界，而且可以对边界条件增加特定的约束条件；所有边界条件和约束条件可以设置为常数，也可定义为随时间变化的函数；已知边界和模型参数可以按点、线、面形式直接输入，对离散空间抽样数据进行内插和外推，插值方法提供了克里格法(Kriging)、阿基玛法（Akima）和距离反比加权法（IDW）。FEFLOW输入数据可以是ASCII文件和GIS文件，它还支持ARCINFO、ArcView、DXF等数据格式以及Tiff、HPGL等数据格式[157]。

FEFLOW在数值模型求解方法上与MODFOLW（有限差分法）有本质区别，它采用伽辽金有限单元法来控制和优化求解过程，如在快速直接求解法中采用PCG、GMRES等先进算法；采用up-wind技术以减少数值弥散；采用皮卡和牛顿迭代法求解非线性流场问题，以此实现自动调节模拟时间步长；利用变动上边界（BASD）技术处理带自由表面的含水系统；有限单元自动加密和放疏技术等[158]。

相比MODFOLW，FEFLOW受网格剖分的影响比较小，边界、参数赋值方式多，研究区范围划定比较灵活，但其模型运行时间较长，不易调参；而MODFOLW的模拟结果更加接近于解析解计算结果，但受网格剖分的稀疏和研究控制范围影响较大。在实际应用方面，FEFLOW可以模拟二维、三维饱和流状态下的水流和污染物运移等，这一点与MODFLOW基本相同；FEFLOW还能模拟多层自由表面含水系、热传递、密度变化的流动以及非饱和流场及其溶质运移等，而这是MODFLOW无法解决的；二者在处理混合井流方面均显不足[159]。在具体的软件设计方面，FEFLOW对边界条件的分类采用广义的一类、二类、三类和井流边界划分，而MODFLOW采用模块化的结构设计，将边界条件直接按其属性划分为水头边界、河流边界、补给边界、蒸发边界等；前者对处理复杂类型的水文地质边界时相对灵活，但输入方式过于集中，用户操作不方便；后者则相反，用户可直接选择边界模块进行输入编辑，但遇到特殊水文地质边界时则无法处理。

表 12.3.2 常见地下水系统数值模拟软件功能与特点

序号	软件名称	开发者	功能	特点
1	MODFLOW	美国地质调查局	孔隙介质中的三维地下水流数值模拟软件	程序为DOS操作环境，包含一个主程序和多个相对独立的子程序包，程序和源代码均为公开，用户可自行下载使用。MODFLOW为有限差分数值法的代表软件，其在空间离散上采用长方体离散，时间离散中引入了应力期的概念，求解方法主要包括强隐式法（SIP）、逐次超松弛迭代法（SOR）、预调共轭梯度法（PCG）等
2	Visual MODFLOW	加拿大 Waterloo 水文地质公司	在MODFLOW模型基础上，综合已有的MODPATH、MT3D、RT3D和WinPEST等地下水模型，应用现代可视化技术开发研制的地下水水流模型；可以模拟二维、三维饱和流状态下的水流和污染物运移	求解方法简单实用、适应范围广泛、可视化功能的强大正成为最为流行、最有影响的地下水模拟平台环境；采用模块化结构，兼容性强；多用于地下水流模型，对于复杂的地质条件、不饱和流动、变密度流（海水入侵）、热对流等棘手问题往往不适合
3	GMS	美国 Brighan Young University 环境模型研究实验室和美国军工部排水工程实验站	综合性的图形软件界面，综合MODFLOW、MODPATH、MT3D、FEMWATER等地下水模型而开发的可视化三维地下水模拟软件包；具有建立三维立体地质结构的功能，可进行三维真实含水层的模拟；具有三维立体动态表达的功能	基于概念模型和网格模型的地下水模拟软件。具有制图模块，前处理功能优越，兼容性强，同其他软件系统数据输入输出交互方便；可用有限元差分或有限元模型，计算结果可视化；多种建模方法，建模过程直观；模块齐全，操作简便。是目前功能最为齐全的地下水数值模拟软件
4	FEFLOW	德国 WASY 公司	进行复杂二维和三维稳定、非稳定流和污染物运移模拟，粒子跟踪和流线模拟；带有非线性吸附作用、衰变、对流、弥散的化学物质运移模拟；考虑储存、对流、热散失、热运移的流体和固体热量运移并可对污染物和温度场同时进行模拟；多层自由表面含水系、密度变化的流动以及非饱和流场及其溶质运移的模拟	具有地理信息系统（GIS）数据接口；可自动产生空间各种有限单元网格，实现网格局部加密和稀疏、空间参数区域化；快速精确的数值算法和先进的图形视觉化技术，方便用户建立模型；可进行复杂三维地质体的地下水流及溶质运移分析，通过存取的结果对三维水文地质模型进行后期分析

续表

序号	软件名称	开发者	功　能	特　点
5	FEMWATER	美国宾州大学	饱和流和非饱和流环境下的水流和溶质运移模拟的三维有限元耦合模型	采用三维有限元格式进行计算。由于考虑了水的变密度问题和非饱和带的作用，不仅可以模拟饱和土层中地下水的运动，还可以模拟饱和-非饱和地下水流之间的水流传输过程，以及咸水入侵等密度变化的水分和运移问题
6	HST3D GUI	美国地质调查局	模拟三维空间地下水流及有关的热、溶液运移，进行地质废物处置、填埋物浸出、盐水入侵、淡水回灌与开采、放射性废物处理、水中地热系统和能量储藏等问题的分析	HST3D 的三维可视化界面。该软件在国内热运移模拟方面应用更广泛
7	PHREEQC	美国地质调查局	低温水文地球化学计算的计算机程序。通过正向模拟和反向模拟，解决水-汽-岩作用系统中平衡热力学和化学动力学问题	代码公开，具有强大的化学反应模拟功能
8	SUTRA	美国地质调查局	饱和带/非饱和带密度变化地下水流动和溶质或能量运移的专业模型	可采用二维/三维有限单元或有限差分法进行求解计算，具有灵活的网格剖分方式。对海水入侵过程的模拟具有独特的优势，还可对能量运移进行模拟，可用于含水层热能分布、地下热传导、含水层热能存储系统、地热库、含水层热污染以及天然水文地质对流系统的模拟计算
9	TOUGH2	美国劳伦斯伯克利国家实验室（LBNL）	模拟水、溶质、气、热在多孔介质及裂隙介质中运移的多维数值计算软件，统一考虑了地下水系统中固-液-气相间的物质传输	基于 NULKOM 程序开发，经多次升级和更新。被广泛应用于地热储藏以及核废料处置方面等实际工作中
10	Visual Groundwater	加拿大 Waterloo 水文地质公司	地下数据和地下水模拟结果三维可视化与动画软件	专门的环境数据可视化软件

表 12.3.3 常用岩土工程分析数值模拟软件功能与特点

序号	软件名称	开发者	功 能	特 点
1	ABAQUS	ABAQUS 由创建于 1978 年的 HKS（Hilbitt Karlson and Sorensen）开发。2005 年 HKS 将 ABAQUS 以 4.13 亿美元的价格卖给达索（Dassault Systemes Simulia Corp.）	ABAQUS 是达索 SIMULIA 旗下的一套功能强大的工程模拟有限元软件，其解决问题的范围从相对简单的线性分析到许多复杂的非线性问题。ABAQUS 包括一个丰富的、可模拟任意几何形状的单元库，并拥有各种类型的材料模型库，可以模拟典型工程材料的性能，包括金属、橡胶、高分子材料、复合材料、钢筋混凝土、可压缩超弹性泡沫材料以及土壤和岩石等地质材料。作为通用的模拟工具，ABAQUS 除了能解决大量结构（应力/位移）问题，还可以模拟其他工程领域的许多问题，例如热传导、质量扩散、热电耦合分析、声学分析、岩土力学分析及压电解质分析	在非线性计算和接触问题等方面在业内具有领先优势。新版本（6.5 以后版本）前后处理图形界面和建模能力有大幅改善。ABAQUS 有模型树，所有的操作一目了然，思路清晰明朗。二次开发功能强大，留有 47 个用户接口，如提供了用户本构模型接口、用户单元接口、Python 脚本编程等，适合高级用户使用。在众多通用有限元软件中，ABAQUS 更适合解决岩土、混凝土等非线性问题。ABAQUS 在工业界应用明显不如在科研领域广泛。用户需要购买软件一定期限的使用权限，费用较昂贵
2	GeoStudio	GeoStudio 是由 GEO - SLOPE International Ltd. 公司开发的软件，GEO - SLOPE 的主要创始人是非饱和土力学的奠基人之一 Delwyn G. Fredlund 教授	软件系列模块有：计算边坡稳定的 SLOPE/W；用于地下水渗流分析的 SEEP/W；用于应力-变形分析的 SIGMA/W；用于地震应力应变分析的 QUAKE/W；用于地热分析的 TEMP/W；用于地下污染物传输的 CTRAN/W；用于气流分析的 AIR/W；VADOSE/W：专业的模拟环境变化、蒸发、地表水、渗流及地下水对某个区或对象的影响分析软件；三维渗流分析软件 Seep3D	界面简单，非饱和土和非稳定渗流计算方面较好。软件开放性差，不便于进行二次开发
3	Midas GTS	Midas GTS 是韩国 MIDAS IT 公司的系列产品之一，MIDAS IT 最初是韩国的浦项制铁（POSCO）集团的一个子公司	是一款针对岩土领域研发的通用有限元分析软件，支持静力分析、动力分析、渗流分析、应力-渗流耦合分析、固结分析、施工阶段分析、边坡稳定分析等多种分析类型，适用于地铁、隧道、边坡、基坑、桩基、水工、矿山等各种实际工程的准确建模与分析，并提供了多种专业化建模助手和数据库	界面简单易用，有中文版本。三维建模能力较强，但缺乏命令流

续表

序号	软件名称	开发者	功　能	特　点
4	Z_Soil	Z_Soil是由瑞士工程软件公司Zace开发的产品。Zace软件公司由Thomas Zimmermann博士于1982年创建。1985年诞生了第一个Z_Soil的PC版本，主要用于单相介质问题的求解。20世纪90年代初开始着力发展Z_Soil的3D PC版本，2002年才被一些感兴趣的公司使用	Z_Soil已成功用于各类岩土工程问题，如边坡工程、填方工程、基坑工程、基础工程、大坝工程、挡土结构、桩-土-结构共同作用、基础-边墙共同作用、隧道工程、结构工程、桥涵工程、结构构件、采矿工程等	基于Windows图形界面，建模简便，支持ANSYS或其他商业软件生成的网格和DXF格式文件导入。对于稳定性分析，可采用c-phi强度折减功能；可进行预应力锚杆、固结和蠕变（与时间有关的效应）分析。Z_Soil的复杂三维建模功能还显薄弱
5	$FLAC^{3D}$	$FLAC^{3D}$是由美国ITASCA公司研发的数值计算软件，是该公司已有数值分析产品$FLAC^{2D}$的扩展产品	$FLAC^{3D}$是基于有限差分理论开发的，主要用于土质、岩石及其他材料的三维结构受力特性模拟和塑性流动分析计算。软件早期开发时主要应用于岩土工程和采矿工程的力学分析；基于其强大的解决复杂力学问题的功能，目前已拓展应用到土木建筑、地质、交通、水利等工程领域，成为这些领域中进行工程设计和专业分析不可缺少的计算工具	能较好地模拟地质材料在达到强度极限或屈服极限时发生的破坏或塑性流动的力学行为，特别适用于分析渐进破坏和失稳以及模拟大变形。它包含10种弹塑性材料本构模型，有静力、动力、蠕变、渗流、温度5种计算模式，各种模式间可以互相耦合，可以模拟多种结构形式，如岩体、土体或其他材料实体，梁、锚元、桩、壳以及人工结构如支护、衬砌、锚索、岩栓、土工织物、摩擦桩、板桩、界面单元等，可以模拟复杂的岩土工程或力学问题
6	PLAXIS	荷兰Delft大学开发的岩土工程有限元软件，最早的商业版本是1994年推出的	PLAXIS可分析岩土工程学中二维、三维的变形、稳定性以及地下水渗流等问题，能够胜任目前大部分的岩土工程问题。PLAXIS2D能分析平面应变问题和轴对称问题，3D适用性更广。该软件能够模拟土体、墙、板、梁、接触面、锚杆、土工织物、隧道、桩等结构，能够进行变形、固结、加载卸载、开挖回填、稳定性分析、内源性动力问题、外源性动力问题、渗流等各类计算	PLAXIS程序应用性非常强，能够模拟复杂的工程地质条件，尤其适合于变形和稳定分析

在国内地下水数值模拟中，FEFOLW、MODFLOW（GMS）均有较为广泛的应用，但在大区域地下水流系统的模拟中，FEFLOW 因其具有输入数据格式多样化、GIS 接口、处理复杂边界（河流、断层等）和多层含水层分层技术、模型修改的灵活性和实时性等而具有相对优势。如邵景力等[160]应用 FEFLOW 建立了黄河下游影响带（河南段）的三维地下水流数值模型，孙继成等[161]基于 GIS 技术和 FEFLOW 对秦王川盆地南部地下水系统进行了数值模拟，卢薇等基于 FEFLOW 建立了珠江口东岸地区海水入侵的三维溶质运移数值模型等[162]。另外，FEFLOW 在矿区开采对地下水的影响、海水入侵、非饱和带地下水流、温度分布以及污染物运移和时空分布等领域应用较广。

网络查询资料显示，FEFLOW 于 2011 年开始发布 v6.0 系列，该版本对其经典界面进行了全面革新；2015 年开始发布 v7.0 系列版本，目前（截至 2017 年 3 月）已更新至 FEFLOW 7.0.10。FEFLOW 软件可在相关网站注册后下载使用。

事实上，有关地下水系统的数值模拟软件平台还有很多，均各有特点，在国内各行业领域的应用成果也多有报道。表 12.3.2、表 12.3.3 分别为根据网络公开文献资料整理的常见地下水系统数值模拟和岩土工程分析数值模拟软件的功能与特点，供读者参考学习。

12.4　隧洞围岩应力应变三维数值模拟工程案例

地下隧洞开挖过程中其围岩的应力、应变必然是随时间、空间发生变化的，借用三维数值模拟技术可以仿真模拟隧洞开挖的实际过程，从而可预先了解各施工环节时的围岩应力应变状态及周边环境安全状况，为设计和施工方案提供科学的指导性建议，使地下隧洞的围岩支护方案或周边环境（如地面建筑物、交叉工程等）安全保护措施更加趋于经济合理、技术安全和施工方便。

北京市南水北调工程中，位于市区的供水环路工程均为浅埋地下隧洞工程，与输水隧洞在平面上临近或立面上交叉的地面建筑物（高层建筑、铁路、高速公路、立交桥等）、地下设施（如地铁、电力管廊、燃气管线、供排水管线等）鳞次栉比，输水隧洞的施工必须保障它们的安全，为此在许多重要的工程节点处采用了三维数值模拟技术，计算并分析了输水隧洞各关键施工环节时的围岩应力应变情况，为工程设计和施工方案的合理性提供了有力的支撑。下面以南干渠试验段隧洞开挖引起的围岩应力应变数值模拟为例，简要介绍数值模拟技术在分析岩土工程问题中的应用。

12.4.1　工程概况

如图 12.4.1 所示，南干渠试验段隧洞全长 30m，隧洞轴线 NW—SE 走向，开挖方向自 SE 向 NW，即自 2 号竖井（长×宽×深=14m×6m×12m）开始向前施挖；距始开挖面 18.8m 的隧洞前方正上方有 3 条市政天然气管线穿过，燃气管线轴线走向为 SW—NE 向，即与拟建南干渠试验洞平面上呈近直交状态。试验段洞顶埋置深度为

6m，隧洞内径 3.4m，开挖直径 4.6m，为平行独立双洞，左右洞轴线间距为 7.6m；燃气管线埋深约 2m，距洞顶最近距离约 4m。根据地质勘察结果，试验段隧洞围岩地层岩性以圆砾为主，局部夹有砂层透镜体，如图 12.4.2 所示。

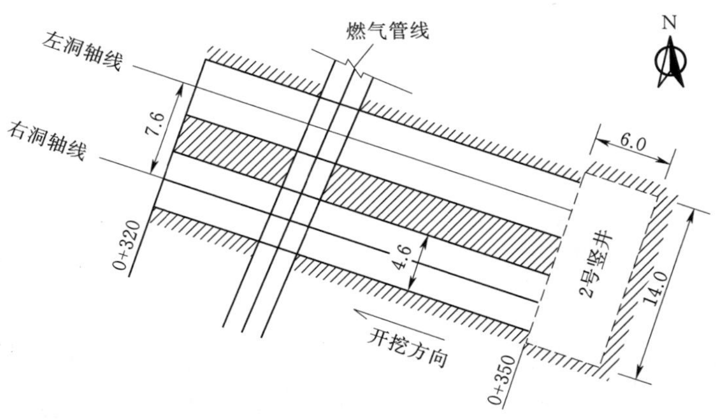

图 12.4.1　南干渠试验段隧洞平面布置图（单位：m）

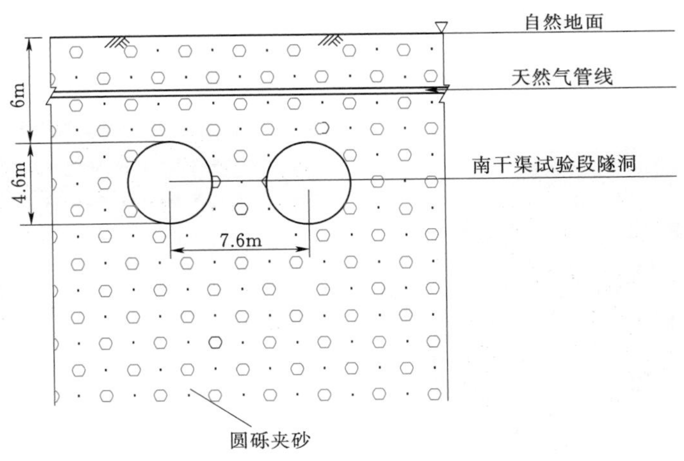

图 12.4.2　南干渠试验段隧洞地质剖面示意图

试验洞开挖采用正台阶法，标准断面开挖轮廓为直径 4.6m 的圆。上台阶开挖留核心土，开挖长度为 4.6m；核心土正面投影面积不少于上台阶开挖面积的一半，纵向长度以 2m 为宜。上台阶开挖循环步长为 0.5m，超前下台阶 4.6m 左右；开挖过程中杜绝超挖现象。试验洞支护分超前支护和初期支护两个施工步骤，其中超前支护结构为注浆加固地层，初期支护结构为格栅拱架＋纵向连接筋＋钢筋网和喷射混凝土。

此次进行三维数值模拟，主要是分析各关键施工环节时的围岩应力应变情况，获得隧洞围岩应力变形规律及对既有管线的影响。模拟软件使用的是 $FLAC^{3D}$，由北京市水利规划设计研究院与中国石油大学（北京）联合完成数值模拟的整个工作。

12.4.2 模型建立与定解条件

模型模拟的空间范围为：沿隧洞轴线方向（y 坐标轴）长 60m，宽 40m，上至自然地面，下至隧洞底 20m 的立体空间，如图 12.4.3（a）所示。模拟空间的隧洞、燃气管线以及竖井的空间关系如图 12.4.3（b）所示。三维数值模型的单元网格为六面体单元，共划分单元 132000 个，节点 136299 个，如图 12.4.3（c）所示。图 12.4.3（d）～（f）分别为沿 x、y、z 轴断面示意图。

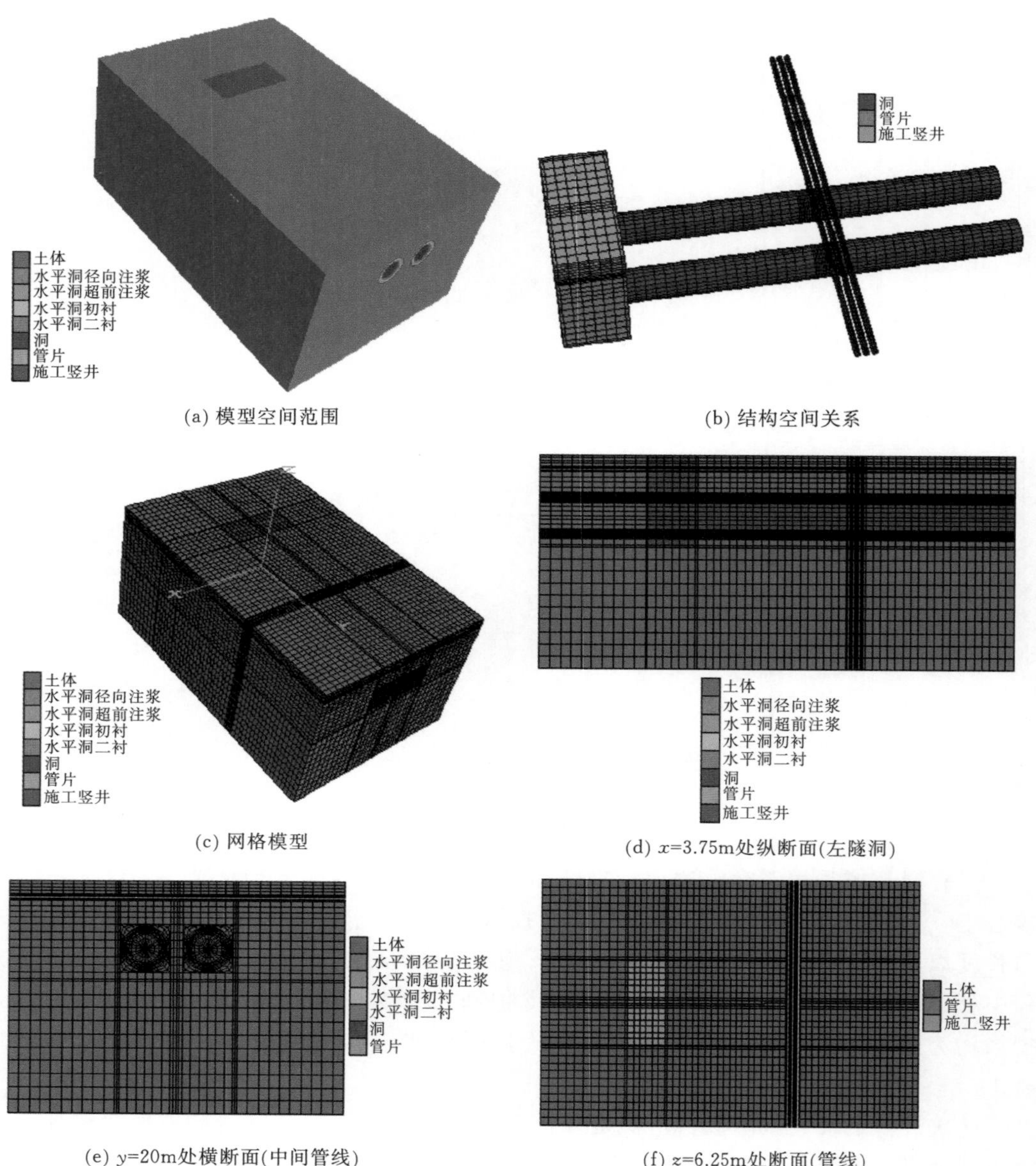

图 12.4.3 南干渠试验洞数值模型示意图

模拟时，模型的侧面和底面定义为位移边界：两侧的位移边界是约束水平移动；底部边界为固定边界，约束水平移动和垂直移动。模型上边界为地表，为自由边界。管线结构所受荷载主要为恒荷载，荷载类型包括围岩压力和结构自重两种。

该模型包含3种不同性质的材料：松散围岩（圆砾）、隧洞超前支护范围内的注浆加固体以及初期支护结构，它们的物理力学参数见表12.4.1，其中的材料弹性模量E值为采用正交试验方法反演得到的最佳组合结果。

表12.4.1 材料的物理力学参数输入值

材　料	密度ρ /(g/cm^3)	弹性模量E /MPa	泊松比ν	内摩擦角σ /(°)	凝聚力c /kPa
松散围岩（圆砾）	2.00	40	0.25	35	0
注浆加固土体	2.10	50	0.22	35	0
初期支护结构	2.50	26000	0.20	—	—

考虑施工步序的空间模型的计算步骤为：①土体自重平衡；②管线自重平衡；③竖井施工，施工进尺平均为0.5m/d；④右隧洞开挖施工模拟；⑤左隧洞开挖施工模拟。每个步序模拟施工过程中的超前注浆加固、土体开挖及初期支护。

12.4.3 三维数值模拟结果及分析

下面分别取上述模型空间在竖井施工后、隧洞施工后两个关键施工节点以及结构关键部位的应力应变计算结果进行分析讨论。

1. 变形模拟结果及分析

（1）竖井施工后竖向位移。竖井施工完成后，模型空间的竖向位移计算结果如图12.4.4所示。由图12.4.4可知，由竖井施工作用引起的管线及周围土体变形按$x=0$平面呈对称分布，竖井施工对既有管线影响较小，管线附近有0.4～0.6mm的隆起量，最大隆起发生在靠施工竖井一侧。由于竖井开挖造成管线本身的纵向不均匀变形也较小，量值为0.20mm；竖井底板土体向上变形最大，隆起量达30.94mm。对于$y=20$m横断面，最大变形发生在管线中部，最大隆起量为0.55mm；管线的横向不均匀变形很小，仅为0.20mm。

（2）隧洞施工后竖向位移。图12.4.5、图12.4.6分别为隧洞施工完成后既有管线和整个数值模拟空间的位移计算结果。该计算结果表明，隧洞施工完成后，管线及周围土体变形按$x=0$平面呈对称分布，管线、隧洞拱顶及上方土体发生沉降，隧洞底板及下方土体向上隆起。其中，管线的最大沉降量为2.44mm，发生在靠竖井一侧；由于竖井开挖及隧洞施工造成管线本身的纵向不均匀变形较小，量值为0.22mm；竖井底板土体向上变形最大，隆起量达32.20mm；隧洞最大隆起量为17.5mm，发生在隧洞入口底板下方土体（靠近施工竖井）；隧洞最大沉降量为11.10mm，发生在隧洞出口拱顶上方土体。对于$y=20$m横断面，隧洞底板最大隆起量为12.11mm，拱顶最大沉降量为8.05mm；管线及地表最大变形均发生在中部，沉降量分别为2.44mm、2.30mm；管线的横向不均匀变形较小，为0.61mm。

4.3458×10^{-4} ～4.4000×10^{-4}
4.4000×10^{-4} ～4.6000×10^{-4}
4.6000×10^{-4} ～4.8000×10^{-4}
4.8000×10^{-4} ～5.0000×10^{-4}
5.0000×10^{-4} ～5.2000×10^{-4}
5.2000×10^{-4} ～5.4000×10^{-4}
5.4000×10^{-4} ～5.6000×10^{-4}
5.6000×10^{-4} ～5.8000×10^{-4}
5.8000×10^{-4} ～6.0000×10^{-4}
6.0000×10^{-4} ～6.0817×10^{-4}

(a) x=0

3.3155×10^{-4}～3.5000×10^{-4}
3.5000×10^{-4}～3.7500×10^{-4}
3.7500×10^{-4}～4.0000×10^{-4}
4.0000×10^{-4}～4.2500×10^{-4}
4.2500×10^{-4}～4.5000×10^{-4}
4.5000×10^{-4}～4.7500×10^{-4}
4.7500×10^{-4}～5.0000×10^{-4}
5.0000×10^{-4}～5.2500×10^{-4}
5.2500×10^{-4}～5.5000×10^{-4}
5.5000×10^{-4}～5.5114×10^{-4}

(b) y=20m

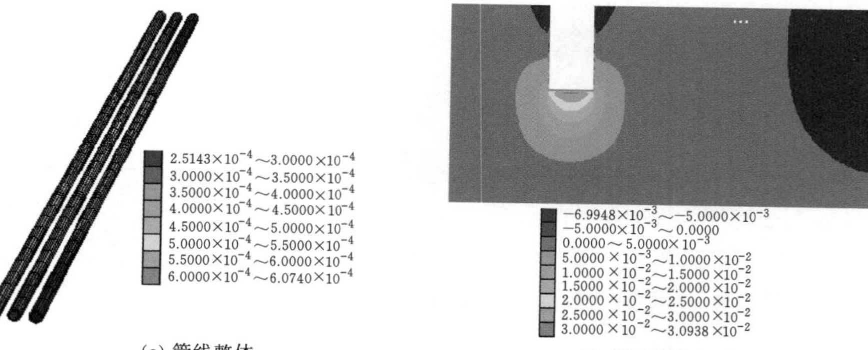

(c) 管线整体　　(d) 模型整体(x=0)

图 12.4.4　竖井施工后模型计算的竖向位移云图（单位：mm）

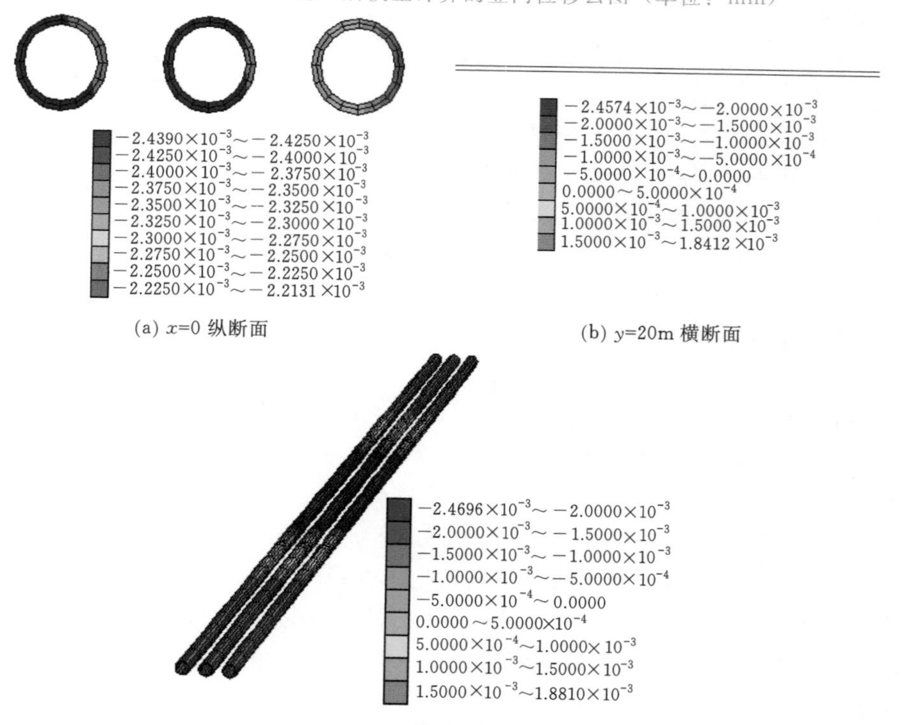

(c) 管线整体

图 12.4.5　隧洞施工完成后既有管线竖向位移云图（单位：mm）

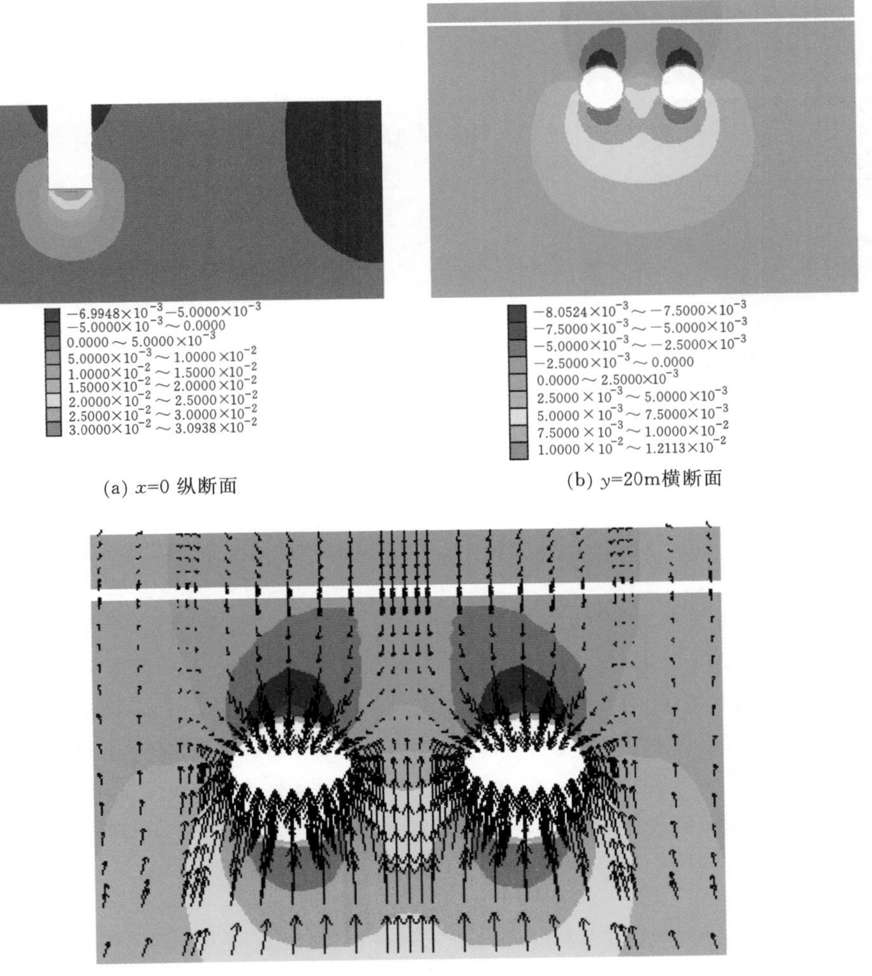

(a) x=0 纵断面

(b) y=20m横断面

(c) 整体y=20m横断面(局部放大图)

图 12.4.6　整个模型空间竖向位移云图（单位：mm）

（3）模型关键点变形特征。在施工竖井及隧洞开挖过程中，其影响范围内的地表、既有管线及洞周岩土体等的变形都随着时间和施工进度的变化而处于动态变化过程中，了解和掌握结构关键部位重要节点处，如隧洞洞顶和洞底、隧洞上方地表和既有管线交叉部位等的变形规律，对全面控制施工节奏、把握关键步序工法及施工工艺等具有科学指导意义，这也正是数值模拟为工程设计与施工服务的意义所在。

南干渠试验洞采用双孔同时开挖施工方式，其位移与应力均按 $x=0$ 平面呈对称分布。为分析方便，仅取左洞对应的关键点进行位移分析。如图 12.4.7 所示，取 $y=20$m 断面（与燃气管线交叉处）处的地表、管顶、隧洞洞顶及隧洞底板四个部位为分析的关键点，分别编号为关键点 1、2、3、4。

按照南干渠试验洞的施工步序，依次模拟计算竖井开挖～隧洞施工全过程中与各施工步序对应的断面关键点竖向位移，图 12.4.8 为根据该计算结果绘制的 $y=20$m 横断面

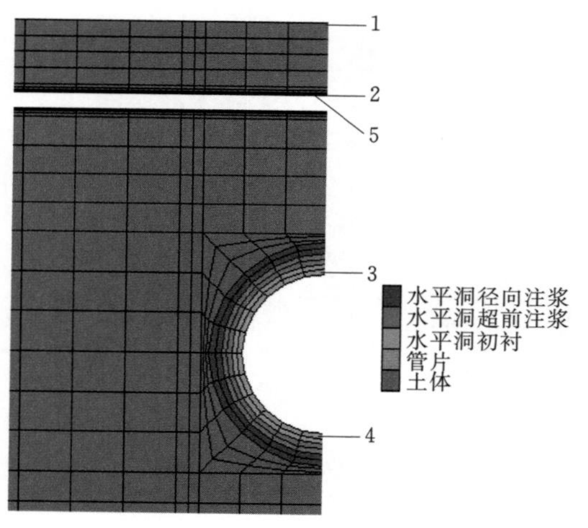

图 12.4.7　$y=20$m 断面处关键点位置及编号示意图（图中数字为关键点编号）

各关键点竖向位移随施工步序的变化曲线。

由图 12.4.8 可以看出，4 个关键点竖向位移变化规律具有一个共同的特征，即隧洞施工到关键点所在断面前后 3 个施工步序内（施工步序第 22～28）时，关键点竖向变形变化较大，其他施工阶段竖向变形变化较小；由于隧洞施工对隧洞围岩变形影响较地表及上部既有管线大，因而该趋势在隧洞拱顶关键点 3 及底板关键点 4 处表现得更为明显。

模拟计算的结果还表明，地表、管顶、隧洞洞顶及底板 4 个关键点在竖井施工阶段的变形均表现为隆起，竖井施工结束时的隆起量分别为 0.50mm、0.53mm、0.38mm 和 0.32mm；隧洞开挖到关键点所在断面（施工步序第 25）时，地表、管顶及洞顶变形已表现为下沉，而隧洞底板变形仍为向上隆起，各关键点的竖向位移量分别为－2.33mm、－2.53mm、－4.75mm 和 7.57mm，相对竖井施工阶段的变形量有显著增大，分别增加了 2.83mm、3.06mm、5.12mm 和 7.25mm；隧洞开挖完成后，各关键点总的位移量分别为－2.04mm、－2.19mm、1.72mm 和 3.09mm，此时地表、管顶的竖向位移与施工步序第 25 时的位移相比，变化较小，分别减小了 0.29mm 及 0.34mm，而洞顶和洞底的变形均表现为隆起，相比施工步序第 25 时的变形量分别减小了 6.47mm 和 4.48mm，变化相对较大。

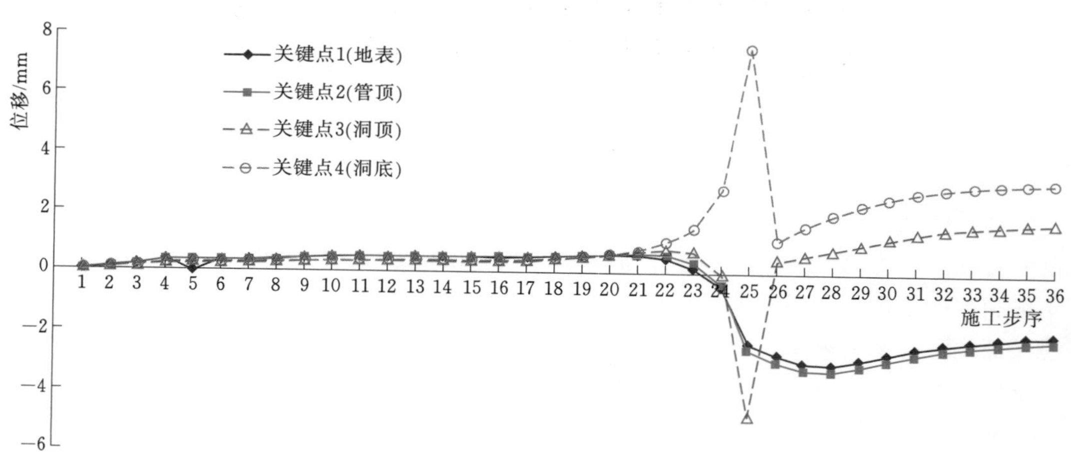

图 12.4.8　$y=20$m 断面关键点竖向位移随施工步序的变化曲线

由管顶（关键点 3）的位移-施工步序变化曲线可以看出，其绝大部分变形发生在第 22～28 施工步序内，即在隧洞开挖施工至距该关键点所在断面（$y=20$m）前后约 3 个施工步序内。由此也表明，控制隧洞上方既有交叉燃气管线和地表的过量变形与安全，在

开挖面距离交叉断面约 3 个步序范围内实施围岩超前注浆加固和初期支护是必需的。

表 12.4.2 为模型 $y=20m$ 断面在关键施工节点（竖井施工完成、隧洞施工完成）时，模型关键部位的特征变形量数值模拟计算结果汇总。

表 12.4.2 $y=20m$ 断面特征变形计算结果汇总

关键施工节点	关键点竖向位移/mm				燃气管线自身不均匀变形/ mm	
	地表	管顶	洞顶	洞底	纵向	横向
竖井施工完成	0.50	0.53	0.38	0.32	0.20	0.20
隧洞施工完成	−2.04	−2.19	−8.05	12.11	0.22	0.61

2. 应力模拟结果及分析

同理，应力分析的典型部位也为隧洞与燃气管线交叉处，即 $y=20m$ 处。分析的参数为既有燃气管线的最大主应力和最小主应力，它们均是包含结构自重内力和附加应力的综合值，是对管线结构内力进行安全性评价的重要参数。

（1）竖井施工后的应力。竖井施工完成后，管线最大及最小主应力计算结果如图 12.4.9 和图 12.4.10 所示。由此应力计算结果可知，管线最大主应力发生在靠近竖井一侧的管线拱顶部位，其量值为 20.39kPa；而最小主应力发生在靠近竖井一侧的管线腰部，量值为 204.31kPa，这些部位都是应力集中出现的区域。

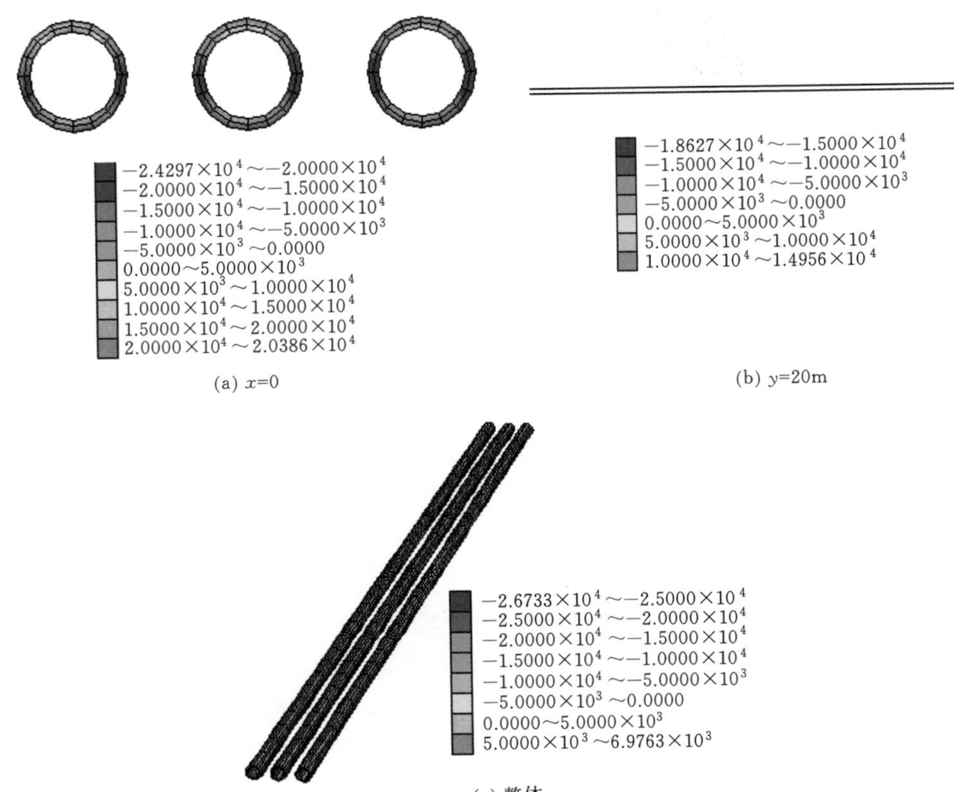

图 12.4.9 既有燃气管线最大主应力云图（竖井施工后）（单位：Pa）

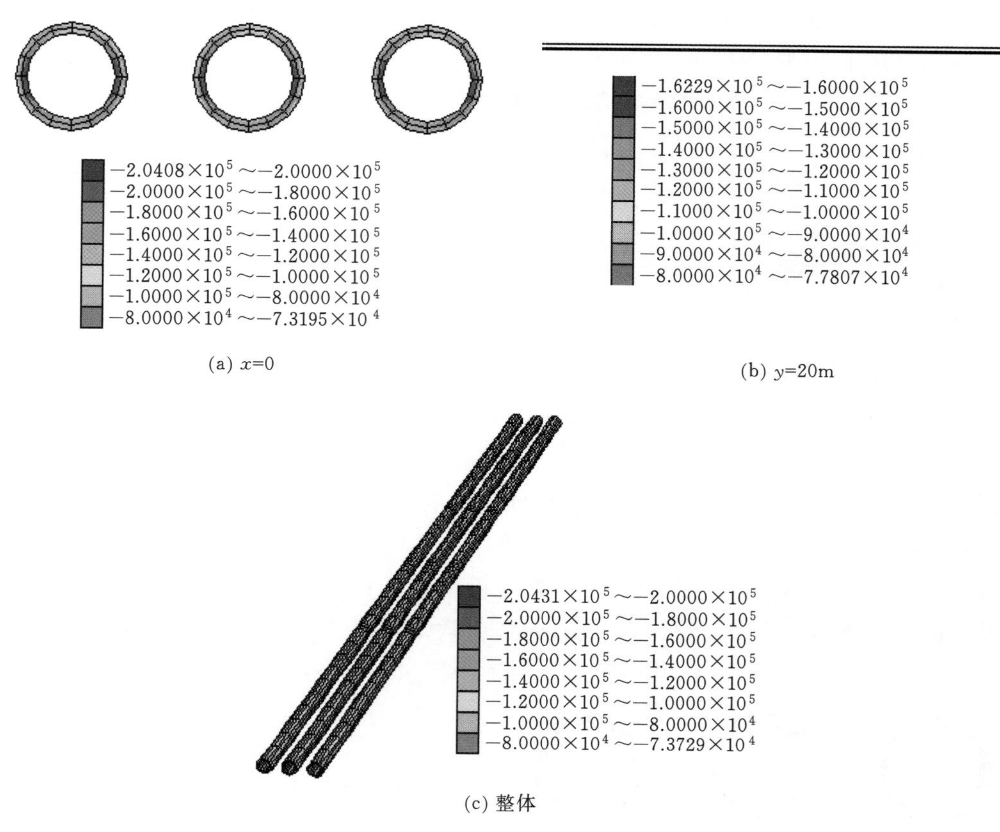

(a) x=0

(b) y=20m

(c) 整体

图 12.4.10 既有燃气管线最小主应力云图（竖井施工后）（单位：Pa）

（2）隧洞施工后的应力。隧洞施工完成后，管线的最大及最小主应力计算结果如图 12.4.11 和图 12.4.12 所示。该结果表明，管线最大主应力发生在隧洞两侧（x=11m）管线的上方，量值为 633.44kPa；最小主应力发生在两隧洞正上方管线的拱腰，量值为 1200.10kPa。将图 12.4.11、图 12.4.12 与图 12.4.9、图 12.4.10 对比可知，在 x=0m 纵断面处，隧洞施工后管线最大主应力及最小主应力出现的位置与竖井施工完成后没有变化，分别出现在靠近竖井一侧的管线顶及拱腰处，量值稍有变化；最大主应力从竖井施工完成时的 20.39kPa 减小到隧洞施工完成时的－4.13kPa，减小了 24.52kPa；而最小主应力从竖井施工完成时的 204.08kPa 增大到隧洞施工完成时的 806.68kPa，增大了 602.60kPa。

在 y= 20m 横断面上，隧洞施工完成后，最大主应力从竖井施工完成时的 14.96kPa 增大到隧洞施工完成时的 690.00kPa，增大了 675.06kPa，出现位置由管线中部（x=0m 处）变为管线两侧（x=11m 处）；而最小主应力从竖井施工完成时的 162.30kPa 增大到隧洞施工完成时的 1290.70kPa，增大了 1128.40kPa，出现位置由管线中部（x=0m 处）变为隧洞正上方的管线处（x=3.75m 处）。

由此可见，隧洞施工完成后，管线承受的最大拉应力及最大压应力均显著增大，隧洞施工使管线应力状态处于不利状态。

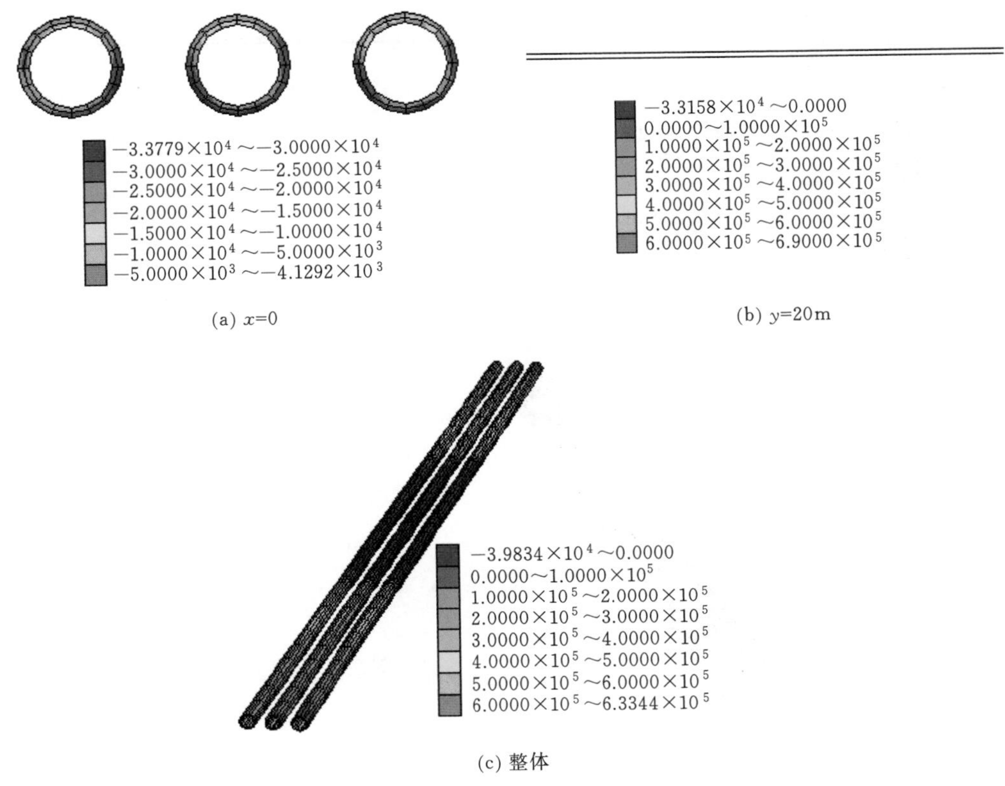

图 12.4.11　既有燃气管线最大主应力云图（隧洞施工后）（单位：Pa）

（3）模型关键点应力特征。选取 y＝20m 横断面处既有燃气管线顶部关键点 5（图 12.4.7）的应力在施工全过程中的变化进行分析。图 12.4.13 为该点最大主应力随施工步序的变化曲线。

由图 12.4.13 可以看出，在整个试验洞施工过程中，随着施工开挖断面的向前推进，既有燃气管线顶部应力呈现先增大后减小，且先受拉后受压的趋势；其中应力变化最大的施工阶段为开挖断面临近 y＝20m 断面前后约 3 个施工步序范围内，即 22～28 施工步序内，该阶段管线顶部应力由 50kPa 的拉应力逐渐减小为－30kPa 的压应力，管顶应力状态由受拉最严重逐渐转为受压最严重，最大应力差为 80kPa，变化幅度相对较小；在施工开挖断面距离既有燃气管线距离较远时，即 1～21 和 29～36 施工步序内，其管顶应力保持在一个相对低（≤±30kPa）且变化幅度（≤±20kPa）也更小的水平，竖井施工阶段其为受拉状态，隧洞施工阶段其为受压状态。据此，对于与隧洞相交的既有燃气管线的保护范围也就相当明确：即 22～28 施工步序范围。

表 12.4.3 为与南干渠试验洞段交叉的既有燃气管线分别在竖井施工、隧洞施工完成时的最大、最小主应力数值模拟计算结果，其可以作为该既有管线保护方案的设计依据之一，对具有相似条件的同类工程也有借鉴意义。该结果表明，竖井开挖期间，其前方隧洞上部的既有管线最大主应力（拉应力）出现在靠近竖井一侧的管顶，最小主应力

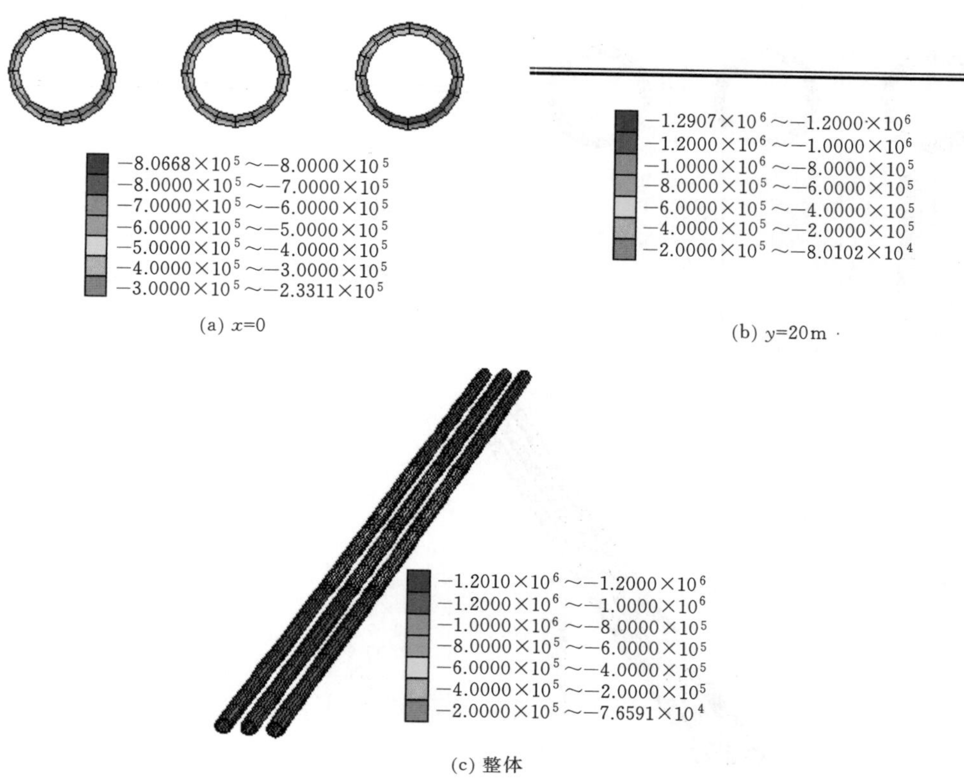

图 12.4.12　既有燃气管线最小主应力云图（隧洞施工后）（单位：Pa）

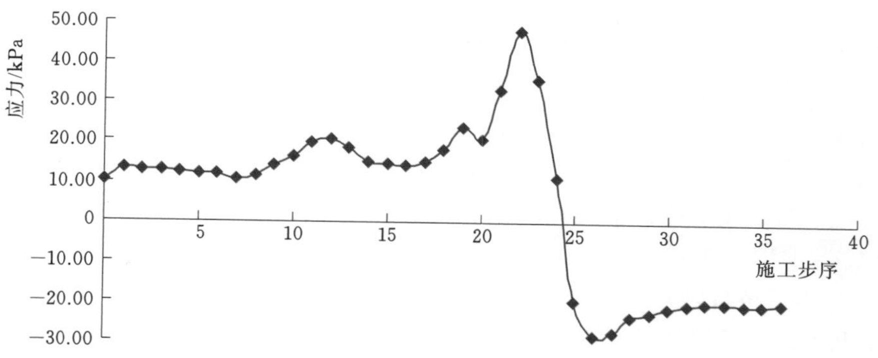

图 12.4.13　$y=20$m 断面处既有燃气管线顶部（关键点 5）最大主应力随施工步序变化曲线

（压应力）出现在靠近竖井一侧的管线腰部，与管线初始应力相比，二者应力状态相同，应力变化幅度小；而在隧洞施工阶段，管线最大主应力在离开挖隧洞轴线外 7.25m（$x=\pm 11$m）的两侧管顶出现，最小主应力在左右隧洞纵断面（$x=\pm 3.75$m）部位的两侧管腰出现，应力值与初始状态相比有明显增大，拉应力增幅为 685.12kPa，压应力增幅为 1083.53kPa。因而，隧洞施工阶段对管线应力影响较大，应重点加强隧洞施工阶段管线应力的监测，减小施工扰动，保证施工质量，以保证管线安全。

表 12.4.3　关键施工阶段最大、最小主应力汇总表

施工节点	最大主应力		最小主应力	
	拉应力值/kPa	出现部位	压应力值/kPa	出现部位
初始应力	4.88	管线顶板	−207.17	管线腰部
竖井施工完成	20.39	靠近竖井一侧的管线顶板	−162.3	靠近竖井一侧的管线腰部
隧洞施工完成	690	$x=\pm 11$m 处管线顶板	−1290.7	$x=\pm 3.75$m 处管线腰部

12.4.4　小结

在南干渠试验段开挖施工前，采用数值模拟方法研究分析设计工况与施工步序条件下的隧洞围岩应力应变时空变化特征与规律，可以快速、有效地明确隧洞施工影响范围内既有建构筑物的保护时机、保护范围，同时对隧洞围岩支护结构设计方案进行科学评估，这一点对于工程设计和施工具有重要的实际意义。从南干渠试验段围岩应力应变的数值模拟结果可以得出以下两点基本结论。

（1）试验洞施工对与其交叉的既有燃气管线的显著影响空间范围为：沿隧洞轴线方向，既有管线两侧约 12m 范围。隧洞开挖面临近或在此范围内时应加强对管线变形的动态监测。

（2）在本次模拟工况与施工条件下，试验段施工引起既有燃气管线管顶和上方地表竖向位移最大值小于 3mm，管线纵、横向不均匀变形小于 1mm，试验洞洞顶与洞底的最大竖向位移小于 15mm，隧洞与既有管线结构关键部位的变形量总体均较小；应力方面，既有管线在整个隧洞施工过程中产生的最大内应力为 690kPa，最大应力集中部位为离开挖隧洞轴线外 7.25m（$x=\pm 11$m）处管线顶板部位。单从应力应变的角度考虑，此次数值模拟采用的隧洞结构设计方案是安全的。

12.5　潮白河地下水库渗流场数值模拟

20 世纪 80 年代中期，林学钰[163]曾指出，随着人工补给地下水的发展，人们开始考虑地下水的储水空间，即产生了“地下水库”的概念。地下水库是一个便于开发和利用地下水的储水地区，它在储水、取水、用水和调节水等方面与地表水库有相同的功能，基于实用，“地下水库”这一名词具有推广的价值[164]。直至目前，关于“地下水库”的明确的、严格的通用定义仍没有，但在国际通行的水文地质学术语中，地下水库（ground water reservoir）和地下含水层（aquifer or ground water reservoir）是同义语[165]。我国《水文地质术语》（GB/T 14157—1993）中定义“地下水库”为：地层中能储存外来补给水源又便于开发利用的地下储水层，它在储、取、用水和调节水量方面与地表水库有相似的功能[166]。

在当今国内，可用水资源量相对匮乏以及水环境污染形势日趋严重，地下水库的开发建设与利用越来越受到人们的关注，有关其理论与实践方面的研究成果也日渐增

多。河海大学李旺林、束龙仓等[167]研究了我国目前地下水库的分类及存在的问题，提出了储水介质分类法，探讨了地下水库的建库条件，并以山东省蓬莱市境内的王河地下水库为例，介绍了地下水库动态设计的基本方法。郭飞、高茂生等[168]按不同海岸类型辅以地形地貌和地质结构的差异性特征为分类依据，将我国北方沿海地区（主要为山东半岛和辽东半岛的沿海地区）地下水库分为山间河谷型、冲洪积扇型和埋藏古河道型三类，并进行了储水空间、介质岩性、渗透系数、含水层厚度以及海水入侵程度等方面的对比。杜新强等[169]在分析了国内外地下水库研究现状基础上，提出我国急需开展三方面的工作：①建设典型类型的地下水库示范工程，对其相关理论与实践问题进行重点、综合研究；②在全国范围内开展大型地下水库建设的潜力调查，推广水资源的地下调蓄方法；③逐步建立和完善指导地下水库实际工作的理论方法和操作性强的应用规范；同时指出在我国干旱半干旱地区、岩溶山区、滨海地区以及地下水超采区建设地下水库具有十分重要的意义。余强等[170]在综合考虑南水北调中线工程河南段受水区水文地质条件、地下水降落漏斗空间分布以及开采技术经济等条件的基础上，沿线规划了 3 类、5 型共 15 个地下调蓄库，并对库容和最佳调控水量进行了概算。其他诸如针对某区域地下水库的建库条件、库容计算、特征水位、回灌效果、调蓄能力等方面的生产实践与研究成果不胜枚举[171-176]。

无论哪一类型的地下水库，在开发利用的过程中，人工干预是不可或缺的条件之一。人工补给（如自地表河渠回灌入渗、掘深井回灌等）在增加地下水库可利用水资源量、防止海水入侵、控制超采区地面沉降以及实现水资源循环利用和科学调蓄方面具有重要作用。研究人工补给条件下库区地下水渗流场的动态变化是进行地下水库规划建设、调蓄能力分析、回灌补给方案确定以及地下水科学管理等的基础前提之一。正如部分学者所言，南水北调中线工程的建设为沿线地下水降落漏斗区建设地下水库提供了有利条件，在丰水期或用水低谷期将多余水量引调回灌存入地下，待需要时再取出使用，将大大提高受水区的供水保障率和水资源的高效利用率。

下面介绍北京市水利规划设计研究院与中国地质大学（北京）合作，采用数值模拟技术对南水北调中线来水调入北京市北部的潮白河河谷地区，实施河道回灌入渗补给时的地下水库渗流场变化的研究情况。该项研究旨在为南水北调进京后，北京市调整和优化当地地下水资源开采、利用与保护方案提供科学依据，同时为相关的市内配套工程设计提供支撑。

12.5.1 研究背景

按照南水北调中线一期工程建设进度计划，2014 年 11 月底即可实现引丹江水入京，但根据当时工程的实际进度，沿线的河南、河北等省内配套工程还不完全具备接收各自预分配全部水量的条件，因此中线工程通水初期，北京市可得到比预分配水量（平均年调水量 10.5 亿 m^3）多的水量。北京市根据当时的用水需求量与可调水量，配套建设了“南水北调来水调入密云水库调蓄工程”，并计划将南水北调来水按 $20m^3/s$ 的流量沿京密引水渠先调入市区北部的怀柔水库，调水后一部分（$10m^3/s$）继续沿管道输送至密云水库存蓄，另一部分（$10m^3/s$）自水库下放，使其沿怀河、潮白河河道自然入渗，补给潮白河地下水库，如图 12.5.1 所示。回灌补给区的怀河、潮白河两岸分布有北京市水源八厂、怀柔应急水源地等集中式供水水源开采井 100 多眼，开采规模约 72 万 m^3/d。

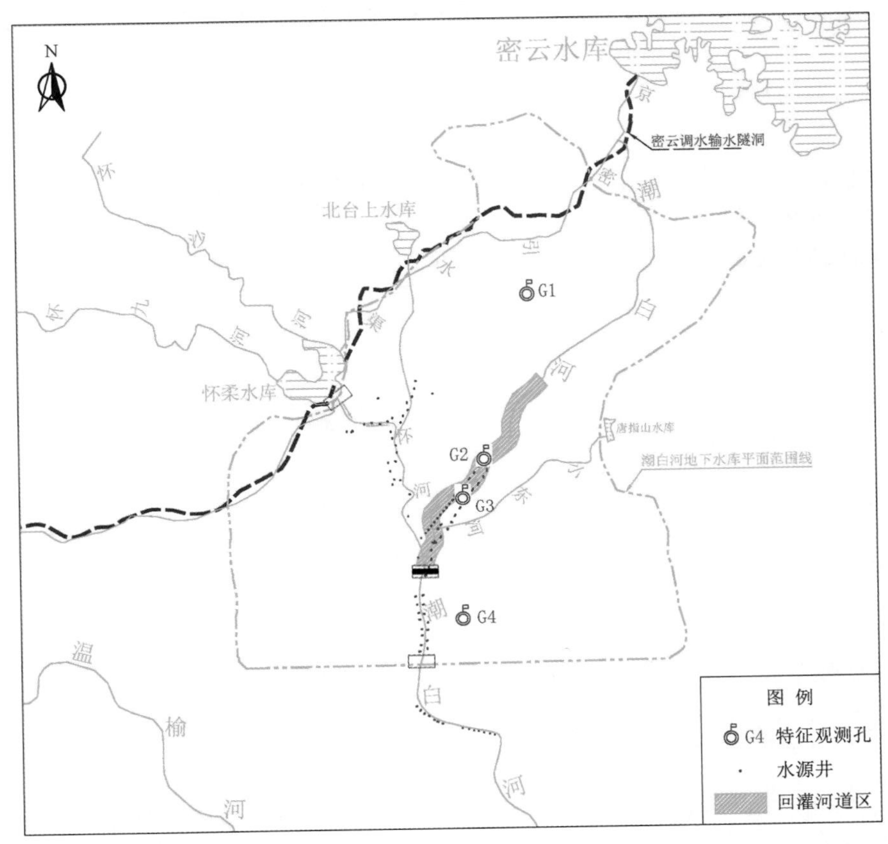

图 12.5.1　南水北调来水回灌补给潮白河地下水库工程平面示意图

潮白河地下水库是北京市平原区五大地下水库（西南部大石河地下水库、西郊永定河地下水库、西北部温榆河地下水库、北部潮白河地下水库和东部平谷盆地泃错河地下水库[177]）之一，其平面范围：西北、北以及东北分别至怀柔、密云区山前以及顺义区唐指山、龙湾屯山前地带，即以平原与山区的分界线为库区周界；东南和西南侧均以潮白河流域的二级阶地为边界；南侧至马坡、向阳闸一线的地下水溢出带。库区平面面积约 $645km^2$。库底界在北部为基岩与第四系地层的分界线，南部以分布稳定、且厚度较大（一般大于 15m）的第四系黏土层为其隔水底界[178]。

如本书第 8 章 8.4 节所述，潮白河地下水库地处潮白河冲洪积扇中上部，储水地层的岩性主要为粗颗粒的砂卵砾石和中粗砂、细砂，厚度自北向南渐增大，地下水总体流向为由北向南。该库区内建有多个集中式供水水源地，如怀柔应急水源地、水源八厂水源地、顺义三厂水源地、燕京啤酒水源地等，开采井沿潮白河、怀河两河岸呈线性分布。库区南边界马坡、向阳闸一线在 20 世纪 80 年代以前曾是地下水的自然溢出带，自 1980 年水源八厂建成后区内地下水开采量大幅增加，溢出带随之消失，之后地下水位持续下降，逐渐形成以水源八厂为中心的降落漏斗区，面积逐年扩大。至 2009 年，水源八厂漏斗中心处的地下水位累积降幅约 40m，区内地下水资源开采规模接近 5 亿 m^3/a。库区地下水开采层位主要为深度 120m 以上的潜水含水层和浅层承压水层。

此次研究的目的是：通过数值模拟和计算，对比不同回灌规模（设定了 9 种）时，回灌区内怀柔应急水源地停采和继续开采两种不同状况下的地下水渗流场变化情况，为确定最优回灌方案和库区地下水资源开发利用方案提供建议。表 12.5.1 为潮白河地下水库渗流场数值模拟方案。按照每一种设计回灌规模分别与怀柔应急水源地停采、继续开采两种状况两两组合，本次模拟研究的方案共计为 18 种。

表 12.5.1　潮白河地下水库渗流场数值模拟方案

序　号	回灌规模/(亿 m^3/a)	序　号	回灌规模/(亿 m^3/a)
方案一	1.0	方案六	3.5
方案二	1.5	方案七	4.0
方案三	2.0	方案八	4.5
方案四	2.5	方案九	5.0
方案五	3.0		

怀柔应急水源地的现状开采规模按 30 万 m^3/d 考虑。

12.5.2　渗流数值模型建立与定解条件

按照 Anderson[179] 提出的工作程序，建立一个正确而有意义的地下水系统数值模型应遵循如图 12.5.2 所示的基本流程。

建立正确的水文地质概念模型是进行渗流数值模拟的基础。根据潮白河地下水库区水文地质条件及地层岩性结构，垂向上。该区域水文地质模型可概化为三层结构：自上而下依次为潜水含水层、弱隔水层和承压水含水层，如图 12.5.3 所示；平面上，因含水层厚度分布不均及地形地貌条件的变化，模型各层的顶、底面并非平面，图 12.5.4 为模型各结构层顶、底面的高程分区图，由此可以清晰地了解各层顶、底面的起伏变化情况。

对于模型区域的上、下边界及侧向边界，应根据其水文地质属性分别概化，如图 12.5.5 所示。具体概化情况如下。

（1）上边界包括潜水含水层顶面及各类地表水体。潜水含水层顶面为地下水接受大气降水入渗补给的主要通道，在河谷区埋藏较浅处，该自由水面也为潜水蒸发排泄的主要通道。地表水体中的潮白河、怀河在模型中定义为河流边界，京密引水渠等人工渠道定义为定流量边界，唐指山水库也作流量边界处理。模型的承压含水层主要通过单一含水层侧向补给和垂向补排与潜水含水层进行水量交换。

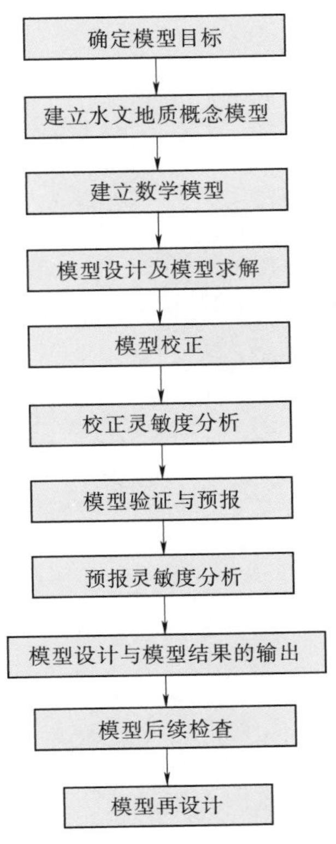

图 12.5.2　建立地下水系统数值模型的基本流程

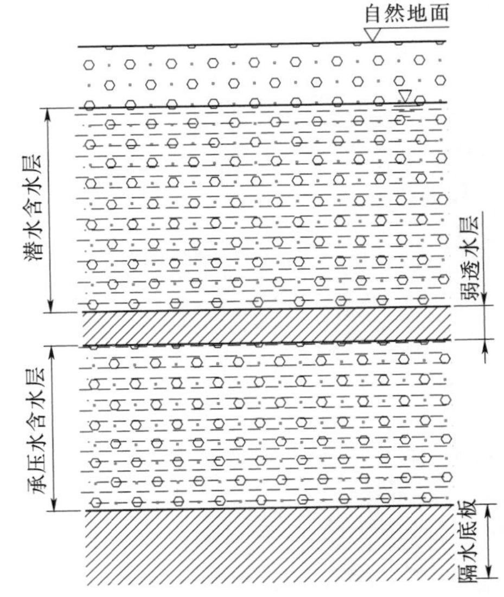

图 12.5.3　潮白河地下水库区垂向水文地质结构概化图

(2) 下边界即承压含水层的底板，为深厚层弱透水层或基岩，均定义为隔水边界。

(3) 侧向边界即地下水库的库周界。对于潜水含水层，西北、北及东北侧的库周界为其接受山区侧向补给的主要通道，定义为流入量边界；南部边界为潜水的主要流出边界，定义为通用水头边界；其余边界从库区地下水现状流场分析，与潜水位等值线基本垂直的边界定义为隔水边界，否则按流量边界处理。对于承压含水层，除模型的南部边界定义为流出量边界、怀柔水库定义为流入量边界外，其余边界均定义为隔水边界。

数学模型是表达模型系统内物质与能量交换的数学式。如第 2.2 节所述，对于潮白河地下水流系统，我们认为：其地下水运动以水平向为主，且符合达西运动定律；系统内外的物质交换遵循质量守恒定律；系统内含水层分布范围广、厚度大，其水文地质特性在空间上略有差异，可视为非均质各向同性介质；拟研究的地下水流为三维非稳定流，系统的输入、输出参数均随时间和空间而变化。结合前述研究区水文地质概念模型，根据达西定律和质量守恒定律，建立本次研究的数学模型为

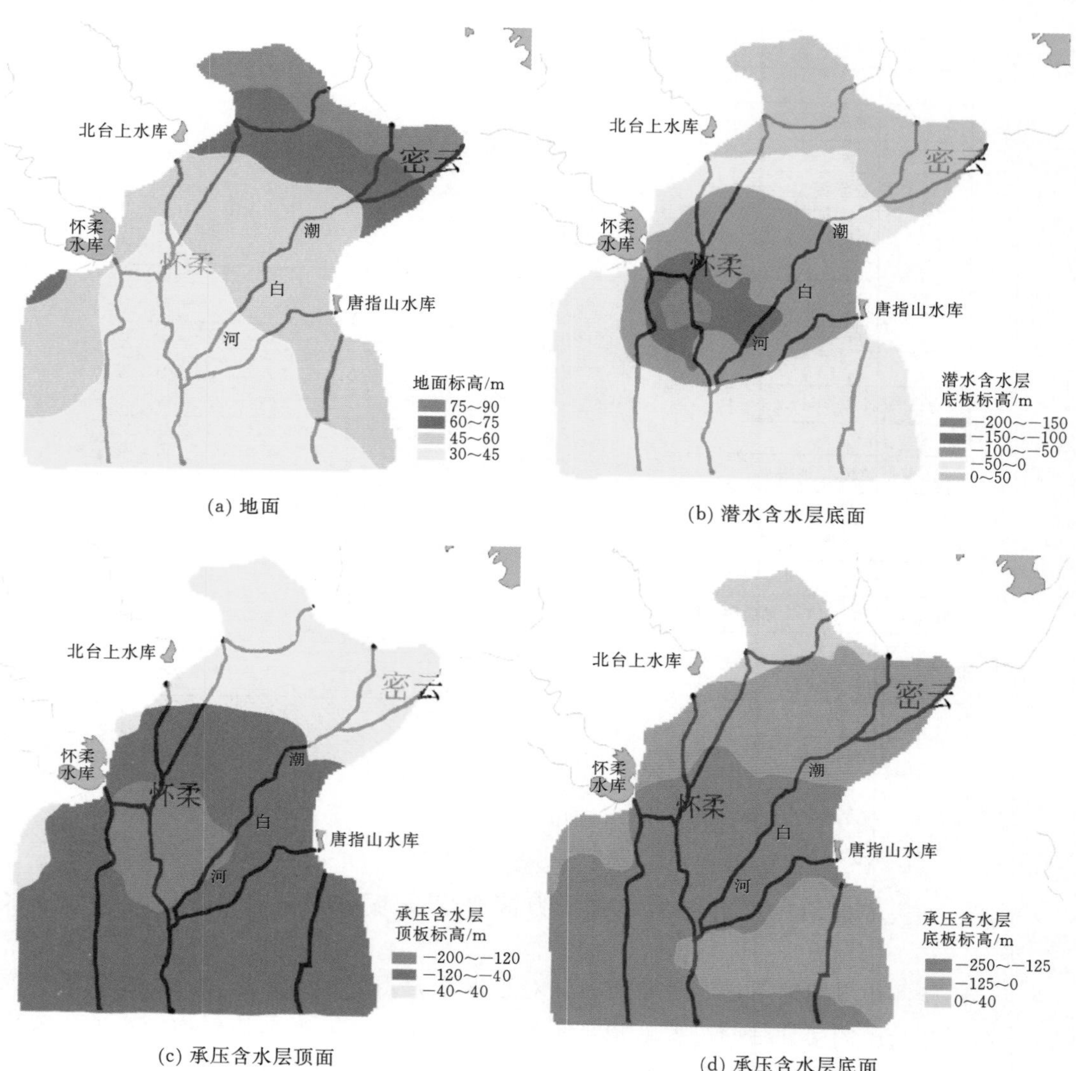

(a) 地面 (b) 潜水含水层底面

(c) 承压含水层顶面 (d) 承压含水层底面

图 12.5.4 潮白河地下水库水文地质概化模型各层顶、底面高程分区示意图

$$
\begin{cases}
S_s \dfrac{\partial h}{\partial t} = \dfrac{\partial}{\partial x}\left(K \dfrac{\partial h}{\partial x}\right) + \dfrac{\partial}{\partial y}\left(K \dfrac{\partial h}{\partial y}\right) + \dfrac{\partial}{\partial z}\left(K \dfrac{\partial h}{\partial z}\right) + \varepsilon & x,y,z \in \Omega, t \geqslant 0 \\
\mu \dfrac{\partial h}{\partial t} = K\left(\dfrac{\partial h}{\partial x}\right)^2 + K\left(\dfrac{\partial h}{\partial y}\right)^2 + K\left(\dfrac{\partial h}{\partial z}\right)^2 - \dfrac{\partial h}{\partial z}(K+p) + p & x,y,z \in \Gamma_0, t \geqslant 0 \\
h(x,y,z,t)\ |_{t=0} = h_0 & x,y,z \in \Omega, t \geqslant 0 \\
\dfrac{\partial h}{\partial \vec{n}}\bigg|_{\Gamma_1} = 0 & x,y,z \in \Gamma_1, t \geqslant 0 \\
K_n \dfrac{\partial h}{\partial \vec{n}}\bigg|_{\Gamma_2} = q(x,y,z,t) & x,y,z \in \Gamma_2, t \geqslant 0
\end{cases}
\tag{12.5.1}
$$

式中　K——含水层的渗透系数，m/d，各向同性时，$K_x=K_y=K_z$；

$h(x,y,z,t)$——含水层水位标高，m；

K_n——边界面法向渗透系数，m/d；

h_0——初始水位，m；

S_s——自由面以下含水层的储水率，1/m；

μ——潜水含水层在潜水面上的重力给水度；

p——潜水面的蒸发和降雨入渗强度等，m/d；

ε——源汇项；

Ω——渗流区域；

Γ_0——渗流区域的上边界，即地下水的自由表面；

Γ_1——渗流区域的下边界，即承压含水层底部的隔水边界；

Γ_2——渗流区域的侧向边界；

$\vec{n}$——边界面的法线方向；

$q(x,y,z,t)$——定义为二类边界的单宽流量，m/d，流入为正，流出为负，隔水边界为 0。

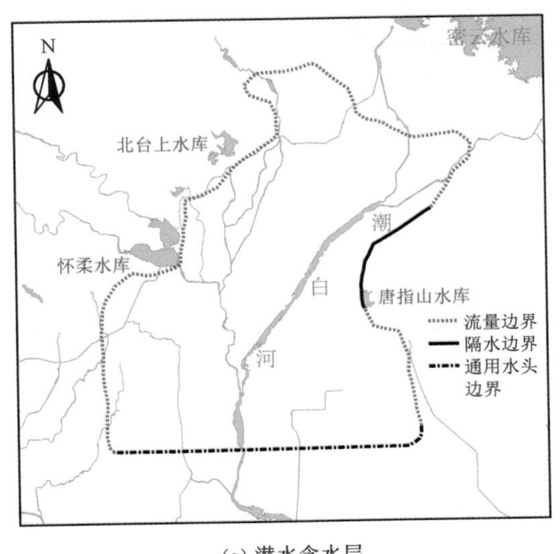

(a) 潜水含水层

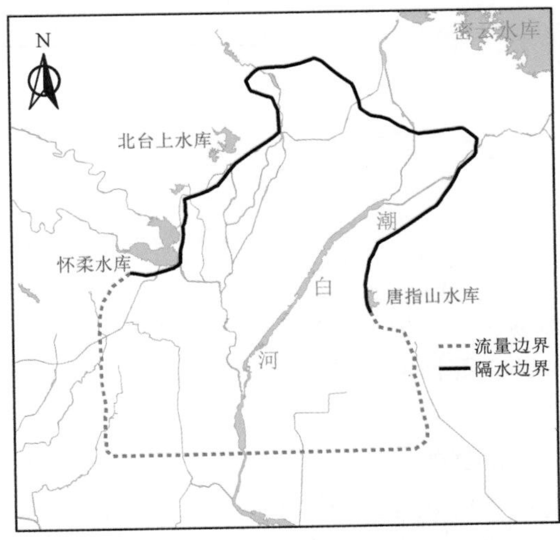

(b) 承压含水层

图 12.5.5　模型各含水层边界概化图

地下水流数值模型求解还需要输入模型的初始条件。本次研究以 2009 年 11 月研究区地下潜水等水位线图（图 12.5.6）作为模型的初始条件输入，该等水位线图依据区内长期监测井实测水位绘制而成。

12.5.3　模型求解、识别与校正

该地下水流数值模型的建立与求解采用 GMS 软件，其突出的特点是：程序结构模块化、水文地质模型概念化以及离散方法的简单化。根据潮白河地下水库的空间地质

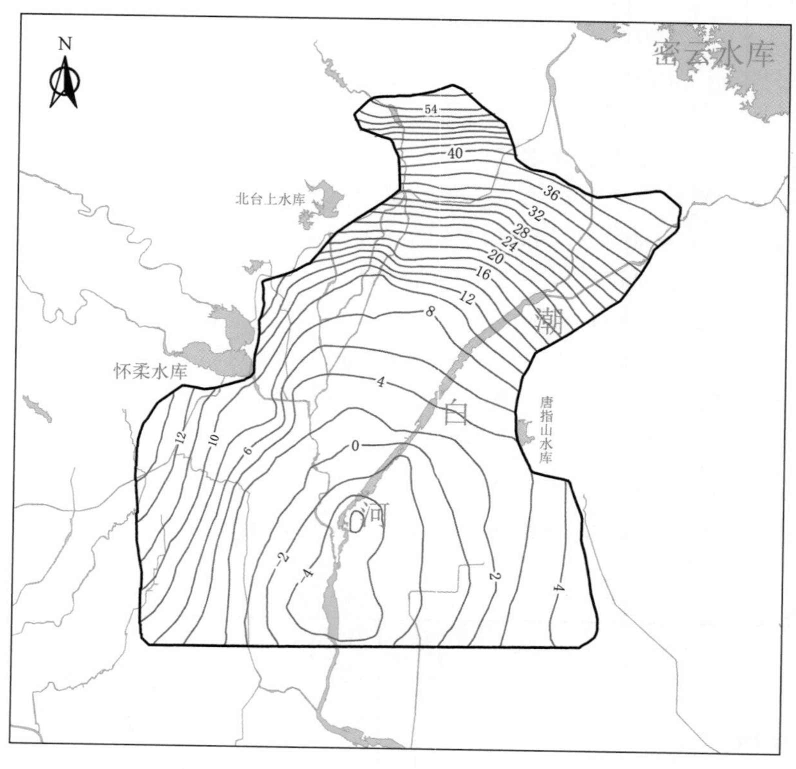

图 12.5.6　初始条件——潮白河地下水库区潜水等水位线图（2009 年 11 月）

结构，其数值模型的离散剖分网格尺寸对一般区域定义为 200m×200m，在潮白河、怀河的主要回灌区域设定为 60m×60m，整个模拟空间共划分为 42236 个有效单元格，如图 12.5.7 所示。

模型的识别与校正实际上是不断地调整模型输入参数，判断模型输出结果的合理性，进而评价模型适用性与可靠度的求解过程，识别与校正的标准包括已知的地下水流场状态、研究区水文地质条件及参数、系统输入与输出量等综合因素。本次研究以潮白河地下水库区 2010 年 3 月（枯水期）、7 月（丰水期）和 11 月（平水期）的地下水实测水位作为模型的识别流场，以 2011 年 3 月、7 月和 11 月的实测水位为模型的验证流场，应力期均为 1 个月。通过对比模型模拟计算结果与识别期、验证期内的地下水流场总体趋势、长观孔地下水位动态过程等的拟合程度，从而判断模型的有效性、合理性与可适用性。

模型计算时需要输入的系统参数包括含水层渗透系数（K）、给水度（μ）、储水率（S_s）以及大气降雨入渗系数（α）等。根据研究区介质的非均质性，对各参数进行了分区（图 12.5.8）确定，通过反复调整和计算，最终确定的各分区参数值见表 12.5.2～表 12.5.4。

图 12.5.7　模拟区网格剖分图

表 12.5.2　潜水含水层水文地质参数取值

分区编号	渗透系数 K /(m/d)	给水度 μ	分区编号	渗透系数 K /(m/d)	给水度 μ
1	185	0.25	8	160	0.23
2	175	0.247	9	55	0.07
3	165	0.235	10	40	0.04
4	235	0.28	11	85	0.135
5	185	0.25	12	220	0.265
6	150	0.21	13	150	0.21
7	225	0.27	14	70	0.11

表 12.5.3　承压含水层水文地质参数取值

分区编号	渗透系数 K /(m/d)	储水率 S_s /(1/m)	分区编号	渗透系数 K /(m/d)	储水率 S_s /(1/m)
1	160	0.00000026	5	70	0.00000017
2	145	0.00000022	6	25	0.00000008
3	100	0.0000002	7	40	0.0000001
4	50	0.00000013			

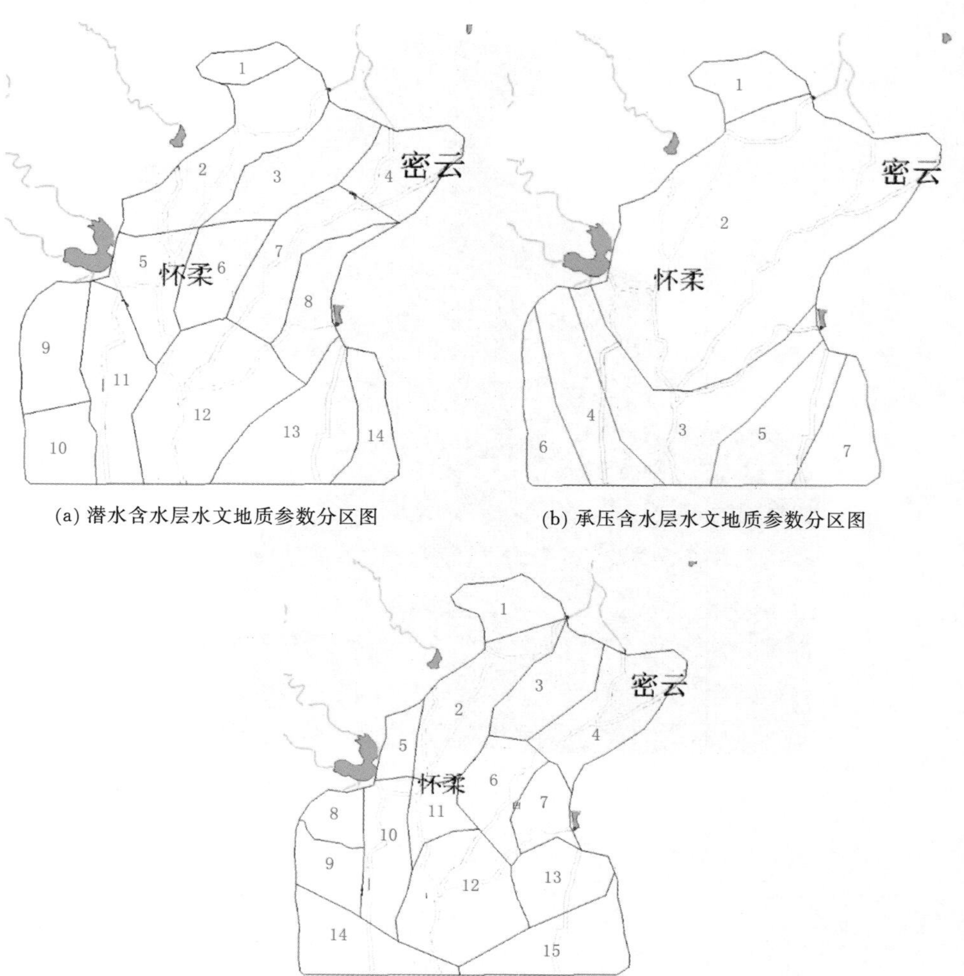

(a) 潜水含水层水文地质参数分区图

(b) 承压含水层水文地质参数分区图

(c) 大气降雨入渗系数分区图

图 12.5.8　模型输入参数分区图

表 12.5.4　　大气降雨入渗系数取值表

分区编号	降雨入渗系数 α	编号	降雨入渗系数 α	分区编号	降雨入渗系数 α
1	0.22	6	0.61	11	0.56
2	0.46	7	0.51	12	0.52
3	0.34	8	0.40	13	0.40
4	0.45	9	0.32	14	0.26
5	0.34	10	0.48	15	0.28

模型计算还需输入地下水系统的源汇项（ε），其中补给项除大气降雨入渗补给外，还包括灌溉回渗、侧向补给、山区侧向补给等，排泄项主要为人工开采、蒸发等。各项具体量值需根据研究区实际情况，综合调查结果与地区经验，逐一计算所得。表 12.5.5 为本模型计算时所采用的潮白河地下水系统均衡值。

表 12.5.5　　研究区均衡期地下水均衡表

源汇项	均衡要素	总量/万 m^3	比例/%
补给项	降雨入渗	13351.61	43.17
	灌溉回渗	3326.97	10.76
	渠道入渗	558.9	1.81
	山区侧向	2979.76	9.63
	山前洪水	961.15	3.11
	侧向流入	9752.69	31.53
	合计	30931.08	100
排泄项	人工开采	−45186	98.64
	潜水蒸发	−3.19	0.01
	侧向流出	−619.5	1.35
	合计	−45808.69	100
均衡差		−14877.61	

在上述输入参数与初始条件下，模型分别计算了研究区 2010 年、2011 年 3 个典型期（枯水期、丰水期与平水期）的地下水流场。图 12.5.9 为模型计算的研究区 2010 年 11 月（识别期）、2011 年 11 月（验证期）地下水流场与实际流场的拟合结果，从中可以看出两者反映的地下水流场总体趋势吻合，且位于研究区中南部的潮白河、怀河降落漏斗区拟合度相对较高。图 12.5.10 为研究区部分长观孔水位动态过程（识别验证期内）的模拟计算结果与实际观测结果的拟合效果，整体看来拟合效果较好，水位动态变化趋势整体一致。由此表明，该数值模型的计算结果与实际观测结果吻合度较高，模型具有一定的可靠度，可以用来进行研究区地下水流场的动态模拟预测。

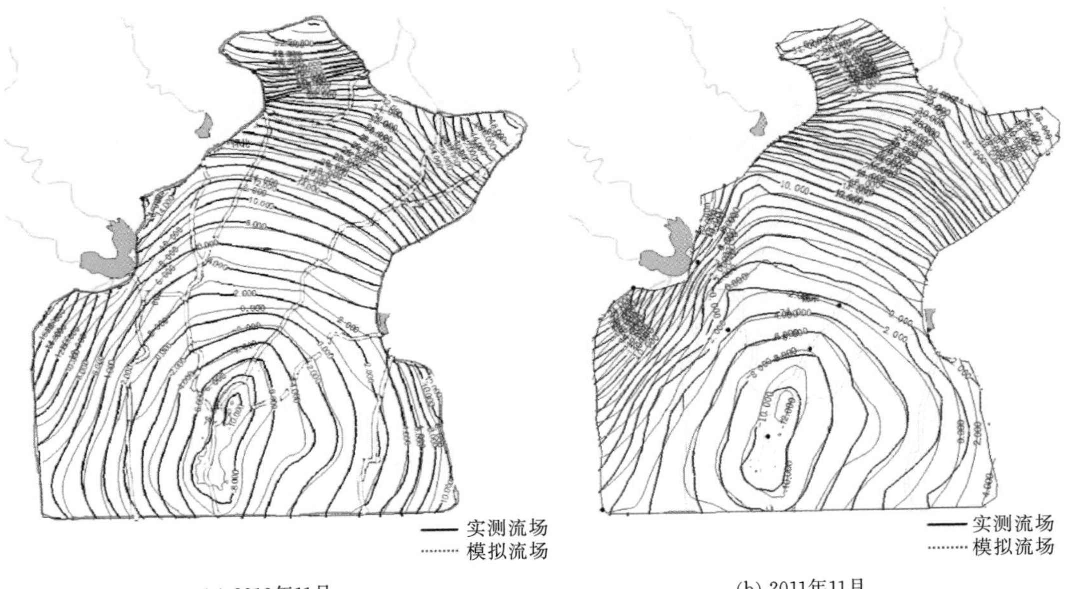

(a) 2010年11月　　(b) 2011年11月

图 12.5.9　模型计算流场与实际流场拟合图

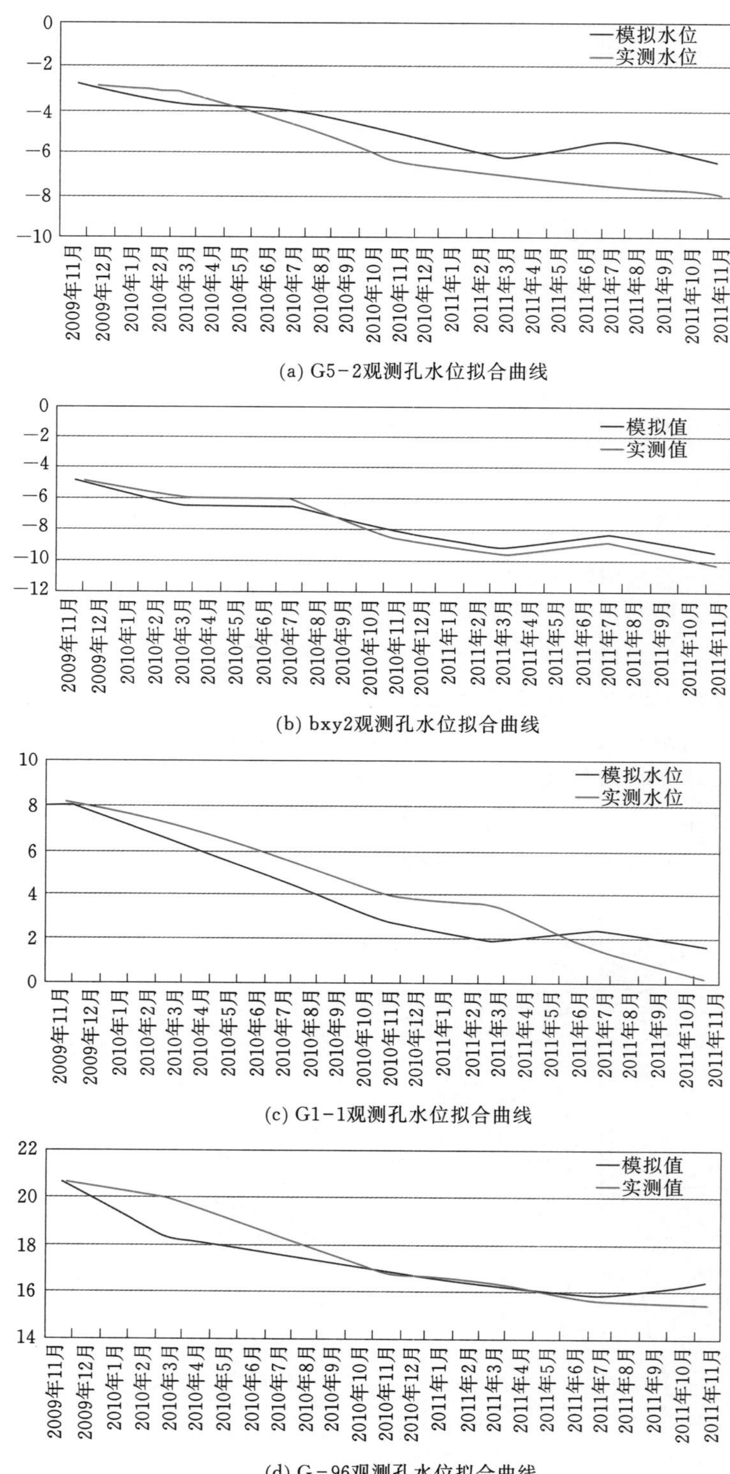

(a) G5-2观测孔水位拟合曲线

(b) bxy2观测孔水位拟合曲线

(c) G1-1观测孔水位拟合曲线

(d) G-96观测孔水位拟合曲线

图 12.5.10　研究区内部分观测孔水位过程拟合结果

12.5.4　模型应用及输出结果分析

经识别、校正与验证后的模型即可用于研究区地下水渗流场的数值模拟预测。本次研究主要通过改变模型局部区域（回灌区、怀柔应急水源地开采区）的源汇项输入条件，模拟计算预测期（2019 年年末）区内地下水位，进而分析不同方案（回灌与开采条件的变化）下库区地下水位的动态变化趋势，特别关注现状地下水的降落漏斗中心区（水源八厂开采区）水位变化情况，以期为水源地开采方案优化和地下水环境修复提供科学建议。

本研究共模拟预测的回灌方案为 18 种。为对比分析的需要，还进行了模型区 2014 年年末（现状，无回灌、应急水源地开采），2019 年年末（预测期末）无南水北调来水回灌、应急水源地开采和 2019 年年末无南水北调来水回灌、应急水源地停采 3 种情形的流场模拟，结果如图 12.5.11 所示。由图 12.5.11 可以看出，与现状 2014 年年末相比，无南水北调来水回灌地下水库、且怀柔应急水源地持续开采时，至 2019 年年末，库区地下水降落漏斗中心略向南侧偏移，中心区地下水位相比现状降低约 6m，北部地

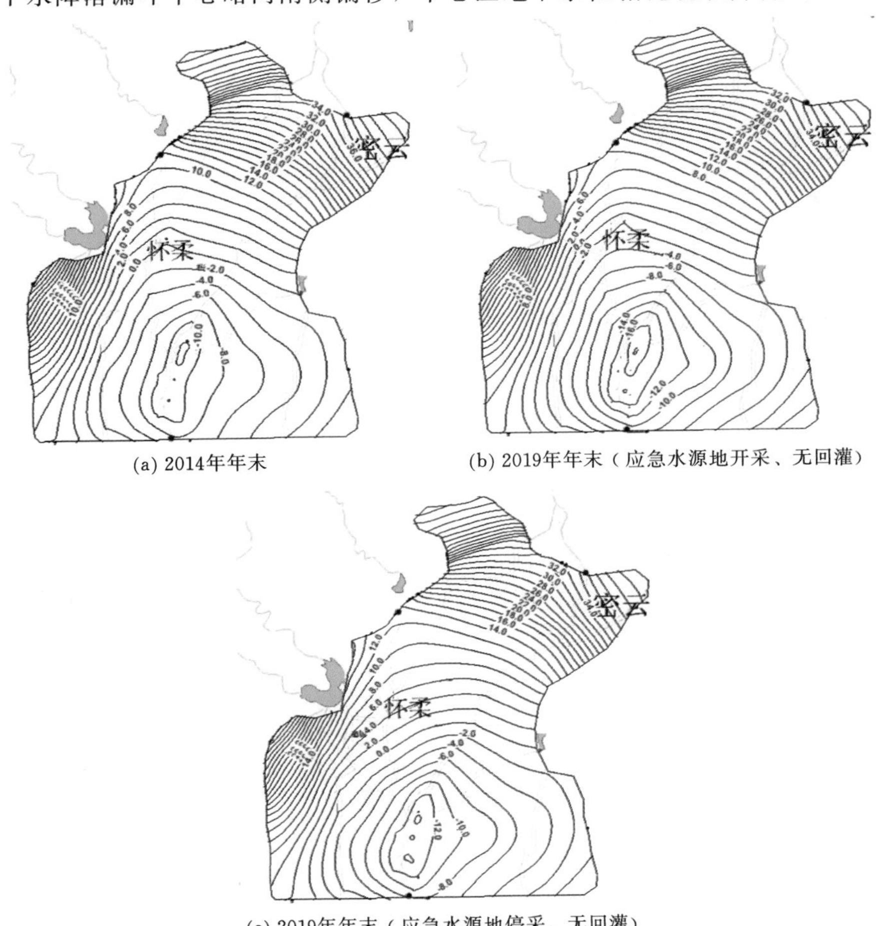

(a) 2014年年末　(b) 2019年年末（应急水源地开采、无回灌）

(c) 2019年年末（应急水源地停采、无回灌）

图 12.5.11　研究区 2014 年年末和 2019 年年末地下水渗流场数值模拟结果

区相比现状降低 2～4m，南部边界区相比现状降低约 2m；而对于无回灌、应急水源地停采的情景，2019 年年末的库区地下水流场与现状差别不大，漏斗中心区的最大水位差仅 2m，库区北部地区地下水位普遍回升幅度约 2m，南部边界地区与现状基本保持一致。

图 12.5.12 为怀柔应急水源地持续开采时，9 种回灌方案分别对应的 2019 年年末库区地下水渗流场数值模拟结果；图 12.5.13 为不同回灌方案时该模拟预测地下水位与 2014 年年末地下水位相比的增幅值。综合分析图 12.5.12 和图 12.5.13 可以看出，各回灌方案下，库区地下水的总体流向和渗流场总体形态与 2014 年年末基本保持一致；随着回灌规模的增大，库区地下水降落漏斗中心有逐渐向其南侧边界偏移的趋势，地下水位上升响应区首先由回灌区向其北西、南东两方向扩展，继而逐渐影响到其北东、南西区域；回灌中心影响区（潮白河牛栏山橡胶坝以上主河道段、水源八厂水源地）地

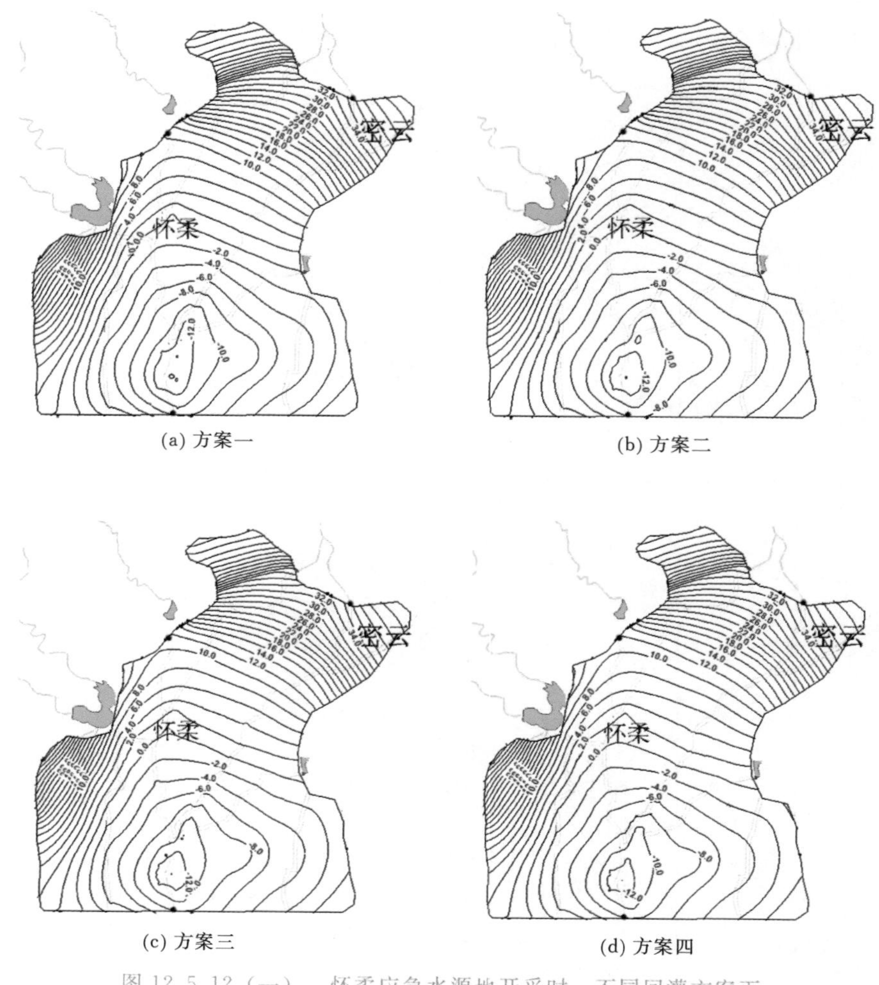

(a) 方案一　　(b) 方案二

(c) 方案三　　(d) 方案四

图 12.5.12（一）　怀柔应急水源地开采时，不同回灌方案下研究区 2019 年年末地下水渗流场数值模拟结果

(e) 方案五

(f) 方案六

(g) 方案七

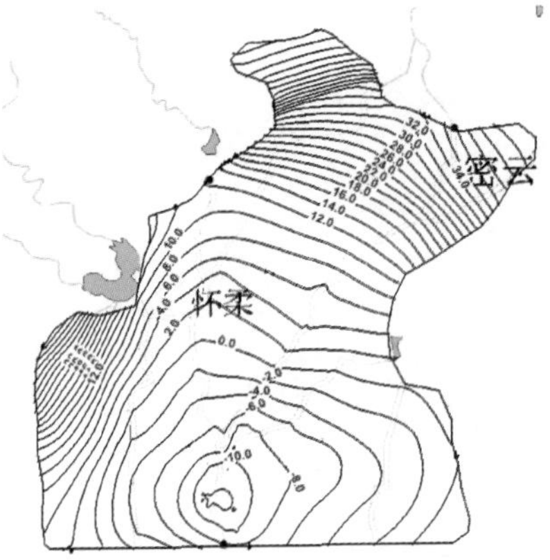

(h) 方案八

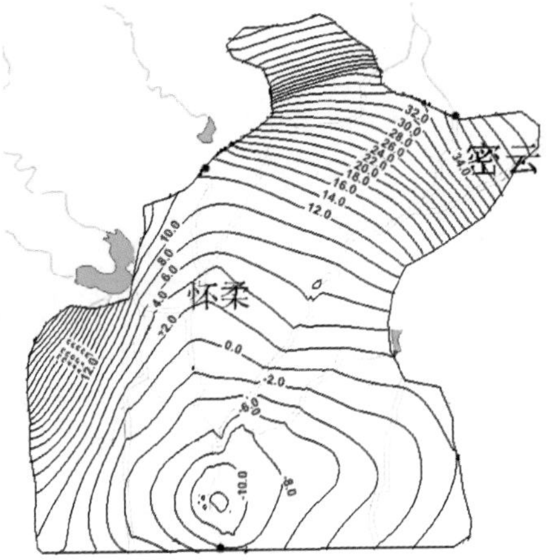

(i) 方案九

图 12.5.12（二）　怀柔应急水源地开采时，不同回灌方案下研究区 2019 年年末地下水渗流场数值模拟结果

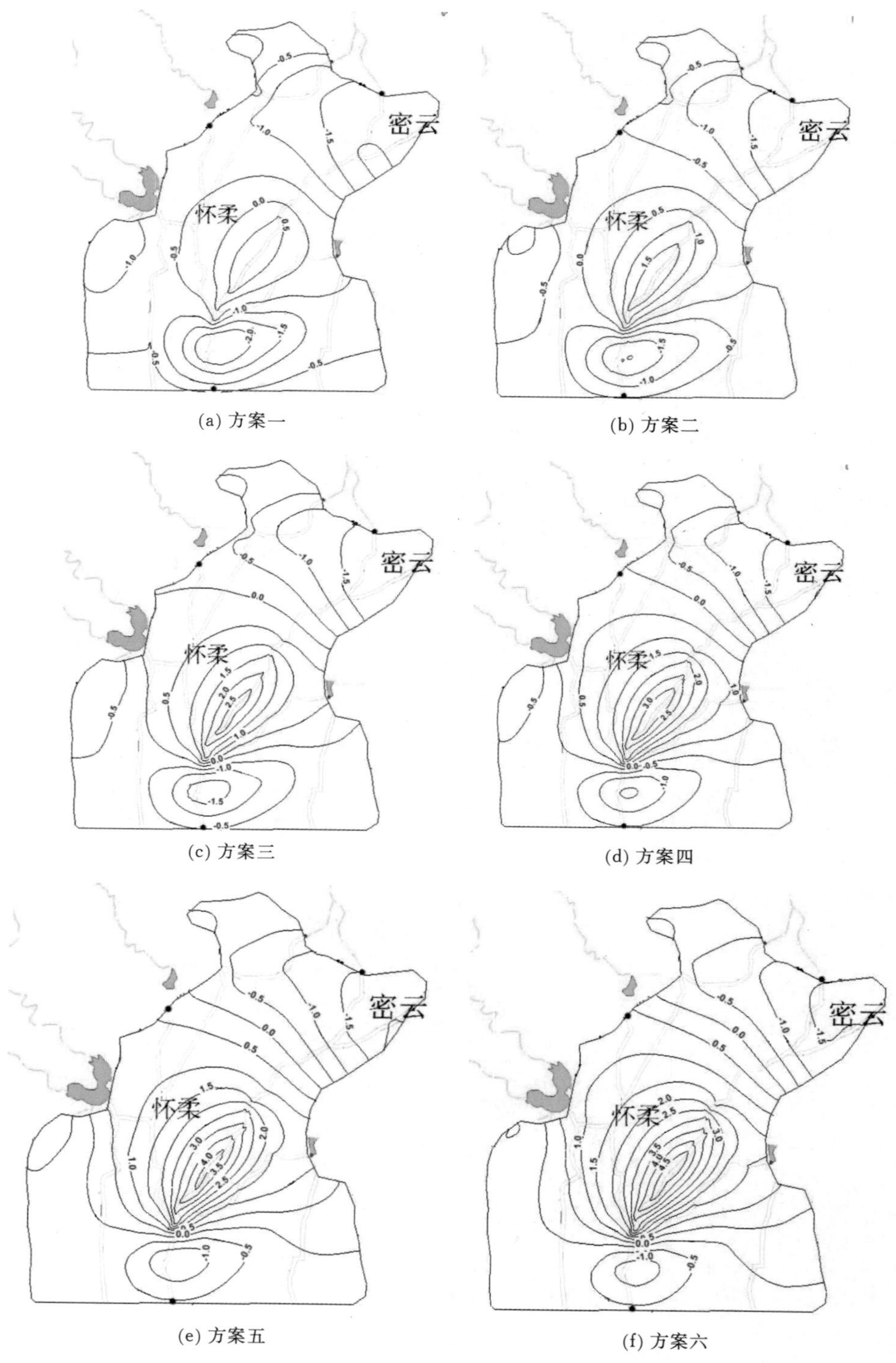

(a) 方案一　(b) 方案二

(c) 方案三　(d) 方案四

(e) 方案五　(f) 方案六

图 12.5.13（一）　怀柔应急水源地开采时，不同回灌方案下研究区 2019 年年末地下水位相比 2014 年年末的涨幅等值线图

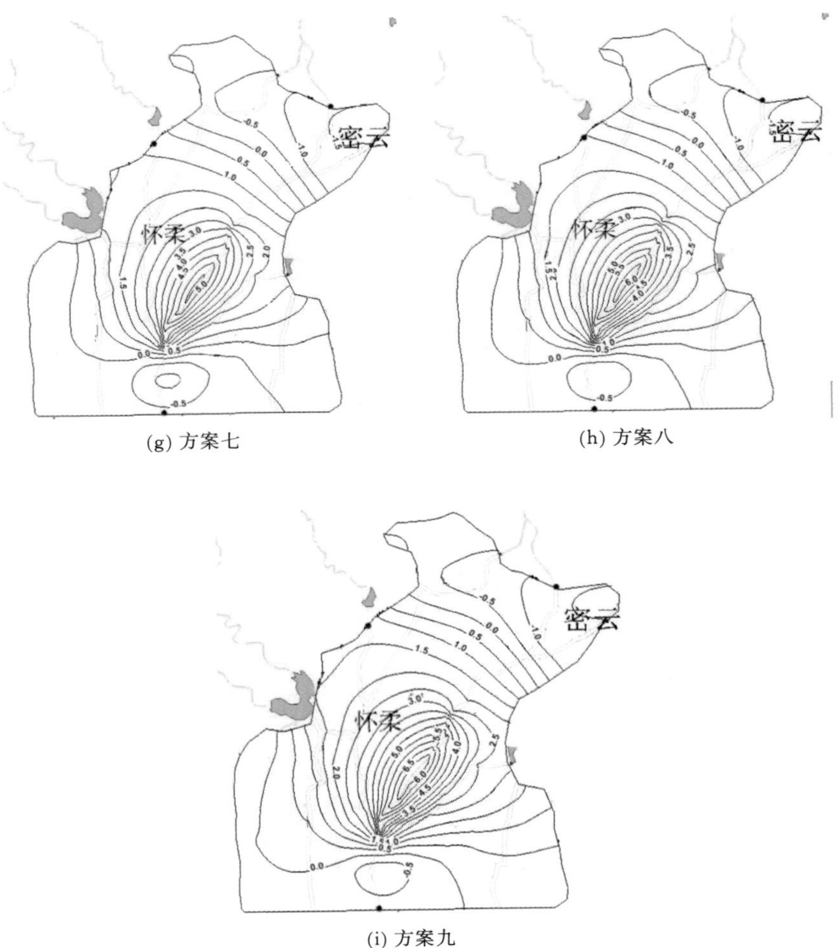

(g) 方案七

(h) 方案八

(i) 方案九

图 12.5.13（二）　怀柔应急水源地开采时，不同回灌方案下研究区 2019 年年末地下水位相比 2014 年末的涨幅等值线图

下水位上升幅度最大约 7m（回灌规模为 5 亿 m^3/a）时；回灌规模较小时（小于 2.5 亿 m^3/a，方案四），回灌区南（牛栏山橡胶坝下游）、北（怀柔区以北）两侧的库区地下水位总体仍呈下降趋势；回灌规模最大（5 亿 m^3/a）时，除库区东北部密云山前地带以及南侧向阳闸边缘地区地下水位与现状相比仍有小幅度（0.5～1.5m）下降外，其他地区地下水位均得到不同程度的恢复上升，回灌效果明显。

图 12.5.14 为怀柔应急水源地持续开采时，至 2019 年年末，不同回灌方案下库区地下水位相比无回灌时［图 12.5.11（b）］的涨幅等值线。不难看出，与无回灌时相比，各回灌方案下全库区地下水位均有不同幅度的上升，总体上仍呈东北部山前、南侧边缘地带上升幅度小，回灌中心区及其西北、南东向附近区域上升幅度较大的趋势；回灌规模不小于 2.5 亿 m^3/a（方案四）时，回灌中心区（牛栏山橡胶坝以上潮白河主河道、水源八厂水源地）地下水位回升幅度超过 5m；回灌规模达最大时（方案九，5 亿 m^3/a），回灌中心区地下水位最大上升幅度在 7～11m 之间。

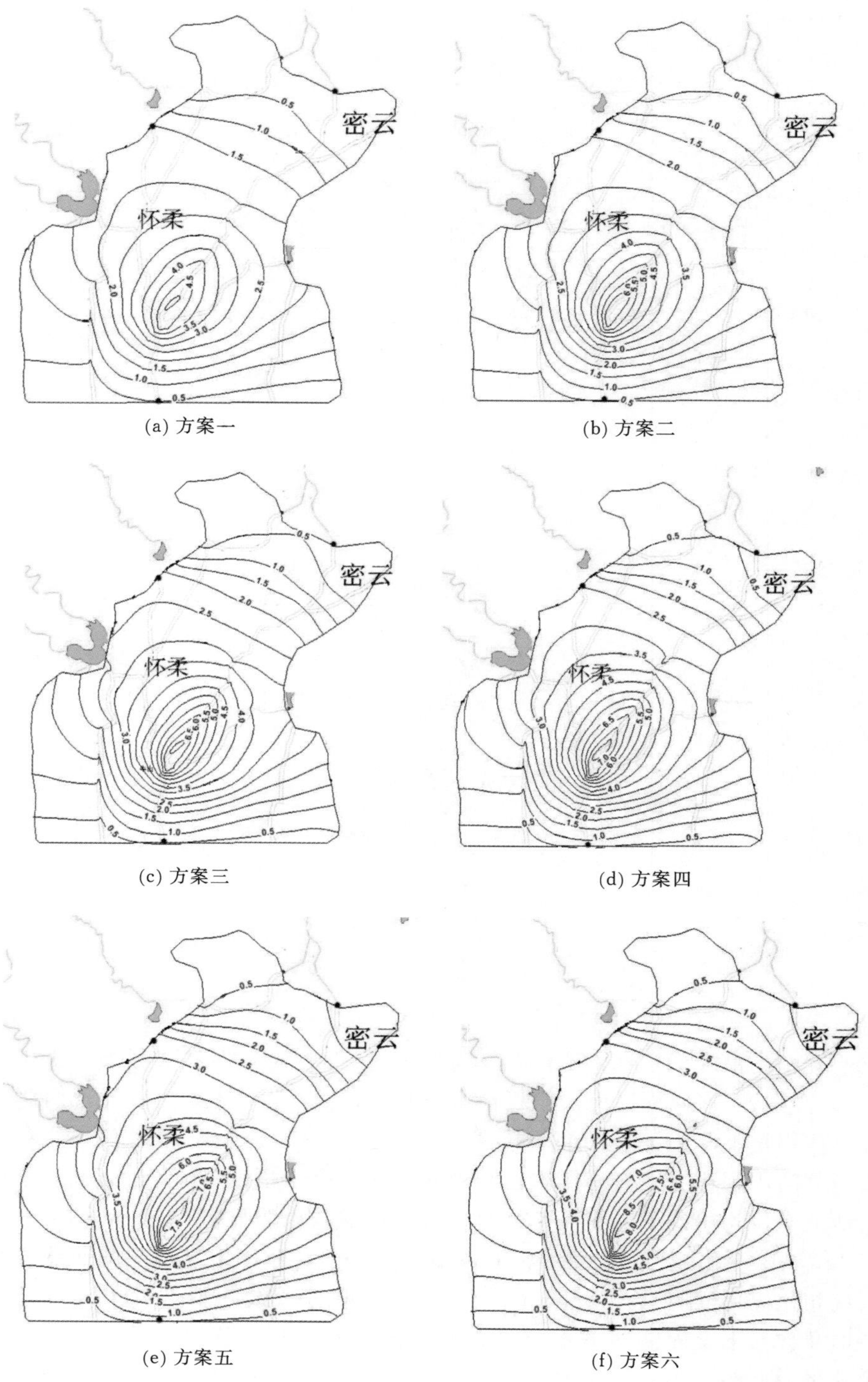

(a) 方案一　(b) 方案二　(c) 方案三　(d) 方案四　(e) 方案五　(f) 方案六

图 12.5.14（一）　怀柔应急水源地开采时，不同回灌方案下研究区 2019 年年末地下水位相比同期无回灌时的涨幅等值线图

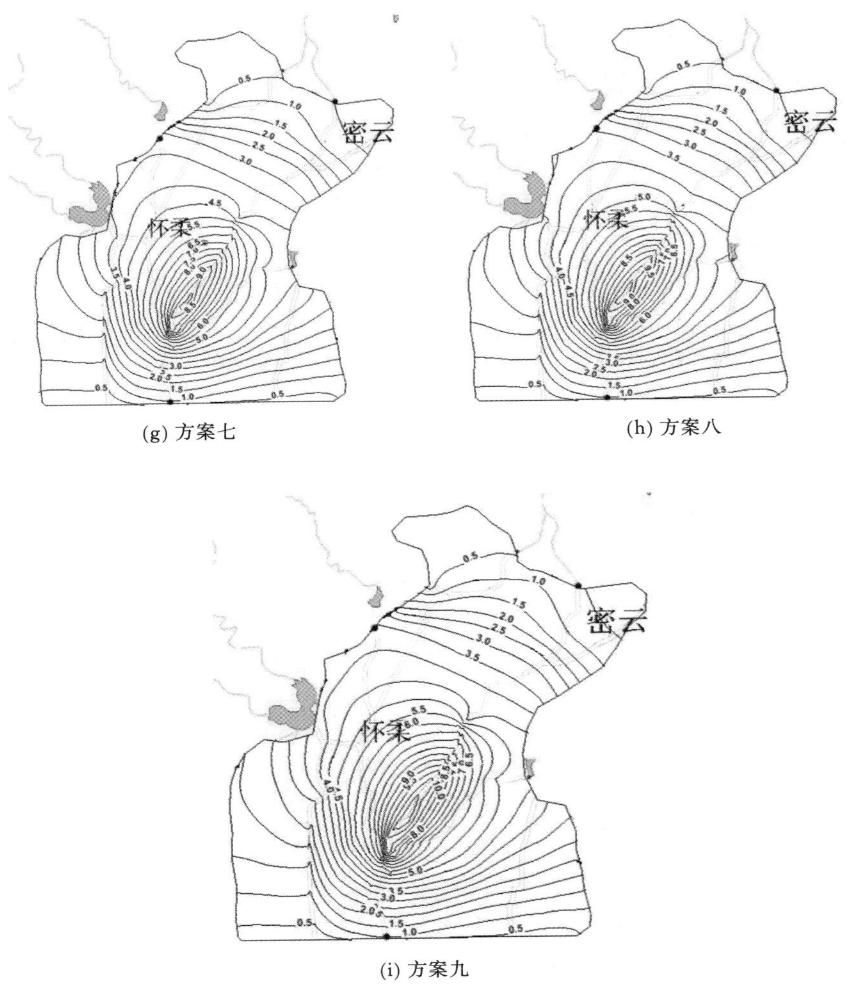

(g) 方案七

(h) 方案八

(i) 方案九

图 12.5.14（二）　怀柔应急水源地开采时，不同回灌方案下研究区 2019 年年末地下水位相比同期无回灌时的涨幅等值线图

同理，对于预测期内怀柔应急水源地停采时、不同回灌方案下的库区地下水位数值模拟结果（图 12.5.15），也进行了如上所述的对比（图 12.5.16、图 12.5.17）。分析认为，从渗流场总体趋势上看，预测期内怀柔应急水源地停采时，与现状相比，各回灌方案下库区地下水的降落漏斗中心均向南侧偏移，流场总体形态与现状基本相同；水位恢复上升最快的区域为怀柔应急水源地所在区，即位于怀柔水库和回灌区之间的怀河一线，其中心区域在回灌规模为 1 亿 m^3/a（方案一）时，水位即迅速上涨 5m 左右；随着回灌规模的增大，水位上升区由怀柔应急水源地逐渐向其东南侧的回灌区潮白河主河道一线以及库区东北、南部周边地区扩展；回灌规模增到 3 亿 m^3/a（方案五）时，水源八厂水源地所在的回灌中心区地下水位涨幅达 5m，基本与怀柔应急水源地持

平（相差约 1m）；回灌规模达到最大 5 亿 m^3/a 时，涨幅中心偏移至水源八厂水源地，即与回灌中心区重合，最大涨幅达 7.5m 左右。与同期（2019 年年末）无回灌时的渗流场相比，不同回灌方案下的降落漏斗中心也向南侧偏移，且漏斗中心由无回灌时的近似椭圆形（长轴沿潮白河主河道呈近南北向）变为近圆形，漏斗中心水位变化小（两者相差最大约 2m）；牛栏山橡胶坝上游的应急水源地、水源八厂水源地区地下水位在回灌条件下涨幅明显，且随着回灌规模的增大而增大，但其涨幅中心始终为牛栏山橡胶坝以上的回灌中心区（水源八厂水源地）；回灌规模 1 亿 m^3/a 时，该区域水位即上升 2.5m；回灌规模 2.5 亿 m^3/a 时，其最大升幅达 4.0m；回灌规模 5 亿 m^3/a 时，最大升幅达 7.0m。

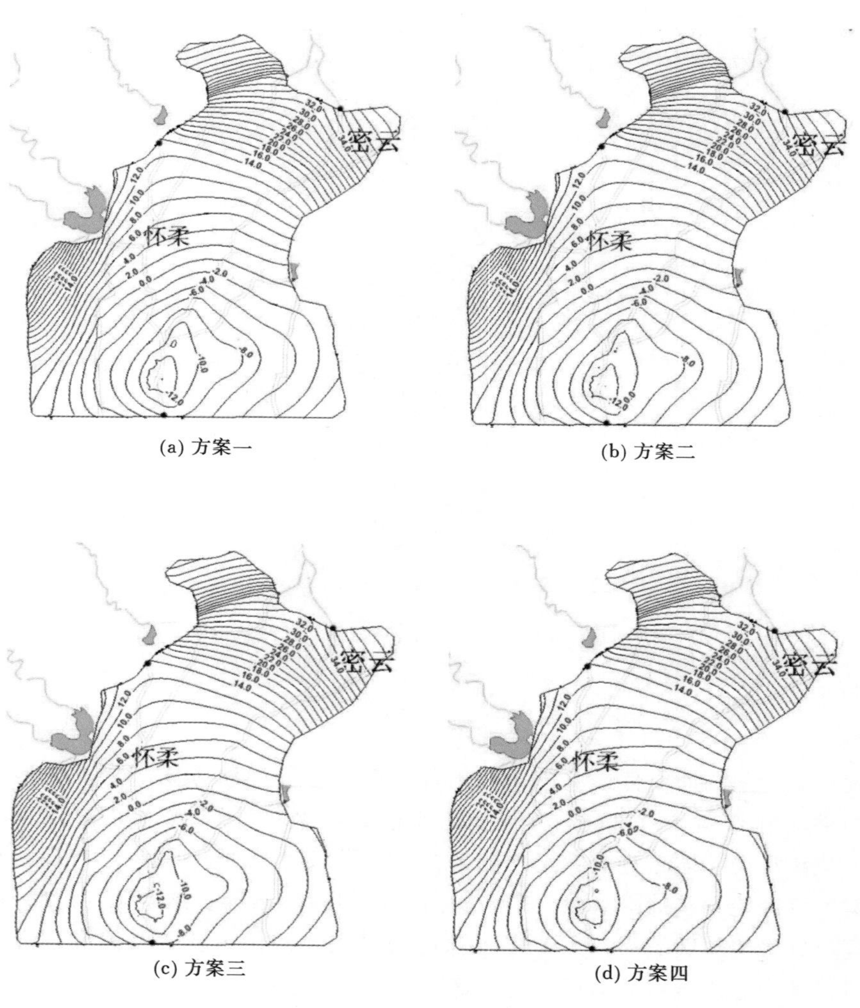

图 12.5.15（一）　怀柔应急水源地停采时，不同回灌方案下研究区 2019 年年末地下水渗流场数值模拟结果

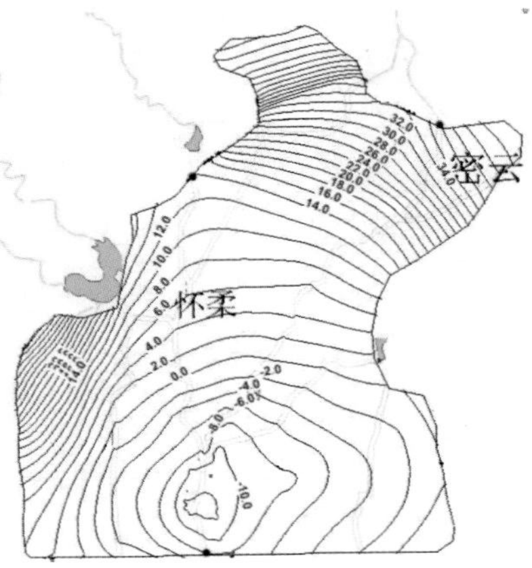

(e) 方案五

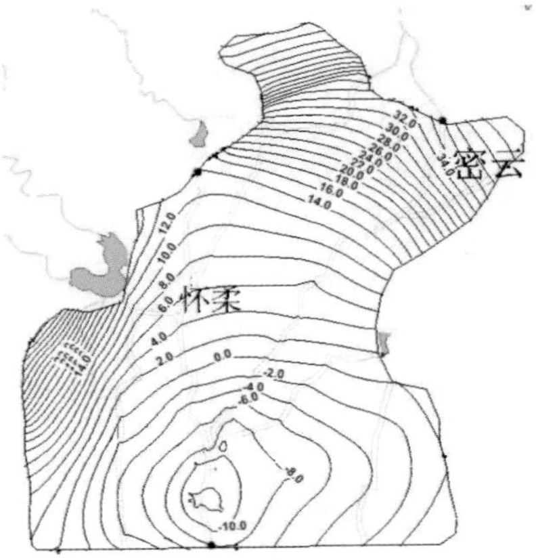

(f) 方案六

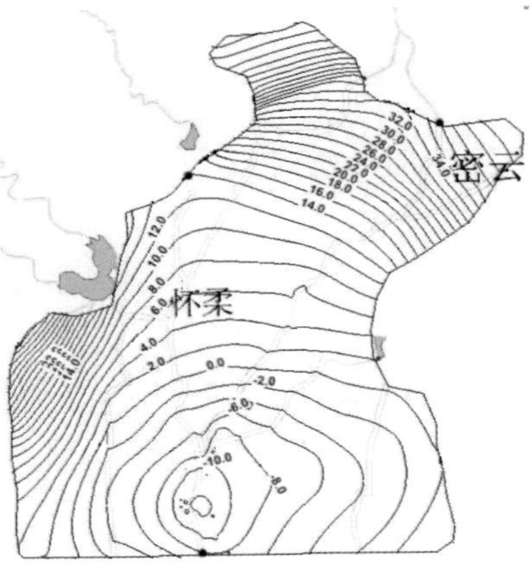

(g) 方案七

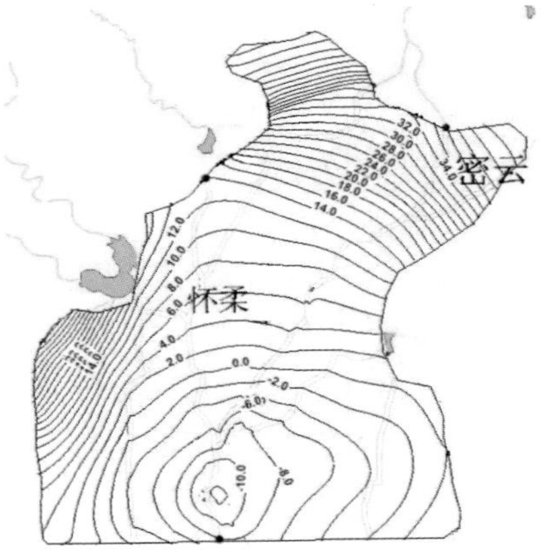

(h) 方案八

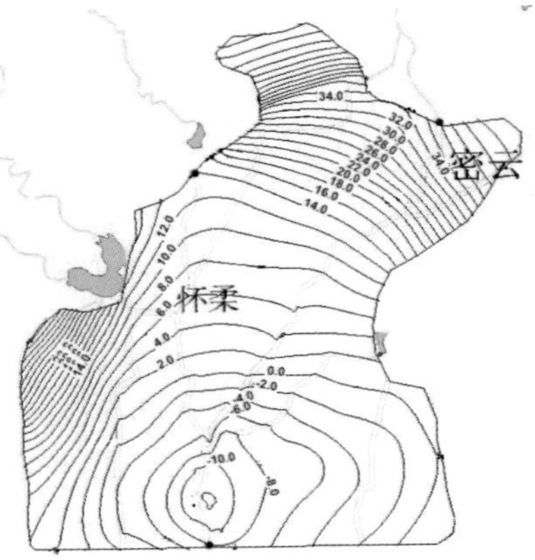

(i) 方案九

图 12.5.15（二）　怀柔应急水源地停采时，不同回灌方案下研究区 2019 年年末地下水渗流场数值模拟结果

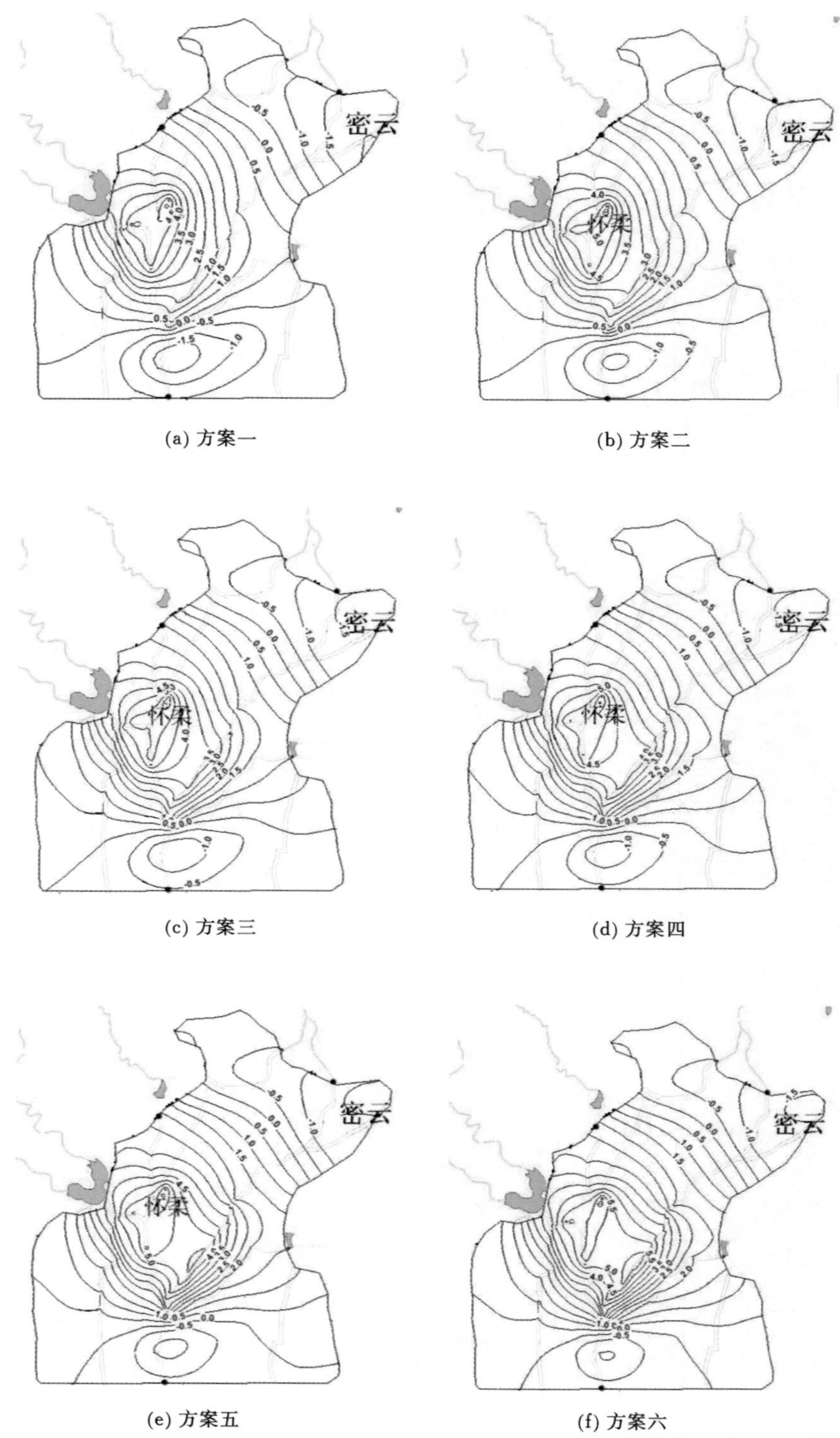

(a) 方案一　　(b) 方案二

(c) 方案三　　(d) 方案四

(e) 方案五　　(f) 方案六

图 12.5.16（一）　怀柔应急水源地停采时，不同回灌方案下研究区 2019 年年末地下水位相比 2014 年年末的涨幅等值线图

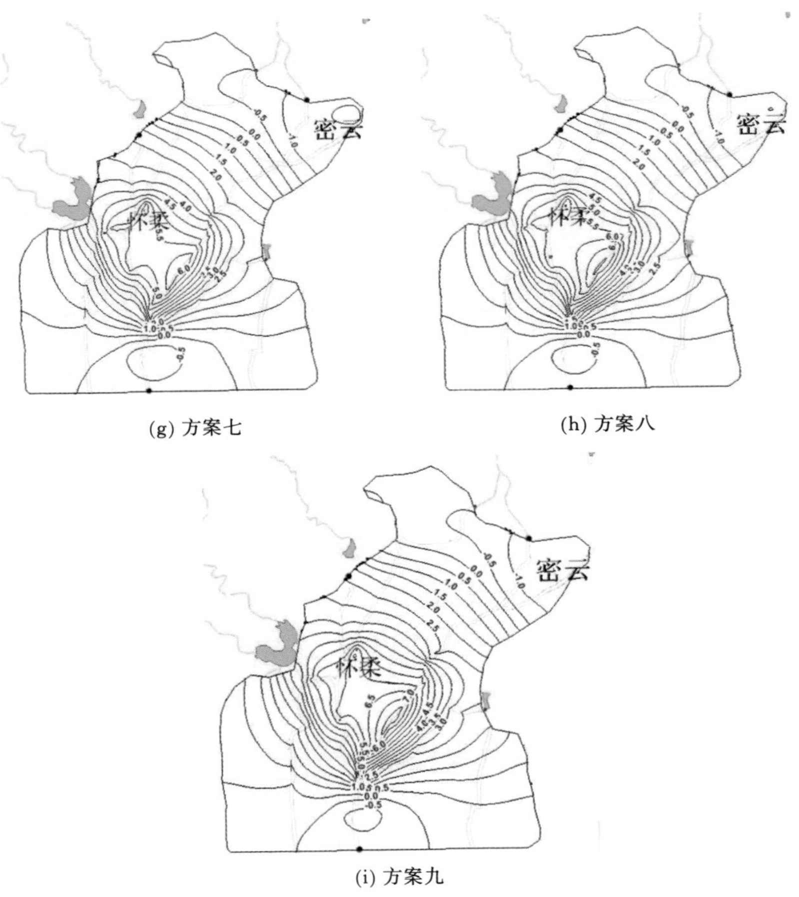

图 12.5.16（二）　怀柔应急水源地停采时，不同回灌方案下研究区 2019 年年末地下水位相比 2014 年年末的涨幅等值线图

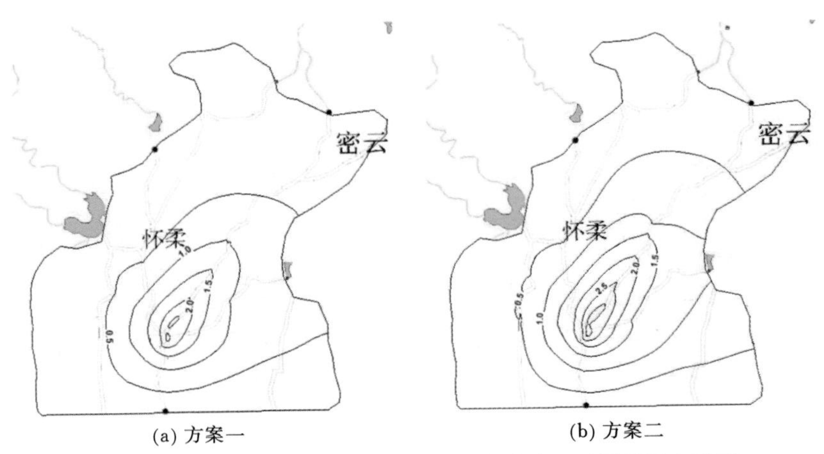

图 12.5.17（一）　怀柔应急水源地停采时，不同回灌方案下研究区 2019 年年末地下水位相比同期无回灌时的涨幅等值线图

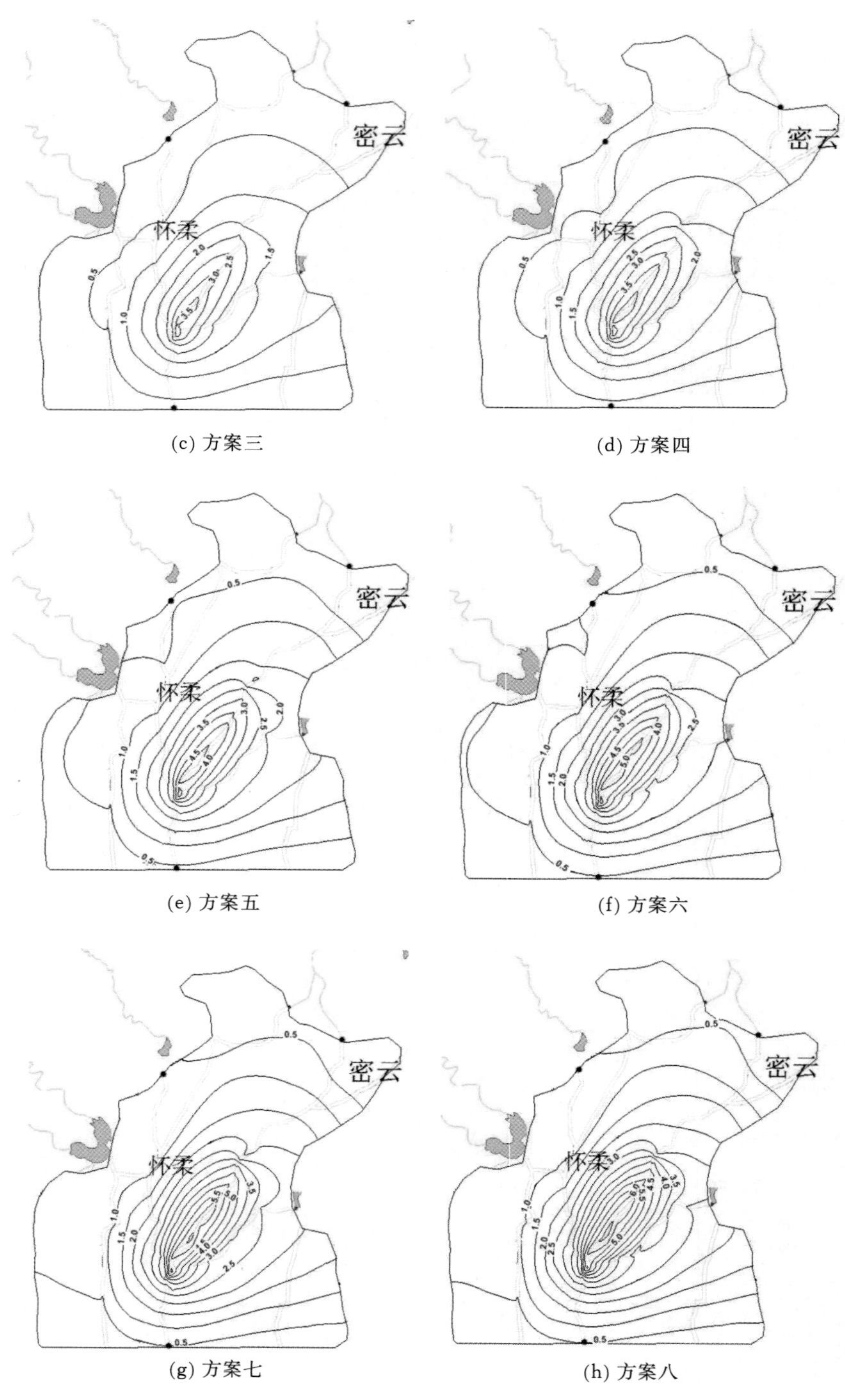

(c) 方案三　　(d) 方案四

(e) 方案五　　(f) 方案六

(g) 方案七　　(h) 方案八

图 12.5.17（二）　怀柔应急水源地停采时，不同回灌方案下研究区 2019 年年末地下水位相比同期无回灌时的涨幅等值线图

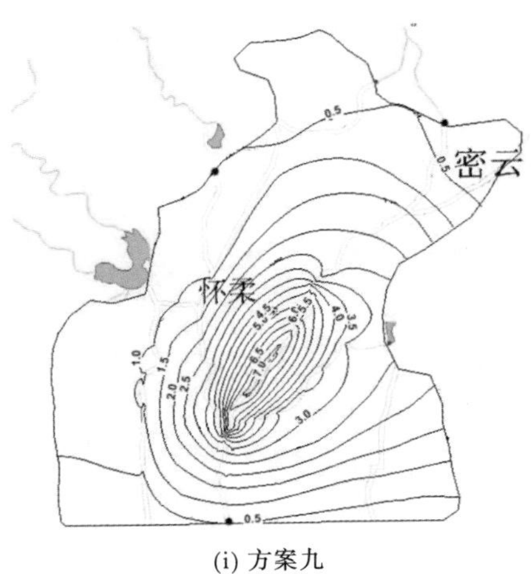

(i) 方案九

图 12.5.17（三）　怀柔应急水源地停采时，不同回灌方案下研究区 2019 年年末地下水位相比同期无回灌时的涨幅等值线图

为了对比相同回灌条件下，怀柔应急水源地开采和停采两种不同状态时的库区地下水位的差别，选择了分布于库区北部（G1），中部（G2、G3）和南部（G4）的 4 个特征观测孔（图 12.5.1），根据上述数值模拟计算结果绘制了如图 12.5.18 所示的各观测孔地下水位涨幅（回灌条件下 2019 年年末与现状 2014 年年末相比）曲线，表 12.5.6 为与该曲线图相对应的各特征观测孔水位涨幅值。特征观测孔地下水位涨幅曲线和数据表明，相同回灌规模下，应急水源地停采时，地下水位的恢复上升幅度均大于水源地开采时，且在库区中部、北部两者的相差幅度较大、南部相对较小；对于水位总体恢复较快、较大的库区中部，回灌规模较小时，停采与开采两种状态下的水位

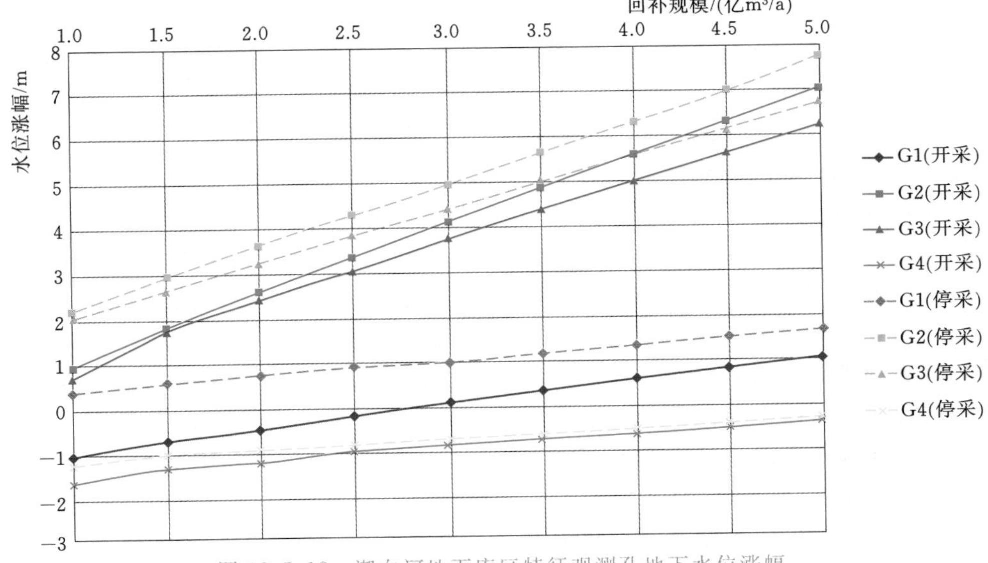

图 12.5.18　潮白河地下库区特征观测孔地下水位涨幅（2019 年年末与 2014 年年末相比）曲线图

涨幅差别较小，随着回灌规模增长，其差别呈略增趋势；而与此相反，对于库区北部、南部地区，随着回灌规模由小增大，停采与开采状态的水位涨幅差呈由大变小的趋势。

表 12.5.6 潮白河地下水库区特征观测孔水位涨幅值 单位：m

方案编号	回灌规模/(亿 m^3/a)	水位涨幅（2019年年末与2014年年末相比）							
		怀柔应急水源地开采				怀柔应急水源地停采			
		G1	G2	G3	G4	G1	G2	G3	G4
方案一	1.0	−1.0	1.0	0.7	−1.6	0.4	2.2	2.0	−1.2
方案二	1.5	−0.7	1.8	1.7	−1.3	0.6	3.0	2.6	−1.0
方案三	2.0	−0.5	2.6	2.4	−1.2	0.7	3.6	3.2	−1.0
方案四	2.5	−0.2	3.3	3.0	−1.0	0.9	4.3	3.8	−0.9
方案五	3.0	0.0	4.1	3.7	−0.9	0.9	4.9	4.3	−0.8
方案六	3.5	0.3	4.8	4.3	−0.8	1.1	5.6	4.9	−0.7
方案七	4.0	0.5	5.5	4.9	−0.7	1.3	6.2	5.5	−0.6
方案八	4.5	0.7	6.2	5.5	−0.6	1.4	6.9	6.0	−0.5
方案九	5.0	0.9	6.9	6.1	−0.5	1.5	7.6	6.6	−0.4

12.5.5 小结

时至今日，数值模拟技术在地下水动力学、水文地质学中的应用已不是新鲜之事，数值模拟计算的高效率、宏观可靠性以及可视化为广大工程技术人员带来了极大的便利。必须再次强调的是，无论采用哪一种数值计算方法或软件平台，数值模拟技术都只是帮助人们解决工程实际问题或提高工作效率的有效手段，绝不可为模拟而模拟，从而忽视对基础水文地质条件的调查研究、水文地质参数的试验测定以及专业工程师的经验判断等，这些常常决定了水文地质概念模型的准确度、输入参数的合理性以及模型预测的可靠度等。

鉴于潮白河地下水库区是北京地区水文地质研究的重点区域之一，多年来已有多家单位、基于不同的问题对该区域进行过地下水流数值模拟。由于使用软件平台、专业认识等的不同，有时对于同一问题，其数值模拟结果也有明显的差异性。如文献［178］中提到，《北京地区水资源地下储备规划研究》《北京市地下水库工程建设总体规划专题研究》和《密怀顺地下水库库容及调蓄能力研究》中，对潮白河地下水库的平面范围认识均有不同，特别是其位于平原区的东、西边界，有的取地表人工河渠作为边界，有的则取潮白河二级阶地作为边界，由此造成数值模拟区范围略有差异，同等条件下计算的水库库容也自然不同。不仅如此，关于潮白河地下水库区水文地质概念模型、水文地质参数分区以及取值等，不同研究者在具体的数值模拟运算中，都会根据已有资料掌握的丰富程度、自身的专业认识和经验等综合确定，由此造成的差异是必然的。作为数值模拟结果的应用者——工程设计人员来说，了解数值模拟的限定性条件，正确认识其结果的差异性，避免陷入盲目相信或完全怀疑的误区是重中之重。

第 13 章　EngeoCAD 制图技术及其应用

13.1　CAD 简介

CAD（computer aided design，计算机辅助设计）诞生于 20 世纪 60 年代，是美国麻省理工大学提出的交互式图形学研究计划。由于当时硬件设施昂贵，只有美国通用汽车公司和美国波音航空公司使用自行开发的交互式绘图系统。20 世纪 70 年代，小型计算机费用下降，美国工业界开始广泛使用交互式绘图系统。20 世纪 80 年代，由于 PC 机的应用，CAD 得以迅速发展，开始出现了专门从事 CAD 系统开发的公司，如：VerCAD 专业制作公司，其开发的 CAD 软件功能强大，但因价格昂贵而未能得到普遍应用；Autodesk，当时是一家仅有数名员工的小公司，其开发的 AutoCAD（autodesk computer aided design）系统功能虽然有限，但可免费拷贝，因此得以在社会上广泛应用，而且由于其系统的开放性，软件升级迅速。

Autodesk（欧特克）公司于 1982 年 11 月正式发布了其 CAD 系统产品：AutoCAD v1.0 版本，容量仅为一张 360kB 软盘，无菜单，命令需要背，执行方式类似 DOS 命令；1985 年该软件更新至 v2.17 - 2.18 版，出现了屏幕菜单，命令不需要再背，同时其汇编语言 Autolisp 初具雏形，容量扩展至两张 360kB 软盘；1987 年 v3.0 版发布，增加了三维绘图功能，并第一次增加了 Autolisp 语言，提供了二次开发平台，用户可根据需要进行二次开发、扩充 CAD 功能。90 年代以后，随着 Windows 操作系统的出现以及计算机网络技术、硬件技术等的快速发展和应用，Autodesk 公司持续改进和增强了 AutoCAD 软件系统功能，实现了 AutoCAD 适应不同系统操作环境与机型、全面支持 Internet、支持多种图形显示与输出设备、提供更开放的二次开发环境或用户定制、2D 和 3D 绘图与编辑功能更加强大和便捷等技术突破，使其成为目前在世界范围内应用最为广泛的 CAD 软件。2016 年 3 月，Autodesk 公司发布了 AutoCAD 2017 版，该版本提供了一个新的三维图形子系统，使视觉样式查看和动态观察三维模型时不会经历自适应性降级，稳定性和性能都得到了改善。

AutoCAD 目前占整个世界个人微机 CAD/CAE/CAM 市场的 37%左右，是诸多微机 CAD 软件的佼佼者，它的应用领域涉及土木建筑、装饰装潢、城市规划、园林设计、电子电路、机械设计、航空航天、轻工化工等。随着计算机技术的发展和行业应用的需要，Autodesk 公司针对不同行业开发了专用的 CAD 版本和插件，如电子电路设计行业的 AutoCAD Electrical 版本，勘测、土方工程与道路设计行业的 Autodesk Civil 3D 版本，学校教学与培训中用的 AutoCAD Simplified 简体版等。AutoCAD Simplified 基本上是一般用户使用的通用版本。

CAD 技术发展至今天，不仅实现了全球普通用户、大众化行业领域的交互式绘图，极大地提高了制图工作效率，而且不断地向智能化、多元化方向发展。其基本的二维平面绘图功能已趋于成熟；3D 绘图功能、与其他软件的数据交换功能、网络功能以及二次开发功能均在持续地改进、扩展与完善中。

13.2 国内 CAD 软件的开发与应用

13.2.1 AutoCAD 的引进与推广应用

从公开发表的文献[180-181]资料了解到，我国最早于 1985 年由建筑设计界相关单位引进了 AutoCAD 软件，并以举办培训班、在行业杂志开展系列知识问答等形式向设计人员介绍了其功能、特点、使用方法等。当时认为，为设计人员配置 CAD 软件，可以大大提高设计进度与绘图质量，促进我国建筑设计业的快速发展。1988 年，长春第一汽车制造厂正式购进 AutoCAD R9 版本，之后持续对其进行了应用培训、推广及应用开发等工作；1989 年还在该厂办学校的机制专业中开设了 AutoCAD 应用课程，要求学生毕业设计中应用 AutoCAD，开启了其在汽车工业制造与设计领域中的推广应用[182]。

1991 年，国务委员宋健提出了“甩掉图版”的倡议，标志着我国 CAD 普及应用正式拉开序幕。随后，在国家批准落实的“七五”计划和“863”（国家高技术研究发展计划）项目中，CAD 技术的应用与推广得到了大力支持。1992 年，Autodesk 公司在中国成立代理处，两年后即建立其分支机构，配合中国政府的软件业发展方向，积极支持其 CAD 产品在中国的本地化开发、销售与应用，帮助中国发展 CAD/CAM 软件产业、提高 CAD 用户应用水平。1995 年 2 月，Autodesk 公司向中国 CAD 应用工程培训网赠送了 100 套 AutoCAD 增值软件（中文系统）；1997 年 5 月，该公司与中国科协在北京举办了为期一周的“与你同行”系列活动，为当时的中国 CAD 用户提供了应用与成果交流的机会，同时该活动积极响应“甩掉图版”倡议，由 Autodesk 公司和惠普公司共同向我国 100 所高校赠送了价值 1.28 亿元人民币的软件与外设产品，包括 AutoCAD R13、MDT、3DSMAX 软件和 Design Jet 250C 彩色绘图机等，直接用于教学与科研。

整个 20 世纪 90 年代，在内外因素的共同作用下，以高校和科研机构为主的 CAD 开发、教学与推广应用蓬勃发展，掀起了国内 CAD 研发与应用的热潮，同时也推动了 Autodesk 公司产品在中国市场的大力发展与普及。一方面，熟悉和掌握 AutoCAD 的基本绘图功能已成为对工程技术、机械制造、建筑等领域设计人员或大学毕业生的基本技能要求；另一方面，国产 CAD 软件百花齐放，以 AutoCAD 为平台进行二次开发的专业应用软件也层出不穷，在各行各业中发挥着前所未有的作用。国产 CAD 的代表性产品有以下几种。

（1）浩辰 ICAD，由苏州浩辰软件股份有限公司开发。该公司成立于 1992 年，是亚太地区领先的 CAD 产品及解决方案提供商，是全球极少数掌握 CAD 核心技术的软件商之一，其推出的产品包括浩辰 CAD 平台软件与基于该平台的专业软件，应用范围涉及建设行业的建筑、结构、给排水、暖通、电气、电力、架空线路、协同管理以及机械行业的机械、模具、文档安全管理、石材绘图、钢格板绘图等，是国内唯一拥有勘察设计行业“CAD 一体化”整体解决方案的厂商。

（2）中望 CAD，是由广州中望龙腾软件股份有限公司研发的 CAD 国产品牌软件。该公司于 1993 年开始致力于 AutoCAD 软件的本土化开发与应用，最先推出的产品为中望装修设计 RD1.0。1997 年与 Autodesk 公司同期推出基于 AutoCAD R14 的 RD2000 14.0，不仅将中国装饰设计带入全新的电脑时代，而且标志着中国设计软件产业逐渐走向成熟。中望 CAD 的主要应用领域包括装修、家具、机械、建筑、电子、通信等，目前已推出 2017 最新版本，产品已逐渐向“一体化”解决方案、3D 以及个性化服务等方面发展。

（3）CAXA 产品最早由北京航空航天大学所属的北京华正模具研究所开发。1994 年正式推出的第一套 CAXA 软件，是以机械设计及模具制造为主体、在微机上运行的功能完整的 CAD/CAM 系统。2003 年，北京数码大方科技股份有限公司（CAXA）成立后，与美国 IRONCAD 等公司合作开发了 CAD/CAM 产品线，相继推出二维 CAD（CAXA 电子图板）、三维 CAD（CAXA 实体设计）、EDM（CAXA 图文档）和 CAXA PDM 等产品，成为国内为数不多的拥有自主知识产权、产品线完整、提供数字化设计、制造和产品全生命周期管理的软件服务商之一。CAXA 电子图板可以零风险替代各种二维 CAD 平台，比普通 CAD 平台设计效率提升 100%以上，可以方便地为生产准备数据，并快速地与各种管理软件集成。

进入 21 世纪后，可以说我国的“甩掉图板”目标已经实现，CAD（计算机辅助设计）技术已在国民经济建设的众多领域内得以应用。但经过 20 多年的发展，AutoCAD 在国内市场中仍占绝对优势地位，而国产 CAD 产品则在激烈的市场竞争中逐渐优胜劣汰，有的销声匿迹，有的跟随 AutoCAD 做二次开发或转型其他领域。目前，继续坚持在 CAD 技术领域并占有一席之地的除了上述浩辰 CAD、中望 CAD、CAXA 外，还有纬衡 CAD、开目 CAD、清华天河 CAD 等，数量并不多。而且，随着中国加入世界经济贸易组织后，Autodesk 公司加大了打击盗版、保护知识产权的力度，迫使国产 CAD 在产品兼容性、功能及服务品质等方面均有所提升，但还不能与国外优质 CAD 平台软件相抗衡。

13.2.2　CAD 在勘察设计行业的推广应用与软件开发

20 世纪 90 年代以后，在“甩掉图板”倡议活动的引导下，为适应经济建设快速发展的需要，提高工程设计行业的劳动效率，各地方或行业管理部门着手开始规划 CAD 技术在本行业内的推广与应用。1993 年，当时的首都规划委员会办公室即发布了《北京市勘察设计行业推广普及应用计算机辅助设计技术三年规划》，明确三年内（到1996年），北京市属50%的甲级单位、30%的乙级单位和15%的丙级单位，应用计算机进行方案设计的项目数量应分别达到40%、30%和10%；施工图设计（以全部专业的总出图量计算）甲级达到40%，乙级和丙级达到20%；数值计算达到90%。这一规划目标于1995年年底即完成，有效地促进了CAD技术在首都勘察设计行业中的大力推广应用。1997年，建设部下发了《全国工程勘察设计行业“九五”期间CAD技术发展规划纲要》，制订了“到2000年完成勘设技术手段从传统手工业向现代化CAD技术应用的转变，加快与国际技术接轨，达到90年代国际先进水平的总目标”。1998年6月，建设部成立了“工程勘察设计CAD推广应用中心”，负责组织基础性通用软件的开发、应用软件测评、培育和完善勘察设计软件市场、进行行业CAD技术咨询和人才培训等工作。

CAD技术在行业内的推广应用首先从为技术人员配备必需的计算机硬件和软件设备开始，其次即是培训使用如AutoCAD这样的大众化CAD平台软件，实则为“投入+拿来”主义，即学即用；再次则是根据用户需求定向开发专业性强的实用型CAD软件。在勘察设计行业，应用型CAD软件的开发者有两种类型：一种是专门针对工程勘察设计领域进行CAD产品研发的专业公司，如北京理正软件股份有限公司、上海华岩岩土科技有限公司、南京华宁软件开发中心等；另一种是大型的行业勘测设计研究院，它们立足于自身需要，引进专业人才，研发适用于本单位或行业的CAD应用软件。

据了解，专业软件公司开发的勘察设计类CAD产品，在初期常常由于市场调研深度不够，开发人员对用户的操作习惯和专业规则理解不透彻，从而使产品与用户的期望和需求有一定差距。这一点随着用户与产品开发商相互之间了解深度的日益增长而逐步改善。目前商业化的勘察设计CAD产品在专业方面更趋于细分，如理正公司已分别推出了工民建版、水电版、电力版、公路版、铁路版等适用于各勘测行业的CAD产品，分别依据各行业执行的国家标准或行业标准开发相应的产品，其用户满意度大大提高。另外，商业化CAD产品的数据交换功能、网络功能、运行效率等伴随着整个计算机技术、网络技术的快速发展得到了整体提升，从最初的单机版扩展到多机版、网络版，从单一的交互式绘图扩展到专业计算、三维协同设计等方面，使整个勘设过程自方案设计、分析计算至成果输出，每个环节均可实现真正意义上的计算机辅助设计，充分发挥CAD技术的潜能。

相对而言，勘察设计单位自主研发的CAD产品，因立足于自身需要，产品与用户需求的对应程度高，方便实用，见效快。如在工程地质勘察方面，可公开查阅到的此类产品有以下几种。

（1）南通市建筑设计院杨国胜等开发的“工程勘察HX-GICAD”软件，适用于工业与民用建筑工程的勘察设计，可在AutoCAD R14/2000/2002/2004平台中绘制勘察平面、剖面、柱状、波速曲线等图件，也可进行桩基承载力计算、液化判别、沉降计算和工作量统计等，而且还提供了与理正勘察软件的接口，也可读入华岩软件的试验数据等。

(2) 北京勘测设计研究院徐春才自 20 世纪 90 年代起，一直致力于以 AutoCAD 为平台的工程地质绘图系统（工程地质 CAD）的开发，其产品主要应用于水利水电行业，可以完成常规勘察的平、剖面图绘制，也可以绘制赤平投影图、平硐展示图、河道断面等。

出于知识产权保护和行业管理的需要，有关各单位自主研发的非商业化 CAD 产品的公开报导并不多。但可以肯定的是，该类产品市场化程度低，难以推广普及，也不可避免地存在重复性投入与开发。在 CAD 技术越来越突出集成化、智能化与协同设计等现代化特征的今天，部分产品的功能拓展与可持续性值得深思。

13.3 节即将要介绍的 EngeoCAD 软件也是由勘测设计单位自主开发的一款 CAD 产品，在北京市南水北调工程地质勘察中发挥了重要作用。与理正勘察 GICAD8.0 产品相比，EngeoCAD 突出的特点在于数据录入方式便捷、效率高，带状平面图、剖面图分幅快、出图效率高，图形的专业编辑功能强等，整体工作效率有明显提高。目前，EngeoCAD 的二维平面绘图功能已基本完善，能满足工业、民用与水利工程常规勘察工作的计算机辅助设计需求。为适应三维协同设计的需要，开发者正在研究其三维地质建模功能以及与协同设计平台的技术接口等。

13.3　EngeoCAD 工程地质勘察绘图分析系统

13.3.1　EngeoCAD 软件简介

EngeoCAD 工程地质勘察绘图分析系统是基于 VisualBasic6.0、AutoCAD - VisualLISP、Excel - VBA 编程语言开发的二维图形编绘及分析系统。系统由勘察数据库（EGD）、图形编绘（EGCAD）和统计分析（EGSA）3 个模块组成，总体架构如图 13.3.1 所示。勘察数据库（EGD）由原始数据库及成果数据库两部分构成，用于存放勘察原始数据和图形编绘成果数据，是整个系统工作的信息源；图形编绘（EGCAD）的主要功能是实现勘察数据的图形化，将勘察分析成果直观表达；统计分析（EGSA）主要用来对勘察工作量、岩土试验数据等进行分类整理和统计分析，具有在图形界面下快速选择的功能。

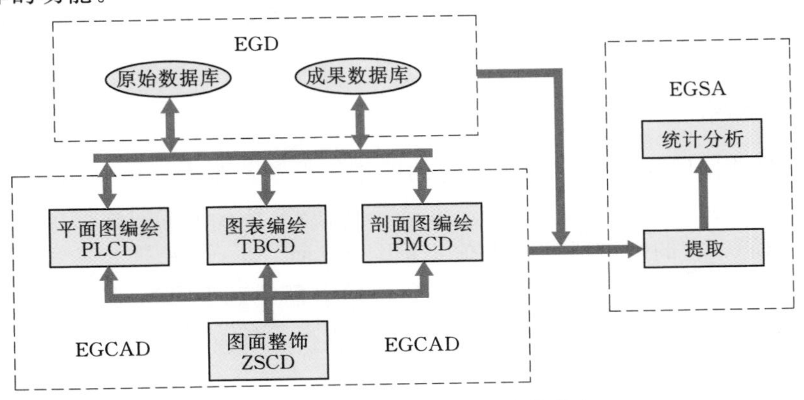

图 13.3.1　EngeoCAD 系统总体构架

EngeoCAD由北京市水利规划设计研究院专业人员历经10年研发而成，2009年首次在北京市南水北调工程（南干渠、大宁调蓄水库）中应用，此后相继推广到东干渠、密云水库调蓄工程等引调水工程以及河道治理、中小型水库除险加固等水利工程勘察中，是该院地质勘察专业CAD的主要应用软件。2013年9月，EngeoCAD在北京经过专家鉴定；2014年4月，北京市水利规划设计研究院在国家版权局获得了计算机软件著作权（登记号2014SR044249）。2015年5月，该软件通过了国家信息中心软件产品登记测试。

EngeoCAD系统目前的应用版本为EngeoCAD2013X，运行的计算机系统环境为：WindowsXP和Windows7系统。EngeoCAD是在AutoCAD平台上开发的专业应用程序，其运行还需计算机安装AutoCAD，适宜的版本为AutoCAD2010～AutoCAD2013。

EngeoCAD2013X软件程序包包含应用程序文件、支持文件以及加密狗驱动程序文件，详细如下：

(1)《注册安装》文件夹由注册字体、统计分析、注册控件构成。

(2)《EGD》文件夹：勘察数据库应用程序支持文件，由图像及控件文件构成。

(3)《BSP》文件夹：图形编绘支持文件，由图像及图块文件构成。

(4)《EBMP》文件夹：工具栏、面板支持文件，由图像文件构成。

(5)《EPAT》文件夹：岩性花纹支持文件。

(6)《Help》文件夹：帮助文件。

(7)《密狗驱动XP》文件夹：WindowsXP系统加密狗驱动程序文件。

(8)《密狗驱动W7》文件夹：Windows7系统加密狗驱动程序文件。

(9) EGD.EXE文件：EGSA勘察数据库应用程序；放在《EGD》文件夹中。

(10) EngeoCAD.FAS文件：EngeoCAD图形编绘应用程序。

(11) EngeoCAD.DCL：对话框支持文件。

(12) EngeoCAD.SHX：形文件。

(13) EngeoCAD.LIN：线型支持文件。

(14) EngeoCAD2010.CUIX：AutoCAD2010菜单支持文件。

(15) EngeoCAD2013.CUIX：AutoCAD2013菜单支持文件。

下面分别介绍EngeoCAD系统3大模块（EGD勘察数据库、EGCAD图形编绘和EGSA信息提取与统计分析）的主要功能及特点。

13.3.2　EGD勘察数据库

EGD勘察数据库为EngeoCAD系统的数据源模块。程序开发采用VisualBasic6.0程序语言，用户界面为简明的“表单式窗口”。该模块具有基本的数据录入、存储、查询和校检等功能。它的突出特点表现在以下几个方面。

(1) 分式表单管理，录入效率高。如图13.3.2所示，不同类别的勘察数据（地层、原位试验、室内试验等）采用Excel风格的分式表单管理，录入时可分类集中输入，减少切换频次，提高录入效率。

(2) 设置项目列表框，选择方便。EGD针对需要选择性输入的数据设计了列表框，

如地层岩性、触探试验方式、样品类型等。如图 13.3.2 中粉色显示的地层列表框，当用户将输入光标置于地层名称单元格时，该列表框自动弹出，用户只需输入列表框中地层名称前面的数字代号，其名称即可自动写入地层名称单元格。

数据录入一般只需使用数字键、移动键（→、←、↑、→）、Enter 键和 Esc 键即可完成。

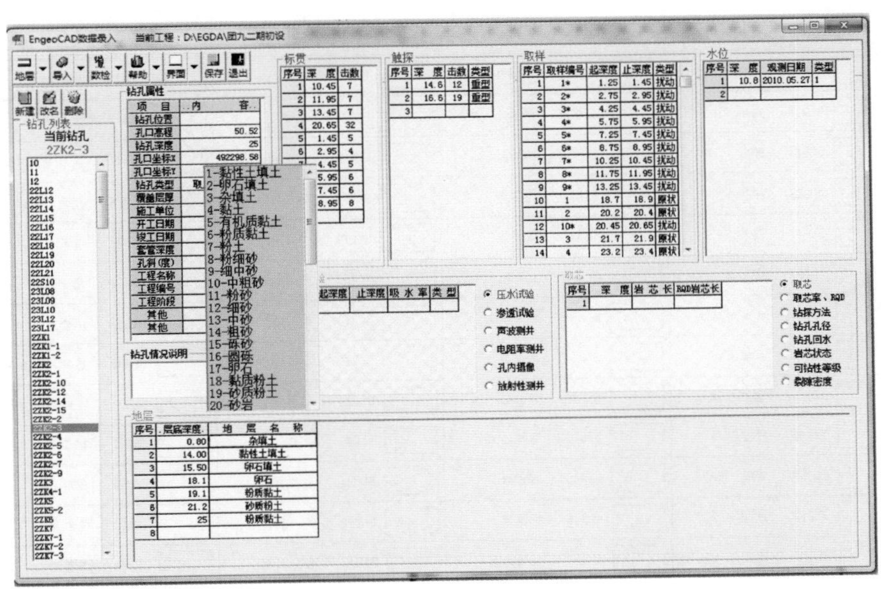

图 13.3.2　EGD 分式表单用户界面

(3) 丰富、专业的地层岩性花纹库。EngeoCAD 系统主要依据《水利水电工程地质勘察资料整编规程》（SL 567）和《北京地区建筑地基基础勘察设计规范》（DB 11—501）开发了专业化的地层岩性花纹库，包括第四系松散土层类以及岩浆岩、沉积岩和变质岩 3 大岩石类，共计 300 多种。图 13.3.3 为该系统部分地层岩性花纹样例。

在开始输入一个新建工程的勘察数据时，用户需要首先进行“地层”定制。即点击 EGD 主界面上方的“地层”菜单，进入如图 13.3.4 所示的地层岩性花纹定制界面，通过双击鼠标将位于界面左侧系统库内的岩性花纹添加到右侧的工程地层花纹库中，这样用户在 EGD 主界面输入地层岩性时，自动弹出的地层列表框内即显示所添加的地层。

(4) 强大的数检功能，基本实现录入数据“零错误”。EGD 模块设置了两种查错功能：实时查错和系统查错。实时查错是在工程勘察数据的录入过程中，实时检查数据的合理合法性，提醒用户及时校对录入数据。系统查错一般在一个钻孔数据或一个工程数据录入完成后进行，对存入勘察数据库中的全部数据进行集中查错，重点检查关联数据的矛盾性，为用户后期进行图件编绘奠定基础。如图 13.3.5 所示，检查出的“非法”数据系统以高亮“粉红色”显示，用户修改正确后则高亮显示消失。

松散层		火成岩		沉积岩		变质岩	
SLQ03	粉质壤土	SLH03	花岗闪长岩	SLC03	硅质角砾岩	SLB03	硅质板岩
SLQ06	粉土	SLH06	二长花岗岩	SLC06	铁质角砾岩	SLB06	凝灰质板岩
SLQ09	中砂	SLH09	斜长花岗岩	SLC09	砂砾岩	SLB09	千枚岩
SLQ12	粉细砂	SLH12	流纹岩	SLC12	粗砾岩	SLB12	角闪片岩
SLQ15	圆砾	SLH15	菲细岩	SLC15	砂岩	SLB15	麻粒岩
SLQ18	角砾	SLH18	中性侵入岩	SLC18	粗砂岩	SLB18	大理岩
SLQ21	卵石	SLH21	二长石	SLC21	石英砂岩	SLB21	大理岩化灰岩
SLQ24	碎块石	SLH24	英安岩	SLC24	凝灰质砂岩	SLB24	绢云母角岩
SLQ27	漂石	SLH27	霞石岩	SLC27	含油砂岩	SLB27	长石石英岩
SLQ33	古土壤	SLH30	宽辉岩	SLC30	泥质粉砂岩	SLB30	变玄武岩
SLQ36	黄土状壤土	SLH33	粗面斑岩	SLC33	凝灰质砂岩	SLB33	混合岩
SLQ51	腐植土	SLH36	角斑岩	SLC36	含泥粉砂岩	SLB36	香肠状混合岩
JZQ03	重粉质黏土	SLH39	苏长岩	SLC39	砂质泥岩	SLB39	压碎角砾岩
JZQ06	砂质粉土	SLH42	辉绿玢岩	SLC42	页岩	SLB42	超糜棱岩
JZQ09	中砂	SLH45	碱玄岩	SLC45	砂质页岩	SLB45	压碎岩
JZQ12	粉细砂	SLH48	橄榄岩	SLC48	粉砂质页岩	JZB03	千枚岩
JZQ15	圆砾	SLH51	超喷出岩	SLC51	含锰页岩	JZB06	石英岩

图 13.3.3　EngeoCAD 部分地层岩性花纹样例

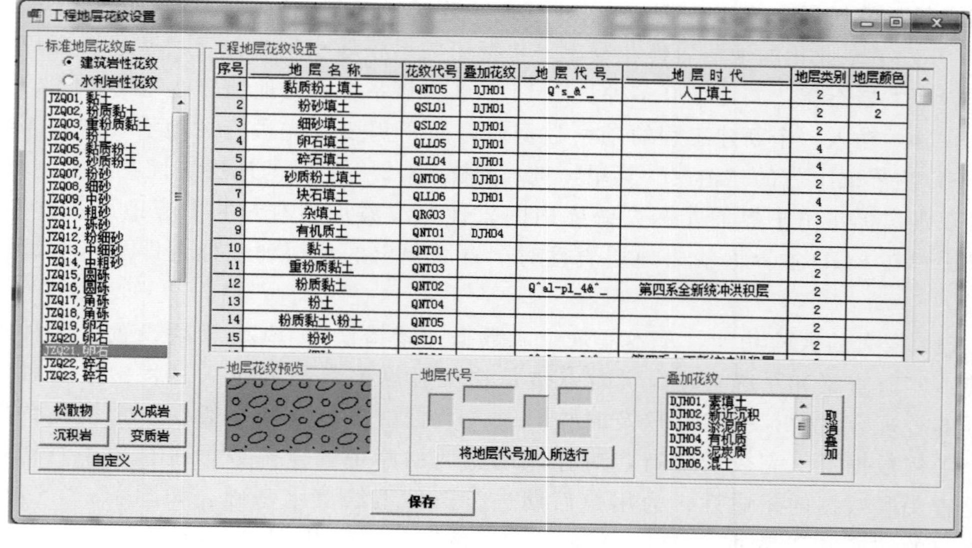

图 13.3.4　EGD 工程地层花纹定制

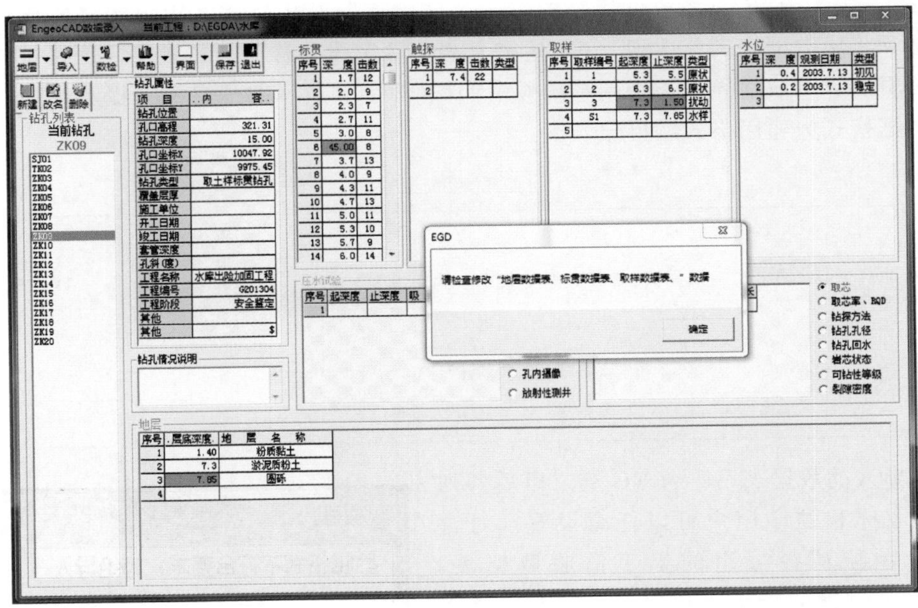

图 13.3.5 EGD 数检功能展示图

(5) Excel 格式数据快速导入。勘察数据中的钻孔坐标、试验成果、地层等数据，有时为来自于第三方或外部系统的 Excel 格式文件，EGD 为其开发了快速导入接口，如图 13.3.6 所示。用户在导入数据前，需要按 EGD 数据格式要求对外部的 Excel 数据进行格式编辑后方可导入。

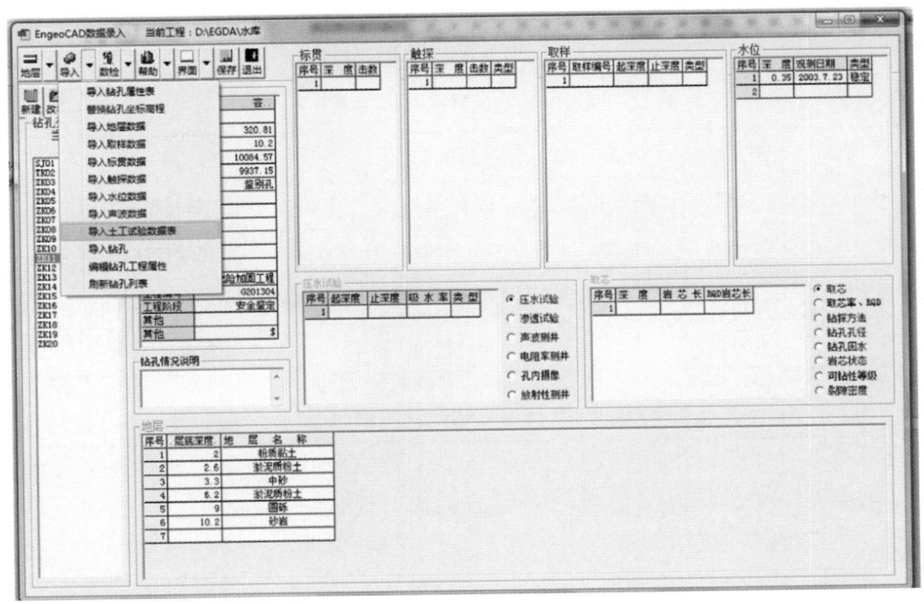

图 13.3.6 Excel 数据导入接口图示

表 13.3.1 为 EGD 系统可接收的“土工试验表”通用格式。用户预接收该类数据时，必须将原数据表的前 7 列（A～G 列）表头“字段名称”与“顺序”严格按该通用格式编辑后方可成功导入，否则系统显示如图 13.3.7 所示的消息框，提示用户检查并修改数据格式为通用格式后再导入。

表 13.3.1　　EGD 土工试验表通用格式

A	B	C	D	E	F	G	…	W	X	Y	Z
钻孔编号	土样编号	顶深度	底深度	取样类型	定名	黏粒含量	…	D2.0	D0.5	D0.25	D0.075
QZK01	1	2	2.2	扰动样	中砂		…	1	60	35	4
QZK01	2	3	3.2	原状样	黏质粉土	10.5	…	8	51	6	
QZK01	3	4	4.2	原状样	黏质粉土	8.5	…		19	16	16.5

预导入的数据表第 7 列（G 列）以后各列字段的名称和顺序用户可以任意设置。对含有岩土颗粒粒径分组的土工试验数据表，EGD 系统设置的分组字段名称为“D＋分组的上限粒径值”。如表 13.3.1 中，0.075 为最小的粒径分组界线值，则 D0.075 表示粒径小于 0.075mm 的颗粒组；D0.25 表示粒径在 0.075～0.25mm 之间的粒组，依此类推。

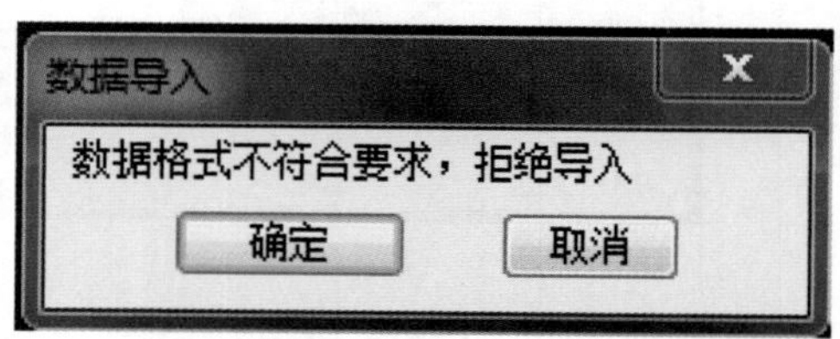

图 13.3.7　外部 Excel 数据格式不符时的提示消息框

同理，来自于外部的钻孔坐标、地层、取样等数据，也应将其按 EGD 系统要求的通用表格式编辑后再行导入，如表 13.3.2～表 13.3.7（表中具体的数据值仅作示例用）所列。

表 13.3.2　　EGD 钻孔属性表通用格式

A	B	C	D	E	F	G
钻孔编号	孔口高程	钻孔孔深	坐标 X	坐标 Y	钻孔类型	—
QZK01	132.65	25	539469.62	338031.54	控制性钻孔	—
QZK02	135.32	15	538487.55	338035.67	一般性钻孔	—
QZK03	124.78	25	539502.70	338038.54	控制性钻孔	—

表 13.3.3　　EGD 地层数据表通用格式

A	B	C	D	E
钻孔编号	深度	地层名称	层序	—
QZK01	1.5	人工填土		
QZK01	6.8	粉质黏土		
QZK01	15	细砂		

表 13.3.4 EGD取样数据表通用格式

A	B	C	D	E	F
钻孔编号	取样编号	取样顶深度	取样底深度	取样类型	—
QZK01	1	2.0	2.2	原状样	
QZK01	2	4.0	4.2	原状样	
QZK01	3	12.5	13.0	扰动样	

表 13.3.5 EGD标贯试验数据表通用格式

A	B	C	D
钻孔编号	标贯底深度	标贯击数	—
QZK01	3.65	13	
QZK01	5.85	15	
QZK01	9.45	25	

表 13.3.6 EGD动力触探试验数据表通用格式

A	B	C	D	E
钻孔编号	触探底深度	触探击数	触探类型	—
QZK01	7.2	22	重型触探	
QZK01	9.8	25	重型触探	
QZK01	11.5	26	重型触探	

表 13.3.7 EGD水位数据表通用格式

A	B	C	D	E
钻孔编号	水位深度	观测日期	水位类型	—
QZK01	6.80	2014-02-12	初见水位	
QZK01	4.20	2014-02-12	稳定水位	
QZK02	4.80	2014-02-25	稳定水位	

13.3.3 EGCAD图形编绘

EGCAD是基于AutoCAD平台开发的专业化工程地质勘察图件编绘系统，它所需要的专业基础数据来自于EGD勘察数据库。利用EGCAD，可以绘制、编辑和修饰工程地质勘察工作中常用的平面图、剖面图、钻孔柱状图、颗分曲线图等，以专业、规范和美观的方式呈现工程地质勘察成果。

EGCAD图形编绘系统考虑了岩土工程师的专业绘图习惯和图件的相互关联性，在系统工具面板和菜单设计方面进行了分类分组，方便用户操作，如图13.3.8所示。

各分组编绘工具的主要功能及对应的菜单、命令分别列入表13.3.8～表13.3.11中。

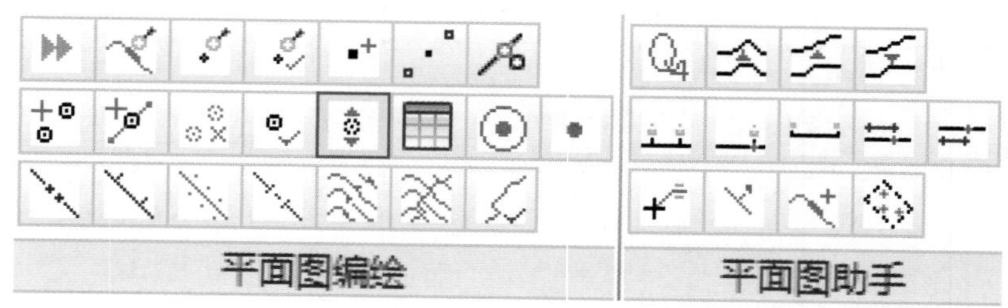

(a) 平面图

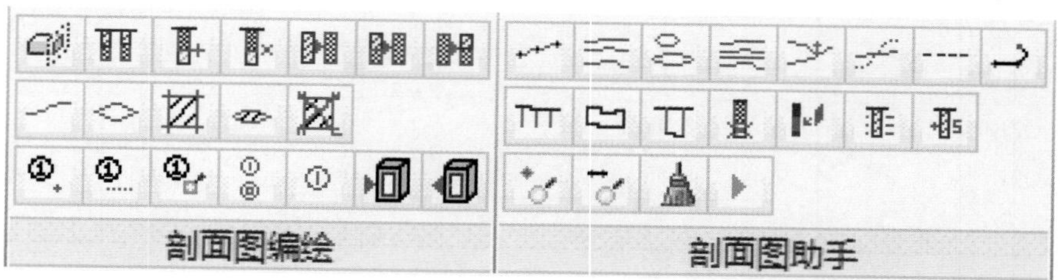

(b) 剖面图

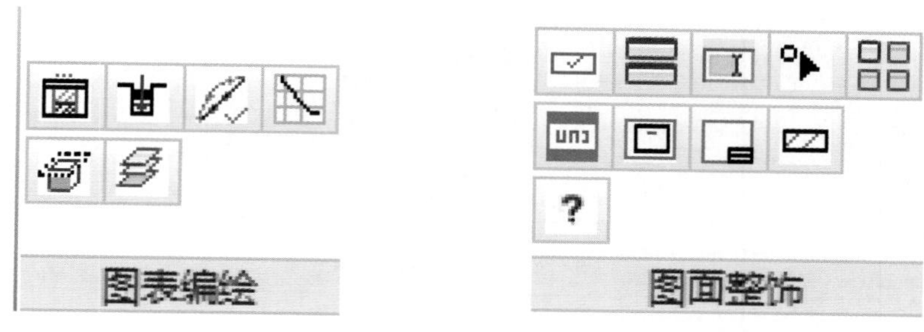

(c) 图表　　(d) 图面整饰

图 13.3.8　EGCAD 图形编绘工具面板

表 13.3.8　　平面图编绘功能菜单、工具按钮及输入命令对应表

功能		下拉式菜单	工具按钮	输入命令
分类	名　称			
平面图属性设置		EGCAD→平面图属性设置		PLPH
地形图预处理	转换等高线	EGCAD→地形图预处理→转换等高线		ZHDGX
	检查等高线	EGCAD→地形图预处理→检查等高线		GETDGXEL
	检查高程点	EGCAD→地形图预处理→检查高程点		GETGCDEL
	绘等高线	EGCAD→地形图预处理→绘等高线		HDGX
勘探布置	任意布置勘探点	EGCAD→勘探布置→任意布置勘探点		BZKTD
	沿线布置勘探点	EGCAD→勘探布置→沿线布置勘探点		KTXBZKTD

续表

功　能		下拉式菜单	工具按钮	输入命令
分类	名　称			
勘探布置	删除勘探点	EGCAD→勘探布置→删除勘探点		ERKTD
	编辑勘探点属性	EGCAD→勘探布置→编辑勘探点		BJKTD
	缩放勘探点	EGCAD→勘探布置→缩放勘探点		SCKTD
	生成勘探点属性表	EGCAD→勘探布置→生成勘探点属性表		GETKTDSX
平面图编绘	展绘勘探点	EGCAD→展绘勘探点→展绘勘探点		HKTD
	展绘地质点	EGCAD→展绘勘探点→展绘地质点		HDZD
	岩性风化界线	EGCAD→地质界线→岩性风化界线		YXJX
	阶地界线	EGCAD→地质界线→阶地界线		JDJX
	地貌界线	EGCAD→地质界线→地貌界线		DMJX
	水文工程地质界线	EGCAD→地质界线→水文工程地质界线		SGJX
	结构面轨迹	EGCAD→结构面→结构面轨迹		JGMGJ
	轨迹连线标示	EGCAD→结构面→轨迹连线标示		GJLX
平面图助手	书写地层代号	EGCAD→平面图助手→书写地层代号		DCDH
	平滑多段线	EGCAD→平面图助手→平滑多段线		PCZ
	标示桩号	EGCAD→平面图助手→标示桩号		BSZH
	点选标示桩号	EGCAD→平面图助手→点选标示桩号		BSZH－PO
	标示剖面	EGCAD→平面图助手→标示剖面		BSPM
	标示坐标	EGCAD→平面图助手→标示坐标		BSZB
	标示标高	EGCAD→平面图助手→标示标高		BSEL
	标示产状	EGCAD→平面图助手→标示产状		BSCZ
	获得指定点的长度	EGCAD→平面图助手→依据点获得长度		POGETDI
	获得指定长度的点	EGCAD→平面图助手→依据长度获得点		DIGETPO

表 13.3.9　　剖面图编绘功能菜单、工具按钮及输入命令对应表

功能		下拉式菜单	工具按钮	输入命令
分类	名称			
剖切地质剖面		EGCAD→剖切地质剖面		QPM
生成地质剖面		EGCAD→生成地质剖面草图		HPM
钻孔编辑	删除剖面钻孔	EGCAD→编辑钻孔→删除钻孔		ERZK
	添加剖面钻孔	EGCAD→编辑钻孔→添加钻孔		TJZK
地层编辑	更改地层	EGCAD→编辑地层→更改地层		GGDC
	合并地层	EGCAD→编辑地层→合并地层		HBDC
	拆分地层	EGCAD→编辑地层→拆分地层		CFDC
地层连线	地层连线	EGCAD→连线→地层连线		DCLX
	透镜体连线	EGCAD→连线→透镜体连线		TJTLX
岩性花纹	区选填充岩性花纹	EGCAD→岩性花纹→区选填充岩性花纹		THW
	点选填充岩性花纹	EGCAD→岩性花纹→点选填充岩性花纹		THW－PO
	删除岩性花纹	EGCAD→岩性花纹→删除岩性花纹		ERHW
地层层序	设置地层层序	EGCAD→地层层序→设置层序		SZCX
	检查地层层序	EGCAD→地层层序→检查层序		JCCX
	标示地层层序	EGCAD→地层层序→标示层序		BSCX
编绘成果	编绘成果入库	EGCAD→编绘成果→编绘成果入库		BHCGRK
	展绘编绘成果	EGCAD→编绘成果→展绘编绘成果		ZHBHCG
剖面图助手	封闭剖面	EGCAD→剖面图助手→封闭剖面		FBPM
	孔口连线	EGCAD→剖面图助手→孔口连线		KKLX
	水位连线	EGCAD→剖面图助手→水位连线		SWLX
	剖面多段线	EGCAD→剖面图助手→剖面多段线		PMPL
	投影产状地层	EGCAD→剖面图助手→投影产状地层		TYCZDC
	标示土样名称	EGCAD→剖面图助手→标示土样名称		BSTYNA
	图面清理	EGCAD→剖面图助手→图面清理		TMQL
	剖面工程属性	EGCAD→剖面图助手→剖面工程属性		PMPH
	查询桩号高程	EGCAD→剖面图助手→查询桩号高程		CXZG
	查询厚度距离	EGCAD→剖面图助手→查询厚度距离		CXHJ

表 13.3.10　　图表编绘功能菜单、工具按钮及输入命令对应表

功能名称	下拉式菜单	工具按钮	输入命令
生成柱状图	EGCAD→图表编绘→生成柱状图		ZZT
生成压水试验图表	EGCAD→图表编绘→生成压水试验图表		YSSY
编辑压水试验图表	EGCAD→图表编绘→编辑压水试验图表		SCPQQX
生成颗分粒径级累计曲线	EGCAD→图表编绘→生成颗分累计曲线		KFQX
平切结构面	EGCAD→图表编绘→平切结构面		QPQ
生成平切结构面图	EGCAD→图表编绘→生成平切结构面		HPQ

表 13.3.11　　图面整饰功能菜单、工具按钮及输入命令对应表

功能名称	下拉式菜单	工具按钮	输入命令
登记窗口	EGCAD→图面整饰→登记窗口		DJCK
排列窗口	EGCAD→图面整饰→排列窗口		PLSK
生成视口	EGCAD→图面整饰→生成视口		SCSK
视口编号及指北针	EGCAD→图面整饰→视口编号及指北针		TJFFBH
文本遮盖	EGCAD→图面整饰→文本遮盖		TEWI
生成图框	EGCAD→图面整饰→生成图框		HTK
生成标题栏	EGCAD→图面整饰→生成标题栏		HBTL
生成图例	EGCAD→图面整饰→生成图例		HTL
排列图例	EGCAD→图面整饰→排列图例		PLTL
打开帮助文件	EGCAD→图面整饰→打开帮助文件	?	OPHELP

下面分别介绍各分组的主要编绘功能。

1. 平面图编绘

平面图编绘功能主要包括对地形图（或工程平面设计图）的预处理，在平面图上布置勘探工作（勘探点、勘探线等）以及将地质点（或勘探点）、线等绘制于平面图上等。

"地形图预处理"的目的是为了使 EGCAD 系统准确而全面地读取平面图中的所有高程（等高线、高程点）信息。通过预处理，用户可以发现并编辑修改图中的"非法"高程数据。

“勘探布置”包括勘探点平面定位、属性编辑、标志符号缩放以及属性表的导出等。其中，勘探点的平面定位设计了“任意点选”和“沿线布置”两种方式，即用户可以在平面图中任意位置点击鼠标左键——布置勘探点（图 13.3.9），也可以通过指定多段线（勘探线）、设置勘探点间距和起始点等参数后，由系统自动完成一系列勘探点的平面定位（图 13.3.10）。两种方式均可连续操作且具有回退功能。

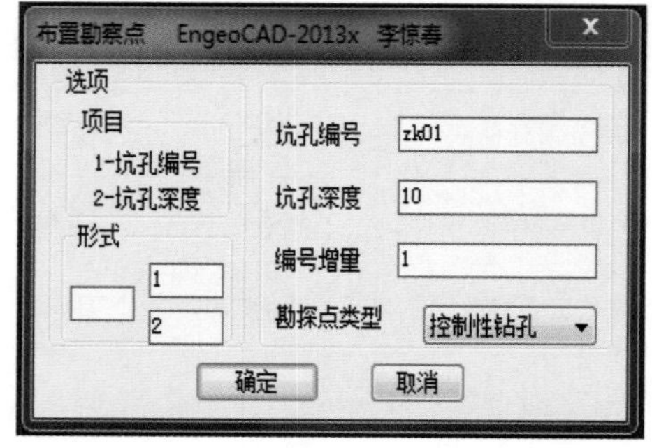

(a) 对话框

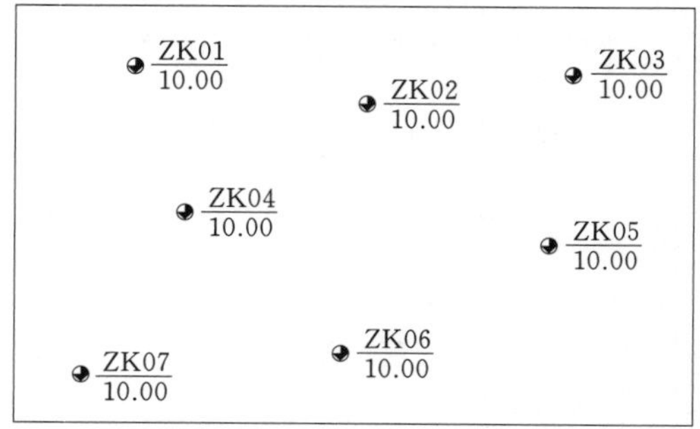

(b) 成果图

图 13.3.9　“任意点选”布置勘探点图示

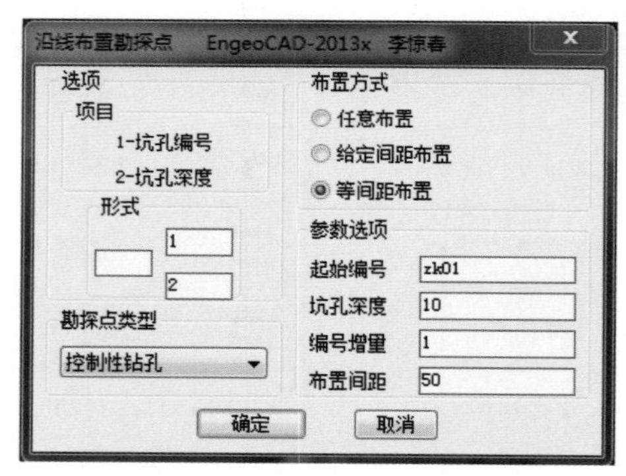

(a) 对话框

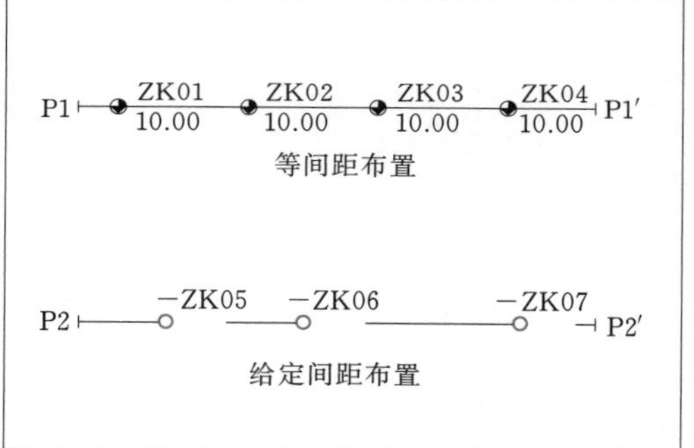

(b) 成果图

图 13.3.10　“沿线布置”勘探点图示

勘探点布置完成后，系统自动生成对应的勘探点属性表，含有每个勘探点的编号、孔口高程、设计深度、坐标和类型等信息，见表 13.3.12。该勘探点属性表与 EGD 数据库钻孔属性表通用格式相同，用户将其导出并进行再编辑后，可直接导入 EGD 勘察数据库。

表 13.3.12　EGCAD 导出/导入的勘探点属性表示例

A	B	C	D	E	F	G
编号	高程	深度	坐标 X	坐标 Y	类型	—
ZK01		10	153.08	198.18	控制性钻孔	
ZK02		25	177.98	200.44	控制性钻孔	

续表

A	B	C	D	E	F	G
ZK03		25	209.78	203.31	一般性钻孔	
ZK04		10	208.58	175.43	取土样钻孔	
ZK05		10	207.54	154.65	压水试验钻孔	
ZK06		105	179.35	158.79	长期观测钻孔	
ZK07		35	150.53	163.57	波速测井钻孔	

“展绘勘探点”功能即是 EGCAD 自动调用导入 EGD 数据库的勘探点属性表，读取其信息并显示在如图 13.3.11 所示的对话框右侧窗口内，用户选中想要展布于平面图中的勘探点，点击“确定”后系统即自动将其定位于平面图中。

针对综合地质平面图中常用的地层界线、地形地貌界线以及岩性风化界线等要素，EngeoCAD 开发了专门的专业线型库，如图 13.3.12 所示。用户在平面图编绘界面下，在对话面板中选择相应的线型即可。展绘于平面图中的各类专业化界线，EngeoCAD 均赋予了其相应的专业属性库，包含了专业类型、几何属性等信息，在后续的“剖切”以及其他相关专业分析功能中，系统均可自动识别并读取其信息。

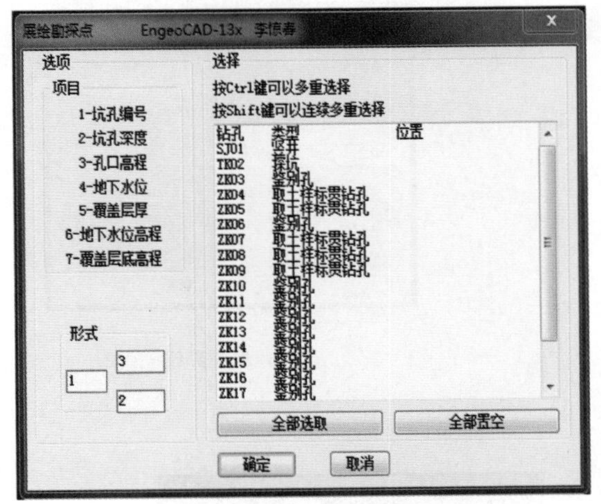

图 13.3.11　“展绘勘探点”对话框

对于更为复杂的地质专业信息，如断层带、节理、裂隙、岩脉等结构面，野外测绘获取的只是局部或点状的量测信息，传统的计算机绘图软件均以“描图”形式实现其电子化输入。EGCAD 针对此开发了如图 13.3.13（a）所示的对话框，用户只需将野外量测数据输入对话框，系统即可自动在平面图中绘制其形迹线，如图 13.3.13（b）所示。该图为图 13.3.13（a）中输入数据所代表的结构面平面展绘结果：编号为 f5，野外量测产状为走向 330°、倾向 SW、倾角 70°的断层轨迹线。

“平面图助手”包含了如“书写地层代号”“书写地层产状”“标注桩号”“标注剖面线”以及平面图中常用的专业化量测、查询与分析等功能，是用户完善平面图专业化内容的重要手段。

平面图形编绘过程中，EGCAD 自动将几何对象与专业属性结合，建立了“平面图形数据库”。EGCAD 最具特色的“结构面轨迹”“剖切”“平切”“定向分类信息提取”以及“图面整饰”等功能均是系统调用“平面图形数据库”而实现的。

2. 剖面图编绘

剖面图是工程地质勘察的重要成果图件，是体现地质勘察成果信息的主要载体。

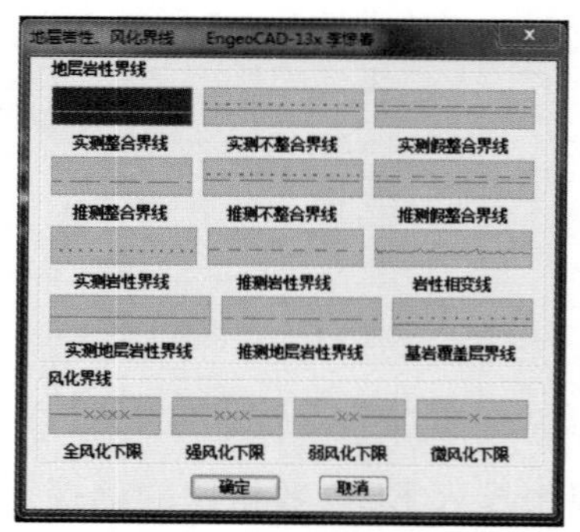

(a) 地层岩性、风化界线

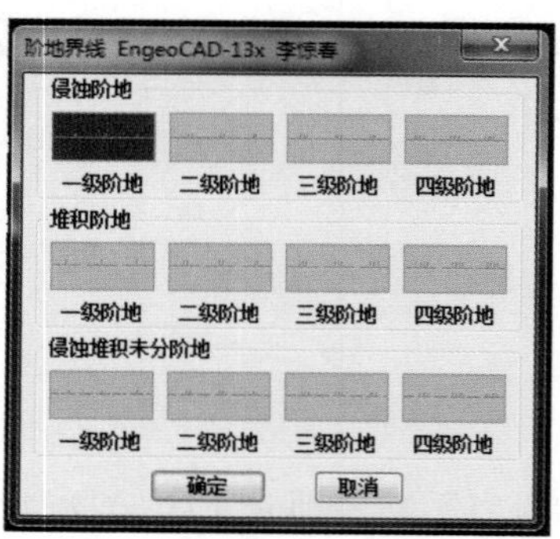

(b) 阶地界线

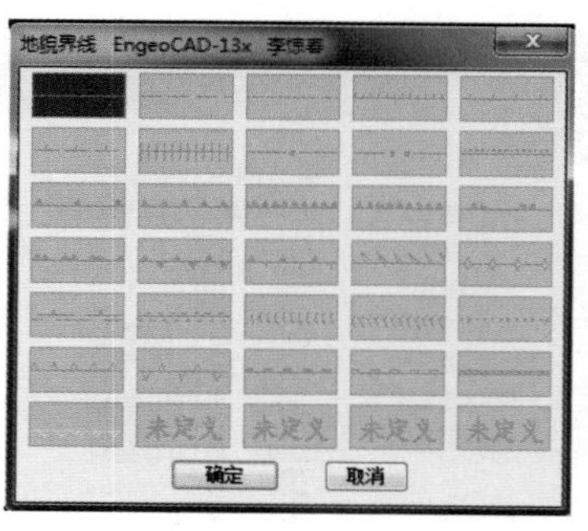

(c) 地貌界线

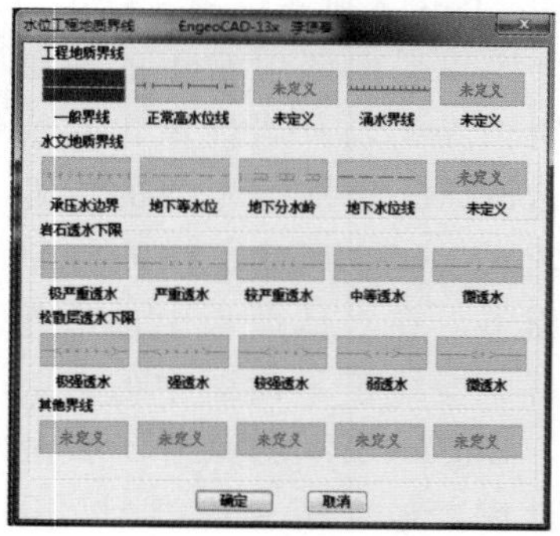

(d) 工程水文地质及其他界线

图 13.3.12　EngeoCAD 专业线型库选择面板图示

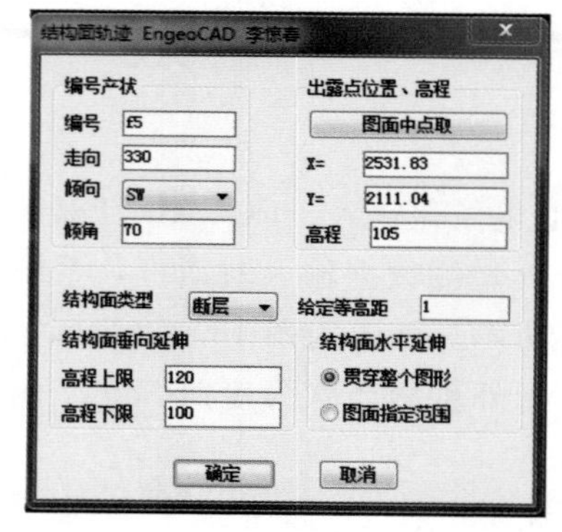

(a) 对话框

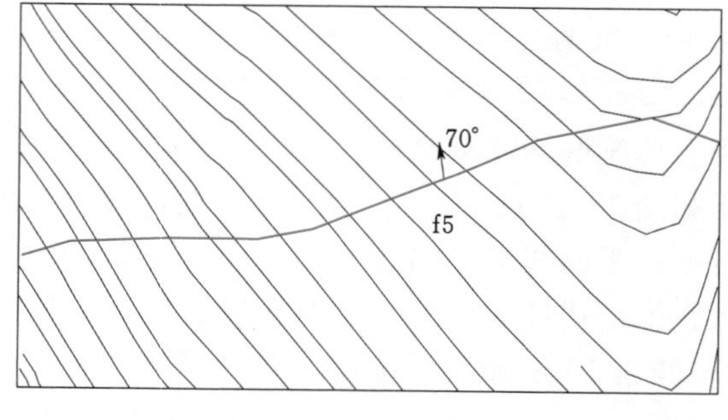

(b) 结构面轨迹平面图示

图 13.3.13　结构面绘制对话框及图示

EGCAD 的剖面图编绘功能包括自动剖切、生成剖面草图、草图编辑以及成果图入库等。在功能菜单与工具按钮的分组与设计上，兼顾了绘图效率与用户的专业习惯，对图形编辑功能进行了再分组（地层、钻孔、层序等），对诸如标注、辅助连线（水位、孔口）、查询等系列非主要功能同样集成为“剖面图助手”功能组。

在 EGCAD 中绘制一张信息全面、符合专业要求的地质剖面图，一般需按以下流程操作：

(1)“剖切地质剖面”。该功能的执行界面为“平面图”。即用户在平面图中选中拟绘制剖面图的多段线（勘探线），系统即自动搜索、识别、量测读取与该剖面线相关的平面图元（一般包括高程线或点、专业界线、勘探点等）信息，并将其存储到工程数据库中。

执行“剖切地质剖面”命令后的系统对话框如图 13.3.14（a）所示，需要用户为系统指定在平面图中拟搜索的对象类型（选择项目）和平面范围（即剖切范围，指搜索对象距离剖面线的最远距离），并为剖面线命名。点击“确定”后，系统即生成以剖面线名称为文件名的多个类型文件，自动保存到该工程目录下，文件名均为“剖面线名称”，如图 13.3.14（b）所示。“剖面线名称”也是下一步“生成地质剖面”时的系统索引名，如图 13.3.16 所示。

图 13.3.15 为示例所用的平面图部分截图，图中多段线“$Q—Q'$”即为用户指定的勘探剖面线。

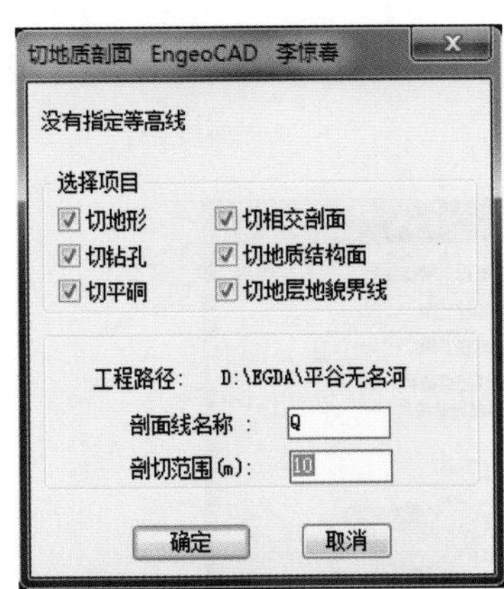

(a) 对话框

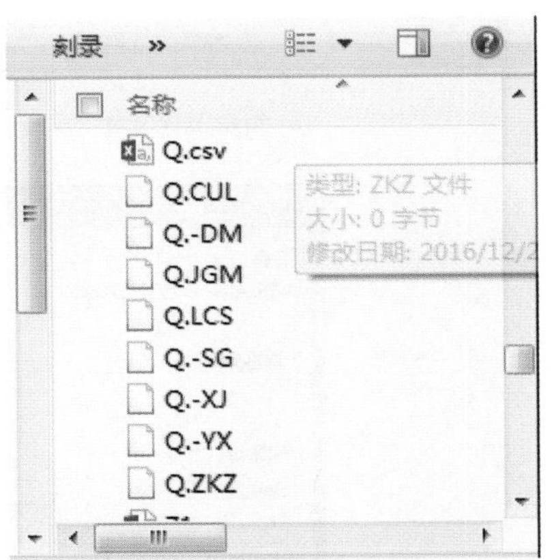

(b) 以剖面线名称命名的系统文件

图 13.3.14　“剖切地质剖面”功能设置与执行结果

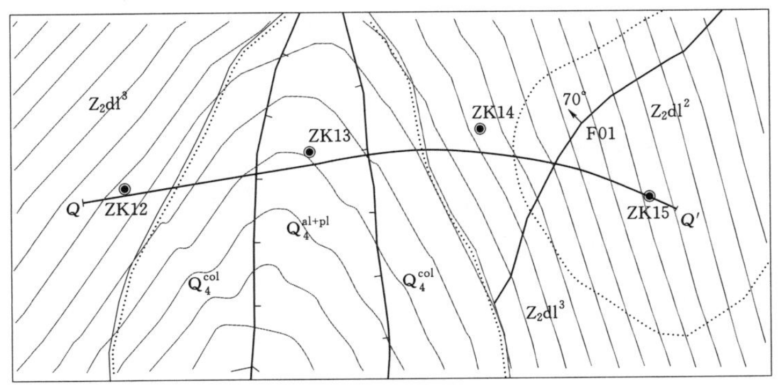

图 13.3.15　EGCAD 图形编绘示例用平面图

（2）“生成地质剖面” 。该功能实质上是用户向EGCAD发出一系列指令，引导其调用前述“剖切”信息，并在新的图形窗口中将剖切信息沿剖面线展绘成图形元素的绘图过程，如图13.3.16所示。用户点击“生成地质剖面”功能按钮或菜单后，系统首先弹出“指定工程文件”对话框［图13.3.16（a）］，要求用户选择“剖切文件”（Q.＊）所在的工程文件（＊.－GC）；然后弹出该工程所包含的所有“剖

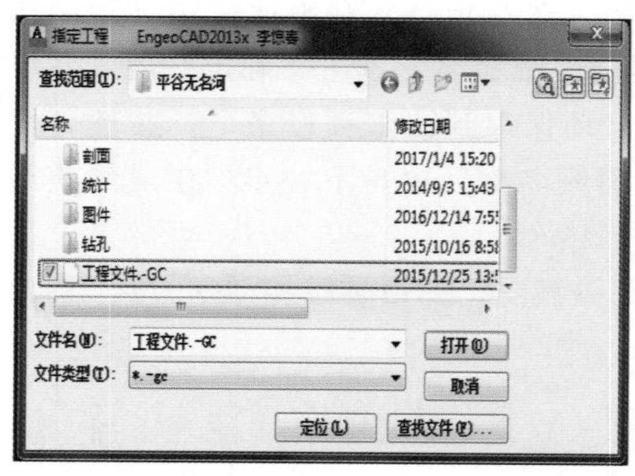

(a) 指定工程文件

(b) 选择剖切文件

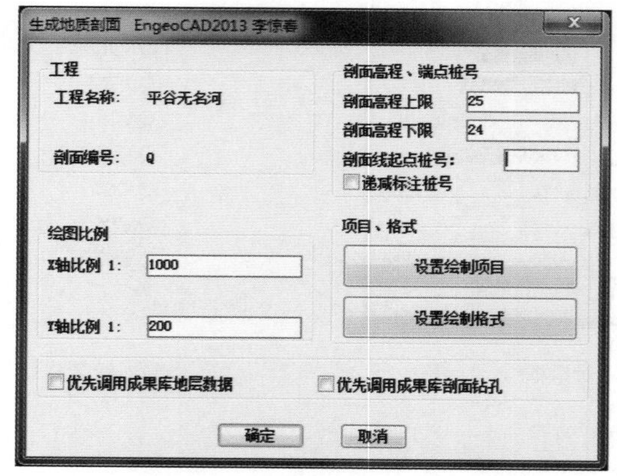

(c) 剖面图设置对话框

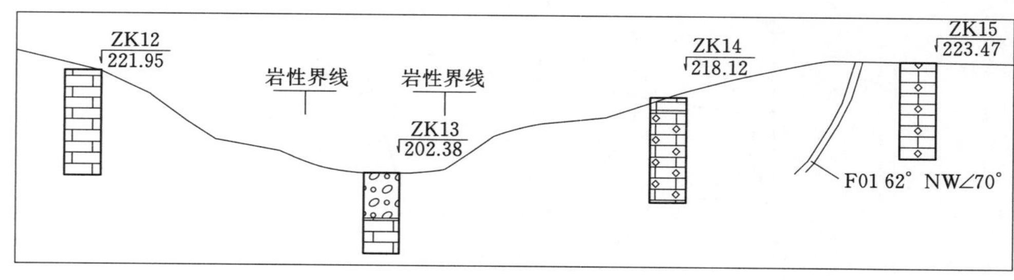

(d) 剖面草图（Q剖面）

图13.3.16　“生成地质剖面”运行过程及结果

切文件”列表框［图 13.3.16（b）］，用户选中拟绘制草图的剖面线名称（可以多选或全选），系统即弹出如图 13.3.16（c）所示的对话框，要求用户设置拟绘制剖面草图的比例尺、高程限值、图形要素及格式等；点击“确定”后，则系统自动绘制如图 13.3.16（d）所示的剖面草图。

剖面草图中的每个钻孔位置处显示其钻孔编号、深度、地层柱（不同岩土类别以不同的岩性花纹和颜色分别显示）、取样、原位试验等信息，与剖面线平面交叉的地质界线及结构面等也可在草图中显示。

剖面草图有利于用户在正式编辑绘制剖面图之前，对剖面线沿线的地层结构、岩土层类型及分布有宏观的总体认识，对沿线勘探点的分布及其合理性进一步核查，也便于对勘察工作方案的实时调整。

（3）“编辑”剖面图。这个过程是用户利用专业知识与计算机交互作用的复杂过程，具体包括合理划分地层并连线、正确识别薄夹层或透镜体并使其在图中显示、填充岩性花纹、结合区域水文地质条件正确判断场区地下水分层并连线、标注水位线等。

EGCAD 系统对剖面图编绘过程中最常用的选择对象、连线、封闭区域、填充区域、批量标注等功能都进行了深度开发，最大限度地提高了勘察工程师的绘图工作效率。剖面图编辑的主要对象是地层图元，EGCAD 系统中的每一个地层图元即是一个多段线图元对象（辅助地层多段线），所有对地层的操作编辑（如分层、合并、删除、连线、修改地层名称等），只需选中该多段线图元对象后执行系统相应的功能命令即可，如图 13.3.17～图 13.3.19 所示。

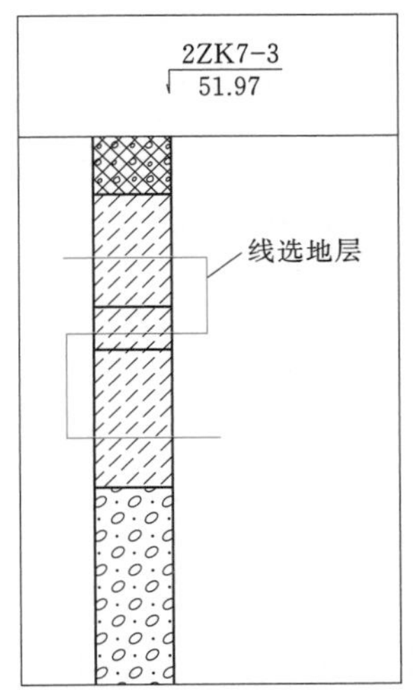

(a) 选中拟合并的地层多段线

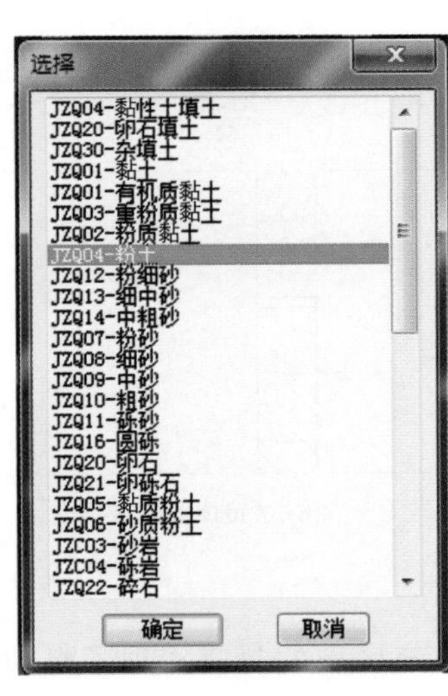

(b) 选择合并后的岩性类型

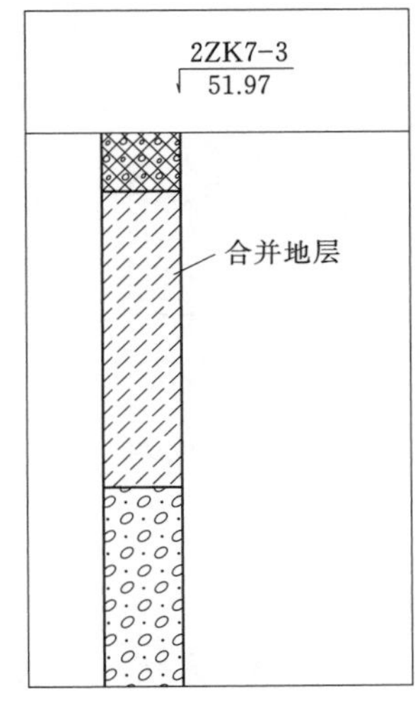

(c) 合并后

图 13.3.17　剖面图中“合并地层”

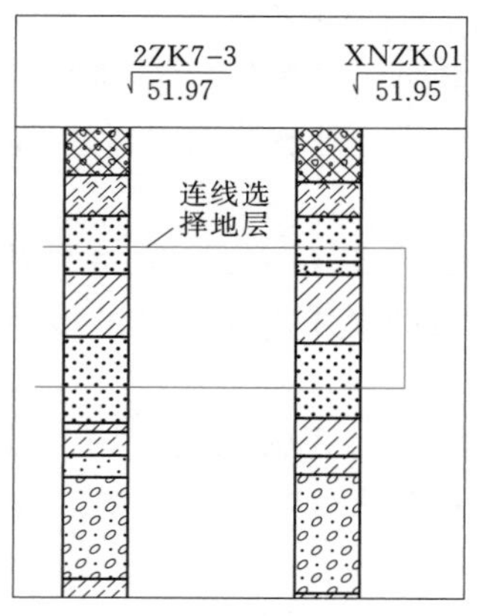

(a) 选中拟更改的地层多段线

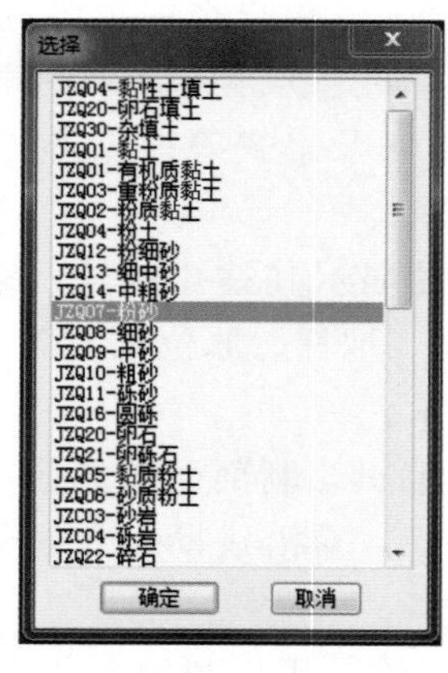

(b) 选择更改后的岩性类型

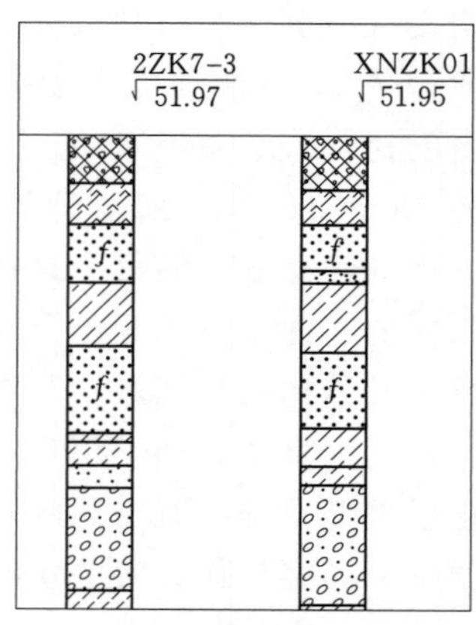

(c) 更改后

图 13.3.18　剖面图中“更改地层”

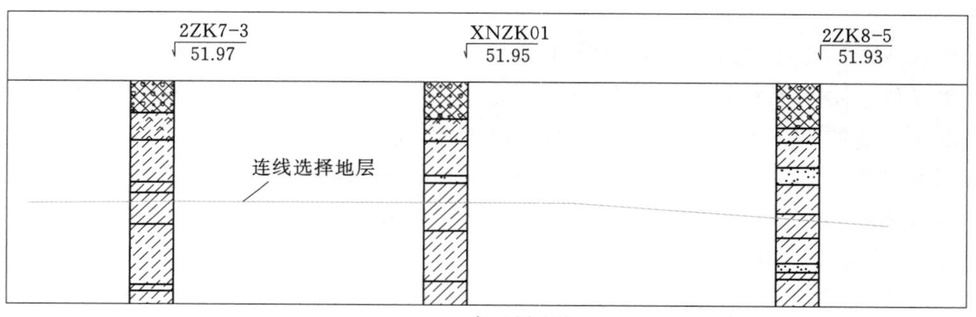

(a) 一般地层连线

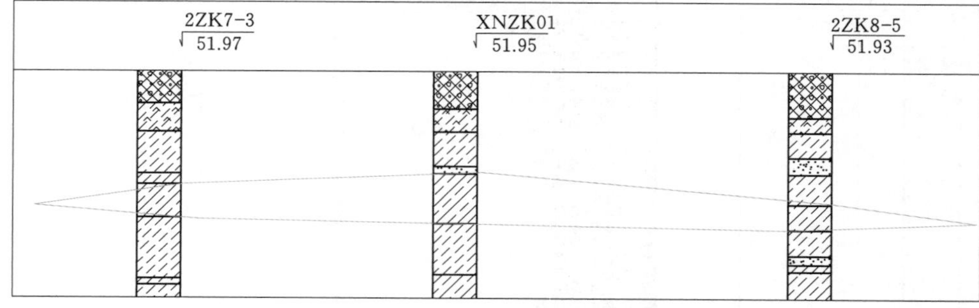

(b) 透镜体地层连线

图 13.3.19　剖面图中“地层连线”与“透镜体地层连线”

EGCAD系统对岩性花纹填充区域的封闭实现了自动化，即用户执行“封闭剖面”命令后，系统自动搜索剖面图中的地层线、地面线以及钻孔等图元或数据库信息，自动封闭整个剖面图幅中需要填充的区域，如图 13.3.20 所示。用户可以“点选填充岩性花纹”，以逐一填充每一个封闭区域；也可“线选填充岩性花纹”，一次性填充剖面图的局部区域或全部图面范围，如图 13.3.21 所示。

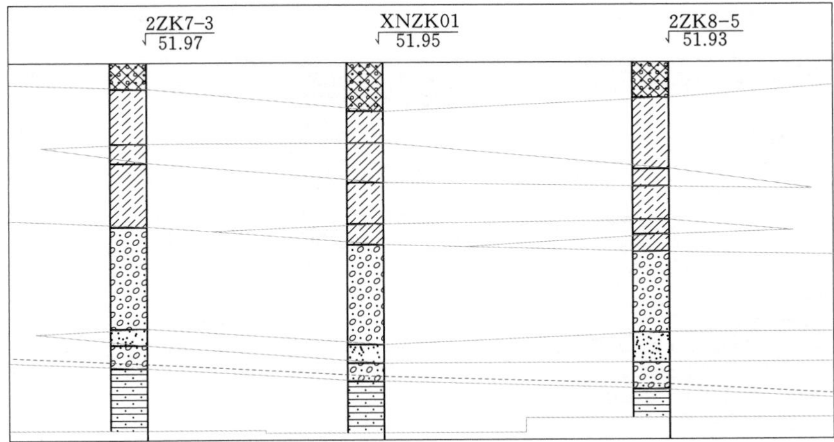

图 13.3.20　地层连线完成且执行“封闭剖面”后的剖面草图

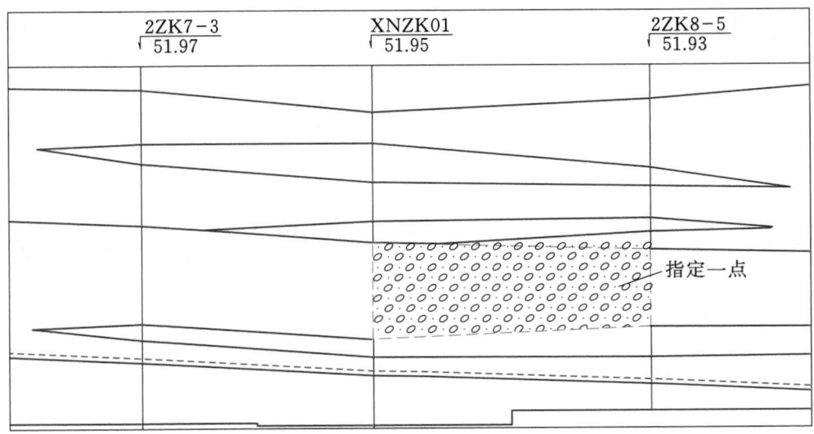

(a)“点选填充岩性花纹”填充后

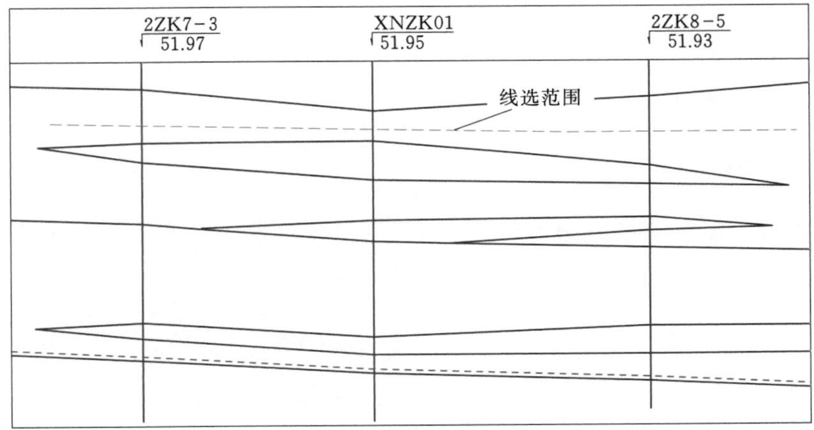

(b)“线选填充岩性花纹”线选范围

图 13.3.21（一）　“地层岩性花纹填充”图示

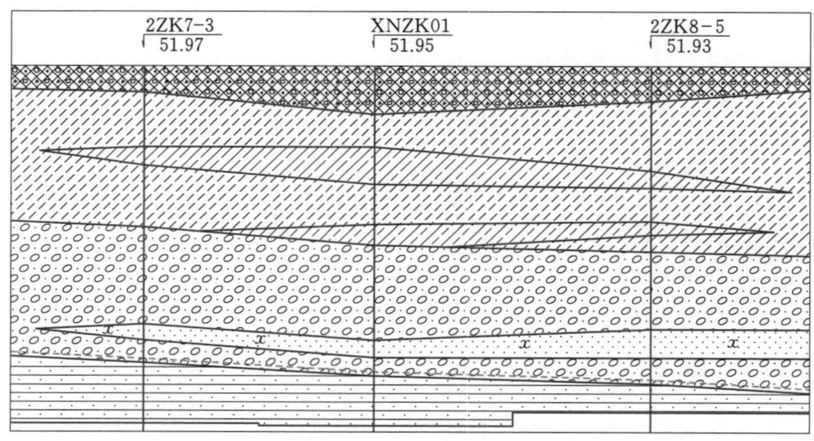

(c) “线选填充岩性花纹”填充后

图 13.3.21（二）　“地层岩性花纹填充”图示

第四系土层层序的标注是剖面图编绘的内容之一，人工逐一标注比较费时费力。EGCAD 系统开发了“设置层序”和自动“标示层序”功能，不仅使标注层序变得简化，而且使基于地层层序的信息提取和统计功能实现了在可视化图形界面中的操作，如图 13.3.22 所示。

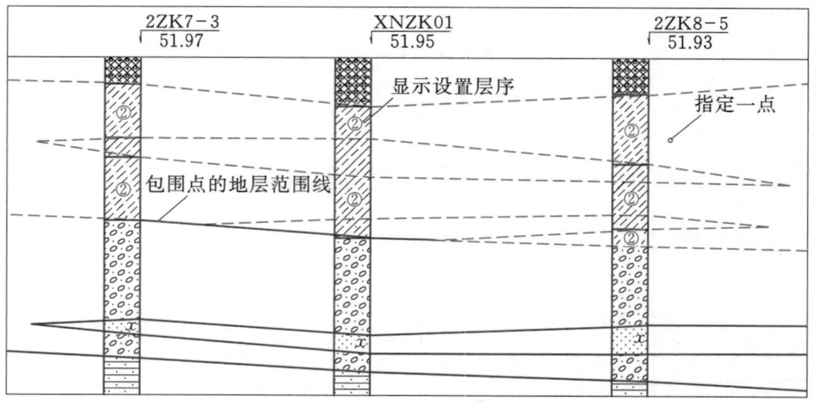

(a) “设置层序”

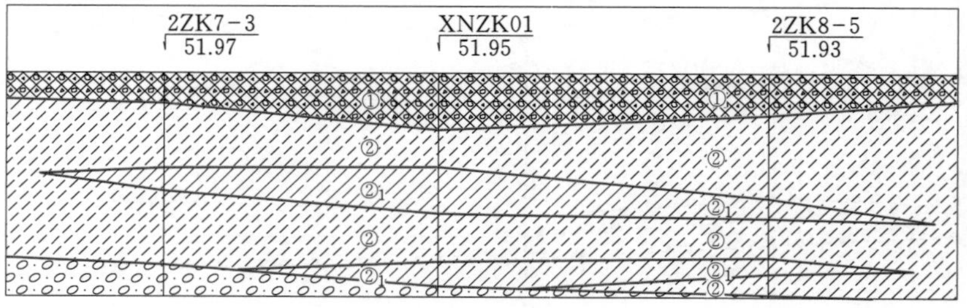

(b) “标示层序”

图 13.3.22　“地层层序标注”程序图示

一幅信息完整、专业且美观的地质剖面图，通常还包括坐标尺、图名和比例尺、钻孔间距以及用户根据自身喜好或专业需求选择需要添加的其他类型的标注信息等。EGCAD 以水利水电工程地质剖面图的专业需求为基础，开发了大量的自动化标注和绘制功能，这里不一一列举说明，用户在使用该系统时即可轻松体验其方便性和优越性。图 13.3.23 为其部分功能的用户对话界面示意图。

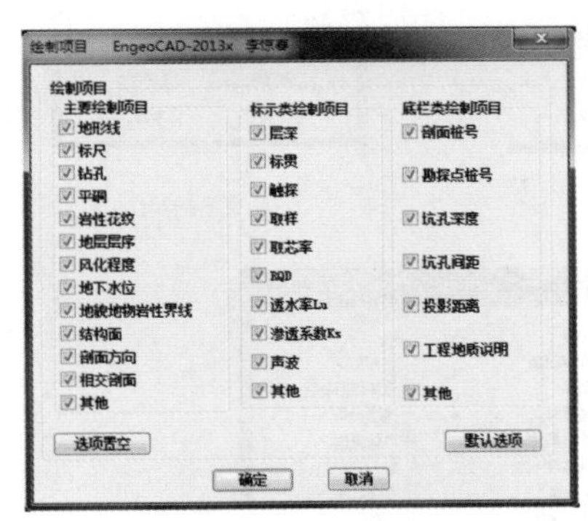

(a) 绘制项目设置

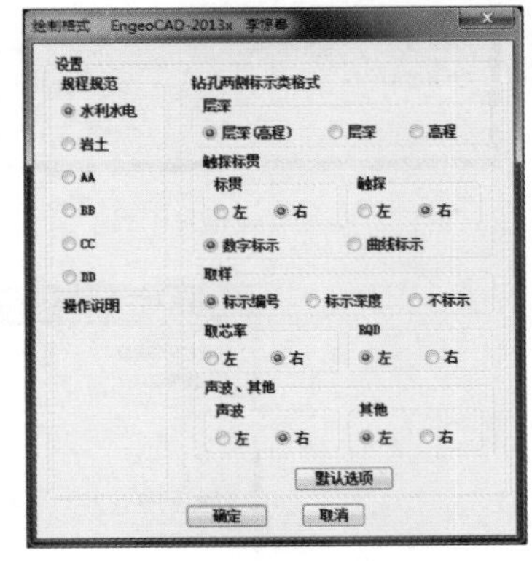

(b) 标注信息格式设置

图 13.3.23　EGCAD 剖面图编绘部分功能设置对话框

（4）剖面图编绘成果“入库”与“展绘”。用户对地质剖面图的专业化编辑成果是勘察成果的重要组成部分。实现对剖面图中专业化信息成果（如地层、层序、岩性、试验数据等）的存储与读取是 EGCAD 制图系统与单纯的绘图软件（仅存储图元的几何信息）的重大区别所在。为此，EGCAD 系统要求用户在每次完成对剖面图的专业编辑和修改后，均应执行剖面图“编绘成果入库”功能，以使系统更新保存每个图元对象的最新几何信息与专业信息，下次编辑和调用时即可继承上次的编辑修改成果。

EGCAD 系统对剖面图成果信息的存储开发了专门的“成果数据库”。该数据库与 EGD 勘察数据库是两个独立的数据库系统，即用户对剖面图中钻孔、地层等信息的编辑修改不会影响其原始勘察数据库中的相应信息，原始勘察数据的可追溯性不受任何影响。用户对同一钻孔数据的多次调用，可以选择调用其原始勘察库中的信息，也可以选择调用其编辑后“成果数据库”中的相应信息。

3. 图表编绘

EGCAD 图表编绘模块包括对钻孔柱状图、钻孔压水试验成果图表、岩土颗分试验成果图表以及平切结构面图四类图表的编绘。这四类图表的专业数据输入口均为 EGD 勘察数据库主界面，部分图面信息需用户在 AutoCAD 界面下输入，图表的绘制全部由系统自动完成。由于该部分功能简单、操作简便，这里不做详细介绍。下面仅对生成钻孔柱状图、颗粒分析粒径级累计曲线的操作流程及成果进行说明。

按如图 13.3.24 所示的三步绘制钻孔柱状图，即指定工程→选择钻孔→设置柱状图绘制参数（含类型、比例和绘制内容等）。图 13.3.25 为一钻孔柱状图的成果示例。

(a) 指定工程

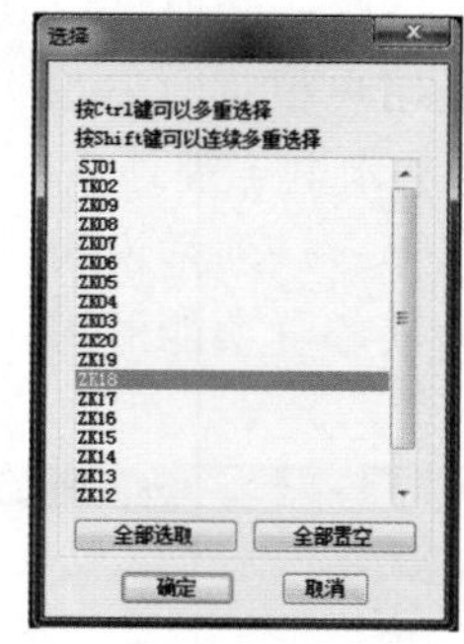

(b) 选择钻孔

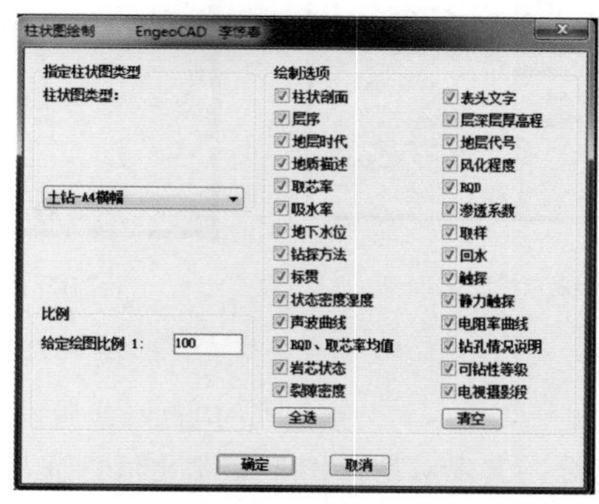

(c) 绘图设置

图 13.3.24　EGCAD 绘制钻孔柱状图基本流程

颗粒分析粒径级累计曲线绘制也需要类似的三步：指定工程→选择拟绘制曲线的土样编号→绘制颗分曲线，如图 13.3.26 所示。在绘制颗分曲线前，必须保证相应工程的土工试验成果表已按 EGCAD 系统要求的通用格式导入数据库中，否则无法选择绘制。

4. 图面整饰

EGCAD 图面整饰功能模块主要包括对平面图和剖面图添加图例、图框、签字栏（也称标题栏）、指北针以及对大型图幅的分幅输出等功能。图框、签字栏的格式设置对话框如图 13.3.27 所示，图 13.3.28 为一成果图示例。

大型图幅的分幅输出是 EGCAD 图面整饰功能开发的主要部分，其改变了以往在 CAD 布局界面中通过建立视口进行手工分幅的过程，而且还消除了因用户旋转坐标、接图等人工操作而产生误差或错误的可能性。图 13.3.29 为 EGCAD 图面分幅的基本流程，下面分步介绍。

(1) “布置分幅窗口”指用户自行设计单幅输出图形的尺寸，并在 CAD 模型绘图空间中绘制和排列代表各单幅图形的矩形图框的过程（图 13.3.30）。每一个矩形图框即为一个“分幅窗口”。

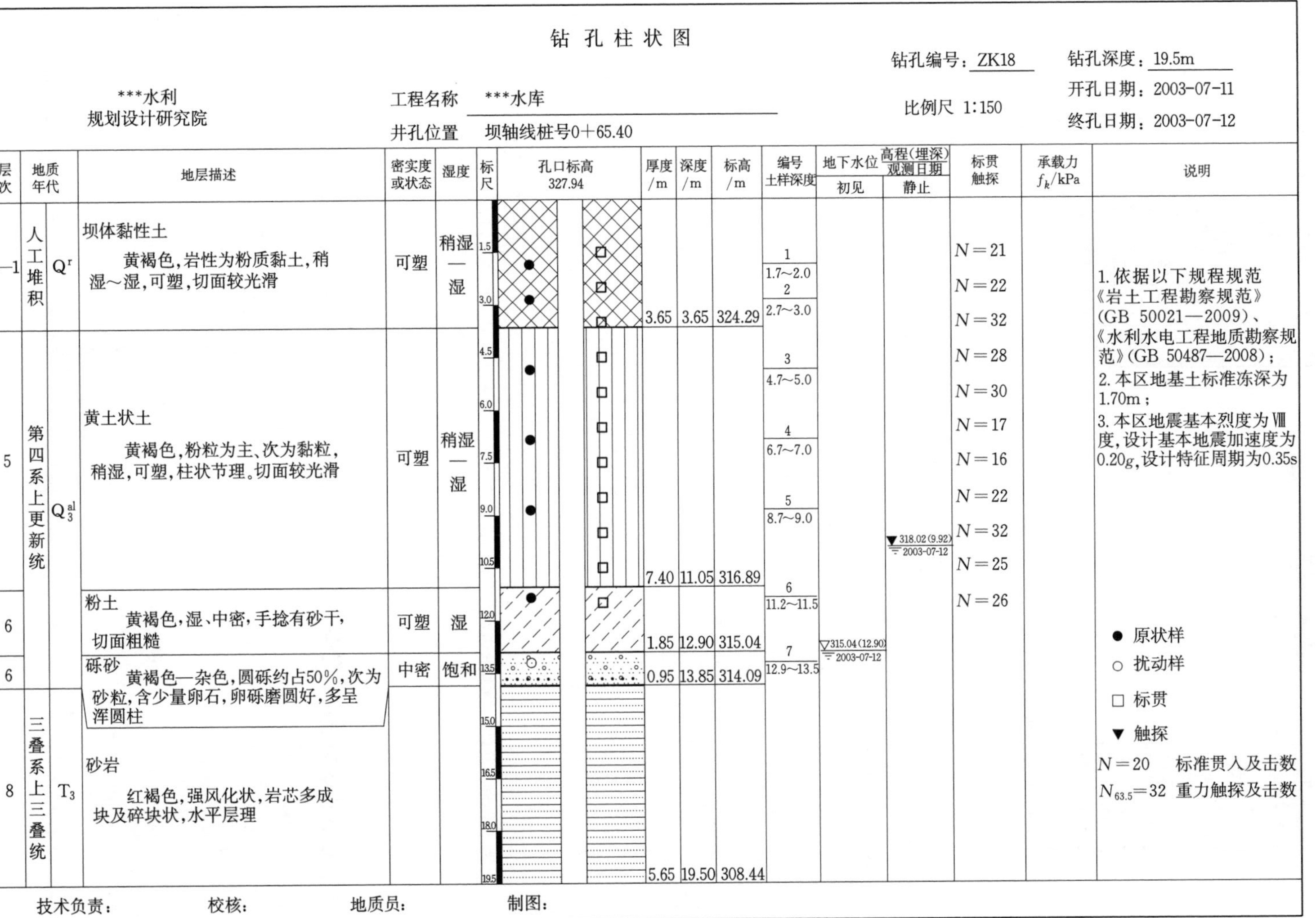

图 13.3.25　EGCAD 钻孔柱状图成果示例

(a) 指定工程

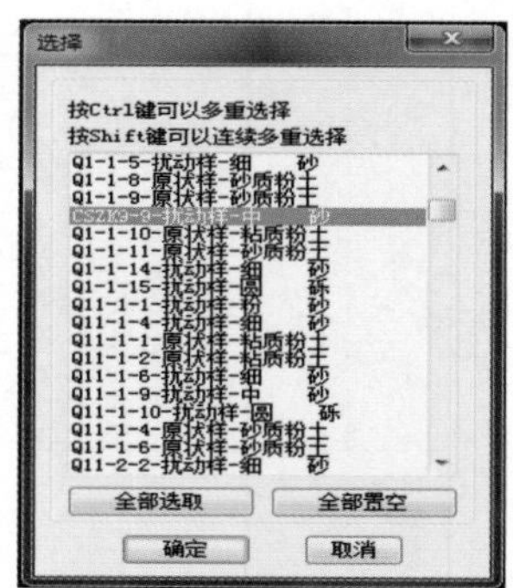

(b) 选择土样

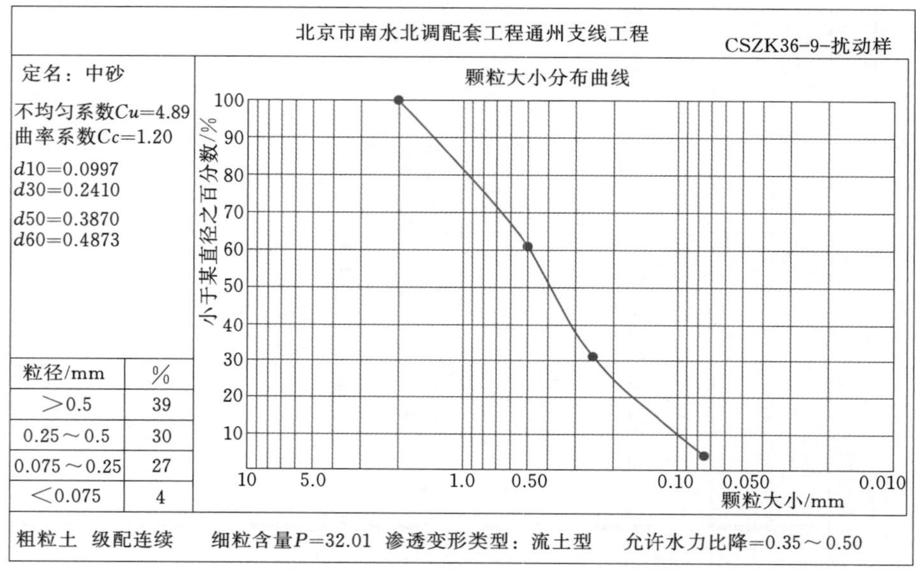

(c) 绘制颗分曲线

图 13.3.26　EGCAD 颗粒分析粒径级累计曲线绘制流程及成果图示

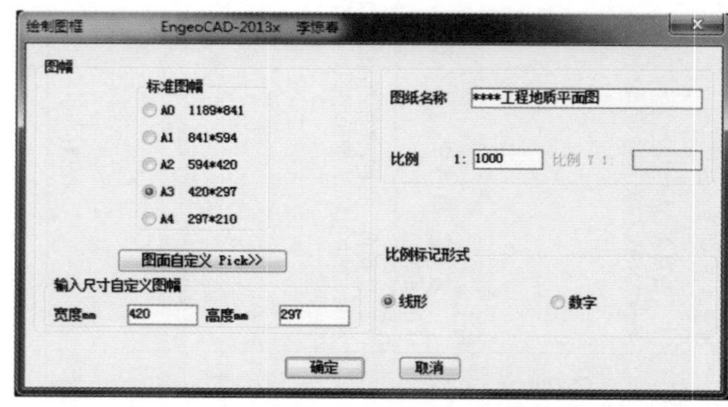

(a) 图框设置对话框

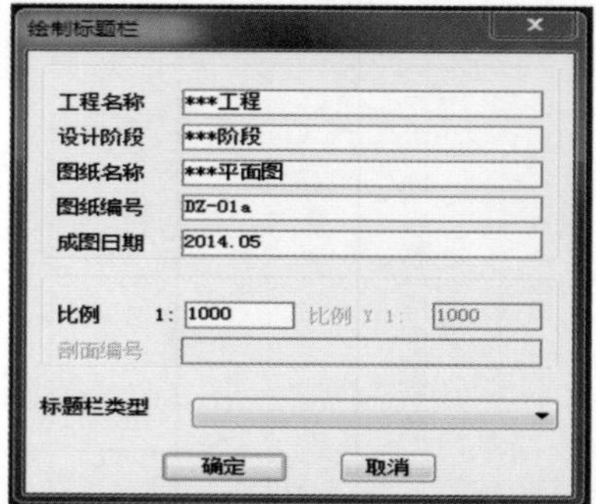

(b) 签字栏设置对话框

图 13.3.27　EGCAD 图框及签字栏设置对话框

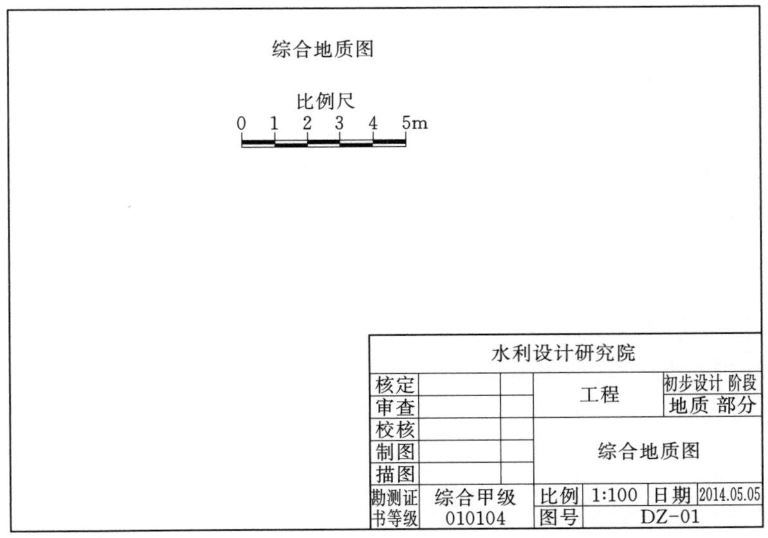

图 13.3.28　EGCAD 图框及签字栏成果图示例

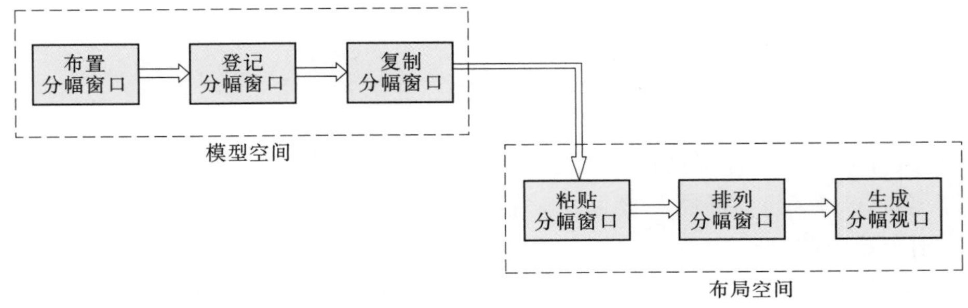

图 13.3.29　EGCAD 图面分幅基本流程示意图

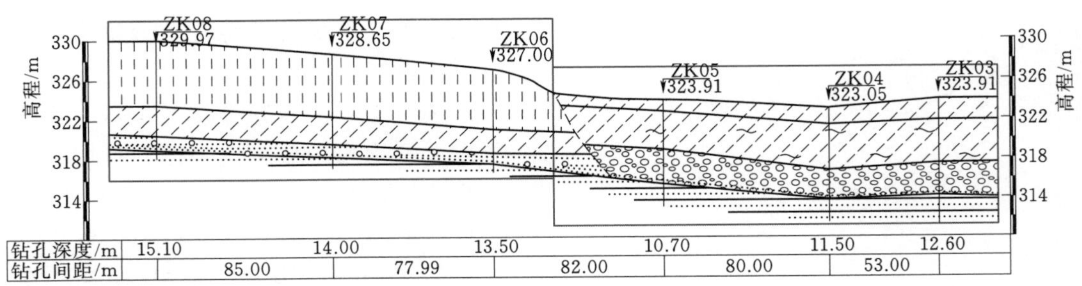

图 13.3.30　模型空间中“布置分幅窗口”

（2）“登记分幅窗口”指用户在图形界面下点击“登记分幅窗口”菜单或相应的工具按钮后，首先按照系统在 AuoCAD 命令行中的“选择对象”提示，依次逐一选中每个分幅矩形图框，按“回车”键确认；其次按照系统在命令行中的“指定窗口左下角点序号”提示，依次输入每个分幅窗口的左下角点序号，然后再按“回车”键确认的全过程。

用户在“布置分幅窗口”时绘制的分幅矩形框，EGCAD 系统为其设定了四个角点的序号：从左下角开始，按逆时针方向，依次编为 0、1、2、3，如图 13.3.31（a）所示。“登记分幅窗口”中要求“指定分幅窗口左下角点序号”时，如果输入“0”（系统默认为 0），则表明在后续的“生成分幅视口”中要求系统按初始绘制的矩形框方向绘制分幅图形；若输入非“0”数字，则表明在“生成分幅视口”时要求系统对分幅图形进行旋转，使其左下角与指定序号对应的矩形图框角点相对应。图 13.3.31（b）～（d）依次展示了分别输入“1”“2”和“3”时对应的分幅图形变化情况。

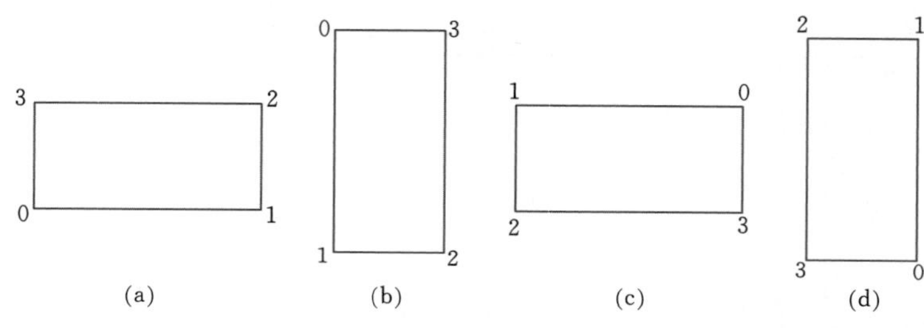

图 13.3.31　分幅图形随左下角点的变化过程

（3）执行完“登记分幅窗口”全过程后，选中全部分幅矩形框，执行“复制”命令，切换至 AutoCAD“布局”界面中，执行“粘贴”命令，则完成将登记分幅窗口“复制”到布局中的过程。

（4）单击“排列分幅窗口”工具按钮或菜单，按系统命令行提示输入“排列方式”命令（H 为横排，V 为竖排），系统自动将分幅窗口按指定的方式进行排列，如图 13.3.32 所示。

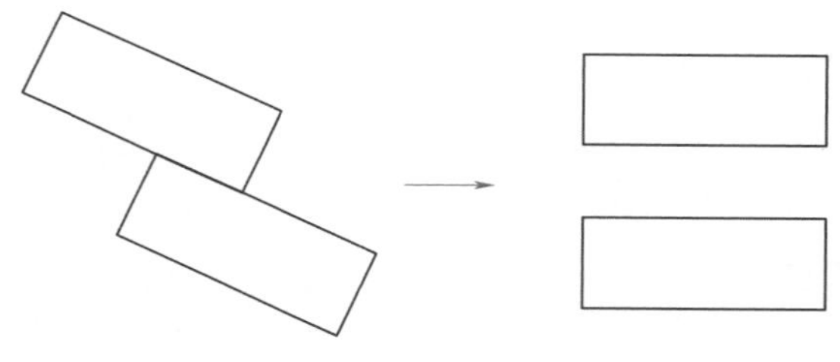

图 13.3.32　“排列分幅窗口”后的布局空间图示

（5）单击“生成分幅视口”工具按钮或菜单，系统自动将每个分幅窗口生成分幅视口，如图 13.3.33 所示。

按上述 5 个步骤操作后，基本完成了对大型图幅的分幅。要达到打印输出的规范性要求，还需对分幅图进行图名、图框、图例、图幅编号、签字栏等必要信息的添加和完善。EGCAD 绘图系统中，这些图面信息的添加基本上是一键完成的，用户只需根据自己的要求对其进行常规编辑。

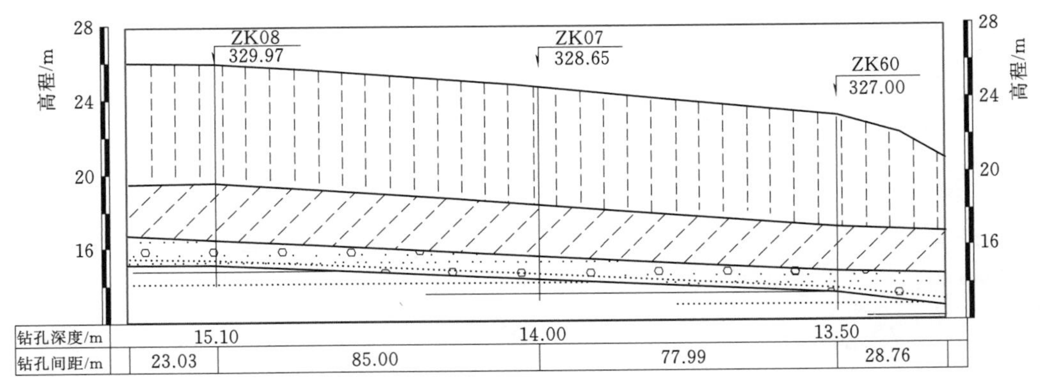

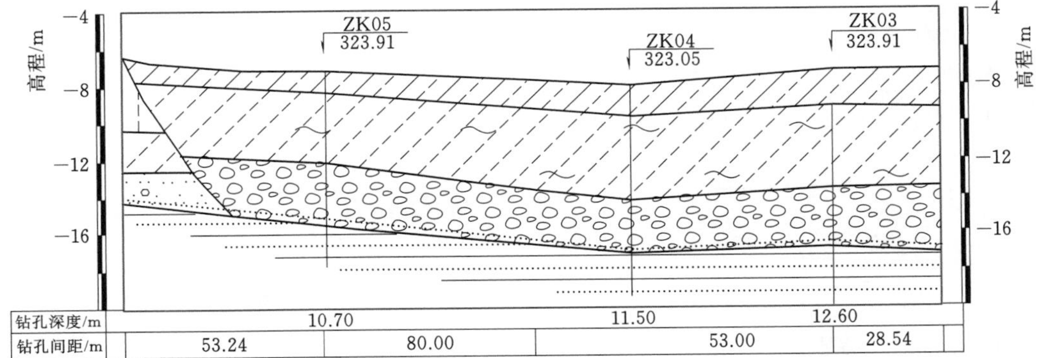

图 13.3.33　“生成分幅视口”后的布局空间图示

13.3.4　EGSA 信息提取与统计分析

EngeoCAD 系统基于“图形数据库”的开发理念，建立了具有地层层序信息的成果数据库、图形数据库与 Excel 平台的对接，不仅实现了图面专业信息的分类和定向提取，而且使勘察信息数据的常规统计分析与计算变得快捷而准确，大大提高了勘察数据内业整理的工作效率和准确度，这就是它的 EGSA 模块。

EGSA 模块的信息分类提取，是指系统可以将同类勘察信息数据，如标准贯入试验数据、动力触探试验数据、室内土工试验数据、同一岩土层（层序号相同）的信息数据等从平面图或剖面图中分别读取，并将结果写入 Excel 格式文件，用户即可以在 Excel 平台上对数据进行整理与分析；信息的定向提取是指用户可以在 CAD 图形界面中任意选择拟提取信息的勘探点，系统提供一键全选和定向框选的功能，操作方便。

EGSA 模块的统计分析功能主要包括试验数据的常规数理化统计指标（样本数量、平均值、标准差等）计算与土层液化定量判别（包括了常用岩土工程勘察规范如《建筑抗震设计规范》《水利水电工程地质勘察规范》《公路工程地质勘察规范》等中的判别方法）。

EGSA 信息提取功能在 CAD 图形界面下操作，各项提取功能的运行菜单、命令与工具按钮图标如表 13.3.13 所示，集成化工具面板如图 13.3.34（a）所示。统计分析功能在 Excel 平台中实现，执行软件程序文件夹《注册安装》中的“安装统计分析”文件，EGSA 分析功能即可安装在 Excel 平台，工具面板如图 13.3.34（b）所示。

表 13.3.13 EGSA 功能菜单及命令一览表

分项功能	下拉式菜单	图标	命令
提取土工试验	EGCAD→信息提取→提取土工试验		TQTGSY
提取标准贯入	EGCAD→信息提取→提取标准贯入		TQBG
提取动力触探	EGCAD→信息提取→提取动力触探		TQCT
提取地层	EGCAD→信息提取→提取地层		TQFCDC
提取水位	EGCAD→信息提取→提取水位		TQSW
提取剖面土样	EGCAD→信息提取→提取剖面土样	○	TQPMTY
提取勘察工程量	EGCAD→信息提取→提取勘察工程量		TQGCL
提取分类勘察工程量	EGCAD→信息提取→提取分类勘察工程量		TQFLGCL

(a) 信息提取

常规统计 剔除 还原 液化计算

(b) 统计分析

图 13.3.34 EGSA 模块集成化工具面板图示

EGSA 信息提取功能的数据来源为 EGD 勘察数据库和前述的剖面图“成果数据库”，信息提取的目的是为后续的统计分析服务的。以“液化计算”为例，用户需执行以下操作过程。

(1) 在打开的平面图或剖面图中，执行“提取标准贯入”命令，按系统提示在图面中定向选取拟参与统计分析的钻孔。如图 13.3.35 所示，矩形虚线框即为确定的图面选择范围，其内 J5－1、J5－2 为选中的钻孔。选中后，EGSA 则调用“成果数据库”中相应钻孔的地层信息和土工试验信息，建立如表 13.3.14 所示的标贯信息表，并自动打开。该表中每个标贯试验数据（标贯击数）及其对应的“黏粒含量”是依据“取样深度”和“标贯深度”自动进行“层序”归属的。

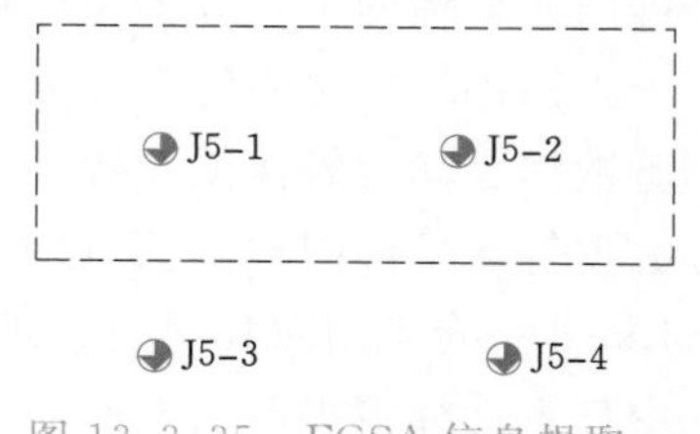

图 13.3.35 EGSA 信息提取图形范围选择

(2) 执行“统计分析”中的“液化计算”功能，系统弹出“规程规范”选择对话窗口（图 13.3.36），选中并输入“标贯基准值”和“不液化黏粒含量”后点击“确认”，系统即可自动进行液化判断计算，结果见表 13.3.15。

表 13.3.14　　EGSA 标贯信息提取结果表

钻孔编号	层序	地层	标贯击数	标贯深度	地下水位	黏粒含量	层顶	层底
J5－1	2.1	粉土	5	1.65	15	17	0.8	3
J5－1	2.1	粉土	6	2.65	15	14	0.8	3
J5－1	2.1	粉土	16	4.65	15	13	3.7	7
J5－1	2.1	粉土	14	6.15	15	11	3.7	7
J5－1	3	细中砂	45	7.95	15	3	7	8.7
J5－1	5.1	中砂	50	25.31	15	3	24.6	25.8
J5－2	3	细中砂	26	7.95	5.9	3	7.5	9.8
J5－2	3	细中砂	50	9.42	5.9	3	7.5	9.8
J5－2	4.1	中砂	50	20.39	5.9	3	20	20.5
J5－2	5.1	中砂	50	25.82	5.9	3	25.2	27.8
J5－2	5.1	中砂	50	27.76	5.9	3	25.2	27.8

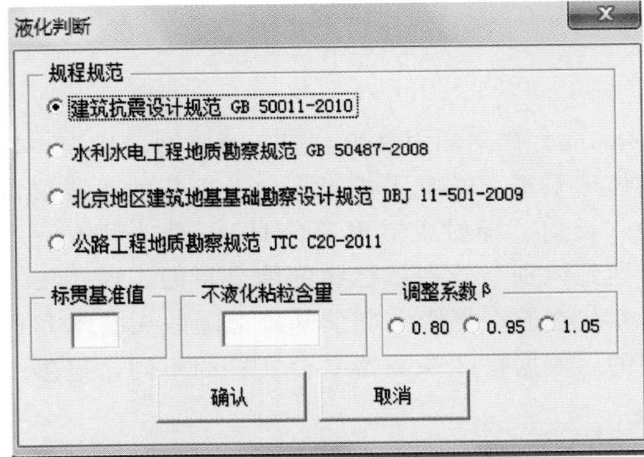

图 13.3.36　EGSA 液化判断"规程规范"选择窗口

表 13.3.15　　液化计算结果表

钻孔编号	层序	地层岩性	标贯击数 N	标贯深度 d_s	地下水位 d_w	黏粒含量 P_c	临界击数 N_{cr}	液化判断	标贯点权值 d_i	深度权值 W_i	击数权值 E_i	标贯点指数	液化指数
J5－1	2.1	粉土	5	1.65	2	17	4	不液化	0	10	0	0	7.29
		粉土	6	2.65	2	14	5	不液化	1	10	0	0	
		粉土	5	4.65	2	9	8.3	液化	1.55	10	0.4	6.16	
		粉土	8	6.15	2	11	8.6	液化	1.75	9.23	0.07	1.13	
	3	细砂	45	7.95	2	3	18.6	不液化	1.7	8.03	0	0	
	5.1	中砂	50	25.31	2	3	29.8	不液化	0	−3.54	0	0	
J5－2	3	细砂	11	7.95	2	3	18.6	液化	1.04	8.03	0.41	3.41	6.55
		细砂	13	9.42	2	3	20.1	液化	1.26	7.05	0.35	3.14	
	4.1	中砂	35	20.39	2	3	27.6	不液化	0	−0.26	0	0	
	5.1	中砂	42	25.82	2	3	30	不液化	0	−3.88	0	0	
		中砂	50	27.76	2	3	30.8	不液化	0	−5.17	0	0	

第 14 章　遥感与地理信息系统技术

14.1　简介

14.1.1　基本定义

遥感（remote sensing）广义的定义为：遥远的感知，泛指一切无接触的远距离探测。一般指通过人造地球卫星、航空飞机等平台上搭载的遥测仪器，从远距离获取目标物体的电磁波特性（反射、辐射或散射等信息），通过对该信息的传输、储存、修正、分析与解译等，达到识别与管理目标物的综合目的。遥感技术是一种综合探测技术，它是 20 世纪 60 年代在航空摄影和判读基础上随航天技术和电子计算机技术的发展而逐渐形成和发展的。根据搭载探测器平台装置的不同，遥感一般分航天和航空两大类。

传统的地理信息系统（geographic information system，GIS）的定义表述众多。1998 年，美国国家地理信息与分析中心的表述为“地理信息系统是一种为了获取、存储、检索、分析和显示空间定位数据而建立的计算机化的数据库管理系统[183]”。中国科学院院士陈述彭在《遥感大辞典》中将“地理信息系统”定义为“在计算机软、硬件支持下，把各种地理信息按空间分布或地理坐标，以一定格式输入、存储、查询检索、显示和综合分析应用的技术系统”[184]。更为通俗的表述为：地理信息系统是专门用于采集、存储、管理、分析和表达空间数据的计算机辅助系统。不管哪种表述，均表明了 GIS 是一种基于计算机的工具，可以对空间信息进行分析和处理；是把地图的可视化效果、地理信息分析功能和数据库操作（查询与统计分析）集成在一起的一种综合性科学技术。简单而言，GIS 是对地球上存在的现象和发生的事件进行成图和分析的一种计算机工具，是人们处理和分析空间信息、回答和解决空间问题的一门科学技术。

一般认为，GIS 是一个单一的软件系统，但却由多种不同的部件组成，如图 14.1.1 所示[185]。并不是所有的 GIS 系统都包括这些组件，但对于真正的 GIS，必要的组件必须包含在其中。

遥感是获取空间地理信息的重要手段，是公认的 GIS 重要的数据源。虽然遥感与地理信息系统是相对独立发展的两门学科与技术，但两者具有密不可分的关系，且越来越趋向于集成一体化。目前数字遥感图像的分析结果可以快速融合到地理信息系统中，大大提高了人们对遥感数据深度开挖和应用的能力，同时极大地丰富和增强了地理信息系统的服务时效。全球定位系统（GPS）、遥感（RS）和地理信息系统（GIS）统称为“3S”技术，是将空间技术、传感器技术、卫星定位和导航技术与计算机技术、通信技术相结合，多学科高度集成的对空间信息进行采集、处理、管理、分析、表达、传播和应用的现代化信息技术，是实现数字地球、资源信息化管理以及智慧城市建设等的重要基础与技术支撑。

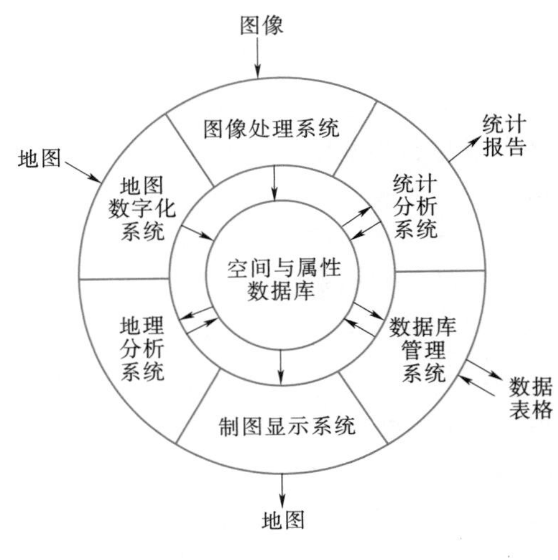

图 14.1.1　GIS 的组成

14.1.2　发展与应用

14.1.2.1　遥感发展与应用

现代遥感技术起源于 20 世纪 60 年代，以数字化成像方式为特征，是衡量一个国家科技发展水平和综合实力的重要标志。遥感科学与技术的发展和应用依托于航空航天、摄影测量、传感器以及信息处理等多学科技术的综合发展与应用，发展的主要方向是不断向高空间分辨率、高时间分辨率和高光谱分辨率突破。就空间分辨率而言，1972 年美国发射的第一颗地球资源卫星 ERTS－1（后改名为 Landsat－1），装有 MSS 传感器，其分辨率为 79m；1999 年发射的 IKNOS 卫星空间分辨率提高到 1m；2016 年发射的 WorldView－4 卫星能够提供 0.3m 分辨率的高清晰地面图像。近年来我国实施了高分辨率对地观测系统重大专项，使我国卫星遥感技术的空间分辨率也迈入了亚米级时代，高分 2 号卫星（GF－2）全色谱段星下点空间分辨率达到了 0.8m[186]。时间分辨率方面，美国陆地卫星 Landsat－4、Landsat－5 每 16d 可覆盖地球一次；1999 年 12 月和 2002 年 5 月，美国国家航空航天局（NASA）分别发射以陆地观测为主的高时间分辨率遥感卫星，即 Terra 与 Aqua 卫星，两颗星相互配合，每 1～2d 可重复观测地球；美国发射的第三代 NOAA 系列气象卫星目前采用双星运行，同一地区每天可重复观测 4 次。我国 1988 年发射的风云一号气象卫星可每天 2 次对同一地区进行观测，风云二号每半小时对地观测 1 次，双星错开观测可以达到每 15min 观测 1 次地球。

1999 年底美国新千年计划 EO－1 卫星搭载了具有 200 多个波段的 Hyperion 航天成像光谱仪，正式开启了航天高光谱遥感时代。高光谱遥感在取得地物空间图像的同时，使每个像元都能够得到一条包含地物诊断性光谱特征的连续光谱曲线，这极大地拓展了遥感技术在众多领域的应用，如矿物鉴定、水质监测与污染物分析、植物长势与品质研究、医学与文物鉴定等方面。

此外，伴随着计算机软硬件技术和网络技术的发展，遥感图像处理技术、信息提取与分析以及综合应用技术等均有较大发展。总之，经过半个多世纪的发展，遥感技术及其多领域应用已进入新的阶段。目前遥感不但可以被动接收地物反射的自然光，还可以接收地物发射的长波红外辐射，并能够利用合成孔径雷达和激光雷达主动发射电磁波，实现全天候的对地观测；遥感技术已广泛应用于农业、林业、地质、海洋、气象、水文、军事、环保和医学等领域，且已呈现智能化、定量化、3D以及大数据分析等新的发展趋势。

14.1.2.2 GIS发展与应用

1956年，奥地利测绘部门首先利用电子计算机建立了地籍数据库，随后各国的土地测绘和管理部门开始逐步发展自己的土地信息系统用于地籍管理。1960年，加拿大测量学家R. F. Tomlinson提出了地图数字化管理分析的构想，并于1962年利用计算机进行森林分类和统计，并取得了成功；1963年，在联邦科学与工业研究组织（CSIRO）一次学术会议上提交的一篇题为“区域规划中的地理信息系统”论文中正式提出了地理信息系统这一术语；1968年，加拿大建成了世界上第一个地理信息系统——加拿大地理信息系统（CGIS），用于自然资源的管理和规划，CGIS一直使用到20世纪90年代，并在其基础上建立了一个庞大的加拿大数字化土地资源数据库。

GIS与“计算机制图系统”的本质区别在于其以公共的地理定位为基础，具有采集、管理、分析和输出多种地理空间信息的能力；系统以分析模型为驱动，具有极强的空间综合分析和动态预测能力，并能产生高层次的地理信息；系统以地理研究和地理决策为目的，是一个人机交互式的空间决策支持系统。GIS按产品功能可分为专题地理信息系统（Thematic GIS）、区域地理信息系统（Regional GIS）以及地理信息系统工具（GIS Tools）。衡量GIS产品性能的一个重要指标即系统的空间分析能力。靳军、刘建忠[187]于2004年对当时国内外市场上应用广泛的GIS软件进行了空间分析能力的对比，结果见表14.1.1。

表14.1.1 国内外常用GIS软件空间分析功能比较

空间分析功能		软件名称						
		国外				国产		
		ARC/INFO	ARCVIEW	MGE	Mapinfo	MapGIS	GeoStar	SuperMap
查询与量算	空间查询	强	较强	强	较强	较强	较强	较强
	空间量算	强	较强	强	较强	较强	较强	较强
缓冲区分析	围绕点	强	更强	强	较强	较强	强	较强
	围绕线、弧	强	更强	强	较强	较强	强	较强
	围绕面、多边形	强	更强	强	较强	较强	强	较强
	加权	强	更强	强	较强	较强	强	较强
叠加分析	点与多边形	强	更强	强	较强	较强	强	较强
	线与多边形	强	更强	强	较强	较强	强	较强
	多边形与多边形	强	更强	强	较强	较强	强	较强

续表

空间分析功能		软件名称						
		国外				国产		
		ARC/INFO	ARCVIEW	MGE	Mapinfo	MapGIS	GeoStar	SuperMap
网络分析	最短路径	强	强	强		较弱	较弱	较弱
	网络属性值累积	强	强	强		较弱	较弱	较弱
	路由分配	强	强	强		较弱	较弱	较弱
	空间邻接搜索	强	强	强	较弱	较弱	较弱	较弱
	最近相邻搜索	强	强	强	较弱	较弱	较弱	较弱
	地址匹配	强	强	强	较弱	较弱	较弱	较弱
其他分析	拓扑分析	强	强	强		较强	较强	较强
	临近分析	强	更强	强		较强	较强	较强
	复合分析	较弱	较弱	较弱	较强	较强	较弱	较强
统计分类分析	统计图表分析	较强	较弱	较弱	较强	较弱	较弱	较弱
	主成分分析	较强	较弱	较弱	较强	较弱	较弱	较弱
	层次分析	较强	较弱	较弱	较强	较弱	较弱	较弱
	系统聚类分析	较强	较弱	较弱	较强	较弱	较弱	较弱
	判别分析	较强	较弱	较弱	较强	较弱	较弱	较弱

GIS 技术的发展与应用得益于测绘技术、计算机与网络技术以及地理学、信息学、经济学、大气、水文等各类专门学科的发展与需求。20 世纪 90 年代中后期至今，是 GIS 在全球范围内快速发展和广泛应用的重要时期。一方面，商业软件开发商大力提升其基础地理信息软件平台的模块化、专业化和技术集成化，力图使地理信息系统趋向于大众化和智能化方向发展。如著名的 Esri 公司早年曾提出“用地理设计美化生活、将地理知识人人共享”的理念，时到今日，WebGIS、移动 GIS 在某些领域的实现，已使 GIS 从专业化走向了大众化。2010 年 Esri 公司推出的 ArcGIS 10 产品是全球首款支持云架构的 GIS 平台，实现了 GIS 由共享向协同的飞跃，使空间信息的创造者与使用者紧密连接；2013 年 7 月该公司发布的 ArcGIS 10.2 产品，充分利用现代 IT 技术，使用户可以更加轻松地部署自己的 WebGIS，对地理信息的探索、访问、分享和协作过程更加便捷和高效。另一方面，GIS 的应用范围从初期阶段的土地资源管理与规划、气象预测、区域资源与环境调查、军事以及灾情监测与评估等延伸扩展到更为广阔的大众化生活领域，甚至已成为政府、企业、科研院校等部门或机构日常生产中不可缺少的工具。如目前为大众熟知的地图导航系统、城市交通信息查询、公共服务（如房地产、社保、医疗等）信息服务平台、城市规划与管理等均是网络信息化时代的 GIS 产品。

随着云计算技术的日渐成熟和大数据时代的到来，GIS 技术迎来了新的需求与挑战。宋关福、钟耳顺等[188]指出，大数据时代 GIS 软件技术包括针对空间大数据处理和挖掘的技术，也包括针对经典空间数据管理和处理的传统 GIS 功能的分布式重构，同时还需要云 GIS 技术和跨平台 GIS 技术作为支撑，以提供弹性的计算资源和服务以及支撑跨平台的访问和应用；研究大数据 GIS 技术和产品可以有效降低大数据挖掘的技术门槛和成本；大数据 GIS 技术的发展与完善将使地理智慧信息服务得到更大的提升。

14.2 区域地质填图中遥感技术的应用

遥感技术在区域地质调查与填图、矿产资源调查与评估等地学领域的应用由来已久。遥感地质学在 20 世纪 70 年代已发展成为一门独立的边缘学科[189]。我国在 20 世纪 70 年代引进国外遥感技术以后，在 80 年代进行了大力推广应用与研究，使其成为地质调查和环境资源勘查与监测的重要技术手段。原地矿部于“八五”期间在山东、内蒙古、江西和四川四片区实施了以遥感手段为主的 1∶5 万区域地质调查与填图工作，节约区调投资费用约 1/3[190]；1983 年，地质部航空物探总队在北京完成了 1∶10 万、1∶1 万、1∶5 万和 1∶2000 等不同测区、不同比例尺的航空遥感综合调查和航磁测量；北京地区第二轮 1∶5 万区域地质调查和 1∶20 万区域地质修测工作中均采用遥感手段，加快了工作进度，成果质量与精度也大为提高[191]。

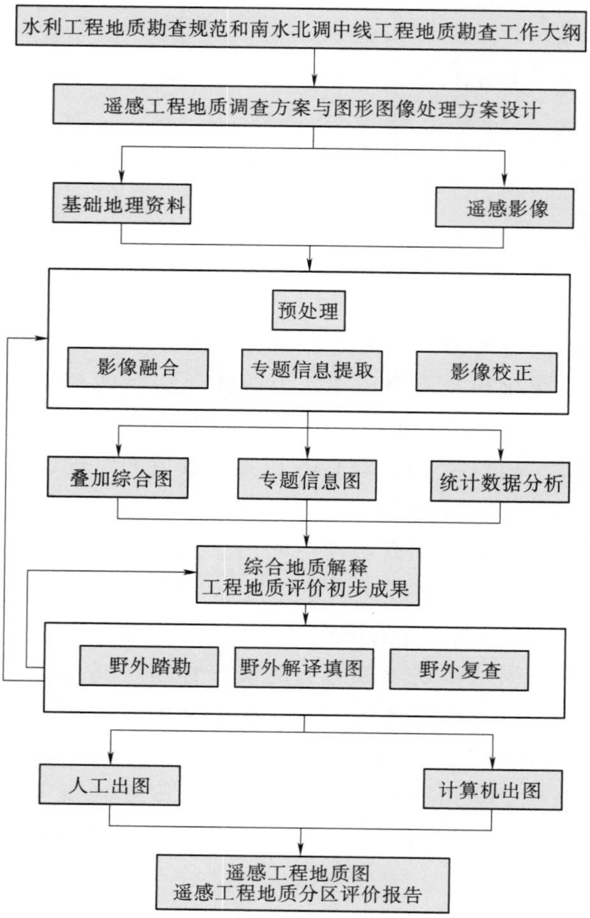

20 世纪 90 年代中后期，南水北调中线工程北京段开始了全线地质勘测工作。基于当时线路勘测范围内局部地区地质构造条件较复杂，且缺失 1∶5 万地质图，为在较短时期内完成测区工程地质条件勘查工作，且提交精度合格、满足工程相应阶段设计需求的地质勘测成果，北京市水利规划设计研究院采用了遥感技术与地面地质调查、钻探等相结合的勘测手段，按如图 14.2.1 所示的工作流程，完成了线路 1∶5 万工程地质填图与分区评价以及重点引水建筑物场区大比例尺遥感工程地质填图等地质勘察工作[192]，下面详细介绍。

水利工程地质勘查规范和南水北调中线工程地质勘查工作大纲
遥感工程地质调查方案与图形图像处理方案设计
基础地理资料
遥感影像
预处理
影像融合
专题信息提取
影像校正
叠加综合图
专题信息图
统计数据分析
综合地质解释
工程地质评价初步成果
野外踏勘
野外解译填图
野外复查
人工出图
计算机出图
遥感工程地质图
遥感工程地质分区评价报告

图 14.2.1 总干渠北京段遥感工程地质填图工作流程图

14.2.1　遥感图像处理

总干渠北京段遥感地质应用研究中收集到的原始资料见表 14.2.1。

表 14.2.1　遥感资料一览表

种类	TM	MSS	彩红外航片	黑白航片
比例尺	分辨率 30m	1∶50 万	1∶6.5 万	1∶2.5 万
规格	CCT 磁带 7 个波段	单波段黑白相片 30cm×40cm；MSS4 \ MSS5 \ MSS7	彩色相片 23cm×22.8cm	黑白相片 17.8cm×17.8cm
时间	1984 年 10 月；1989 年 10 月	1973 年 1 月；1977 年 3 月；1981 年 3 月	1983 年 11 月	1973 年 8 月
覆盖工作区程度	全部	全部	全部	部分
资料特点	时间较早，地表人文改造少；雨水季节刚过，有利反映隐伏地质信息及饱水性不同的岩石；有多时相可比较多波段，信息丰富	宏观，可反映大区域性构造；多波段、多时相可做比较	分辨率高，可做立体观察；放大后可满足大比例尺填图需要	
选择	可做 1∶5 万调查的主要信息源，可做 1∶2000 调查的主要辅助信息	可提供宏观信息参考与比较	可做 1∶5 万调查的主要辅助信息源；放大后可做 1∶2000 调查的主要信息源	可做 1∶5 万调查的辅助信息源；做 1∶2000 调查的主要信息源

根据研究任务需要及资料信息特点，对不同类型的遥感图像采用了不同的图像处理方法，主要包括以下几种。

1. TM 图像预处理和统计特征分析

研究区横跨 TM123/32 和 TM123/33 两景。为了便于图像分析与处理，首先从原始图像中截取工作区涉及的北京幅、房山幅和长沟幅图像。同时为进行多时相比较，从 TM123/32 景的 1984 年 10 月和 1989 年 10 月两时相中各截取了 YB84 幅和 YB89 幅进行了配准，并对 YB89 第七波段进行了去坏预处理。

由于 TM 原始图像亮度偏低，反差小，可识别的地物、地质信息少。为了掌握所取 TM 图像的统计特征，便于制订有效的图像处理方案，需对 TM 原始图像特征进行统计分析，结果（表 14.2.2 和表 14.2.3）表明：各波段均值较低，有效值域较窄，方差偏小，频数直方图呈单峰态集中分布，不利于地质信息提取。

2. 彩红外航片预处理

为给场区大比例尺地质调查提供更多地质信息，在对彩红外航片进行图像增强处理前首先对其进行了截取、分色等预处理，然后按 R、G、B 三单色文件分别存储。统计分析表明，研究场区 R、G、B 三单色图像的亮度范围在 90～255 之间，将低端拉伸进行反差扩展是可行的。

表 14.2.2 TM 图像统计特征

波段	亮度范围	均值	方差	标准差	有效值域
TM1	43～255	79.77	106.04	10.3	49～111
TM2	14～139	36.01	48.29	6.8	16～56
TM3	8～193	42.86	142.31	11.93	7～79
TM4	5～159	58	2135.19	15.34	12～104
TM5	0～255	76.97	448.03	21.17	14～140
TM7	0～255	47.54	187.81	13.7	6～8

表 14.2.3 TM 图像相关矩阵

波段	TM1	TM2	TM3	TM4	TM5	TM7
TM1	1					
TM2	0.923	1				
TM3	0.9002	0.9685	1			
TM4	0.2035	0.2913	0.1913	1		
TM5	0.5929	0.6696	0.733	0.3932	1	
TM7	0.727	0.772	0.8475	0.1935	0.9054	1

3. TM 图像波谱信息增强

图像波谱信息的增强是为了突出不同地物间波谱特征的差异，以利于岩性、构造等地质信息的反映，从而对图像中包含有用信息的灰度组分进行选择性增强的处理过程。本研究中采用了单波段反差增强和彩色增强、多波段比值运算与彩色增强、波谱变换与彩色增强、多时相图像差值处理与彩色增强以及各种组分的复合彩色增强。

工作区三幅 TM 图像单波段反差扩展增强后的波段统计特征（表 14.2.4 和表 14.2.5）表明：扩展后均值、方差和标准差均显著增大，影像明亮、清晰，不同地物及地质体影像差别显著扩大，可识别的地质信息增多。为了综合表现多波段信息，除保留了较特殊的 TM6 热红外黑白增强图像外，其余的均据处理的专题信息特点，设计和进行了多种三波段彩色增强，结果表明：三幅 321（R、G、B 顺序）较好地反映了地物的真实色彩，有利于对解译背景的了解；三幅区的假彩色 742、731、542 综合地反映了全区的地质地理信息，可选作全区宏观对比和参考之用；532 在北京幅和房山幅、741 在长沟幅较好地反映出各自的岩性、构造和水污染等综合工程地质信息，放大后可作 1∶5 万工程地质详细解译的主片；房山、长沟两幅 651 彩色合成图像因综合了热红外信息，对岩性、隐伏构造解译很有价值。图 14.2.2 和图 14.2.3 分别为房山幅 TM（5，3，2）和长沟幅 TM（7，4，1）彩色合成图像。

表 14.2.4　　TM 图像反差后统计特征

波段	亮度范围	均值	方差	标准差
TM1	0～255	104.85	2169.14	46.57
TM2	0～255	120.12	2013.47	44.87
TM3	0～255	130.02	1836	42.85
TM4	0～255	128.09	1313.01	36.24
TM5	0～255	149.23	187.02	40.89
TM7	0～255	113.51	2119.01	46.03

表 14.2.5　　TM 图像反差扩展后相关矩阵

波段	TM1	TM2	TM3	TM4	TM5	TM7
TM1	1					
TM2	0.9465	1				
TM3	0.9133	0.9597	1			
TM4	0.1904	0.2902	0.1798	1		
TM5	0.5867	0.6898	0.7383	0.3885	1	
TM7	0.7314	0.8051	0.8613	0.1838	0.9131	1

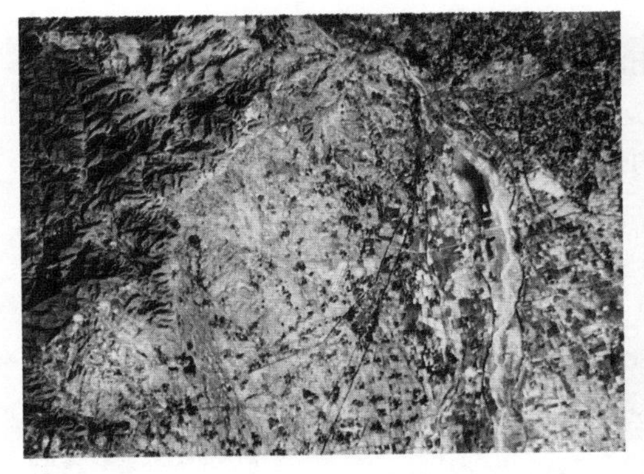

图 14.2.2　房山幅 TM（5，3，2）彩色合成图像

图 14.2.3　长沟幅 TM（7，4，1）彩色合成图像

比值运算是为增强不同岩性波谱曲线的坡度之间的差别，达到突出不同岩石各自的波谱特征，便于岩性识别而对两图像进行对应像元逐个相除的运算处理，也称为比值法。此法也可以清除地形及阴影等信息干扰，是地学图像处理常用的有效方法。本次采用实型比值运算，运算公式为

$$R_{ij}=g_i/(g_j+1)$$

式中　g_i——被除图像像元亮度值；

g_j+1——除数图像像元亮度值，取 g_j+1 避免除数为零；

R_{ij}——所得比值图像的像元亮度值。

对单波段比值运算后的图像进行分析，按经验组合取相关性小的波段进行组合后合成彩色图像9种：其中房山幅的YB（2/7，3/5，4/5）（图14.2.4）较好地区分了Kt/Kl地层、河床与漫滩、阶地、Q_3地层；YB（3/5，2/4，3/7）较好地区分出永定河与小清河的阶地与决口扇，NEE与SEE向线性构造明显；长沟幅CG（3/5，2/4，3/7）（图14.2.5）较好地反映了Q_3与Q_4地层、Jxw与Qb及∈的岩性波谱差异和区内各组线性构造，已知的黄庄—八宝山断裂带清晰可见。

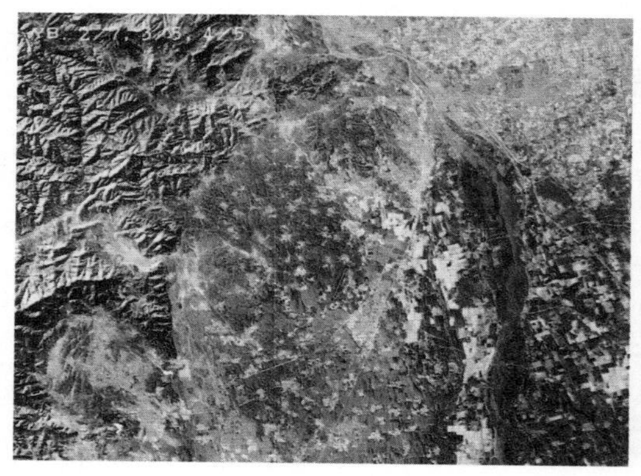

图14.2.4　房山幅TM（2/7，3/5，4/5）比值彩色合成图像

图14.2.5　长沟幅TM（3/5，2/4，3/7）比值彩色合成图像

组合比值即采用“单波段与波段和的比值方式”，以四波段之和H=TM2+TM3+TM4+TM7为除数与单波段进行比值运算，其效果相当于归一化处理，有利于克服单波段比的局限性、片面性，所得图像均值曲线与原波段相似，经扩展，主要亮度动态范围明显加宽，突出反映了不同地物的差异。在房山幅获3种彩色图像中，YB（$7/H$，$2/H$，$3/H$）（图14.2.6）较明显地反映出Ar与Ch及C、Q_3与河床、故河道的差异。

研究中采用了“本征向量变换”（K-L变换），即应用K-L变换矩阵对TM多波段图像进行去相关变换组合，以获得相关性小的新的各组分图像，即为波谱变换。经对房山幅YB1、2、3、4、5、7共6个波段进行K-L变换，获得含有有用信息的KYD1、2、3、5共4个新组分图像，经扩展后彩合得2种图像，其中YB（K1，K2，K3）（图14.2.7）综合信息丰富。用相同的方法K-L变换长沟幅TM六个波段得到KCG1、2、3、6共4个新组分，经彩合所得4种图像中CG（K1，K2，K3）（图14.2.7）对岩

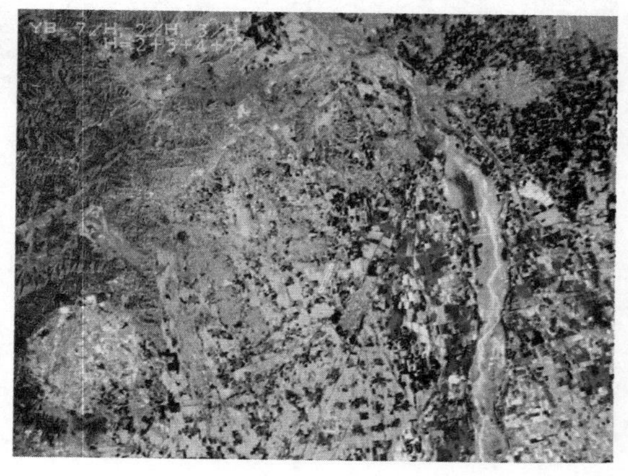

图14.2.6　房山幅TM（$7/H$，$2/H$，$3/H$）组合比值（H=2+3+4+7）彩色合成图像

性、构造信息有全面反映。对长沟幅 TM 六个原波段以 1、2；3、4；5、7 分三组，分别进行双波段 K－L 变换后获得 5 个有效组合，经彩合获 3 种图像，其中 CG（57K1，34K1，12K1）（图 14.2.8）对三组线性构造有清晰显示。

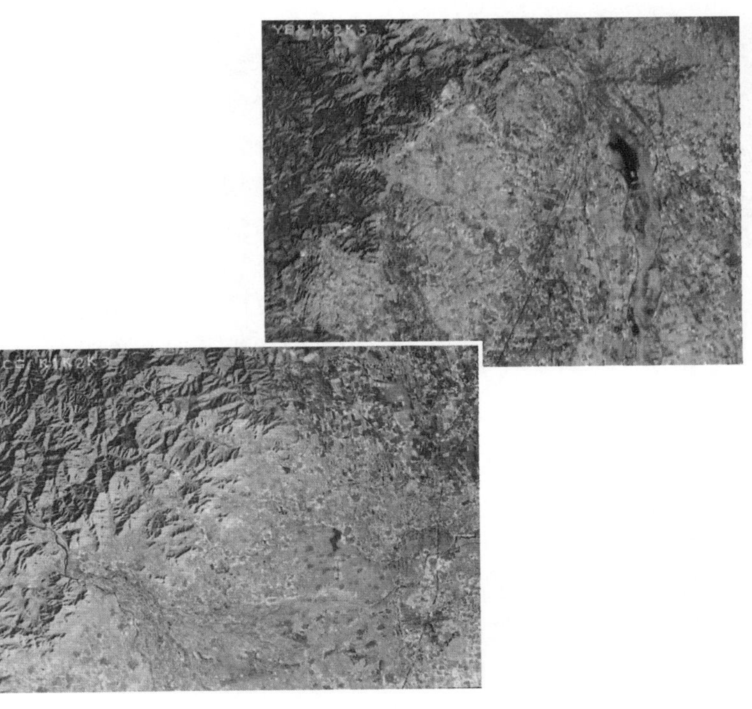

图 14.2.7　全区 TM 六个波段 K－L 变换主组分（K1，K2，K3）彩色合成图像

为了获得更多关于区内隐伏断裂的信息，对房山幅 1989 年 10 月和 1984 年 10 月两个时相的图像按新减老进行了差值运算（C=1989 年 10 月－1984 年 10 月），以反映丰水年（1989 年）与枯水年（1984 年）在同月份中地物图像差异，突出隐伏断裂的信

图 14.2.8　长沟幅 TM（57K1，34K1，12K1）六个波段 K－L 变换主组分彩色合成图像

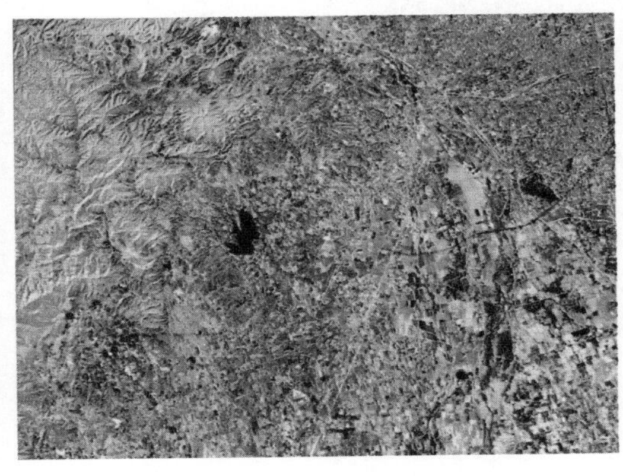

图 14.2.9　房山幅 TM（C4，C7，C2）两时相差（1989 年 10 月－1984 年 10 月）彩色合成图像

图 14.2.10　长沟幅 TM（2/3，4/3，K3）比值与六个波段 K－L 变换主组分彩色合成图像

息。结果表明，两时相的热波段差值图像彩合的 4 种图像中，YB（C4，C7，C2）（图 14.2.9）和 YB（C4，C2，C1）分别对 SEE 和 NEE 向断裂有明显反映。虽然两时相图像未经重采样配准，但图像信息仍可作为解译参考用。

此外，还进行了 TM 图像各种组分的复合彩色增强处理。如比值与单波段组合的彩色增强、比值与 K－L 变换的新组分的彩色组合、比值与差值及单波段的彩色组合以及 TM 单波段多时相差值与 K－L 变换后的新组分的彩色组合等，不再一一赘述。图 14.2.10 为长沟幅 TM（2/3，4/3，K3）比值与六个波段 K－L 变换主组分的彩色合成图像。

4. TM 图像空间信息增强

为使影像中的高频、低频信息及方向性特征得到增强，便于隐含的地质构造信息提取，常对 TM 图像进行边缘增强、线条增强、傅氏滤波等多种方法的空间信息增强处理。此次采用了 NE、NW 两种卷积算子（图 14.2.11），分别对房山幅、长沟幅的 74K3、754 进行了卷积运算，达到边缘增强。所获得的房山幅 YB－NW－74K3－J（图 14.2.12）和长沟幅 CG－NE－754－J（图 14.2.13）图像分别清晰地反映了该区在该方向的主要线性特征。

−2	−1	2
−1	4	−1
2	−1	−2

2	−1	−2
−1	4	−1
−2	−1	2

图 14.2.11　NE 卷积算子和 NW 卷积算子

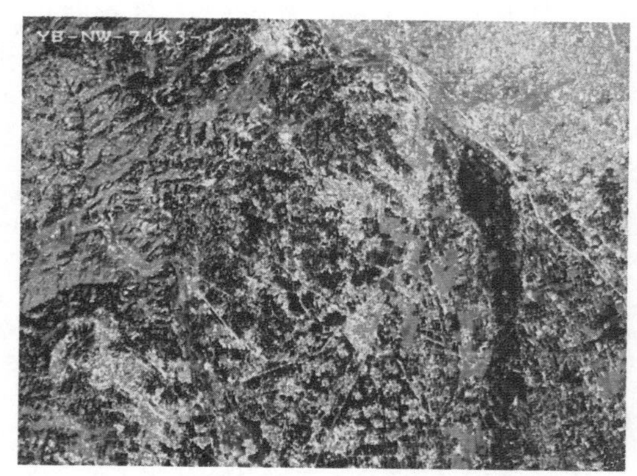

图 14.2.12　房山幅 TM（7，4，K3）北西向算子卷积空间增强图像

图 14.2.13　长沟幅 TM（7，5，4）北东向算子卷积空间增强图像

5. 子区 TM 图像增强处理

根据前述的图像处理方法，进行了永定河子区（YD）和西甘池隧洞（GC）子区的图像增强，采用了 2 倍和 3 倍放大使场区范围充满全屏，得到西甘池子区增强图像 7 种、永定河子区增强图像 5 种，为子区的构造与岩性解译和调查提供了丰富的宏观信息，弥补了彩红外航片和黑白航片的信息缺陷。子区 TM 图像增强处理后的代表性图像如图 14.2.14～图 14.2.17 所示。

图 14.2.14　西甘池子区 TM（3/5，2/4，3/C）比值彩色合成图像

图 14.2.15　西甘池子区 TM（K1，K2，K3）K－L 变换主组分彩色合成图像

图 14.2.16　永定河子区 TM（2/5，4/3，K2）比值与主组分彩色合成图像

图 14.2.17　永定河子区 TM（C4，C7，C2）两时相差值（1989 年 10 月－1984 年 10 月）彩色合成图像

6. 彩红外航片增强处理

为提高彩红外航片的可解译性，采用了计算机数字图像增强和光学放大处理两种方法。首先将彩红外航片扫描入计算机系统，经分色成R、G、B三个图像，再分别经反差扩展和彩色合成，得到永定河子区（图14.2.18）和西甘池子区（图14.2.19）的新图像，较原航片清晰程度大大提高，层次更为丰富，可识别的岩性和构造信息增多。

图14.2.18 永定河子区彩红外航片反差增强彩色合成图像

图14.2.19 西甘池子区彩红外航片反差增强彩色合成图像

此外，还用拉氏算子对两场区图像进行了边缘增强，得到H－YD－LP和H－GC－LP两幅图像（图略）。

14.2.2 1∶5万遥感工程地质解译与分区评价

利用遥感技术解决实际工程地质问题，最重要的是建立正确的地质信息解译标志。常用的遥感影像目视解译方法有直接判读法、对比分析法、信息综合法、综合推理法和地理相关分析法等。南水北调工程中主要应用了直接判读法，即根据遥感影像的色调、色彩、大小、形状、阴影、纹理、图案等特征，结合调查验证信息直接判断识别地质体的属性、分布范围等信息。总干渠北京段沿线遥感地质信息解译的重要地质体包括地质构造、地貌、地层和侵入岩体，它们的解译标志分述如下。

1. 地质构造特征解译

地质构造特征解译是以线性构造和环形构造的解译为内容，结合区调资料进行的。在遥感图像上显示的线性影像特征中，有直接反映断裂、节理、劈理和岩层走向、接触界面等构造形迹的直接解译标志，也有山脊线、沟谷、河、湖和人文工程的分布和

形态等地貌、地物所反映的间接解译标志。

总干渠北京段线性断裂构造的遥感影像解译标志（表 14.2.6）包括以下 7 个方面的内容：

（1）计算机图像增强得到的线性特征。

（2）线状、带状的色调异常及其界线。

（3）山体、地质体的切断与错动。

（4）平直的地貌单元界线。

（5）水系的直线状、折线或直角拐弯特征。

（6）地层产状相顶、沿走向突然中断或与另一地层斜交。

（7）岩体与围岩的平直接触界线。

表 14.2.6　　总干渠北京段线性断裂构造的遥感影像解译标志

断层代号	位置	走向	延长/km	解译标志	验证
F_1	杨庄子—坨里—水屯	30°～60°	55	在 TM 图像（图 14.2.5）上形迹明显，构成区内低山丘陵与倾斜平原两地貌单元的界线	属房山—八宝山—密云断裂带
F_2	下庄—孤山口	50°	8	是低山与丘陵的界线。在 TM 图像（图 14.2.5）上为断续黑色界线，在 TM 图像（图 14.2.3）上为黄色与蓝白色的界线，航片上表现为明显的沟谷错断	
F_3	高庄—罗家峪	50°	10	TM 及航片图像显示为线状特征	
F_4	羊头岗—良乡	70°	15	在地形上形成断续的陡坎，在 TM 图像（图 14.2.3）上为断续黑色界线，在 TM 图像（图 14.2.2）上为黄色与白色的界线	
F_5	南甘池—皇后台	45°	2	在 TM 图像（图 14.2.5）上可见呈黄色线带，在航片上其明显呈线状沟谷，两侧缓坡上植被分布迥异	
F_6	北甘池—天开	3°	2	在 TM 图像（图 14.2.5）和航片上地形标志表现为明显的沟谷	
F_7	宋庄—杨庄子	335°	20	在 TM 图像（图 14.2.2）上为黄色与蓝白色的界线，TM 图像（图 14.2.5）上显示其将 F_1 错断而呈一清晰的界线	

续表

断层代号	位置	走向	延长/km	解译标志	验证
F_8	马家坟—孙庄	315°	21	在 TM 图像（图 14.2.5）上显示一明显的色调界线：西侧暗、东侧亮，分界线平直	
F_9	三座庵—曹庄	130°	76	在航片上其在山区明显呈线状沟谷；在多张 TM 图像上显示其在平原区控制着拒马河古洪积扇溢出带的北缘	属沙窝—六间房断裂，隐伏于长沟西覆盖层下，属十渡新城断裂带
F_{10}	辛庄—兰家营	110°	80	在多张 TM 图像上显示其控制着拒马河古洪积扇前缘溢出带的大致位置	属花儿台—辛庄断裂，经毛屯隐伏于洪积物下
F_{11}	房山—牛口峪	130°	1	在 TM 图像（图 14.2.2）上显示为沟谷	属房山岩体造成其南缘环状断裂，并构成太古界与元古界的接触面
F_{12}	八十亩地村西	120°	2	在 TM 图像（图 14.2.4）上显示为弧形线	

根据上述地质构造解译标志，总干渠北京段沿线共判读出 12 条隐伏断裂，如图 14.2.20 所示。结合工程区区域地质构造已有成果，认为工程区以 NE 向区域性压性断裂带为主，其次叠加了 NW、近 NS 和近 EW 向的断裂构造，构成了 NE、NW、近 NS 和近 EW 四组断裂为特征的构造格局。

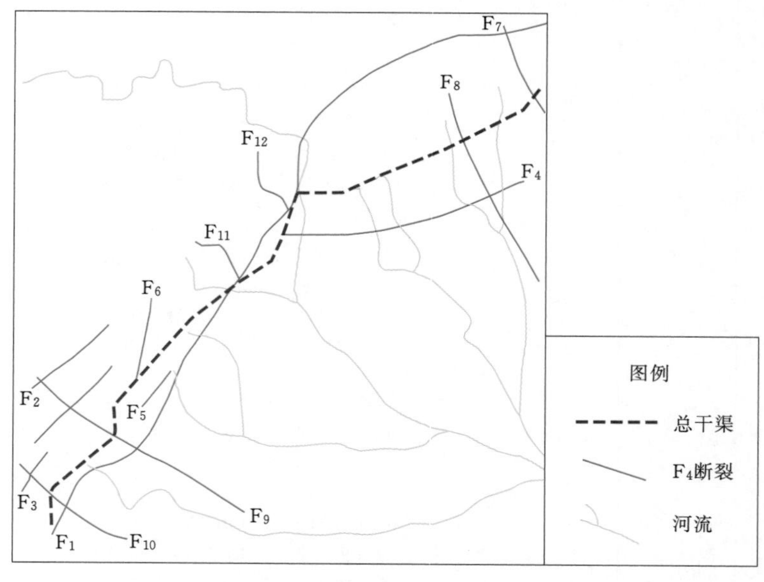

图 14.2.20 总干渠北京段沿线断裂构造解译图

TM 图像上明显反映在房山岩体边缘存在弧形构造，其中集中分布于岩体西北部的高角度弧形挤压带，表现为环状水系，环形山脊及弧形排列且深浅相间的色调纹带（图 14.2.2、图 14.2.4）。

2. 地貌特征解译

从遥感图像上的图形特征、水系特征、阴影和色调的识别，可以获得有关地貌形态、展布规律、空间关系及其与地质体关系等信息。中、小比例尺的图像及其镶嵌图，可以观察区域地貌的宏观特征和展布规律，而通过图像处理技术进行特定时相、波段组合得到的一系列彩色合成图像，则更可以显示有关各期古河道、冲洪积物分布等地貌形迹和成因等重要信息。配合大比例尺图像的识别和立体观察就可提取有关区内地貌特征，对地层特征解译有重要的意义。

从 TM 图像和航片镶嵌影像图可以发现，北京段全线处在受构造控制的低山丘陵与倾斜冲洪积扇群地带，其丘陵与平原的分界线主要受北北东向断裂构造控制。TM 图像显示：沿 F_1 断裂，其西北侧为低山丘陵，东南侧为各期拒马河、大石河、小清河、永定河的冲洪积扇叠加成的倾斜平原顶部（图 14.2.7）。其中，低山丘陵段可分为三段。

（1）南尚乐至周口店段。从 TM Ⅲ-8 可见，自杨庄至牛口峪在 F_1 断裂以西为黄绿色，低山丘陵又可分为三级：F_2 以西为高程大于 250m 的低山，山脊清晰、河流切割较深，V 形沟谷发育，地貌受南北向、北北东向、北东东向三级线性特征控制，在 TM 图像（图 14.2.5）上呈黑褐色；F_2 以东有二级溶蚀丘陵，即高程在 110～250m 之间的山丘和高程在 50～110m 之间的平缓低丘，两者在 TM 图像（图 14.2.5）上均呈绿褐色，在图 14.2.3 上则分别呈绿色与黄绿色，其间沟谷开阔平缓；第四系冲洪积物在 TM 图像（图 14.2.5）上呈黄色。

（2）周口店至八十亩地村段。为断皱剥蚀丘陵，由房山岩体周围受到构造作用的断片岩层构成。在 TM 图像（图 14.2.6）上呈蓝绿色，与房山岩体界线分明；在 TM 图像（图 14.2.2）上呈浅褐色。其中房山至羊头岗段为房山岩体上发育的东西沙河的冲积河床。

该段处在 F_1 断层带上，地貌受强烈构造活动形成的复杂交错的断裂和侵入岩体自身的线性结构特征控制。

（3）八十亩地村至高佃村段。该段为处于 F_1 断裂与 F_4 之间的剥蚀堆积丘陵地带，高程为 110～60m，在 TM（Ⅵ-15）上呈浅黄褐色，其丘顶圆秃，丘坡平缓谷宽，第四系沉积物发育，地势整体向南渐低，与大石河、小清河洪积扇相接。

倾斜平原：半壁店到周口店，沿 F_1 断层东南侧为拒马河、大石河的冲洪积扇以及叠加有瓦井河、南泉河等小冲洪积扇群共同构成的倾斜平原，在 TM 图像（图 14.2.3）上呈浅粉紫色；周口店至高佃村，沿 F_4 断层南侧为大石河、牤牛河、小清河群构成的倾斜平原，在 TM 图像（图 14.2.7）上呈暗红色；高佃村到终点，处在永定河多期冲洪积扇与多期古河道冲积物叠加构成的倾斜平原上，在 TM 图像（图 14.2.2）上现河道呈白色，故道及洪积扇虽因建筑物和人工改造剧烈，总体呈淡蓝色黄色，但故道仍可寻见其白色的形迹。

3. 地层特征解译

工程区地层出露较全。根据区内已有地层调查成果，结合 TM 图像和航片综合解译过程，建立了北京段地层界线和地层解译标志（表 14.2.7、表 14.2.8）。

表 14.2.7 总干渠北京段遥感影像地层界线解译标志

序号	地层代号	地 层 名 称	解 译 标 志
1	Jx*w*/Jx*h*	蓟县系雾迷山组/蓟县系洪水庄组	以 Jx*w* 的溶蚀地貌陡坎与 Jx*h* 的垭口及影像色调线为标志
2	Jx*h*/Jx*t*	蓟县系洪水庄组/蓟县系铁岭组	以 Jx*h* 的垭口坳谷和小平台与 Jx*t* 的岩层大陡坎及色调差异为标志
3	Jx*t*/Qb*x*	蓟县系铁岭组/青白口系下马岭组	以色调界线、水系网、影纹特征为标志
4	Qb*x*/Qb*c*	青白口系下马岭组/青白口系长龙山组	以 Qb*c* 石英砂岩的浅色调和岩层三角面为标志
5	Qb*c*/Qb*j*	青白口系长龙山组/青白口系景儿峪组	以色调界线及地貌差异为标志
6	Qb*j*/∈*c*	青白口系景儿峪组/寒武系昌平组	以∈*c* 的陡坎地形为标志
7	∈*c*/∈*m*	寒武系昌平组/寒武系毛庄组	以∈*m* 的垭口、缓坡为标志
8	O*m*/C*q*	奥陶系马家沟组/石炭系清水涧组	以碳酸岩和碎屑岩间的影像色调界面和地貌上的垭口地形为标志
9	Ar/Ch*d*、E/K*x*	太古界基底变质岩/长城系大红峪组、第三系始新统/白垩系夏庄组	以色调、地貌差异为标志
10	N_2/Q_3^{al+pl}、Q_4^{dl+pl}	第三系上新统/第四系晚更新统冲洪积层、全新统坡洪积层	以色调及其分布的位置为标志
11	Q_4^{dl+pl}/Q_3^{al+pl}	第四系全新统坡洪积层/第四系晚更新统冲洪积层	以色调区分古河道位置及各期冲洪积物的分布范围

4. 侵入岩体解译

区内岩浆岩以中酸性花岗岩、花岗闪长岩为主。著名的房山岩体在 TM 影像上清晰显现为一近圆形环形影像，直径约为 7km，边界清晰，其北面的弧形构造线曲率与岩体边界曲率相一致。另外，周口村南和前石门村附近零星出露的岩体，在航片上呈浅黄绿色。

图 14.2.21 即为总干渠北京段遥感工程地质解译的最终成果图，由此获得了对总干渠北京段线路沿线构造断裂、地层和地貌特征的宏观认识。

（1）勘测范围内发育有 NE 向、NW 向和近 EW、近 NS 向四组断裂。其中 NE 向的 F_1、F_4 属区域性大断裂，且与渠线平行相邻，近期仍有活动迹象；NW 向以 F_9、F_{10}、F_8、F_7 为代表，属新构造运动活跃的新断裂带，其活动性较 NE 向两组更为活跃，走向与渠向斜交，对区域稳定及渠线工程影响较大。

表 14.2.8　总干渠北京段遥感影像地层解译标志

界	系	统	阶（组）	代号	岩性描述	地层解译标志					解译与验证
						TM 合成片色调	红外航片	影纹	地貌	水系类型	
新生界	第四系（Q）	全新统		Q_4	亚砂土及亚黏土，夹砂砾石层	8 橙红 15 紫 16 绿	浅红	格网	平缓	曲流	分布于丘陵沟谷河床底及良乡南之拒马河、永定河冲洪积平原
		上更新统		Q_3	亚砂土及砂砾层	8 橙黄 16 黄绿	灰绿	格网	平缓	曲流	分布于丘陵倾斜平原之河谷阶地上及良乡一带之冲洪积平原
	第三系（E）	上新统		N_2	棕红黏土夹砂及风化岩屑	8 橙	浅绿	细纹	低丘	树枝	分布于丘陵间宽谷高处的雾迷山组灰岩风化壳上
		始新统	长辛店组	E_2c	砾岩，泥岩	8 黄绿 15 褐	灰白	条纹	低丘	羽枝	出露于王佐至小清河之间
中生界	白垩系（K）	下统	夏庄组	K_1xz	粉砂岩夹页岩，泥灰岩	8 橙黄 15 浅褐	浅黄	格网	平缓	曲流	出露于崇各庄至朝阳山
			芦尚坟组	K_1l	砂岩夹砾岩	8 橙 15 浅黄褐	灰绿	条纹	低丘	羽枝	
			坨里组	K_1t	砂岩、粉砂岩、砾岩	8 褐橙 15 灰黄	灰白	斑条	低丘	羽枝	出露于坨里至大紫草间
			大灰厂组	K_1dh	钙质页岩、砂岩	8 暗绿 15 黑绿	灰绿	条纹	丘陵	树枝	出露于坨里北至大灰厂断裂的南侧

续表

界	系	统	阶（组）	代号	岩性描述	地层解译标志					解译与验证
						TM 合成片色调	红外航片	影纹	地貌	水系类型	
上古生界	二叠系（P）	上统	红庙岭组	P_2h	灰褐色变质砂岩	8 蓝灰 15 红褐 16 绿蓝	黄灰	条纹	低丘	羽枝	出露于羊耳山西，房山岩体北
	石炭系（C）	上统	灰峪组	C_3h	泥质岩、变质石英砂岩、千枚岩	8 暗绿 16 绿蓝					出露于云峰寺北，房山岩体南
		中统	清水涧组	C_2q	千枚岩、片岩	8 暗蓝 18 灰绿					
下古生界	奥陶系（O）	下统	马家沟组	O_1m	大理岩、白云岩	8 粉绿 12 黄灰	灰绿	斑点	低山	树枝	出露于周口村附近
			龙宝峪组	O_1l	灰岩、云质大理岩	8 黄褐	浅绿	斑点	低山	树枝	
	寒武系（∈）	下统	馒头—毛庄组	$\in_1m$	千枚状板岩、夹云质大理岩	8 灰褐	黄绿	斑条	丘陵	树枝	少量出露于娄子水附近
			昌平组	$\in_1c$	云质大理岩	8 灰绿	绿	斑点	丘陵	树枝	
元古界	青白口系（Qb）		景儿峪组	Qbj	泥质灰岩	8 黄绿 12 绿黑	黄绿	斑条	丘陵	树枝	出露于周各庄北
			下马岭组	Qbx	页岩、砂岩	8 褐绿	绿	斑条	丘陵	锥枝	
	蓟县系（Jx）		铁岭组	Jxt	中—薄层白云岩	8 绿 13 褐红	深绿	斑条	低山	平枝	少量出露于天开北房山南
			洪水庄组	Jxh	含云质粉砂质页岩、白云岩	8 黄绿	黄绿	斑条	丘陵	树枝	少量出露于弧山口北
			雾迷山组	Jxw	白云岩、大理岩夹千枚岩	8 绿黄	灰绿	斑条	丘陵	树枝	出露于天开村以南
	长城系（Ch）		大红峪组	Chd	中厚层长石石英砂岩	8 橙绿 17 粉红	黄绿	斑条	丘陵	树枝	少量出露于羊头岗以北
			常州沟组	Chc	中厚层石英砂岩	8 橙黄 17 粉绿	黄绿	斑条	低山	平枝	
太古界			基底杂岩	Ar	片麻岩、角闪岩	8 橙绿 17 粉红	黄	斑点	低丘	树枝	零星出露于房山、羊头岗等处，与上覆不同时代地层断层接触

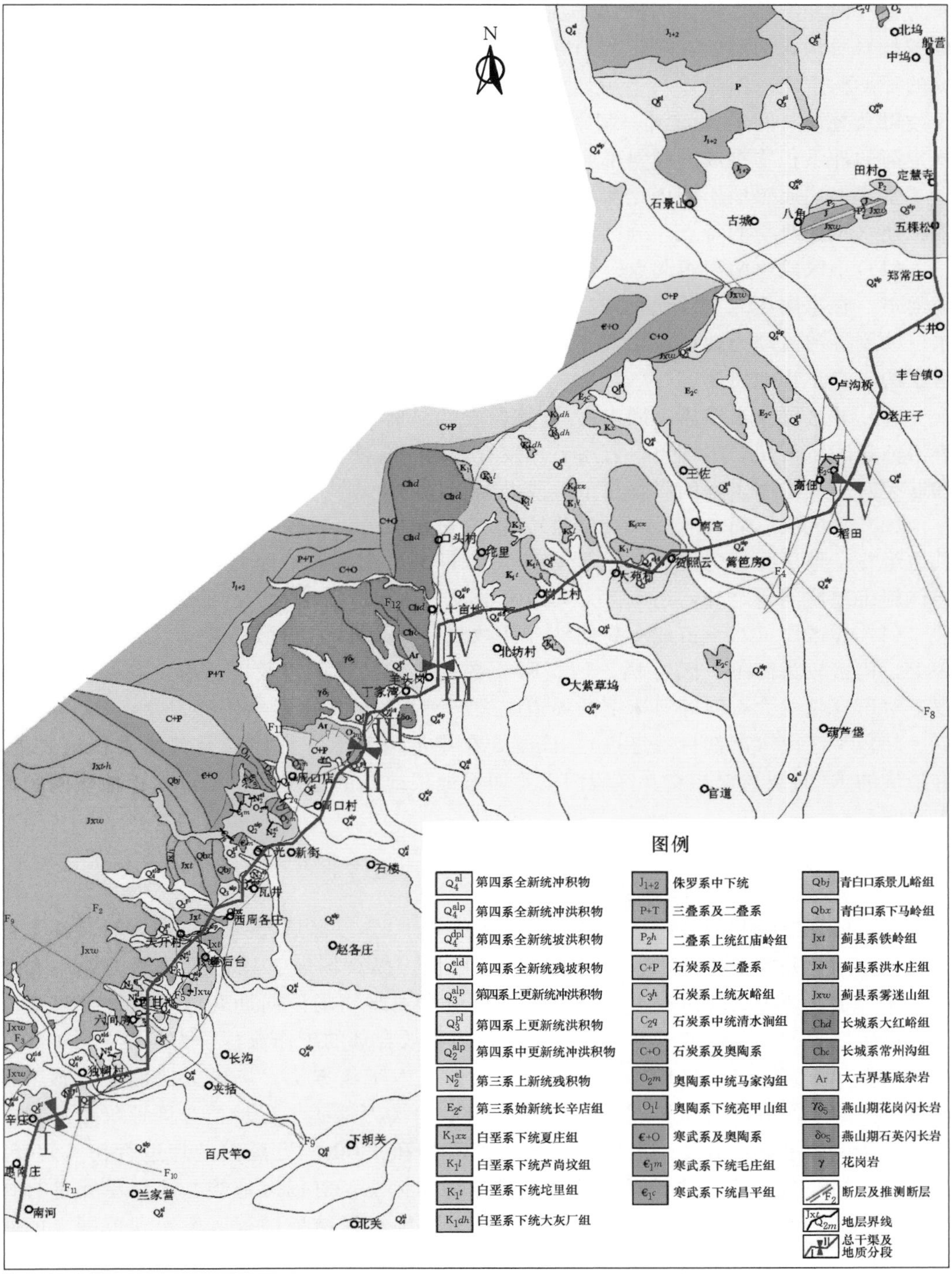

N

图例

Q_4^{al} 第四系全新统冲积物
Q_4^{alp} 第四系全新统冲洪积物
Q_4^{dpl} 第四系全新统坡洪积物
Q_4^{eld} 第四系全新统残坡积物
Q_3^{alp} 第四系上更新统冲洪积物
Q_3^{pl} 第四系上更新统洪积物
Q_2^{alp} 第四系中更新统冲洪积物
N_2^{el} 第三系上新统残积物
E_2c 第三系始新统长辛店组
K_1xz 白垩系下统夏庄组
K_1l 白垩系下统芦尚坟组
K_1t 白垩系下统坨里组
K_1dh 白垩系下统大灰厂组
J_{1+2} 侏罗系中下统
P+T 三叠系及二叠系
P_2h 二叠系上统红庙岭组
C+P 石炭系及二叠系
C_3h 石炭系上统灰峪组
C_2q 石炭系中统清水涧组
C+O 石炭系及奥陶系
O_2m 奥陶系中统马家沟组
O_1l 奥陶系下统亮甲山组
∈+O 寒武系及奥陶系
$∈_1m$ 寒武系下统毛庄组
$∈_1c$ 寒武系下统昌平组
Qbj 青白口系景儿峪组
Qbx 青白口系下马岭组
Jxt 蓟县系铁岭组
Jxh 蓟县系洪水庄组
Jxw 蓟县系雾迷山组
Chd 长城系大红峪组
Chc 长城系常州沟组
Ar 太古界基底杂岩
$γδ_5$ 燕山期花岗闪长岩
$δo_5$ 燕山期石英闪长岩
γ 花岗岩
F_2 断层及推测断层
Jxt Q_{2m} 地层界线
总干渠及地质分段

图 14.2.21　总干渠北京段遥感工程地质解译成果图

（2）线路沿线地层和地貌特征具有明显的分段性。自南河镇取水口起点—半壁店段为拒马河冲洪积物构成的倾斜平原之顶部，半壁店—周口店段主要为蓟县群微变质碳酸盐岩所构成的溶蚀丘陵，周口店—八十亩地村段为复杂的岩层断片和房山岩体构成的环形构造之东南缘，八十亩地—高佃村为白垩系砂岩和第三系砾岩所构成的剥蚀丘陵以及叠加其间的大石河、刺猬河、哑叭河和小清河冲洪积扇，高佃村—昆明湖为永定河的冲洪积物构成的倾斜平原。

基于上述遥感地质解译结果，以地质构造和地层岩性特征为基础，结合北京段沿线拟建水工建筑物的特点，分区段进行了工程地质问题的初步预测与评价：

（1）Ⅰ区段（南河镇起点—半壁店）：该段处于拒马河冲洪积扇顶部，穿越北拒马河河道。在惠南庄北有隐伏的 F_{10} 断裂通过，F_1 断裂隐伏相邻。区段内拒马河泥沙洪水、冲刷等河流动力地质作用对工程的影响、地基土体的振动液化等稳定问题将是需考察的重点工程地质内容。

（2）Ⅱ区段（半壁店—周口店）：该段岩性以蓟县系及寒武系的碳酸盐岩为主，并有溶蚀丘陵特征及岩溶现象，岩层节理发育，有 F_1、F_9、F_5、F_6 等断裂穿过，故岩溶和断裂对渠及隧洞工程的影响是下阶段勘测工作的重点。

（3）Ⅲ区段（周口店—八十亩地）：本段处在房山岩体侵入作用形成的侵入岩体及其边缘复杂地层断片之上，且是 F_1、F_4 等大断裂的交汇点。因此，除了考虑复杂破碎岩体施工地质问题之外，还应考虑大断裂带及其新构造活动对工程的影响。

（4）Ⅳ区段（八十亩地—高佃）：该段处在白垩系砂岩和第三系砾岩构成的剥蚀丘陵上，构造较为简单。区内 F_1、F_4、F_8 断裂对工程的影响以及渠道稳定问题应予以重视，对所穿越的大石河等河床上的渠道应进行河流侵蚀作用影响评价。

（5）Ⅴ区段（高佃村—终点）：该段处在小清河和永定河河床及其冲洪积扇之上，有隐伏的 F_7 断裂与渠相交。区段内以第四系地层地基的稳定性和城市工程地质问题为主要问题。

14.2.3　重点引水建筑物场区大比例尺遥感工程地质填图

为了体现遥感和地理信息系统技术的优势和 1∶5 万区域遥感地质调查对后续工作的指导作用，并验证 1∶5 万调查成果的可用性，提高场区工程地质填图的效率和质量，在南水北调中线北京段沿线拟建的重点引水建筑物场区同期开展了大比例尺遥感工程地质填图的试验研究，并由此建立了较为有效合理的工作流程，为后续的 1∶2000 场区工程地质填图工作提供了全新的、高效的技术工作方法。场区大比例尺遥感工程地质填图的工作方法具体如下：①以前述全线 1∶5 万遥感工程地质分区评价结果形成的宏观认识作指导，对场区 1∶5000 彩红外航片和 1∶1.7 万黑白航片进行初步解译；②据场区初解图及相片进行野外踏勘，确定解译标志，对场区地貌、地层单元进行详细解译；③配合野外查证及其他地质资料，对详细解译结果进行区段宏观范围上的对比和修正，经过逐次的信息补充和区段与场区的循环解译与信息提取，最终可获得场区高精度的工程地质图件。该过程中，遥感地质填图还可对常规填图和场区工程地质钻探进行指导，使场区地质勘察工作有的放矢，获取更加有价值的地质信息。下面以

西甘池隧洞场区 1∶2000 遥感工程地质填图为例，说明其具体工作过程。

西甘池隧洞场区位于房山区西甘池村北，属 1∶5 万遥感工程地质分区的Ⅱ区段：场区基岩岩性以蓟县系雾迷山组白云质大理岩为主，地貌上为溶蚀低丘地带；地表松散堆积物为残积黏土、冲洪积亚黏土、亚砂土夹砂砾石；构造上处于 F_1、F_5 两条 NE 向断裂的西侧，并有 F_6 和另三条推测断裂穿过。

首先，由上述分区评价所提供的宏观信息入手，在处理场区大比例尺图像上以场区图幅范围为中心，对其所在的微地貌单元范围按工程地质填图的有关要求进行了构造线、基岩界线和堆积物界线的初步解译，并确定了野外踏勘的合理路线、所需穿越的界线和解译标志与内容。

其次，在野外踏勘过程中，结合定点建立标志，同时在所携硬拷贝上进行界线解译，并注意穿越与查证，争取在现场对初解译图进行野外修正；以修正的初解译图为基础，在室内进行进一步的图像处理和详细解译，得到中间图系并确定野外验证的内容。在野外验证中，除了取证和修正详细解译结果外，还需对重要的构造和岩性情况及其关系进行重点调查。

最后，在多次循环解译、验证与信息提取的基础上，经过反复修改绘制了“西甘池隧洞场区遥感工程地质解译图（1∶2000）”（图略），由此也获得了对场区工程地质条件的整体认识。

14.2.4　小结

将遥感技术应用于总干渠北京段线路工程地质填图工作中，在当时是一项具有开拓意义的创新性尝试。结果表明，在识别古河道、追踪地层和构造界线等方面，处理后的遥感图像提供的可读信息多，预判性强，极大地提高了填图的工作效率，从而使人们尽快地从宏观上了解线路沿线的地层和构造情况，明确后续地质工作的总体方向。这一点在工程场址的选择阶段极为重要。

总之，遥感技术作为海量空间信息的主要获取手段，在地学方面广泛且越来越深入的应用是毋庸置疑的。随着图像处理技术、GPS、GIS、网络等技术的发展，人们对遥感信息的深度挖掘和应用能力也越来越强。

14.3　3S 技术应用于水利工程展望

3S 技术作为 20 世纪发展起来的新兴前缘技术，在我国南水北调工程建设、水资源规划与管理、防洪减灾决策支持、水生态环境动态监测、地下水信息管理、水利工程勘测设计等多方面均有应用。如为了提高移民安置问题决策制定的效率和科学性，杨玉栋[193]提出了以 GIS 系统为基本框架，以移民安置处理知识（如安置区选择原则、安置区土地资源质量评价标准、环境容量等）为基础，建立基于 GIS 的移民空间决策支持系统；姜世英等[194]用 ArcGIS9.2 作为数据管理和分析平台，对丹江口库区农业面源污染物的空间特征进行了分析；付景保等[195]提出运用 GIS 技术构建南水北调中线水源区生态环境监测体系平台的构想，将生态环境应用模型与 GIS 体系平台集成，实现水源区水质的安全与科学管理；黄少华等[196]基于GIS技术开发了南水北调中线工程运行调度监管系统等。

21世纪是网络信息化高速发展和全民普及的时代，3S技术的应用也趋向于更加便捷高效、大众化以及与多学科技术的集成和网络化发展。目前移动GIS导航系统，基于GIS的公共信息（如城市交通、气象、地下管线等）查询系统已服务于社会发展的各行各业以及普通民众，是GIS大众化的真实体现；GIS与云计算、物联网、三维可视化等新技术的集成与融合成为当今GIS应用领域研究的热点。就水利工程而言，为适应现代信息化工程建设与管理的需要，目前国内大型水利工程设计院及相关部门已在积极推进三维协同设计、GIS与BIM技术集成、基于GIS和网络技术的智慧水务、水利工程全生命周期动态监测与管理等的研发与应用实践[197-199]。这在今后一段时期内将引领水利工程建设与管理继续向数字化、信息化、智能化方向全面而深入地发展，极大地提高水利工程建设与管理的现代化水平。

附 录 1

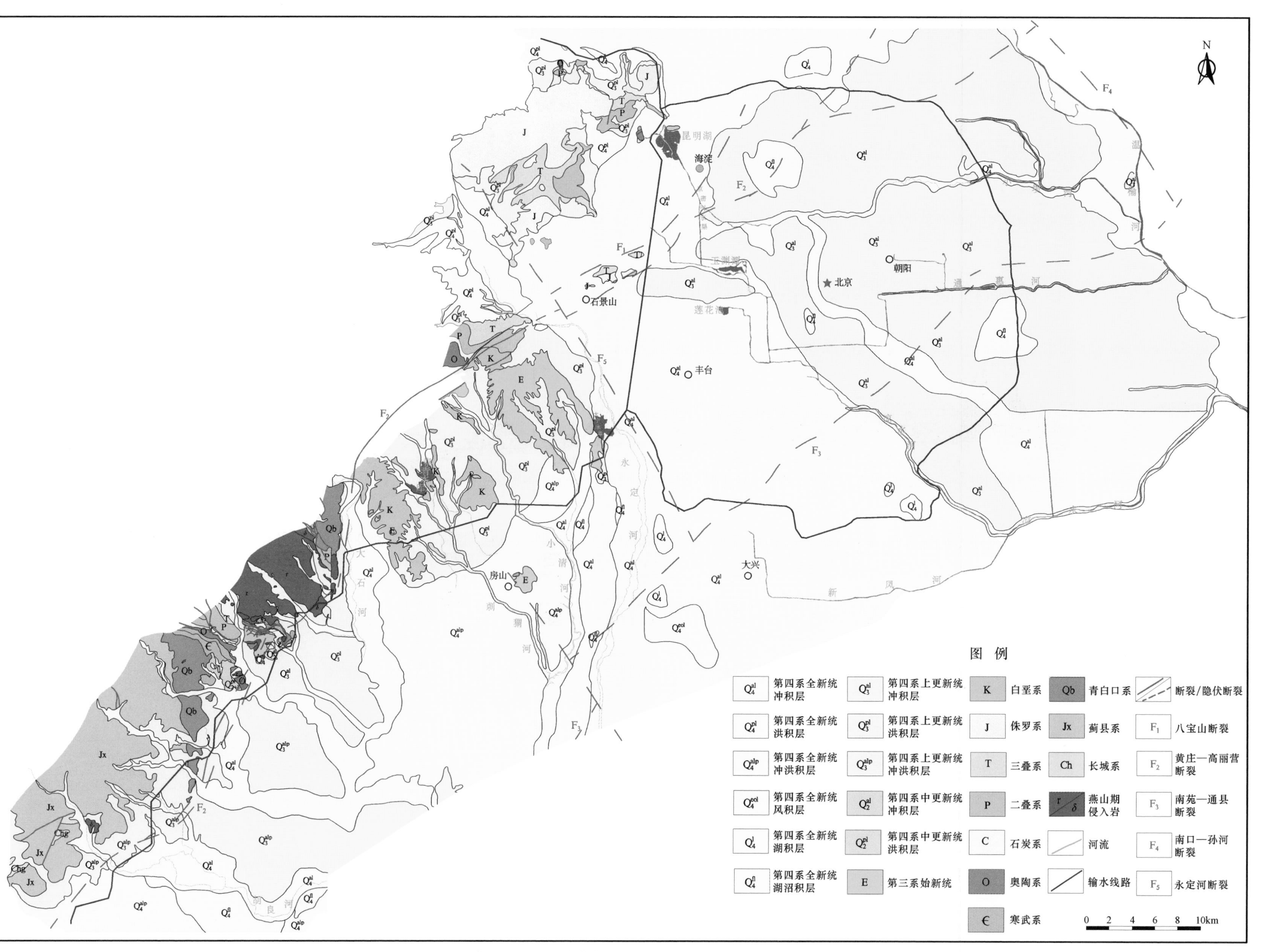

附图 1.1 北京市南水北调主要输水工程区地质图

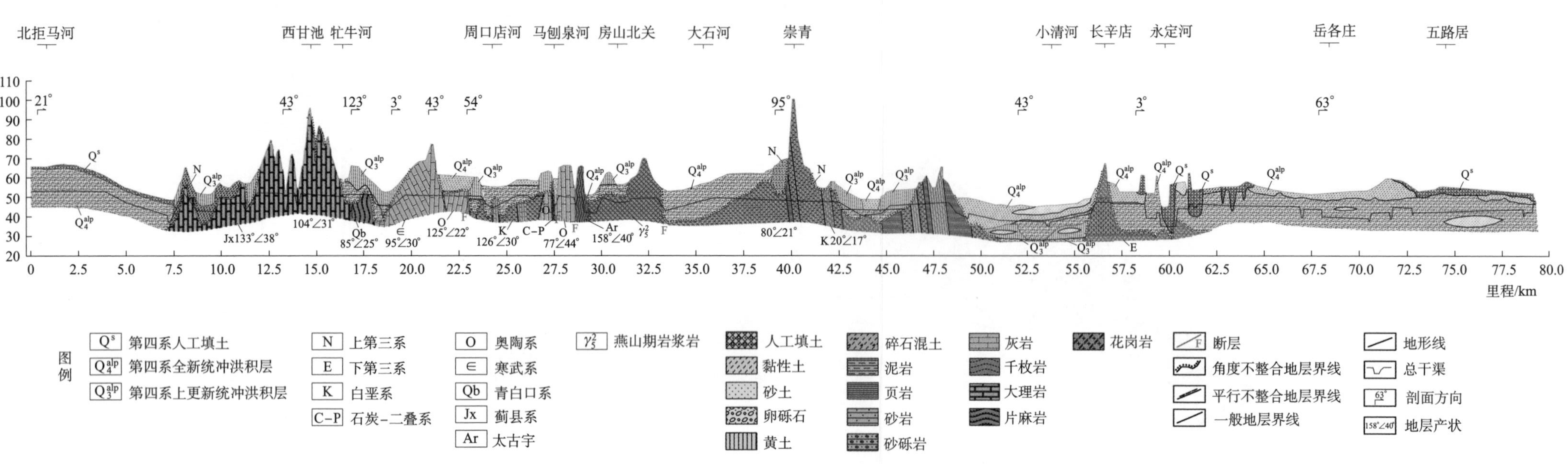

附图 1.2　总干渠（北京段）输水线路工程地质剖面示意图

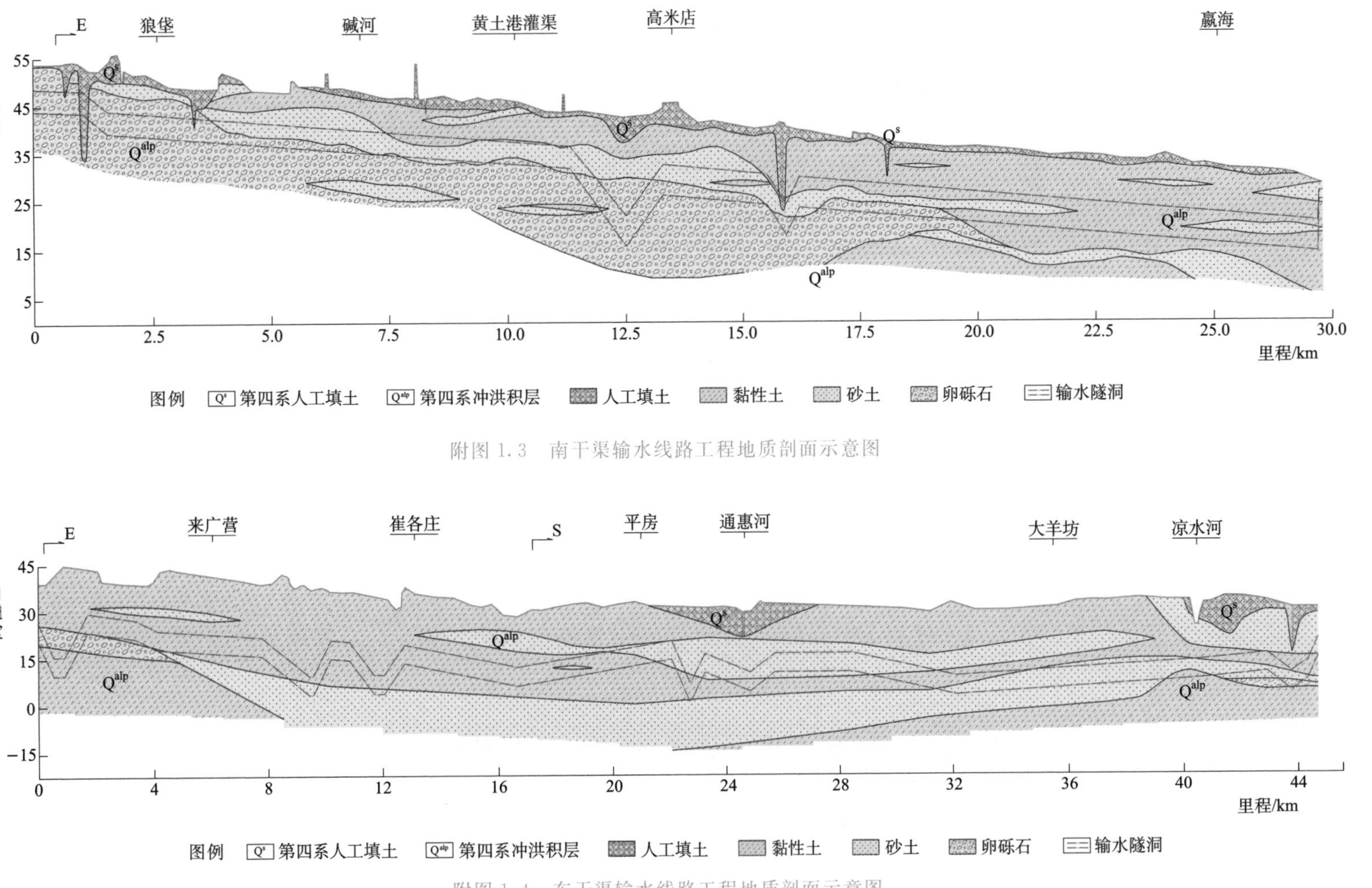

附图 1.3　南干渠输水线路工程地质剖面示意图

附图 1.4　东干渠输水线路工程地质剖面示意图

附　录　2

附表 2.1　南水北调中线总干渠（北京段）工程地质勘察大事记（截至 2016 年年底）

序号	时　间	事　件
1	1991—1993 年	补充完成总干渠（北京段）1/10000 地质测绘和四个料场的可研地质勘察工作
2	1993 年 3 月	长江水利委员会组织在武汉召开南水北调中线工程总干渠勘测工作会，讨论并确定了初步设计阶段的勘察大纲及有关技术要求
3	1993 年 11 月	总干渠（北京段）初设阶段地质勘察工作正式开始
4	1994 年 5 月	在武汉召开南水北调中线工程总干渠计划工作会，研究制定了初设阶段勘察设计工作分年度计划和经费
5	1994 年 12 月	在汉口召开了阶段性工作总结会，讨论了前段工作中存在的问题，并制定了《南水北调中线工程计划管理实施细则》
6	1995 年 10 月	在宜昌召开“南水北调中线工程主要河渠交叉建筑物工程地质勘察成果经验交流会”
7	1996 年 10 月 9 日	总干渠（北京段）钻探工作全部结束，并进行了验收
8	1997 年 1 月	总干渠（北京段）地球物理勘探工作内外业全部完成
9	1997 年 4 月	水利部规划设计总院组织对总干渠（北京段）物探工作审查验收
10	1997 年 7 月	召开中线工程勘察成果交流会，对文字报告及图件格式进行讨论，并做出了初步规定
11	1997 年 7 月	在武汉确定了“南水北调中线工程初步设计阶段工程地质勘察报告编制细则”
12	1998 年年初	总干渠（北京段）初步设计阶段料场勘察工作完成
13	1998 年 5—6 月	长江委综勘局组织对总干渠大型河渠交叉建筑物勘察成果进行审查验收
14	1998 年 9—12 月	总干渠（北京段）全部勘察工作内业整理完成，向长江委和水利部报送正式成果
15	2000—2001 年	中线工程北京段从惠南庄至大宁水库段由明渠自流输水改为压力管道输水，局部改线段进行了补充地质勘察
16	2003 年 6—7 月	南水北调中线京石段应急供水工程可行性研究报告审查通过
17	2003 年 12 月 26 日	总干渠（北京段）永定河倒虹吸工程正式开工，标志着南水北调中线 50 年的梦想开始实现
18	2005 年 5 月 28 日	西四环暗涵工程开工
19	2006 年 6 月 20 日	崇青隧洞工程开工
20	2006 年 7 月 18 日	西甘池隧洞工程开工
21	2006 年 7 月 20 日	北拒马河暗渠工程开工

续表

序号	时　间	事　　件
22	2006 年 9 月 1 日	卢沟桥暗涵工程开工
23	2007 年 1 月 15 日	团城湖明渠工程开工
24	2007 年 1 月 18 日	大宁调压池工程开工
25	2007 年 5 月 20 日	西四环暗涵工程穿越五棵松地铁车站工程开工
26	2007 年 7 月 11 日	崇青隧洞全线贯通
27	2007 年 8 月 31 日	西甘池隧洞全线贯通
28	2007 年 10 月 23 日	北拒马河暗渠主体全线贯通
29	2007 年 12 月 22 日	大宁调压池主体工程完工
30	2007 年 12 月 29 日	永定河倒虹吸主体工程完工，与卢沟桥暗涵贯通
31	2007 年 12 月 30 日	北拒马河暗渠主体工程基本完工
32	2008 年 2 月 27 日	西四环暗涵工程穿越五棵松地铁车站主体工程完工
33	2008 年 3 月 21 日	卢沟桥暗涵主体工程完工
34	2008 年 3 月 31 日	西四环暗涵主体工程基本完工
35	2008 年 5 月 20 日	国务院南水北调办组织南水北调中线京石段应急供水工程临时通水验收
36	2008 年 9 月 28 日	京石段通水仪式在北拒马河暗渠工程现场举行，河北四库向北京应急调水
37	2014 年 12 月 12 日	南水北调中线全线贯通，江水正式进京

附表 2.2　北京市南水北调配套工程主要输水工程地质勘察大事记（截至 2016 年年底）

输水工程名称	时　　间	事　　件
南干渠	2001 年 3—8 月	开展明渠方案可研阶段地质勘察工作
	2007 年 6—8 月	补充开展输水隧洞方案可研阶段地质勘察，主要实施了探井勘探和场地工程物探工作
	2009 年 1—5 月	开展初步设计阶段地质勘察
	2009 年 10 月 10 日	召开试验段钢钎维混凝土实验研讨会
	2010 年 1 月 8 日	工程开工
	2010 年 1 月至 2011 年 6 月	开展施工地质配合和施工期地质勘察
	2012 年 1 月 16 日	输水隧洞全线贯通
团城湖至第九水厂输水工程（一期）	2006 年 4—7 月	开展可研阶段工程地质勘察工作
	2006 年 5—7 月	开展水文地质专项勘察，实施了现场抽水试验
	2006 年 7—12 月	开展初步设计阶段地质勘察工作
	2007 年 1 月 31 日	工程开工
	2007 年 12 月 18 日	输水隧洞全线贯通
	2008 年 10 月 1 日	接纳河北省四库来水

续表

输水工程名称	时　　间	事　　件
东干渠	2009 年 5 月至 2010 年 10 月	开展可行性研究阶段地质勘察工作
	2009 年 10 月至 2010 年 11 月	开展水文地质勘察。实施了一抽一灌现场水文地质试验，确定隧洞围岩水文地质参数
	2010 年 11 月至 2011 年 6 月	开展初步设计阶段地质勘察。同期开展了工程区区域地面沉降与施工降水引发地面沉降专项课题研究
	2011 年 6—12 月	开展线路沿线浅层土壤有害、危险气体调查与分析评价工作，为工程安全施工提供科学指导
	2011 年 10 月至 2012 年 2 月	完成招标设计阶段工程地质勘察工作
	2012 年 6 月 8 日	工程开工
	2014 年 10 月 10 日	输水隧洞全线贯通
南水北调来水调入密云水库调蓄工程	2010 年 10 月至 2011 年 7 月	开展方案论证阶段地质勘察
	2011 年 8 月至 2012 年 4 月	开展可行性研究阶段地质勘察。同期开展了专项工程物探、地下管线探测以及场地地震安全性评价、地质灾害危险性评估工作，并提并相应成果
	2011 年 9 月至 2014 年 3 月	根据工程需要，开展了“密怀顺地下水库库容及调蓄能力研究”专题研究
	2012 年 4 月至 2013 年 6 月	开展初步设计阶段地质勘察工作，包括线路和梯级泵站场区
	2014 年 9 月 1 日	工程开工
	2014 年 9 月至 2015 年 9 月	施工地质配合。期间主要完成了梯级泵站管理所、分水口和节制闸等建筑物场区工程地质勘察
	2015 年 7 月 13 日	团城湖至怀柔水库段联合调试运行，南水进入怀柔水库
	2015 年 9 月 11—21 日	梯级泵站及 PCCP 管道进行联合调试运行，南水进入密云水库
团城湖至第九水厂输水工程（二期）	2010 年 5 月至 2011 年 8 月	开展可研阶段地质勘察工作
	2015 年 8 月至 2016 年 4 月	开展初步设计阶段地质勘察
	2016 年 11 月 1 日	工程开工

附表 2.3　北京市南水北调配套工程主要调蓄工程地质勘察大事记（截至 2016 年年底）

工程名称	时　间	事　　件
团城湖调节池	2005 年 6 月至 2009 年 7 月	开展可行性研究阶段工程地质勘察
	2010 年 5—11 月	开展工程场区及周边地下水污染控制专项研究
	2010 年 9 月至 2012 年 6 月	开展初步设计阶段工程地质勘察
	2012 年 3—6 月	开展工程设防水位专项咨询研究
	2012 年 10 月 26 日	工程开工
	2014 年 11 月 1 日	通水验收

续表

工程名称	时　间	事　　件
大宁水库调蓄工程	2007 年 9—12 月	开展方案论证阶段地质勘察
	2007 年 12 月至 2008 年 5 月	开展可行性研究阶段地质勘察。同期开展了专项工程物探、地下管线探测以及场地地震安全性评价、地质灾害危险性评估工作，并提及相应成果
	2008 年 2 月至 2009 年 6 月	开展初步设计阶段地质勘察工作，提交工程地质和水文地质勘察报告
	2009 年 12 月 1 日	工程开工
	2009 年 12 月至 2012 年 12 月	开展施工期地质配合及相应补充勘察，包括防渗墙设计调整段勘察、交叉工程影响评估以及调度中心勘察等
	2011 年 7 月 28 日	开始蓄水
	2013 年 6 月 1 日	主体工程竣工
	2014 年 8—10 月	蓄水安全鉴定地质自检
	2014 年 11 月	蓄水验收
	2013 年 6 月至 2014 年 12 月	河北四水库向北京输水调蓄试运行
亦庄调节池（一期）	2009 年 5 月至 2010 年 10 月	开展可行性研究阶段地质勘察
	2010 年 10 月至 2011 年 7 月	开展初步设计阶段地质勘察
	2011 年 4—8 月	开展场区水土污染专项研究
	2012 年 5 月至 2013 年 9 月	开展招标设计阶段地质勘察
	2012 年 10 月 1 日	工程开工
	2012 年 10 月至 2013 年 6 月	施工地质配合与补充勘察
	2015 年 7 月 6 日	开始蓄水
	2015 年 10 月 1 日	主体工程完工
	2015 年 11 月 25 日	通过蓄水验收
亦庄调节池（二期）	2014 年 4 月	启动方案论证阶段地质勘察工作
	2014 年 7 月至 2015 年 8 月	开展可行性研究阶段地质勘察
	2015 年 8 月至 2016 年 1 月	开展初步设计阶段地质勘察
	2016 年 12 月 25 日	工程开工

附　录　3

附录 3.1　典型地质现象

1. 断裂带

附图 3.1　八宝山断裂烘烤带（牛口峪 ）

附图 3.2　八宝山断裂带（牛口峪）

附图 3.3　八宝山断裂影响带（牛口峪）

2. 地层结构特征

附图 3.4　蓟县系大理岩节理
（六间房）

附图 3.5　蓟县系大理岩
裂隙充填红黏土（六间房）

附图 3.6　蓟县系大理岩中溶蚀
（西甘池隧洞）

附图 3.7　蓟县系大理岩中溶蚀
（西甘池隧洞）

附图 3.8　寒武系板岩顺层滑塌
（辛街—瓦井）

附图 3.9　奥陶系灰岩
沿节理面滑动（牛口峪）

附图 3.10 奥陶系灰岩节理结构面（牛口峪）

附图 3.11 岩体沿裂隙滑动（牛口峪）

附图 3.12 奥陶系灰岩碎裂结构（牛口峪）

附图 3.13 白垩系砾岩风化带滑动（崇青隧洞出口）

附图 3.14 晚更新世 Q_3 卵砾石（惠南庄泵站）

附图 3.15 全新世 Q_4 大卵石（西四环暗涵）

附图 3.16　角闪二长岩岩质边坡（房山燕化）

3. 地层不整合接触

附图 3.17　$Q_3/N_2/Jx$（西甘池）

附图 3.18　Q_3/K 不整合接触

附图 3.19　Q_3/O 不整合接触

4. 勘探孔（井）岩芯

附图 3.20　第四系黏土（贺照云）

附图 3.21　坨里组（Kt）砾岩（周口河）

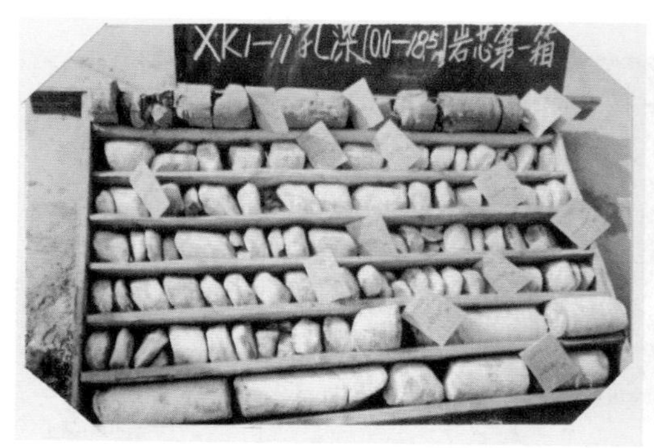

附图 3.22　雾迷山组（Jxw）
白云质大理岩（西甘池）

附图 3.23　第四系（Q）卵砾石
（京密引水渠沙河倒虹吸附近勘探竖井）

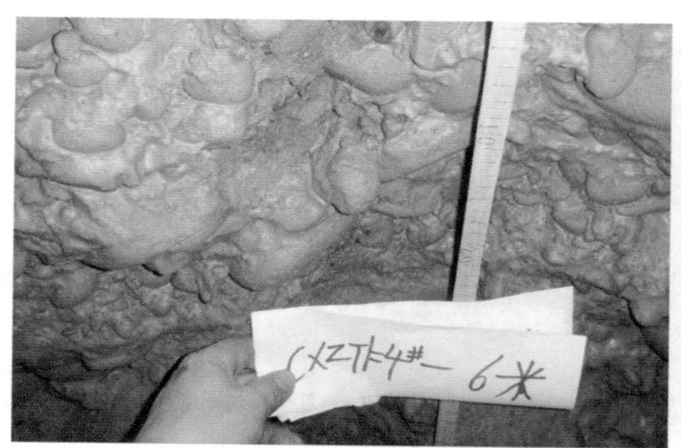

附图 3.24　第四系（Q）卵砾石
（京密引水渠沙河倒虹吸附近勘探竖井）

附图 3.25　第四系（Q）卵砾石
（京密引水渠沙河倒虹吸附近勘探竖井）

附图 3.26　长辛店组（E_2c）泥岩
（大宁调蓄水库）

附图 3.27　长辛店组（E_2c）砂砾岩
（大宁调蓄水库）

附录 3.2　典型事件

附图 3.28　总干渠线路踏勘
（皇后台，1993 年）

附图 3.29　总干渠线路踏勘
（皇后台，1993 年）

附图 3.30　总干渠线路踏勘
（皇后台，1993 年）

附图 3.31　总干渠线路踏勘
（西甘池，1993 年）

附图 3.32 总干渠线路踏勘
（1993 年）

附图 3.33 总干渠线路踏勘
（马刨泉，2007 年）

附图 3.34 总干渠线路测绘
（西甘池，1996 年）

附图 3.35 总干渠线路地质调查
（云峰寺，2007 年）

附图 3.36 八宝山断裂开挖露头查勘
（牛口峪，2007 年）

附图 3.37 西甘池隧洞岩溶查勘
（2002 年）

附图 3.38　马刨泉出露口水位量测
（2007 年）

附图 3.39　总干渠施工地质编录
（2007 年）

附图 3.40　西甘池隧洞
地质超前预报作业（2002 年）

附图 3.41　总干渠线路
地球物理勘探作业（2007 年）

附图 3.42　总干渠 PCCP
现场物探作业（2006 年）

附图 3.43　西四环暗涵地质编录
（2008 年）

附图 3.44　团城湖至第九水厂输水隧洞参观（2007 年）

附图 3.45　大宁调蓄水库库区查勘（2010 年）

附图 3.46　密云水库调蓄工程线路地质调查（2011 年）

附图 3.47　密云水库调蓄工程高密度电法勘探（2011 年）

附图 3.48　密云水库调蓄工程面波勘探现场（2011 年）

附图 3.49　密云水库调蓄工程线路地质调查（2012 年）

附图 3.50 密云水库调蓄工程
施工地质验槽（2014 年）

附图 3.51 密云水库调蓄工程
暗挖段施工地质巡视（2014 年）

附图 3.52 密云水库调蓄工程
溪翁庄泵站施工地质巡视（2014 年）

附图 3.53 潮白河地下水库
回灌试验现场巡察（2015 年）

附图 3.54 潮白河地下水库
回灌试验现场巡察（2015 年）

附图 3.55 潮白河地下水库
回灌试验现场监测（2015 年）

参 考 文 献

[1] 国家发展计划委员会，水利部．南水北调工程总体规划．2002.

[2] 水利部南水北调规划设计管理局，水利部天津水利水电勘测设计研究院．南水北调工程方案综述．2002.

[3] 水利部长江水利委员会．南水北调中线工程规划报告（1991年9月修订）．1991.

[4] 水利部长江水利委员会．南水北调中线工程规划（2001年修订）．2001.

[5] 北京市南水北调工程建设委员会办公室．北京市南水北调配套工程总体规划［M］．北京：中国水利水电出版社，2008.

[6] 北京市水利规划设计研究院．南水北调中线京石段应急供水工程（北京段）总干渠可行性研究报告．2003.

[7] 刘汉桂，倪新铮，陈景岳．南水北调北京工程前期工作纪实［M］．北京：中国水利水电出版社，2009.

[8] 长江水利委员会综合勘测局．南水北调中线工程勘测技术管理文件汇编．1998.

[9] 蔡向民，张磊，郭高轩，等．北京平原地区第四纪地质研究新进展［J］．中国地质，2016（3）：1055－1066.

[10] 蔡晓鸿，蔡勇平．水工压力隧洞结构应力计算［M］．北京：中国水利水电出版社，2004.

[11] 宋俐，张永强，俞茂宏．压力隧道弹塑性分析的统一解［J］．工程力学，1998，15（4）：57－61.

[12] 胡小荣，俞茂宏．统一强度理论及其在巷道围岩弹塑性分析中的应用［J］．中国有色金属学报，2002，12（5）：1021－1026.

[13] 范文，俞茂宏，陈立伟．考虑材料剪胀及软化的有压隧道弹塑性分析的解析解［J］．工程力学，2004，21（5）：16－24.

[14] 翟所业，贺宪国．巷道围岩塑性区的德鲁克－普拉格准则解［J］．地下空间与工程学报，2005，1（2）：223－226.

[15] 张斌伟，严松宏，吕亮，等．基于岩石非线性统一强度理论的地下洞室弹塑性分析［J］．兰州交通大学学报（自然科学版），2007，26（6）：25－28.

[16] 曾钱帮，王恩志，王思敬．Hoek－Brown破坏准则求解圆形硐室塑性区半径与修正的芬纳公式比较［J］．沈阳建筑大学学报（自然科学版），2008，24（6）：933－938.

[17] Brown E T，Bray J W，Ladanyi B，Hoek E. Ground response curves for rock tunnels［J］. Geotech. Eng. ASCE，1983，109：15－39.

[18] Detournay E. Elastoplastic model of a deep tunnel for a rock with variable dilatancy［J］. Rock Mech. Rock Eng. 1986，19：99－108.

[19] Carranza－Torres C，Fairhurst C，The elasto－plastic response of underground excavations in rock masses that satisfy the Hoek－Brown failure criterion［J］. Int. J. Rock Mech. Min. Sci.，1999，36：777－809.

[20] Alonso E，Alejano L R，Varas F，Fdez－Manin G，Carranza－Torres C. Ground response curves for rock masses exhibiting strain softening behavior［J］. Int. J. Numer. Anal. Meth. Geomech，2003，27：1153－1185.

[21] Sharan S K. Elastic－brittle－plastic analysis of circular openings in Hoek－Brown media［J］.

Int. J. Rock Mech. Min. Sci., 2003, 40: 817 - 824.

[22] Carranza - Torres C. Elasto - plastic solution of tunnel problems using the generalized form of the Hoek - Brown failure criterion [J]. Int. J. Rock Mech. Min. Sci., 2004, 41: 480 - 481.

[23] Sharan S K. Exact and approximate solutions for displacements around circular openings in elastic - brittle - plastic Hoek - Brown rock [J]. Int. J. Rock Mech. Min. Sci., 2005, 42: 542 - 549.

[24] Park K H, Kim Y J. Analytical solution for a circular opening in an elastic - brittle - plastic rock [J]. Int. J. Rock Mech. Min. Sci., 2006, 43: 616 - 622.

[25] Guan Z, Jiang Y, Tanabasi Y. Ground reaction analyses in conventional tunneling excavation [J]. Tunnel. Undergr. Space Technol, 2007, 22: 230 - 237.

[26] Park K H, Tontavanich B, Lee J G. A simple procedure for ground response curve of circular tunnel in elastic - strain softening rock masses [J]. Tunnel. Undergr. Space Technol., 2008, 23: 151 - 159.

[27] Lee Y K, Pietruszczak S. A new numerical procedure for elasto - plastic analysis of a circular opening excavated in a strain - softening rock mass [J]. Tunnel. Undergr. Space Technol., 2008, 23: 588 - 599.

[28] Sharan S K. Analytical solutions for stresses and displacements around a circular opening in a generalized Hoek - Brown rock [J]. Int. J. Rock Mech. Min. Sci., 2008, 45: 78 - 85.

[29] 袁文伯，陈进．软化岩层中巷道的塑性区与破碎区 [J]．煤炭学报，1986 (3)：77 - 85.

[30] 付国彬．巷道围岩破裂范围与位移的新研究 [J]．煤炭学报，1995，20 (3)：304 - 310.

[31] 马念杰，张益东．圆形巷道围岩变形压力新解法 [J]．岩石力学与工程学报，1996，15 (1)：84 - 89.

[32] 蒋斌松，张强，贺永年，等．深部圆形巷道破裂围岩的弹塑性分析 [J]．岩石力学与工程学报，2007，26 (5)：982 - 986.

[33] 姚国圣，李镜培，谷拴成．考虑岩体扩容和塑性软化的软岩巷道变形解析 [J]．岩土力学，2009，30 (2)：463 - 467.

[34] 朱珍德，张爱军，徐卫亚．隧道围岩拉压不同模量弹性理论的解析解 [J]．河海大学学报（自然科学版），2003，31 (1)：21 - 24.

[35] 罗战友，杨晓军，龚晓南．考虑材料的拉压模量不同及应变软化特性的柱形孔扩张问题 [J]．工程力学，2004，21 (2)：40 - 45.

[36] 罗战友，夏建中，龚晓南．不同拉压模量及软化特性材料的柱形孔扩张问题的统一解 [J]．工程力学，2008，25 (9)：79 - 92.

[37] 钱令希．关于水工有压隧洞计算中的弹性抗力系数"k" [J]．土木工程学报，1955，2 (4)：369 - 380.

[38] 吕有年．水工有压隧洞岩石抗力系数"K"的一个新公式 [J]．岩土工程学报，1981，3 (1)：70 - 80.

[39] 蔡晓鸿，吕有年．应用塑性强化理论推求圆形压力隧洞岩石抗力系数 K [J]．岩土工程学报，1984，3 (1)：44 - 56.

[40] 蔡晓鸿．圆形压力隧洞岩石抗力系数 K 的理论和计算 [J]．工程力学，1988 (3)：100 - 108.

[41] 蔡晓鸿，蔡勇斌，蔡勇平，等．考虑中间主应力影响的压力隧洞围岩抗力系数通用计算式 [J]．岩土工程学报，2007，28 (7)：1004 - 1008.

[42] 徐栓强，俞茂宏．考虑中间主应力效应的隧洞岩石抗力系数的计算 [J]．岩石力学与工程学报，2004，23 (增 1)：4303 - 4305.

[43] 涂忠仁．大跨海底隧道围岩抗力系数理论与试验分析及其设计应用研究 [D]．同济大学，2006.

[44] 马青，赵均海，魏雪英．基于统一强度理论的巷道围岩抗力系数研究 [J]．岩土力学，2009，

30（11）：3393-3398.

[45] 郝哲，万明富，刘斌，等．韩家岭隧道围岩物理力学参数反分析［J］．东北大学学报（自然科学版），2005，26（3）：300-303.

[46] 叶飞，丁文其，朱合华，等．公路隧道现场监控量测及信息反馈［J］．长安大学学报（自然科学版），2007，27（5）：79-83.

[47] 张孟喜，李钢，冯建龙，等．双连拱隧道围岩变形有限元与BP神经网络耦合分析［J］．岩土力学，2008，29（5）：1243-1248.

[48] 吴昊，张子新，徐营．优化反演理论在隧道围岩参数反演中的应用［J］．地下空间与工程学报，2007，3（6）：1162-1167.

[49] 陈敬松，李永盛．浅埋连拱隧道围岩参数反演及施工数值模拟［J］．地下空间与工程学报，2007，3（6）：1176-1181.

[50] 朱珍德，杨喜庆，郝振群，等．基于粒子群优化BP神经网络的隧道围岩位移反演分析［J］．水利与建筑工程学报，2010，8（4）：16-20.

[51] 马为功，李德武，马小虎．基于Matlab神经网络工具箱的隧道位移反分析研究［J］．兰州交通大学学报，2010，29（4）：84-87.

[52] 孙钧，戚玉亮．隧道围岩稳定性正算反演分析研究［J］．岩土力学，2010，31（8）：2353-2360.

[53] 王芝银，李云鹏．地下工程位移反分析方法及程序［M］．西安：陕西科学技术出版社，1993，82-87.

[54] 杨志法，王思敬，冯紫良，等．岩土工程反分析原理及应用［M］．北京：地震出版社，2002，260-261.

[55] 郑颖人，沈珠江，龚晓南．岩土塑性力学原理［M］．北京：中国建筑工业出版社，2002.

[56] 袁鸿鹄．浅埋水工隧洞围岩编写规律与支护技术研究［D］．北京：中国石油大学，2011.

[57] Park K H. Analytical solution for tunneling-induced ground movement in clays［J］. Tunneling and Underground Space Technology，2005（20）：249-261.

[58] 薛禹群．地下水动力学［M］．2版．北京：地质出版社，1997.

[59] 刘昌军．非饱和水-气两相渗流数值模拟研究及应用［D］．南京：河海大学，2005.

[60] 秦峰，王媛．非达西渗流研究进展［J］．三峡大学学报（自然科学版），2009（3）：25-29.

[61] 刘凯．非完整井附近非达西渗流规律研究［D］．武汉：中国地质大学，2014.

[62] 邓英尔，黄润秋，刘慈群．非饱和低渗透黏土非线性渗流定律和固结［J］．水动力学研究与进展，A辑第24卷第1期，2009（1）：99-105.

[63] 刘建军，刘先贵，胡雅衽．低渗透岩石非线性渗流规律研究［J］．岩石力学与工程学报，2003（4）：556-561.

[64] 黄延章，杨正明，何英，等．低渗透多孔介质中的非线性渗流理论［J］．力学与实践，2013（5）：1-8.

[65] 李中峰，何顺利，门成全．低渗透油田非达西渗流规律研究［J］．油气井测试，2005（3）：14-17.

[66] 王道成，李闽，陈浩，等．低速非达西流临界雷诺数实验研究［J］．新疆石油地质，2006（3）：332-334.

[67] 阮敏，何秋轩．低渗透非达西渗流综合判据初探［J］．西安石油学院学报（自然科学版），1999（4）：46-48.

[68] 骆祖江，付延玲，王增辉．非饱和带水气二相渗流动力学模型［J］．煤田地质与勘探，1999（5）：43-45.

[69] 刘昌军．非饱和带水气二相渗流数值模拟研究及应用［D］．南京：河海大学，2005.

[70] 孙冬梅，朱岳明．基于水气二相流的稳定饱和-非饱和渗流模拟研究［J］．大边理工大学学

报，2006（增刊）：213-218.

[71] 彭胜，陈家军．包气带水气二相流国外研究综述 [J]．水科学进展，2000（3）：333-338.

[72] 杨天鸿，师文豪，李顺才，等．破碎岩体非线性渗流突水机理研究现状与发展趋势 [J]．煤炭学报，2016（7）：1598-1609.

[73] 王礼恒，李国敏，董艳辉．裂隙介质水流与溶质运移数值模拟研究综述 [J]．水利水电科技进展，2013（4）：84-88.

[74] 滕继东，贺左跃．非饱和土水气迁移与相变：两类“锅盖效应”的发生机理及数值再现 [J]．岩土工程学报，2016（10）：1813-1821.

[75] 陈家军，彭胜，王金生，等．非饱和带水气二相流动参数确定实验研究 [J]．水科学进展，2001（4）：467-472.

[76] 匡星星．砂柱定水头排水的饱和—非饱和流与水气二相流研究 [D]．北京：中国地质大学（北京），2010.

[77] 李广信，张丙和，于玉贞．土力学 [M]．北京：清华大学出版社，2013.

[78] 李广信．高等土力学 [M]．北京：清华大学出版社，2004.

[79] 张云，薛禹群．抽水地面沉降数学模型的研究现状与展望 [J]．中国地质灾害与防治学报，2002（2）：1-6，24.

[80] 张阿根，杨天亮．国际地面沉降研究最新进展综述 [J]．上海地质，2010（4）：57-63.

[81] 关继发．北京地铁 5 号线暗挖区间地表沉降分析及控制 [J]．现代城市轨道交通，2008（4）：31-33.

[82] 齐震明，李鹏飞．地铁区间浅埋暗挖隧道地表沉降的控制标准 [J]．北京交通大学学报，2010（3）：117-121.

[83] 代维达．北京地铁 6 号线浅埋暗挖法车站施工地表沉降规律研究 [J]．铁道建筑，2014（4）：63-67.

[84] 吴锋波，金淮，谢谟文，等．城市轨道交通隧道工程地表竖向位移控制指标 [J]．都市快轨交通，2013（5）：74-78.

[85] 黄展军．南昌地区盾构施工引起的地表沉降分析 [J]．地下工程与隧道，2015（1）：30-32.

[86] 北京市水利规划设计研究院．西四环暗涵施工期地面沉降第三方监测设计方案．2005.

[87] 北京市水利规划设计研究院．西四环暗涵初步设计报告．2004.

[88] 中国地震灾害防御中心．北京市南水北调来水调入密云水库调蓄工程场地地震安全性评价报告．2013 年 3 月.

[89] 中国地震灾害防御中心．北京市南水北调配套工程大宁调蓄水库工程场地地震安全性评价报告．2008 年 7 月.

[90] 中国地震灾害防御中心．北京市南水北调配套工程亦庄调节池工程场地地震安全性评价报告．2011 年 12 月.

[91] 中国地震灾害防御中心．北京市南水北调配套工程东五环输水管线沿线地震动参数工程应用报告．2009 年 8 月.

[92] 中国地震灾害防御中心．北京市南水北调配套工程团城湖调节池工程场地地震安全性评价报告．2011 年 12 月.

[93] 中国地震局分析预报中心．南水北调中线工程永定河枢纽渠段地震安全性评价报告．1997 年 12 月.

[94] 中国地震局分析预报中心，南水北调中线工程北拒马河枢纽渠段地震安全性评价报告．1997 年 12 月.

[95] 李延兴，胡新康，赵承坤，等．华北地区 GPS 监测网建设、地壳水平运动与应力场及地震活动性的关系 [J]．中国地震，1998（2）：116-125.

[96] 北京市水利规划设计研究院，北京市勘察设计研究院有限公司．北京东部区域地面沉降对北京市南水北调配套工程东干渠工程的影响分析．2010.
[97] 北京市水利规划设计研究院，北京市勘察设计研究院有限公司．北京市南水北调配套工程东干渠工程的盾构井及竖井施工降水对地面沉降的影响评估．2011.
[98] 马有成．地下水环境质量评价方法研究［D］．长春：吉林大学，2009.
[99] 袁建新，王云．我国《土壤环境质量标准》存在问题及建议［J］．中国环境监测，2000（5）：41－44.
[100] 林良俊，文冬光，等．地下水质量标准存在的问题及修订建议［J］．水文地质工程地质，2009（1）：63－64.
[101] 北京市水利规划设计研究院．南水北调中线工程总干渠（北拒马河中支南～总干渠终点）水文环境地质评价报告．1998，6.
[102] 刘长礼．城市垃圾地质环境影响调查评价方法［M］．北京：地质出版社，2006.
[103] Gillott. J. E. Mechanism and kinetics of expansion in the alkali－carbonate reaction［J］. Canadian Journal of Earth Science，1964（21）：121－145.
[104] 封孝信，冯乃谦．碱碳酸盐反应的膨胀机理［J］．硅酸盐学报，2005（7）：912－915.
[105] 姜德民，张敏强．有关碱-骨料反应问题的综述［J］．工业建筑，2001（7）：41－47，57.
[106] 傅沛兴．北京地区混凝土骨料碱活性问题概述［J］．混凝土，1994（2）：47－51.
[107] 田桂茹．关于混凝土的碱-骨料反应问题［J］．施工技术，1998（11）：3－5.
[108] 殷强．混凝土碱-骨料反应检测方法和碱活性的预防措施［J］．成都：西南交通大学，2006.
[109] 蒋玉川，王清，王阳．碱骨料反应试验方法与评价综述［J］．中国建材科技，2017（3）：1－5.
[110] 王秀军．三峡工程混凝土骨料碱活性检验研究［J］．水力发电，2001（5）：124－133.
[111] 薛喜文，李立刚．小浪底工程混凝土骨料碱活性试验研究［J］．人民黄河，2009（10）：96－97.
[112] 沈艳东．混凝土粗细骨料碱活性的测试与鉴定［J］．公路交通科技，2011（7）：202－204.
[113] 兰祥辉，姚晓，邓敏，等．碳酸盐反应活性的新快速鉴定方法［J］．南京工业大学学报，2002（3）：1－5.
[114] 兰祥辉，许仲梓，邓敏，等．碱碳酸盐反应活性快速试验方法的比较研究［J］．混凝土与水泥制品，2003（6）：11－13.
[115] 南水北调中线干线工程建设管理局．预防混凝土工程碱骨料反应技术条例（试行）［M］．2004.2.
[116] 中国水利水电科学研究院结构材料所，水利部工程建设与安全重点实验室．南水北调中线京石段应急供水工程（北京段）骨料的碱活性试验报告．2005.
[117] 王文娇．混凝土碱-骨料反应综合抑制措施试验研究［D］．杨凌：西北农林科技大学，2008.
[118] 北京市南水北调工程建设委员会办公室．南水北调来水调入密云水库规划方案［内部资料］．2011.
[119] 北京市地质矿产勘查开发局，北京市地质调查研究院．北京城市地质［M］．北京：中国大地出版社，2008.
[120] 《工程地质手册》编委会．工程地质手册［M］．4版．北京：中国建筑工业出版社，2007.
[121] 张英礼，黄兴根，焦振兴，等．北京平原地区晚更新世晚期地层［J］．地层学杂志，1984（1）：56－61.
[122] 中国水利电力物探科技信息网．工程物探手册［M］．北京：中国水利水电出版社，2011.
[123] 刘志强，冯佰研，等．数值方法在岩土工程中的应用与发展［J］．江西建材，2015（20）：234，236.
[124] 郑颖人，赵尚毅，等．有限元极限分析法发展及其在岩土工程中的应用［J］．中国工程科

学，2006（12）：39 - 61.

[125] 南京水利科学研究所软土地基组，沈珠江，等. 用有限单元法计算软土地基的固结变形[J]. 水利水运科技情报，1977（6）：7 - 23.

[126] 宋二祥. 土工结构安全系数的有限元计算 [J]. 岩土工程学报，1997（2）：1 - 7.

[127] 郑颖人，赵尚毅. 有限元强度折减法在土坡与岩坡中的应用 [J]. 岩石力学与工程学报，2004（9）：3381 - 3388.

[128] 郑颖人，赵尚毅，等. 岩质边坡破坏机制有限元数值模拟分析 [J]. 岩石力学与工程学报，2003（12）：1943 - 1952.

[129] 王浩然，朱国荣，江思珉，等. 基于区域分解法的地下水有限元并行数值模拟 [J]. 南京大学学报（自然科学），2005（5）：245 - 252.

[130] 王浩然，朱国荣，赵金熙，等. 基于区域分解法的地下水有限元与边界元耦合模型：淄博市王旺庄水源地地下水数值模拟 [J]. 地质论评，2003（1）：48 - 52.

[131] 周斌，孙峰，阎春恒，等. 龙滩水库诱发地震三维孔隙弹性有限元数值模拟 [J]. 地球物理学报，2014（9）：2846 - 2868.

[132] 李艳祥，蒋刚，等. 软土隧道支护压力与稳定性下限有限元分析 [J]. 地下空间与工程学报，2015（6）：1558 - 1563.

[133] 石根华. 数值流形方法与非连续变形分析 [M]. 裴觉民，译. 北京：清华大学出版社，1997.

[134] 仝宗良. 基于数值流形法的边坡动力稳定分析 [D]. 大连：大连理工大学，2014.

[135] 周小义. 岩土工程中数值流形方法的应用与研究 [D]. 重庆：重庆大学，2008.

[136] 曾伟. 数值流形法的改进及其在土石坝分析中的应用 [D]. 大理：大理理工大学，2014.

[137] 沈振中，郑磊. 基于数值流形方法的水库岩体边坡稳定分析 [J]. 水电能源科学，2006（1）：32 - 33，96.

[138] 张国新，石根华，赵研，等. 模拟岩石倾倒破坏的数值流形法 [J]. 岩土工程学报，2007（6）：800 - 805.

[139] 张雄，宋康祖，陆明万，等. 无网格法研究进展及其应用 [J]. 计算力学学报，2003（6）：186 - 191.

[140] 顾元通，丁桦，等. 无网格法及其最新进展 [J]. 力学进展，2005（3）：323 - 337.

[141] 李晶，杨玉英，刘红生，等. 无网格 Galerkin 法的理论进展及其应用研究 [J]. 材料科学与工艺，2007（2）：186 - 190.

[142] 唐辉明，滕伟福. 岩土工程数值模拟新方法 [J]. 地质科技情报，1998（增刊 2）：41 - 48.

[143] 杨天鸿，唐春安，梁正召，等. 脆性岩石破裂过程损伤与渗流耦合数值模型研究 [J]. 力学学报，2003（5）：533 - 541.

[144] 马攀. 多相耦合管涌机理的研究及有限元模拟 [D]. 杭州：浙江大学，2013.

[145] 丁继辉，麻玉鹏，宇云飞. 固流多相介质耦合失稳问题的数学模型 [J]. 工程力学，2002（增刊）：377 - 382.

[146] 蔚立元，李术才，徐帮树，等. 水下隧道流固耦合模型试验与数值分析 [J]. 岩石力学与工程学报，2011（7）：1467 - 1474.

[147] 龚晓南. 对岩土工程数值分析的几点思考 [J]. 岩土力学，2011（2）：321 - 325.

[148] 刘相纯，陈玉明，和艳娥. 岩土工程中数值方法的应用现状及思考 [J]. 中国非金属矿工业导刊，2014（2）：61 - 63.

[149] 薛禹群. 中国地下水数值模拟的现状与展望 [J]. 高校地质学报，2010（1）：1 - 6.

[150] 王浩，陆垂裕，秦大庸，等. 地下水数值计算与应用研究进展综述 [J]. 地学前缘，2010（6）：1 - 12.

[151] 祝晓彬. 地下水模拟系统(GMS)软件[J]. 水文地质工程地质, 2003 (5): 53-55.

[152] 陈锁忠, 马千程. 苏锡常地区GIS与地下水开采及地面沉降模型系统集成分析[J]. 水文地质工程地质, 1999 (5): 8-10, 13.

[153] 纪缓缓, 周金龙, 杨广焱. GMS在我国地下水资源评价与管理中的应用[J]. 地下水, 2013 (2): 76-79.

[154] 刘丽花, 张树清. 基于GMS的多约束下三维地下水系统可视化模型构建[J]. 中国科学院大学学报, 2015 (4): 506-511.

[155] 祝晓彬, 吴吉春, 叶淑君, 等. GMS在长江三角洲(长江以南)深层地下水资源评价中的应用[J]. 工程勘察, 2005 (1): 26-29, 33.

[156] 杜超, 肖长来, 王益良, 等. GMS在双城市城区地下水资源评价中的应用[J]. 水文地质工程地质, 2009 (6): 32-36.

[157] 宁立波, 董少刚, 马传明, 等. 地下水数值模拟的理论与实践[M]. 北京: 中国地质大学出版社, 2010.

[158] 林坜, 杨峰, 崔亚莉, 等. FEFLOW在模拟大区域地下水流中的特点[J]. 北京水务, 2007 (1): 43-46, 60.

[159] 高慧琴, 杨明明, 黑亮, 等. MODFLOW和FEFLOW在国内地下水数值模拟中的应用[J]. 地下水, 2012 (4): 13-15.

[160] 邵景力, 崔亚莉, 赵云章, 等. 黄河下游影响带(河南段)三维地下水流数值模拟模型及其应用[J]. 吉林大学学报(地球科学版), 2003 (1): 51-55.

[161] 孙继成, 张旭昇, 胡雅杰, 等. 基于GIS技术和FEFLOW的秦王川盆地南部地下水数值模拟[J]. 兰州大学学报(自然科学版), 2010 (5): 31-38.

[162] 卢薇, 朱照宇, 刘卫平. 基于FEFLOW的海水入侵数值模拟[J]. 地下水, 2010 (3): 19-21, 129.

[163] 林学钰. 当前地下水资源开发的理论与实践问题[J]. 世界地质, 1986 (1): 18-22, 42.

[164] 林学钰. 论地下水库开发利用中的几个问题[J]. 长春地质学院学报, 1982 (2): 113-121.

[165] 张宏仁. "地下水库"之我见[J]. 今日国土, 2002 (Z1): 42-44.

[166] 国家技术监督局. 水文地质术语(GB/T 14157—1993)[S]. 北京: 中国标准出版社, 1993.

[167] 李旺林, 束龙仓, 殷宗泽. 地下水库的概念和设计理论[J]. 水利学报, 2006 (5): 613-618.

[168] 郭飞, 高茂生, 郑懿珉, 等. 我国北方沿海地区地下水库分类及综合对比[J]. 海洋地质前沿, 2015 (5): 35-40.

[169] 杜新强, 廖资生, 李砚阁, 等. 地下水库调蓄水资源的研究现状与展望[J]. 科技进步与对策, 2005 (2): 178-180.

[170] 余强, 赵云章, 苗晋祥, 等. 南水北调中线工程地下水库的基本特征与调控管理[J]. 水科学进展, 2003 (2): 209-212.

[171] 杜新强, 秦延军, 齐素文, 等. 地下水库特征水库与特征库容的划分及确定研究[J]. 水文地质工程地质, 2008 (4): 22-26.

[172] 高淑琴, 苏小四, 杜新强, 等. 大庆市西部地下水库人工回灌方案研究[J]. 灌溉排水学报, 2007 (4): 68-71.

[173] 孙晓明, 王卫东, 徐建国, 等. 环渤海地区地下水库开发利用前景[J]. 地质调查与研究, 2007 (1): 54-61.

[174] 乔晓英, 王文科, 翁晓鹏, 等. 乌鲁木齐河流域乌拉泊洼地地下水库调蓄功能研究[J]. 干旱区资源与环境, 2005 (4): 43-48.

[175] 李宇, 魏加华, 耿学红, 等. 北京市平谷盆地地下水库调蓄能力模拟研究[J]. 分析研究,

2006（2）：30－33，45.

［176］ 刘青勇，张保祥，马承新，等．地下水库回灌补源的数值模拟研究：以山东省邹平县城北水源地为例［J］．灌溉排水学报，2005（2）：70－74.

［177］ 张景华，李世君，李阳，等．北京地下水库建库条件及可利用库容初步分析［J］．城市地质，2017（1）：70－76.

［178］ 密怀顺地下水库调蓄及水质保障研究．北京市科技计划项目（Z121100000312036），2014．3.

［179］ Anderson M P，Woessner W W．Applide groundwater modeling：Simulation of flow and advective transport［M］．New York：Academic Press Inc，1992.

［180］ 林卫平．AutoCAD中文化的技术发展［J］．计算机世界，1995（2）：103－106.

［181］ 费丽华．CAD技术在建筑设计中的应用［J］．上海建设科技，1998（6）：38－43.

［182］ 陈伯雄．AutoCAD在中国第一汽车制造厂中的应用［J］．CAD/CDM与制造业信息化，1996（3）：25.

［183］ 吴信才，白玉琪，郭玲玲．地理信息系统（GIS）发展现状及展望［J］．计算机工程与应用，2000（4）：8－9，38.

［184］ 陈述彭．遥感大词典［M］．北京：科学出版社，1990.

［185］ ［美］J．罗纳德．伊士曼编著．遥感图像处理与地理信息系统教程［M］．刘雪萍，译．北京：电子工业出版社，2014.

［186］ 张兵．当代遥感科技发展的现状与未来展望［J］．中国科学院院刊，2017（7）：774－784.

［187］ 靳军，刘建忠．国内外GIS软件的空间分析功能比较［J］．测绘工程，2004（3）：58－61.

［188］ 宋关福，钟耳顺，李绍俊，等．大数据时代的GIS软件技术发展［J］．测绘地理信息，2018（1）：1－7.

［189］ 韩文清．遥感地质进展及其应用［J］．新疆工学院学报，1998（4）：286－291.

［190］ 许宝文．遥感地质应用进展与发展方向［J］．国土资源遥感，1994（2）：1－4.

［191］ 卢惠华，钱佩娟．遥感技术在北京地质工作中的应用［C］．首届“地球科学与文化”学术研讨会暨地质学史专业委员会第17届学术年会论文集：165－172.

［192］ 北京市水利规划设计研究院．南水北调中线工程总干渠北京段遥感工程地质应用研究．1998.

［193］ 杨玉栋．基于GIS的南水北调移民空间决策支持系统的设计［J］．河南水利与南水北调，2007（3）：4－5.

［194］ 姜世英，韩鹏，贾振邦，等．南水北调中线丹江口库区农业面源污染PSR评价与基于GIS的空间特征分析［J］．农业环境科学学报，2010（11）：2153－2162.

［195］ 付景保，孙庆辉，魏涛．基于GIS的南水北调中线水源区生态环境监测体系平台构建［J］．南水北调与水利科技，2013（4）：119－123.

［196］ 黄少华，李小帅，黄艳芳．基于GIS的南水北调中线工程运行高度监管系统［J］．人民长江，2007（9）：46－47.

［197］ 邱世超．面向长距离引水工程全生命周期信息管理的GIS与BIM结合技术研究与应用［D］．天津：天津大学，2015.

［198］ 于书媛．GIS及新一代信息技术发展的新趋势与应用［J］．产业与科技论坛，2014（22）：54－55.

［199］ 王尔琪，王少华．未来GIS发展的技术趋势展望［J］．测绘通报，2015（S2）：66－69.